streetfsn

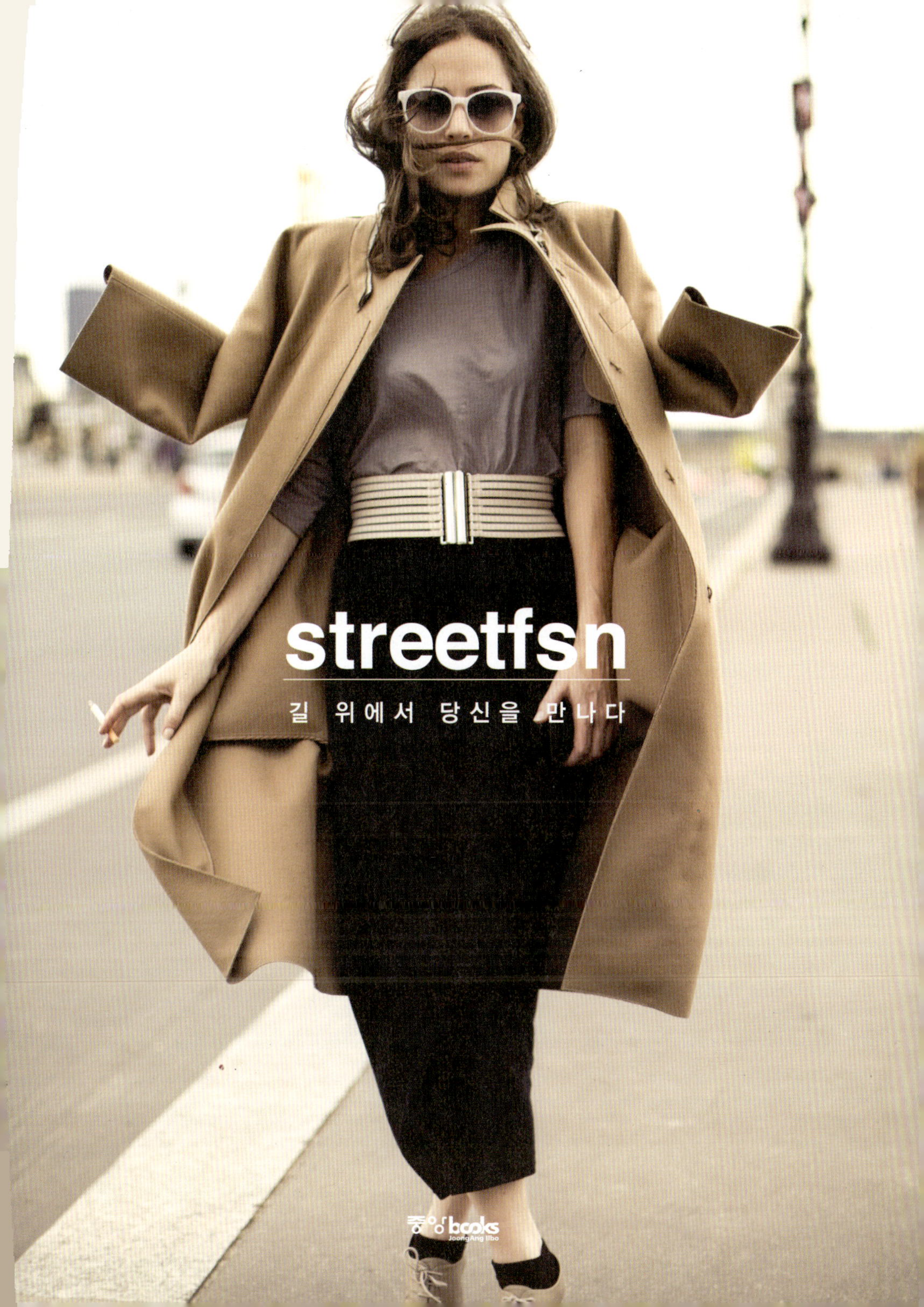

streetfsn
길 위에서 당신을 만나다
중앙books
JoongAng Ilbo

prologue

길 위에서 당신을 만나다

거리에서 마주친 사람을 찍을 것인지 말 것인지

결정하는 기준이 무엇인가요?

사람들이 내게 가장 자주 하는 질문 중 하나이다.

거리를 다니다 보면 짧은 순간,

느낌이 오는 사람이 있다. 그런 사람을 만났을 때,

마치 길거리에서 우연히 꿈에 그리던 이상형을 마주친 것처럼

정적이 흐르고 어느 순간 나는 셔터를 누르고 있다.

순간적인 판단의 기준은 대체 무엇일까.

곰곰이 생각해 보지만, 마땅히 떠오르진 않는다.

사랑에 빠지는 이유가 그렇듯,

그들에게서 느껴지는 아름다움은 본능적으로 다가오기 때문이다.

그들이 가지고 있는 내면의 특성과 사고, 표정, 습관, 직업 등의

여러 요소가 복합적으로 조화를 이루면서,

자기 자신을 표현하고자 하는 의지가 패션을 통해 투영되어 나타날 때,

그 짧은 순간 나의 모든 감각이 반응한다.

찍어야겠다!

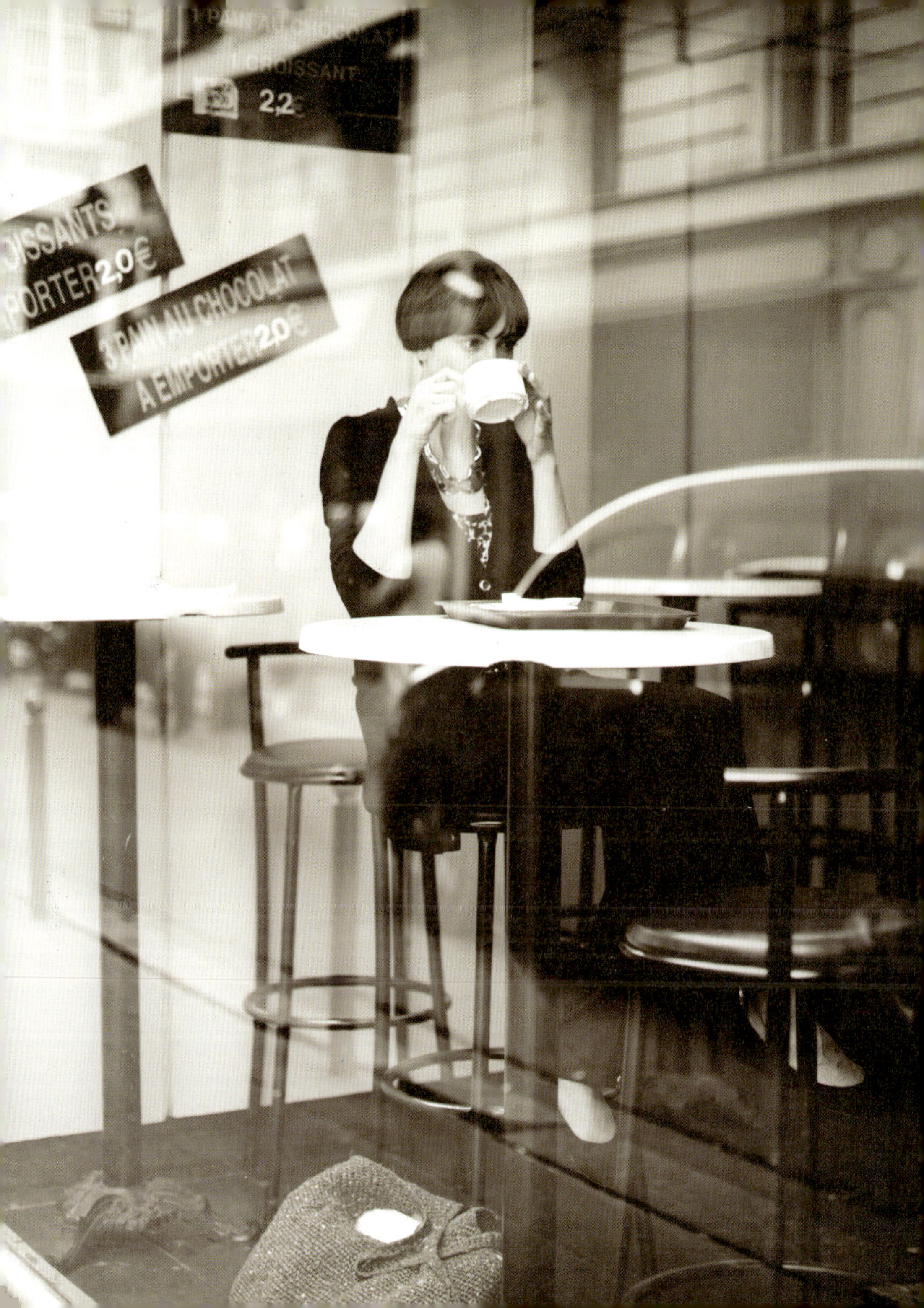
1 PAIN AU CHOCOLAT
CROISSANT
2,2€
CROISSANTS
A PORTER 2,0€
3 PAIN AU CHOCOLAT
A EMPORTER 2,0€

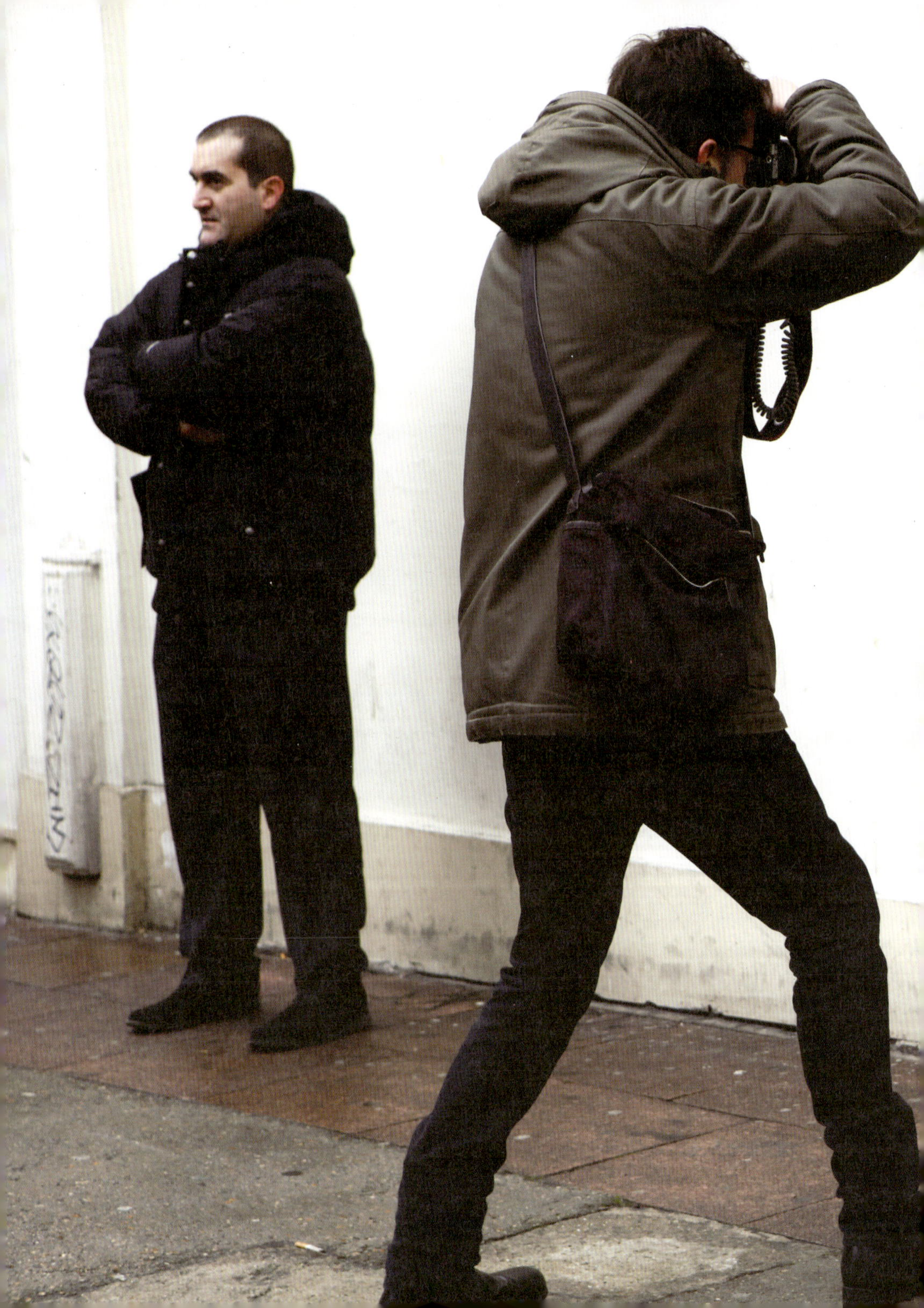

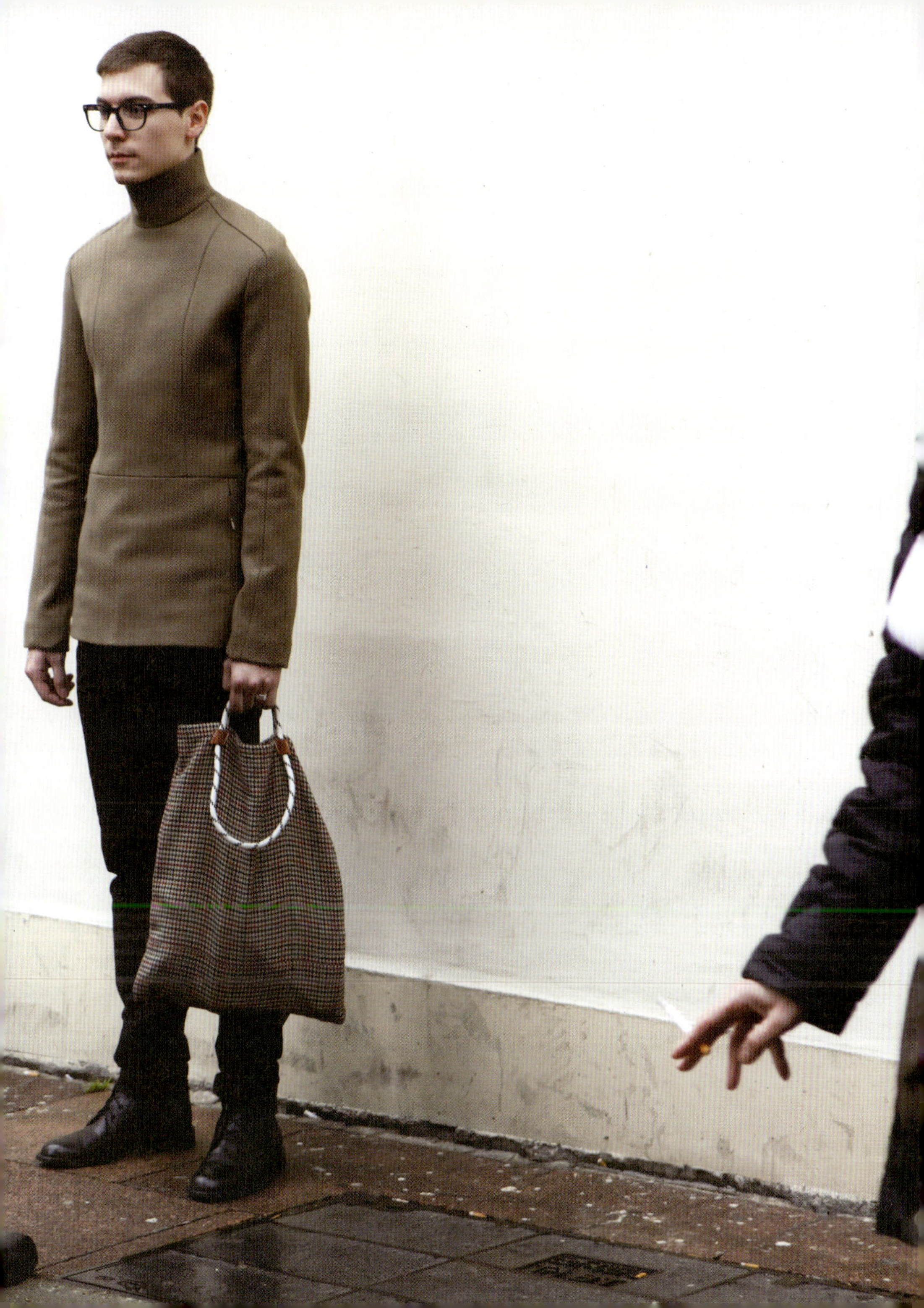

자기 자신을 솔직하게 표현한 사람에게서 느껴지는

아름다움은 최신 유행하는 디자이너의 값비싼 의상이나

명품 가방으로 장식한 아름다움과는 분명히 다르다.

패션쇼장 주변에서는 트렌디한 스타일의 수많은

셀러브리티와 마주치게 된다.

하지만 그들이 아무리 유명하고 어떤 값비싸고

희귀한 의상을 입었을지라도 나의 모든 감각에 반응하게 하는

그 아름다움이 없다면 무심결에 지나칠지도 모른다.

나는 패션을 전공하지 않았다.

하지만 어렸을 때부터 패션 사이트나 잡지를 구독하는 것은 빼놓을 수 없는

주요 일과였고, 거리에서 사람들이 입고 다니는 옷을 습관처럼 유심히 관찰해 왔다.

이렇듯 내게 패션은 분석하고 공부해야 할 대상이기보다는

타인과 세상을 좀 더 이해하는 방법이었다.

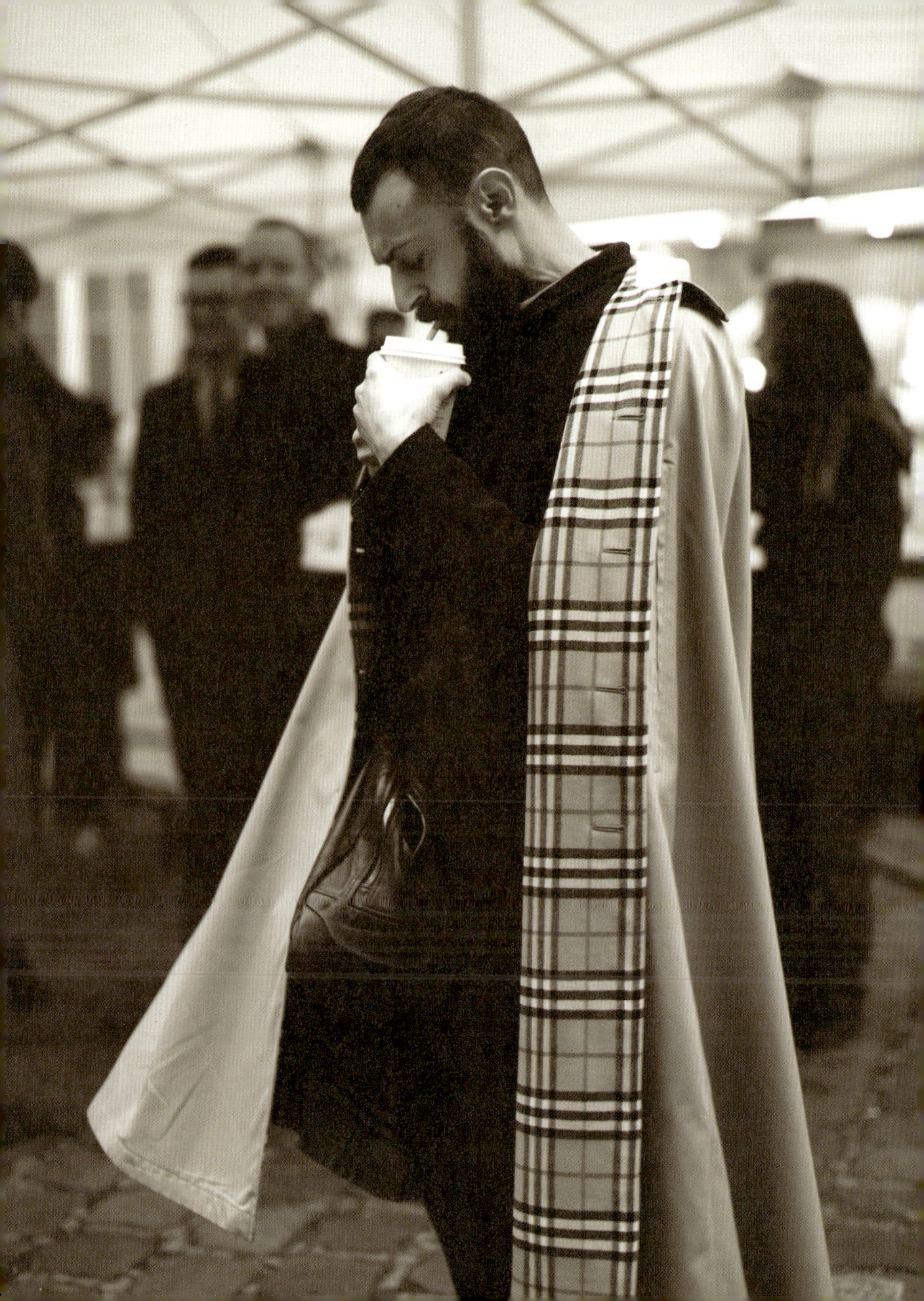

촬영하면서 말이 통하지 않는 사람들을 만나는 경우도 더러 있다.

서로 다른 언어로 엉뚱한 대화를 주고받지만, 그 사람의 패션과 몸짓을

포착하는 것으로 그만의 세상으로 깊숙이 들어갔다 나온 듯한 느낌을 받는다.

사진 속의 '사람'과 그들의 '패션'을 연결해 주는 '이야기'는 내 방식대로

이해되고 나의 상상 속에서 다시 쓰여지기 때문이다.

그렇게 길 위에서 만난 사람들은 패션을 통해 나의 편견을 깨뜨려 주고

새로운 아름다움에 눈을 뜨게 하며 다양한 감정을 맛보게 한다.

내가 재미 삼아 시작한 이 일을 멈출 수 없는 이유이다.

이 책은 2010년 부터 파리, 뉴욕, 밀라노, 런던, 서울 등

전세계 아름다운 도시의 길 위에서 만난 멋진 사람들에 관한 기록이다.

이 책을 넘기면서 마음에 드는 스타일을 발견해 포스트잇으로 페이지를

표시해 두고, 비슷한 재킷이나 구두를 구매하기 위해 참고할 수도 있다.

하지만 이 책을 읽는 사람들이 스타일링법을 배우거나 구매해야 할

아이템 목록을 작성하는 데 그치지 않고, 내가 사진을 찍으면서 느꼈던

아름다움과 감동까지 함께 느낄 수 있게 되기를 바란다.

Mar 12, 2011. 한국으로 돌아오는 비행기에서, 남현범

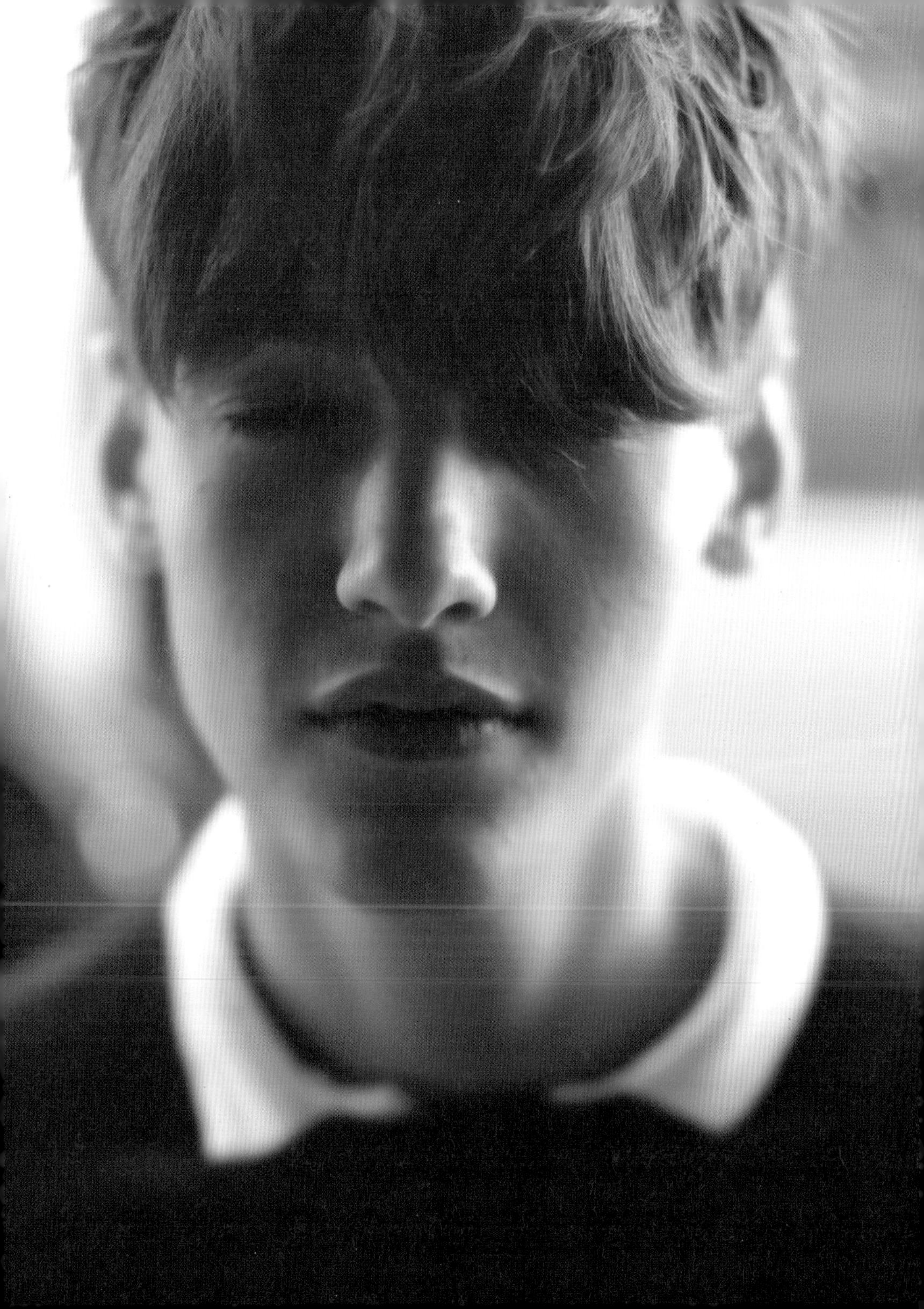

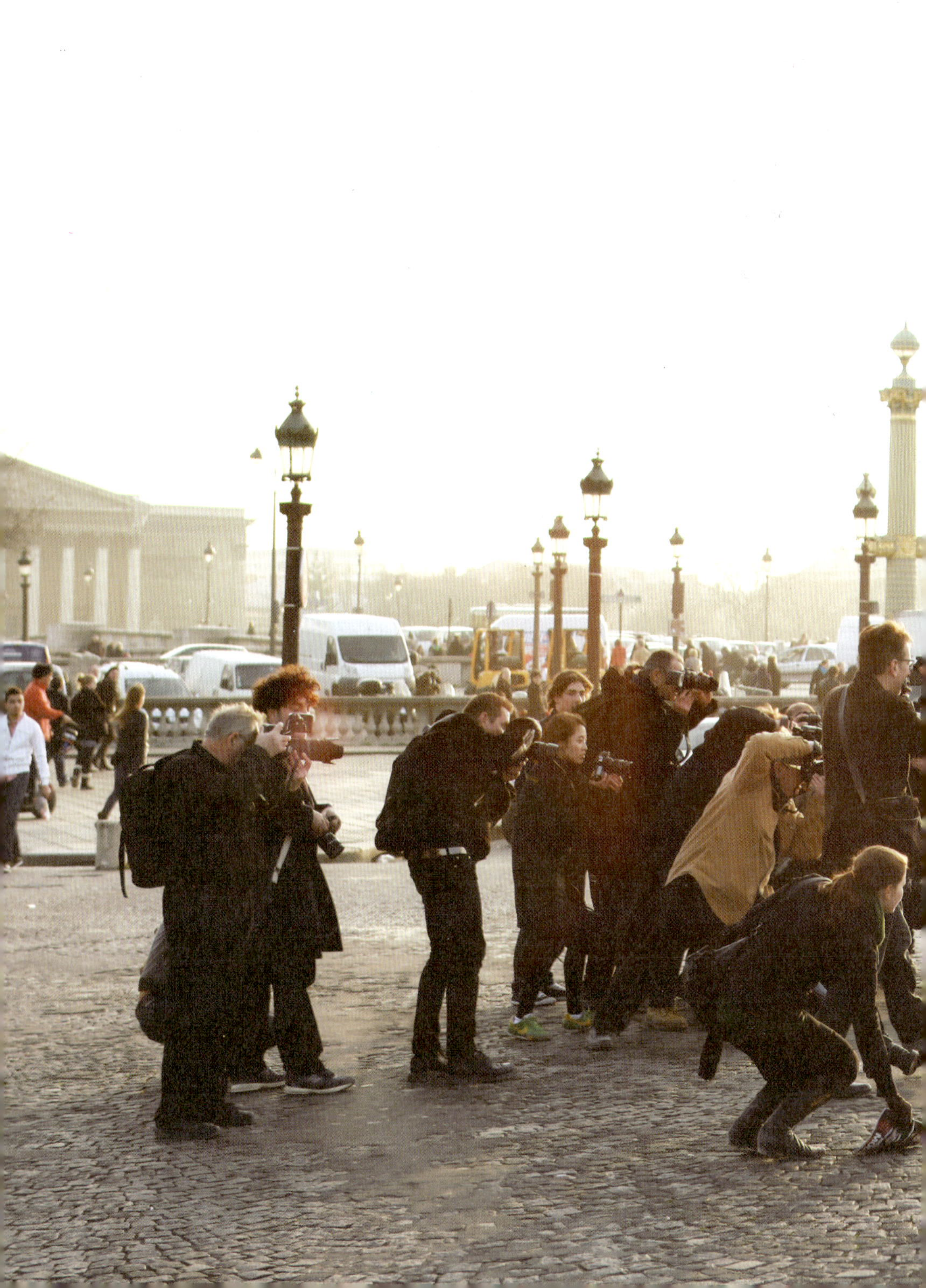

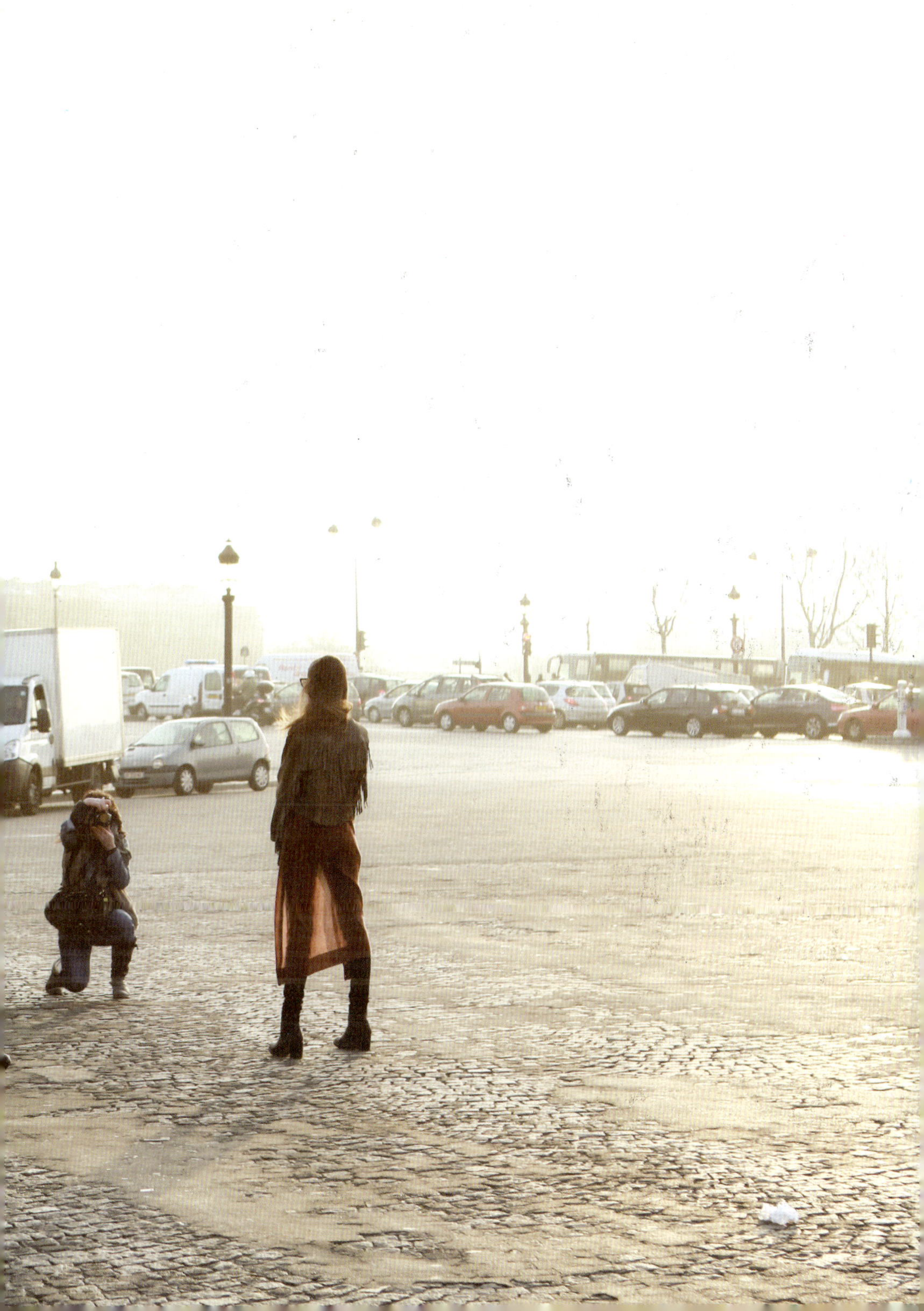

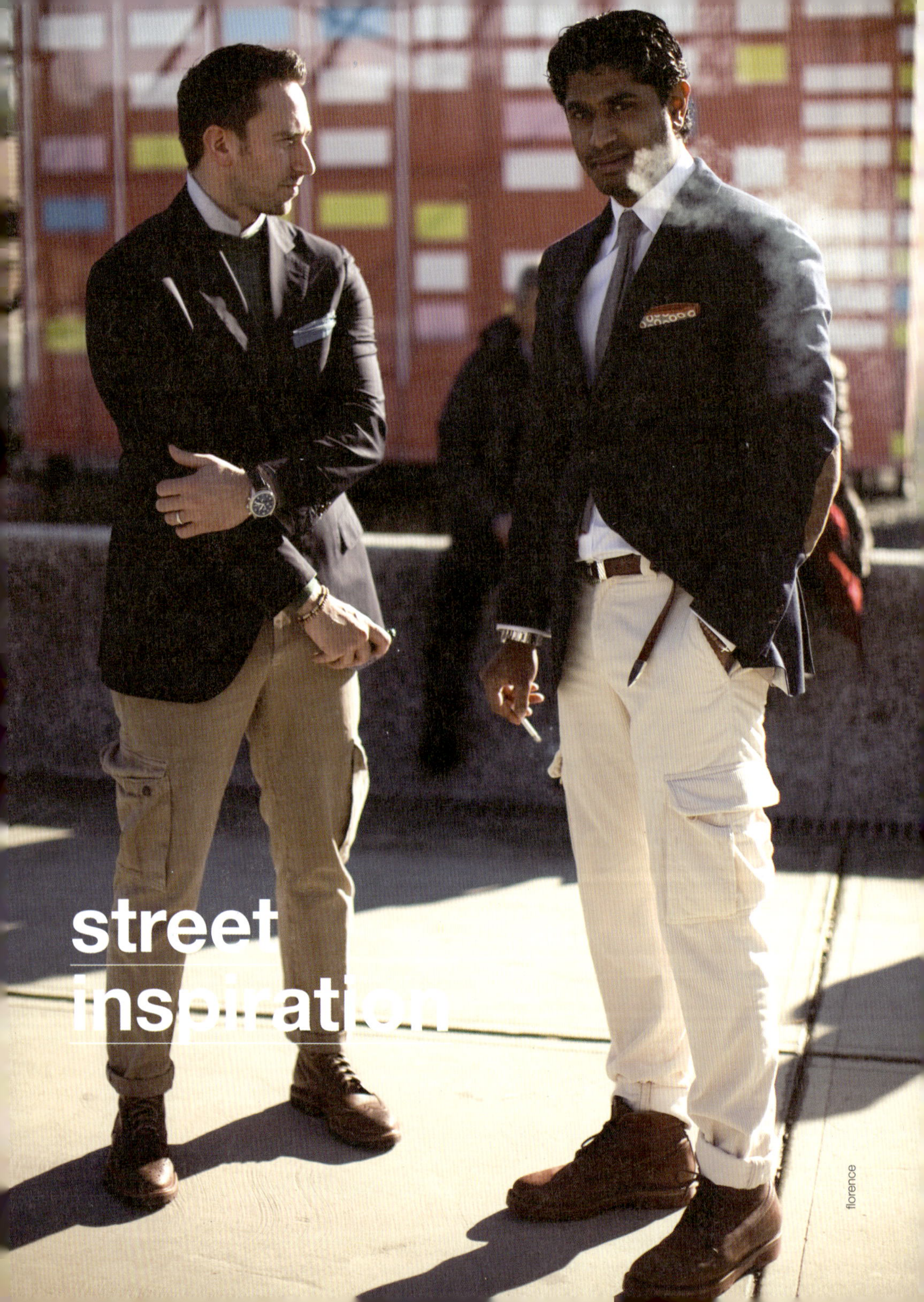
street
inspiration
florence

길 위의 영감을 주는 사람들

완벽하게 재단된 슈트 재킷에 카고팬츠를 입은 두 신사가 대화를 나누는 모습을

사진 찍을 생각조차 하지 못한 채 한참을 바라봤던 기억이 난다.

분명히 말끔히 차려입은 신사와는 거리가 멀었지만 카고팬츠를 입었음에도 흐트러짐이 없는

모습이 내겐 신선한 충격이었다. 군복무 시절의 기억과 페인트 묻은 작업복을 떠오르게 하는

카고팬츠는 줄곧 내게 반사적인 거부감을 불러일으켰다. 그들이 트렌드에 맞게 철저히 계산된

스타일링을 한 것인지 혹은 슈트 재킷에 카고팬츠를 즐겨 입는 아버지에게 영향을 받았는지

알 수 없지만 중요한 것은, 완벽한 이들의 룩은 카고팬츠에 대한 나의 고정관념을 흔들어

놓았다는 점이다. 결국, 나는 카고팬츠와 극적인 화해를 했고 내 옷장에는 3벌의 카고팬츠가 걸려 있다.

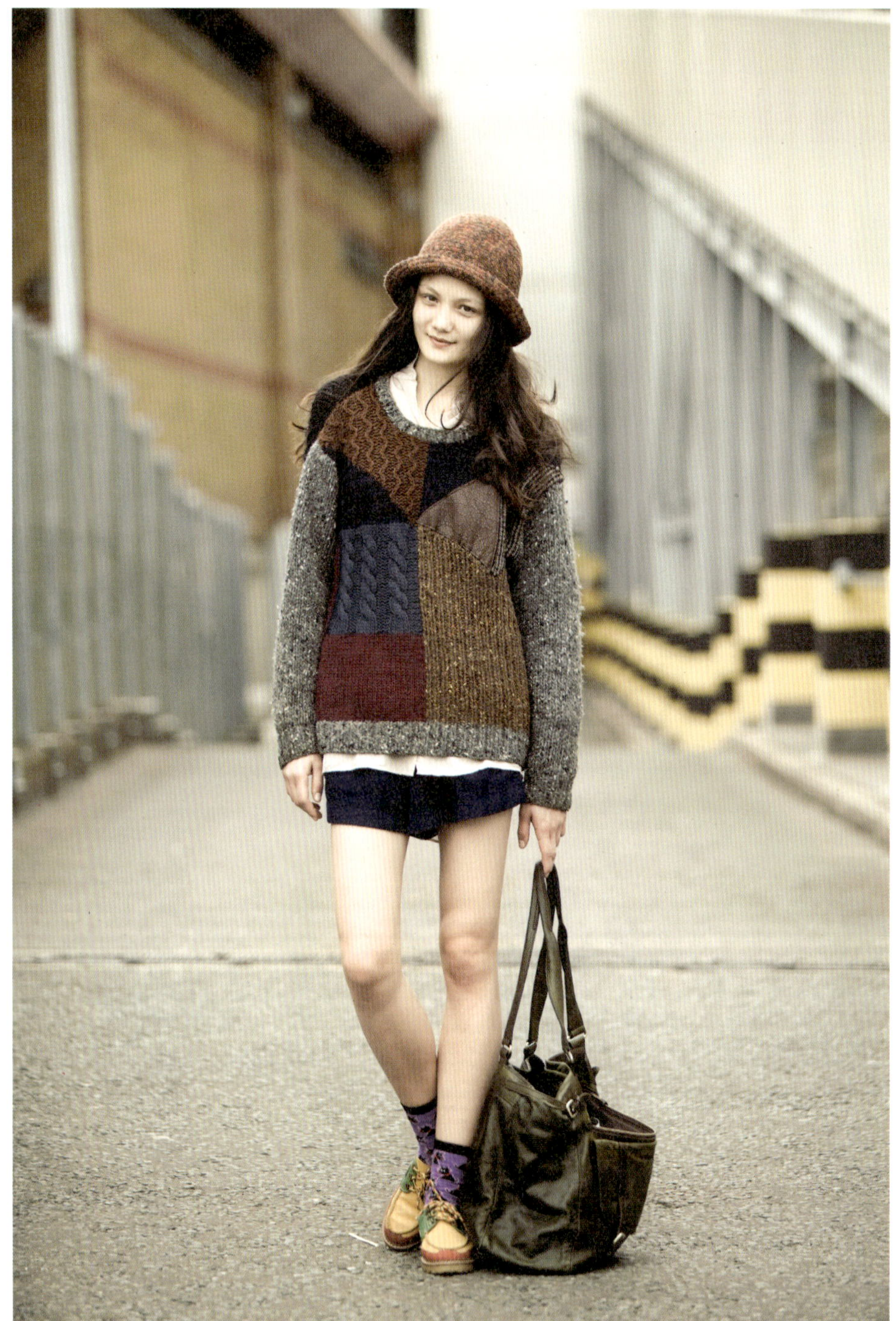

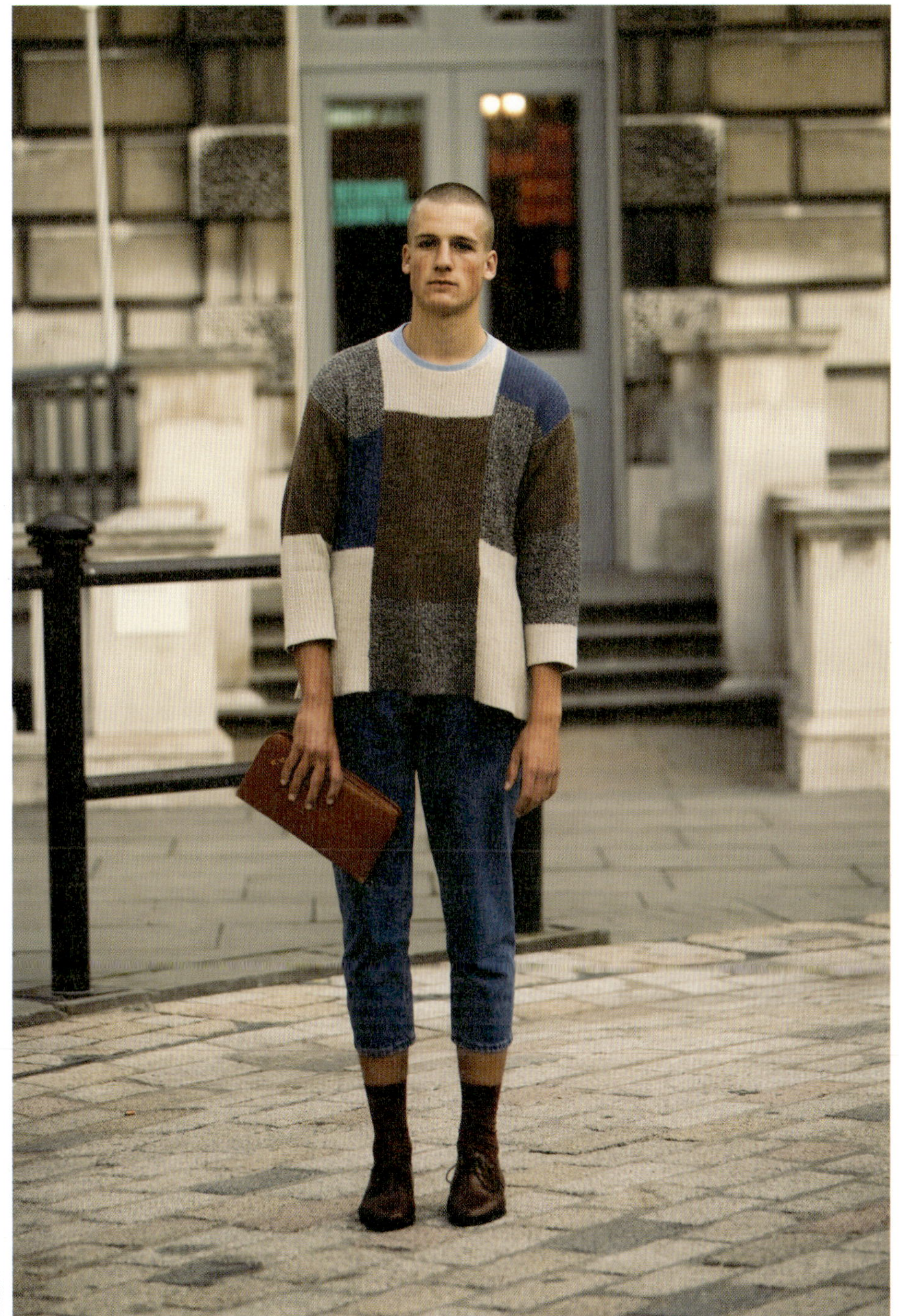

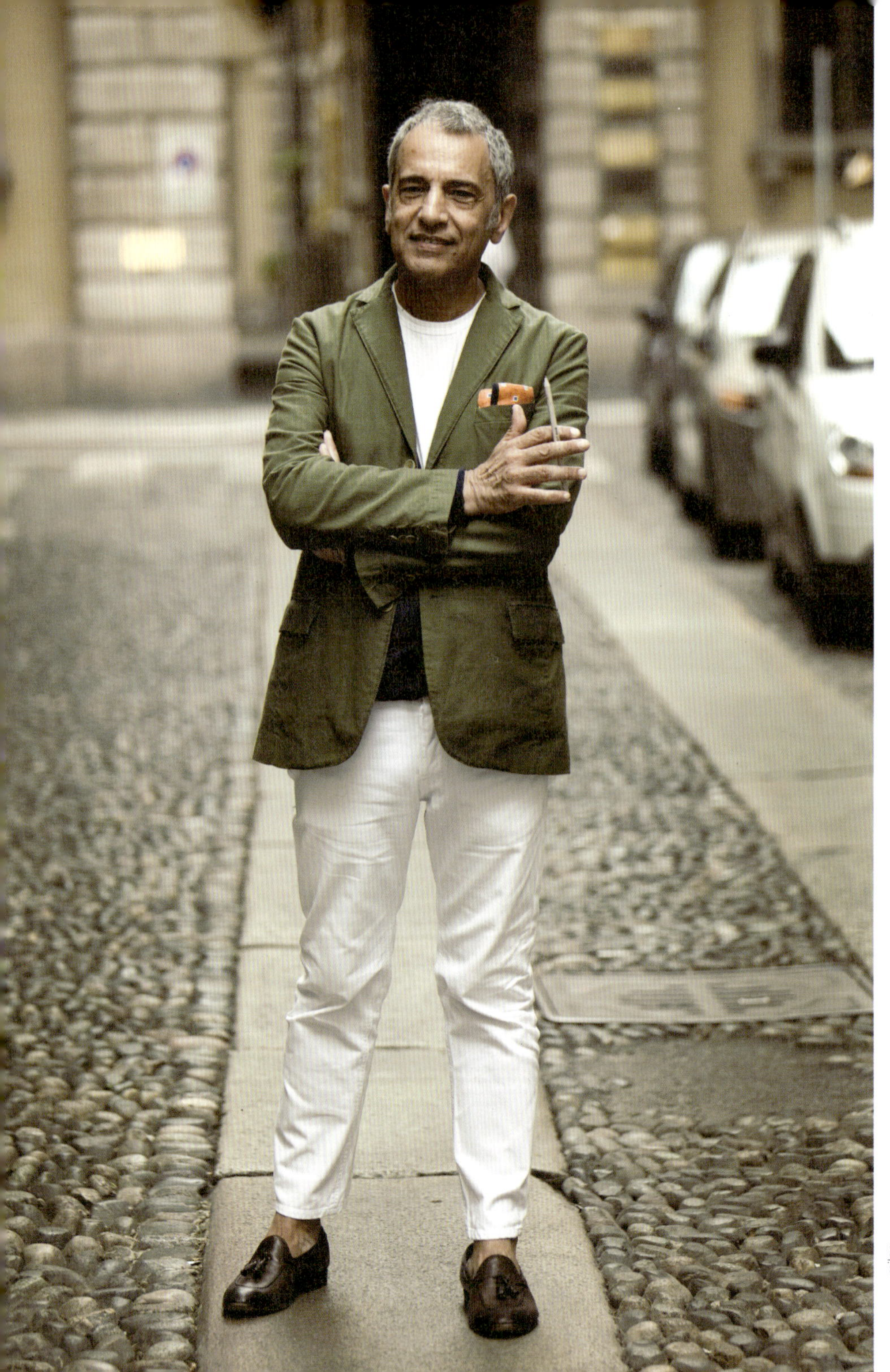

milan

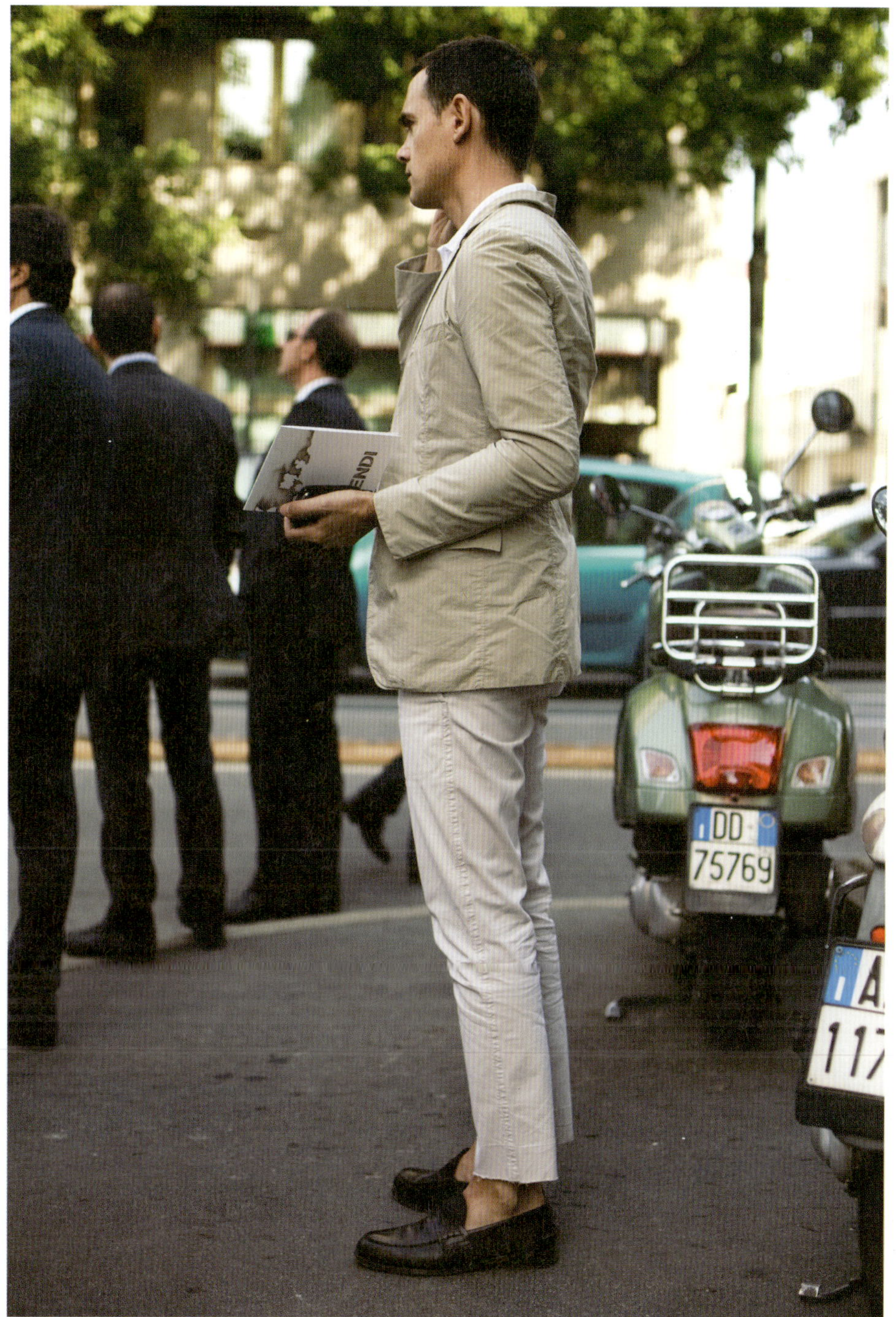

ENDI
DD
75769
A
117

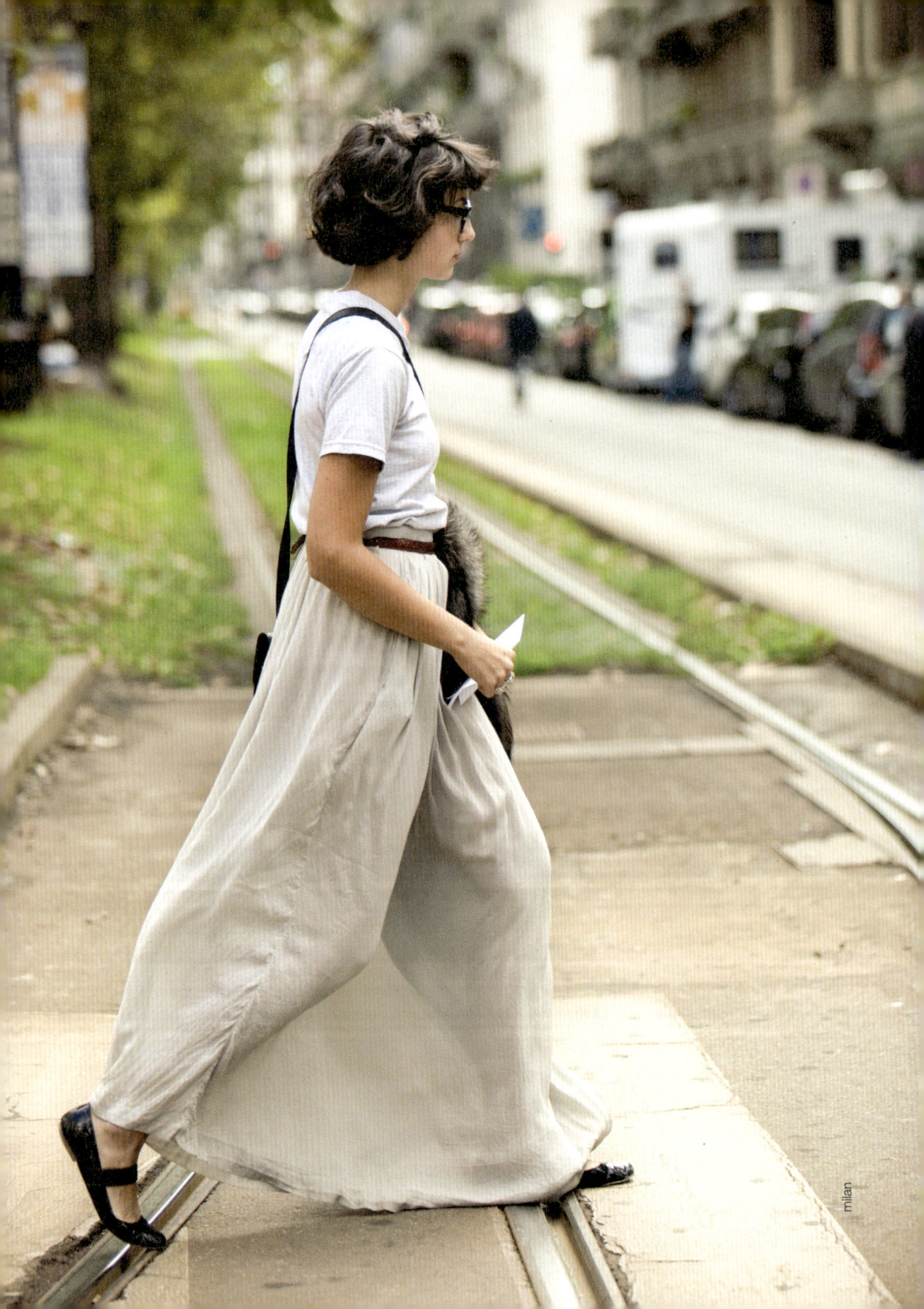
milan

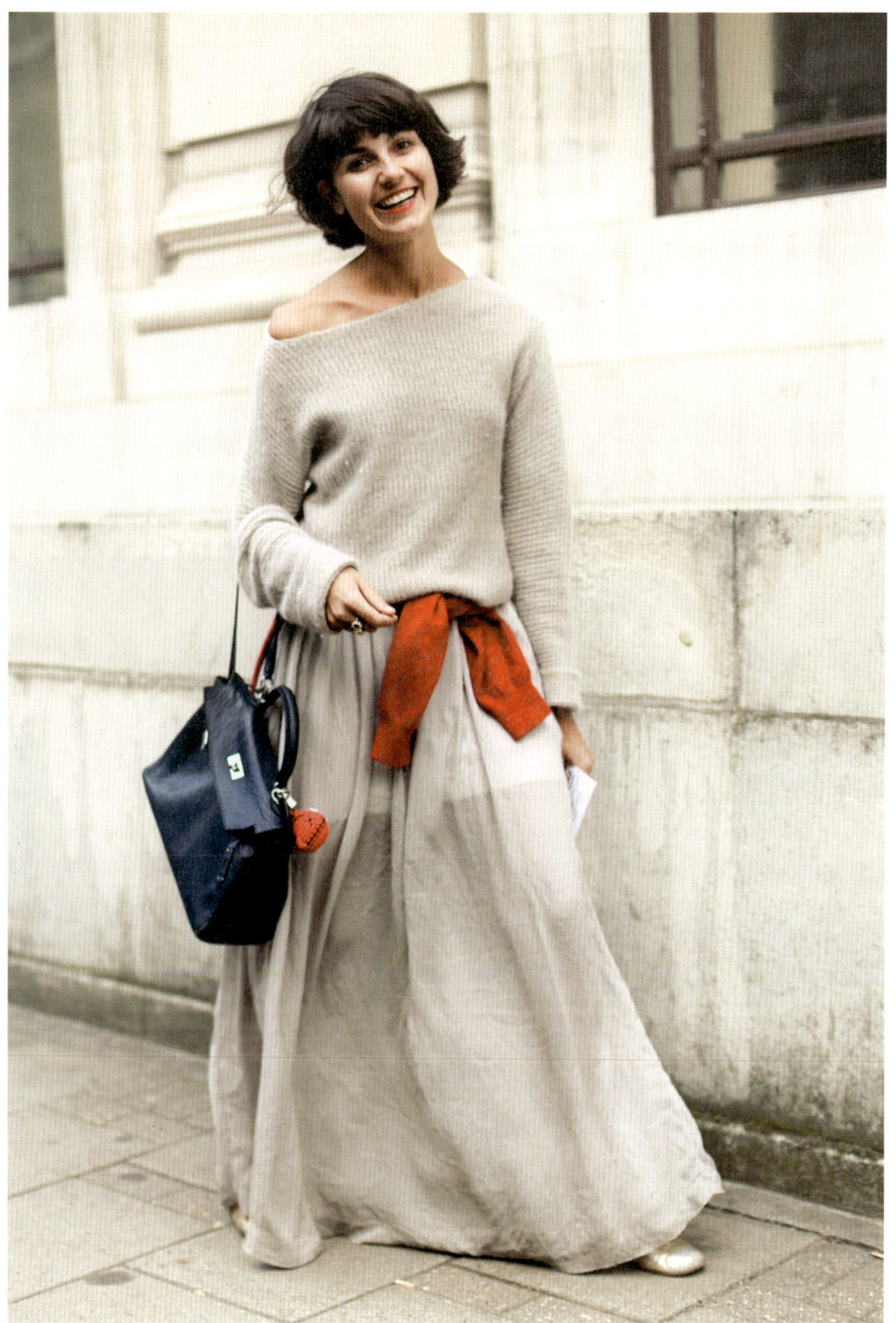

london

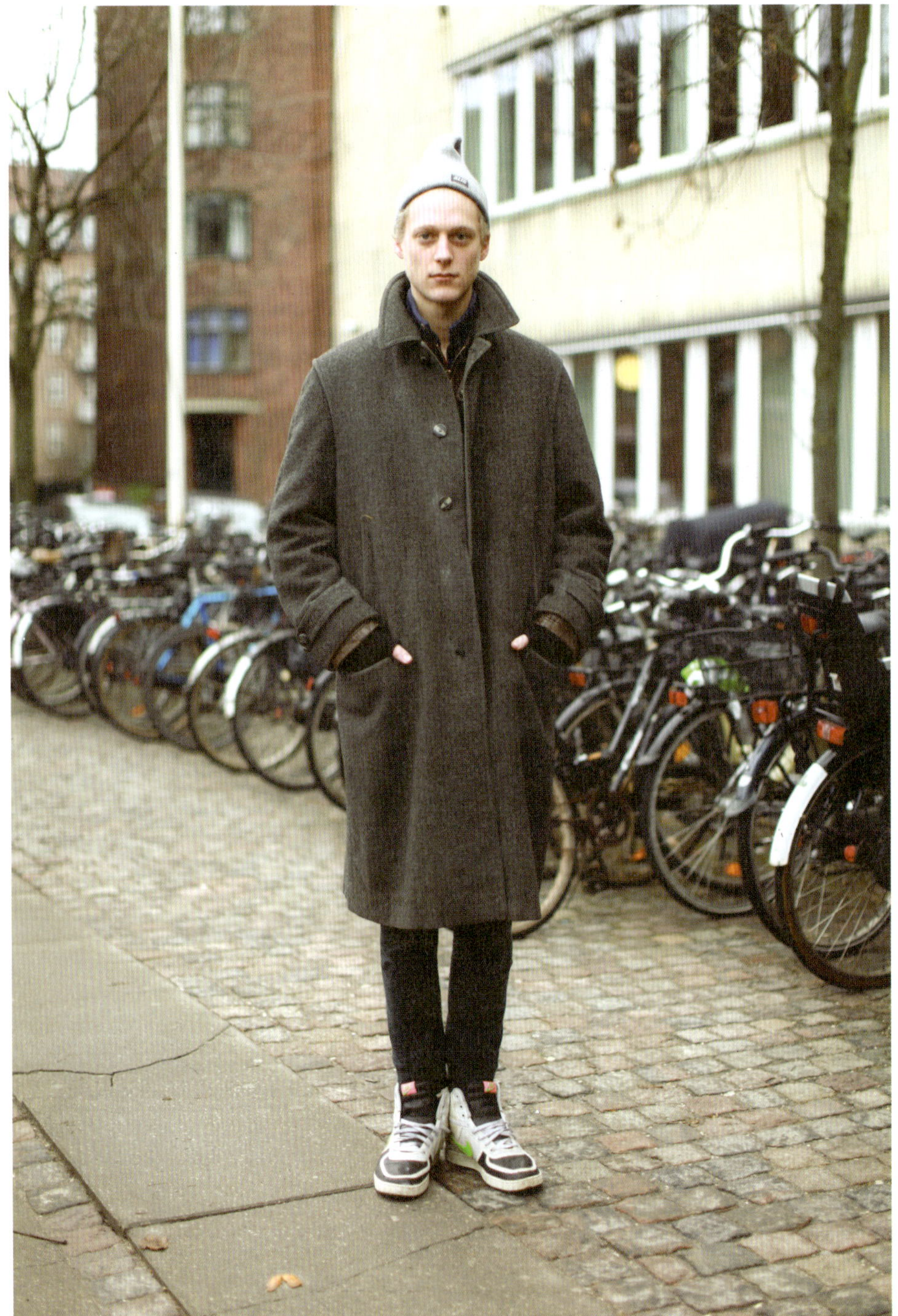

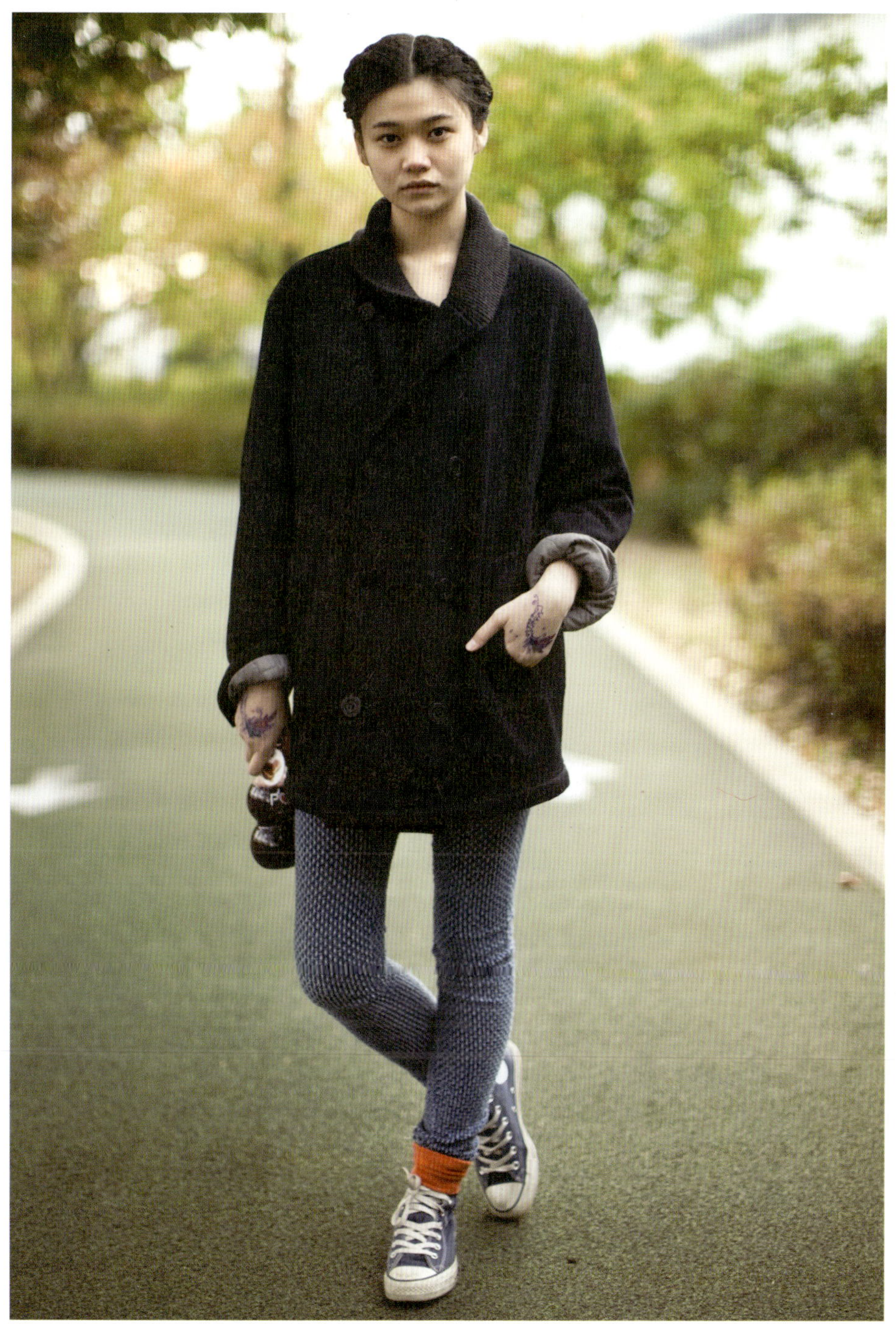

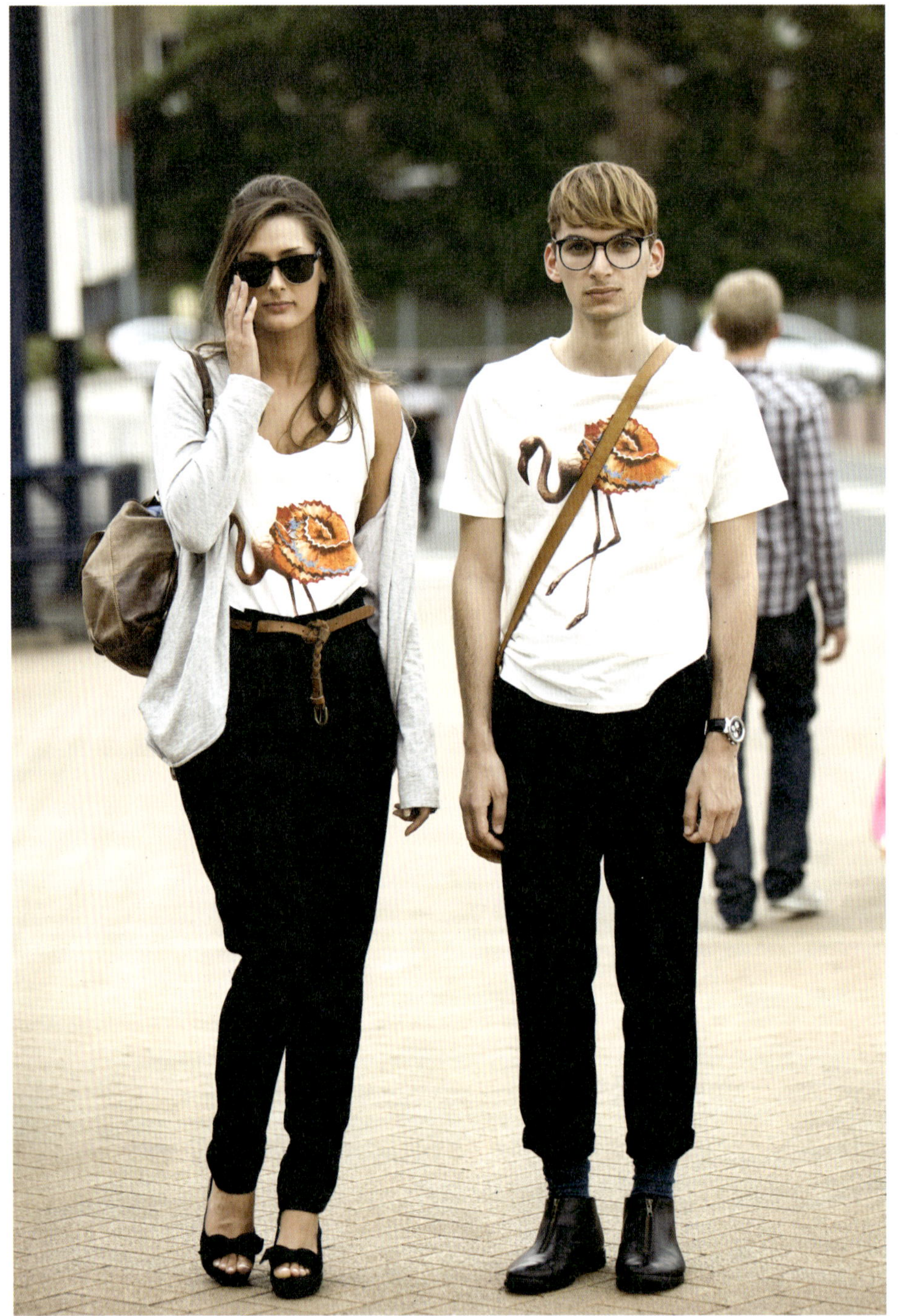

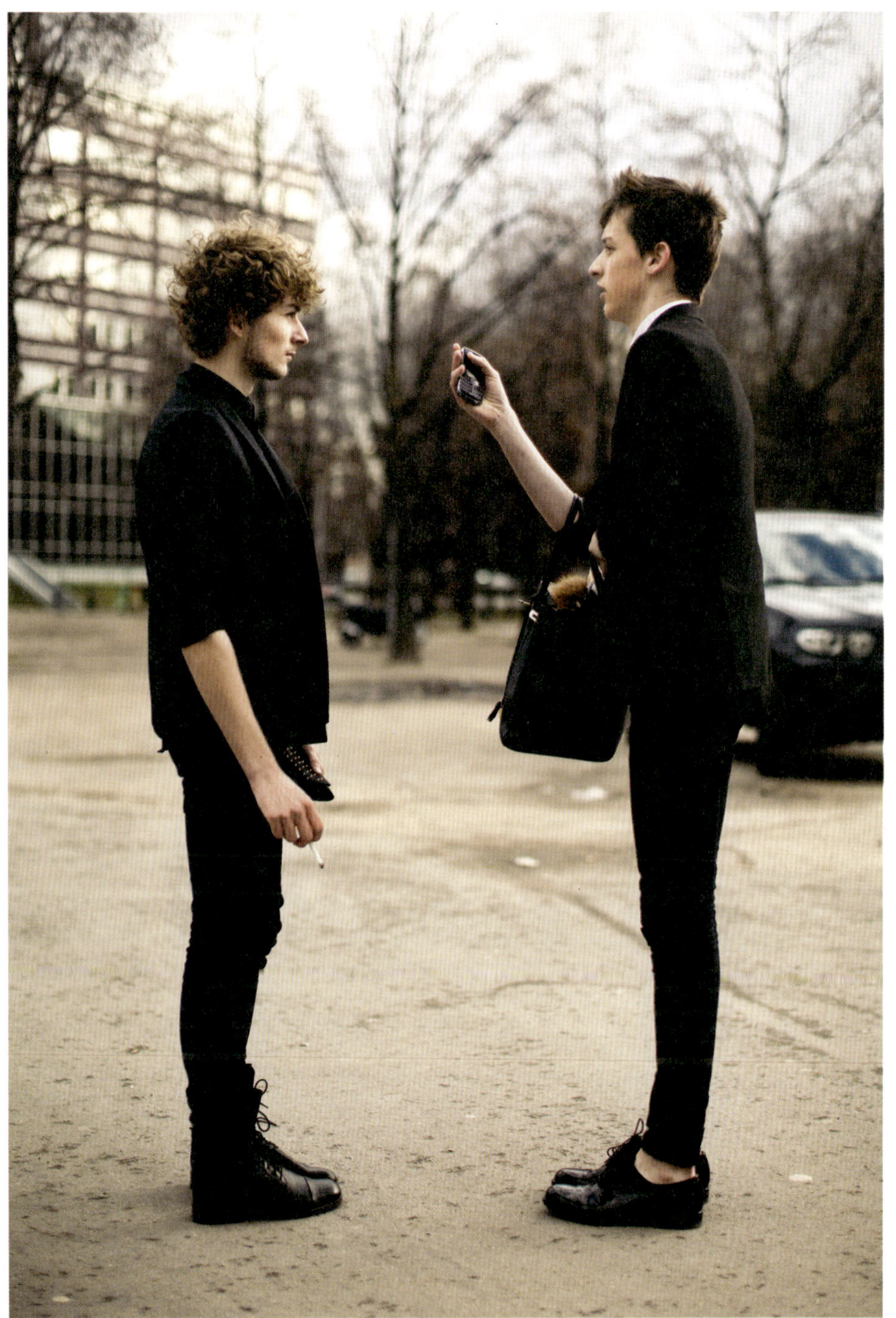

paris

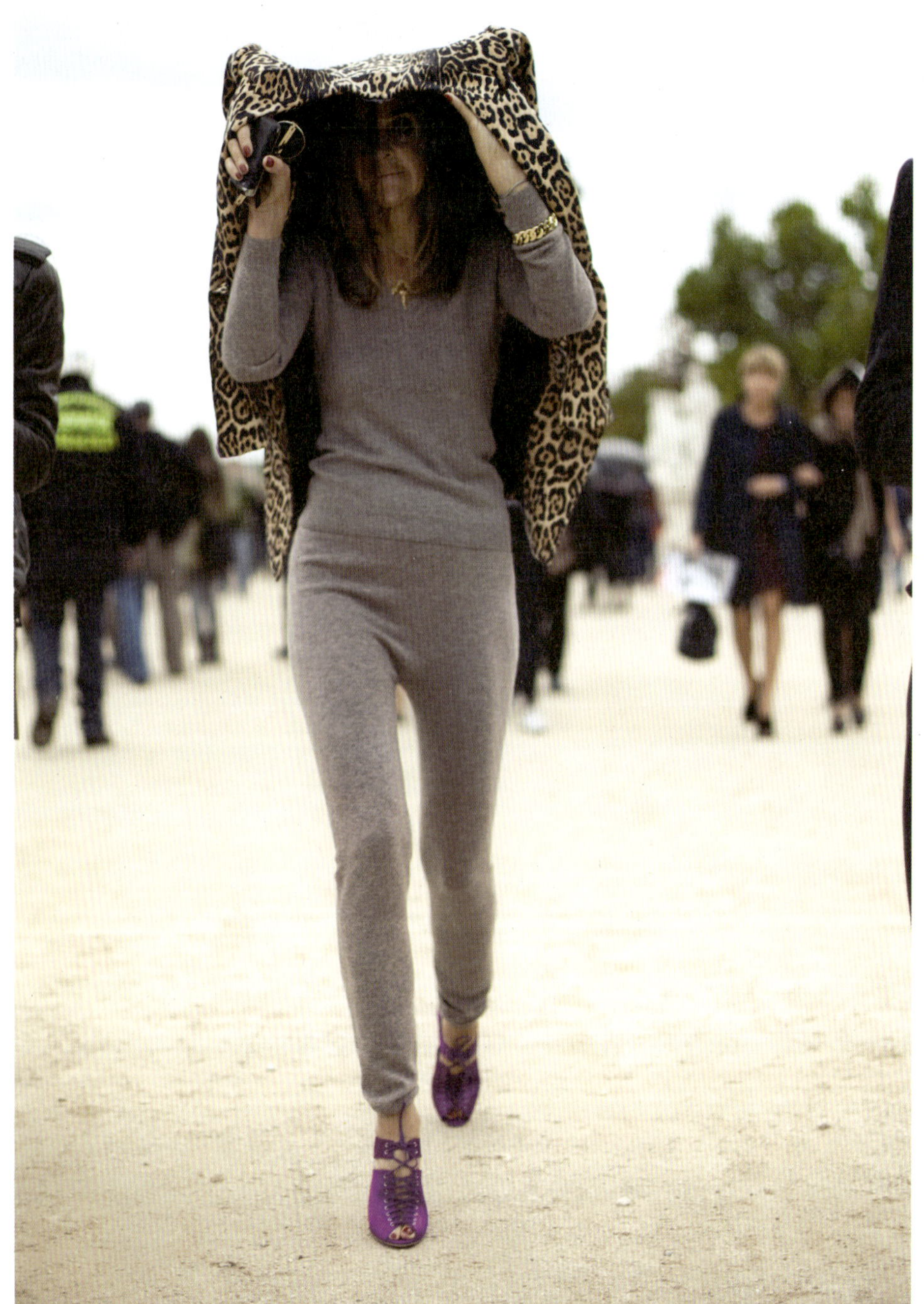

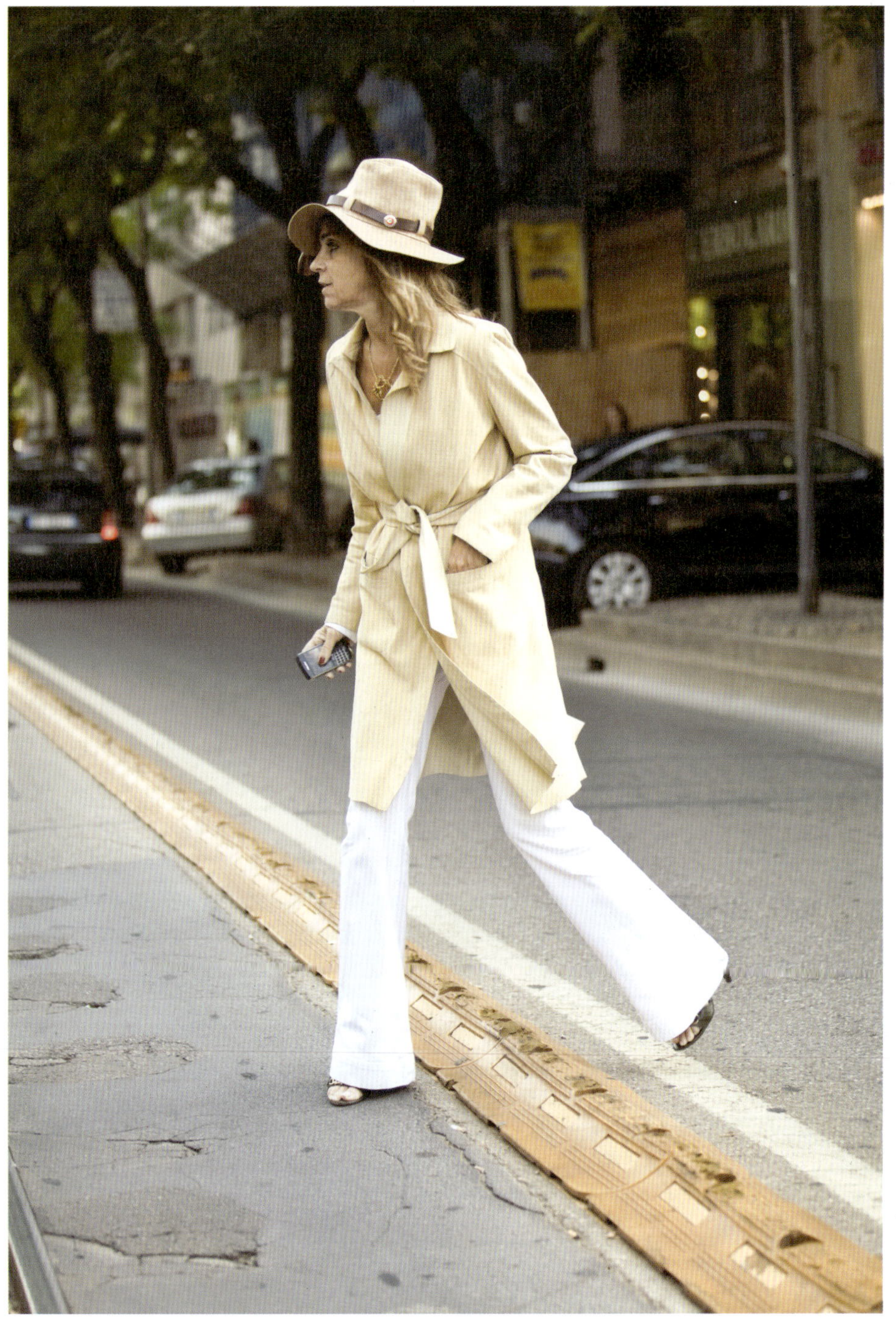
milan

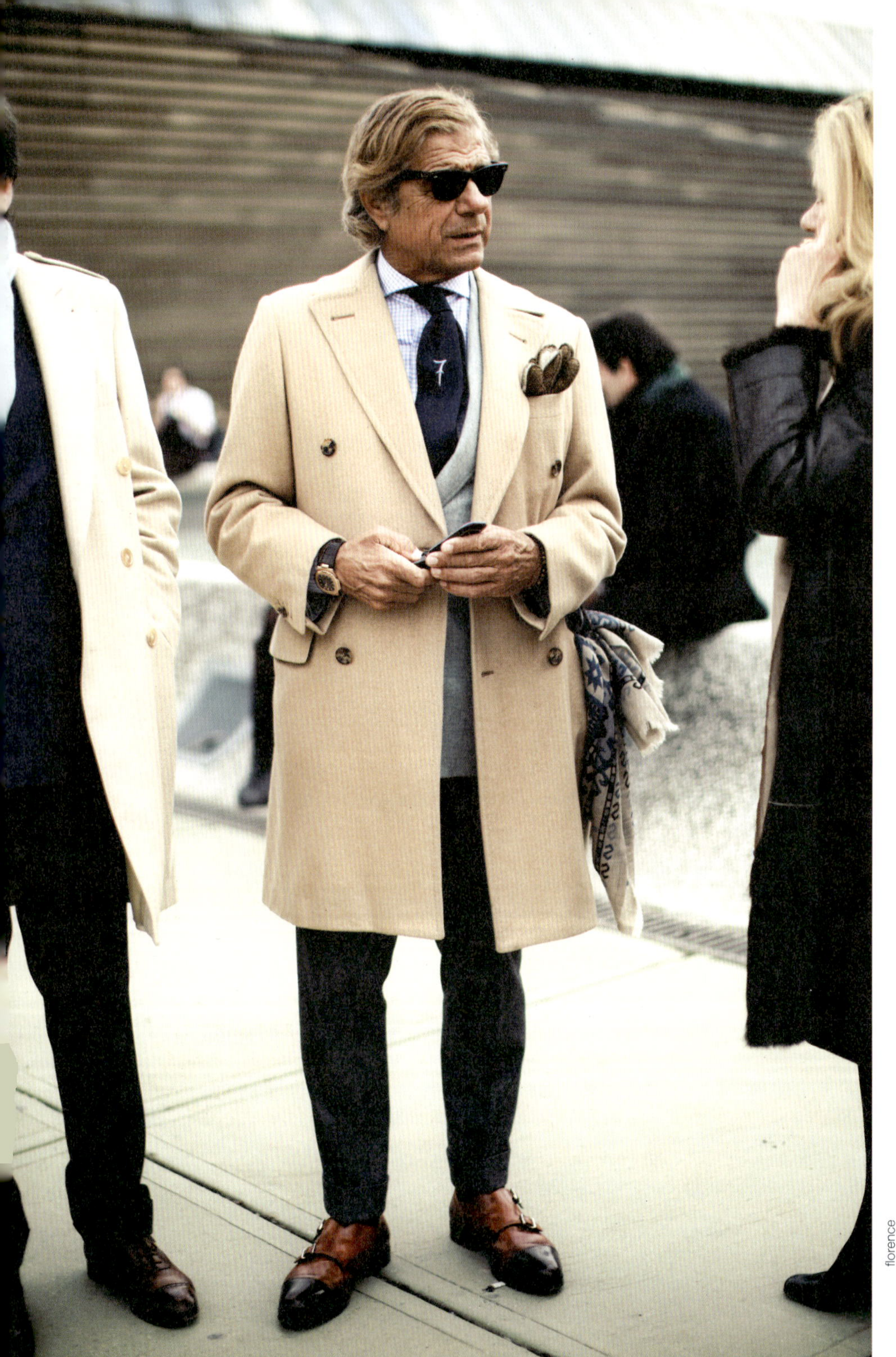

florence

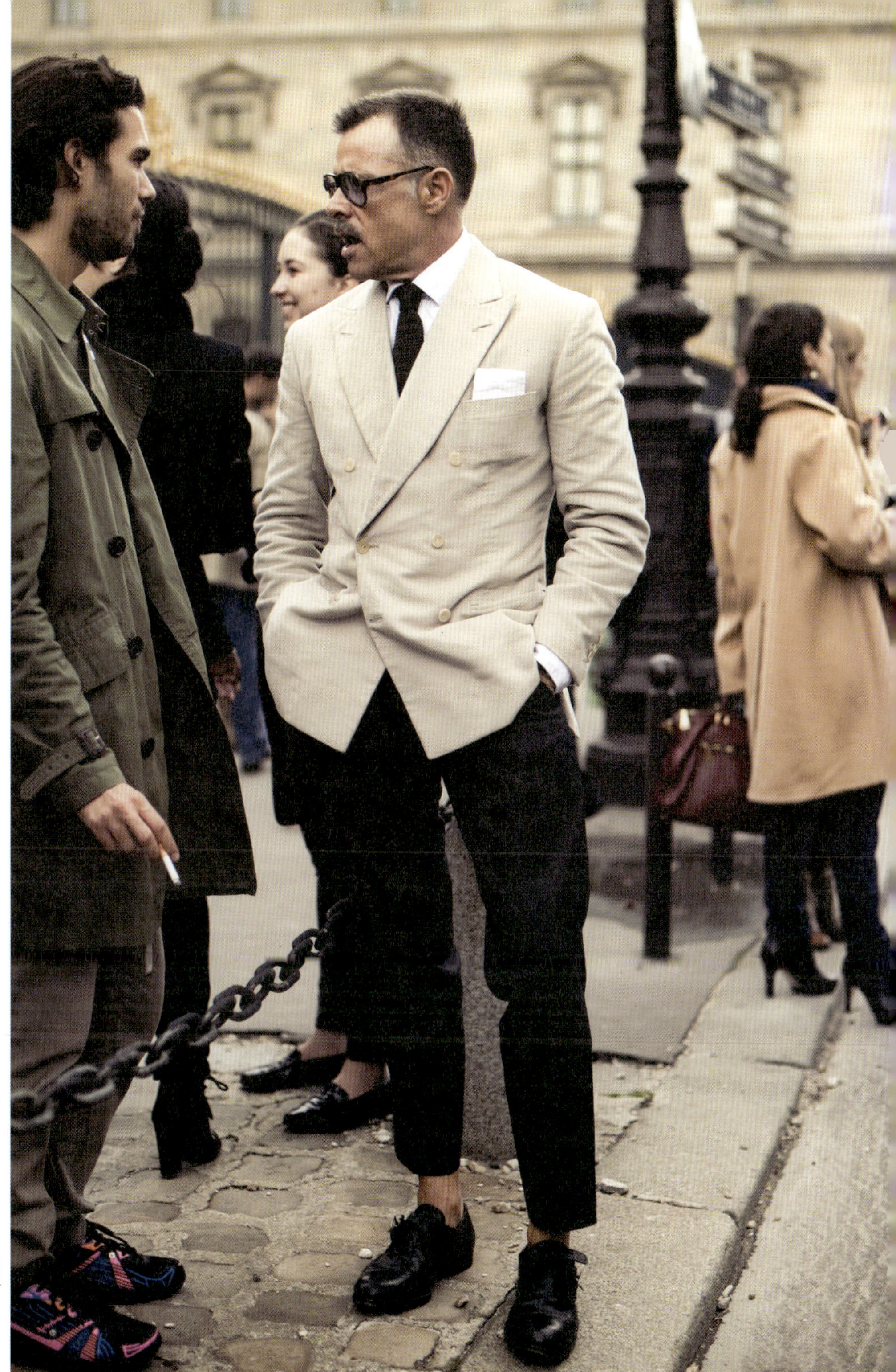

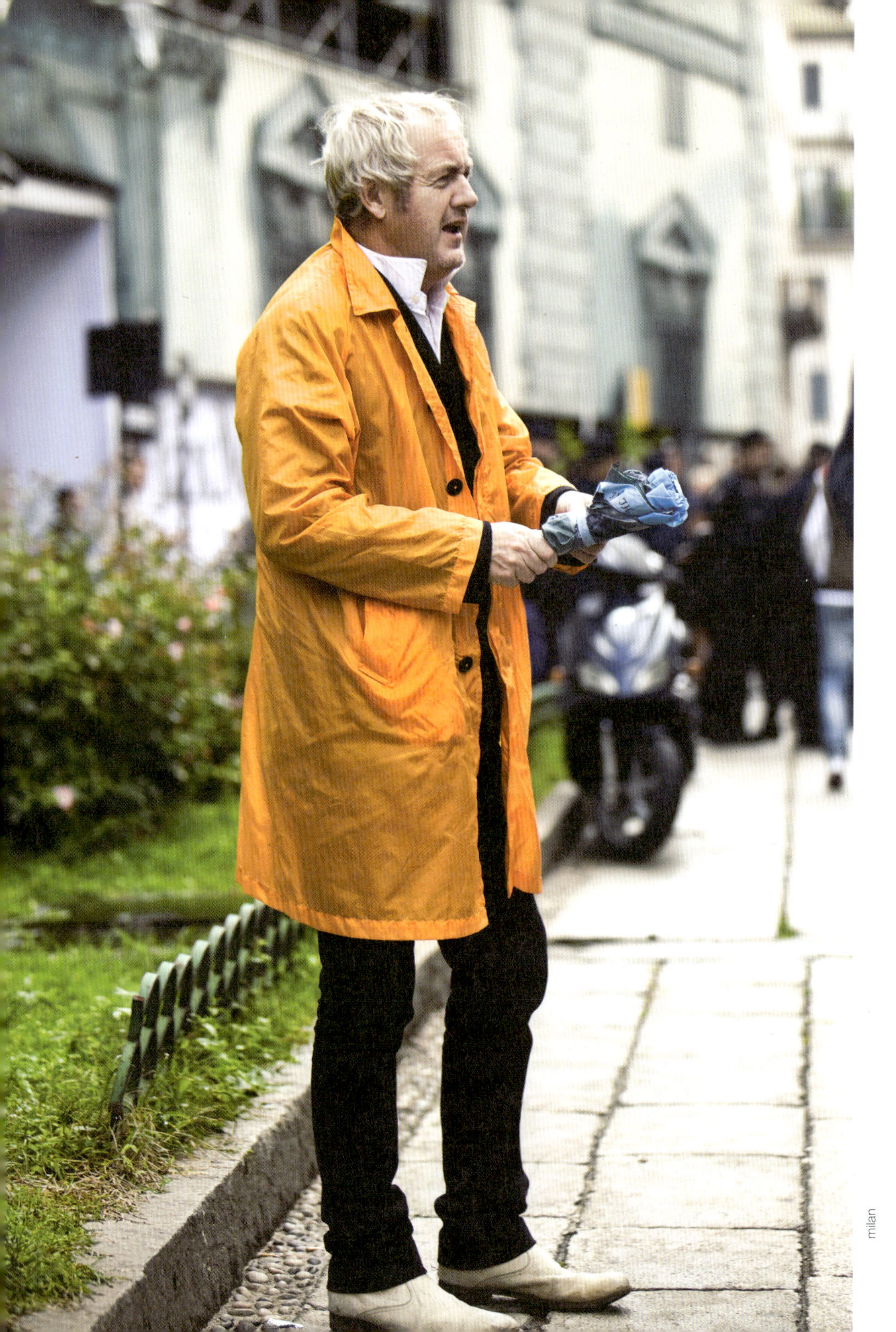

milan

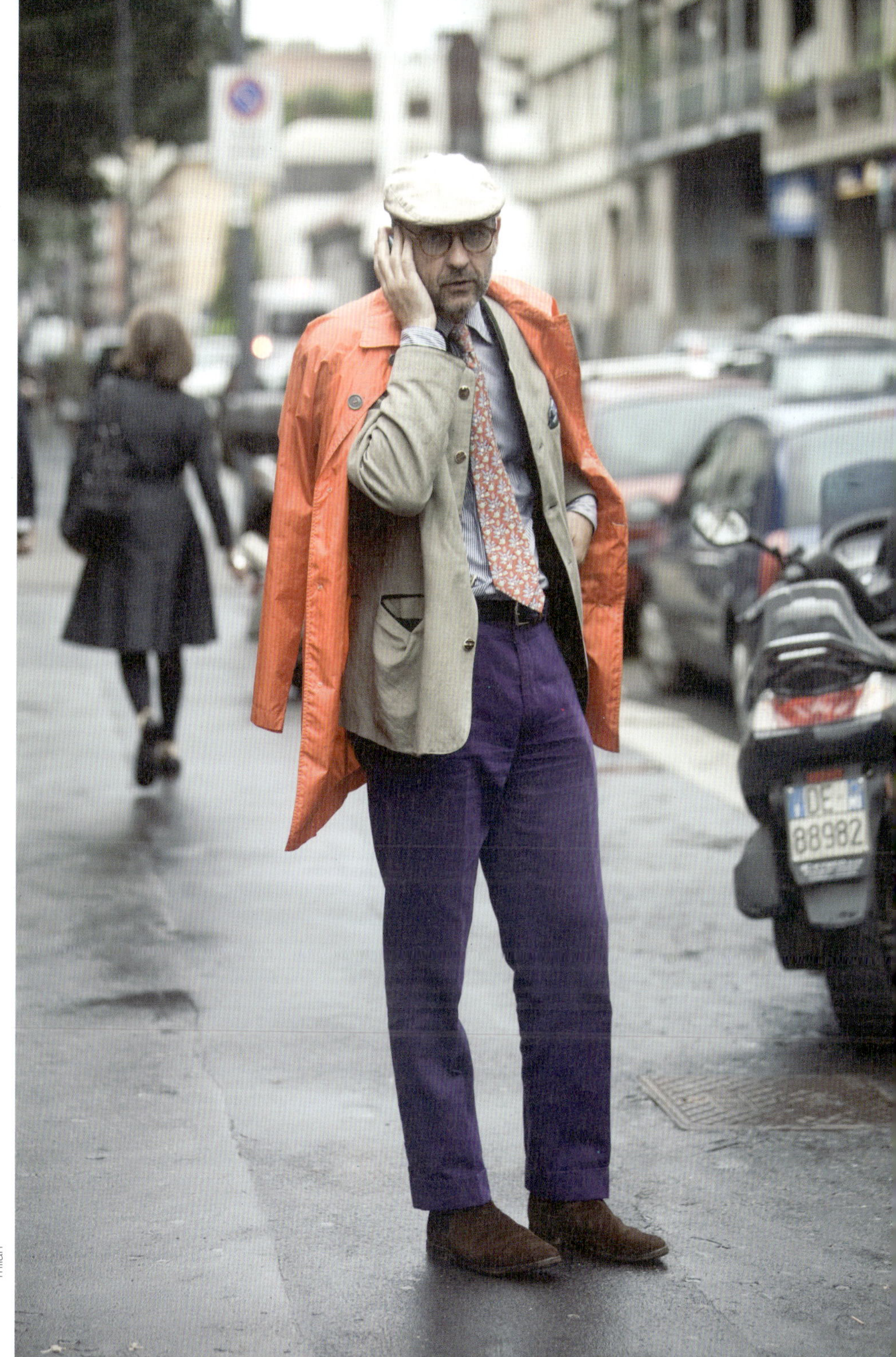

milan

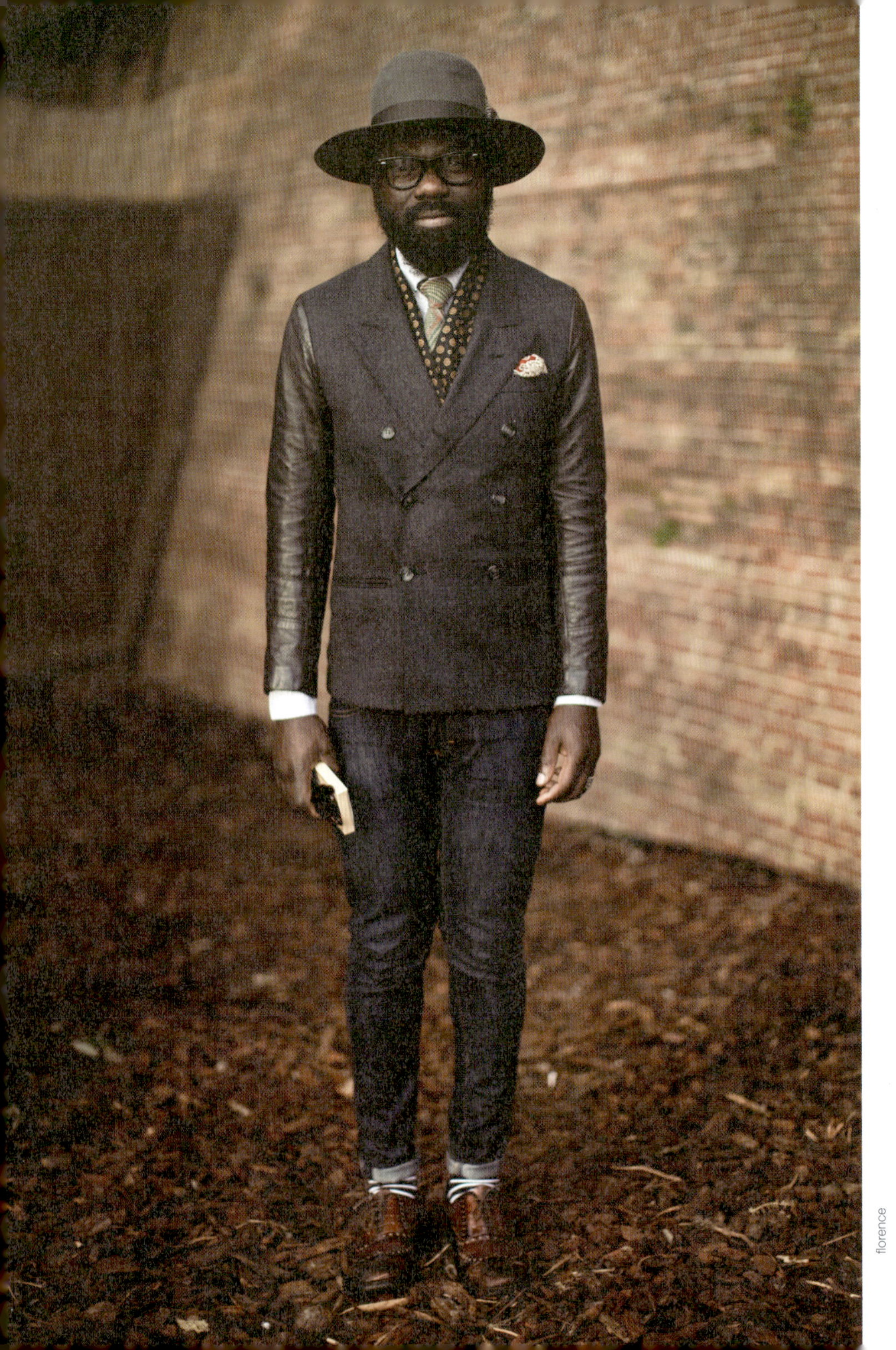

florence

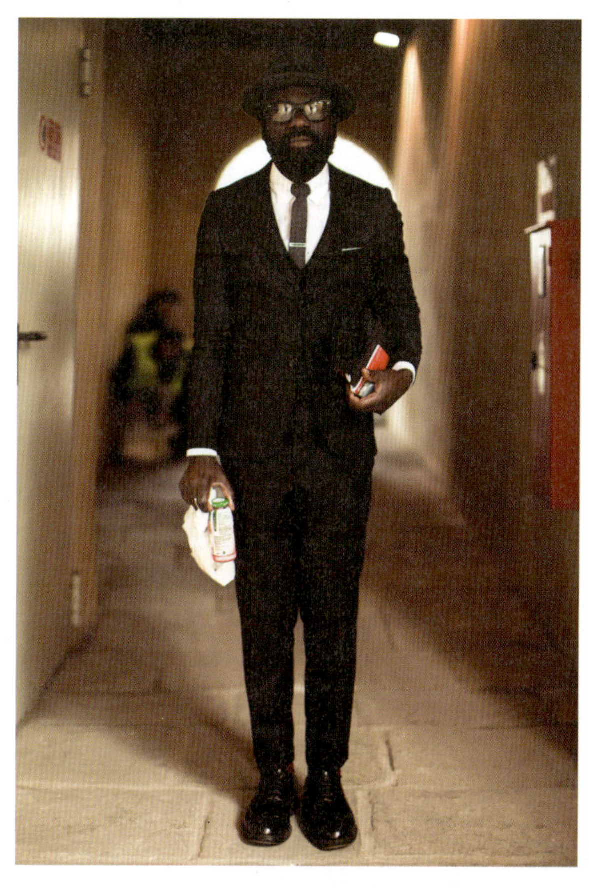

디자이너 샘 램버트 _Sam Lambert_ 는 내가 가장 좋아하는 슈트남 중 한 명이고

앞으로도 내 시즌 그의 룩을 담아내는 것은 계고운 미션이다.

그는 옷 대부분을 스스로 가공하여 자신만의 스타일로 변형시킨다.

한 치의 오차도 없이 몸을 휘감는 그의 비인간적인 슈트는 차려자세로 사진을 찍지

않으면 안 될 것 같아 매번 차려자세를 취하도록 부탁한다. 앞으로는 해외 촬영을 나갈

때마다 그의 스케줄을 메일로 보내달라고 하려는 참이다. 그래야만 그의 비인간적

스타일을 사계절 내내 빠지지 않고 내 블로그에 선보일 수 있을 테니까.

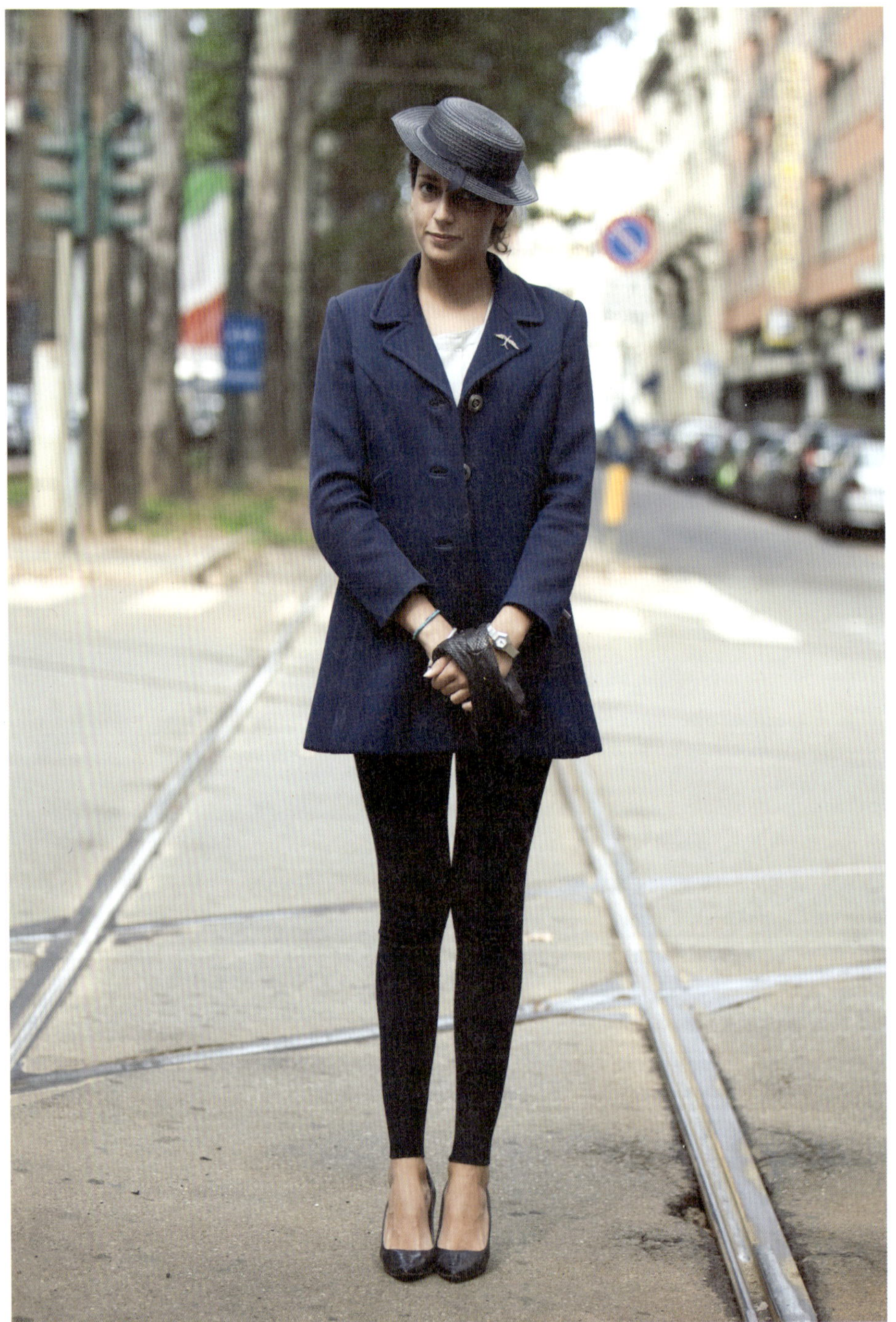

milan

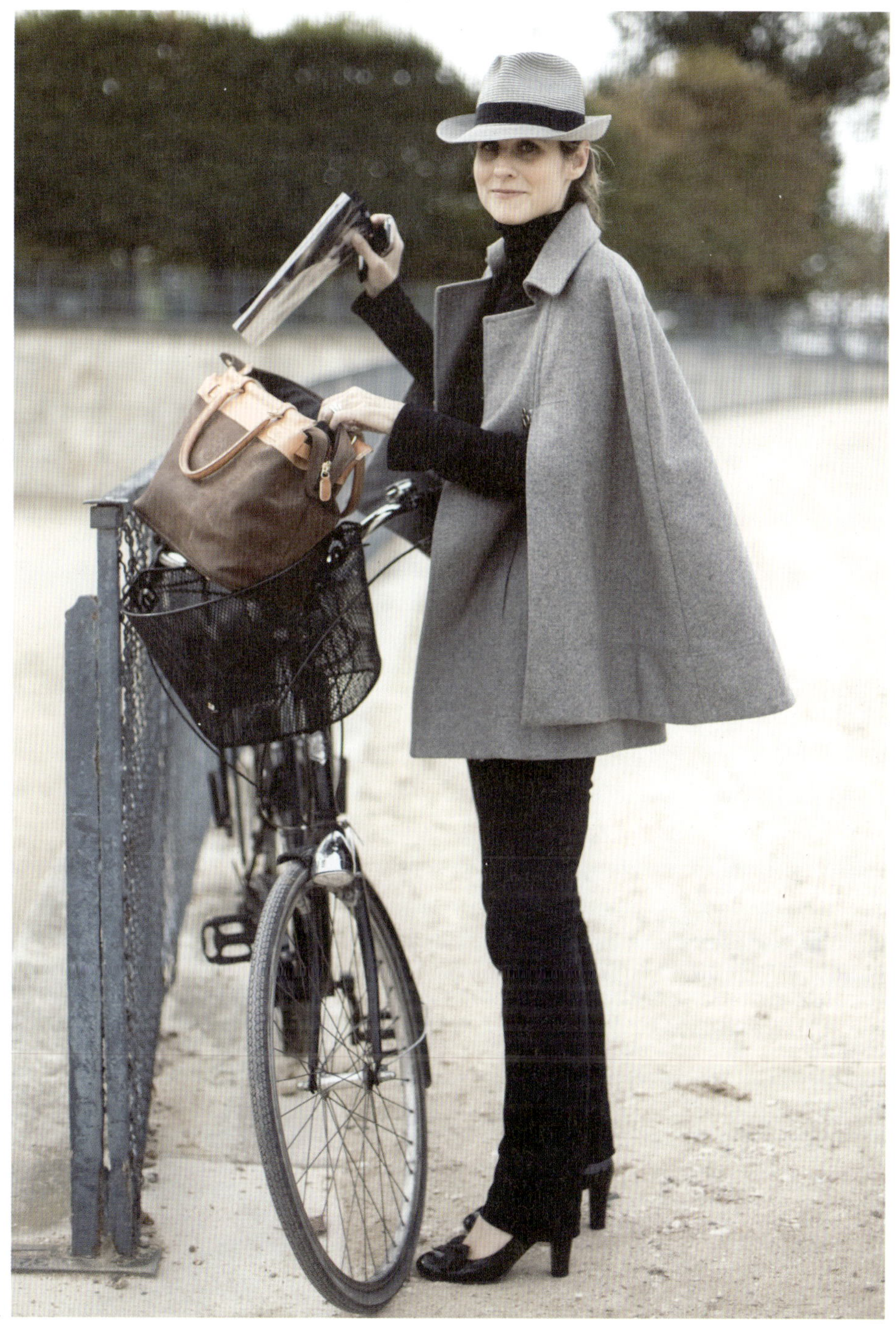

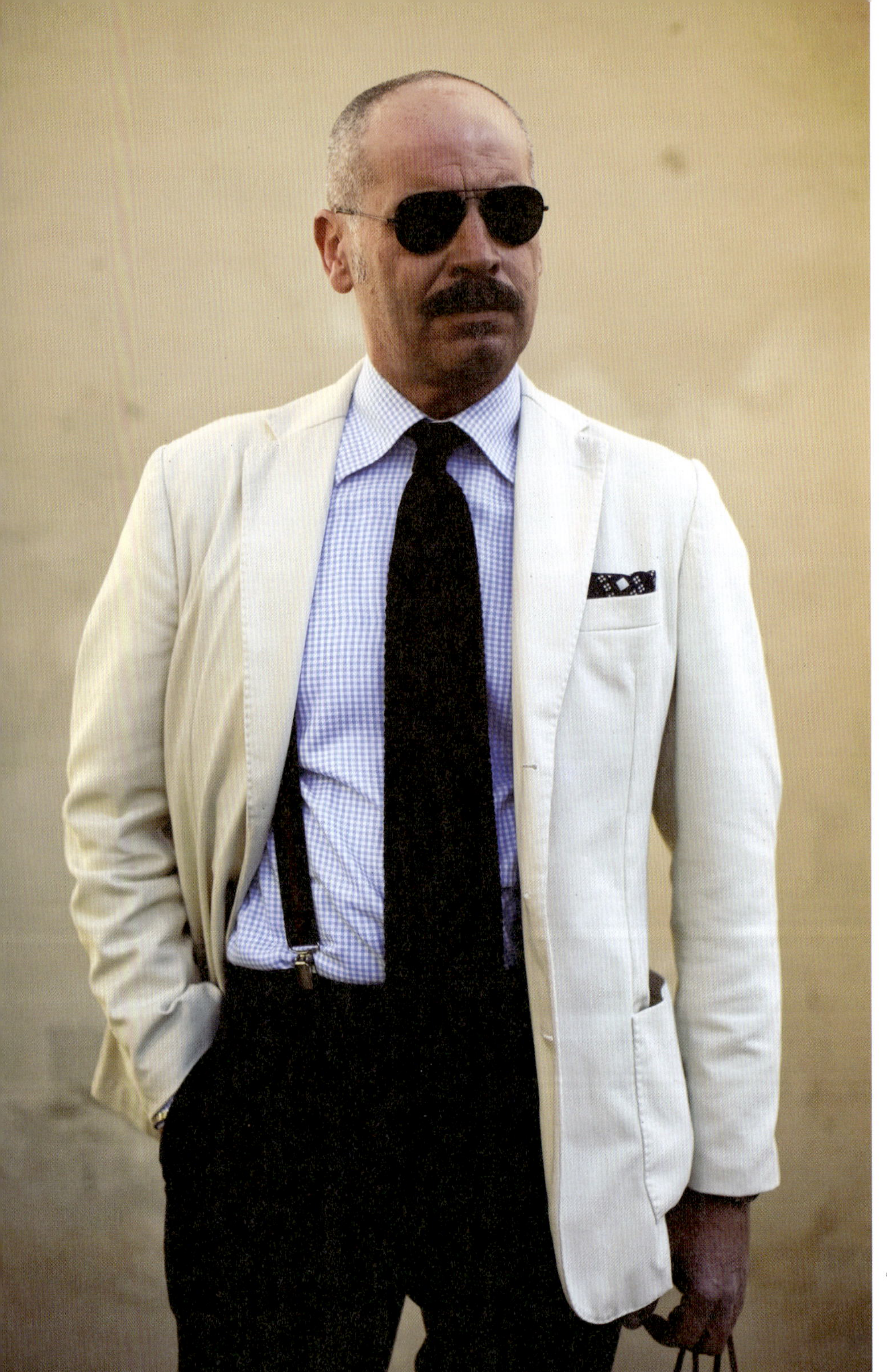

florence

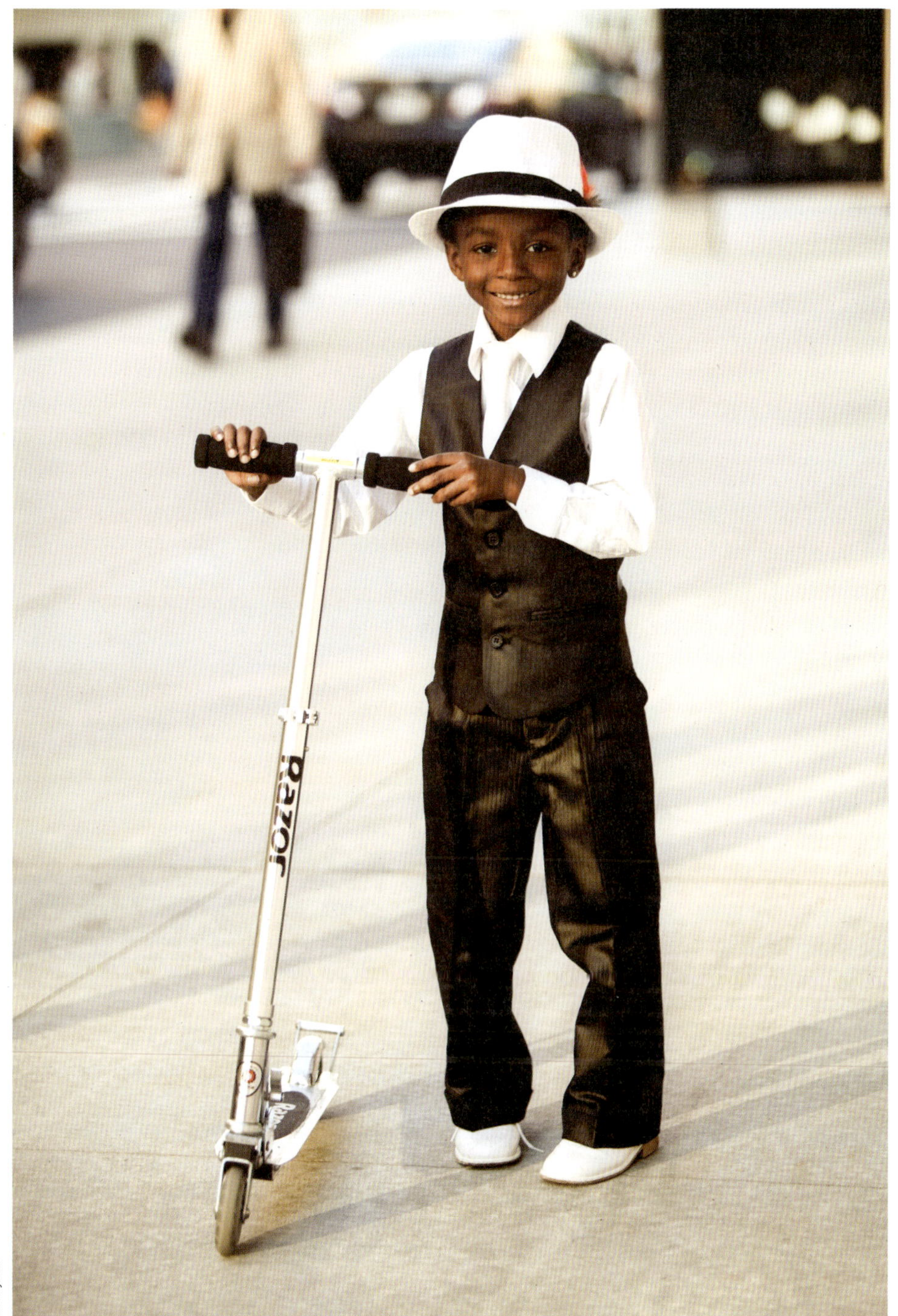

new york

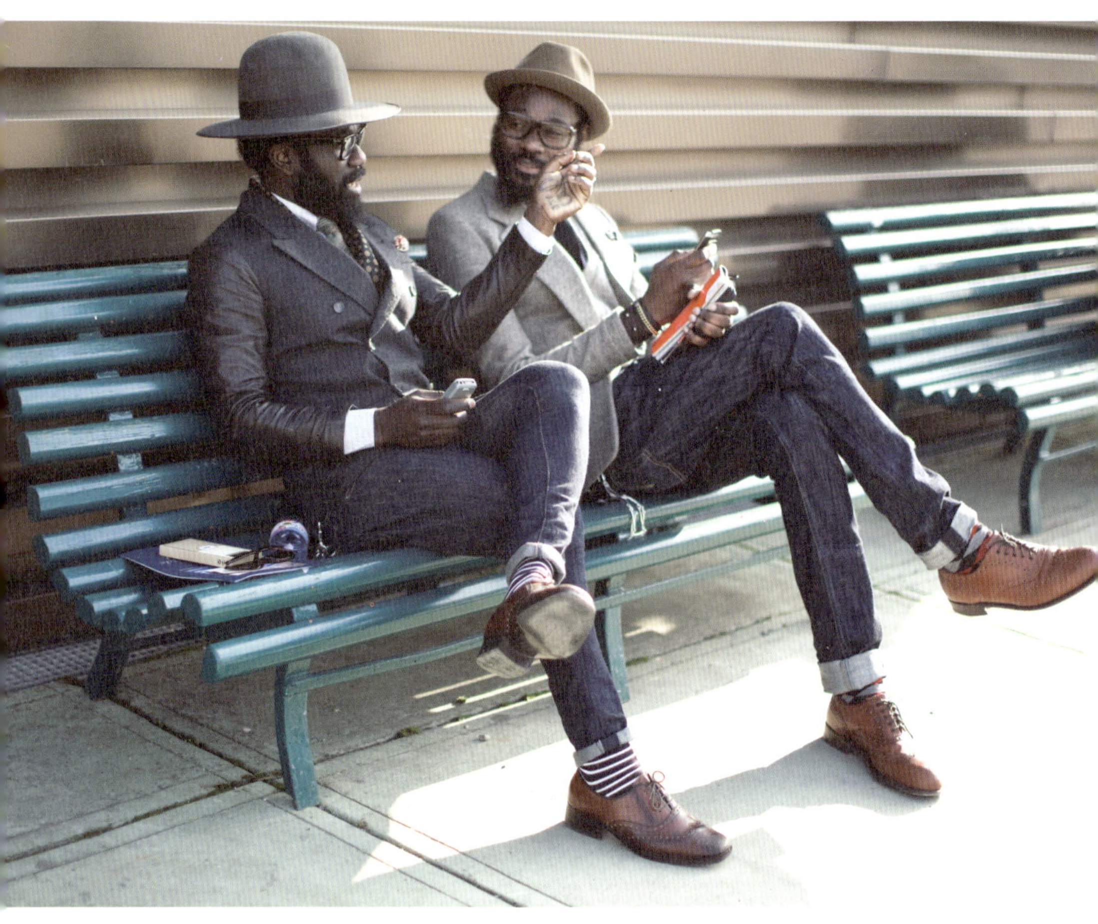

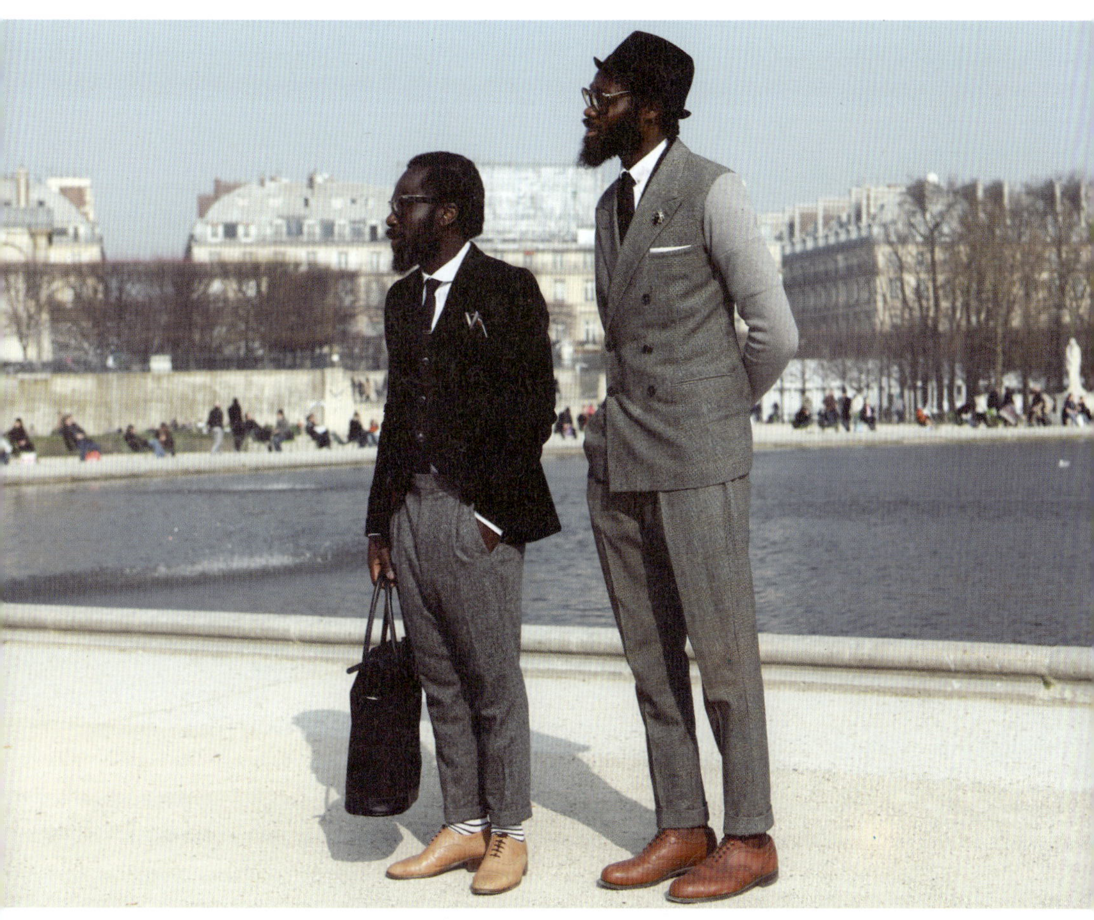

paris

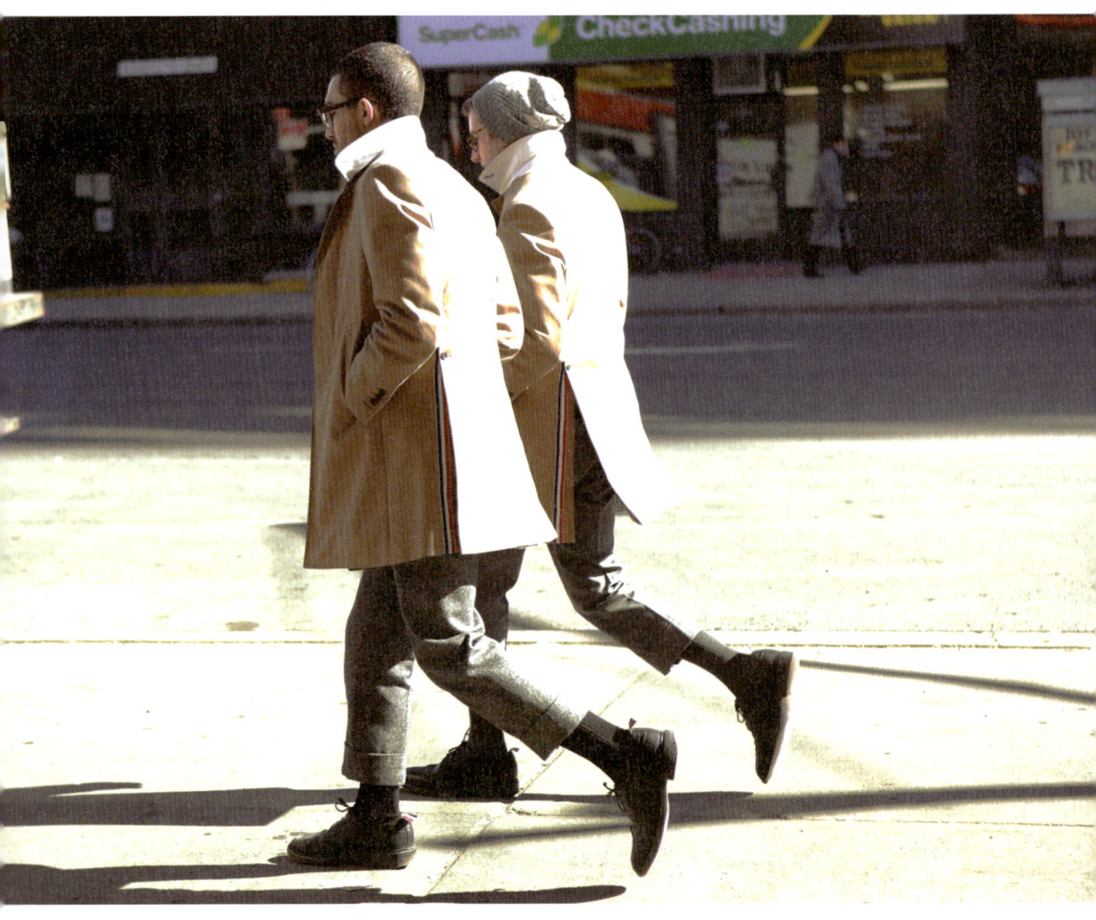

new york

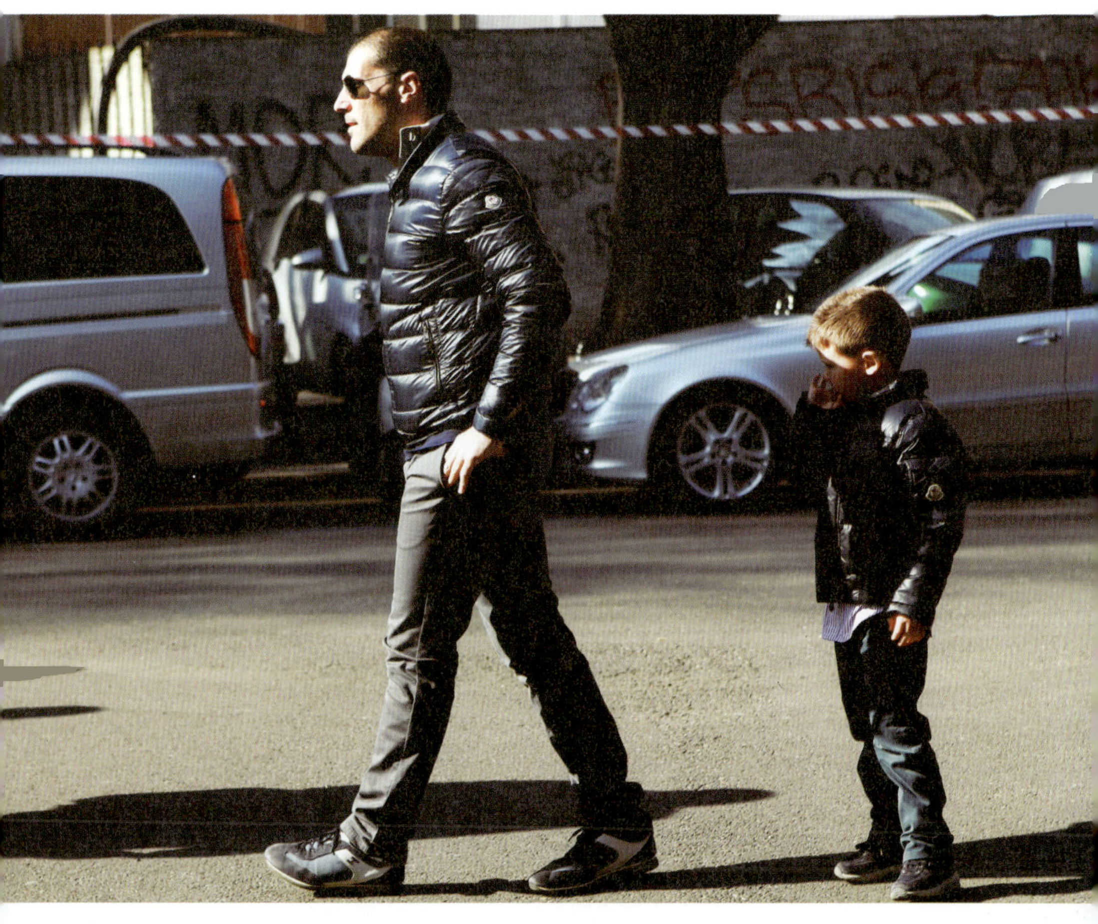

milan

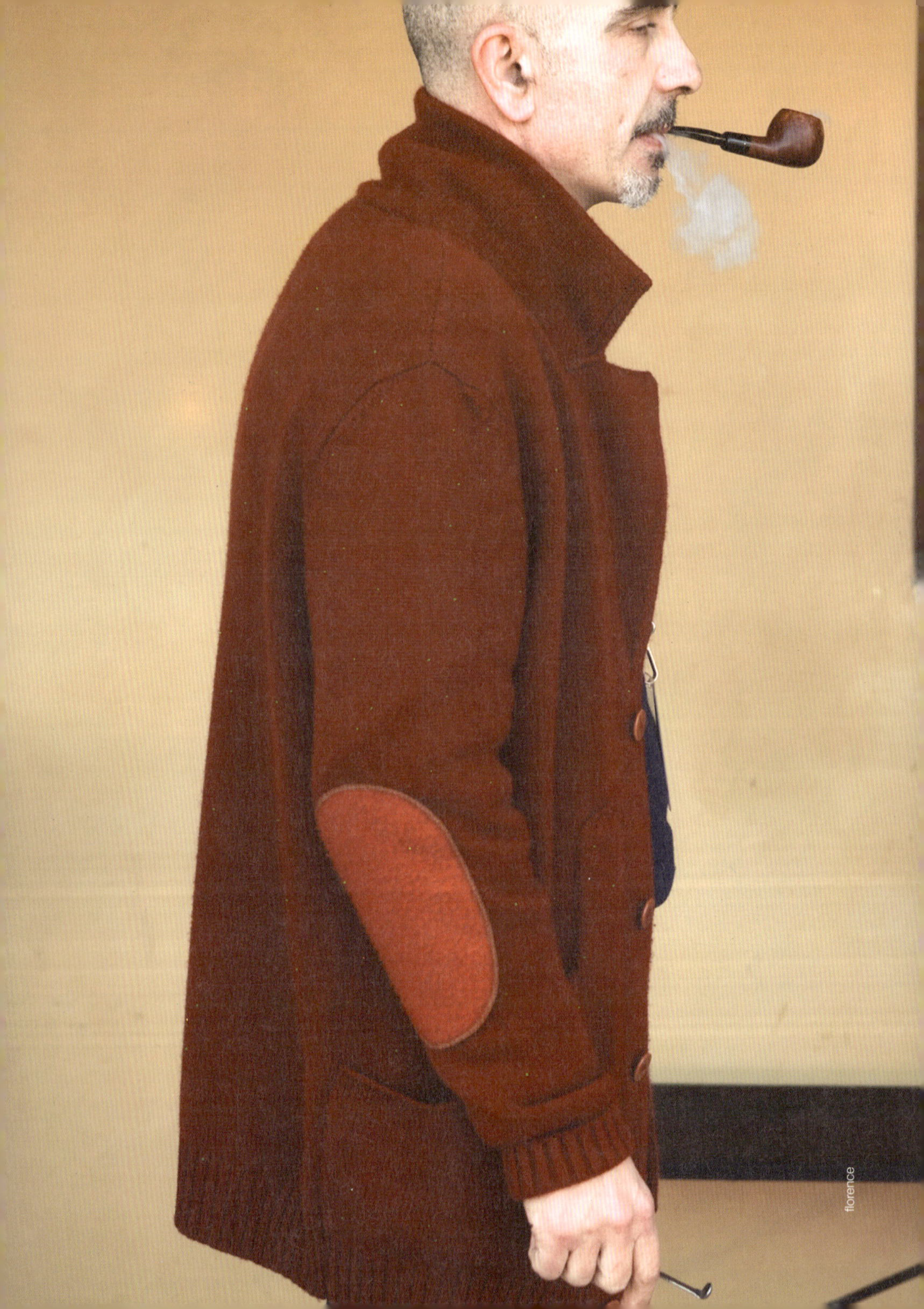
florence

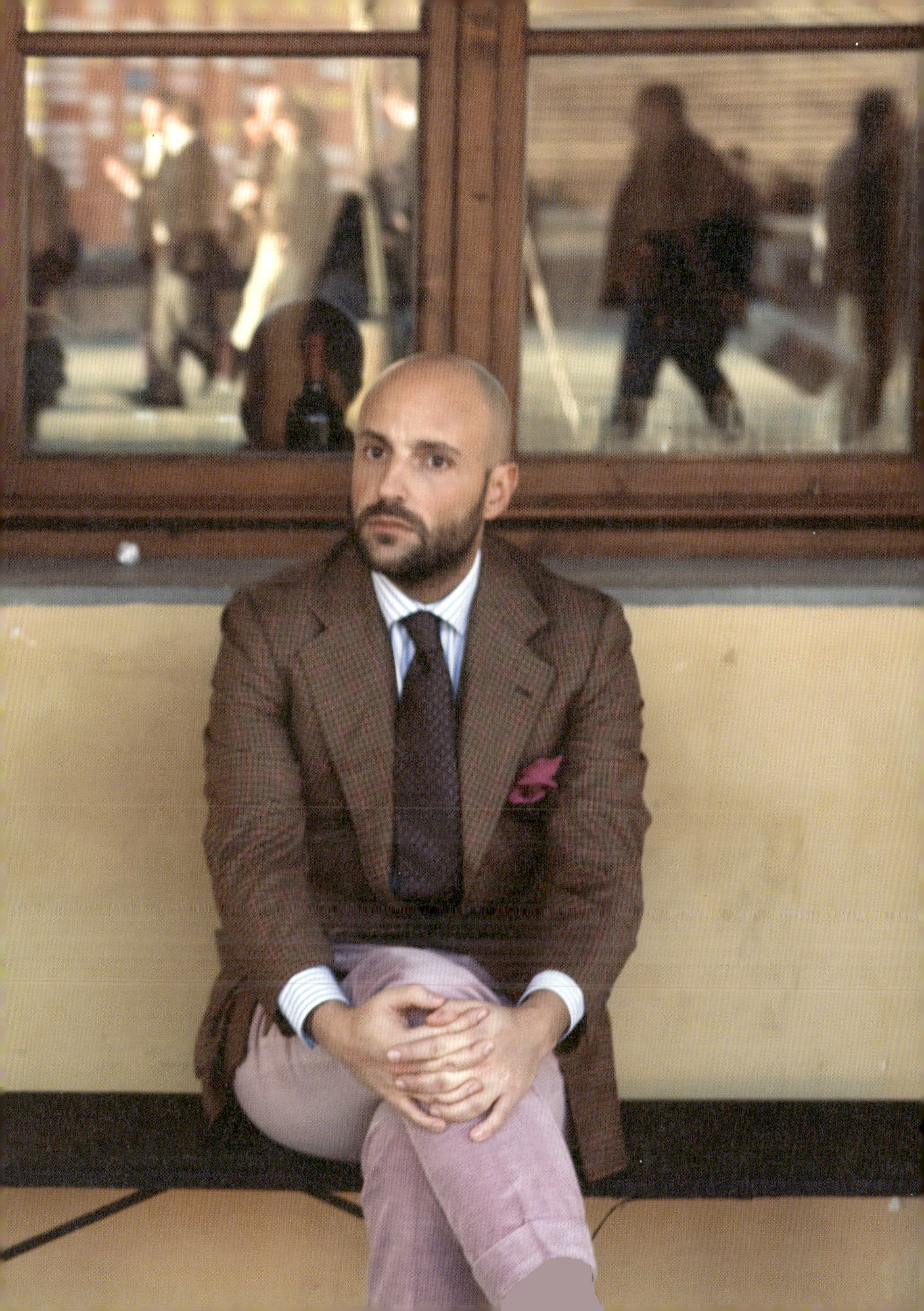

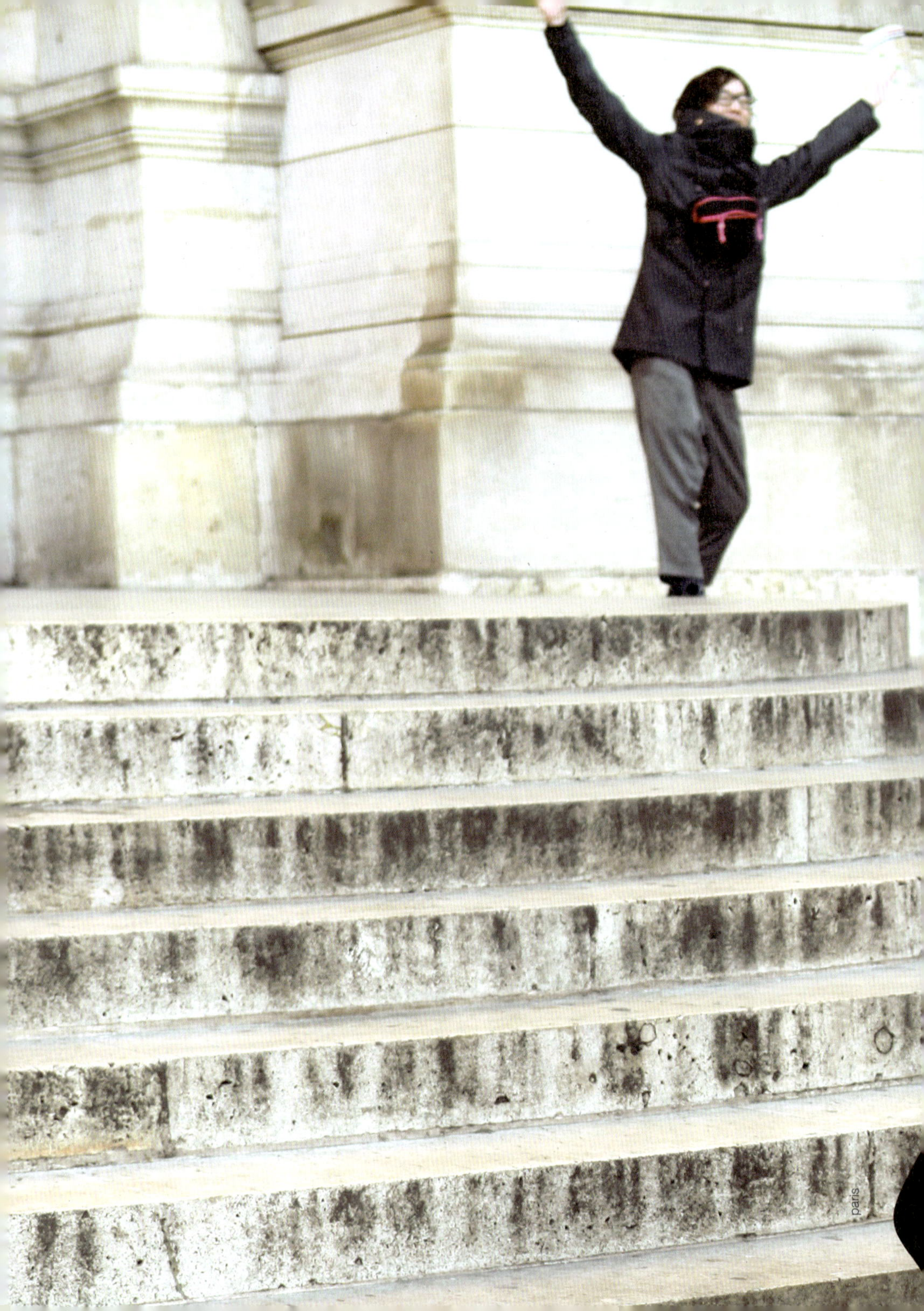
paris

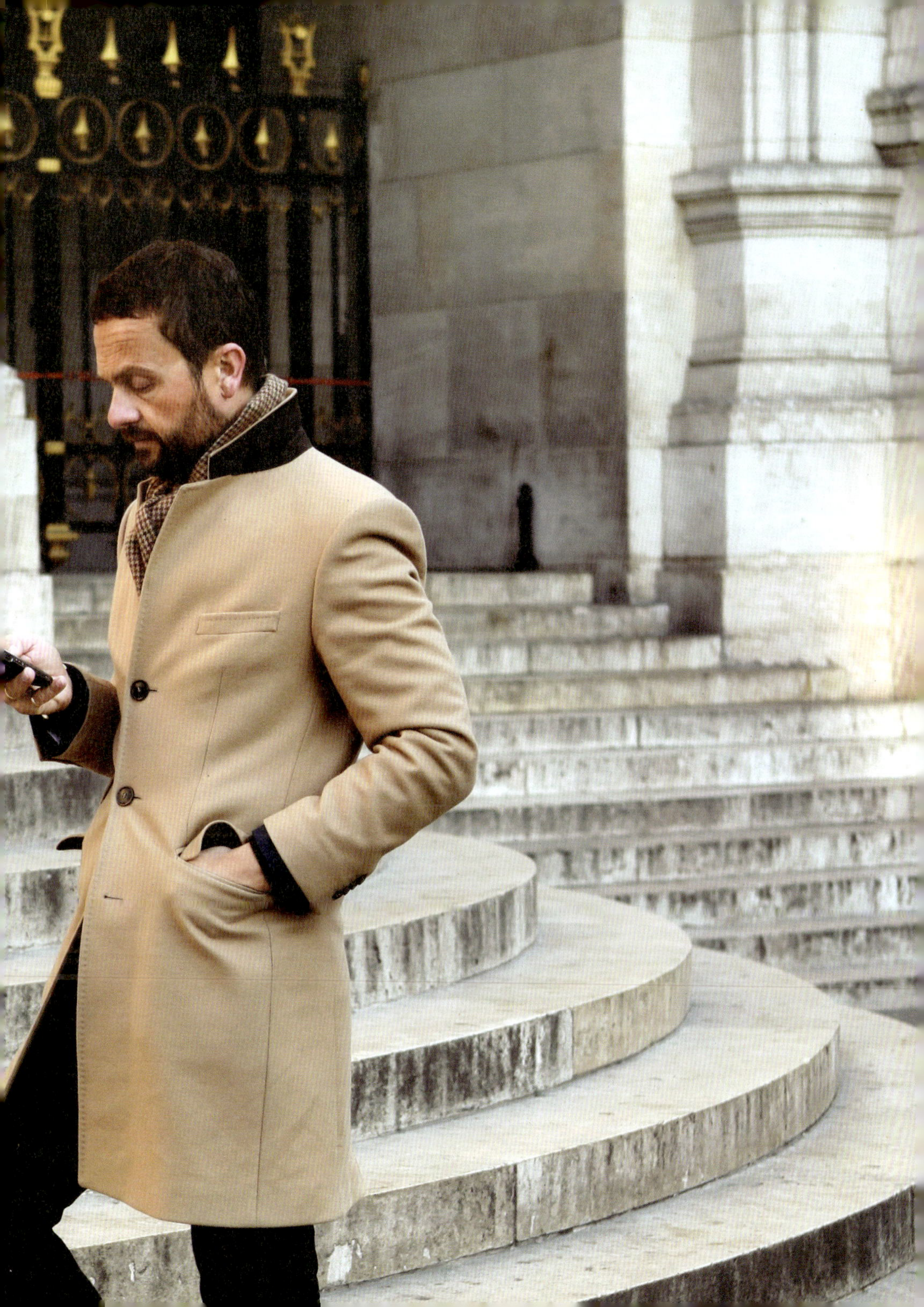

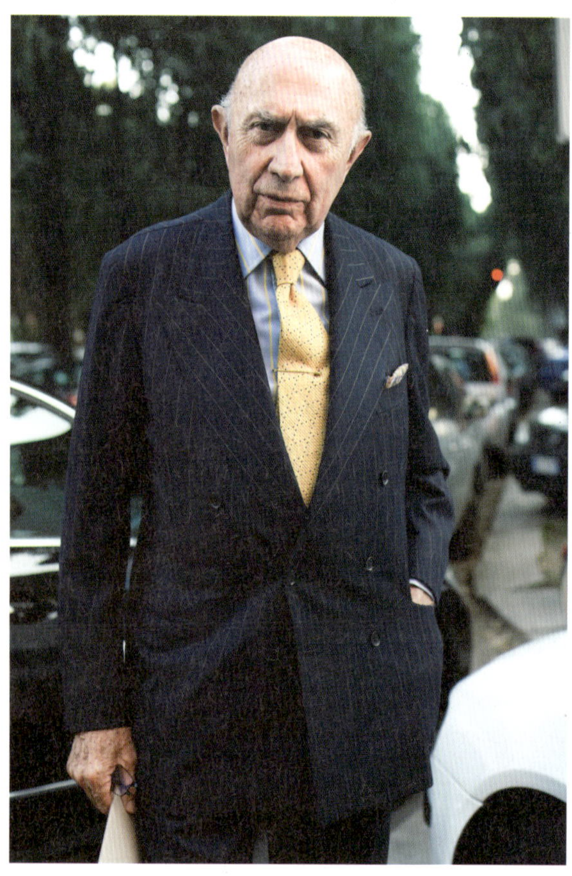

아름답게 나이든다는 것

나이 든 멋쟁이 신사를 사진으로 담아내는 것은 나의 괴상한 취미 중 하나이다. 그들의 모습에는 거짓이 없다.

그들을 마주하면 옷이 보이기보다는, 내면과 외면의 아름다움이 완벽하게 조화를 이룬 전체적인 아우라가 다가온다.

잡지에서는 어리게 보이는 방법들을 가르쳐 주지만 바르게 늙어가는 방법에 대해선 가르쳐 주지 않는다.

이제 우리는 우리 자신에게 솔직해질 필요가 있고, 이들이 말하고 있는 '충고'에 귀 기울일 필요가 있다.

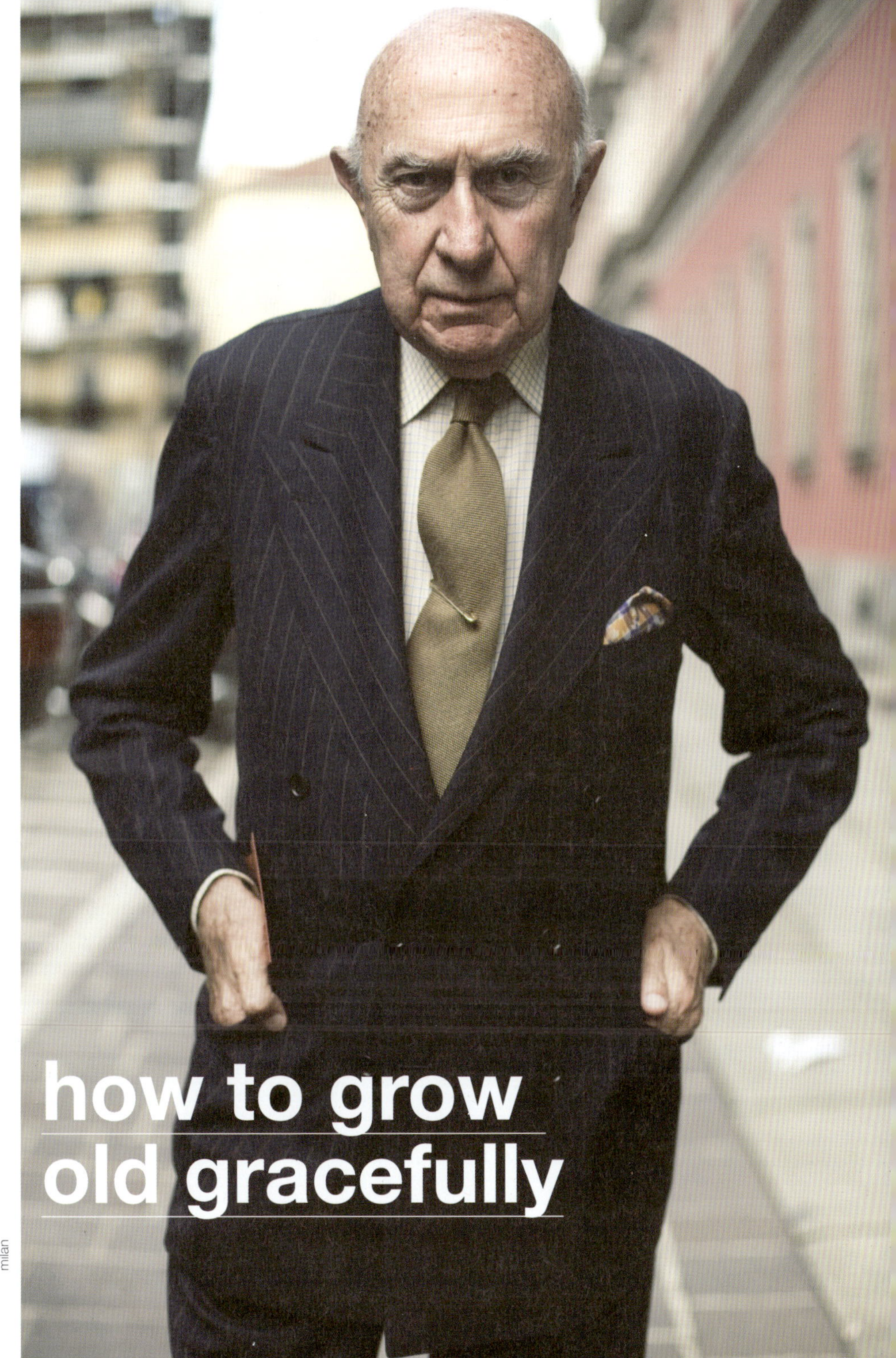

how to grow
old gracefully

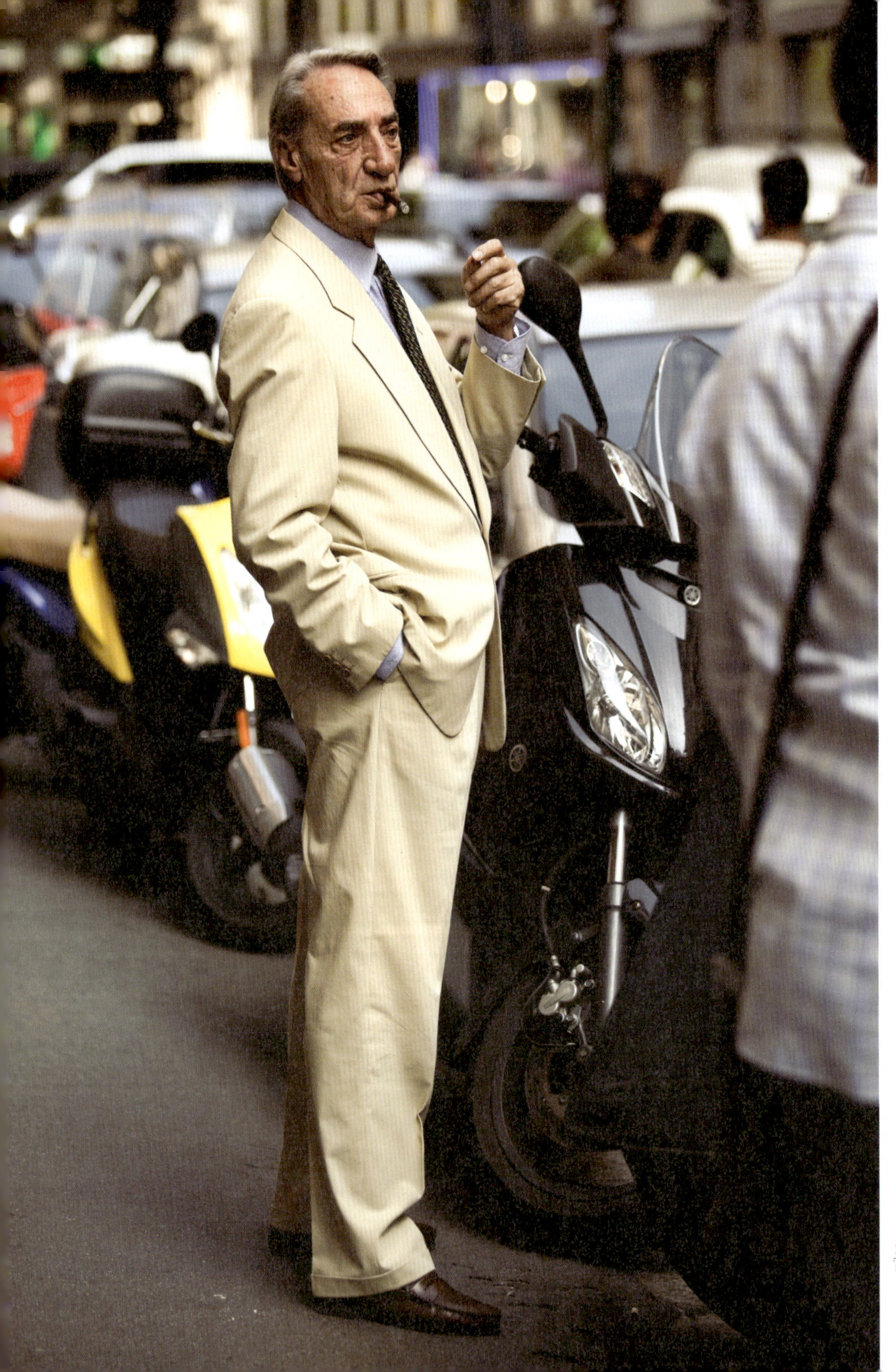

milan

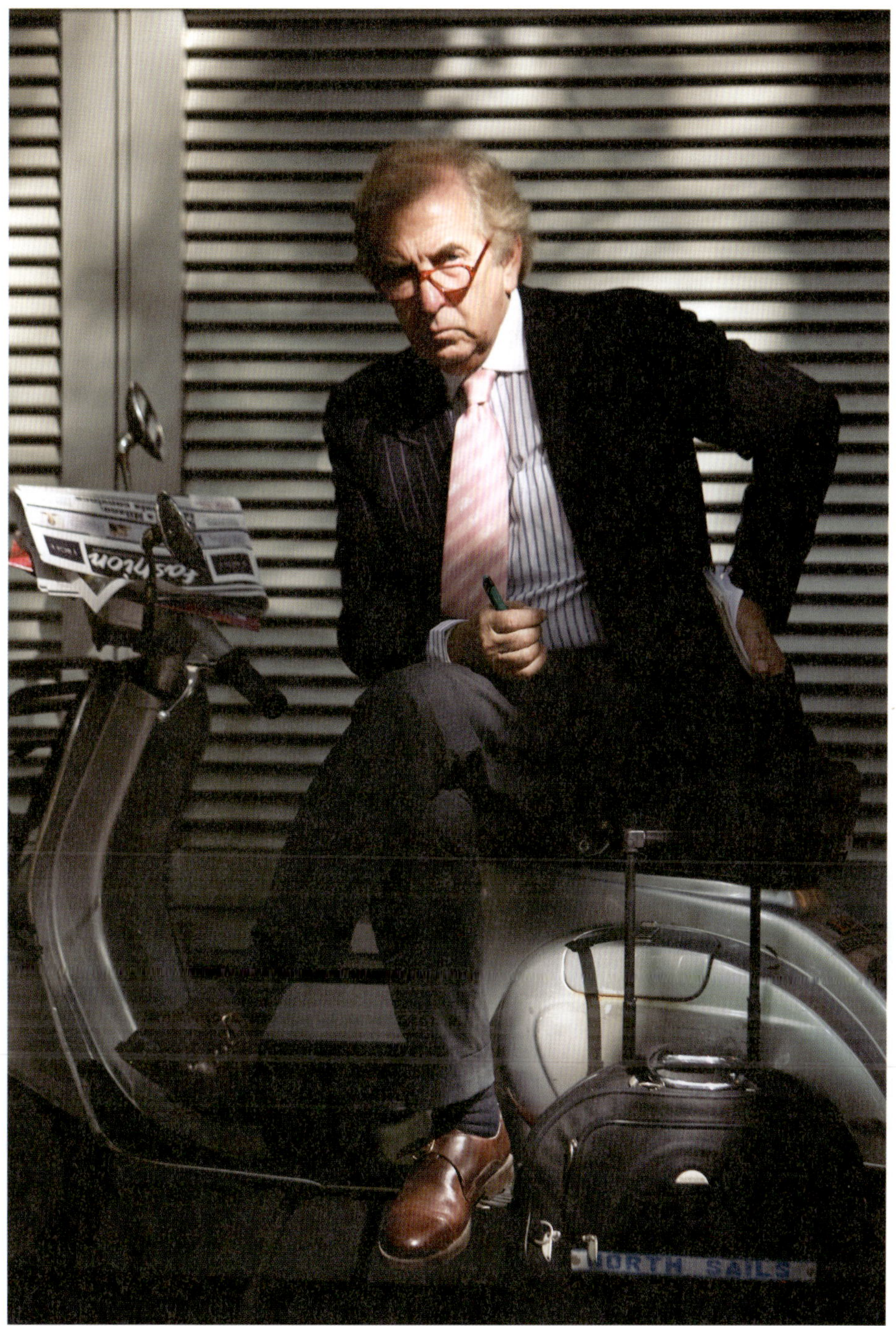

fashion
NORTH SAILS

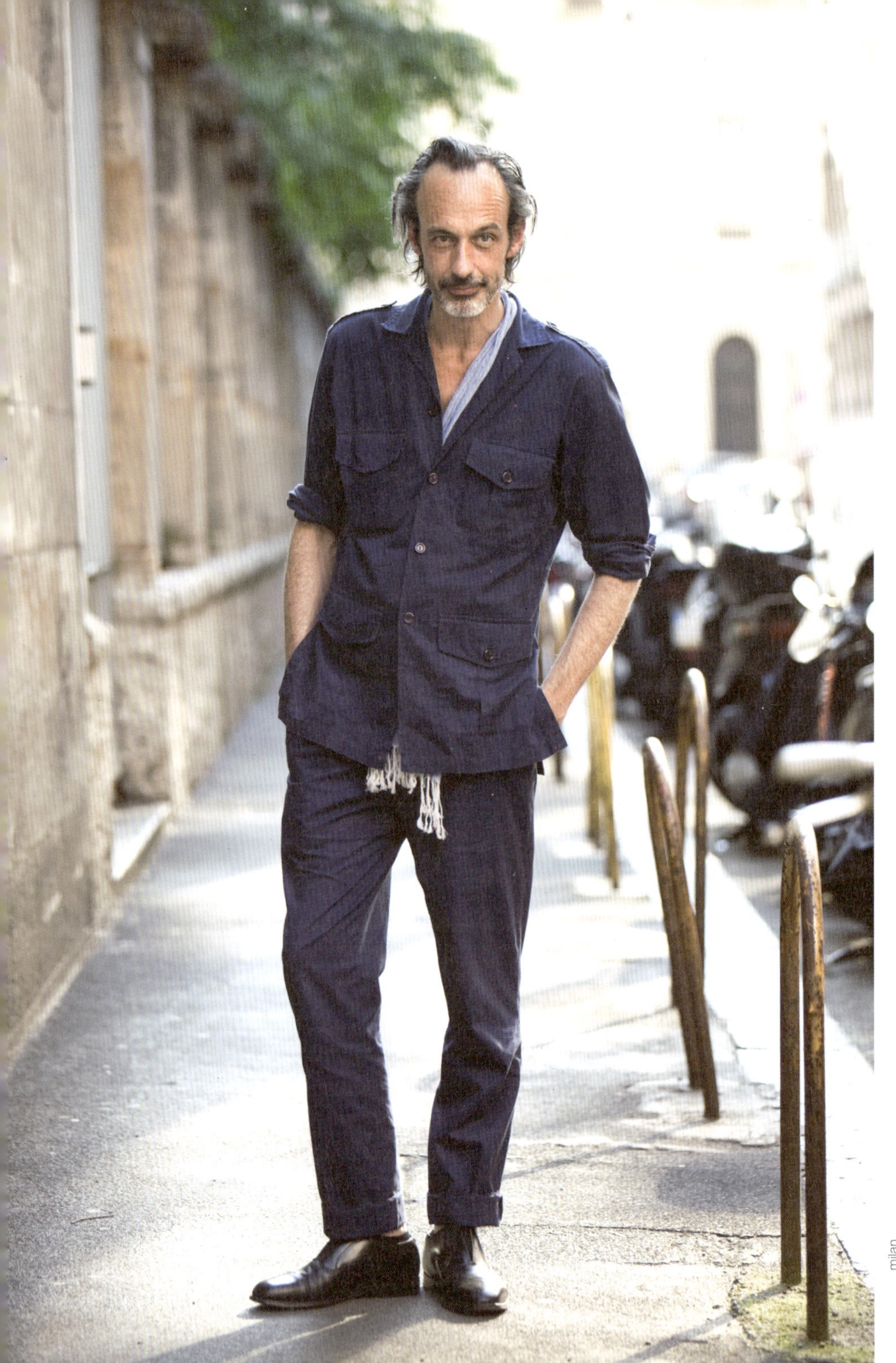

milan

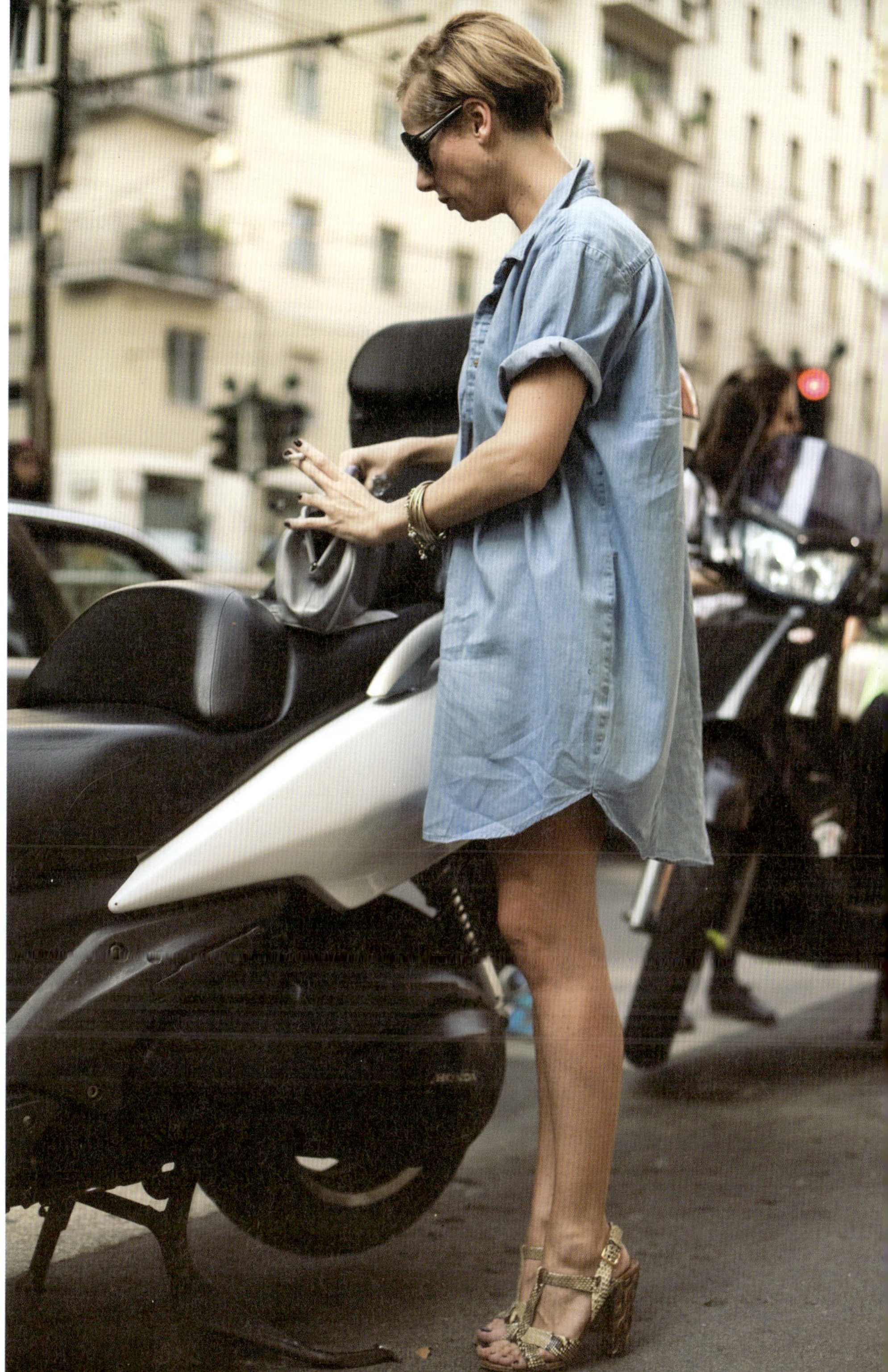

milan

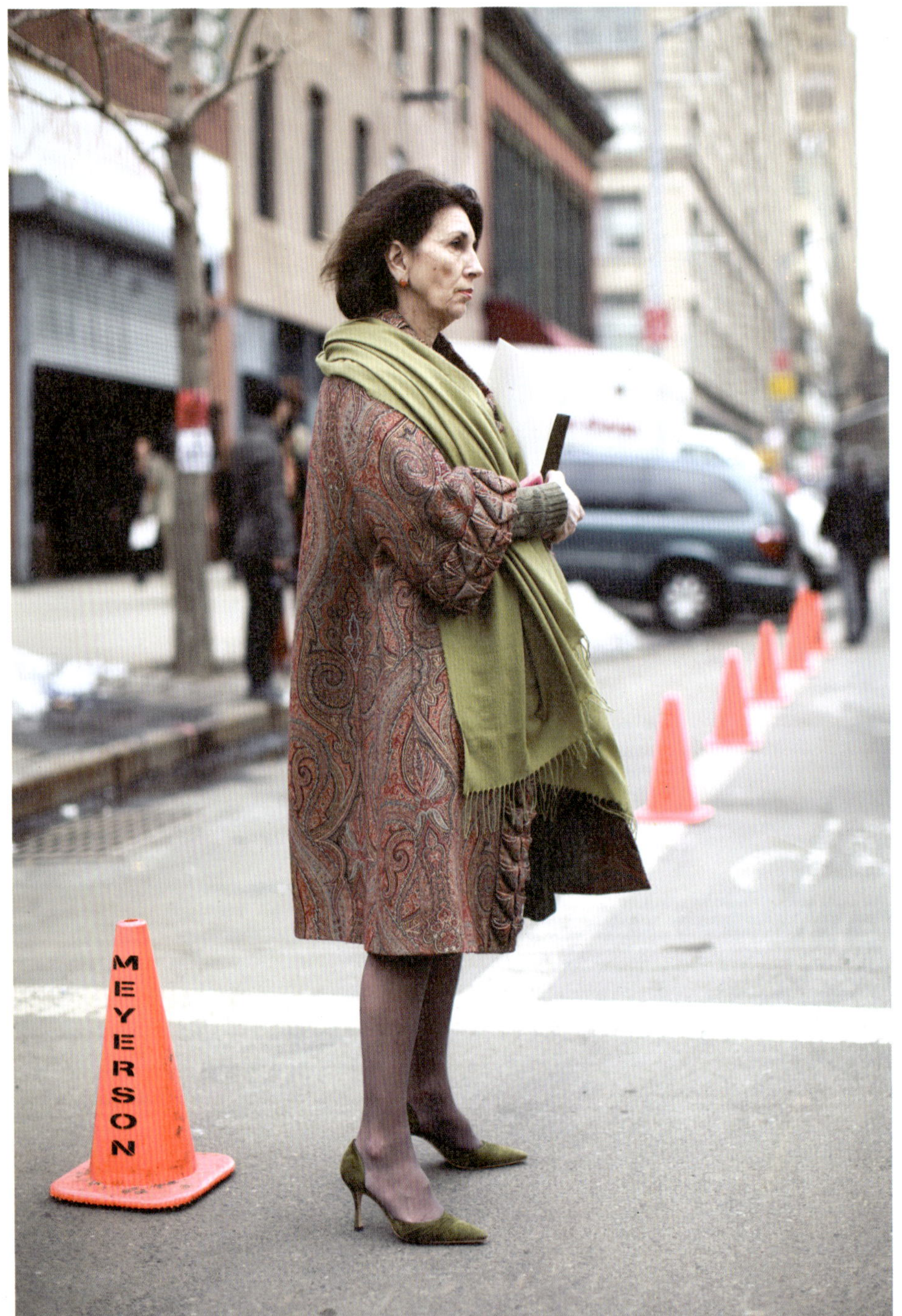
MEYERSON

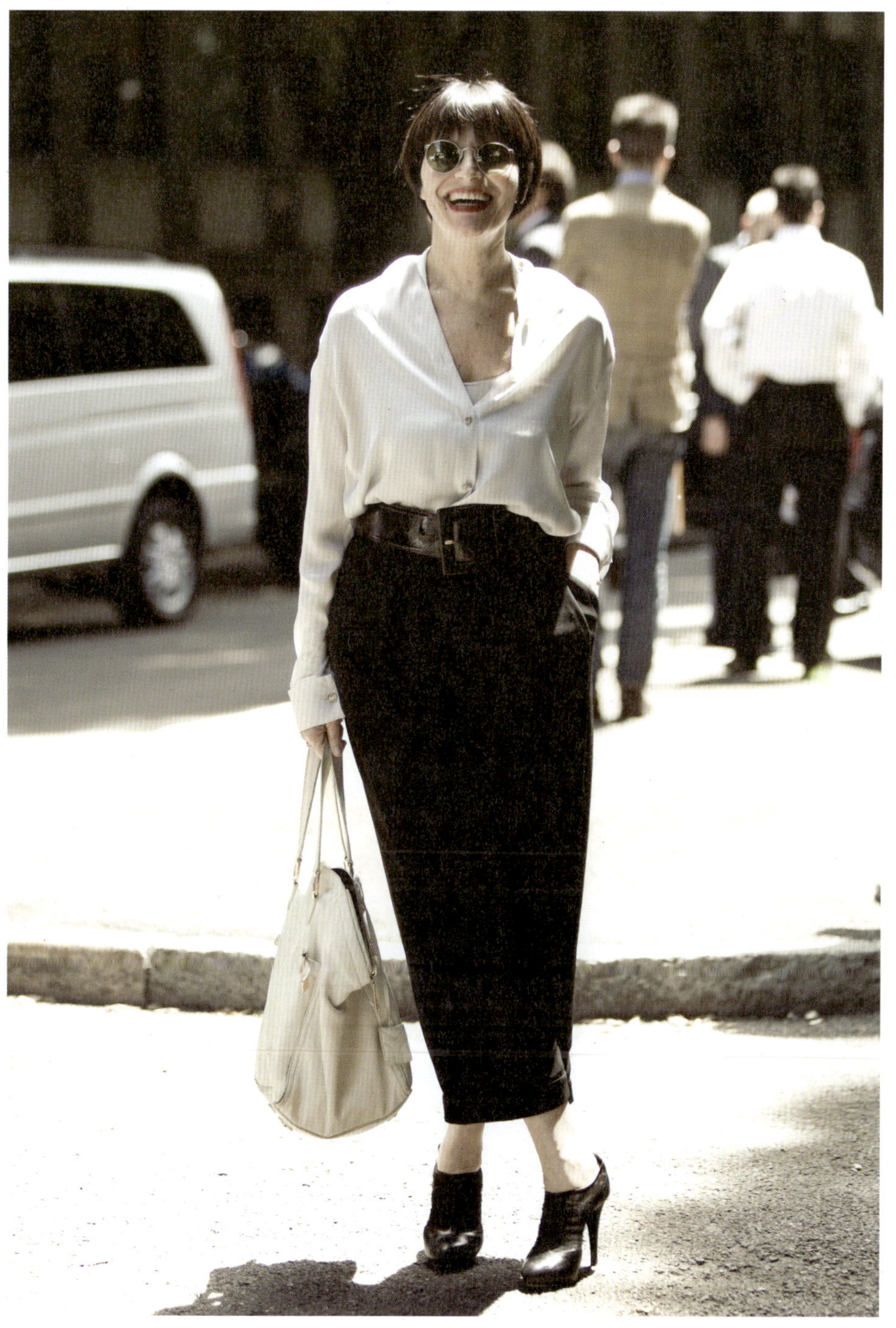

milan

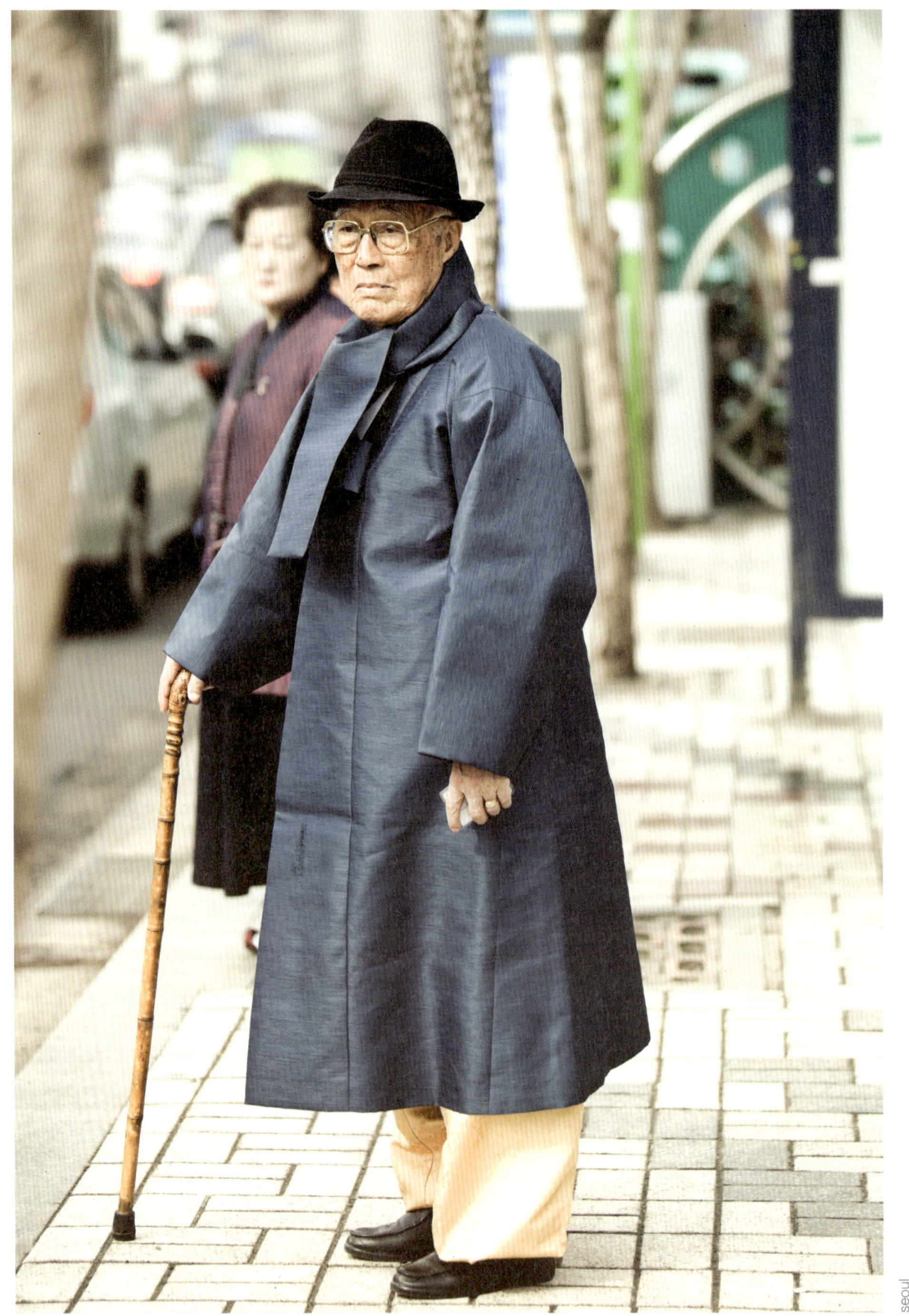

seoul

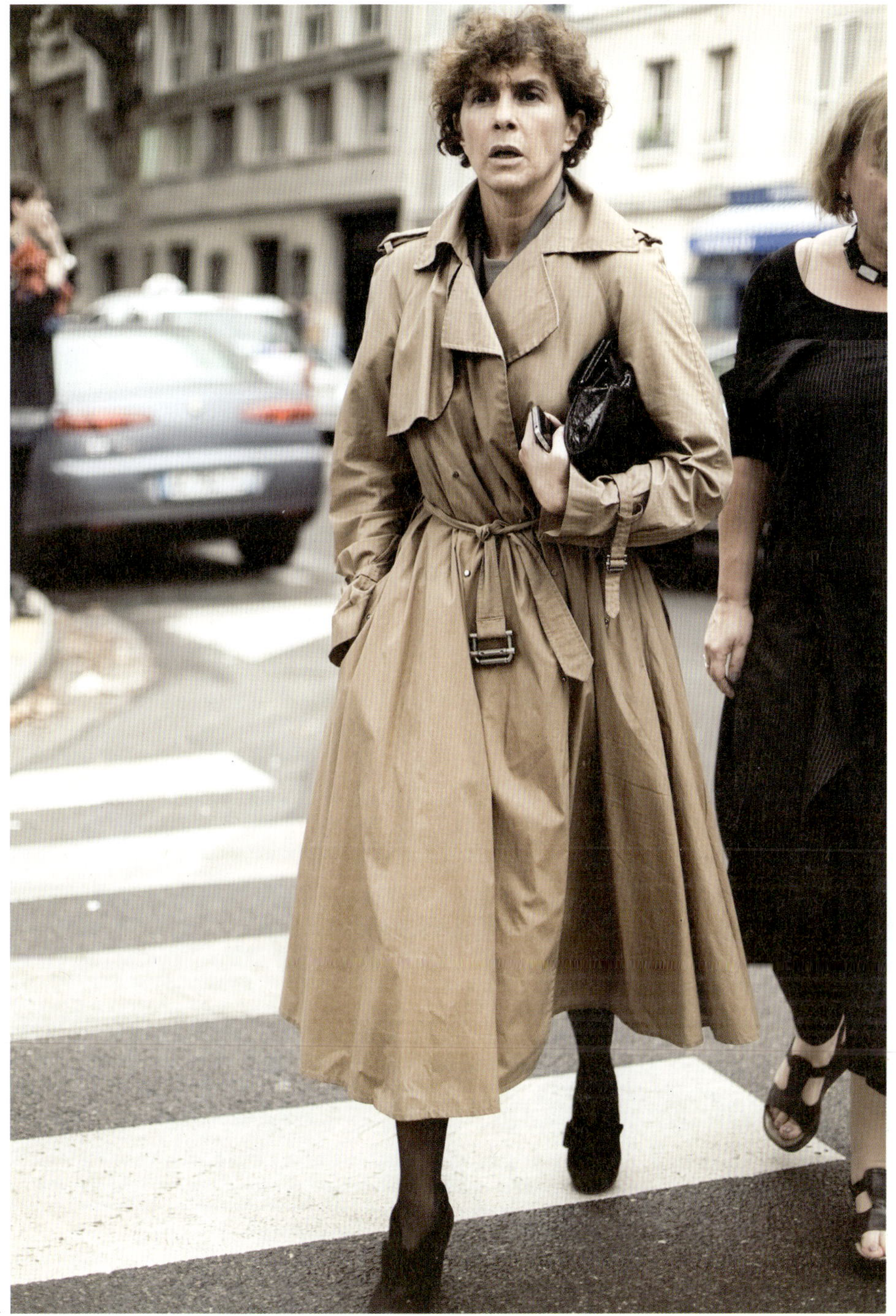

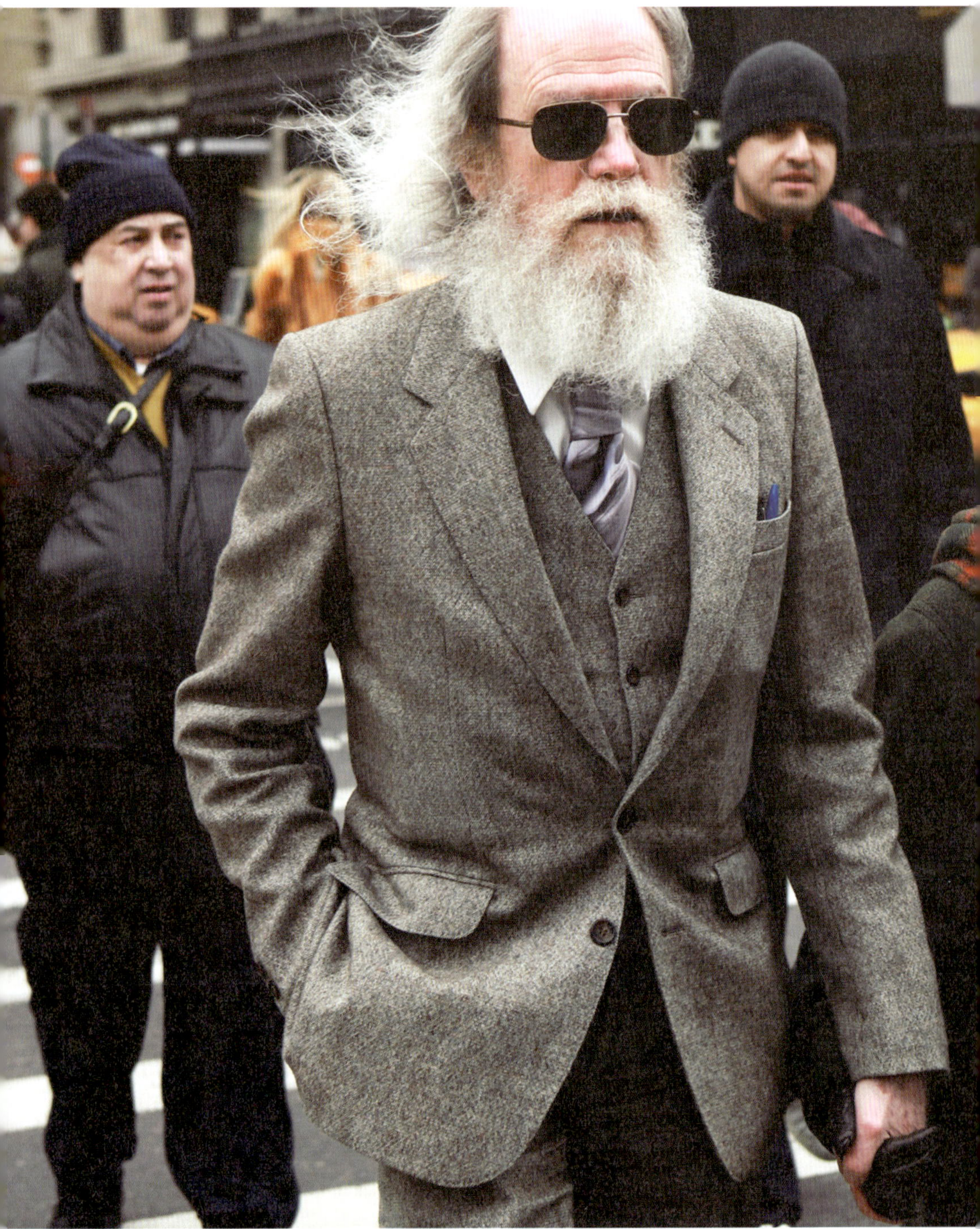

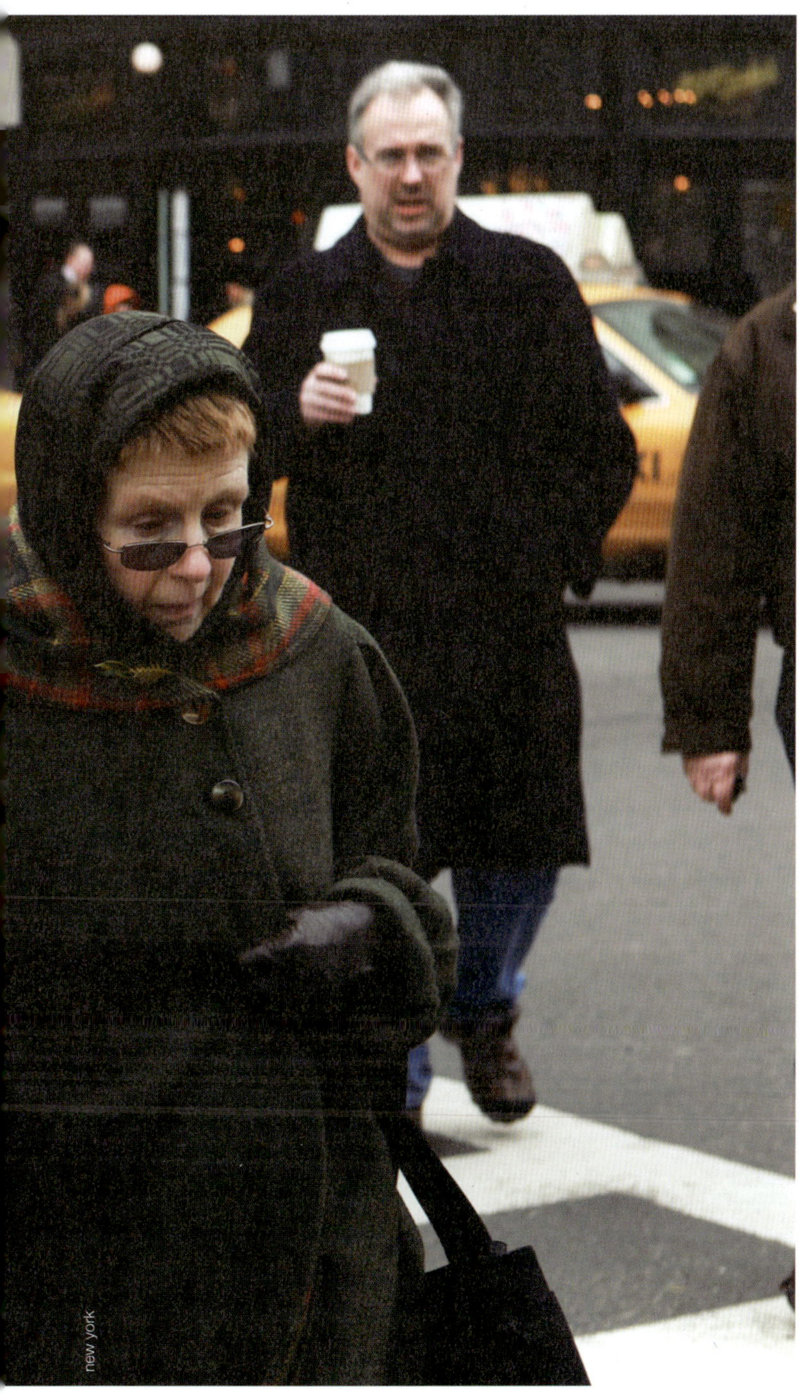
new york

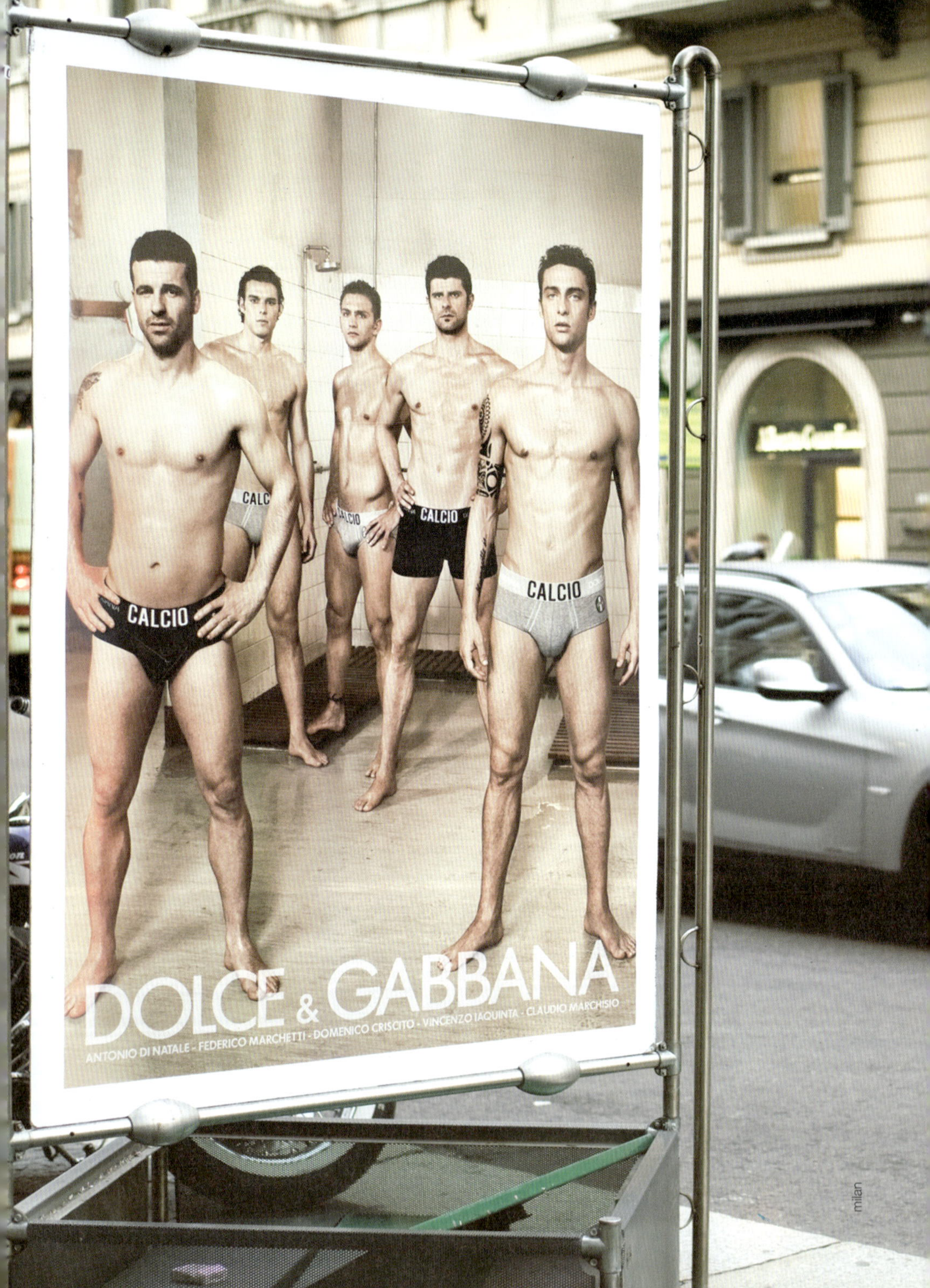

CALCIO
CALCIO
CALCIO
CALCIO
CALCIO
DOLCE & GABBANA
ANTONIO DI NATALE · FEDERICO MARCHETTI · DOMENICO CRISCITO · VINCENZO IAQUINTA · CLAUDIO MARCHISIO

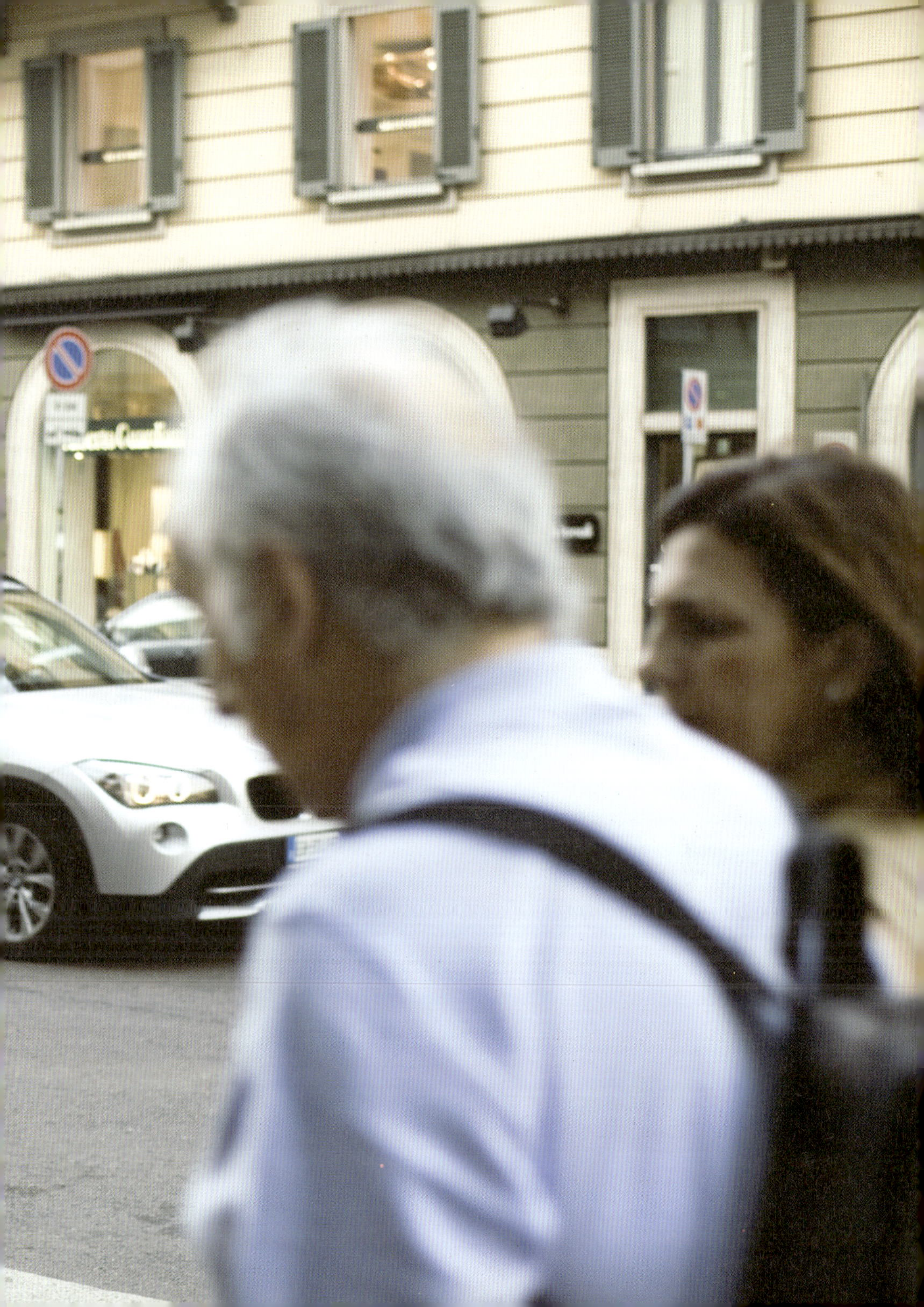

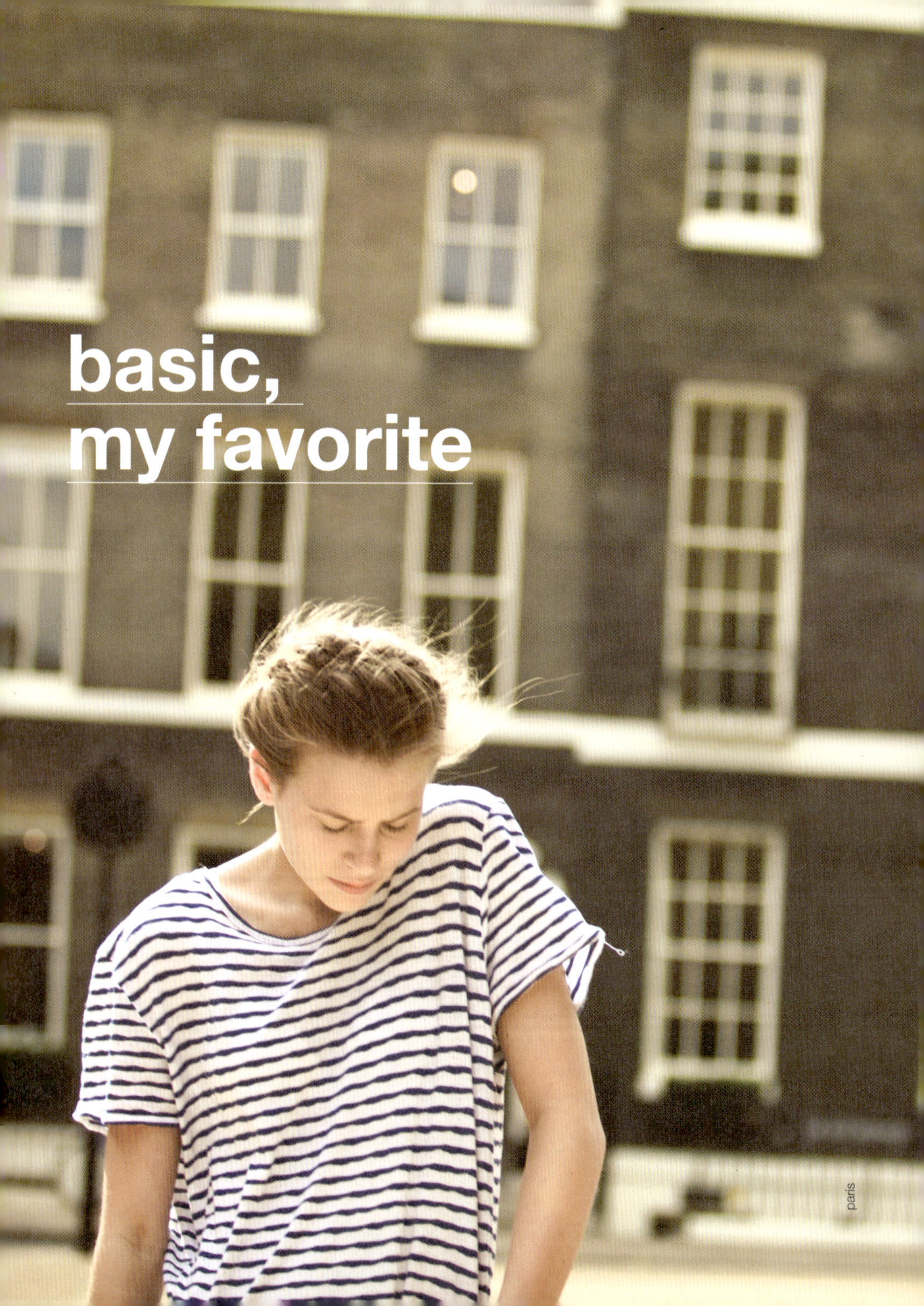

basic,
my favorite
paris

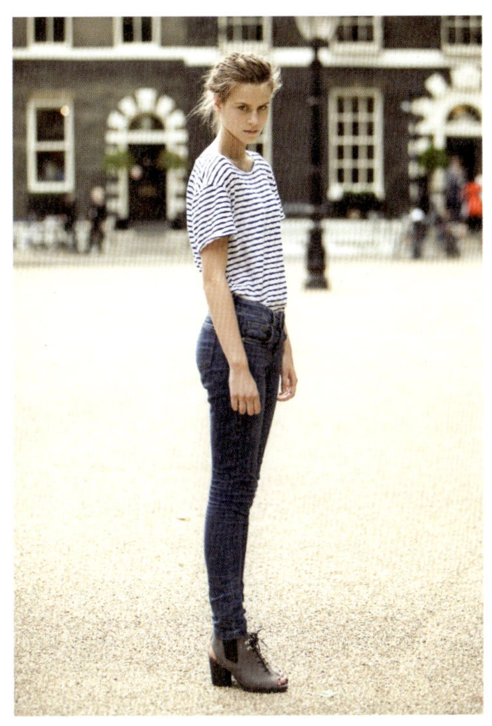

베이식, 내가 가장 좋아하는 것

보통 이상형에 관한 질문을 하면 대답은 이렇다. "제 이상형은 청바지에 흰 티가 잘 어울리는 사람이에요."

개인적으로 스타일리시하다고 느끼는 사람들의 공통점은 '화려한 옷을 입지 않아도 눈에 띄는 방법을 알고 있다'라는

것이다. 그들은 어떤 특정 스타일을 추구하기 전에 자신의 매력과 개성, 라이프 스타일을 먼저 이해하고 패션을 통해

표현해 나간다. 꼭 고급 브랜드의 옷을 입거나 최신 트렌드를 따를 필요는 없다.

왜냐하면 그들의 옷이 멋진 것이 아니라, 옷을 입고 있는 사람이 매력적이기 때문이다.

남다른 대답을 기대하며 간혹 내게 이상형을 물어보는 사람들이 있다.

이러한 기대가 한순간에 무너져 버리는 대답이지만 내 이상형 또한 이 사진이 대답해 주고 있다.

"티셔츠를 청바지 속에 집어넣고, 머리를 묶었을 때 잘 어울리는 사람이 좋아요."

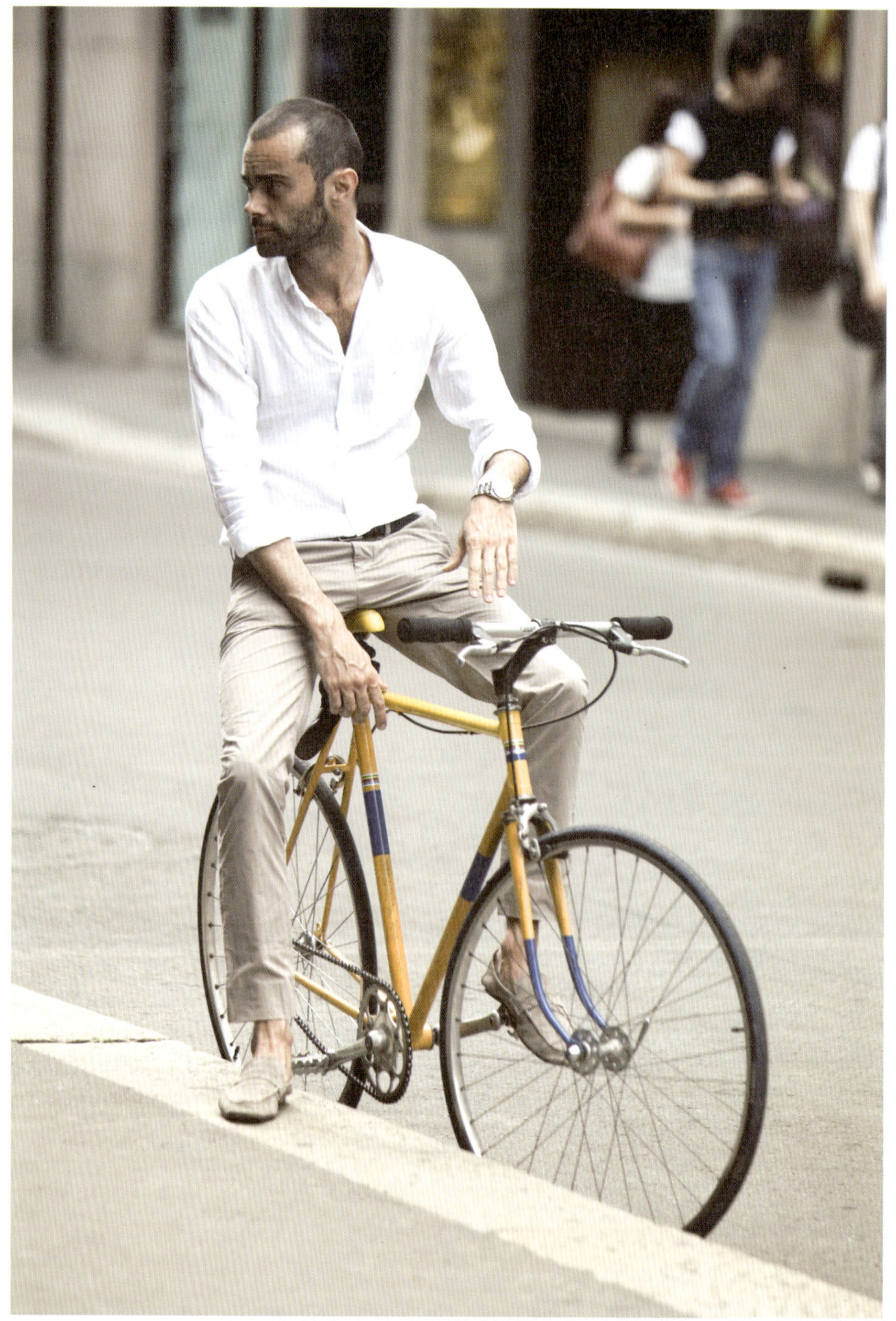
milan

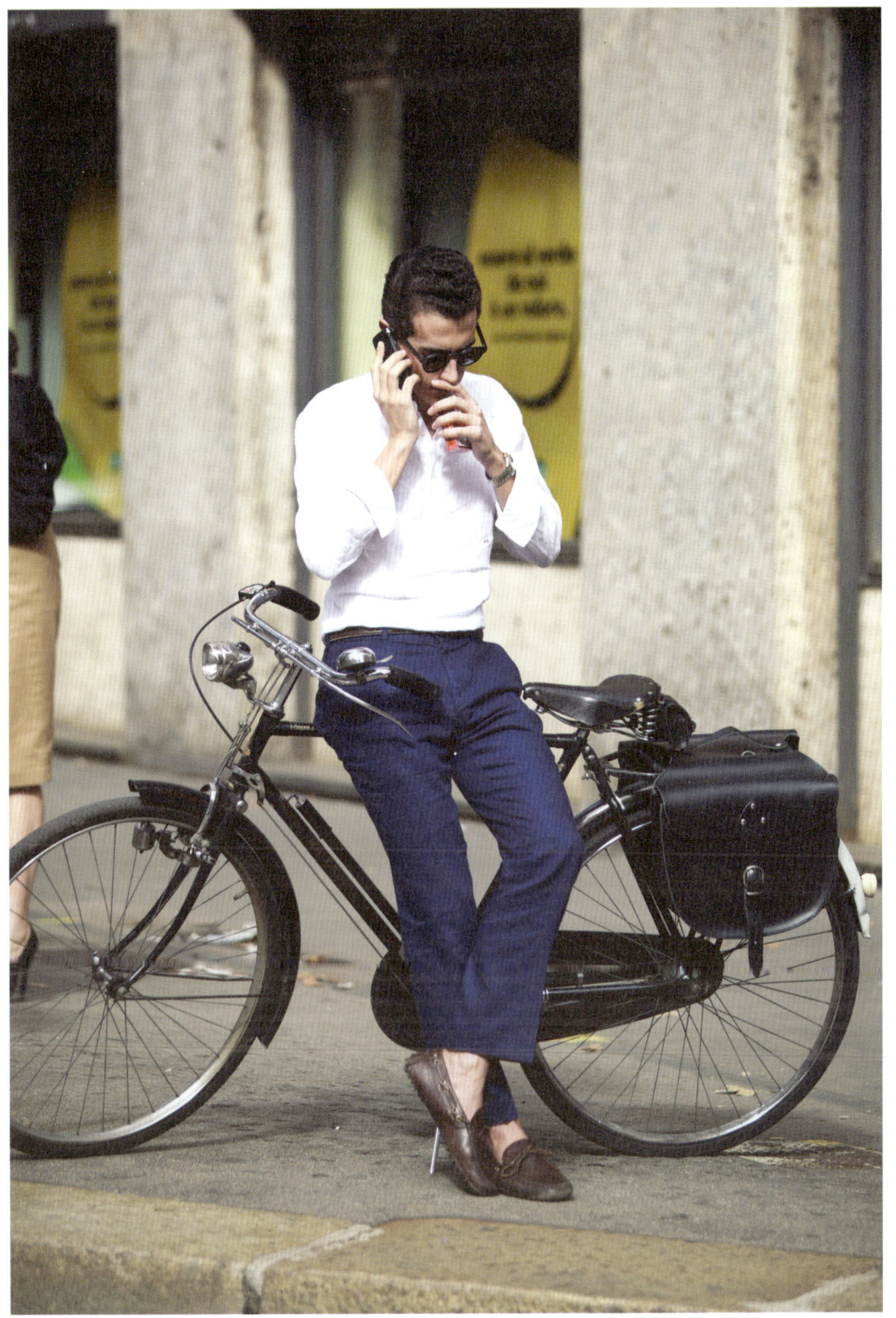

milan

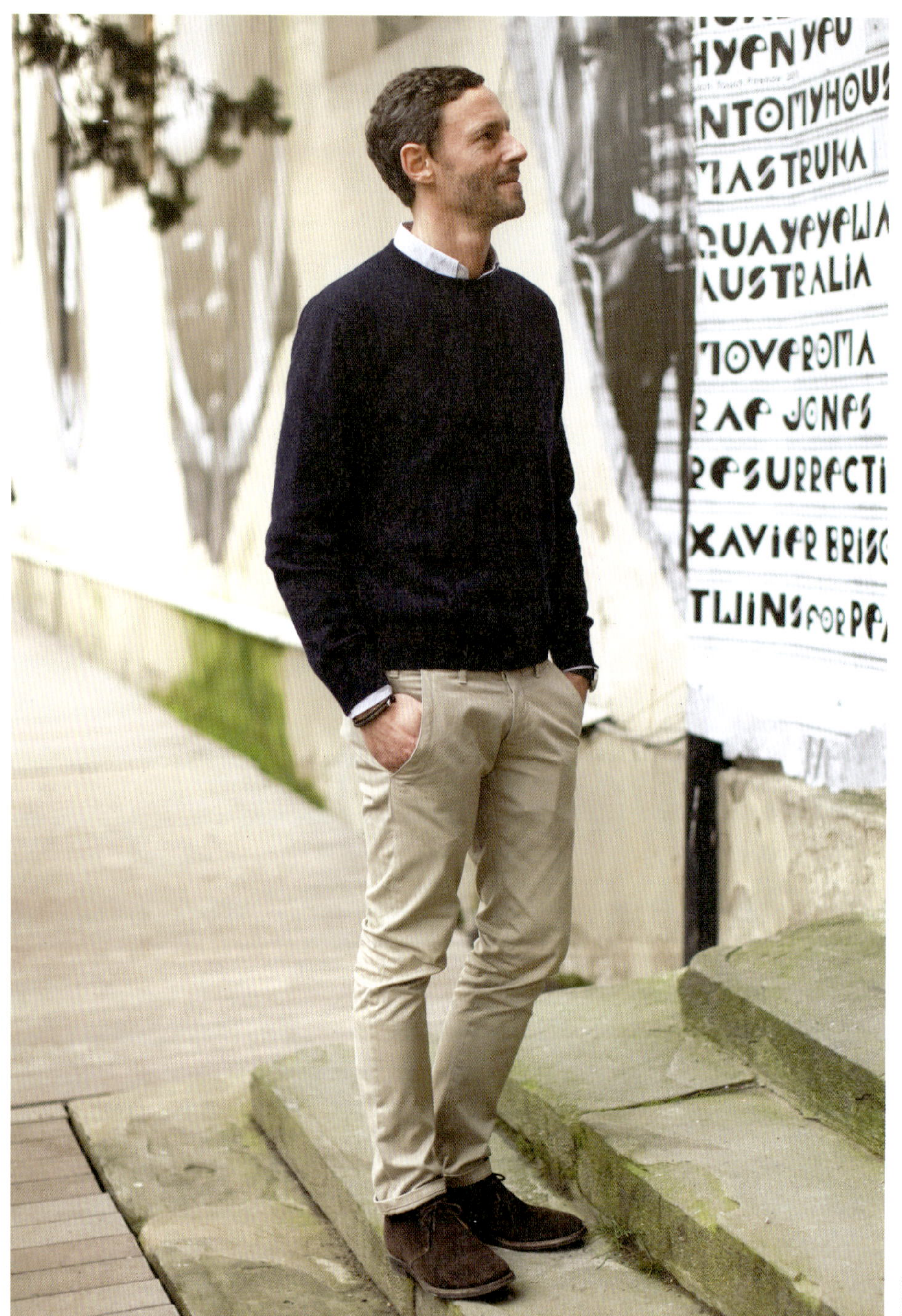

HYENYPU
NTOMYHOUS
ZASTRUKA
QUAYPYPWA
AUSTRALIA
MOVEROMA
RAP JONPS
RPSURRPCTI
XAVIPR BRISC
TWINSFORPP

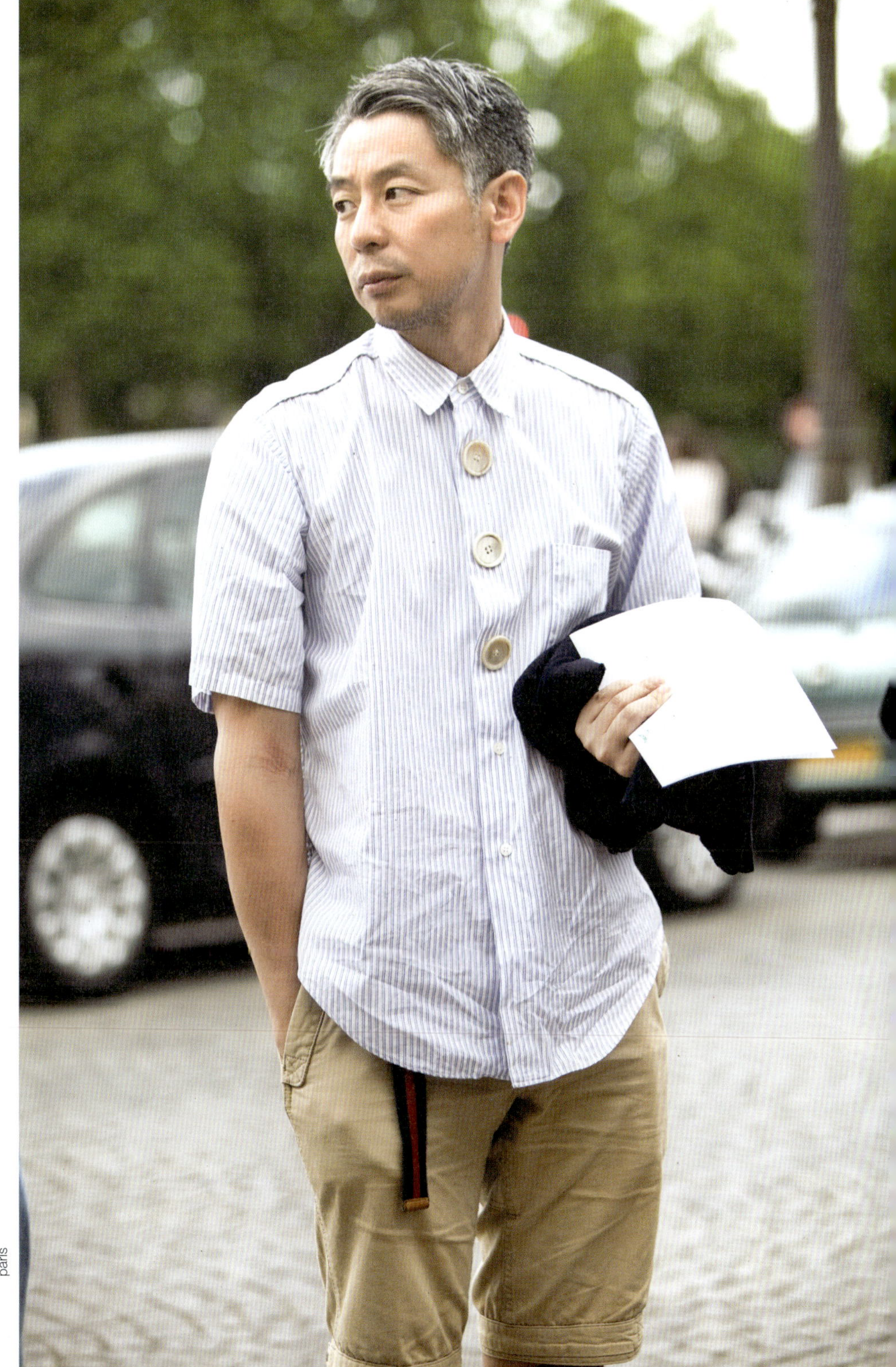

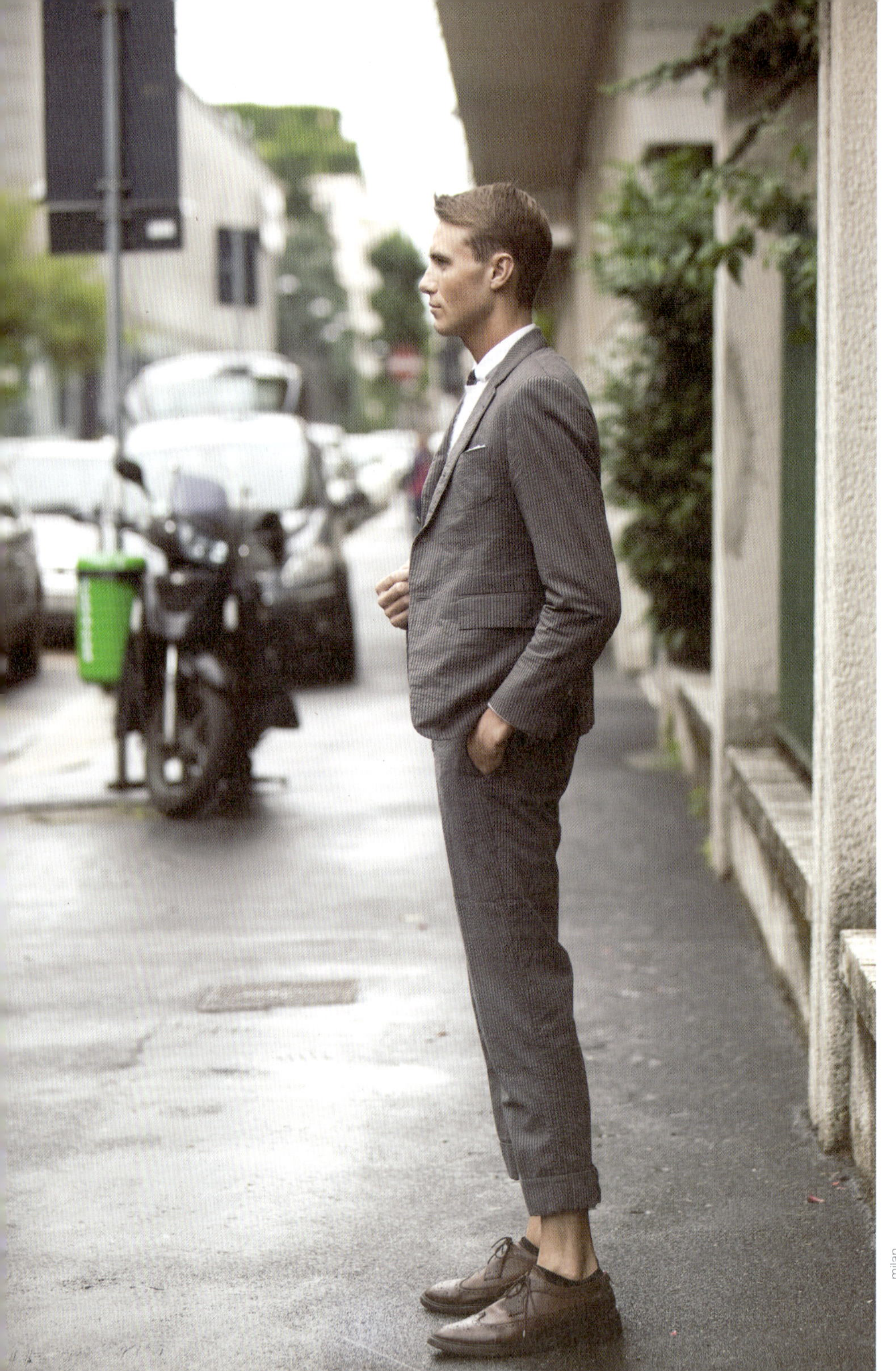

milan

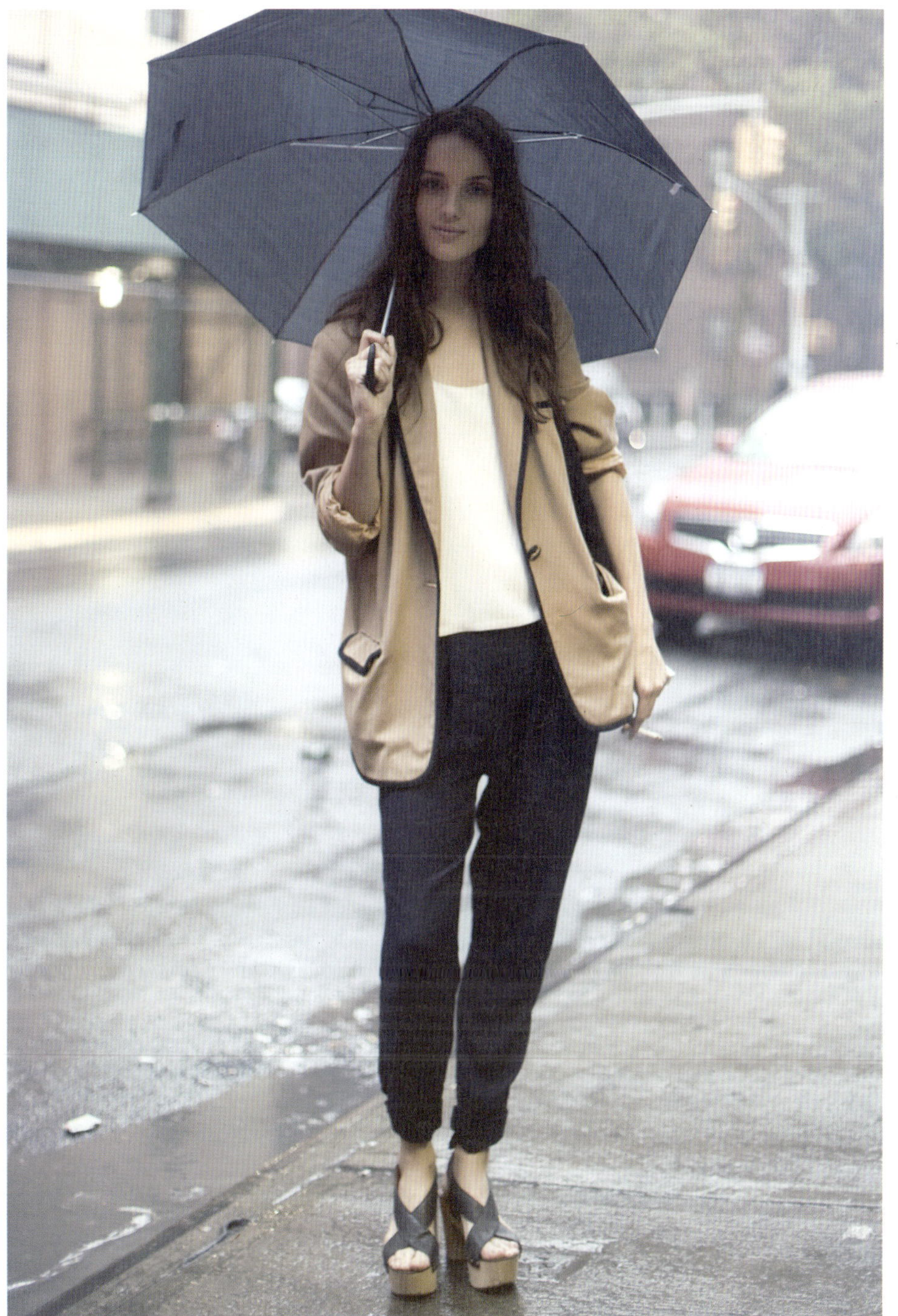

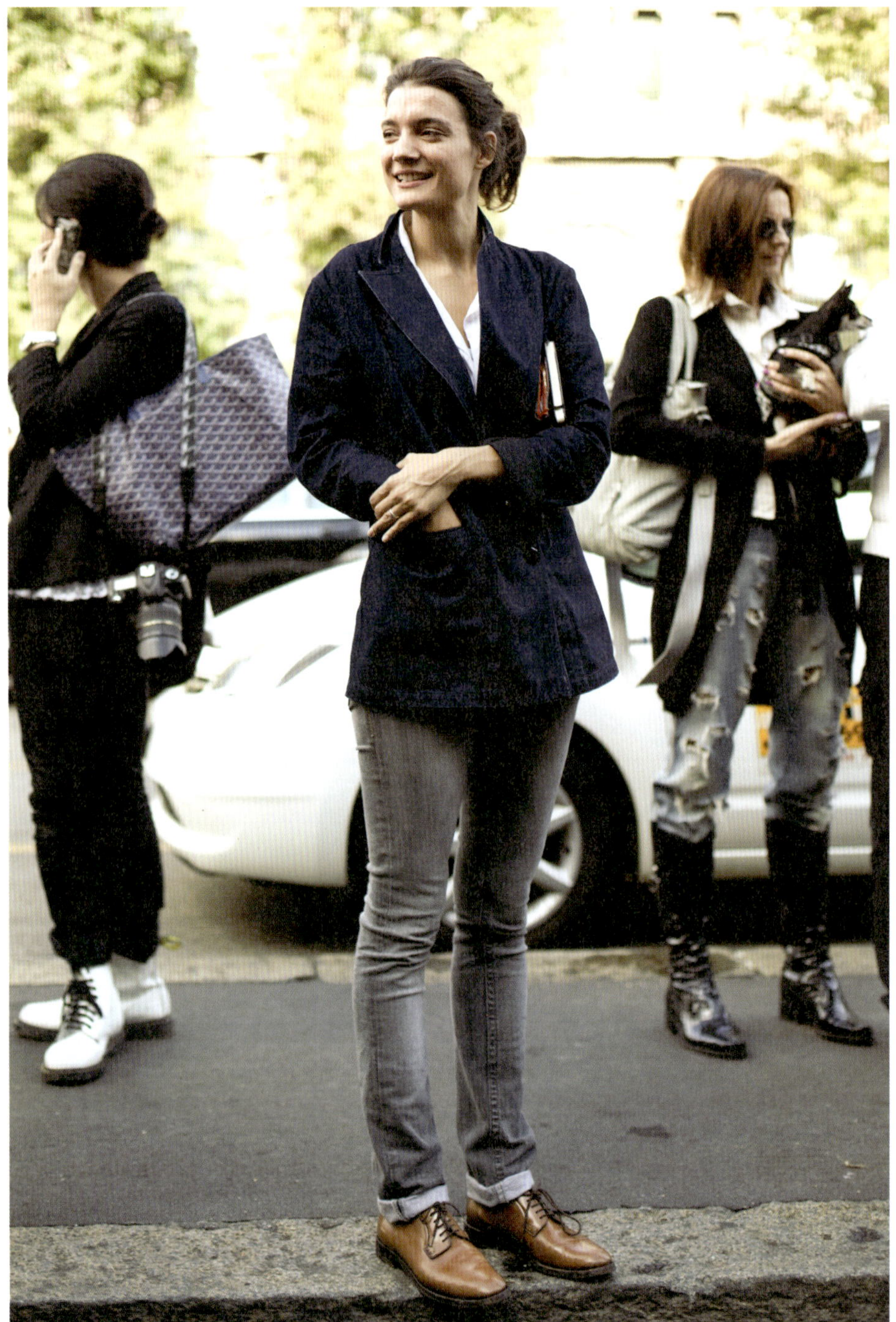

milan

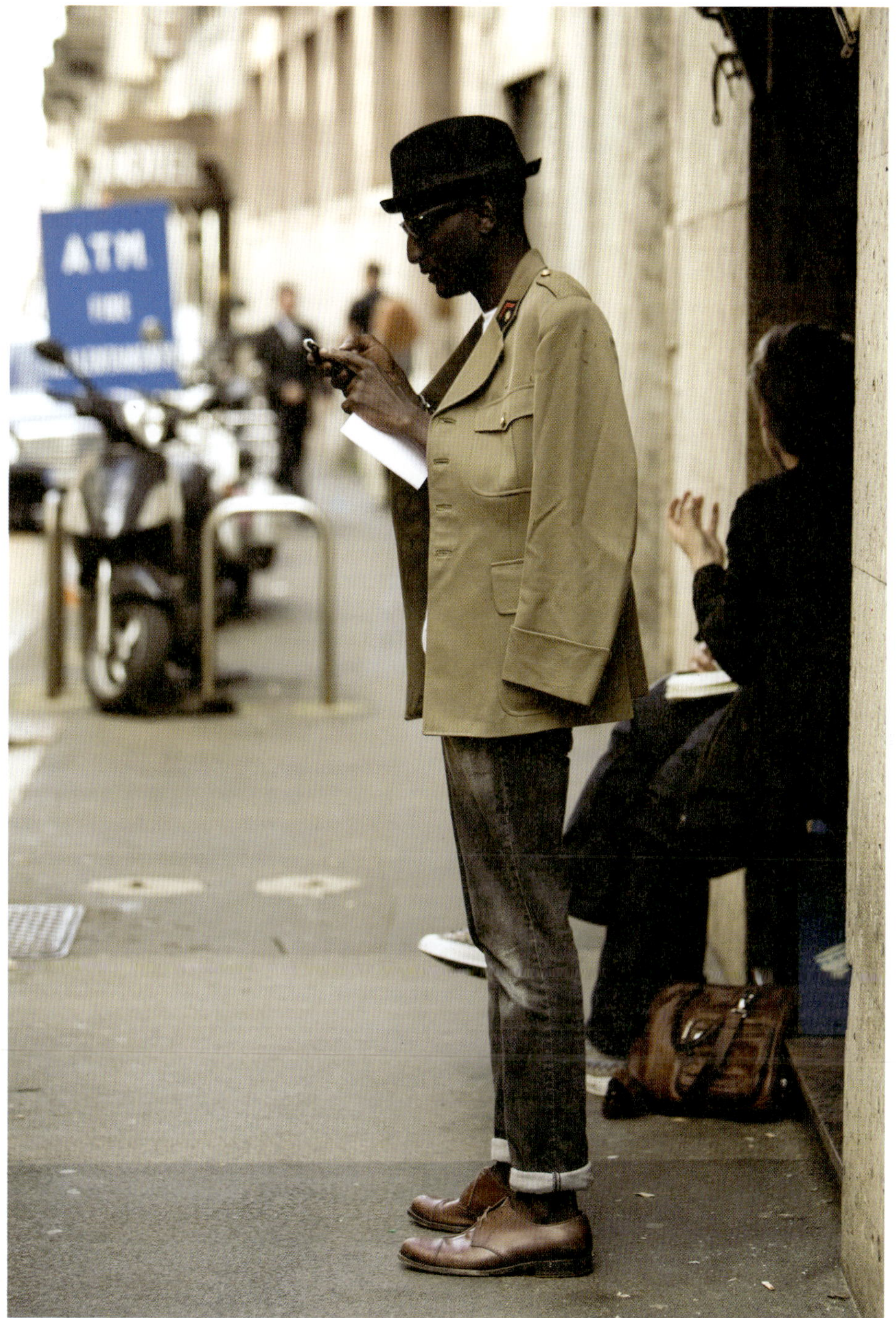

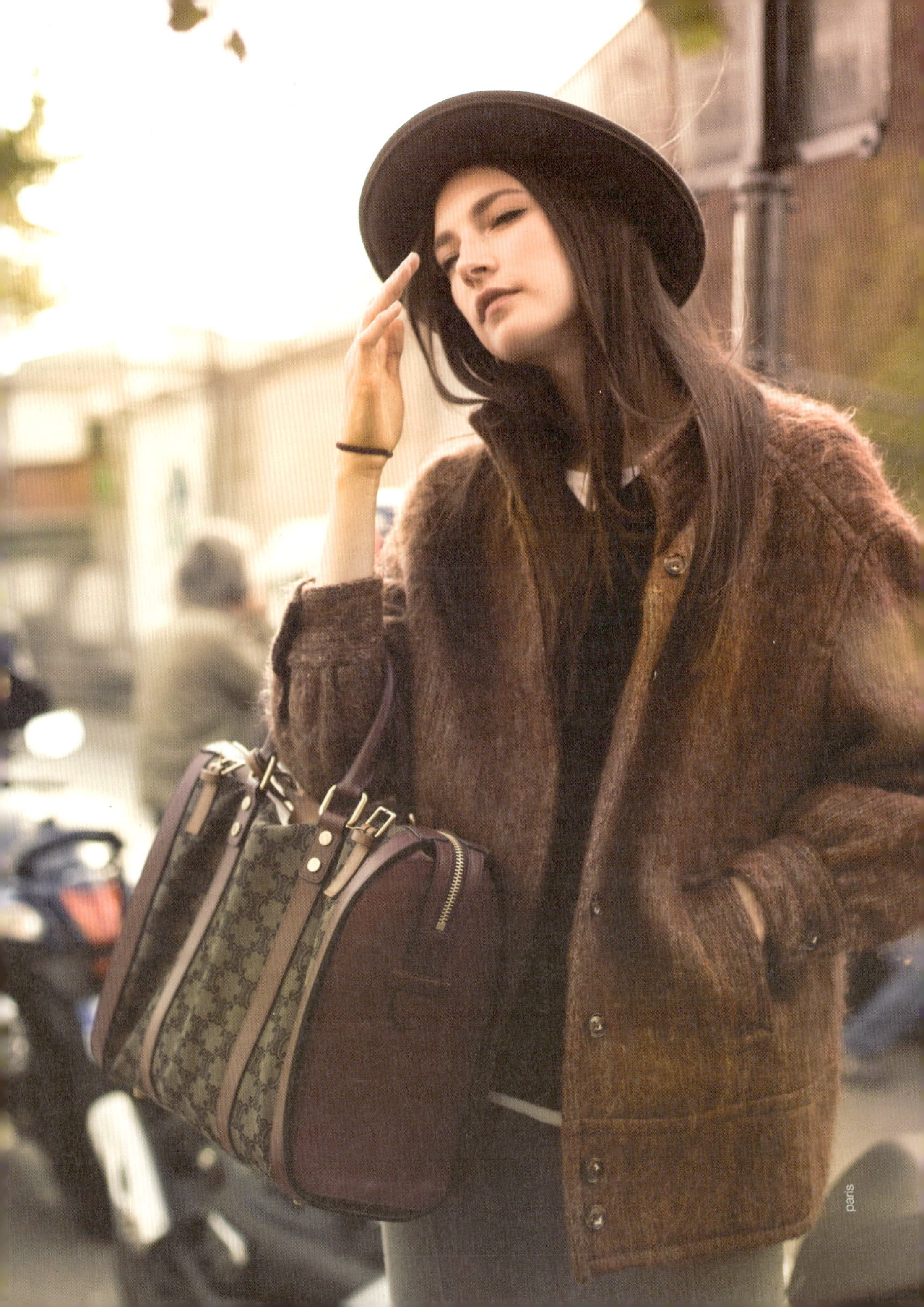
paris

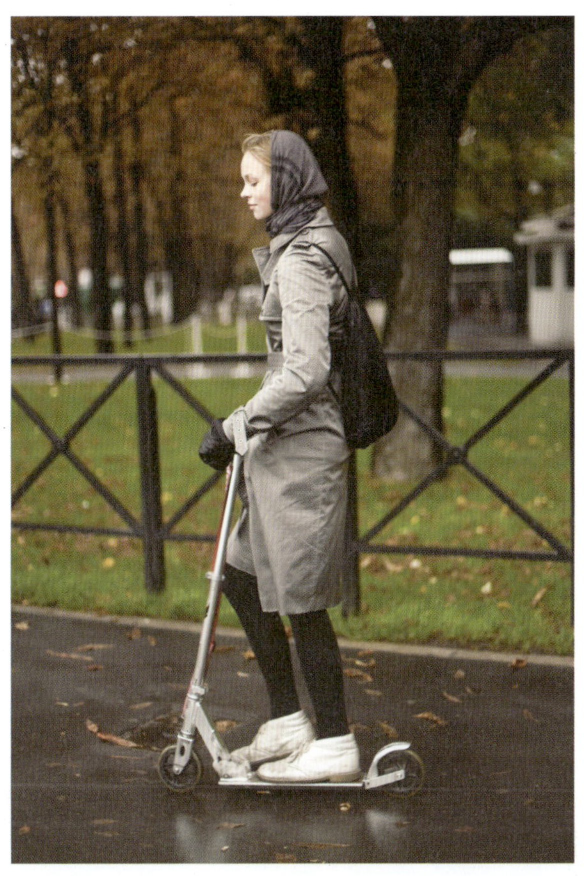

눈을 감고 바람을 느끼고 있는 건지, 스카프 안에 감추어진 이어폰으로

클래식 음악을 듣고 있는 건지 알 수 없지만, 아이러니하게도 킥보드를

타고 있는 그녀의 모습은 우아했다.

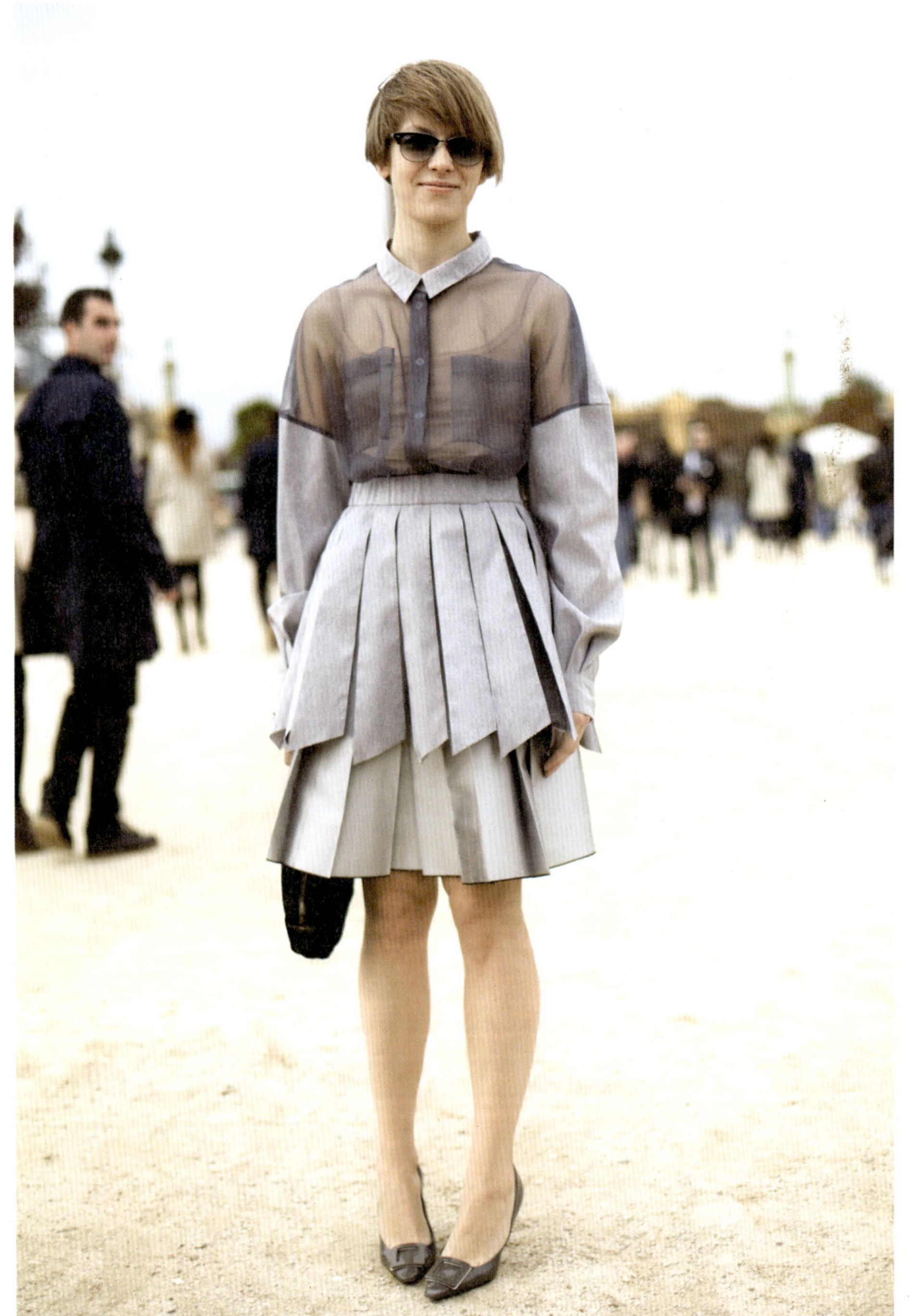

paris

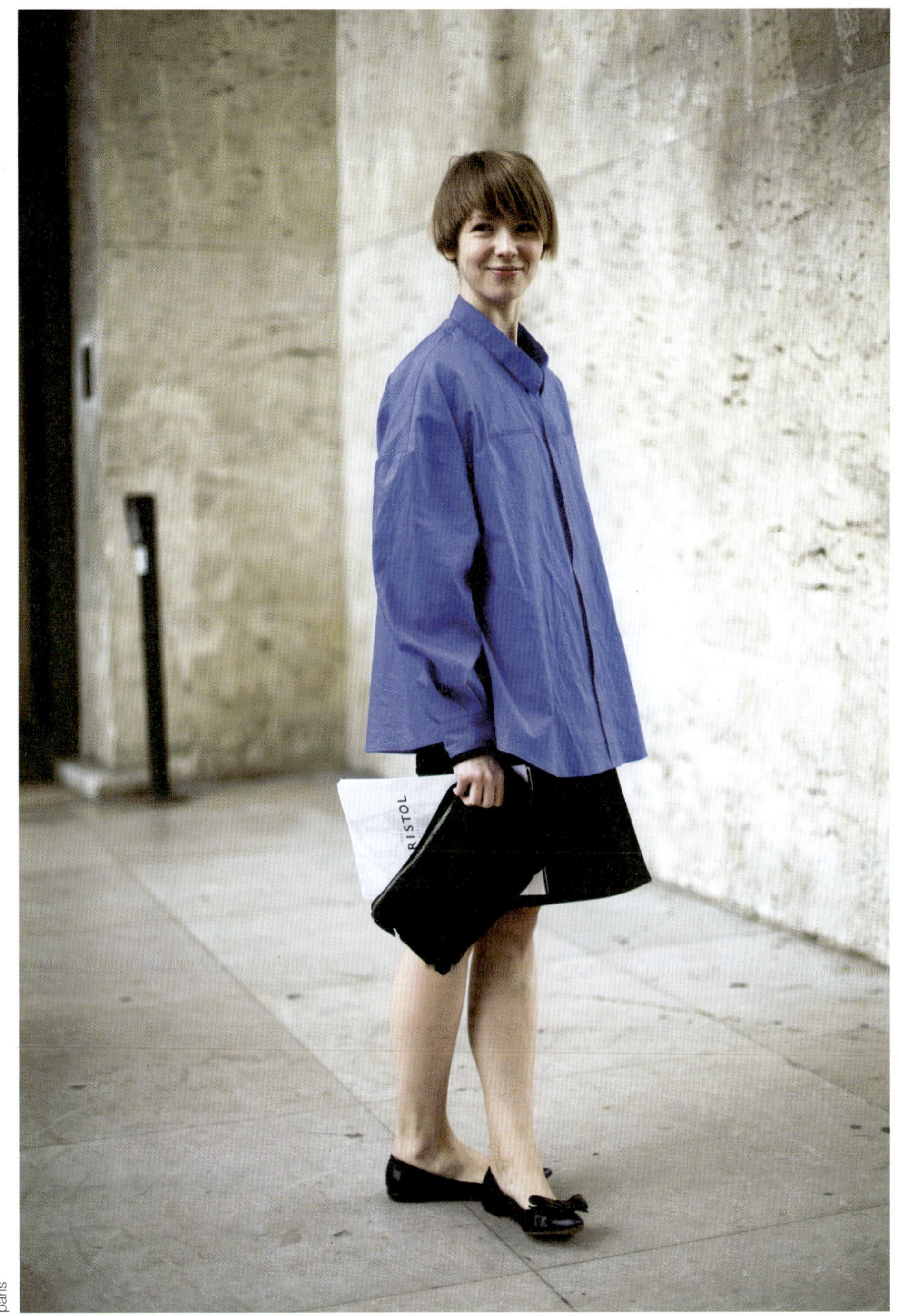
RISTOL

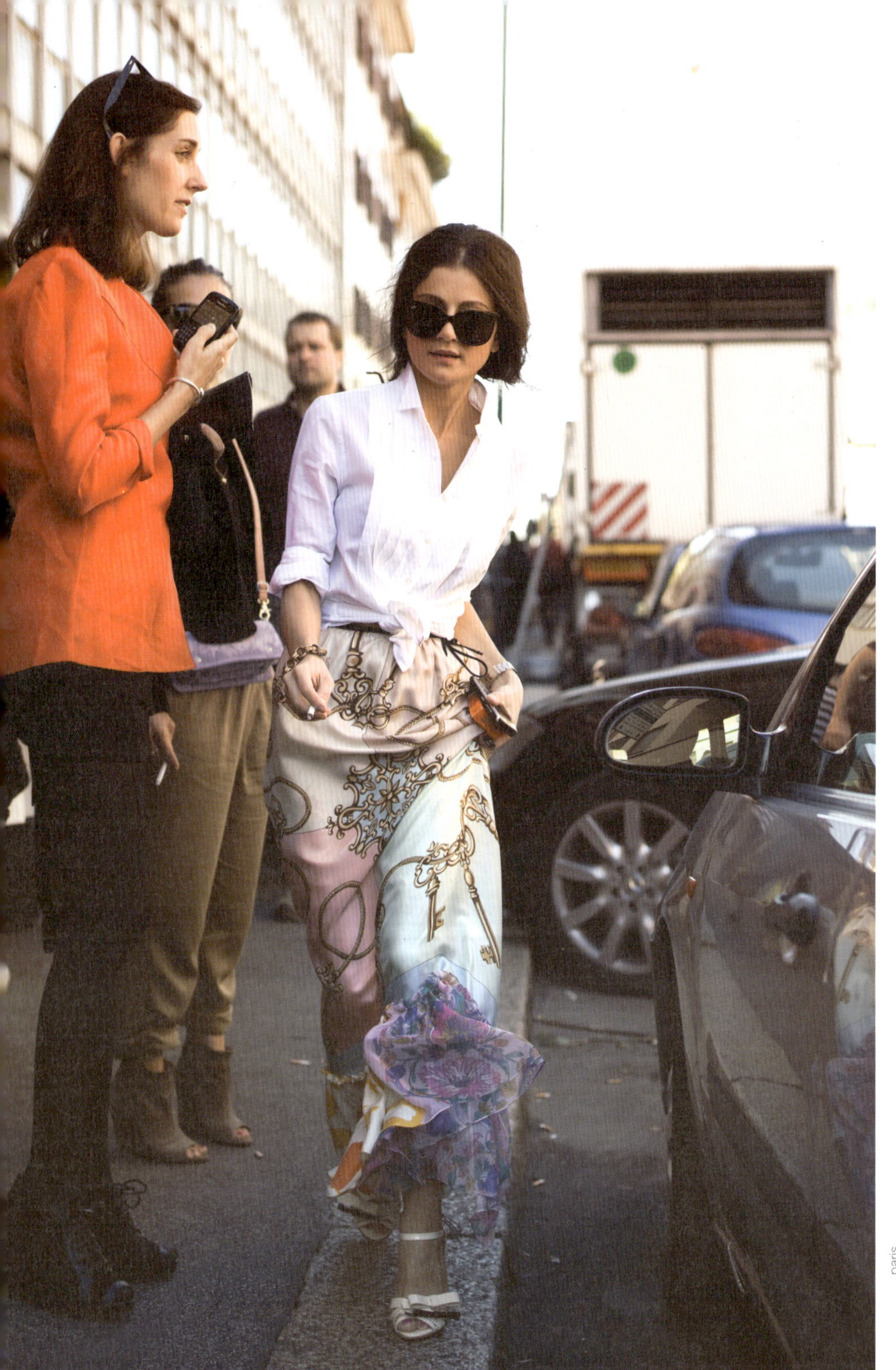

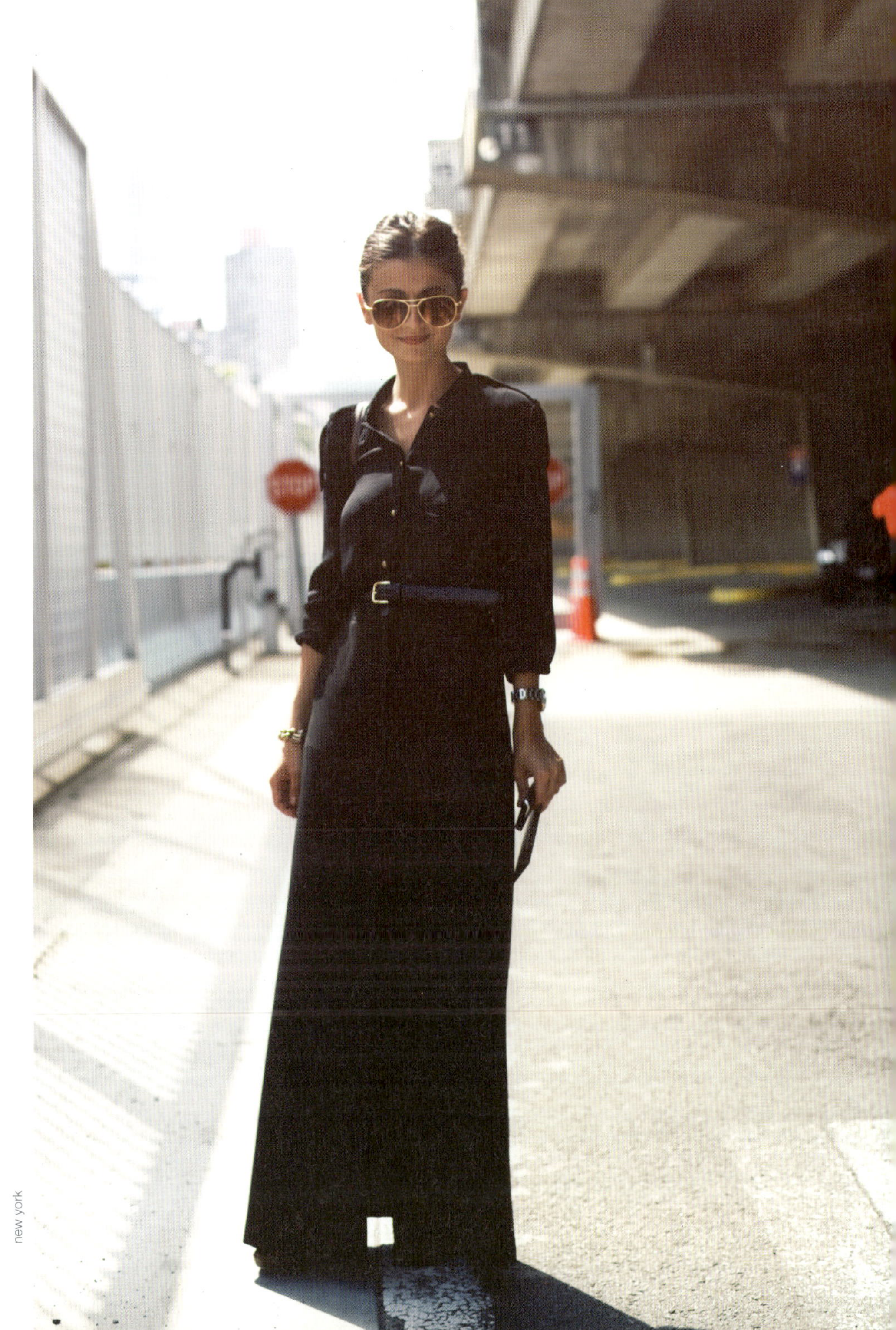

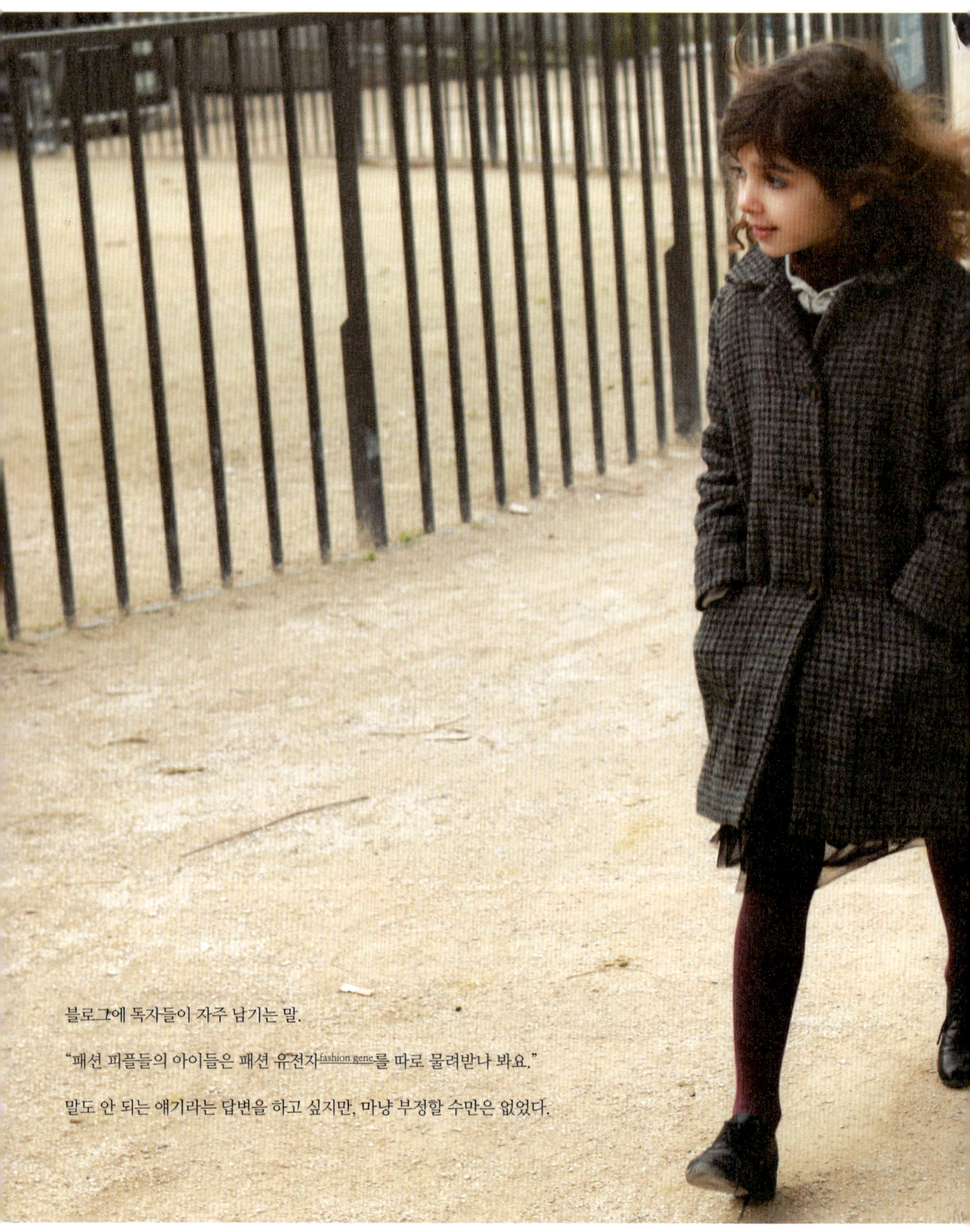
블로그에 독자들이 자주 남기는 말.

"패션 피플들의 아이들은 패션 유전자 fashion gene 를 따로 물려받나 봐요."

말도 안 되는 얘기라는 답변을 하고 싶지만, 마냥 부정할 수만은 없었다.

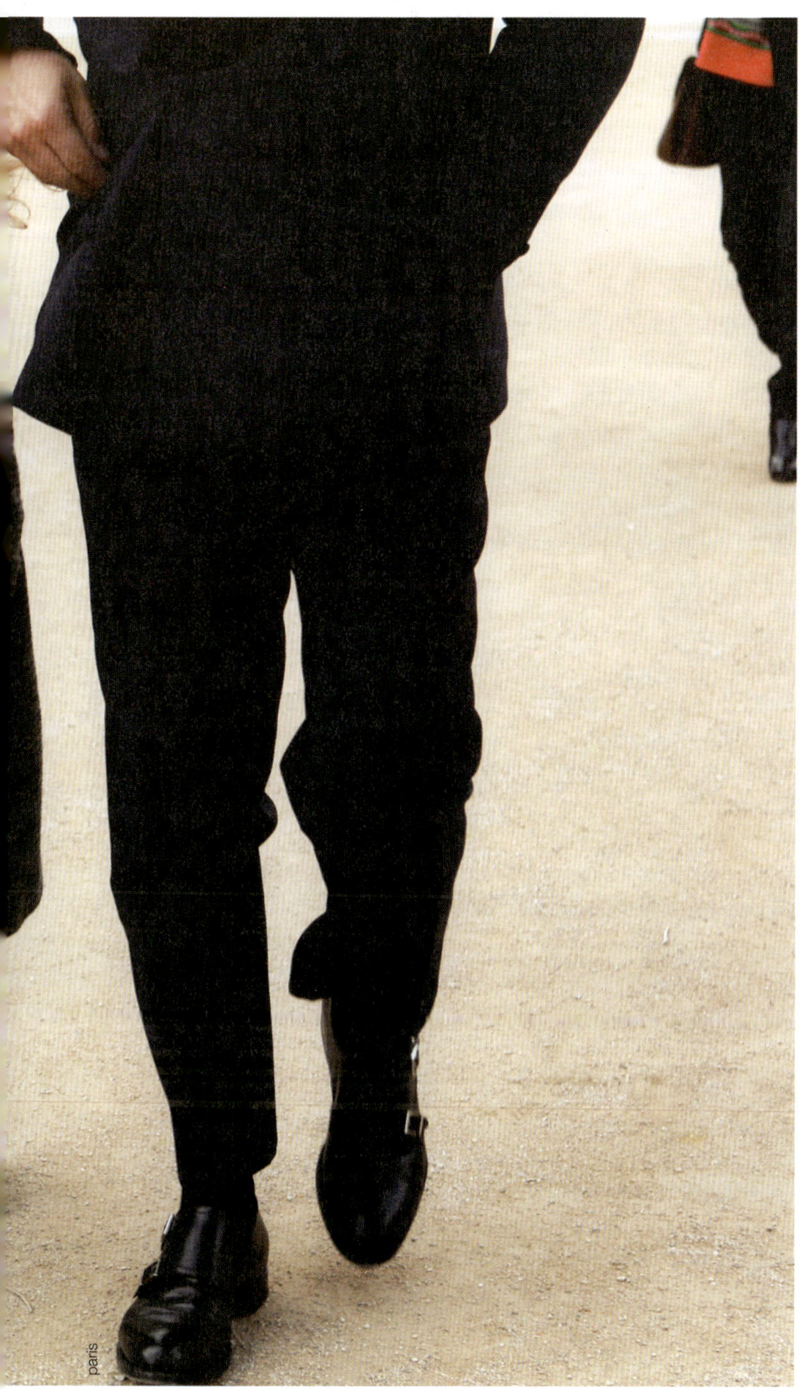

paris

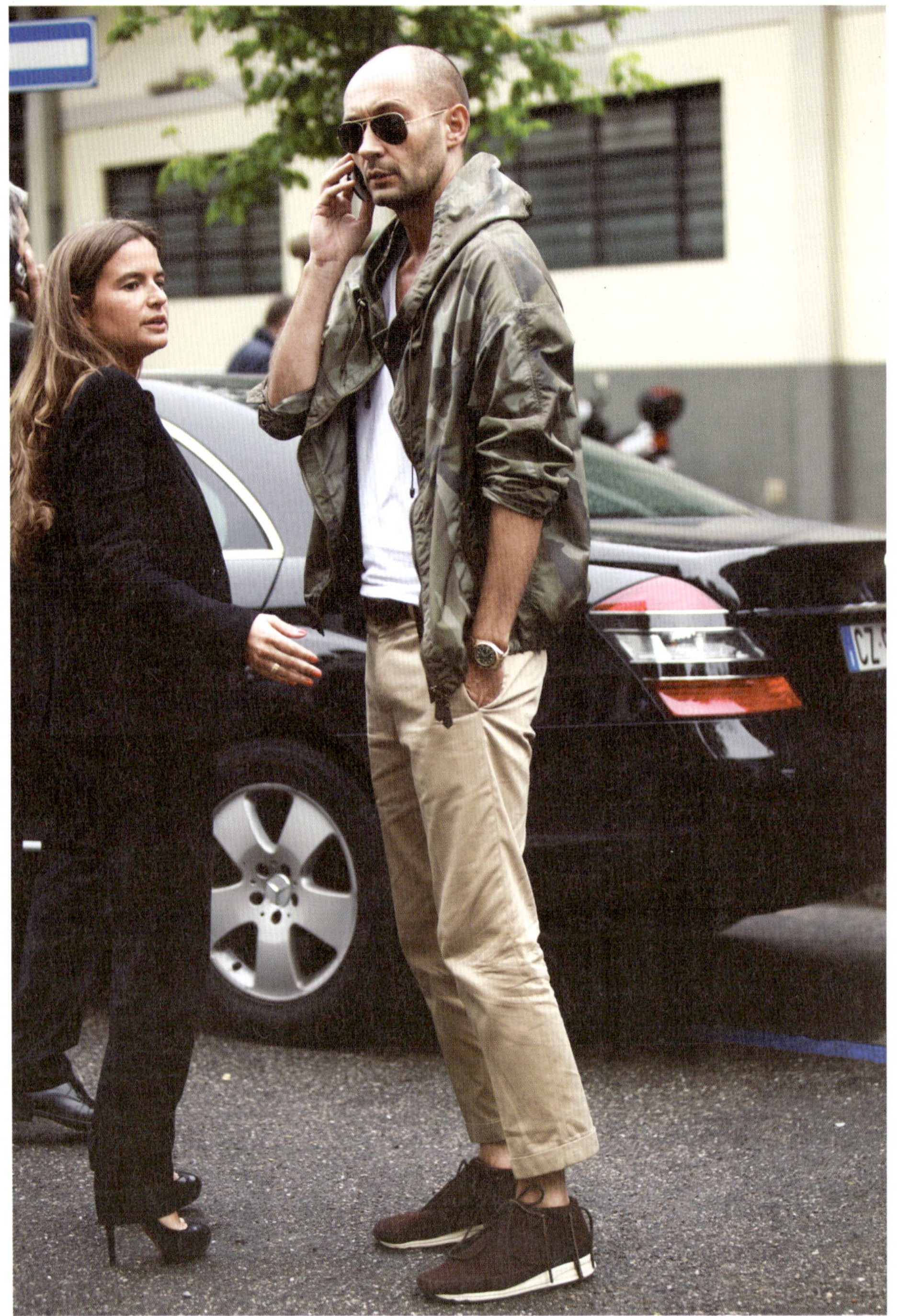

milan

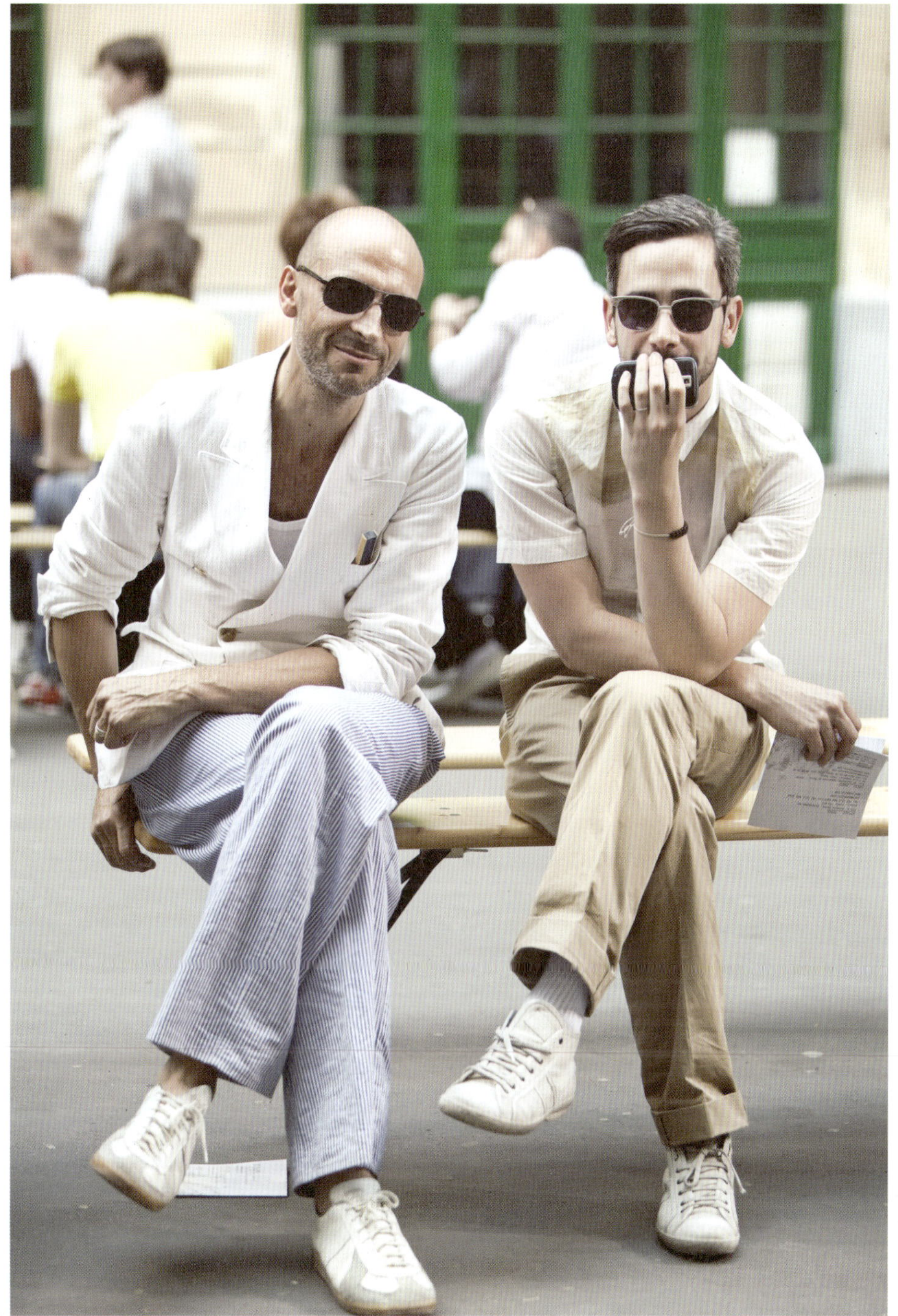

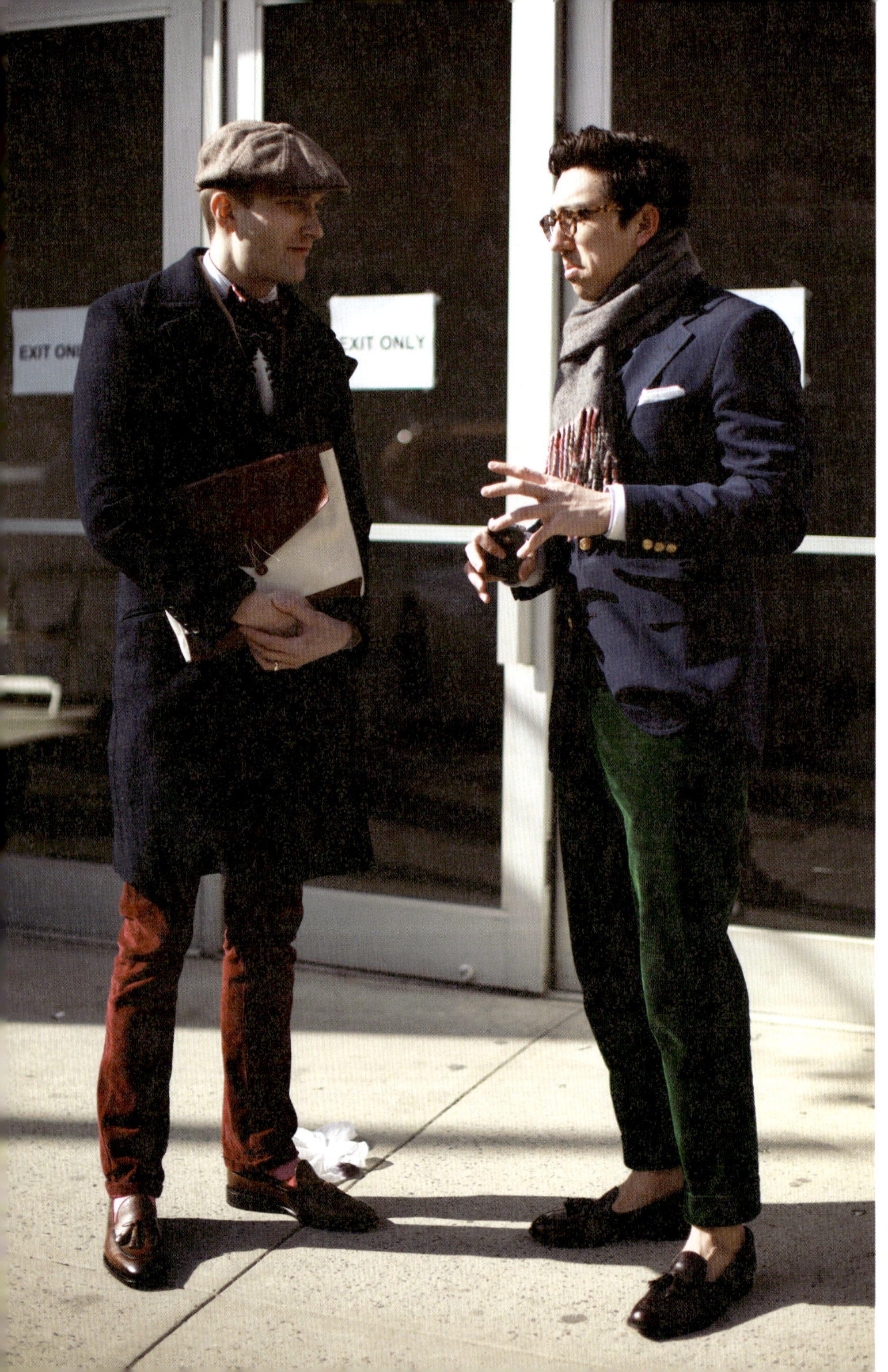

new york

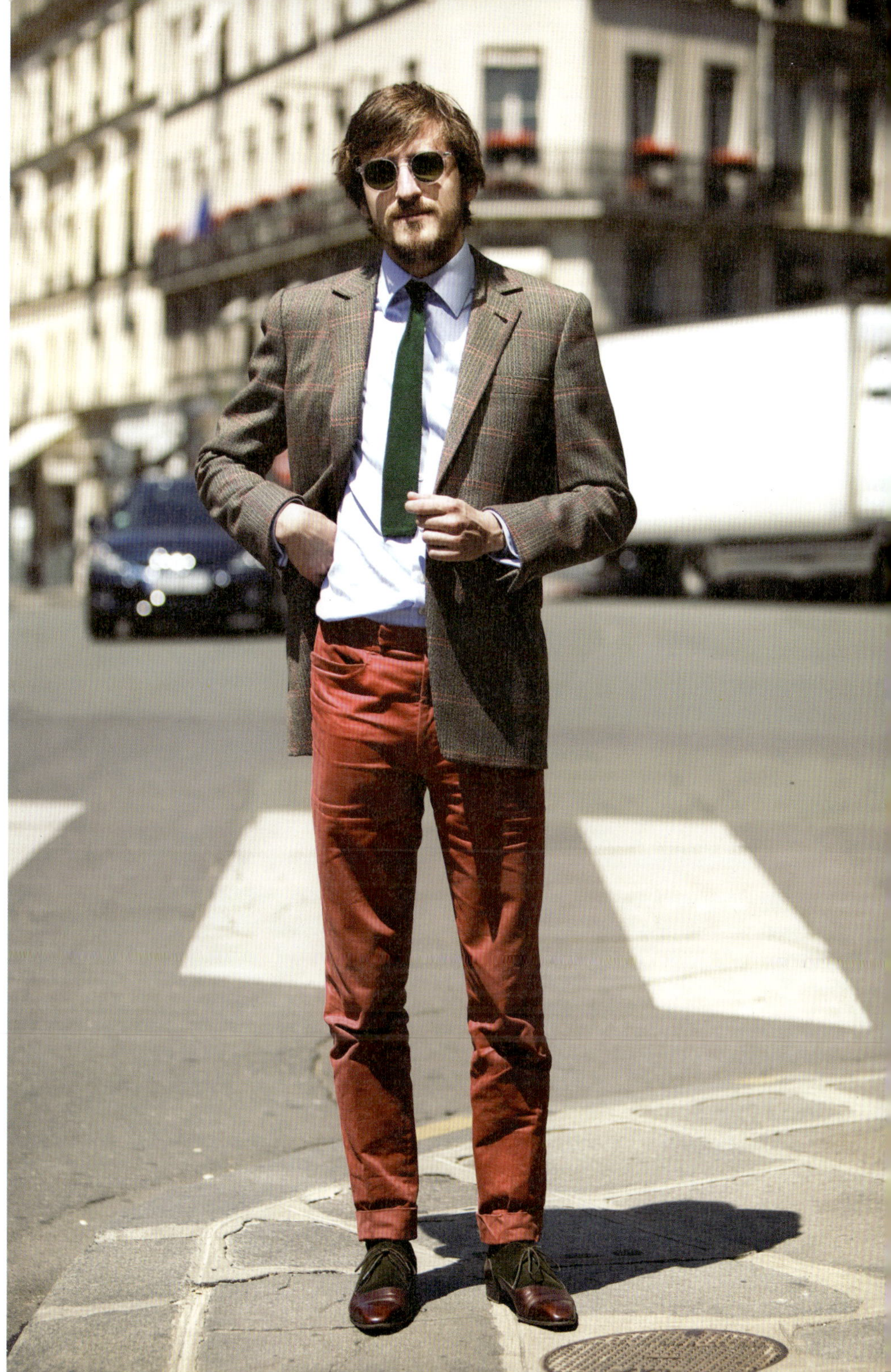

paris

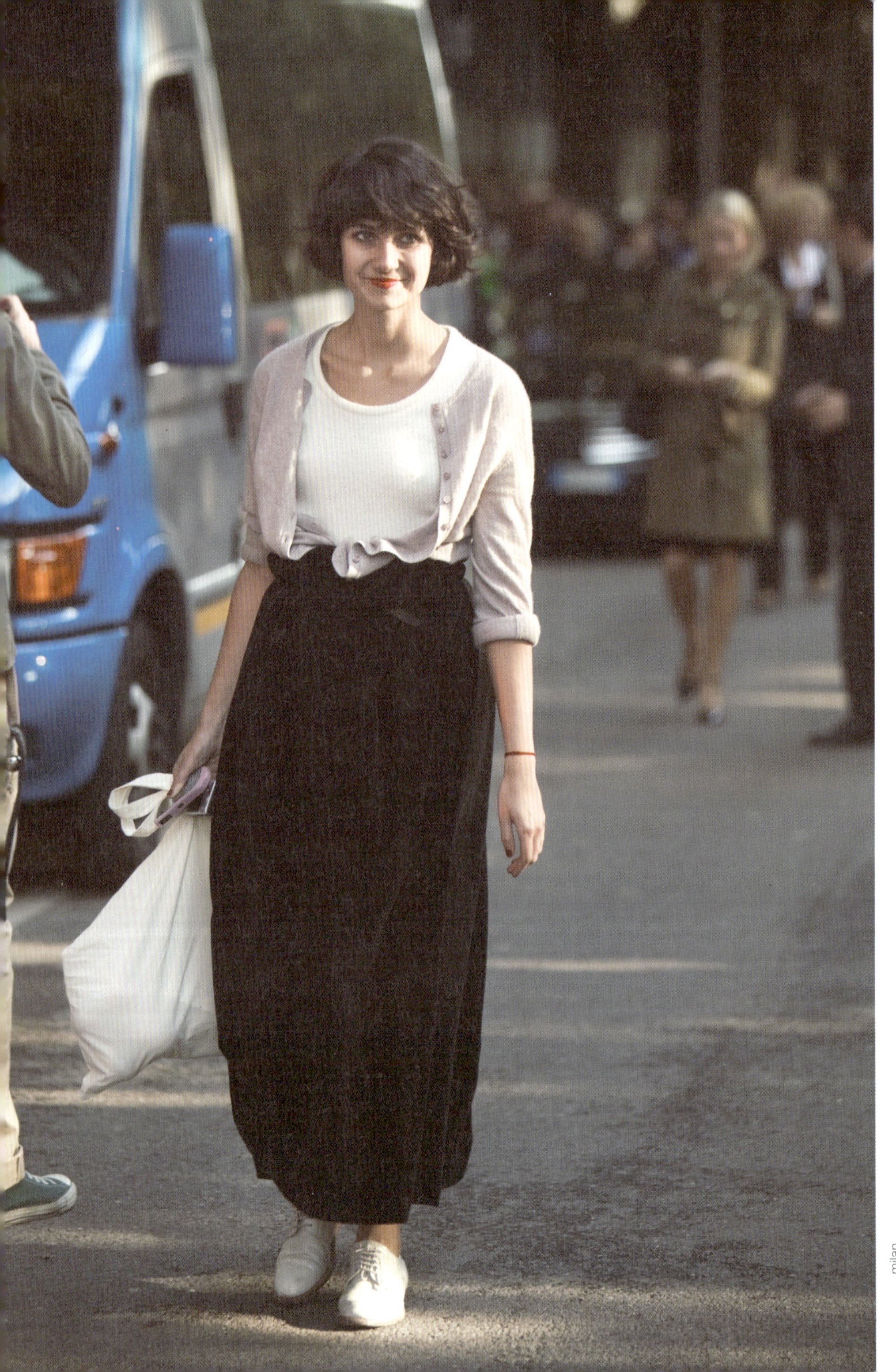

milan

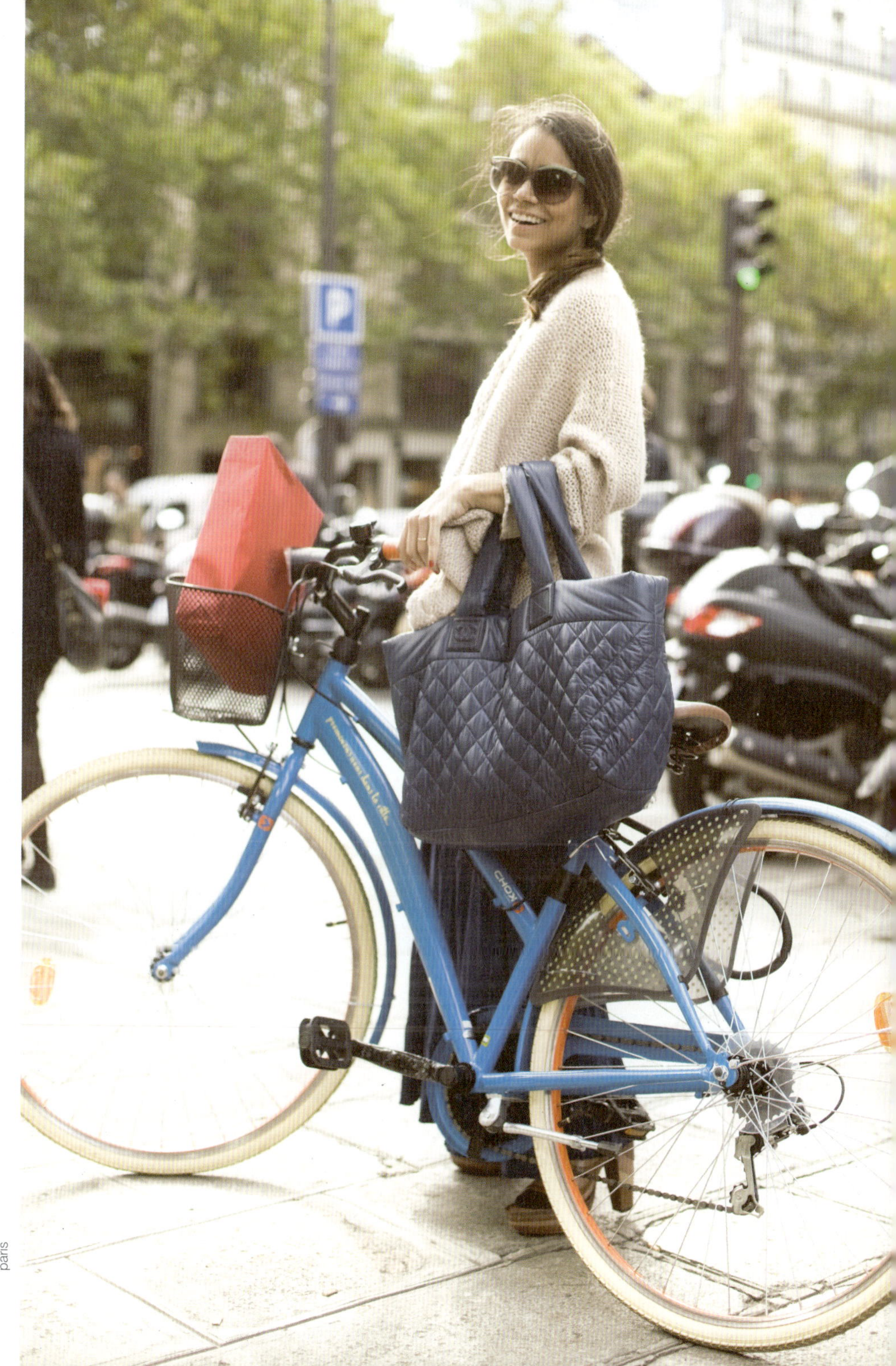

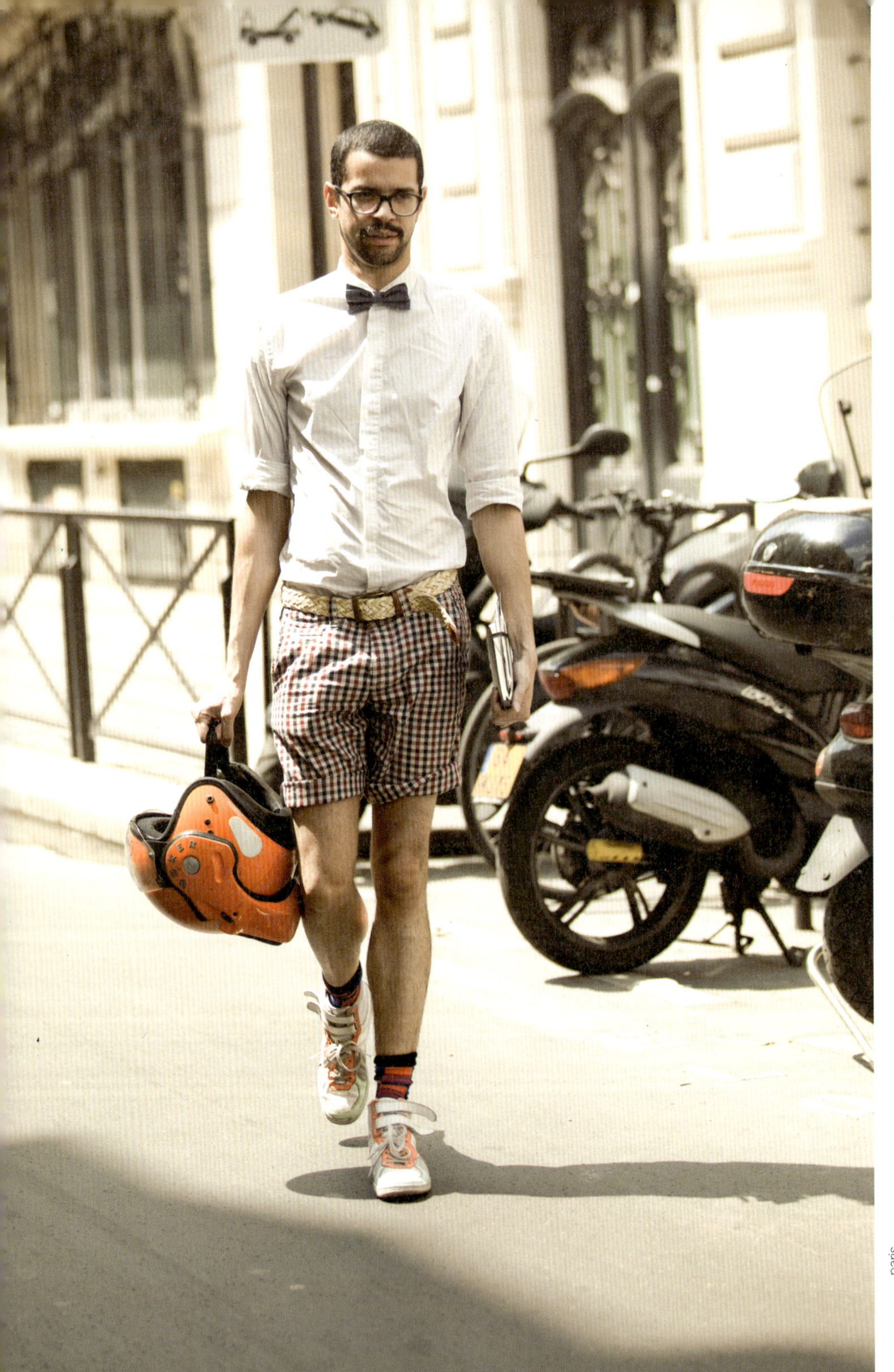

paris

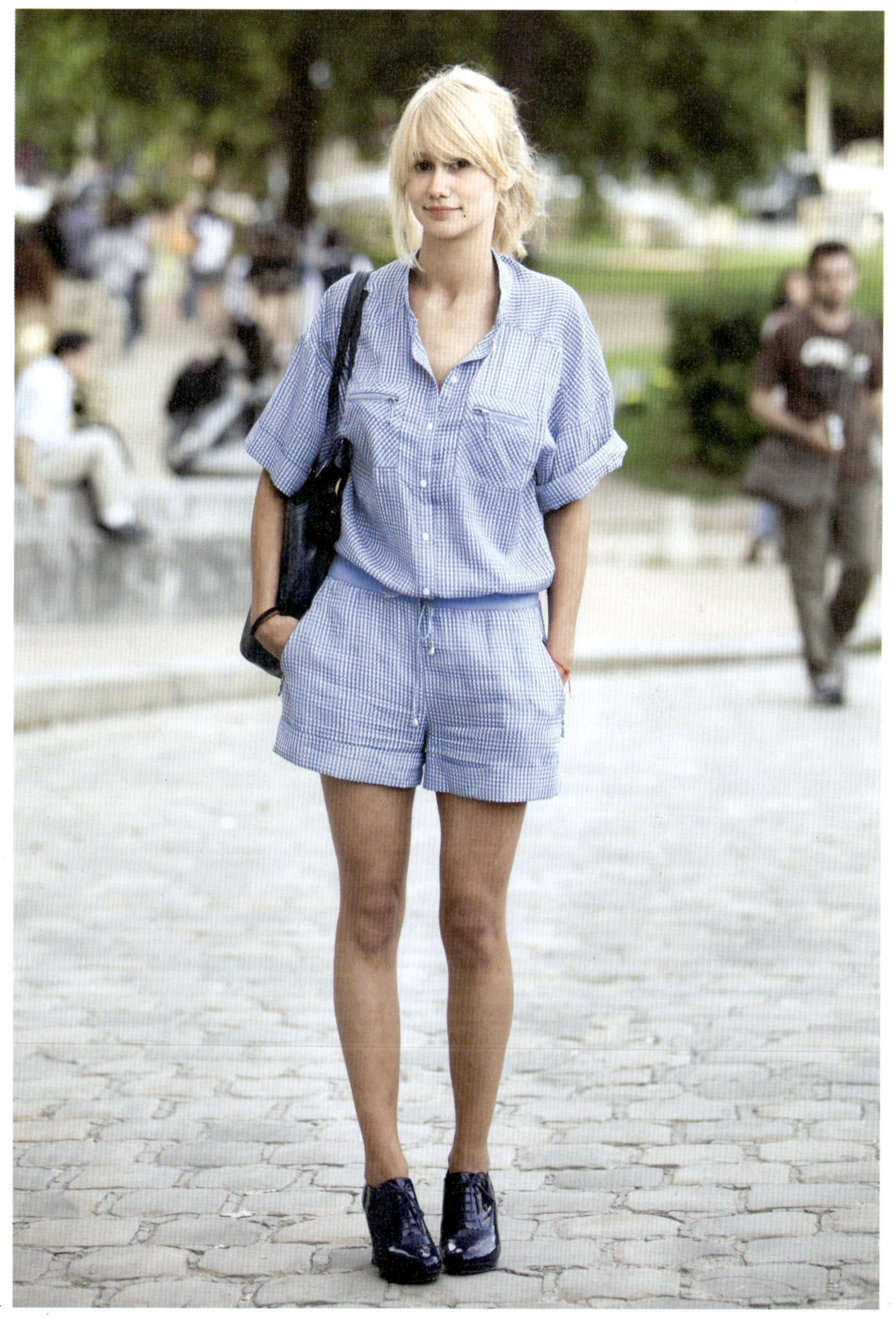

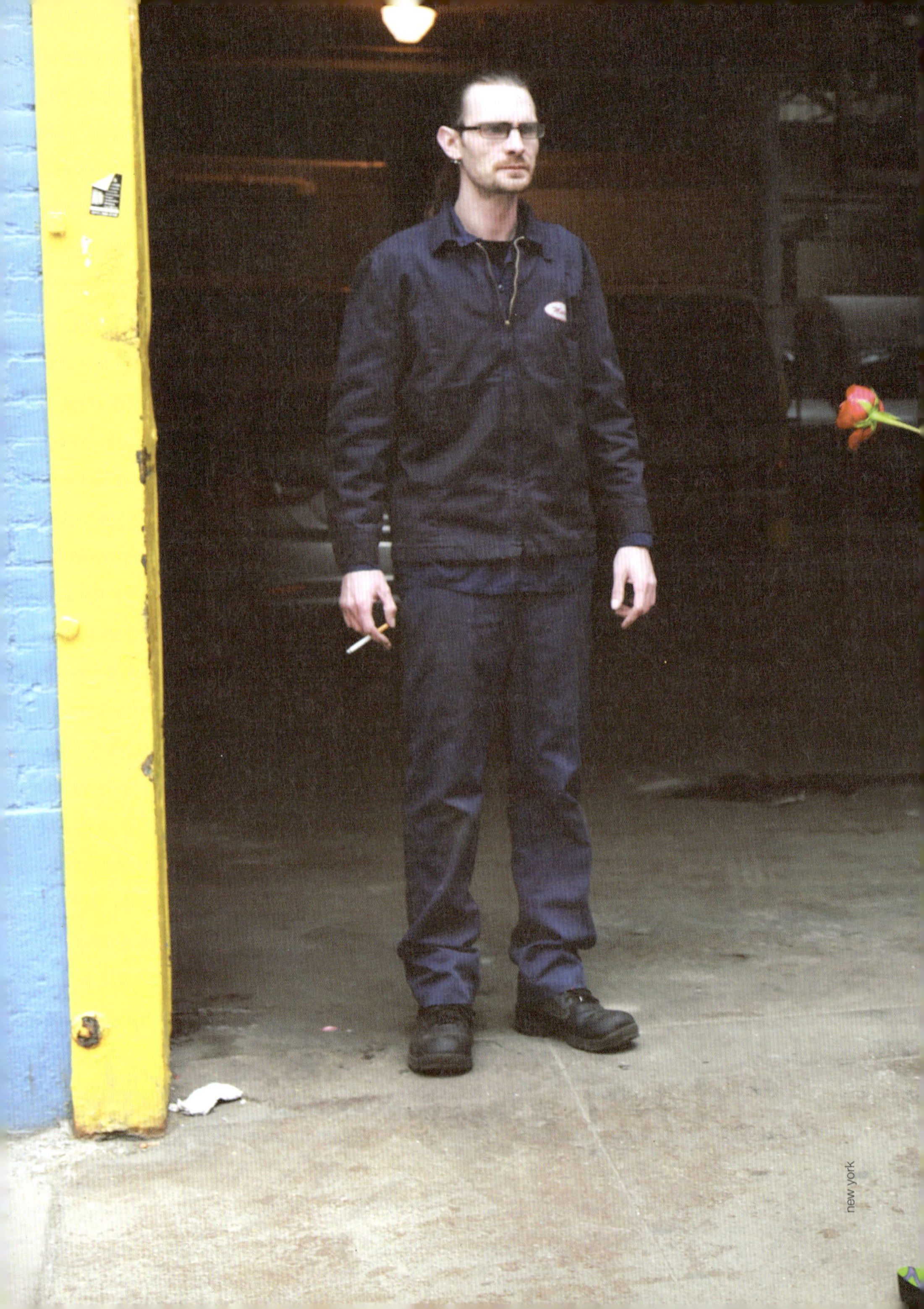
new york

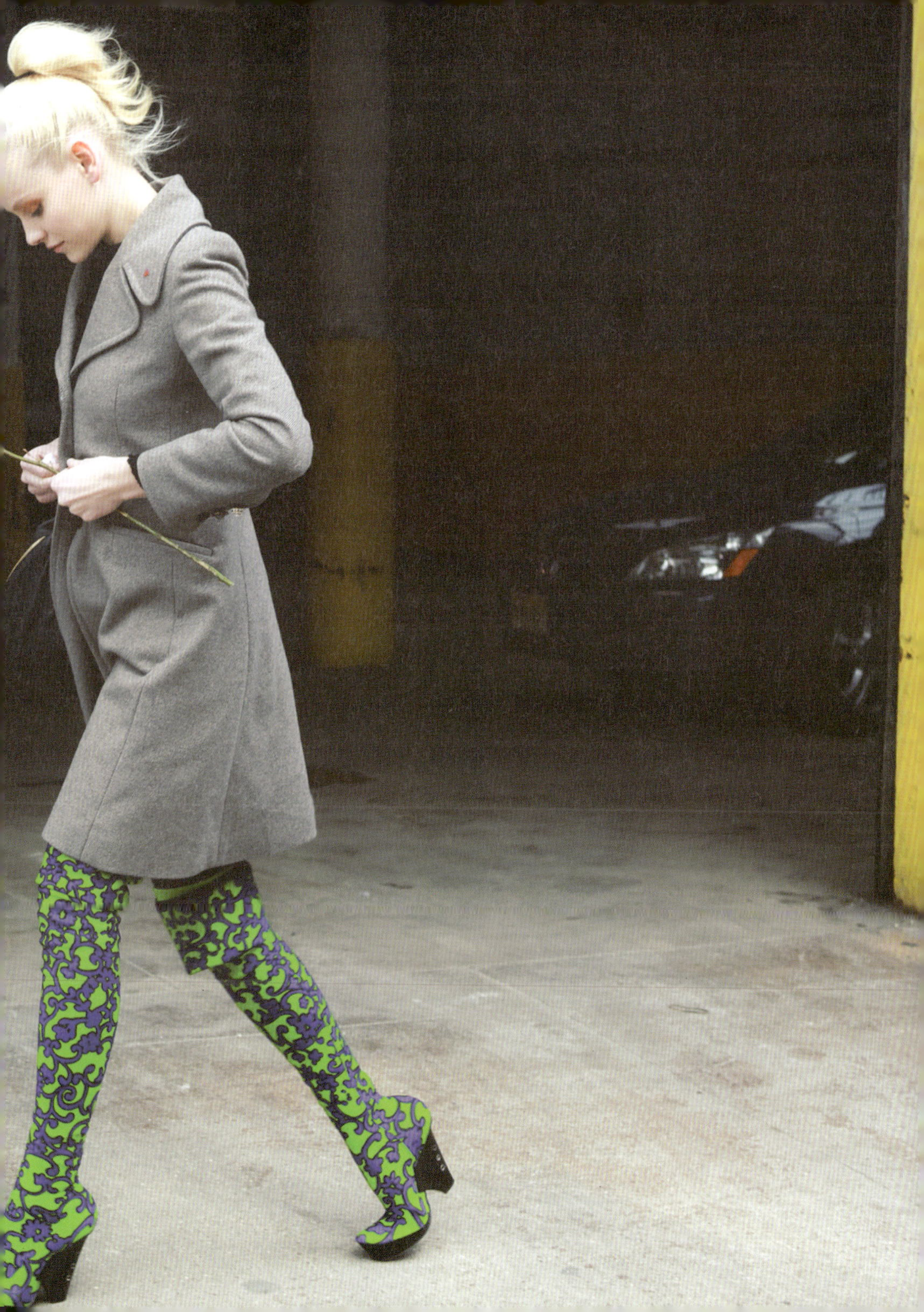

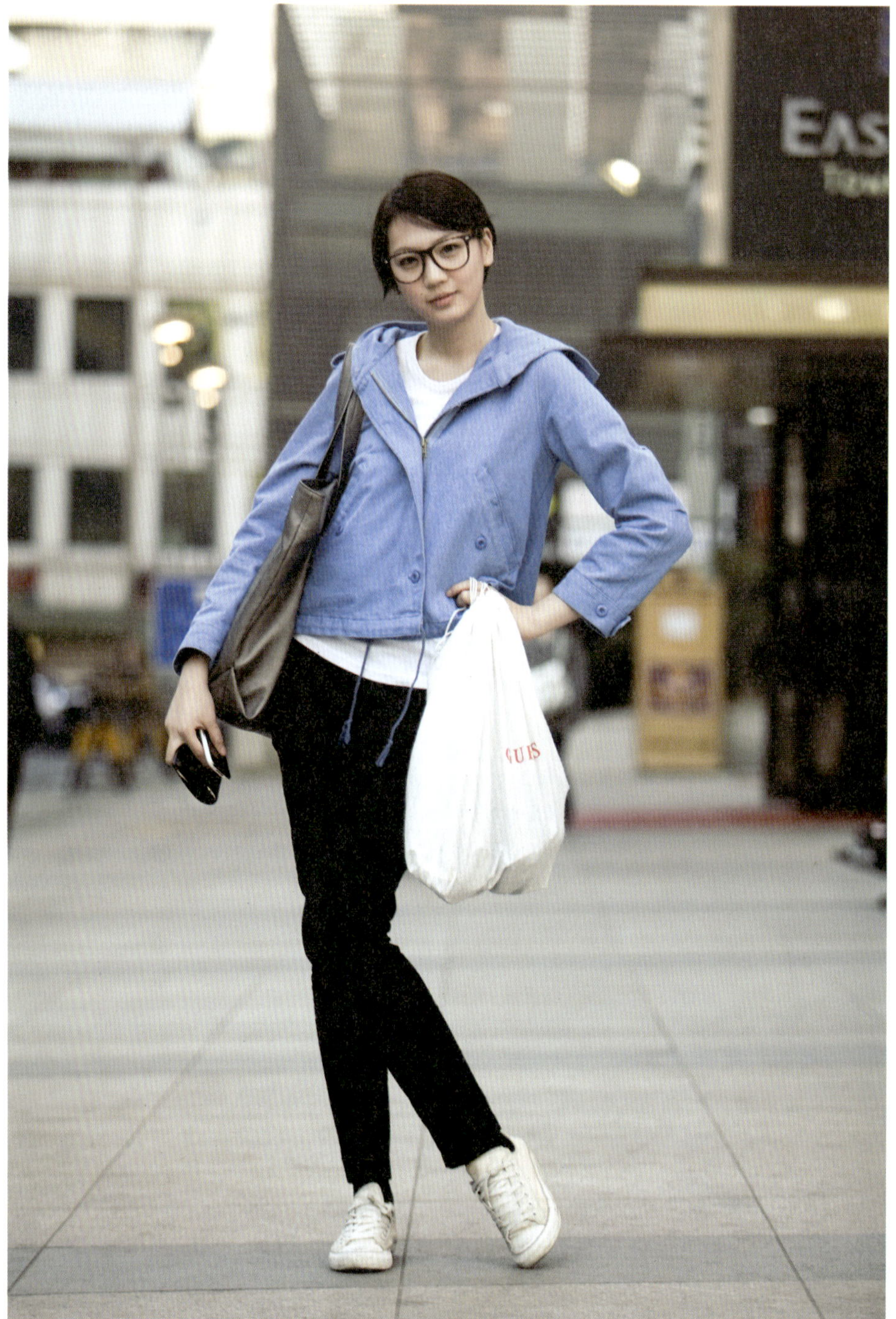

EAS

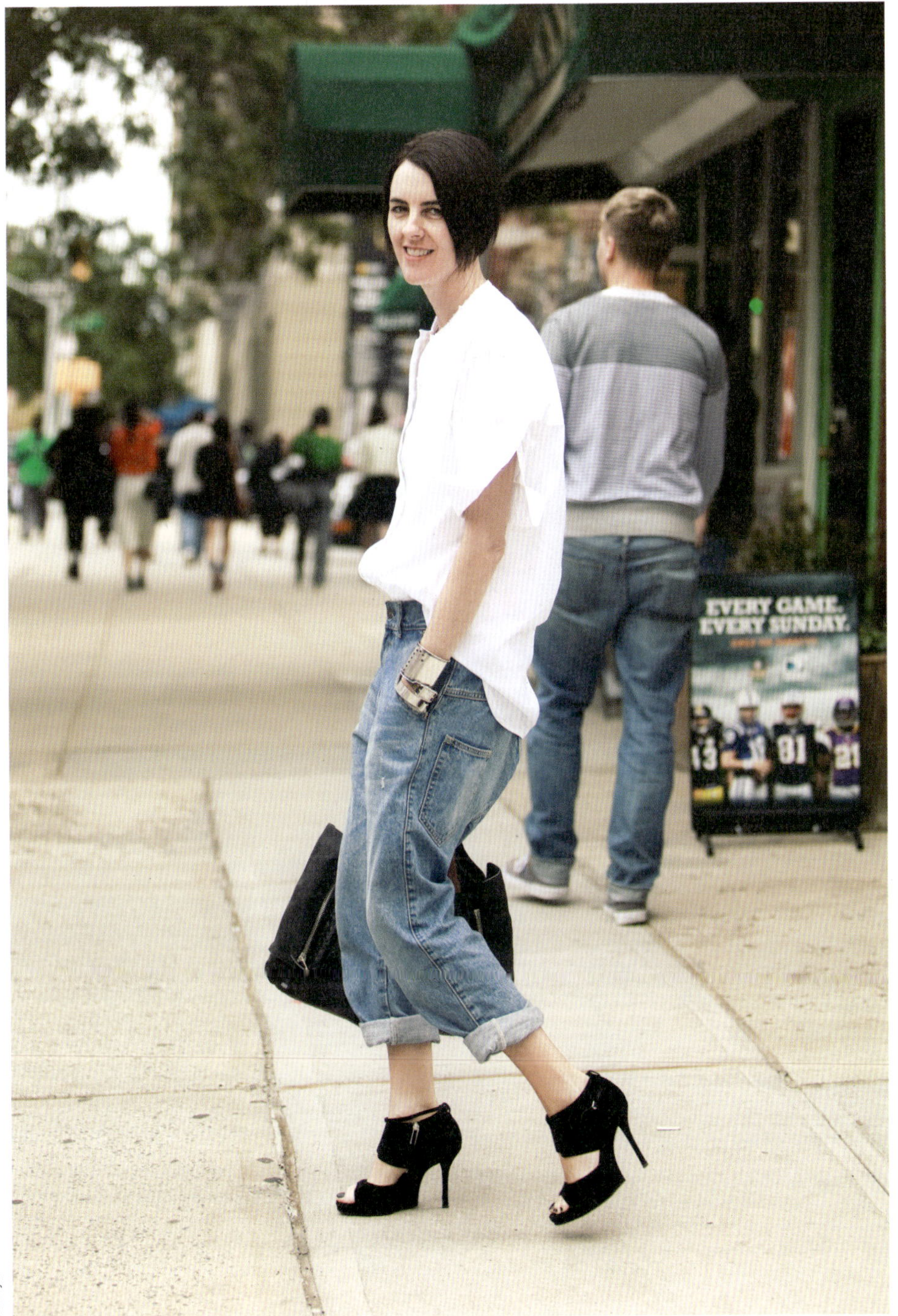

new york

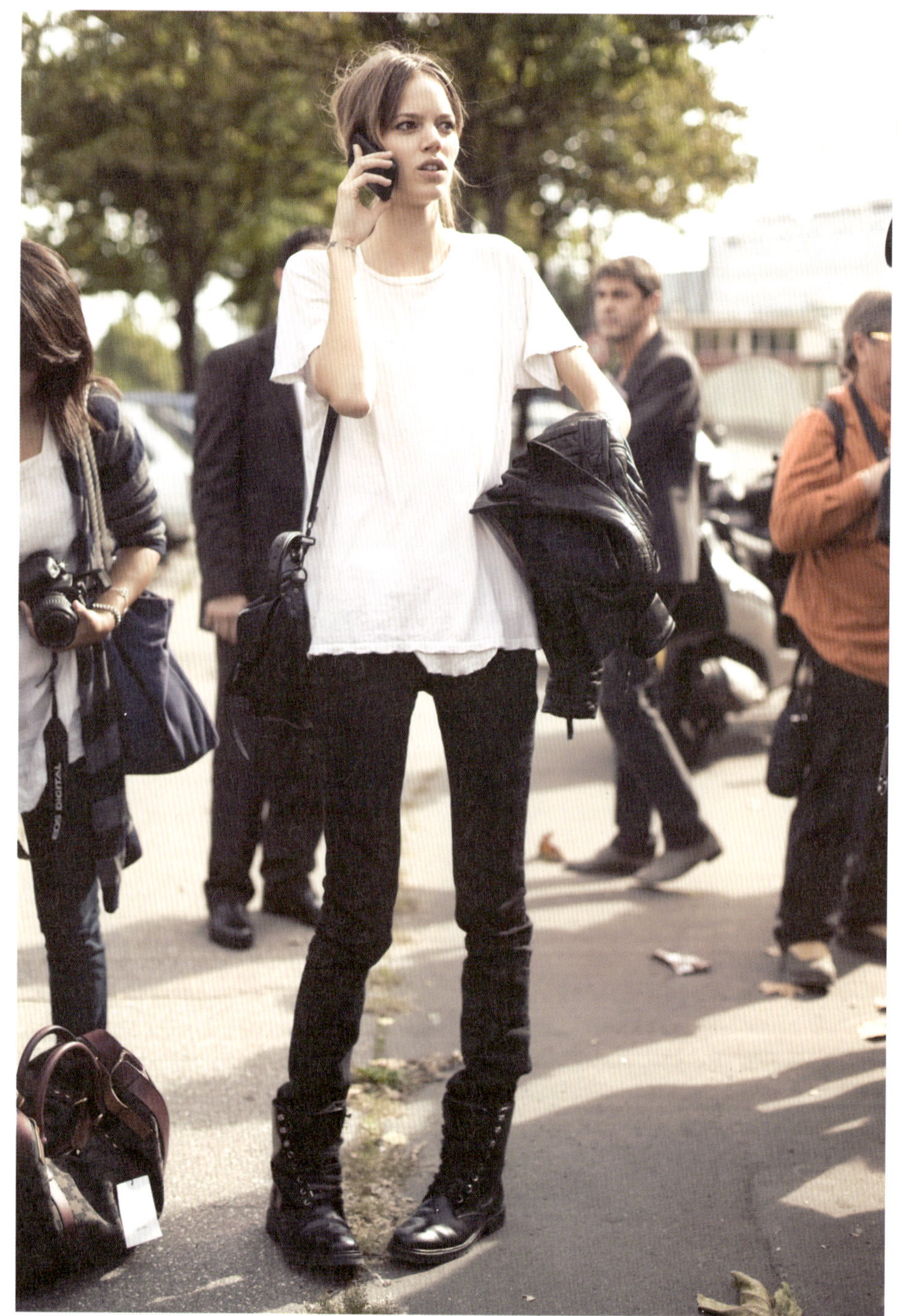

paris

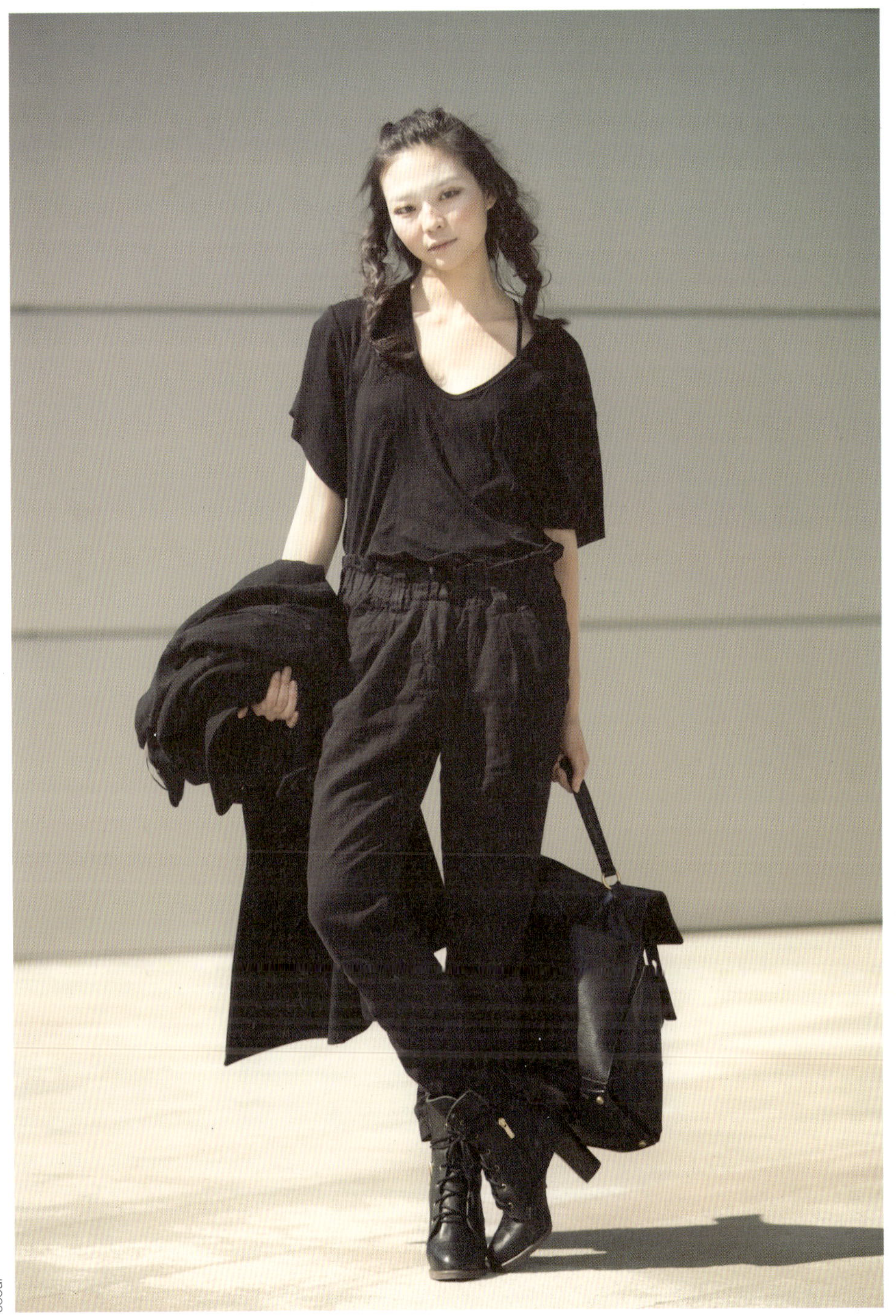

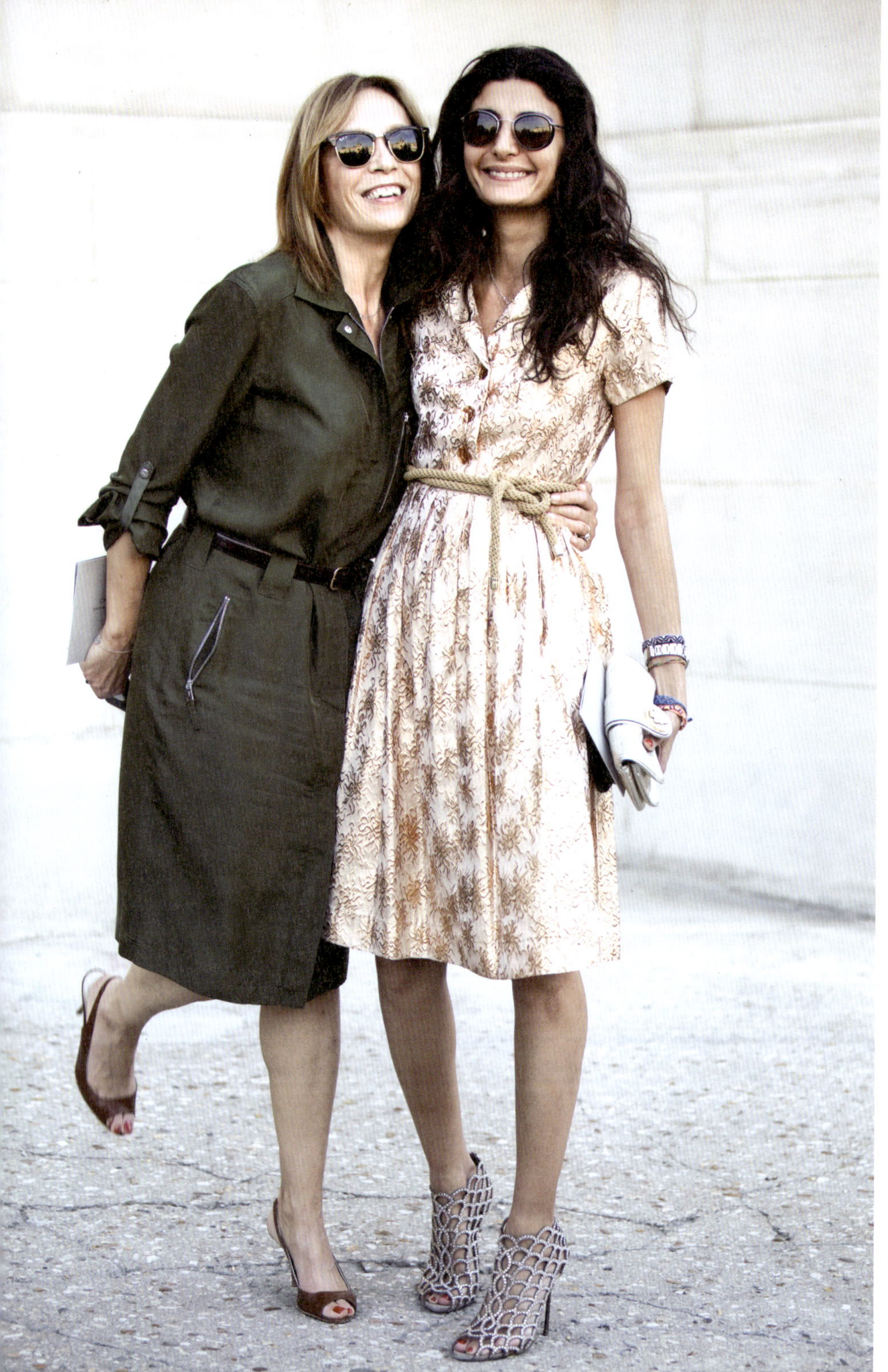

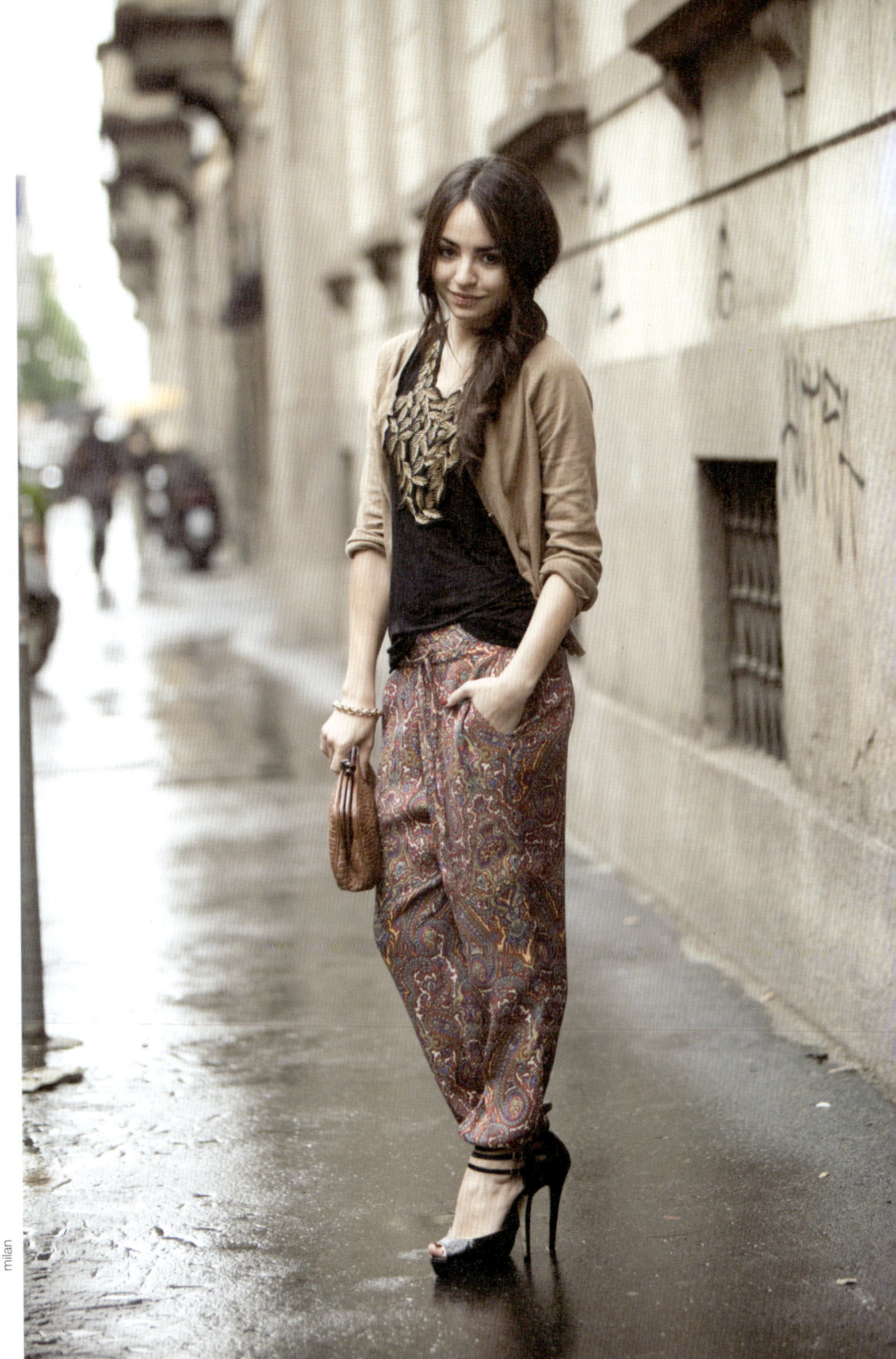
milan

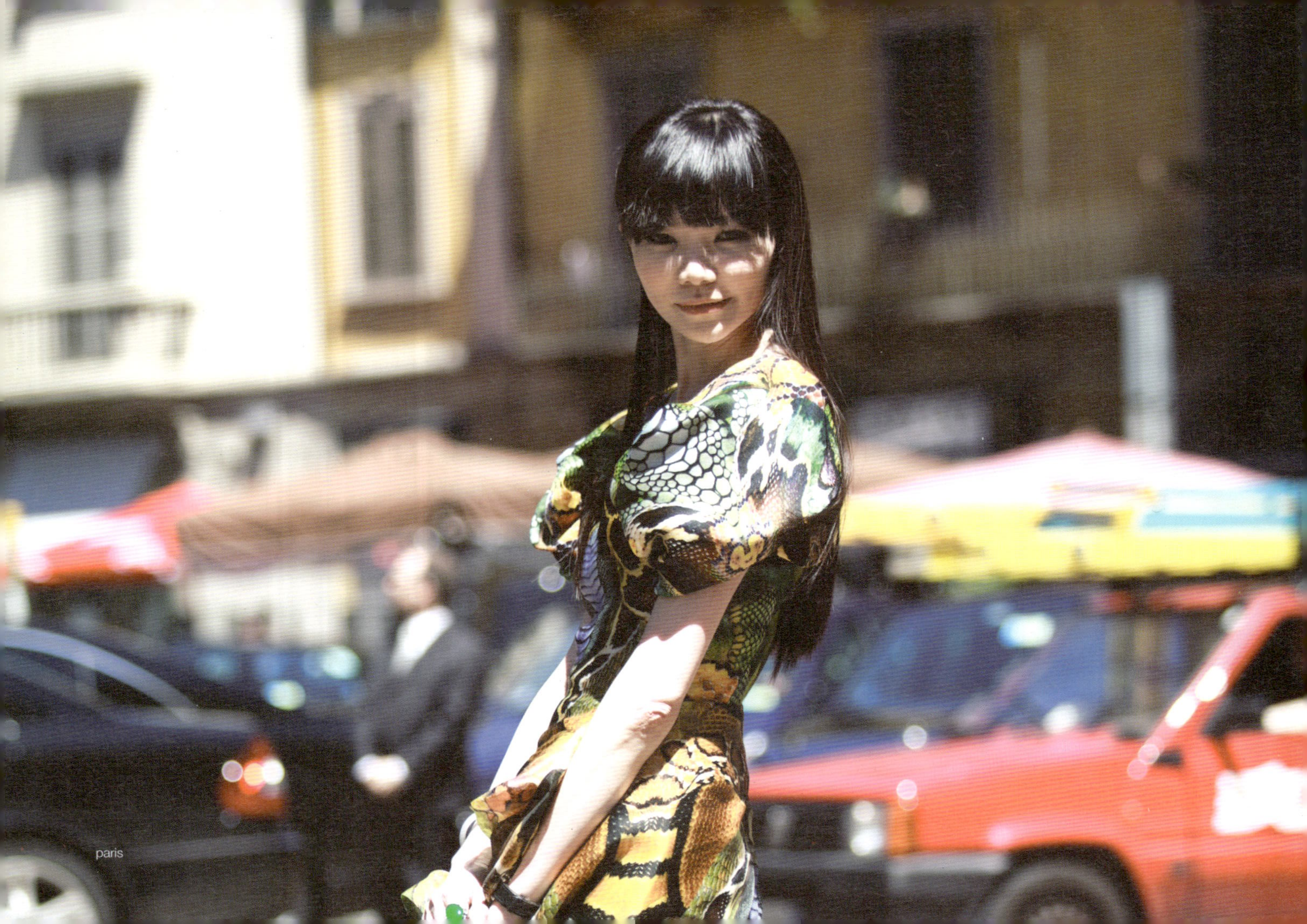
paris

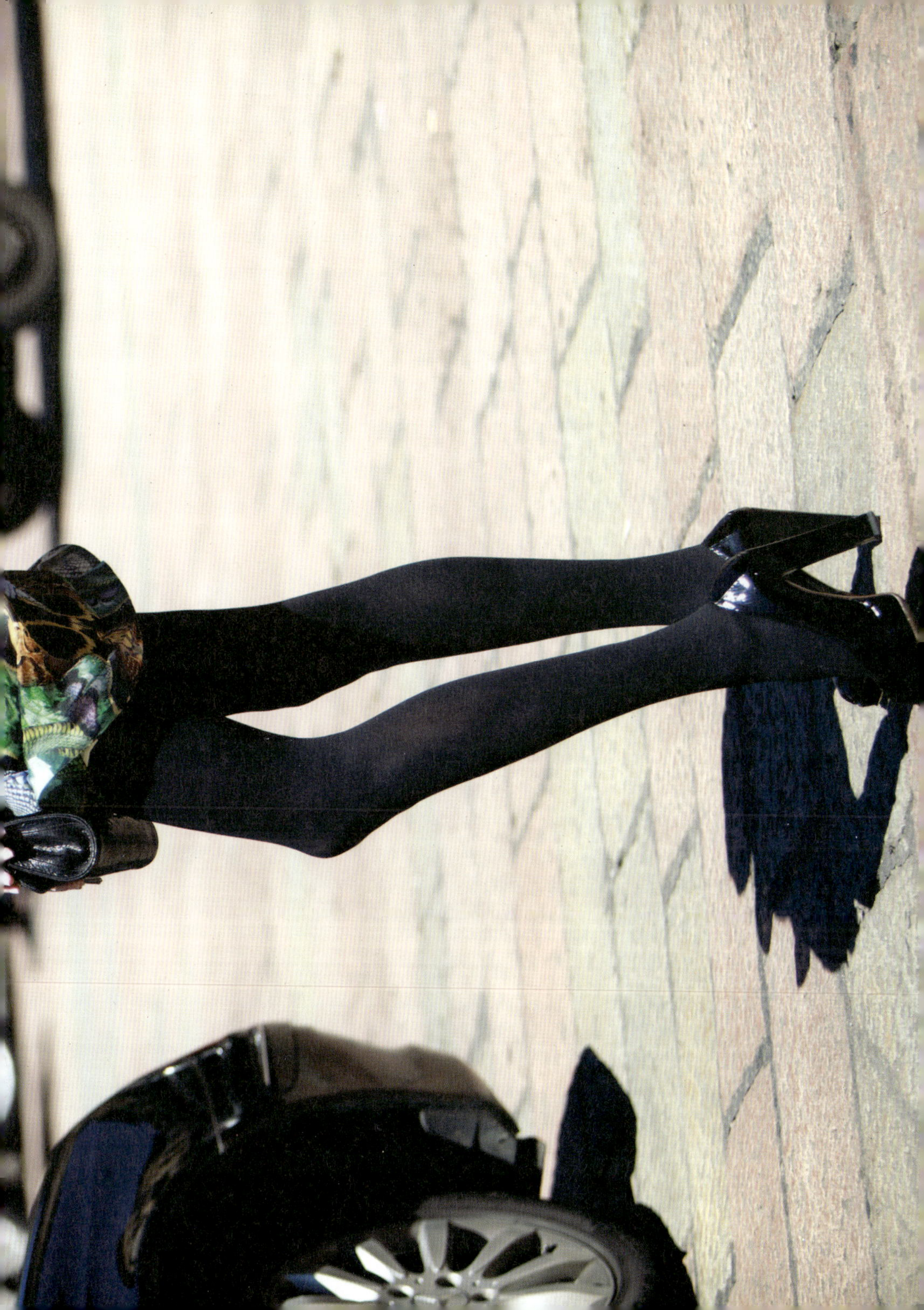

paris

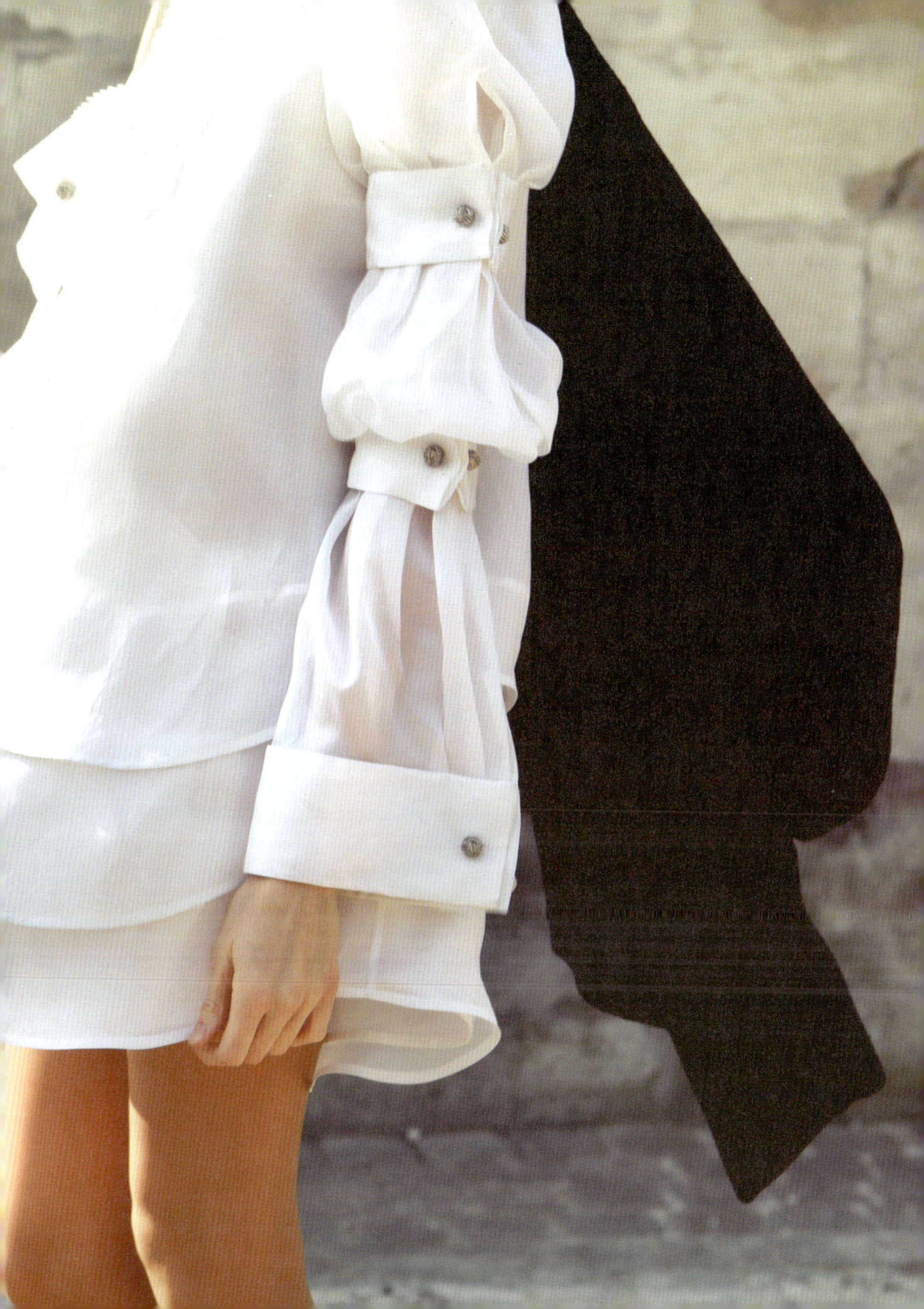

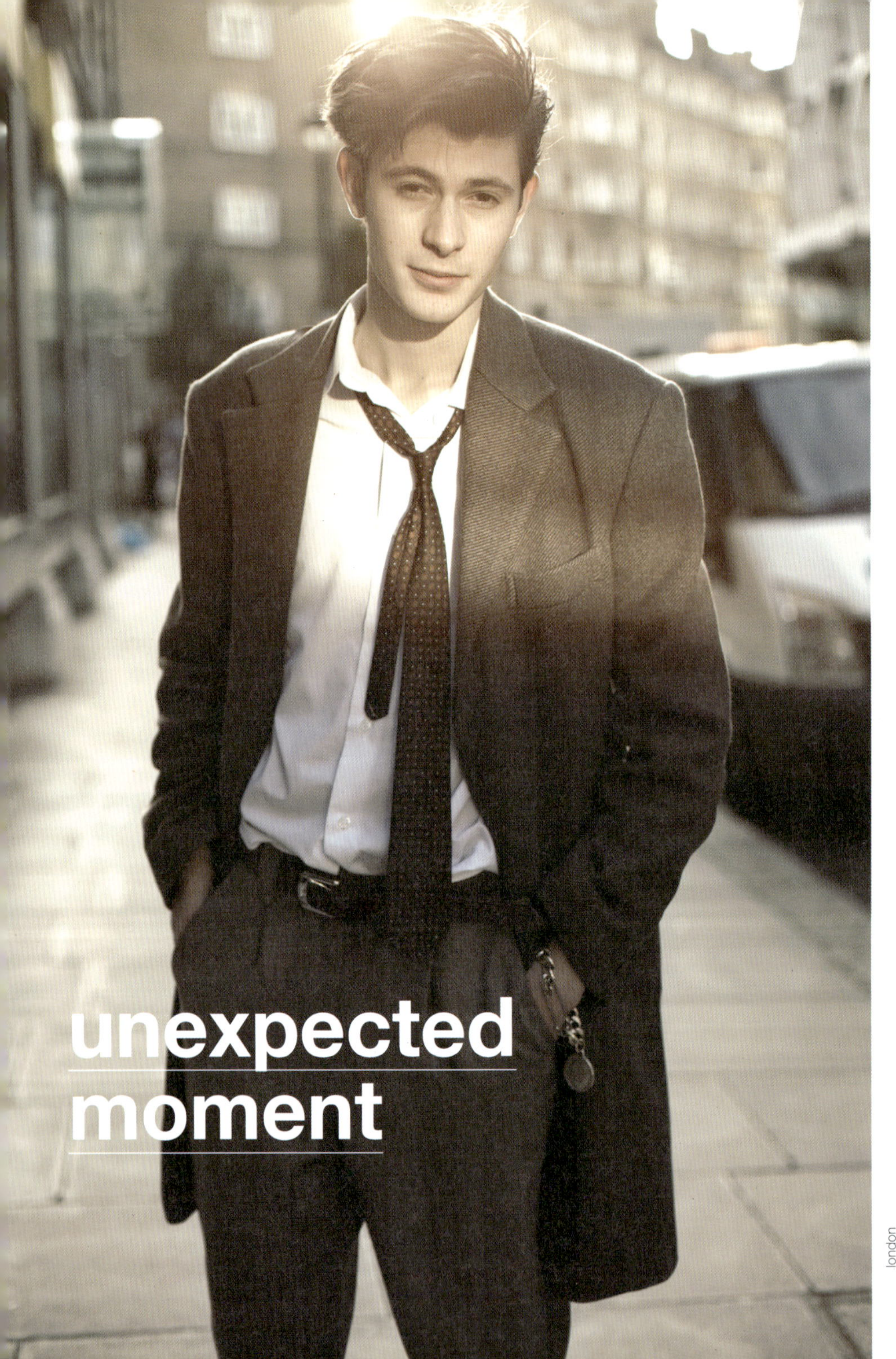

unexpected
moment

예상치 못한 순간

해 질 녘, 런던 거리를 걷고 있는데 부스스한 헤어스타일에 넥타이를 풀어헤친 조노[Jono]가 사람들 사이로 지나갔다.

'저 친구는 뭔가 안 풀리는 일이 있나 보다' 하는 생각을 하면서 한편으론 그를 촬영하고 싶어졌다.

나는 그에게 다가가 이야기를 나눴고, 넥타이는 단지 그가 선호하는 스타일이라는 걸 알았다.

그렇게 짧은 대화를 나눈 후 사진을 찍으려 하는데, 뒤쪽 건물 틈 사이로 새어 나오는 아슬아슬한 햇살과

빠르게 지나다니는 자동차의 헤드라이트 불빛이 제법 드라마틱한 장면을 연출하고 있었다.

예상치 못한 변수들에 흥분하며 그를 표현하는 데 집중하였다. 처음 거리촬영을 할 때는, 편집증에 사로잡힌 감독처럼

표현하고 싶은 장면을 먼저 머릿속으로 그린 후에 그 그림과 최대한 비슷한 순간을 포착하려 했다.

하지만 경험을 통해 오히려 예상치 못한 변수가 뜻밖에 더 나은 결과물로 나타날 수 있다는 것을 알았다.

그것은 자동차 헤드라이트의 불빛이 될 수도 있고, 강한 바람, 미소, 혹은 슬픔이나 외로움이 될 수도 있다.

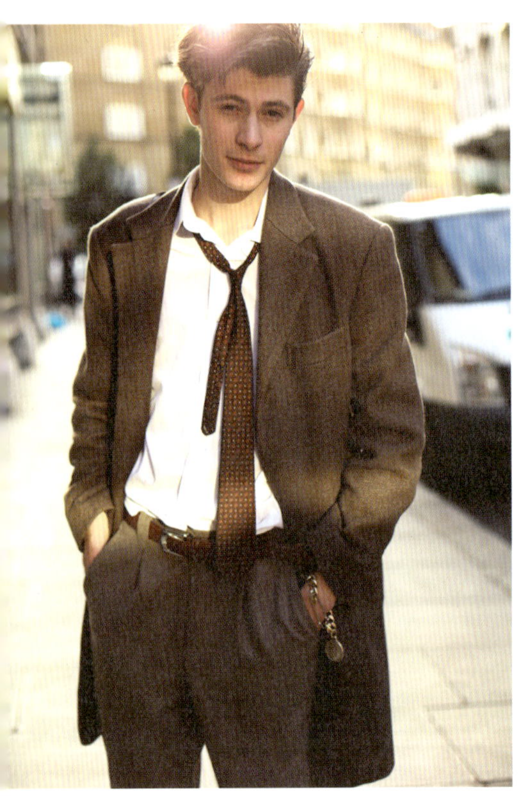
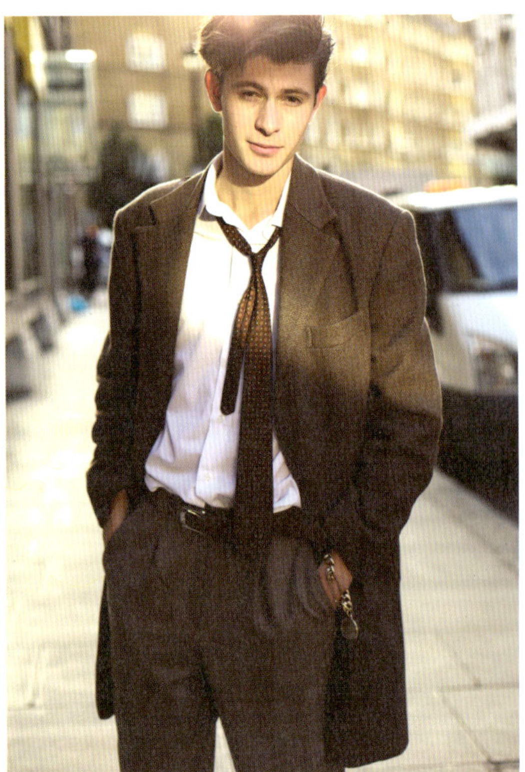

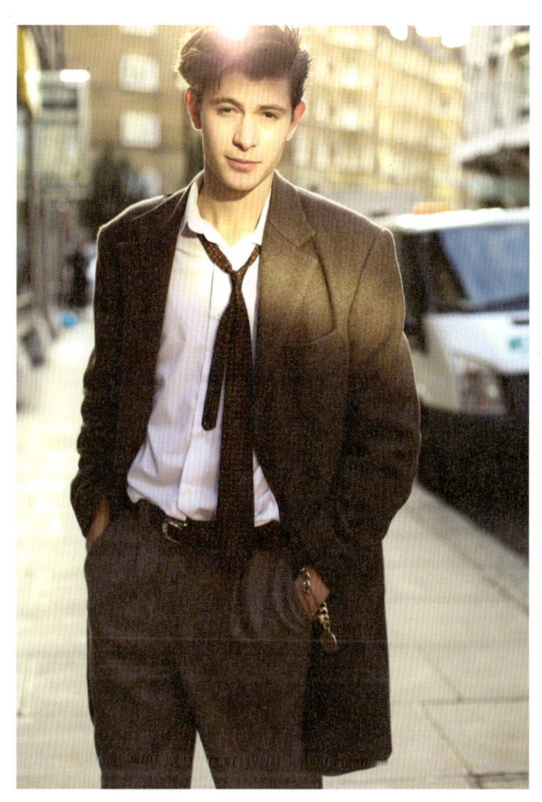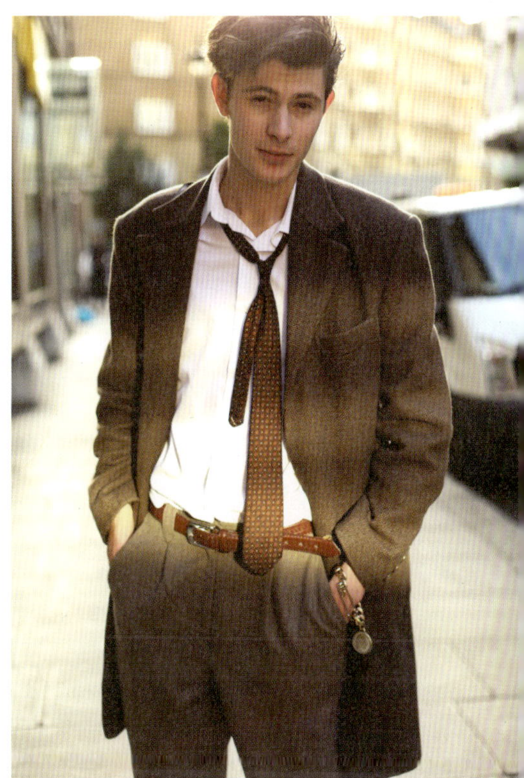

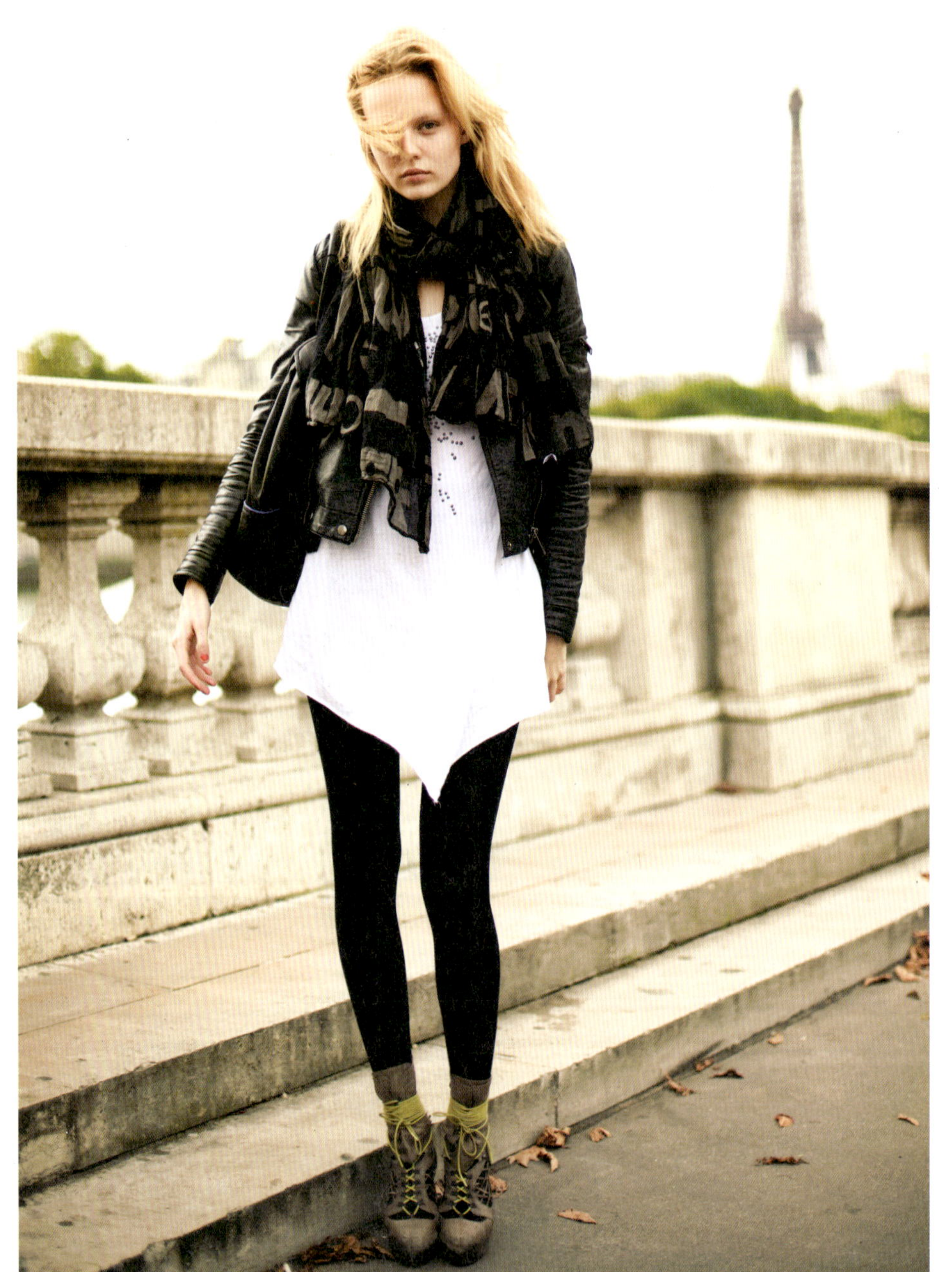

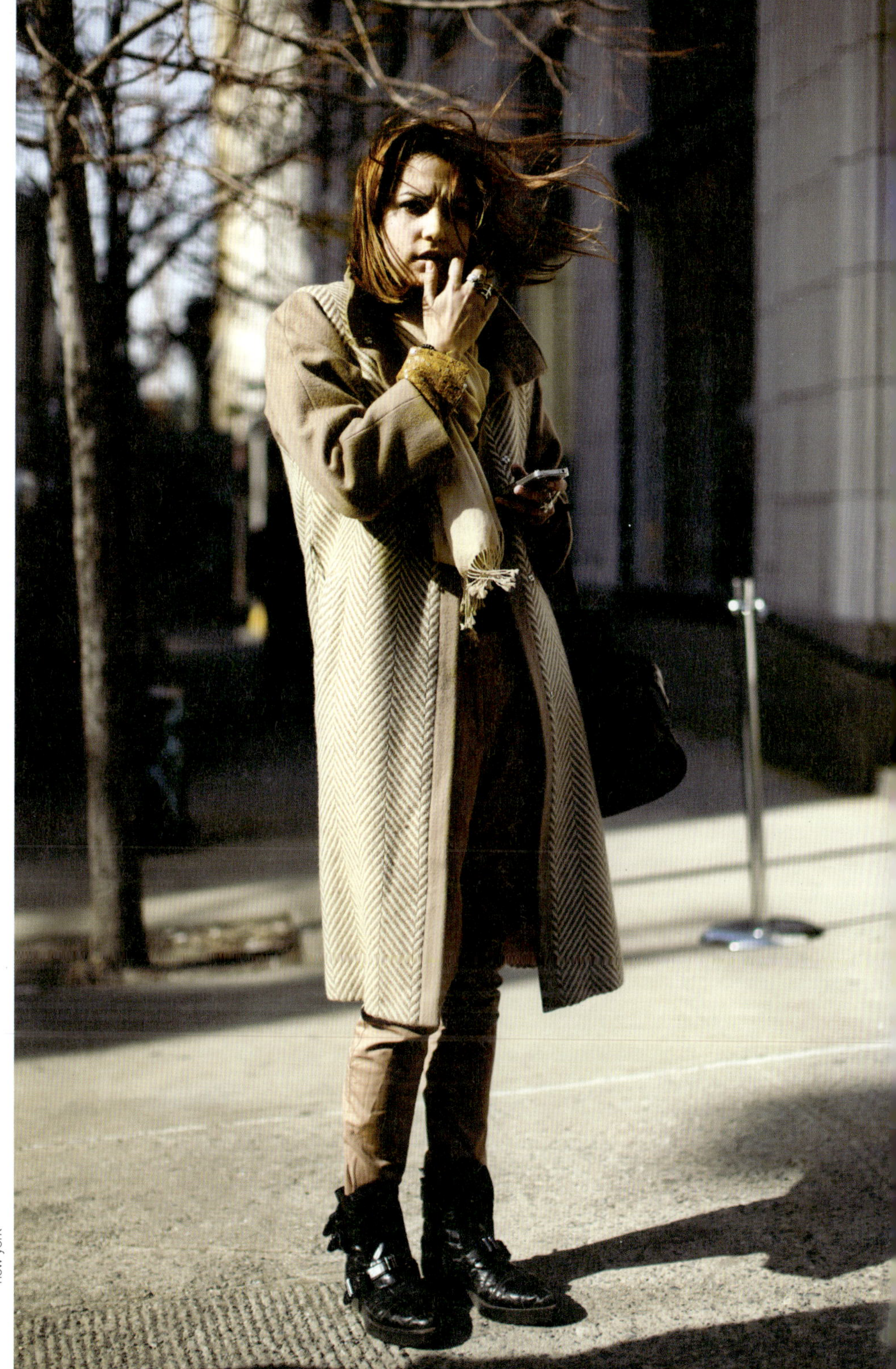
new york

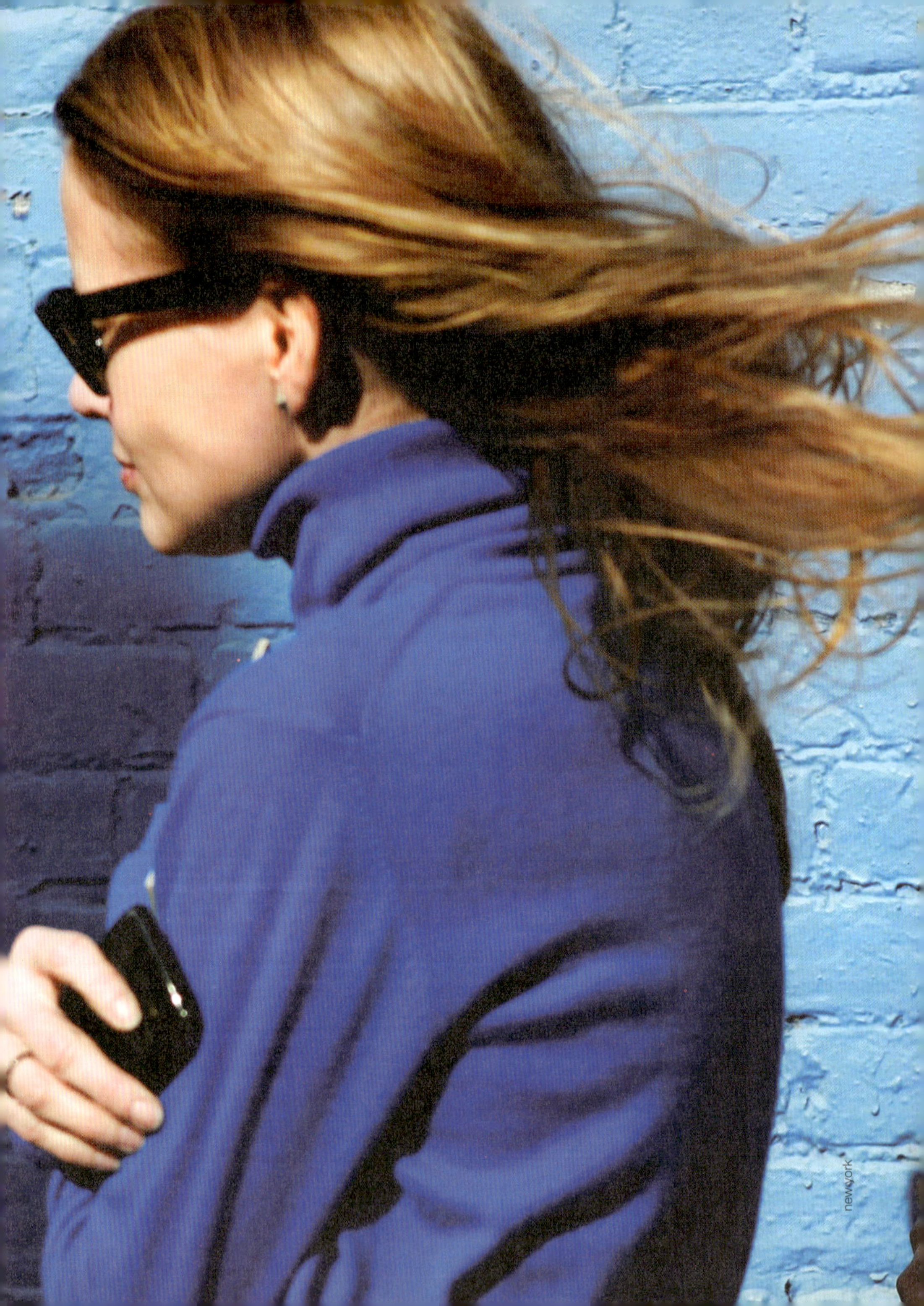
newyork

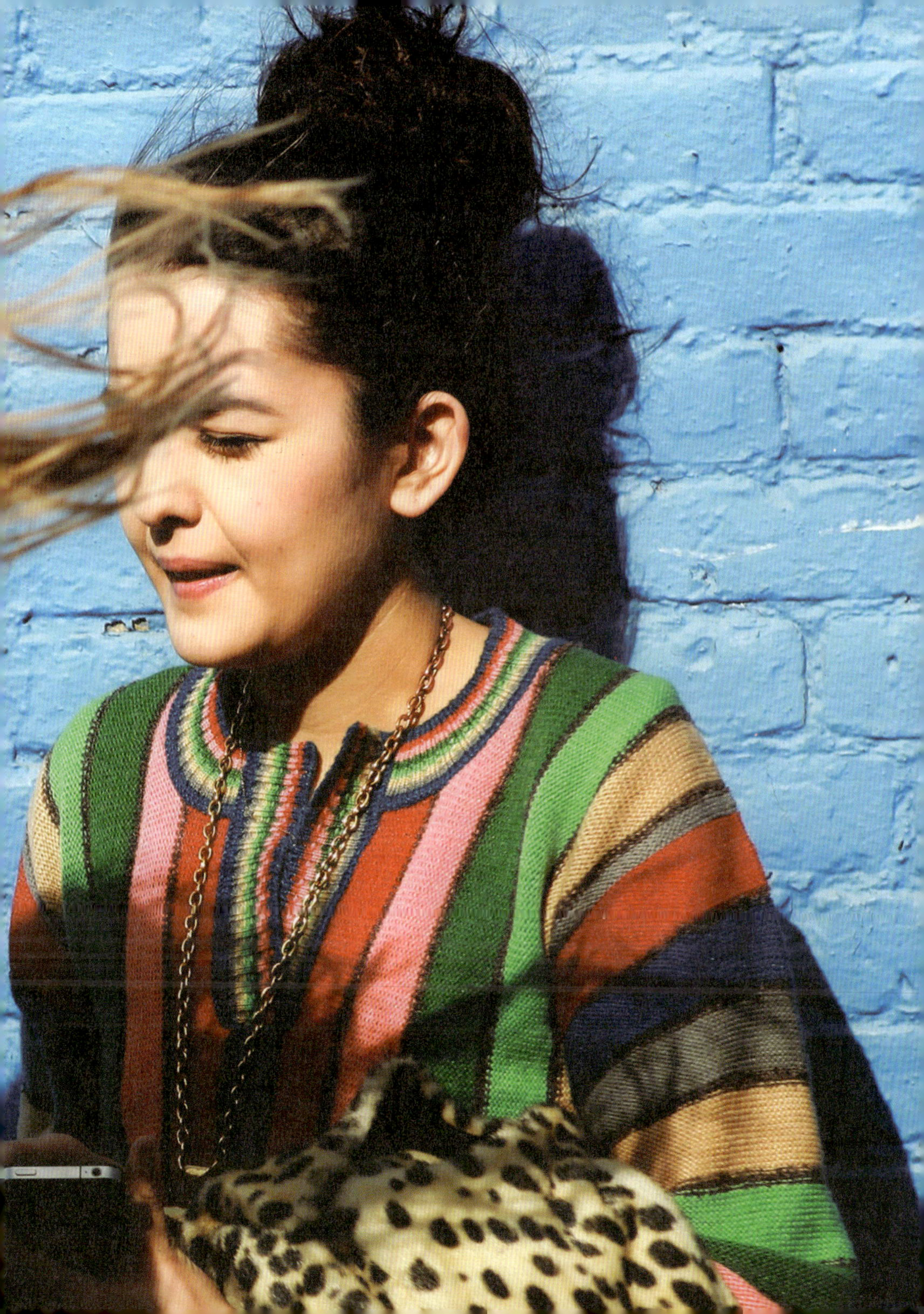

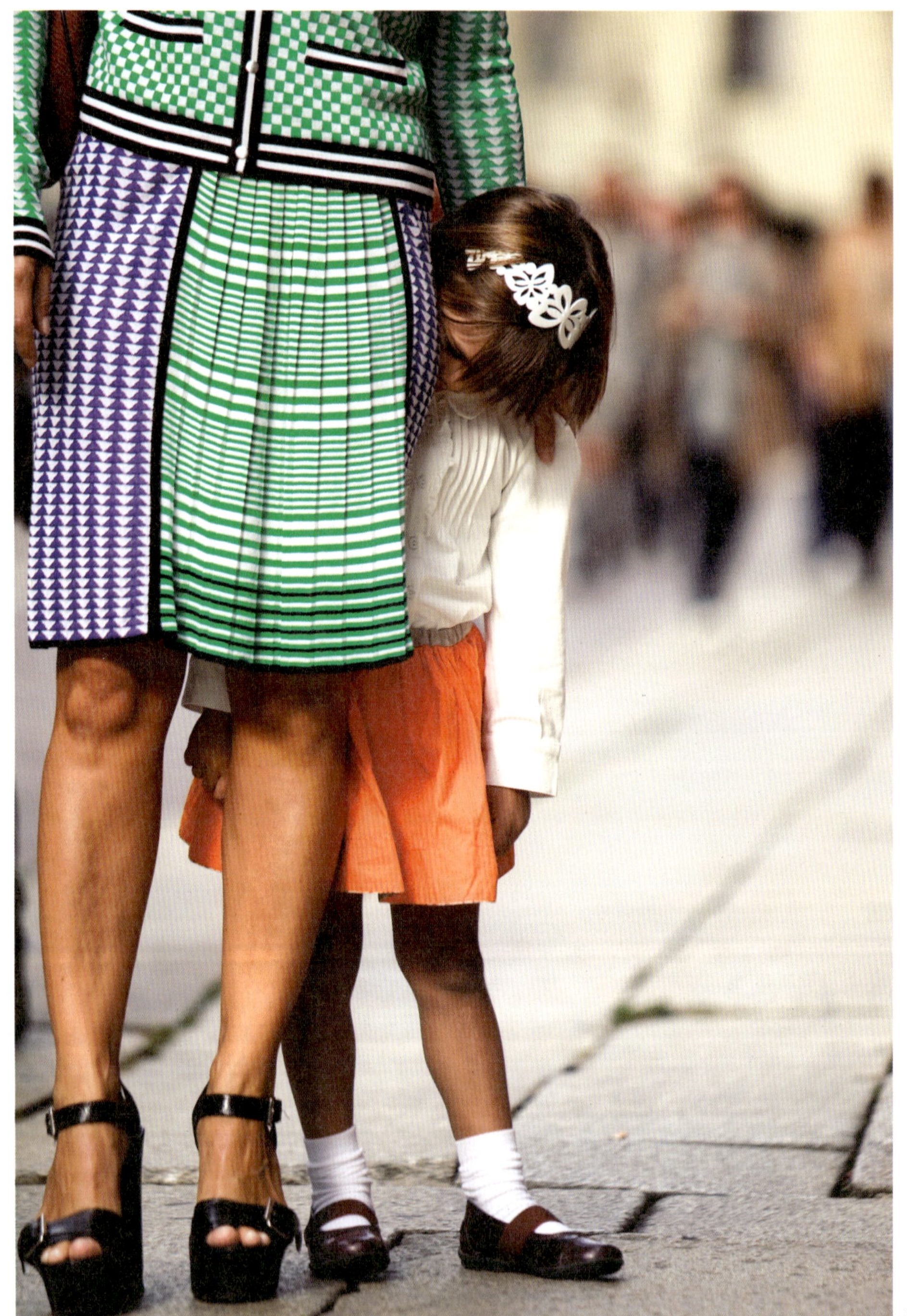

milan

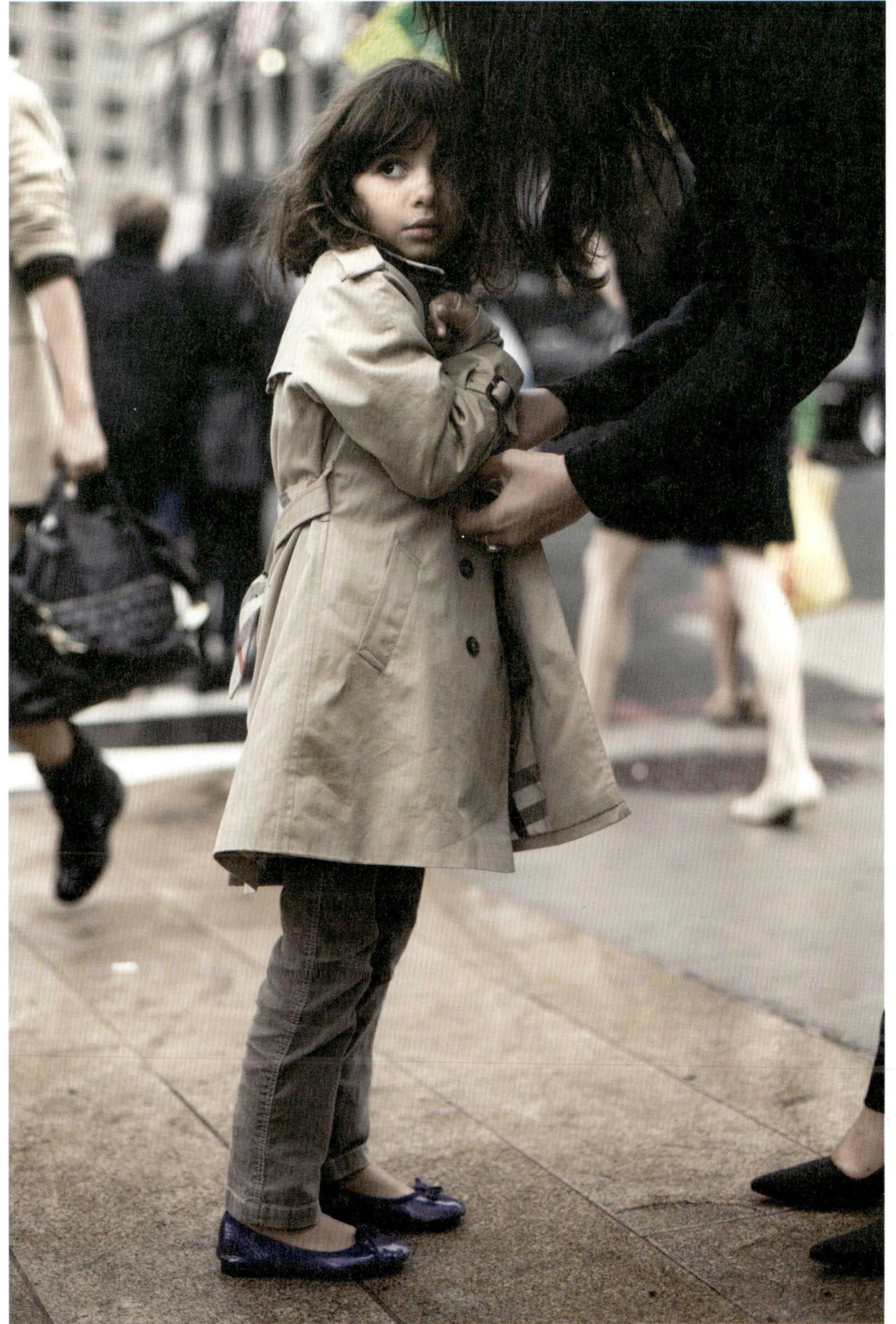

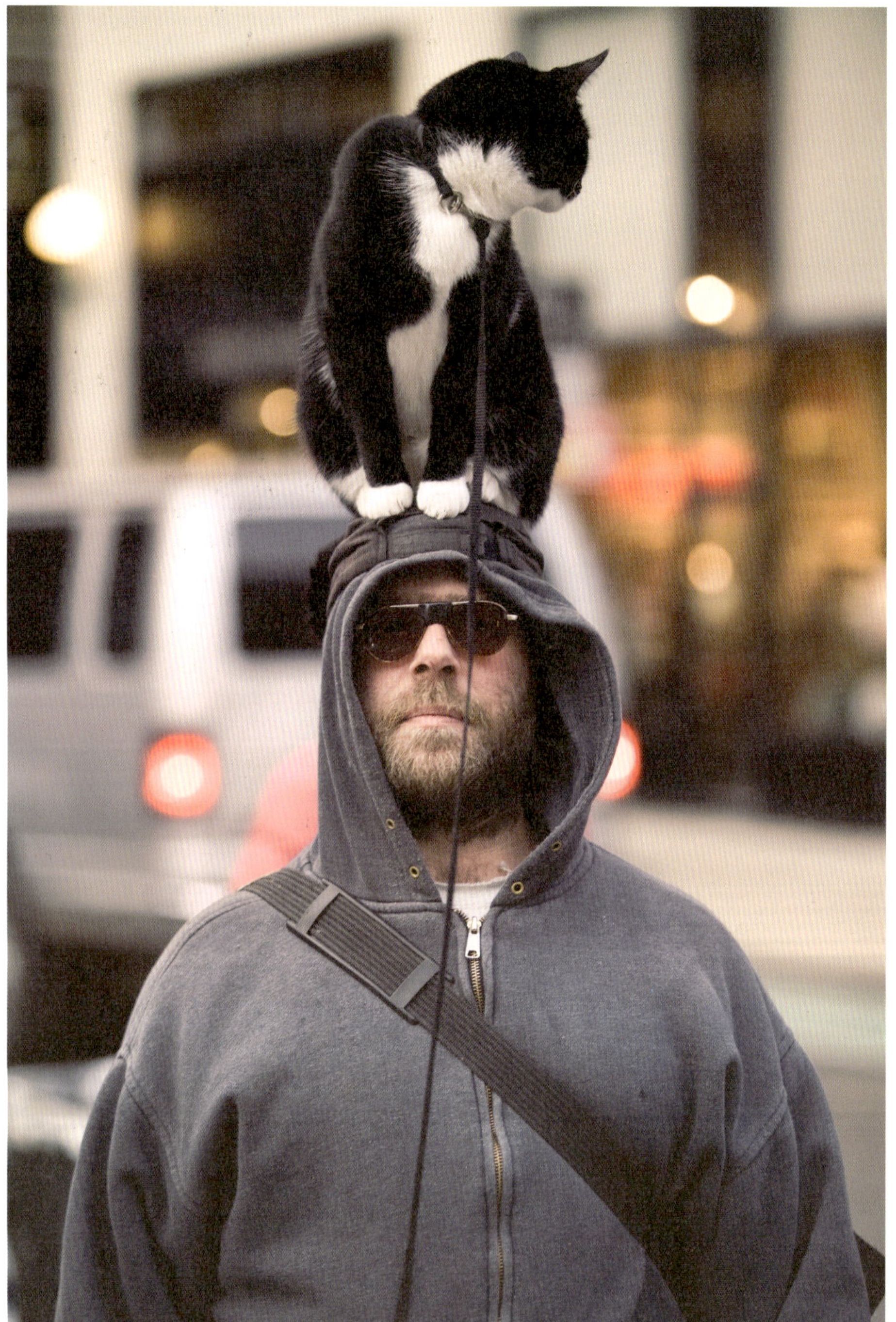

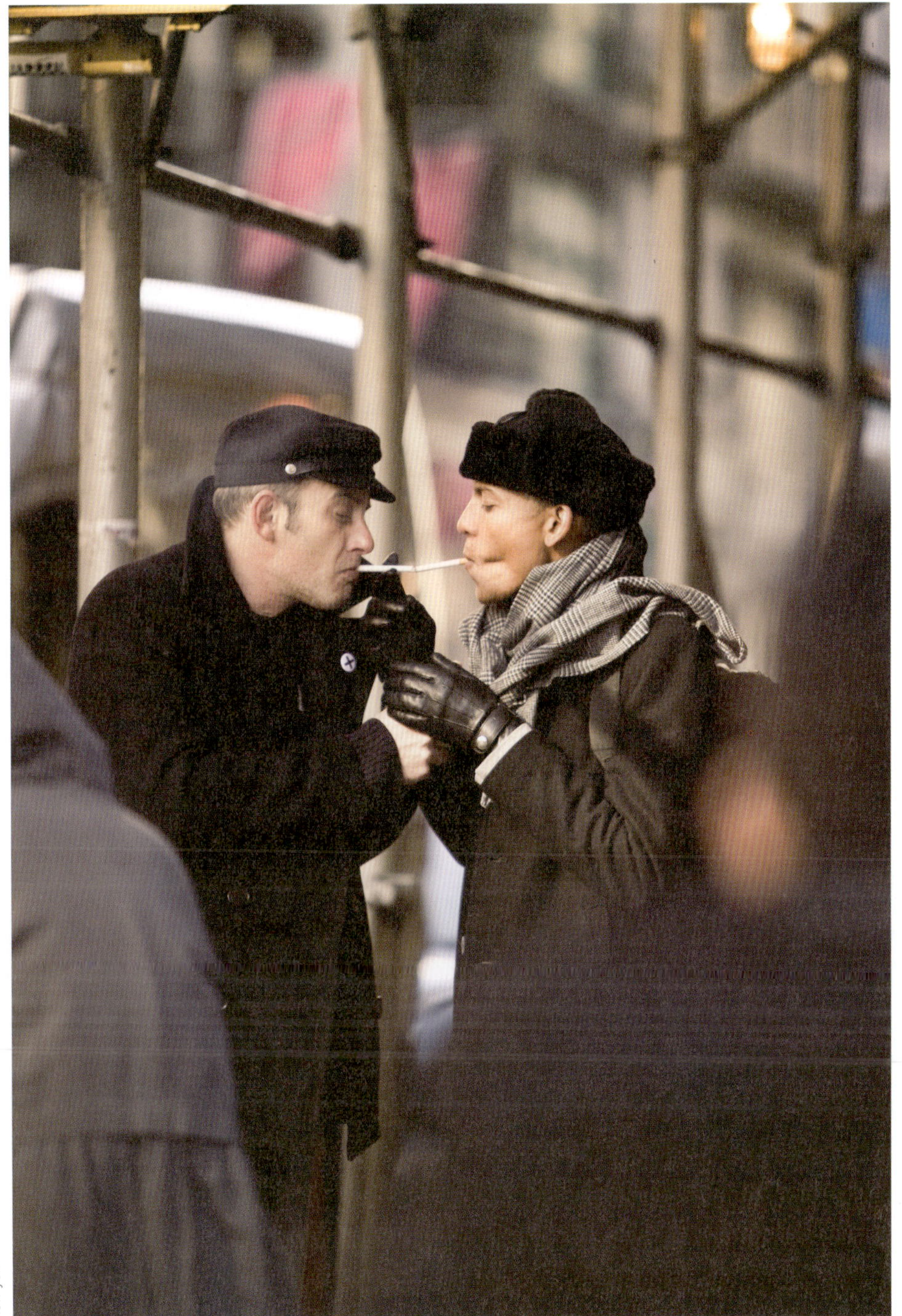

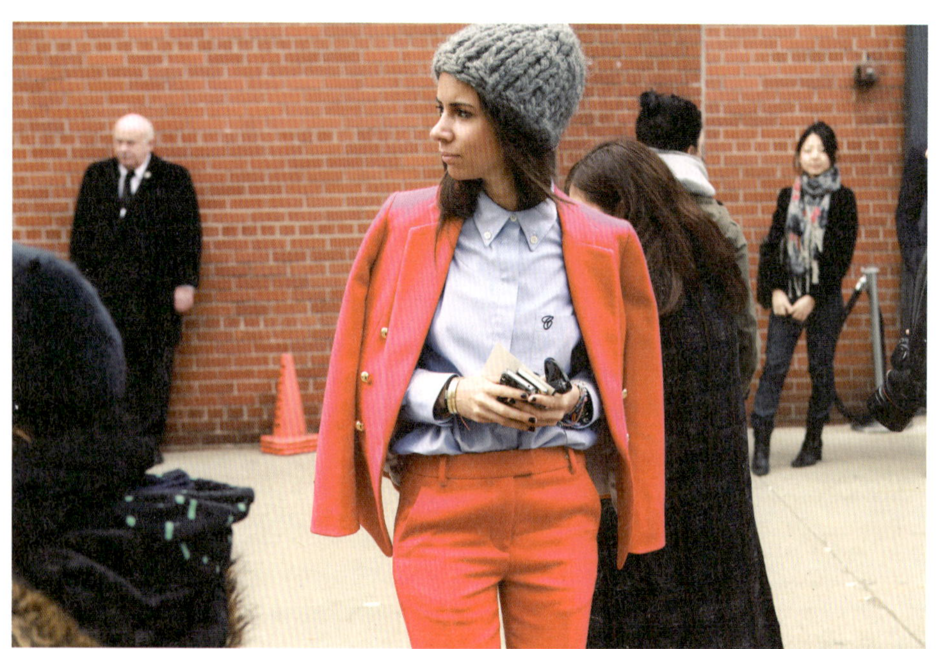

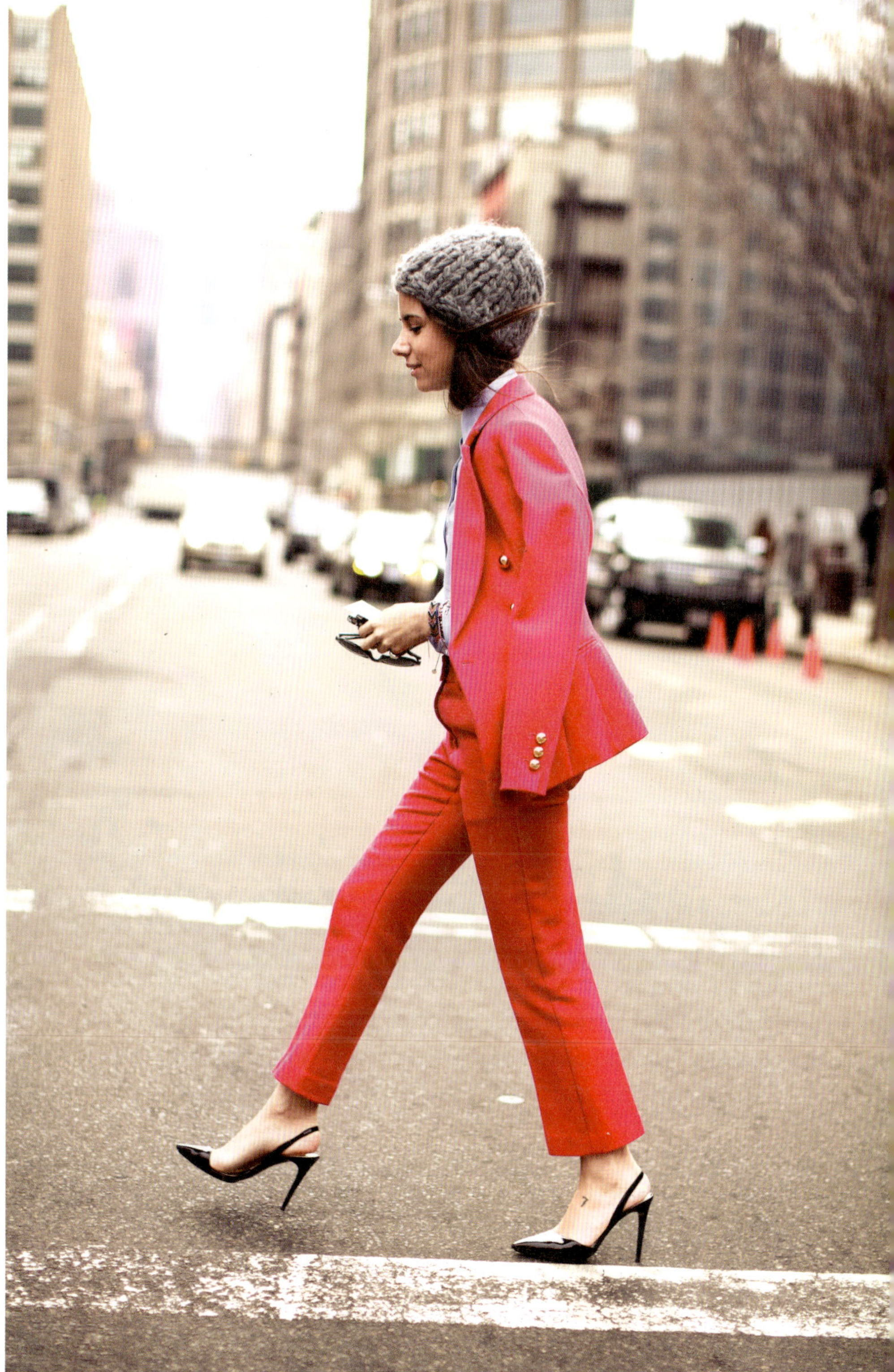

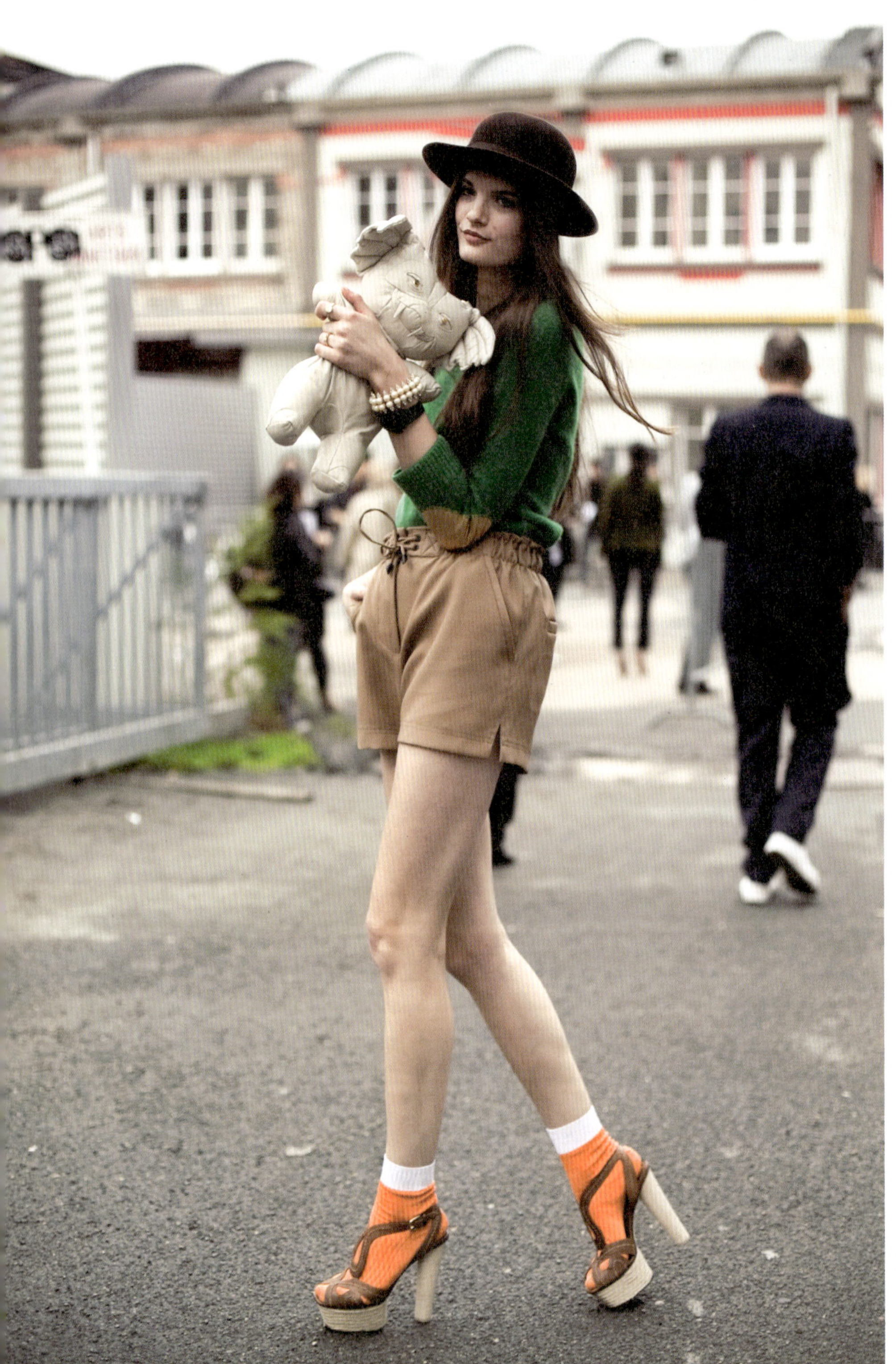

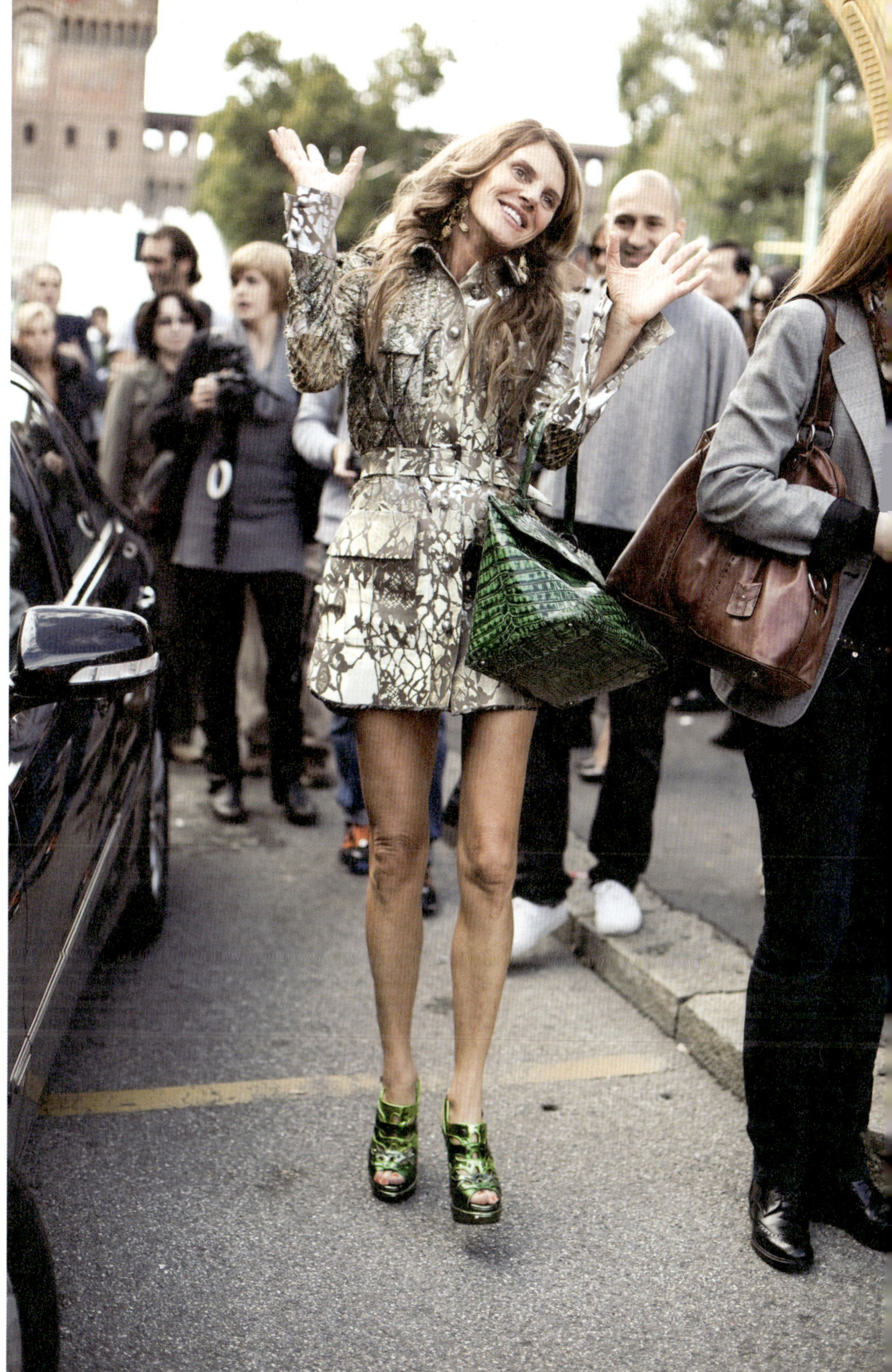

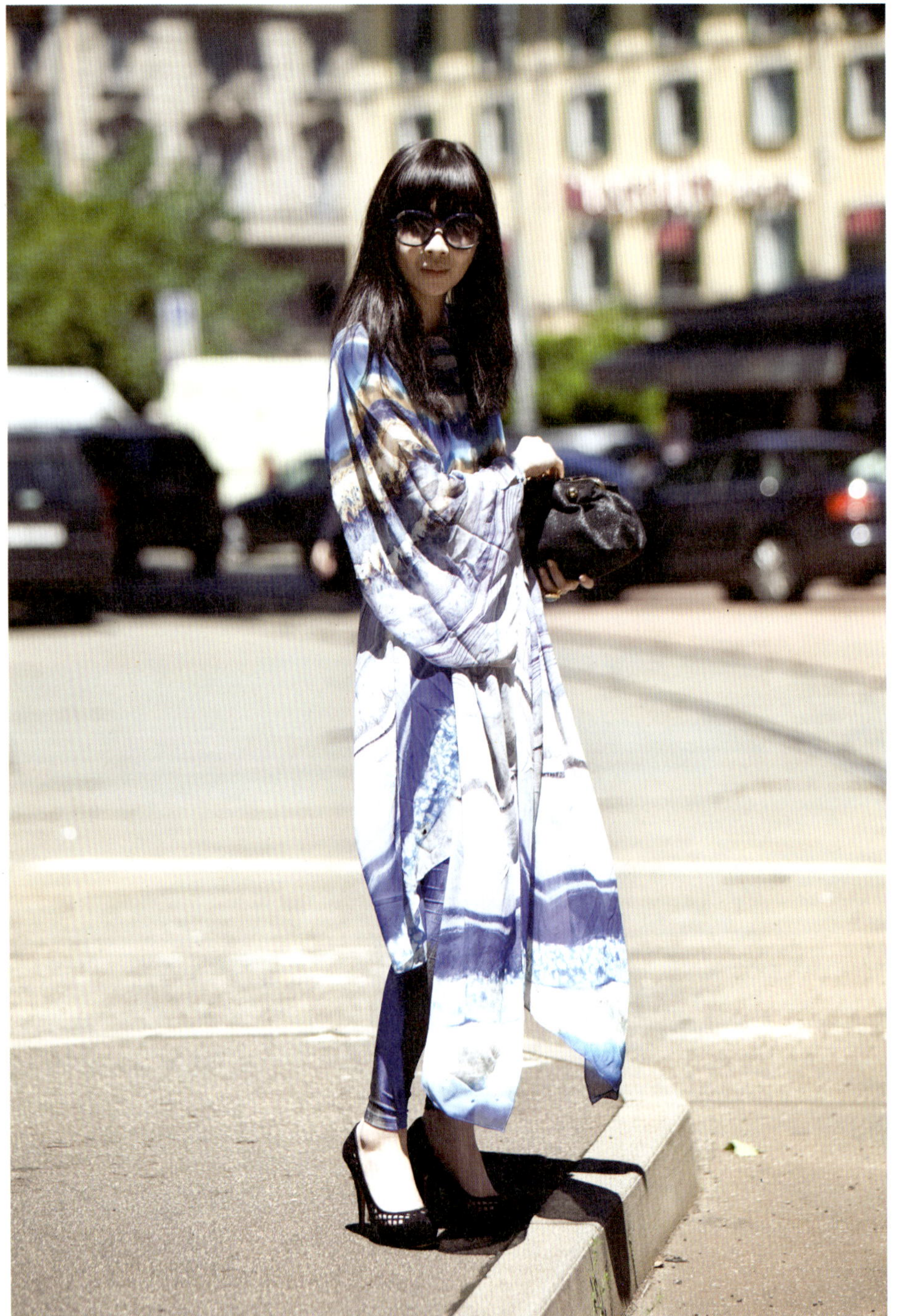

milan

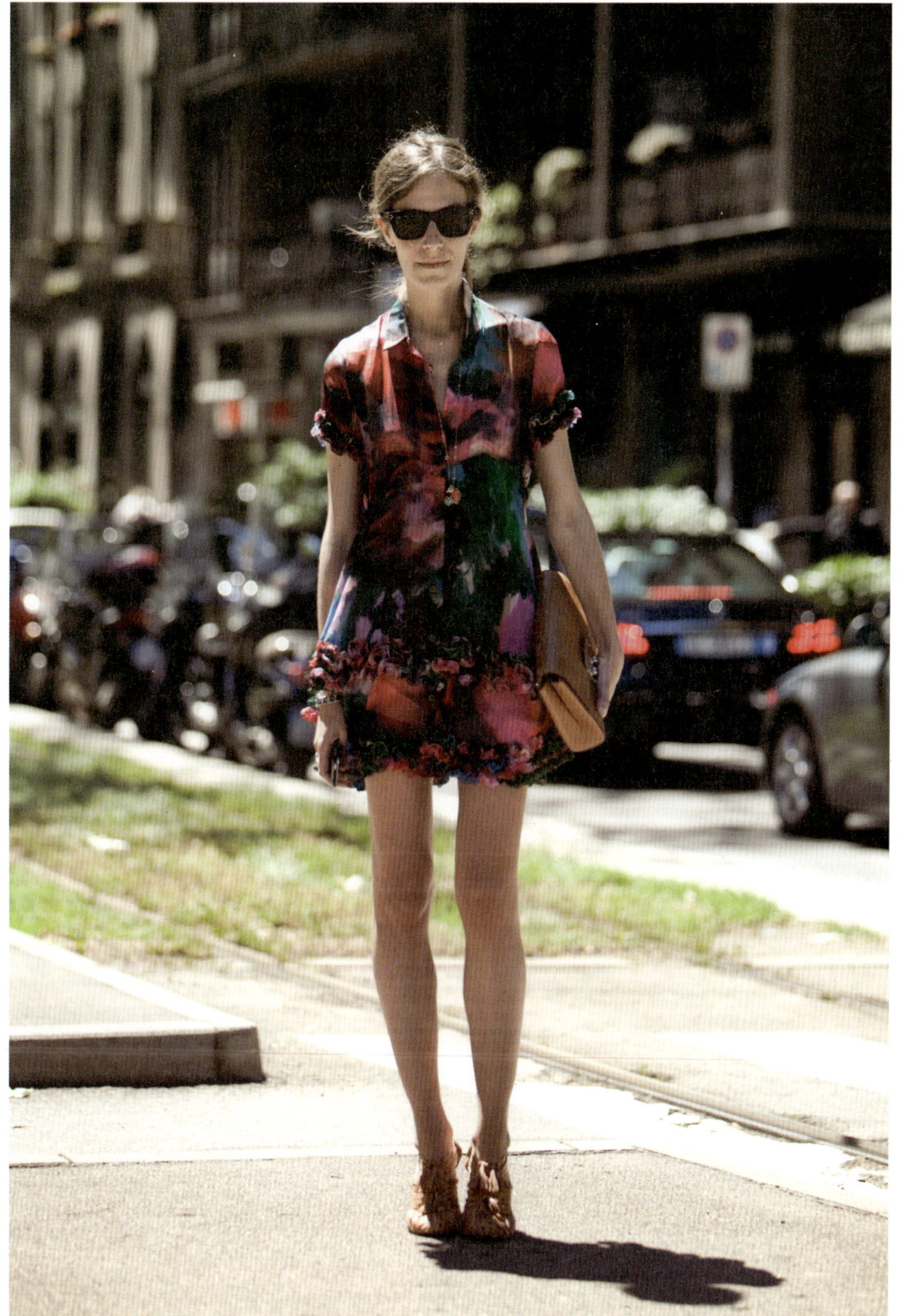
milan

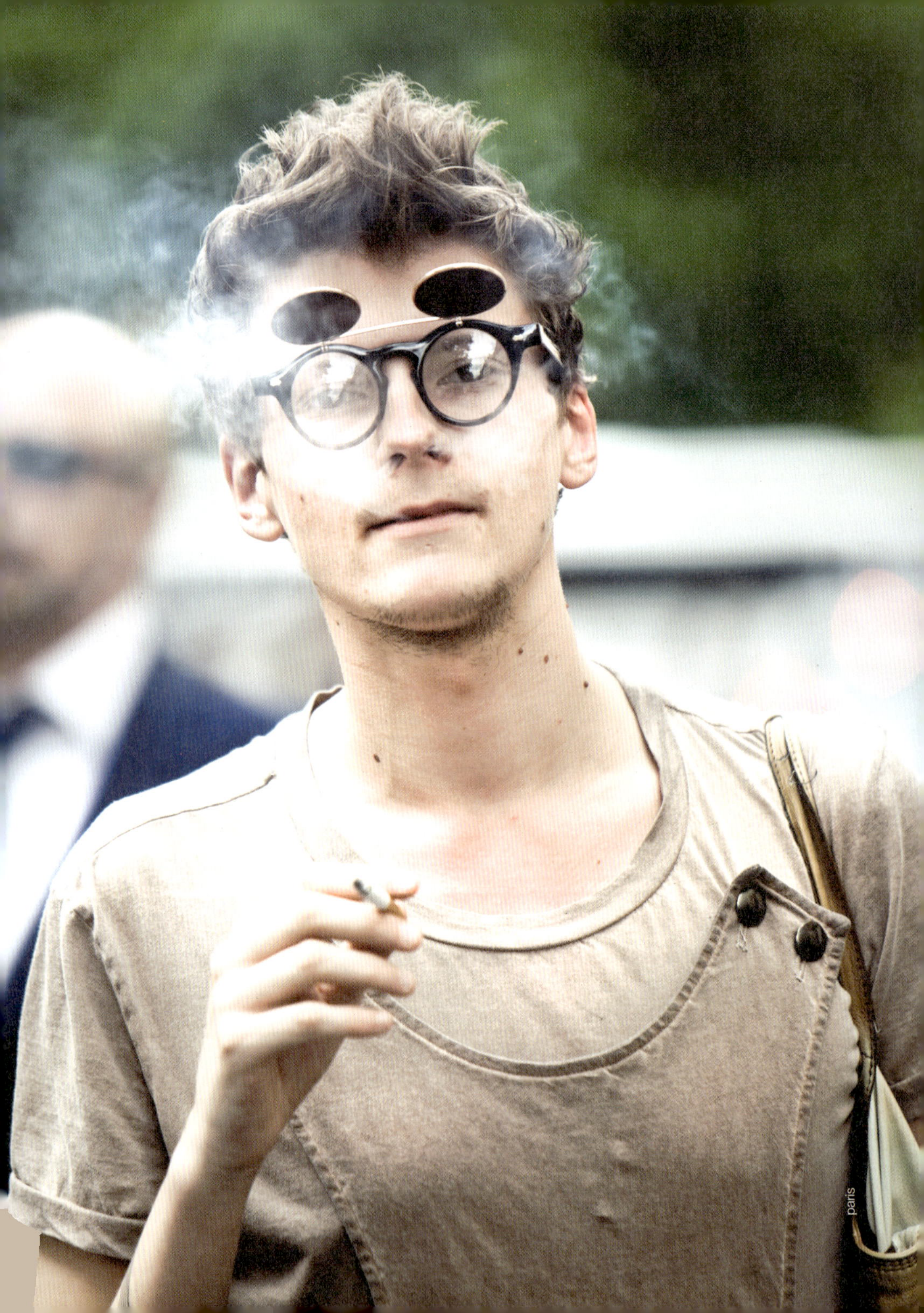
paris

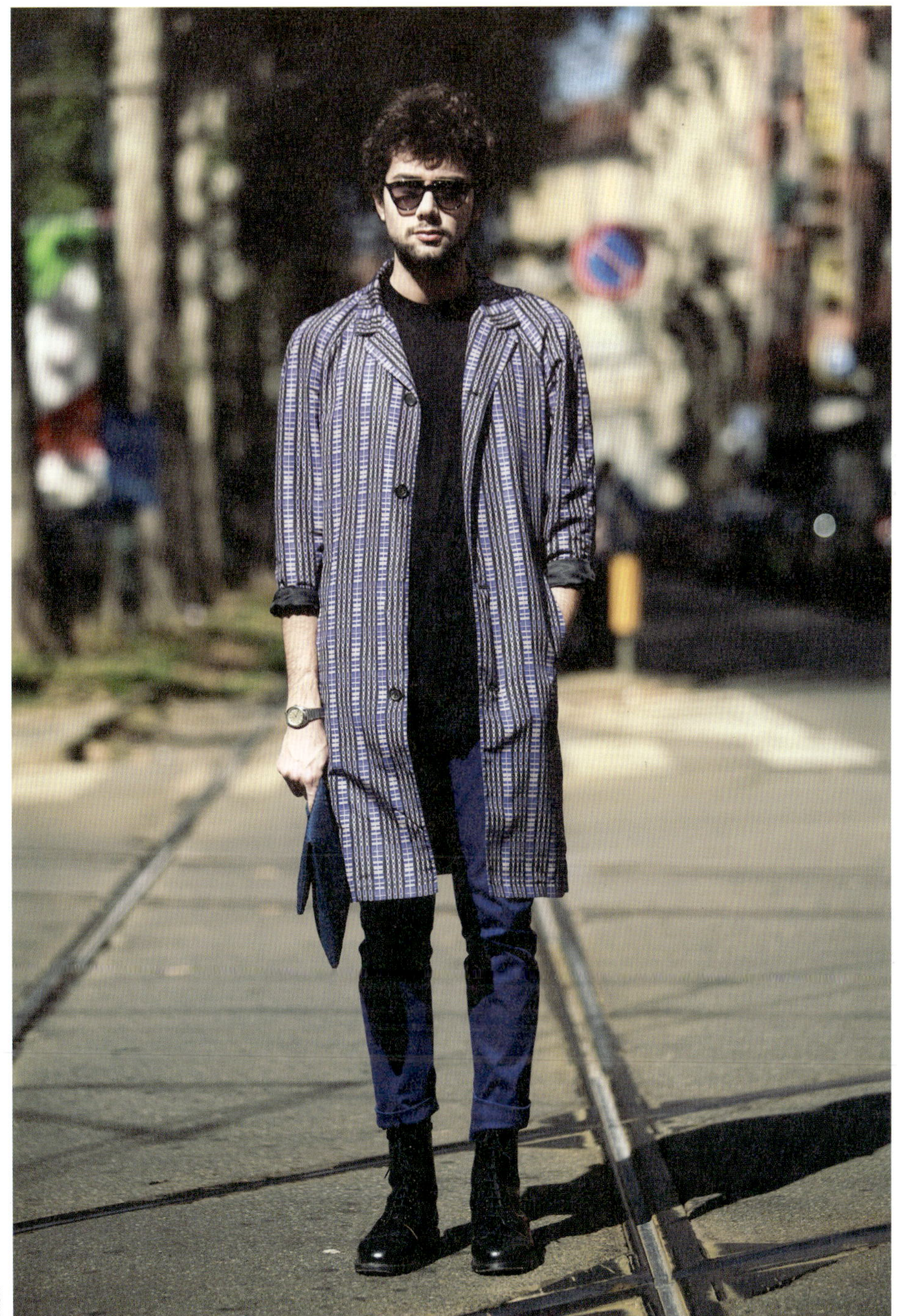

milan

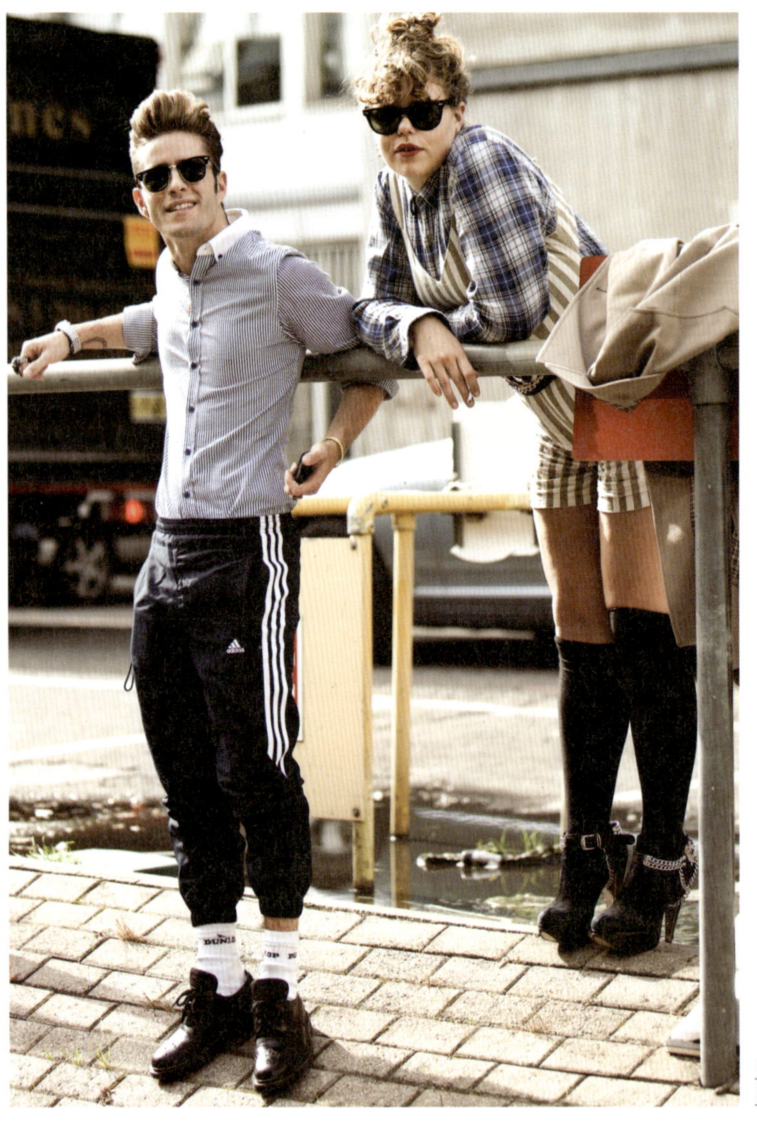

런던에서 마주친 평생 기억에 남을 만한 커플이다. 셔츠에 트레이닝 팬츠를 입은 남자와 체크와 스트라이프를 매치한

여자. 그들의 룩은 패션의 공식을 온몸으로 거부하는 듯했고 한 사람만을 놓고 보면 모든 것이 충돌하는 듯한 부조화

그 자체였다. 하지만 신기하게도 그들이 함께 있는 모습은 그 자체로 완전해 보였다. 한 가지 확실한 것은 이 커플은

내가 지금까지 만났던 어떤 커플보다 즐거워 보였고 서로를 누구보다 잘 이해하고 있었다는 점이다.

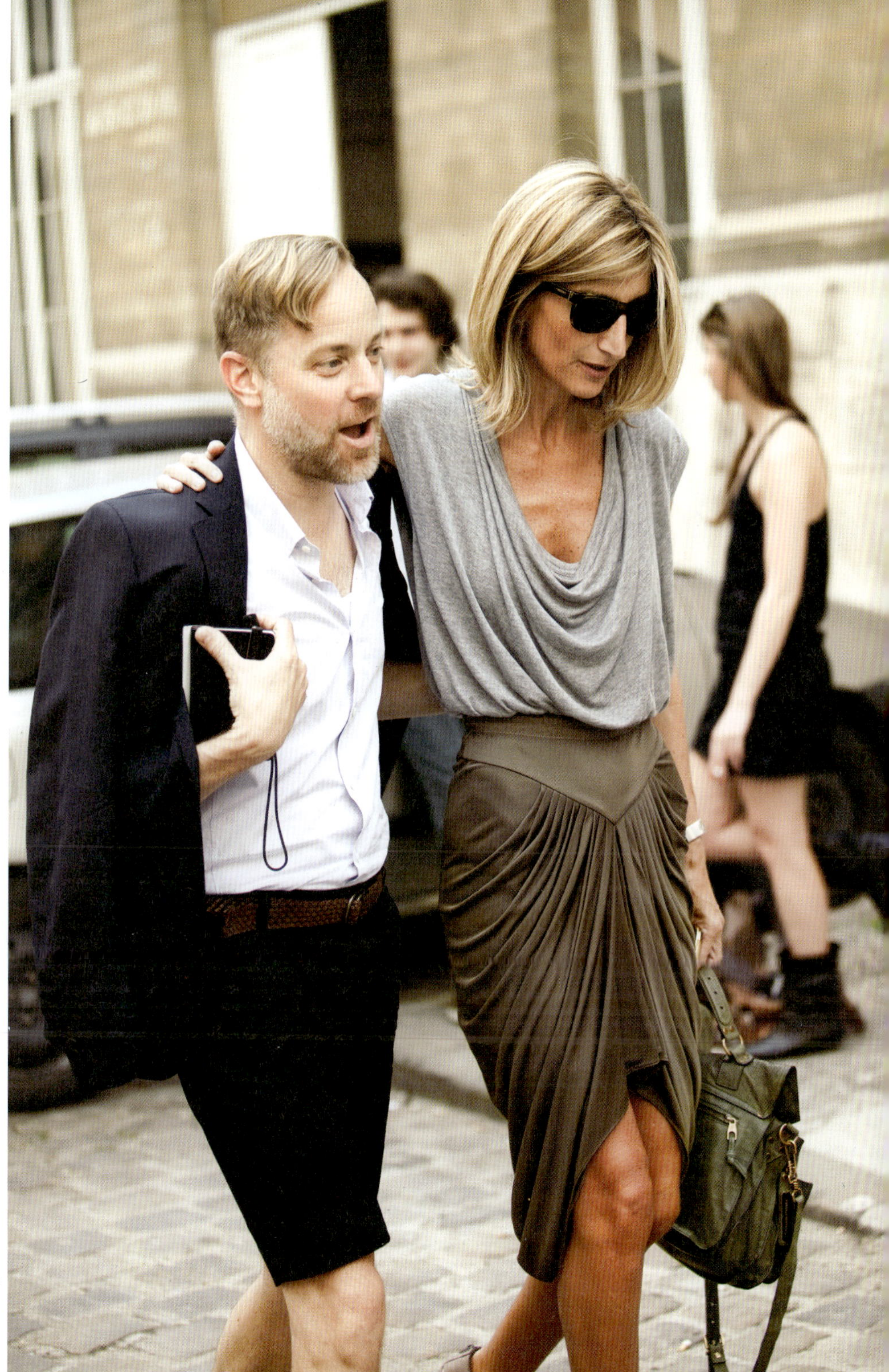

paris

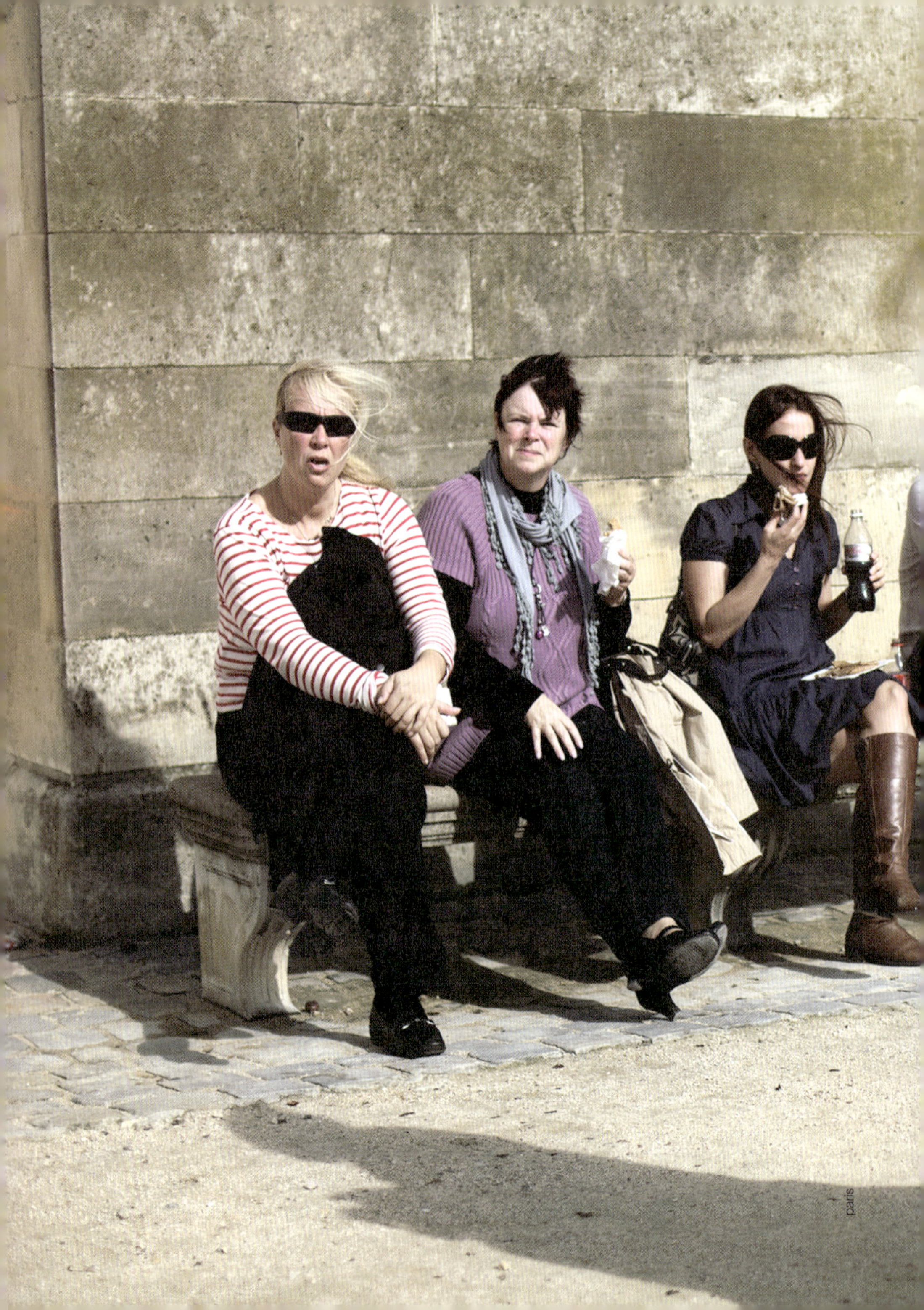
paris

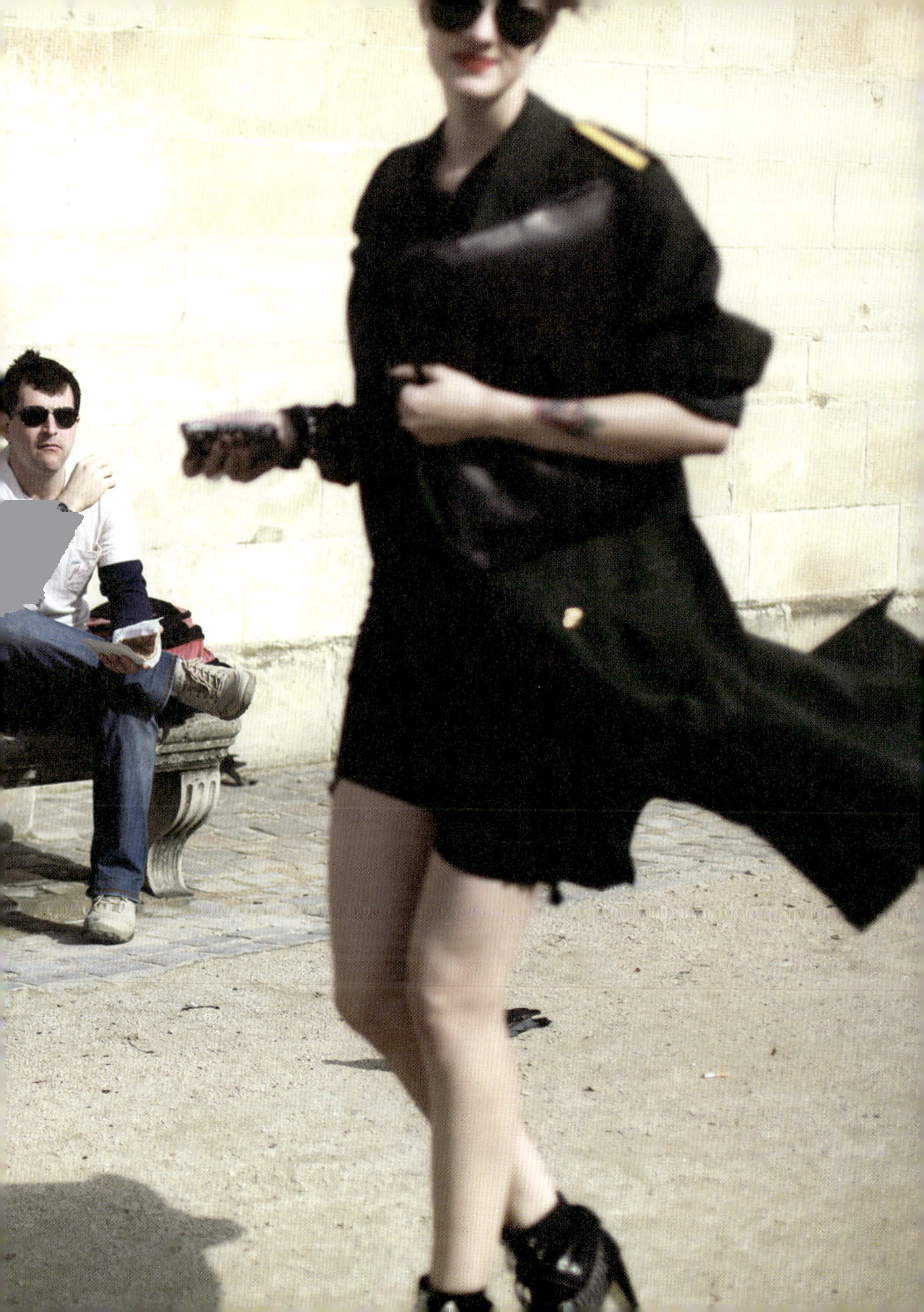

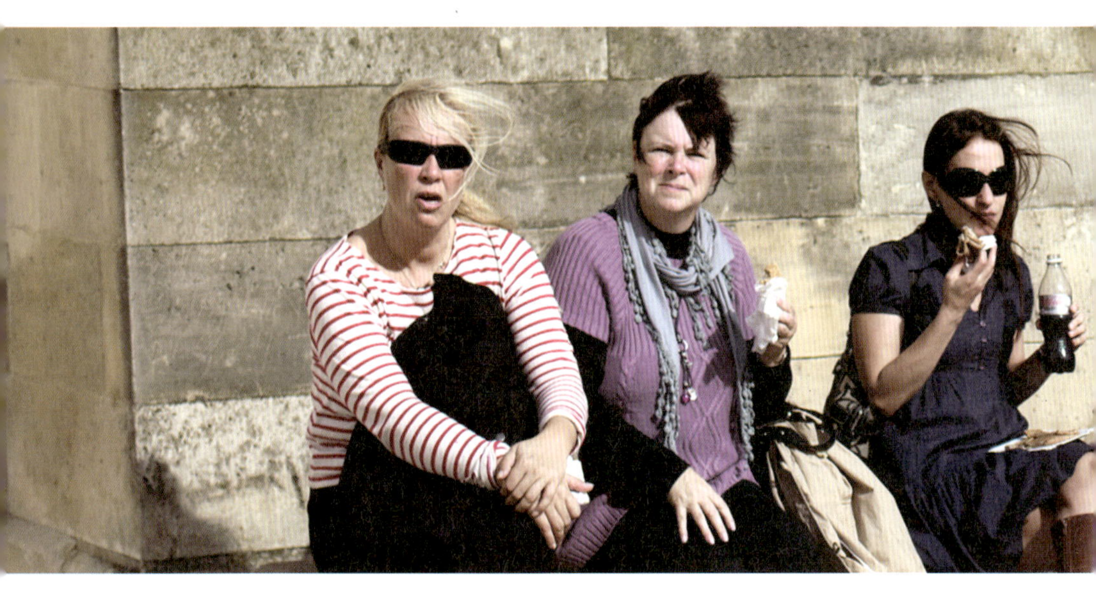

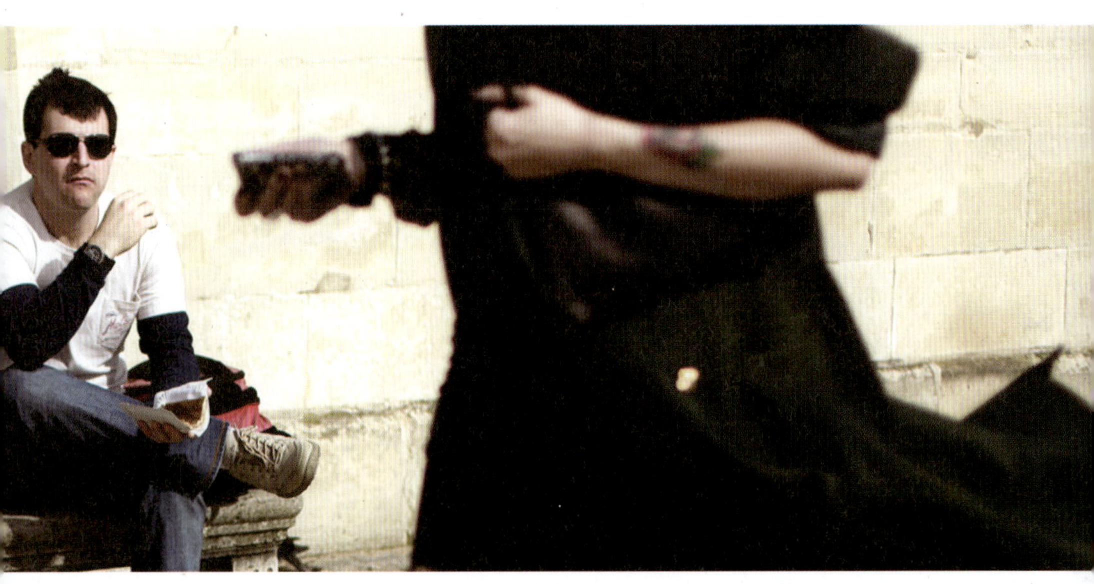

사진을 찍는 나를 신기하다는 듯 쳐다보고 있던 사람들.

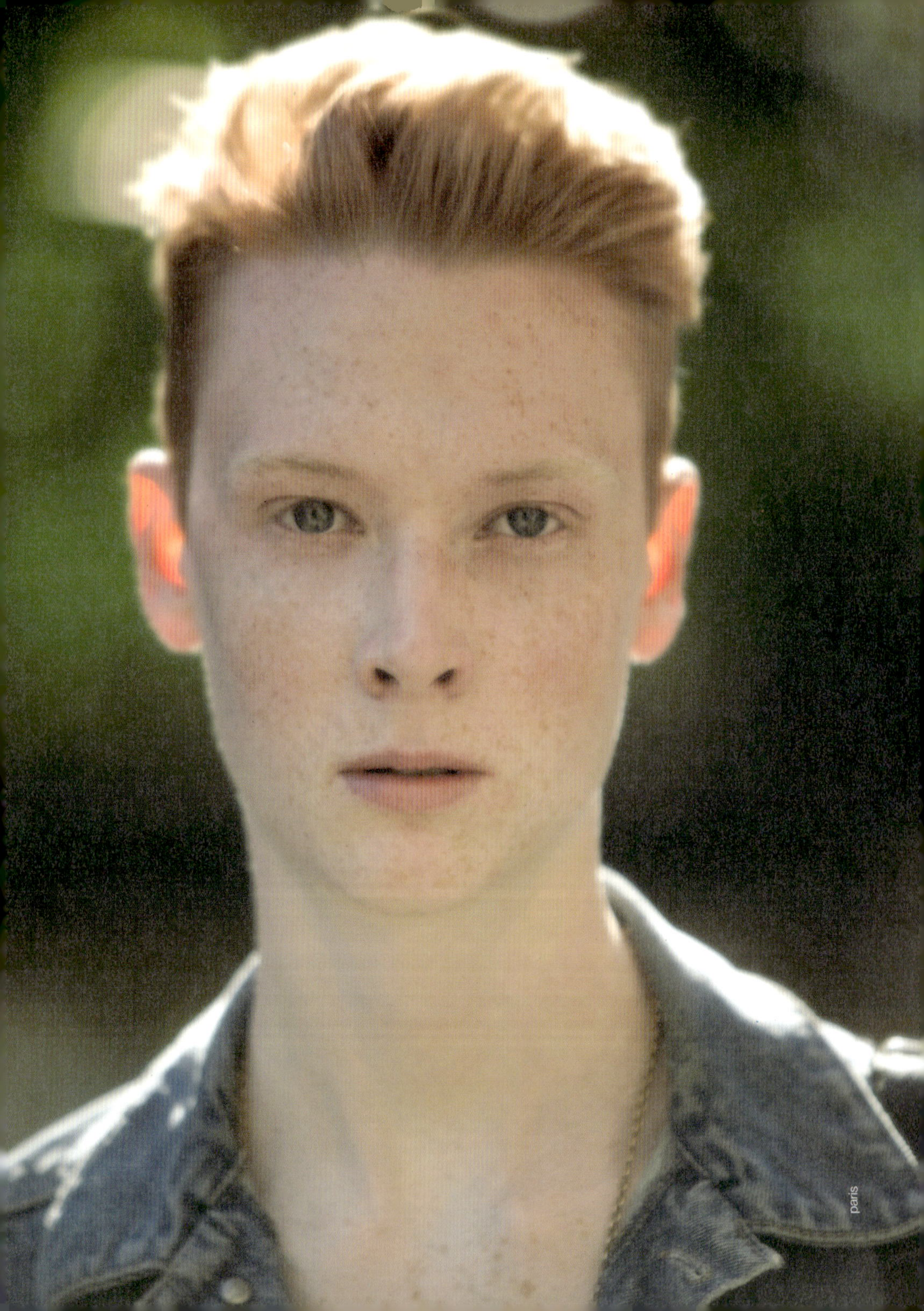
paris

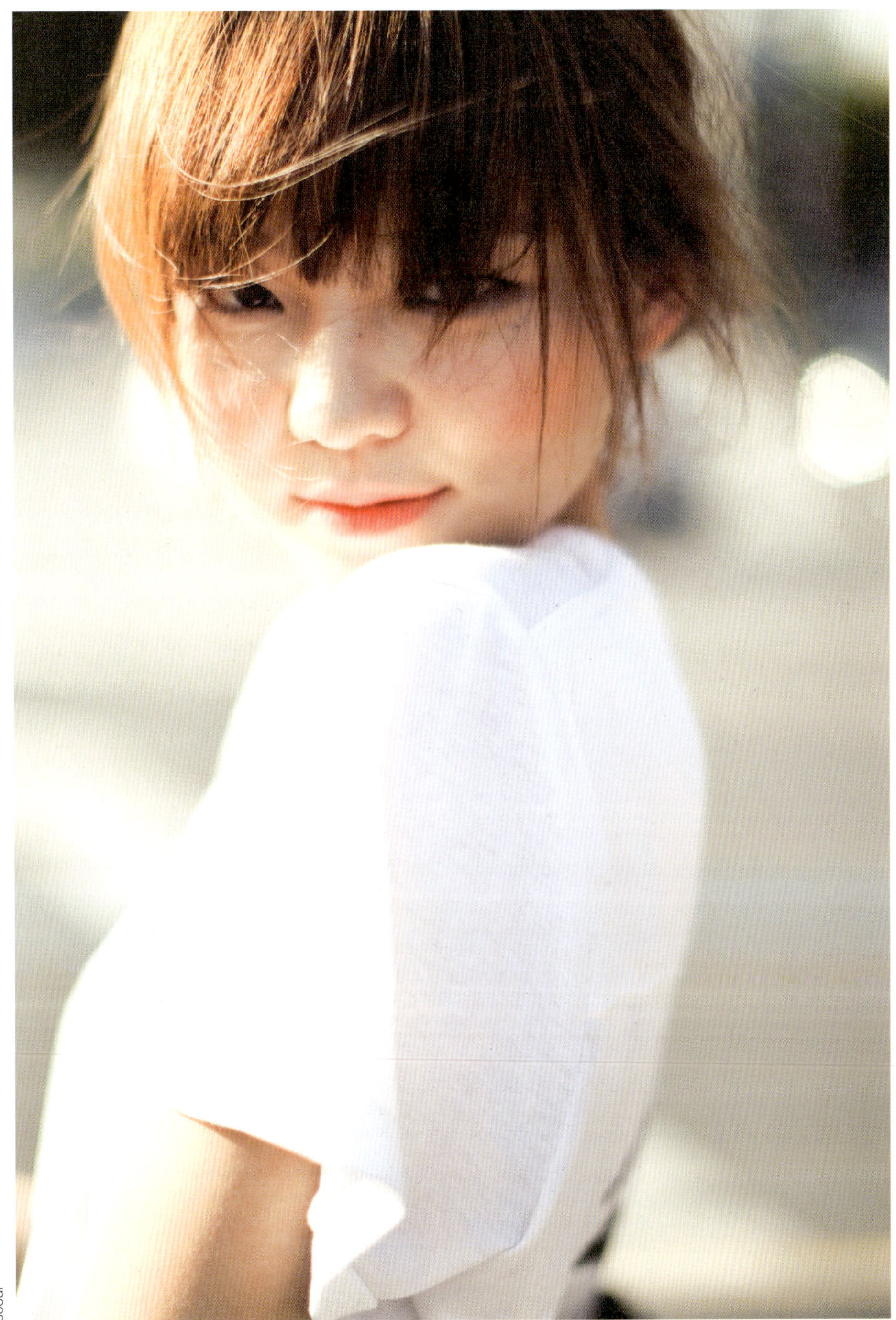
seoul

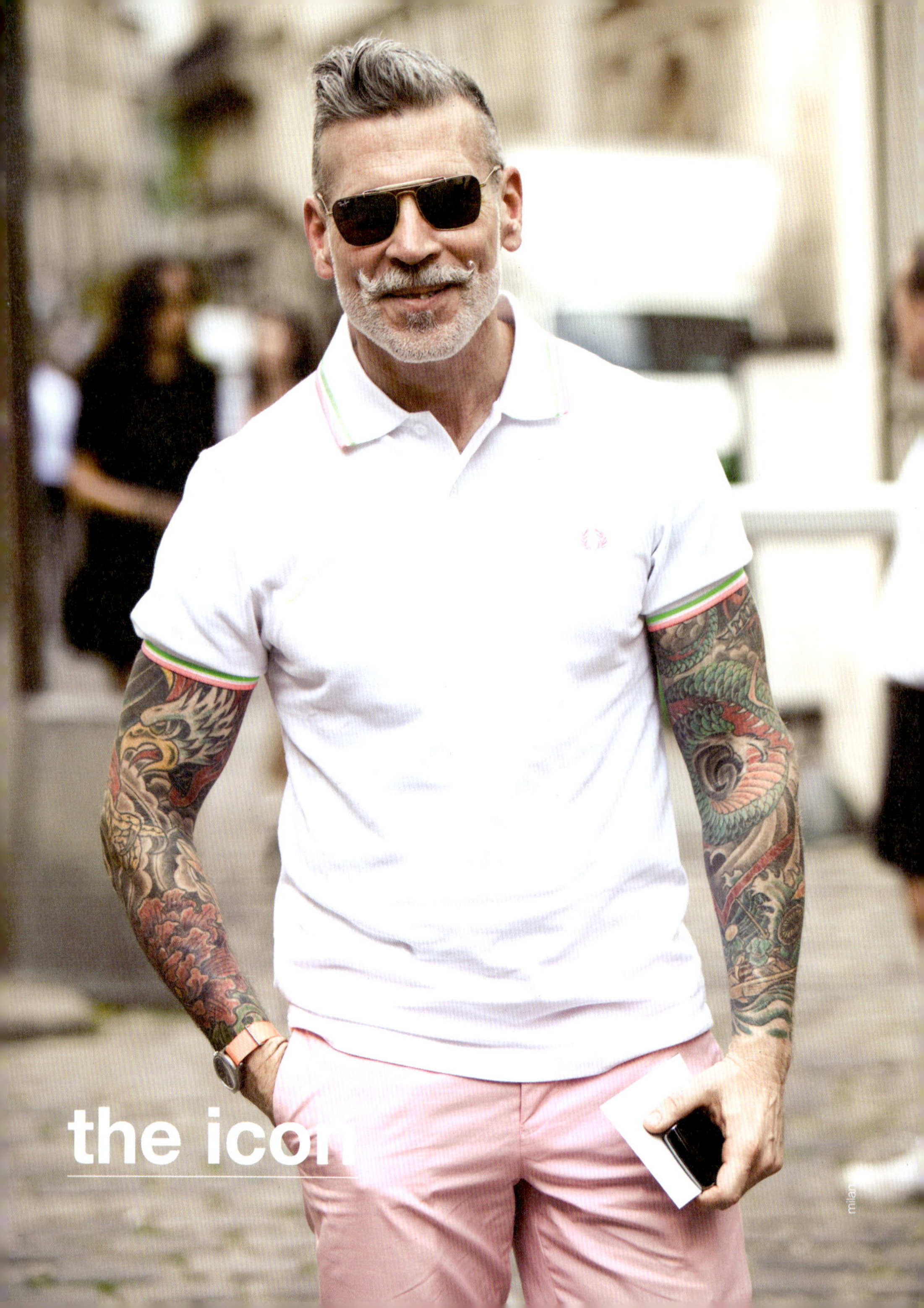

the icon

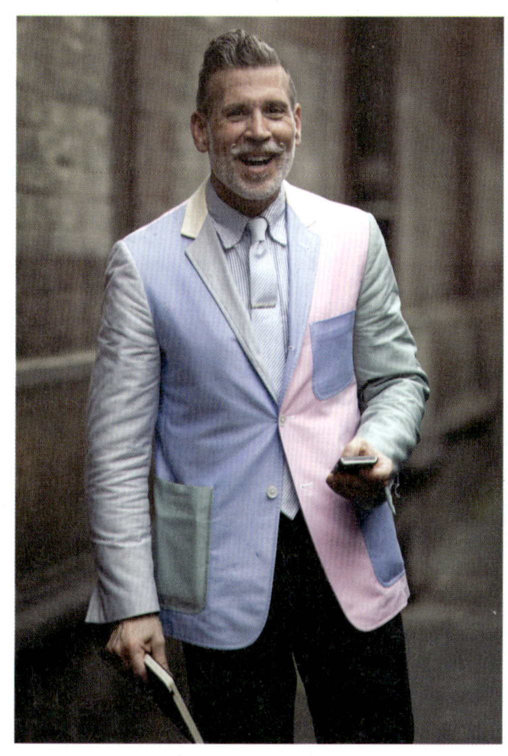

주목해야 할 남자

내 블로그에 들어오는 사람이라면 내가 남성복 패션 디렉터인 닉 우스터 Nickelson Wooster 의 열렬한 팬이라는

정도는 알고 있을 것이다. 나는 그를 '닉형'이라고 친근하게 불러대며 블로그에 그의 사진을 올리곤 했고,

독자들도 그를 자연스럽게 '닉형'이라고 따라부르기 시작했다. 그를 처음 만난 것은 한여름의 밀라노에서였다.

'남성 패션의 결정체'라 칭송받는 그의 룩을 인터넷을 통해 오래 전부터 주시해 왔기 때문에 거리에서 마주치자마자

바로 알아볼 수 있었다. 실제로 본 그의 스타일은 말로 묘사할 수 있는 범위를 넘어서 있었다.

하얀 머리카락과 젤을 발라 동그랗게 말아올린 수염은 더없이 빛이 났고 화려한 타투가 새겨진 그의 팔은

주변의 모든 여성들, 특히 30, 40대 여성들의 따가운 곁눈질을 피할 방법이 없어 보였다. 그의 스타일은

정의할 수 없는, **주시할 필요가 있는 하나의 현상**이고, 끝없이 변화하고 진화한다. 위트와 개성을 표현하면서

결코 가벼워보이지 않는 그의 룩을 하나라도 더 찍기 위해 나는 기꺼이 비행 일정을 미루었다.

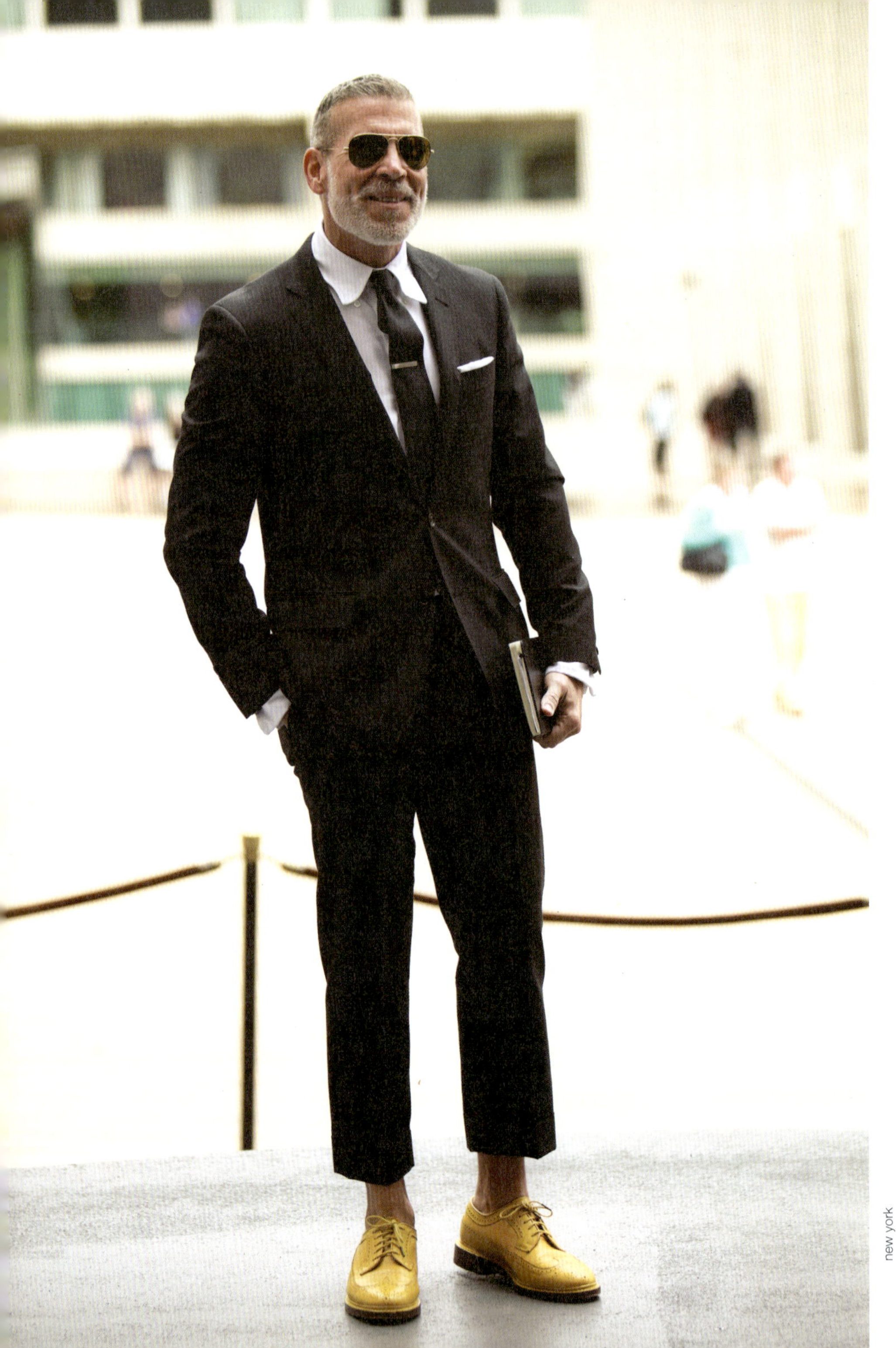
new york

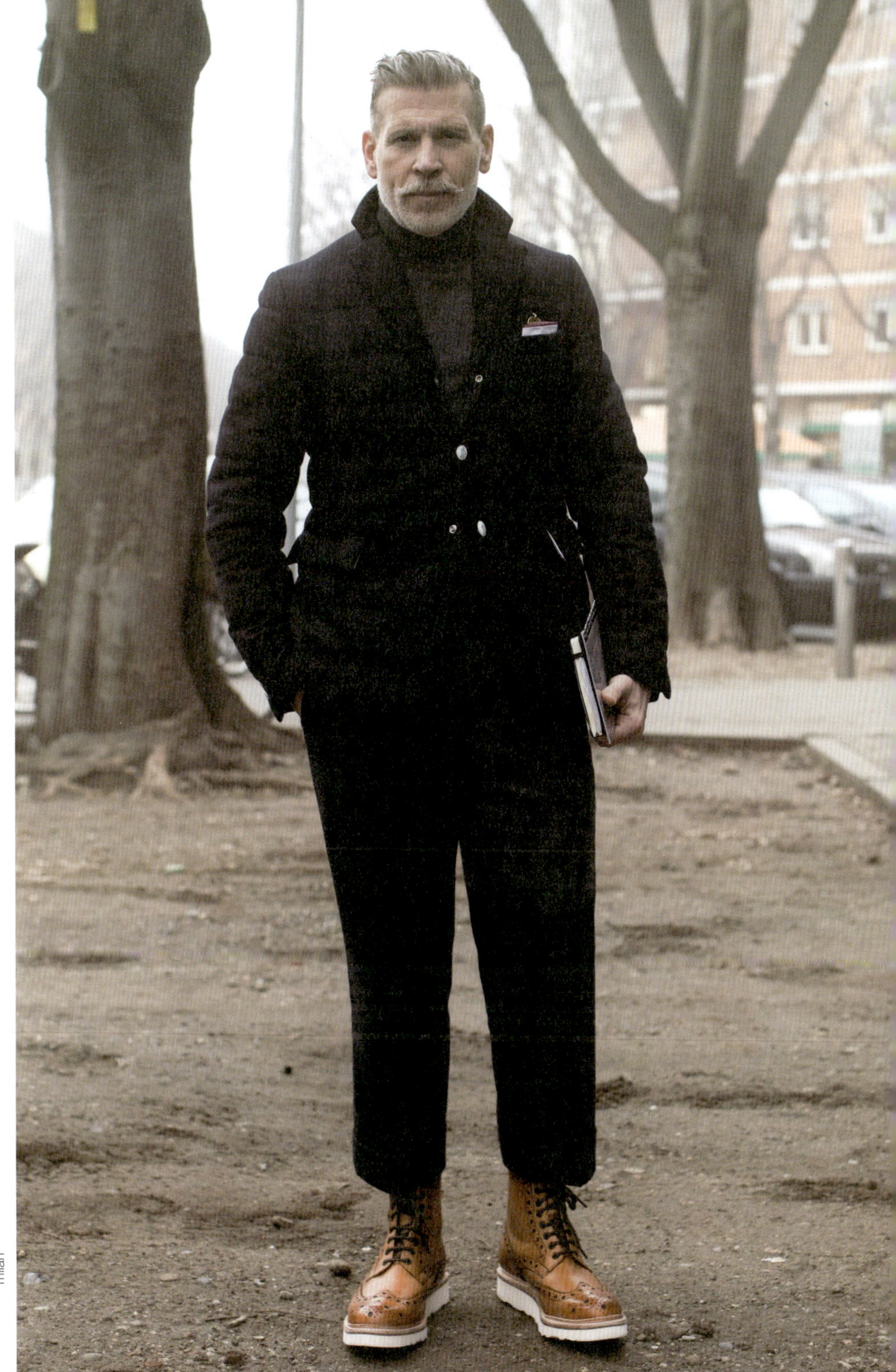

milan

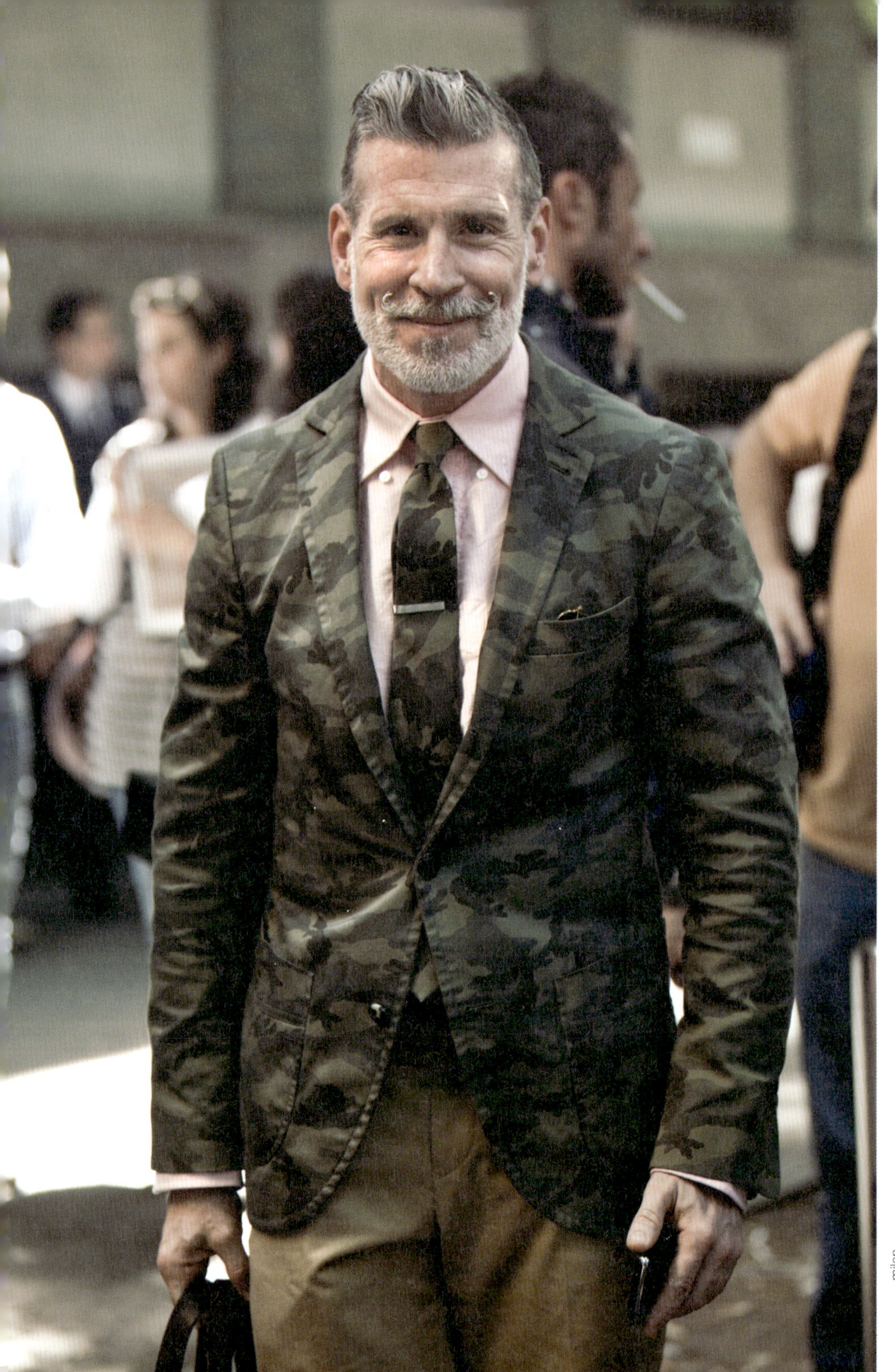

milan

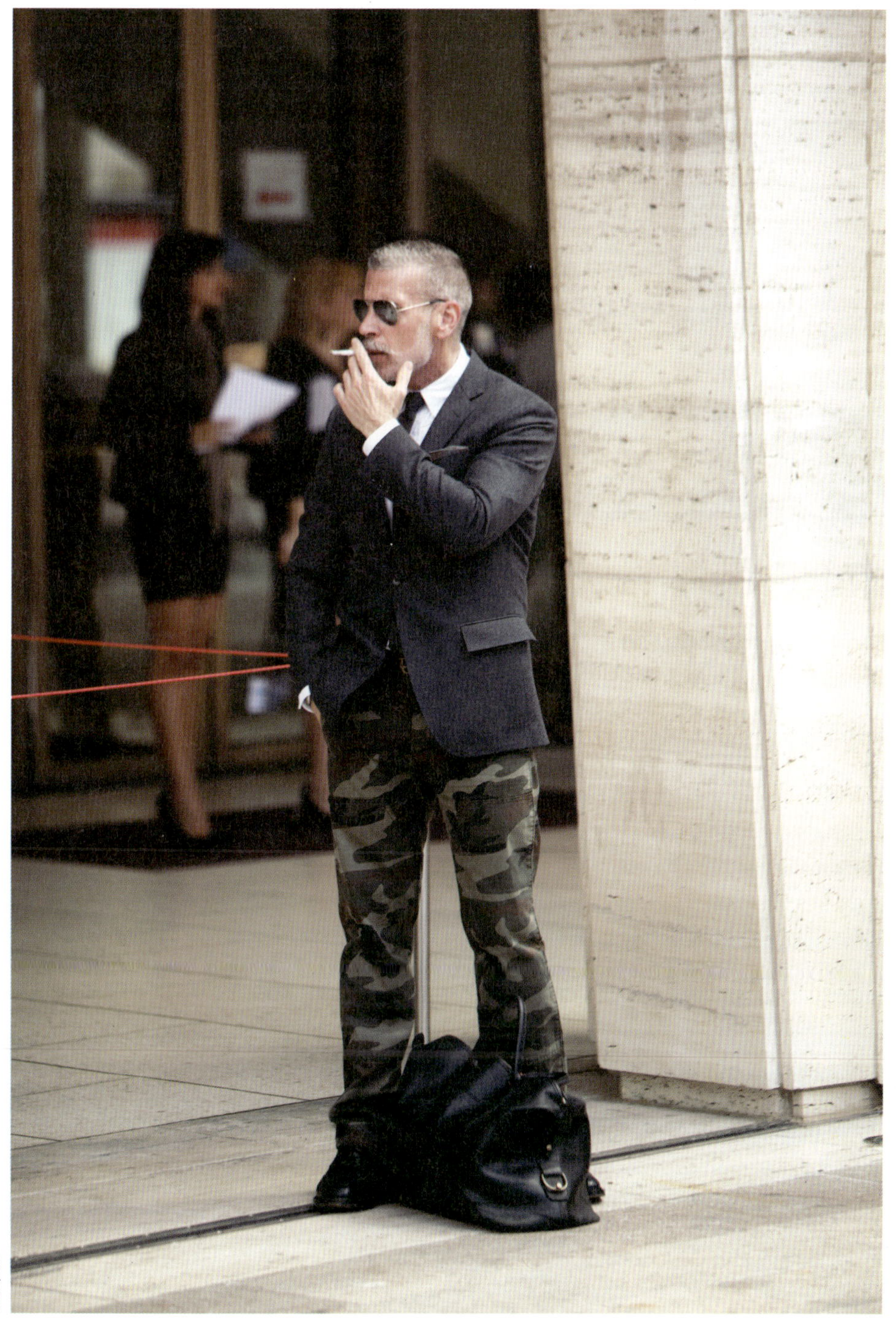

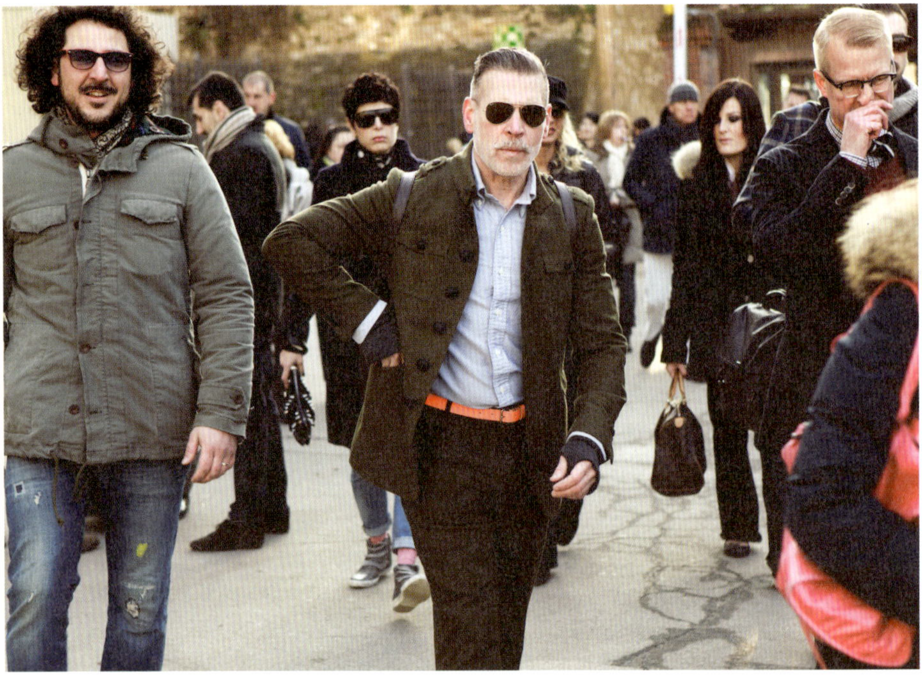

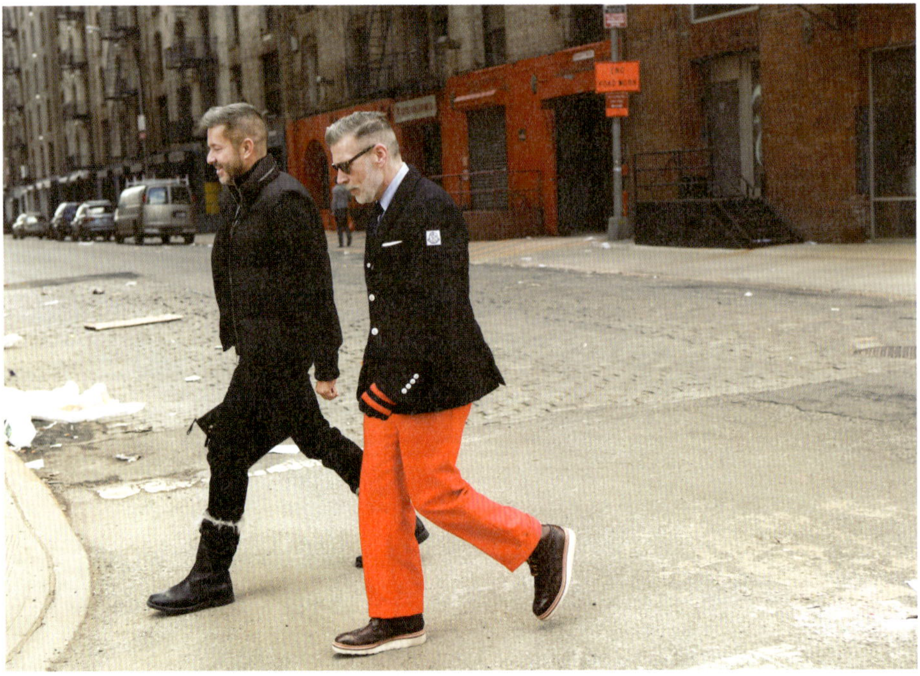

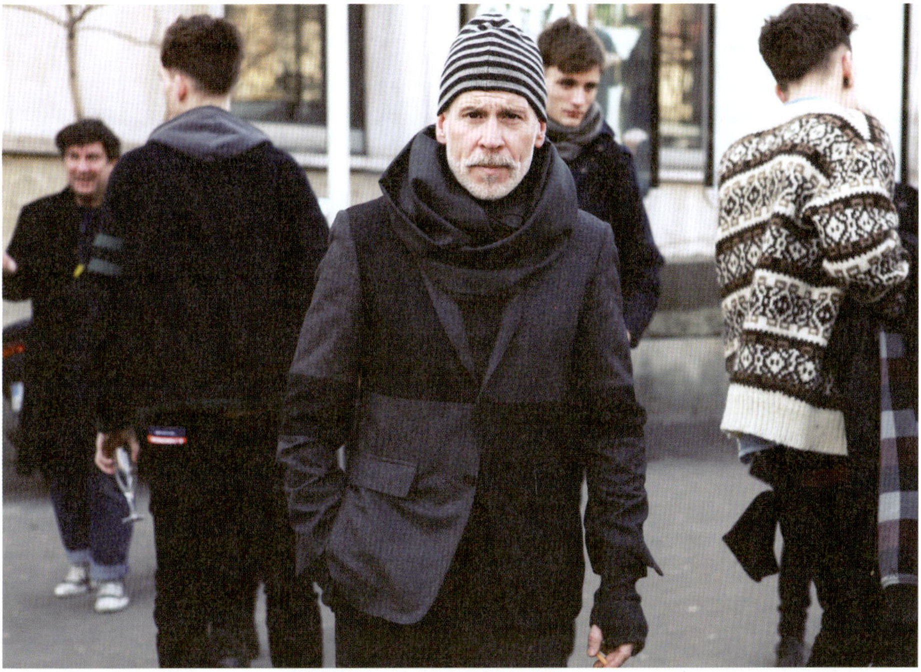

paris

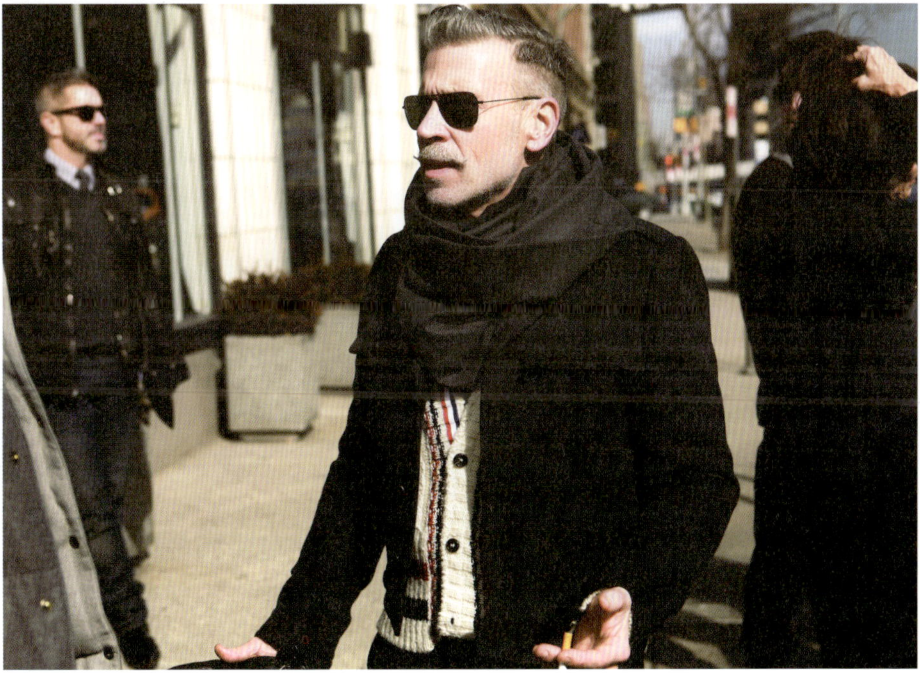

new york

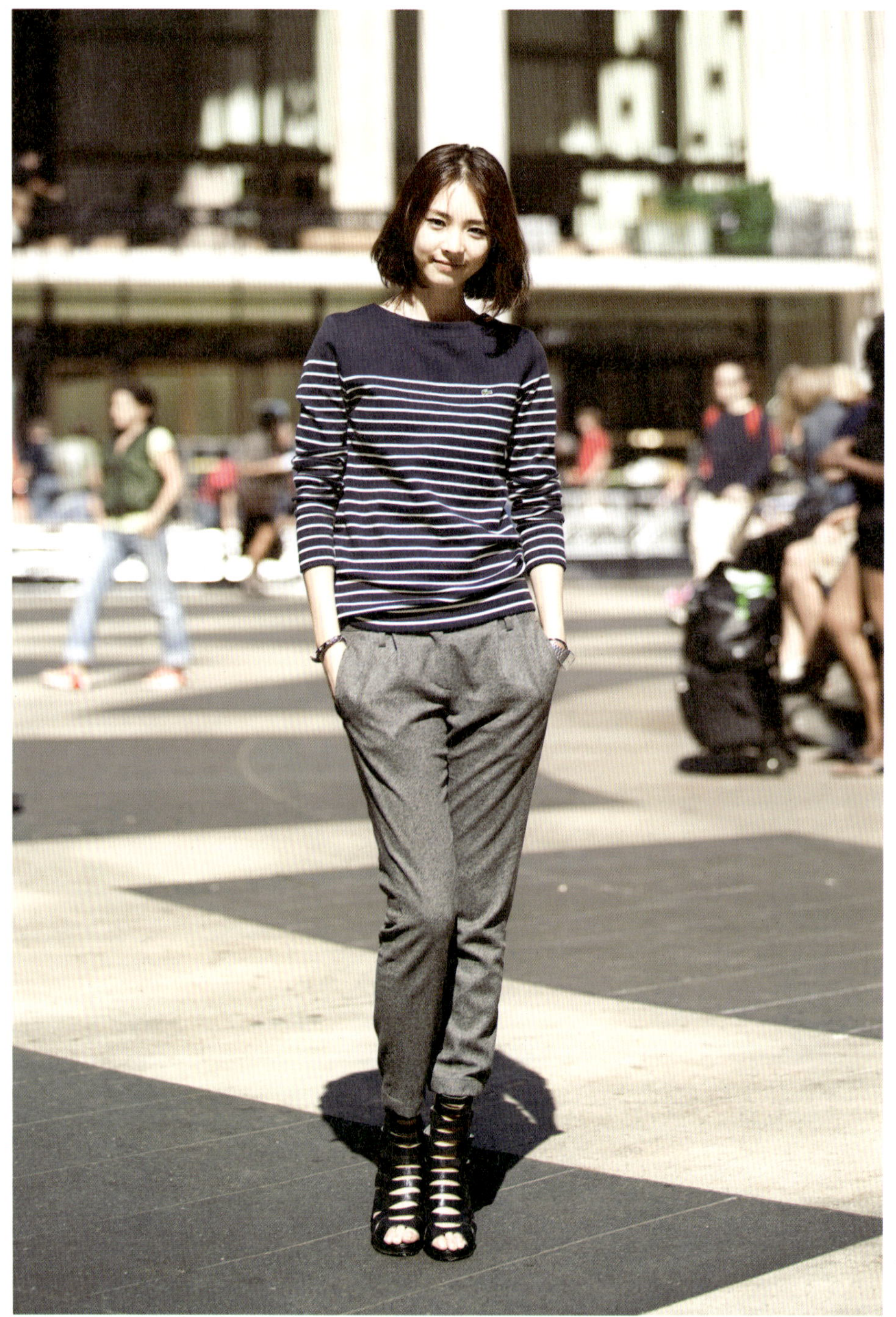

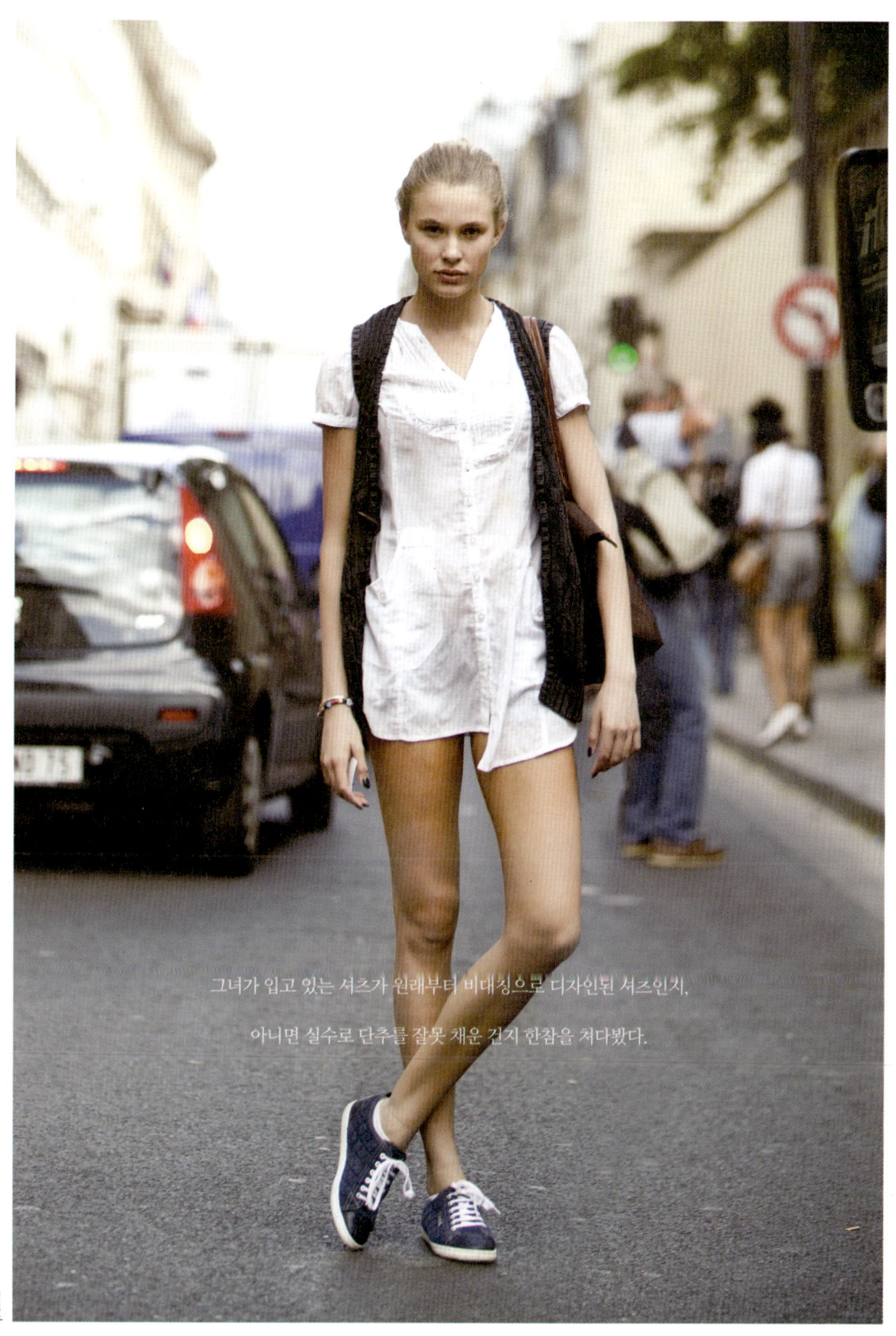

그녀가 입고 있는 셔츠가 원래부터 비대칭으로 디자인된 셔츠인지,

아니면 실수로 단추를 잘못 채운 건지 한참을 쳐다봤다.

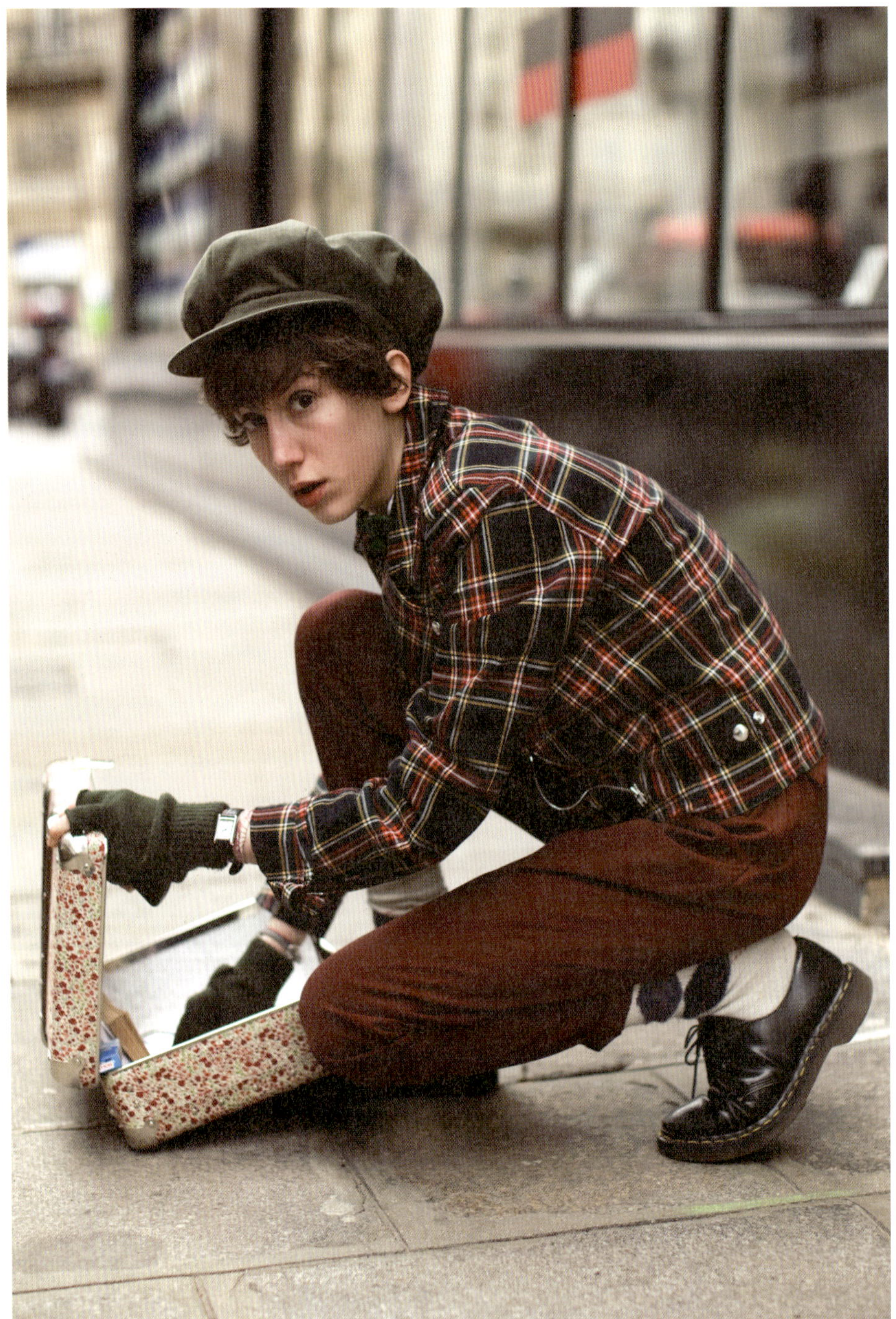

paris

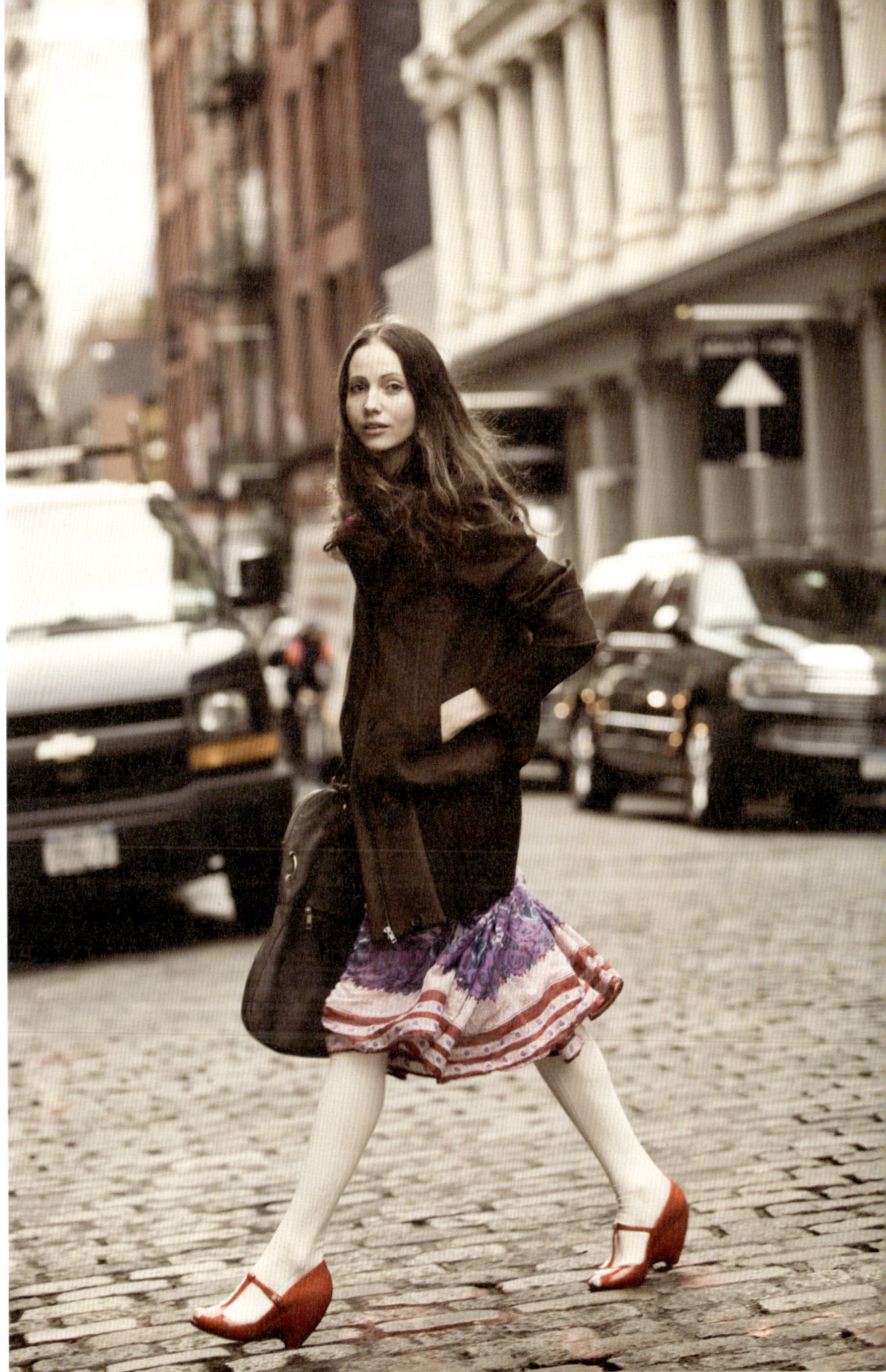

new york

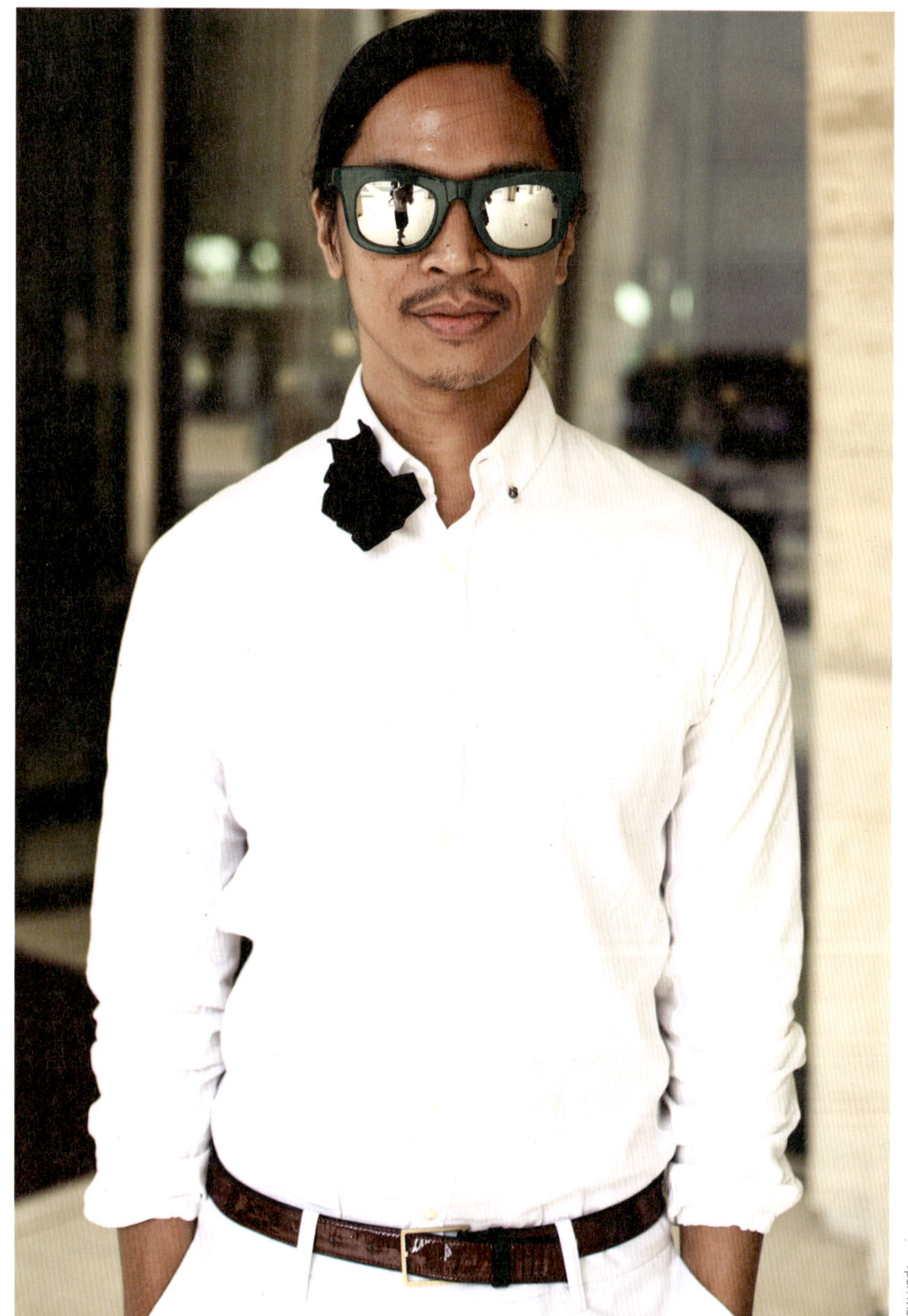

new york
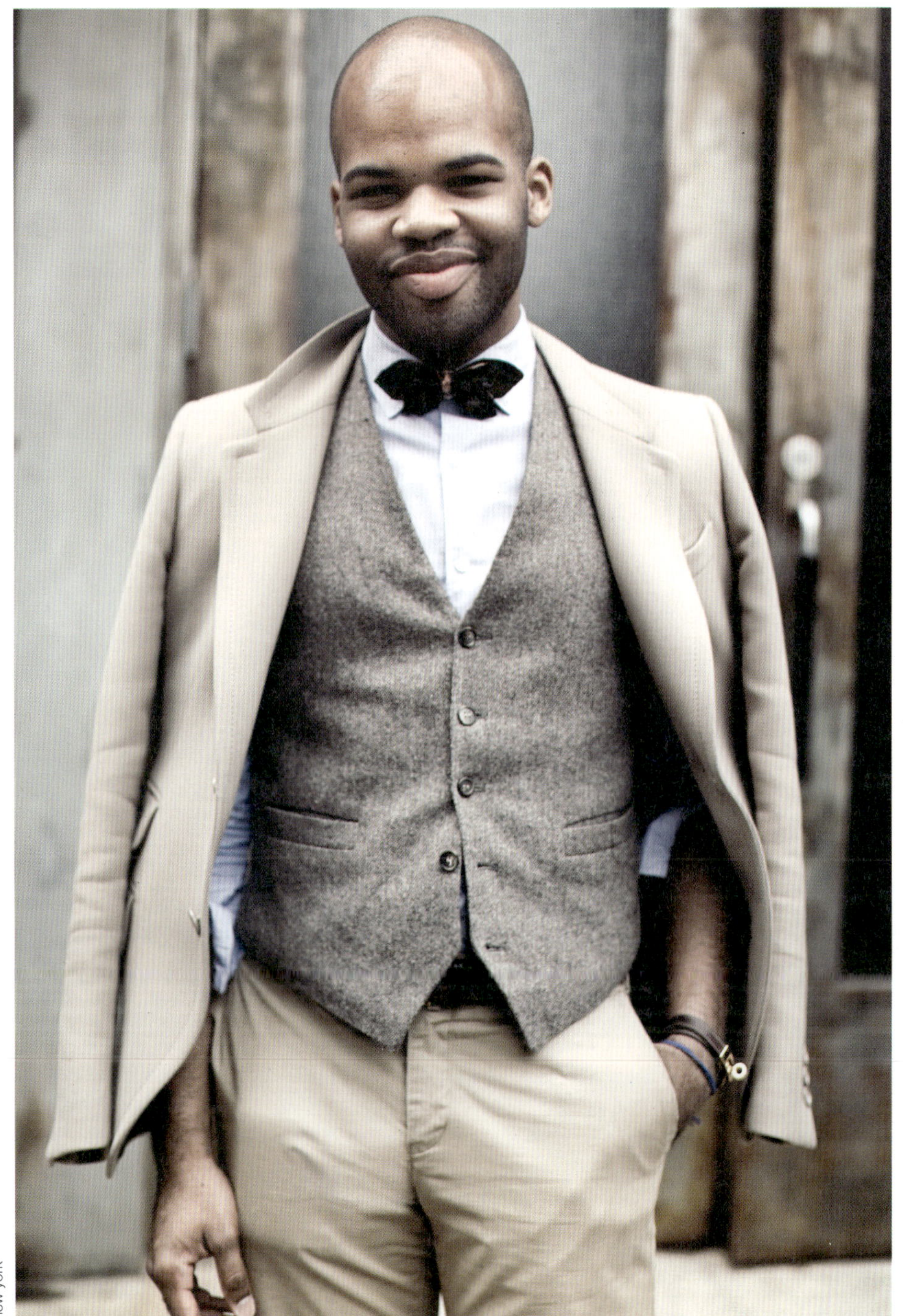

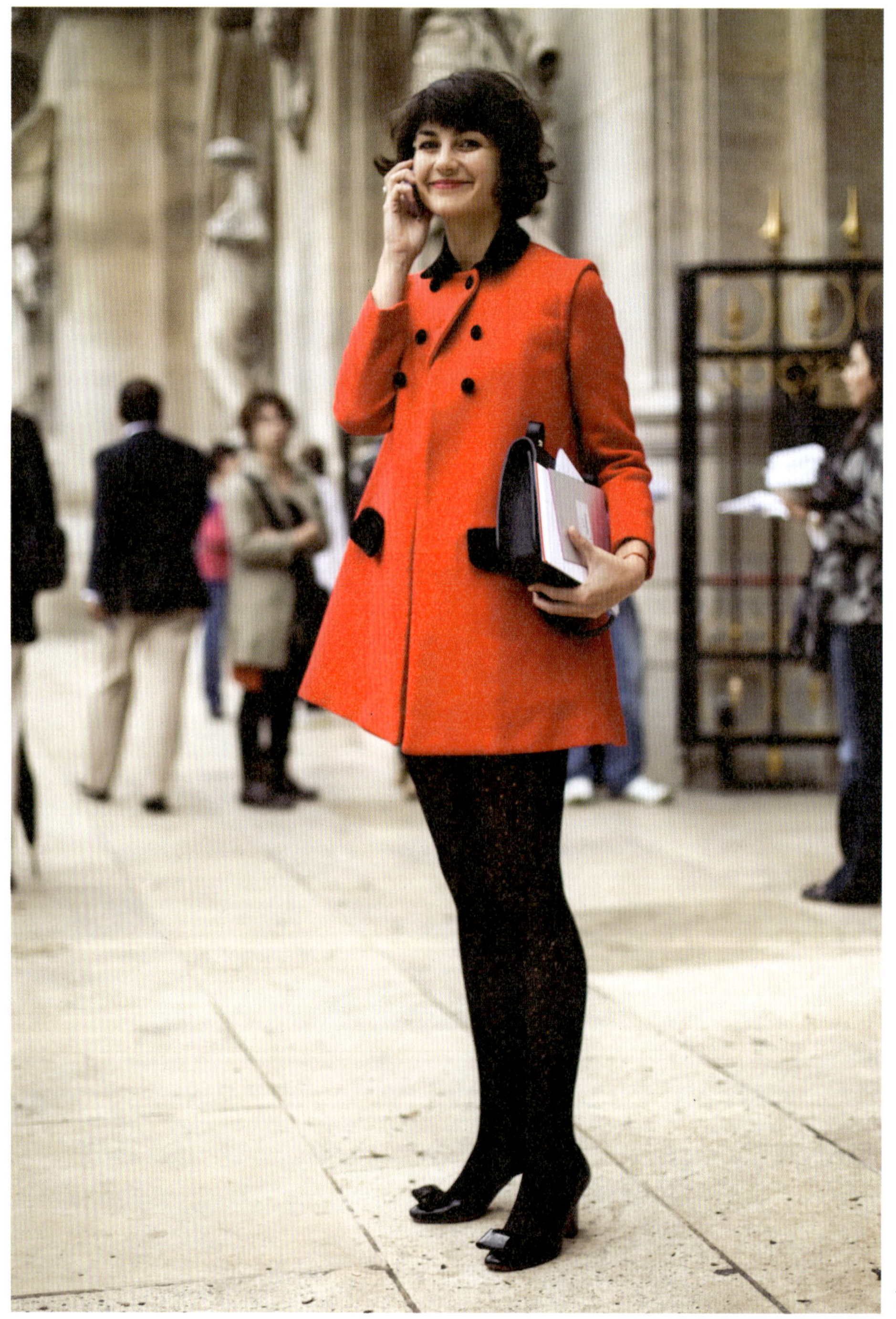

paris

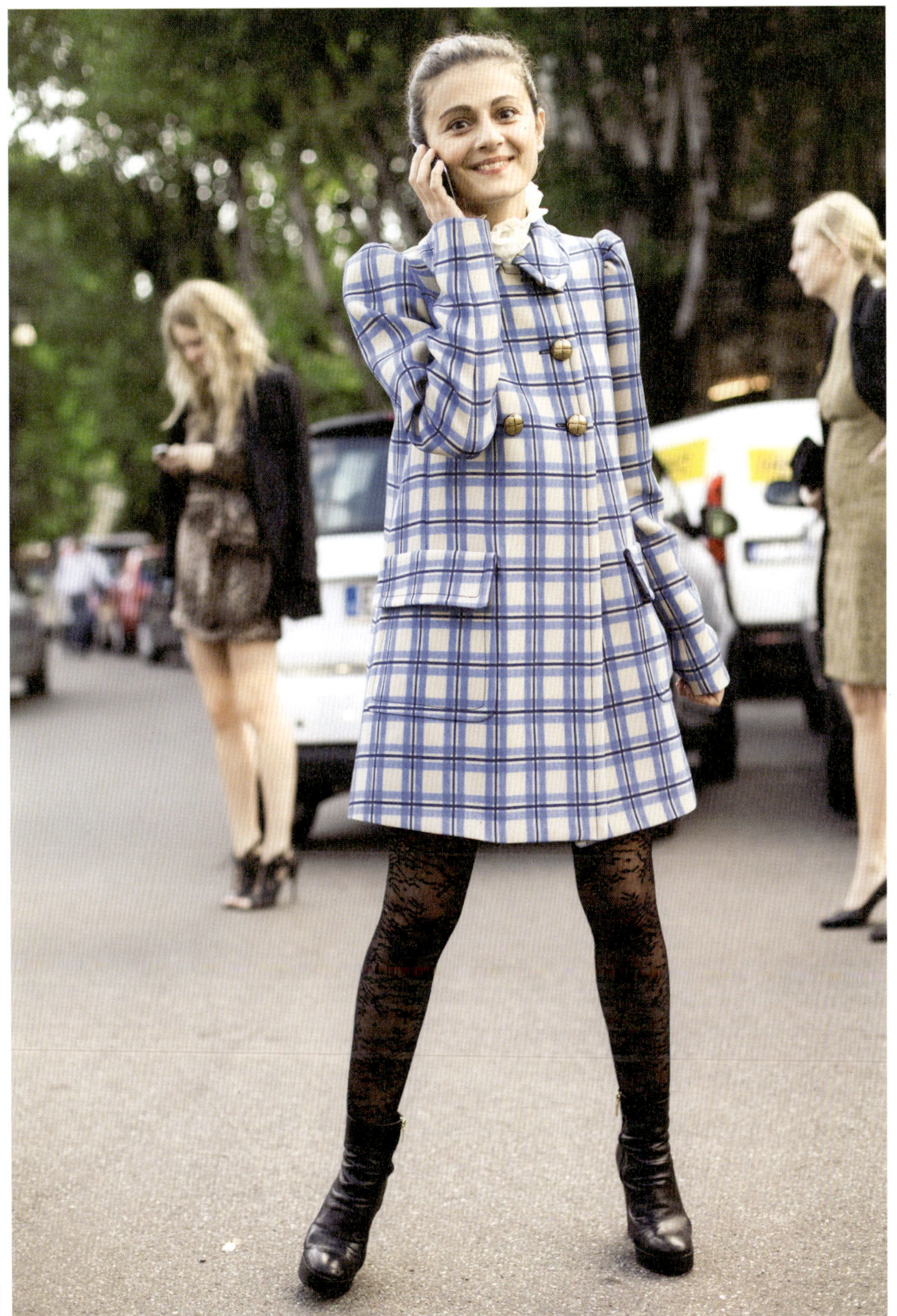

milan

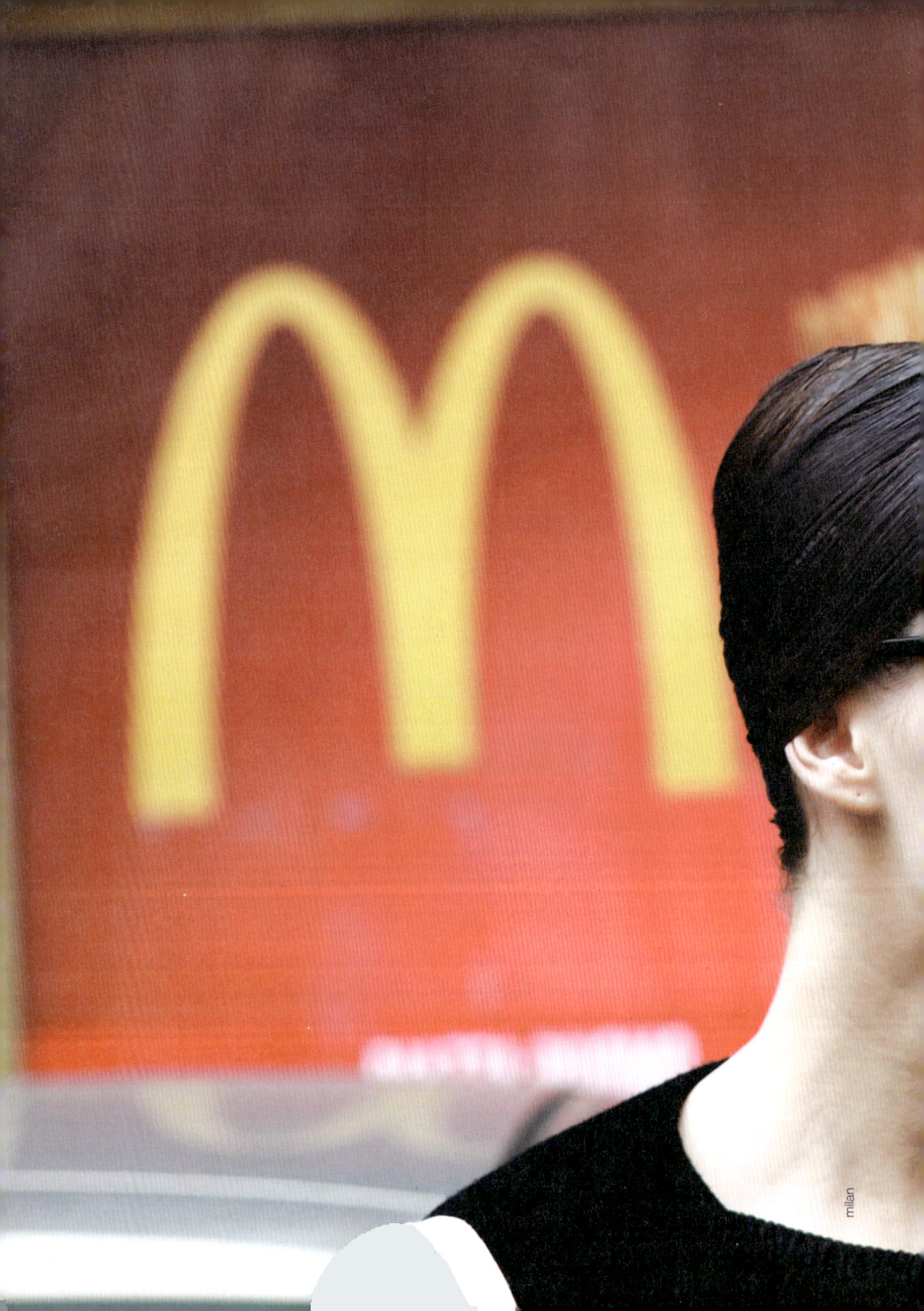

milan

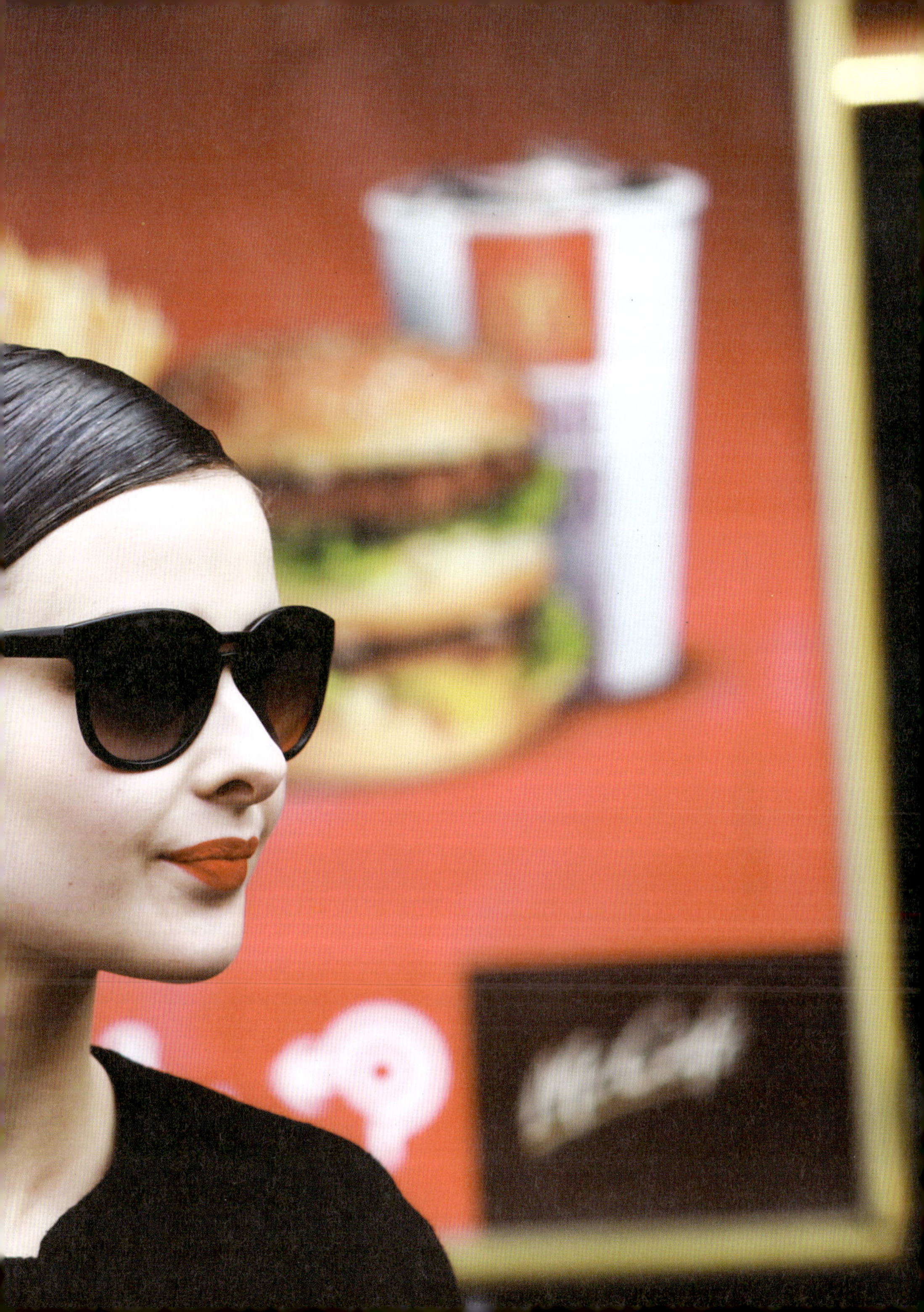

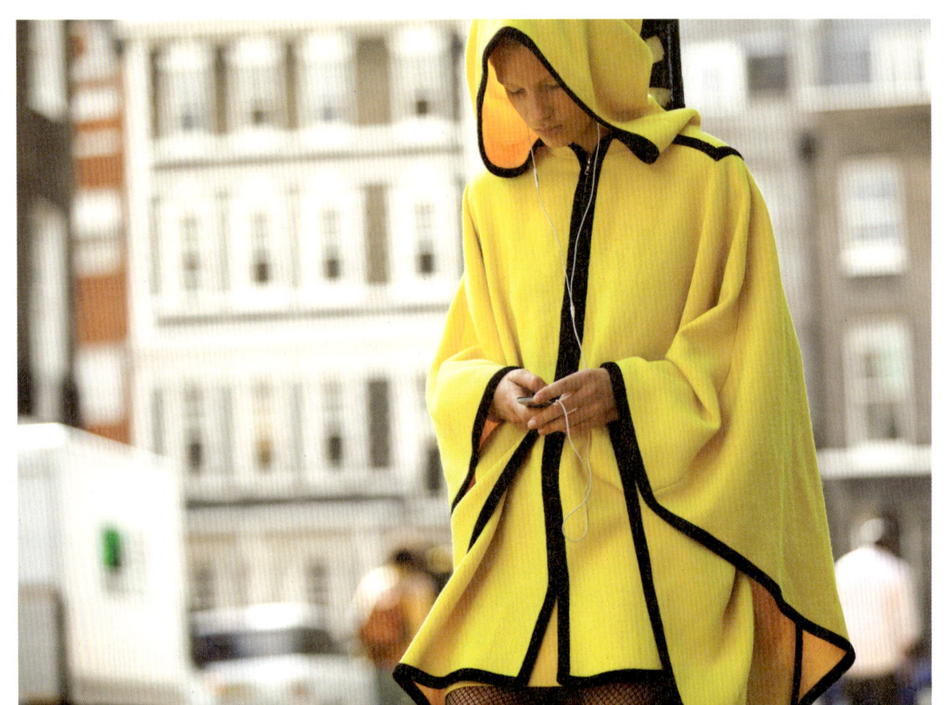
london

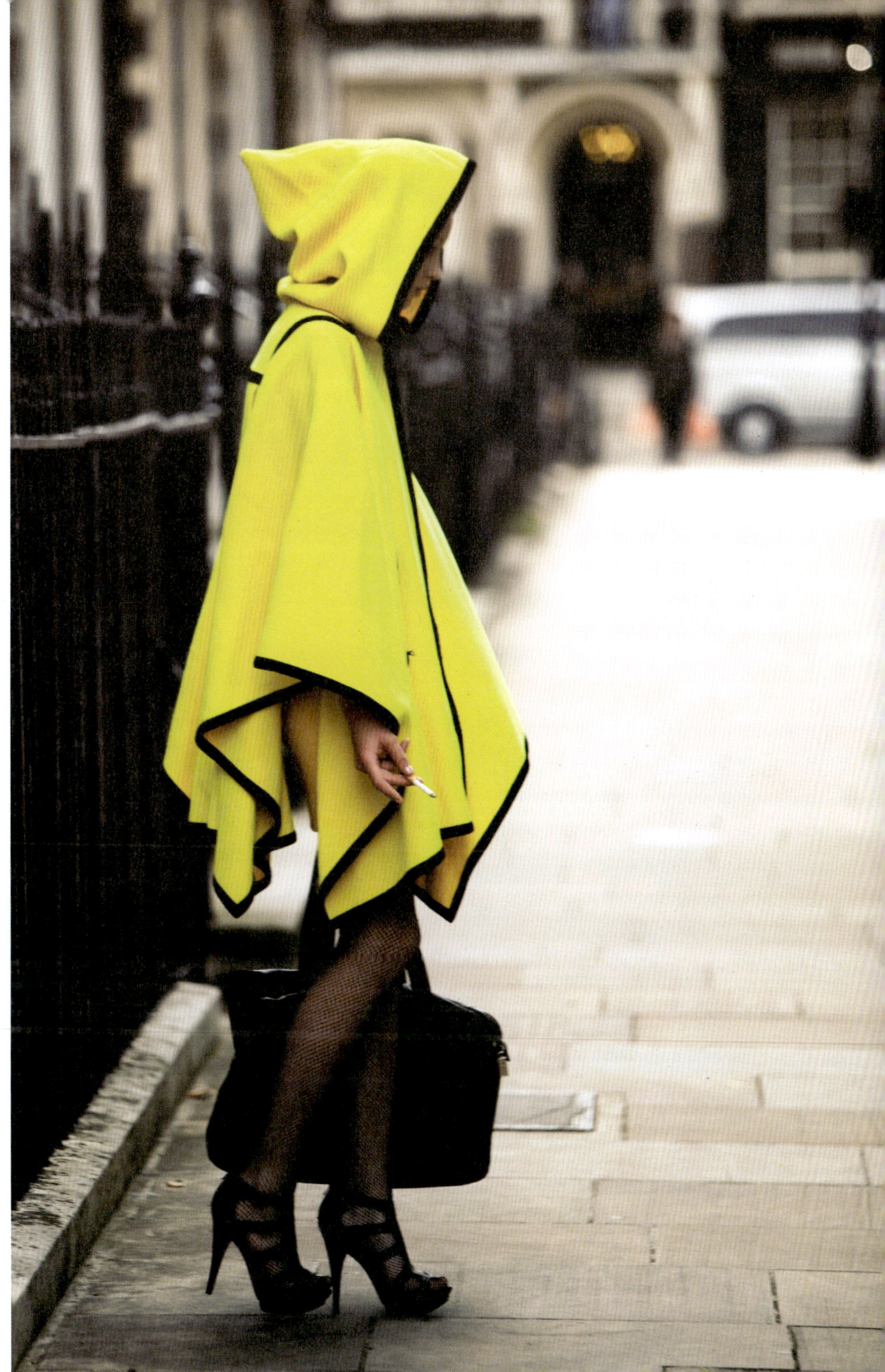

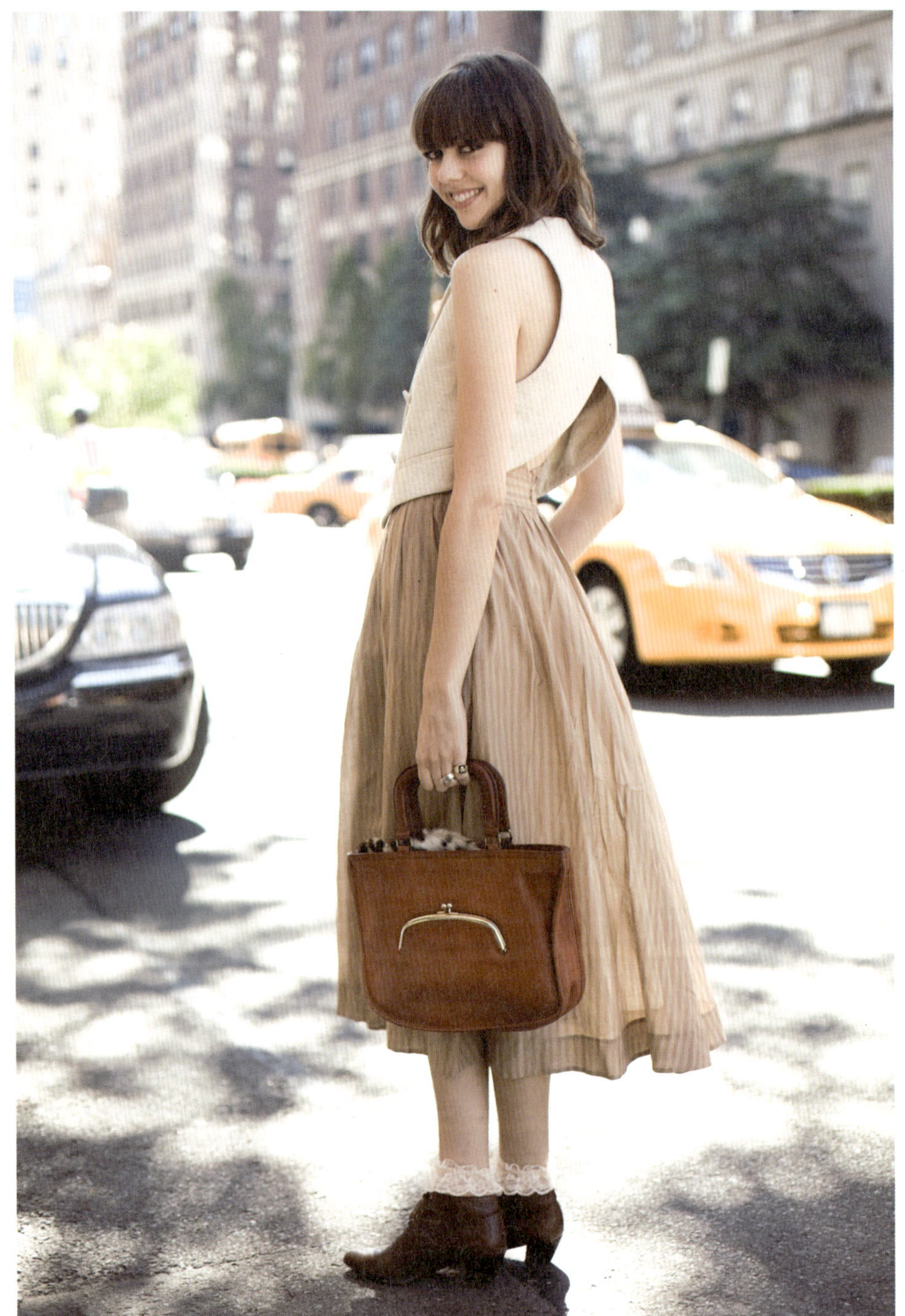

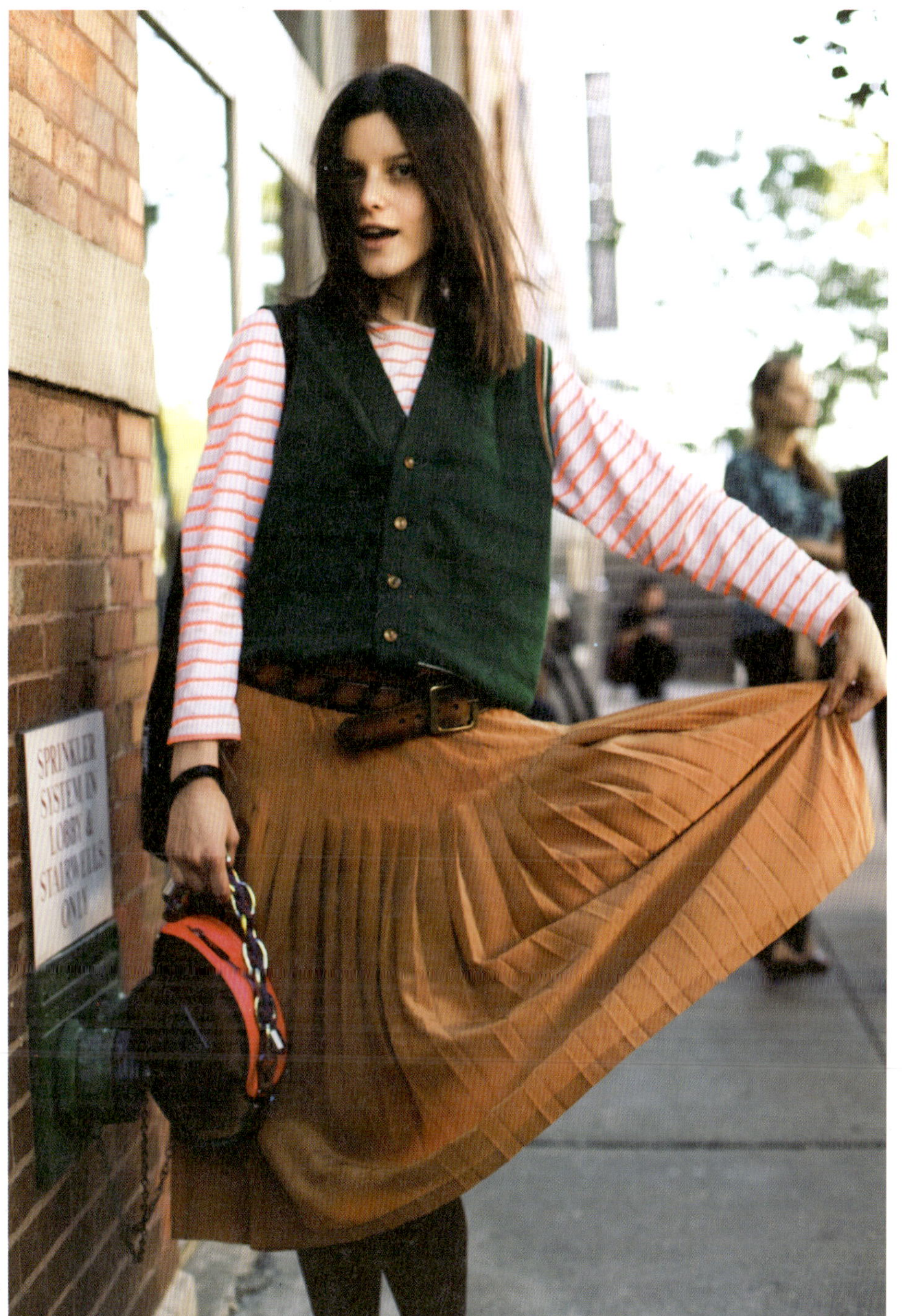
SPRINKLER
SYSTEM IN
LOBBY &
STAIRWELLS
ONLY

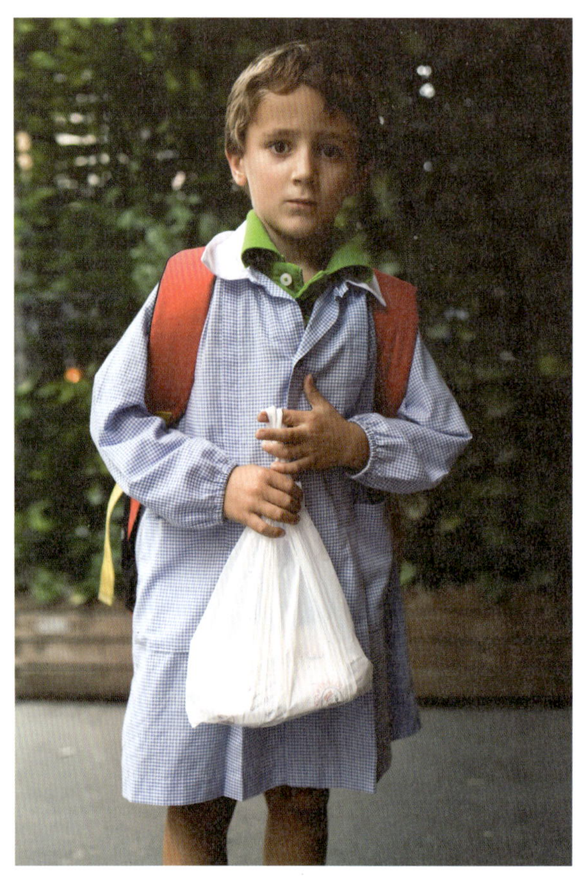

어린 시절 나에게 패션이란 '파란색 옷이 예쁘다'라는 정도뿐이었고 부모님이 입혀주는 대로

나의 패션이 완성되곤 했다. 밀라노에서 만난 이 꼬마아이도 자신이 왜 카메라에 찍히고

있는지, 형이 입던 옷과 가방을 걸치고 있는 자신의 모습이 왜 특별한지 알지 못할 것이다.

물론 언젠가는 이 꼬마에게도 자신이 원하는 것이 무엇인지 분명히 알고 선택할 수 있는

취향이 생기는 날이 찾아 올 것이다. 엄마에게 처음으로 어떤 운동화를 사달라고 조르거나 이

티셔츠를 입지 않겠다고 선언하게 되는 그런 날 말이다.

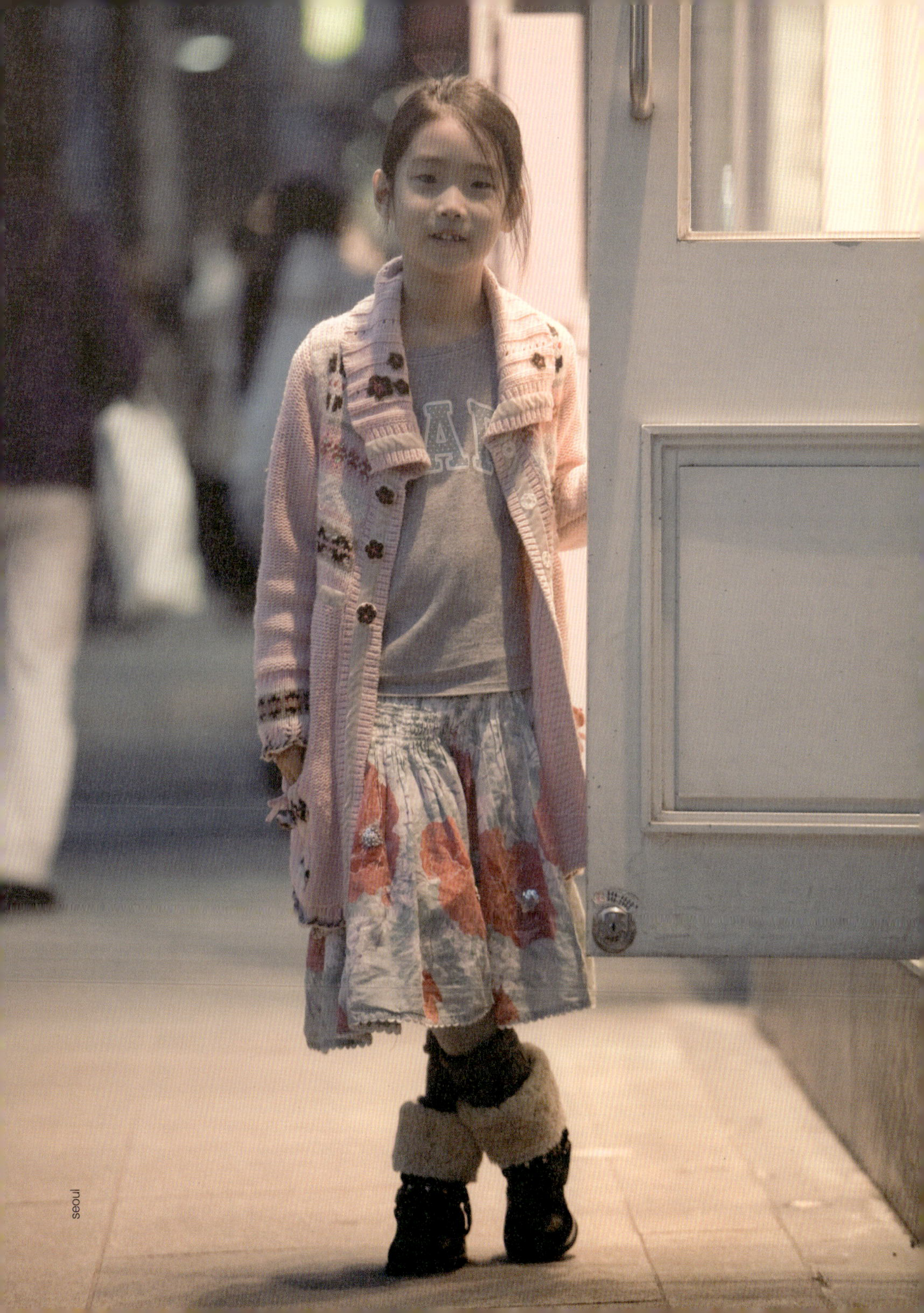
seoul

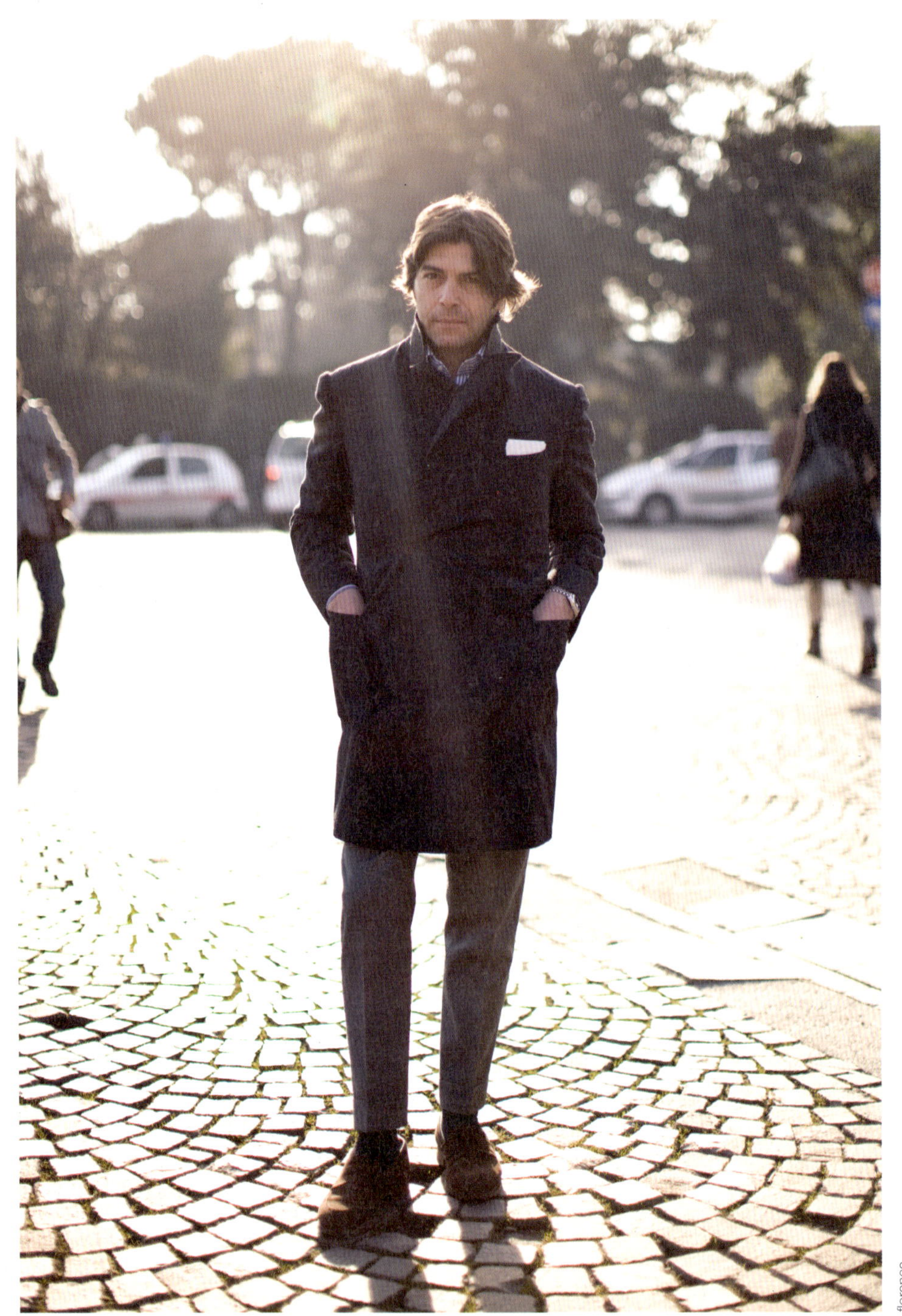
florence

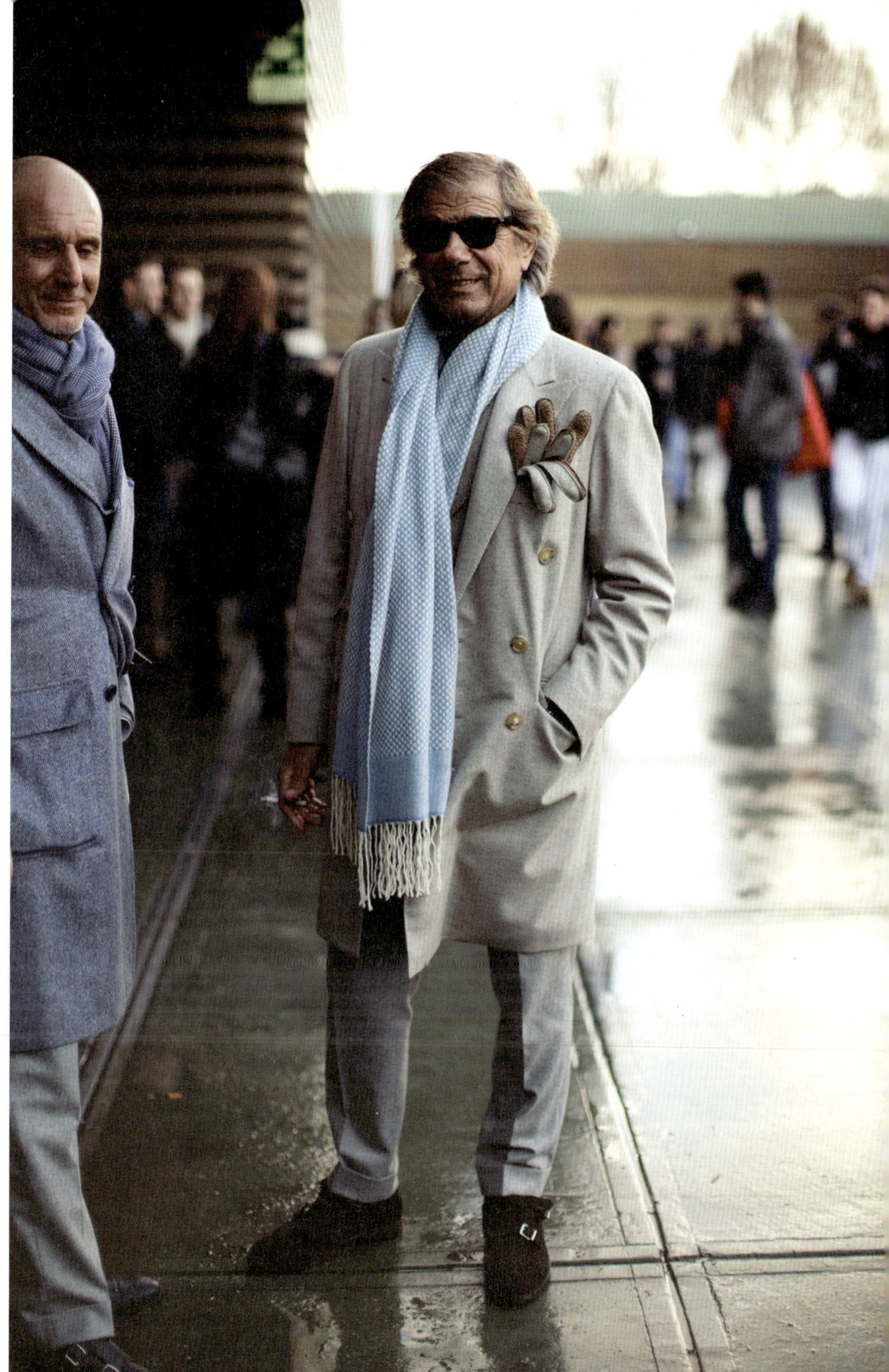

florence

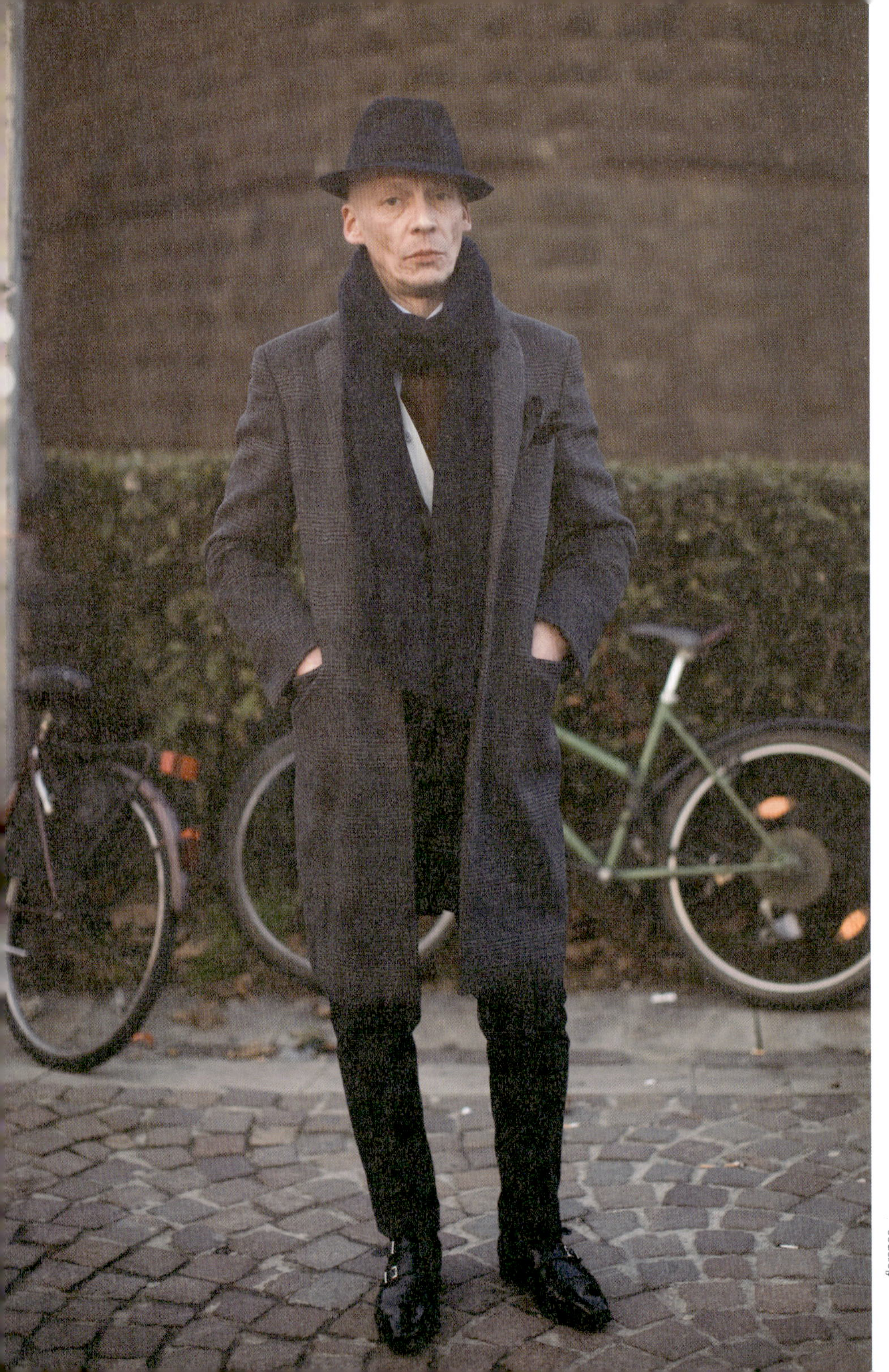

florence

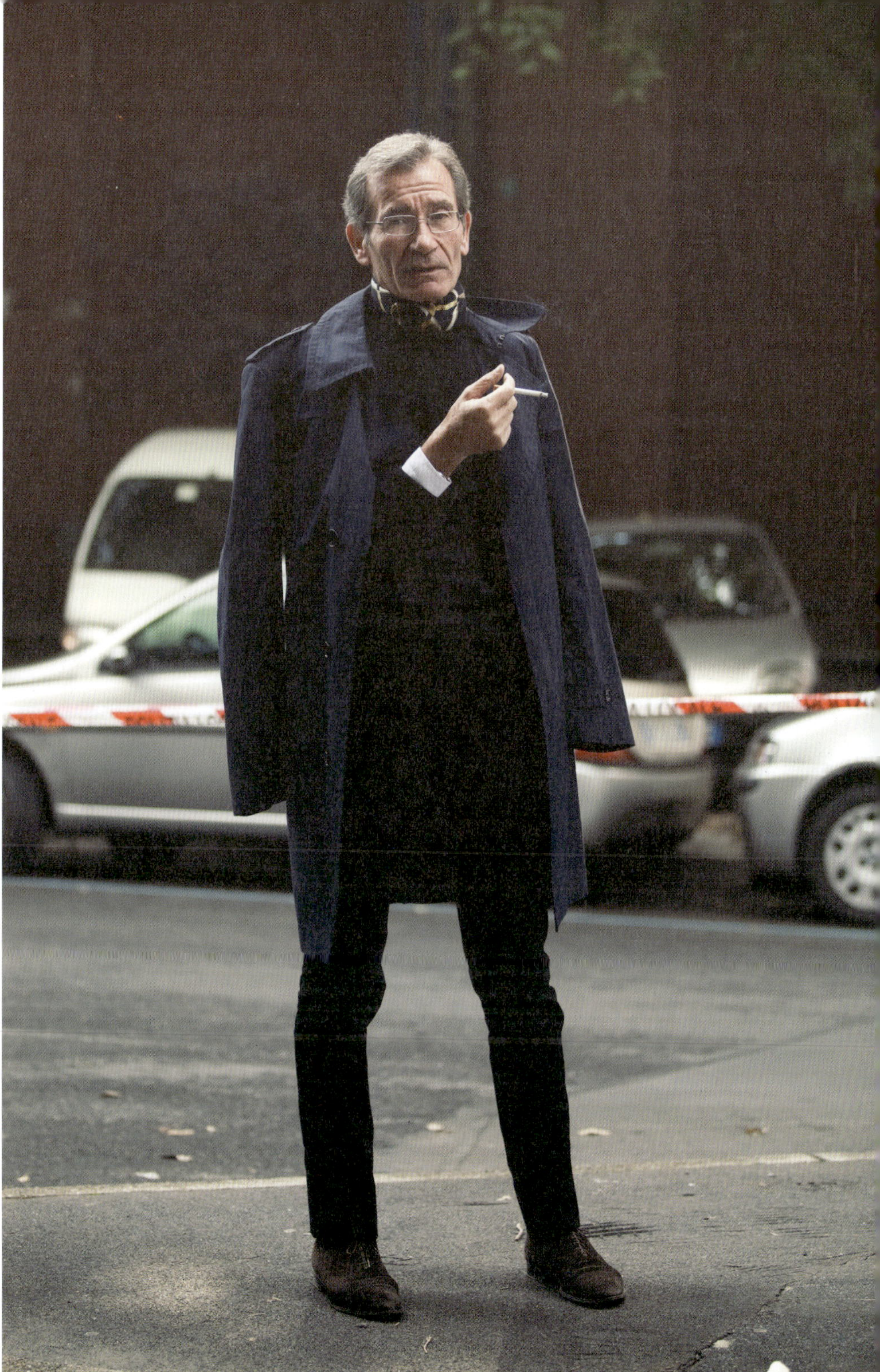
milan

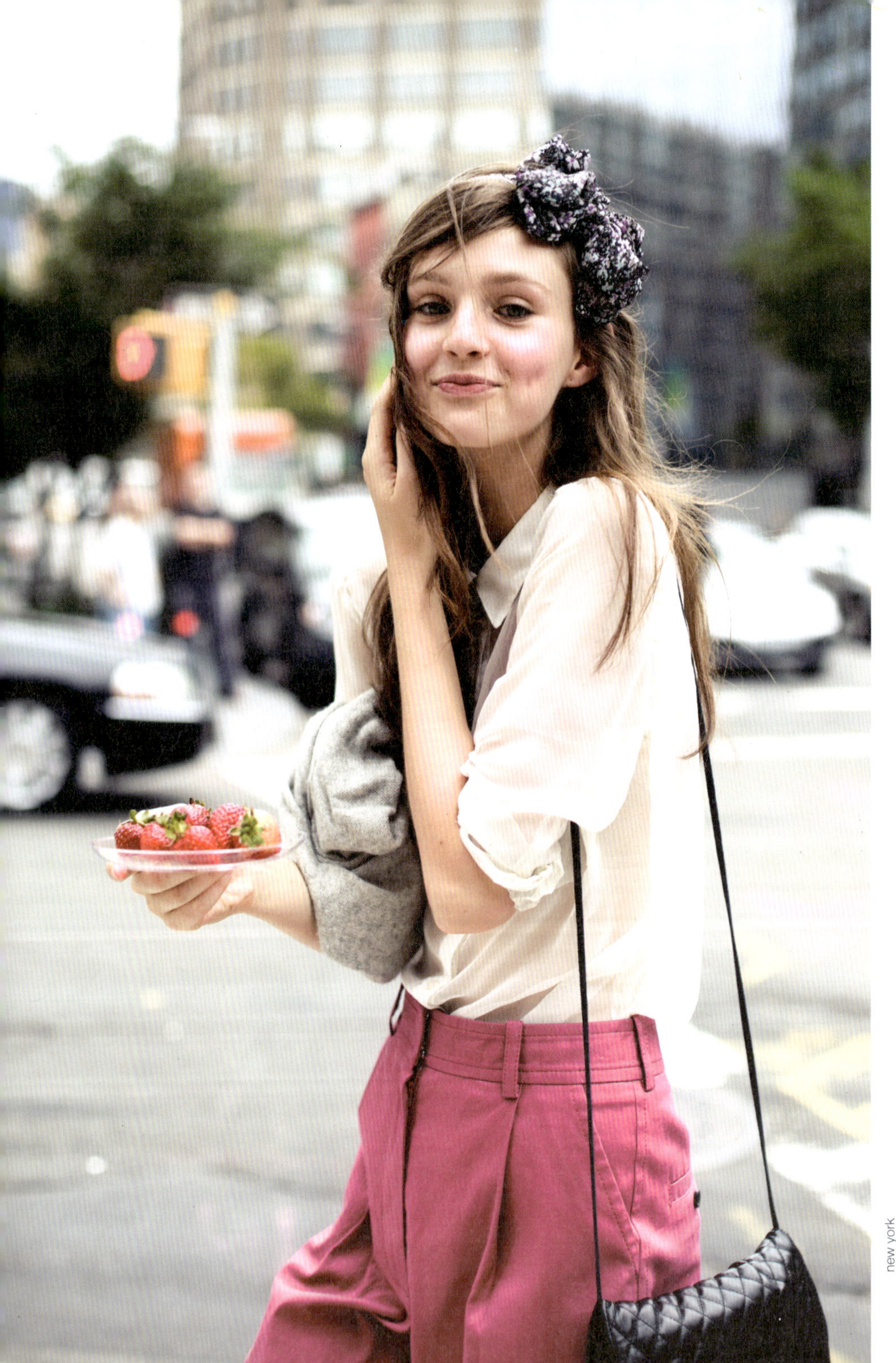

new york

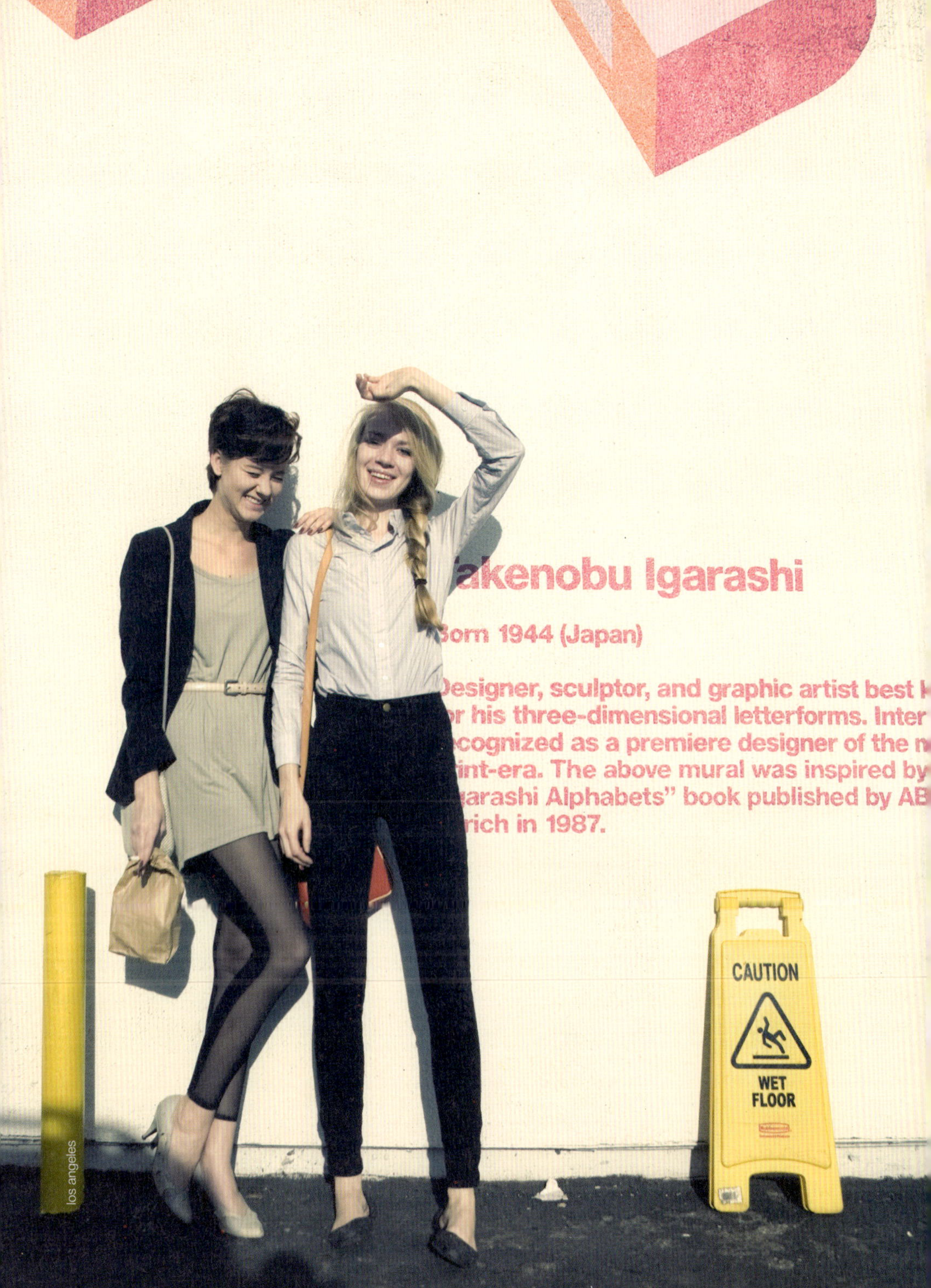
los angeles
akenobu Igarashi
Born 1944 (Japan)
Designer, sculptor, and graphic artist best k
r his three-dimensional letterforms. Inter
ecognized as a premiere designer of the
int-era. The above mural was inspired by
garashi Alphabets" book published by AB
rich in 1987.
CAUTION
WET
FLOOR

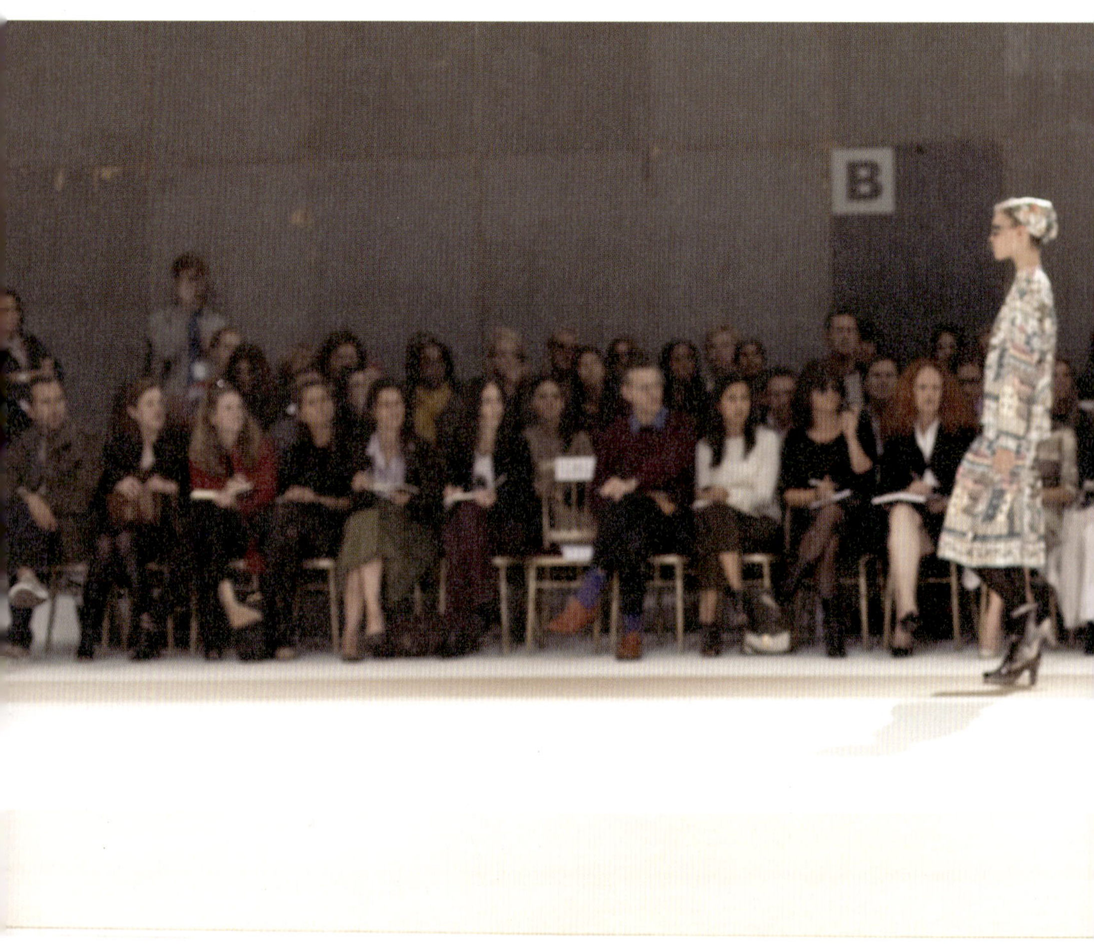

paris

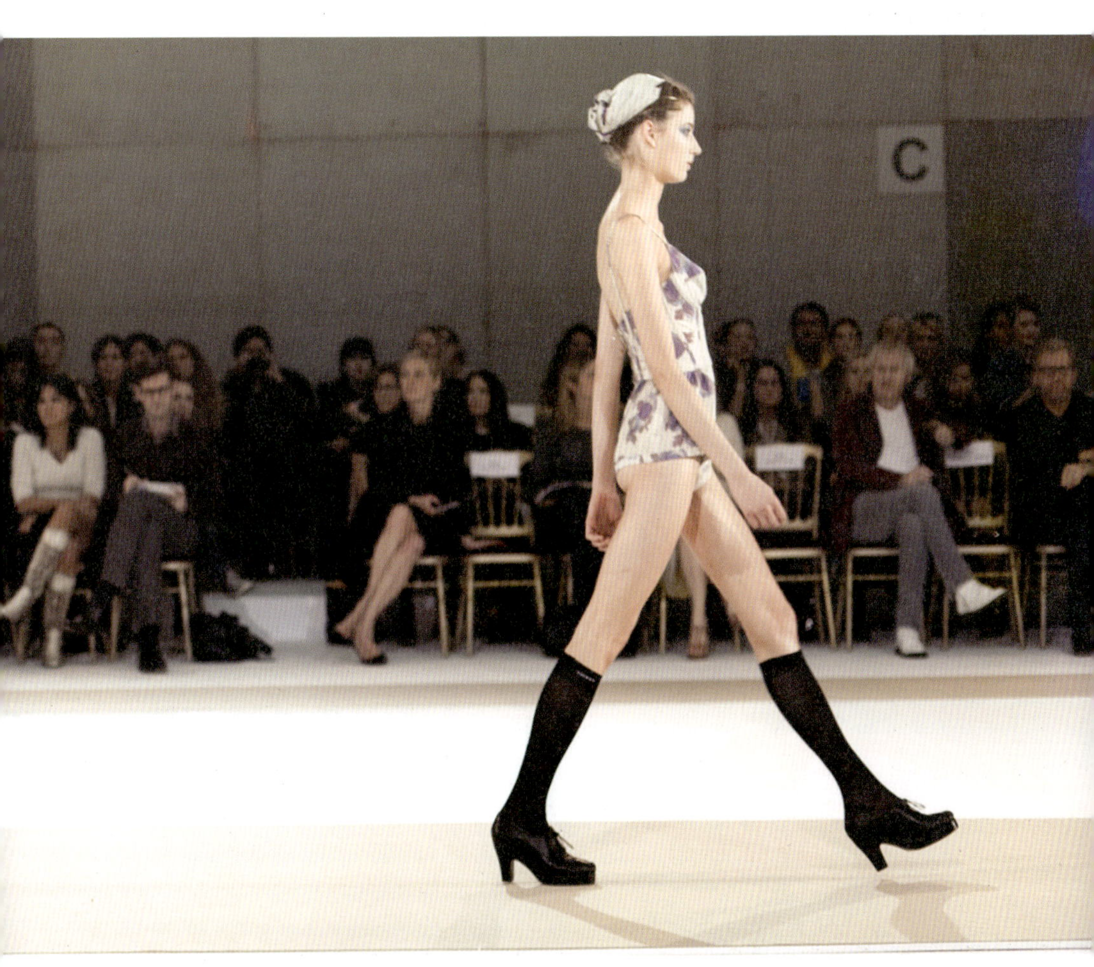

상상과 현실

나는 평소에 디자이너 컬렉션 사진들을 뒤적거리며 맘에 드는 아이템들을 골라놓고 나만의 상상을 하곤

한다. 좋아하는 가수가 그 옷을 입고 공연을 하는 상상, 내가 선물해 준 그 옷을 입고 나온 여자친구와 함께

영화를 보러 가는 상상 등 나만의 판타지를 펼치는 것만큼 재미있고 흥분되는 일도 없기 때문이다. 파리

거리에서 내 상상 속에 주인공이었던 2011년 S/S 드리스반노튼 Dris Van Noten 청바지를 입은 소녀를 발견했다.

나는 기쁨과 희열, 당황스러움이 섞인 알 수 없는 감정에 혼란스러워 하며 이 청바지에만 집중해서 사진을

찍었다. 이렇게 거리에서 나의 상상 속의 아이템을 전혀 예상치 못한 방식으로 표현하고 다른 액세서리와

아름다운 조화를 만들어내는 사람들을 봤을 때 묘한 흥분과 충격을 느낀다.

fantasy
and reality

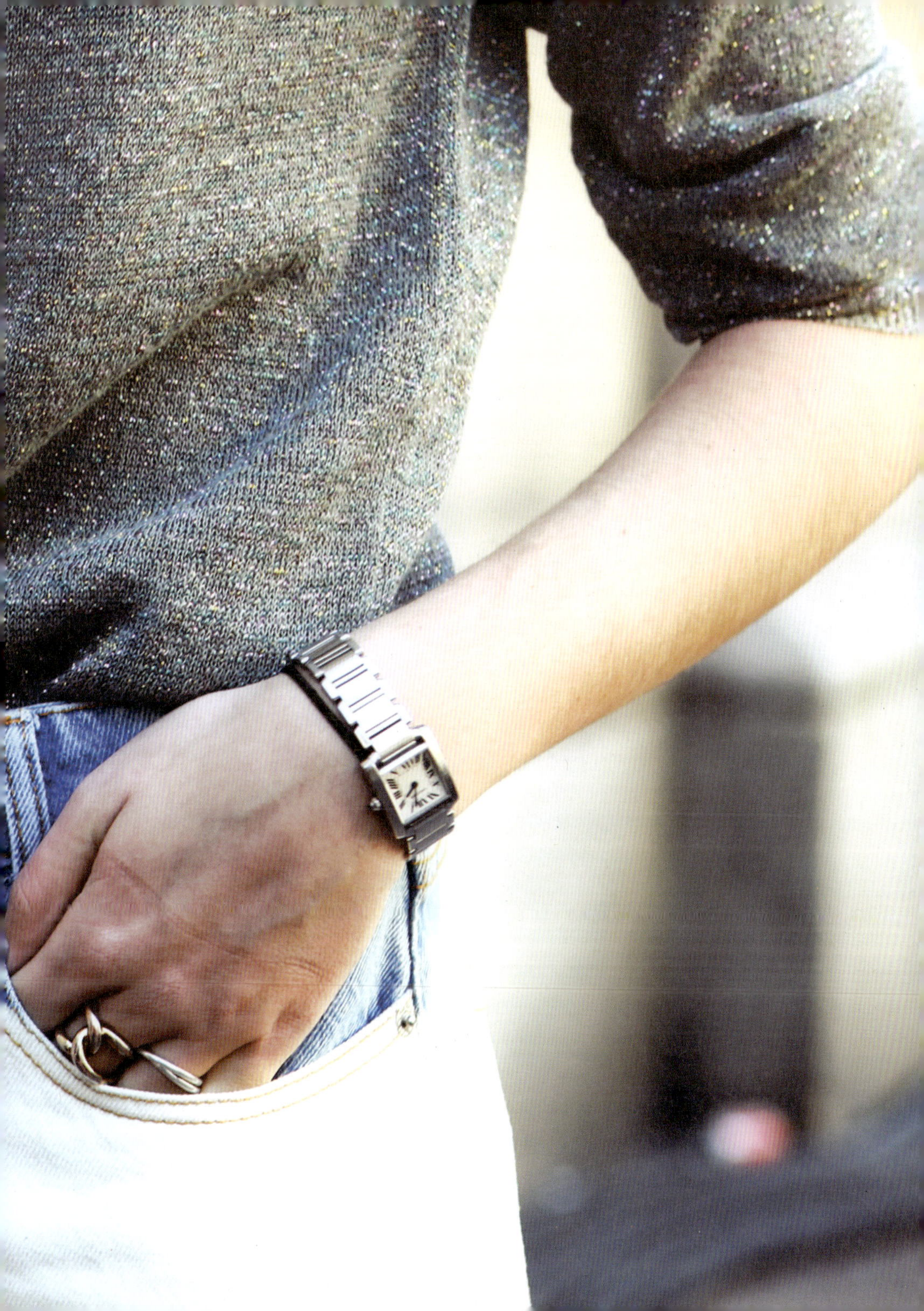

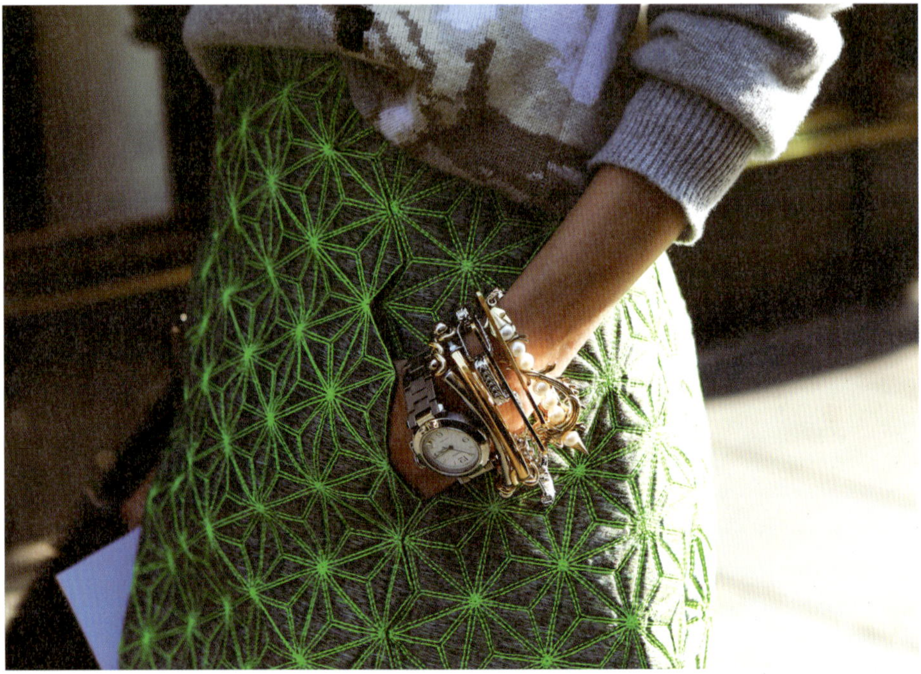

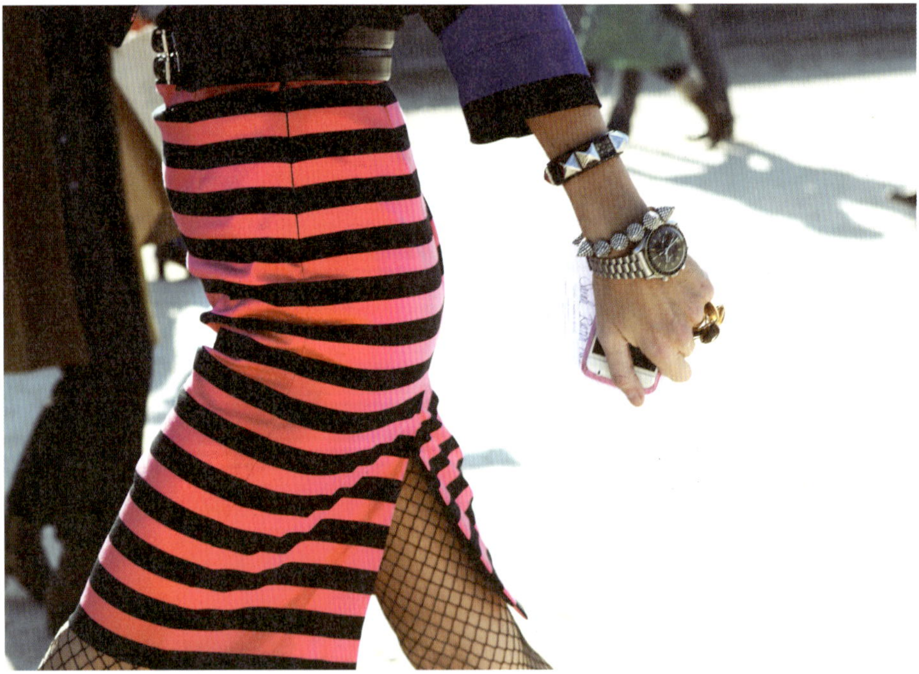

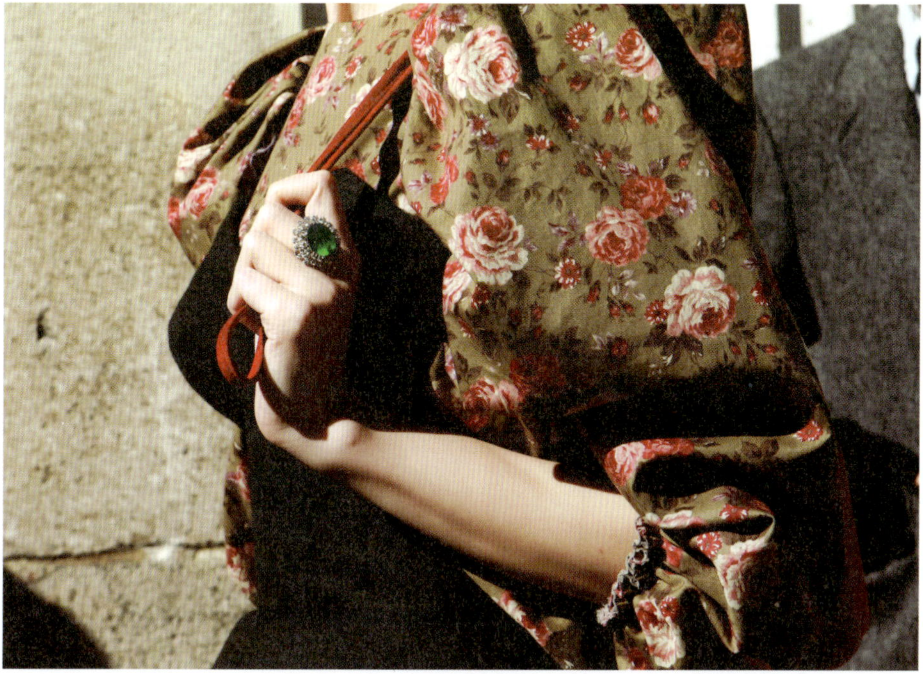

paris

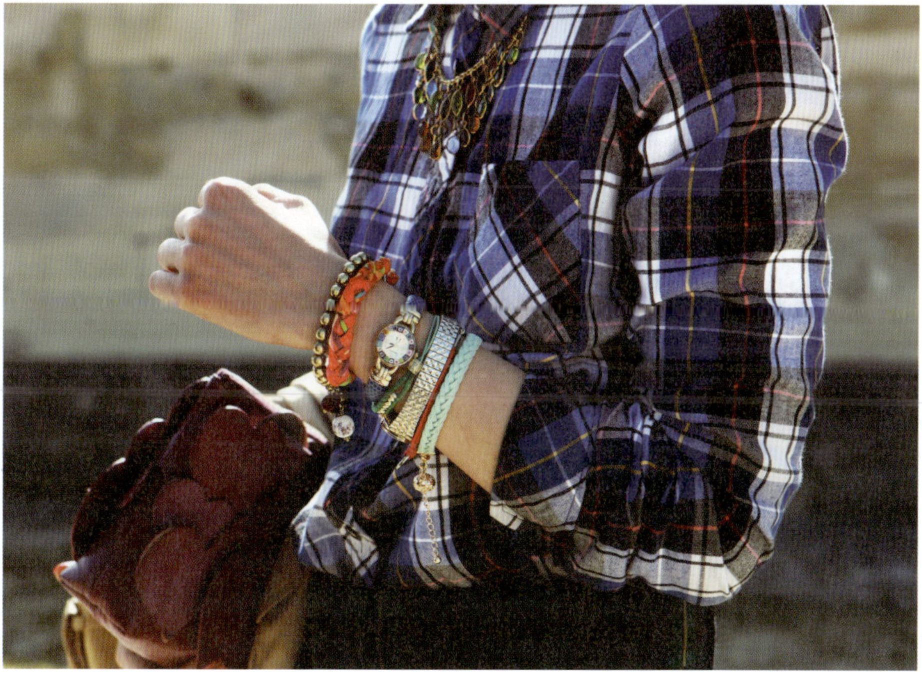

paris

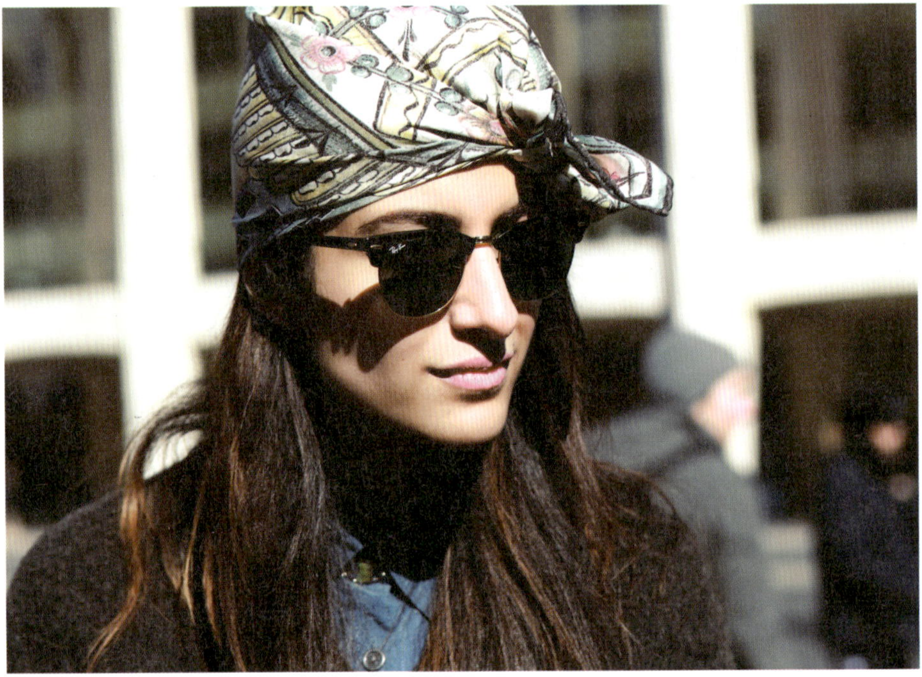

new york

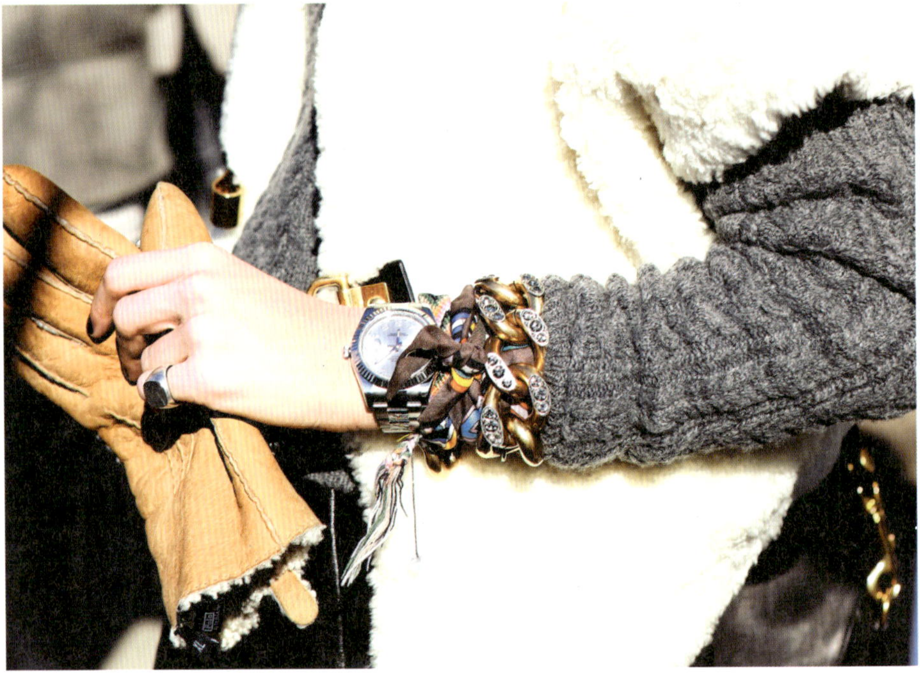

paris

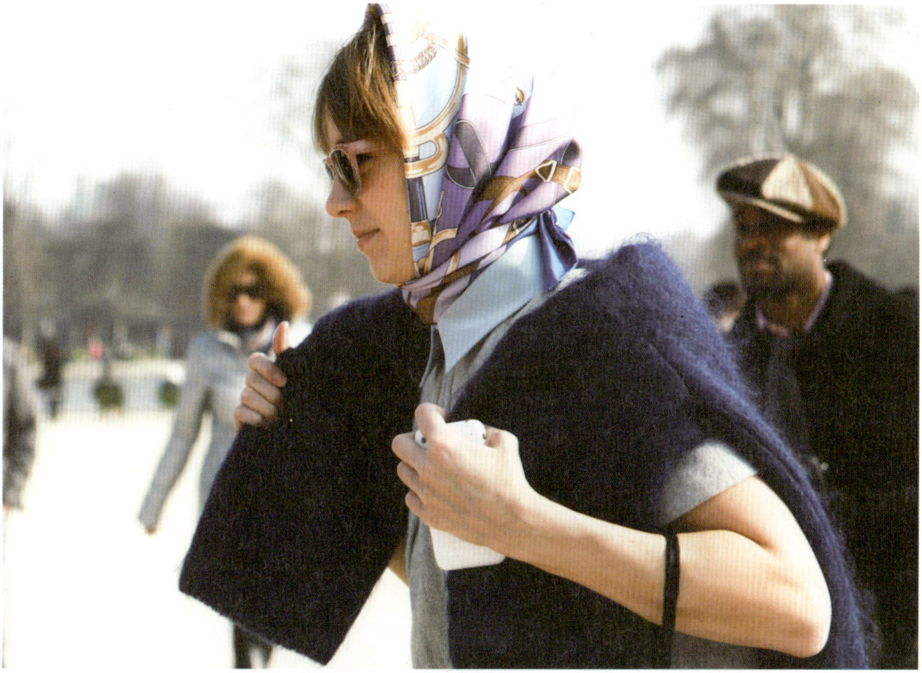

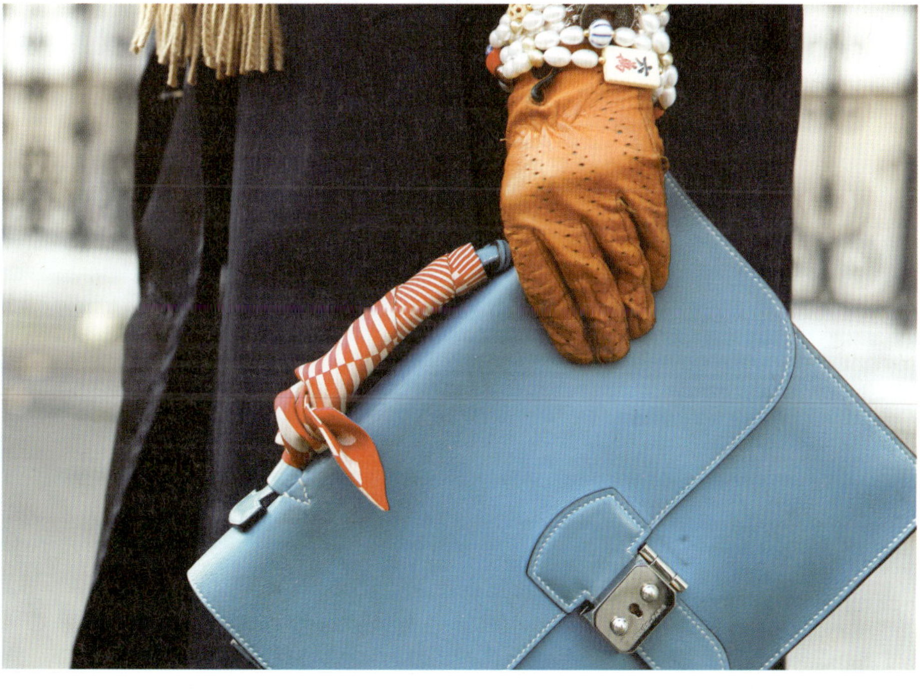

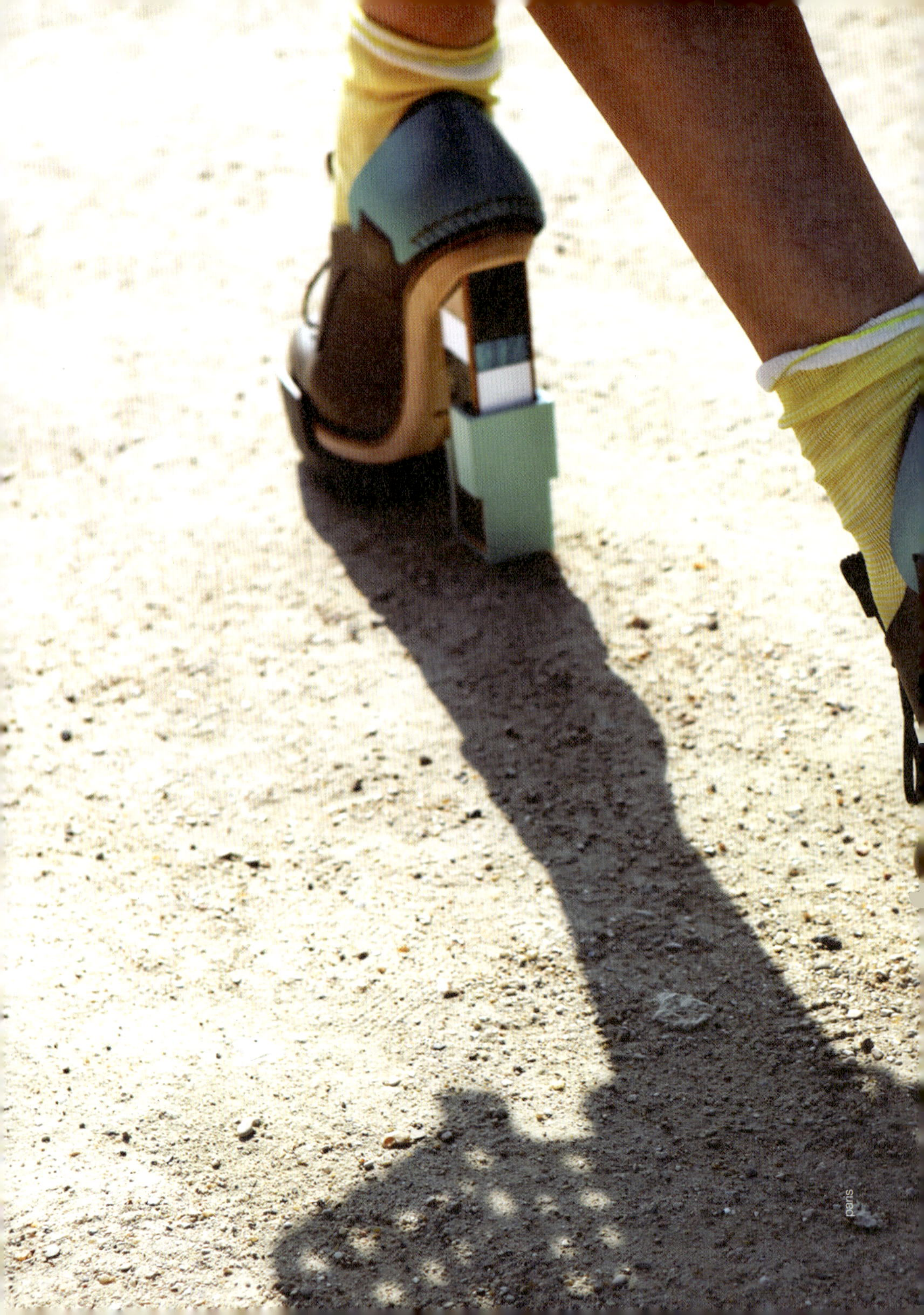
paris

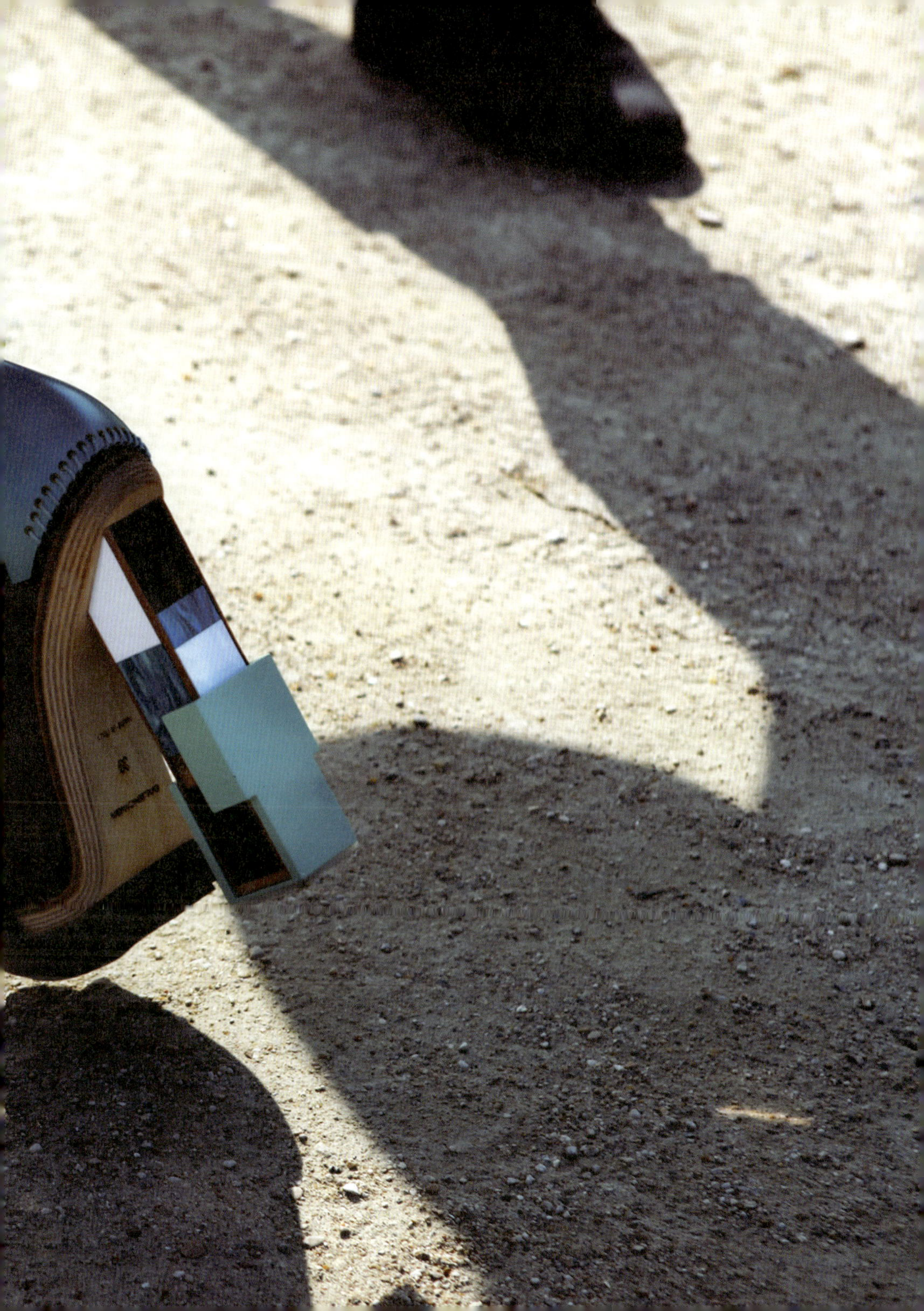

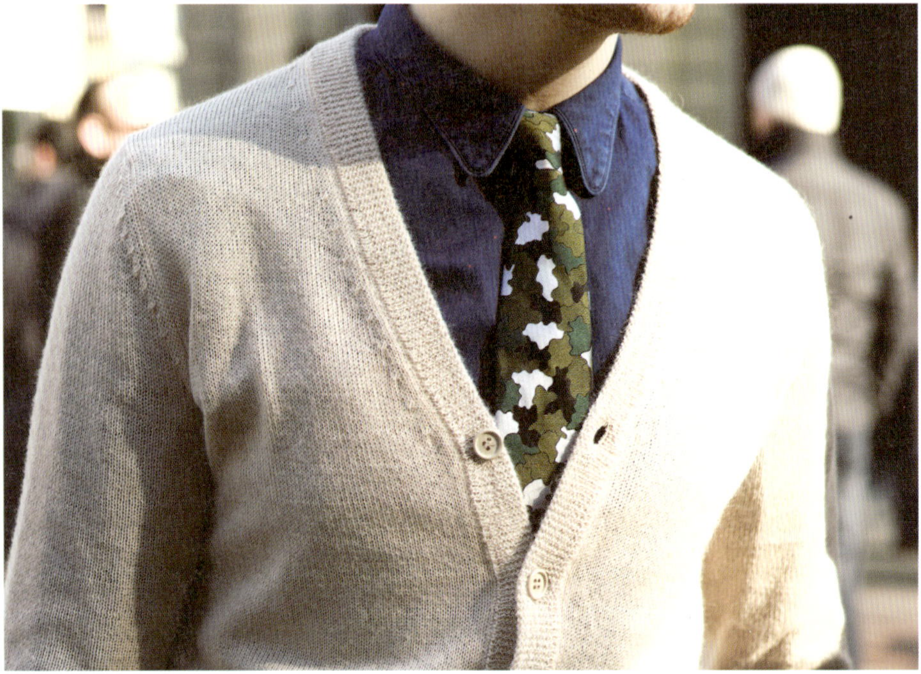

milan

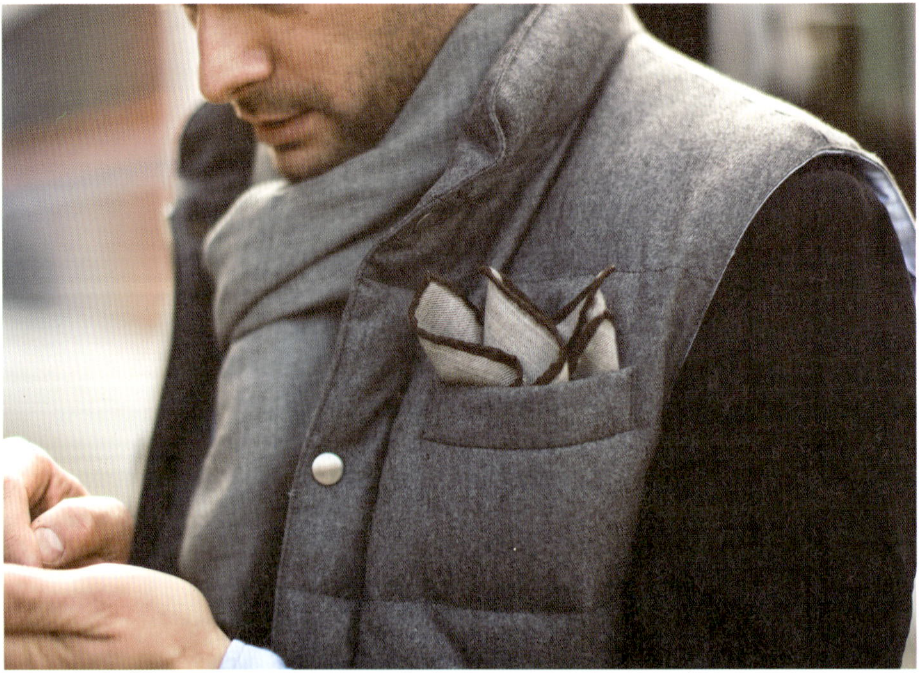

florence

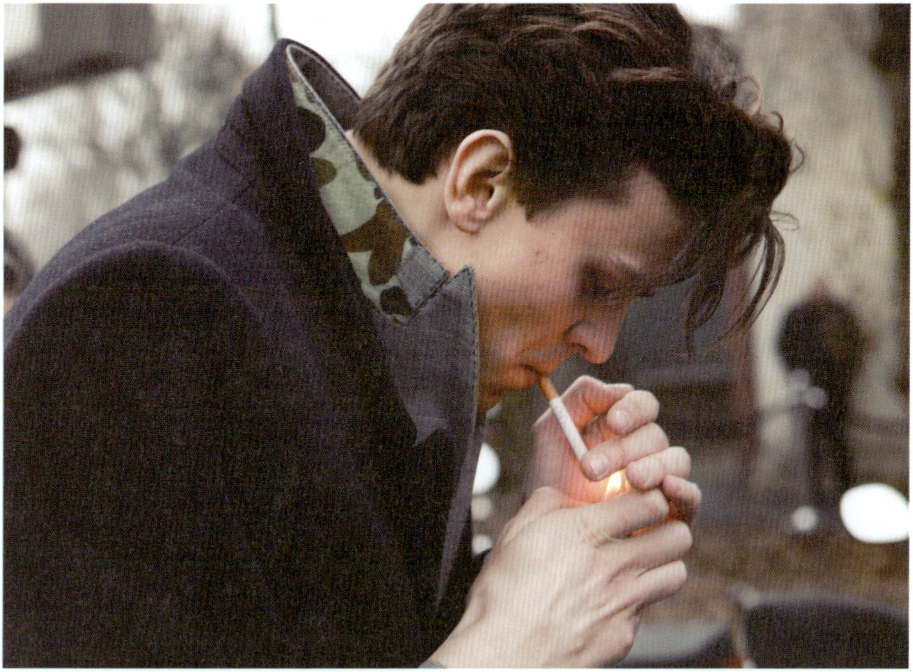

paris

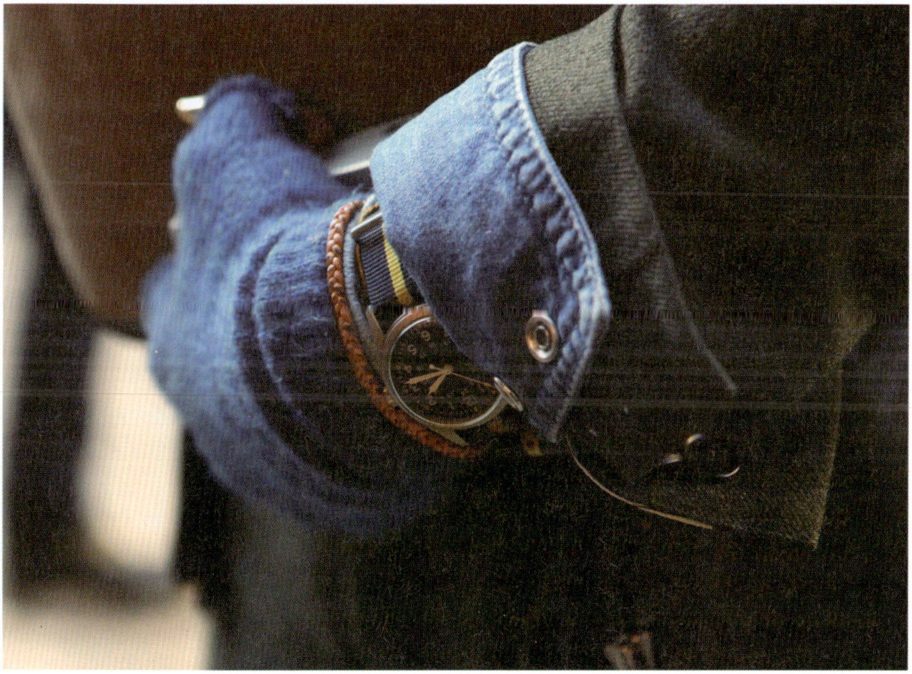

new york

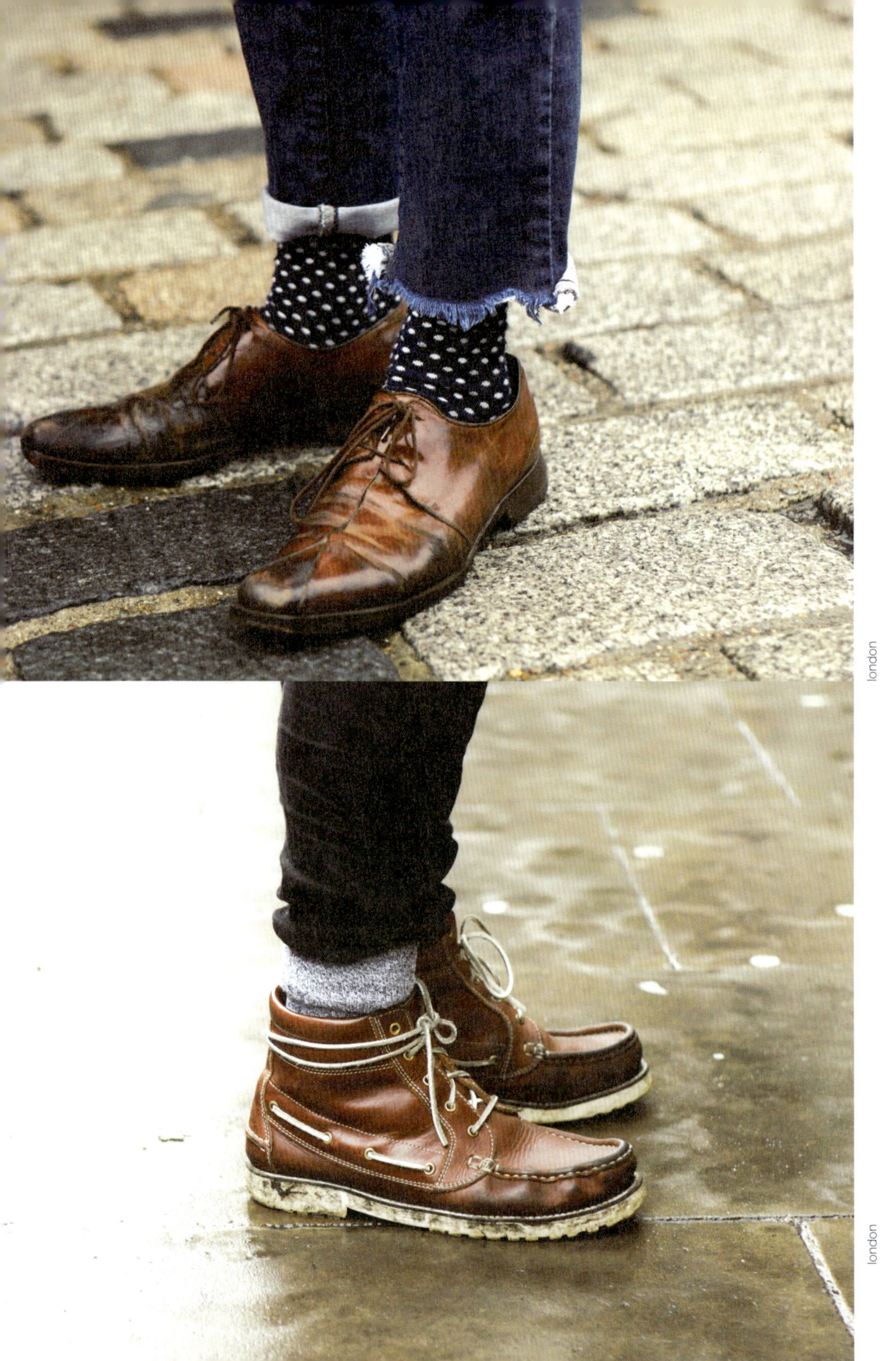

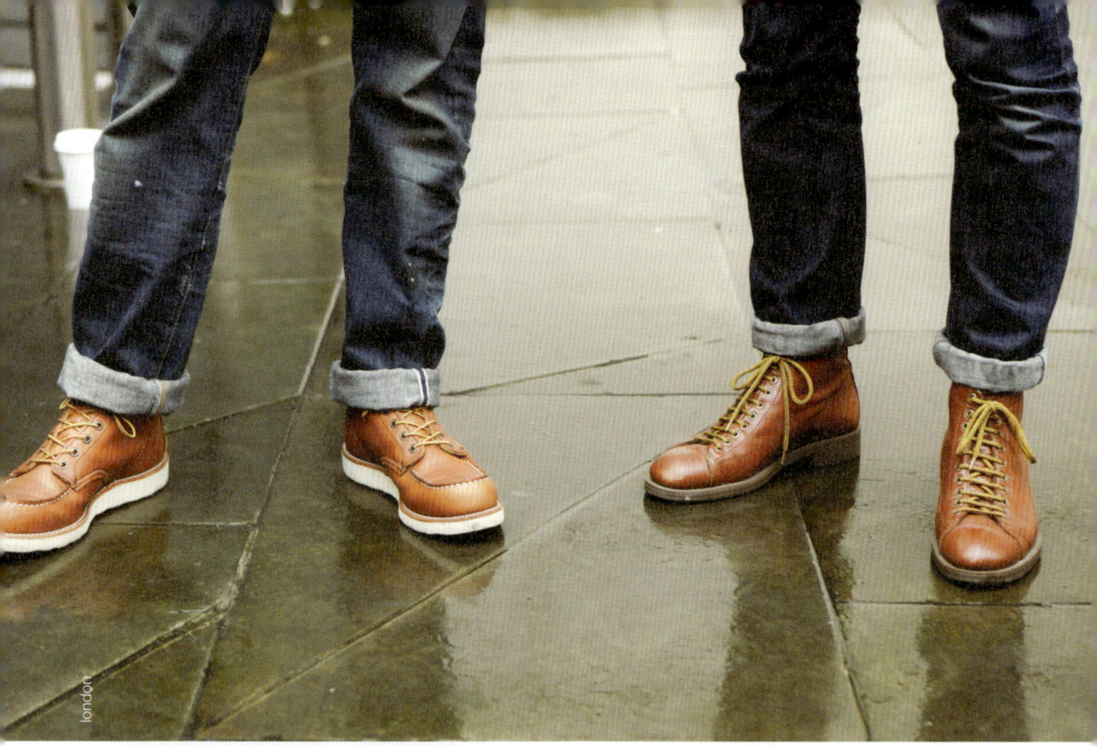

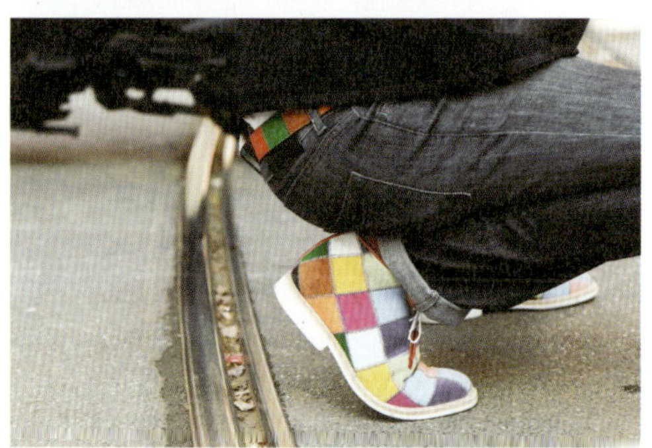

milan

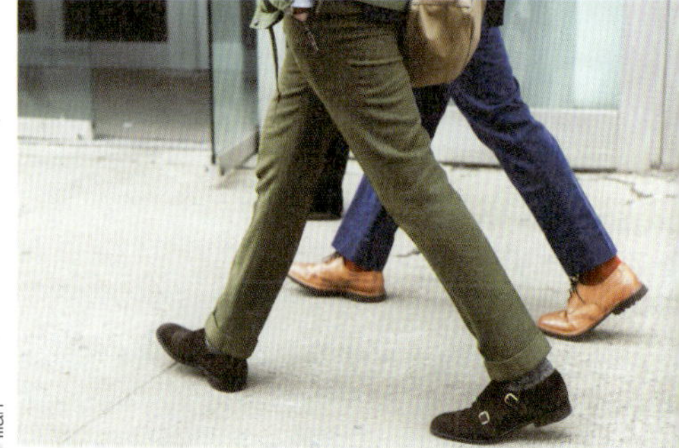

milan

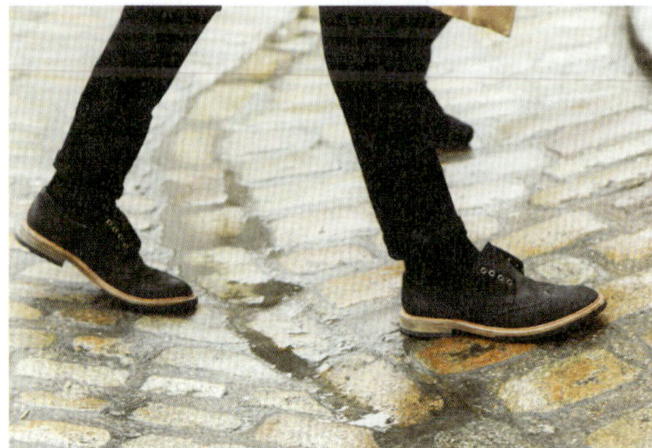

milan

london

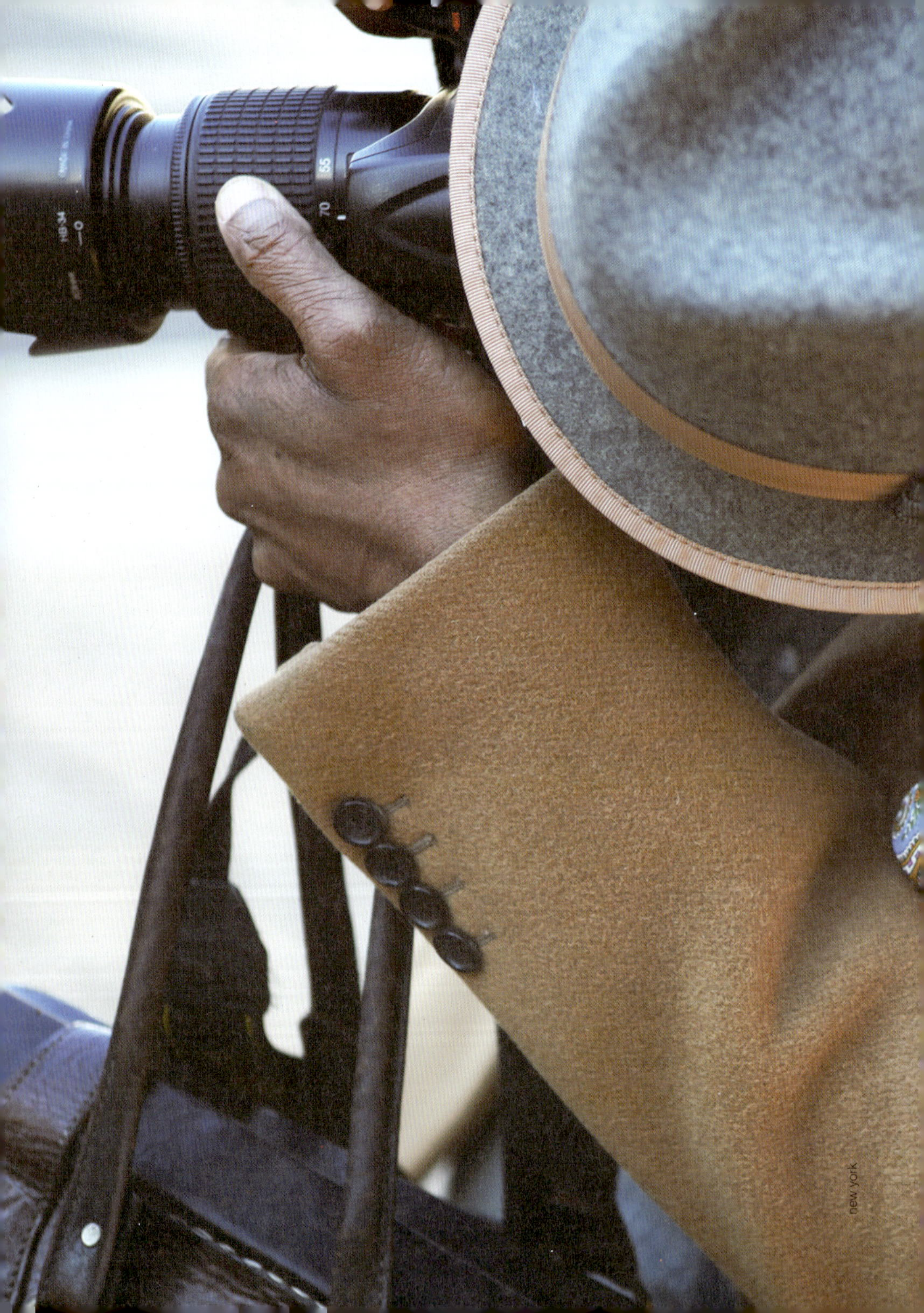

new york

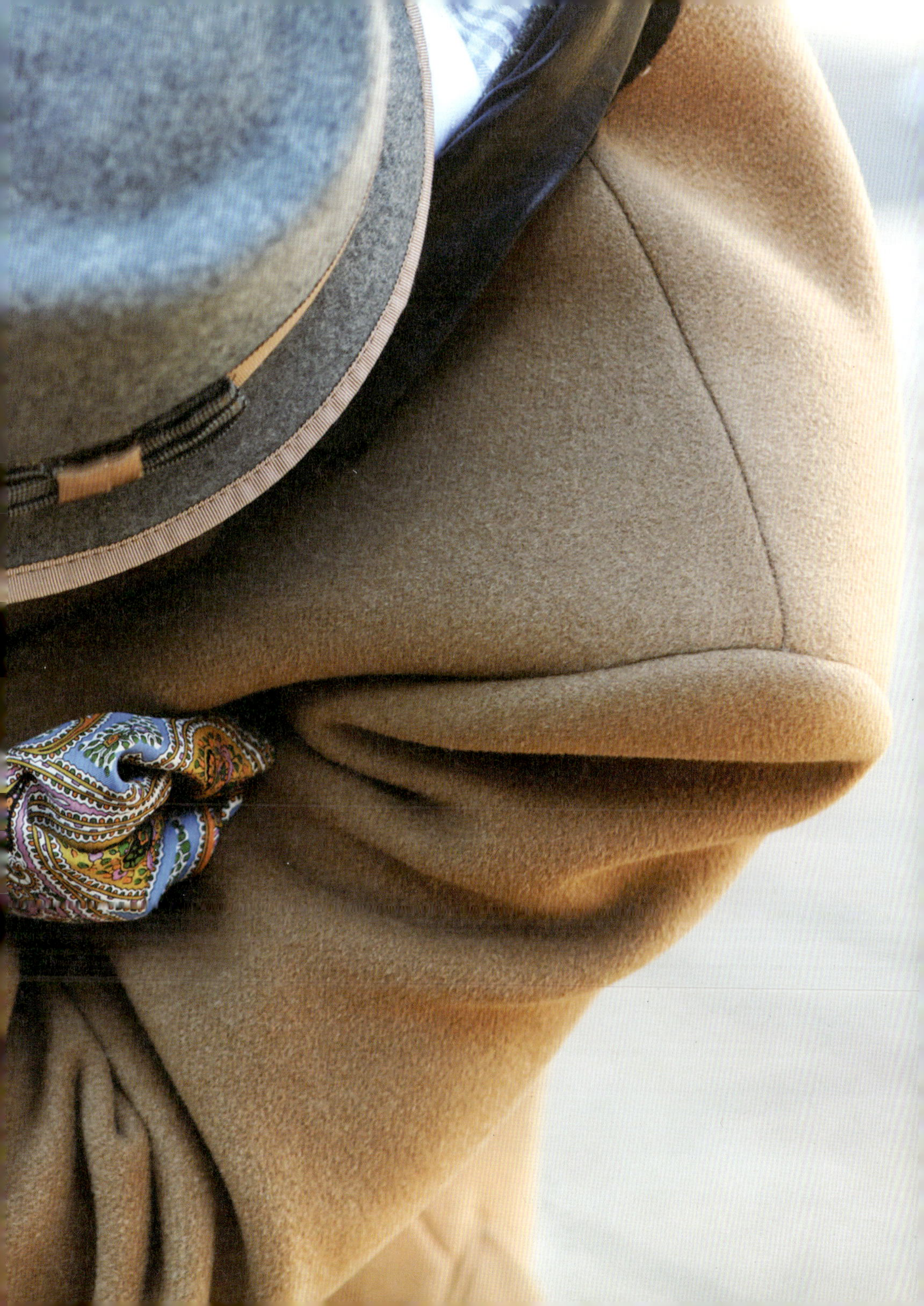

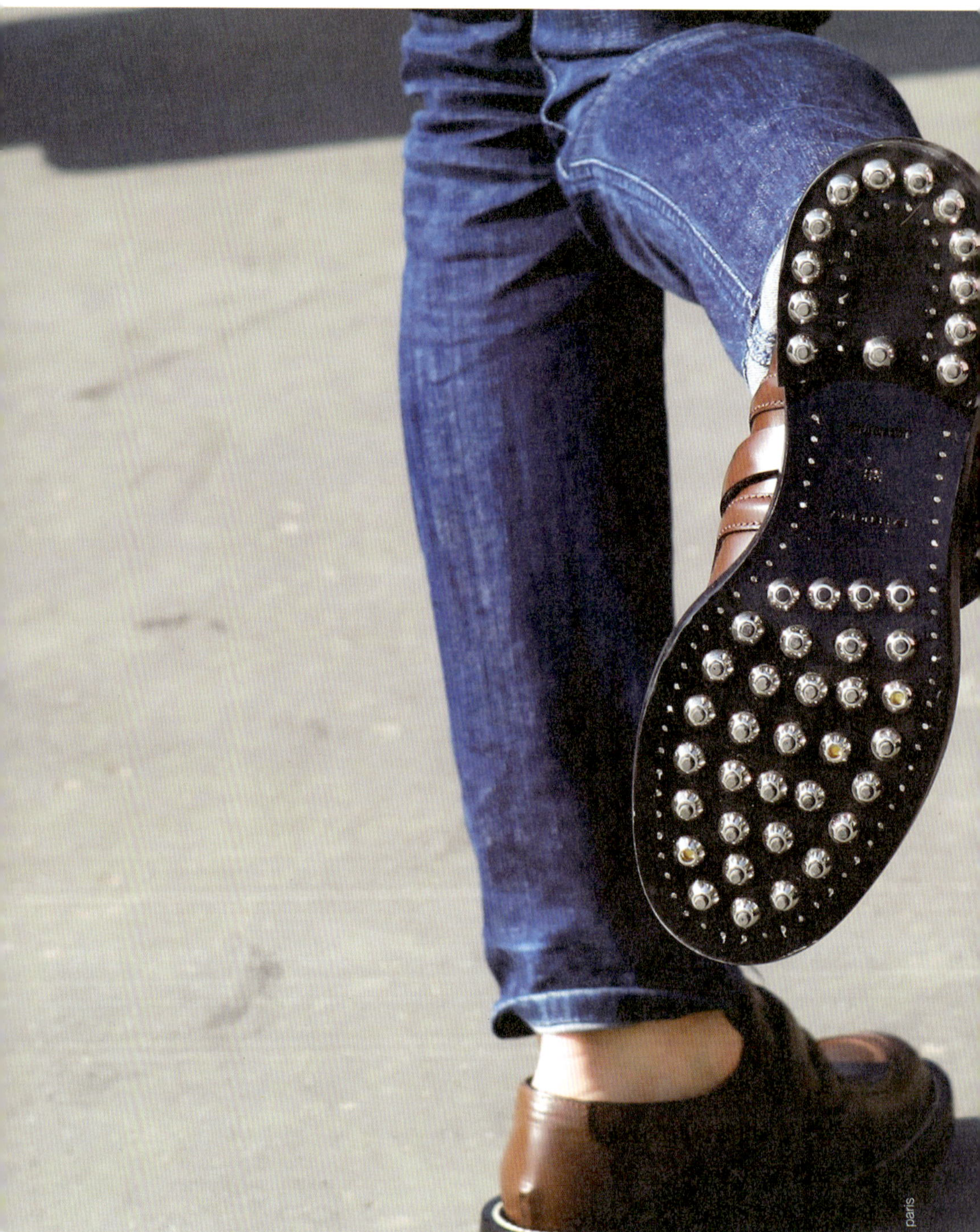
paris

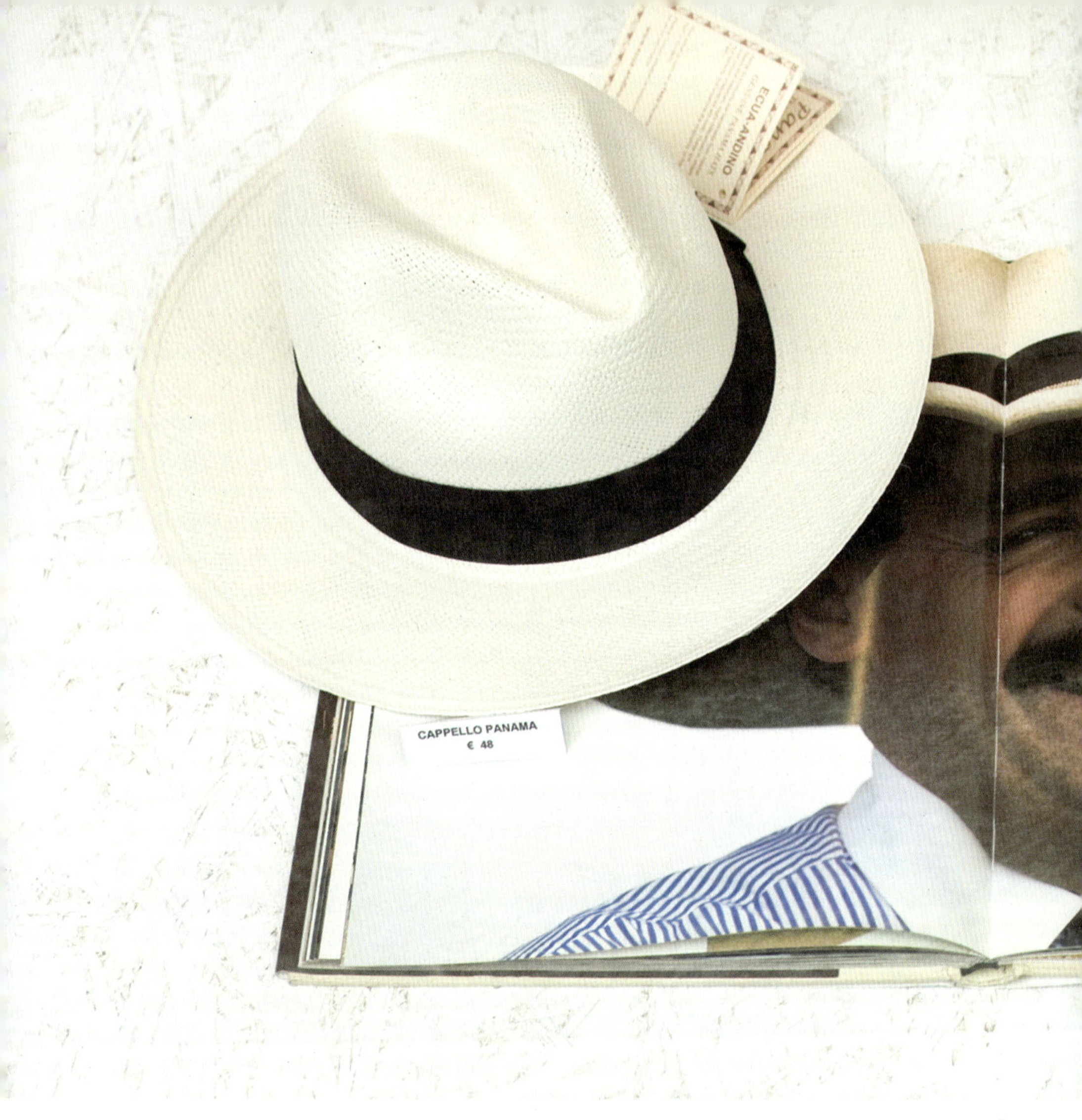

ECUA-ANDINO
CAPPELLO PANAMA
€ 48

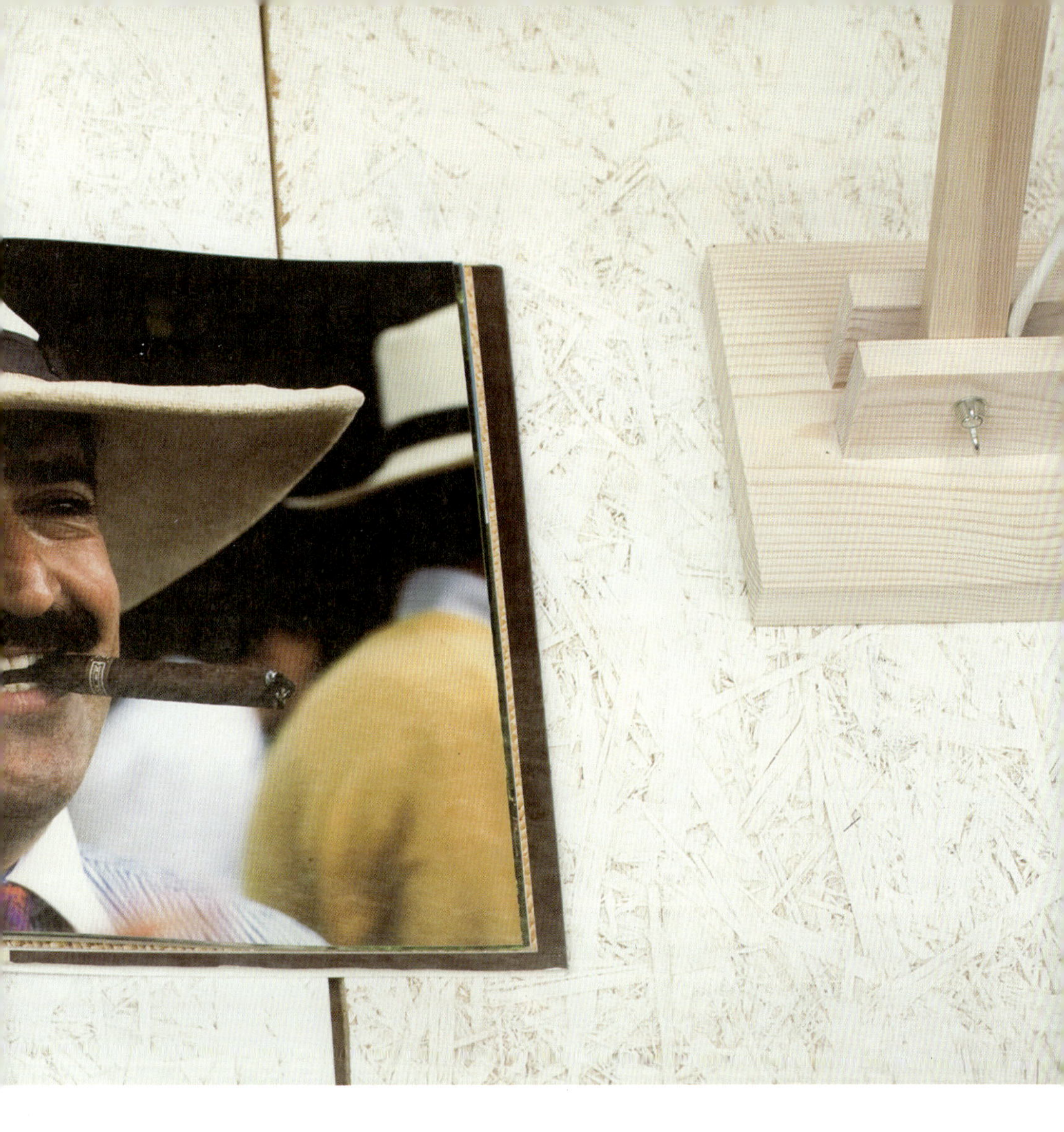

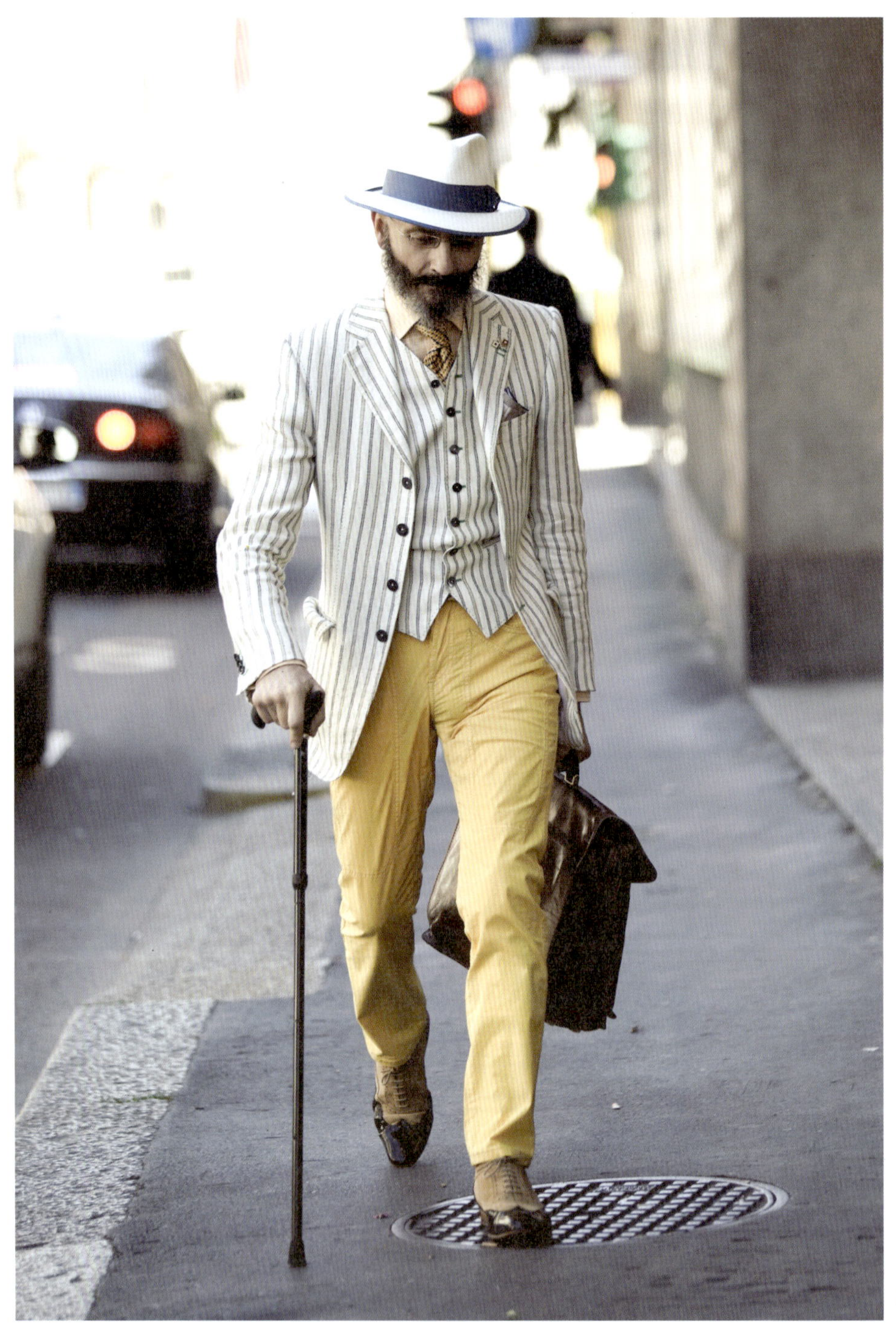

milan

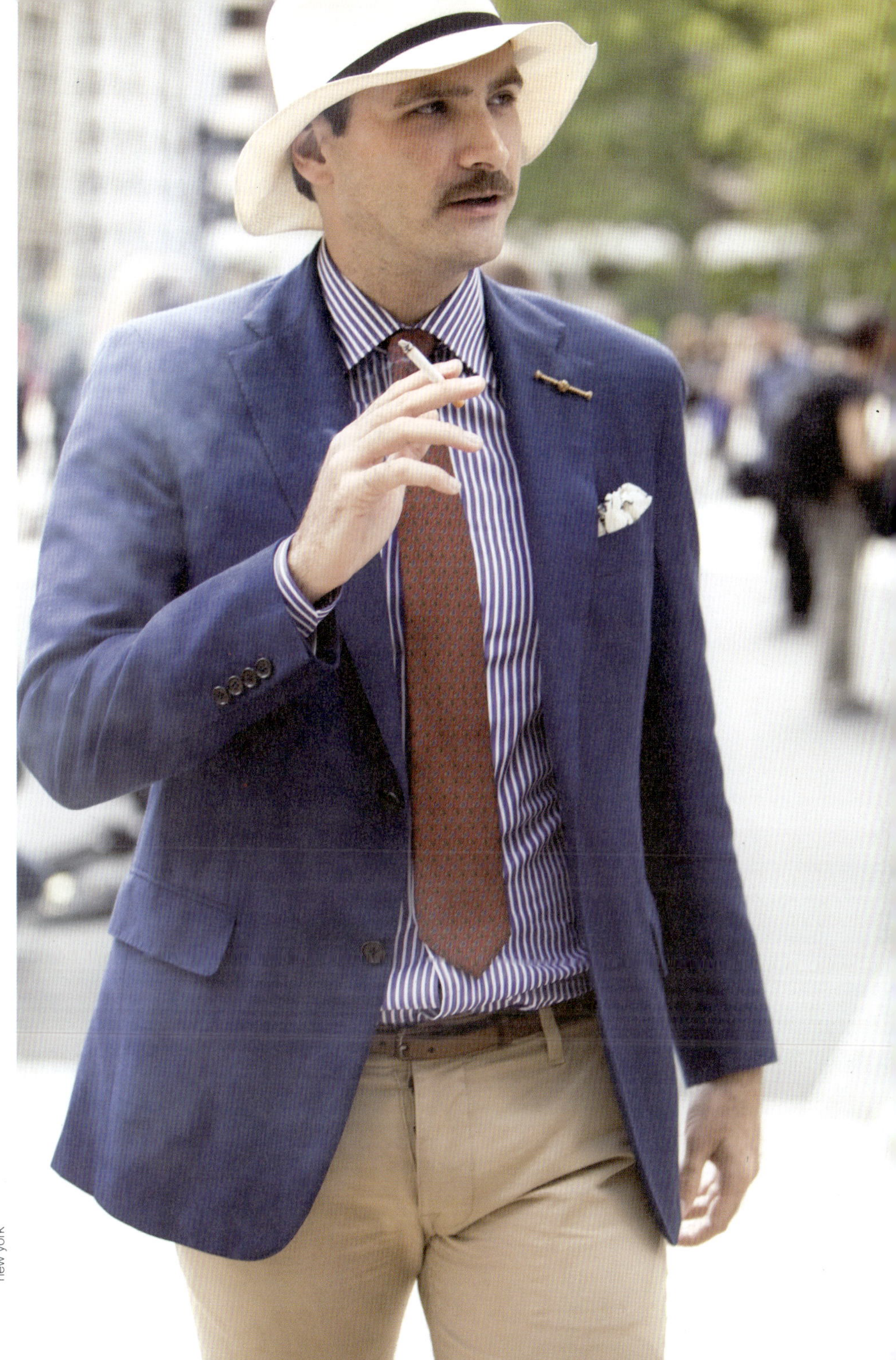

new york

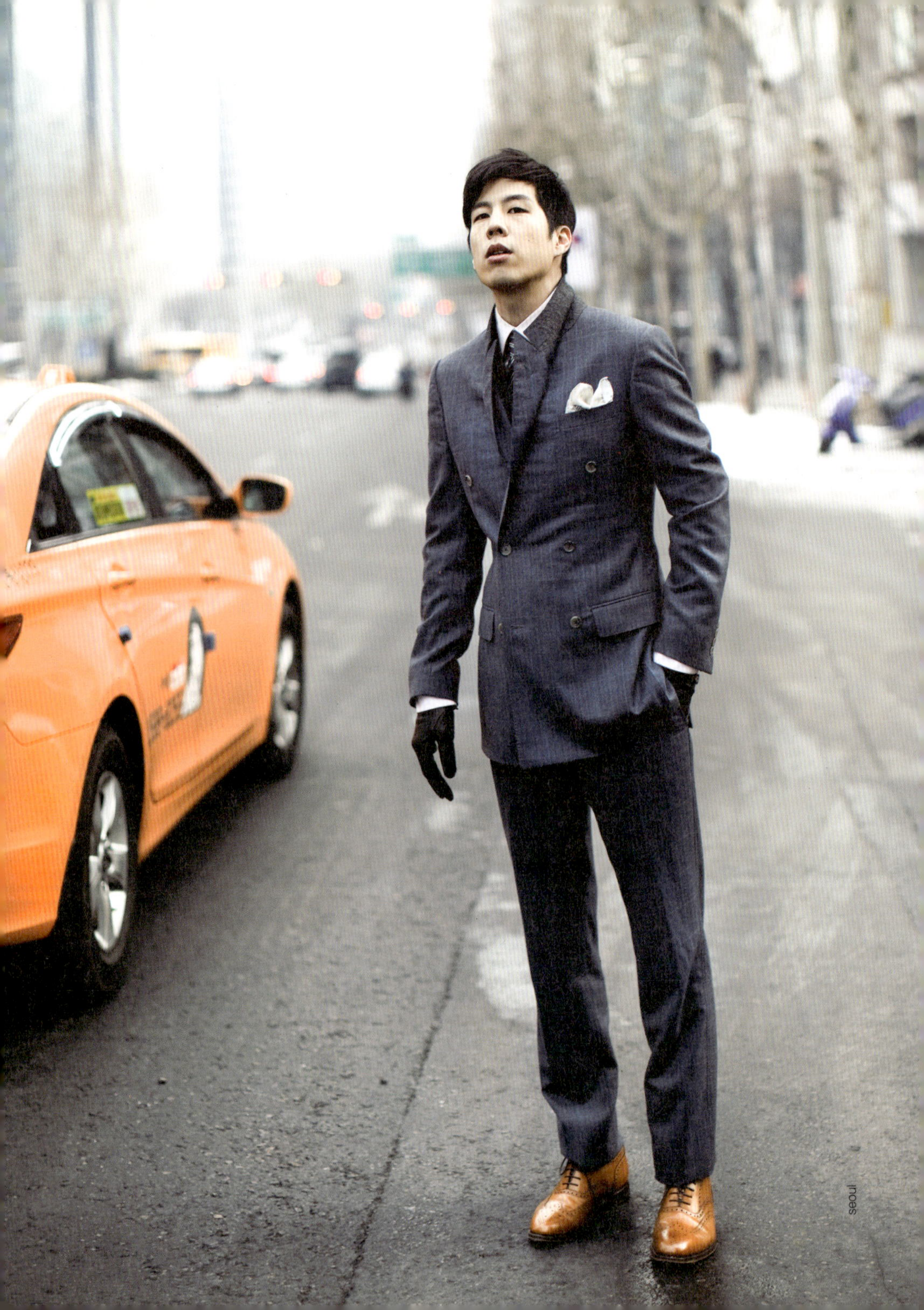
seoul

2011년 1월 〈GQ Korea〉와 함께 내 생애 첫 번째 화보 촬영을 했다.

아주 중요한 촬영이었기에 준비도 많이 했고 제법 기대에 부풀어 있었다.

시간에 맞춰 약속된 장소에 나가니 에디터, 모델, 메이크업 아티스트, 헤어스타일리스트 등

8명 정도가 모여 있었다. 그중 한 명이 나에게 다가와 물었다.

"남 작가님 어시스턴트는 안 왔어요?"

"저… 어시스턴트 없는데요."

촬영은 생각보다 순조로웠다. '정신없는 환경에서 순간적으로 원하는 장면을 포착하기'라면 해외의

스트리트와 패션쇼장에서 내공을 쌓아왔던 터라 그다지 어렵지 않았다. 그날 8장의 최종 컷 중 황토색

서울택시가 지나가는 '택시타고 출근하는 서울남자' 사진이 내가 가장 좋아하는 사진이다.

by Nam

이름은 남현범인데 보통은 별명인 '남포토'라고 부른다. 혹자는 그를 '한국의 사토리얼리스트', 스트리트 사진가라

말하기도 한다. 남현범이 패션쇼장 밖에서 사람들 사진을 찍은 지는 일 년이 조금 넘었다. 이달에 '출근길'이라는 컨셉트로

화보를 찍고 싶다는 전화에 그의 목소리가 약간 떨렸다. 뭔가 들키지 않으려 차분하게 말하는 척했지만 그건 그냥

느낄 수 있는 종류였다. 그리고 그 떨림이 가시기 전에 당장 만나 화보에 대해 상의하자고 재촉했다. 너무나도 추웠던

촬영 당일 아침 테헤란로에서 그는 휘리릭 휘리릭 닌자 같았다. 넥타이 부대가 우르르 몰려 걷는 와중에도 아랑곳하지

않고 모델에만 집중하는 그의 모습을 보면서 '여기가 패션쇼장이었나?' 착각할 만도 했다. 그리고 최종 밀착을 고를 때

남현범은 이렇게 말했다. "사람들이 어떻게 첫 번째 화보를 〈GQ〉랑 찍을 수 있냐고 그래요. 어때요. 괜찮은가요?"

그의 눈을 봤는데 레이저 광선이 나오는 줄 알았다. 얼떨결에 괜찮다고 했는데 사실은 진짜 괜찮았다.

〈GQ Korea〉 2011년 2월호 컨트리뷰터 中

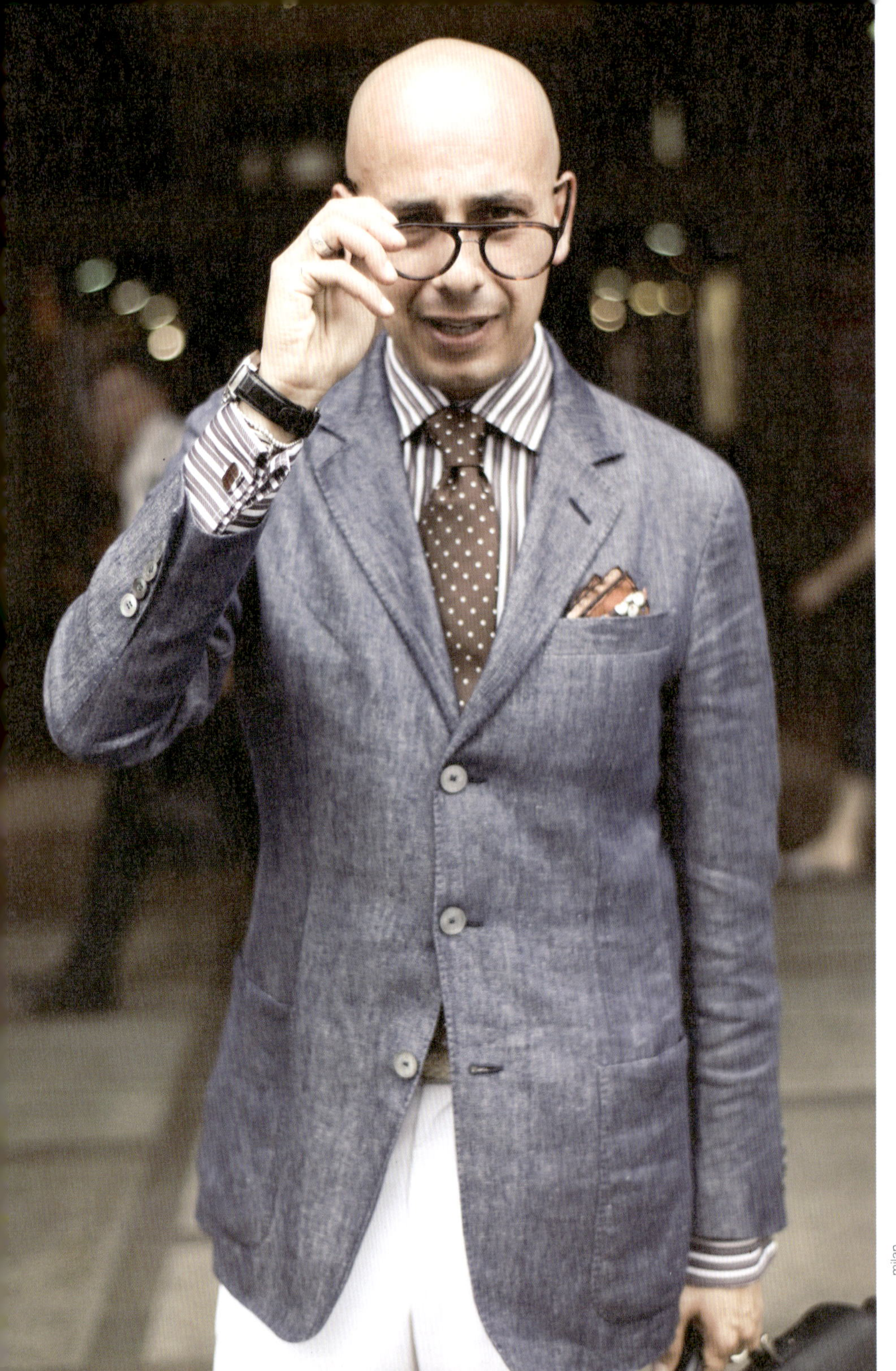

milan

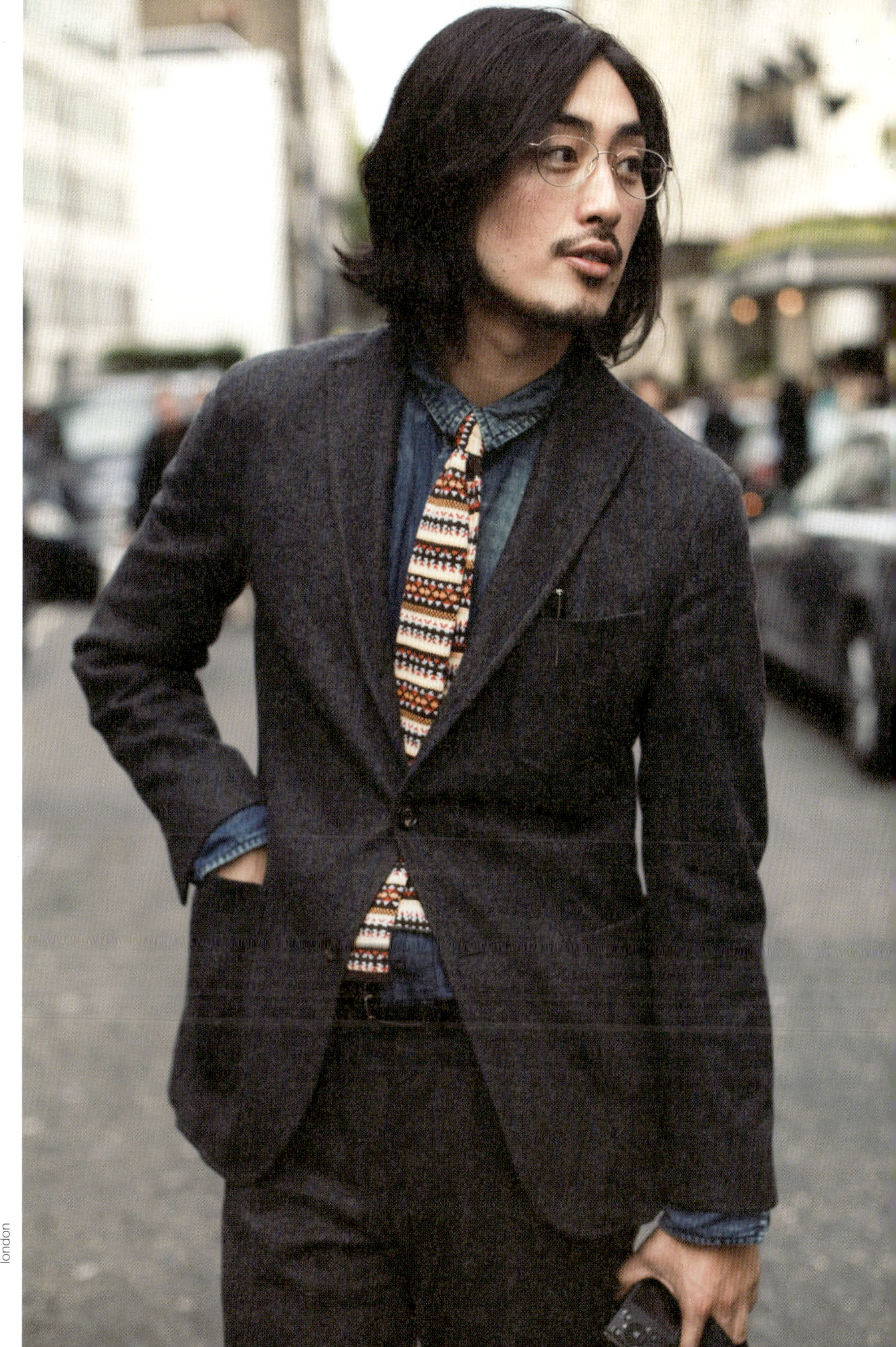

london

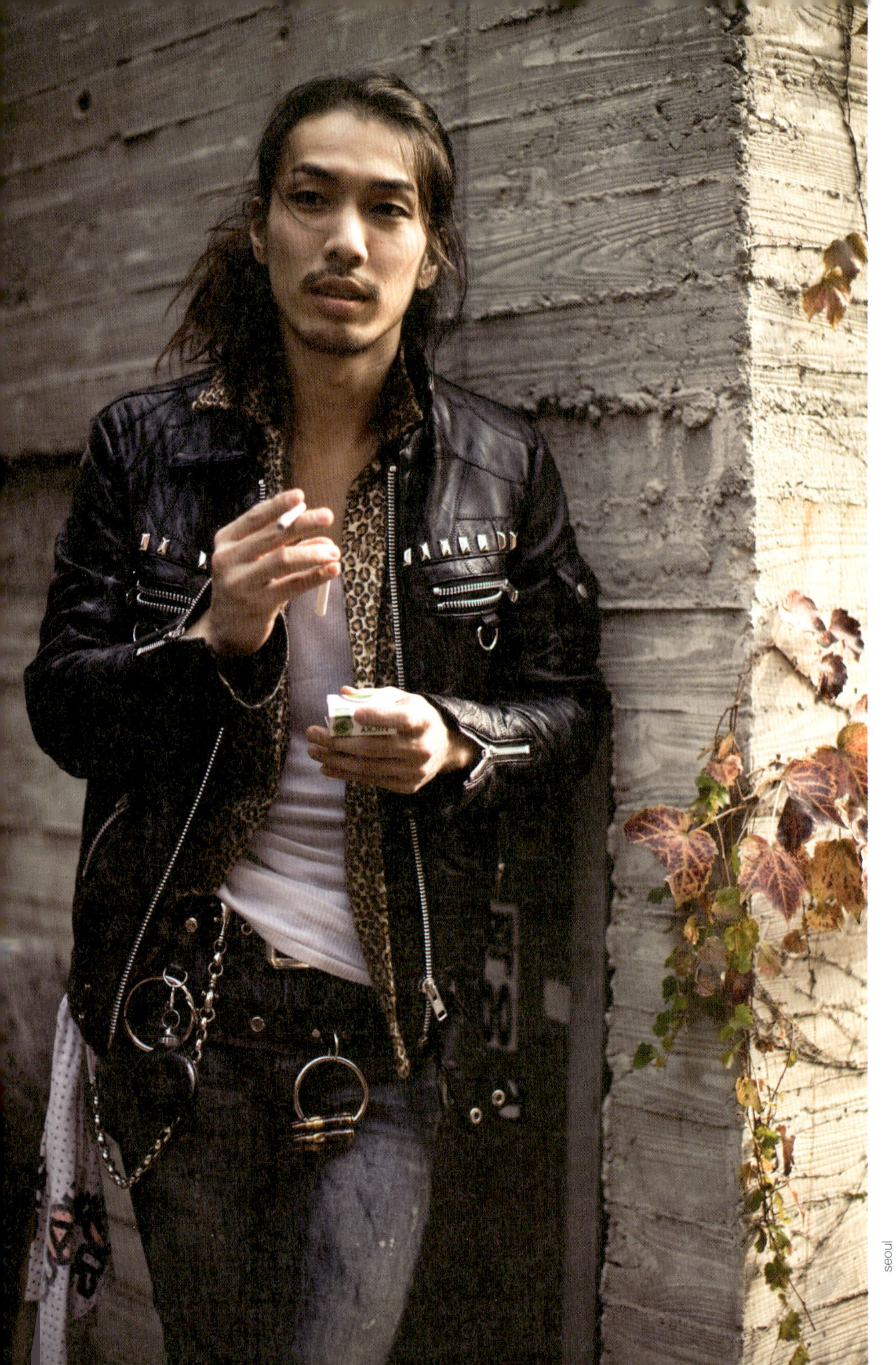

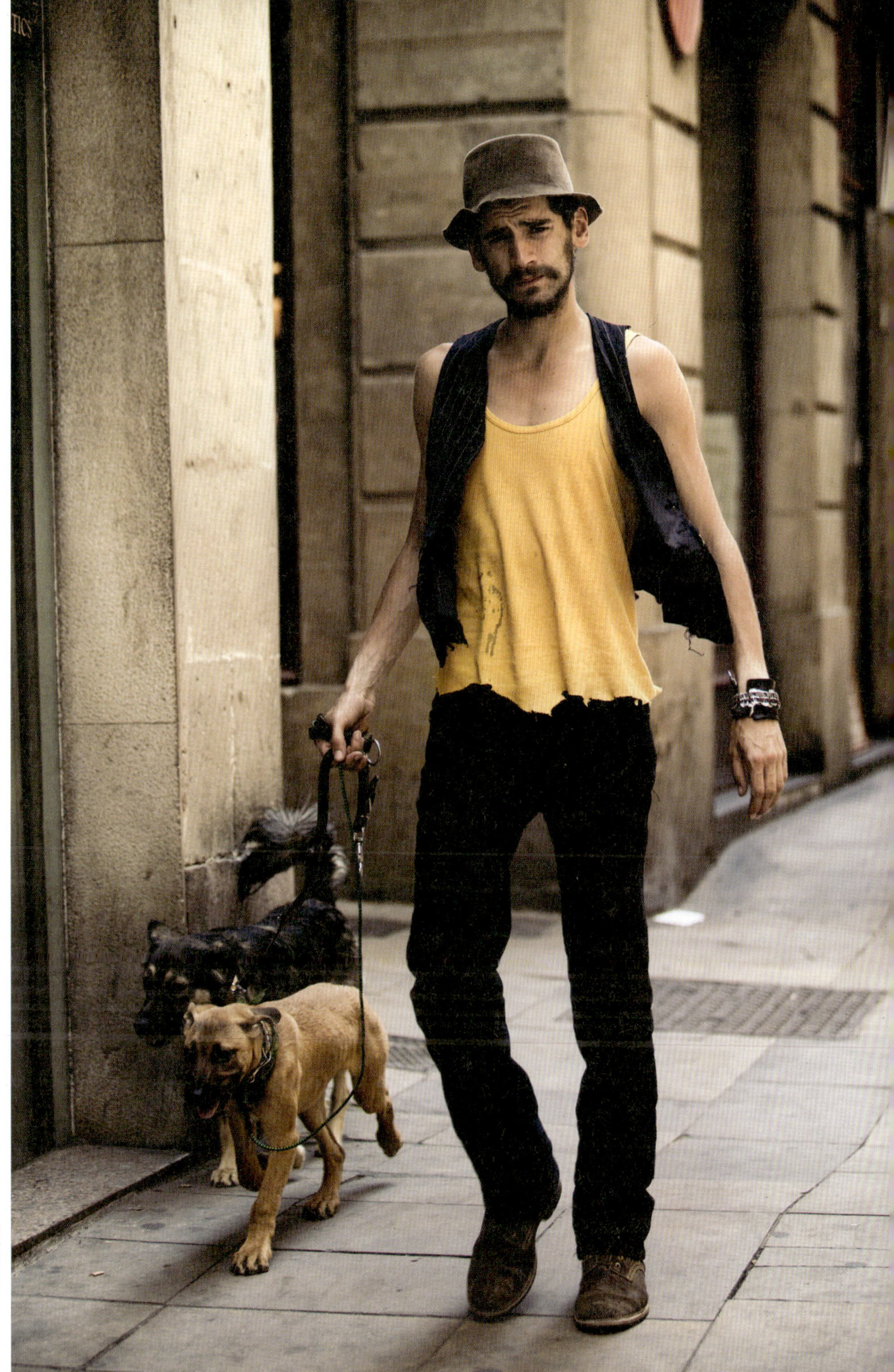
barcelona

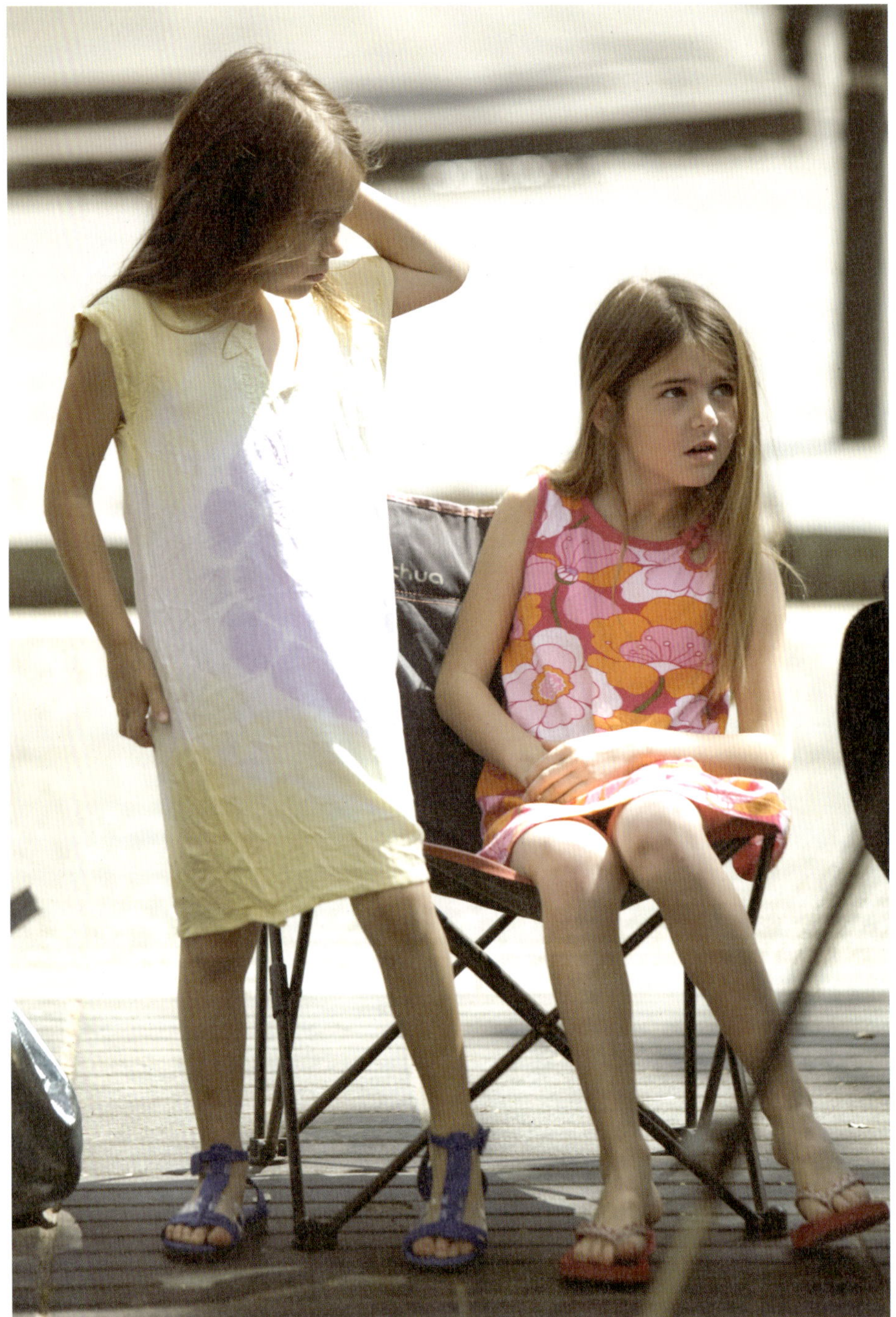
barcelona

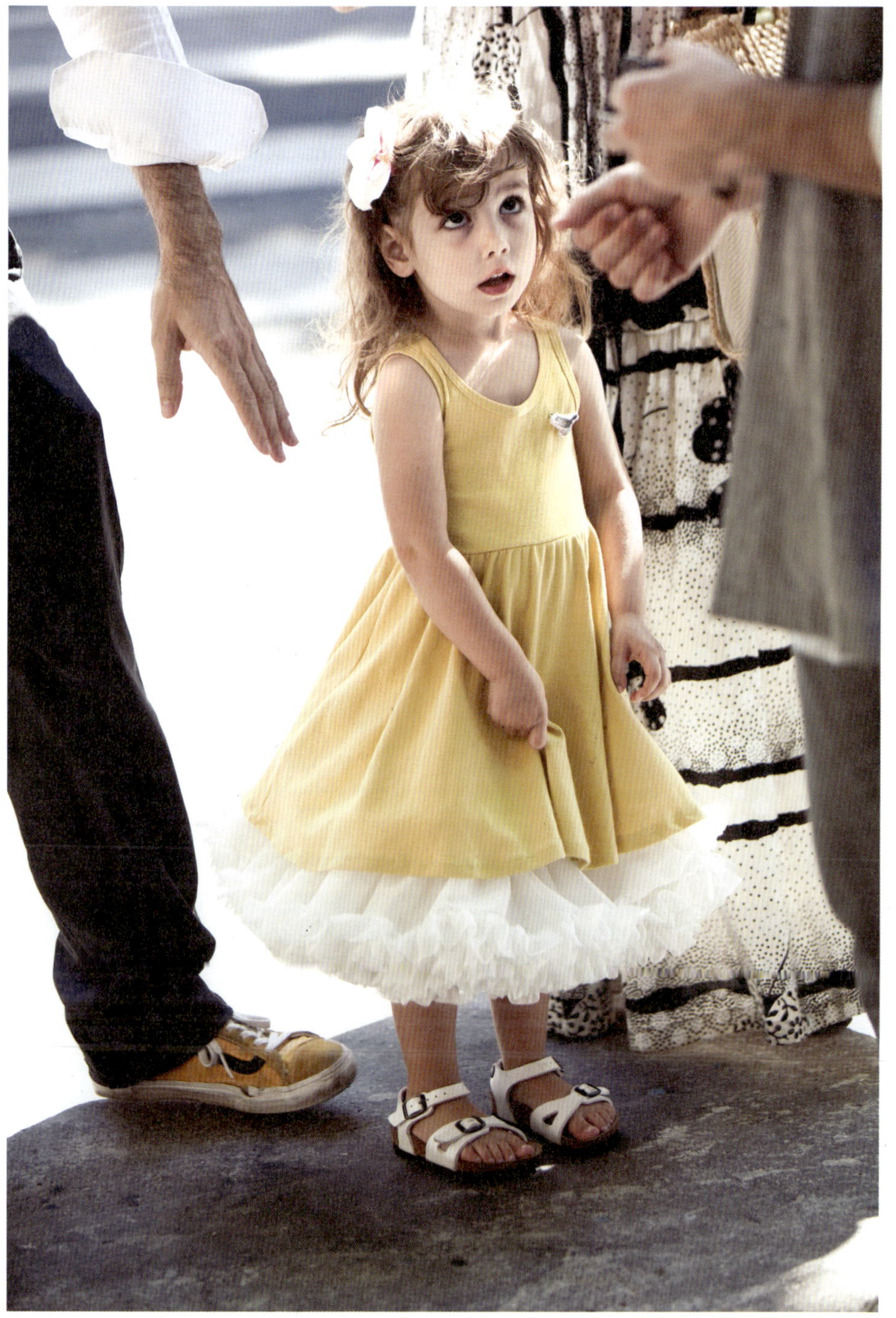

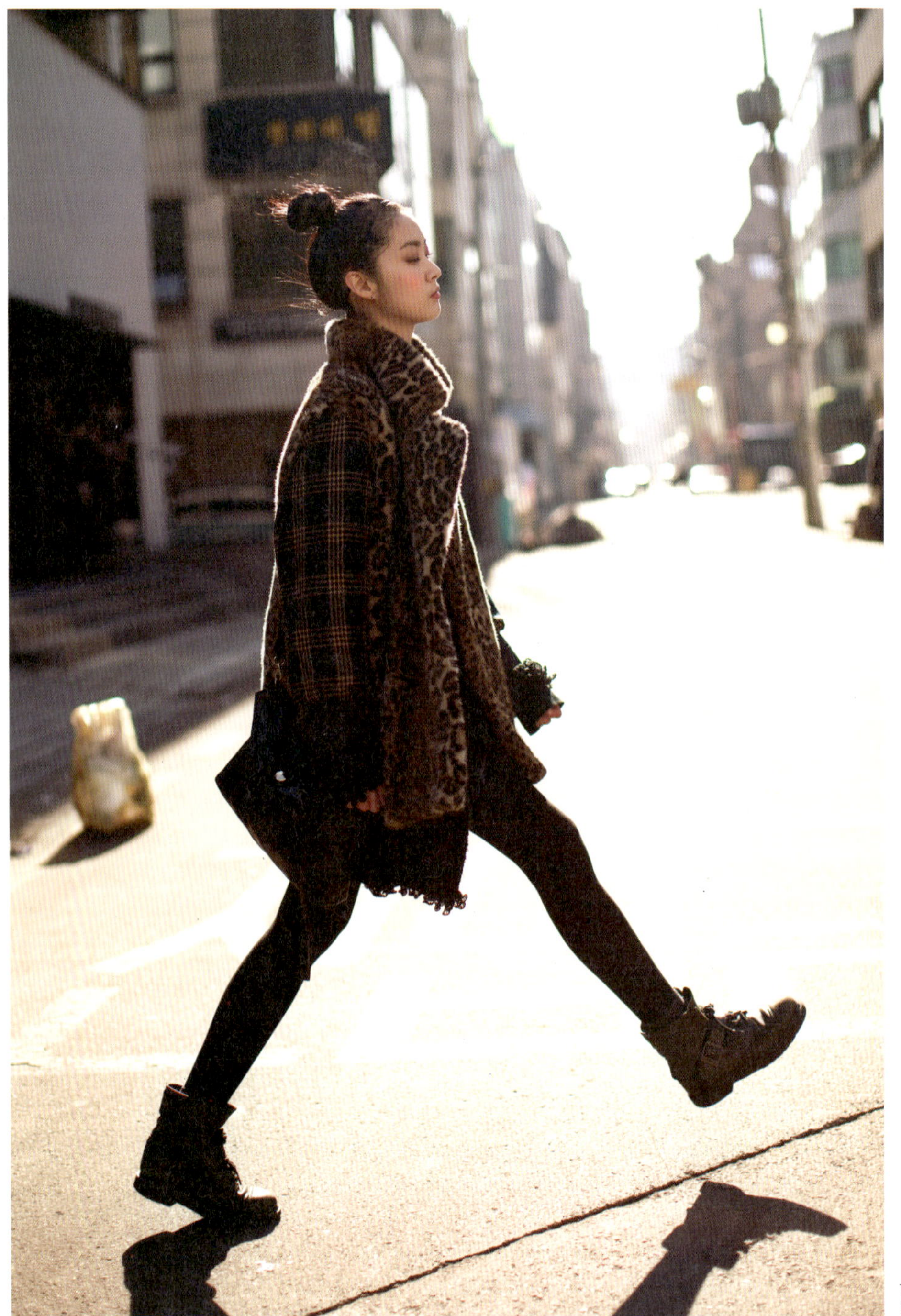

seoul

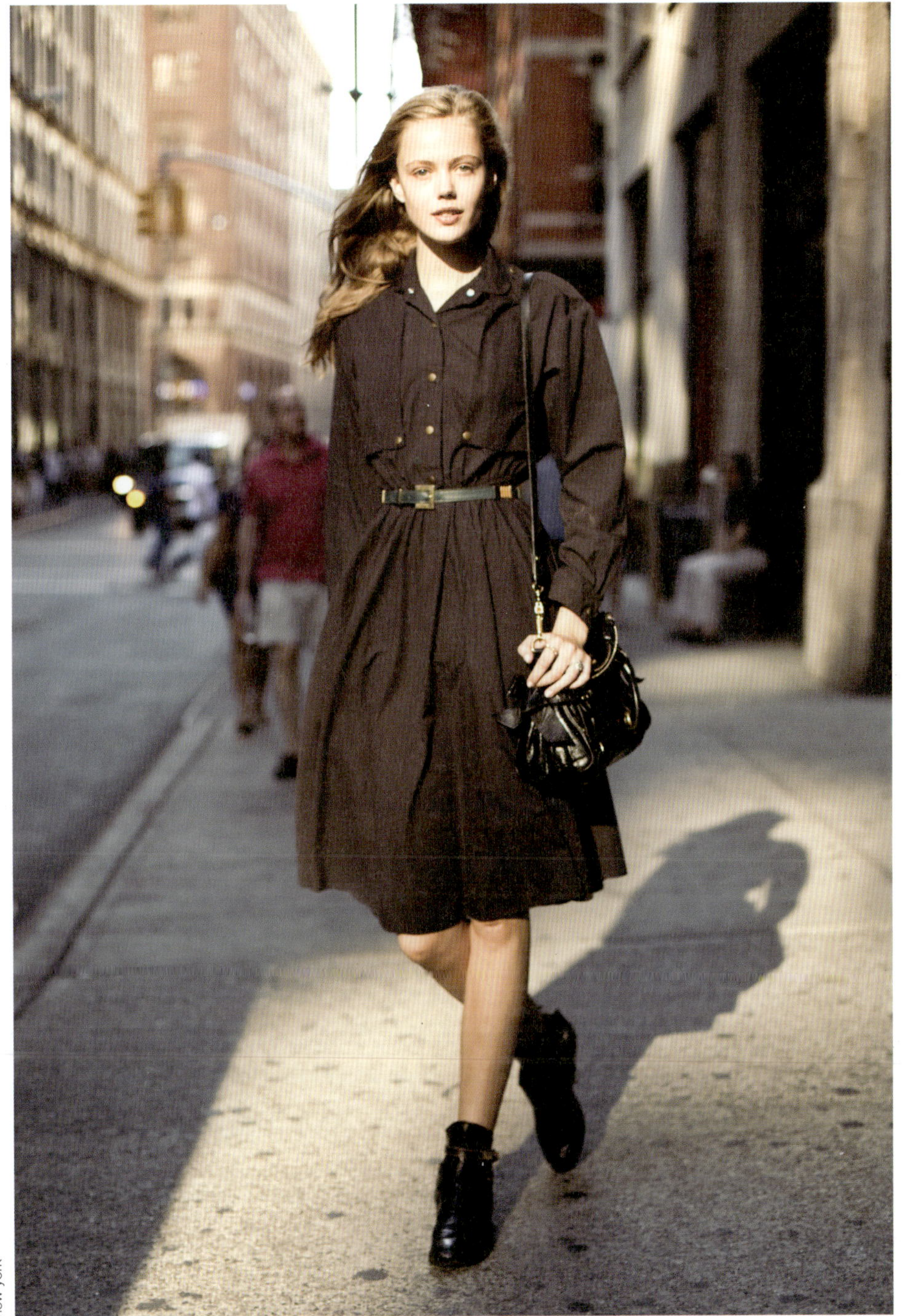
new york

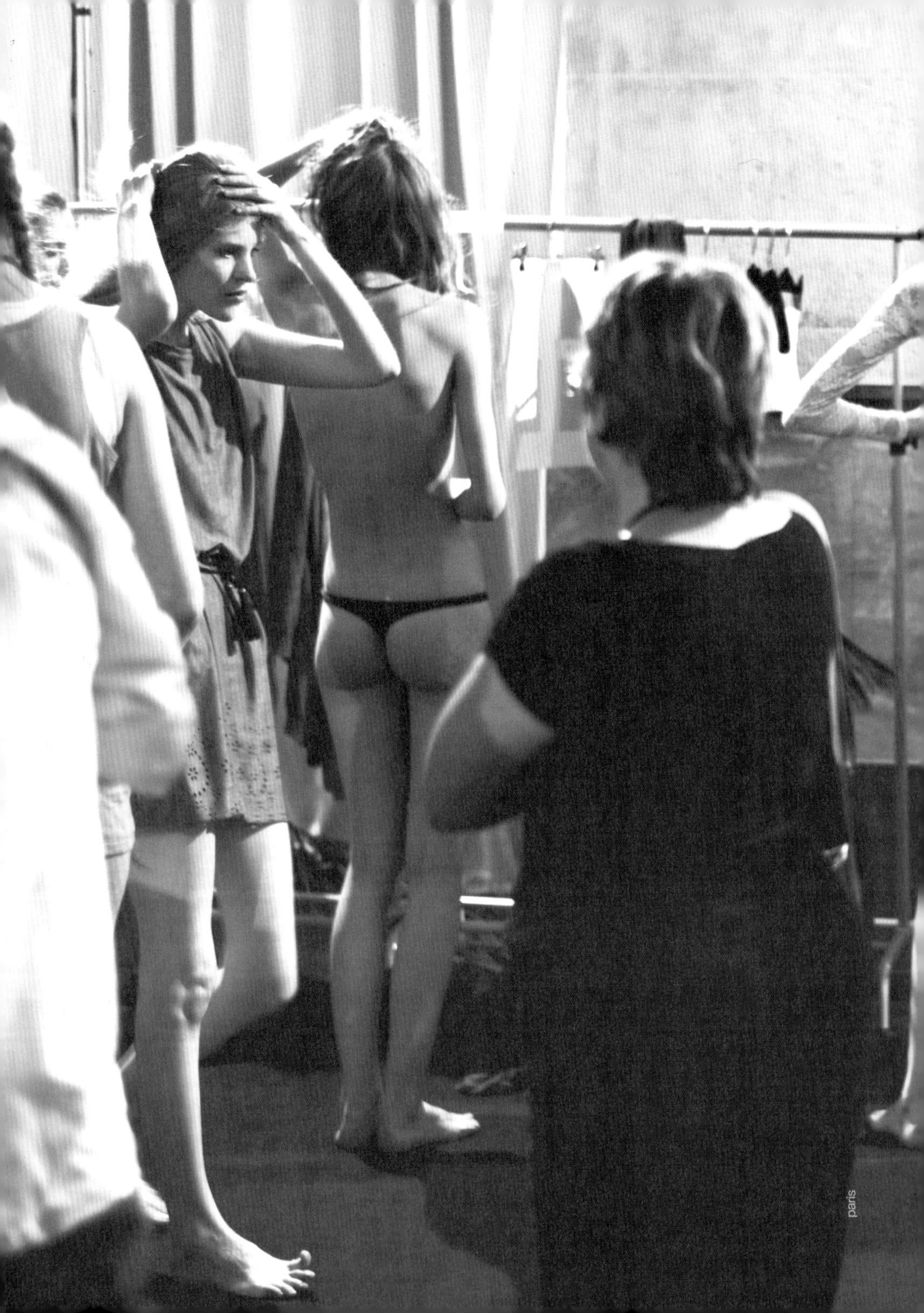
paris

찰나의 순간

바람이 강하게 부는 날이었다. 택시를 기다리며 담배를 피우고 있는 그녀를 발견했을 때 센강 뒤편에서 불어오는

강한 바람에 그녀의 코트가 휘날리고 있었다. 너무나 아름답고 생생한 순간이었다. 나는 무언가에 홀린 듯이 그녀에게

다가가 촬영을 부탁했지만 바람이 잠잠해지면 머리와 옷을 정돈한 후에 찍겠다고 대답했다.

"당신의 지금 모습을 찍어야 한다"고 내가 고집을 부리자 그녀는 피우던 담배를 그대로 쥔 채, 바람을 등지고 포즈를

잡았다. 경직된 몸과 대비되는 코트와 머리카락의 율동감이 그녀를 더없이 아름답게 만들어 주었다.

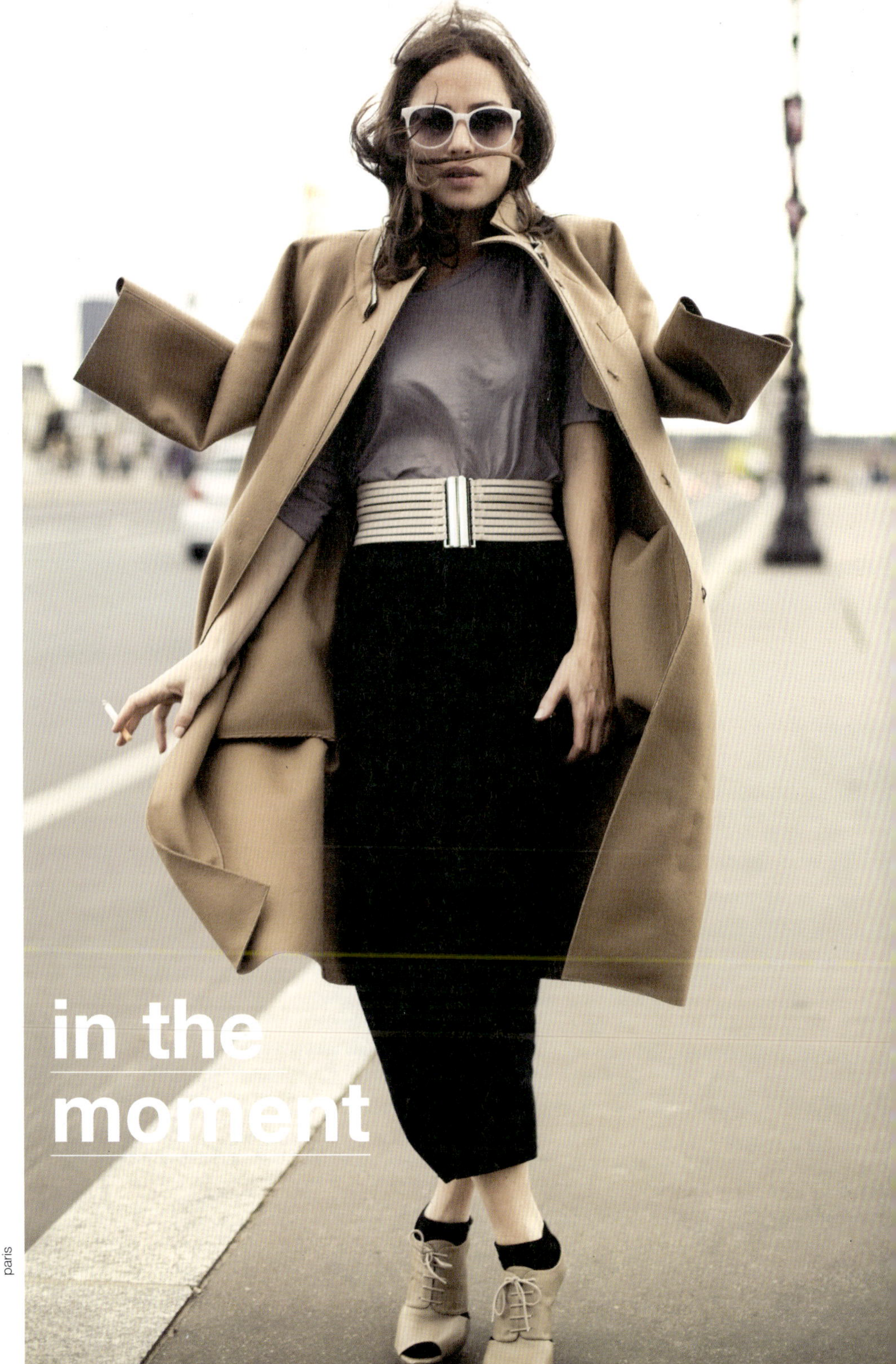
in the
moment

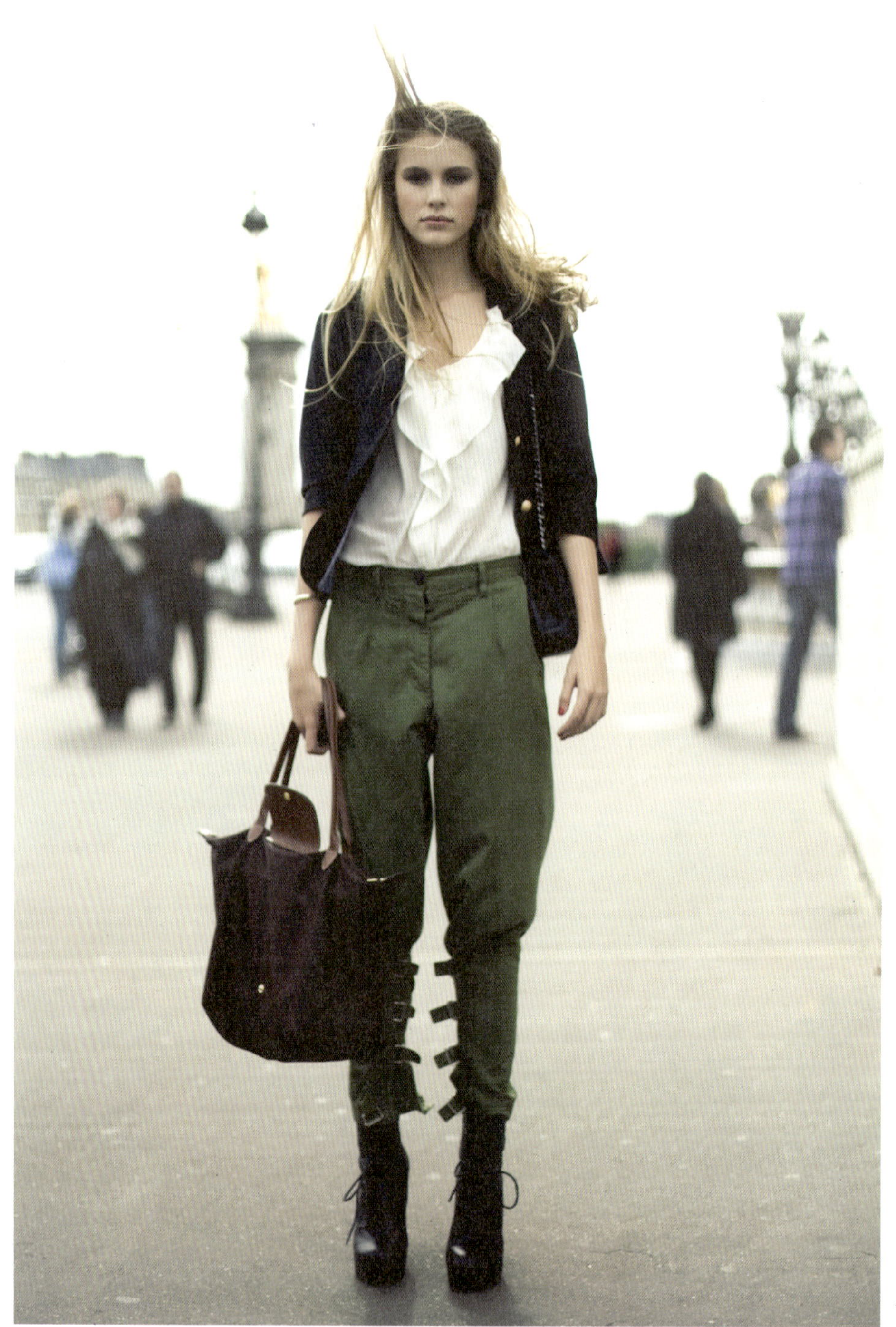

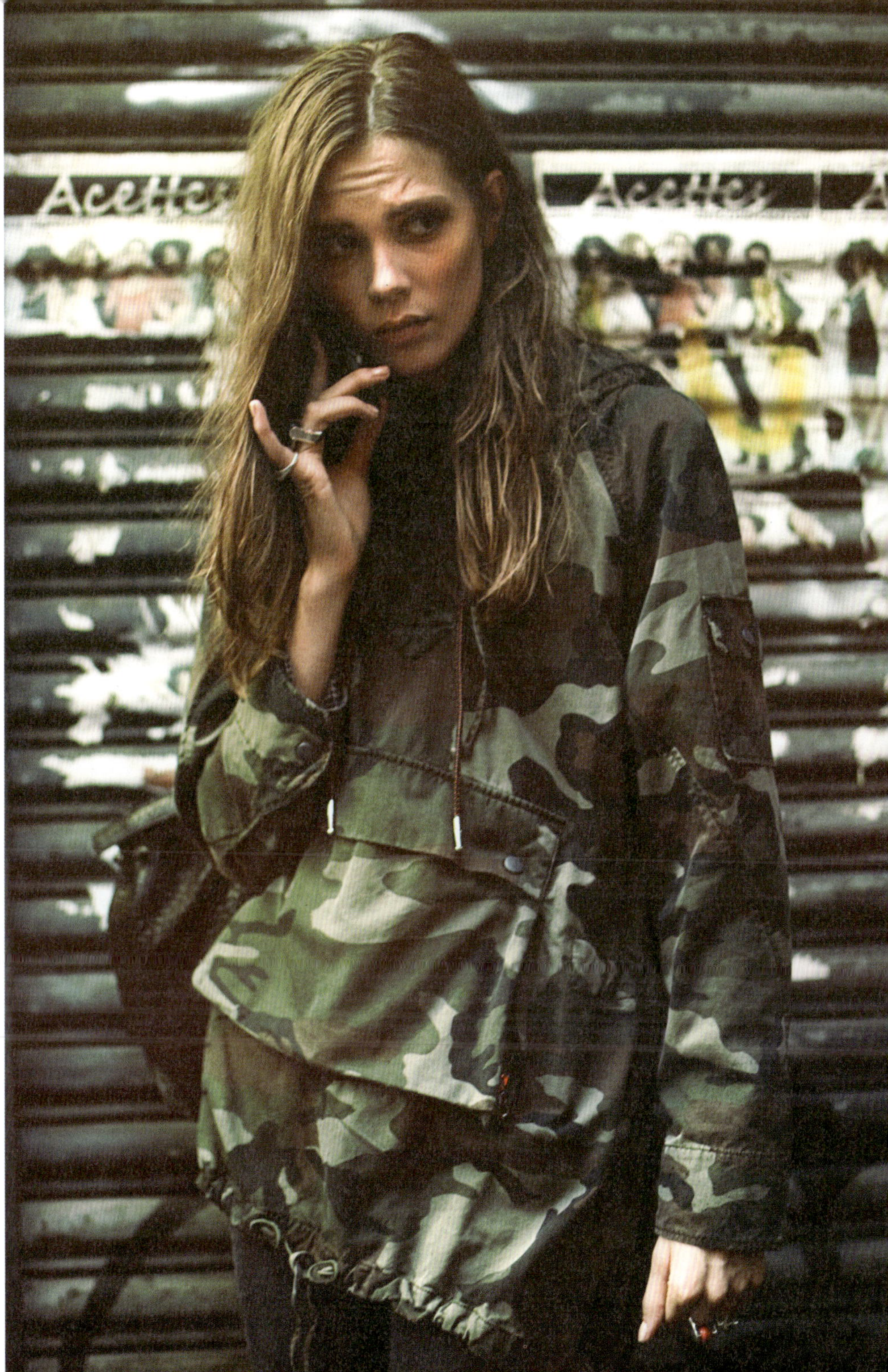

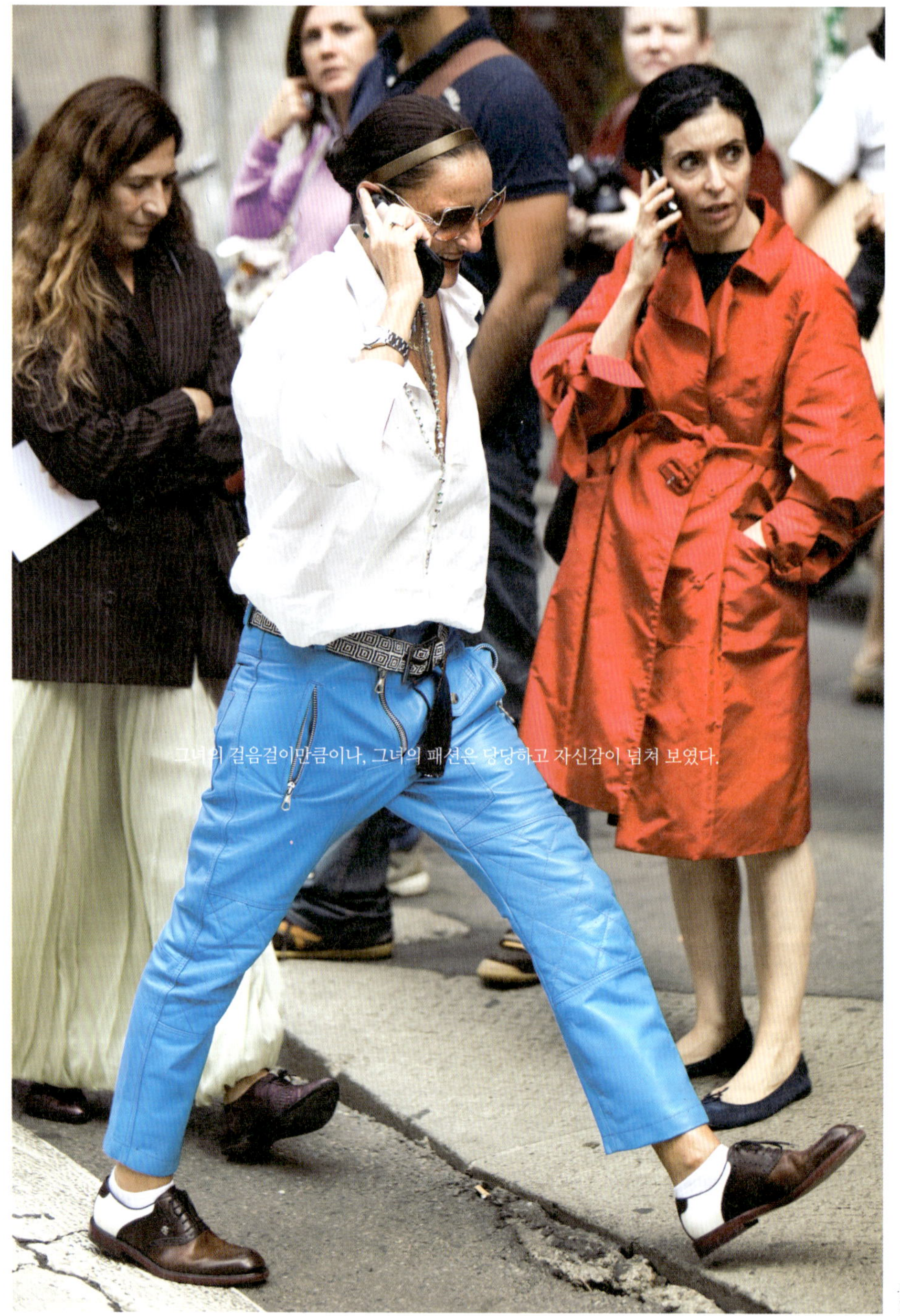

그녀의 걸음걸이만큼이나, 그녀의 패션은 당당하고 자신감이 넘쳐 보였다.

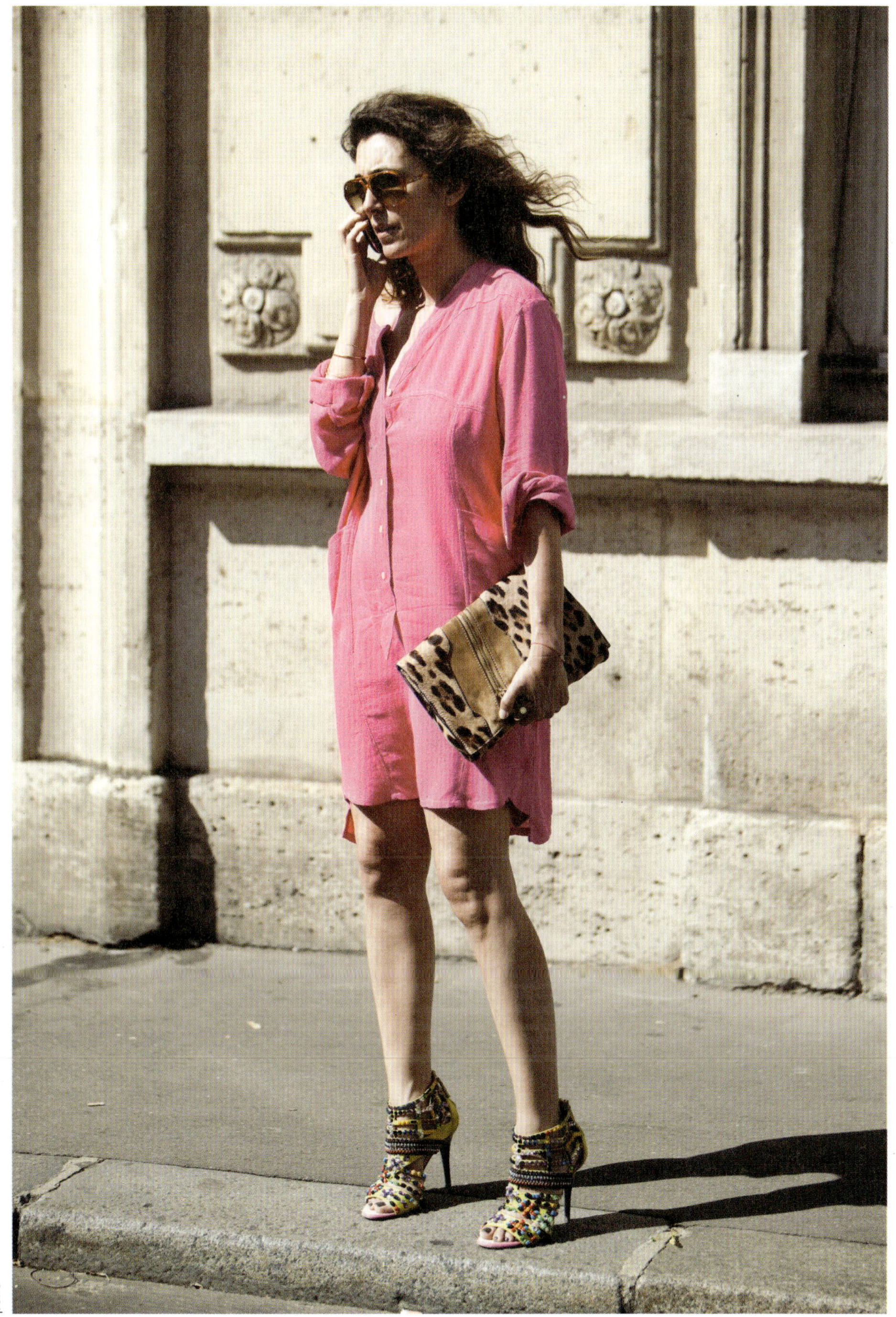
paris

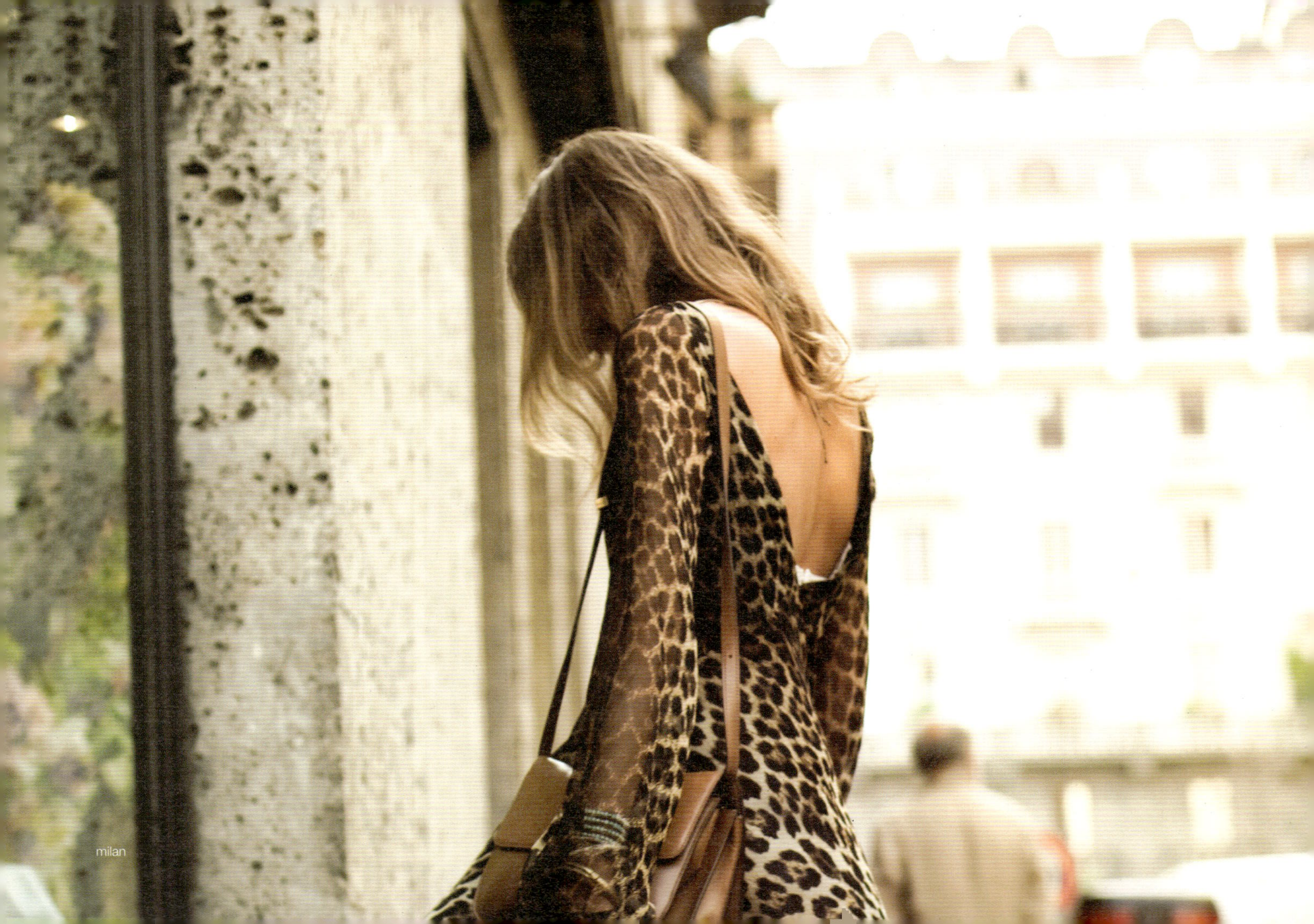
milan

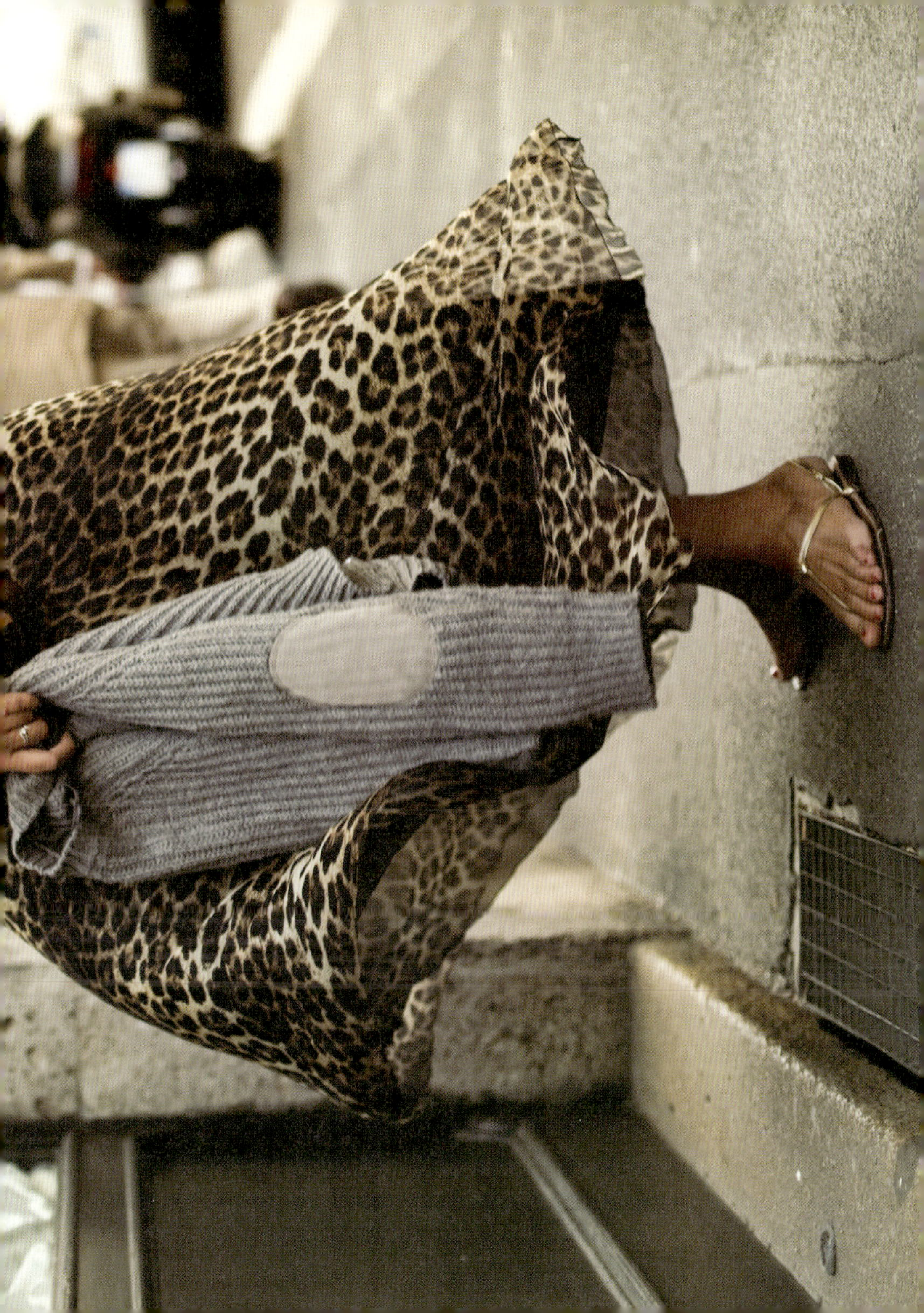

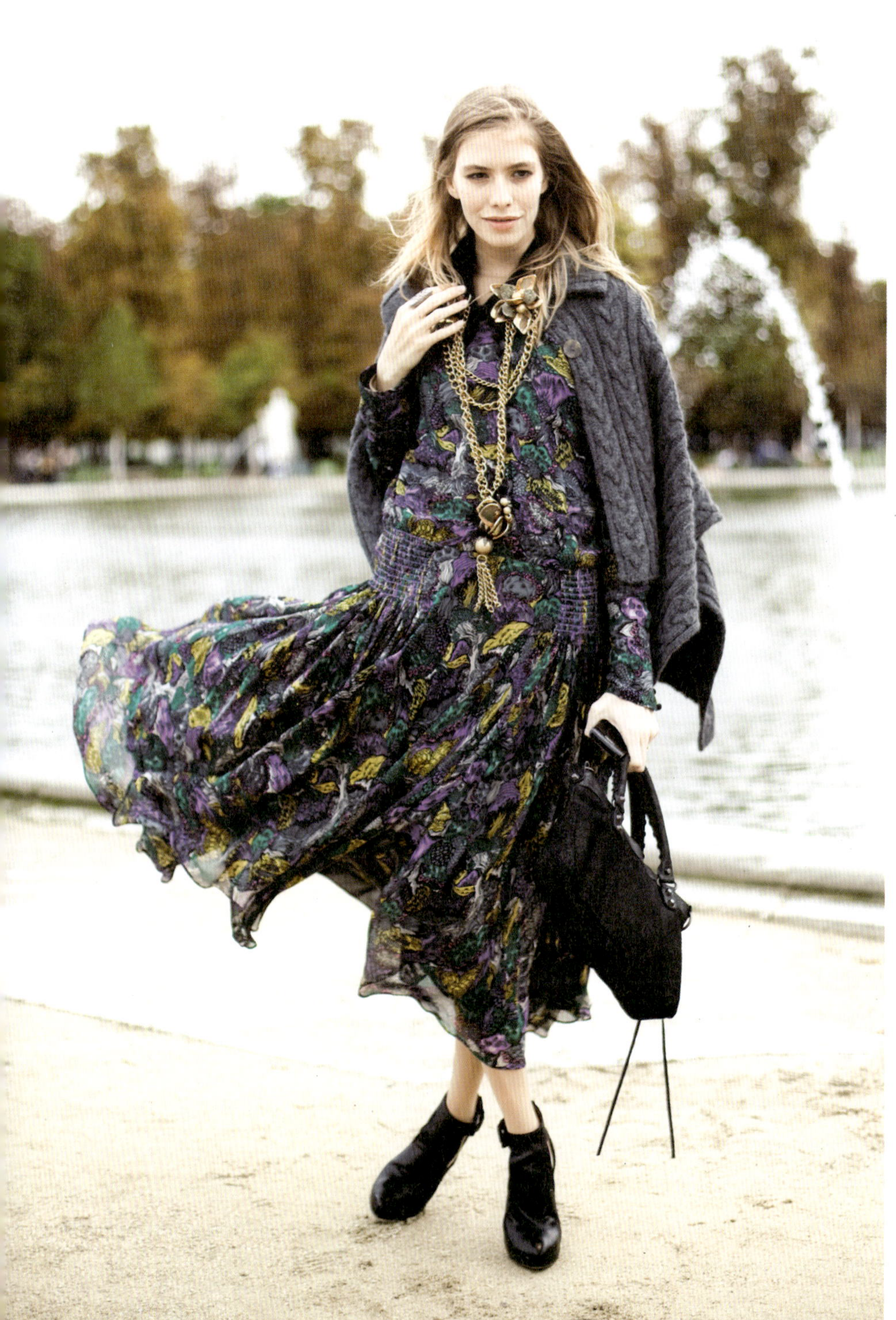

paris

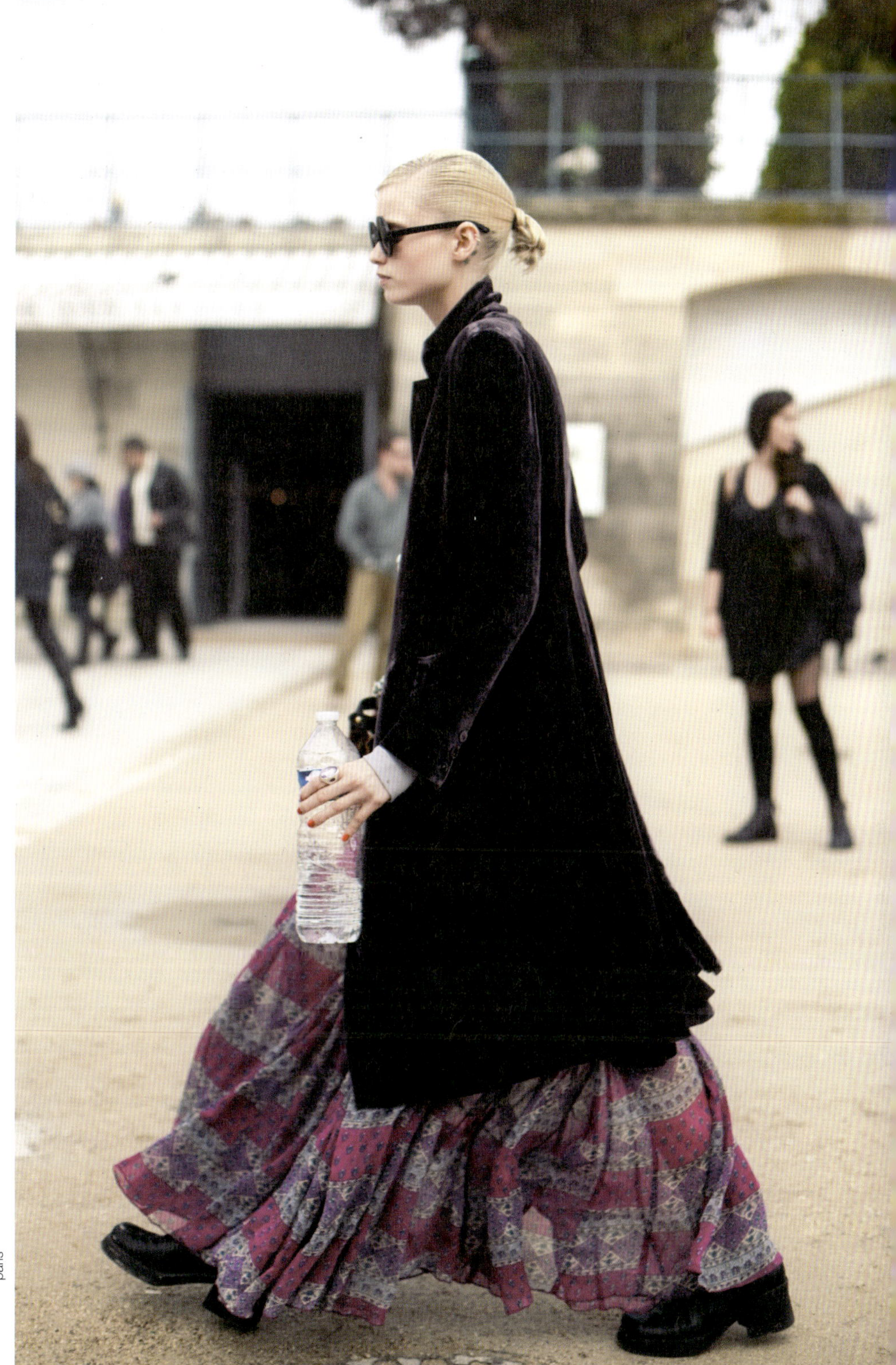

paris

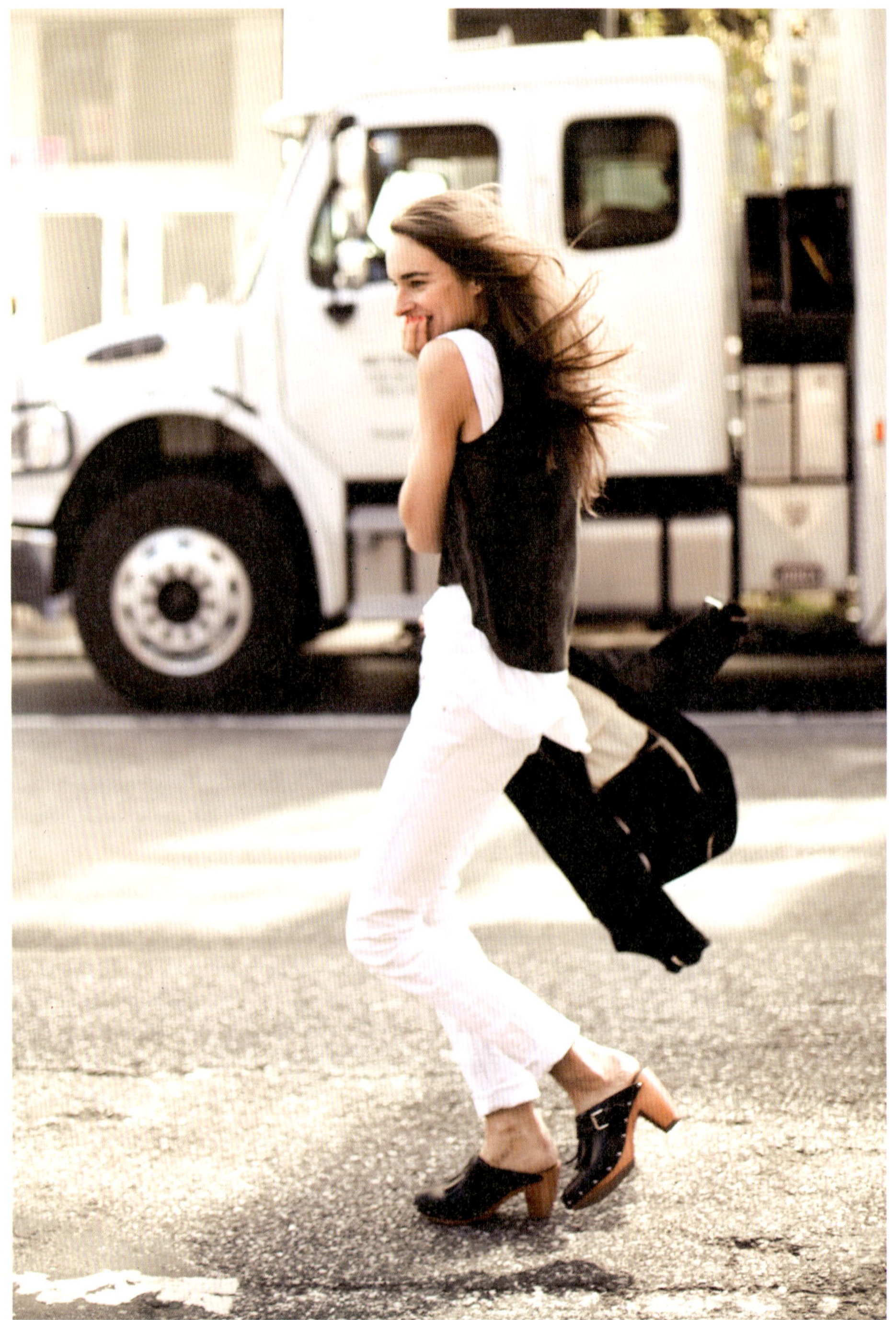

new york

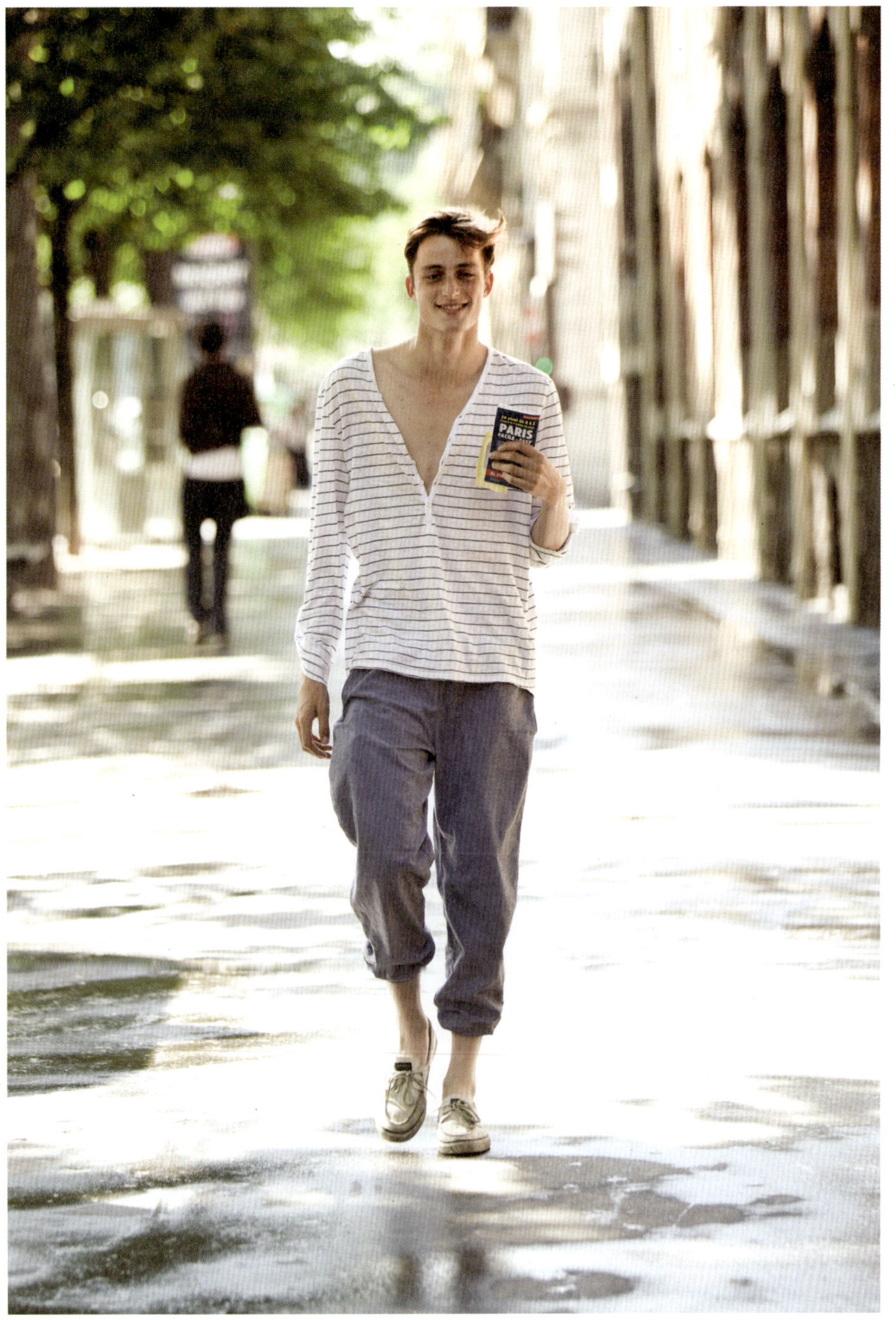

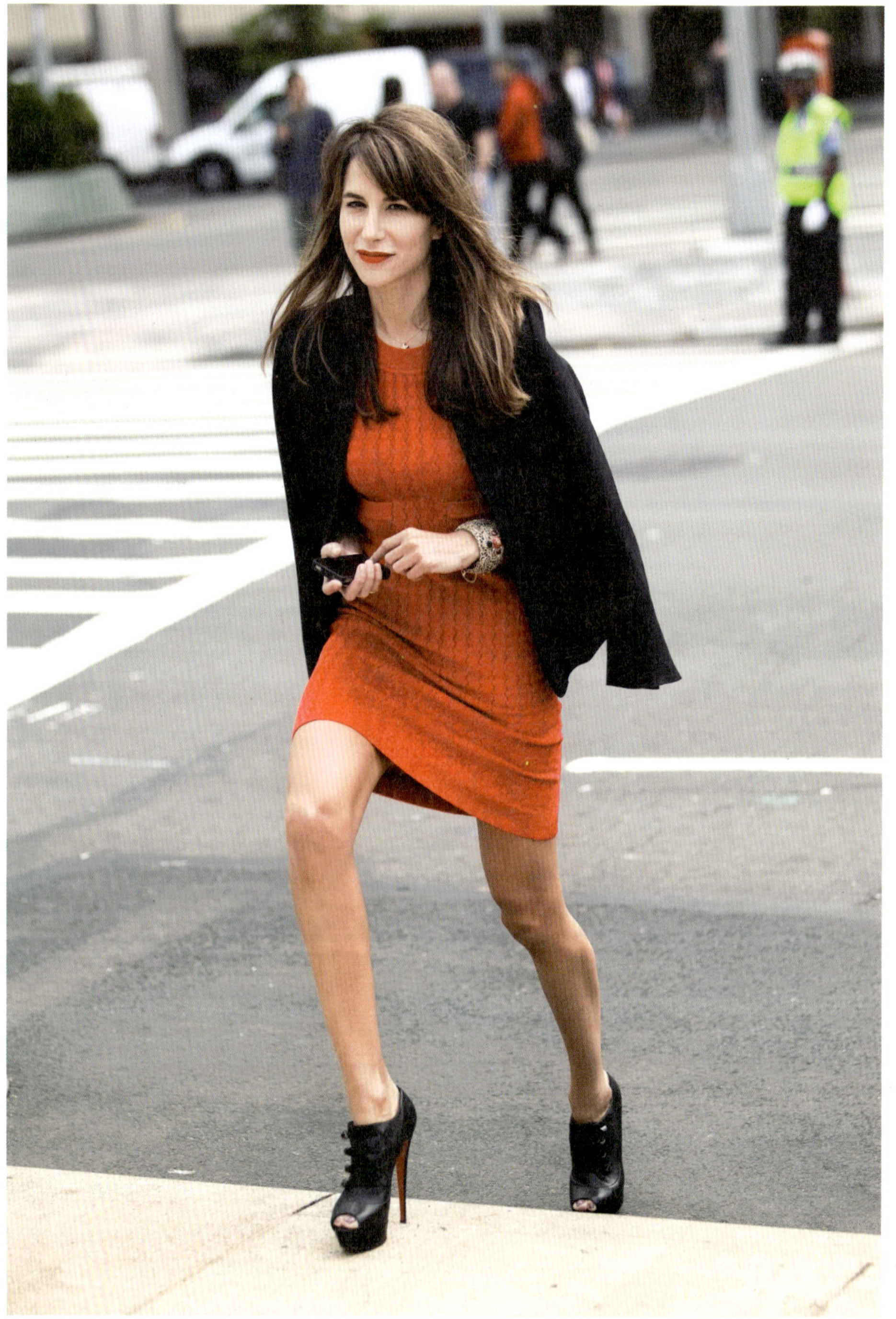
new york

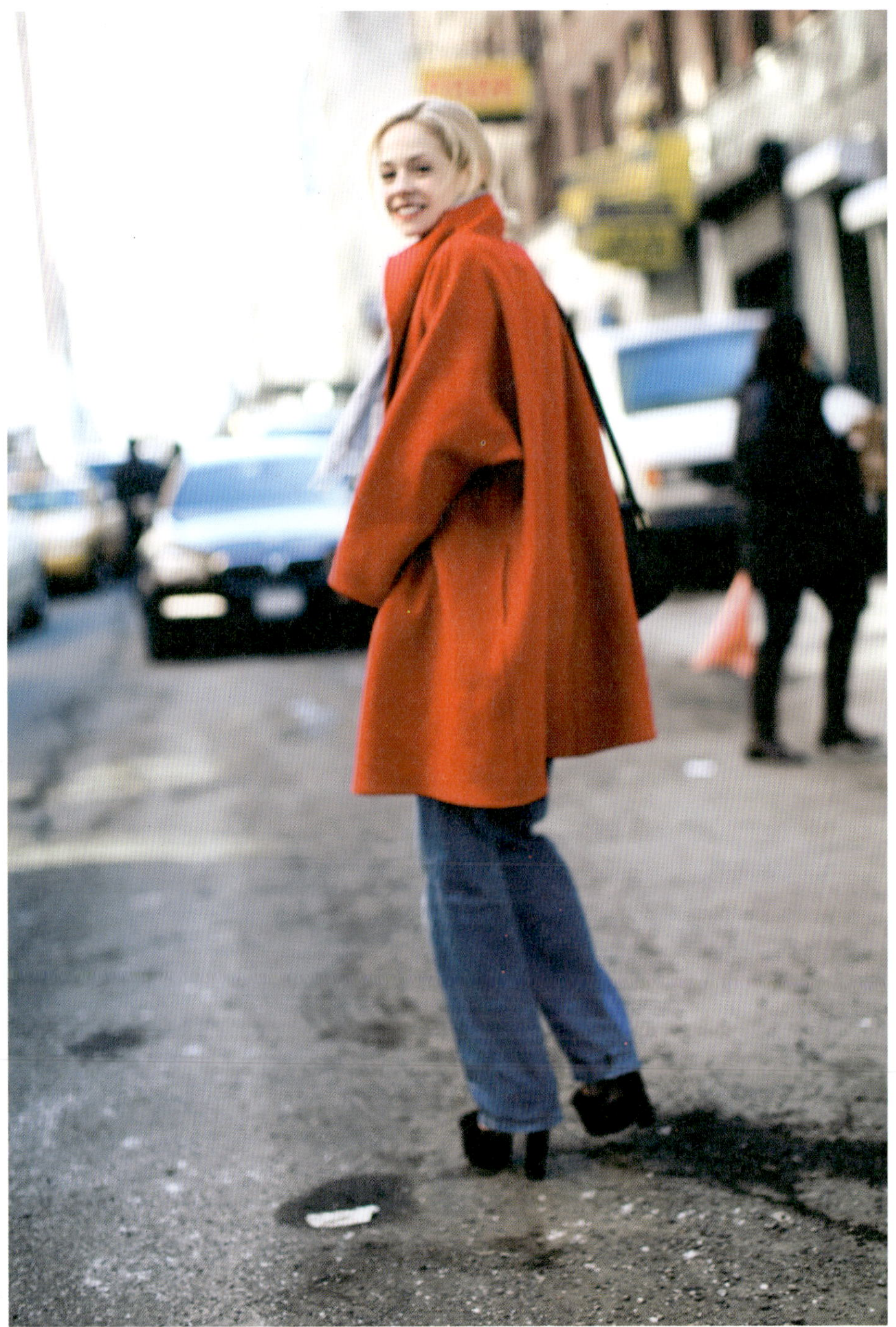

new york

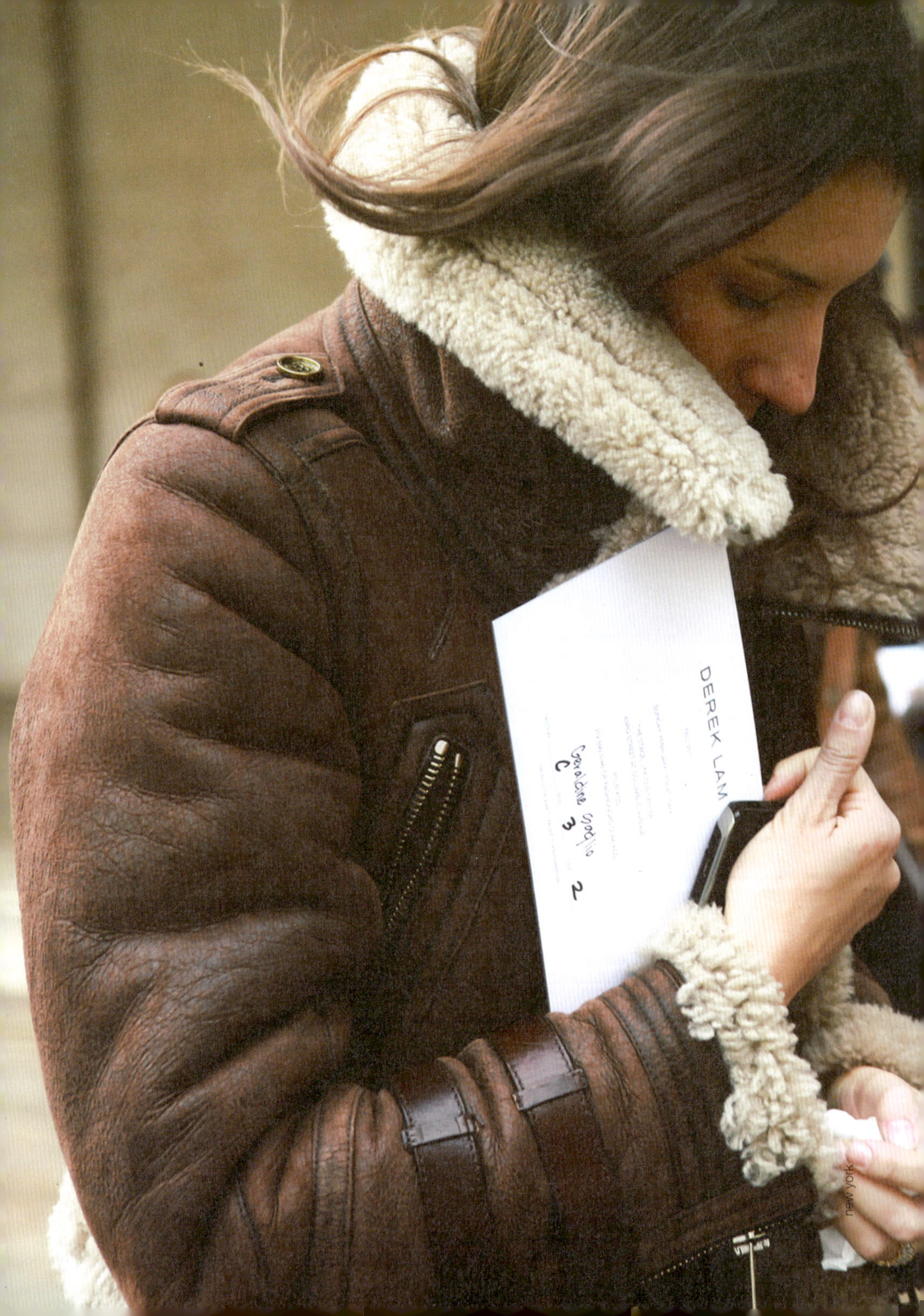
DEREK LAM
new york

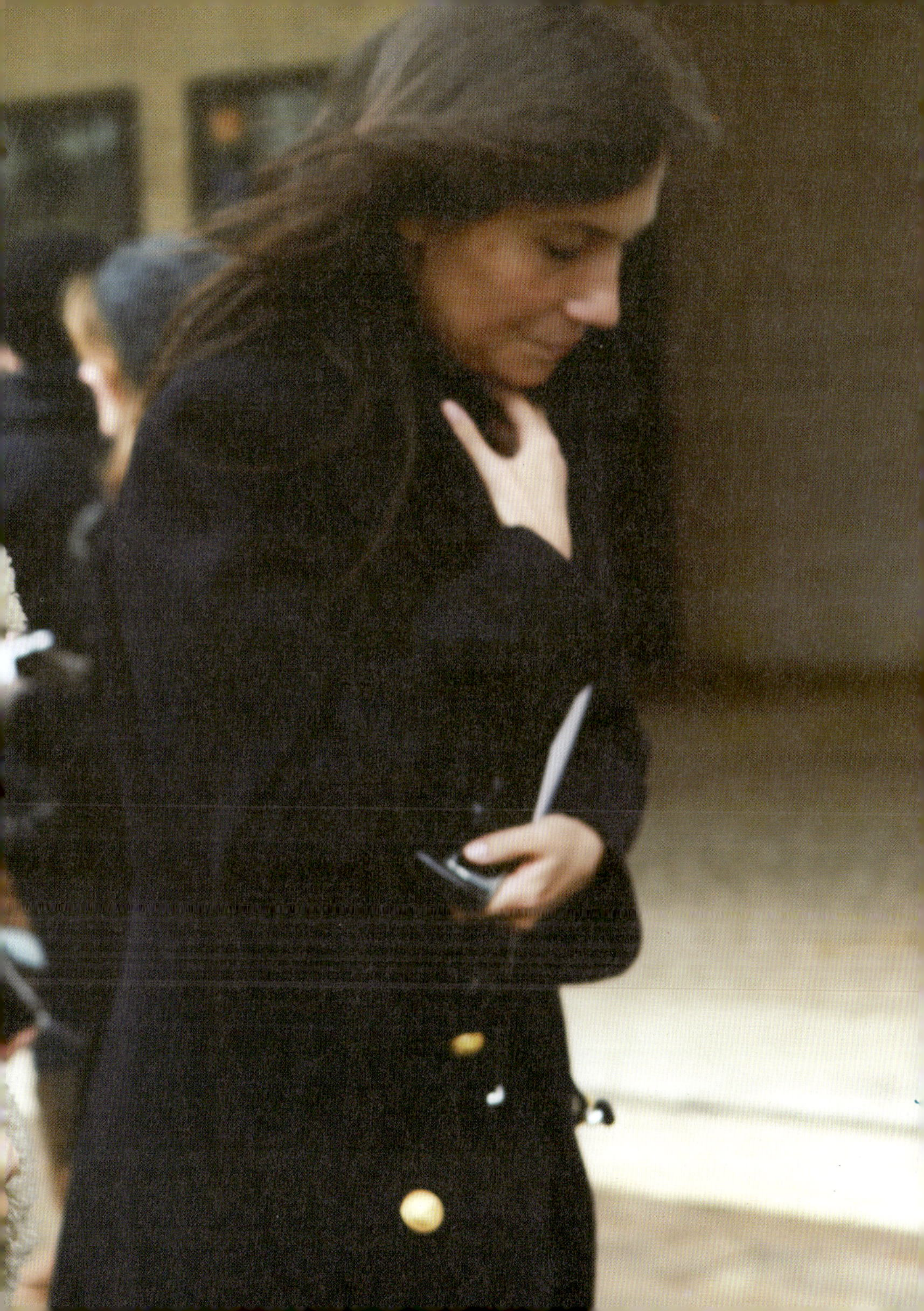

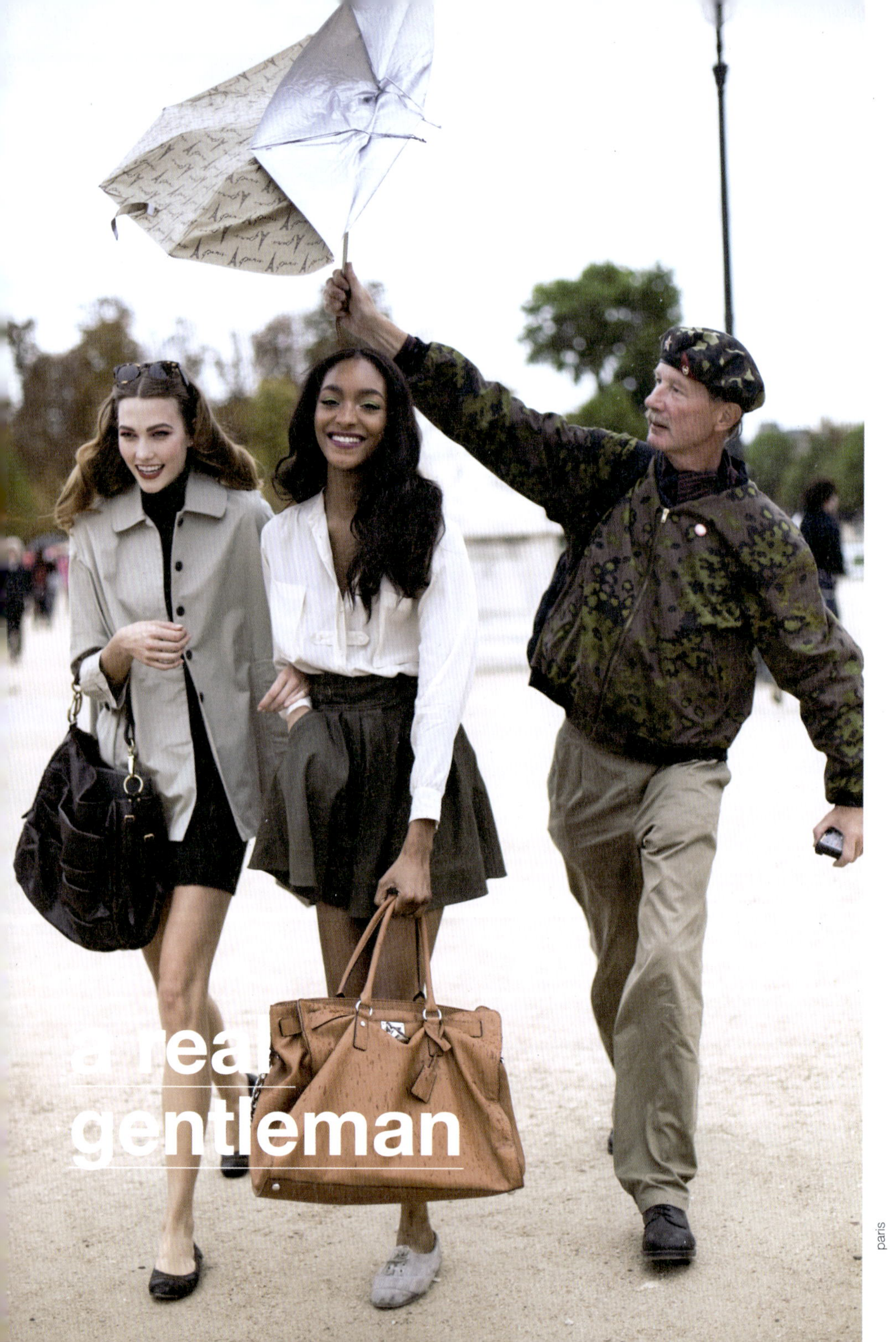

a real
gentleman

진정한 신사

파리 튈르리 정원<u>Tuileries Garden</u>에 갔을 때의 일이다.

오전 내내 날씨가 화창하다 갑자기 하늘이 어두워지면서 강한 바람이 불고 부슬비가 내리기 시작했다.

때마침 크리스챤 디올<u>Christian Dior</u> 컬렉션을 마친 모델, 칼리<u>Karlie</u>와 다이애나<u>Diana</u>가 그녀들의 운전기사인 매티<u>Mattie</u>와 함께

걸어오며 재미난 상황을 연출하고 있었다. 잠시 후, 비가 그치고 홀로 담배를 피우던 매티와 이야기를 나누다가

내가 찍은 사진을 보여줬더니 그는 피우던 담배를 끄면서 흥분한 채로 이야기했다.

"대부분의 포토그래퍼들은 두 모델의 사진을 찍어야 한다며 나에게 자리를 비켜달라고 소리치기 바쁘더군.

<u>그녀들이 강한 바람과 차가운 비에 젖어 감기라도 걸리는 것 따위는 신경도 쓰지 않는 그런 녀석들이</u>

<u>카메라를 들고 다니면서 포토그래퍼 행세를 한단 말이야</u>. 바람에 우산이 망가지고 내 몸이 비에 다 젖더라도

나는 그녀들에게 최선을 다했어."

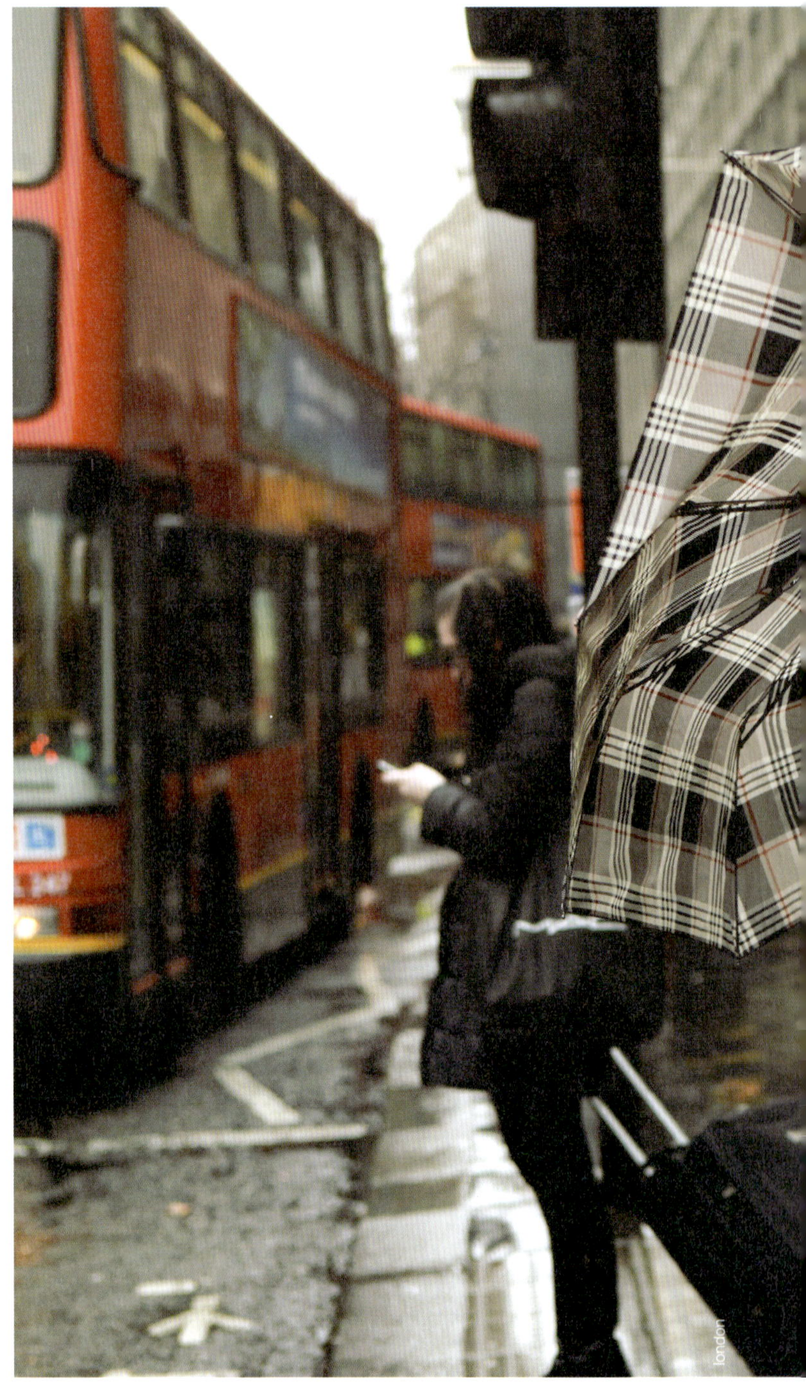
london

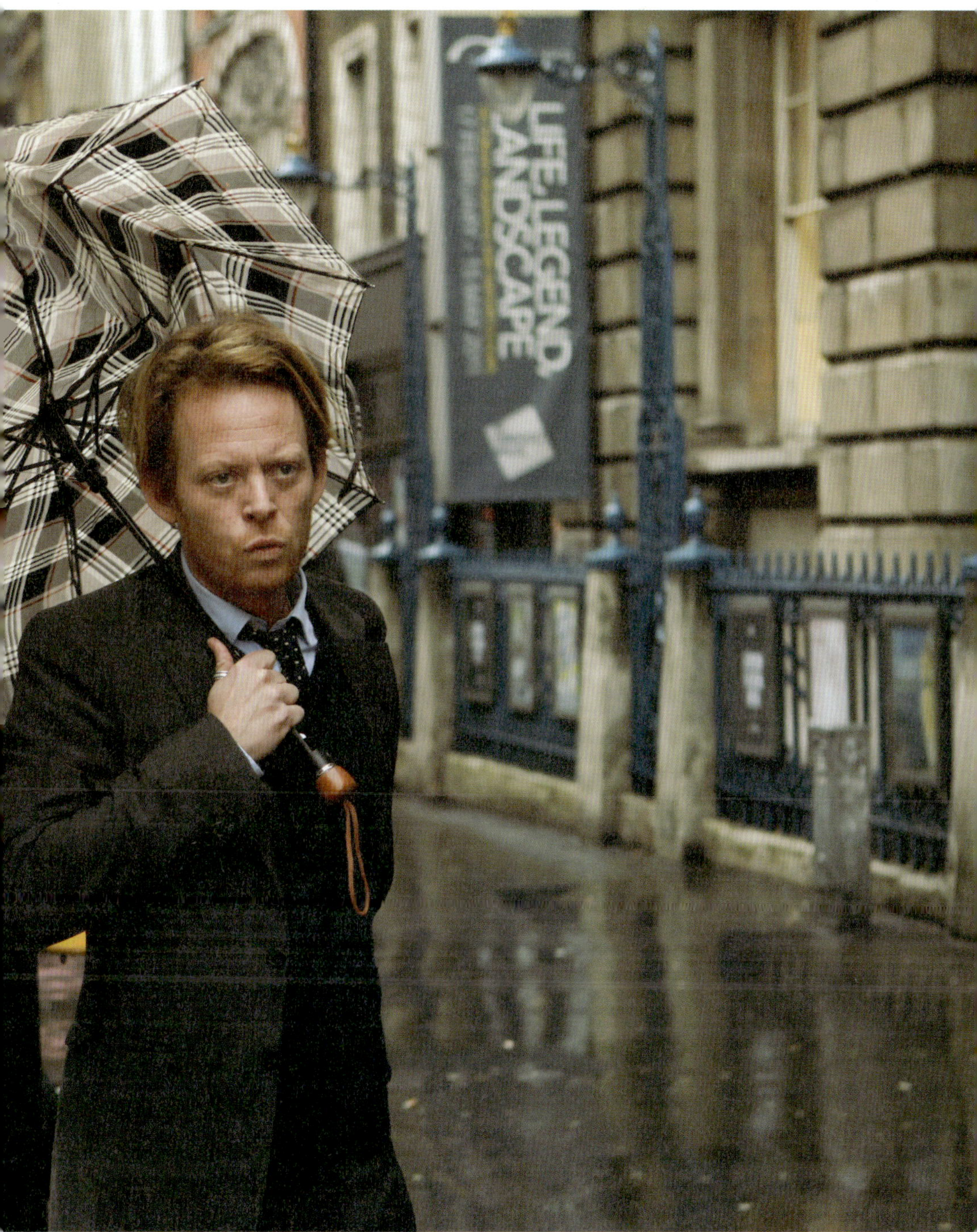

LIFE LEGEND
LANDSCAPE

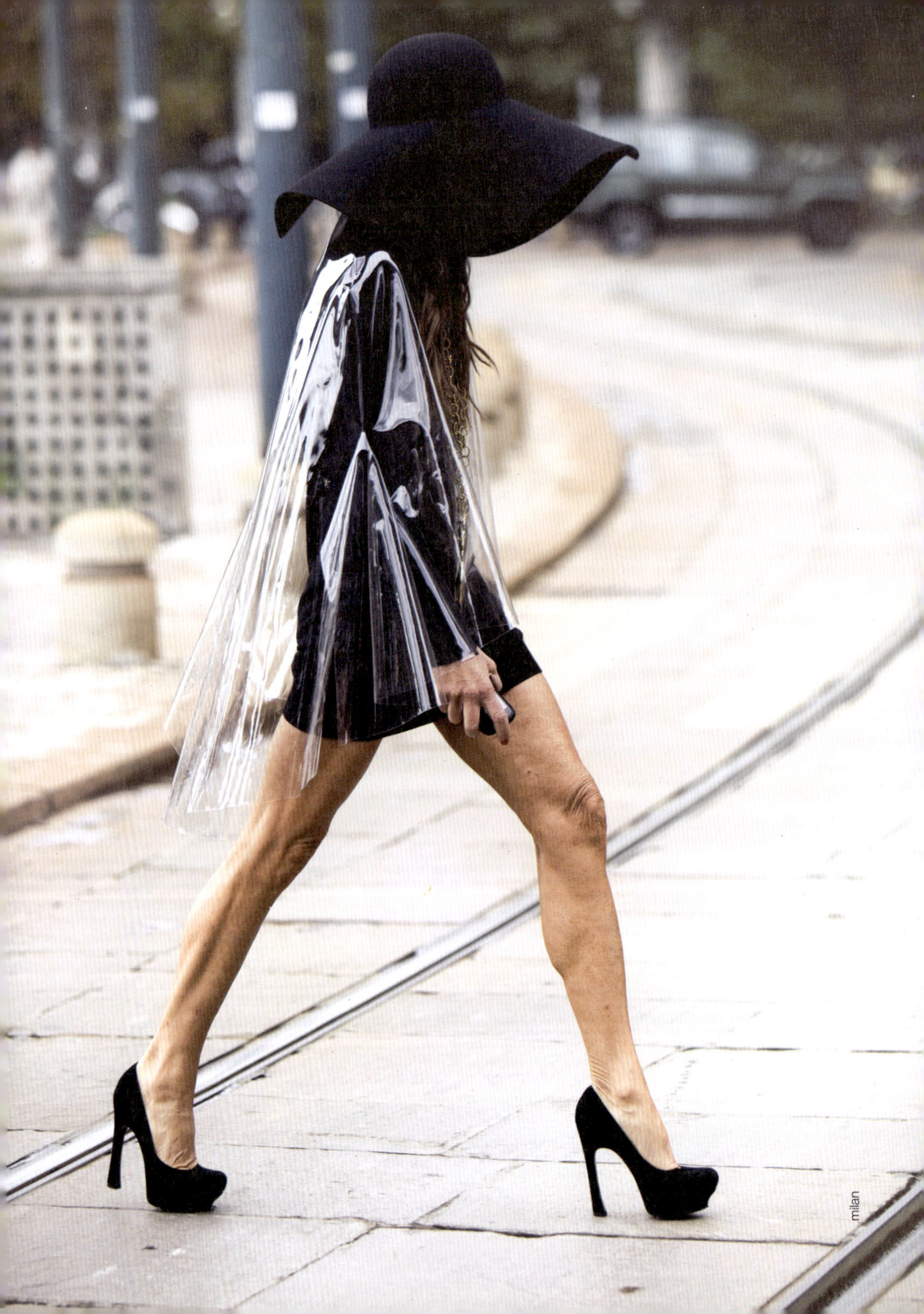
milan

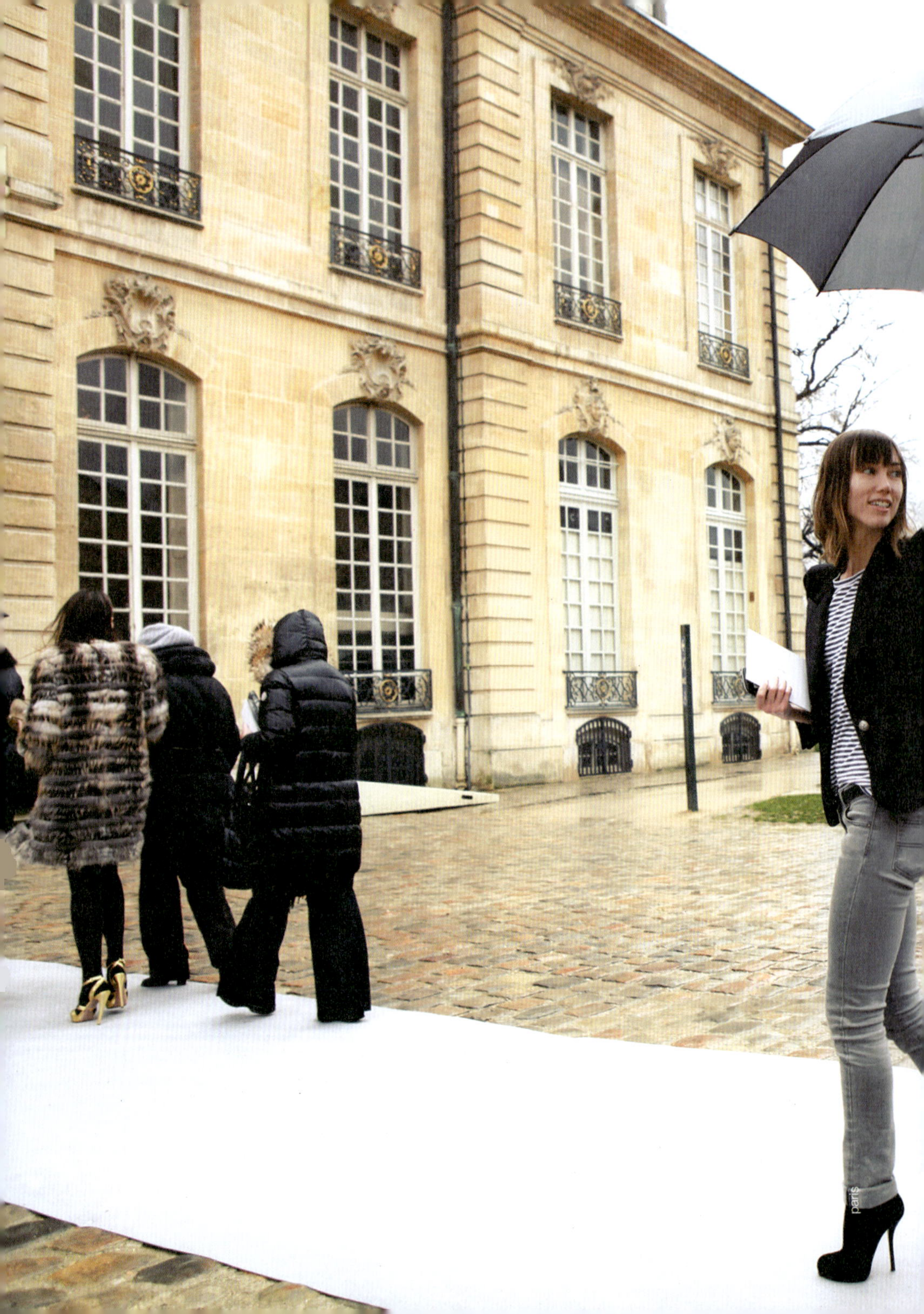

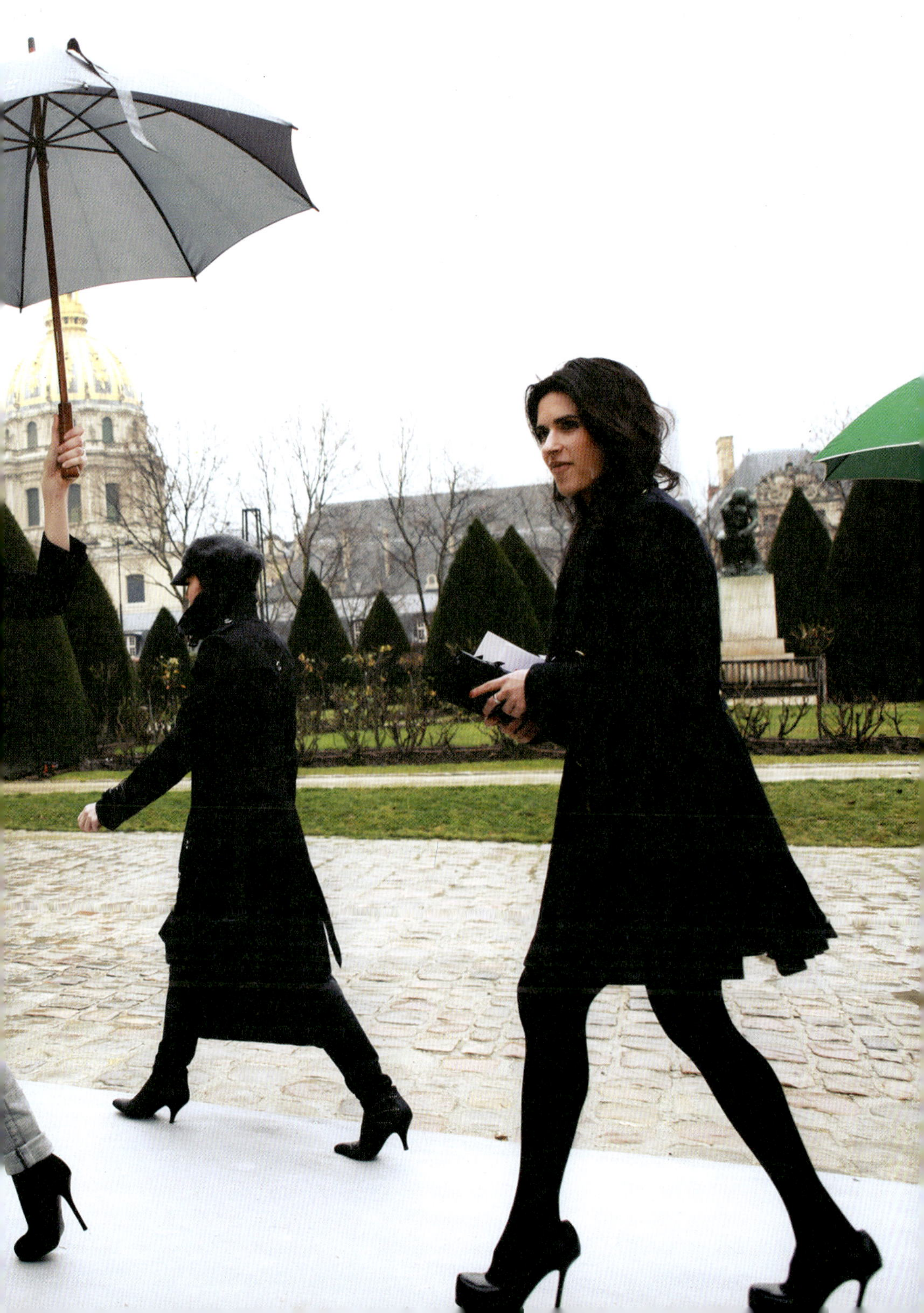

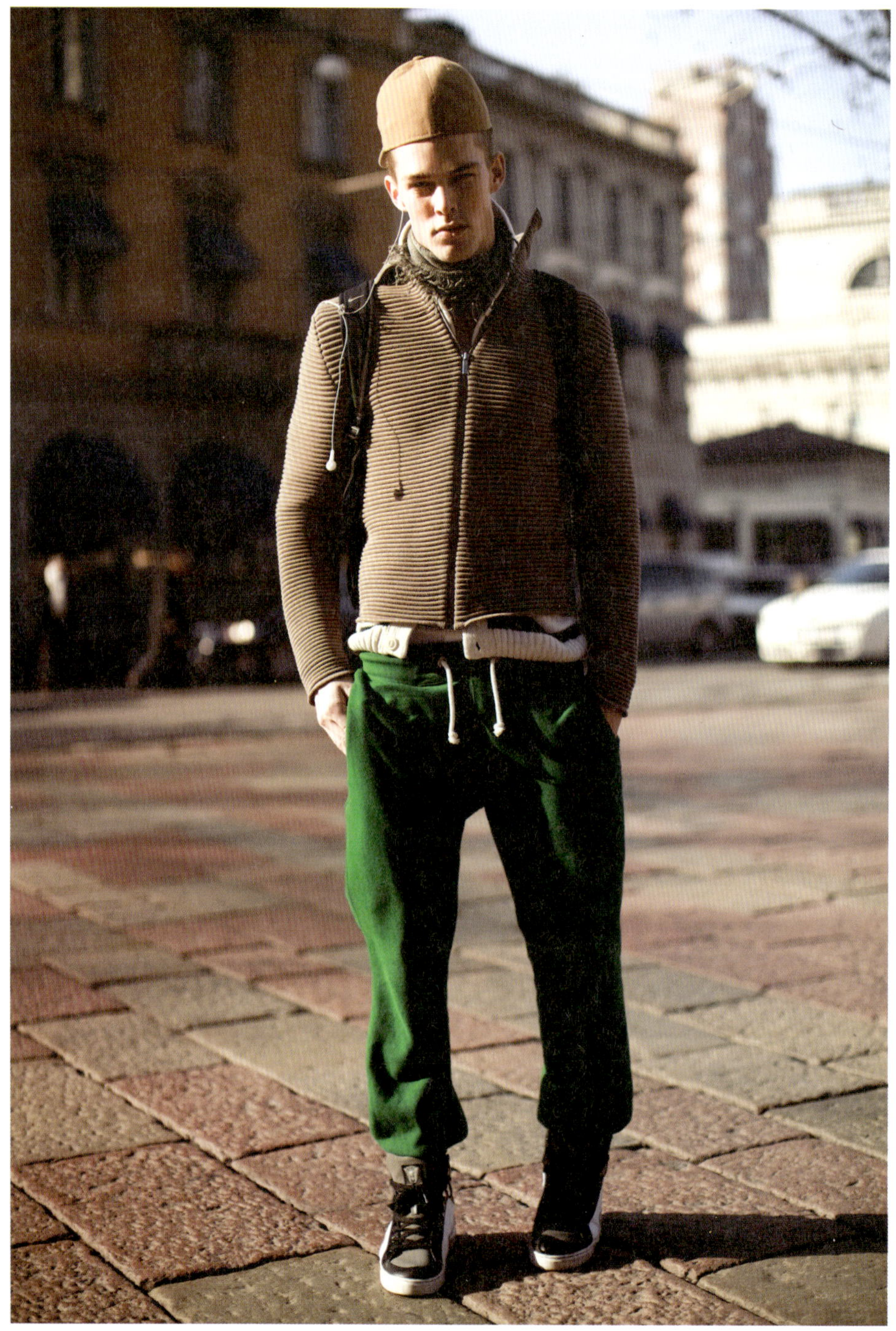

milan

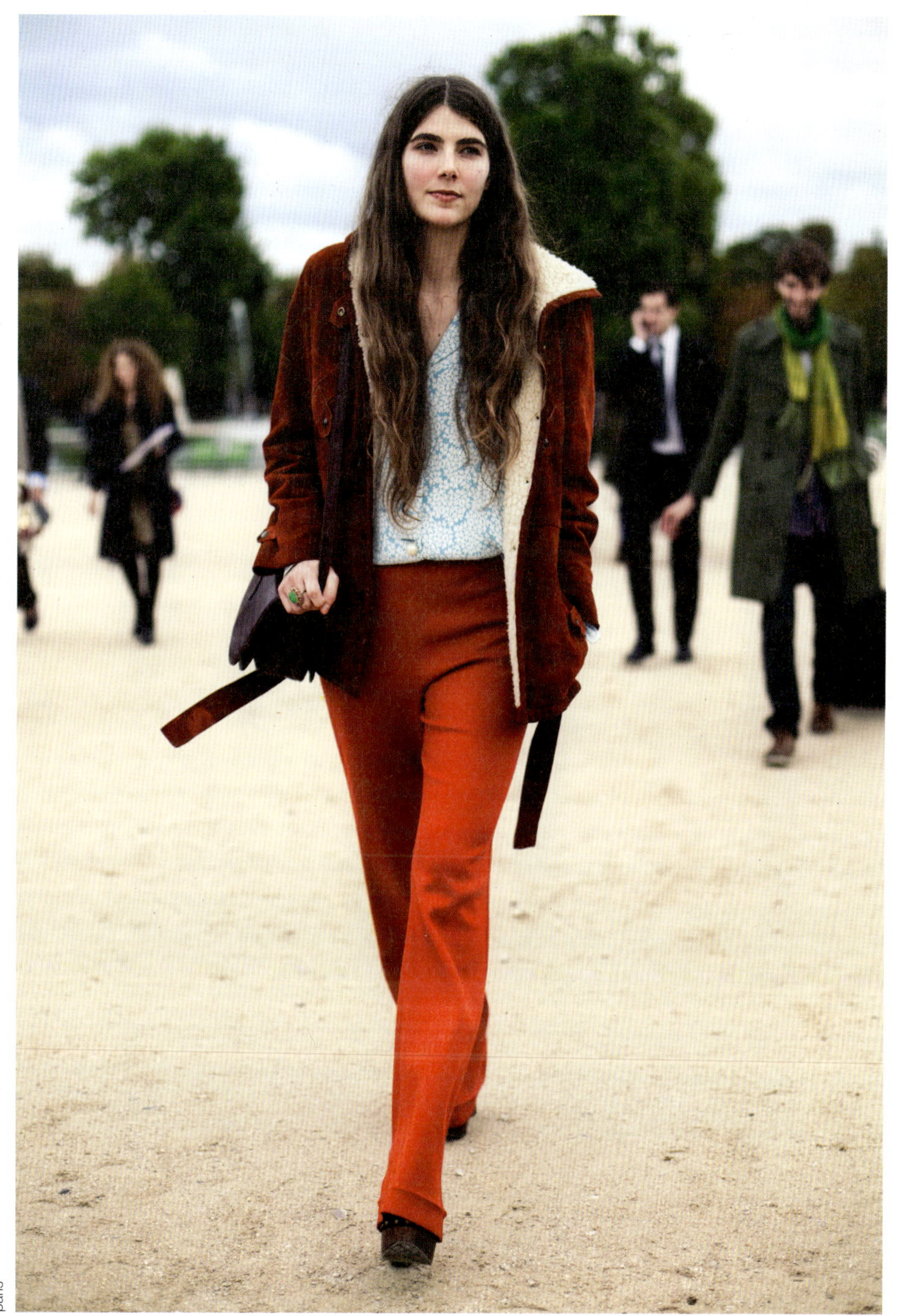

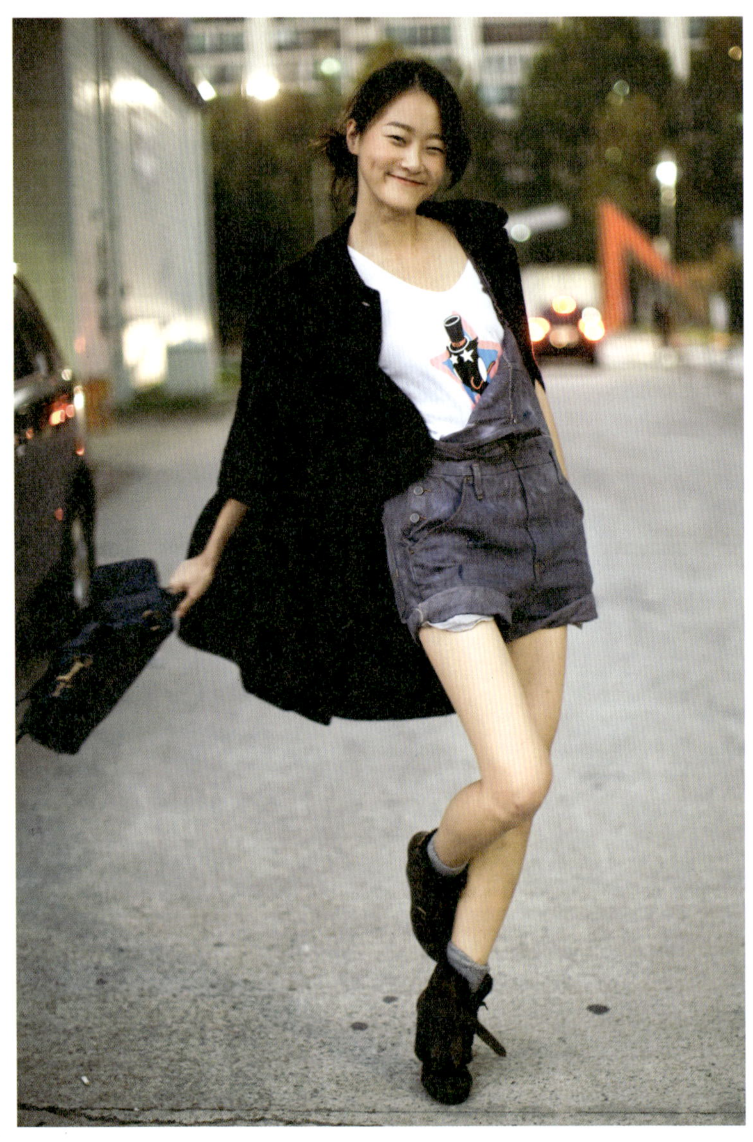

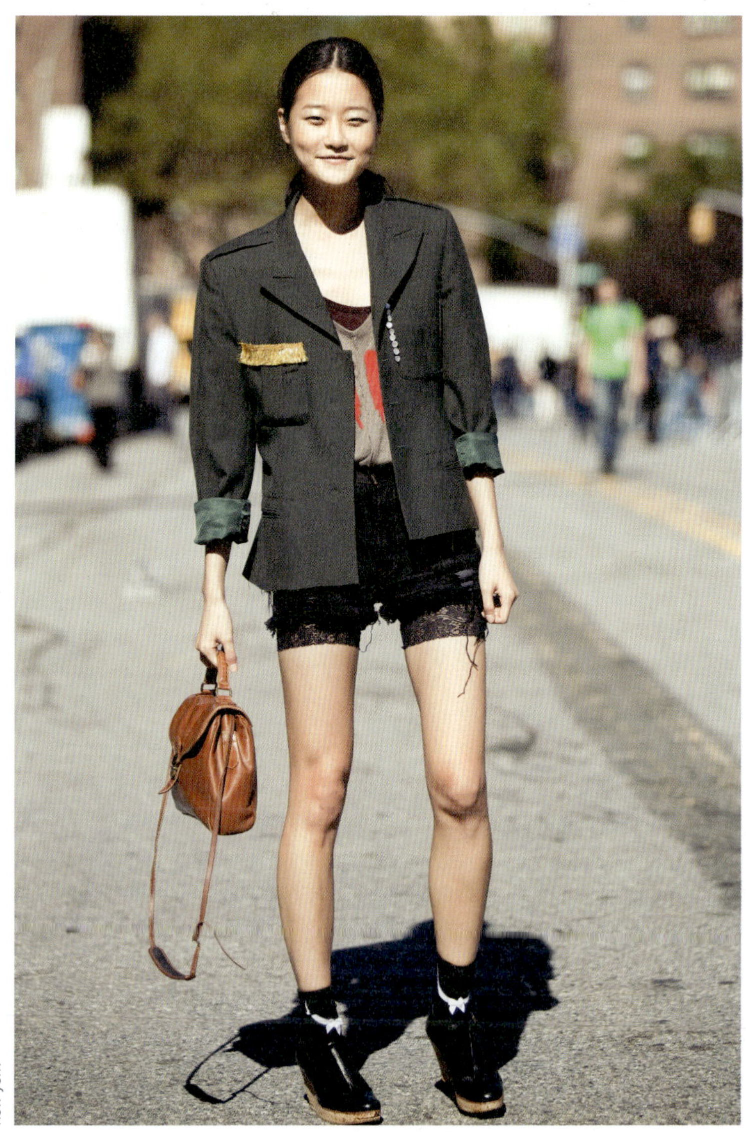

new york

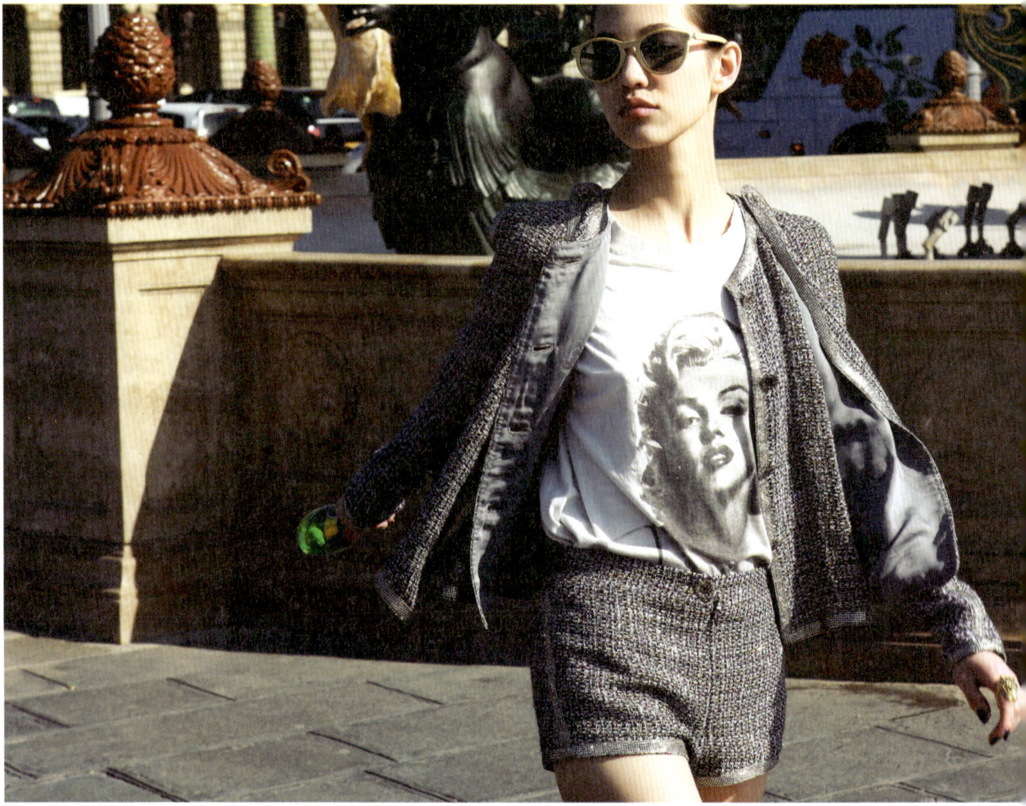

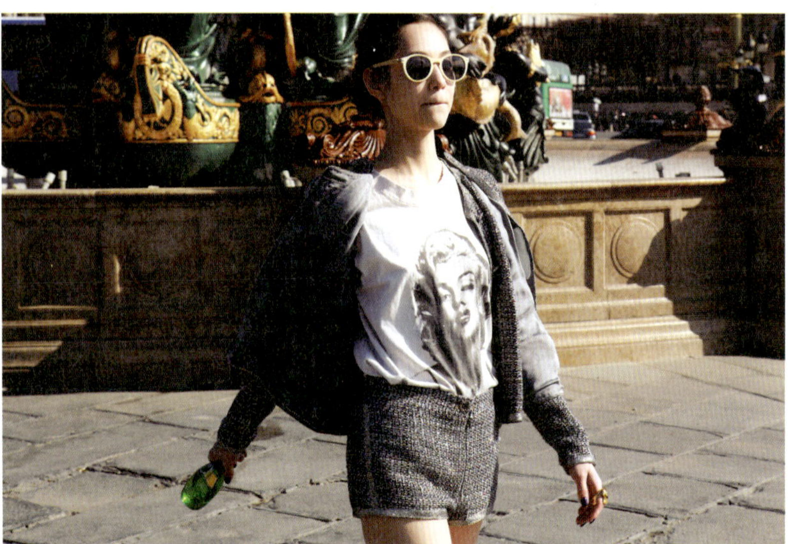

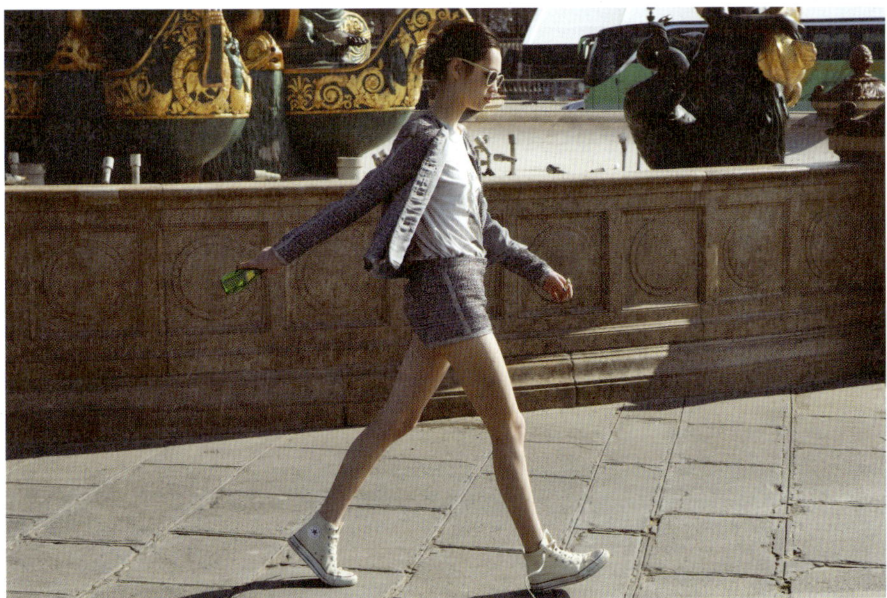
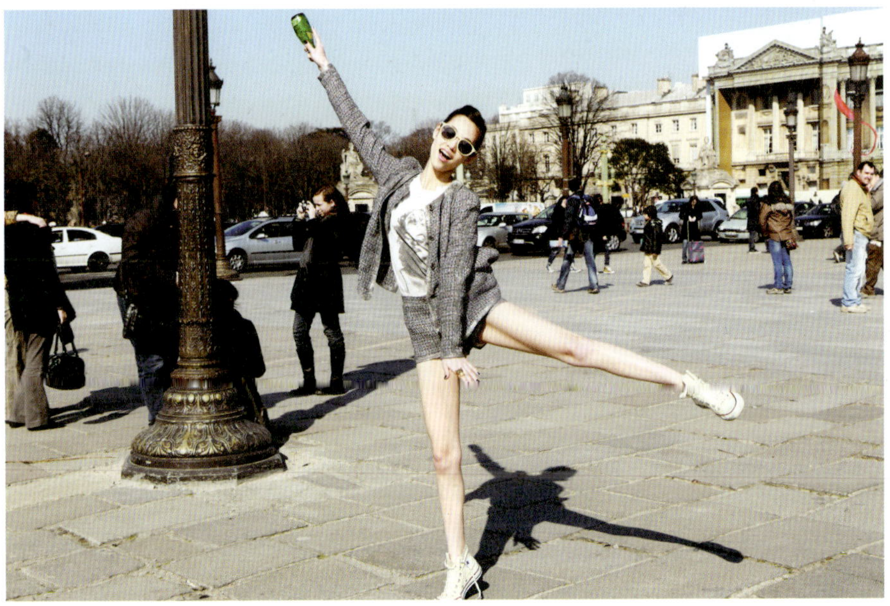

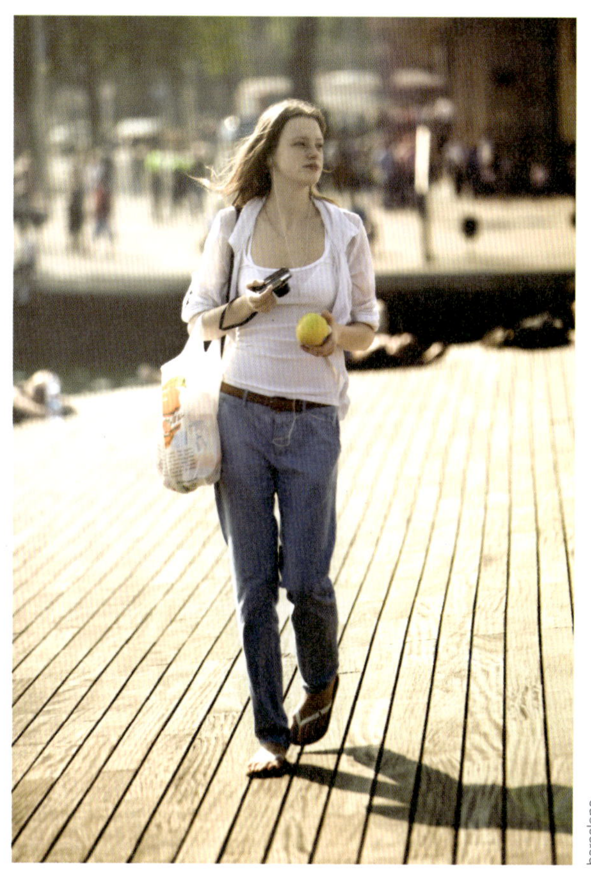

햇살 아래 서 있는 아름다운 소녀를 만나고 싶다는 마음에 무작정

바르셀로나로 떠났다. 바르셀로나의 해변에서 우연히 마주친

아나스타시아Anastasia는 작은 카메라를 들고 혼자만의 여행을 하는 중이었다.

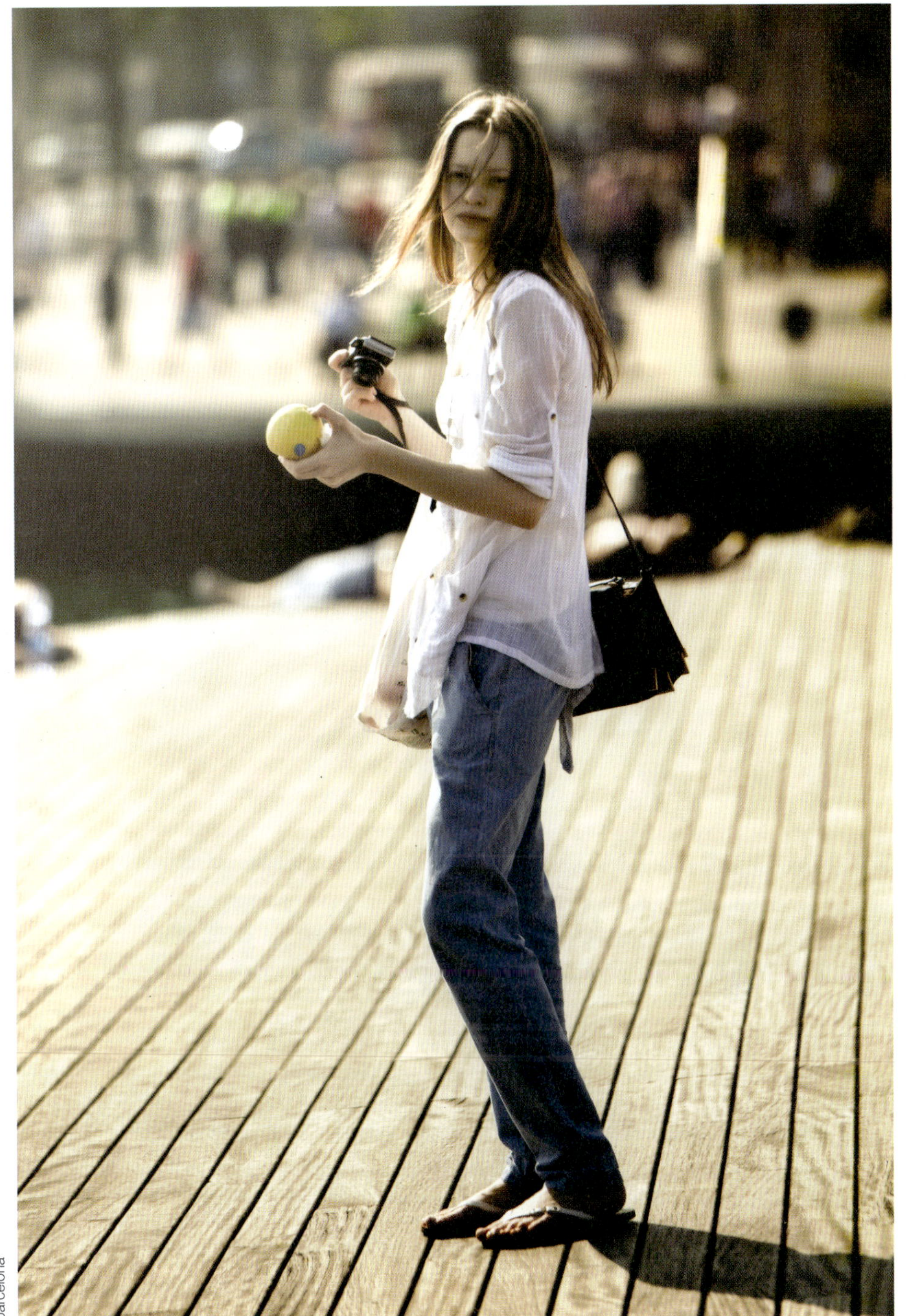

barcelona

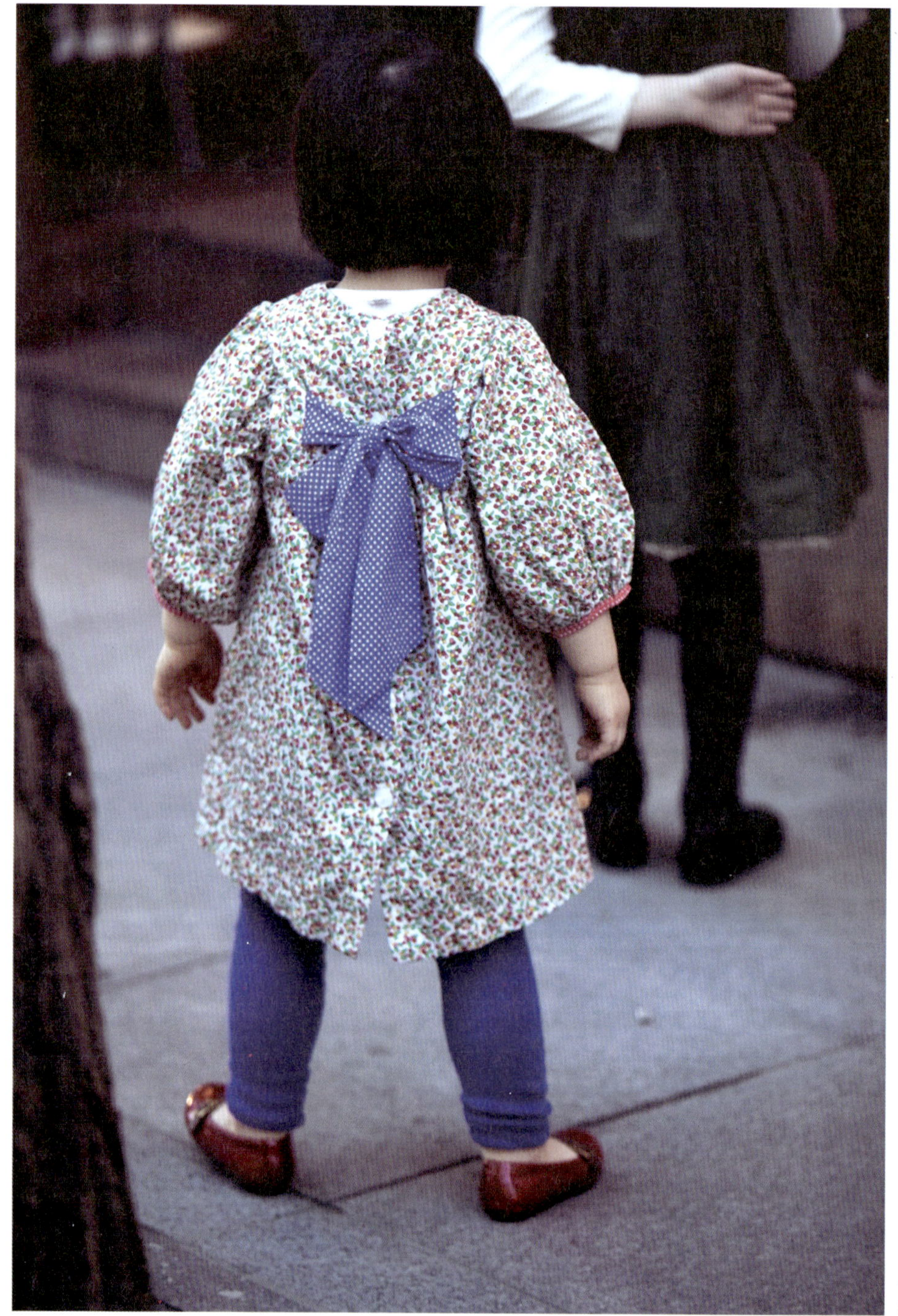
seoul

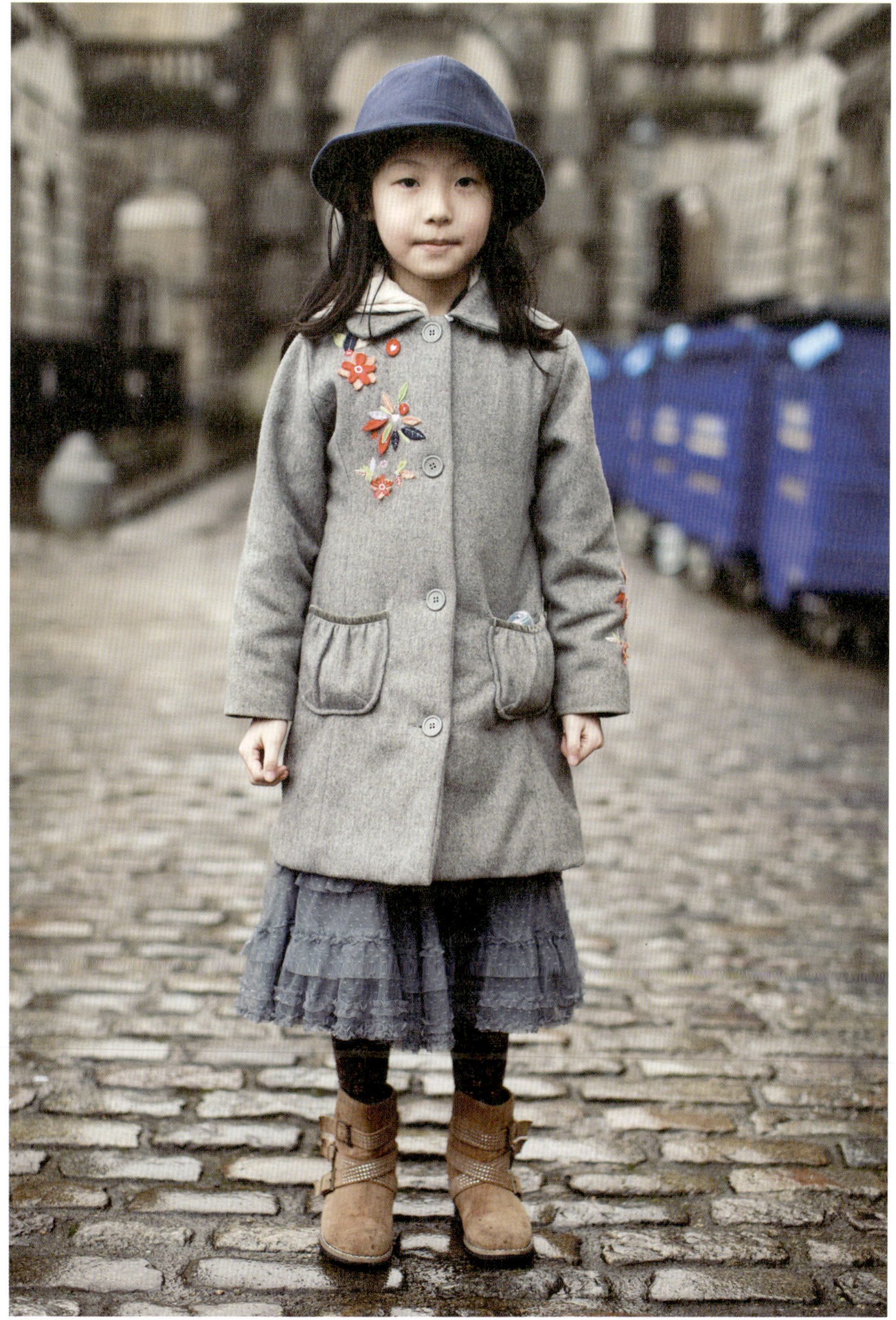

london

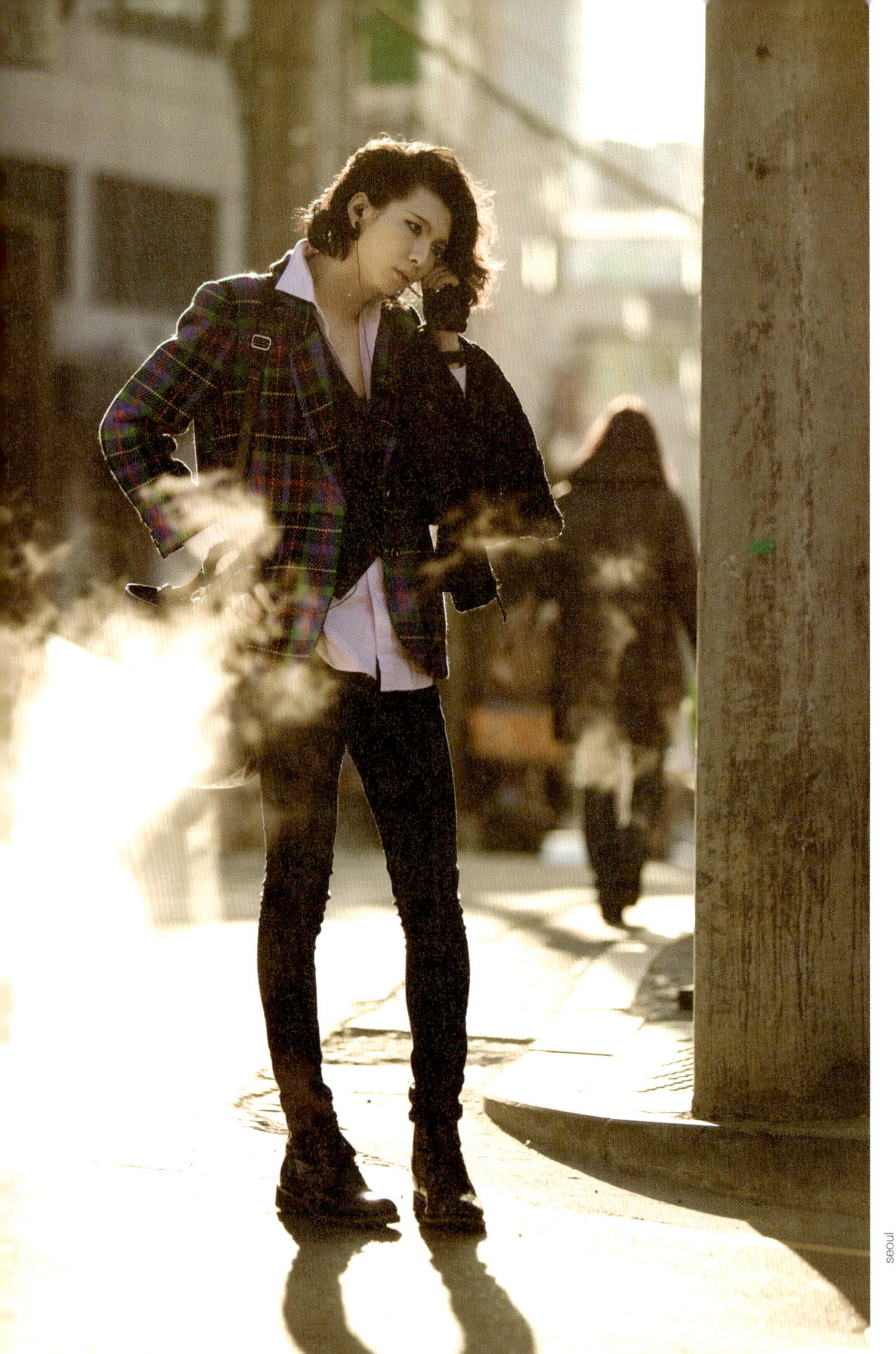
seoul

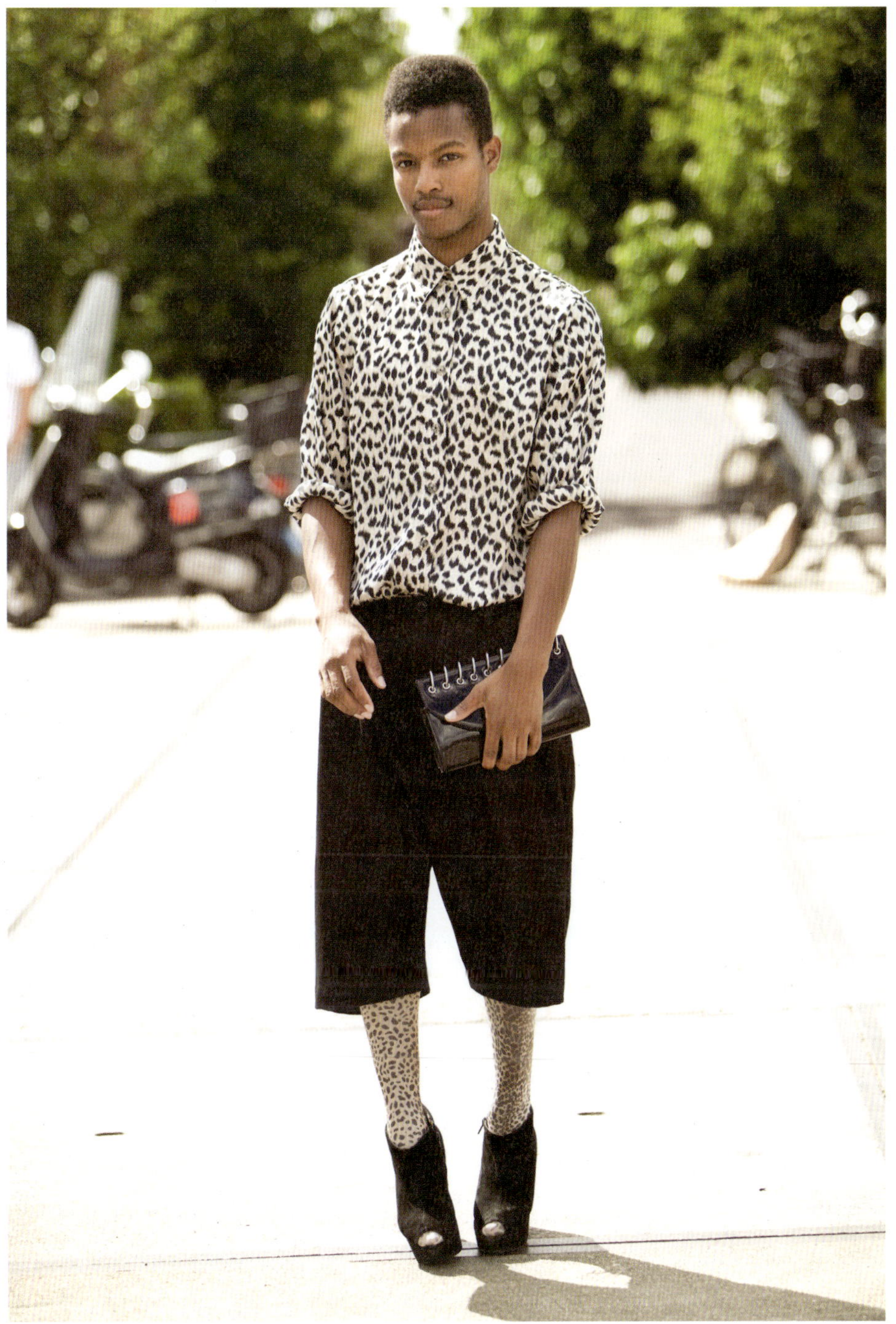
amsterdam

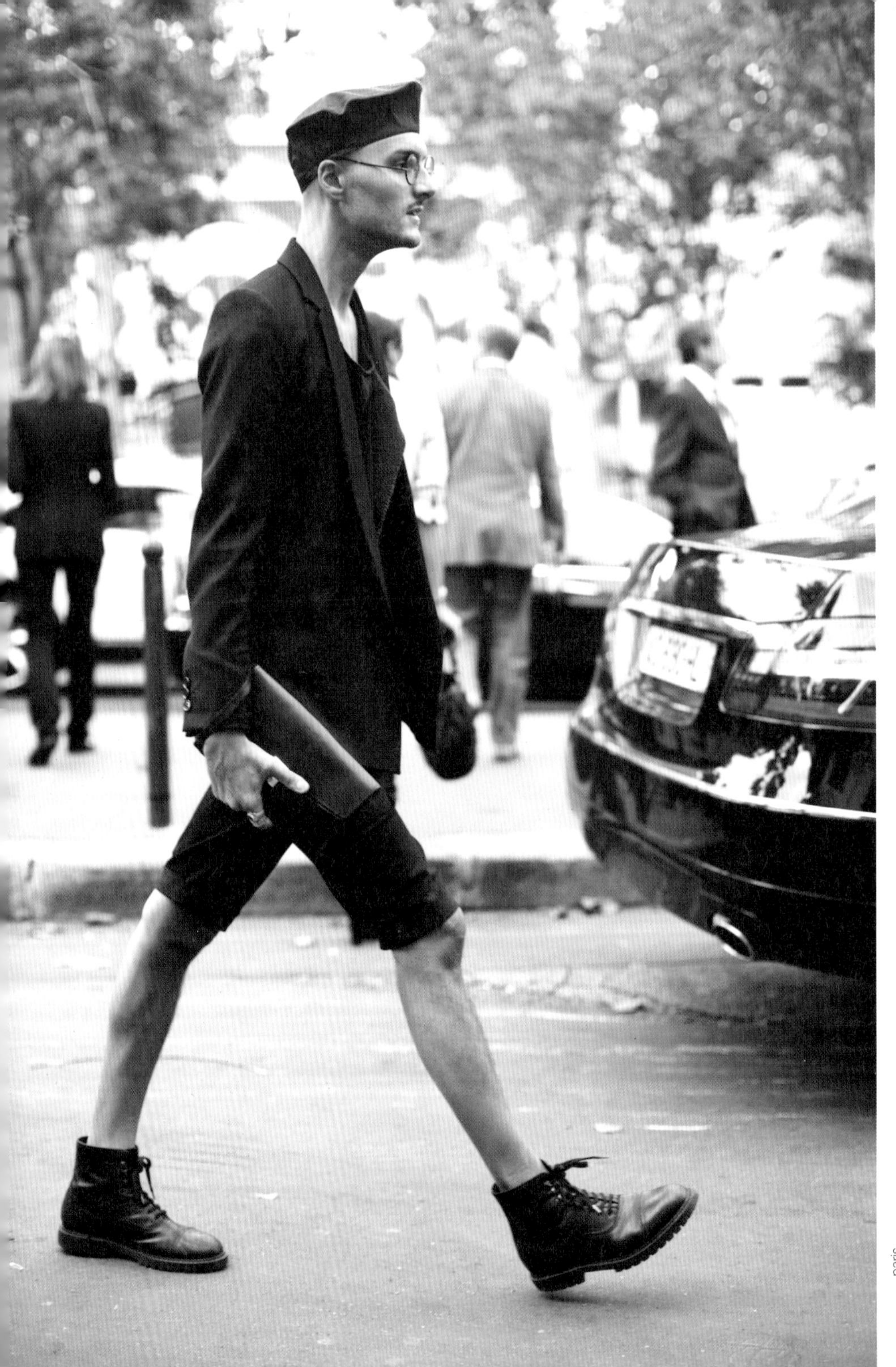

paris

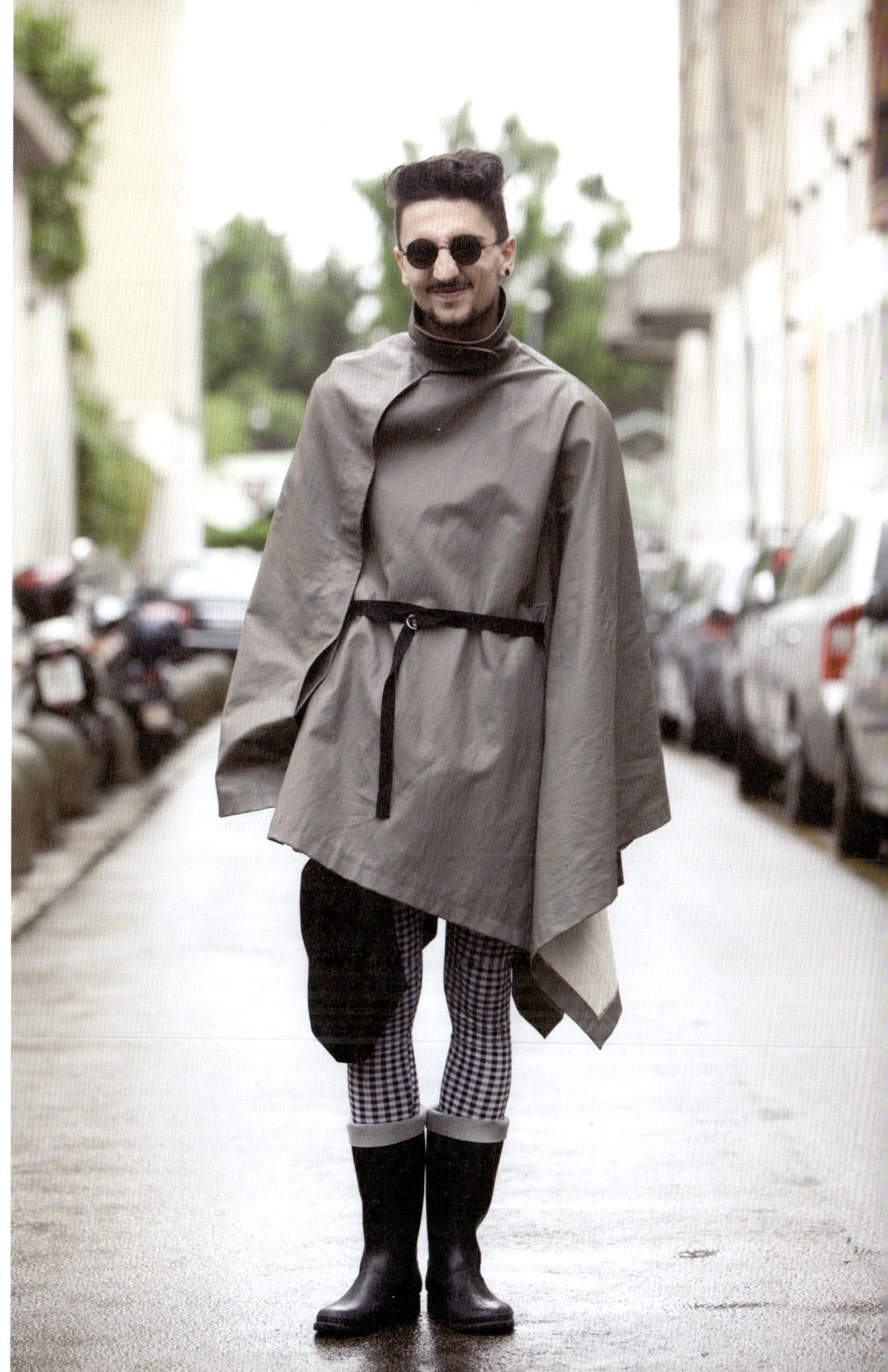

paris

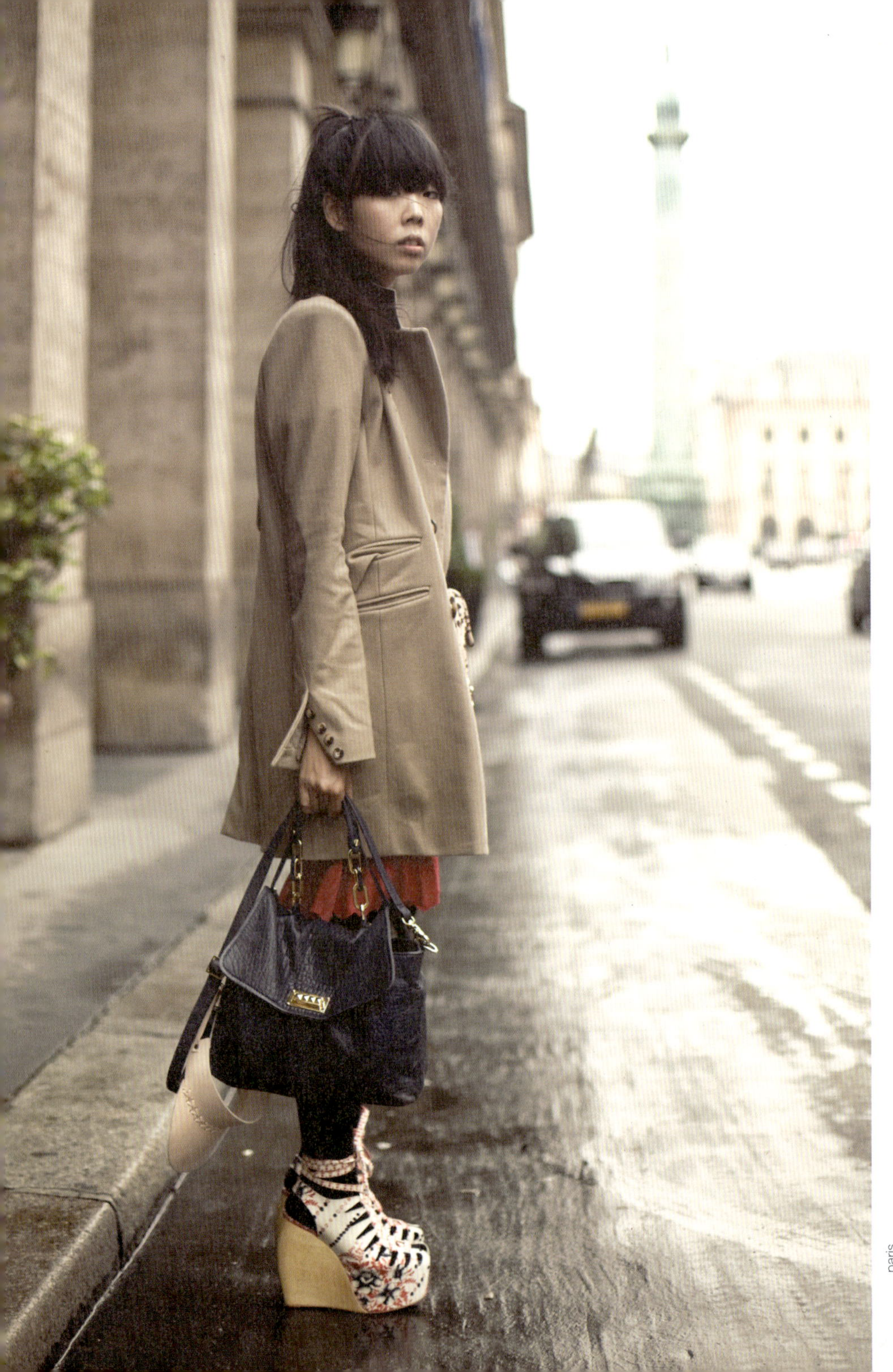

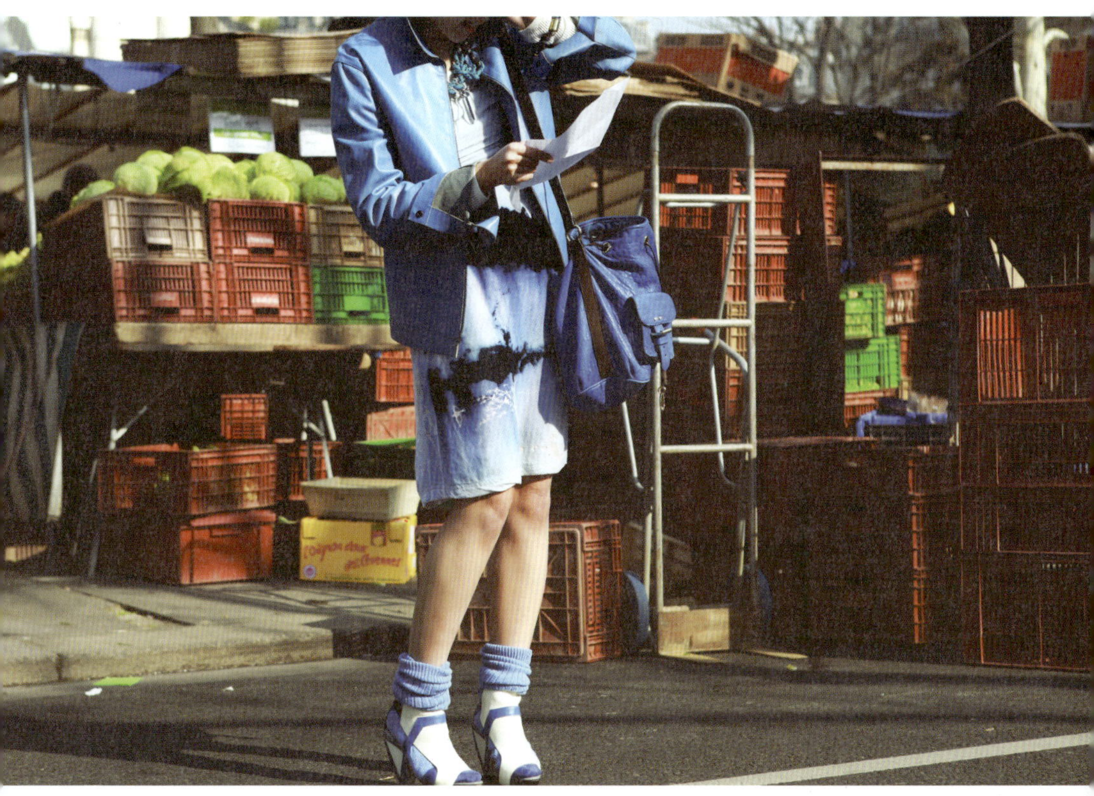

paris

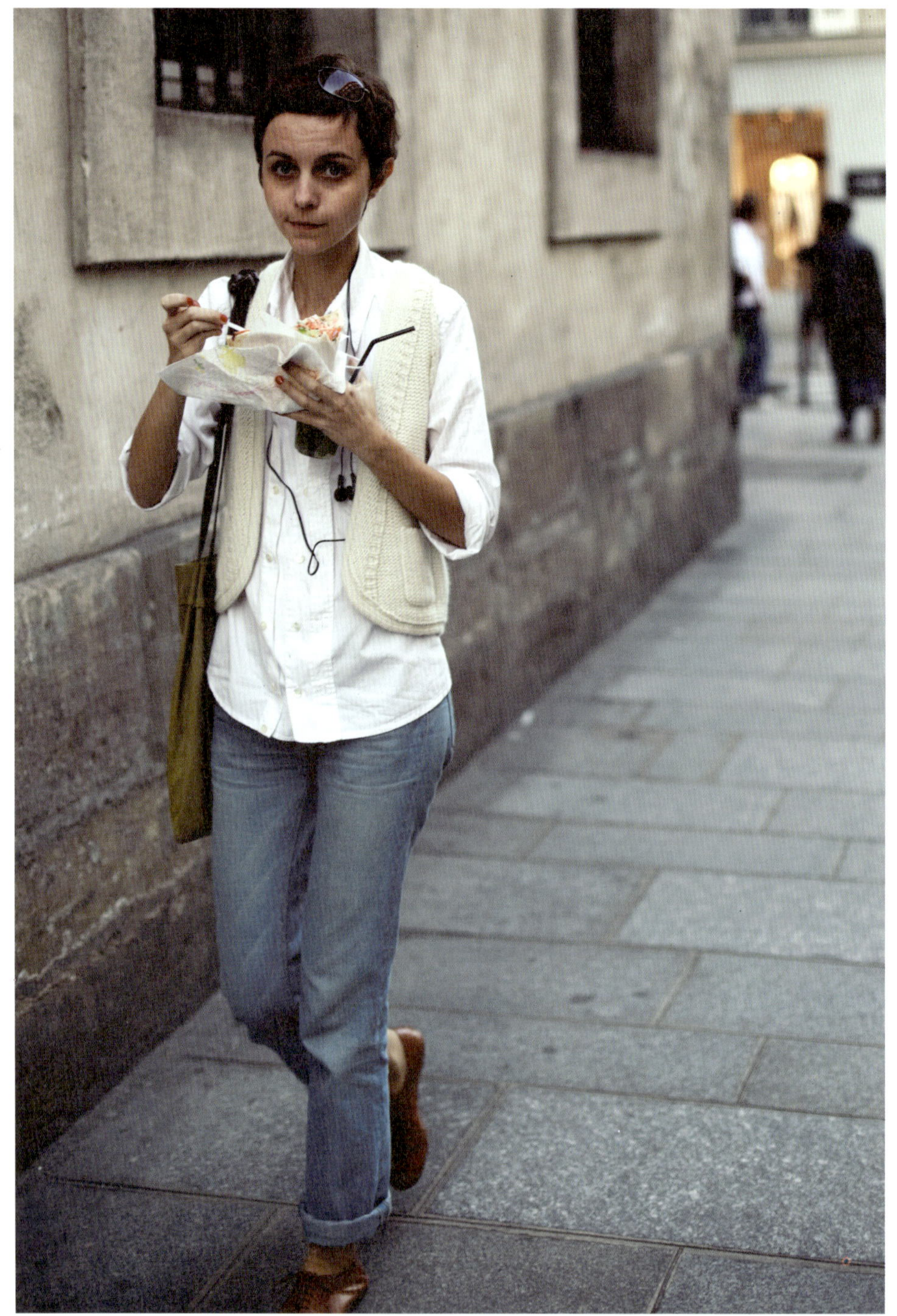

milan

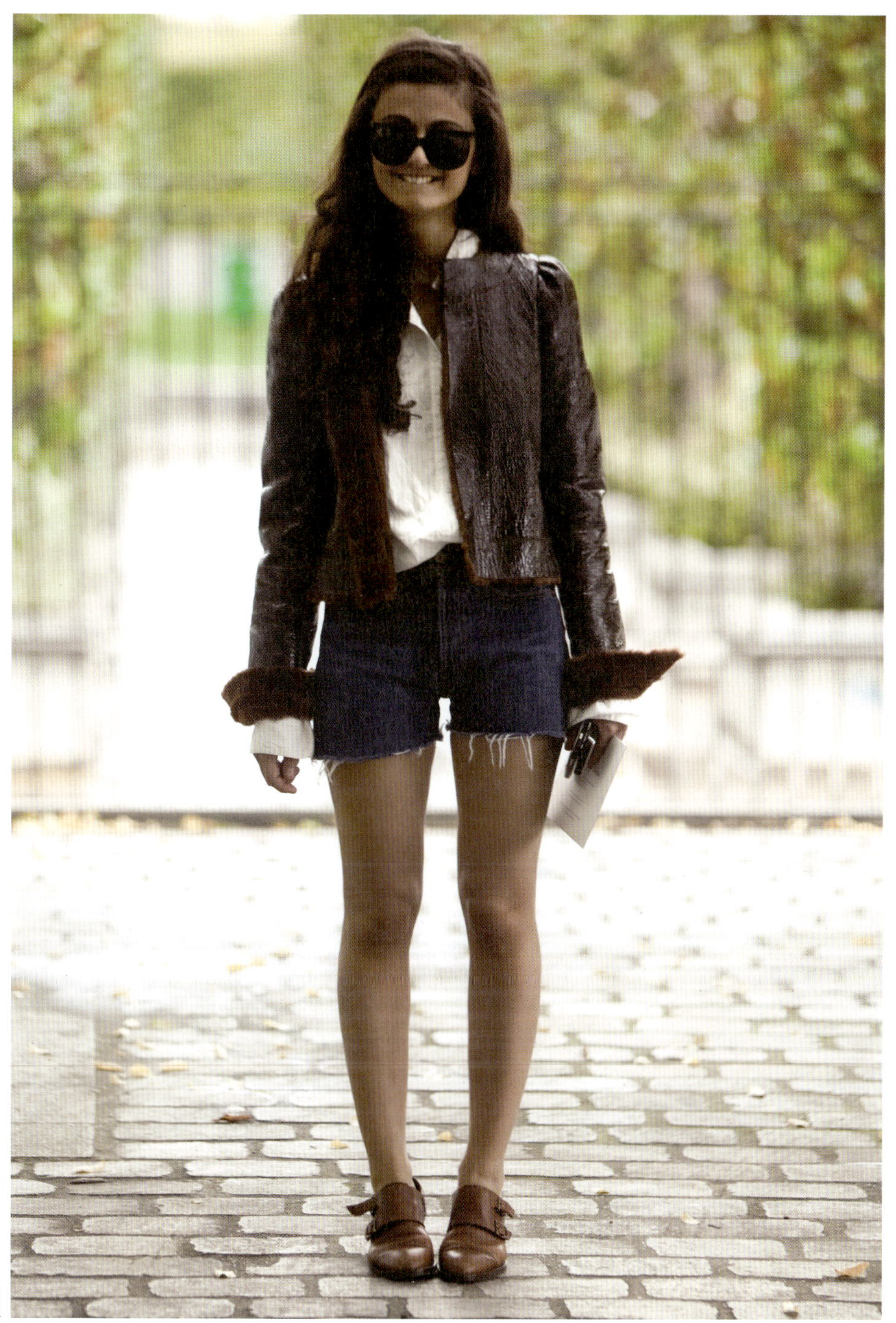

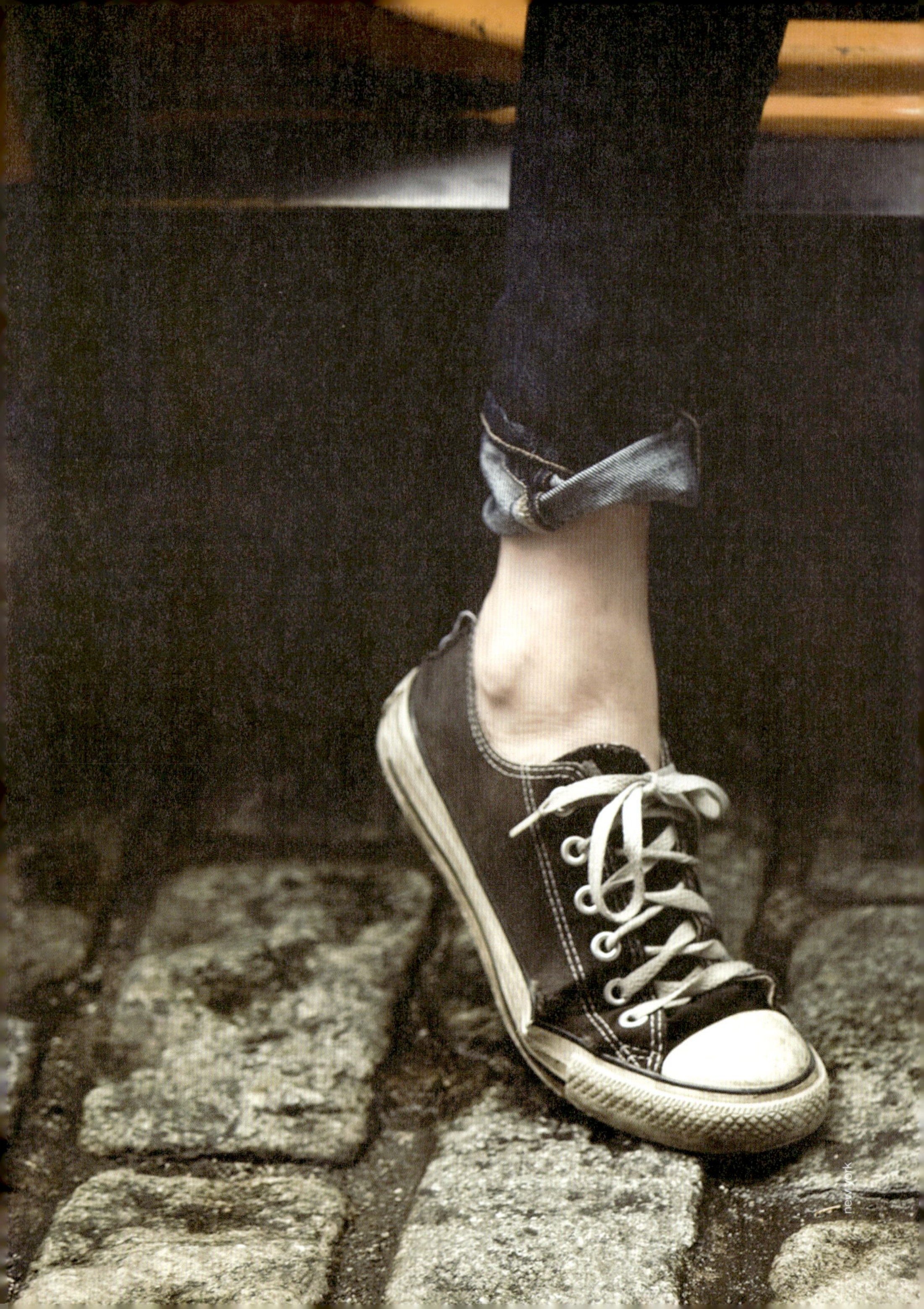

new york

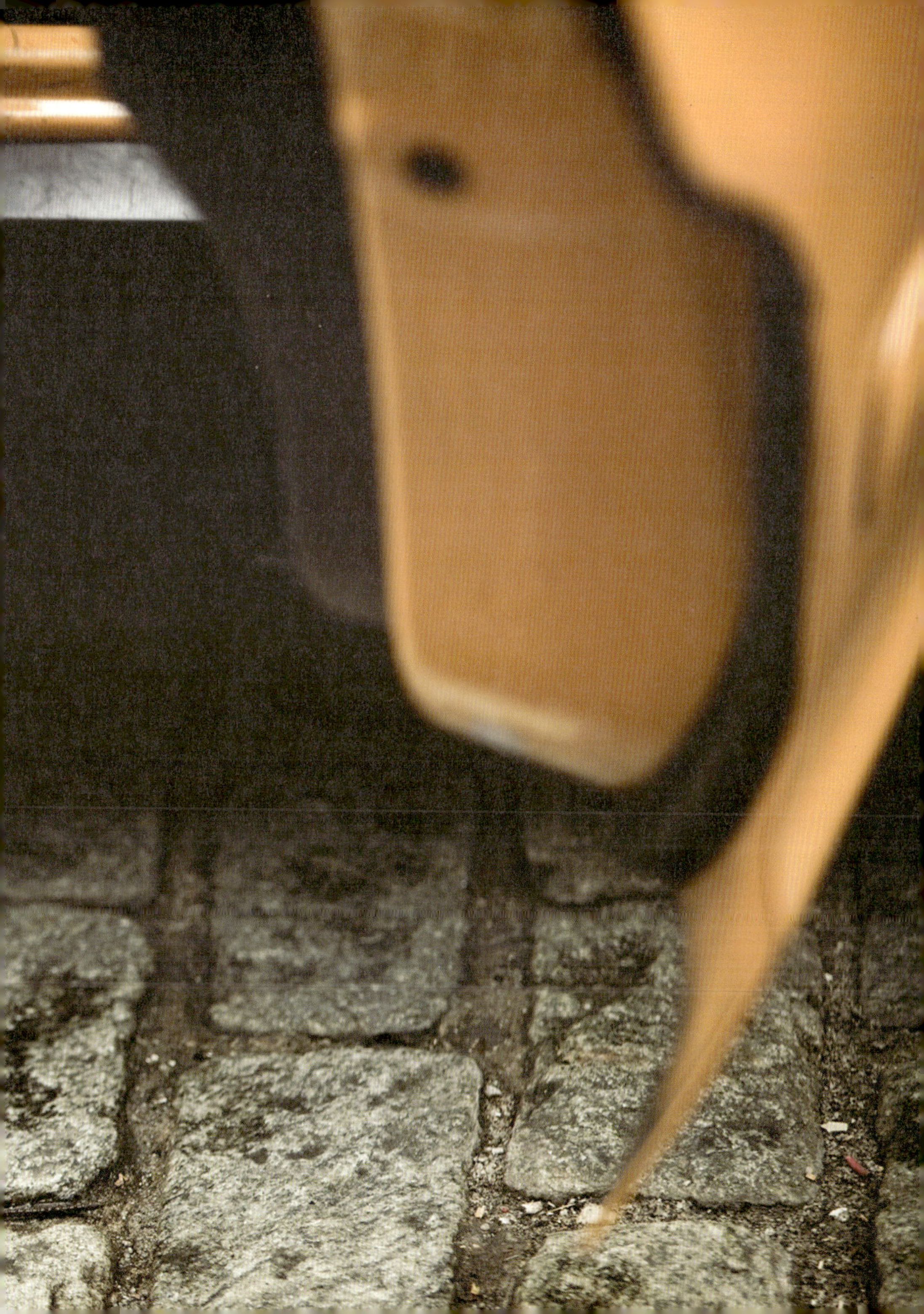

스트리트 패션 포토그래퍼 빌 커닝엄

소란스러운 뉴욕 패션위크의 현장에서 그를 처음 봤을 때 누구인지 알 수 없었다.

그는 아주 오래되고, '철커덩' 소리가 요란한 필름 카메라 하나를 들고, 쉴 새 없이 사진을 찍어대고 있었다.

재미있는 옷을 입은 사람에게는 미소를 머금은 채로 카메라를 들었고, 외로워 보이는 사람에게는

조용히 다가가 말없이 사진을 찍고 있었다. 후에 친구에게 물어서 그가 30년을 넘게 활동해 온,

전설적인 뉴욕 타임스의 스트리트 패션 포토그래퍼 빌 커닝엄임을 알았다.

street fashion
photographer
Bill Cunningham

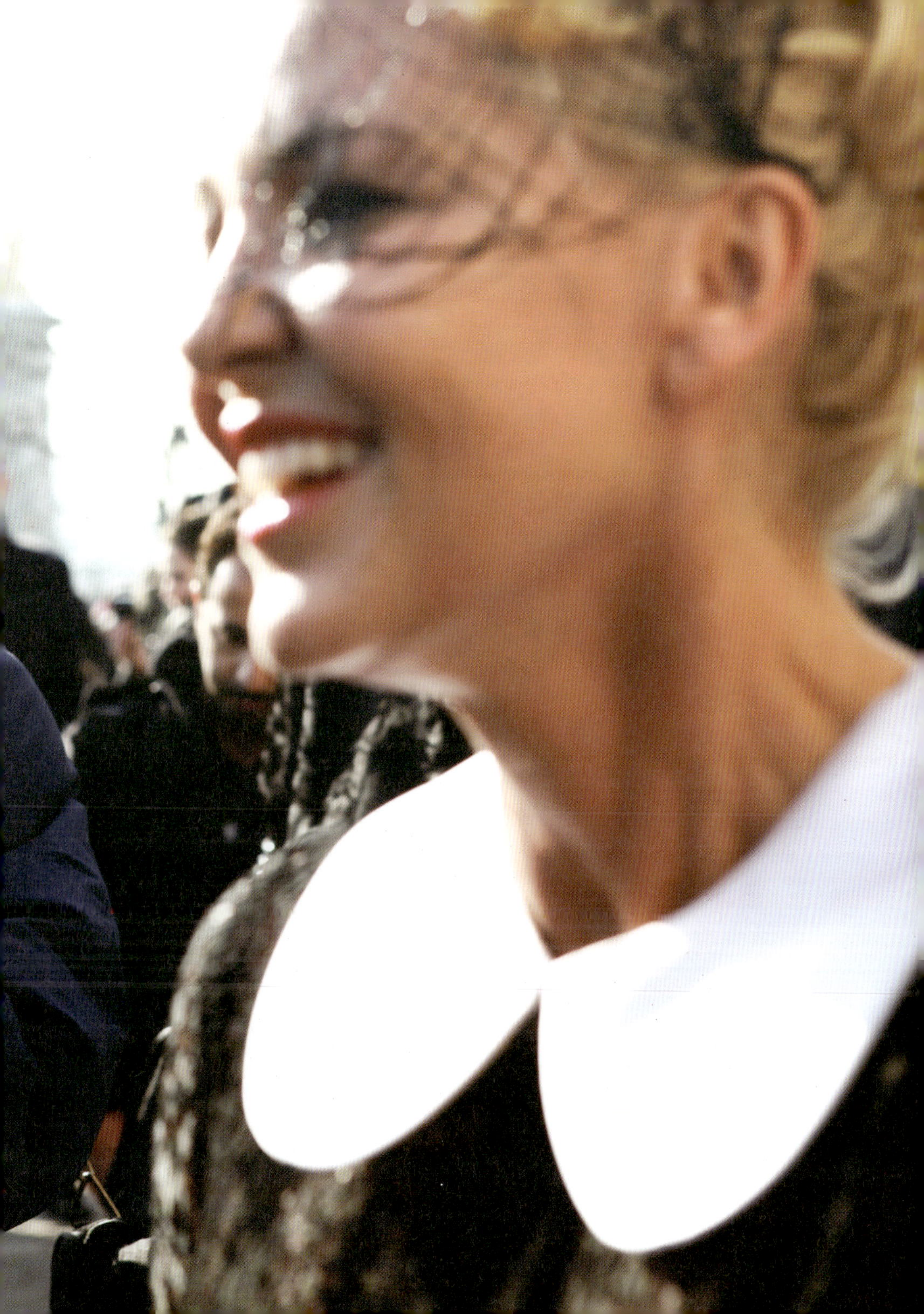

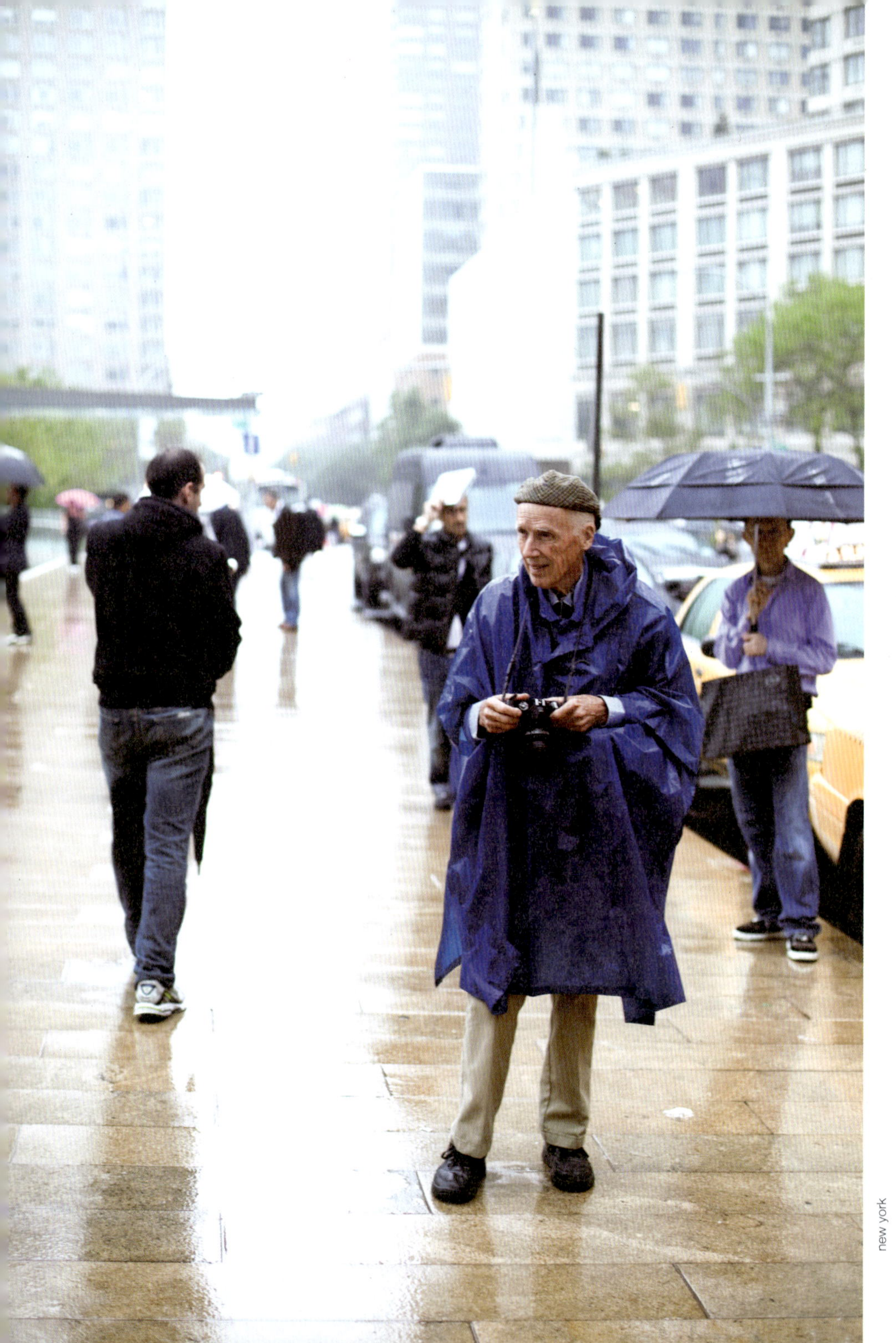

new york

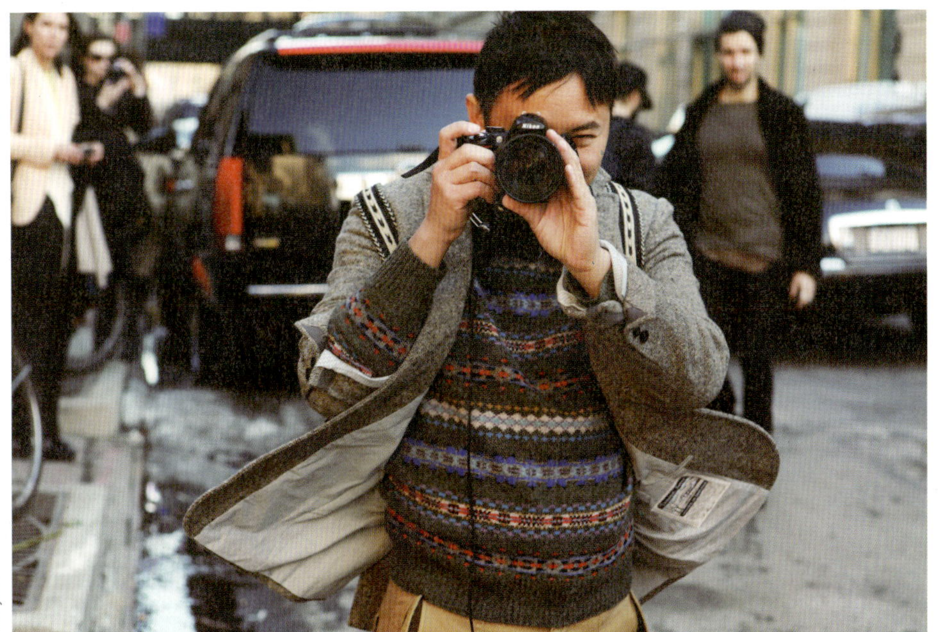

잭앤질, 토미 톤 <u>JAK&JIL, Tommy ton</u>

사토리얼리스트, 스콧 슈먼 <u>the Satorialist, Scott Schuman</u>

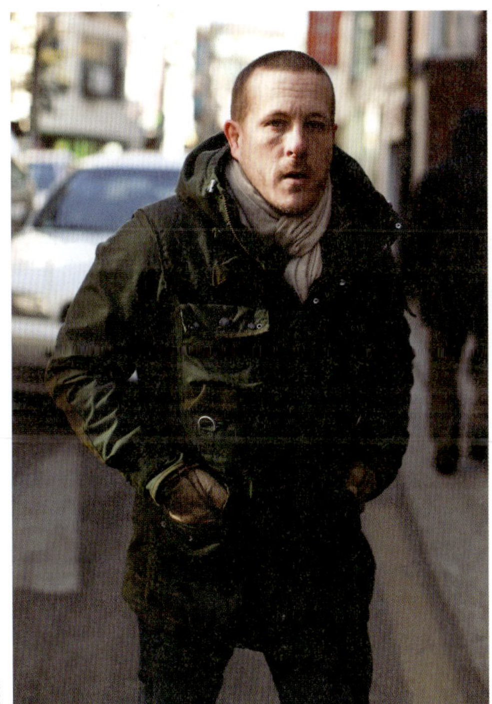

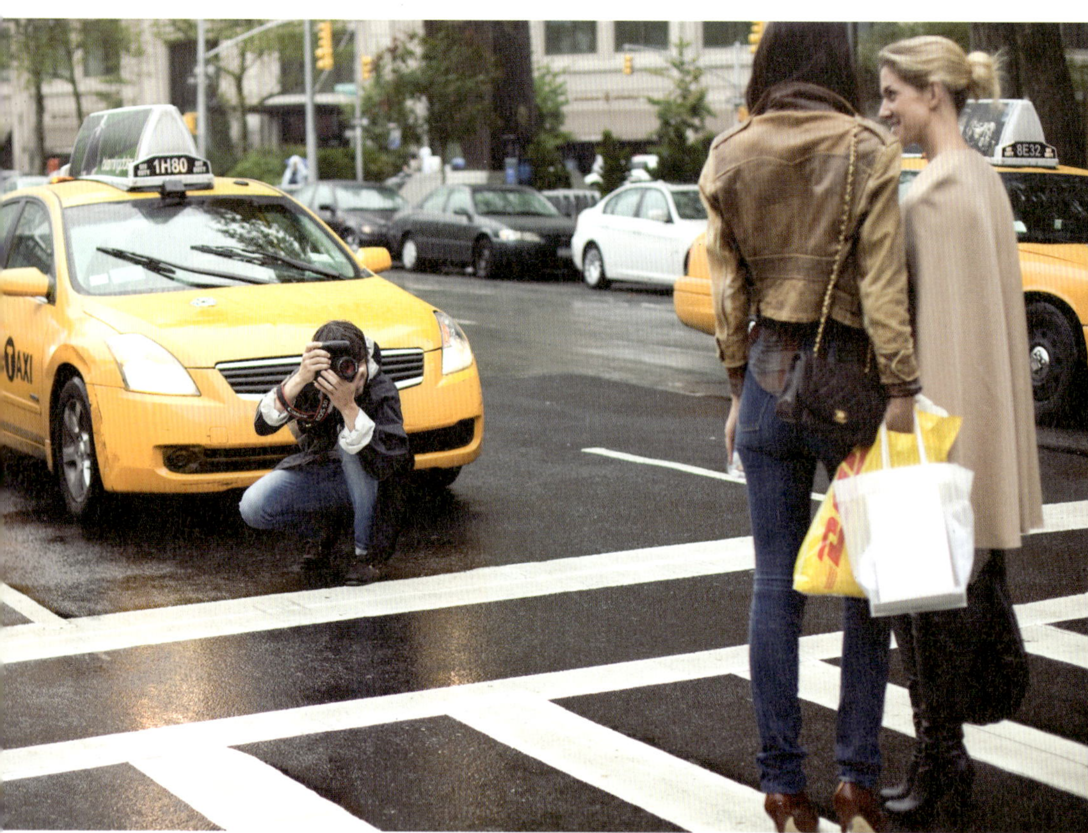

new york

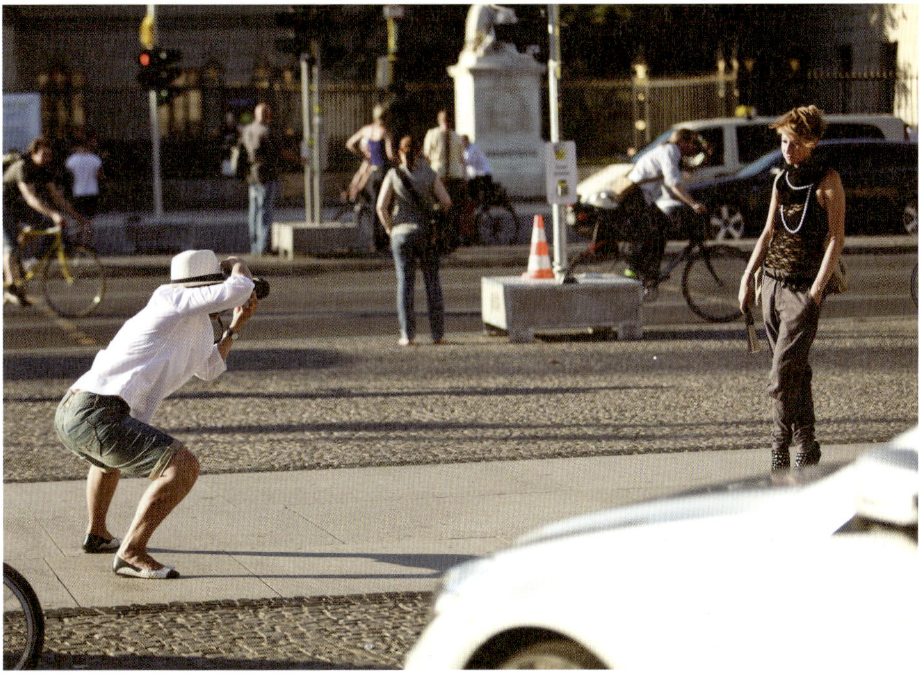

berlin

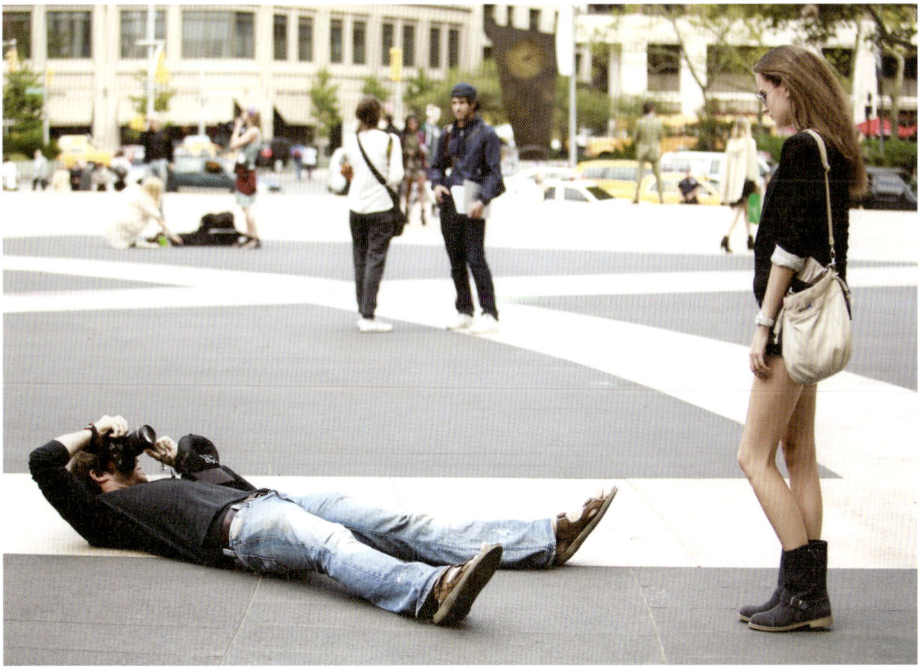

new york

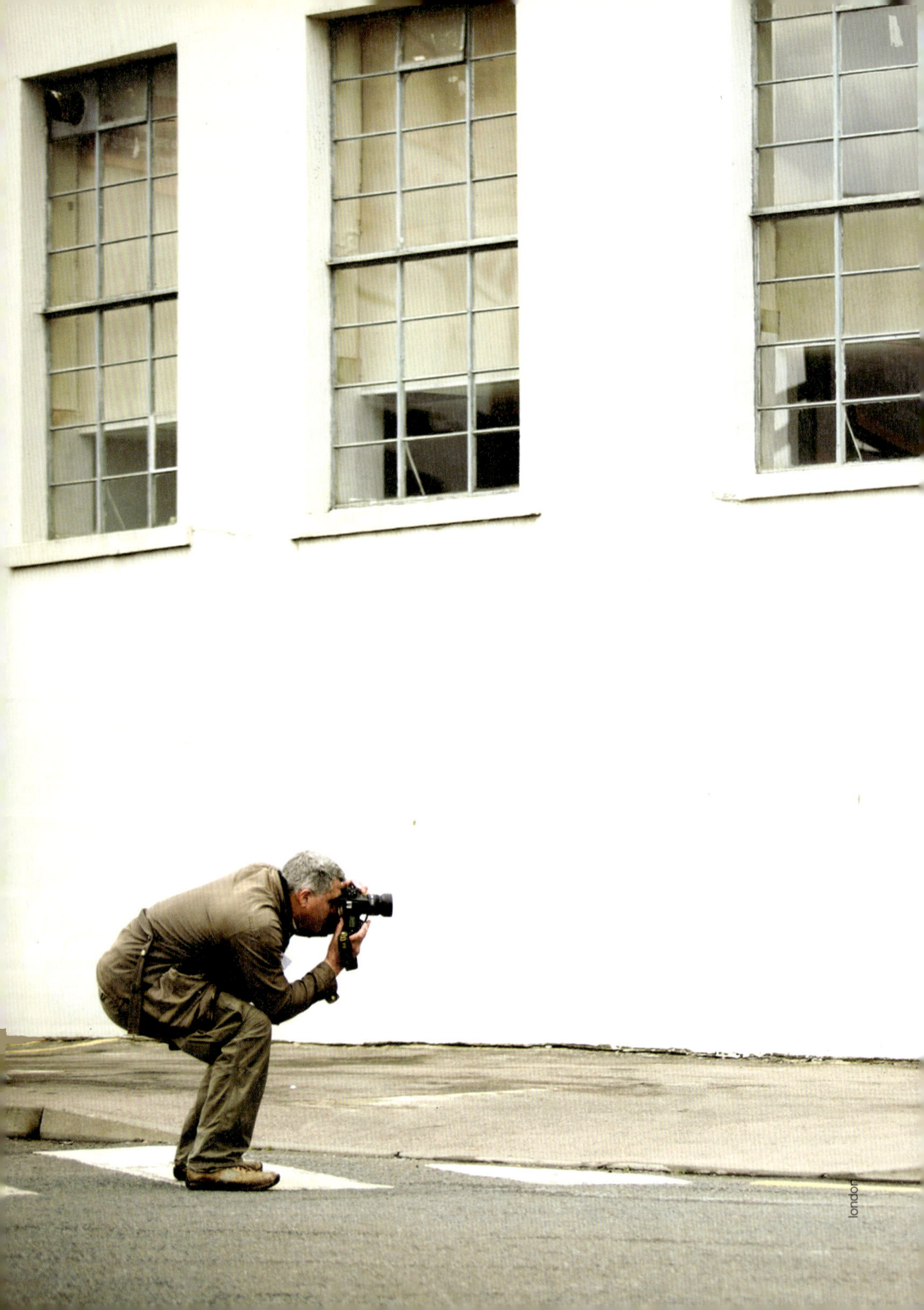
londor

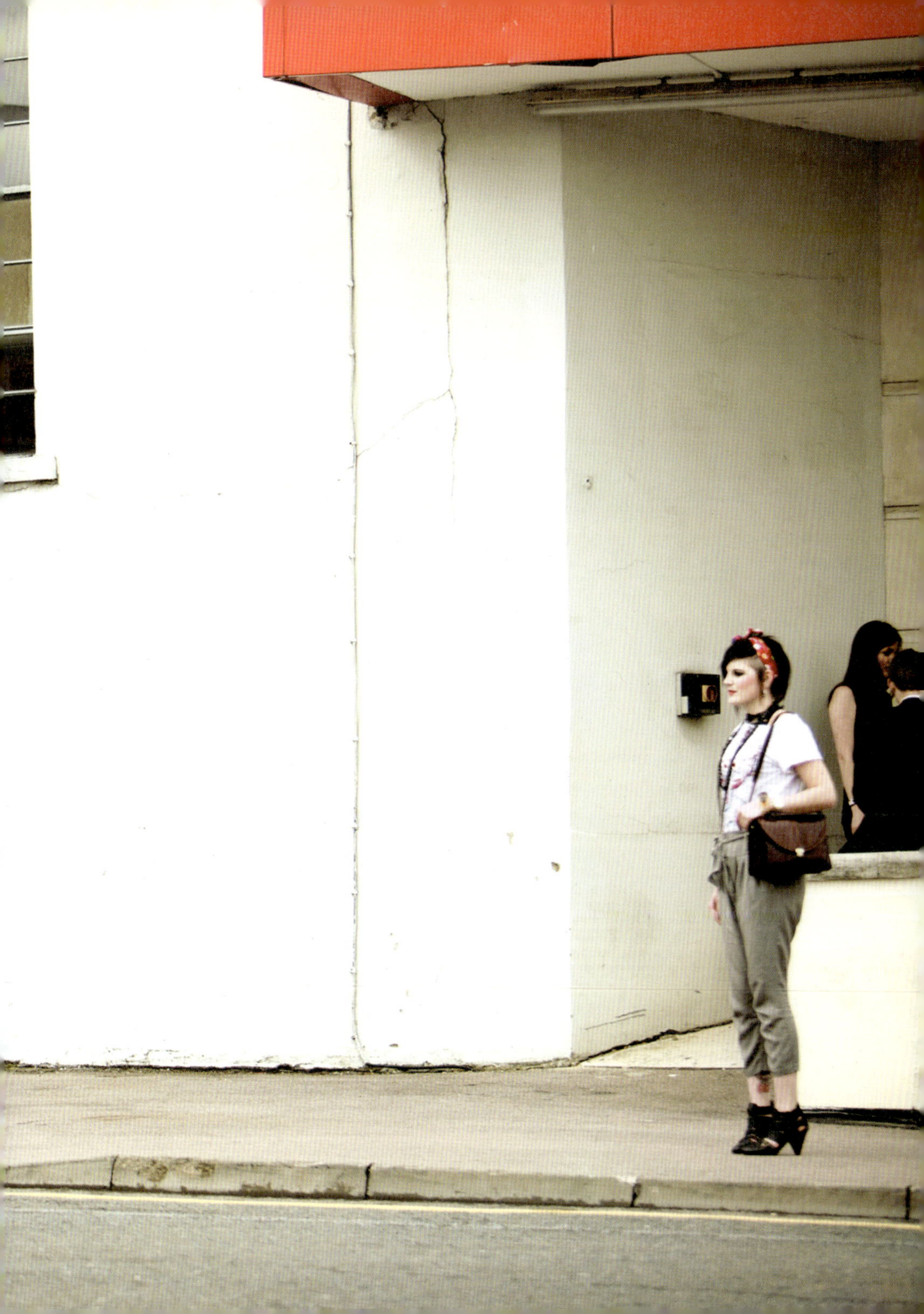

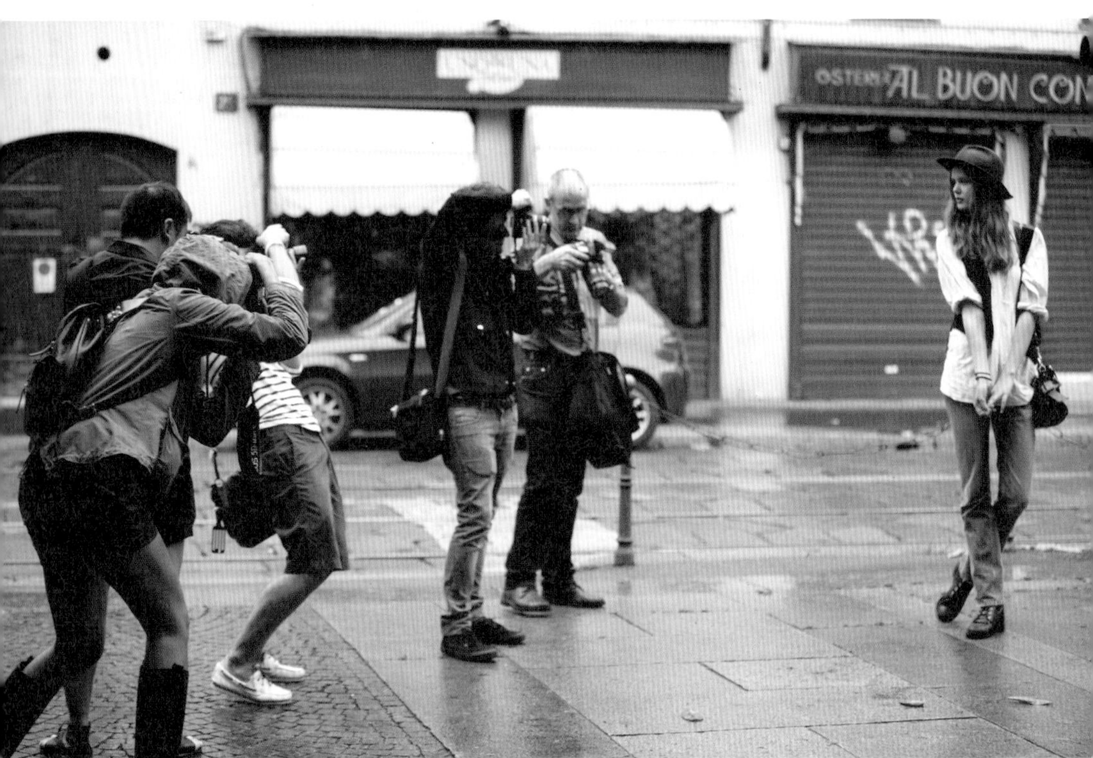

paris

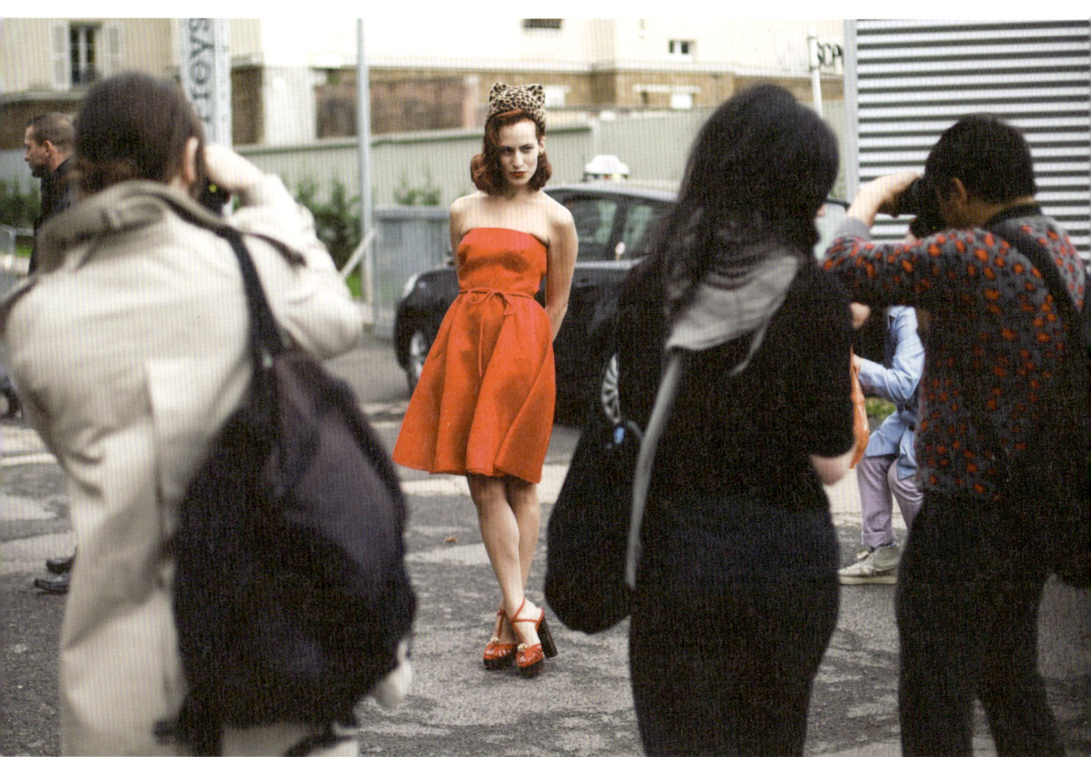

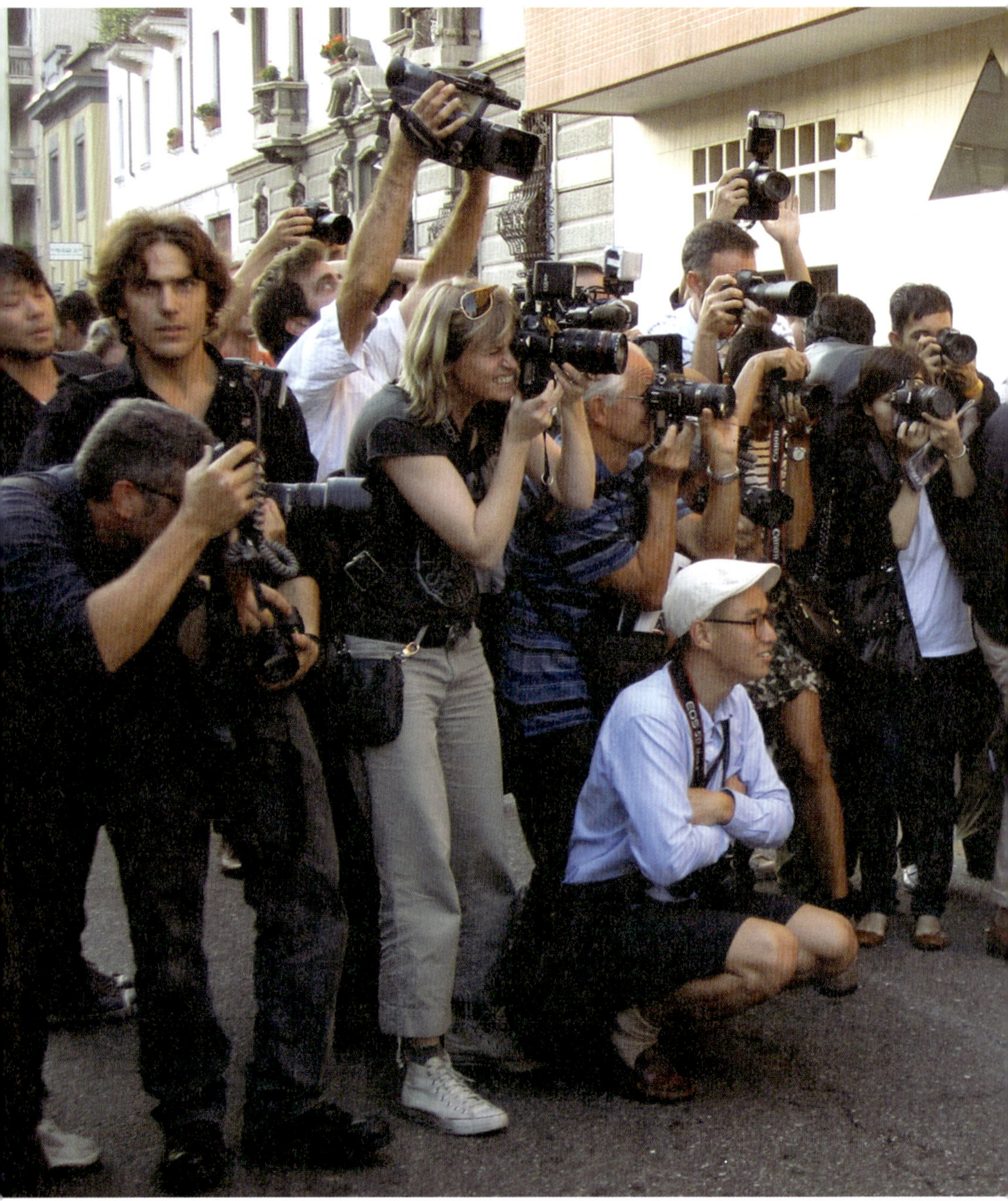

milan

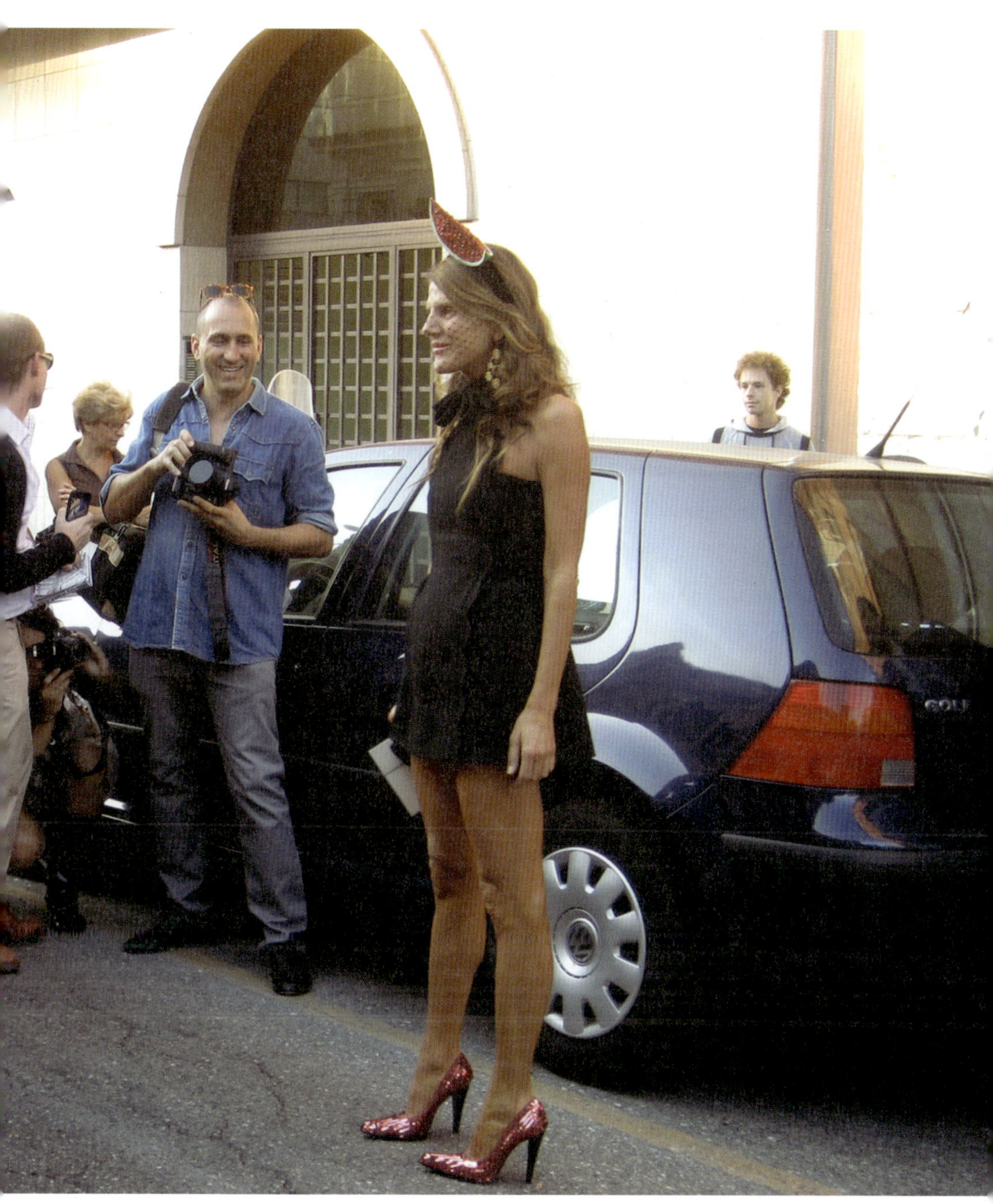

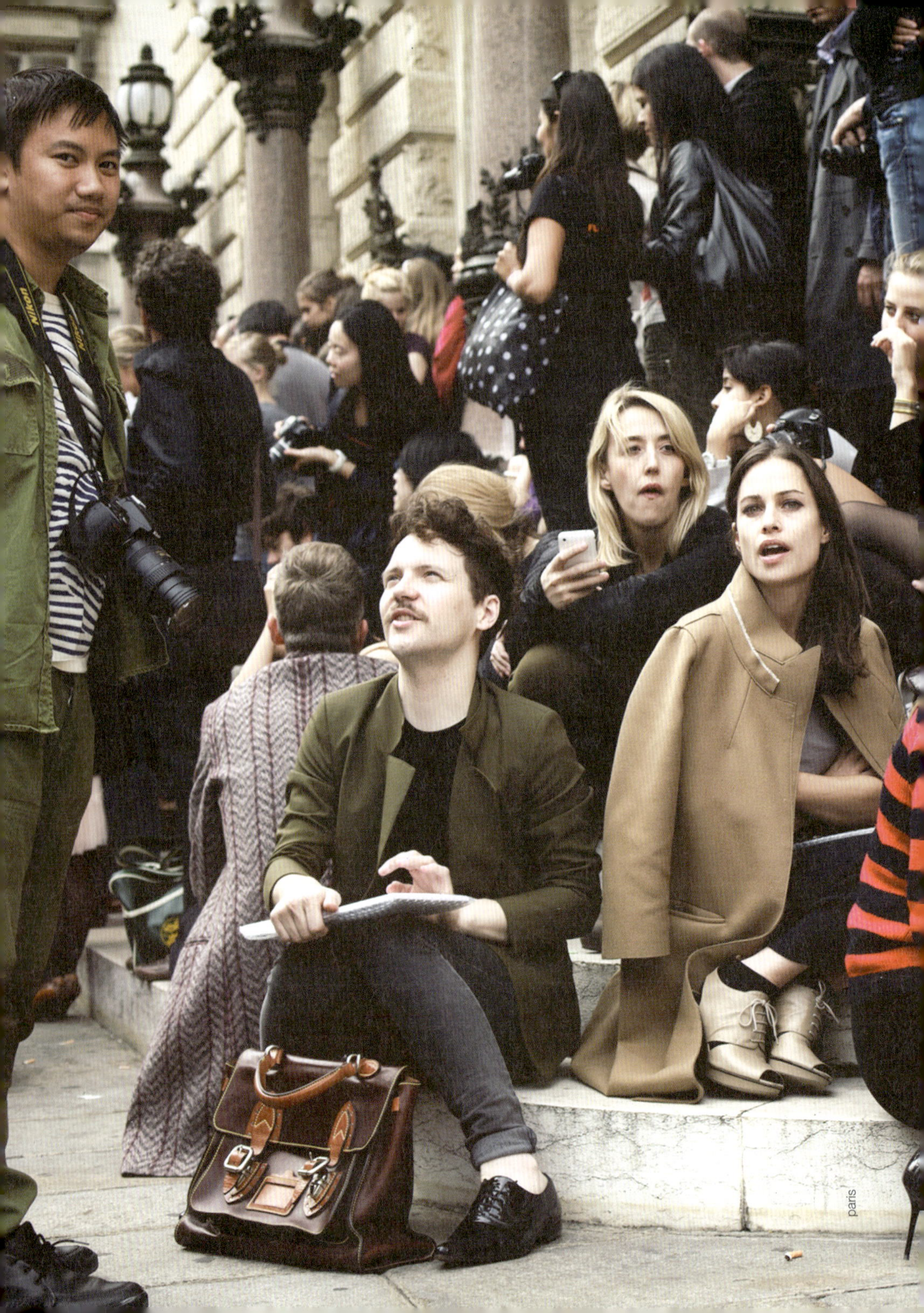

paris

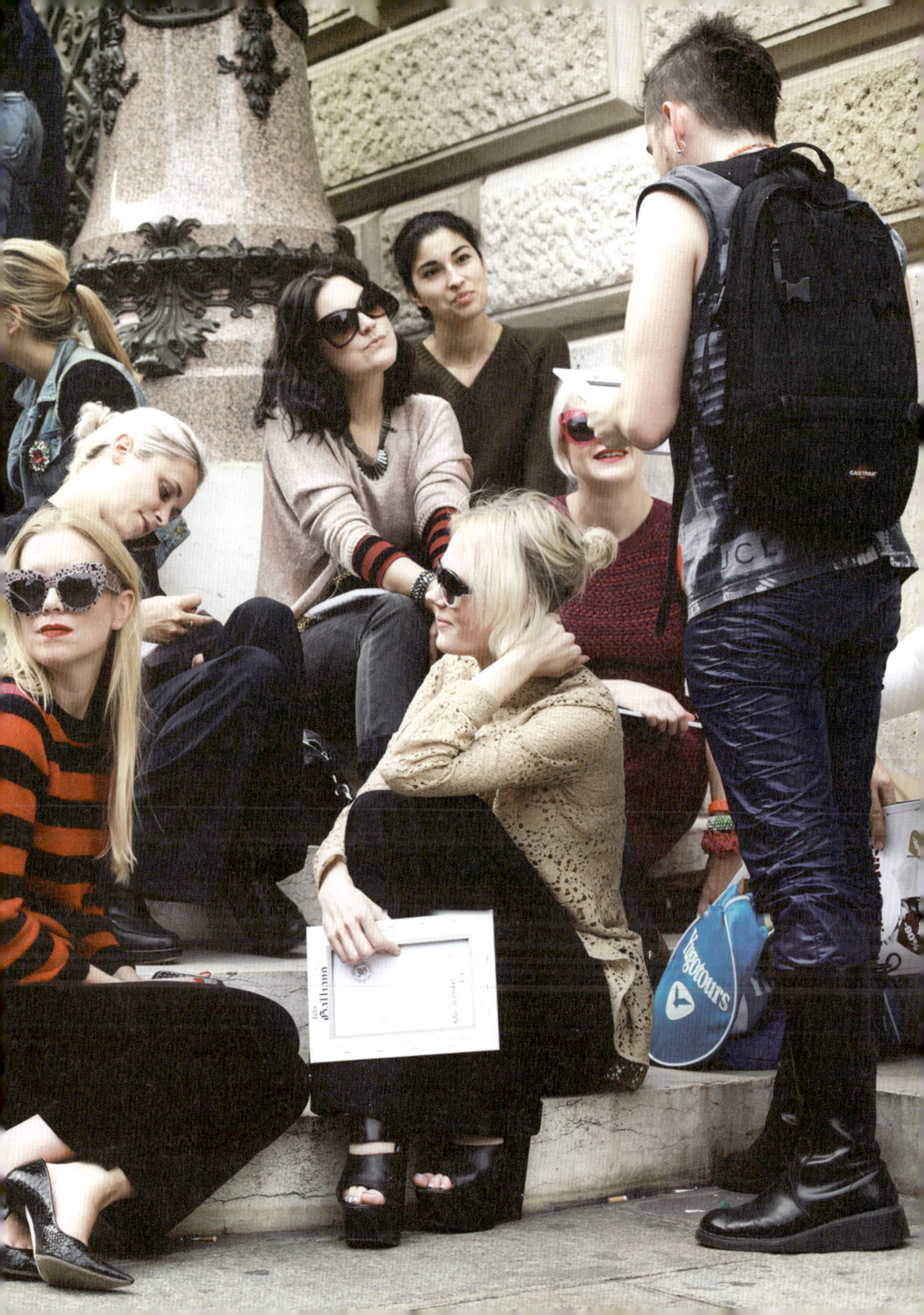

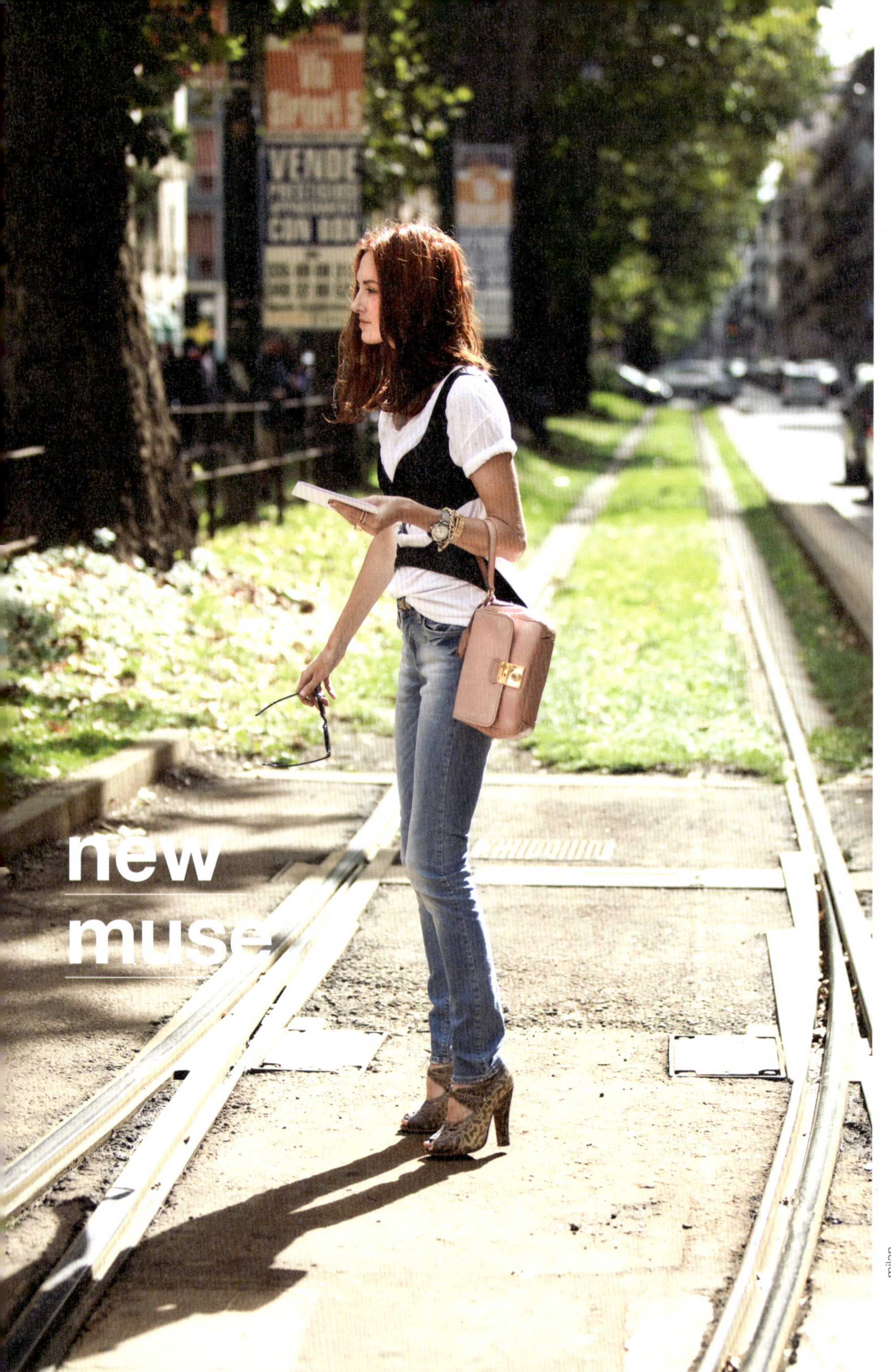
new
muse

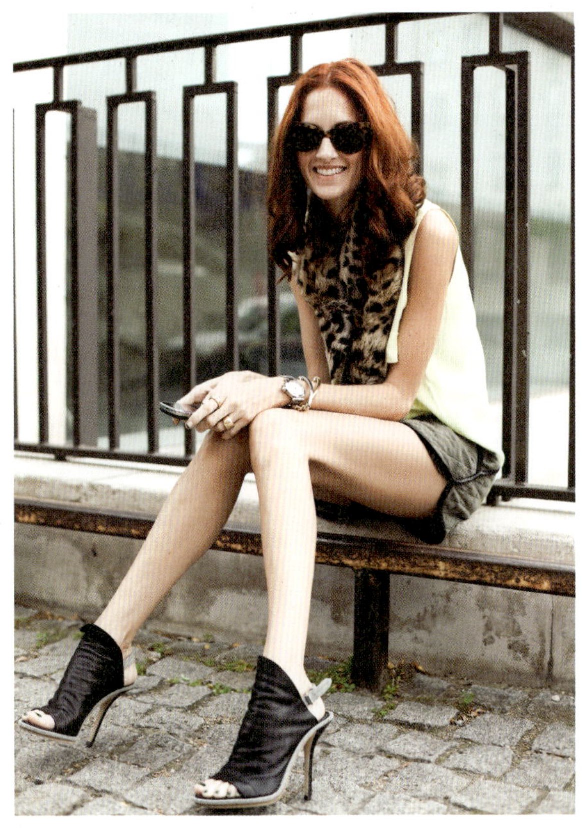

새로운 뮤즈

스트리트 패션 블로그가 큰 인기를 모으면서 개성 있는 스타일링의 패션 피플들이 웬만한 할리우드 스타

못지않은 인기를 누리며 매거진을 상식하고 있다. 미국 바리슬레트 스타일&엑세시니 니엑니신

테일러 토마시 힐Taylor Tomasi Hill 역시 그중 하나이다. 나는 그녀의 모든 룩을 사랑한다. 1년에 20개가 넘는 그녀의 룩을

촬영했으니 스토커라고 해도 뭐라 변명할 말이 없을 정도다. 카메라도 그녀를 알아보고 자동으로 찍을 기세니까.

그녀의 빨간 머리와 프로페셔널한 액세서리 스타일링, 도전적이고 실험적인 시도들은 그녀의 매력을 돋보이게 하고

한번 보면 결코 잊혀지지 않는 강렬한 룩을 만들어낸다. 그녀를 보면 '옷차림에 몹시 정성을 기울이면서도

여전히 지적이고 현명한 사람'이 되는 것의 의미를 알 것 같다. 블로그에 그녀의 사진을 올릴 때마다

열광적인 사람들의 반응을 보면 그녀는 이미 검증된 패션 셀러브리티로 자리잡은 듯하다.

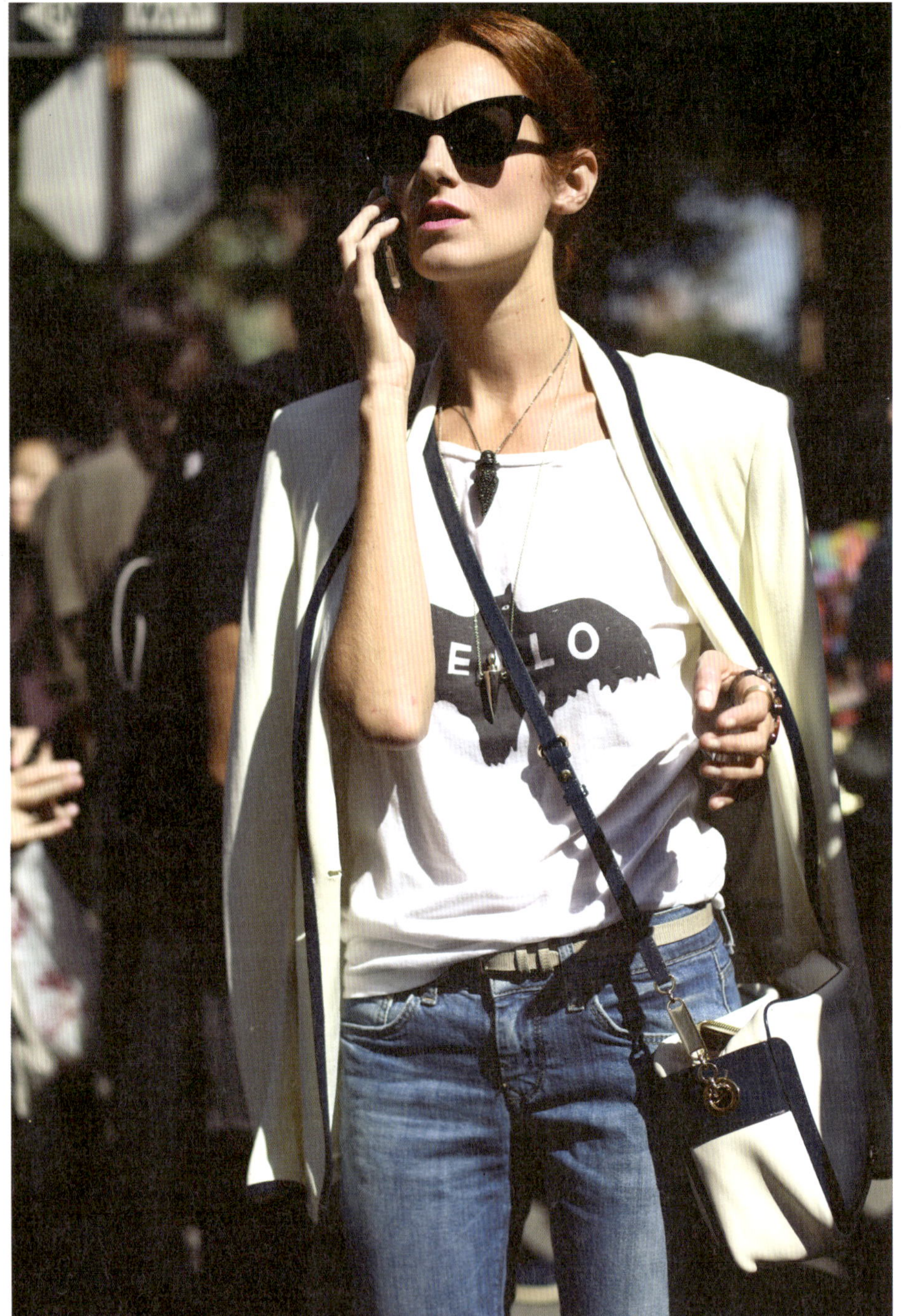

ELLO

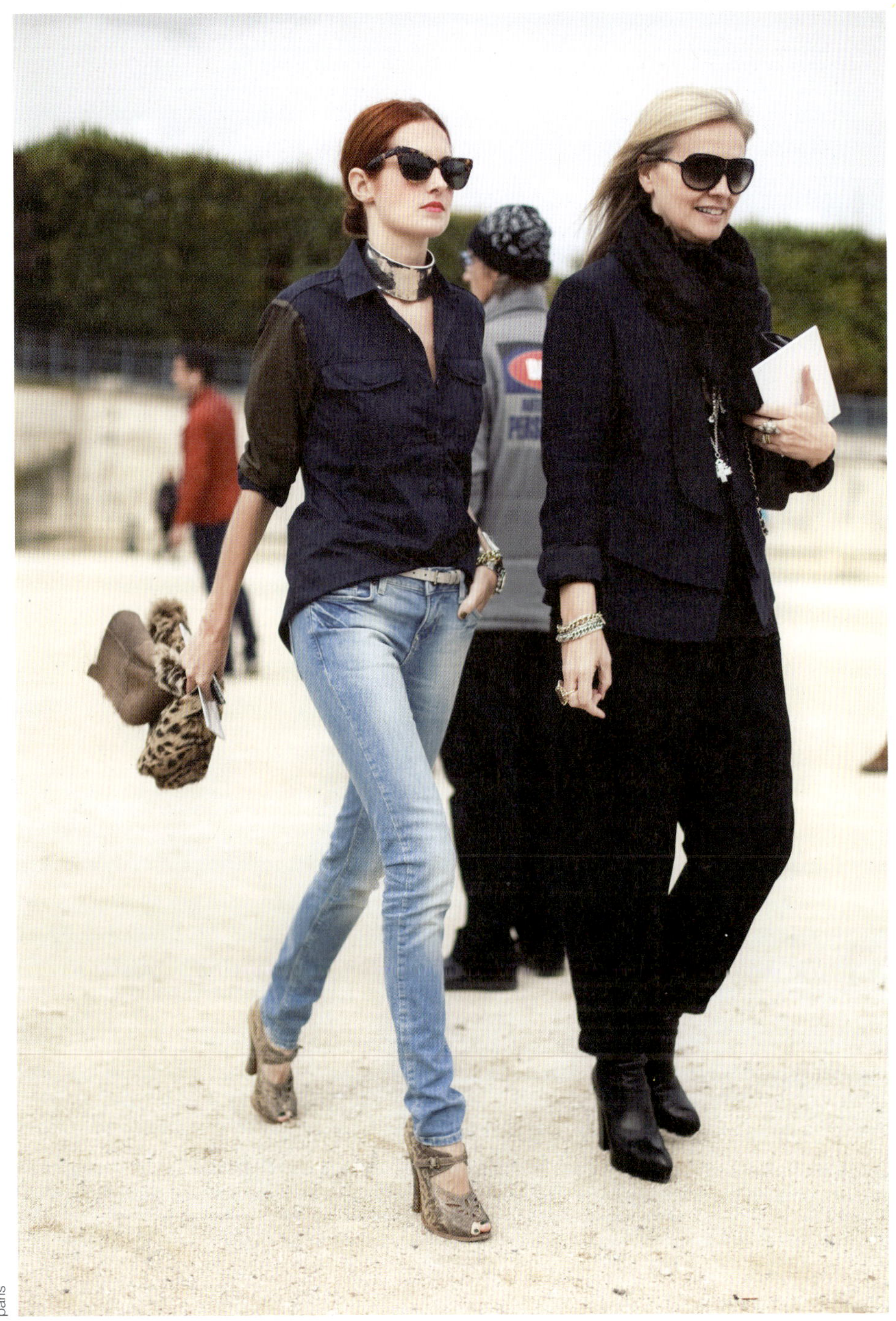

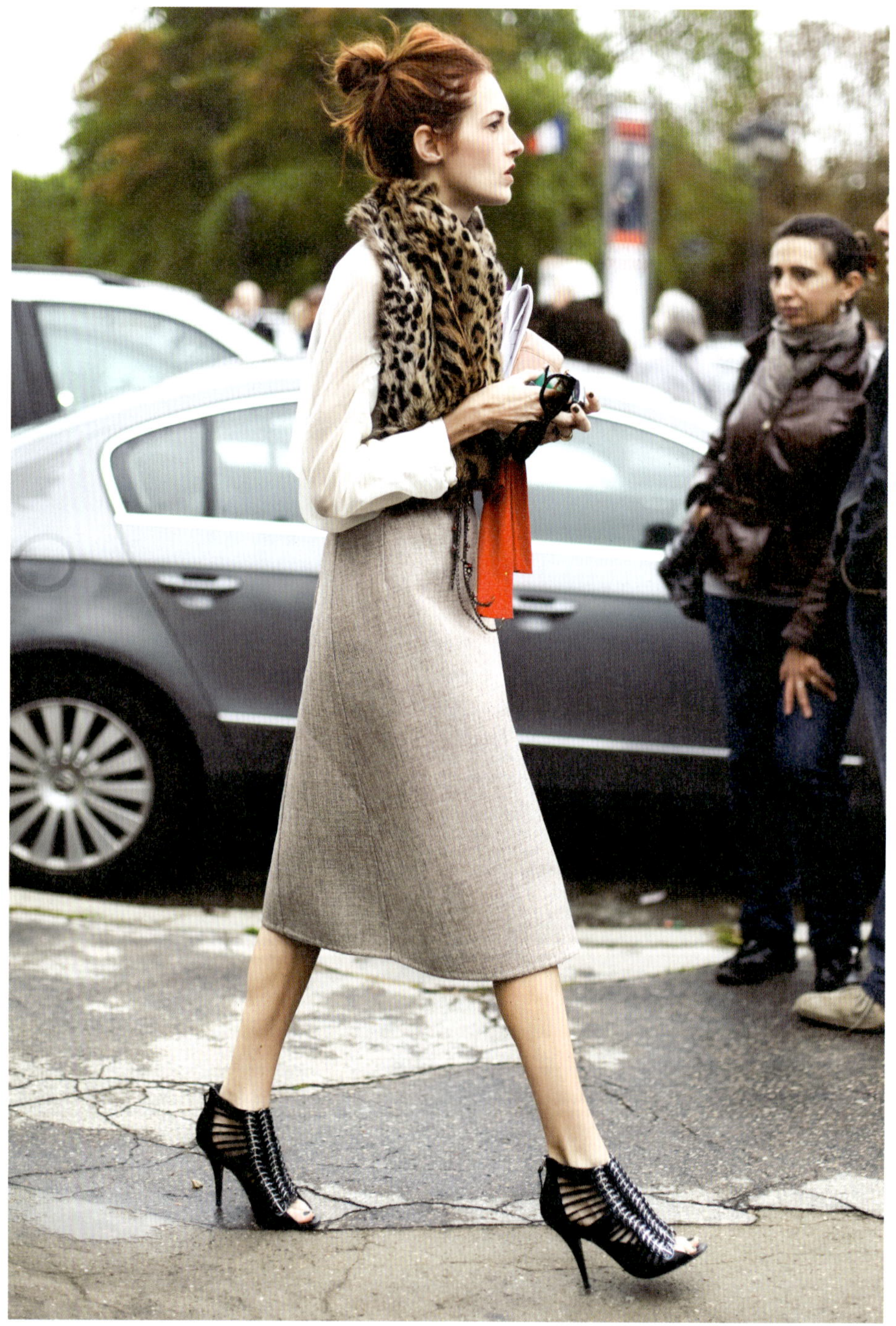
paris

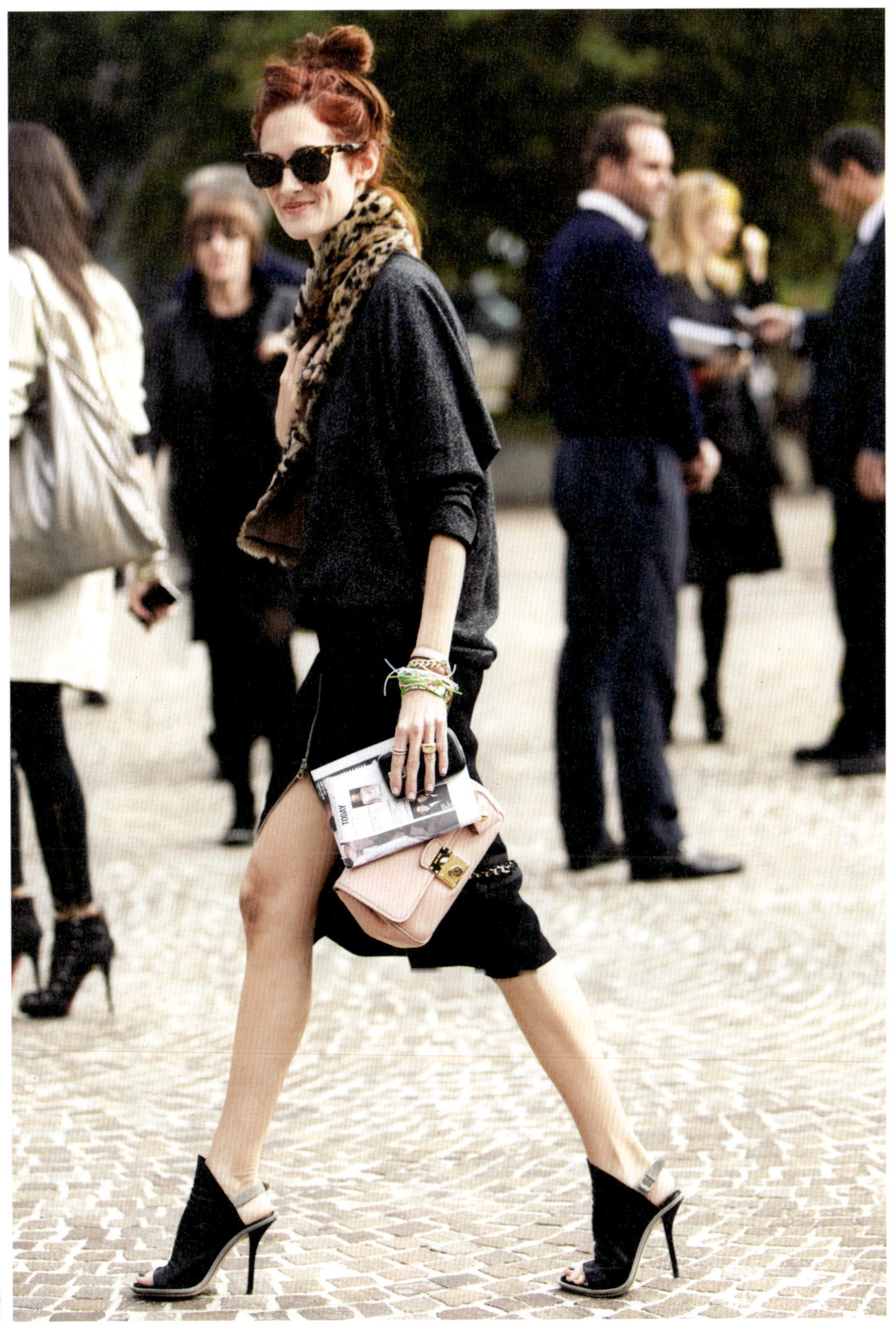

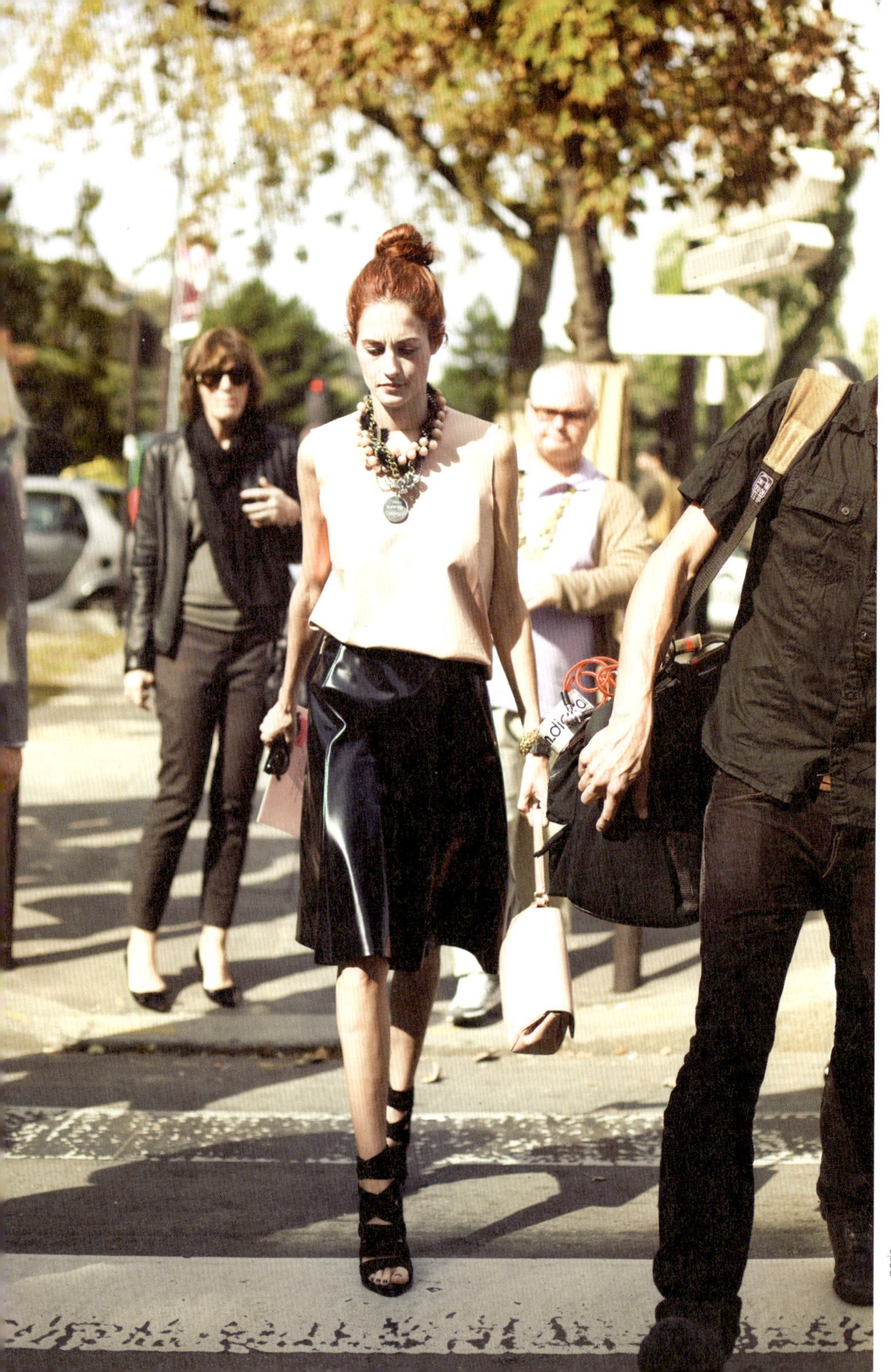

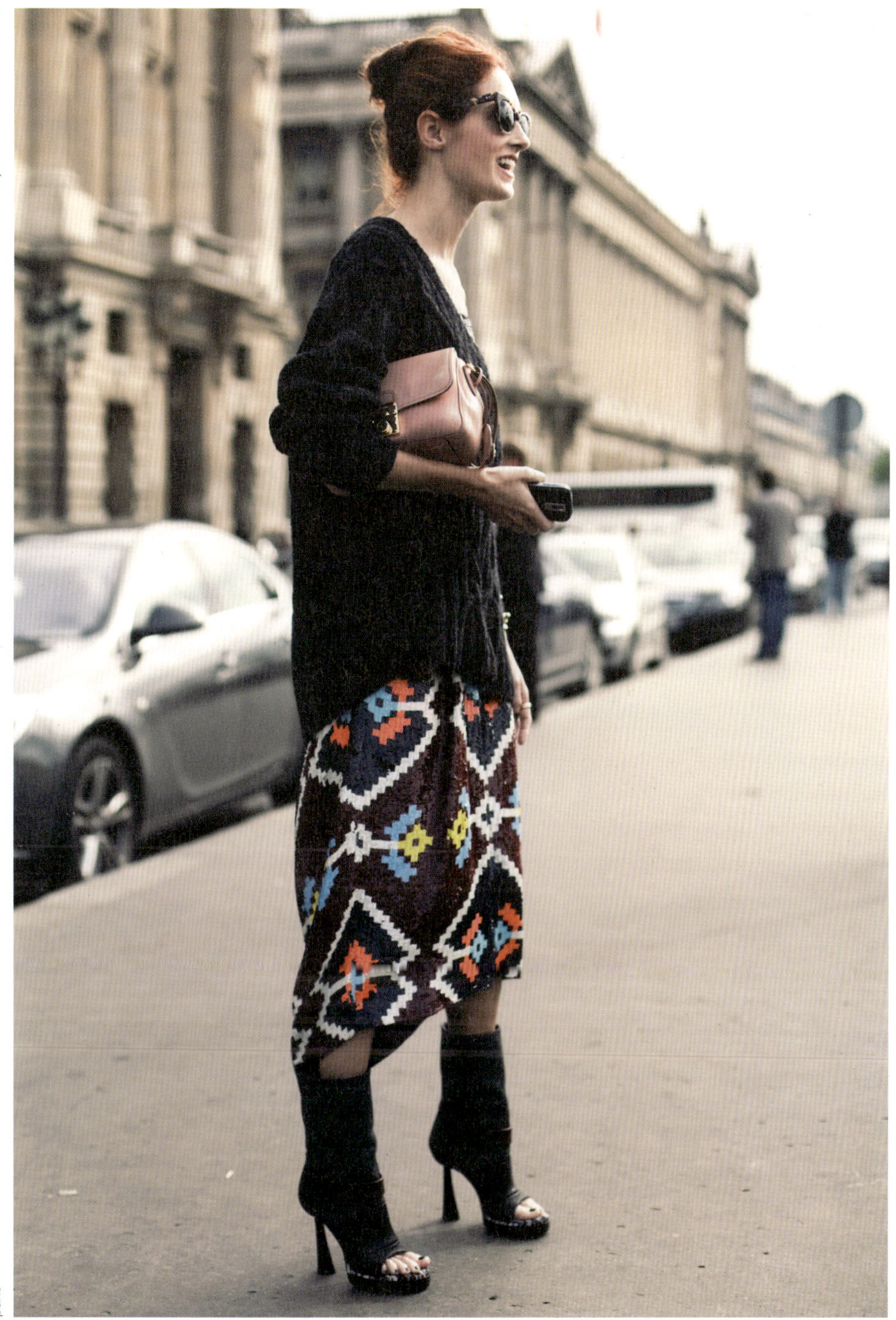

paris

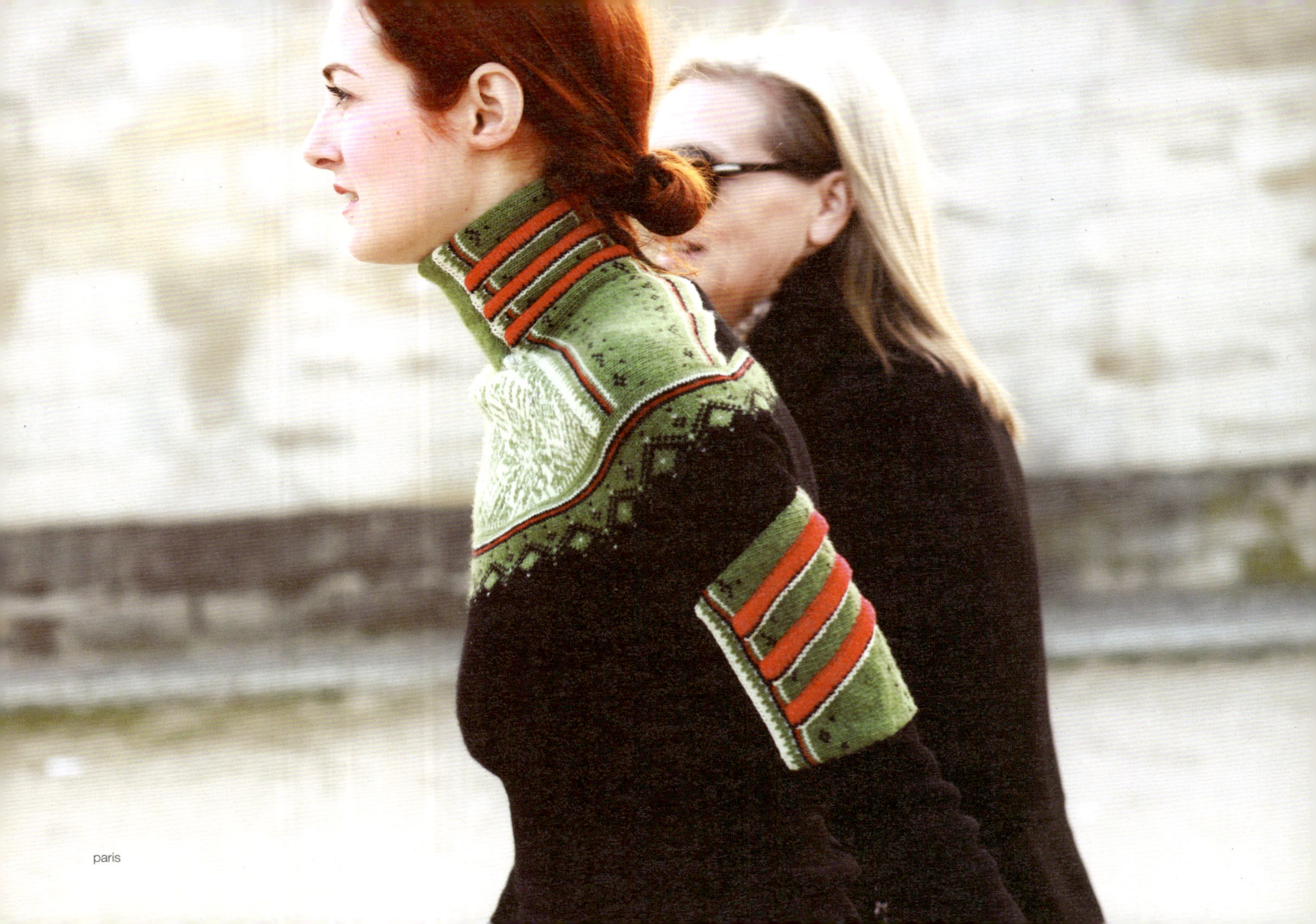

paris

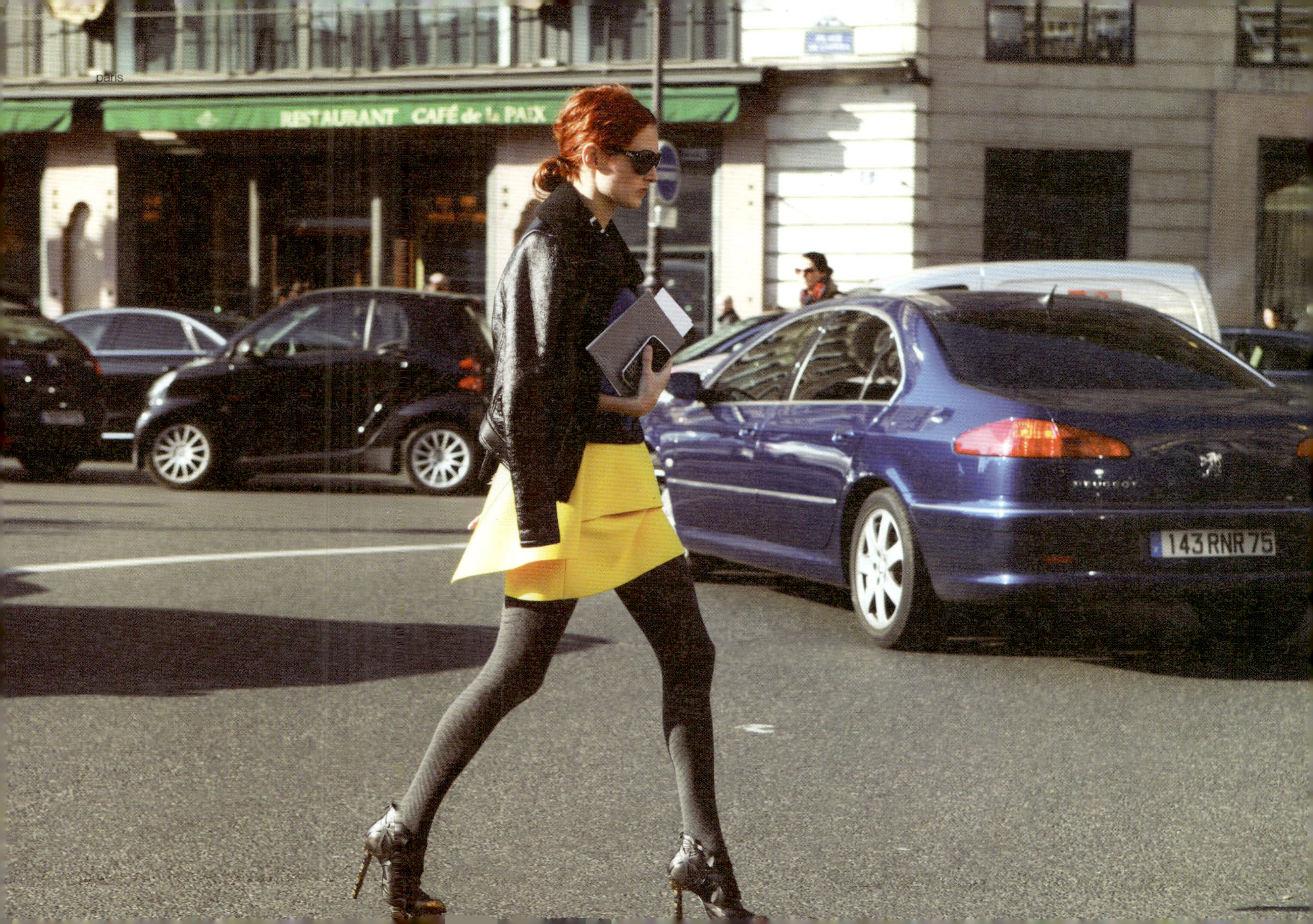
RESTAURANT CAFÉ de la PAIX
143 RNR 75
paris

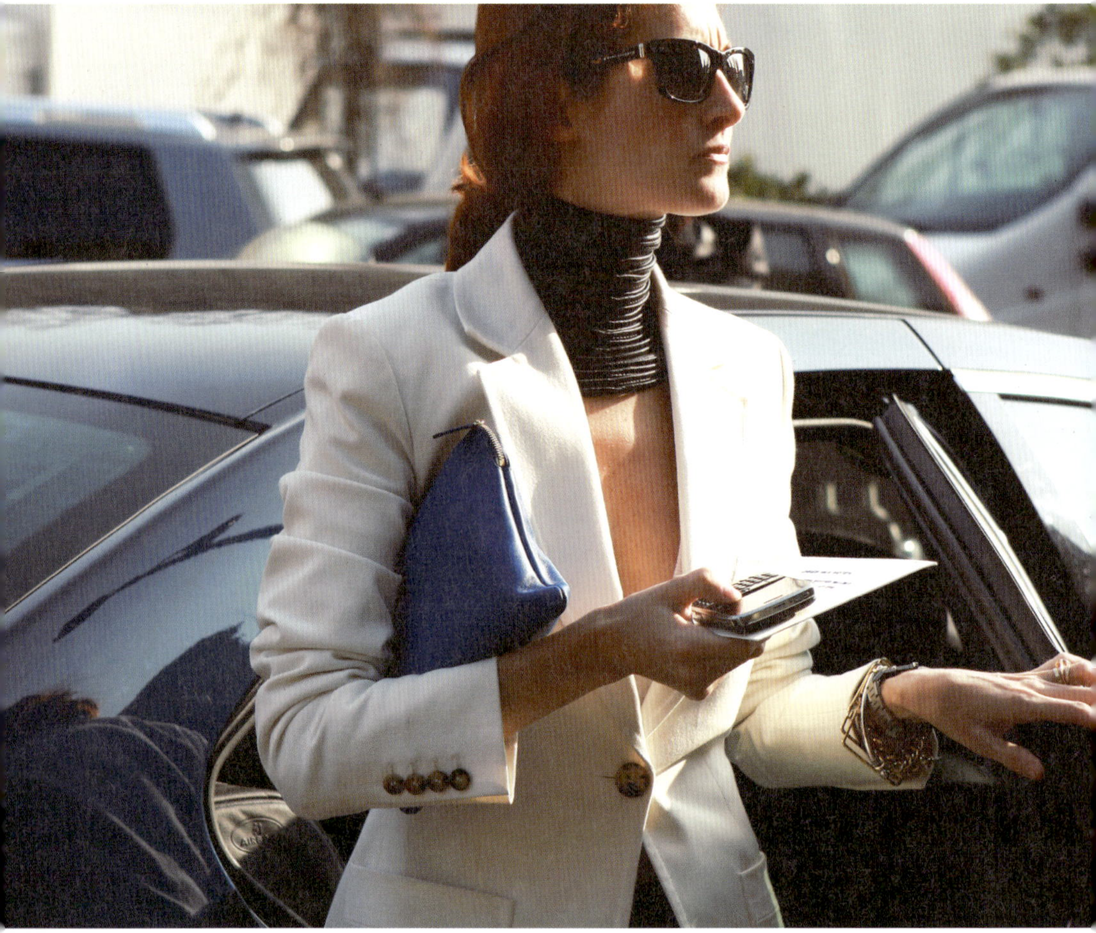

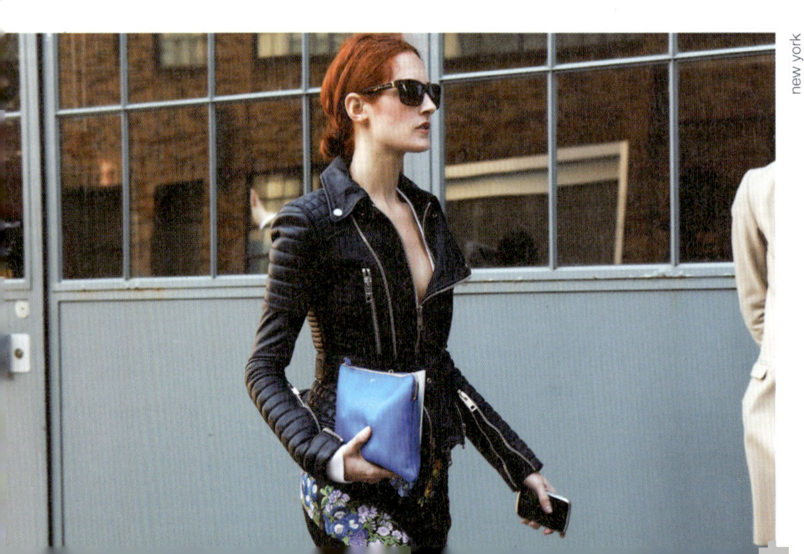

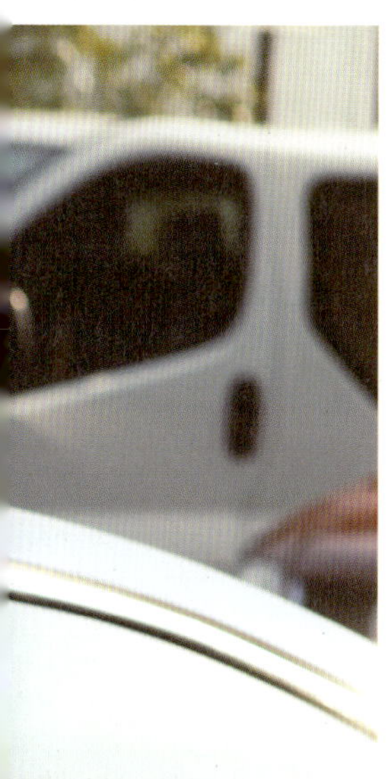

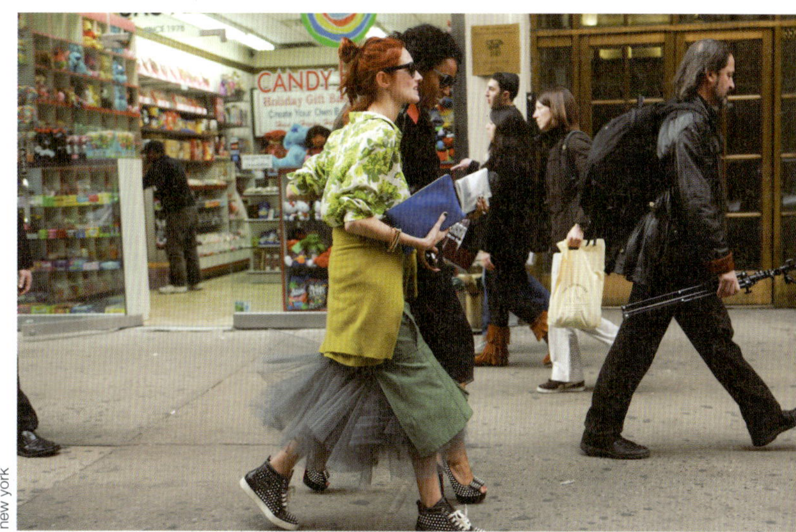

CANDY
Holiday Gift Ba
Create Your Own B

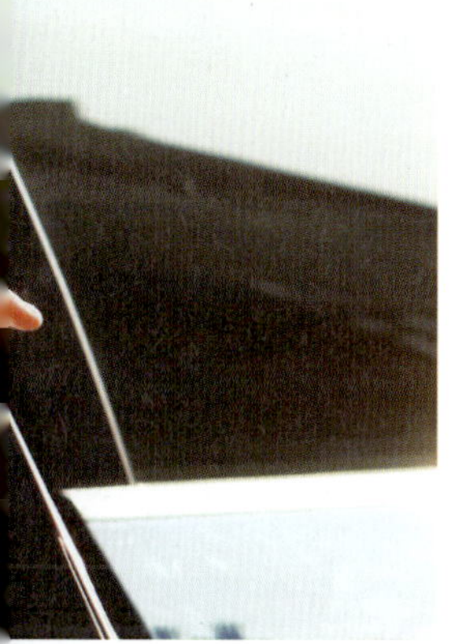

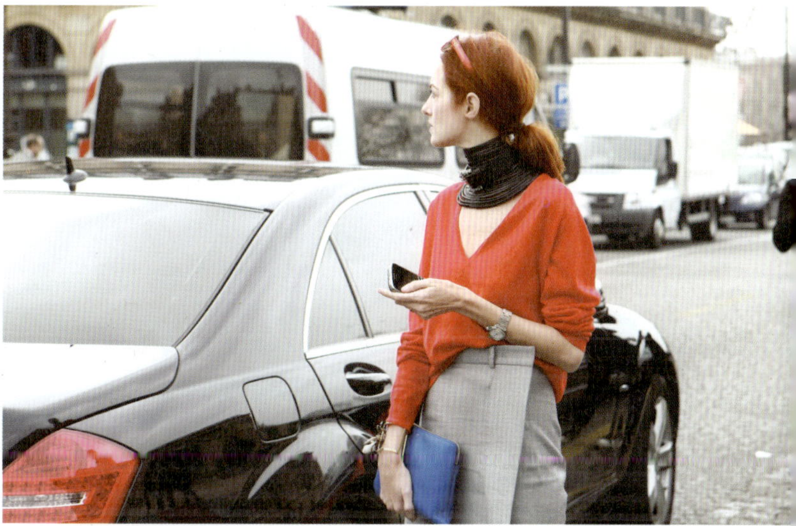

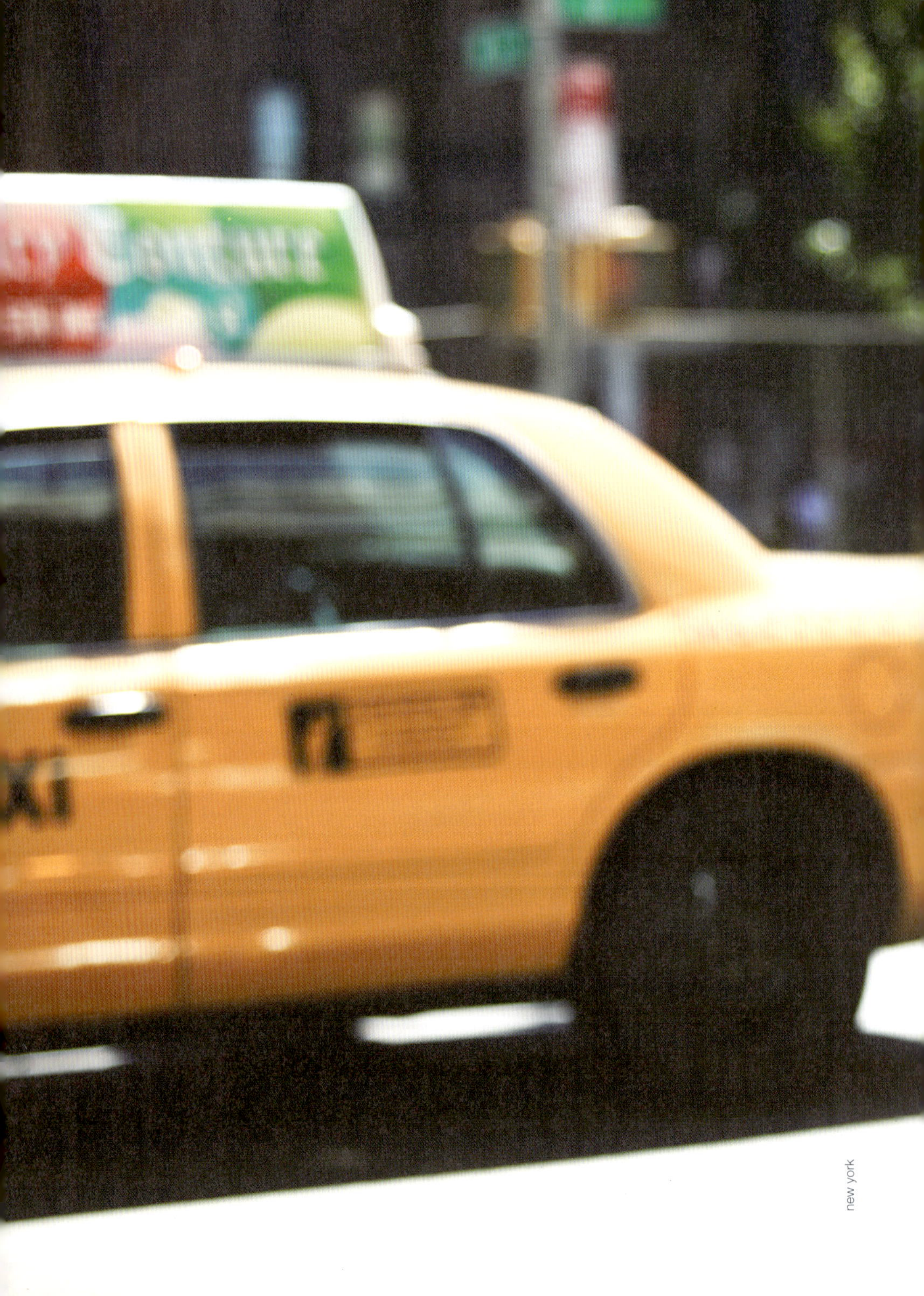

new york

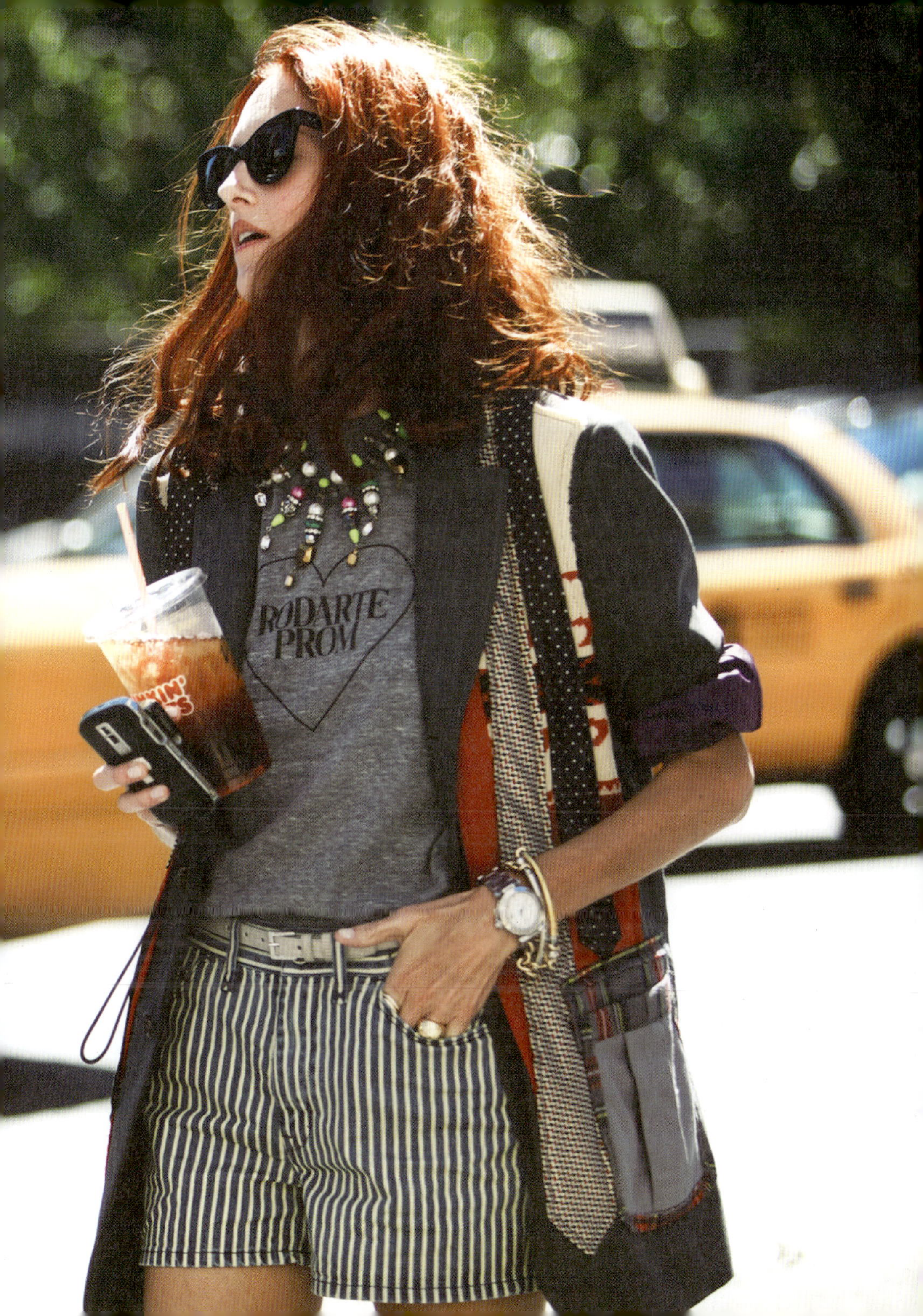
RODARTE
PROM

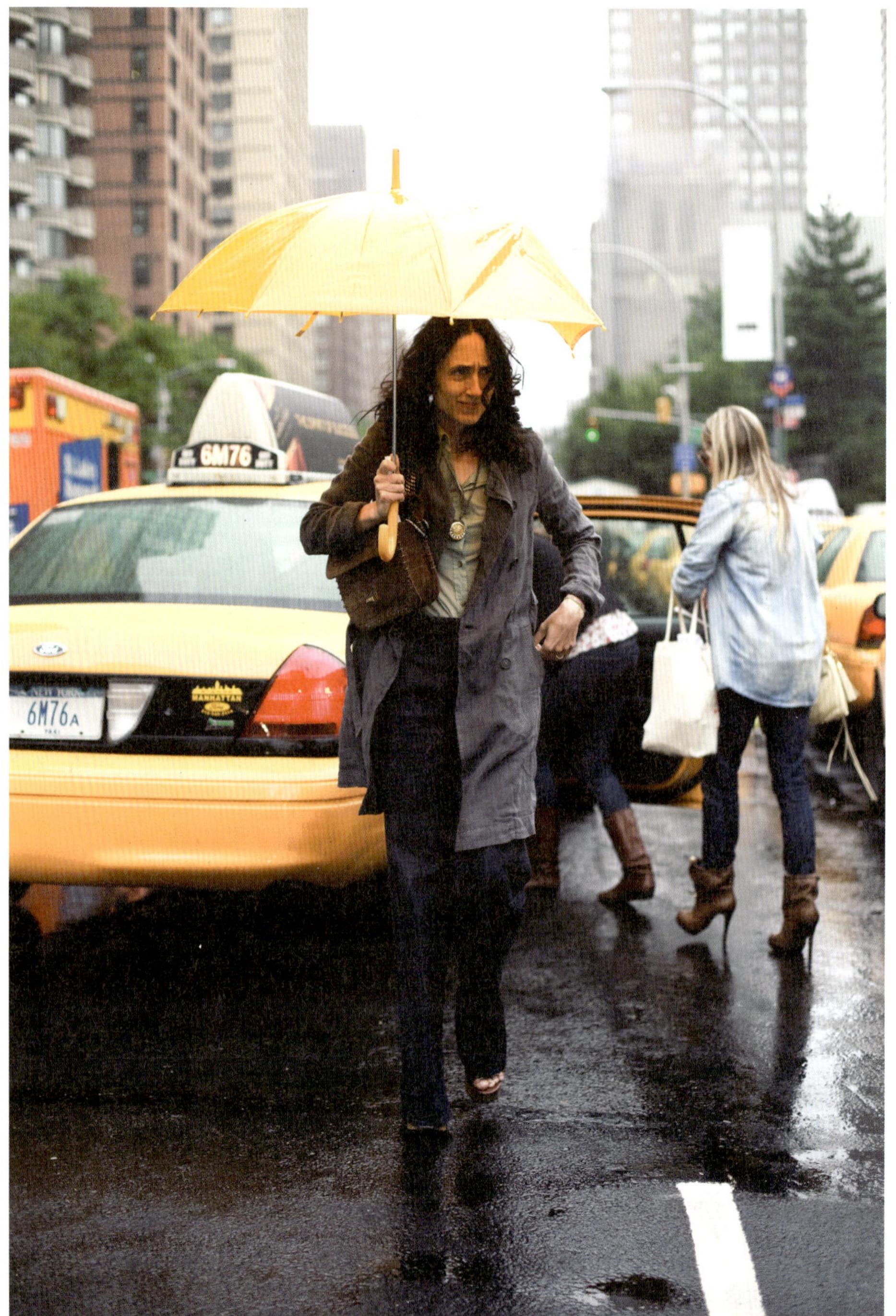

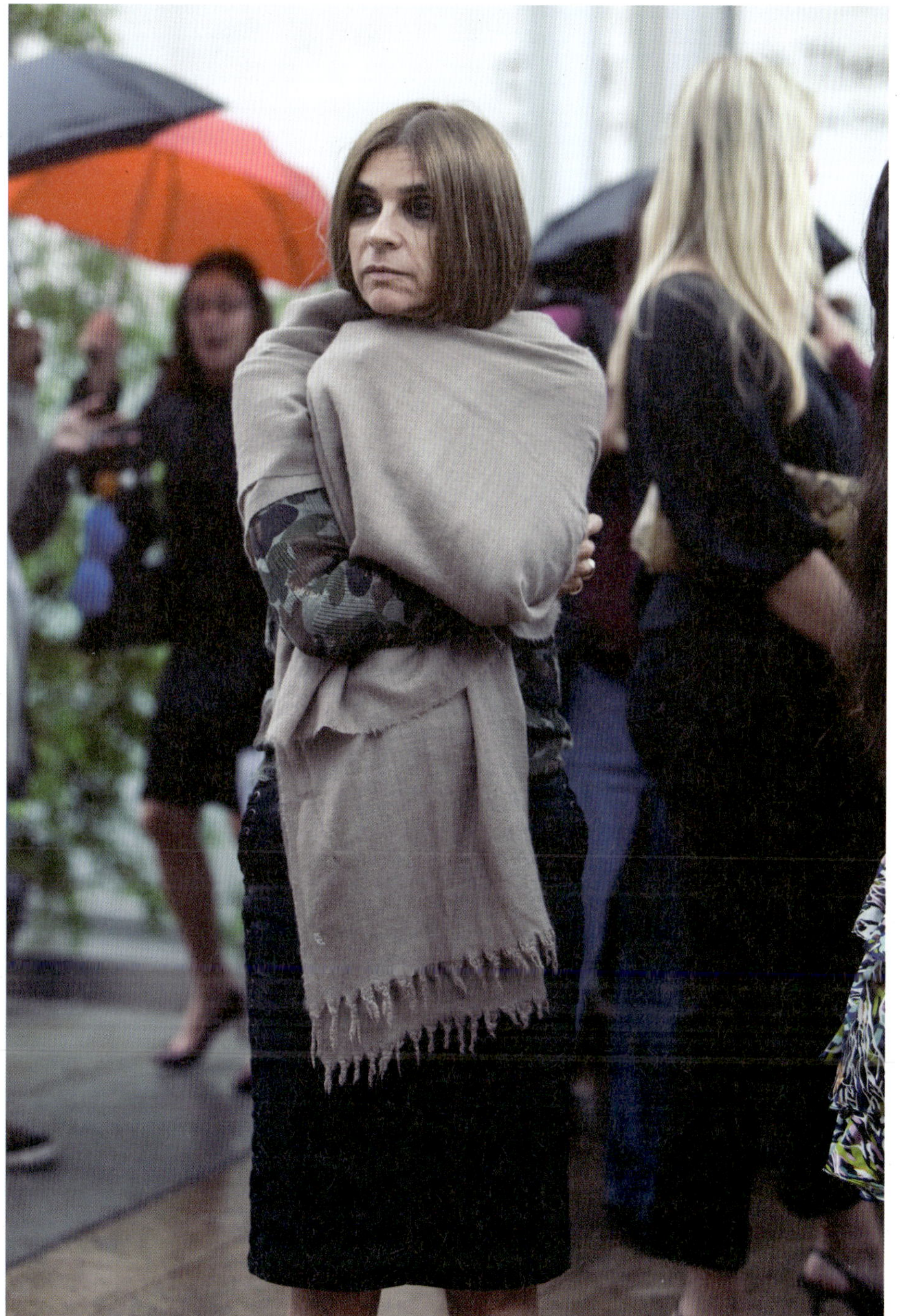

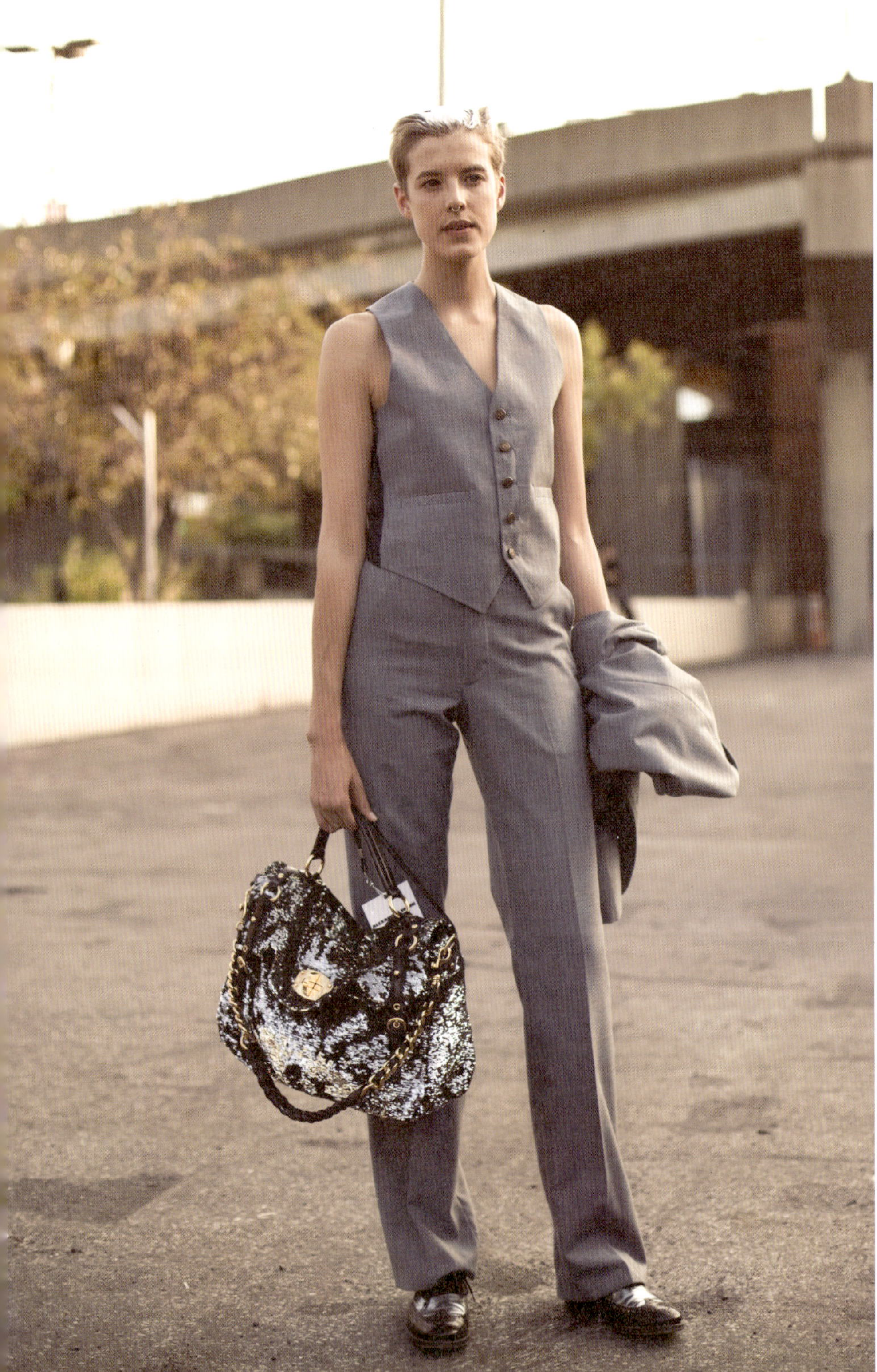

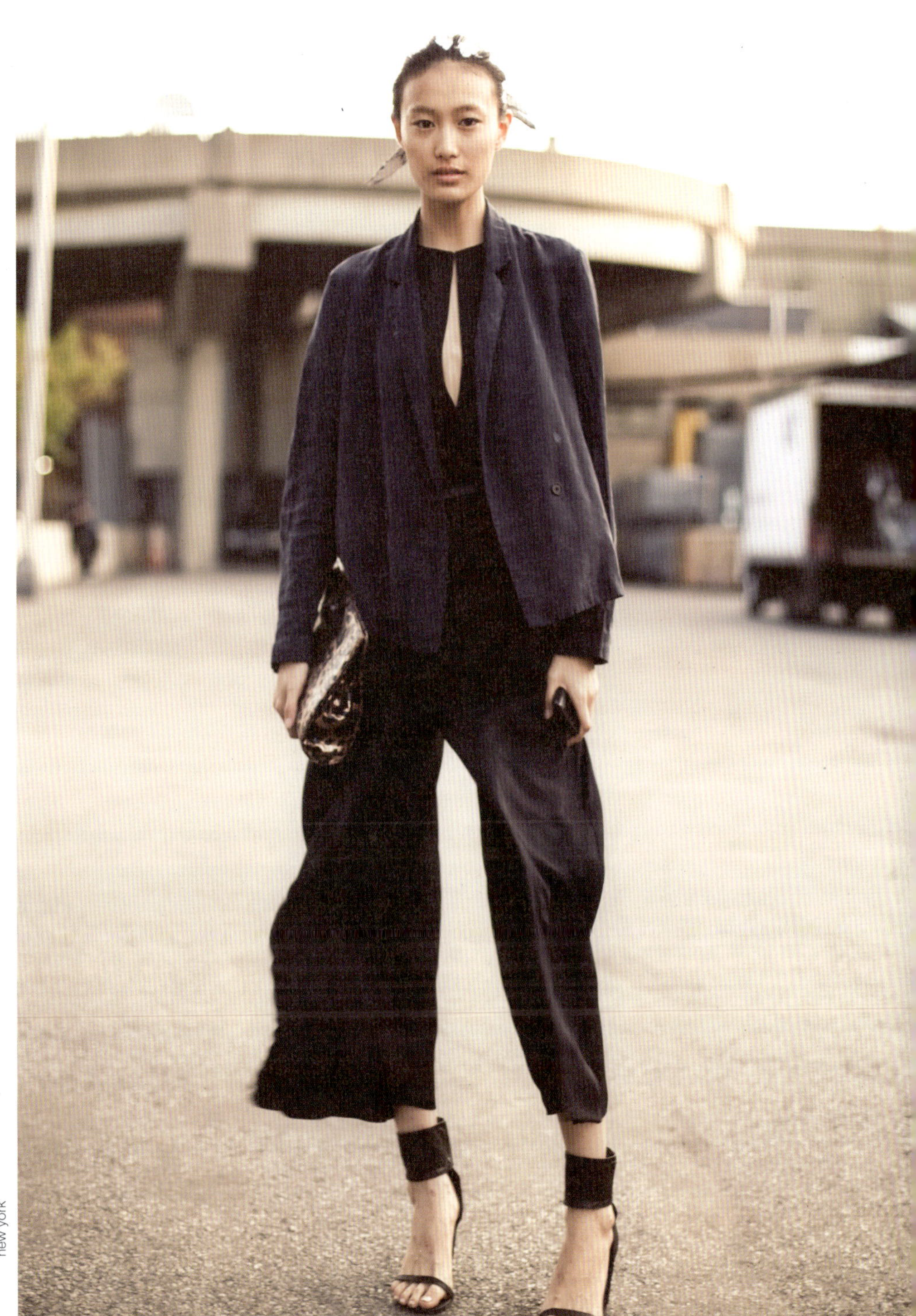

new york

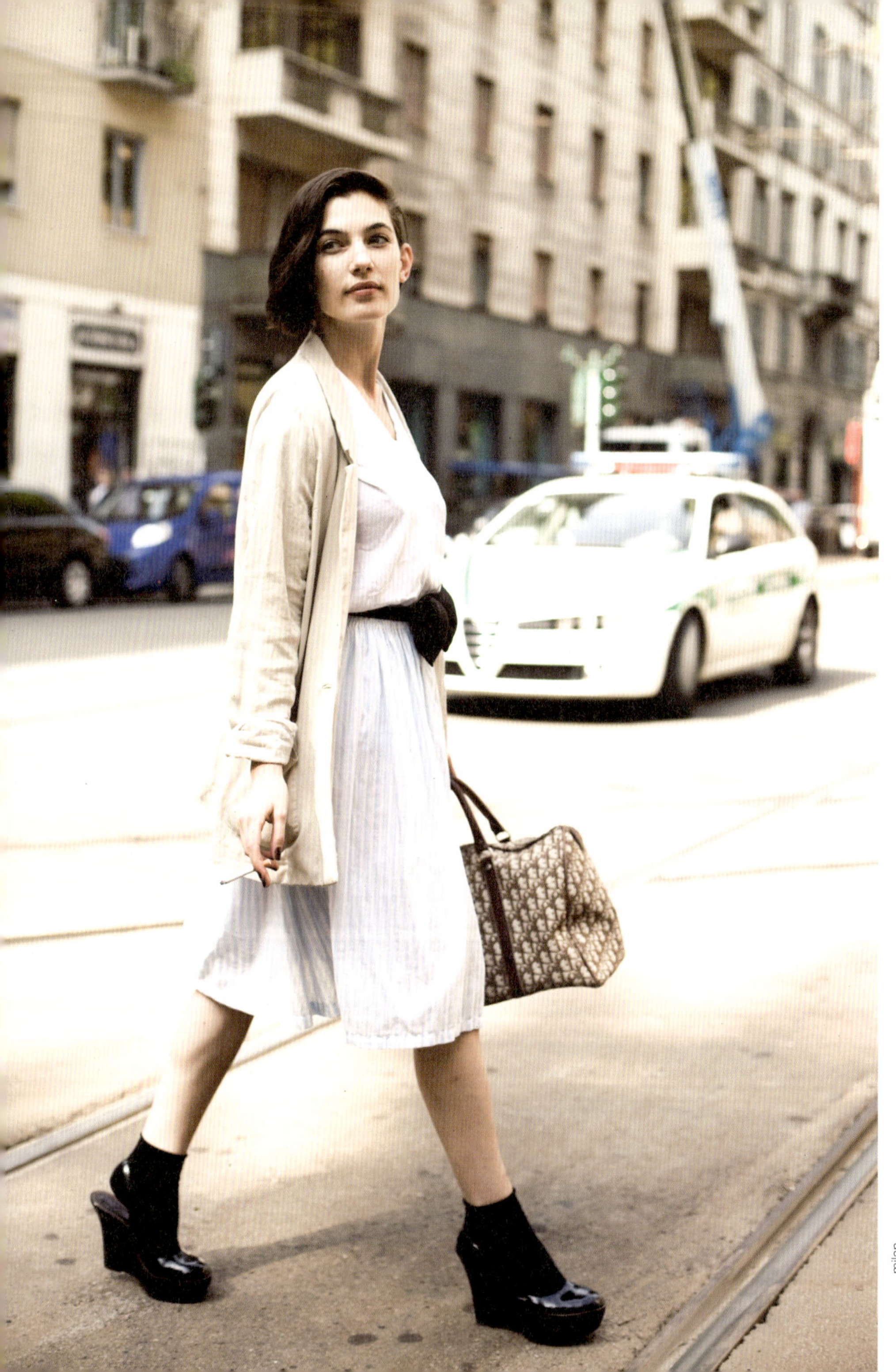

milan

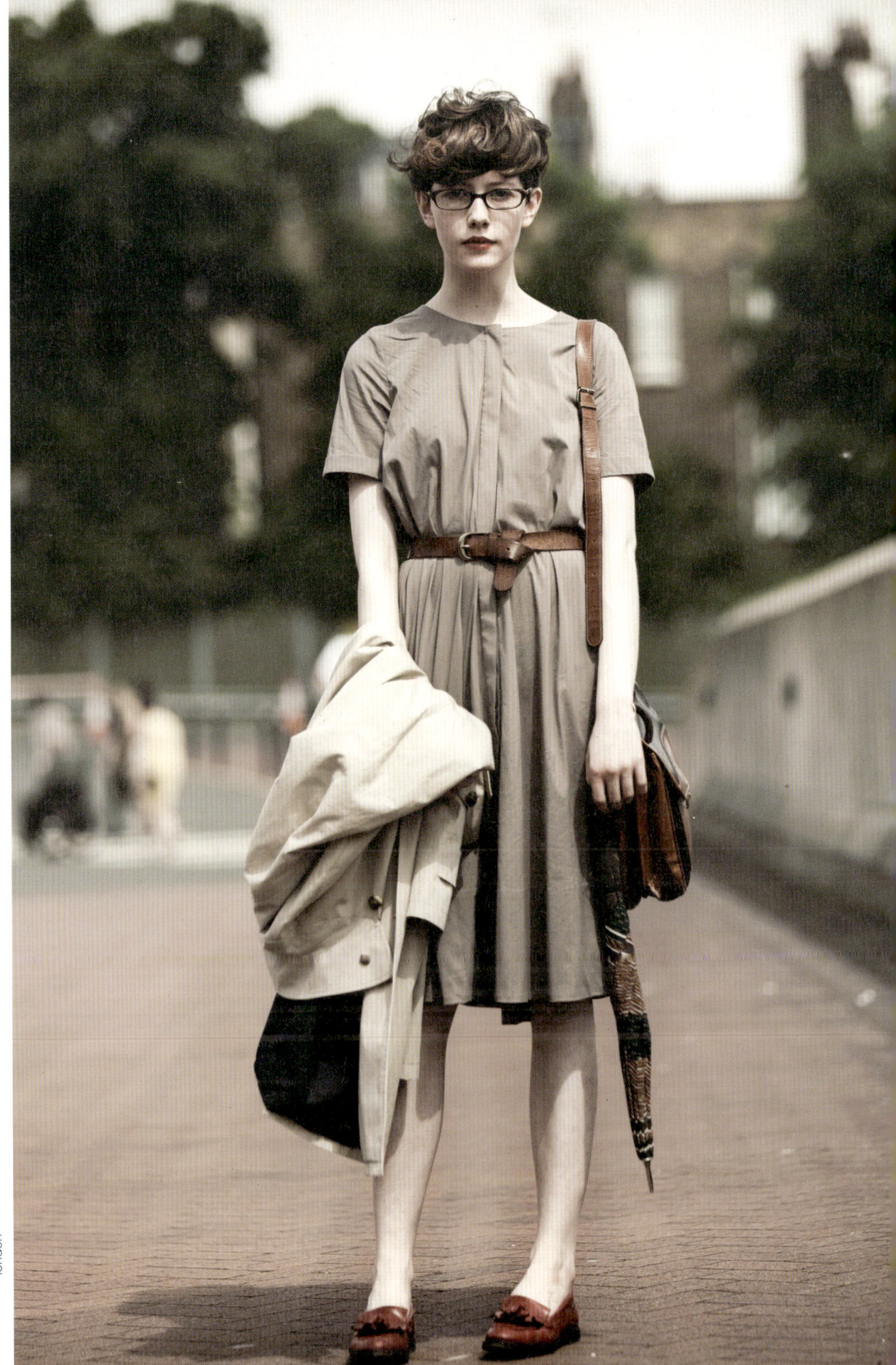

london

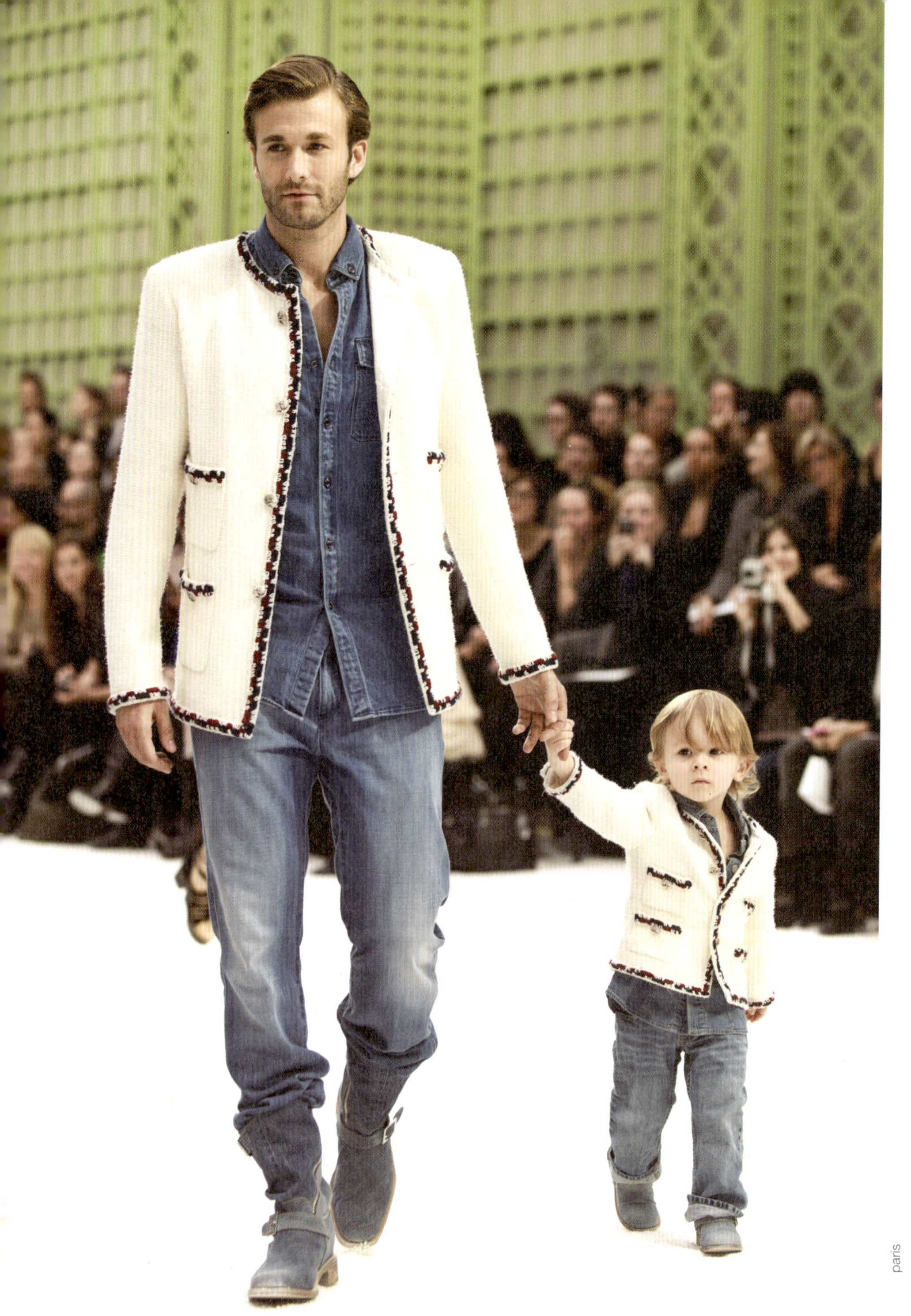

paris

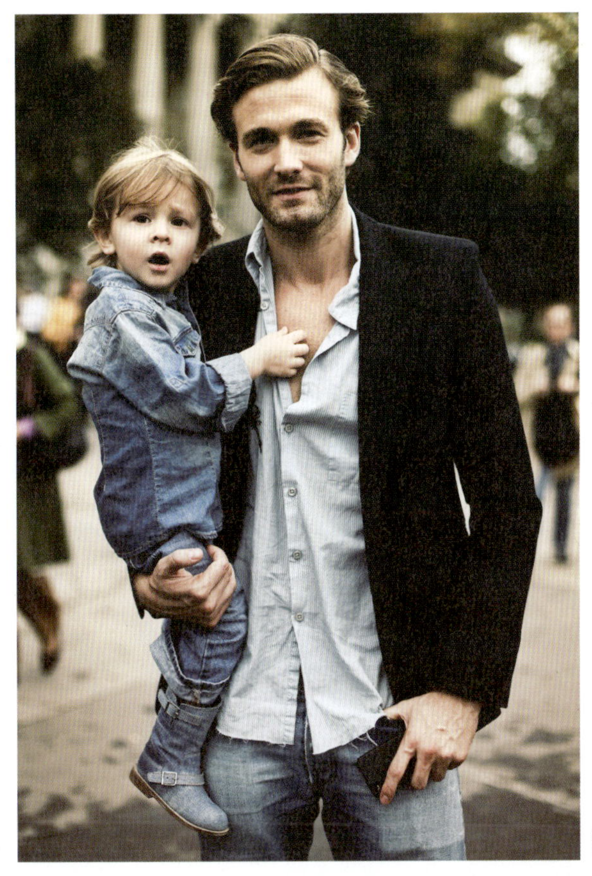

"20살 때 대학을 그만두고 모델이 되겠다고 전화로 부모님께 말씀 드렸을 때,

거의 쓰러질 뻔하셨죠. 나는 언젠가 세계 최고의 모델이 되겠다고 다시 말했어요.

재미있는 것은 그 말이 실제로 이루어졌다는 거죠."

칼 라커펠트가 편애하는 모델 브래드 크로닉Brad Kroenig이 인터뷰에서 했던 말이다.

2011년 샤넬 S/S 컬렉션에서 그는 아들과 함께 런웨이를 걸었다.

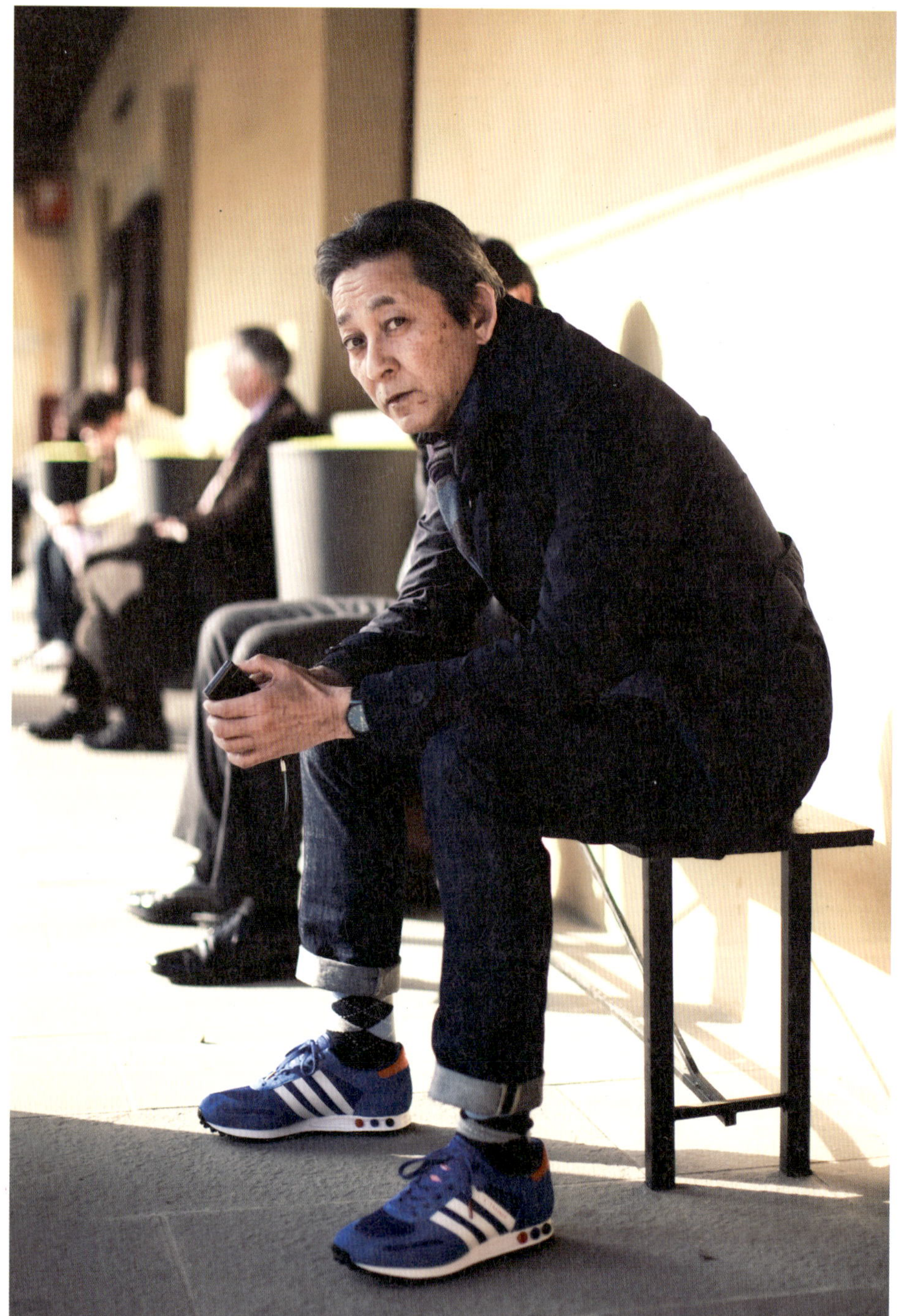

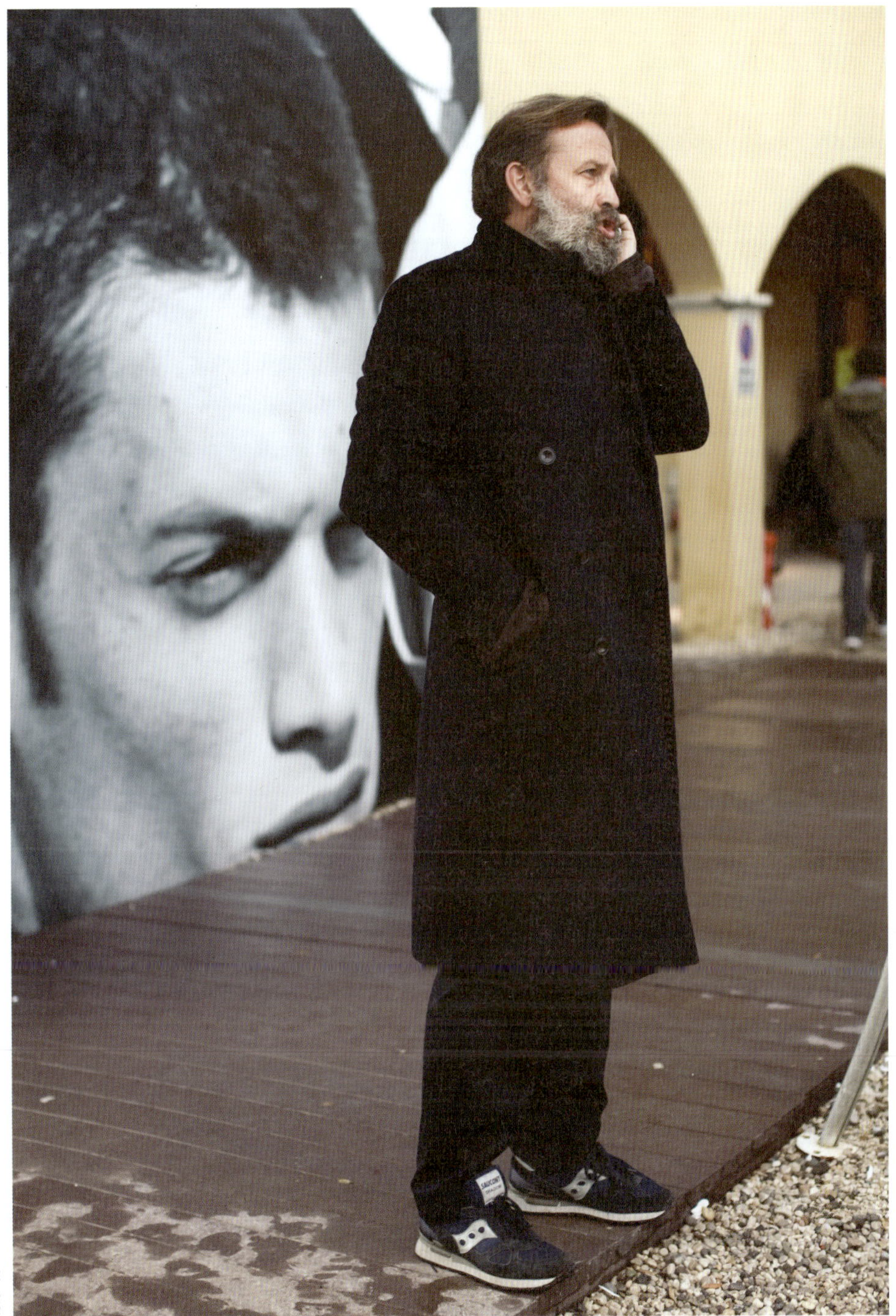

florence

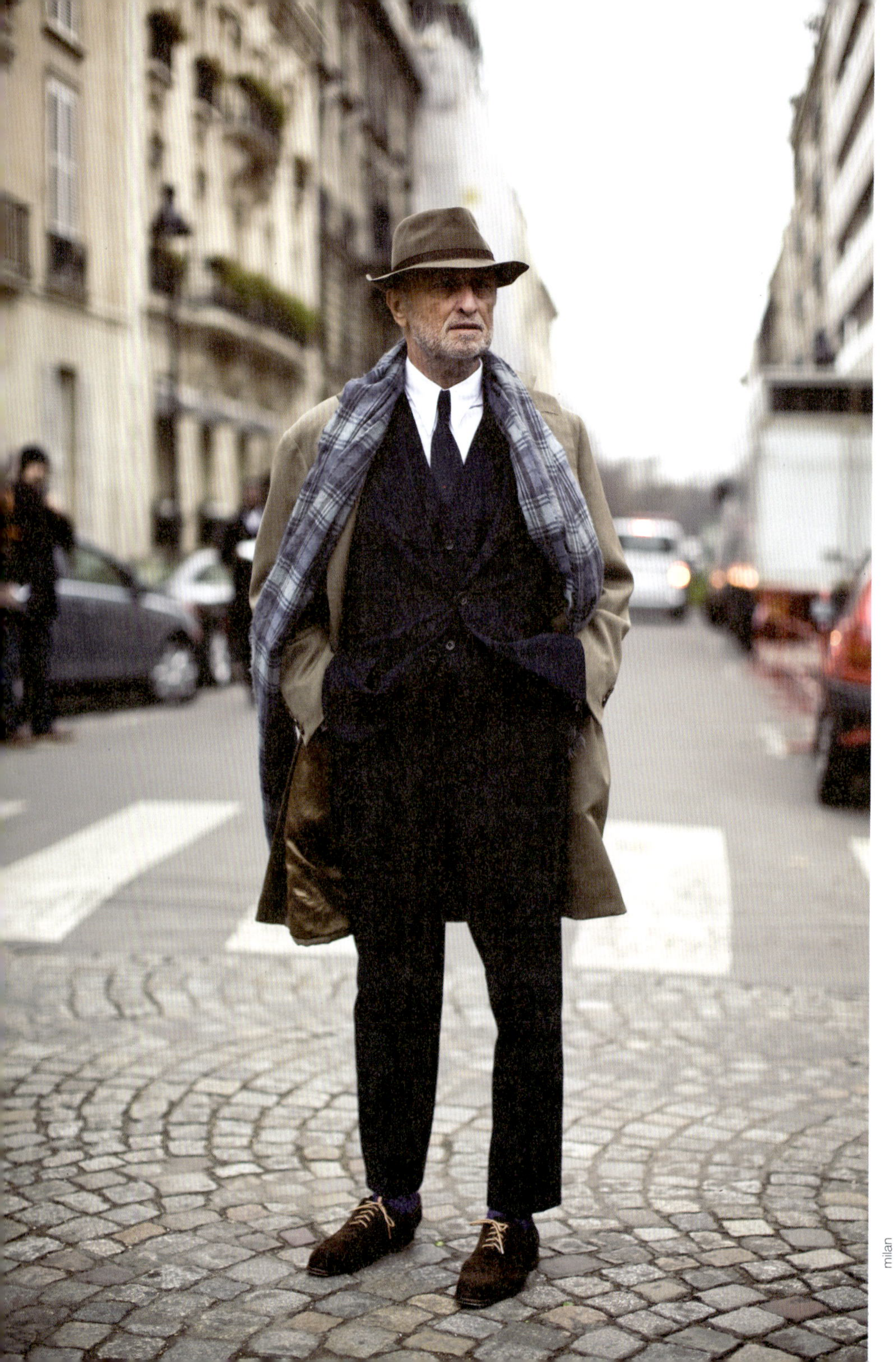

milan

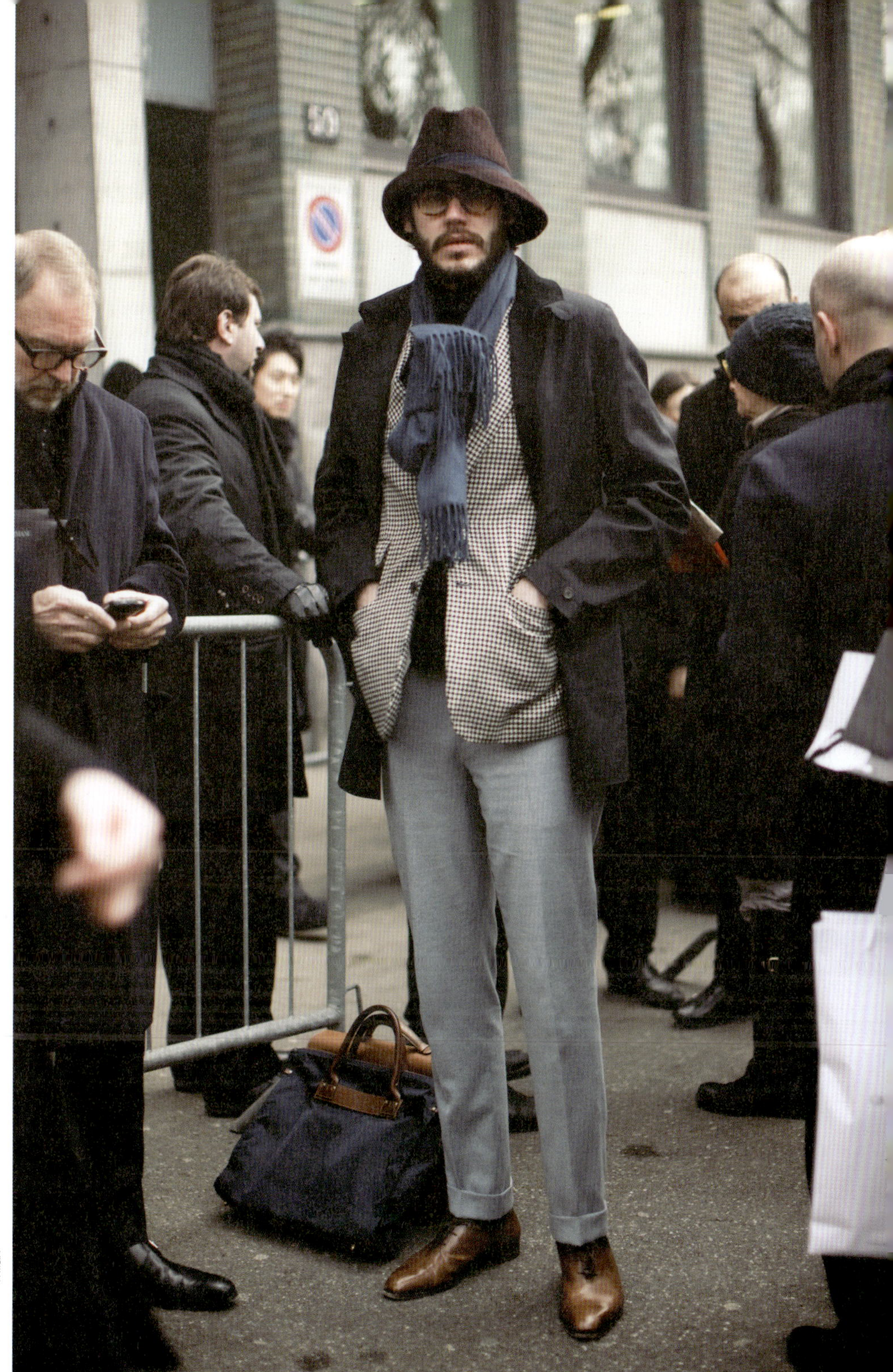

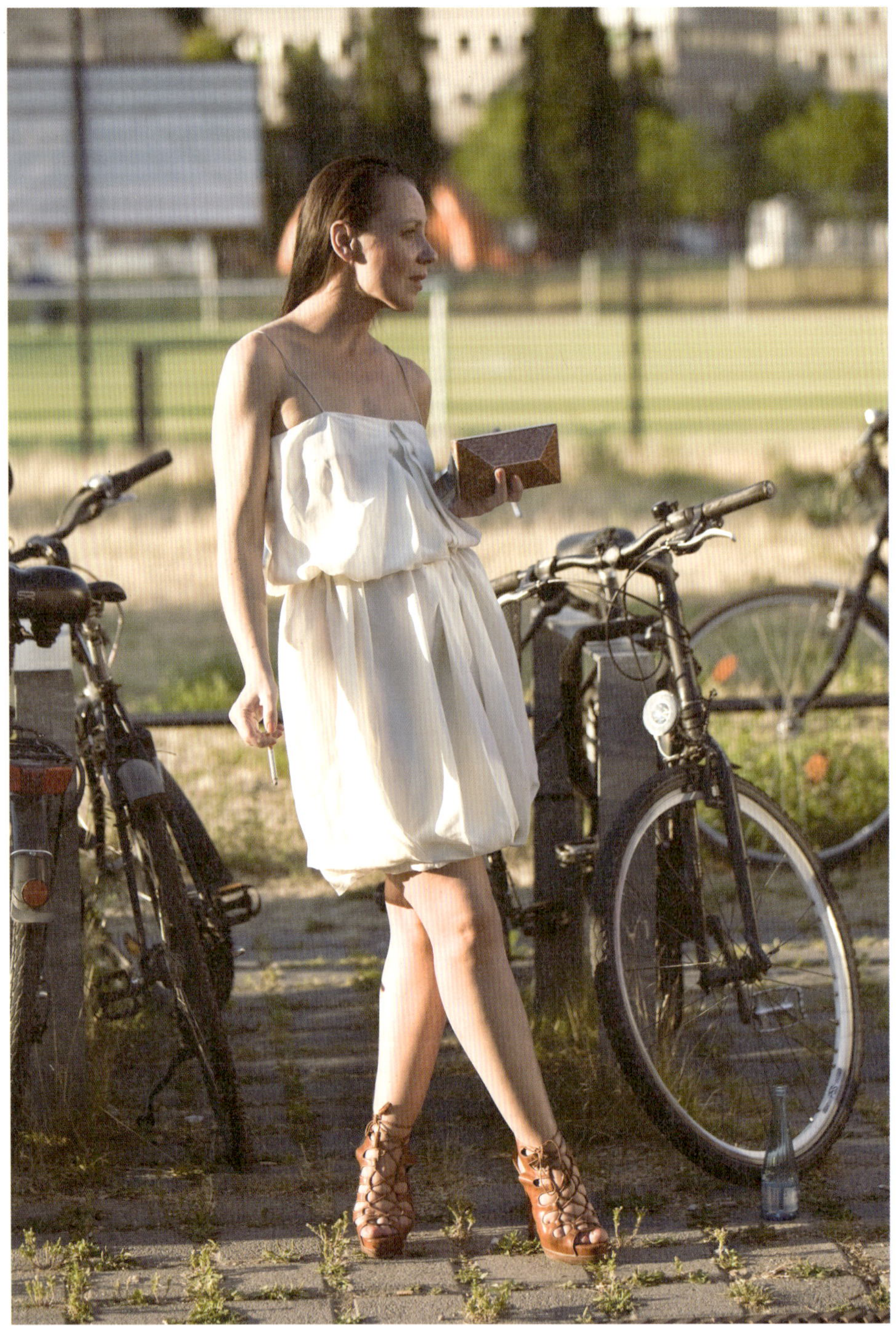

berlin

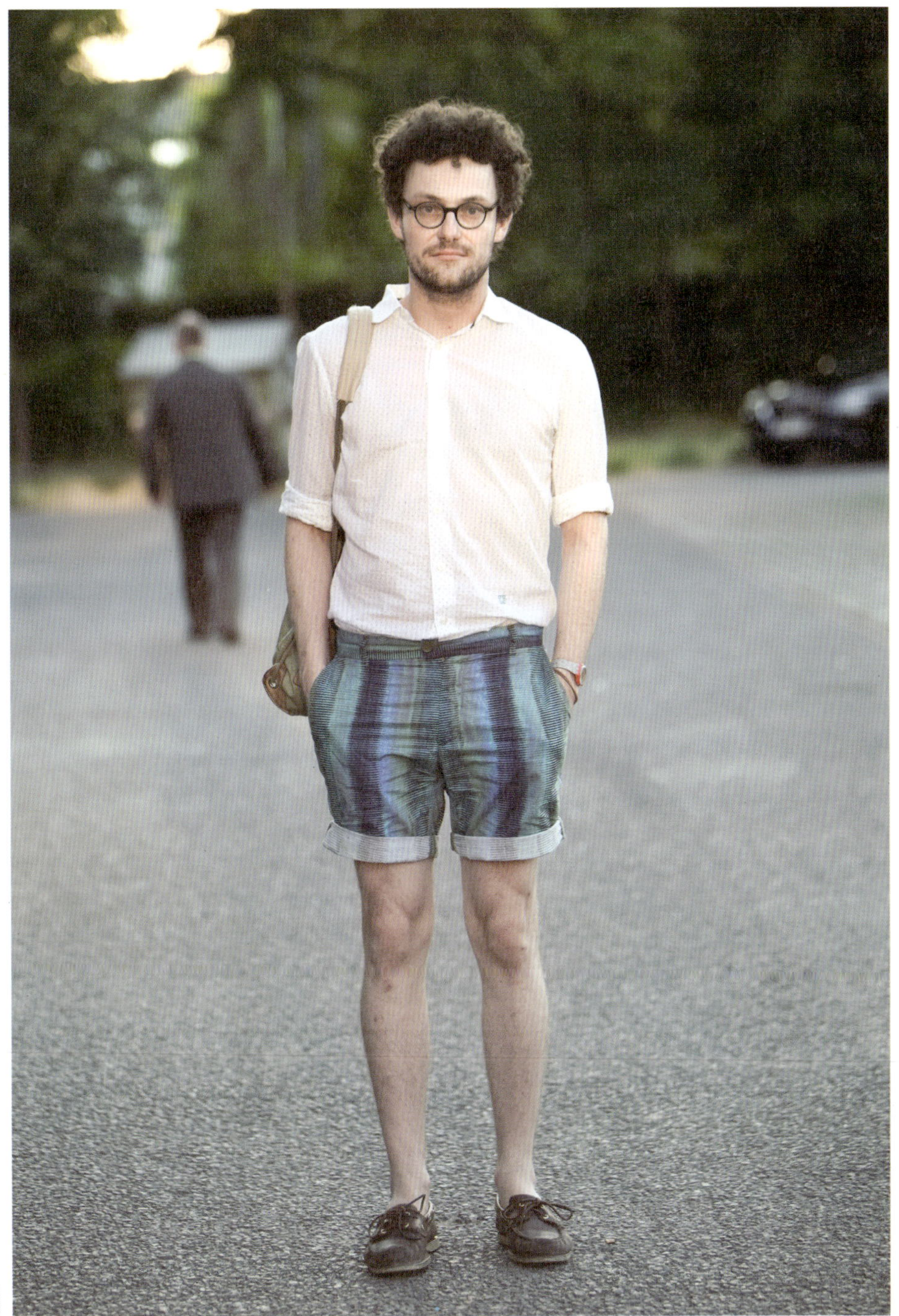

berlin

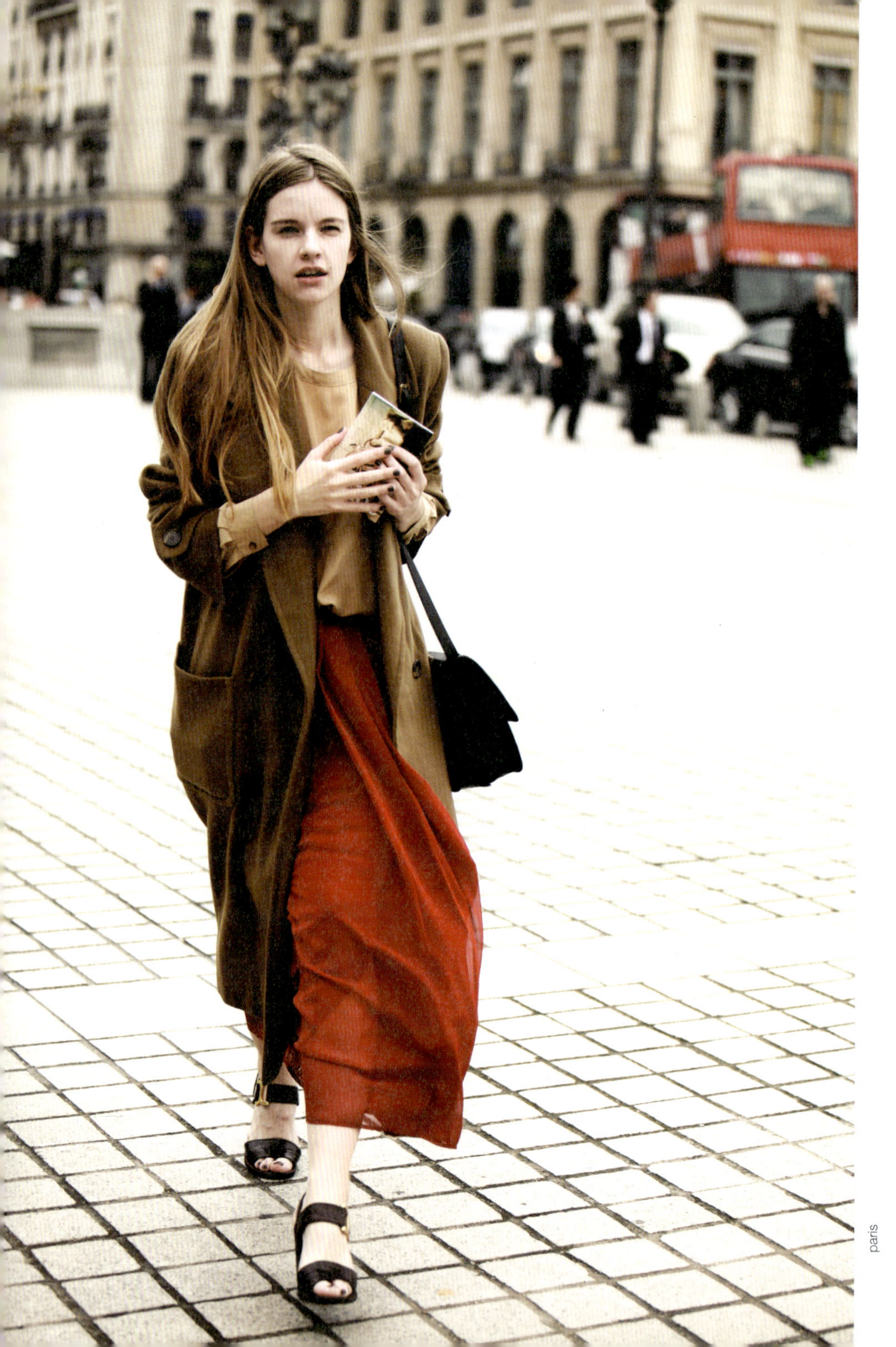

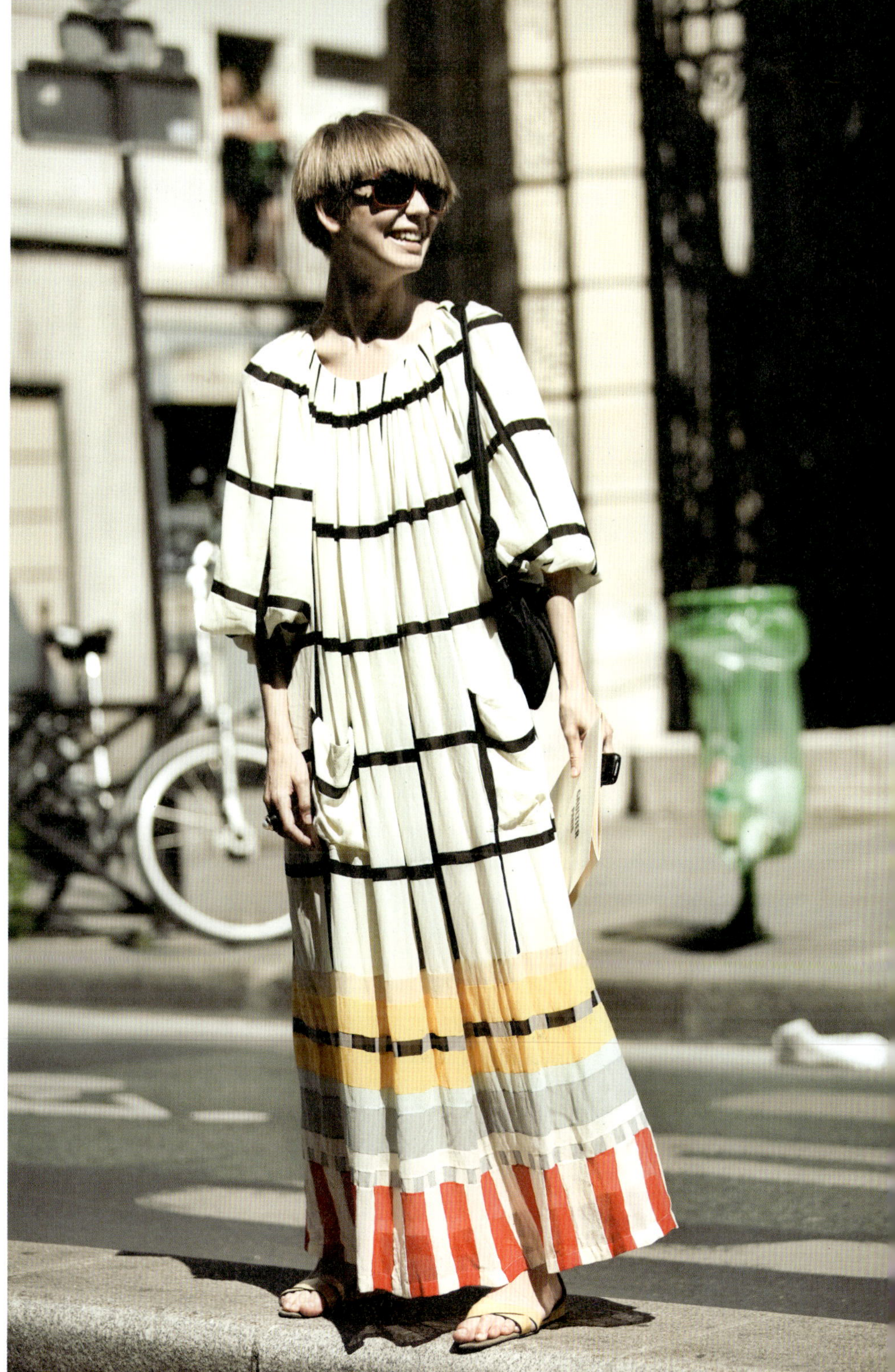

milan

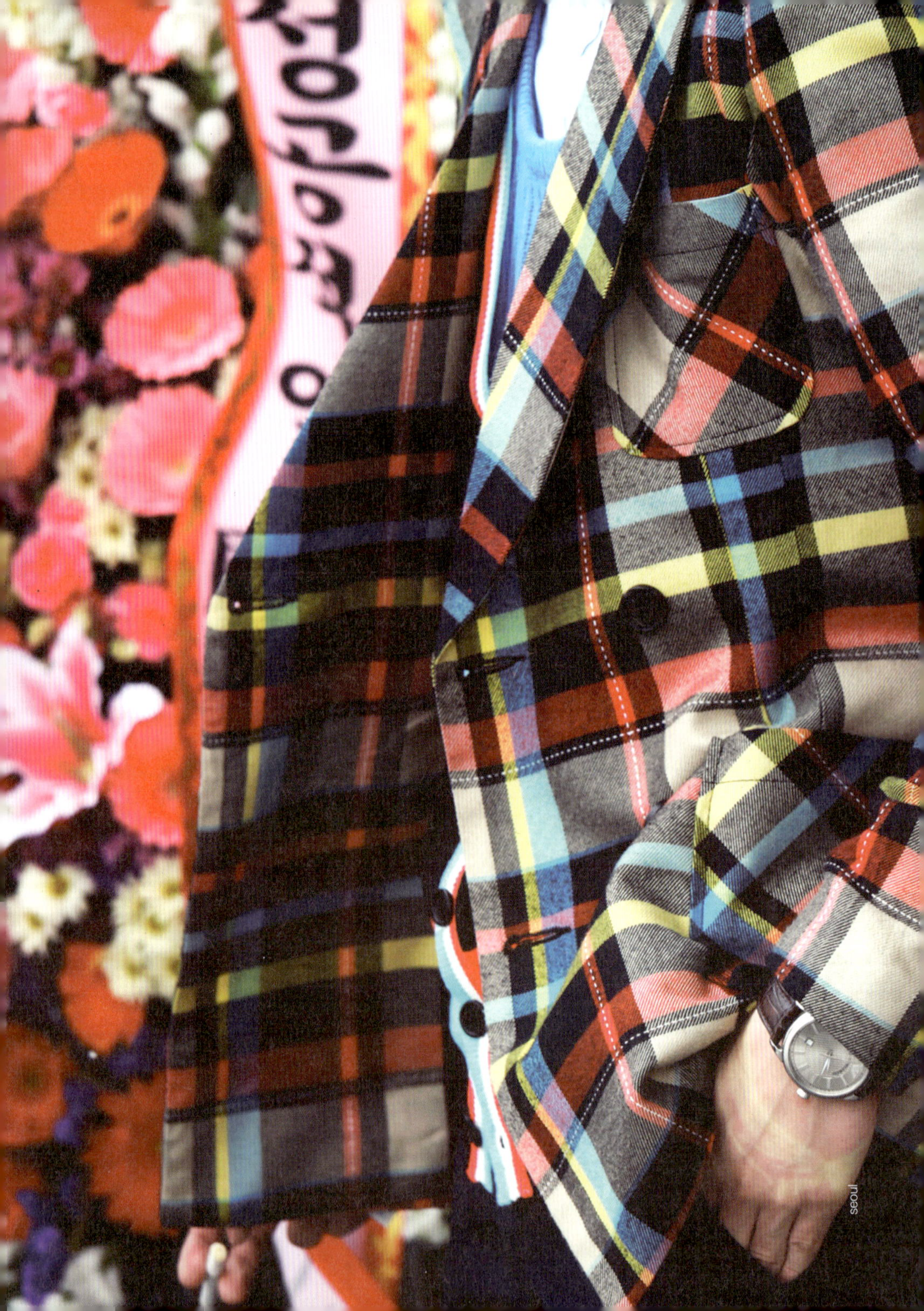
seoul

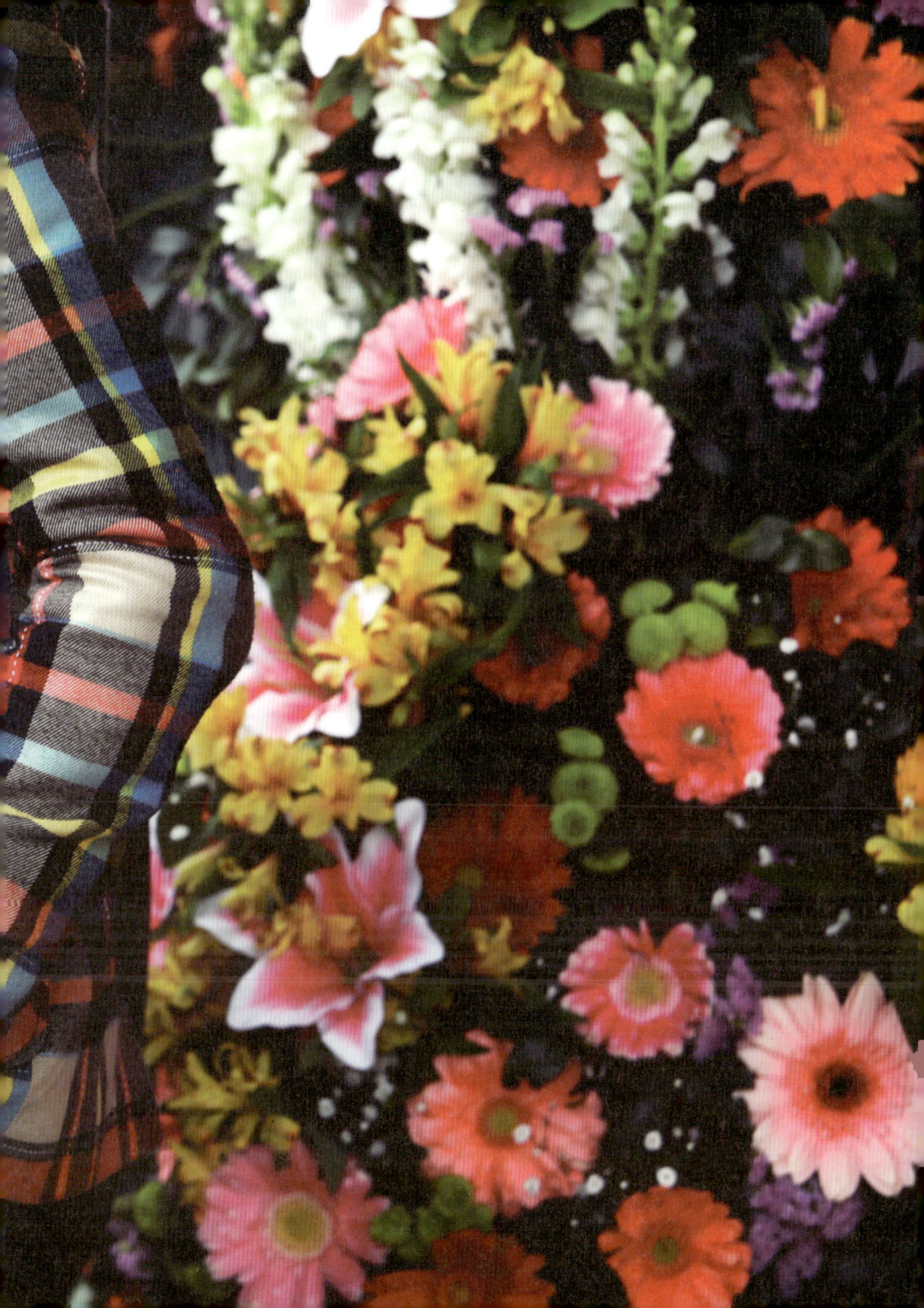

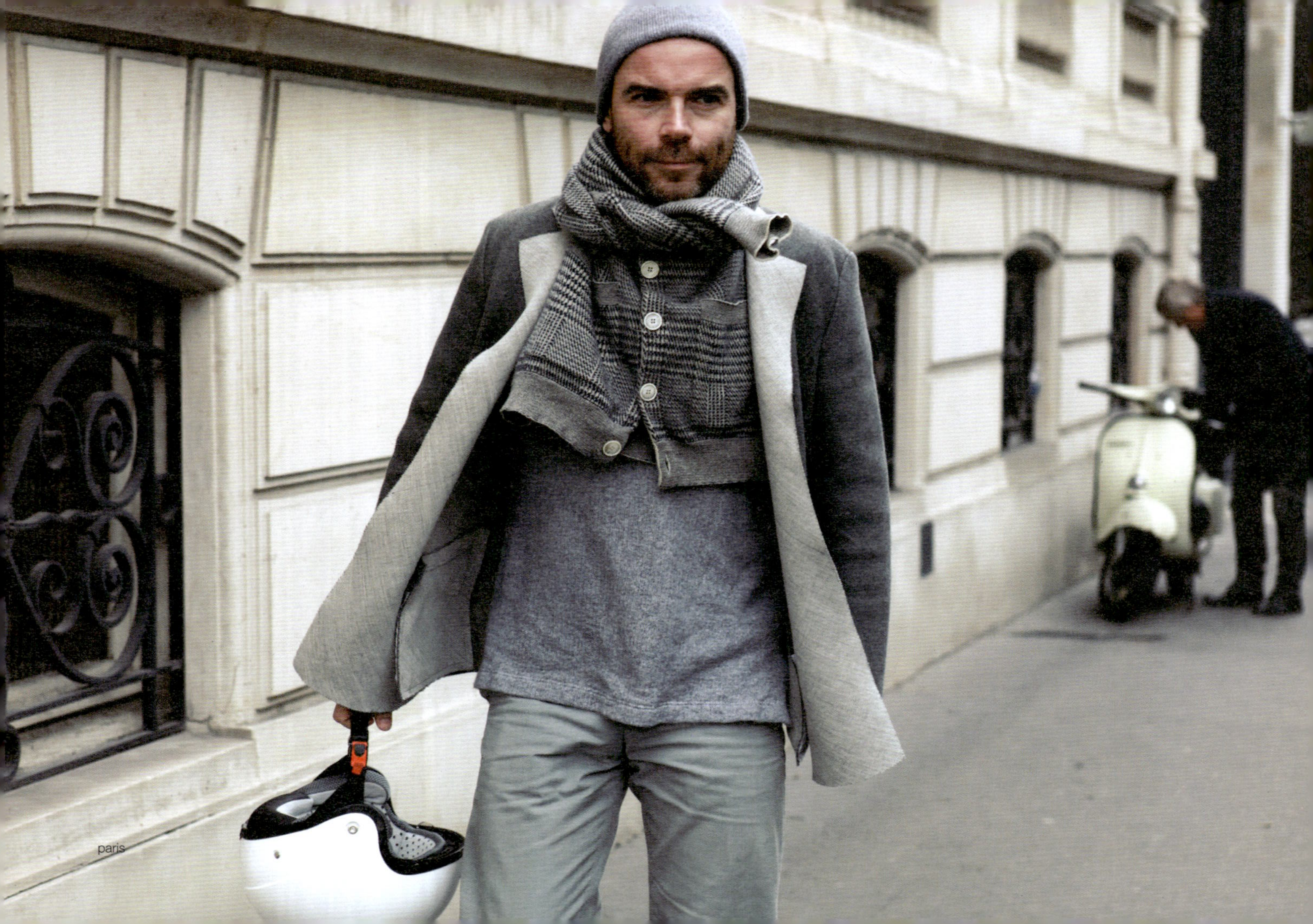

paris

"서랍 위에 올려놓은 회색 아가일 패턴의 머플러가 보이지 않았어. 5칸의 서랍을 순서대로 열어 보았지만 내가 좋아하는 그 머플러는 보이지 않그 약속 시간이 다가와 초조해졌지. 다급하게 아내에게 물었더니 머플러를 세탁소에 보내서 내일 찾으러 가야 한다는 거야. 왜 말도 없이 머플러를 세탁소에 맡겼냐고 짜증 섞인 목소리로 소리쳤지. 그러자 아내가 다가와서 입고 있던 '소매가 늘어난 카디건'을 벗더니 내 목에 둘러주더군."

그에게 다가가 목에 두른 것이 혹시 카디건이냐고 물었더니 그가 웃으며 들려준 이야기이다.

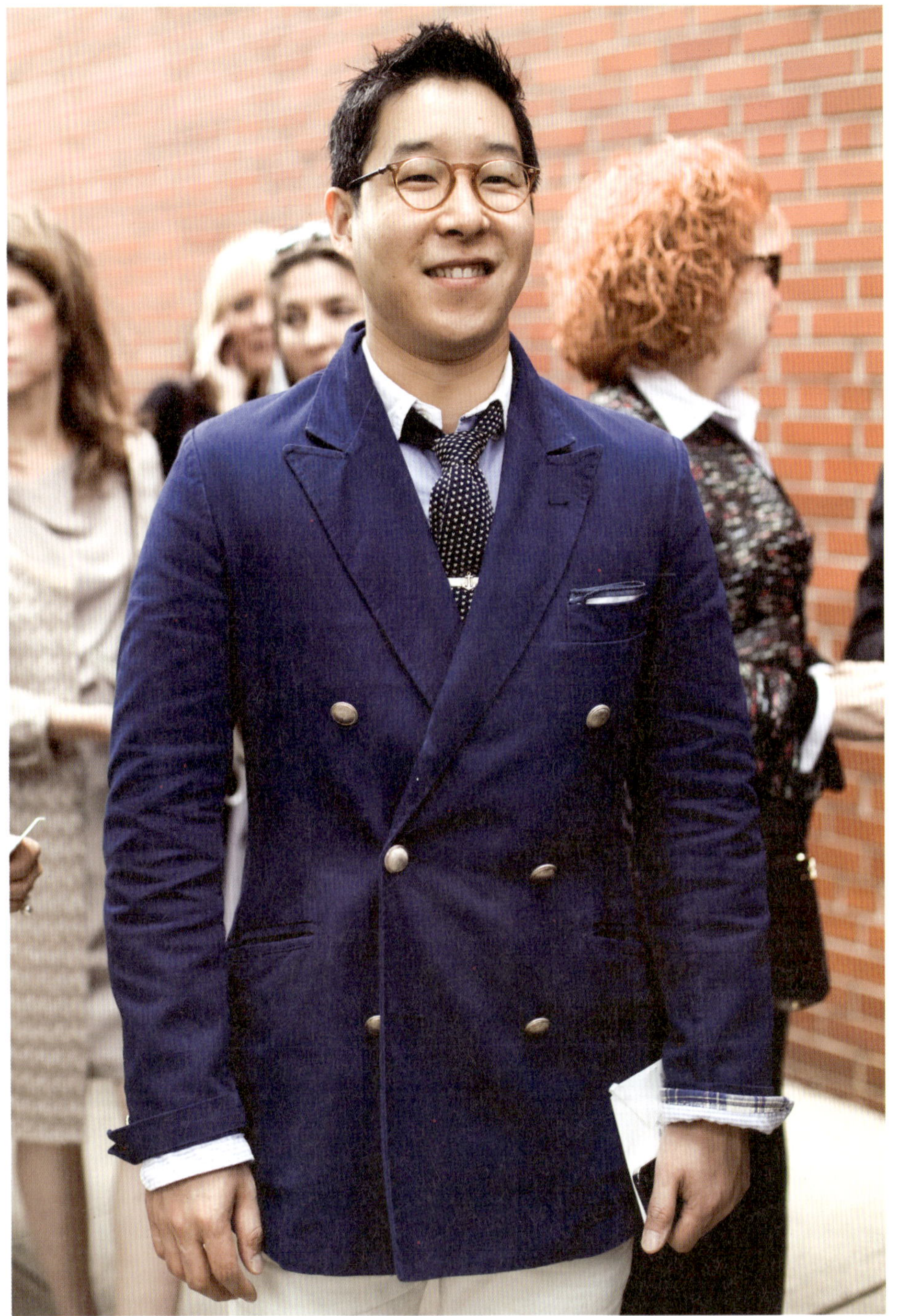

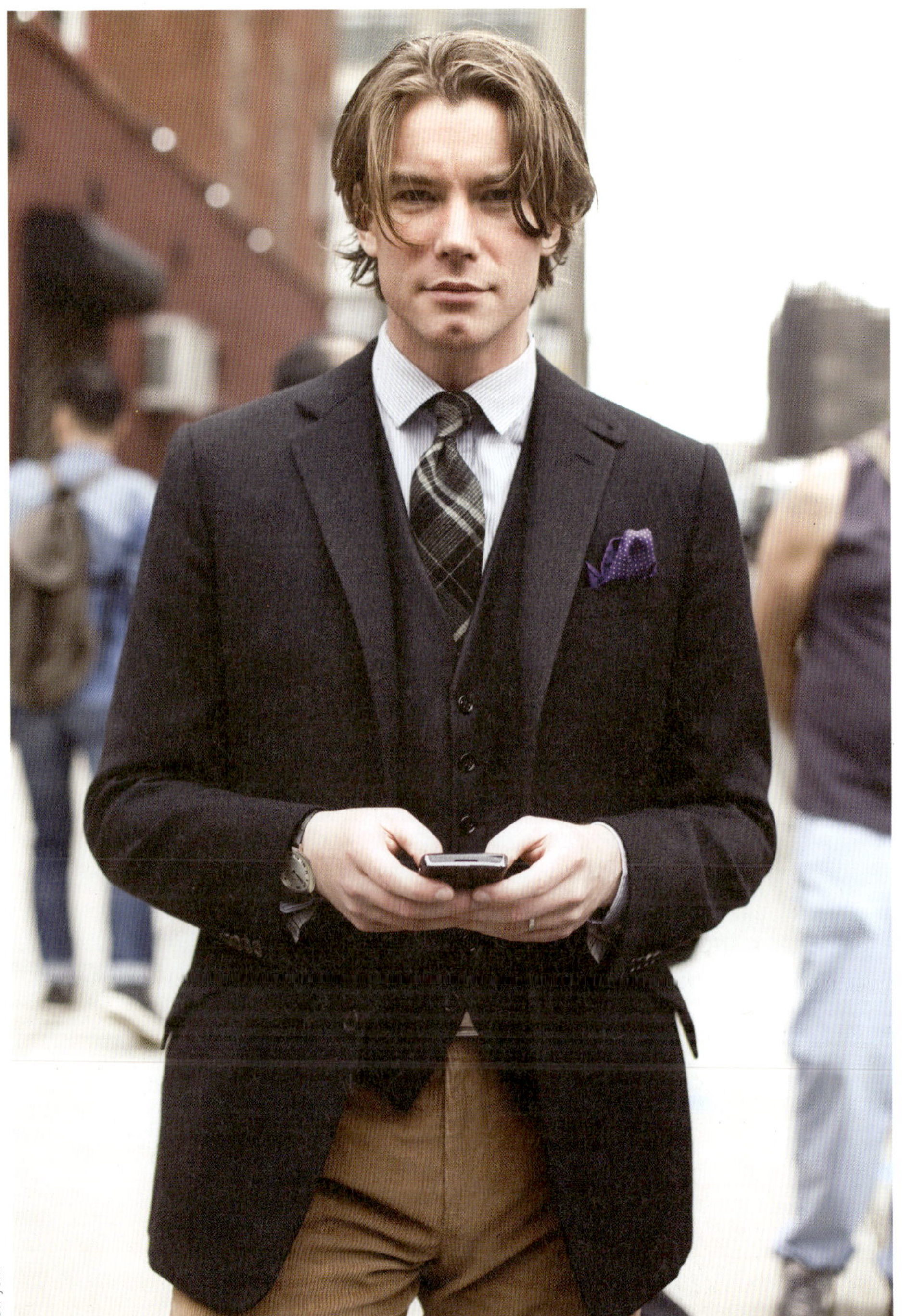

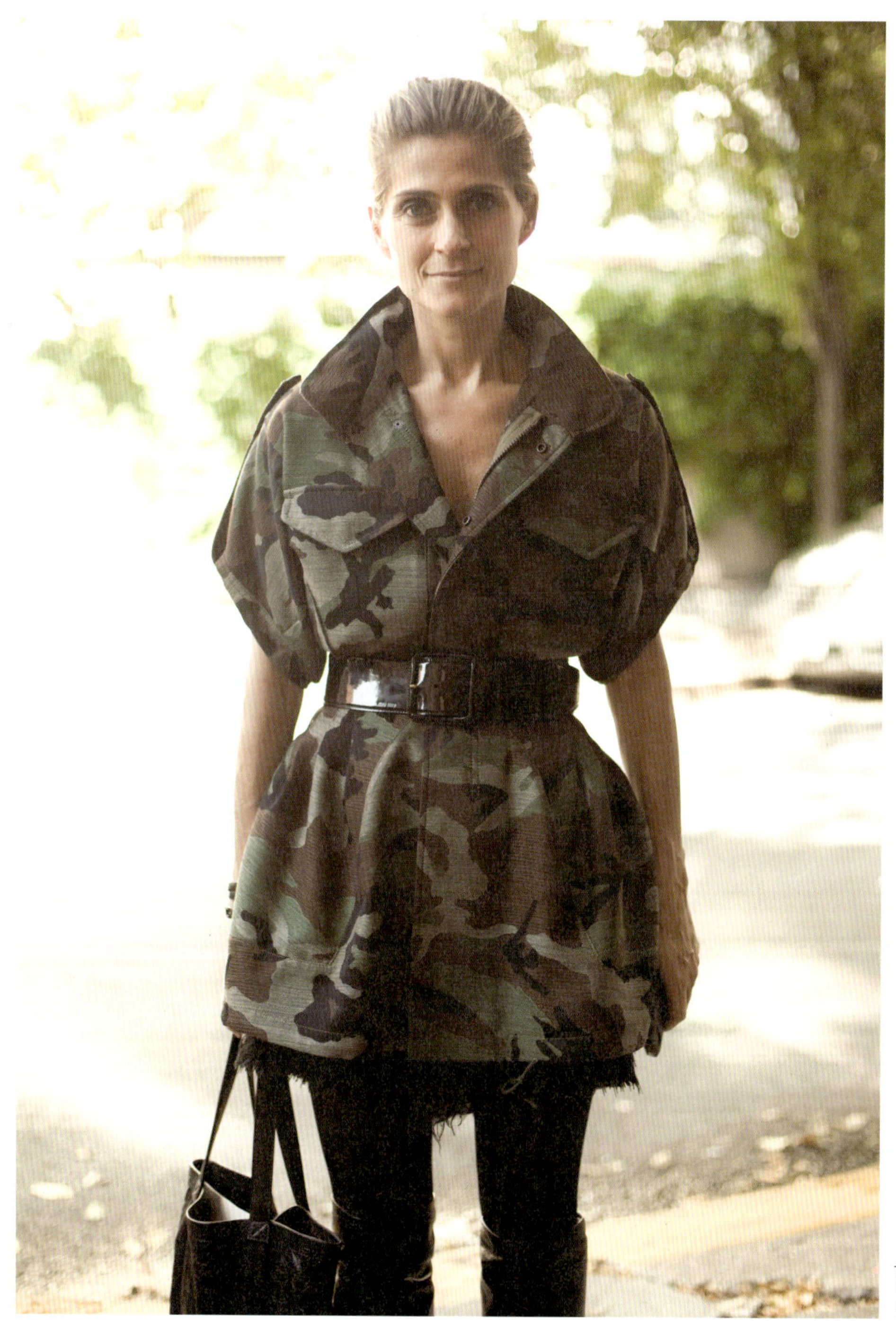

new york

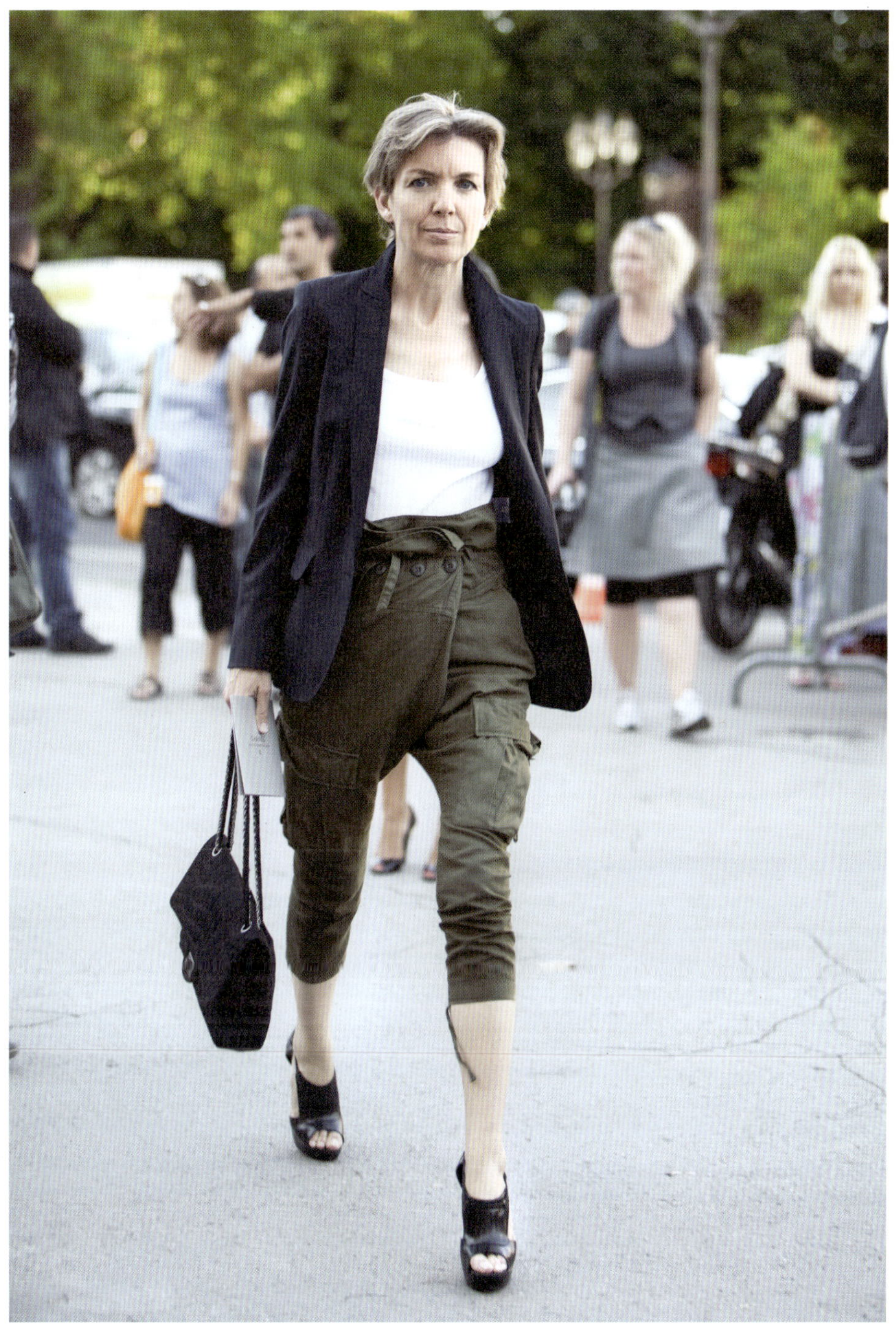

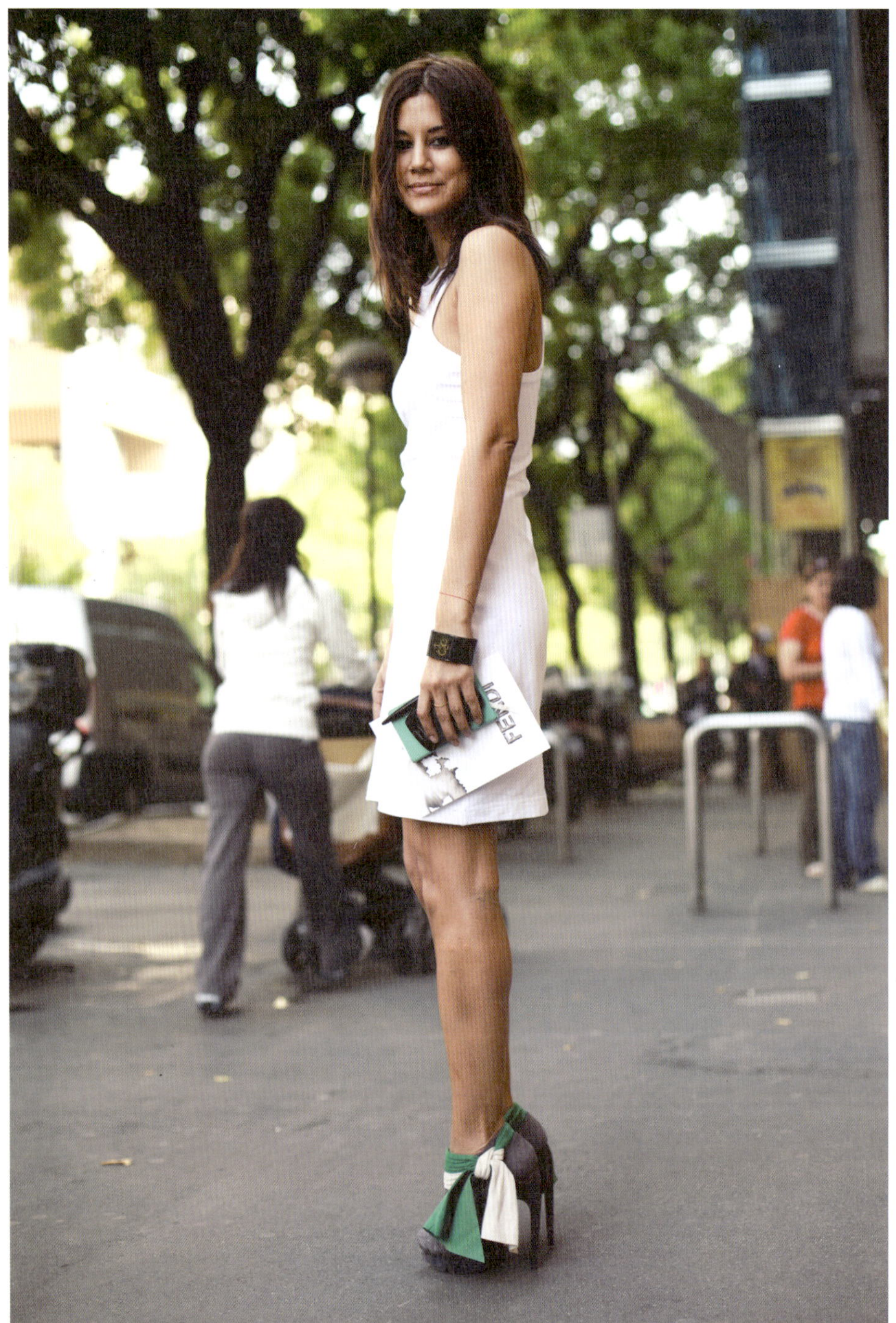

milan

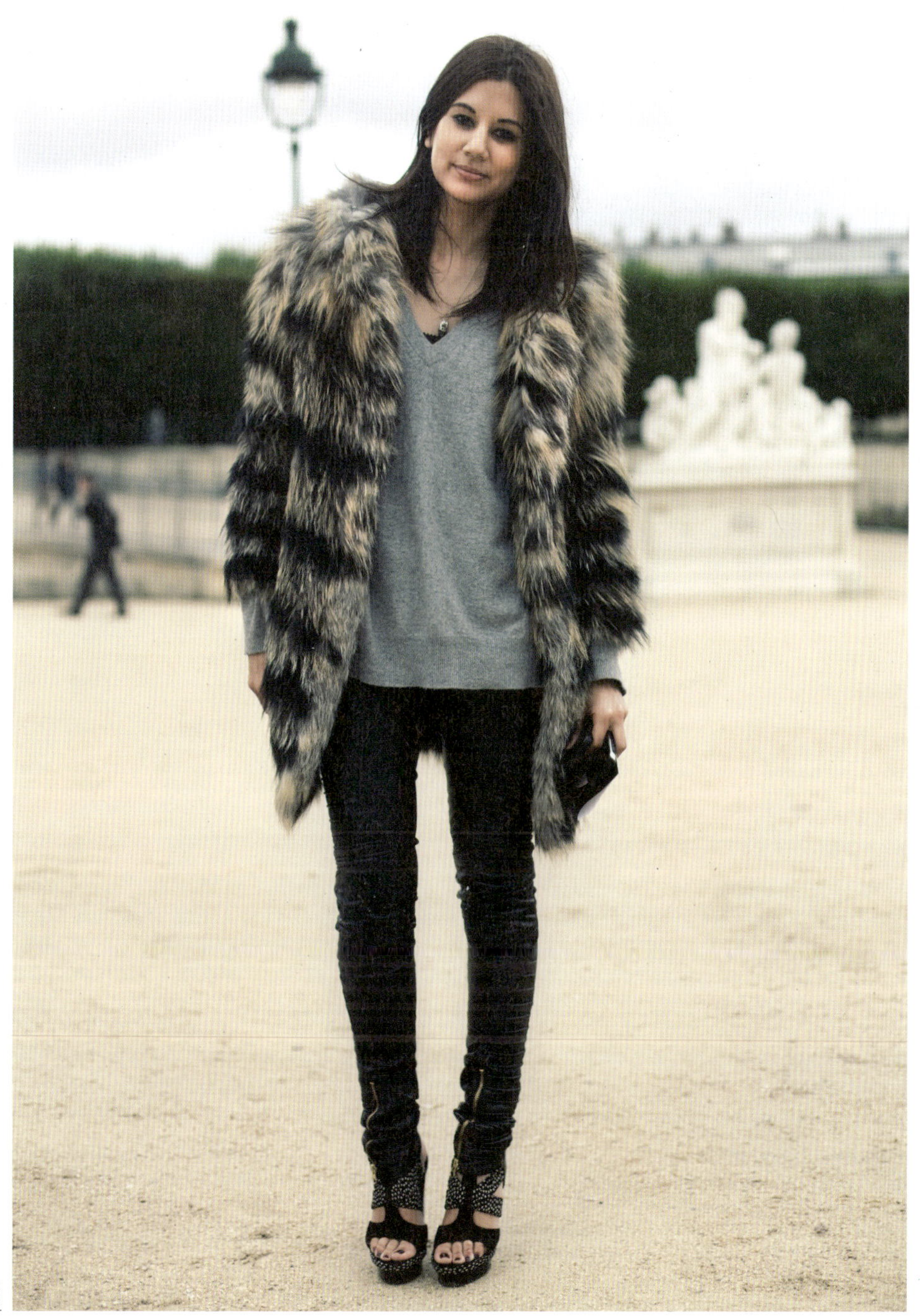

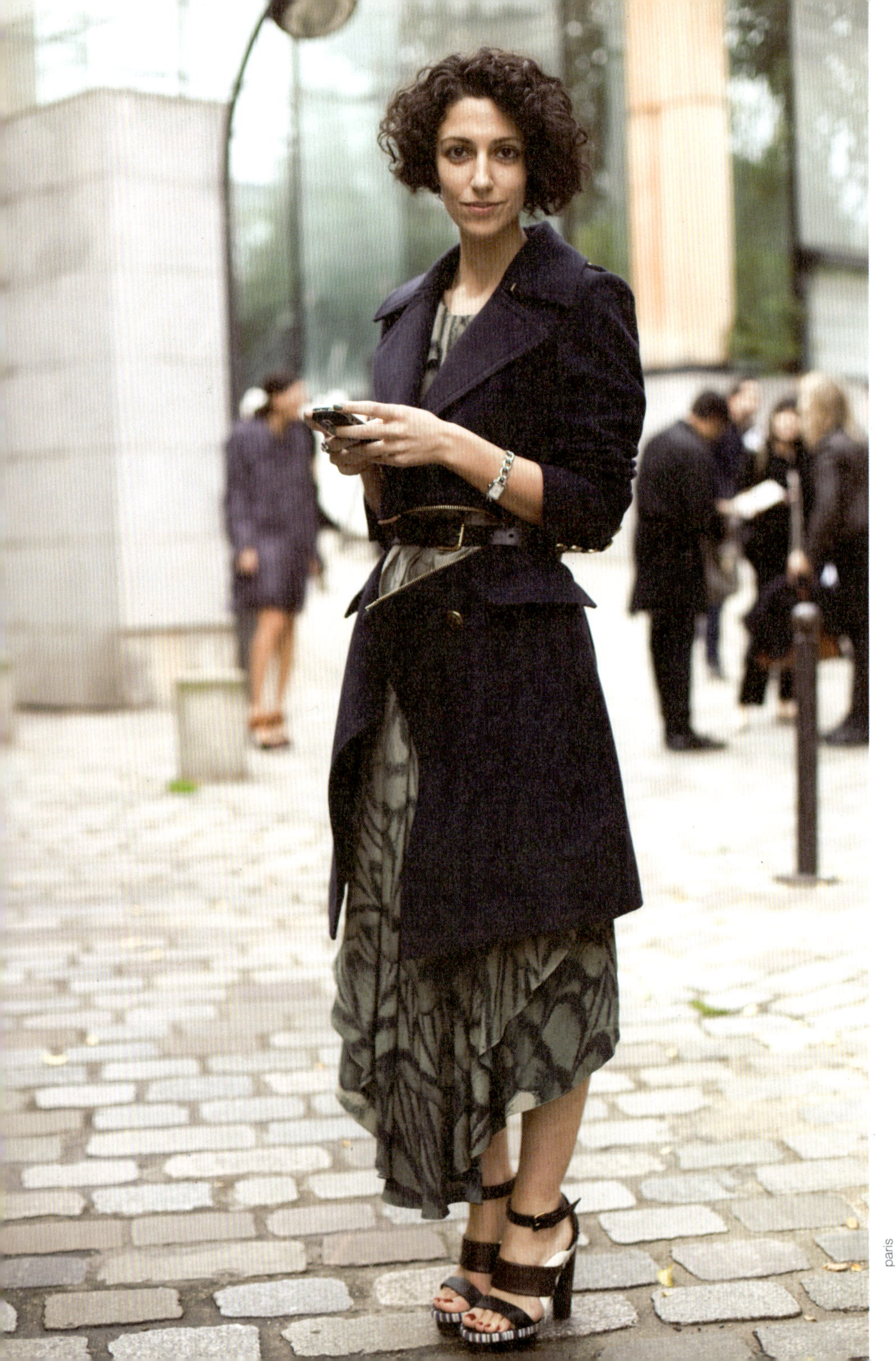

paris

QUAI D'ISSY
PORTE D'ORLÉANS
PÉRIPHÉRIQUE
EXTÉRIEUR
VOIE G.POMPIDOU
QXN 75

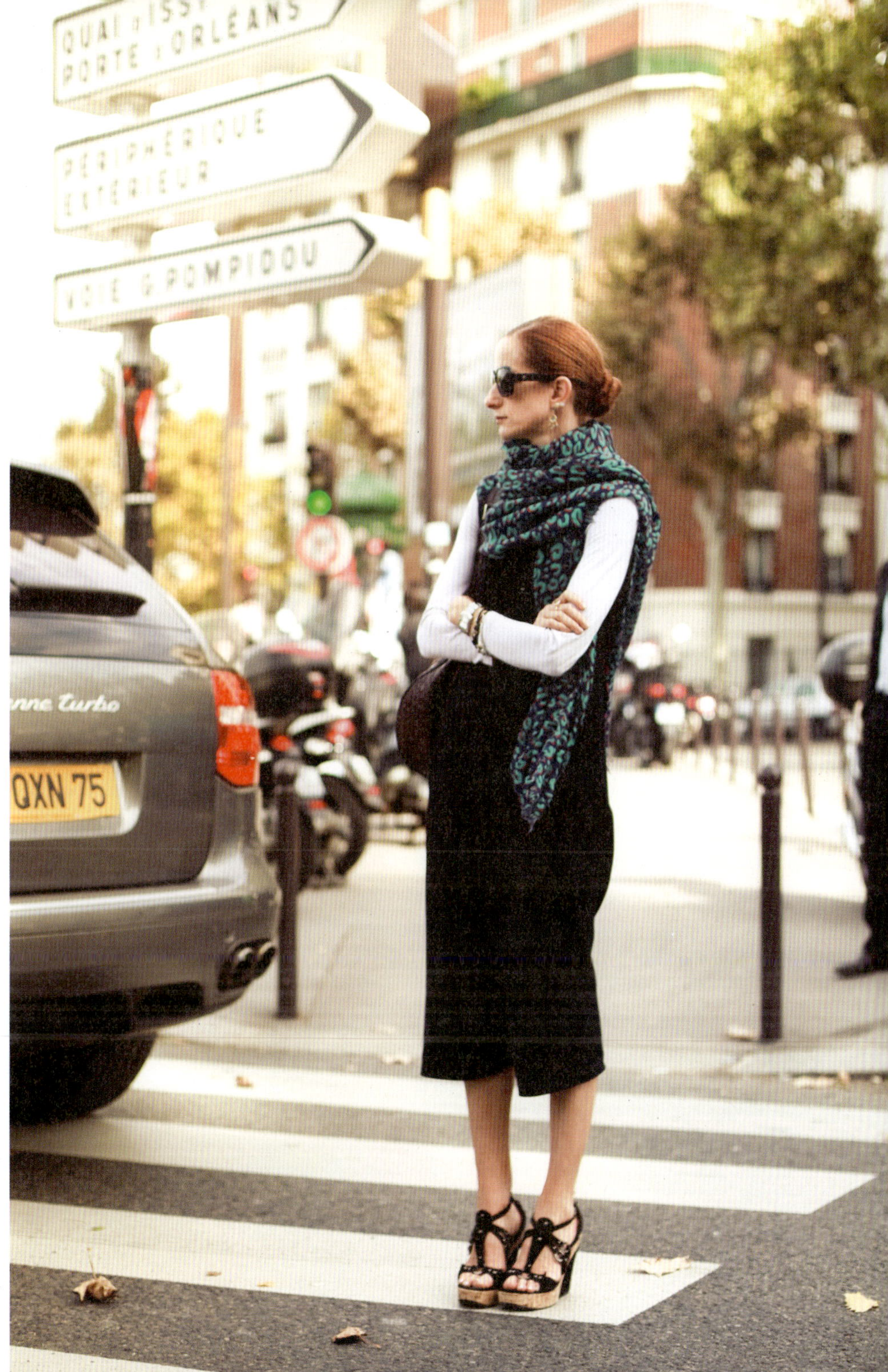

paris

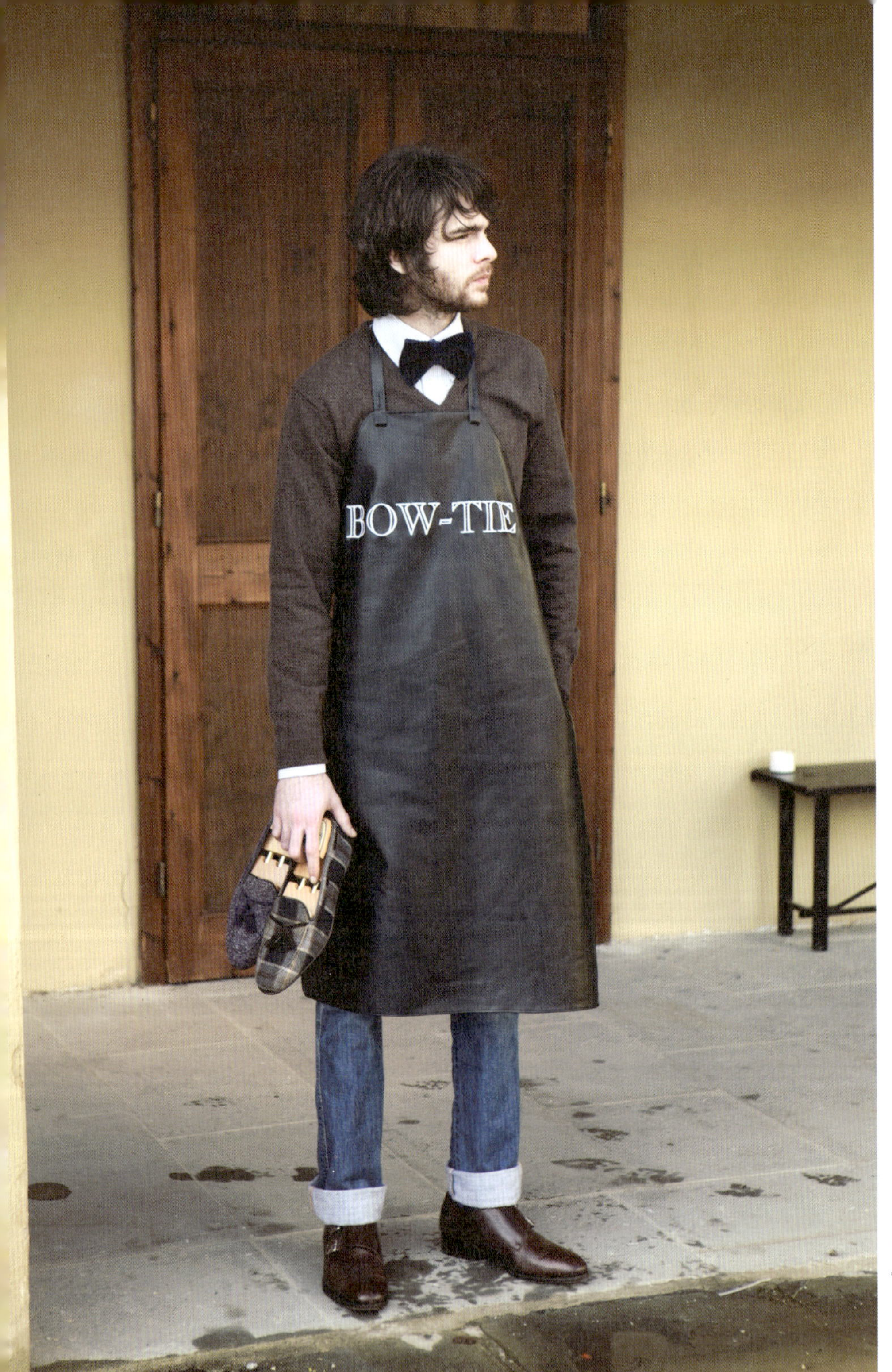
BOW-TIE

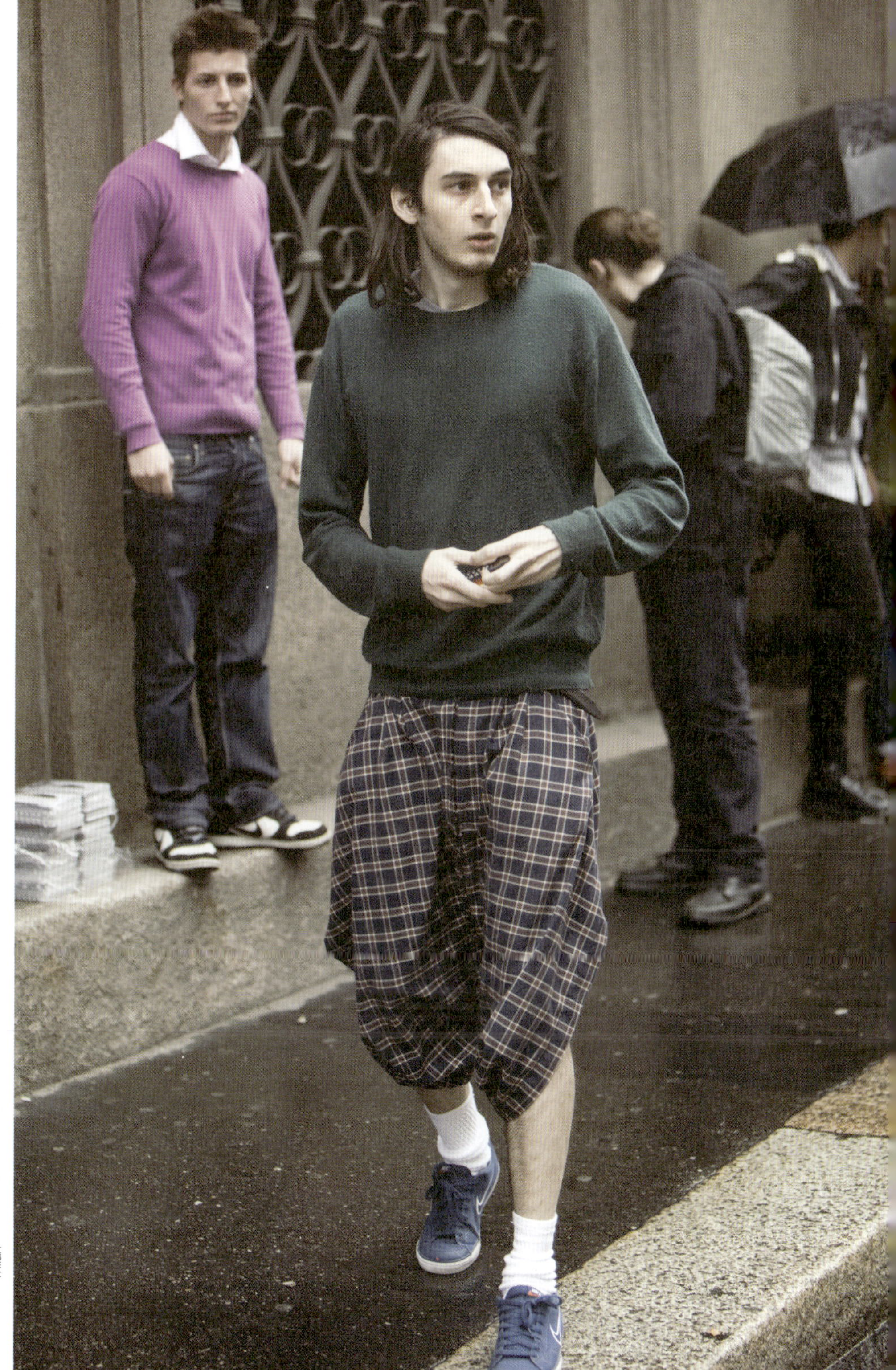

milan

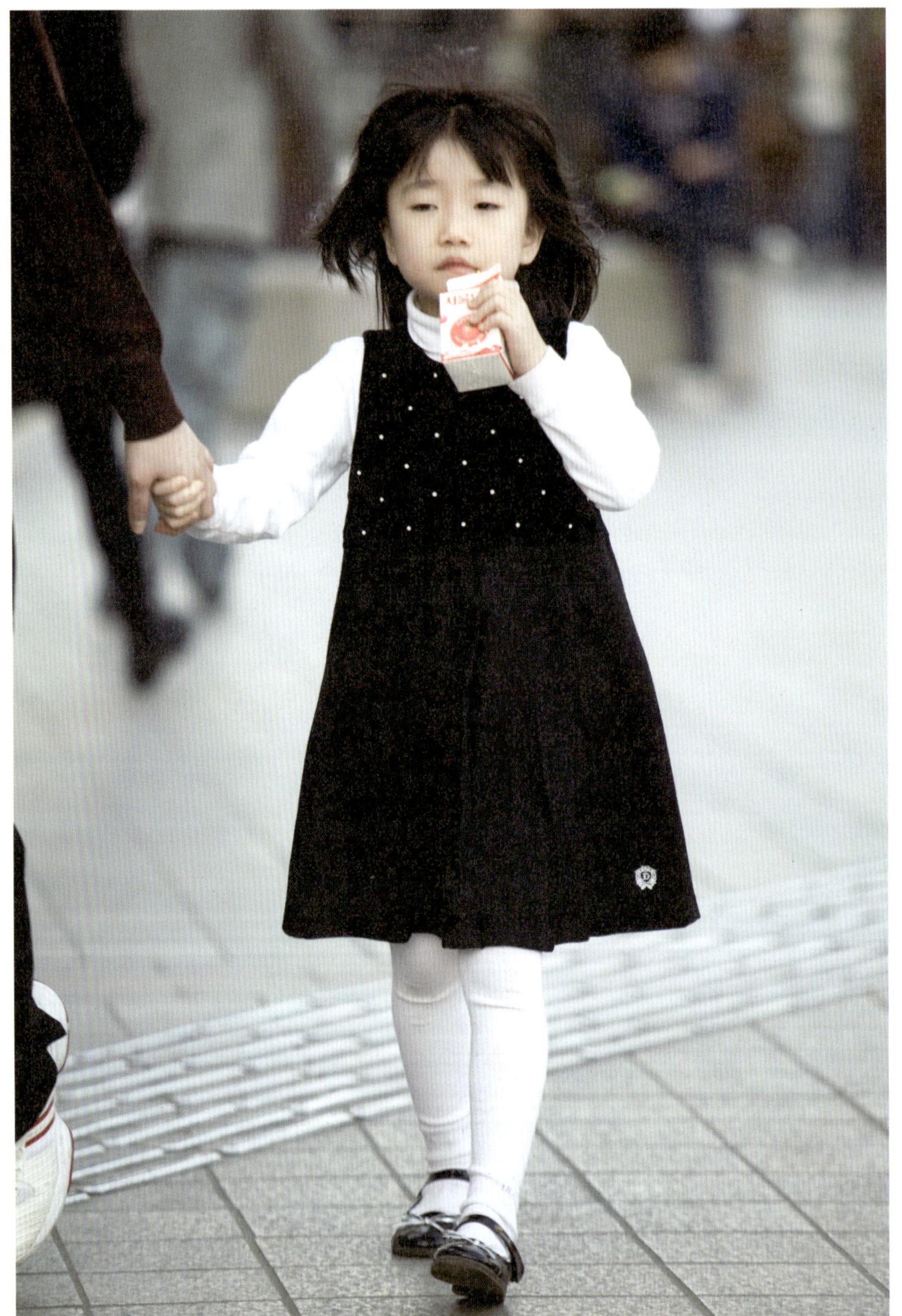

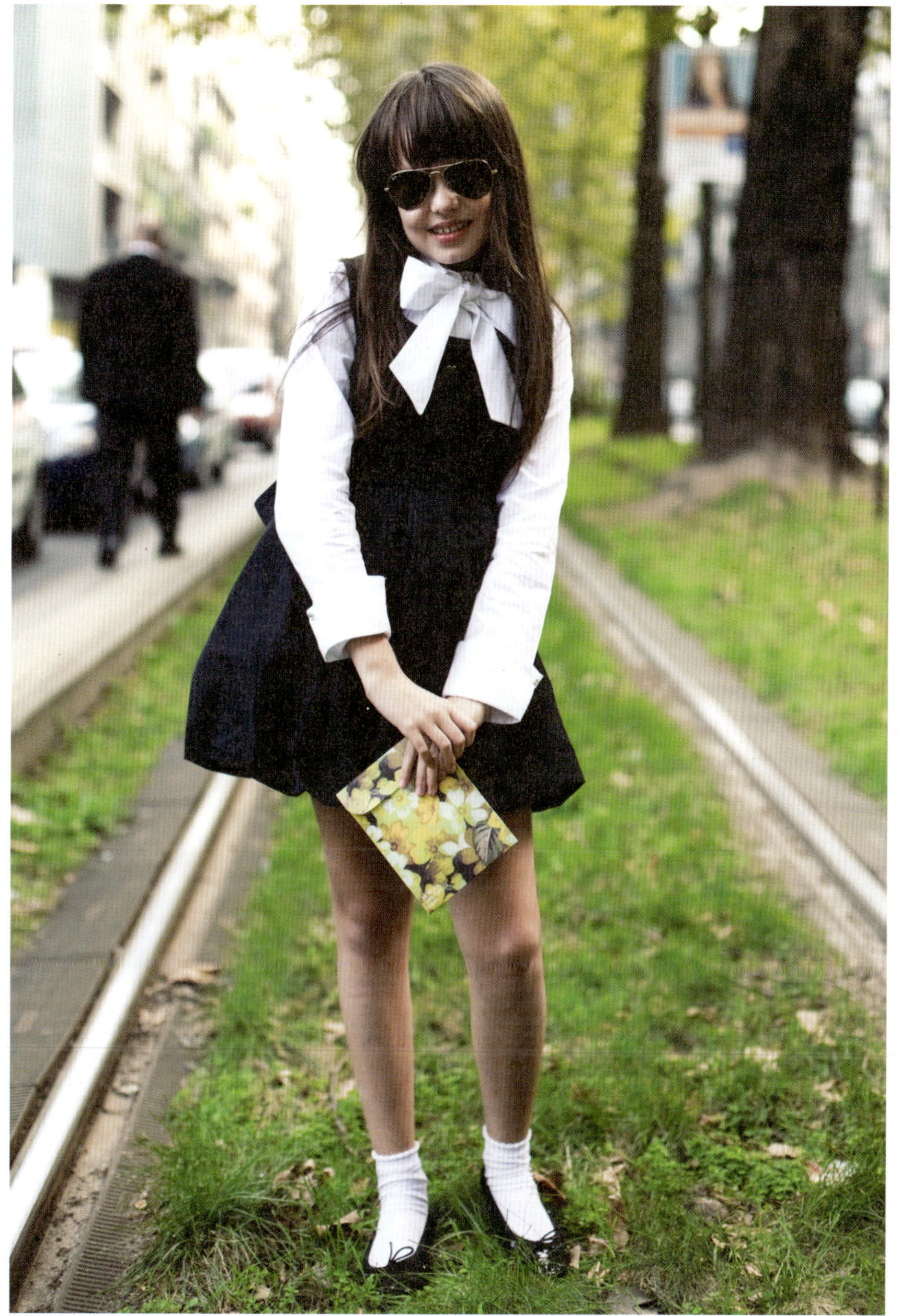

milan

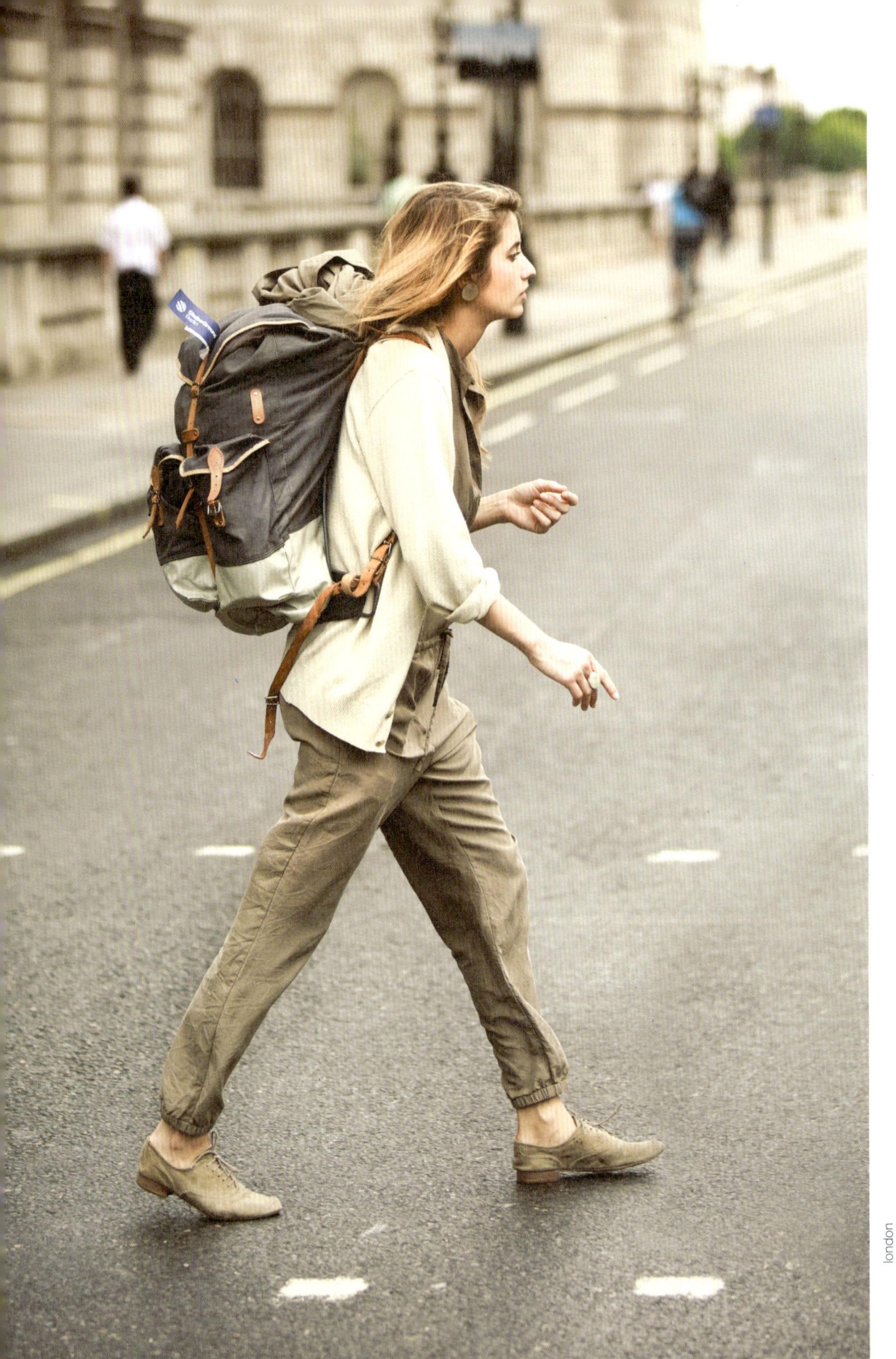

london

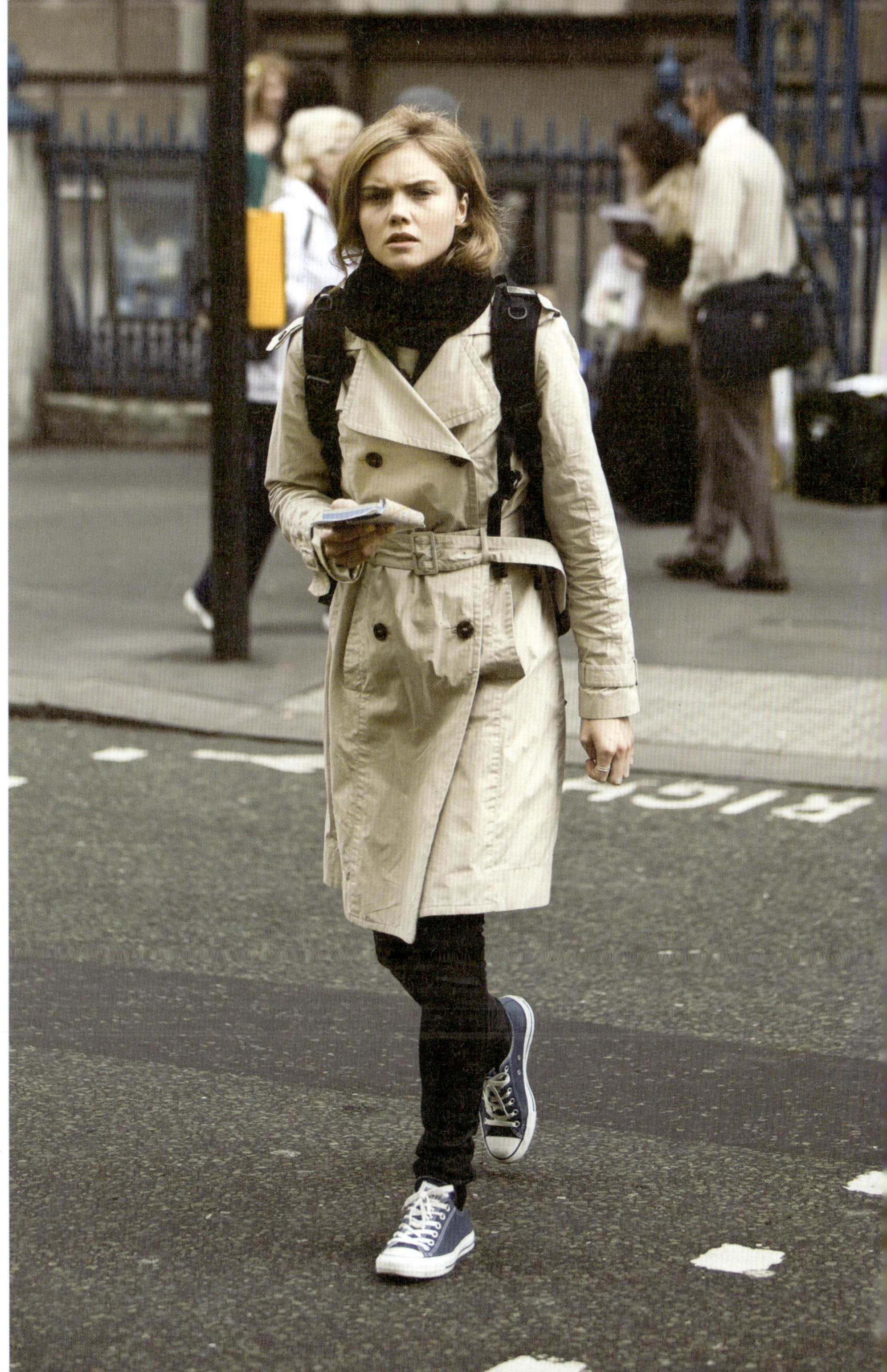

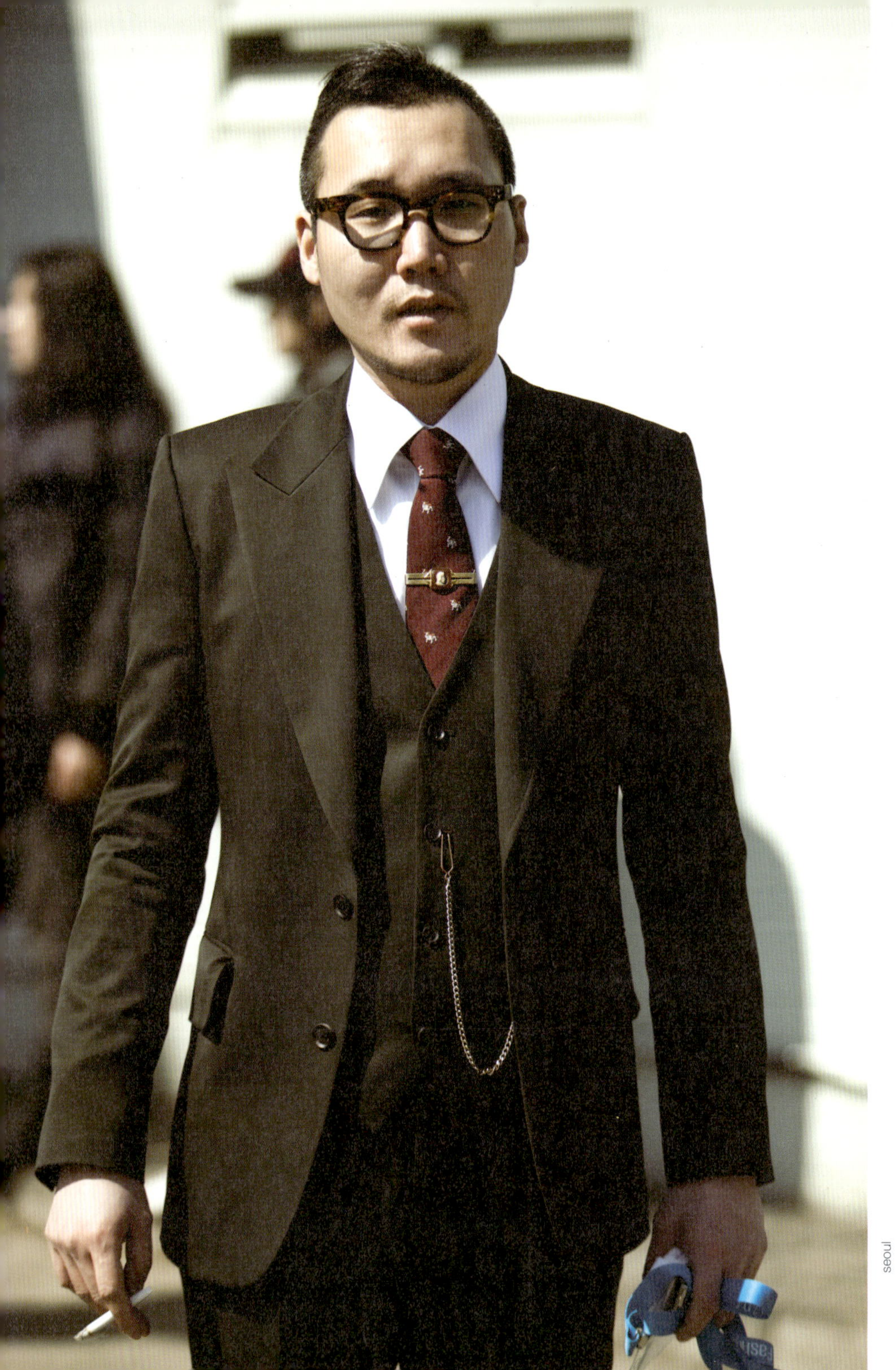

seoul

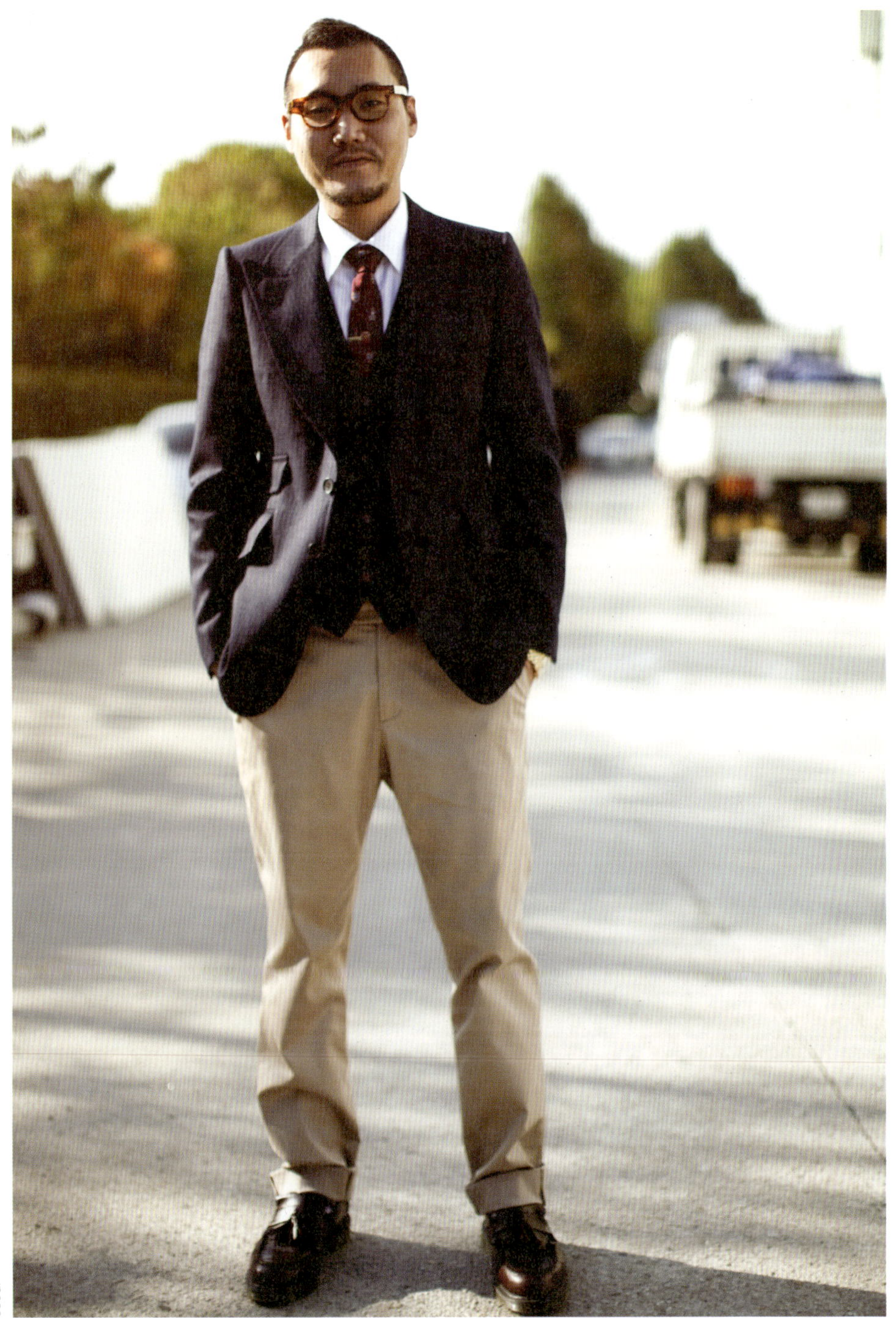

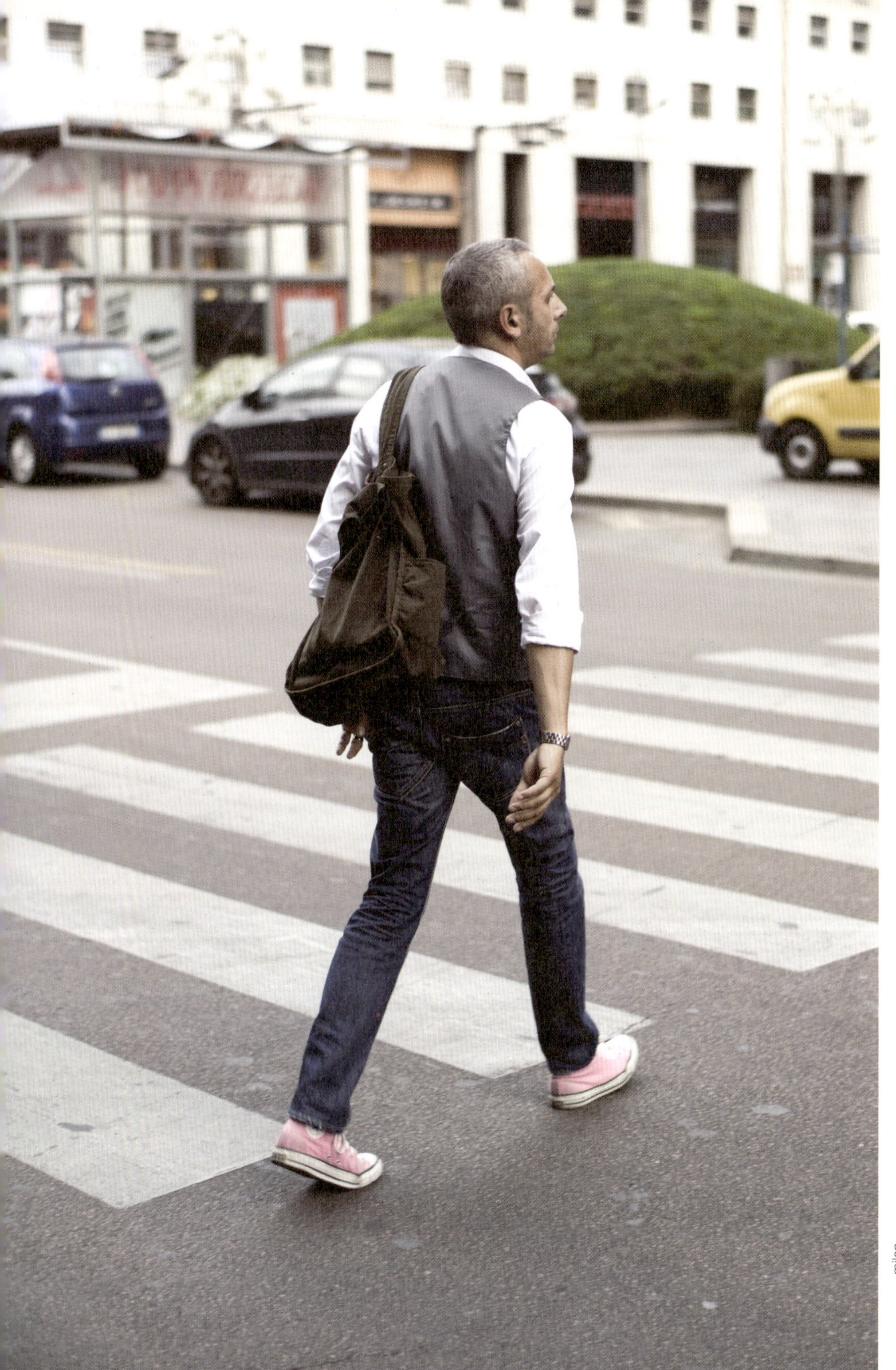

milan

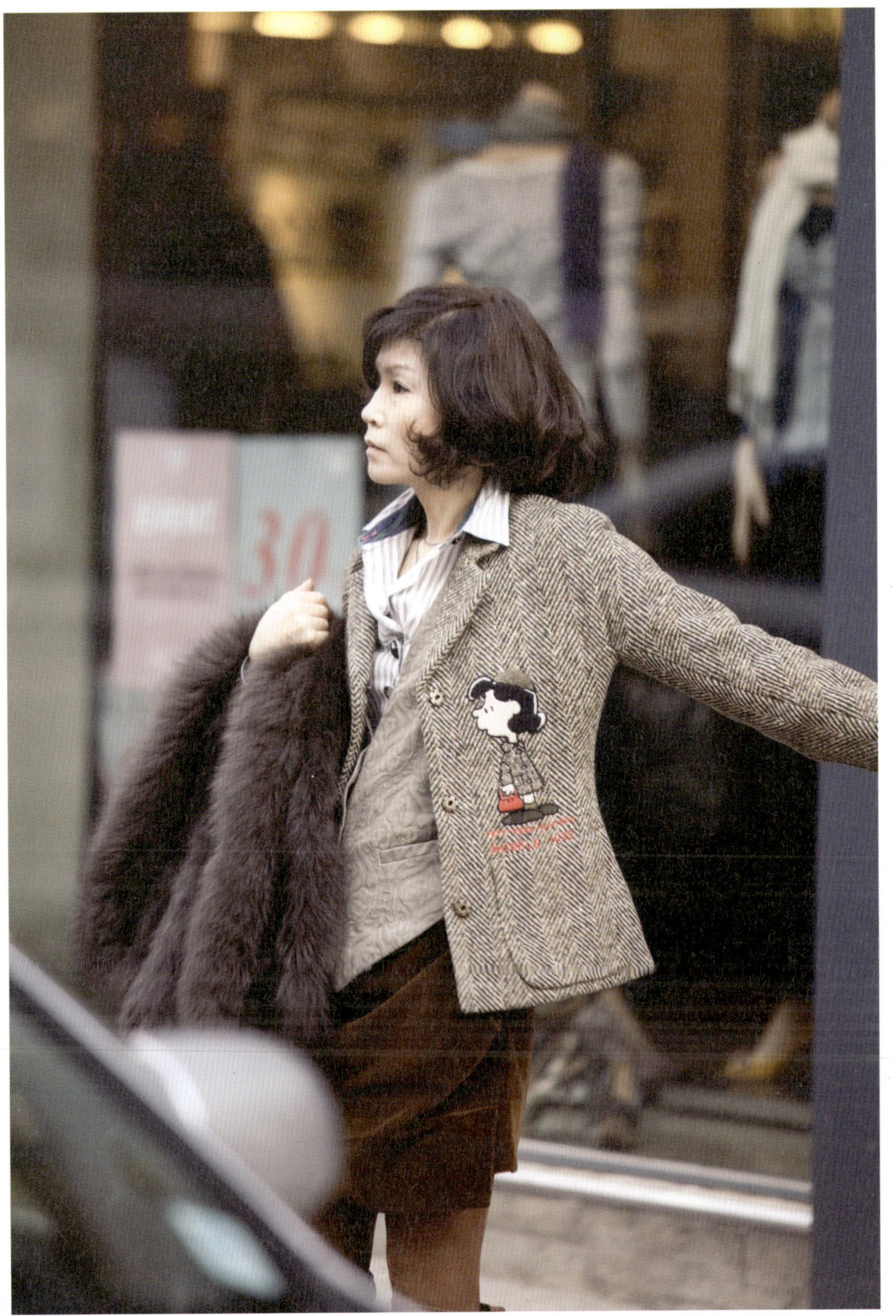

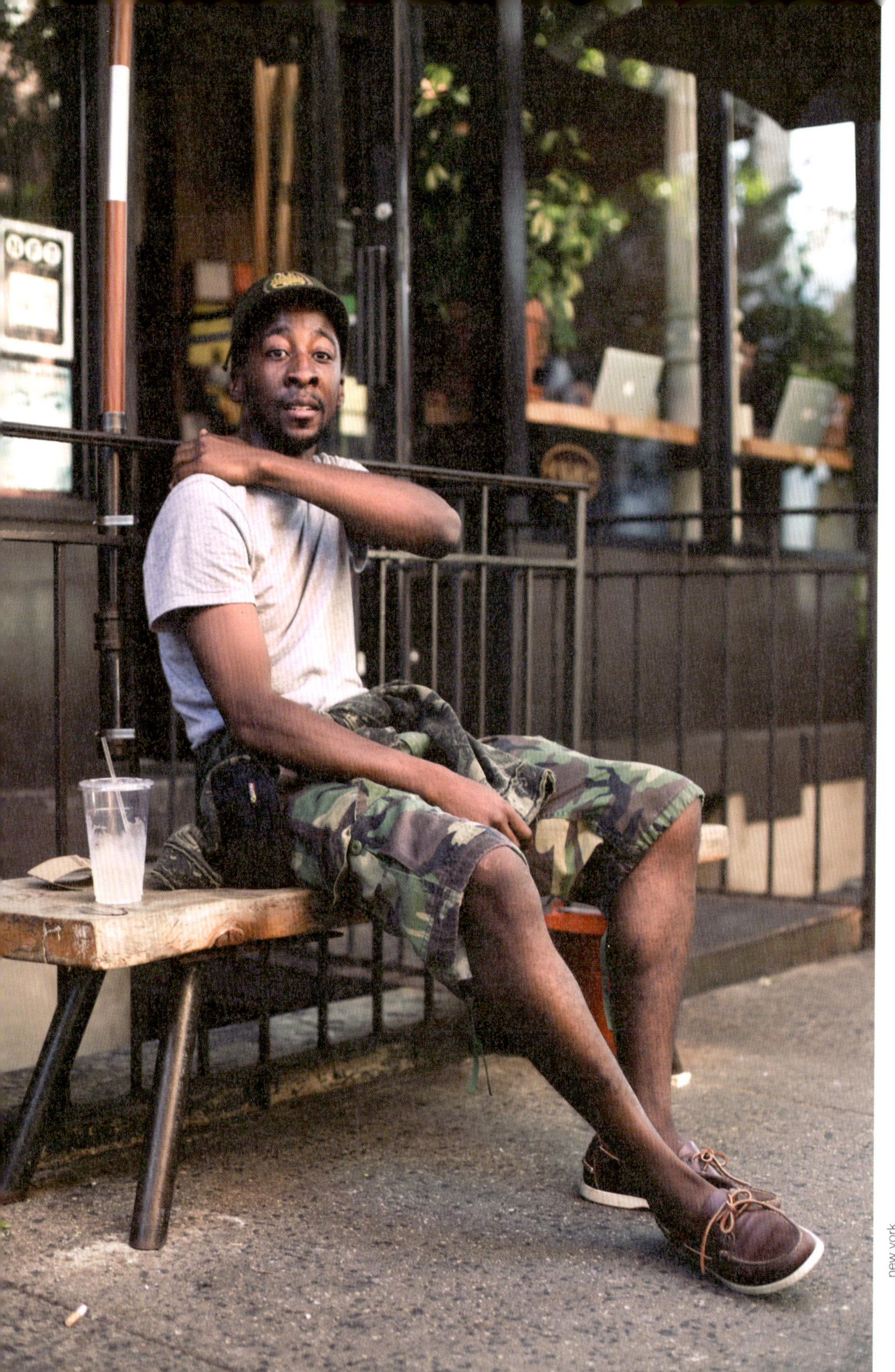

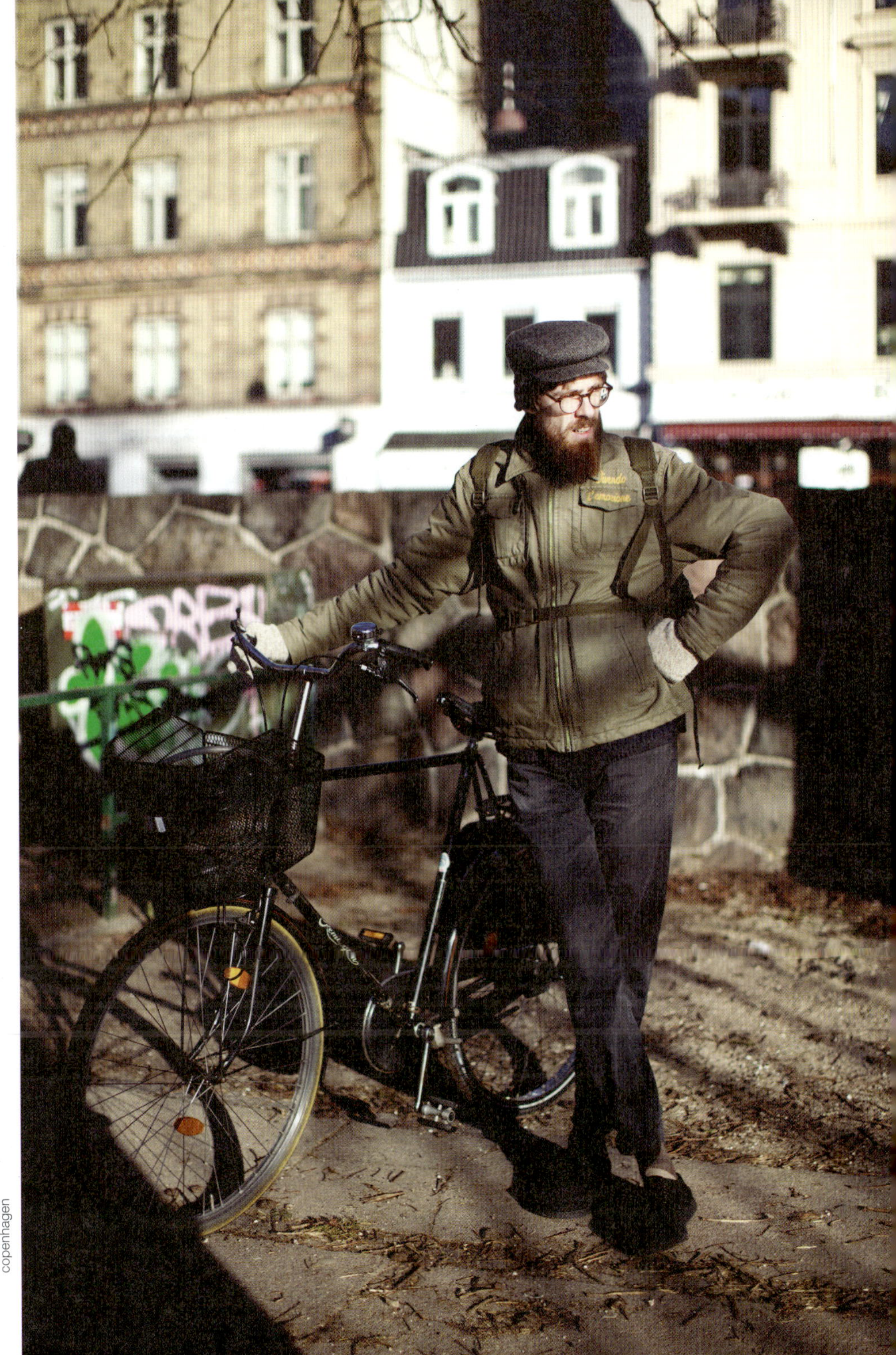

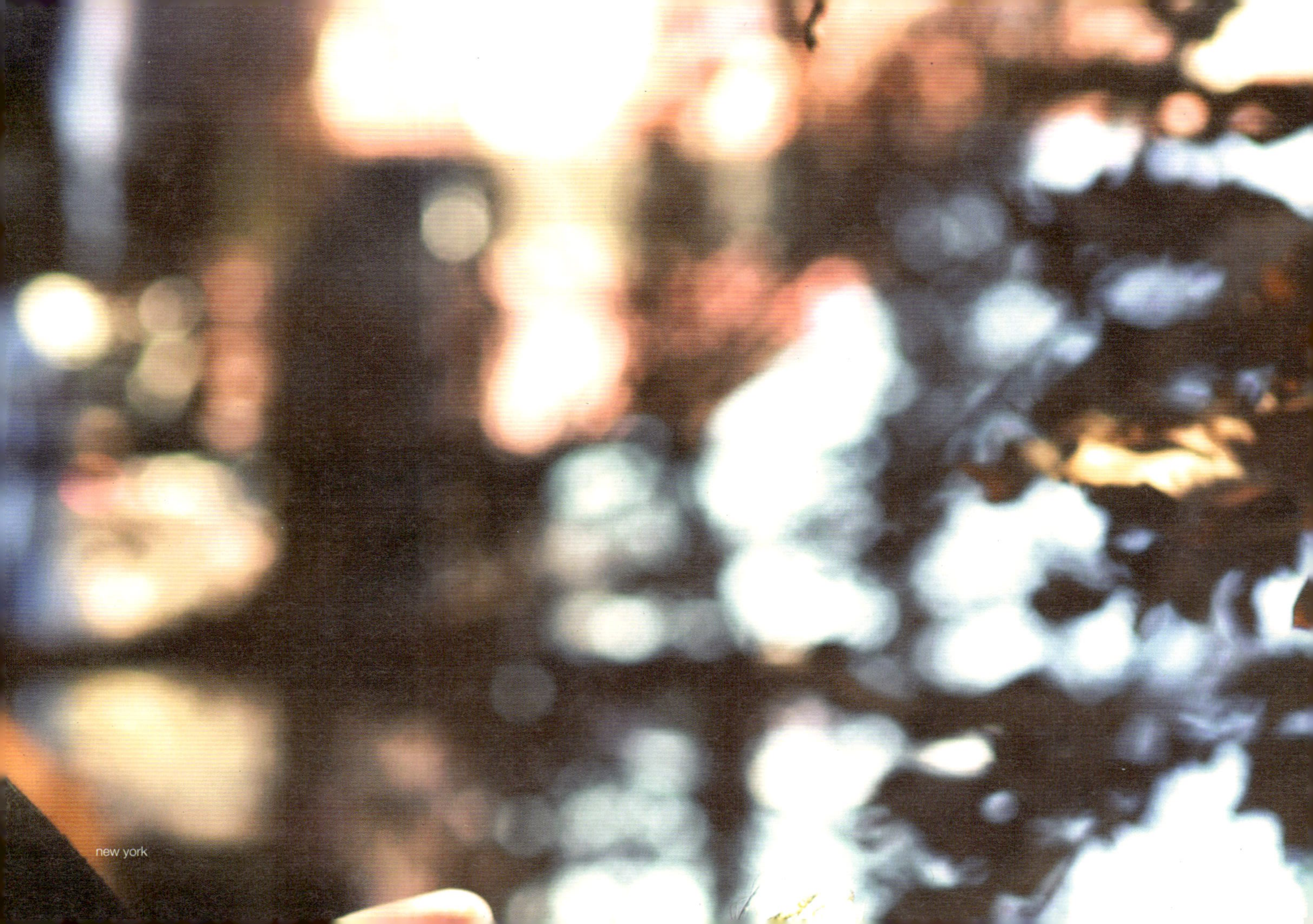
new york

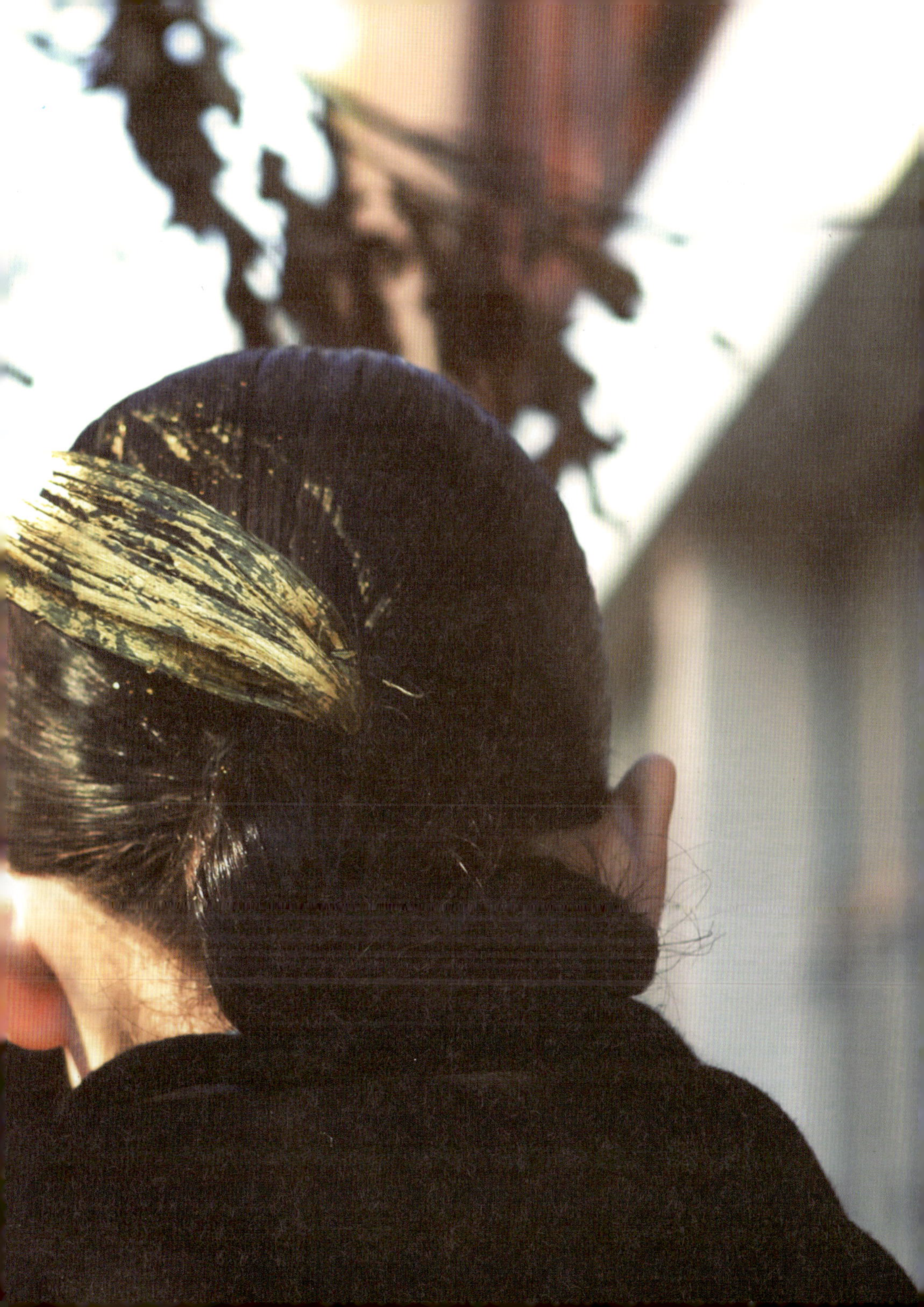

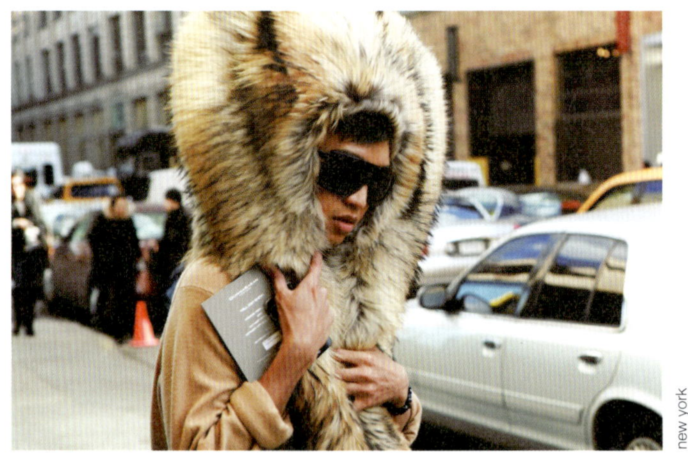

거리의 퍼포먼스

세계를 여행하면서 패션 관련 행사에 참석해 보면 다소 이해하기 힘든, 알 수 없는 패션의

사람들도 자주 만난다. 그들이 무슨 의도로 그렇게 과장된 의상을 한 채 거리에서 퍼포먼스를

선보이는지 굳이 묻지 않는다. 그들이 표현하려는 것, 전달하고자 하는 메시지를 그대로

담아내는 것이 내가 할 일이고 그 평가와 해석은 사람들이 해줄 것이다. 나는 단지 그들의

퍼포먼스를 존중하고, 현재 패션계에서 벌어지고 있는 현상들을 포착할 뿐이다.

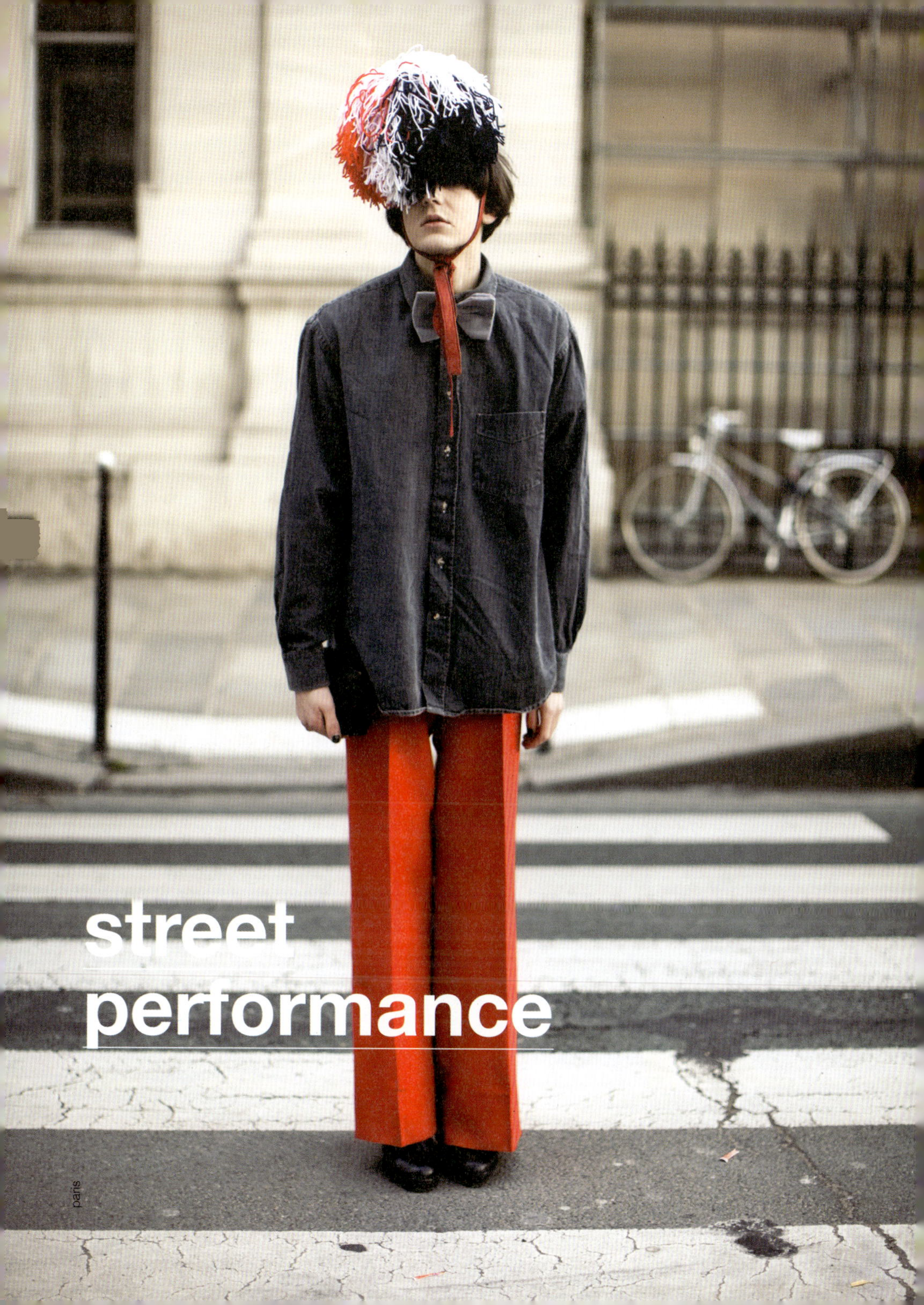

street
performance
paris

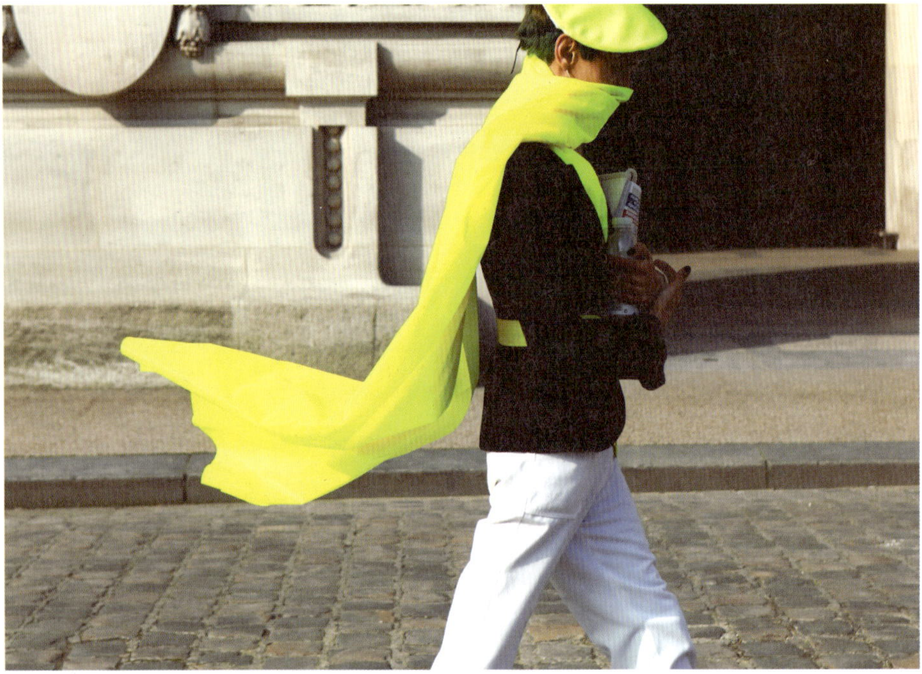

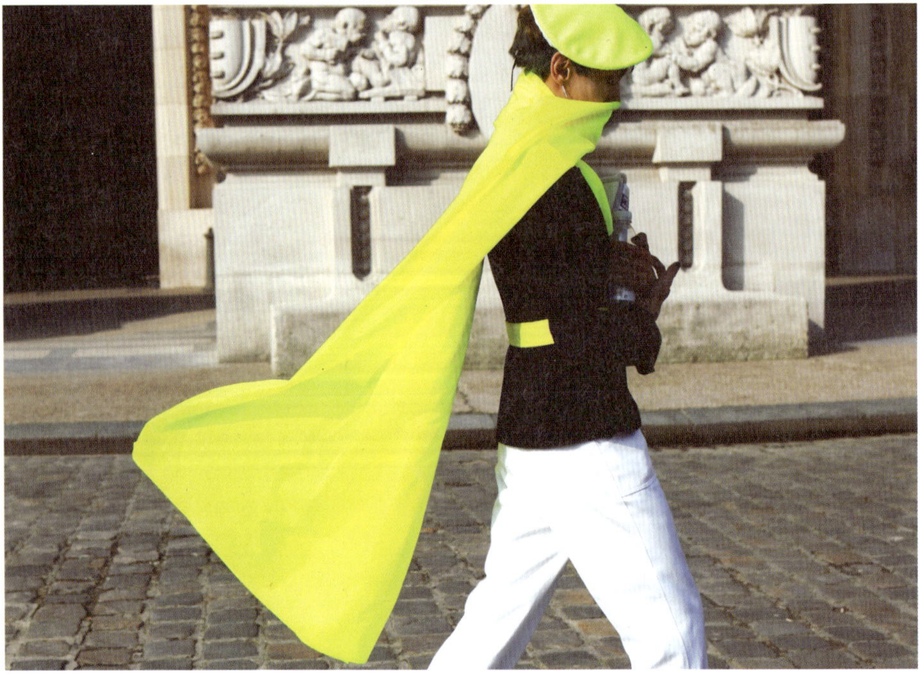

paris

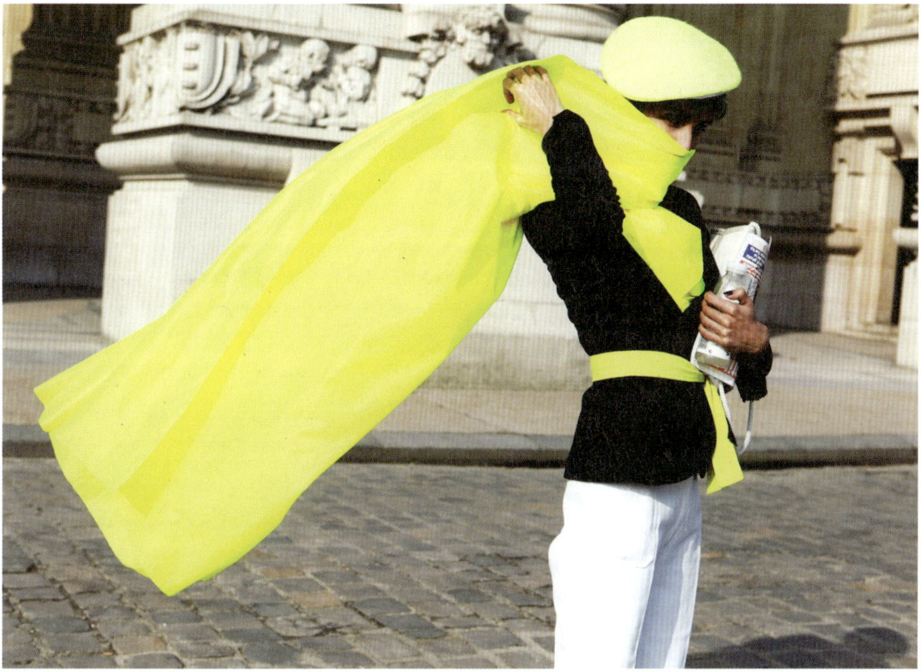

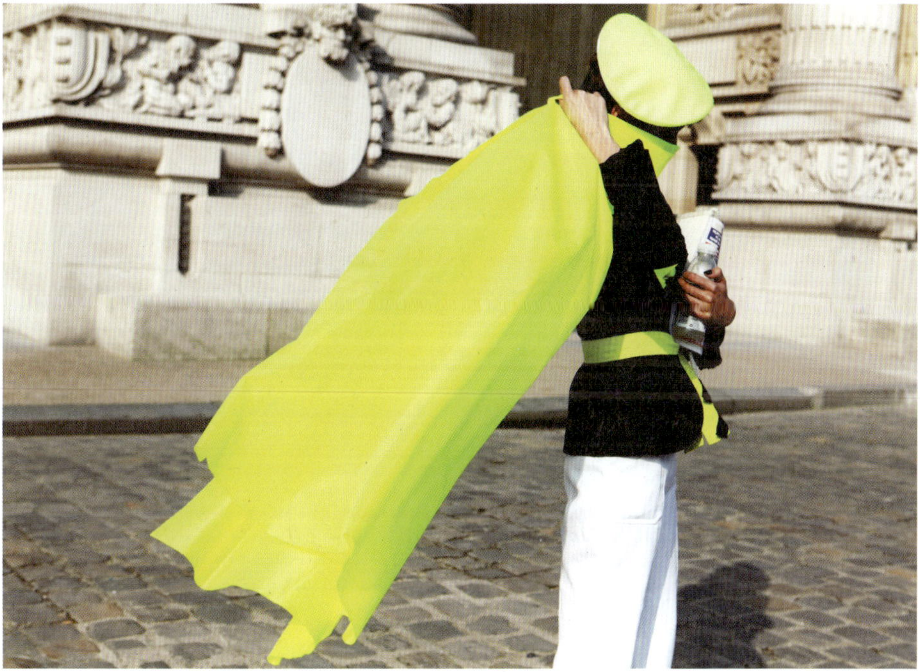

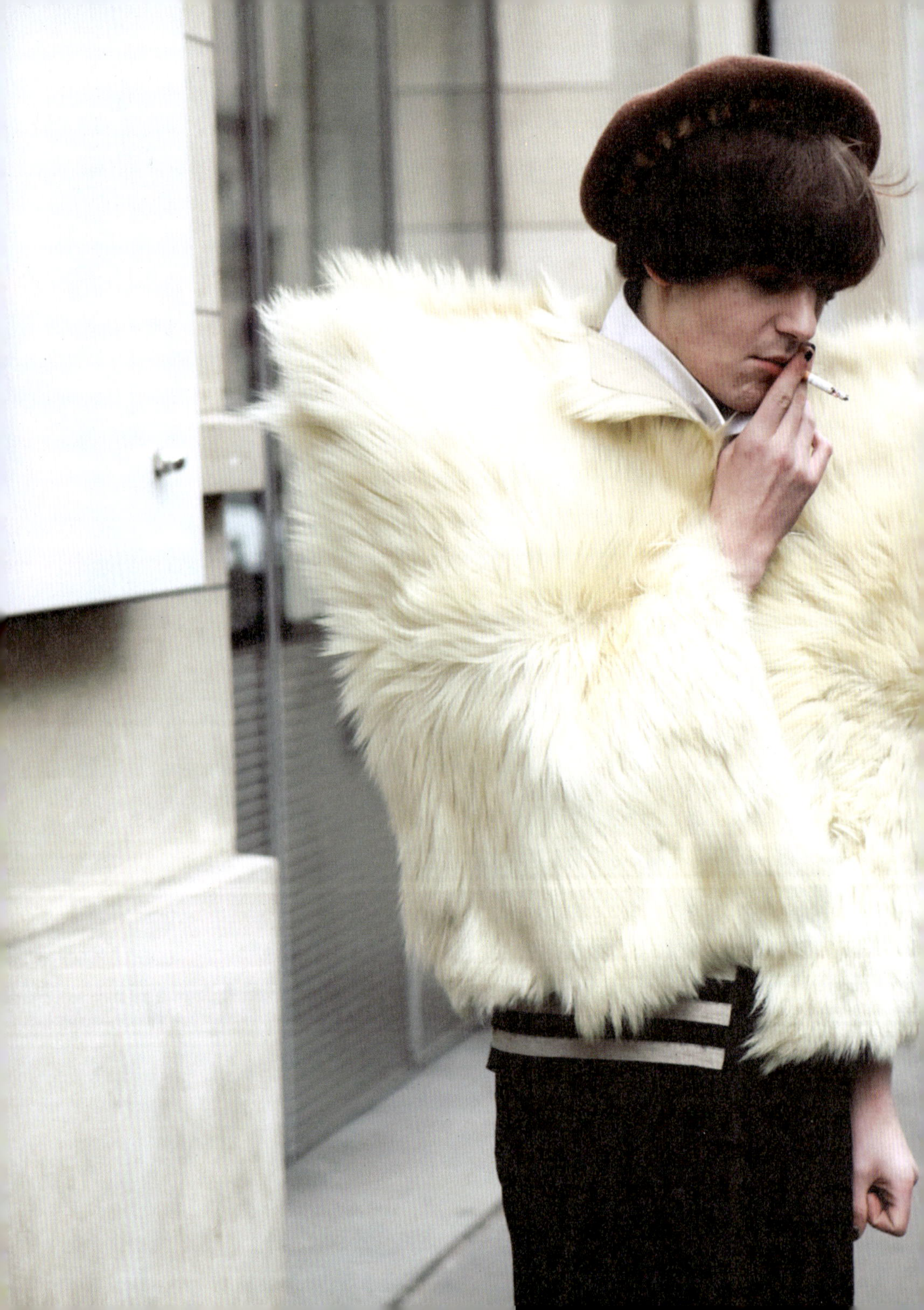

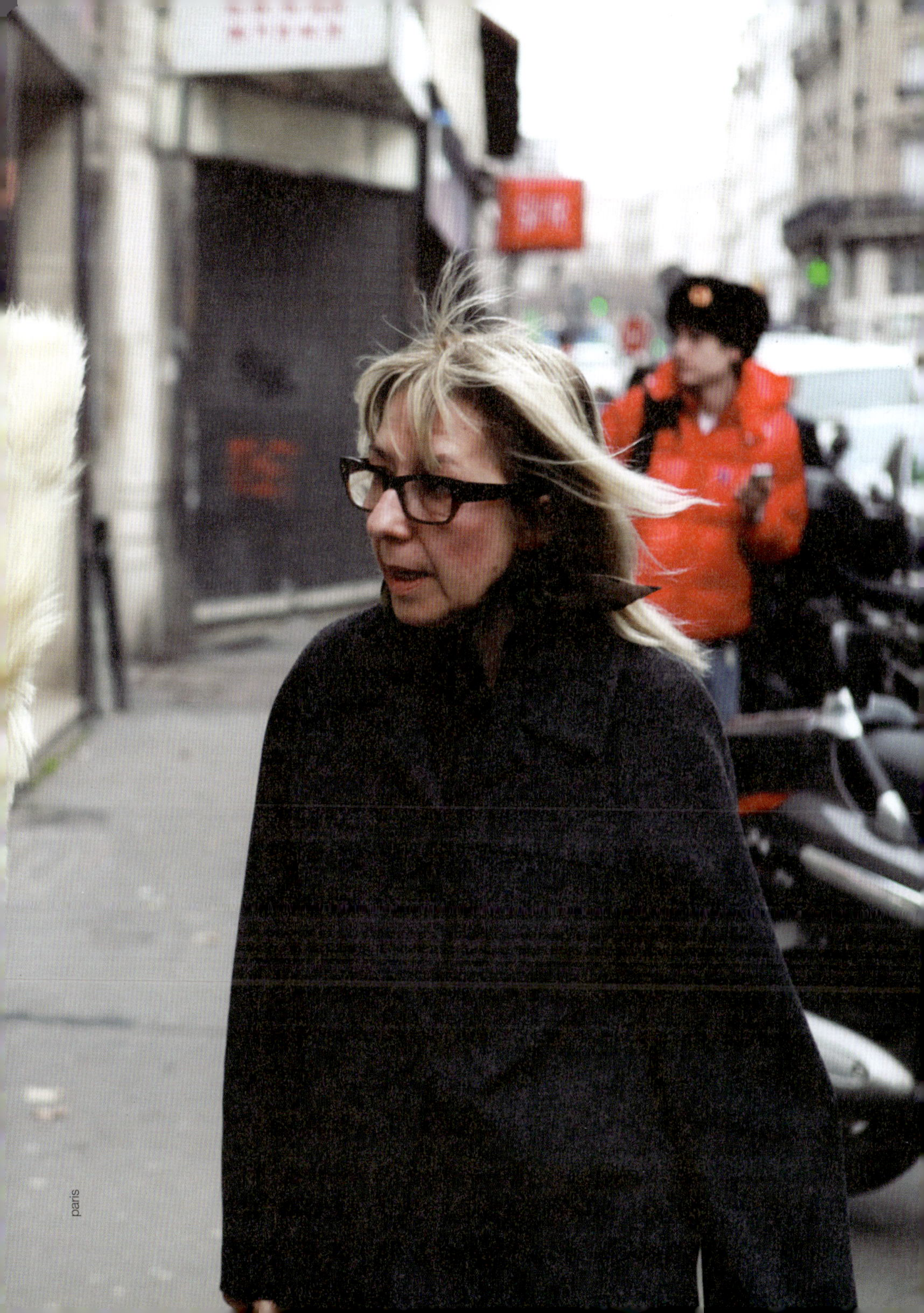
paris

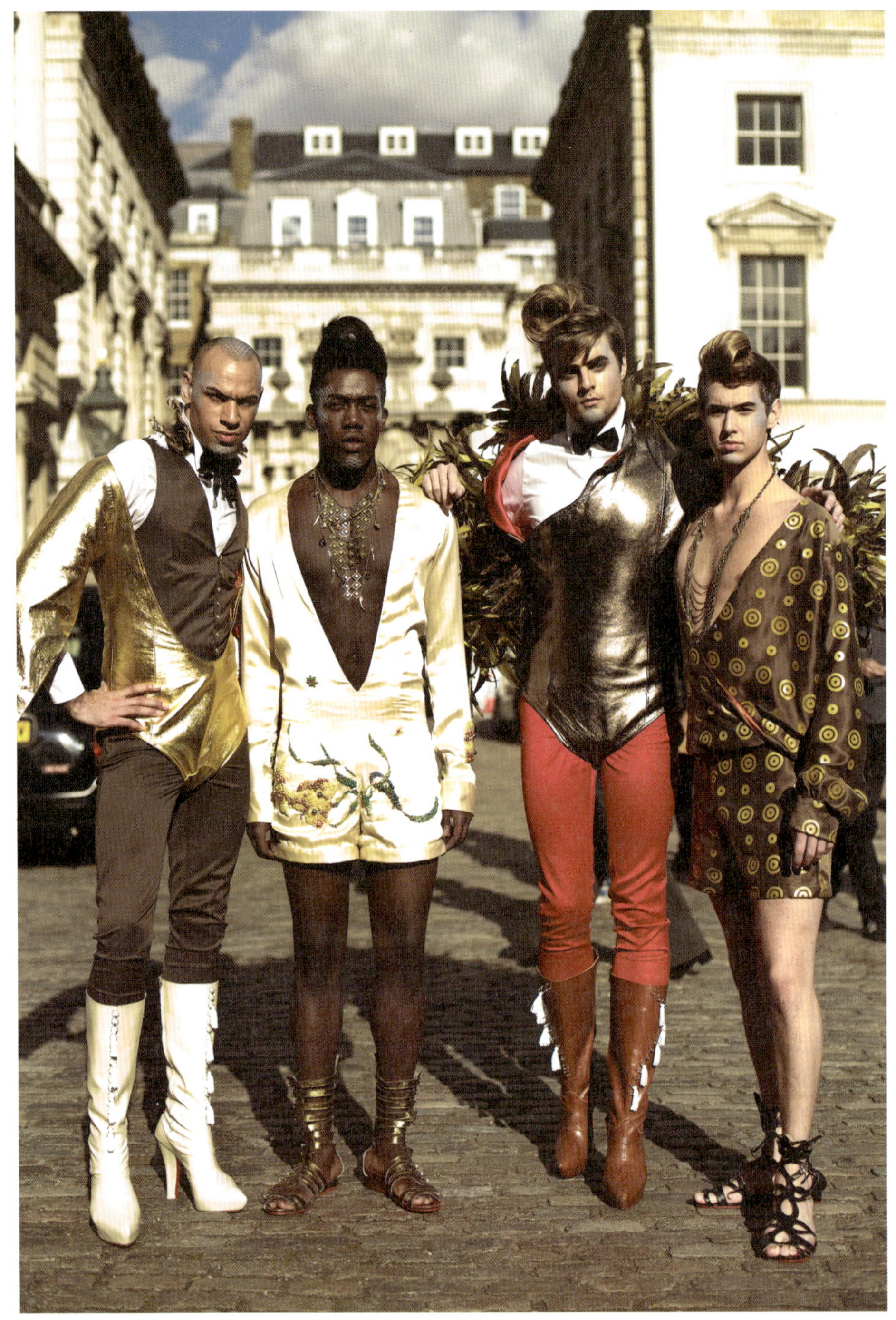

london

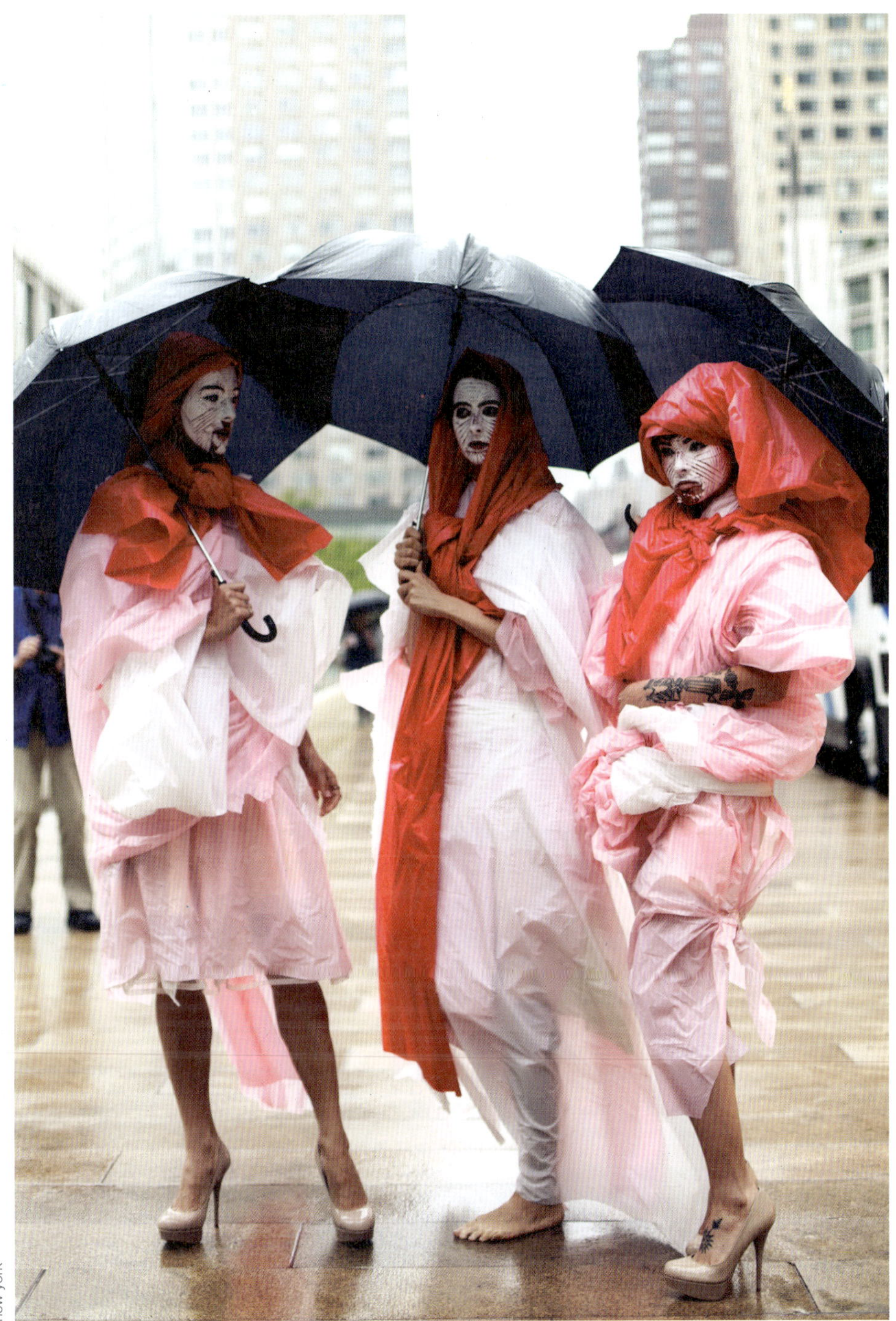

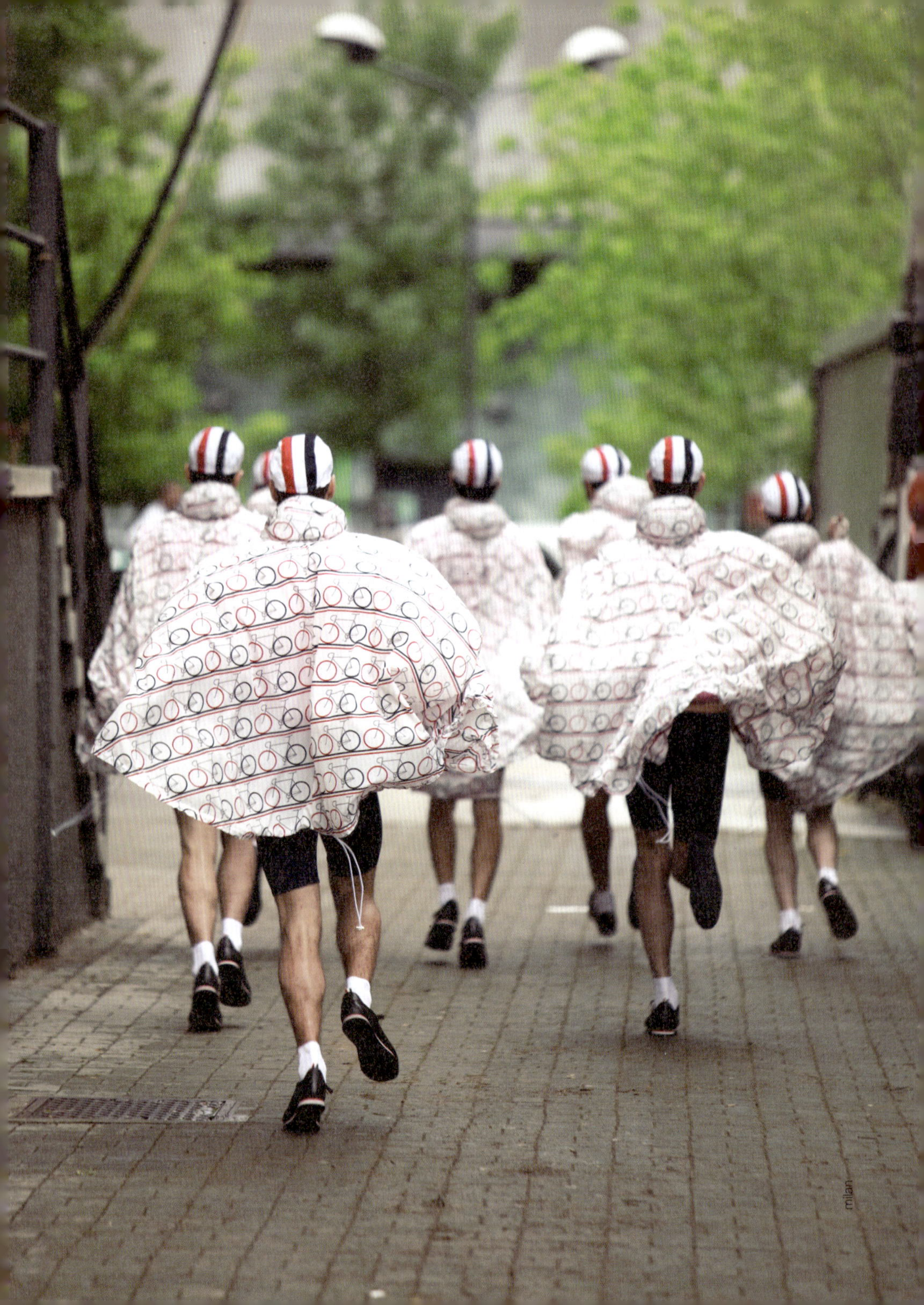

milan

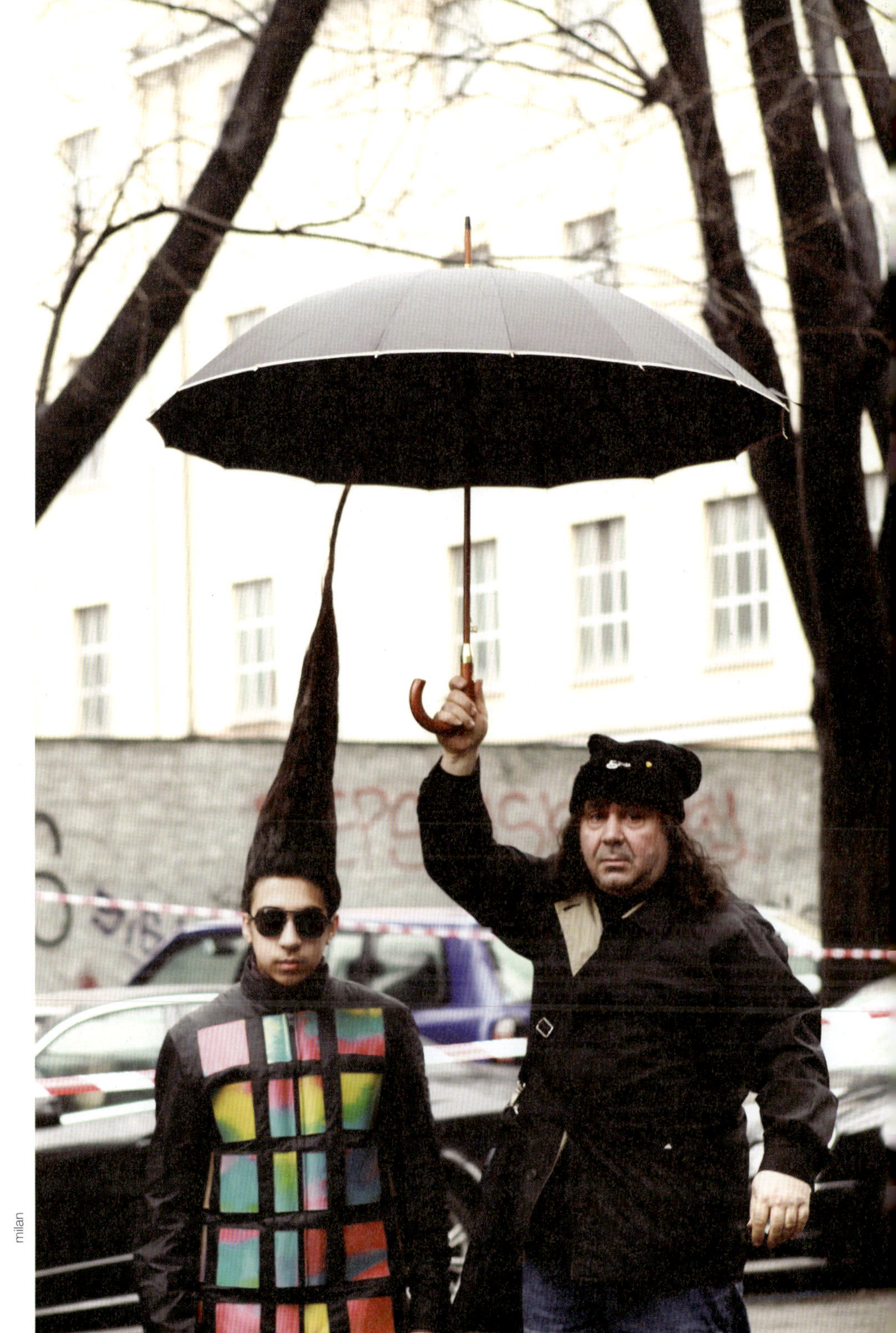

milan

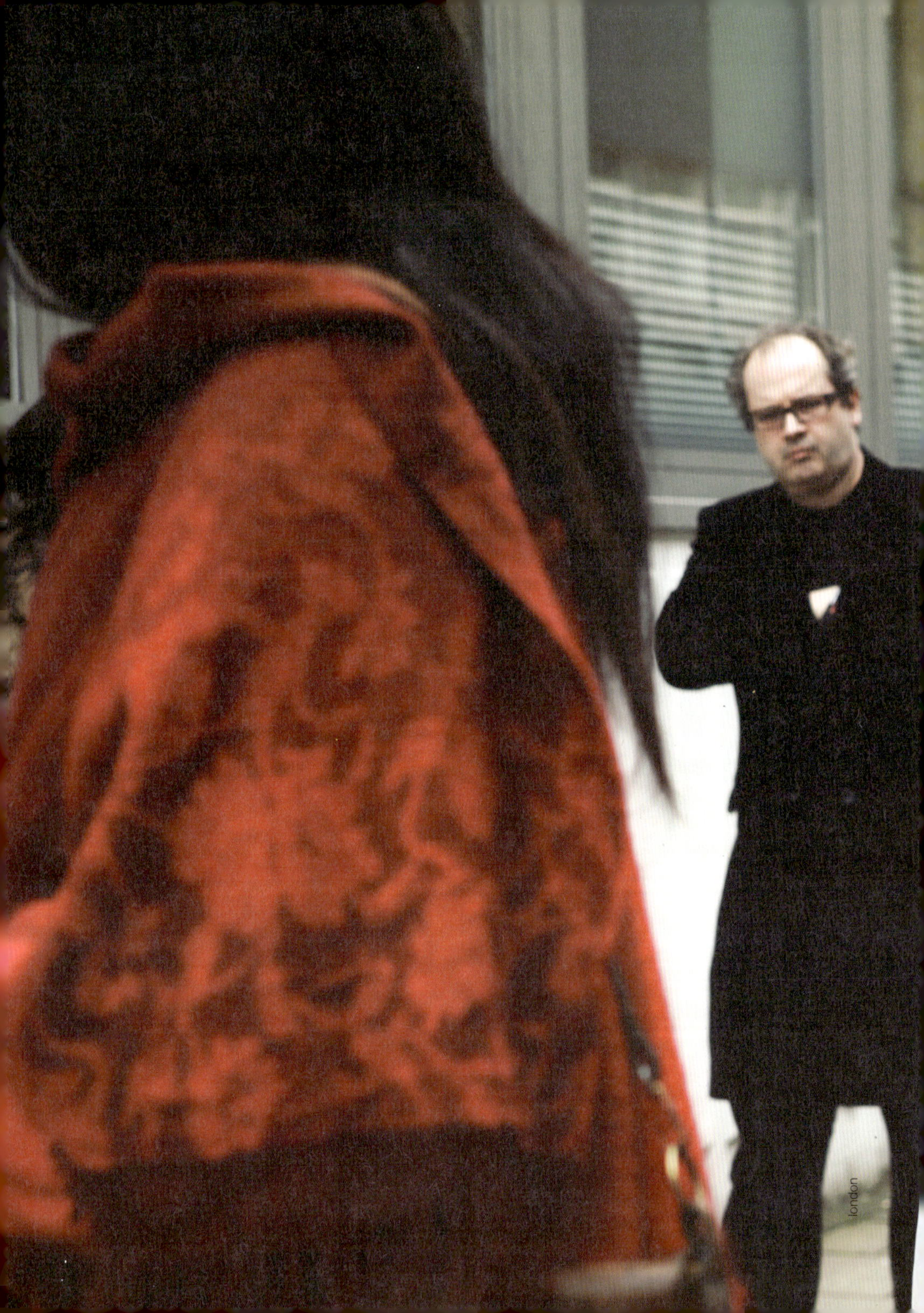
london

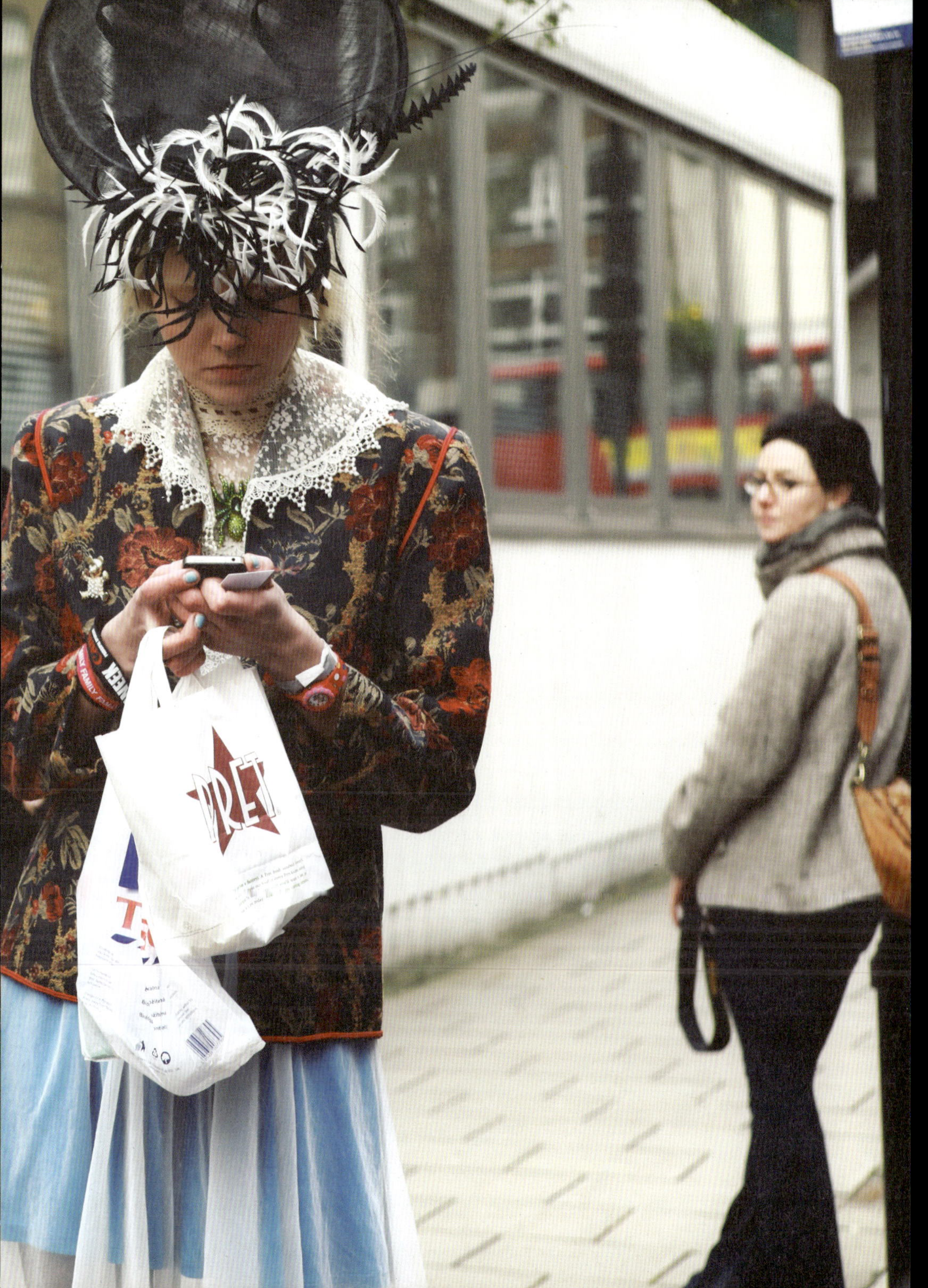

PRET

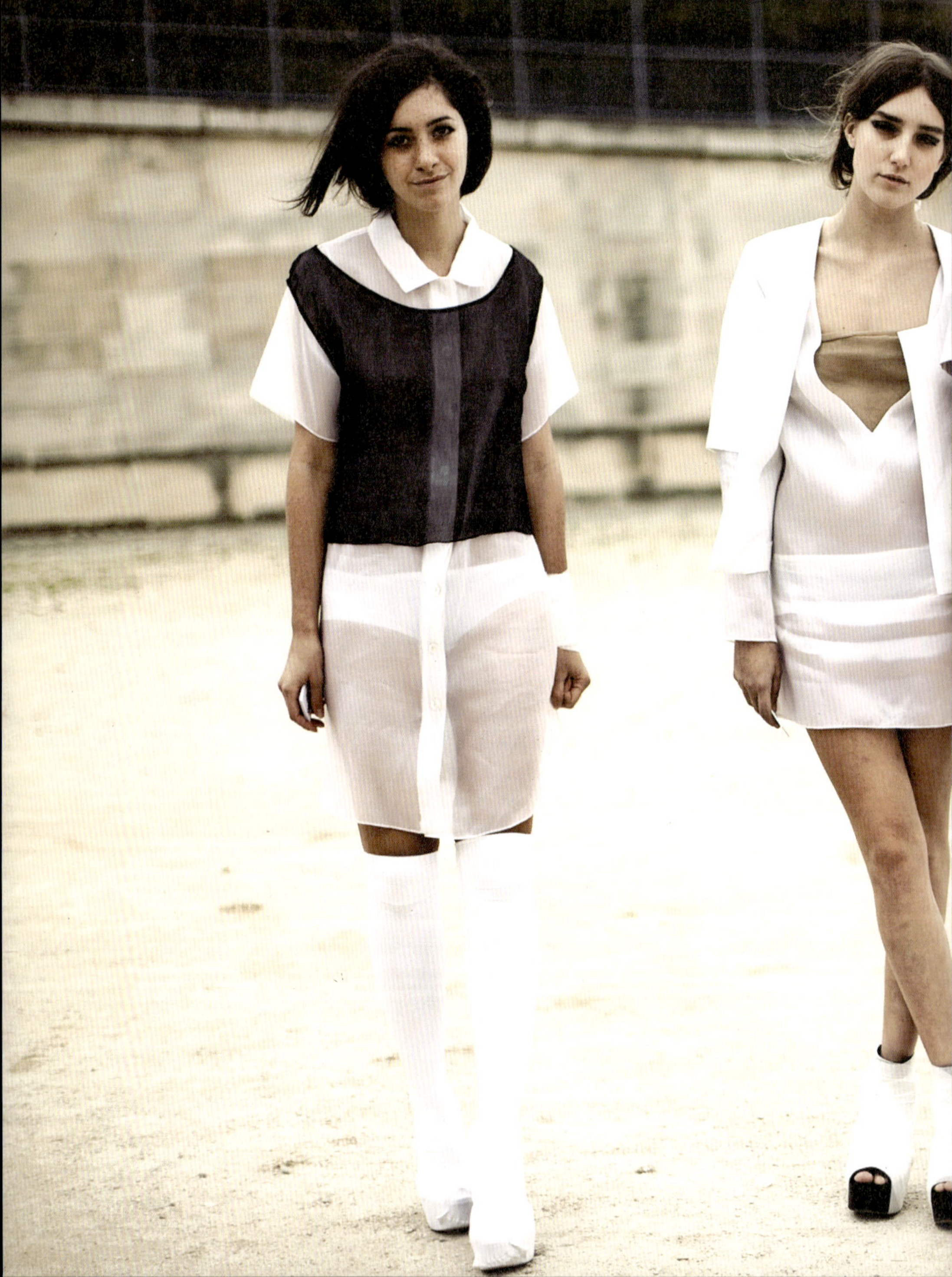

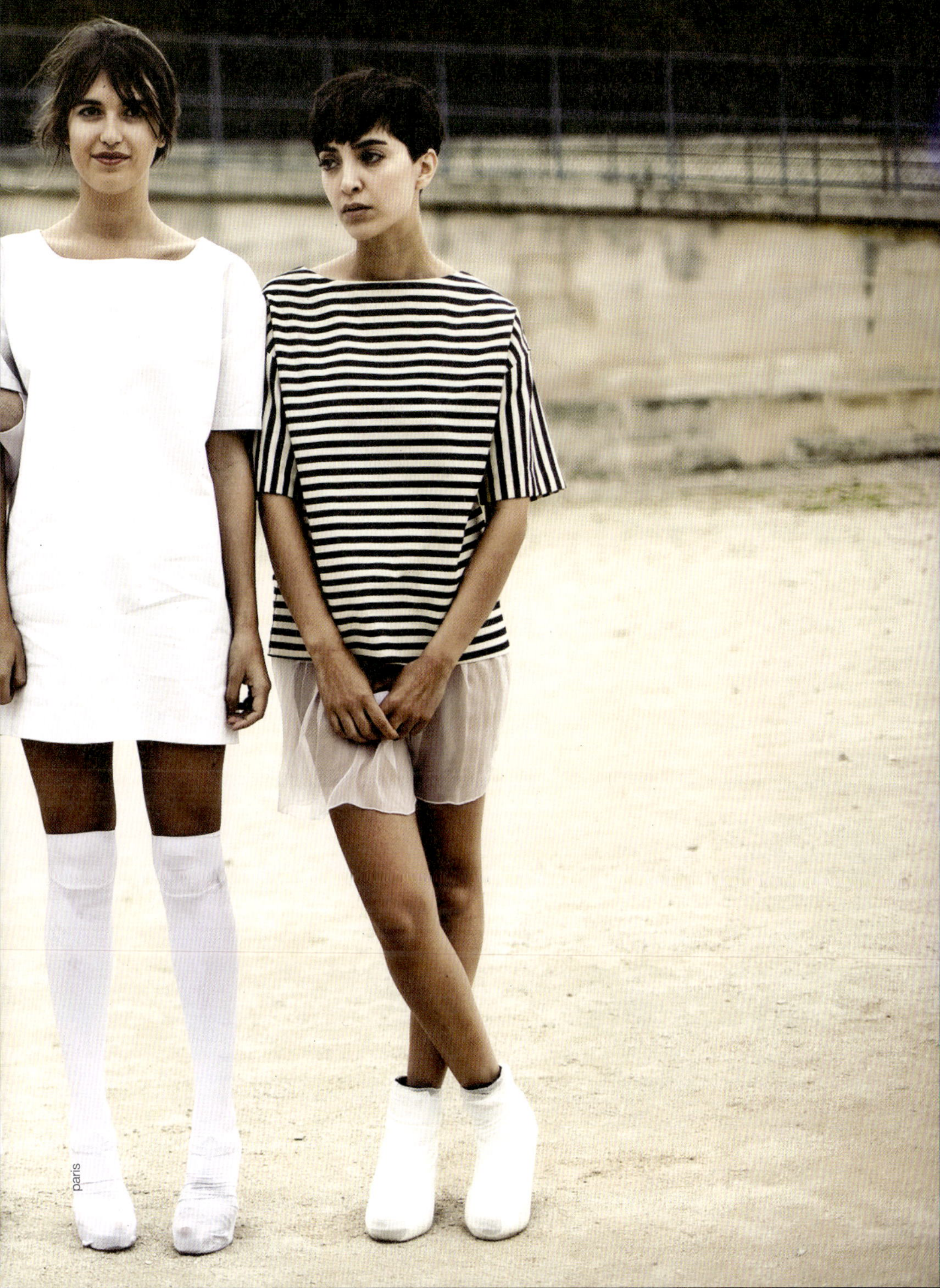
paris

four cooks

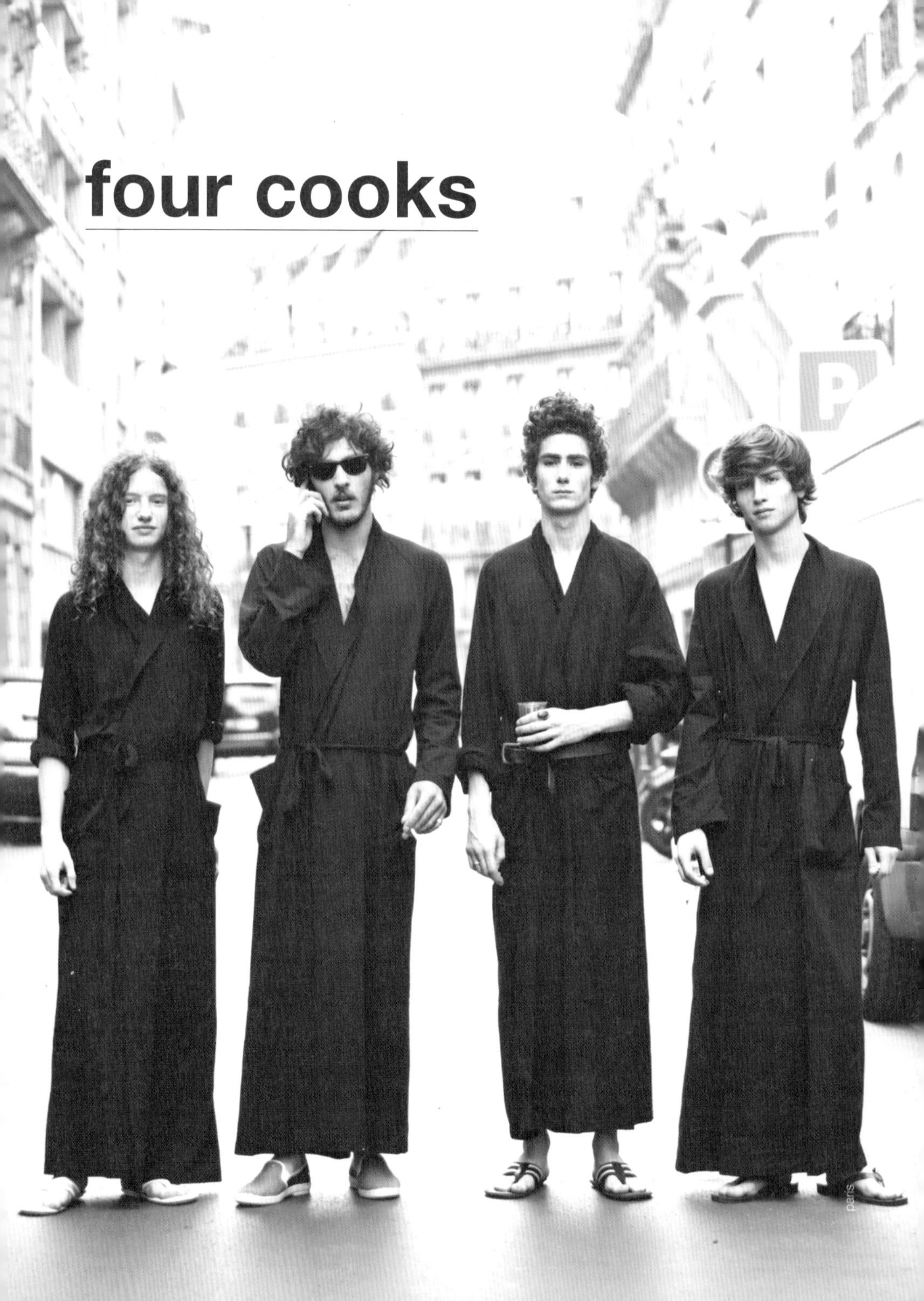

4명의 요리사

파리의 어느 대형 레스토랑을 지나치다, 길 모퉁이에 모여앉아 휴식 시간을 즐기고 있던 어시스턴트 요리사 4명을 봤다. 그들을 촬영하고 싶었던 것은 멋진 유니폼이나 외모 때문이 아니었다. 같은 유니폼을 입어도 각기 다른 벨트 매듭과 위치, 소매 길이, 다르게 접어올린 칼라 등. 이들의 다양하고 뚜렷한 자기표현 방식 때문이었다.

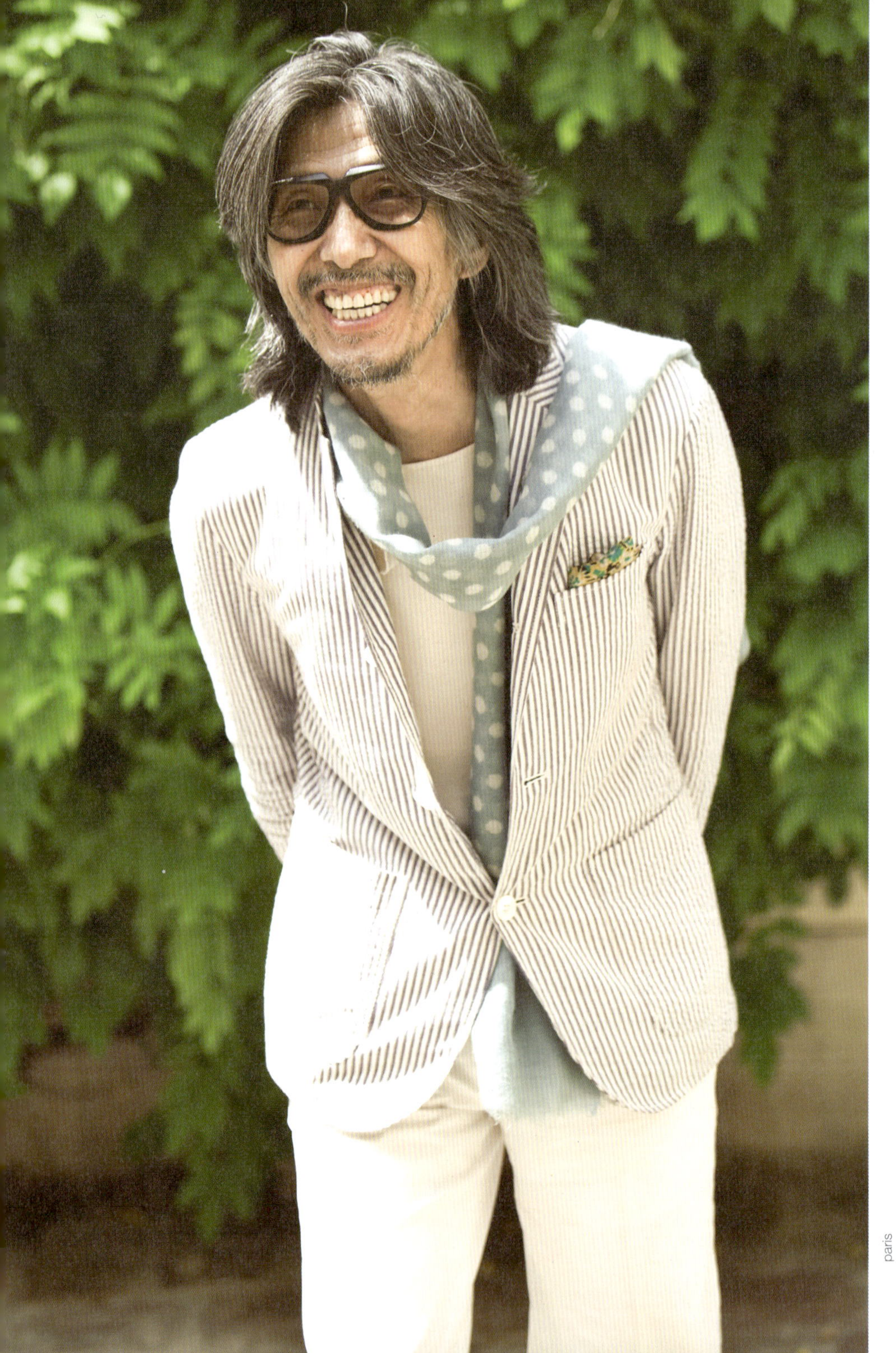

paris

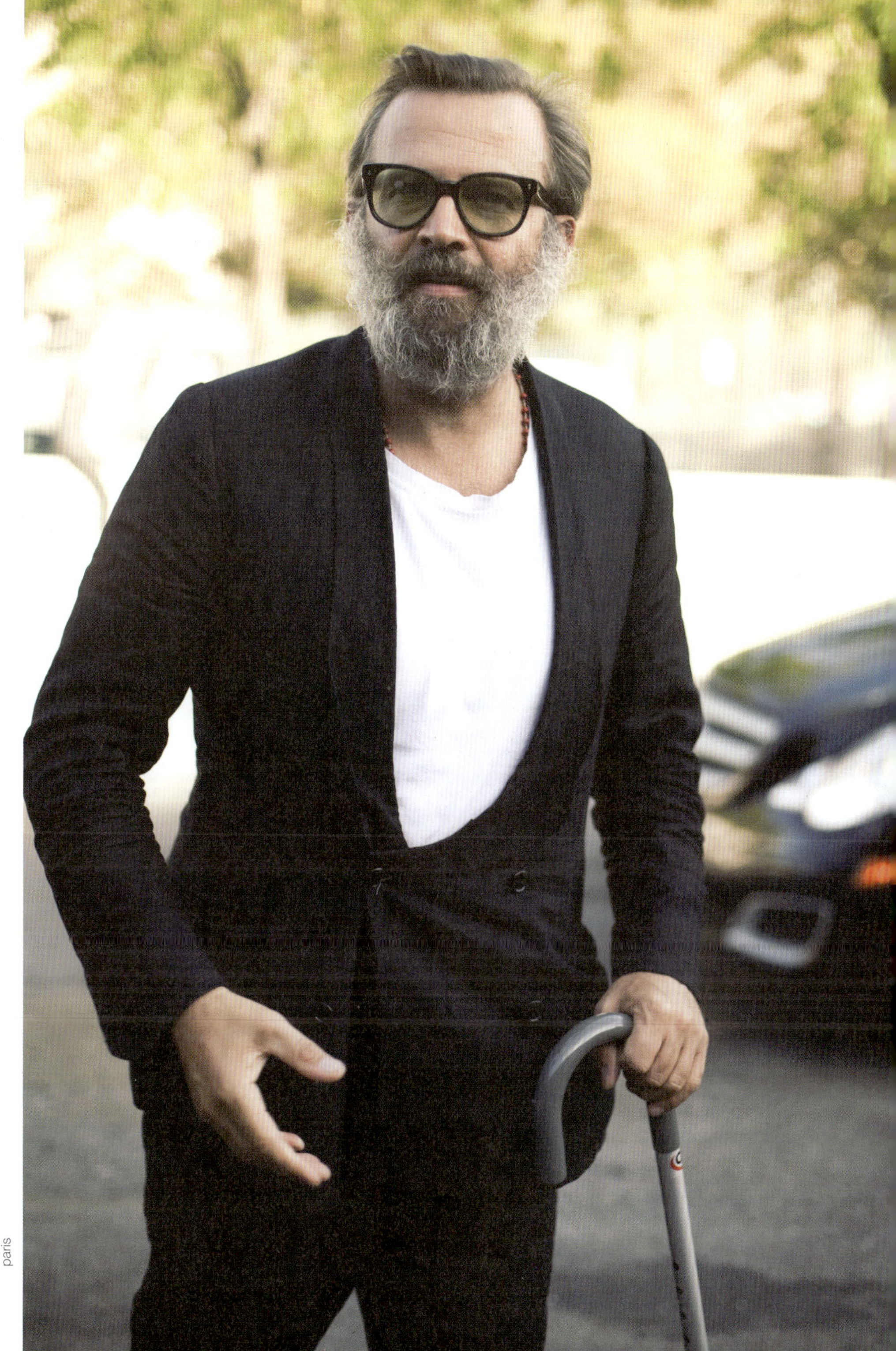

paris

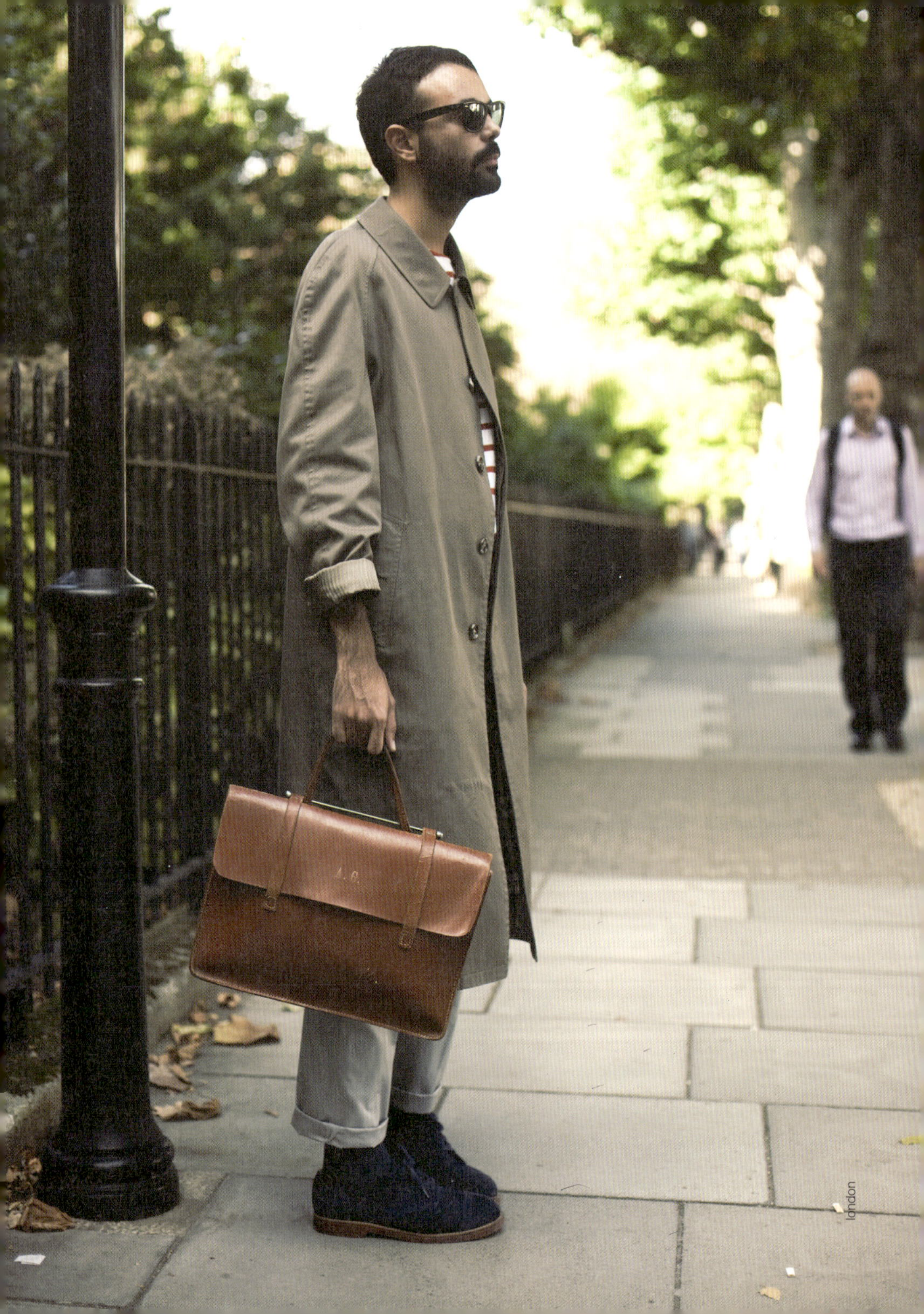
london

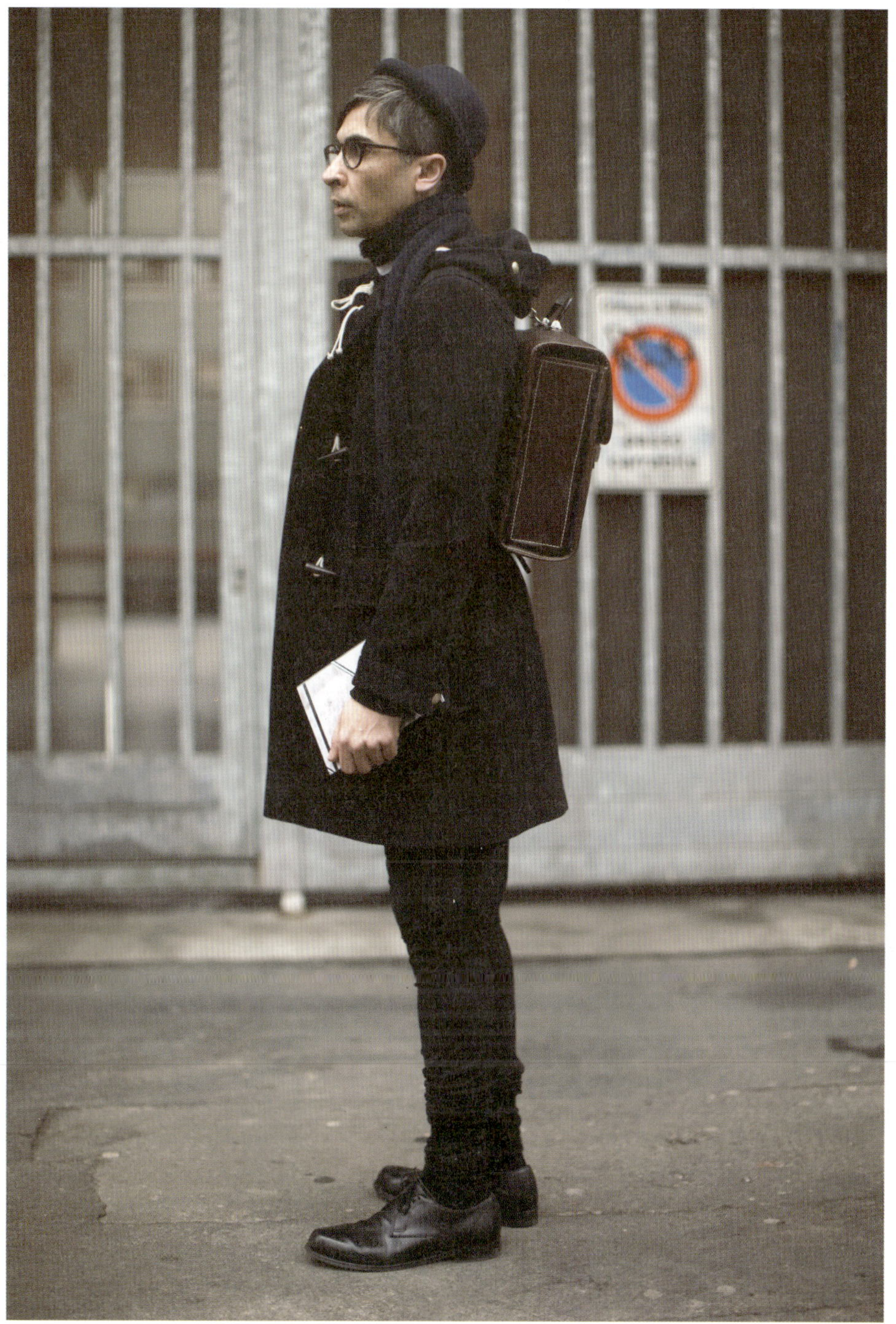

paris

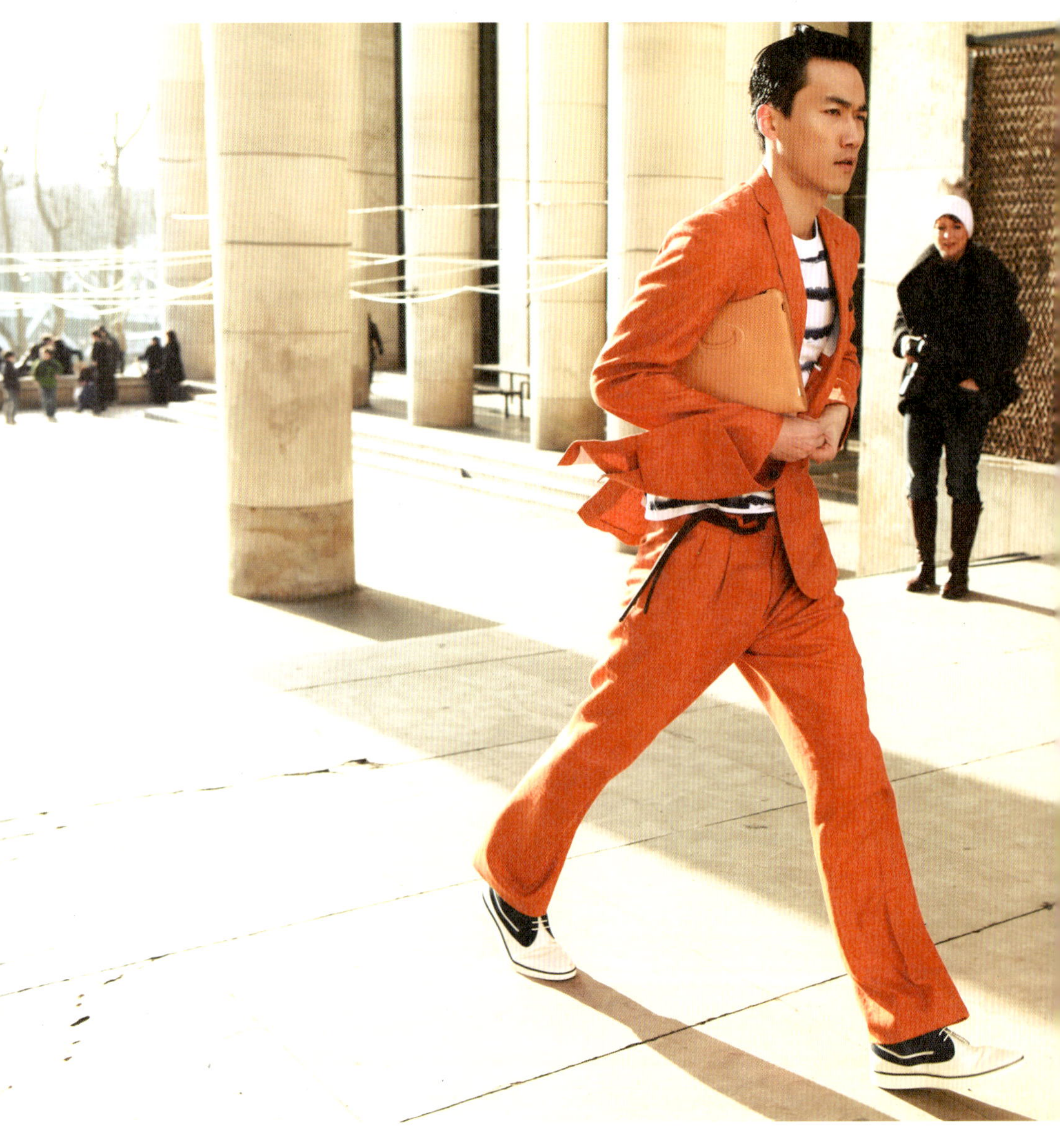

거리에서 컬러풀한 옷을 즐겨입는 남자를 마주치는 것만큼 반가운 일이 또 뭐가 있을까.

남자들은 좀 더 용기를 내야 할 필요가 있다.

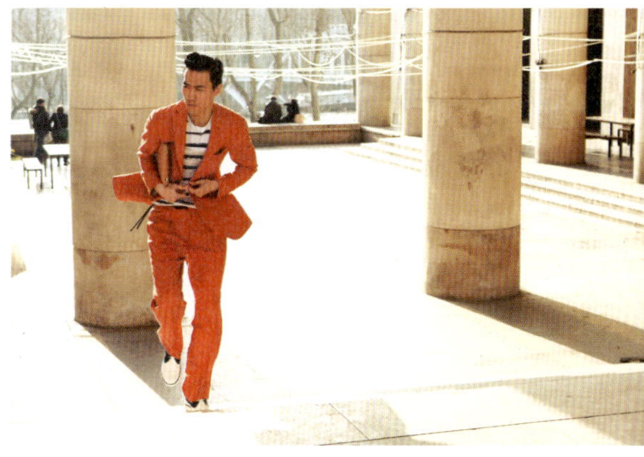

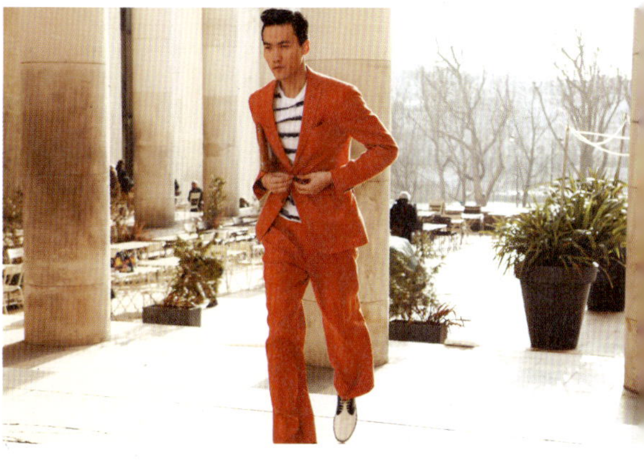

paris

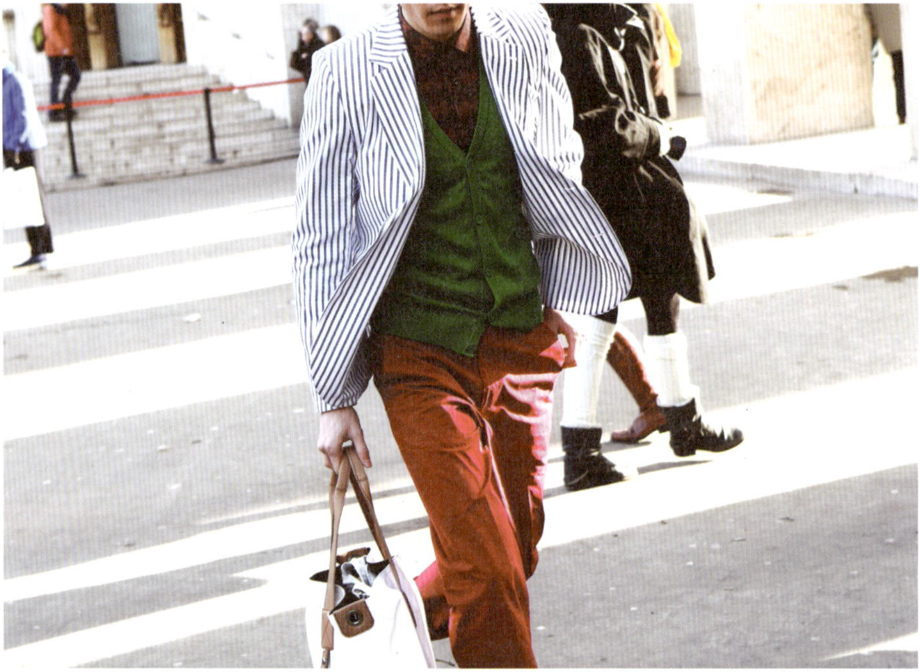

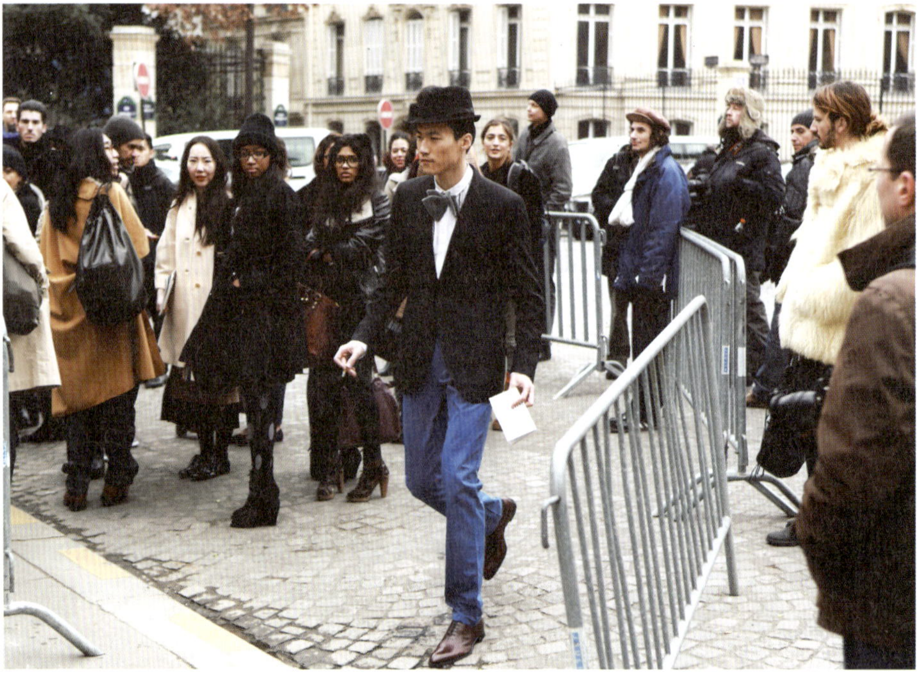

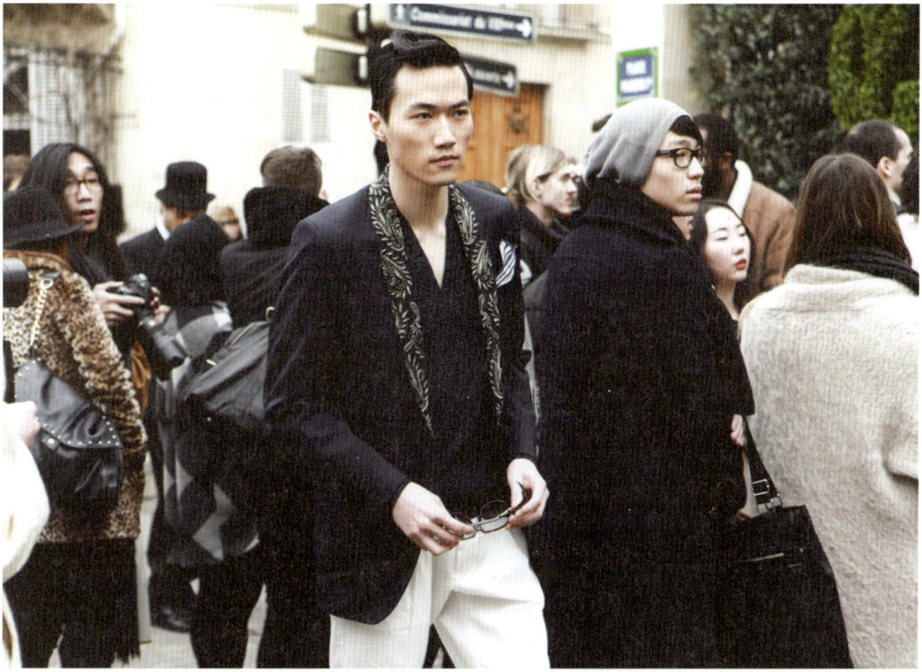

paris

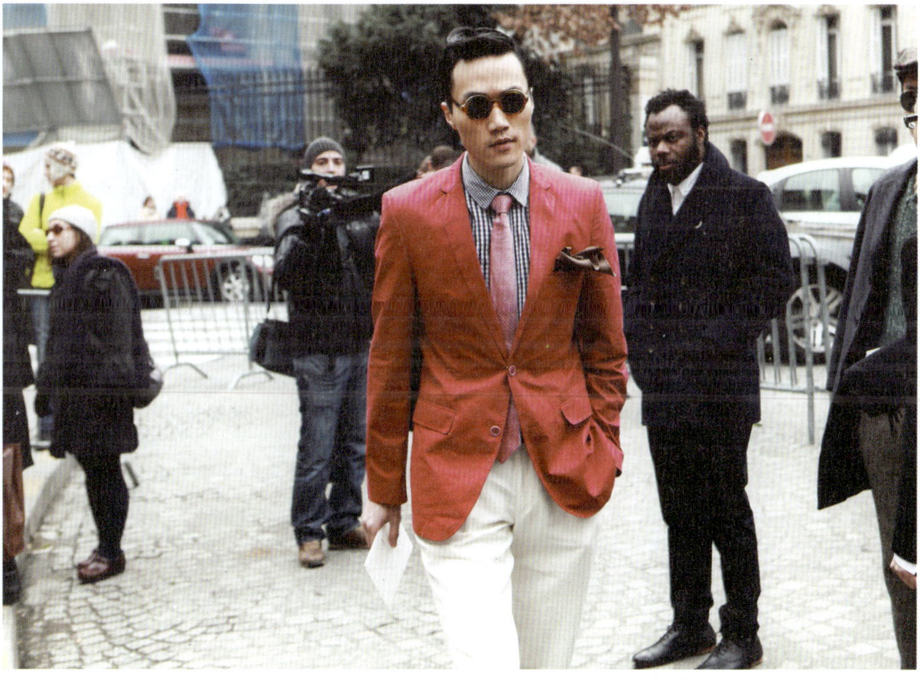

paris

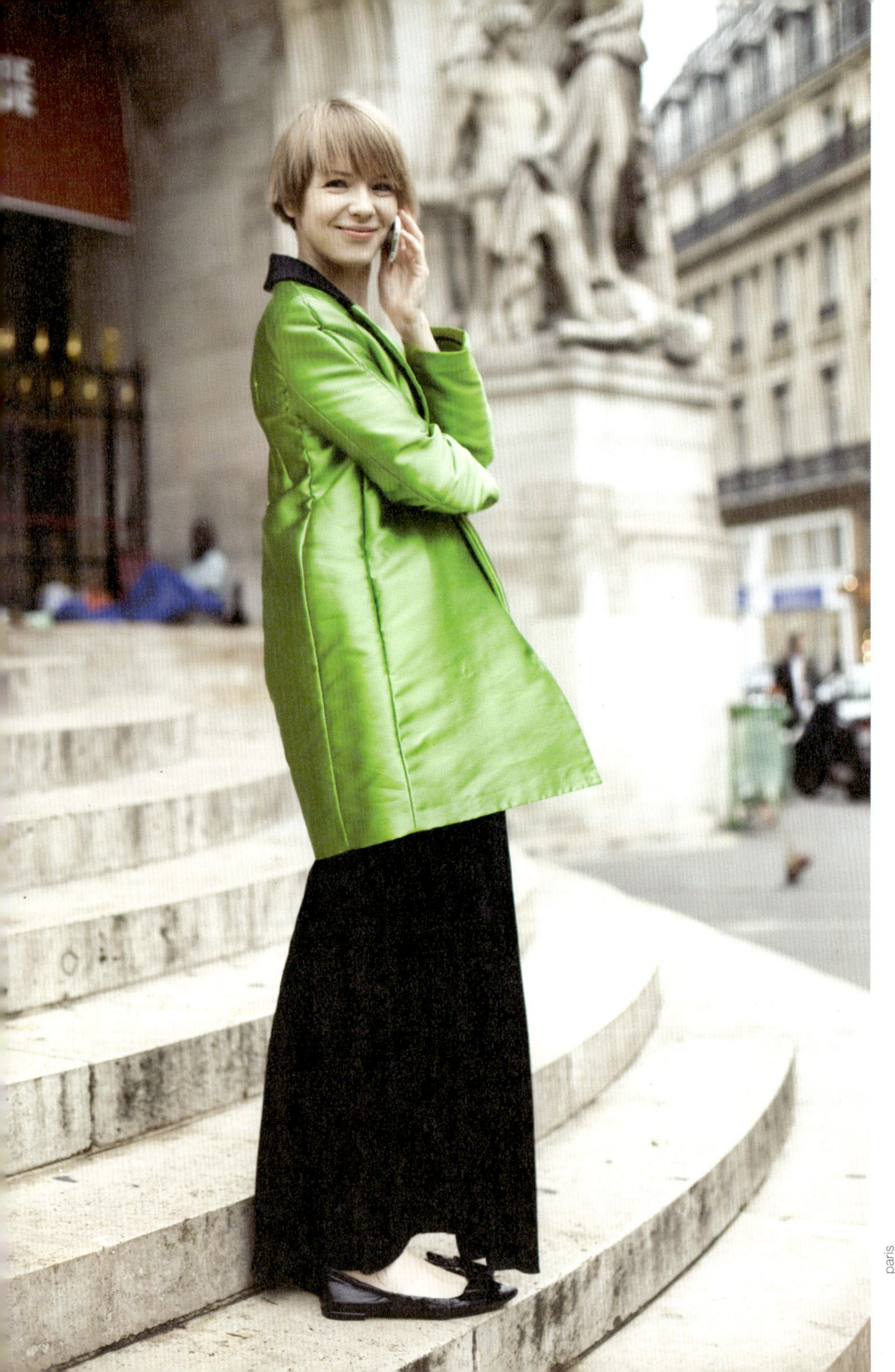

paris

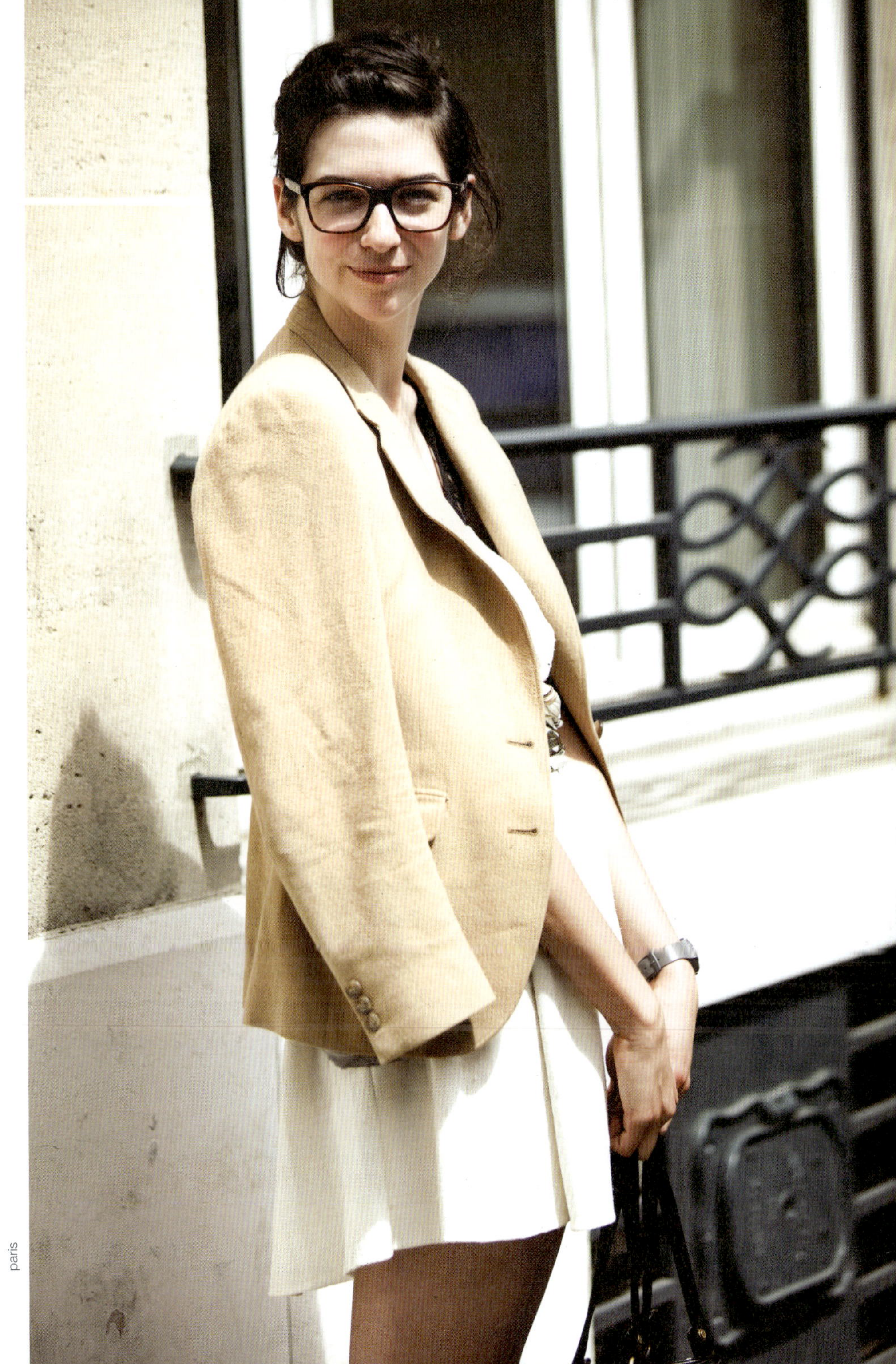

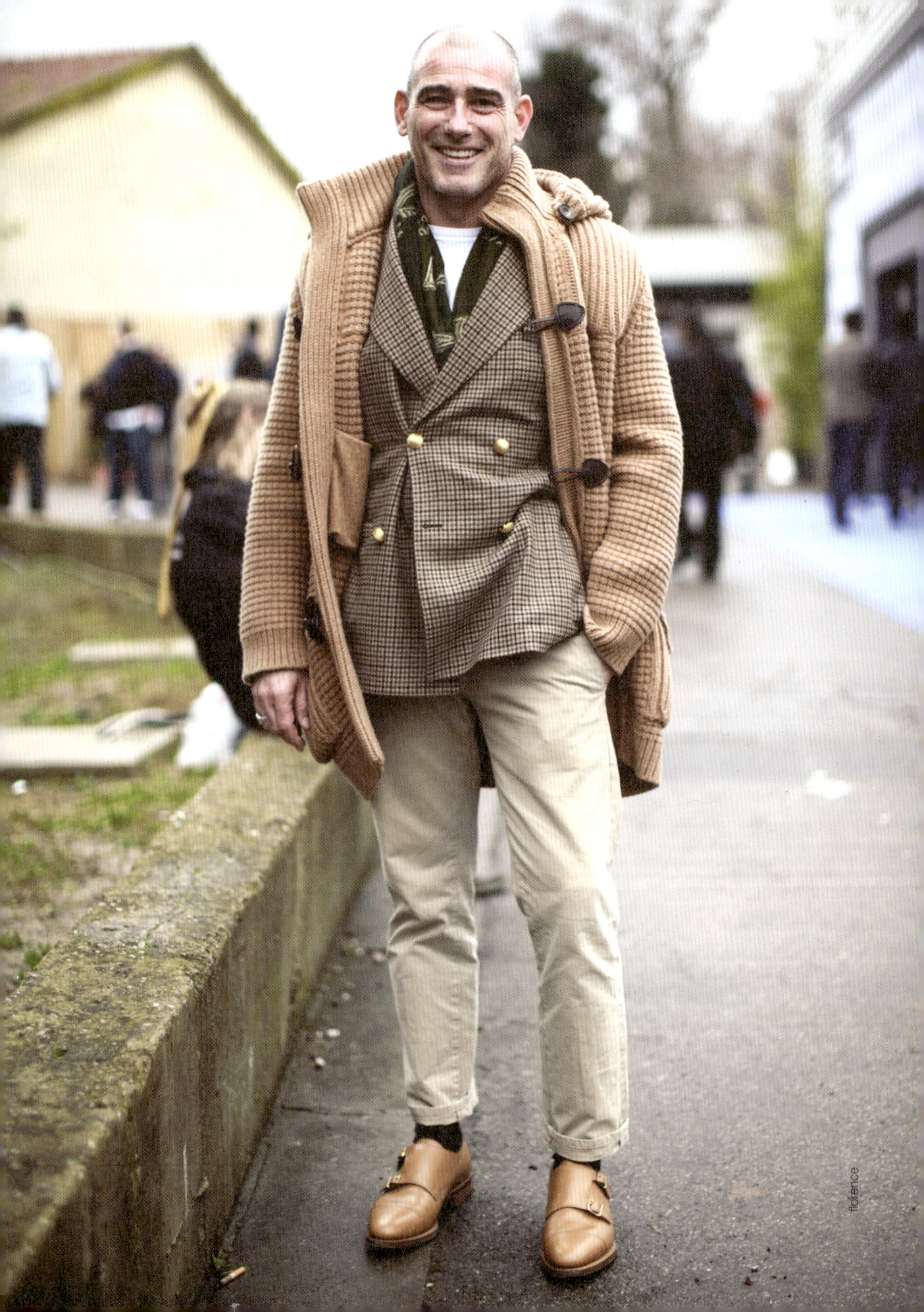
florence

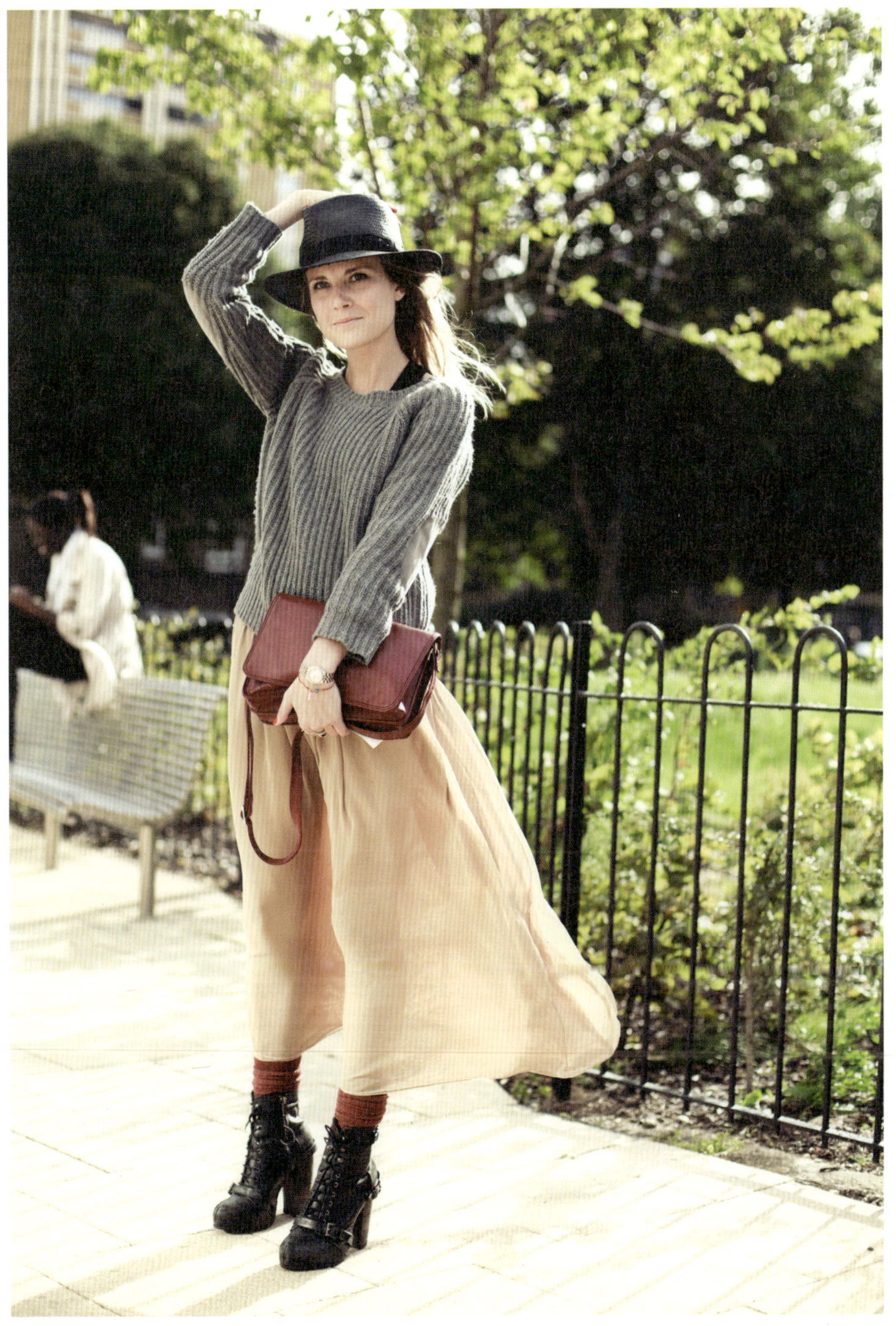

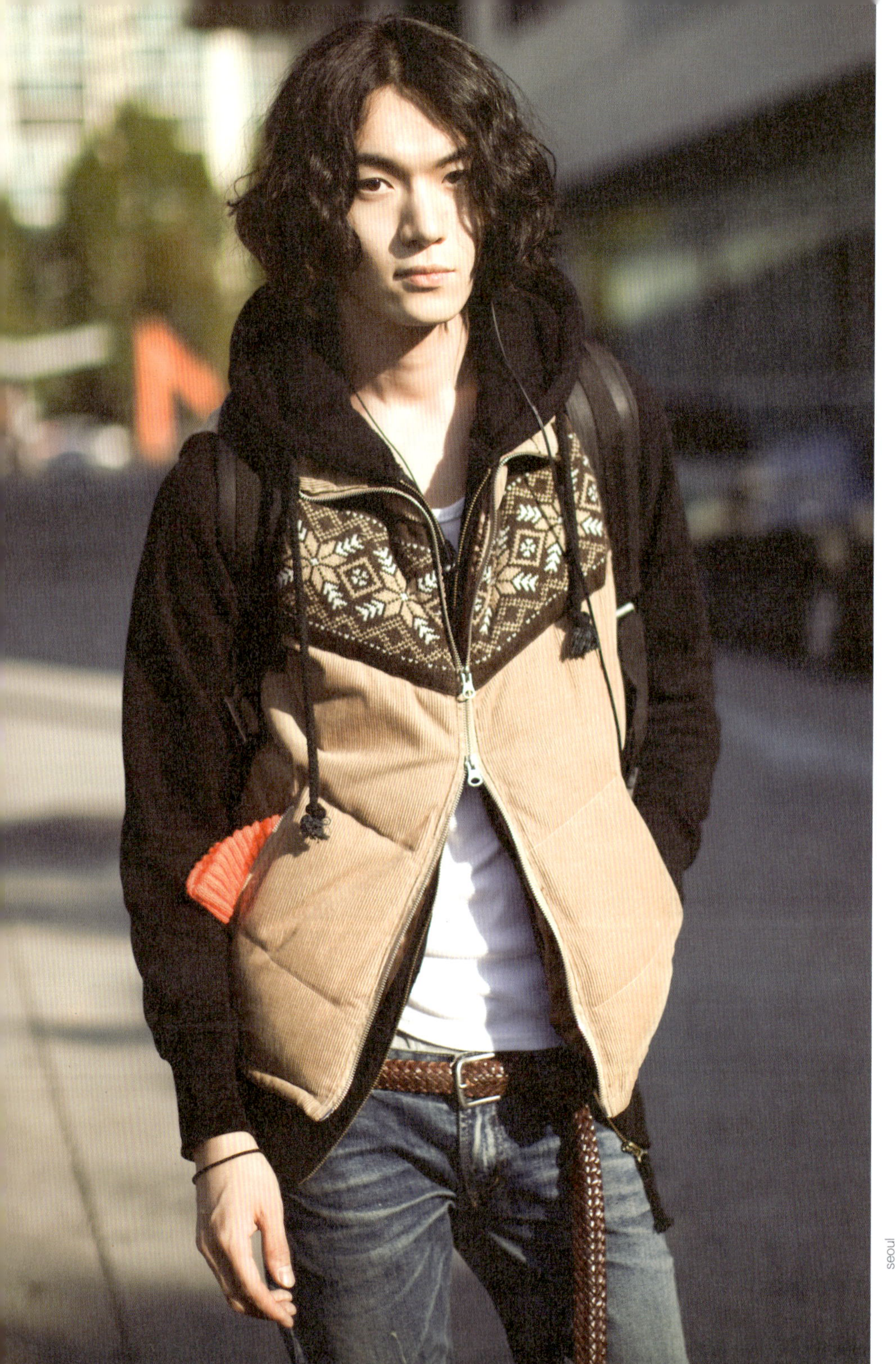
seoul

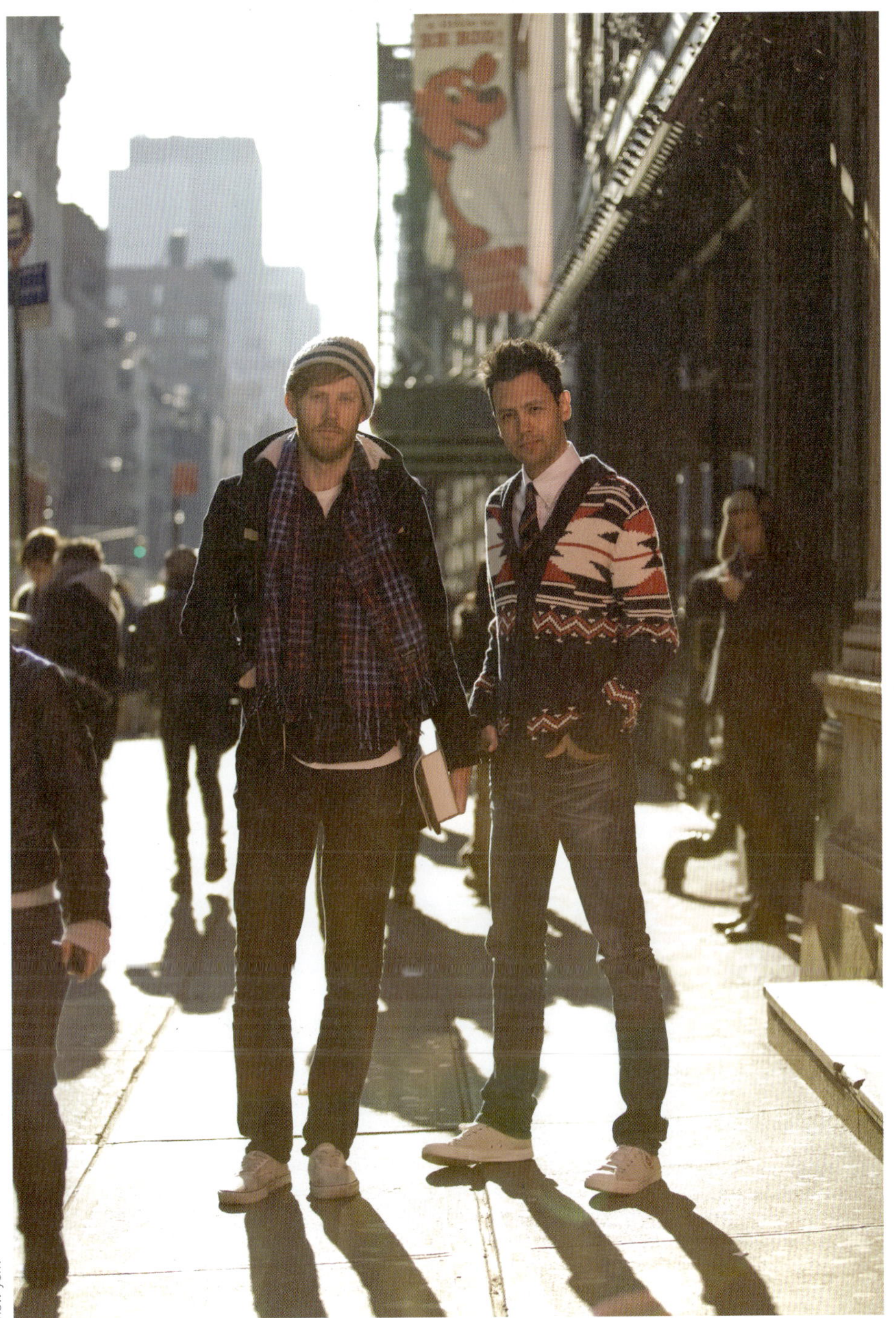

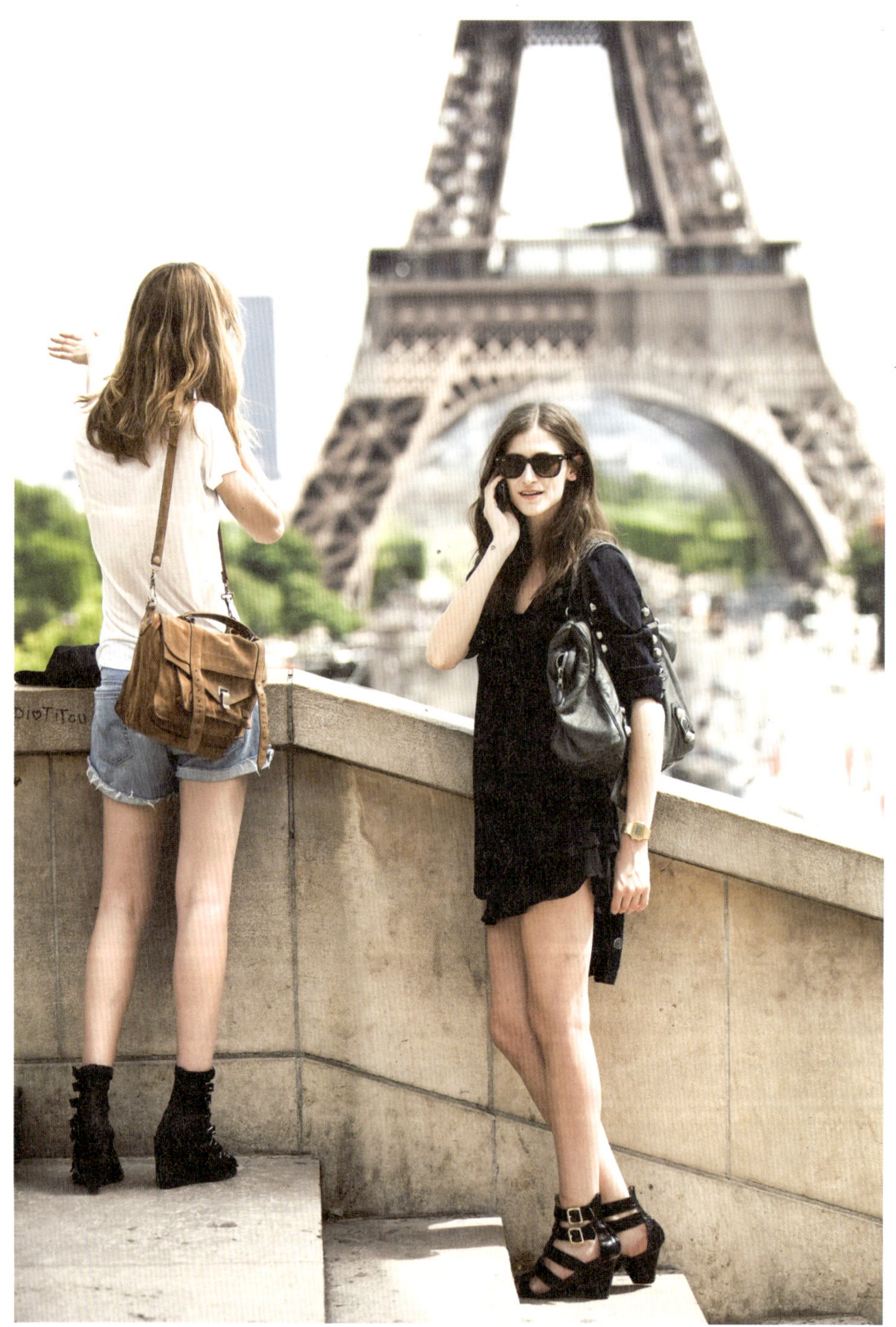

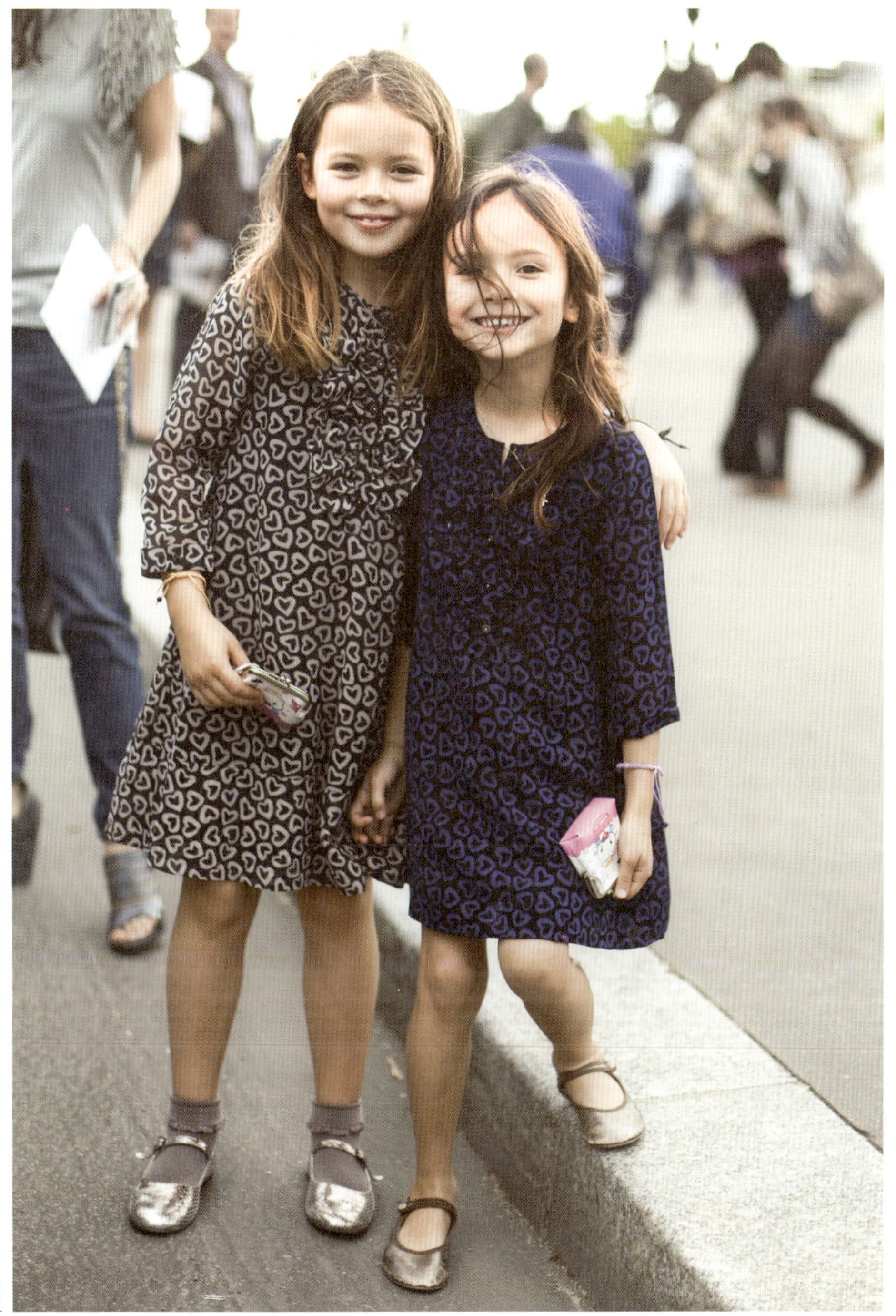

paris

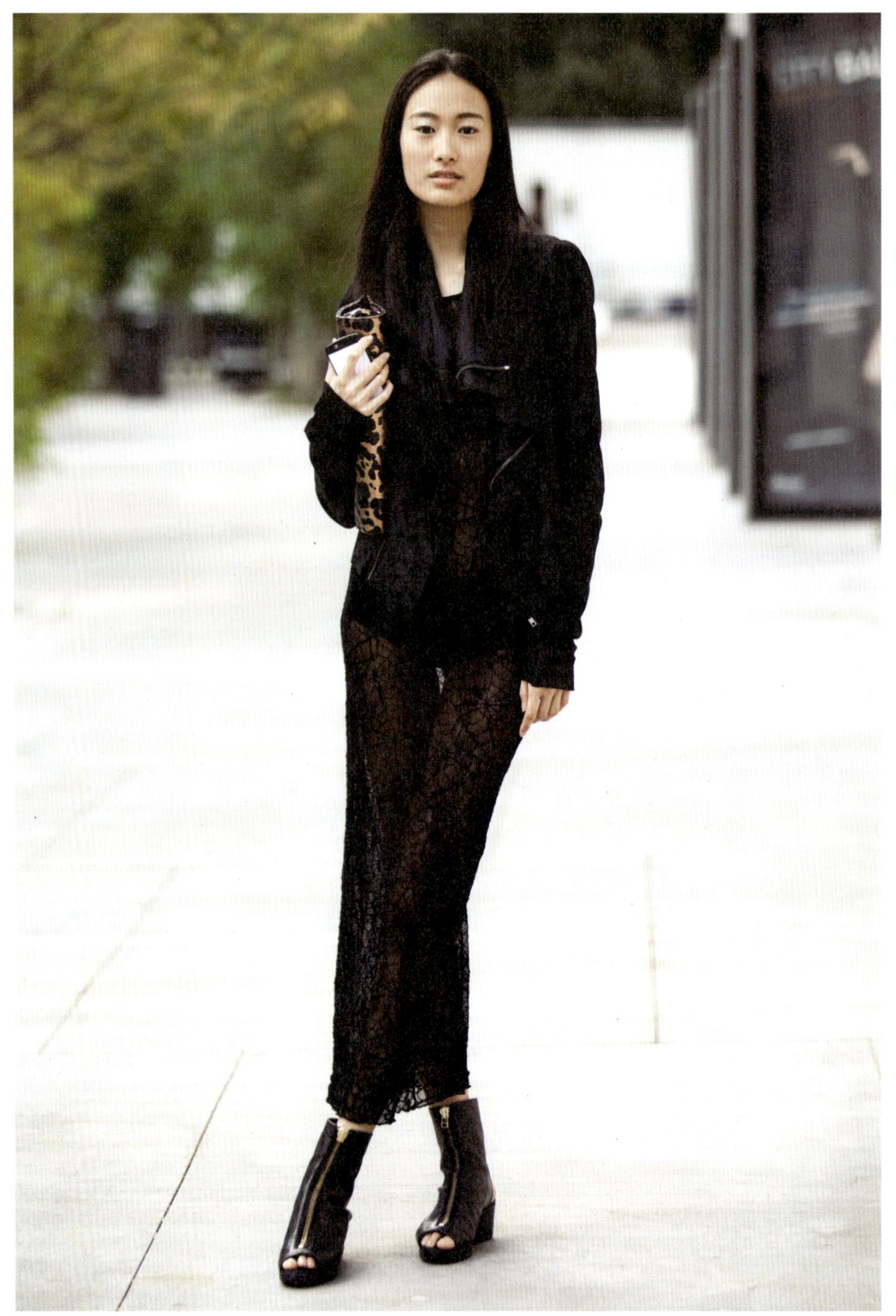

new york

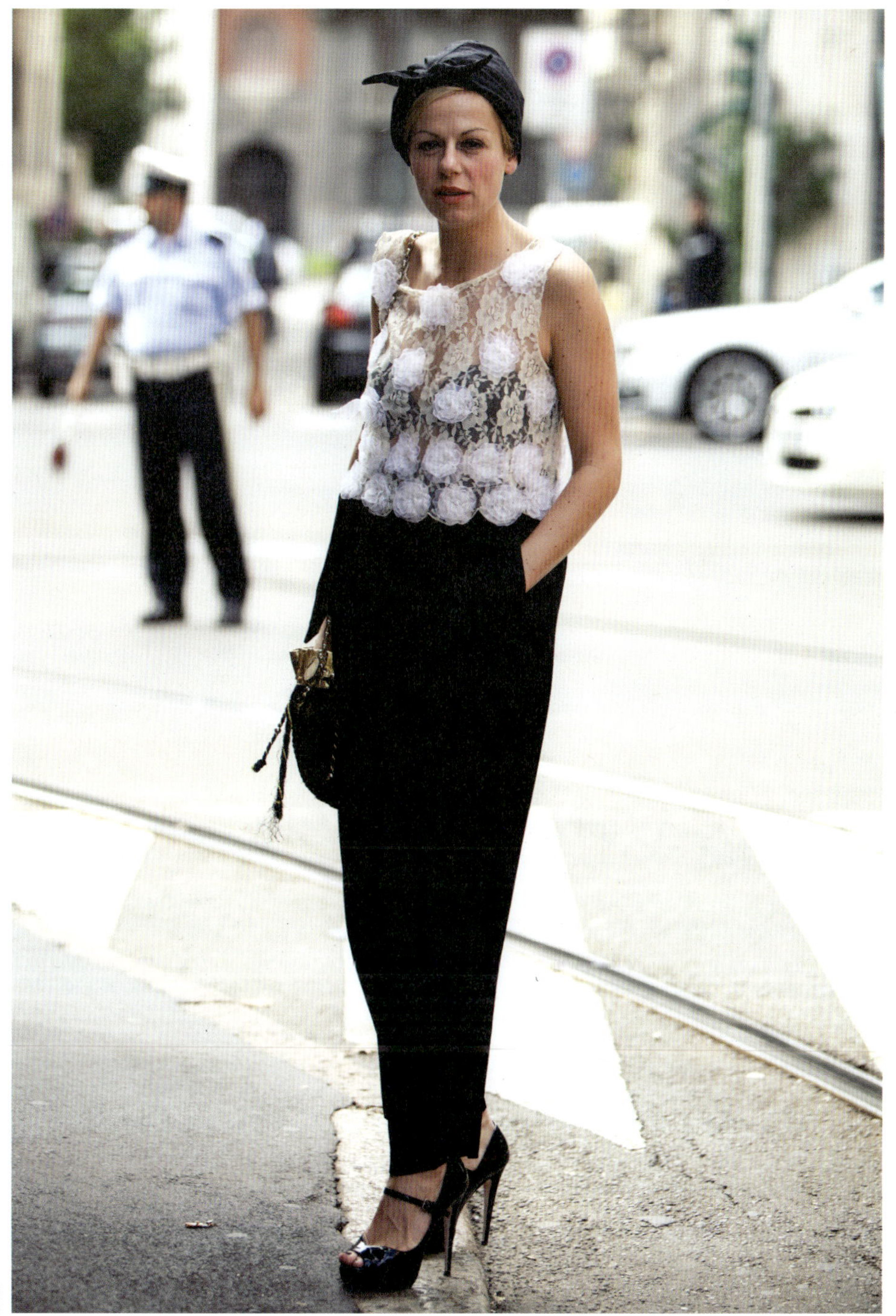
milan

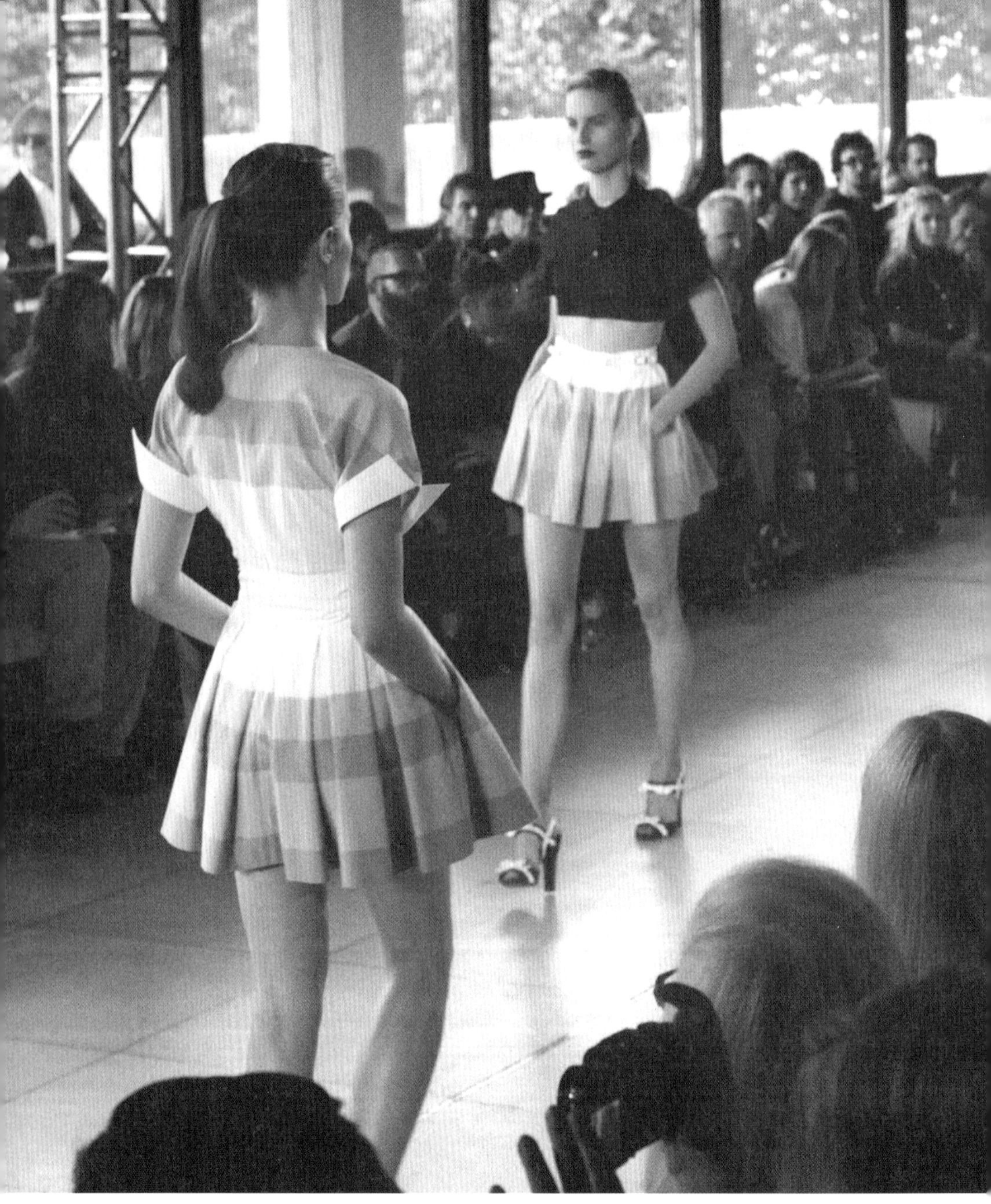

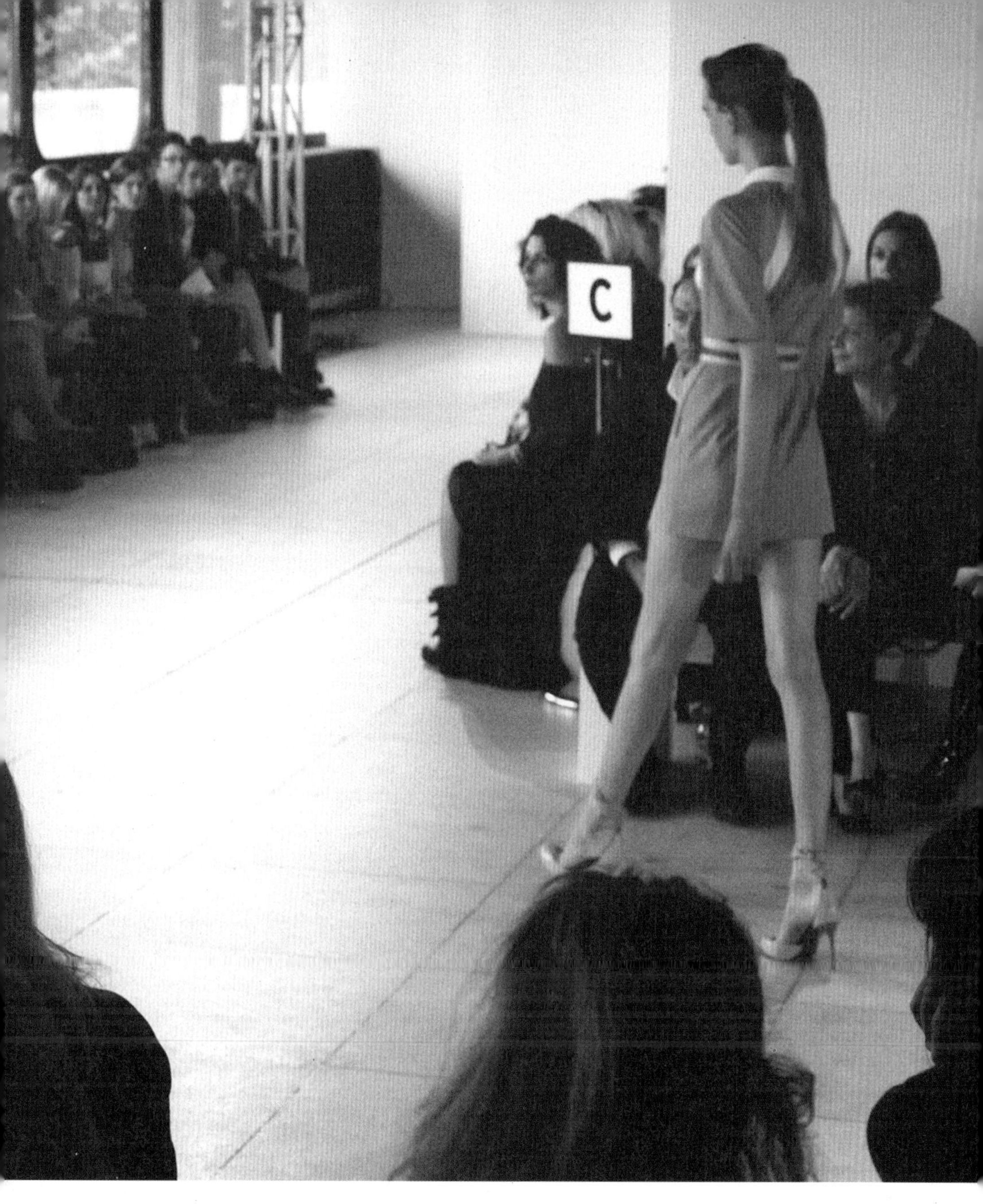
C

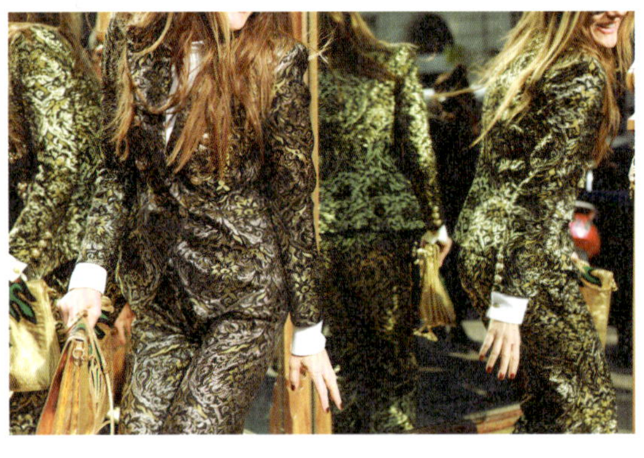

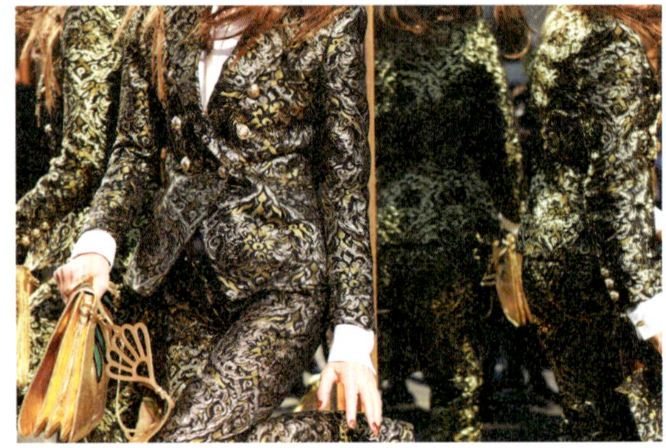

많으면 많을수록 좋다

패션위크 기간 동안 거리에서 가장 다양한 룩을 선보이는 사람, 그리고 패션을 가장 즐기고 사랑하는 사람은 아마도 일본 보그의 편집장인 안나 델로 루소_Anna Dello Russo_일 것이다. 그녀의 스타일은 제한이 없다. 컬러, 소재, 브랜드, 가격, 고정관념 따위는 신경 쓰지 않고 그녀가 원하는 옷은 모두 입어봤을 것이라고 과감하게 추측해 본다. 실제로 그녀는 옷과 액세서리만을 보관하는 '드레스 하우스'를 따로 가지고 있고 이곳에 4000 켤레가 넘는 구두와 250여 벌의 검은색 턱시도 재킷을 소장하고 있다. 안나는 13 살 때 처음 펜디 구두를 산 이후로, 쇼핑을 멈출 수 없었다고 한다. 예전에 포토그래퍼 친구들과 이야기를 나누다 누군가 "안나는 저렇게 많은 옷을 다 어떻게 비행기에 싣고 올까?"라는 질문을 던진 적이 있다. 하지만 정답은 다른 곳에 있었다. 그녀는 방문하는 도시에서마다 언제나 쇼핑을 하니까!

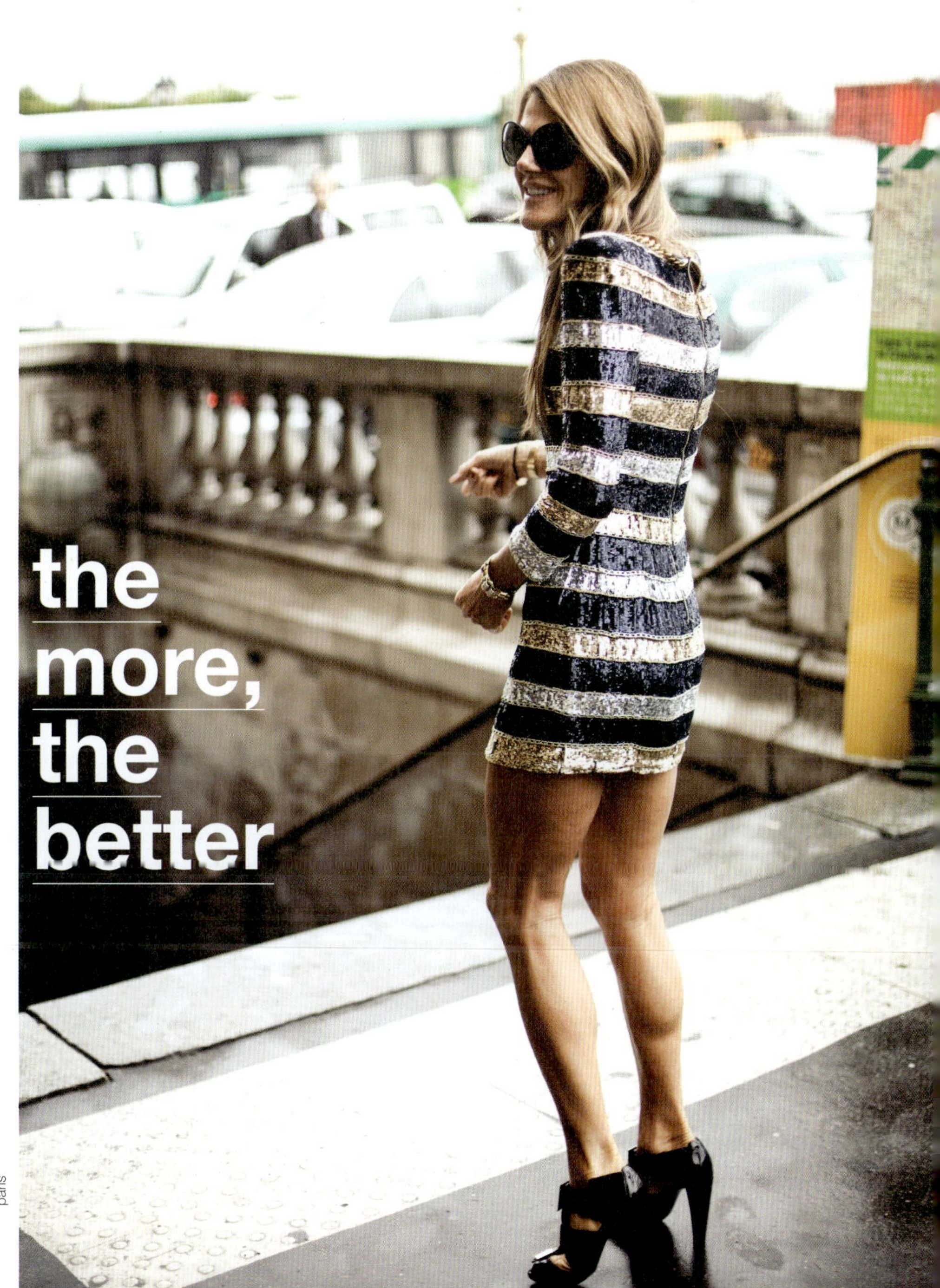

the
more,
the
better
paris

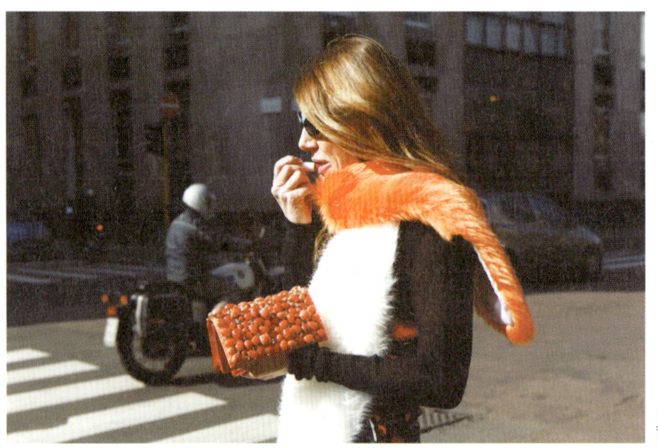

milan

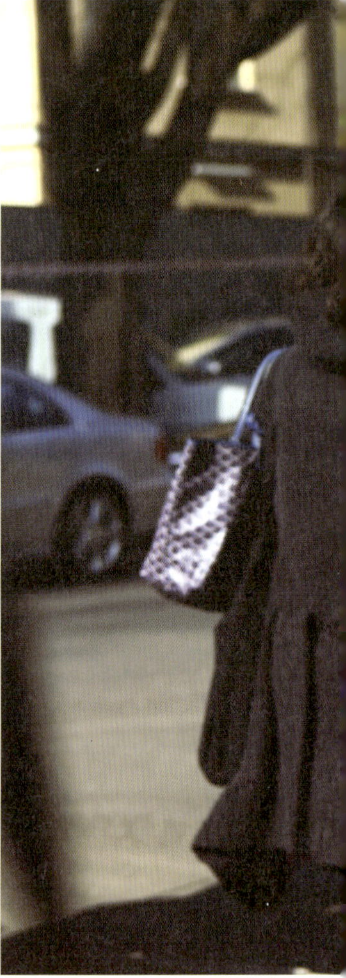

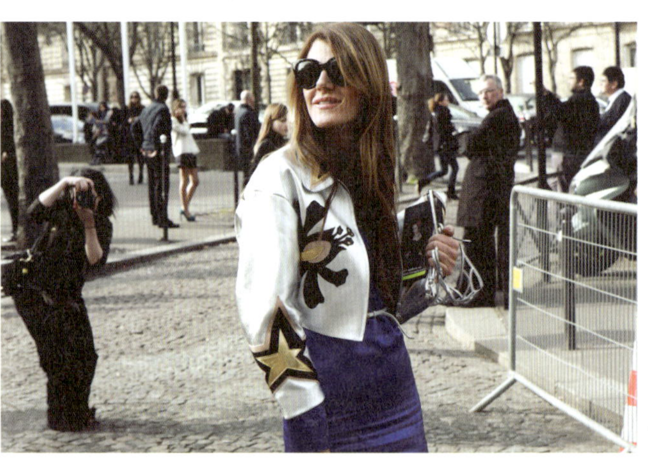

paris

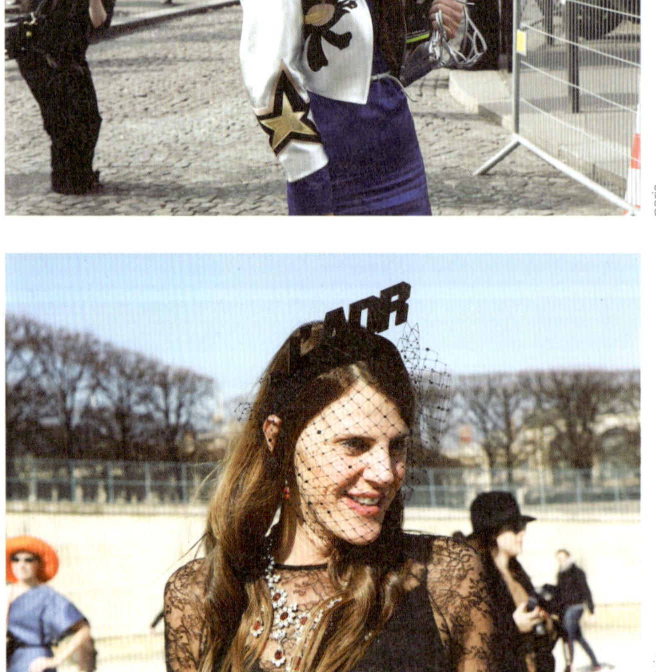

paris

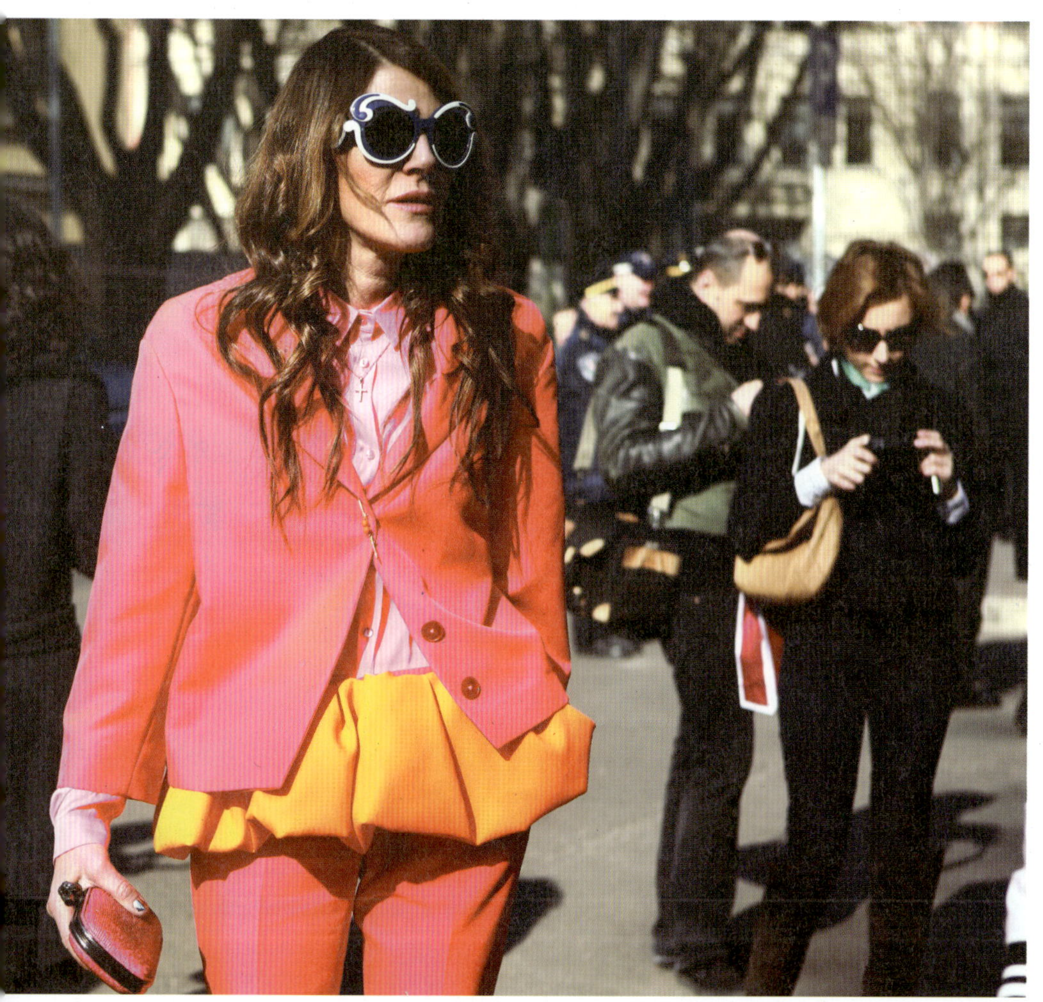

mila

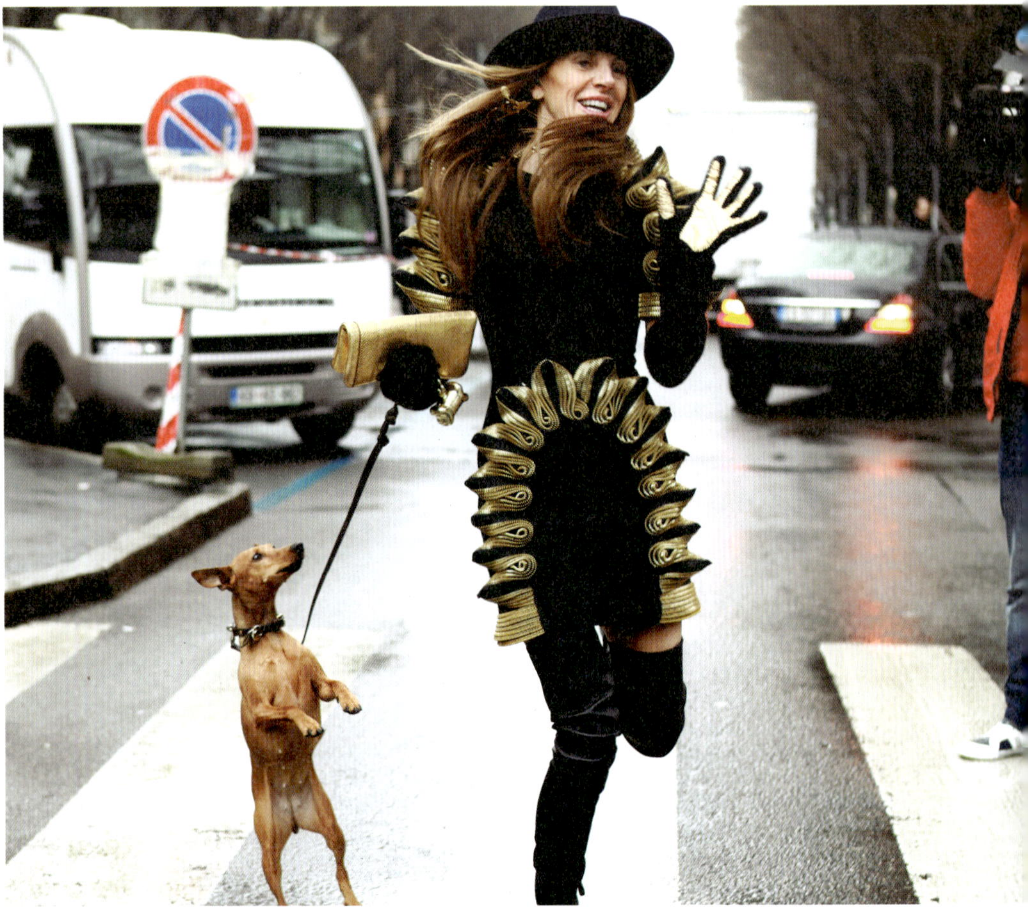

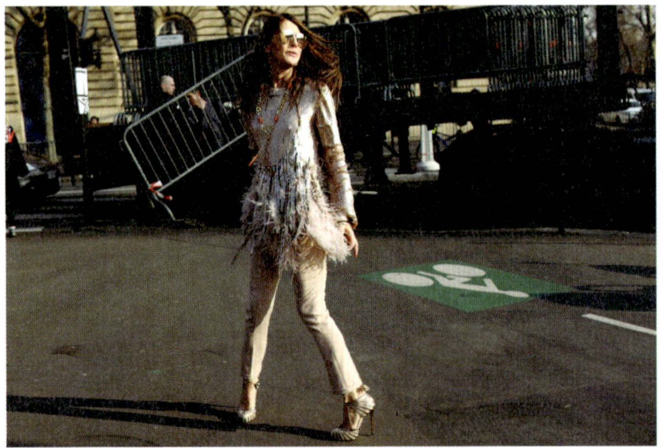

milan

paris

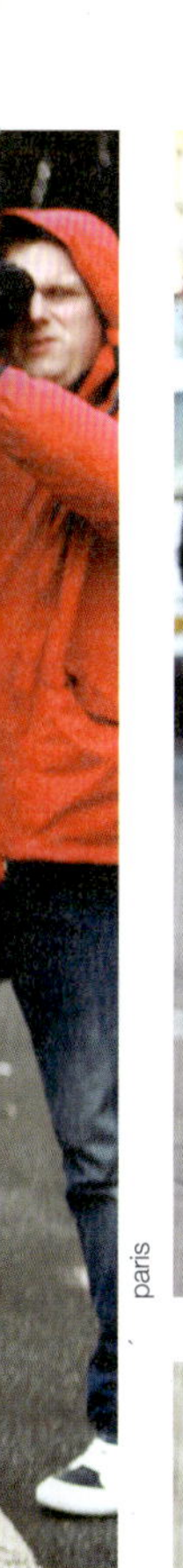

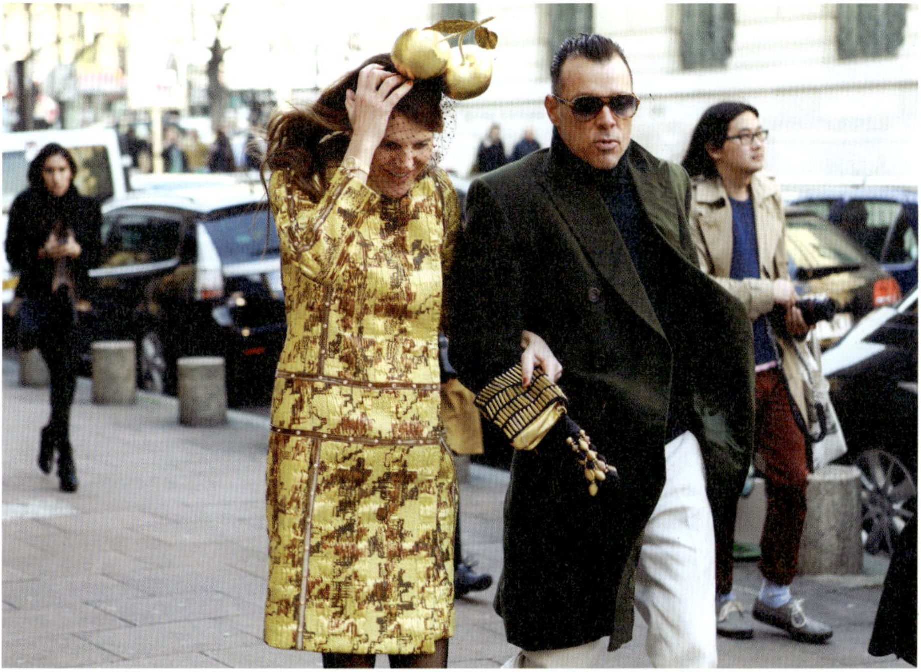

paris

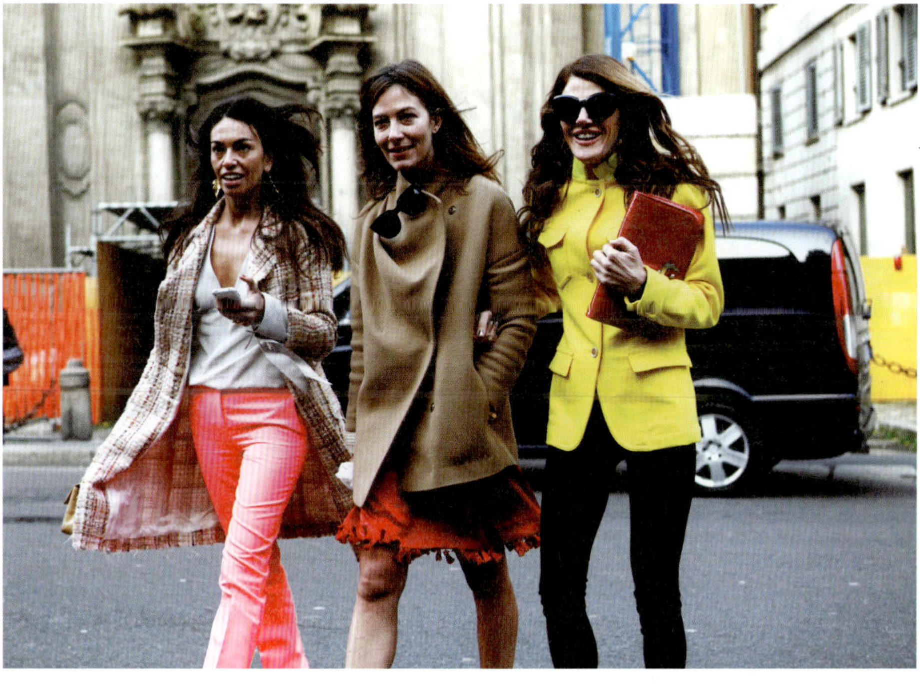

paris

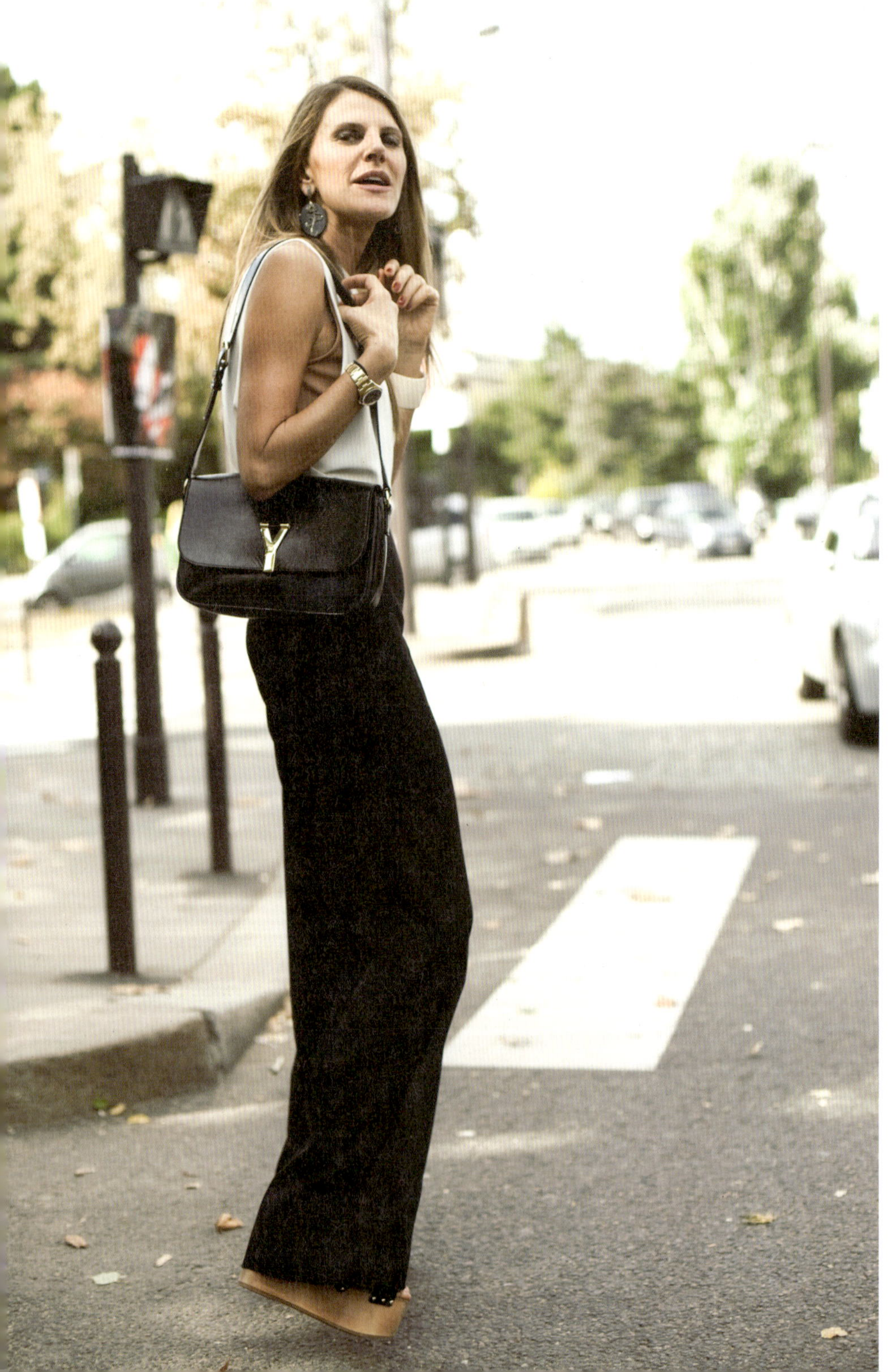

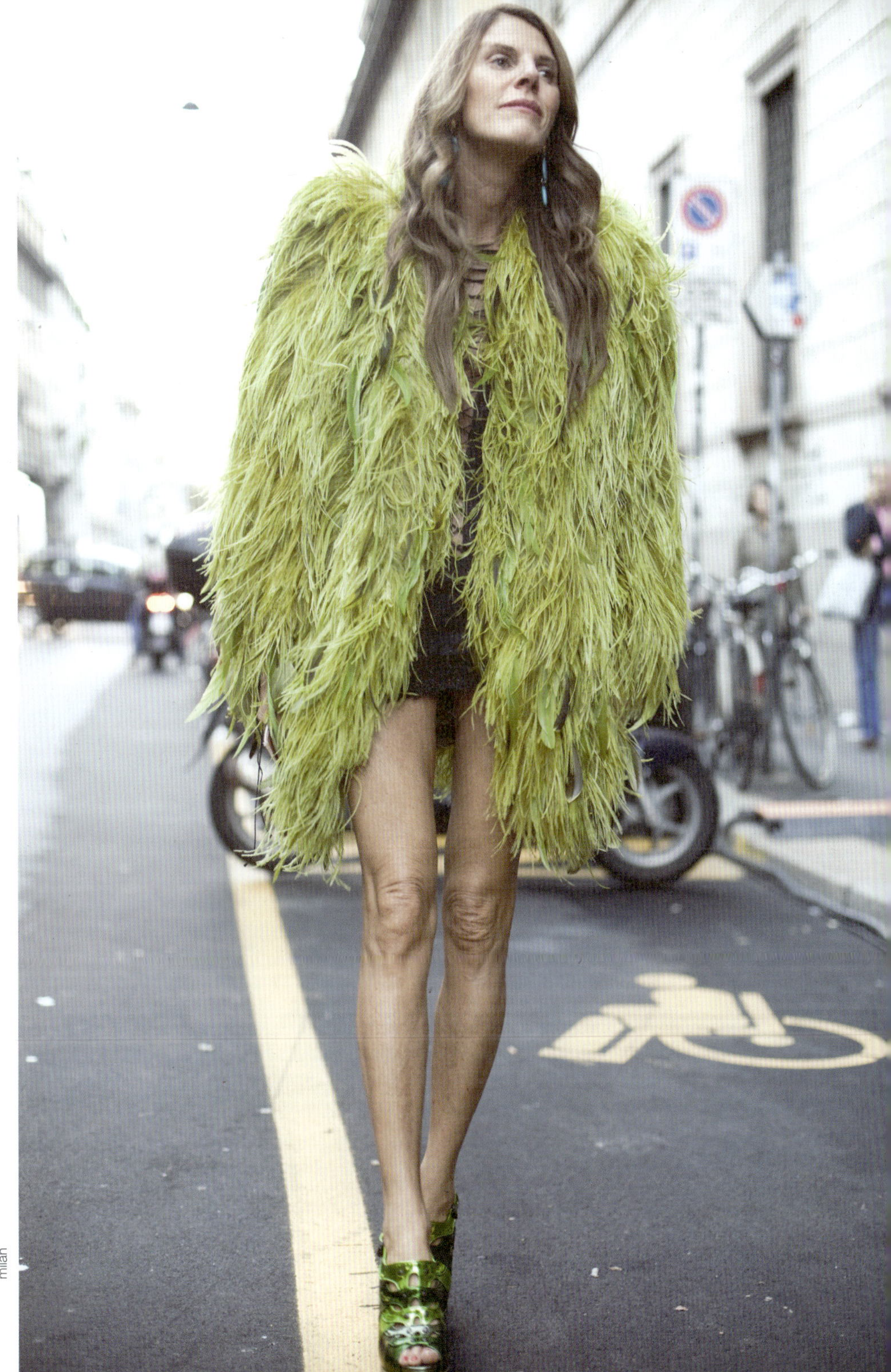
milan

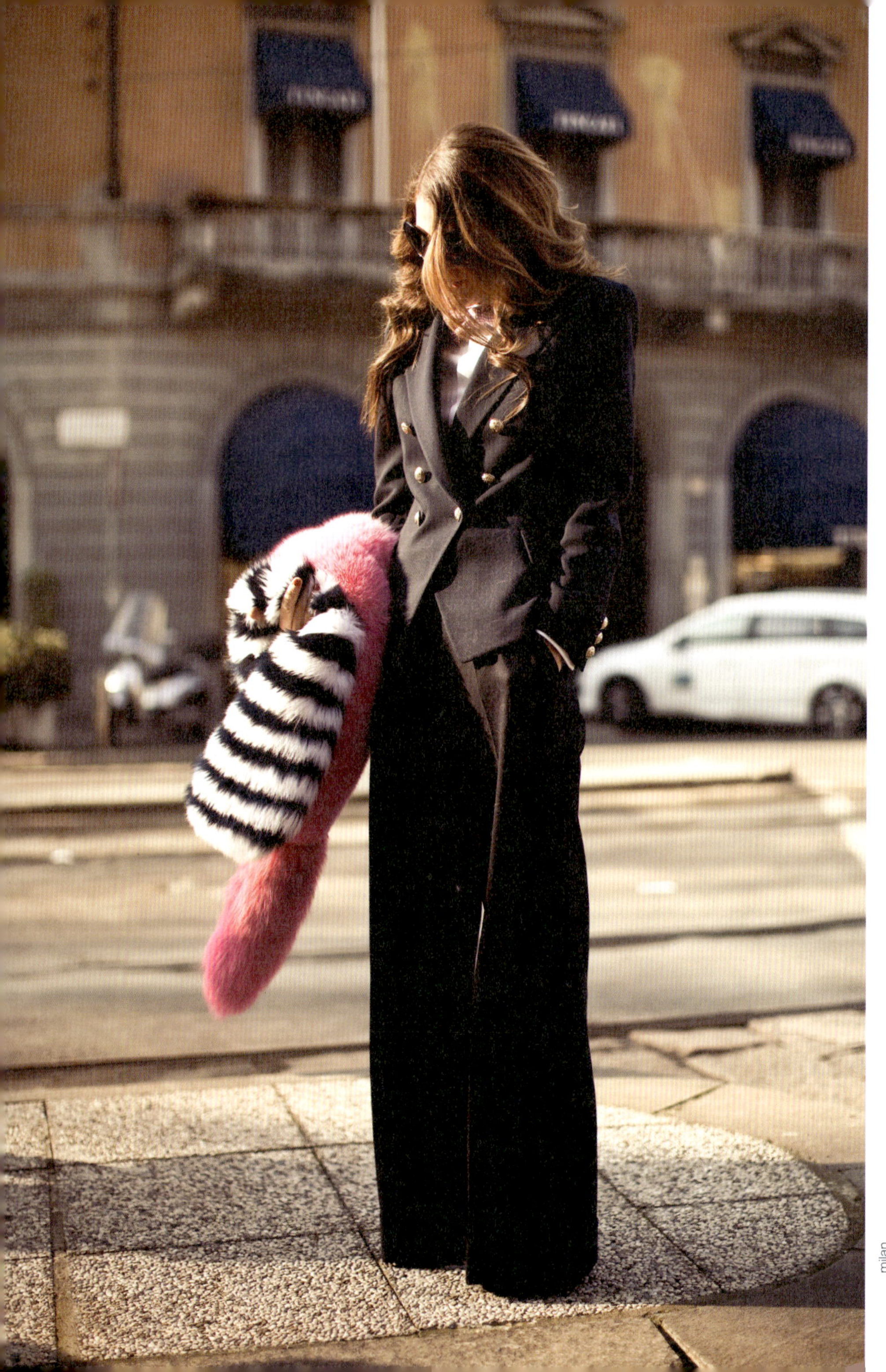

milan

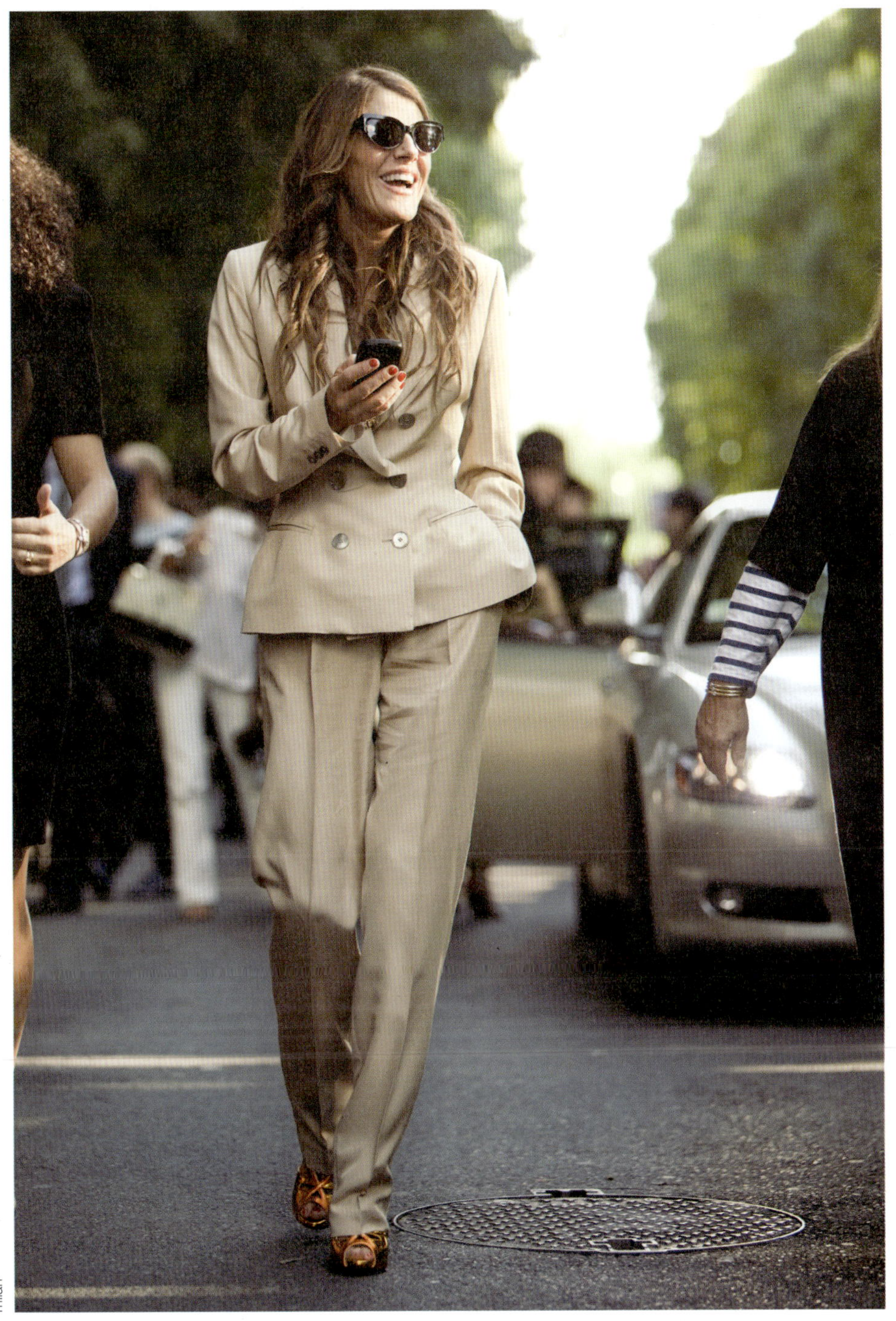
milan

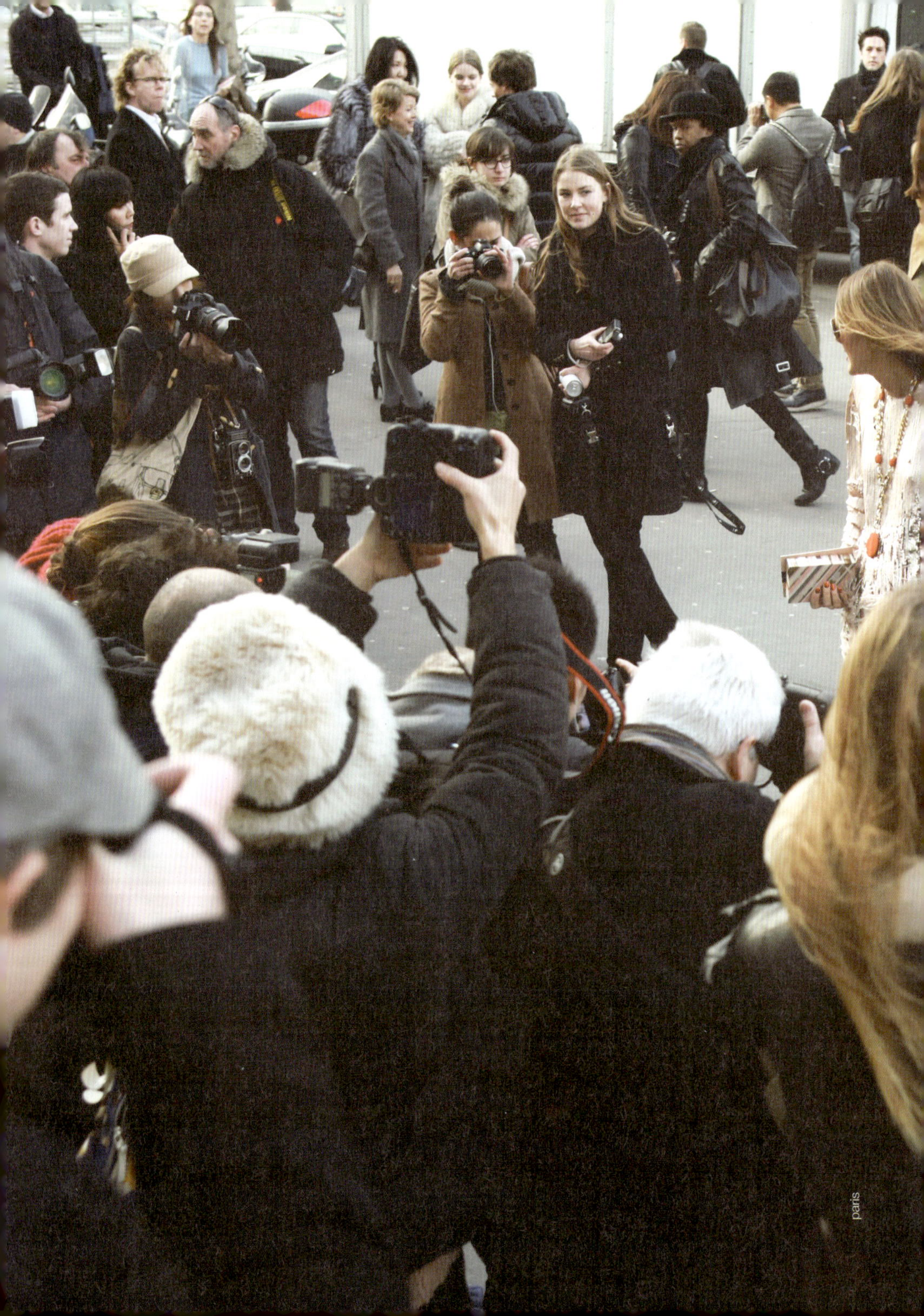
paris

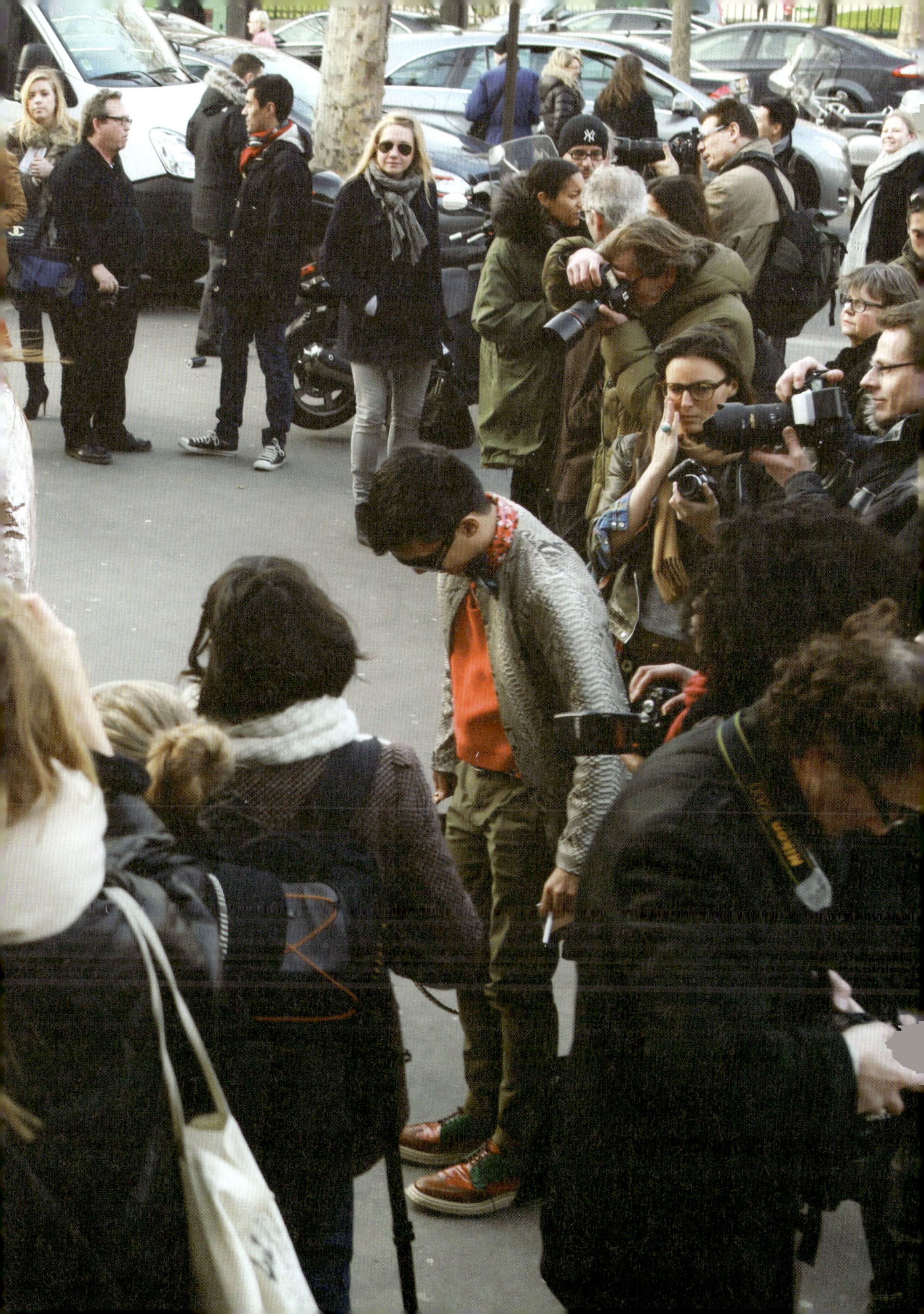

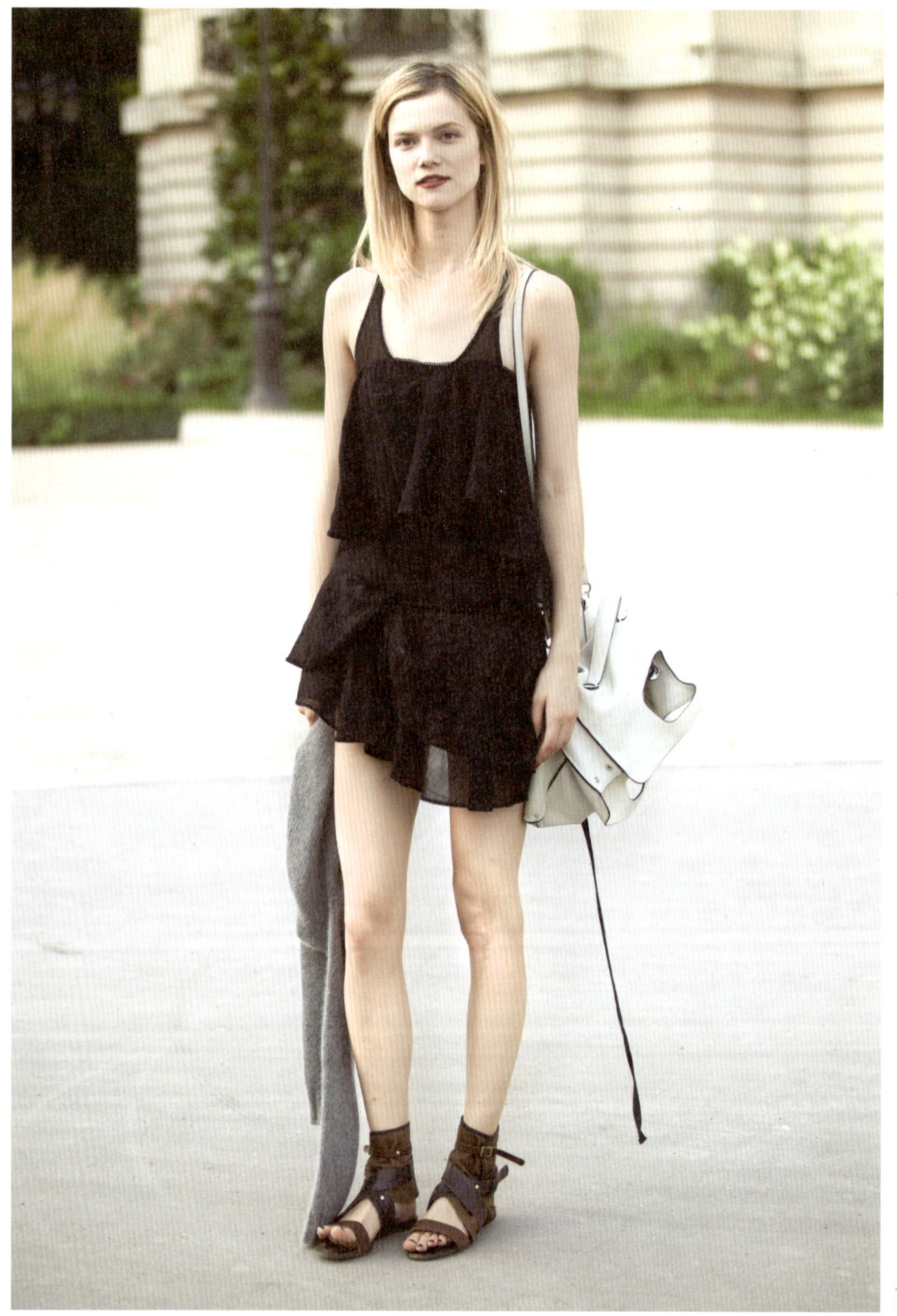

paris

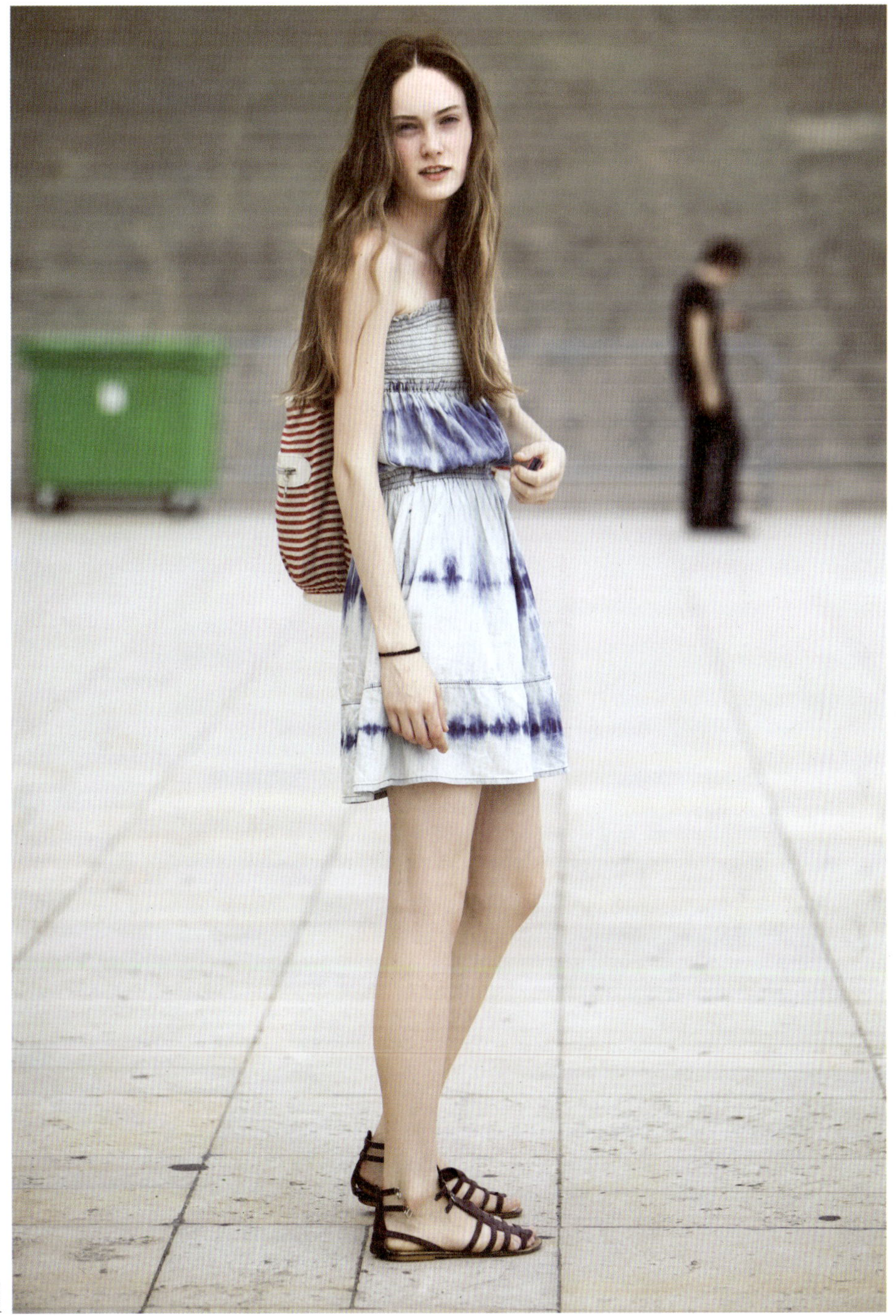

paris

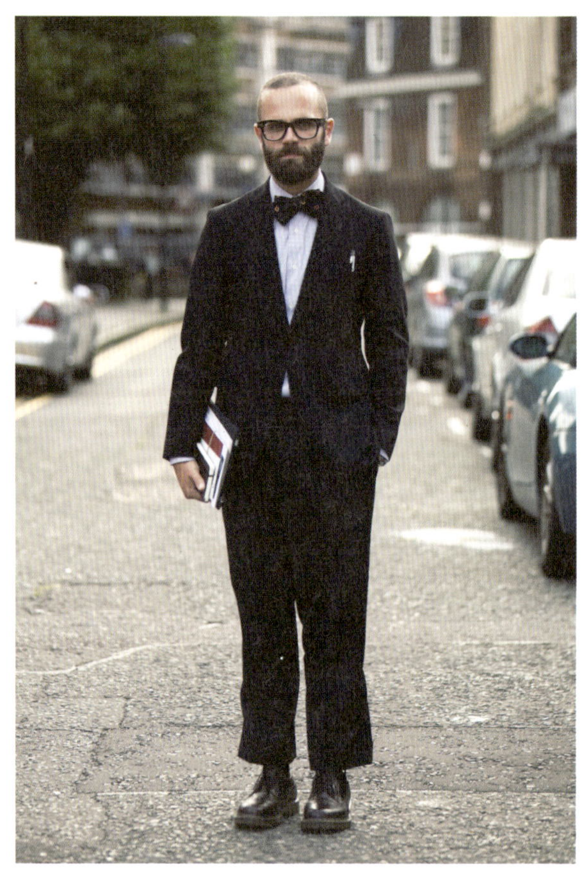

패션 저널리스트 안젤로 플라카벤토 Angelo Flaccavento 를 보면 필요와 취향의

교집합 속에서 그만의 시그니처 스타일이 탄생한다는 것을 새삼 느낀다.

그는 항상 손에 수첩을 들고 상의 왼쪽 주머니에는 펜을 꽂아둔다.

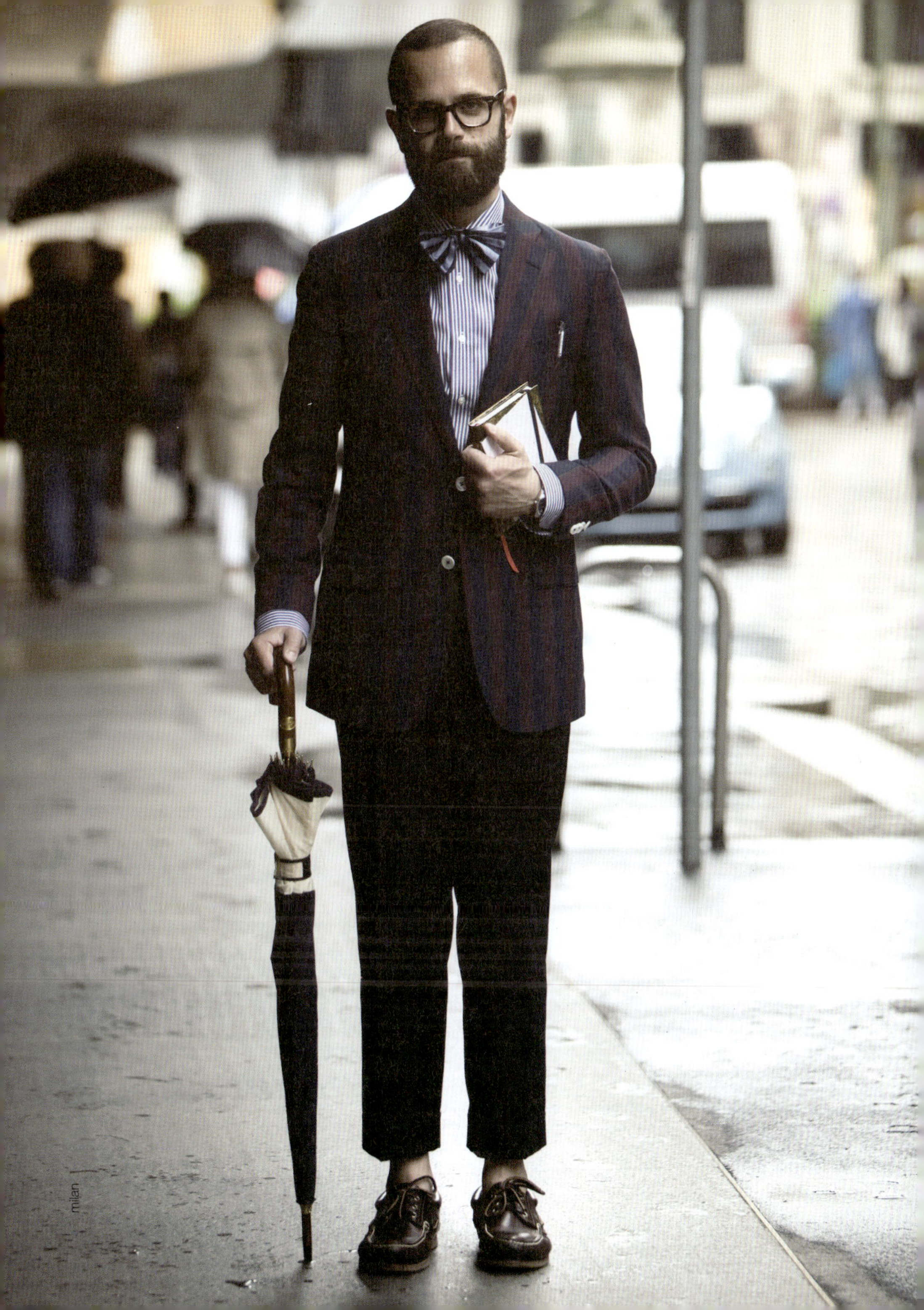

milan

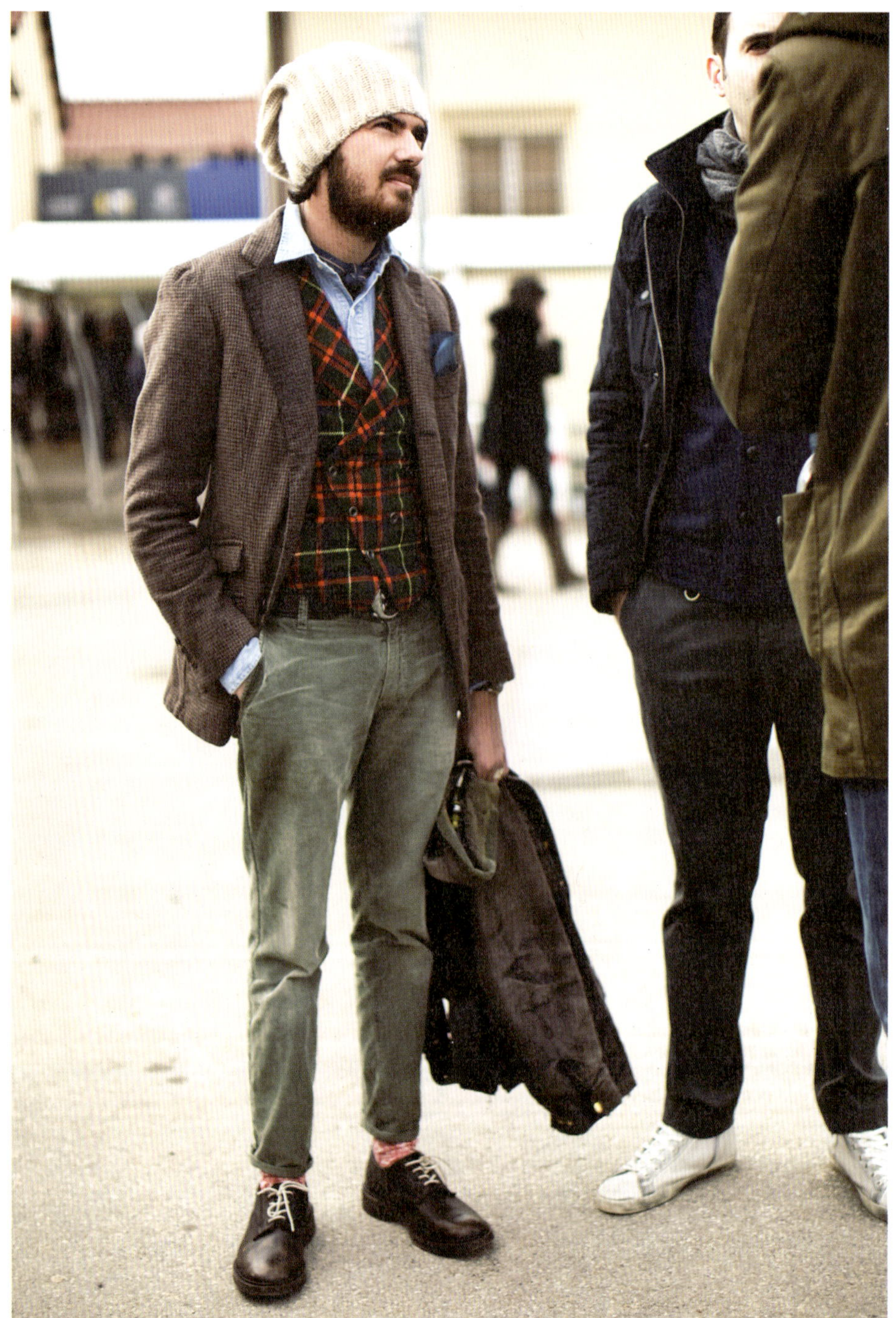

florence

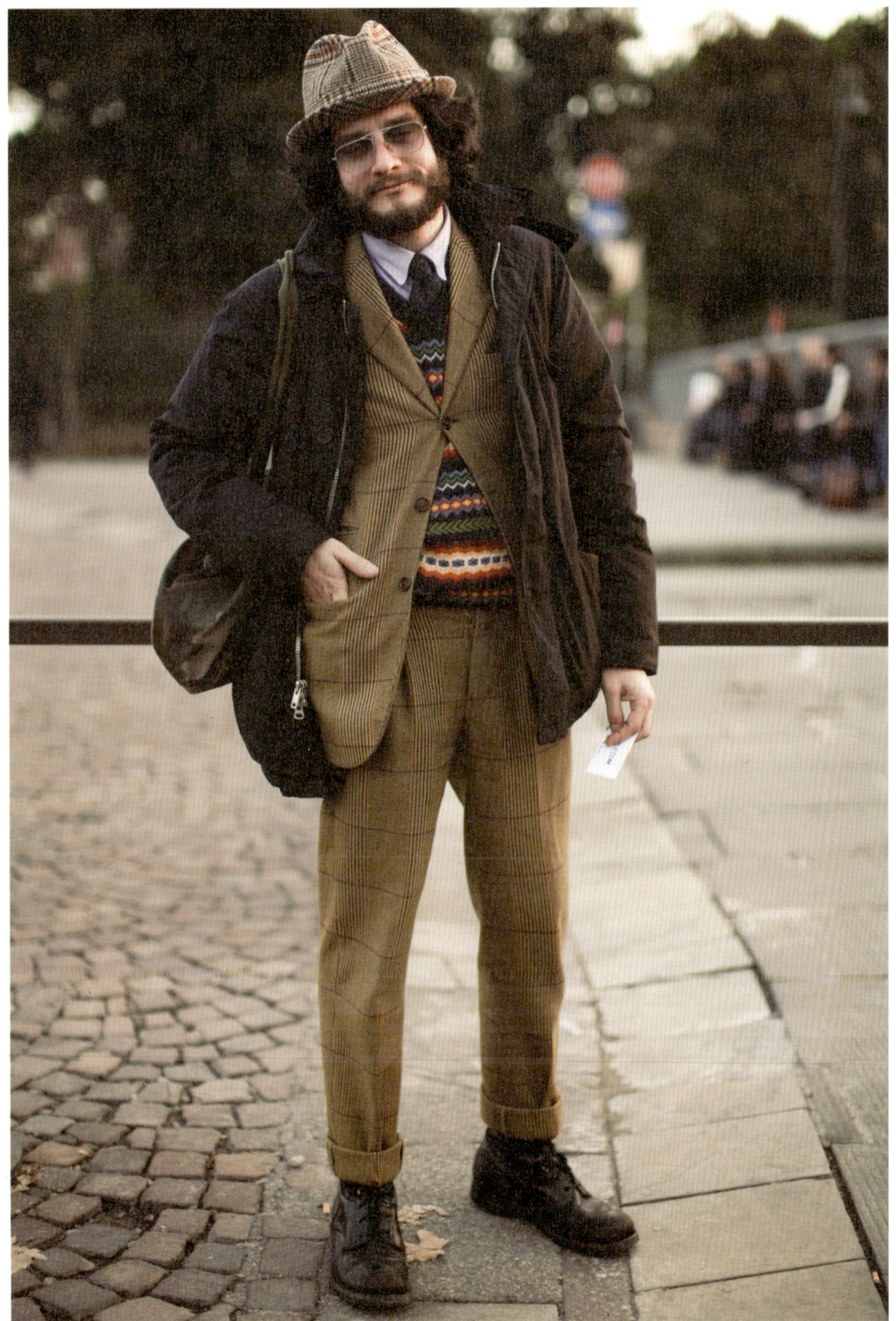

florence

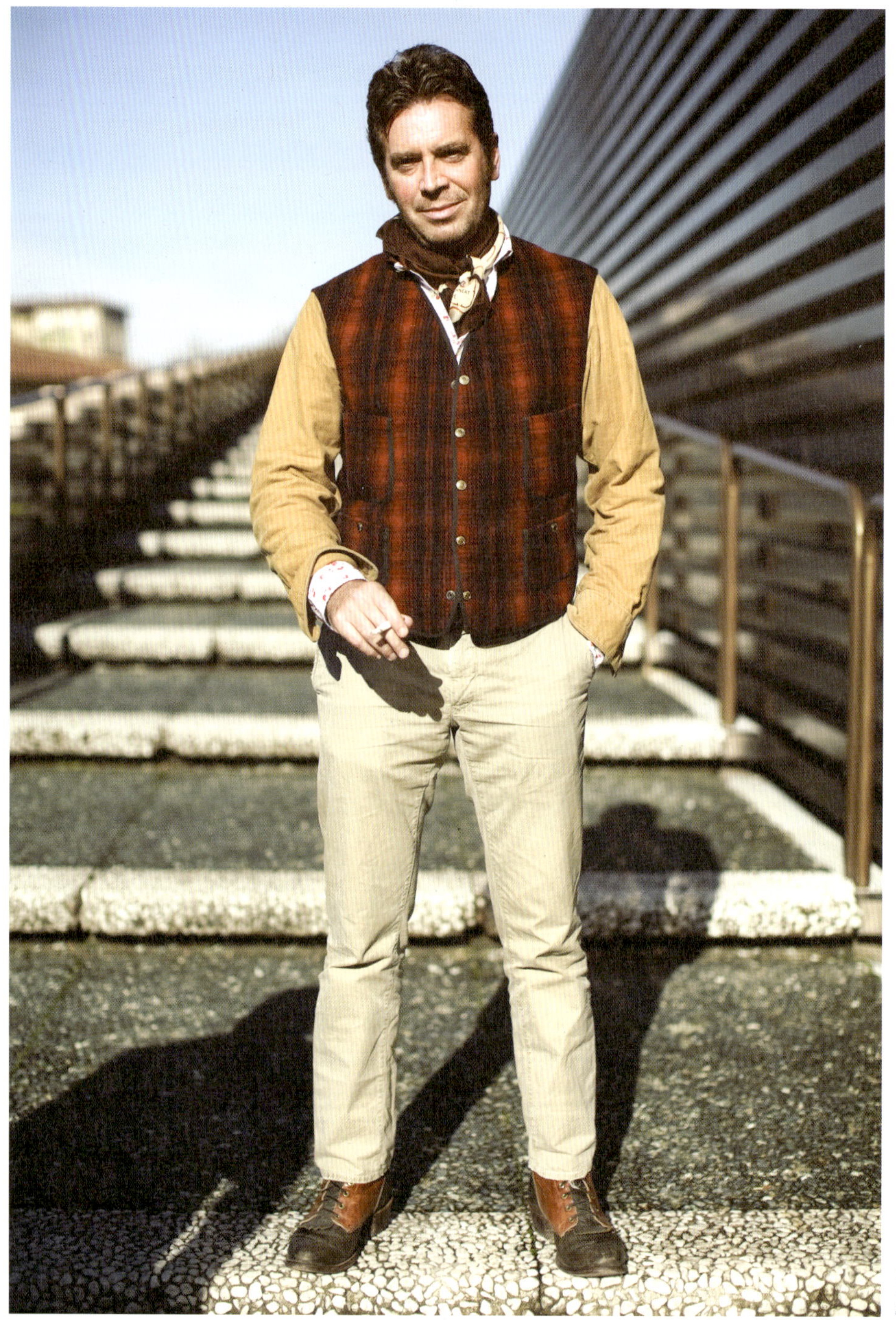
florence

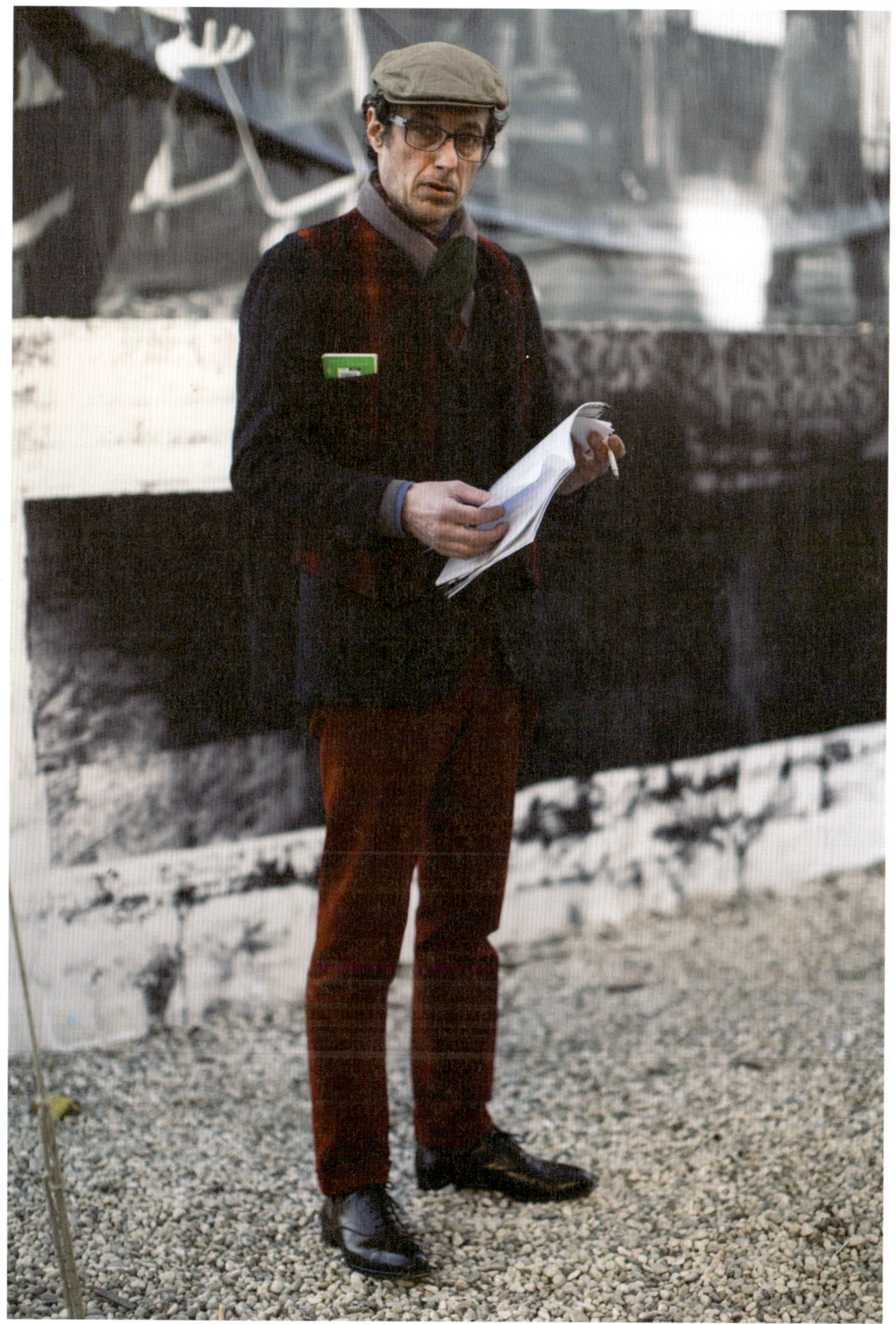

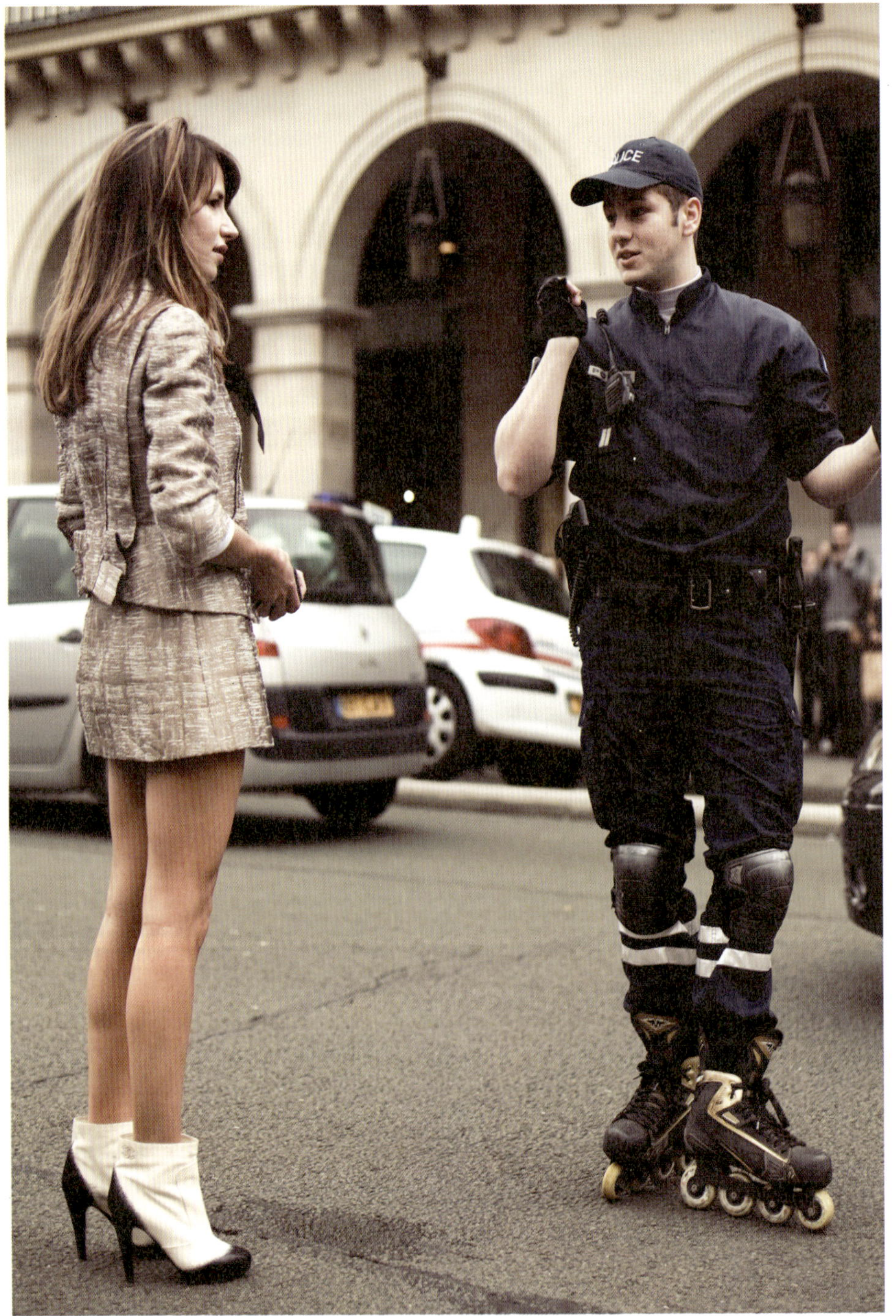

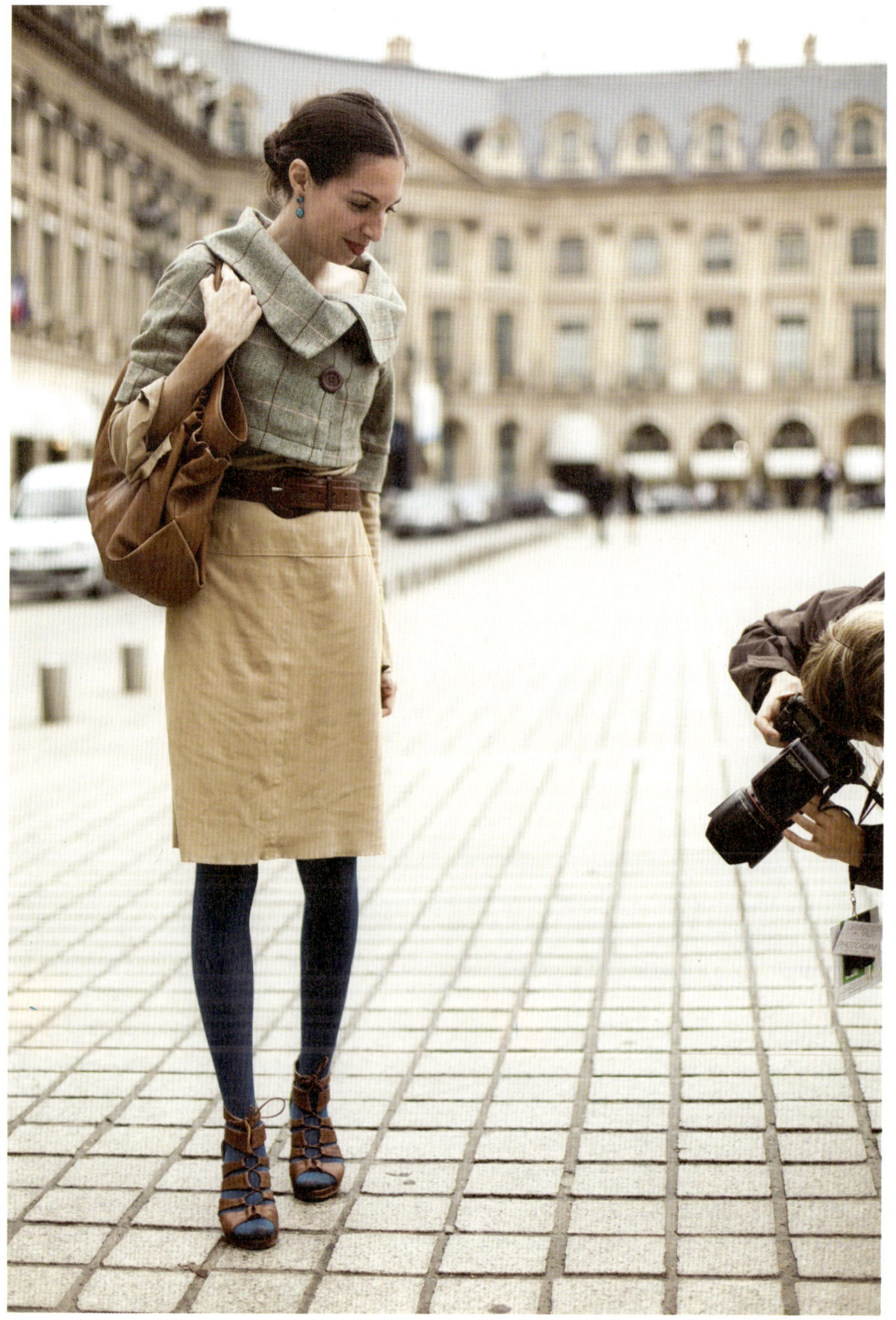

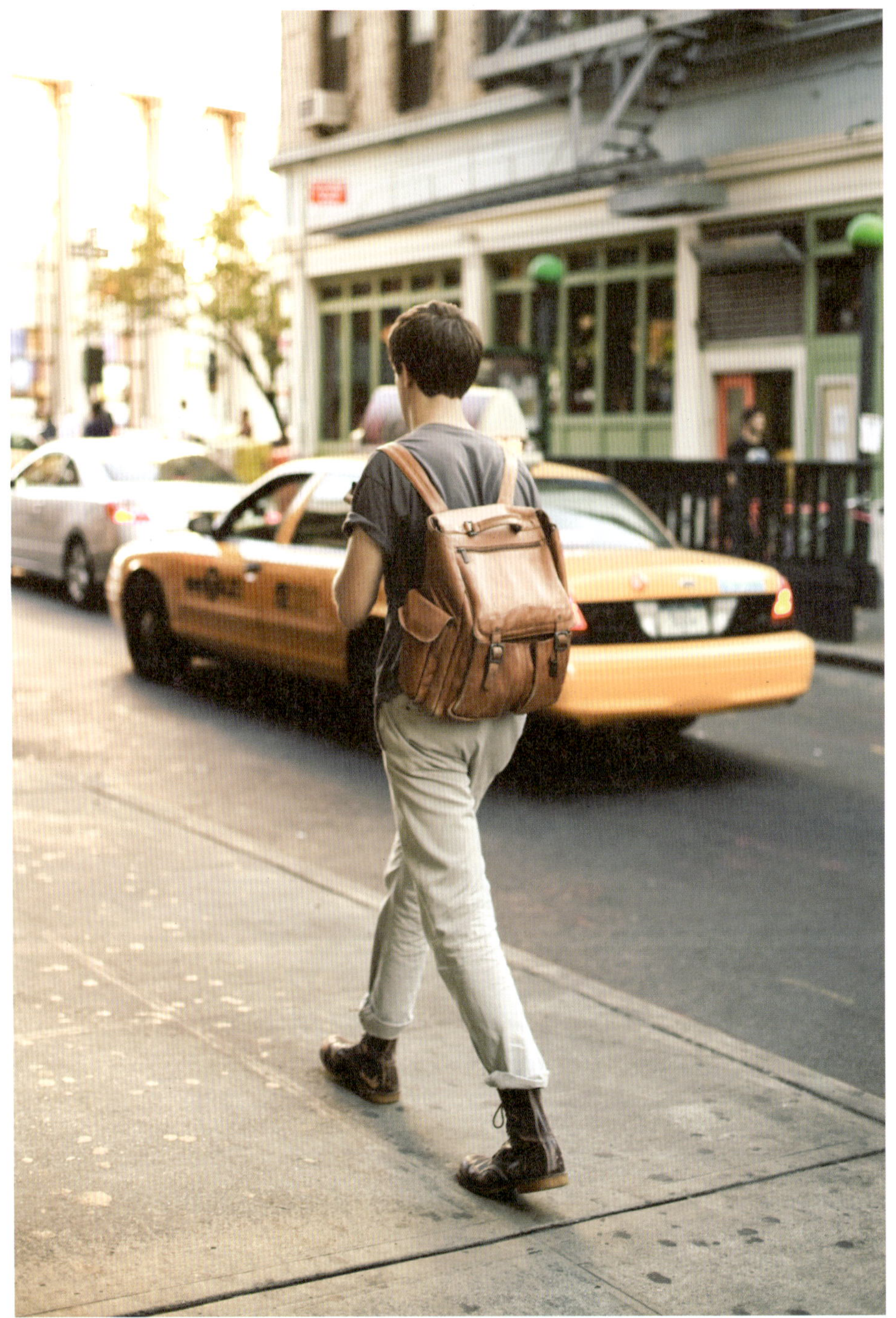

new york

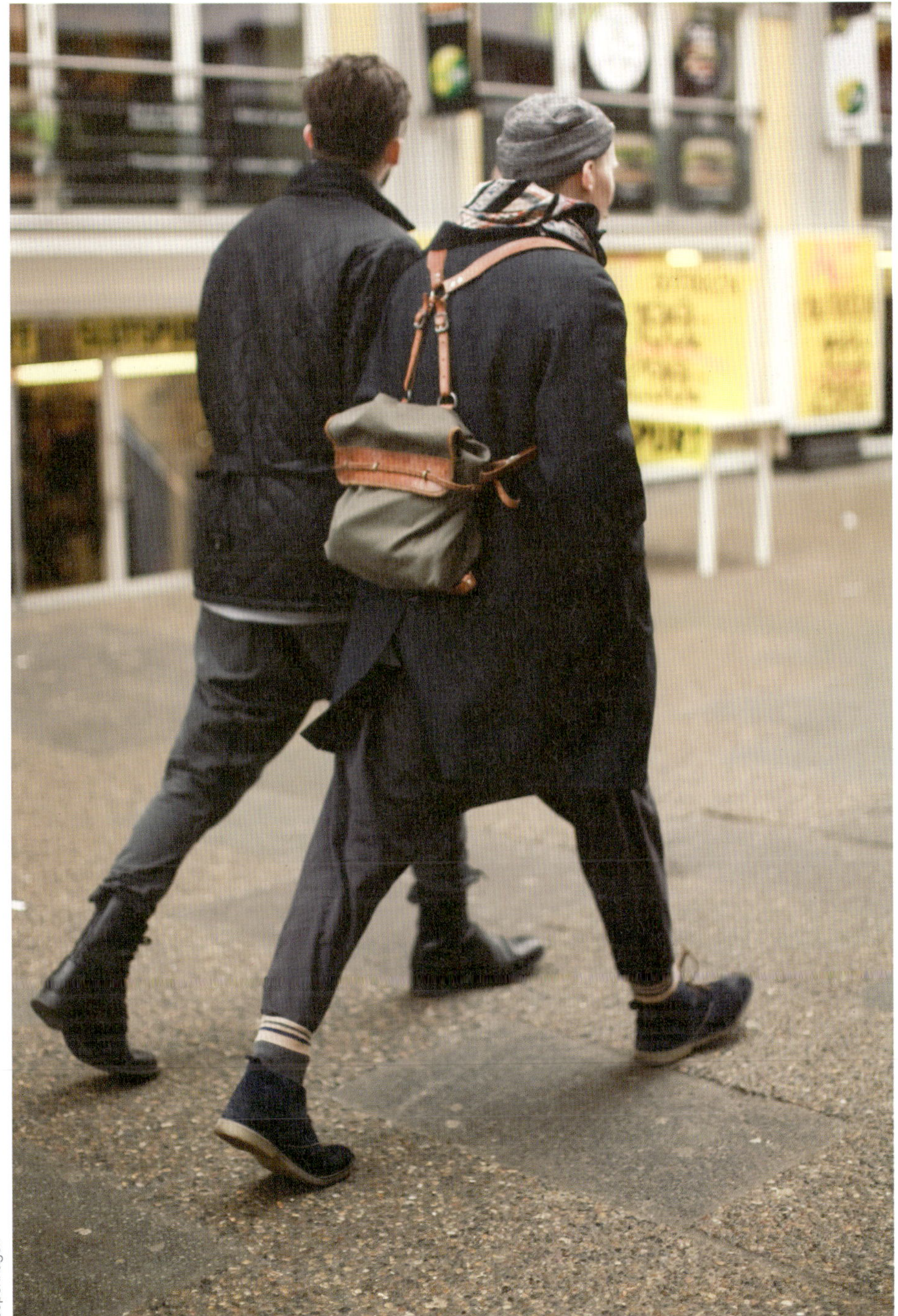

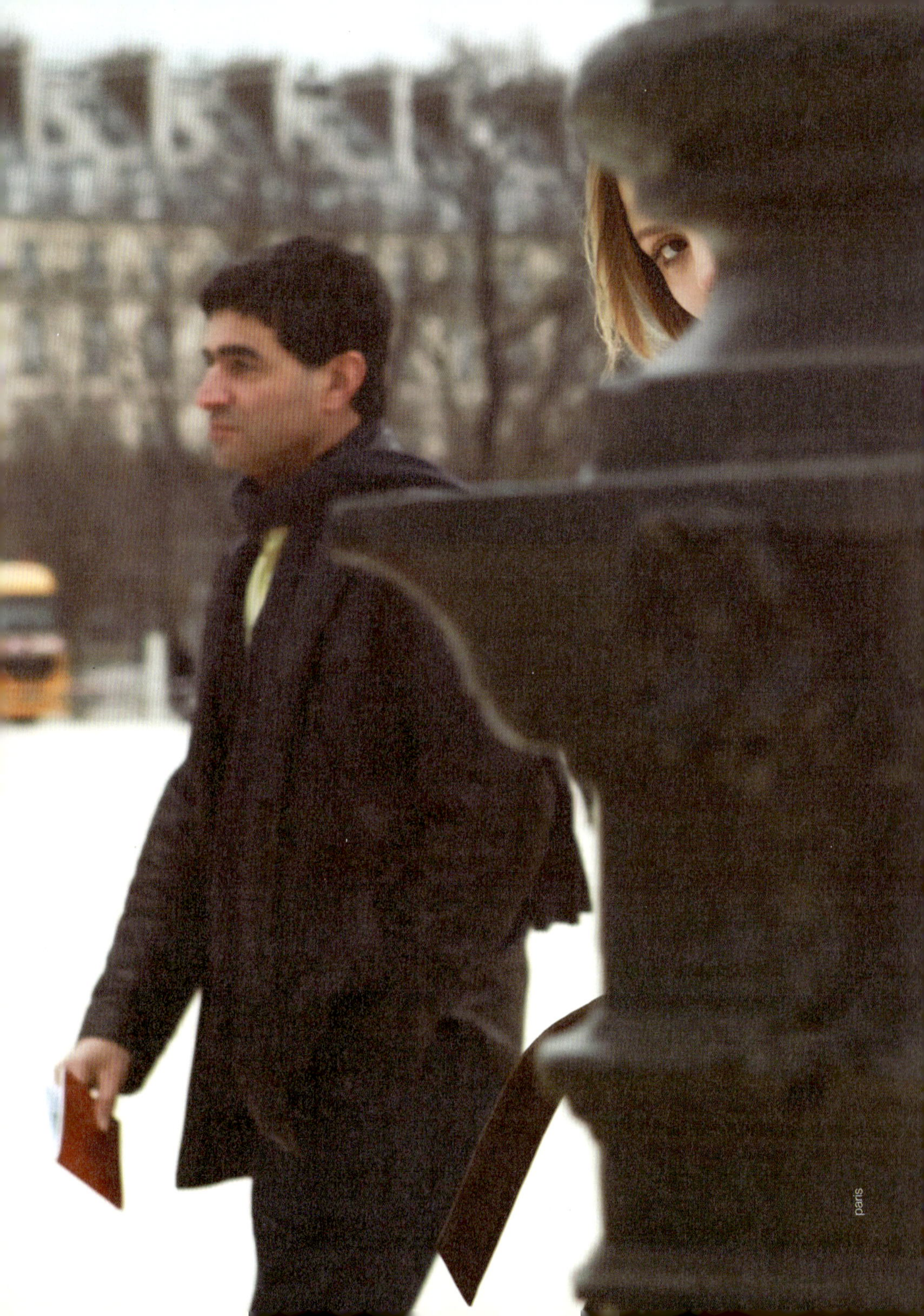
paris

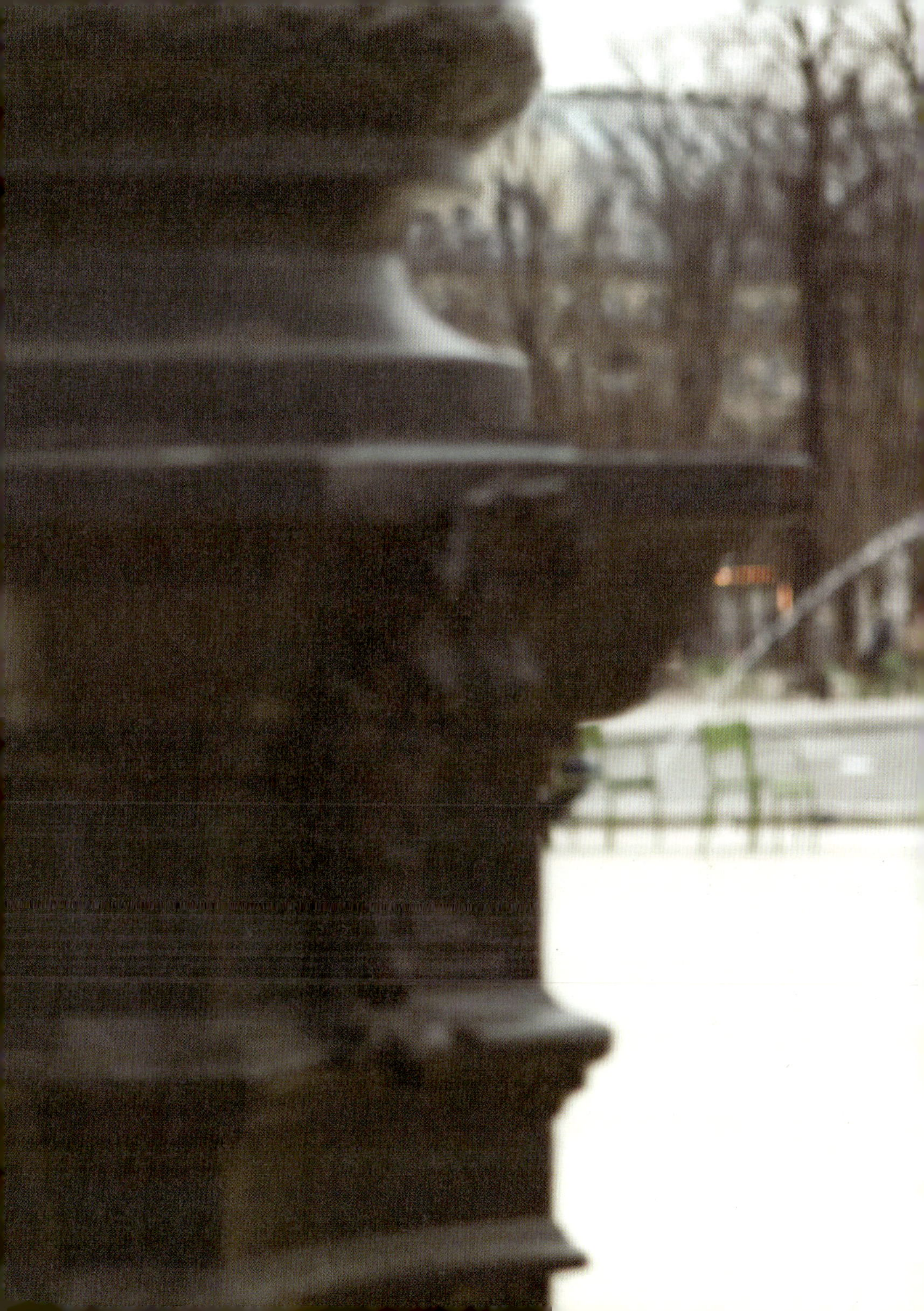

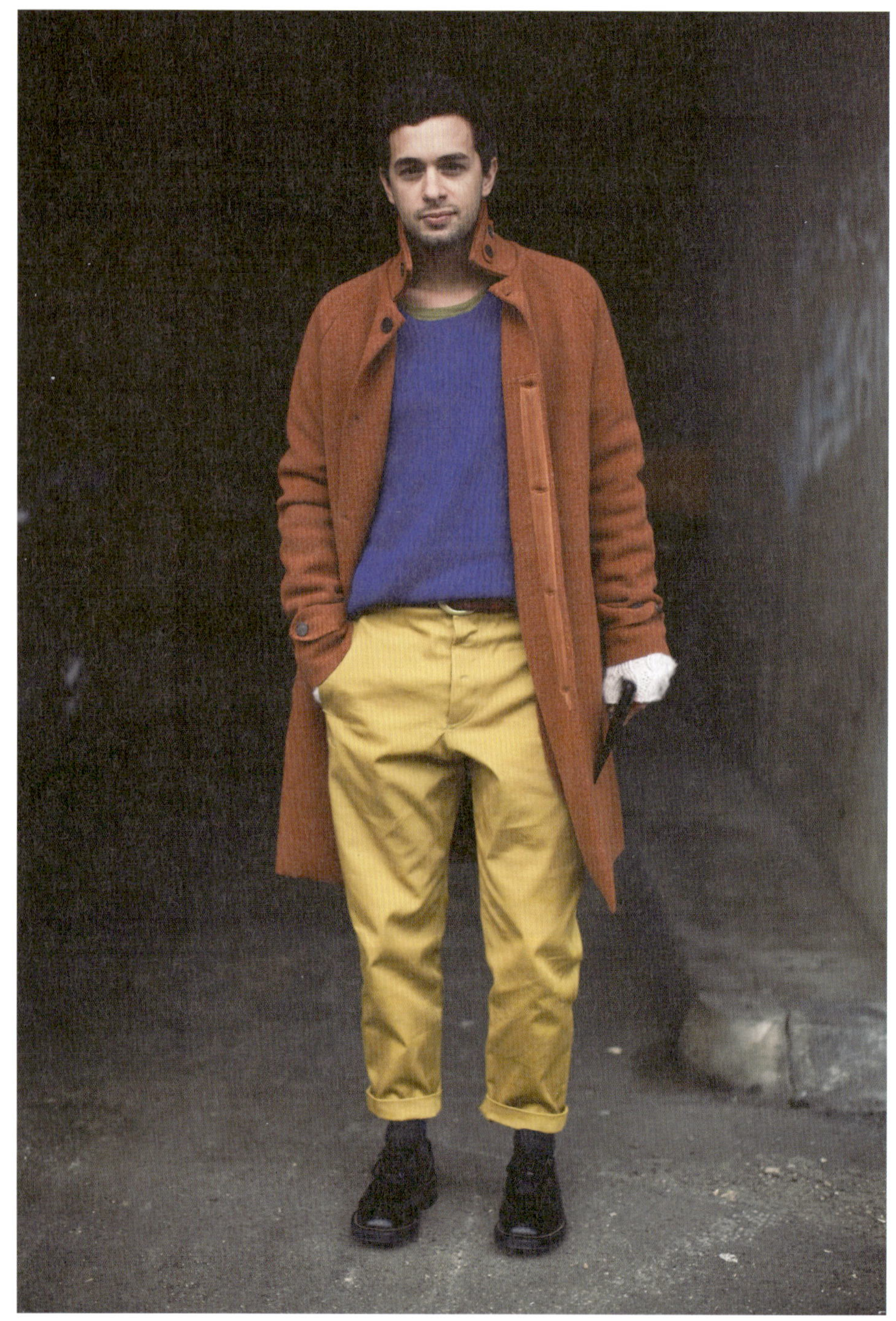

다홍색, 파란색, 노란색을 매치시키고선 아무렇지도 않게,

프란세스코^{Francesco}는 이게 뭐가 그리 대수냐는 듯한 표정을 짓고 있다.

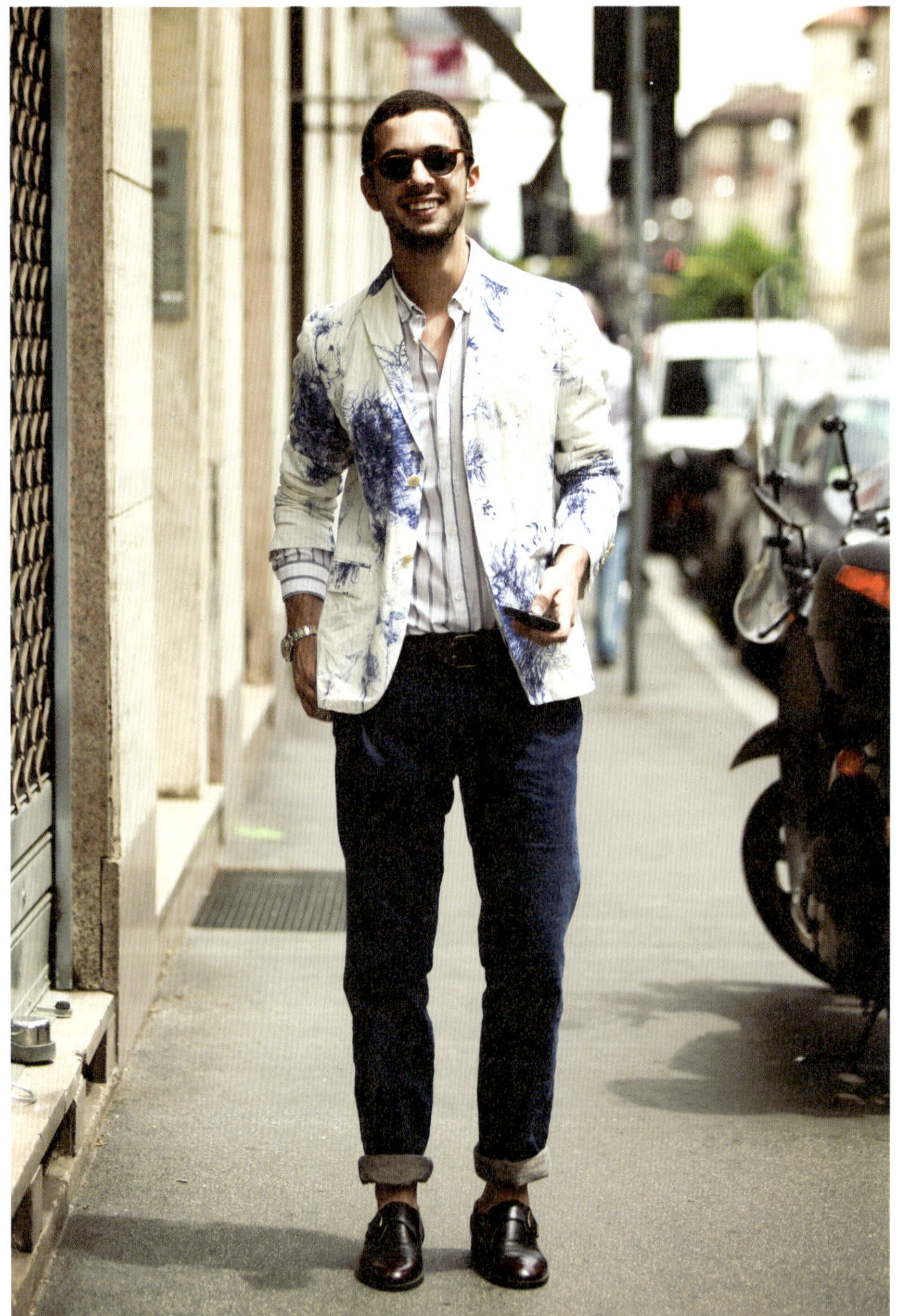
milan

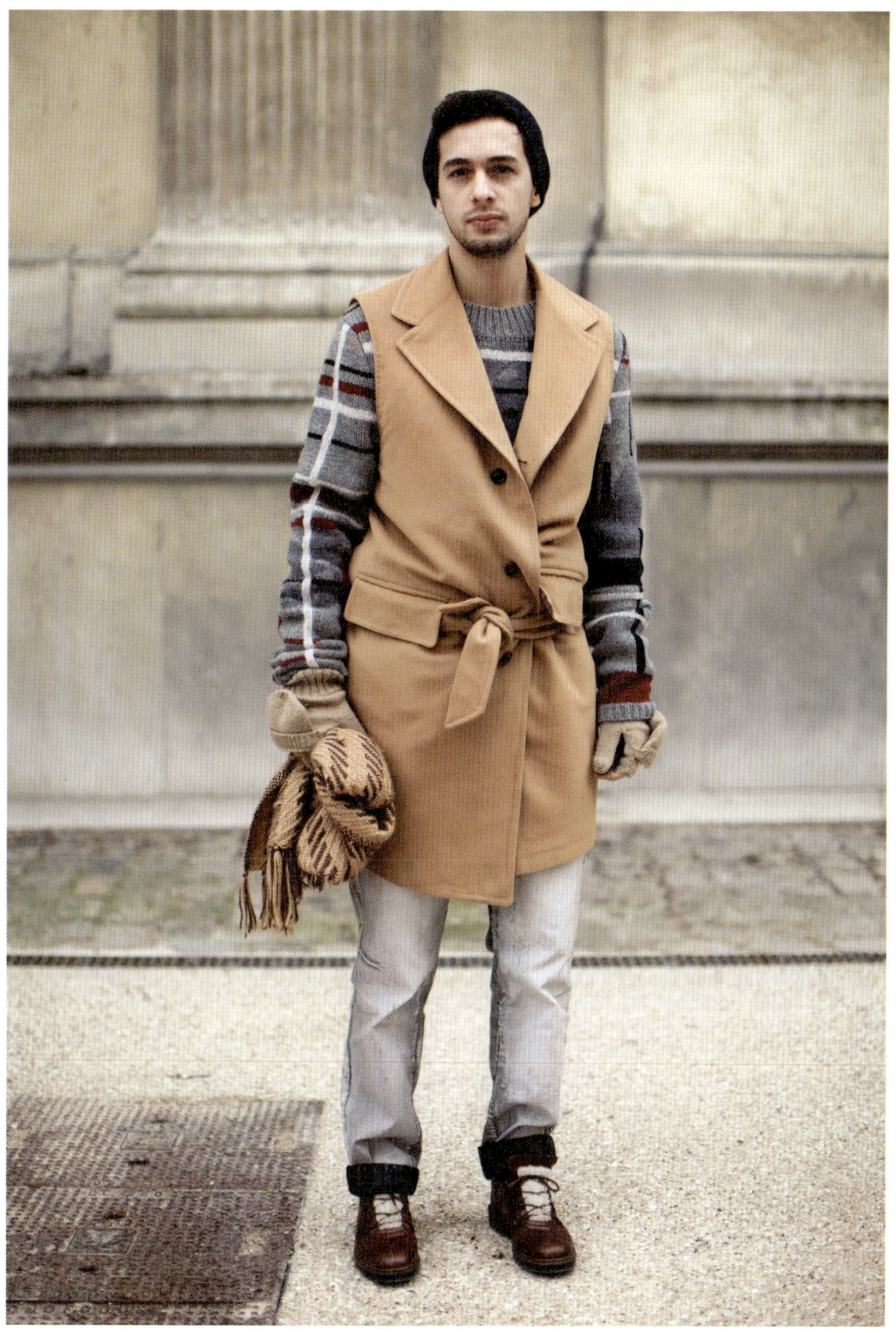

paris

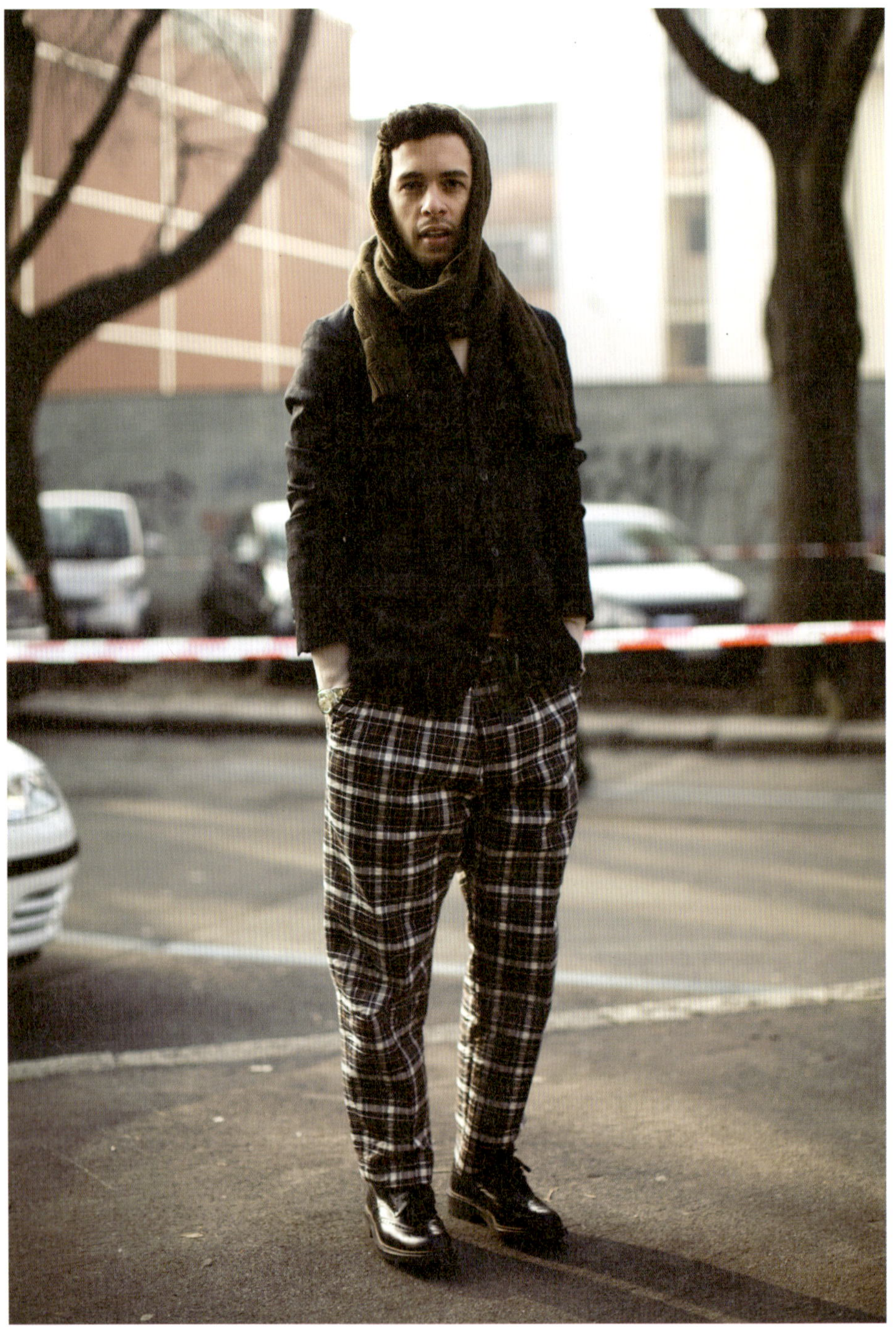

milan

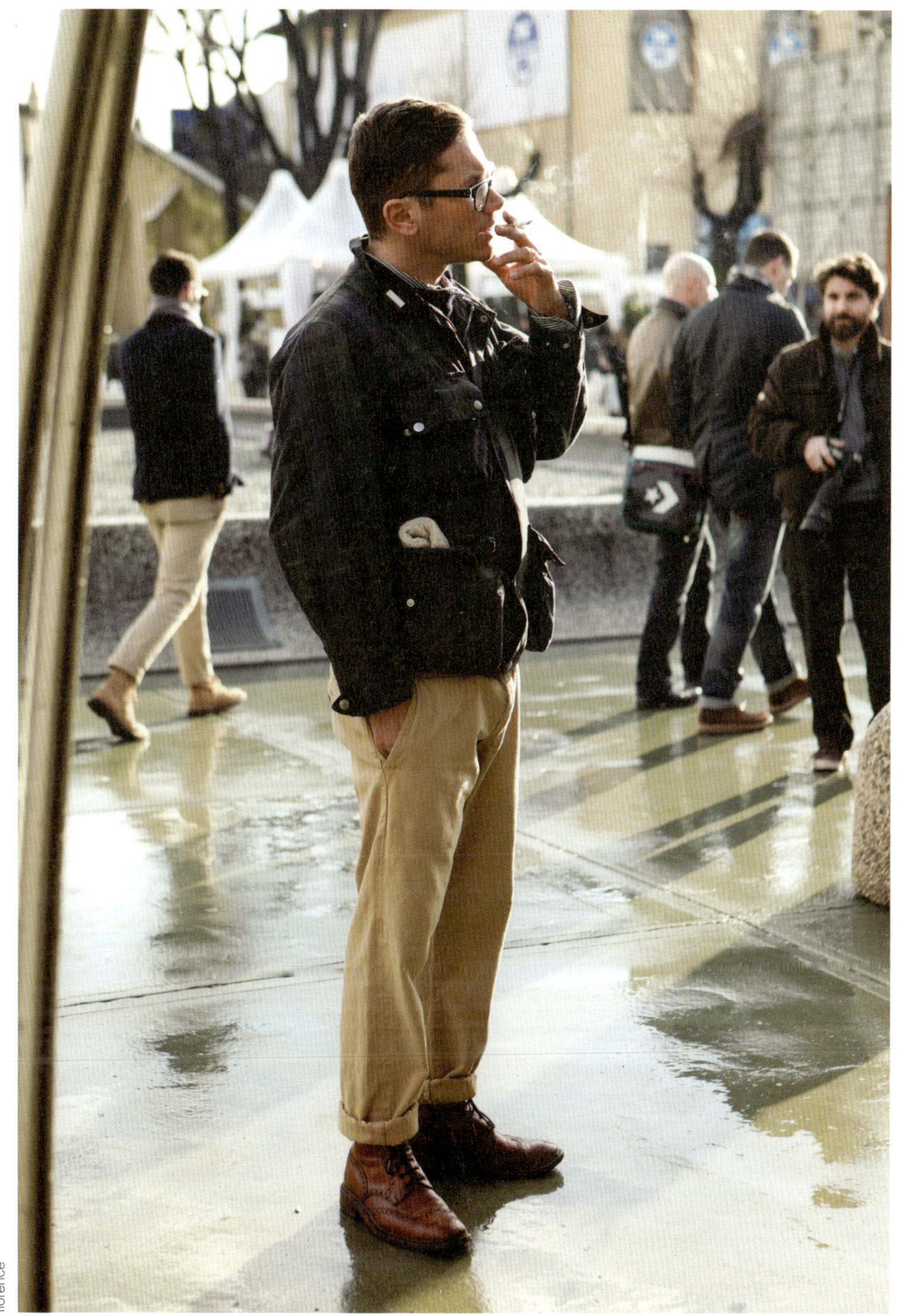

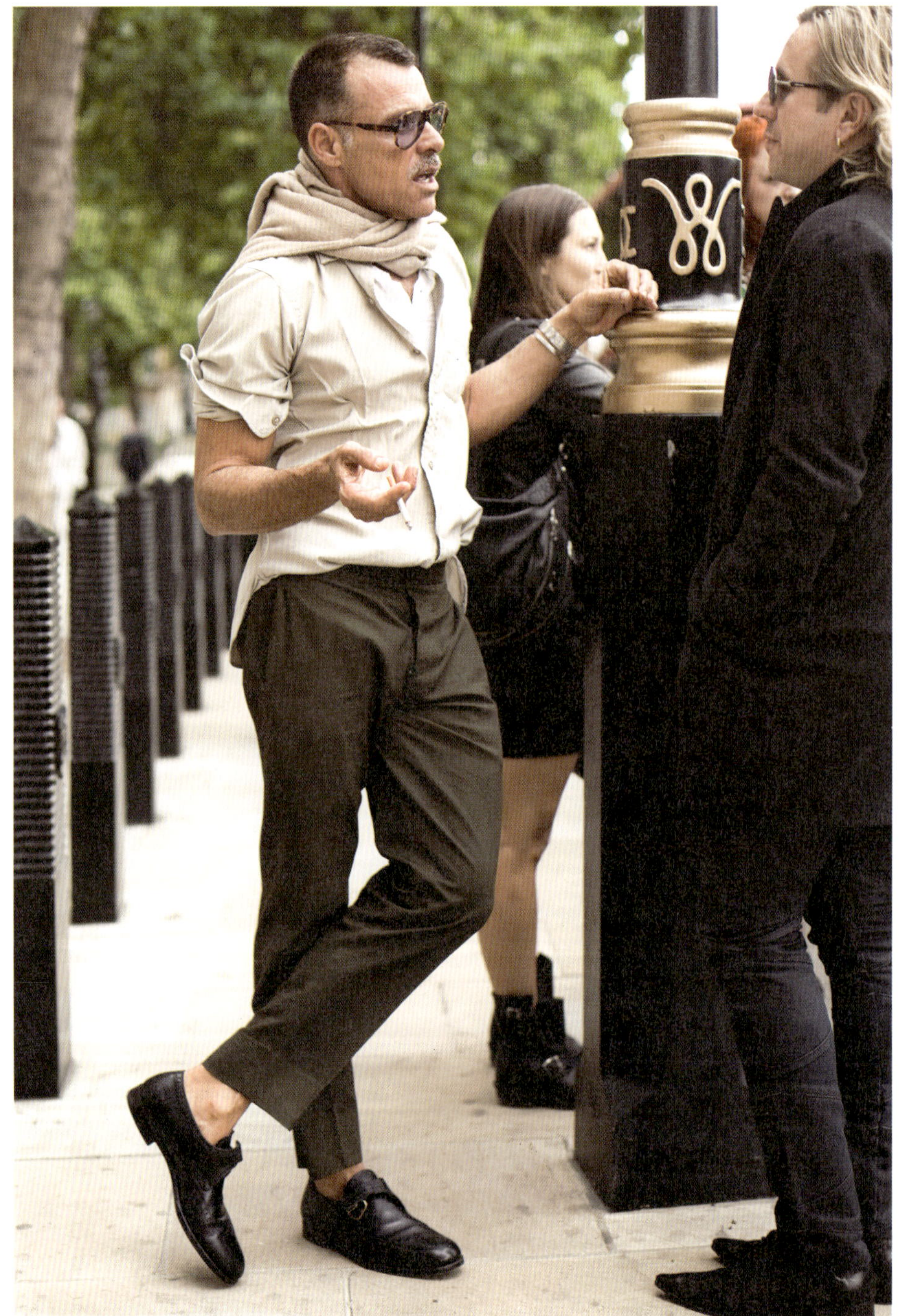

london

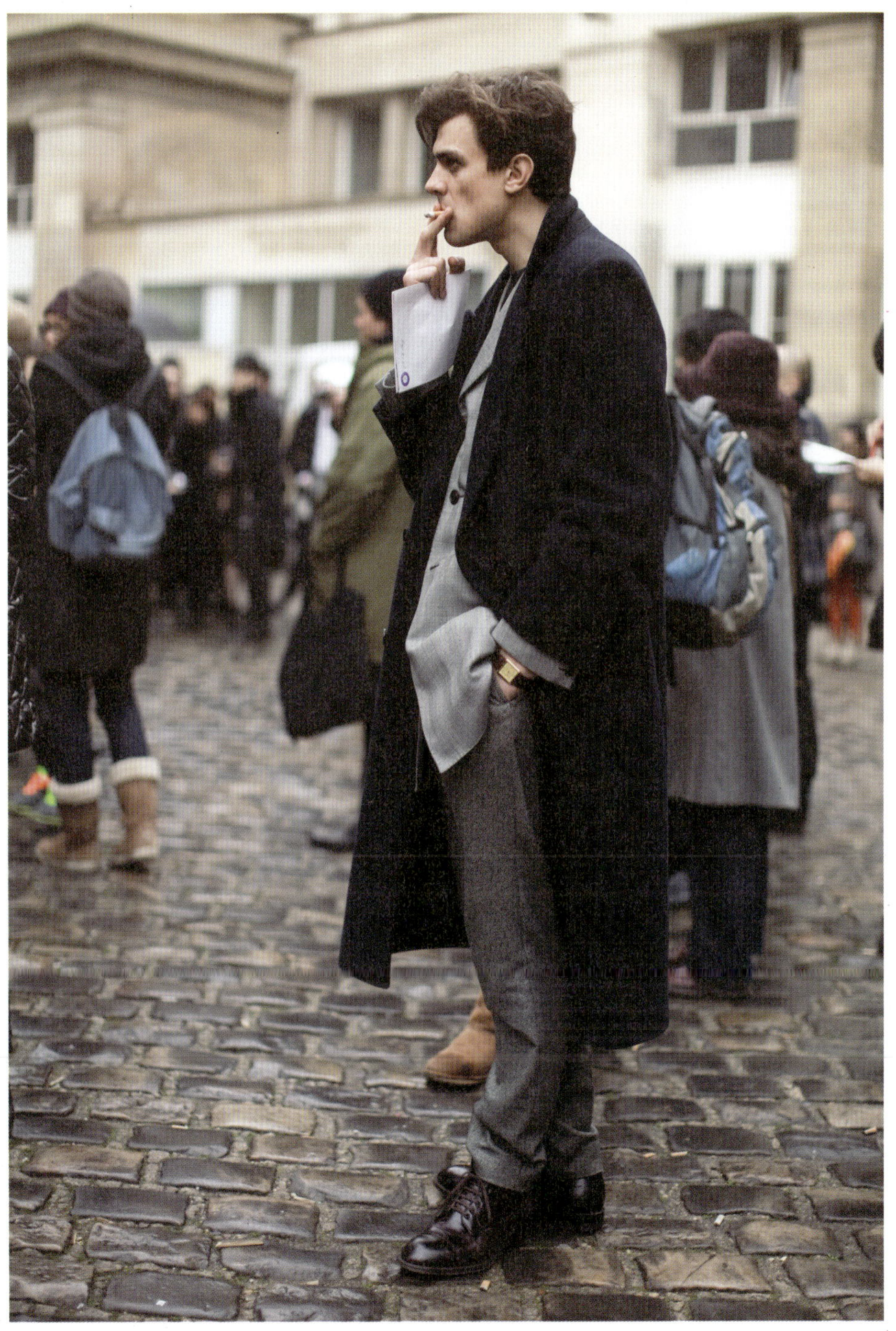

paris

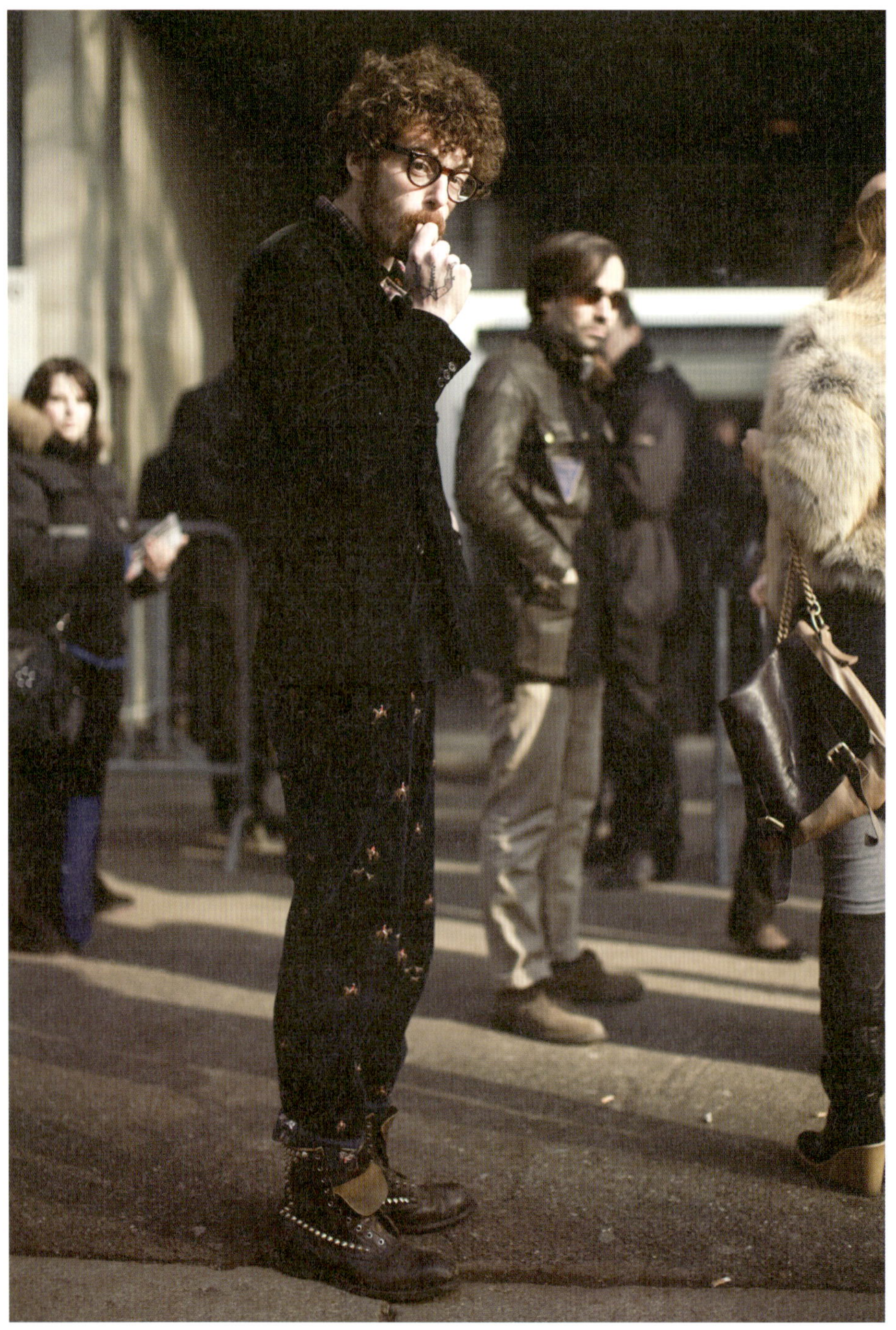
milan

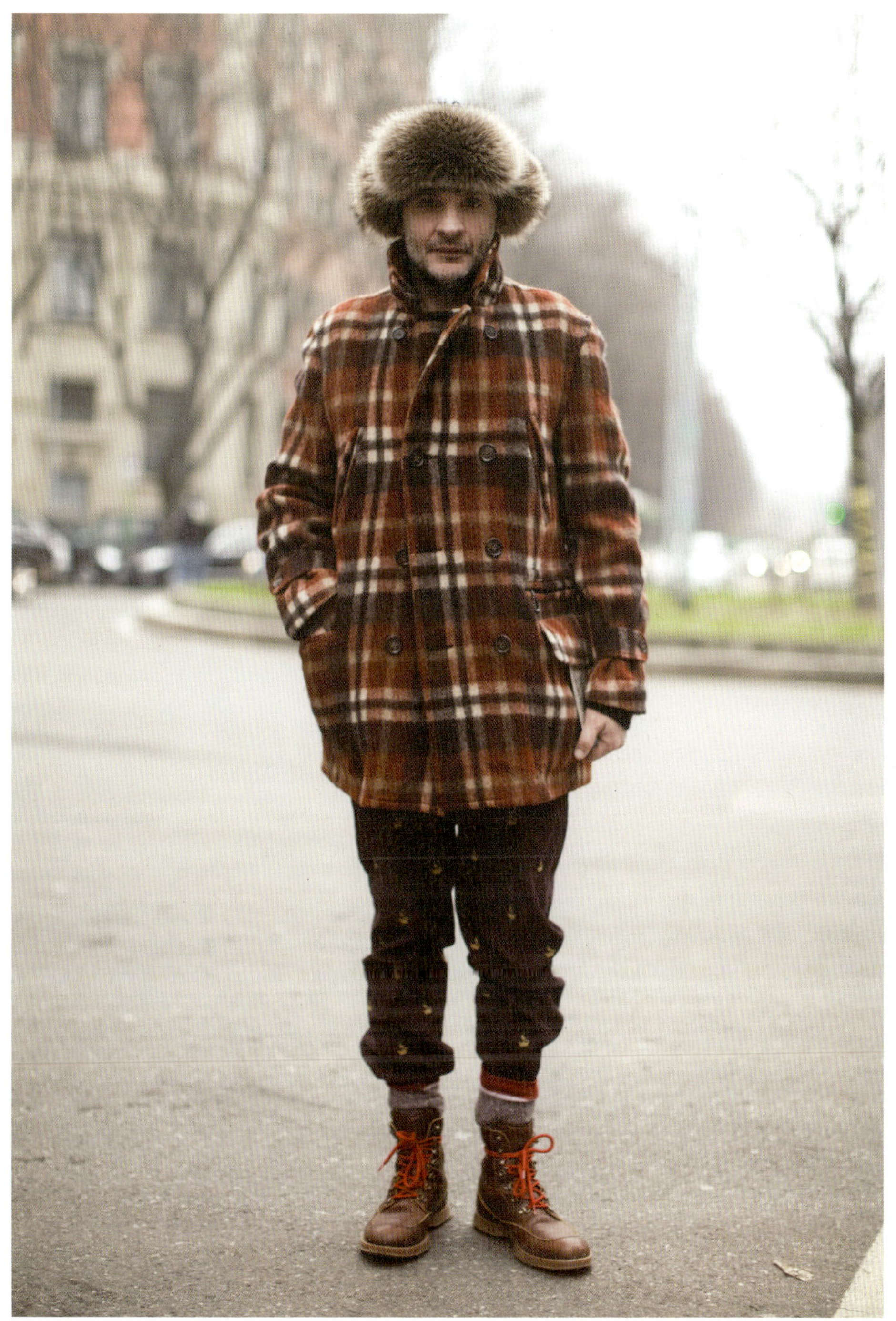

milan

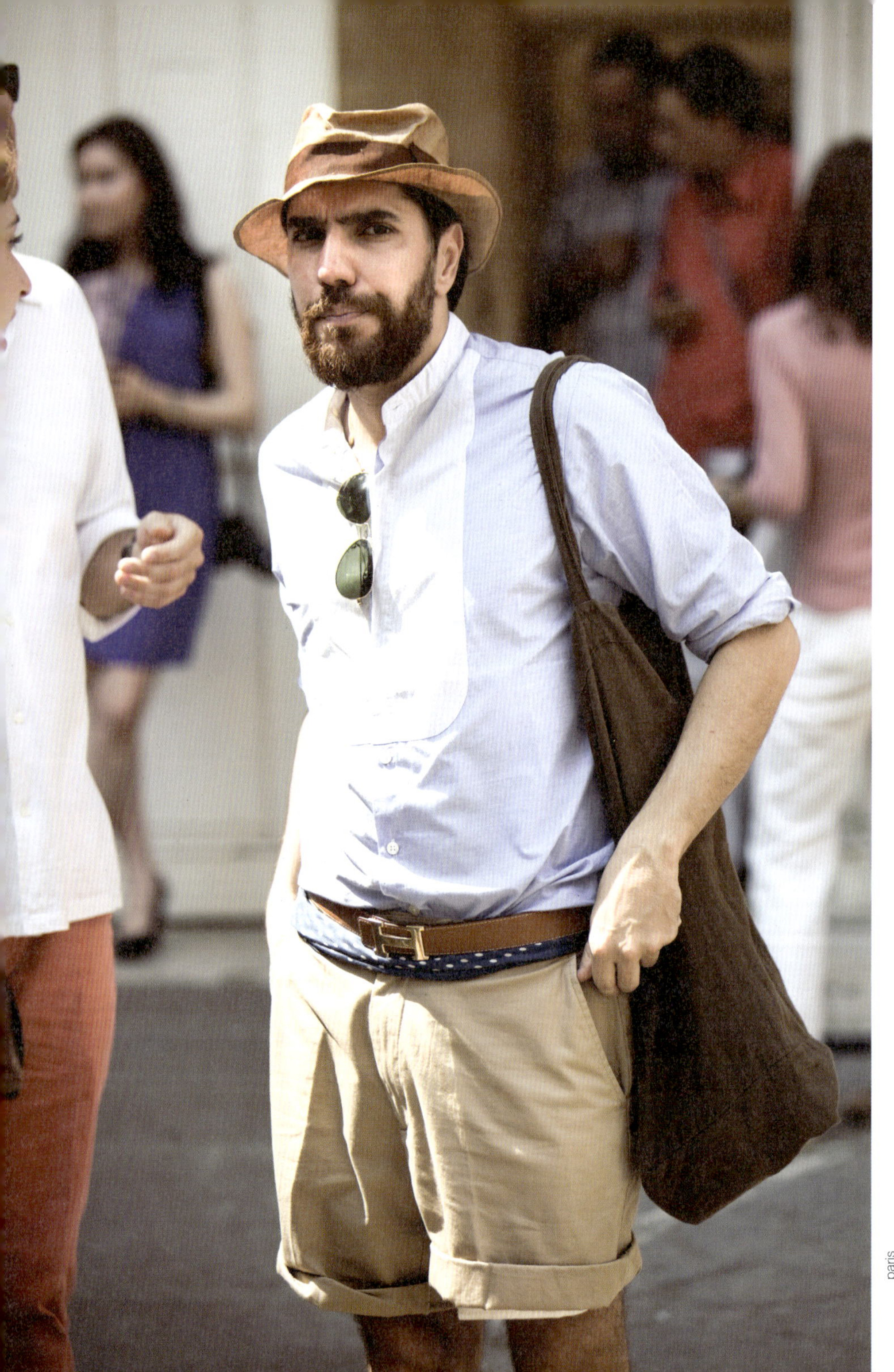

paris

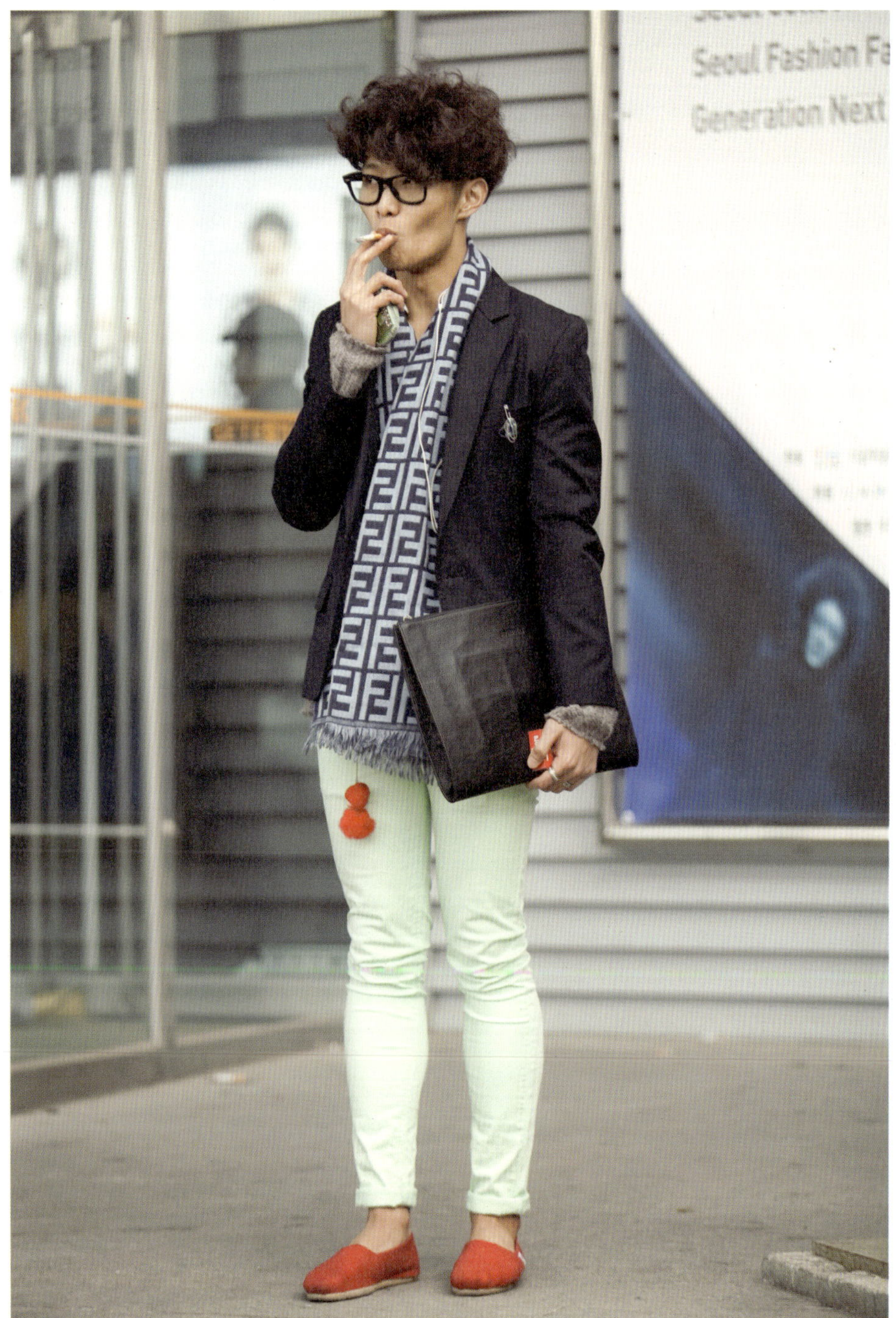
Seoul Fashion Fa
Generation Next

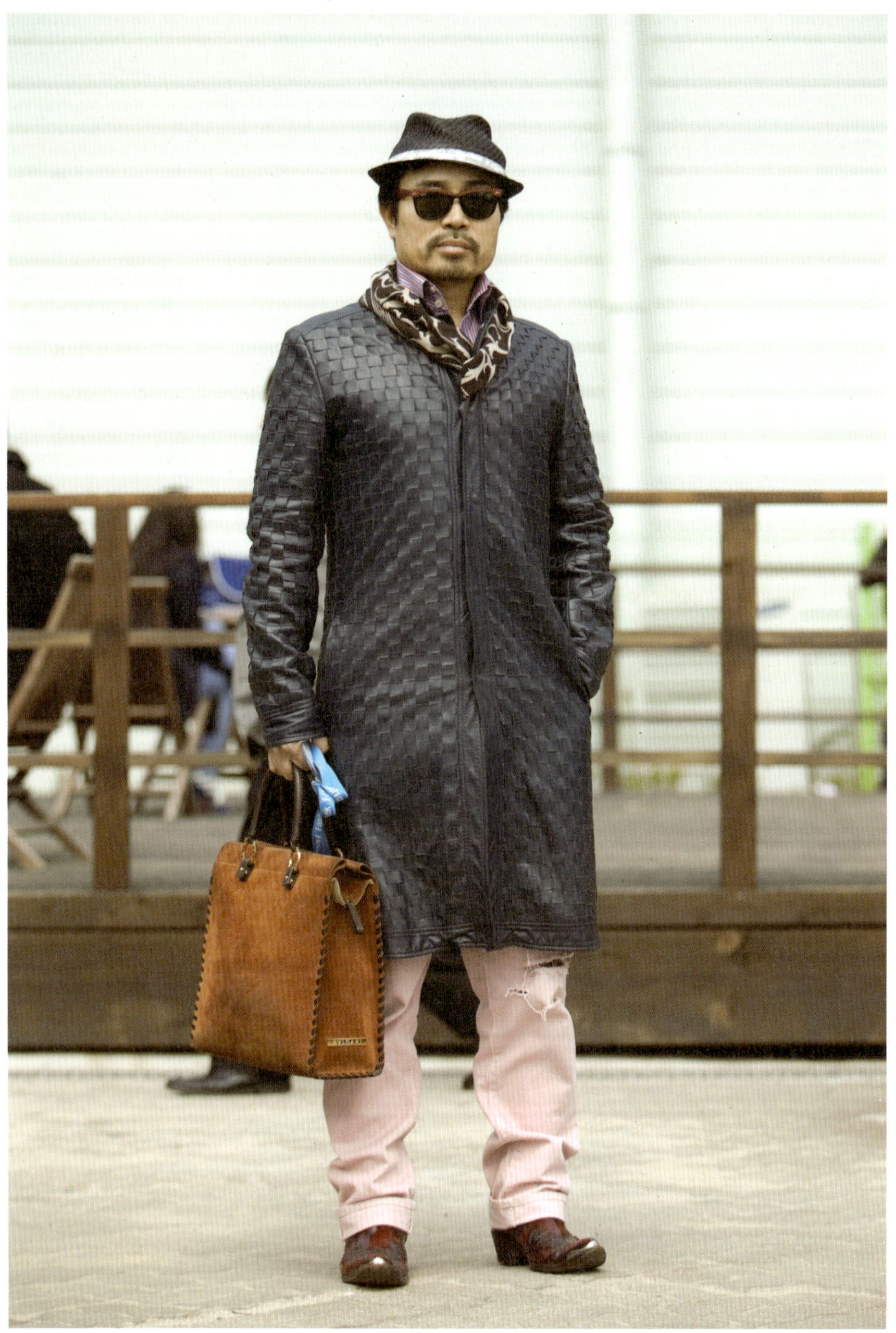

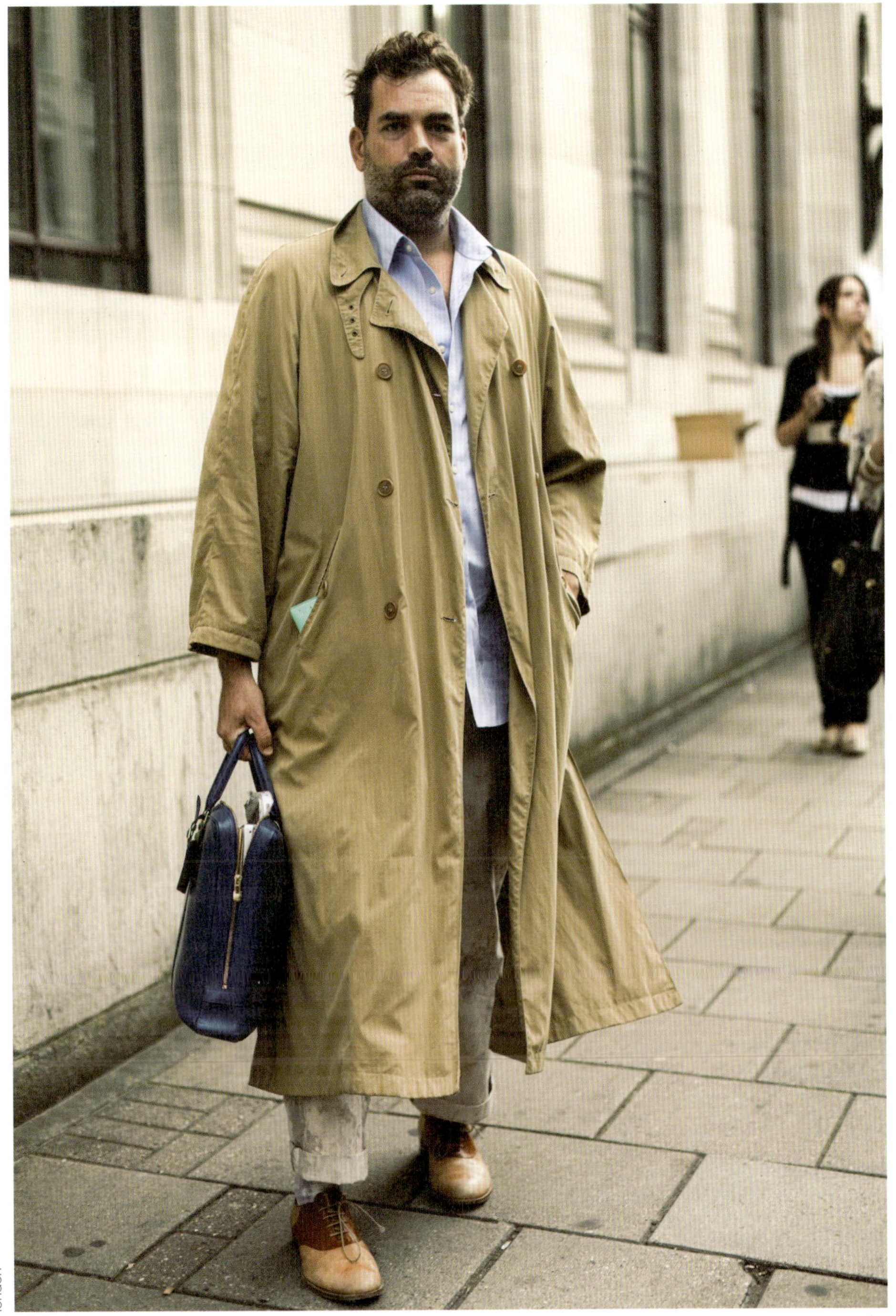

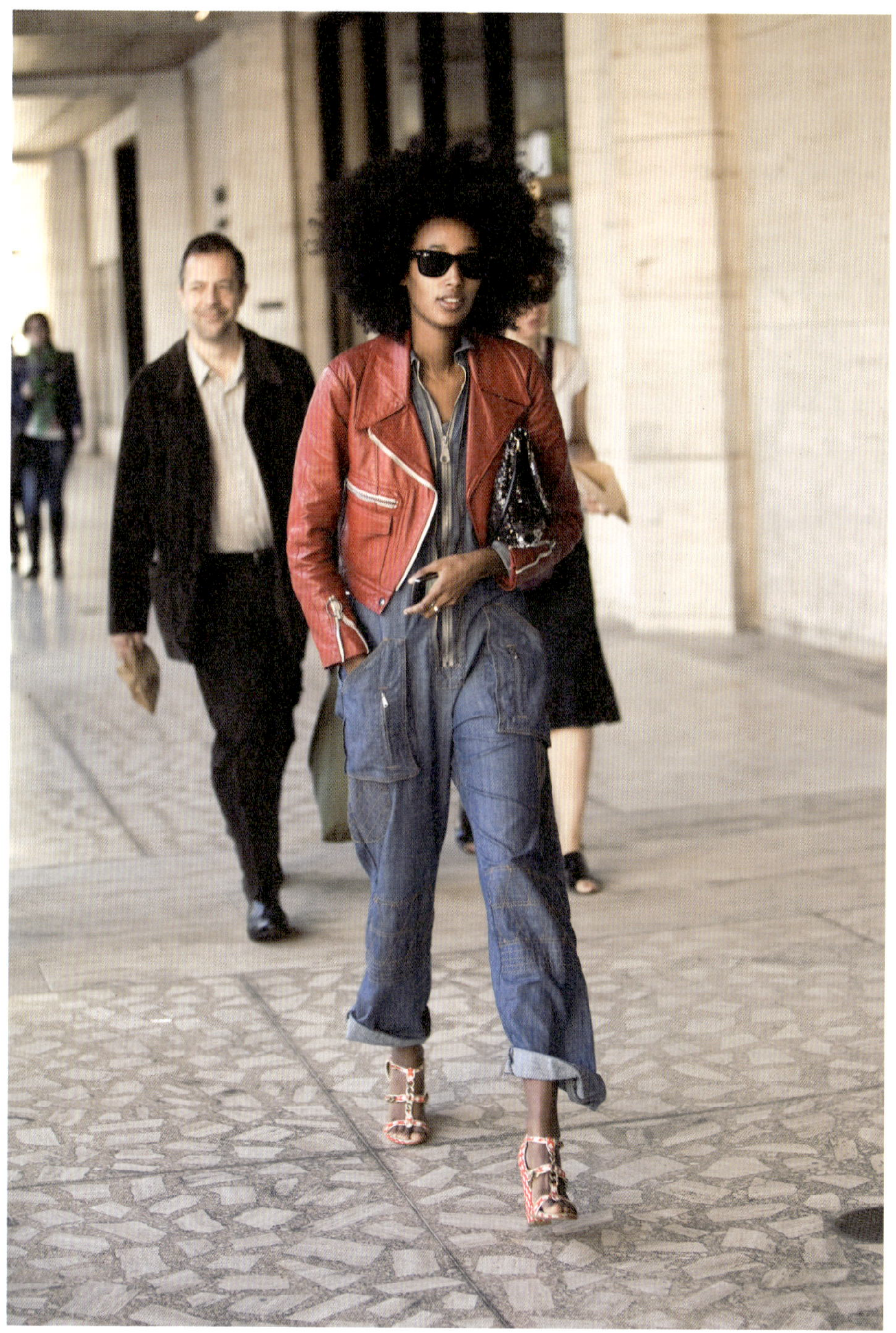

new york

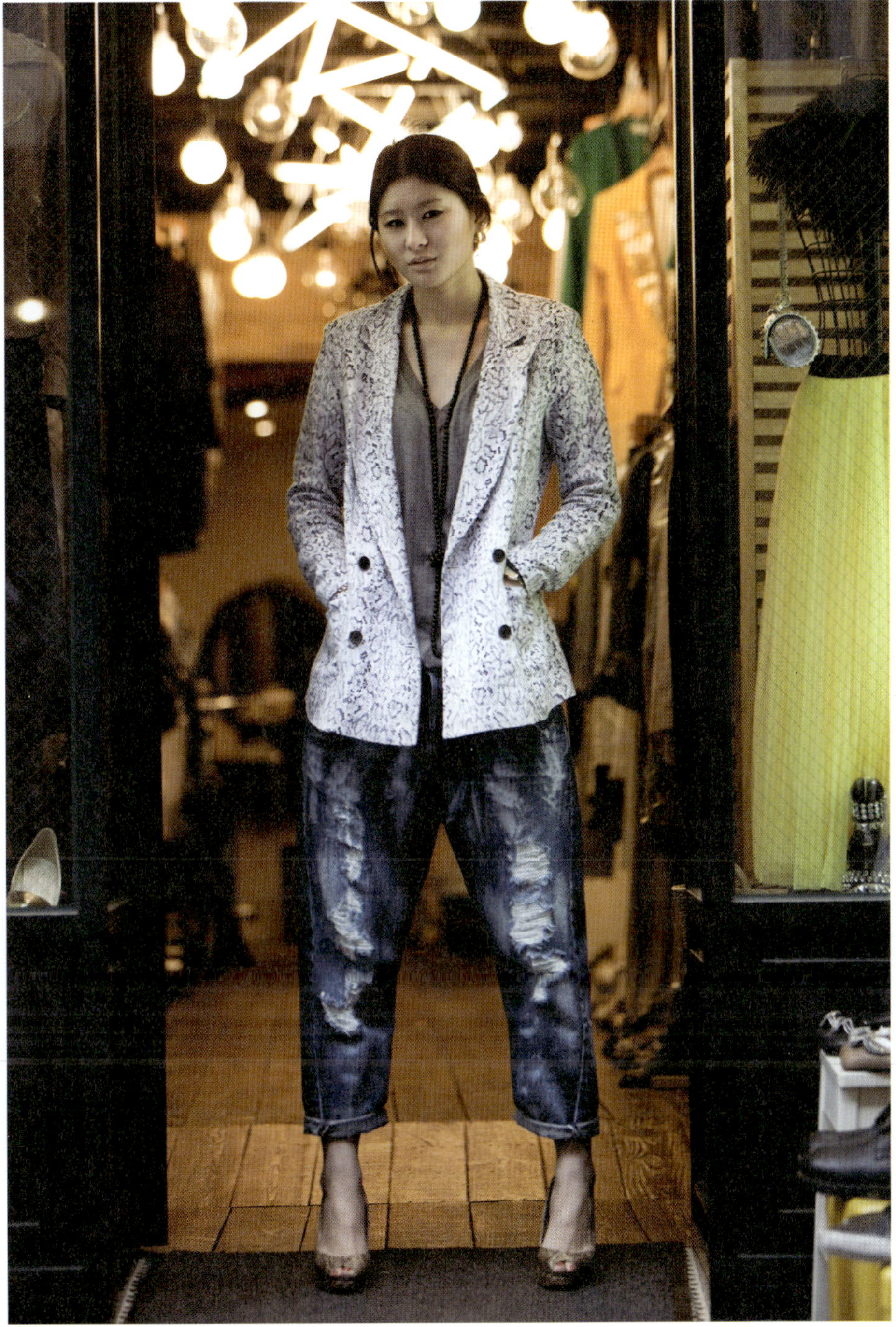

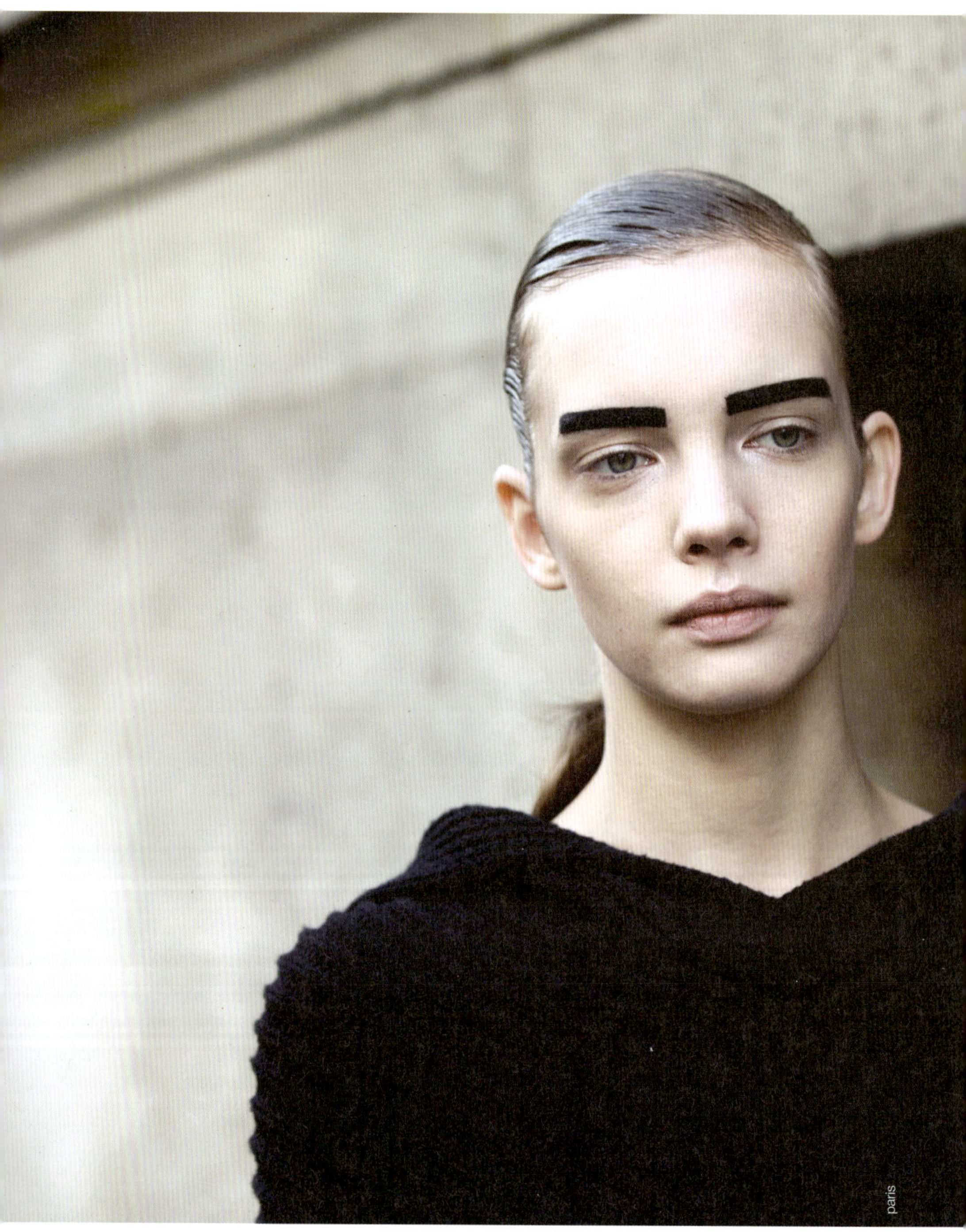

paris

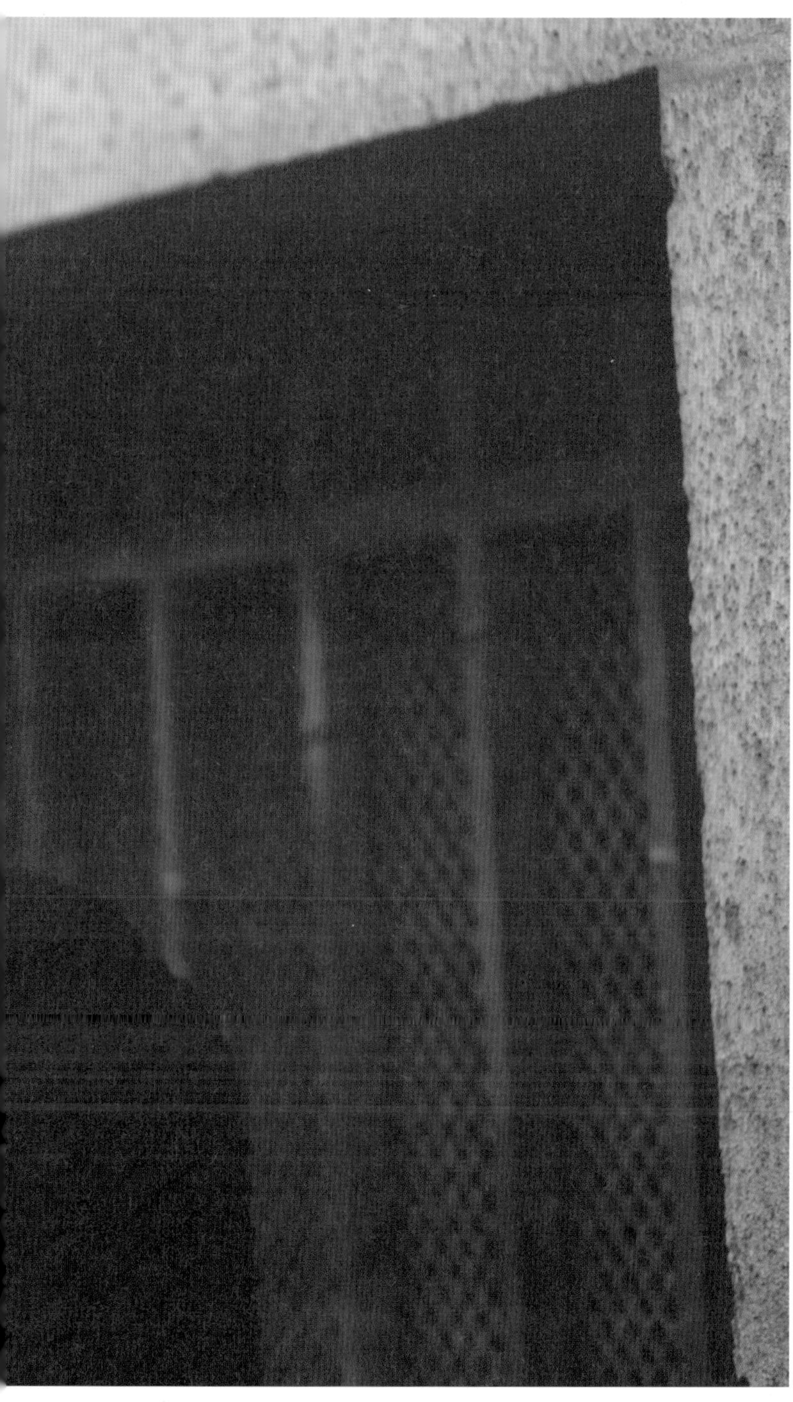

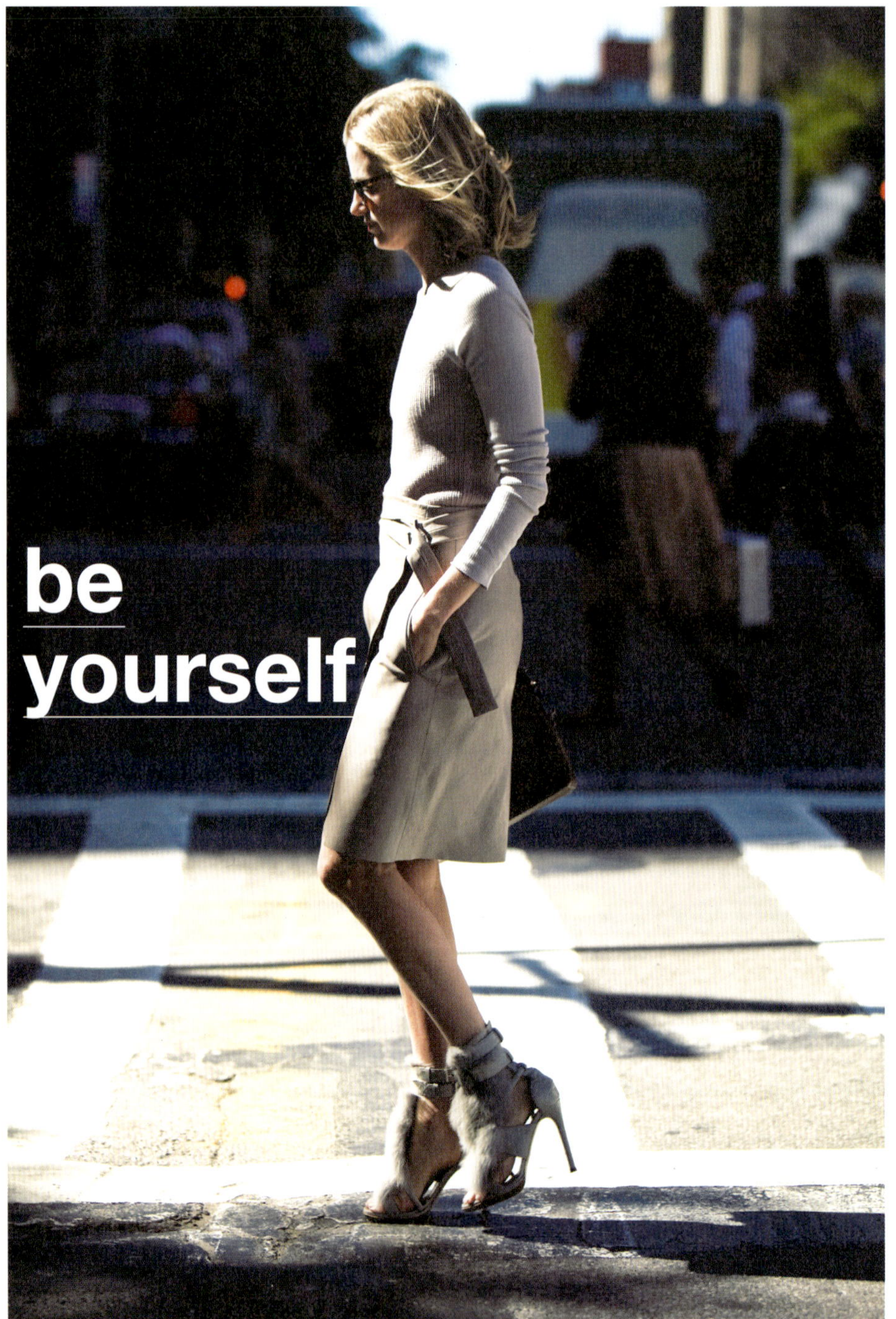
be
yourself
new york

당신다운 것

많은 사람이 어떻게 하면 옷을 잘 입을 수 있을지 고민한다. 여기 좋은 소식과 나쁜 소식은 패션은 매뉴얼에 의해 완성되지 않는다는 것이다. 누군가의 스타일을 보고 머리부터 발끝까지 똑같은 아이템을 구매해 입거나 패션 매거진의 권장사항들을 그대로 따라 한다고 해서 스타일리시한 사람이 되지는 않는다. 원하는 것을 무엇이든 살 수 있다고 해서 옷을 잘 입는 것도 아니고 한정된 아이템만으로도 충분히 매일 매력적으로 보일 수도 있다. 내게 인상적인 사람들은 그 사람이 걸친 특정 브랜드의 니트나 가방으로 기억되지 않는다. 설명이 불가능한 그 사람 특유의 '분위기'가 머릿속 깊이 각인된다고 하는 편이 옳을 것이다. 당신을 당신답게 표현하는 것이 곧 옷을 잘 입는 비결인 셈이다. 다르게 말하면 우리가 입는 것이 바로 우리 자신이다.

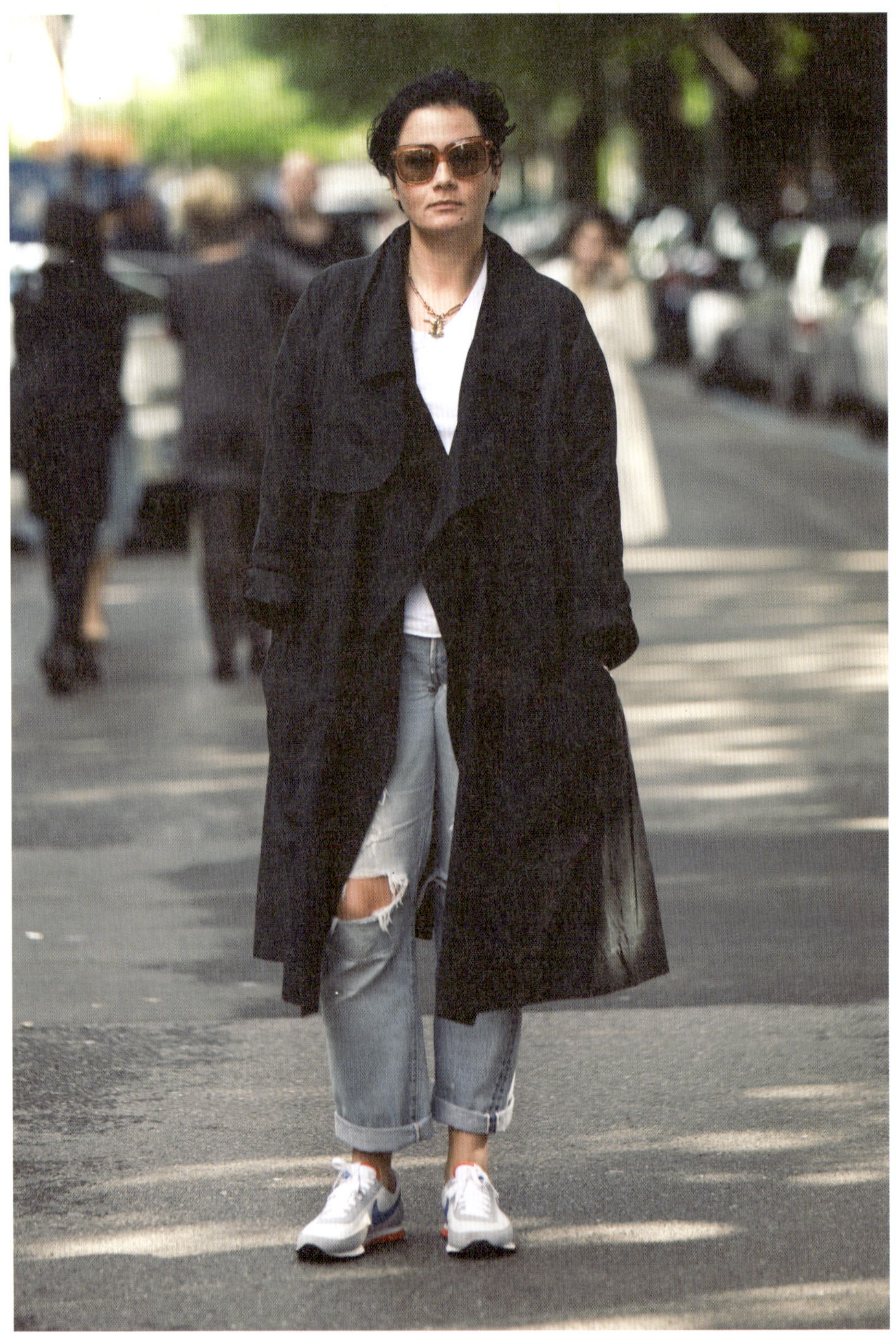
london

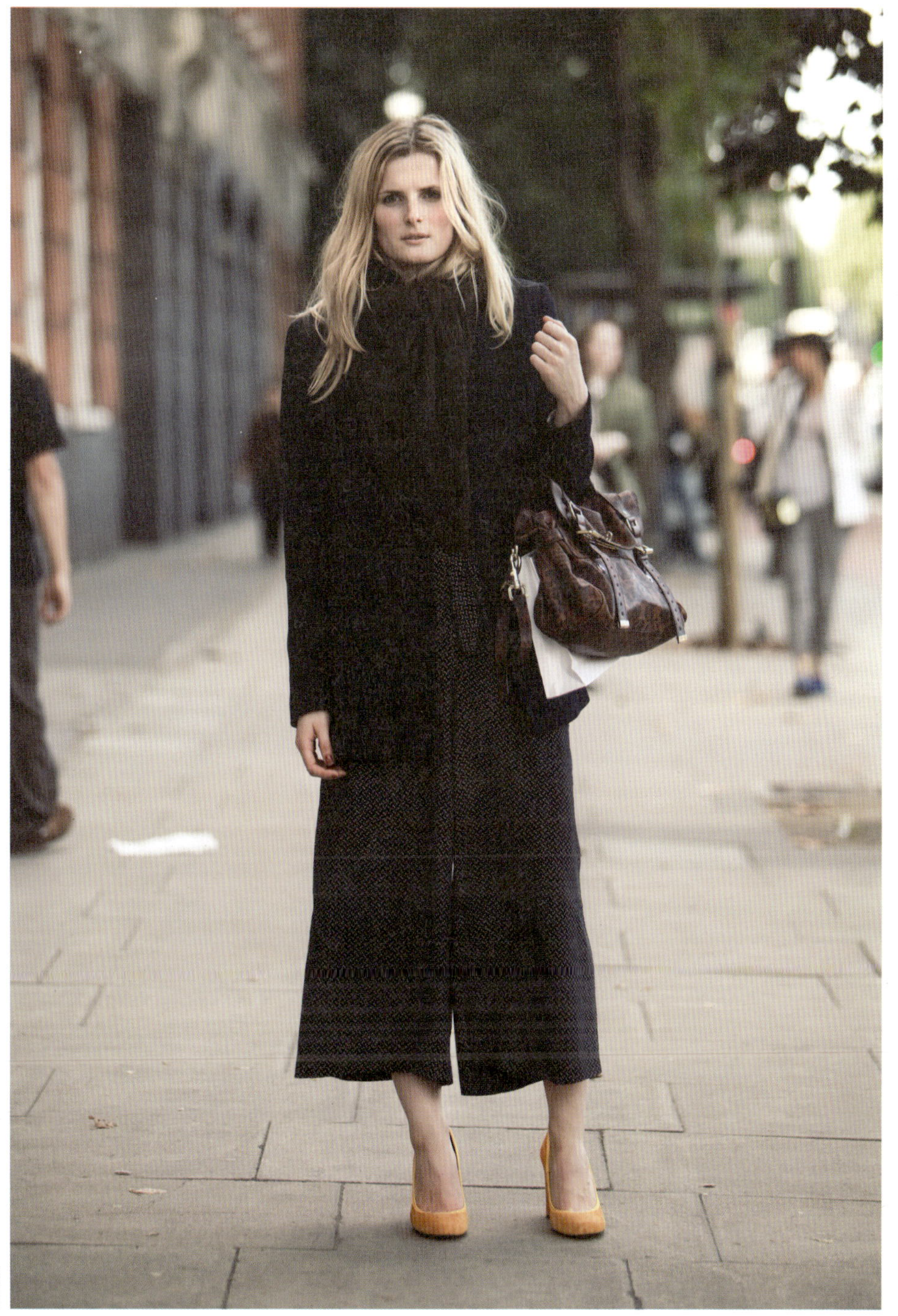

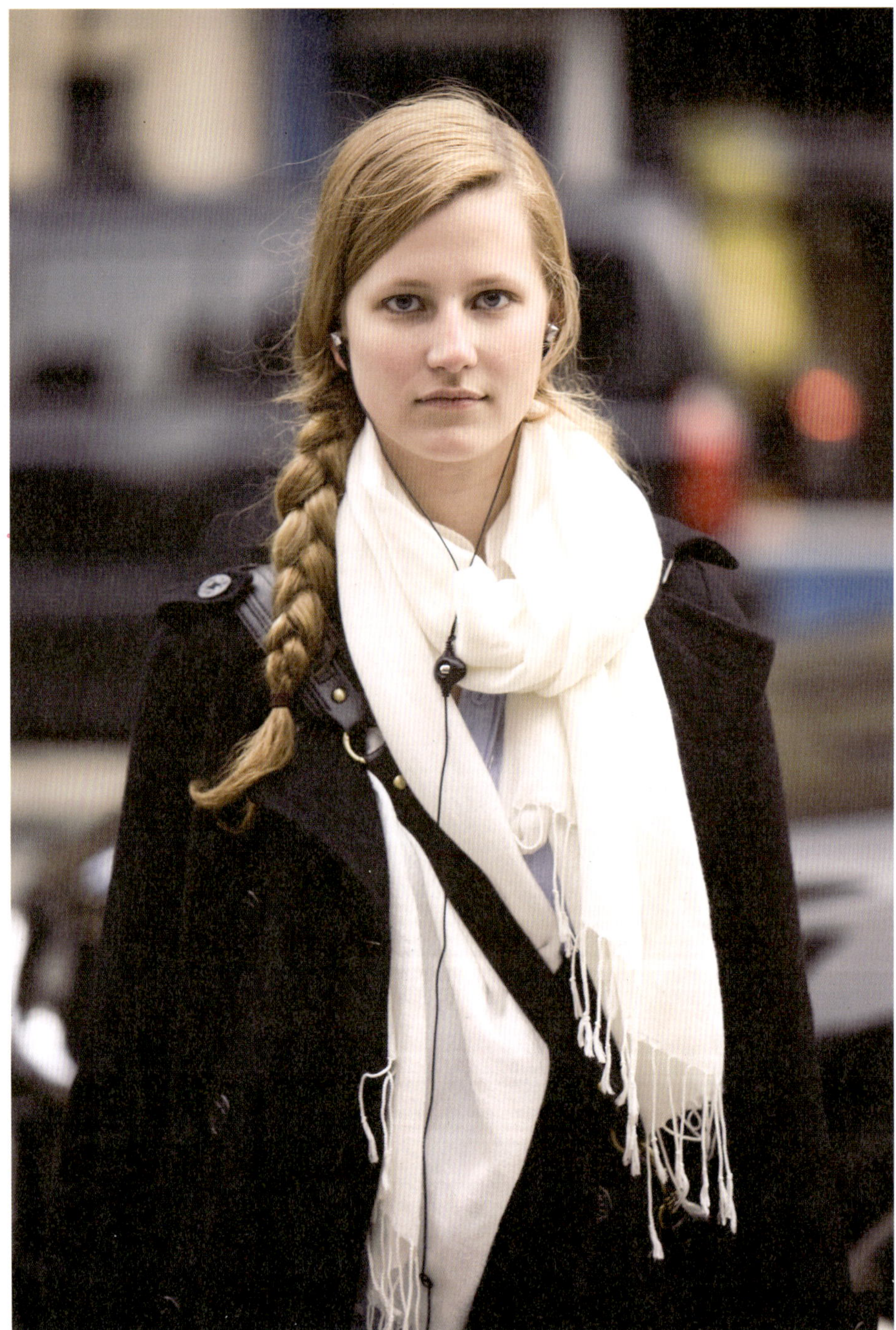

new york

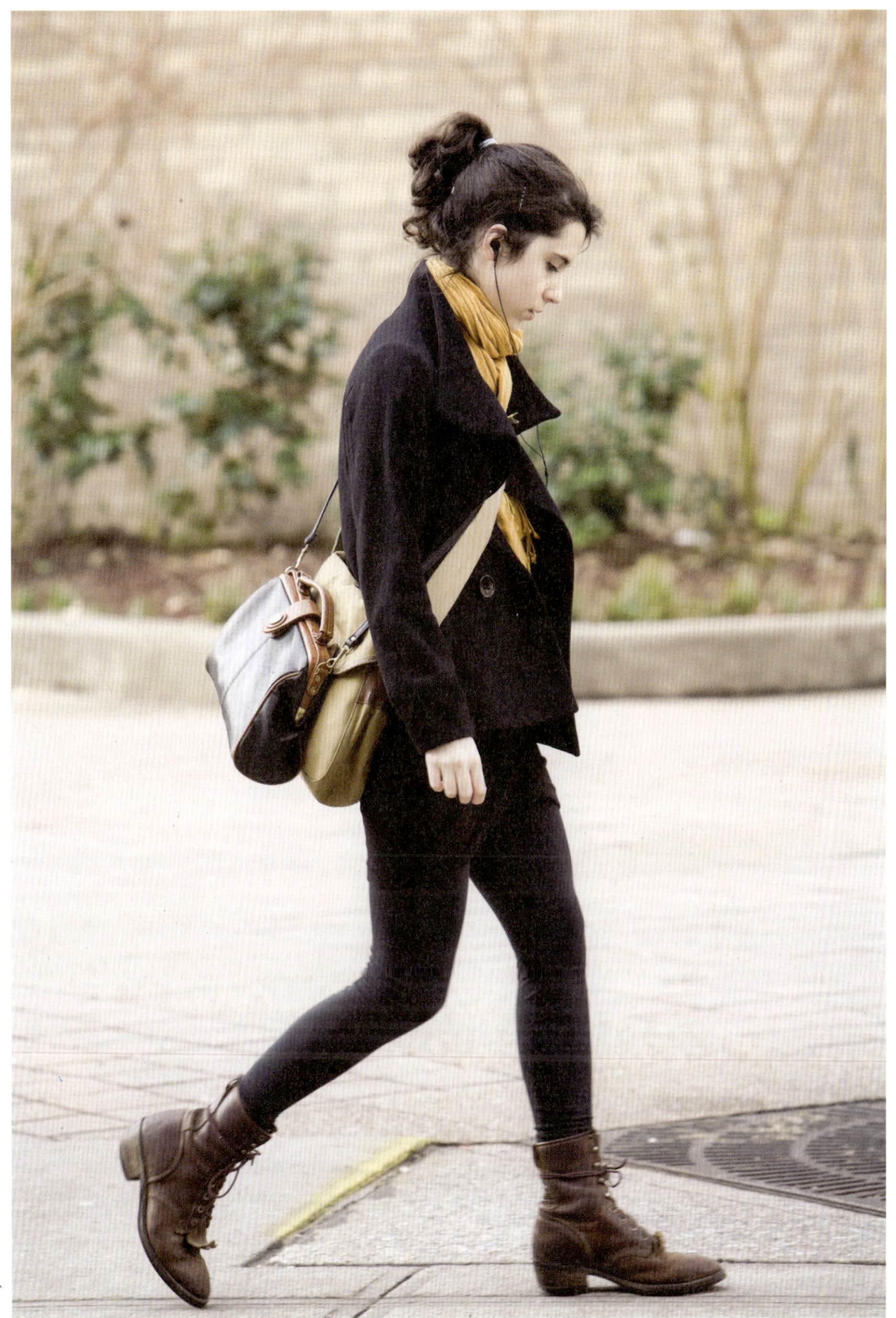

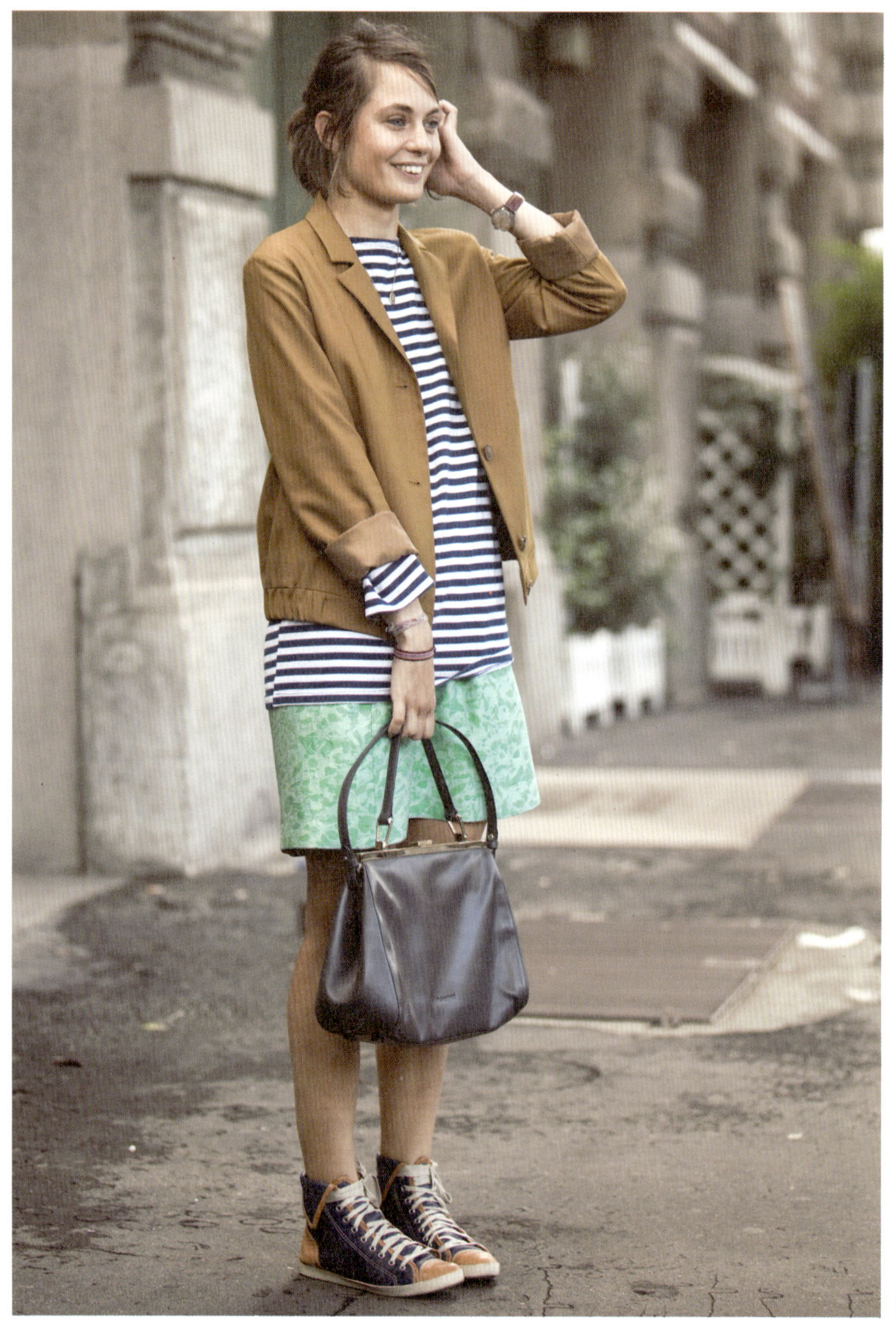
milan

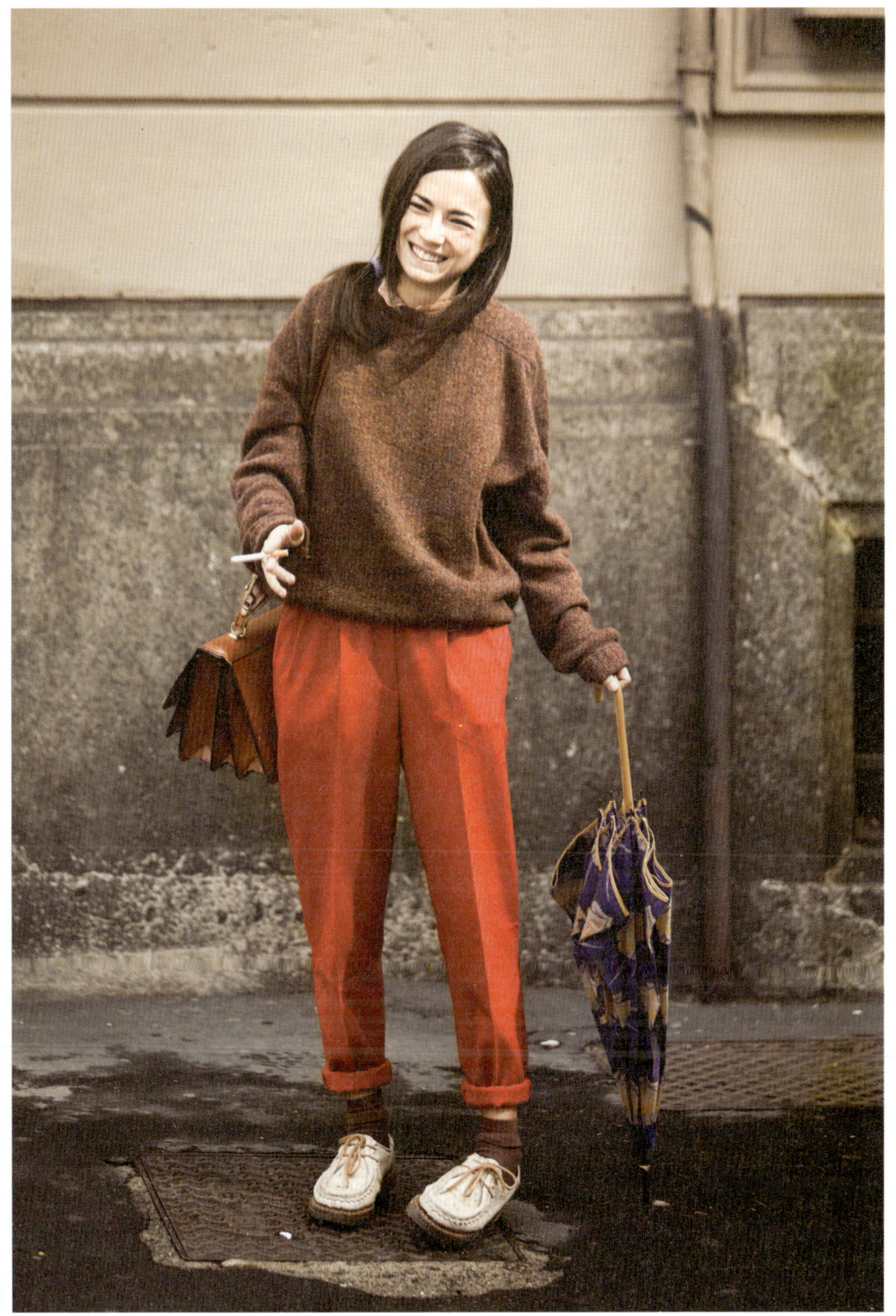
milan

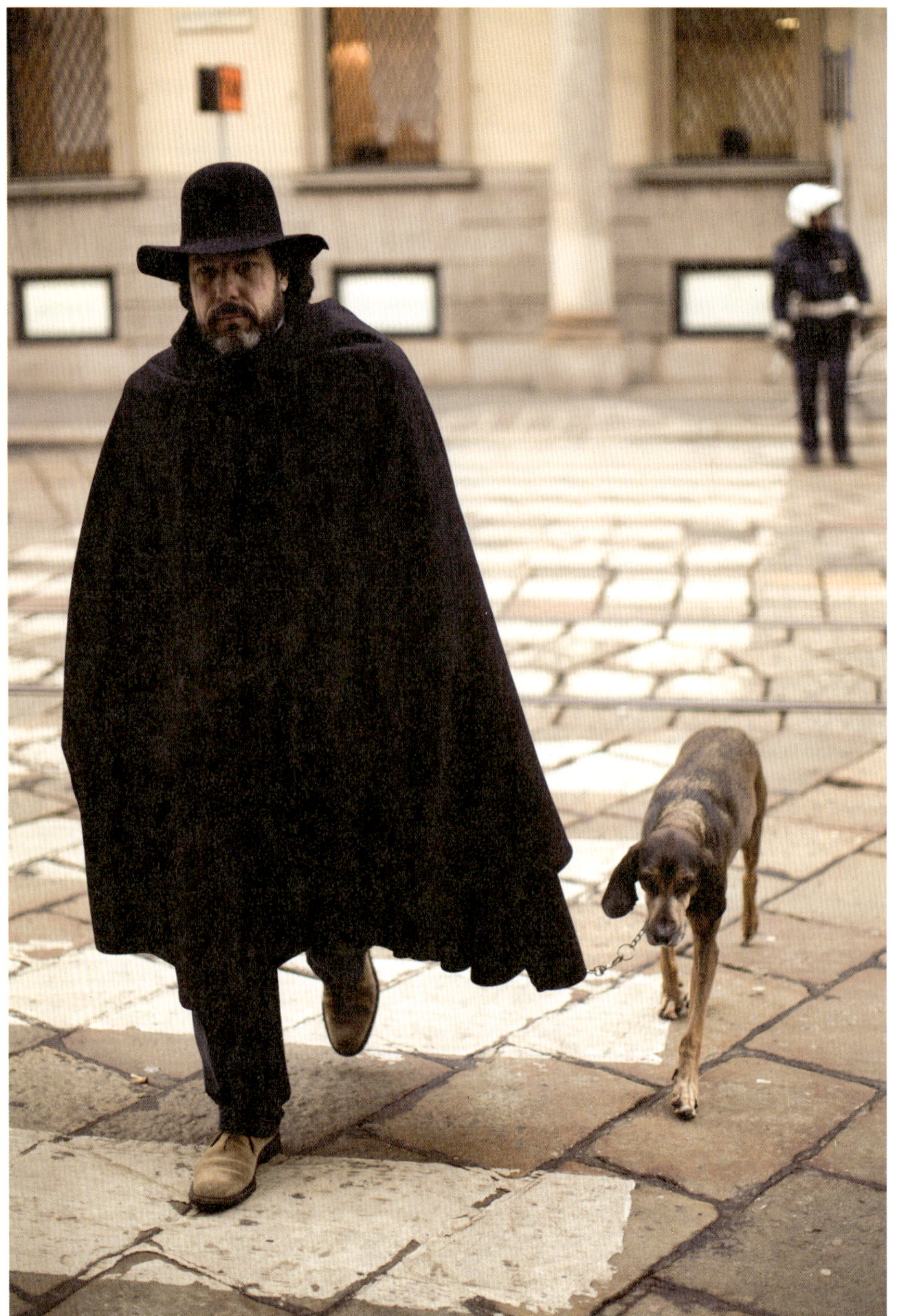

milan

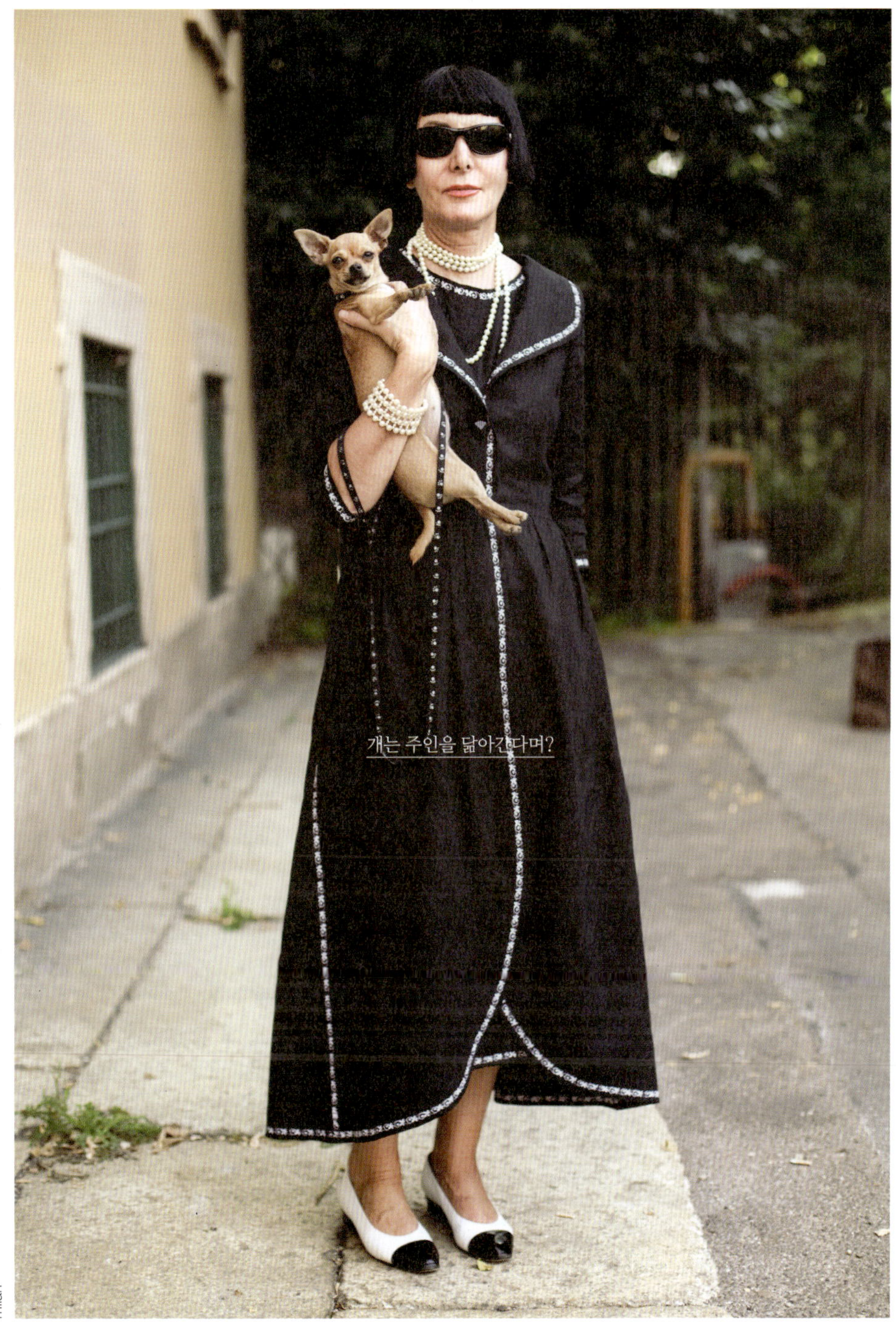
개는 주인을 닮아간다며?

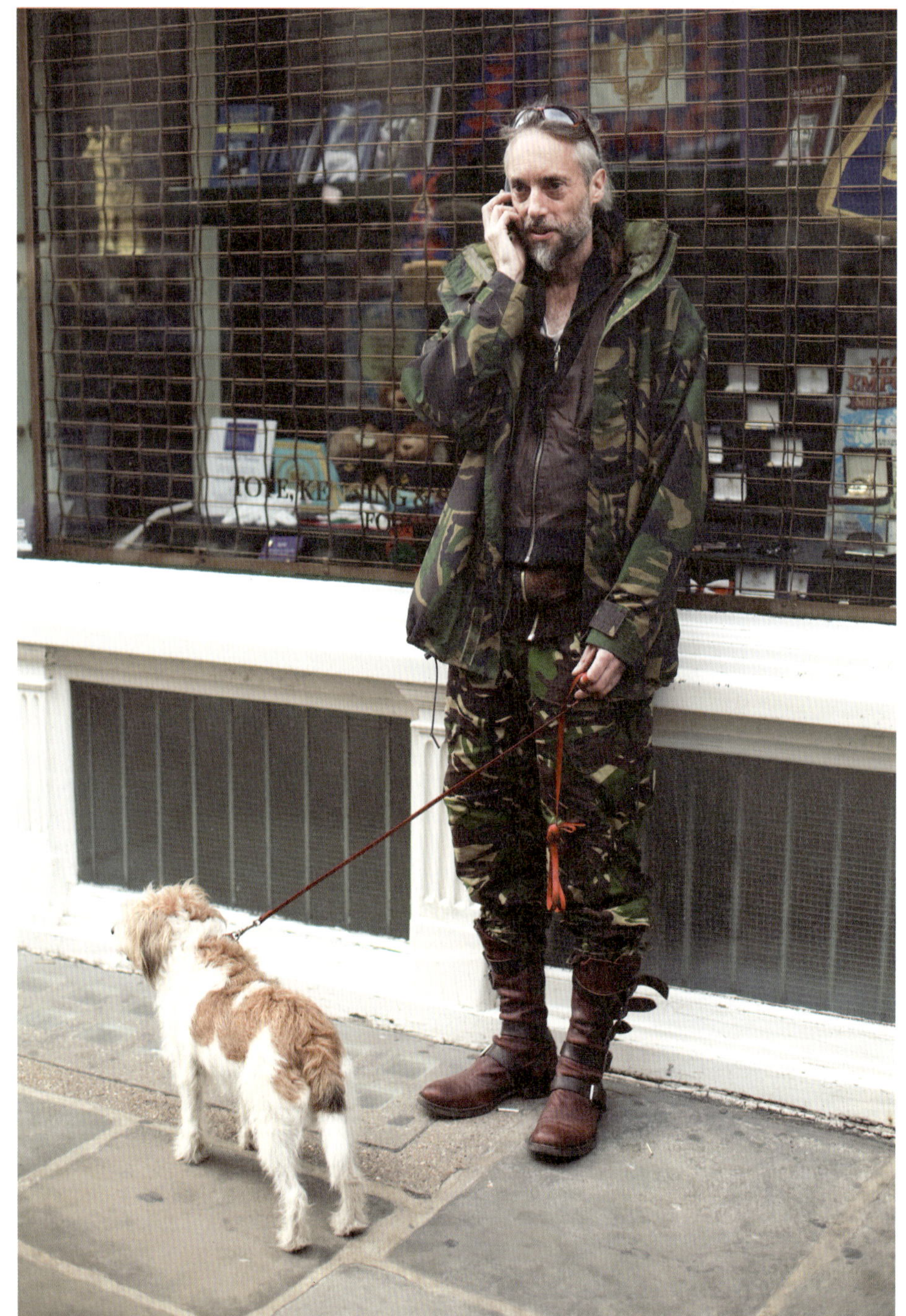

london

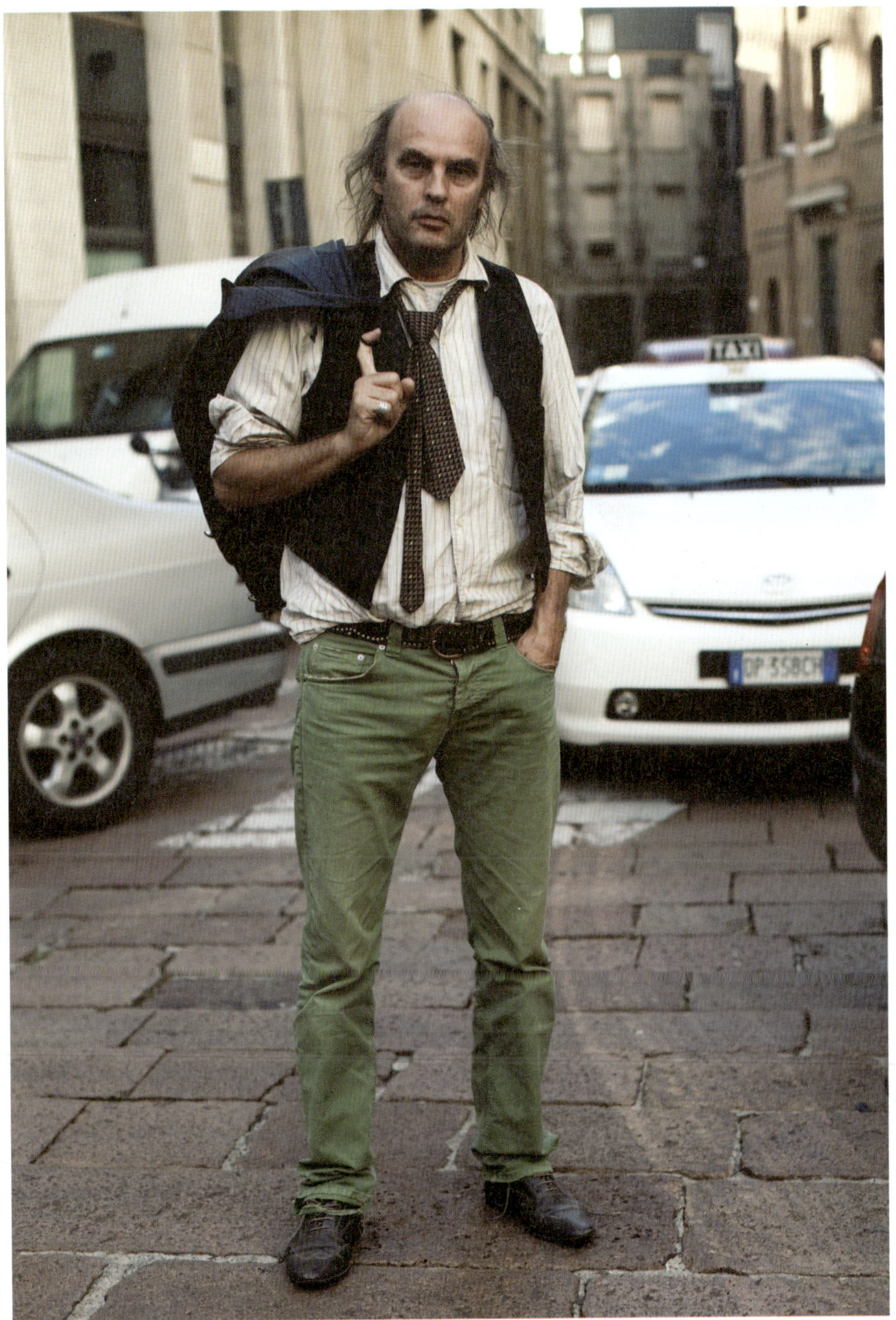
milan

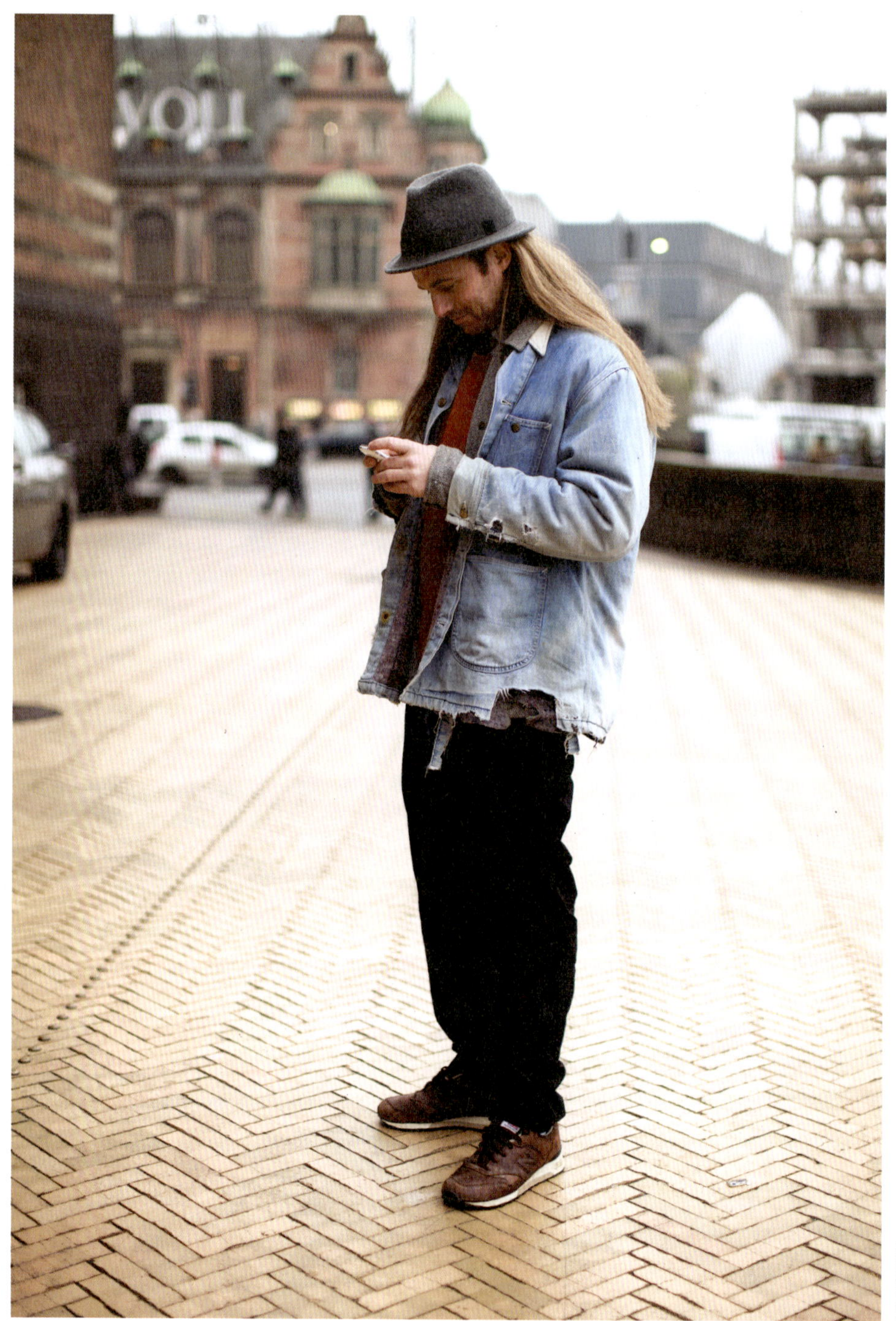
YOU

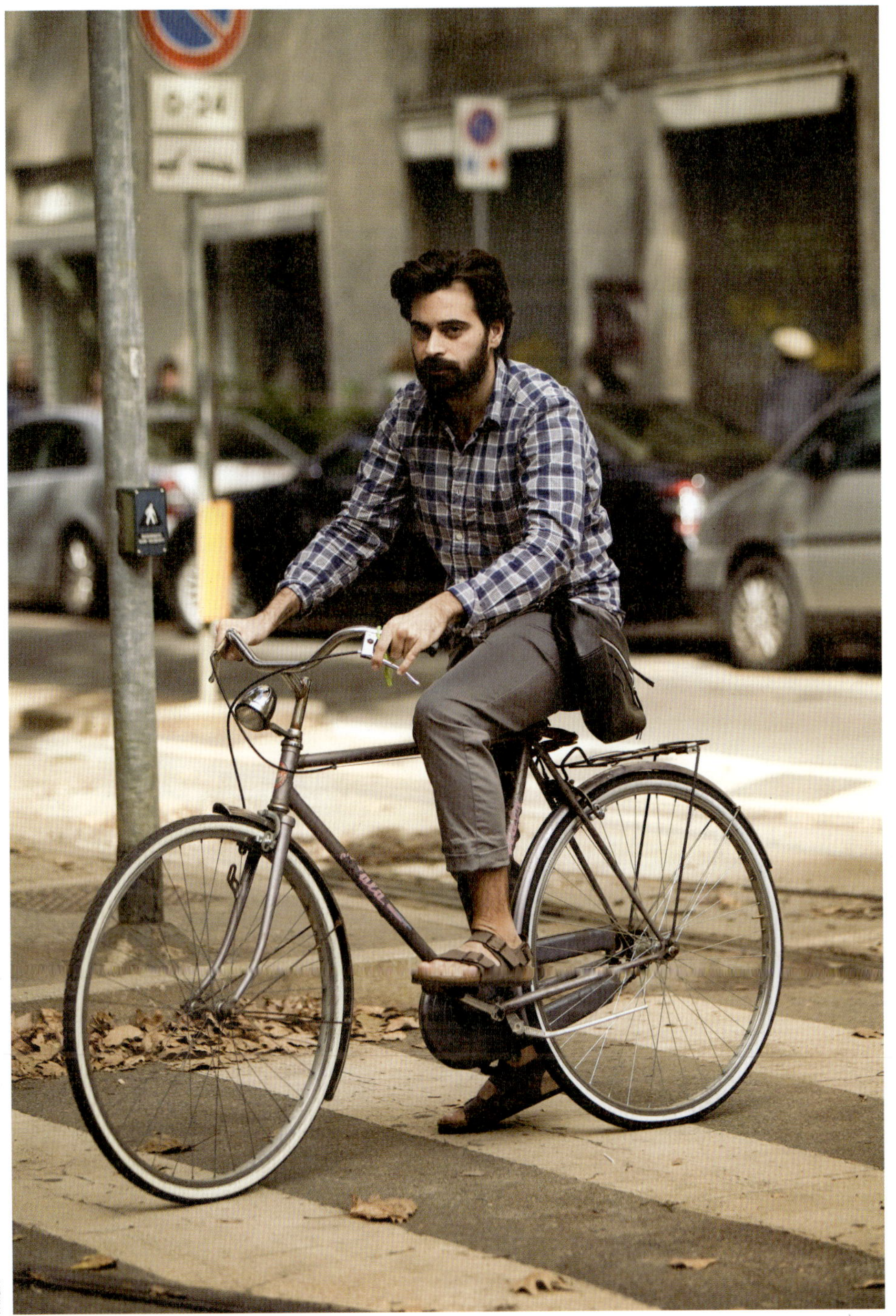

milan

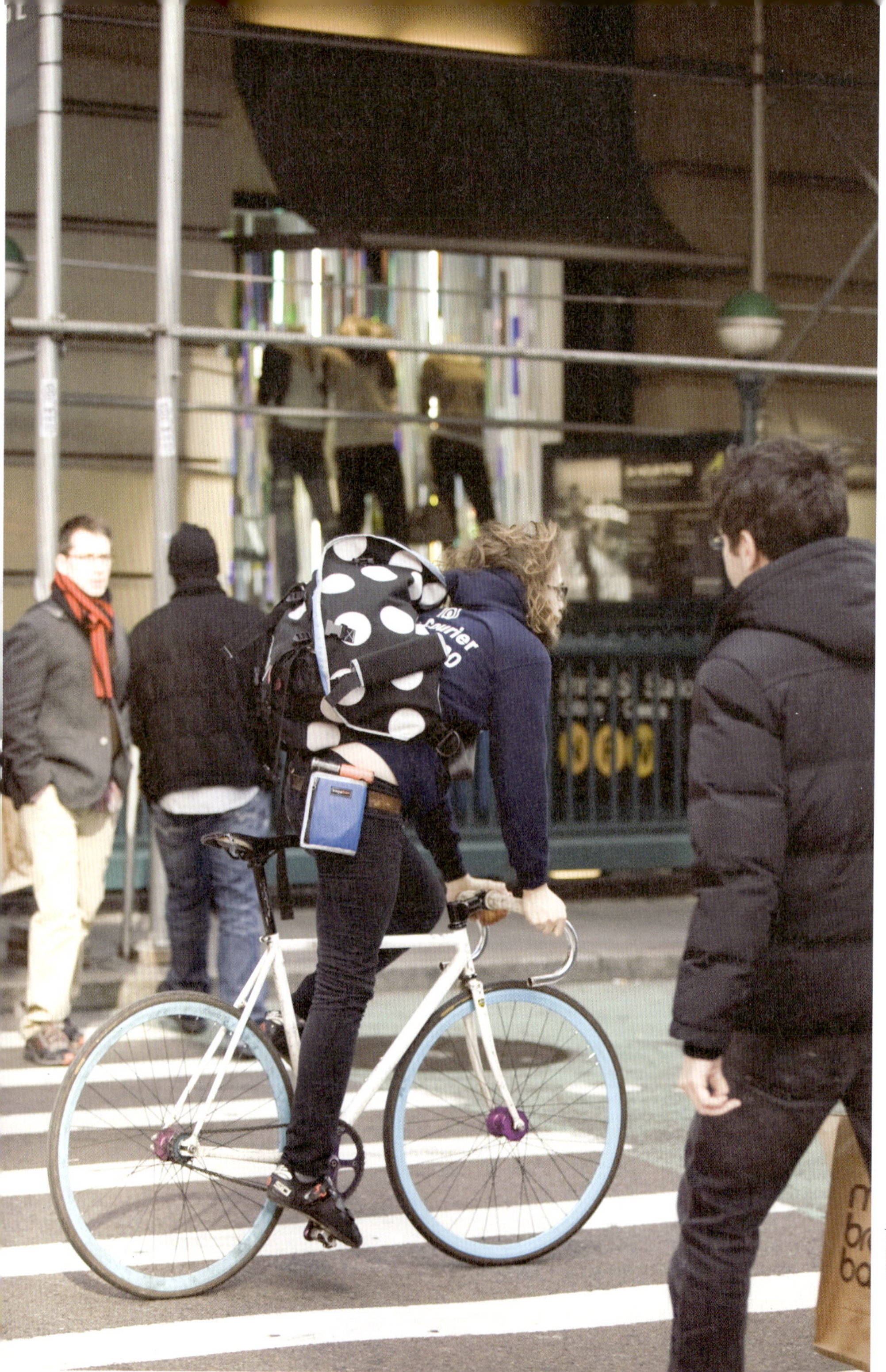
new york

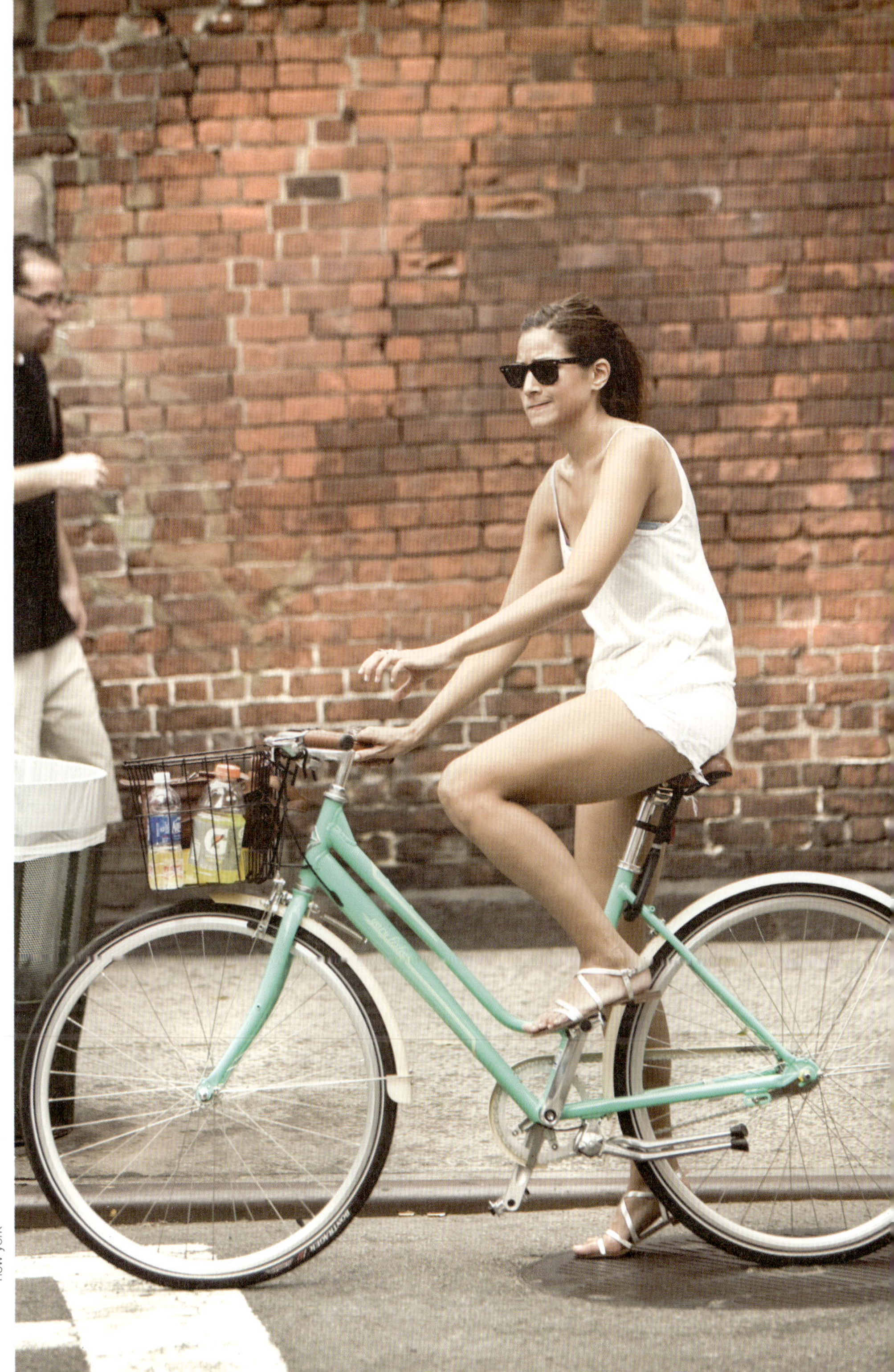

new york

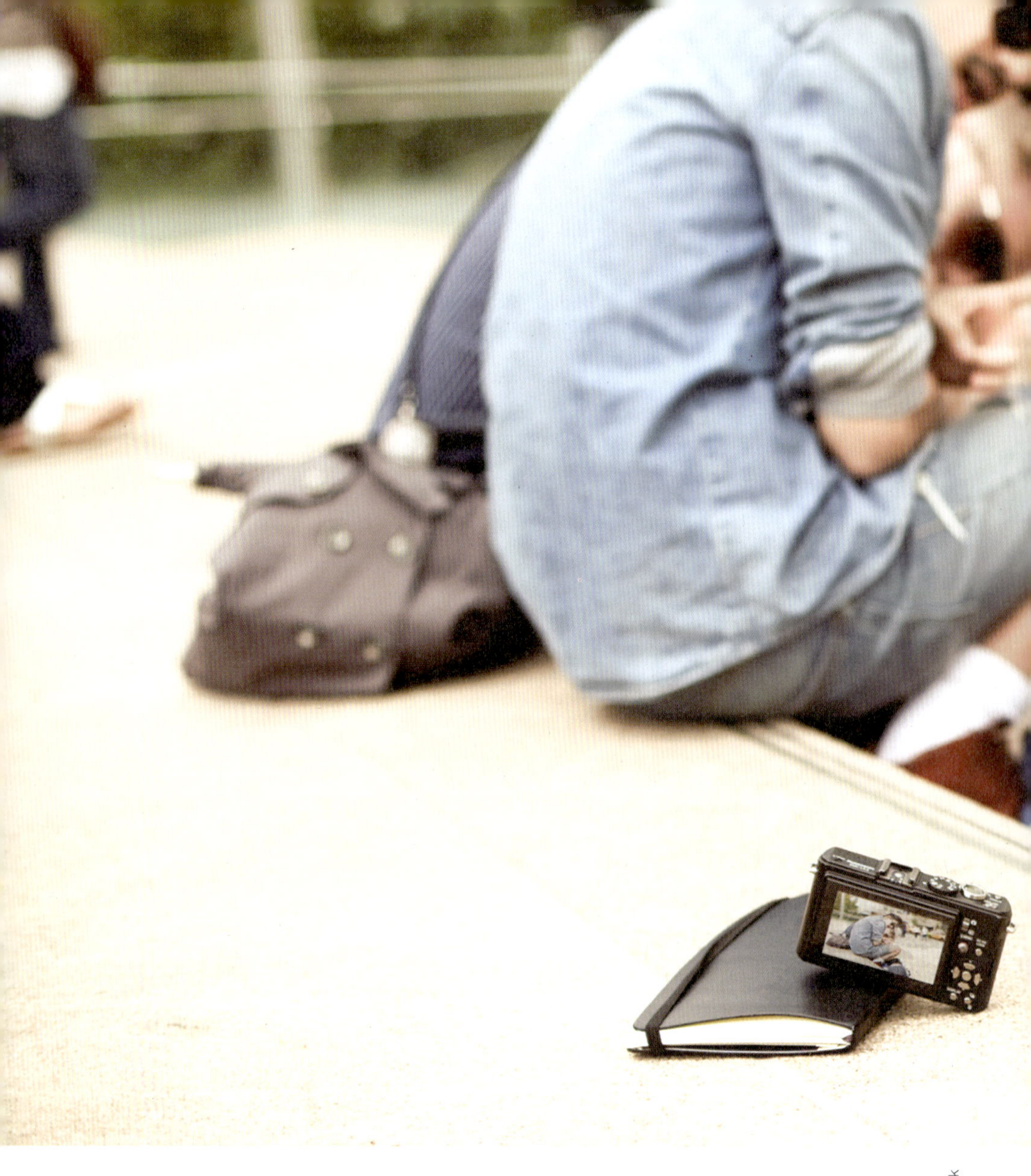

new york

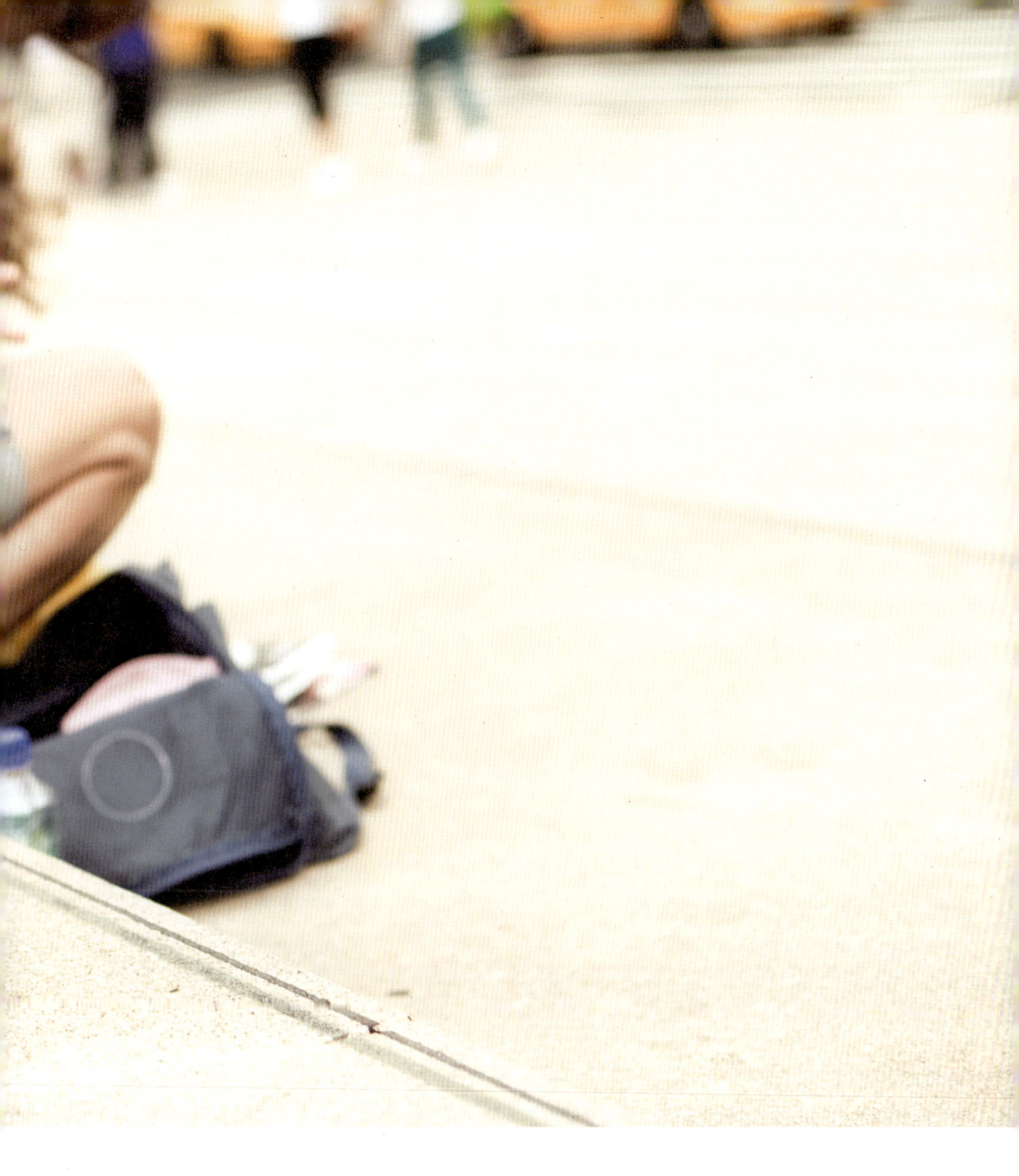

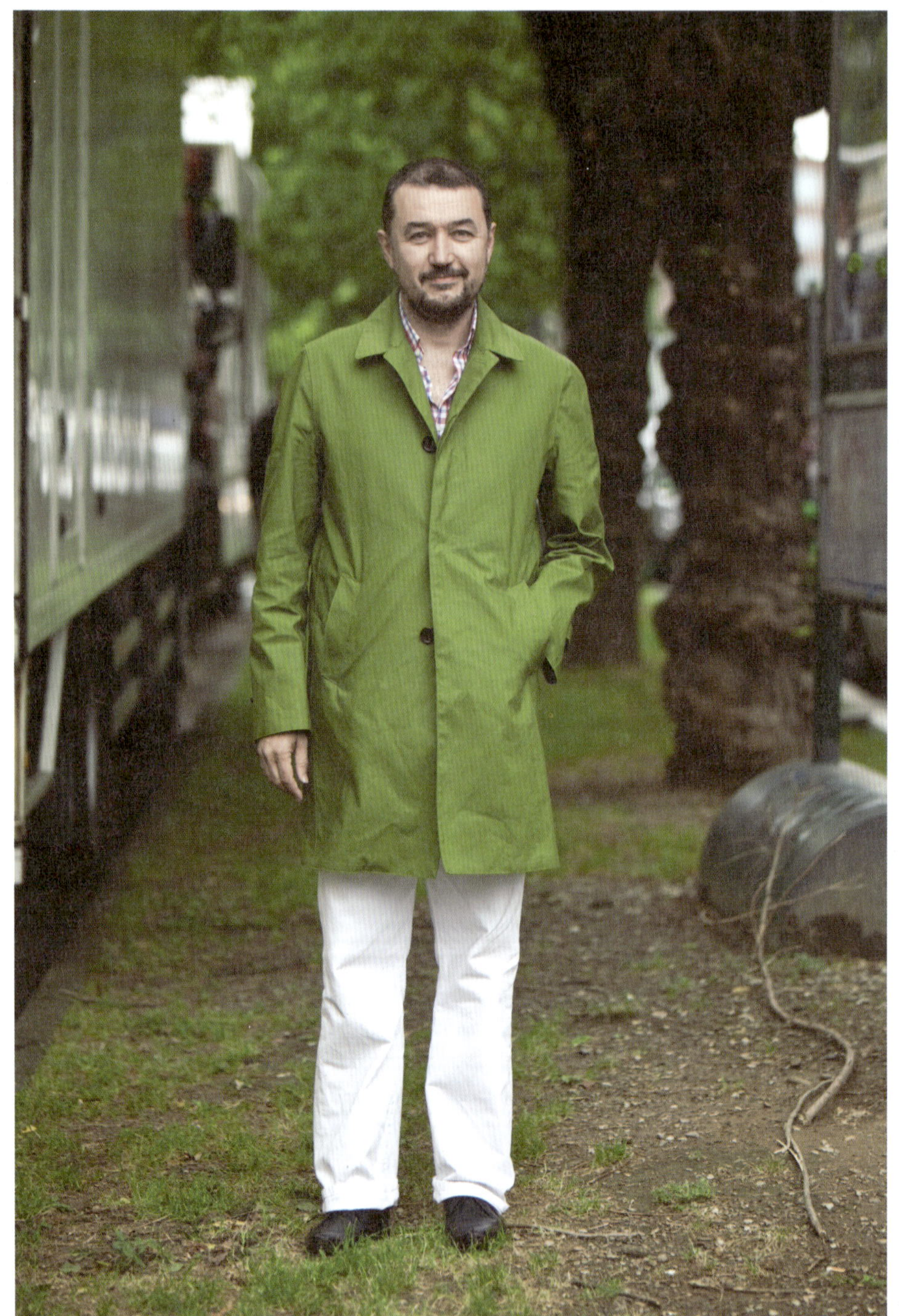
milan

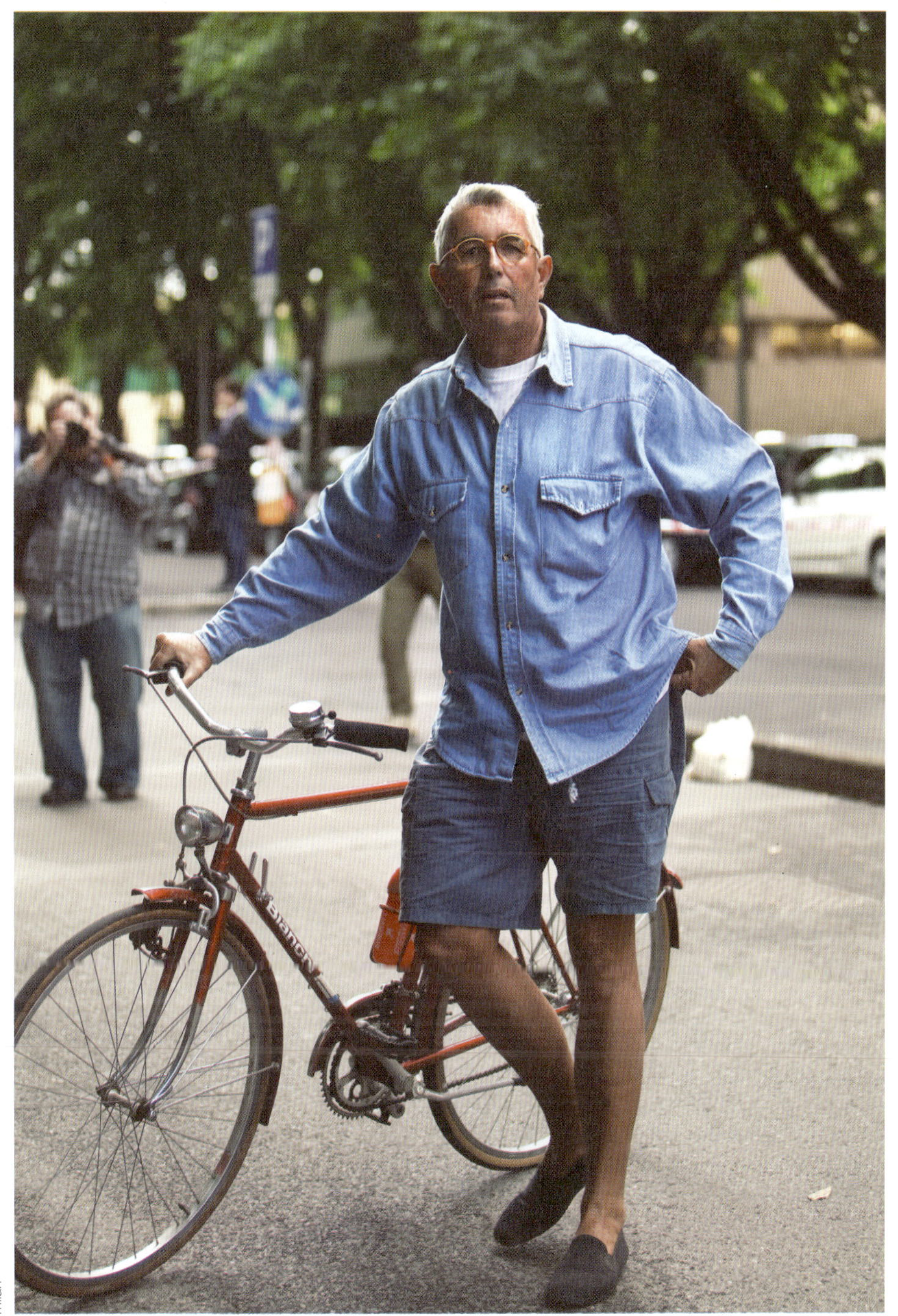

milan

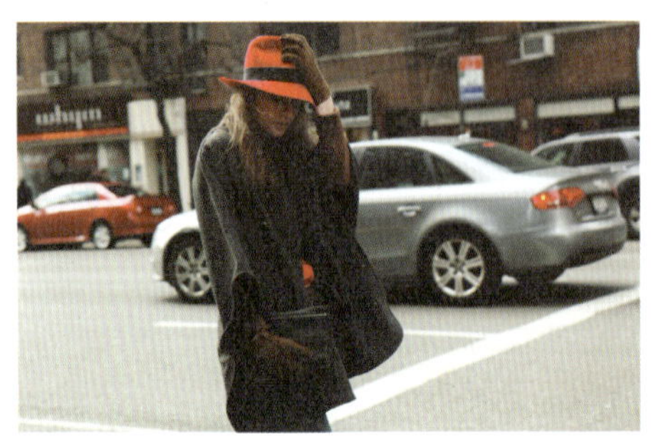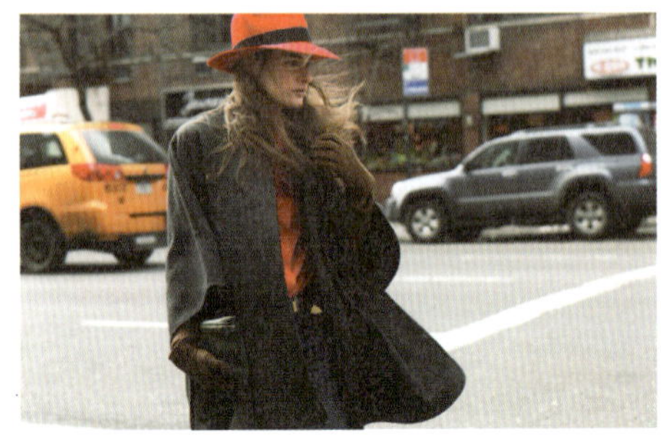

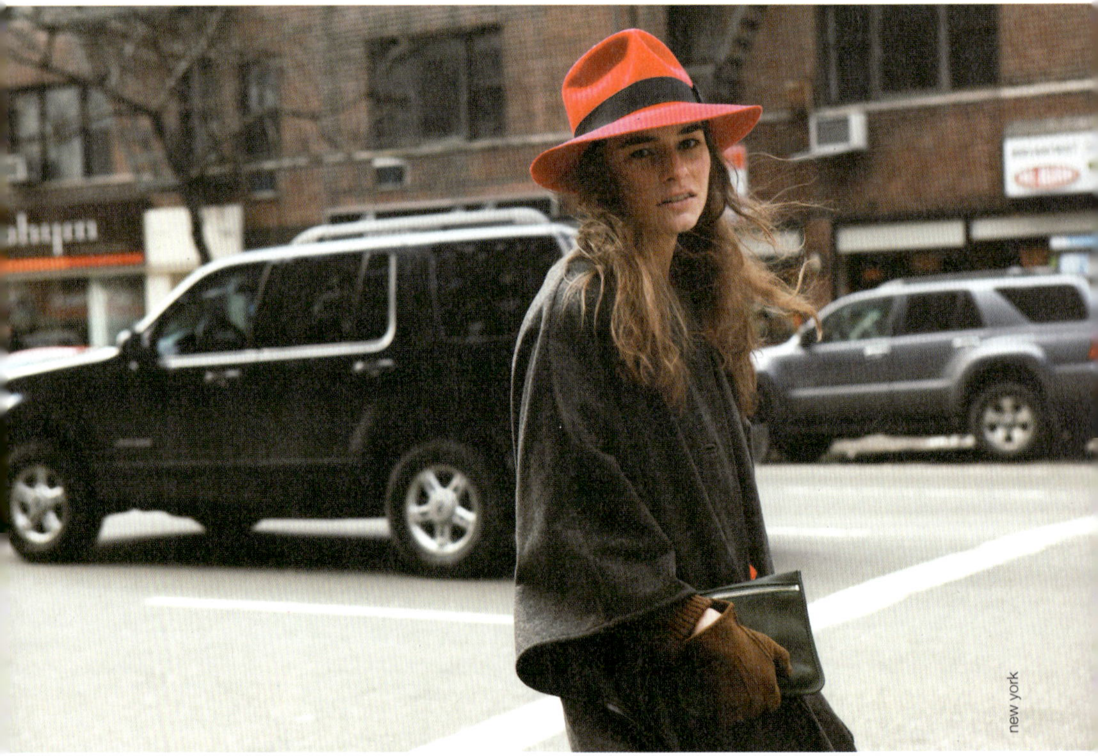

new york

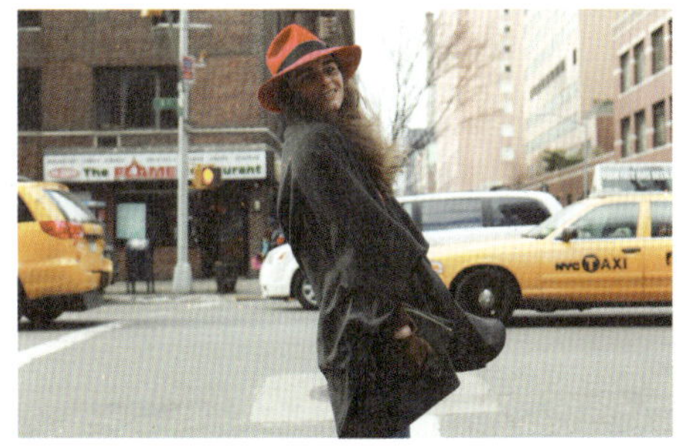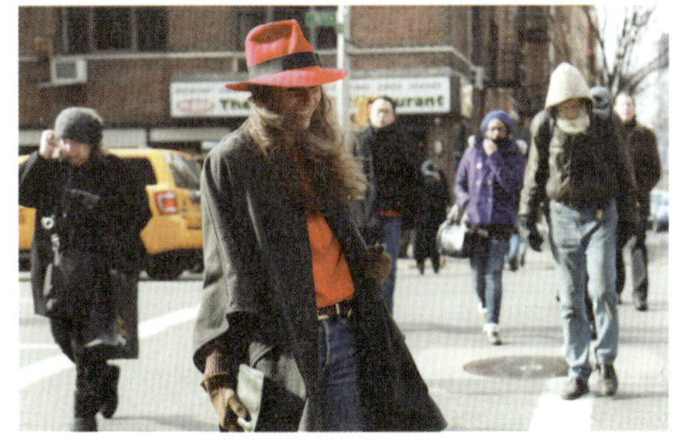

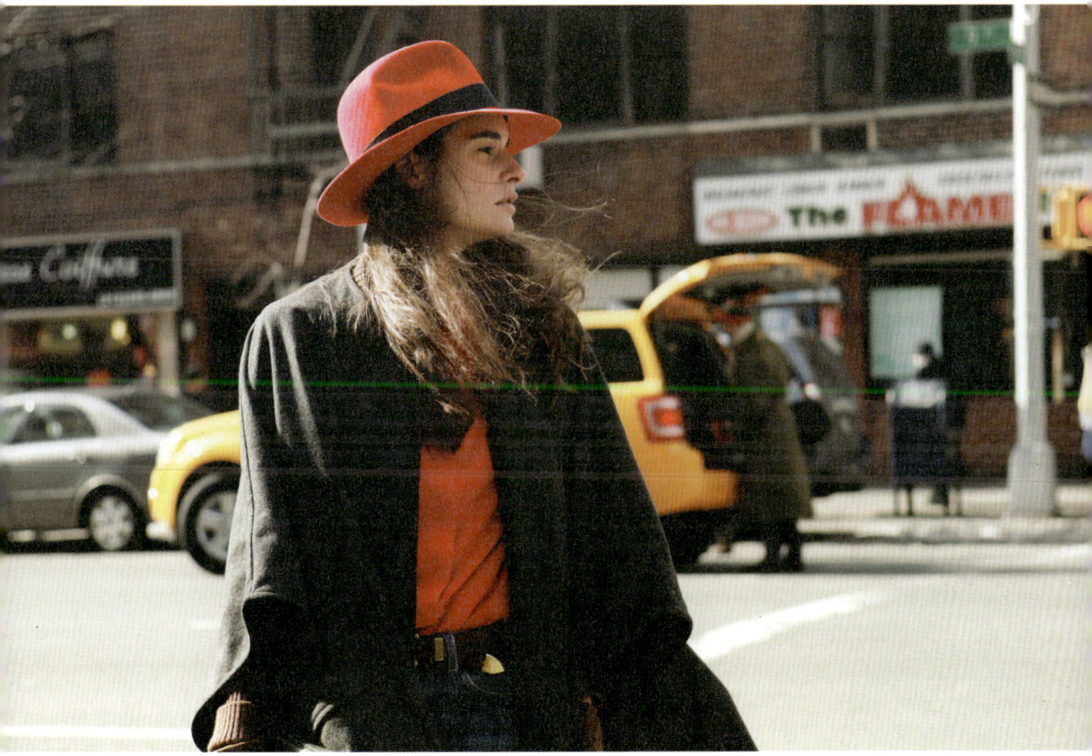

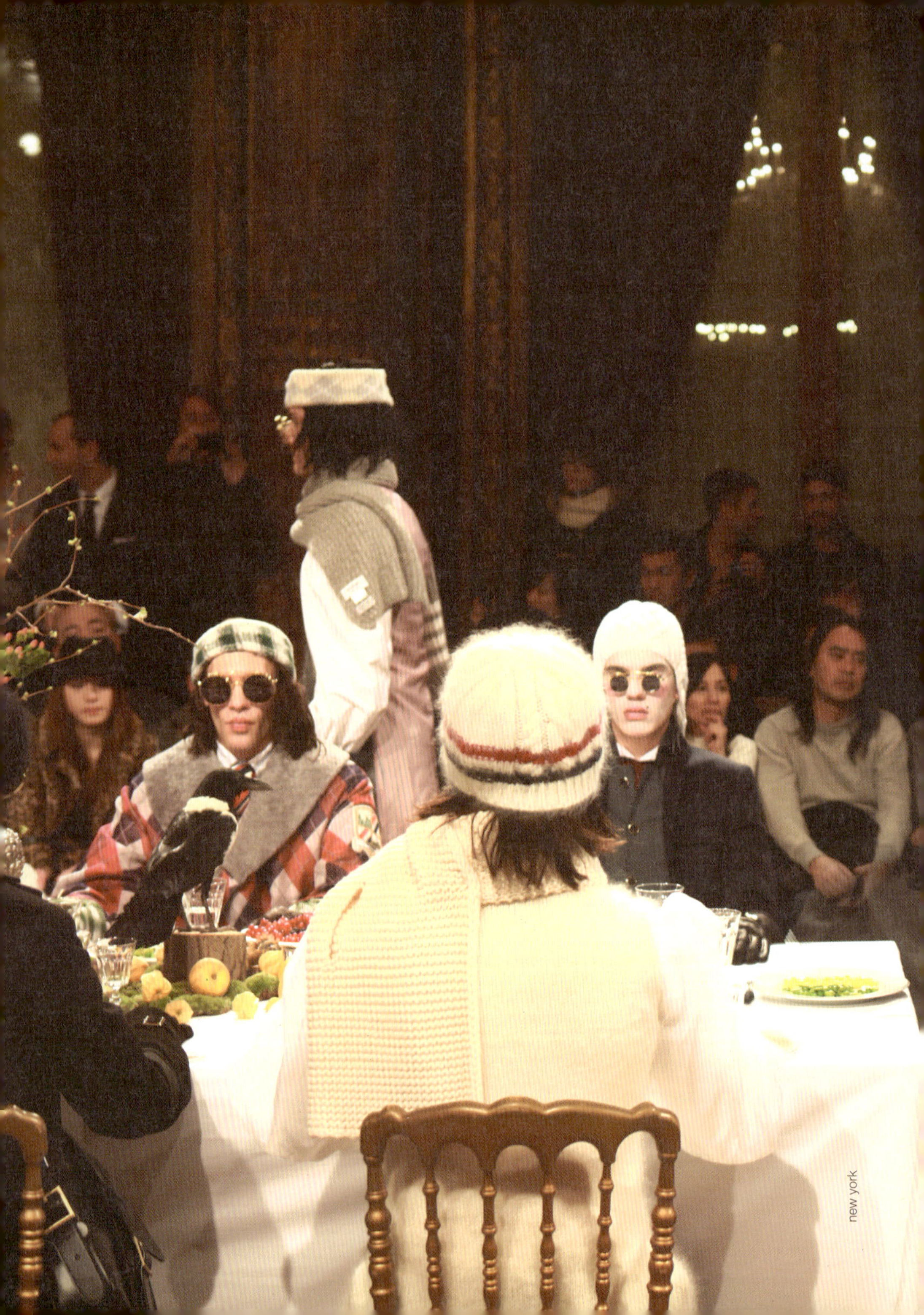
new york

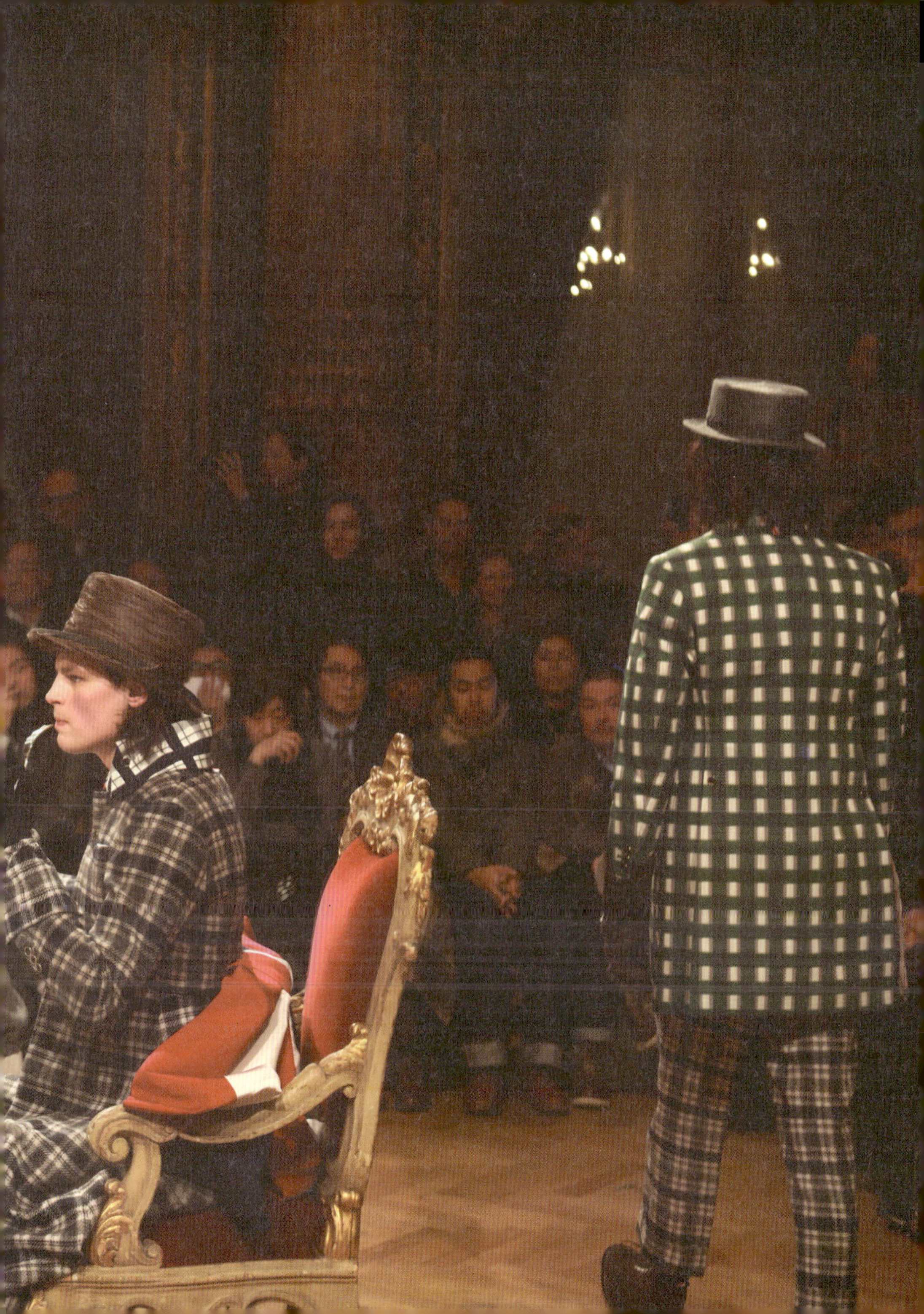

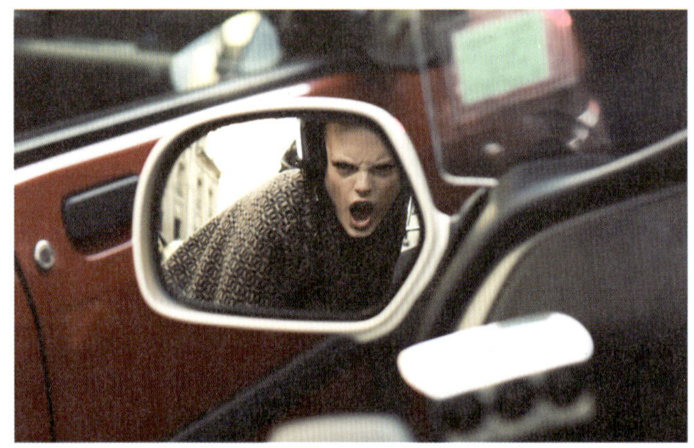

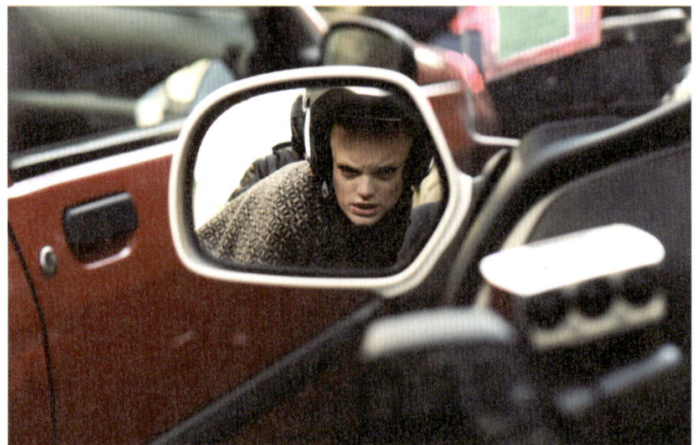

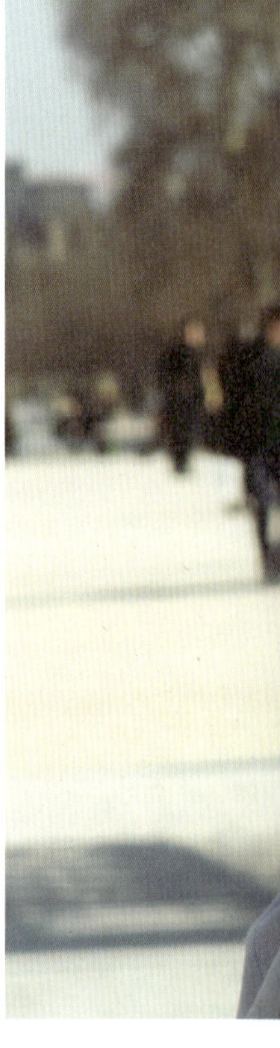

말괄량이 소녀

한나 가비 오딜르 Hanne Gaby Odiele 는 내가 아는 모델 중 가장 말괄량이이다. 그녀는 다른 사람들의

시선을 전혀 신경 쓰지 않고 그녀가 하고 싶은 데로 행동한다. 포토그래퍼들의 시선이 집중되었다

해도 오토바이 사이드미러를 보며 장난을 치거나, 거리에서 아무렇지도 않게 샴페인을 마시고,

전화로 짜증을 내고 말다툼을 벌이기도 한다. 이러한 그녀만의 매력적인 성격이 그녀의 스타일에

고스란히 반영된다. 규칙에 얽매이지 않은, 마치 아침에 일어나자마자 잡히는 옷을 무심하게

걸치고 나온 듯한, 하지만 거부할 수 없는 그녀만의 매력은 사진을 찍지 않을 수 없게 만든다.

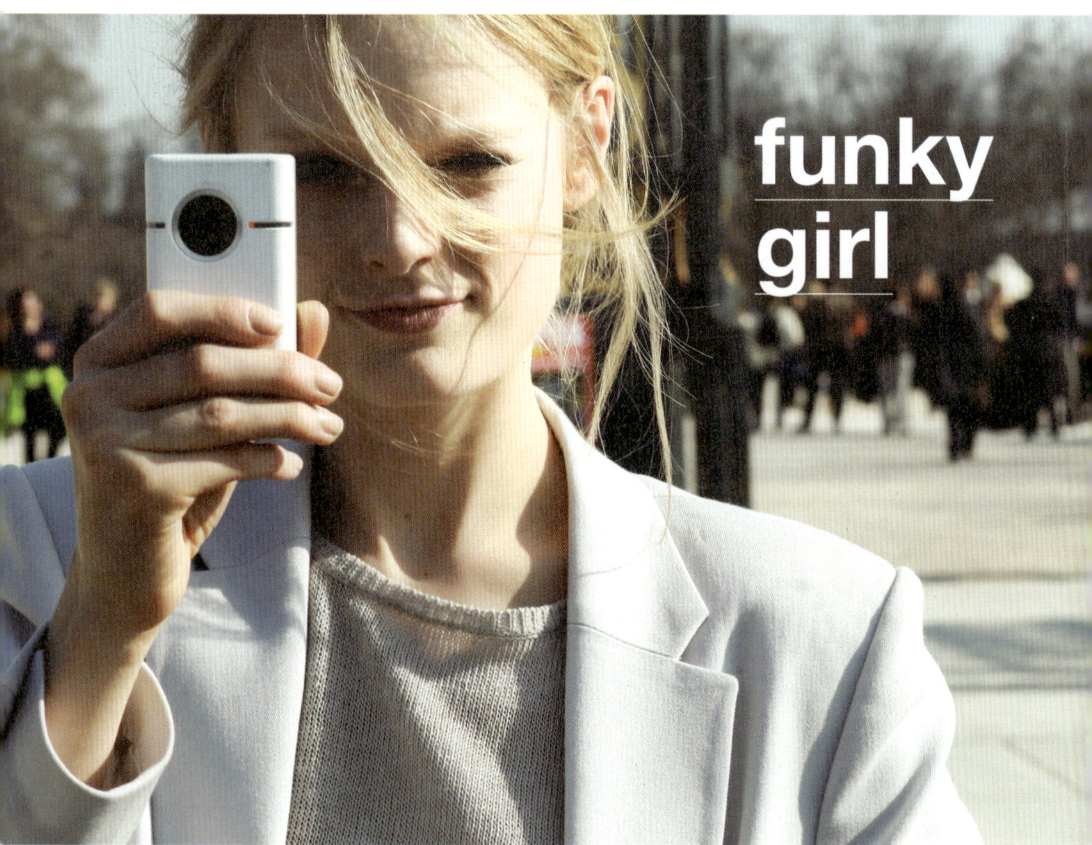

funky
girl
paris

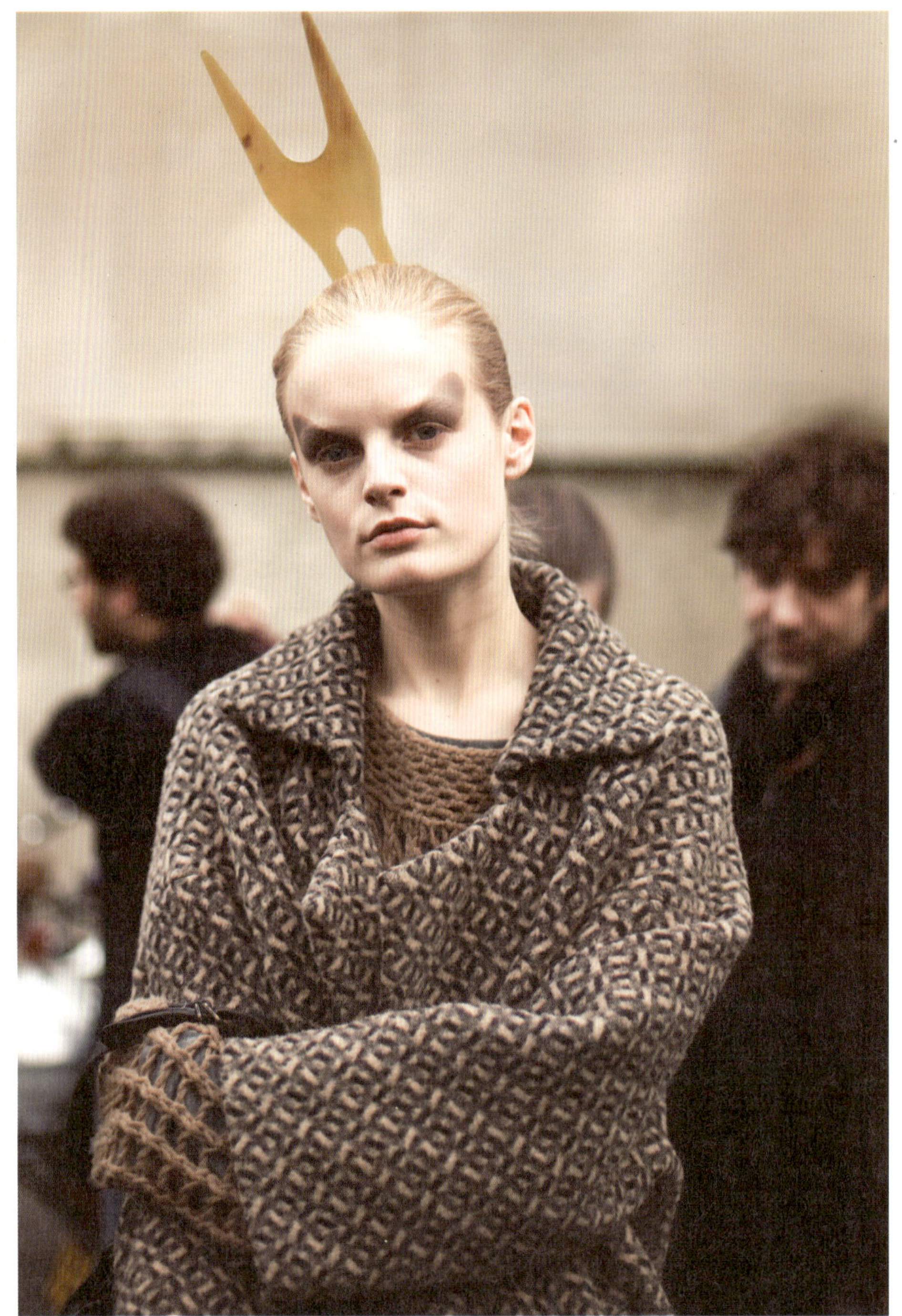

paris

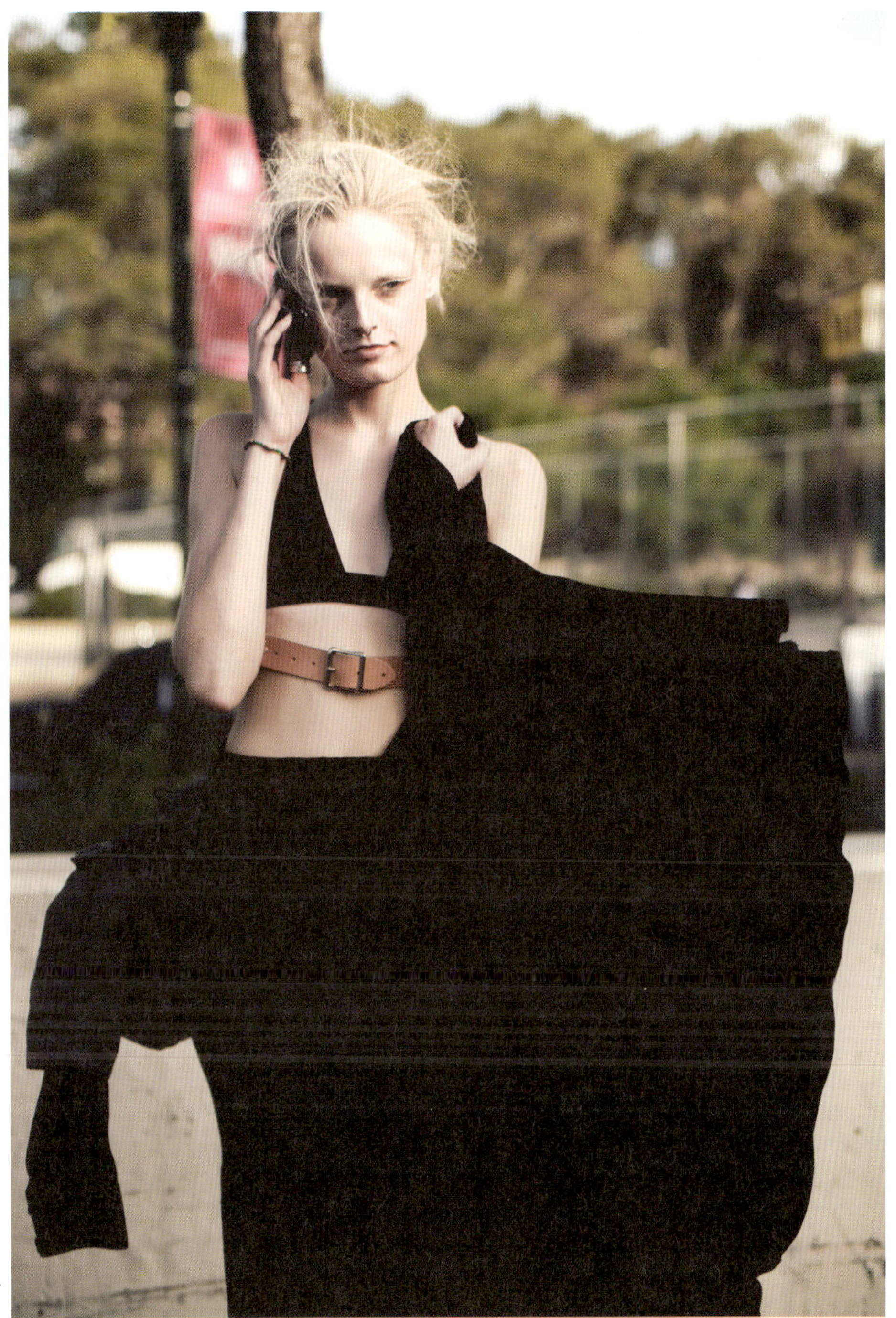

new york

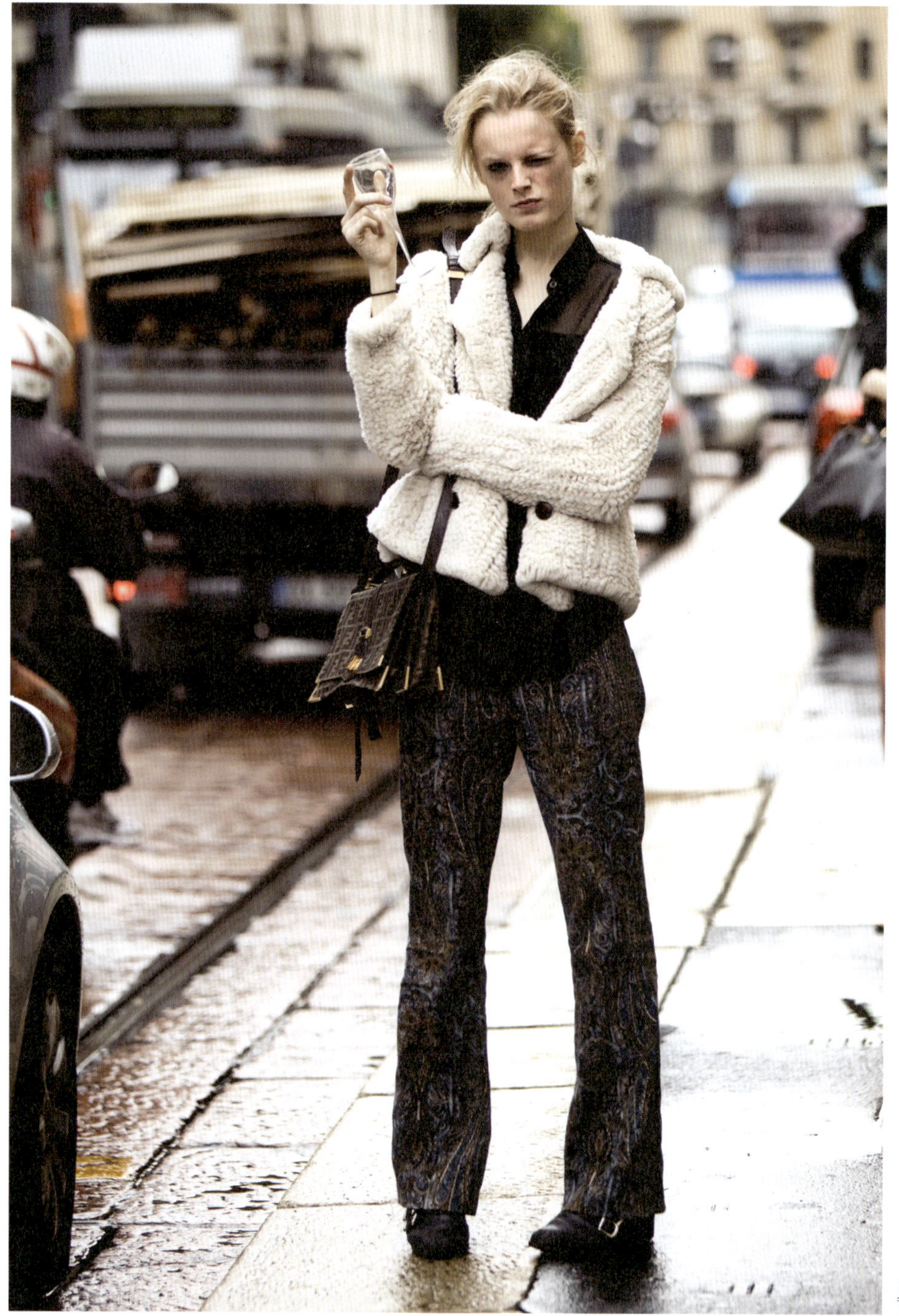

milan

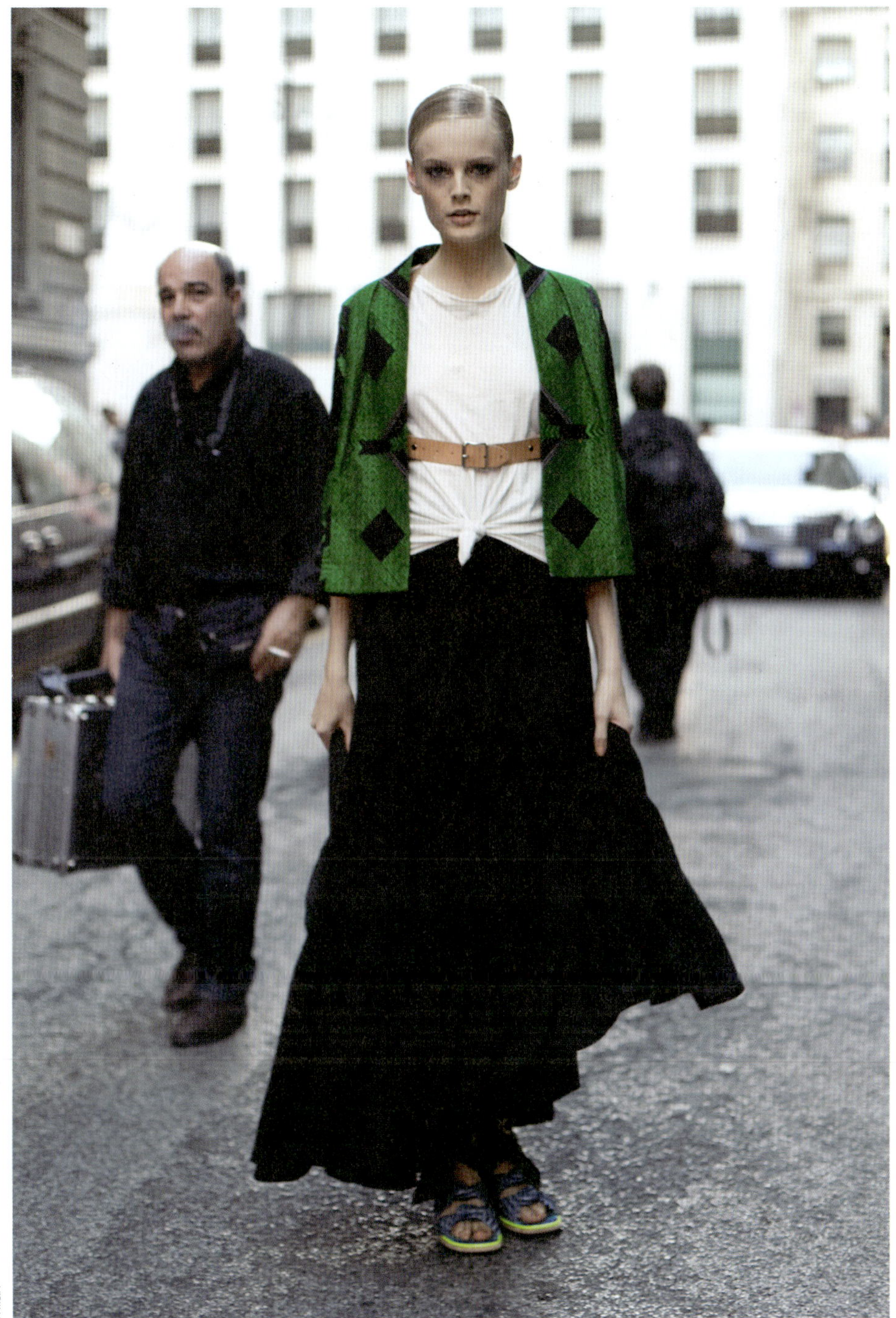

milan

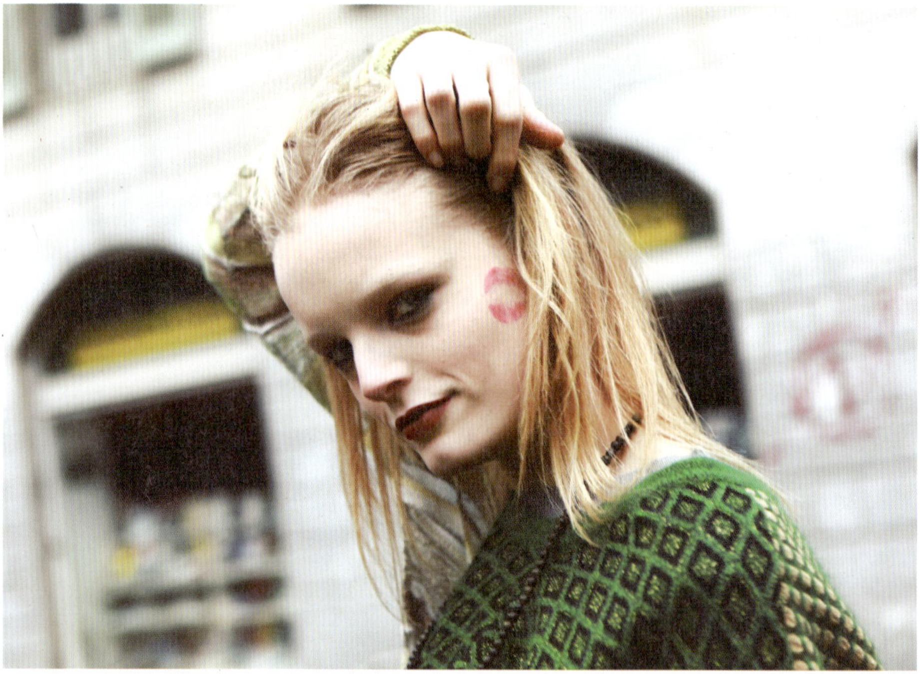

milan

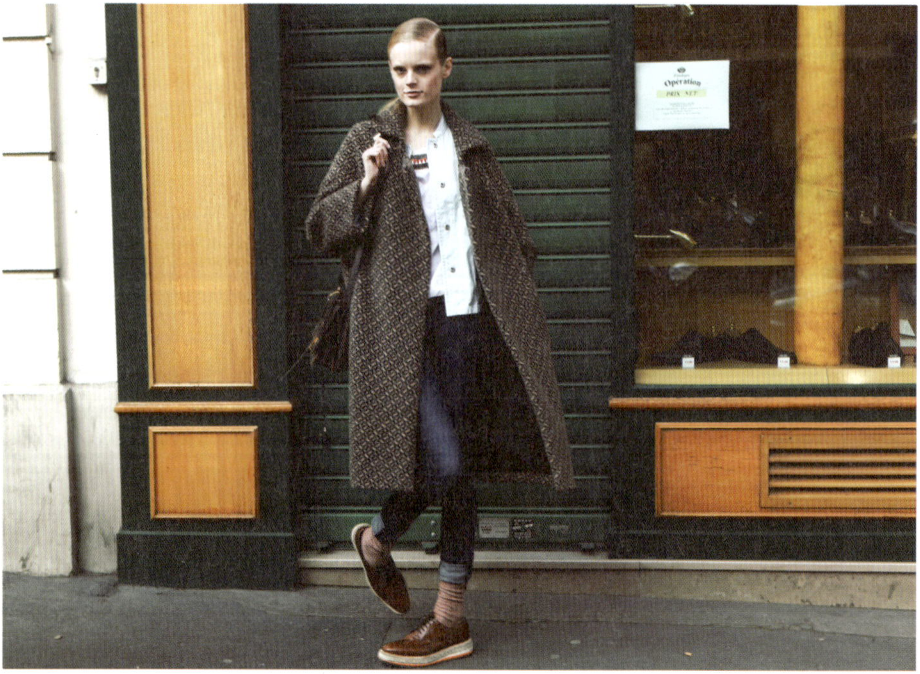

paris

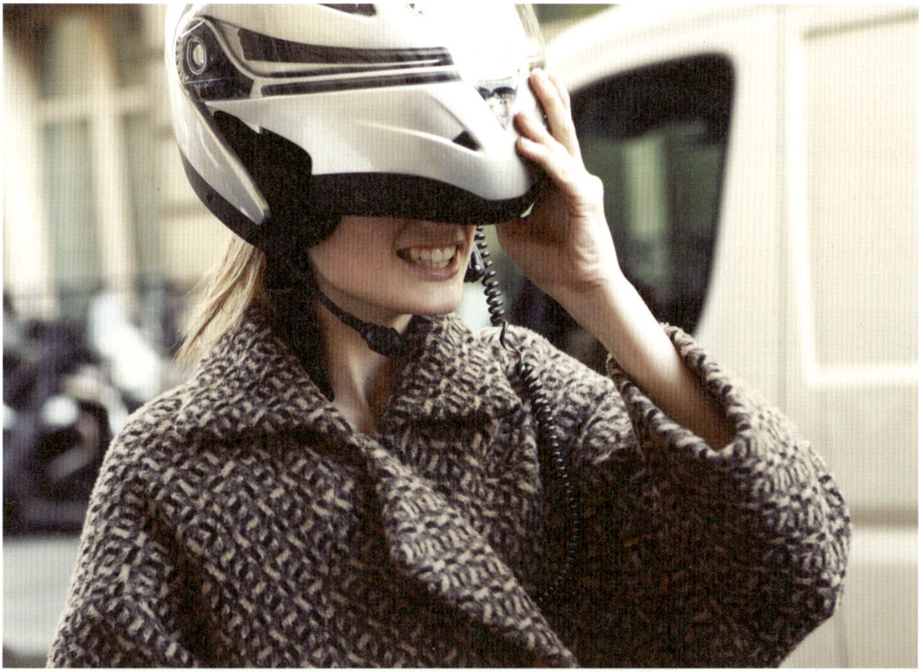

paris

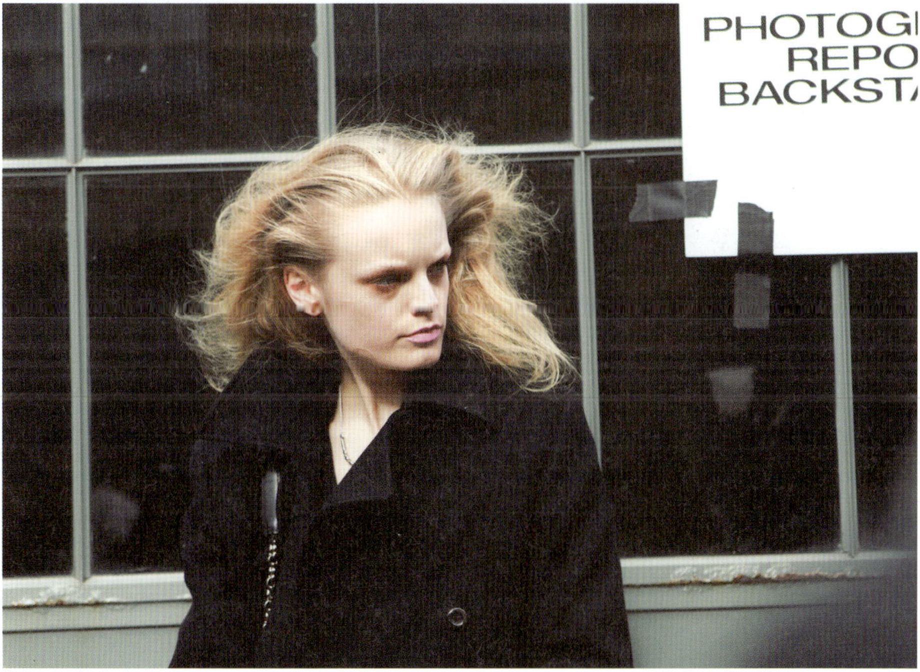

PHOTOG
REPO
BACKST/
new york

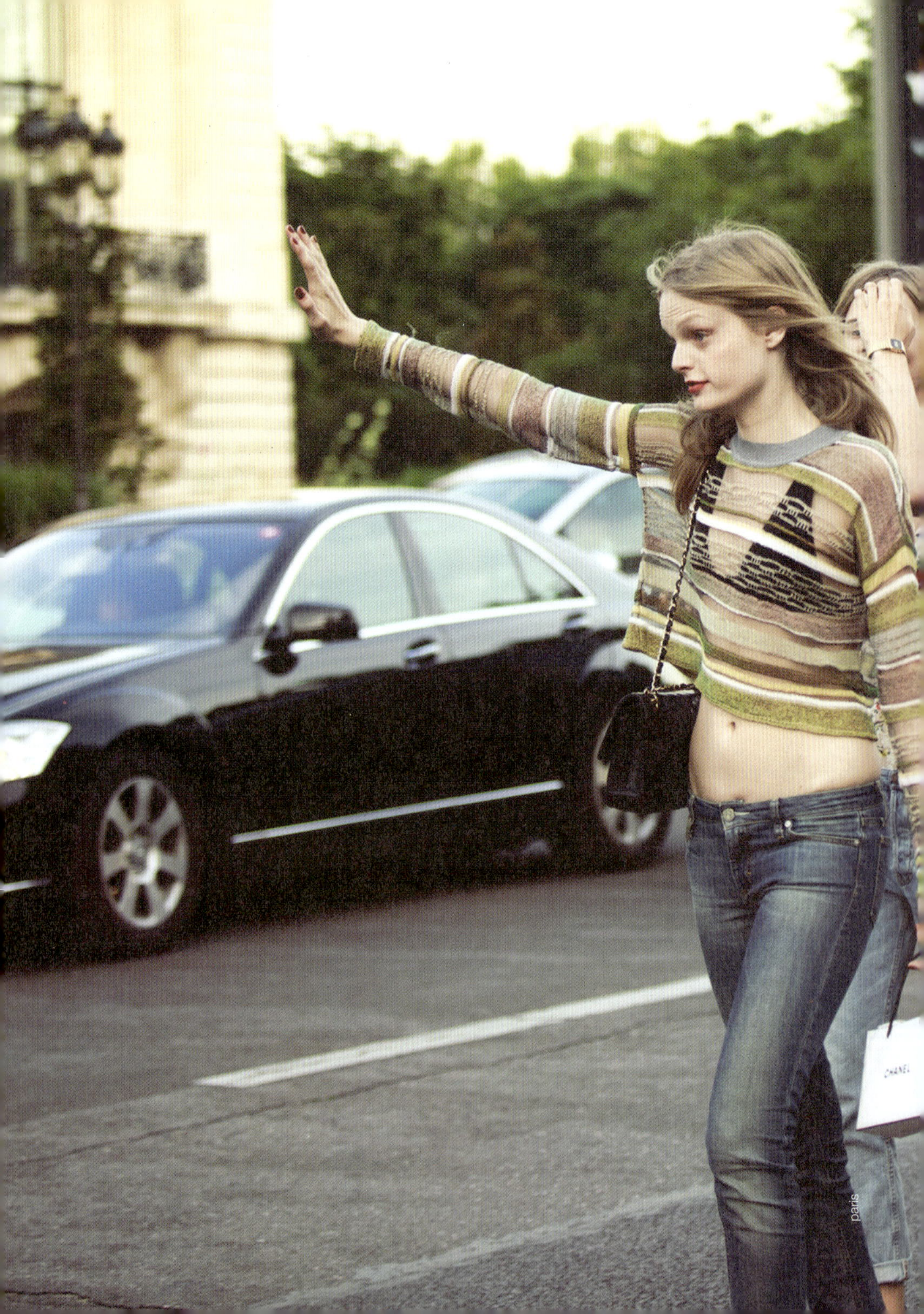

paris

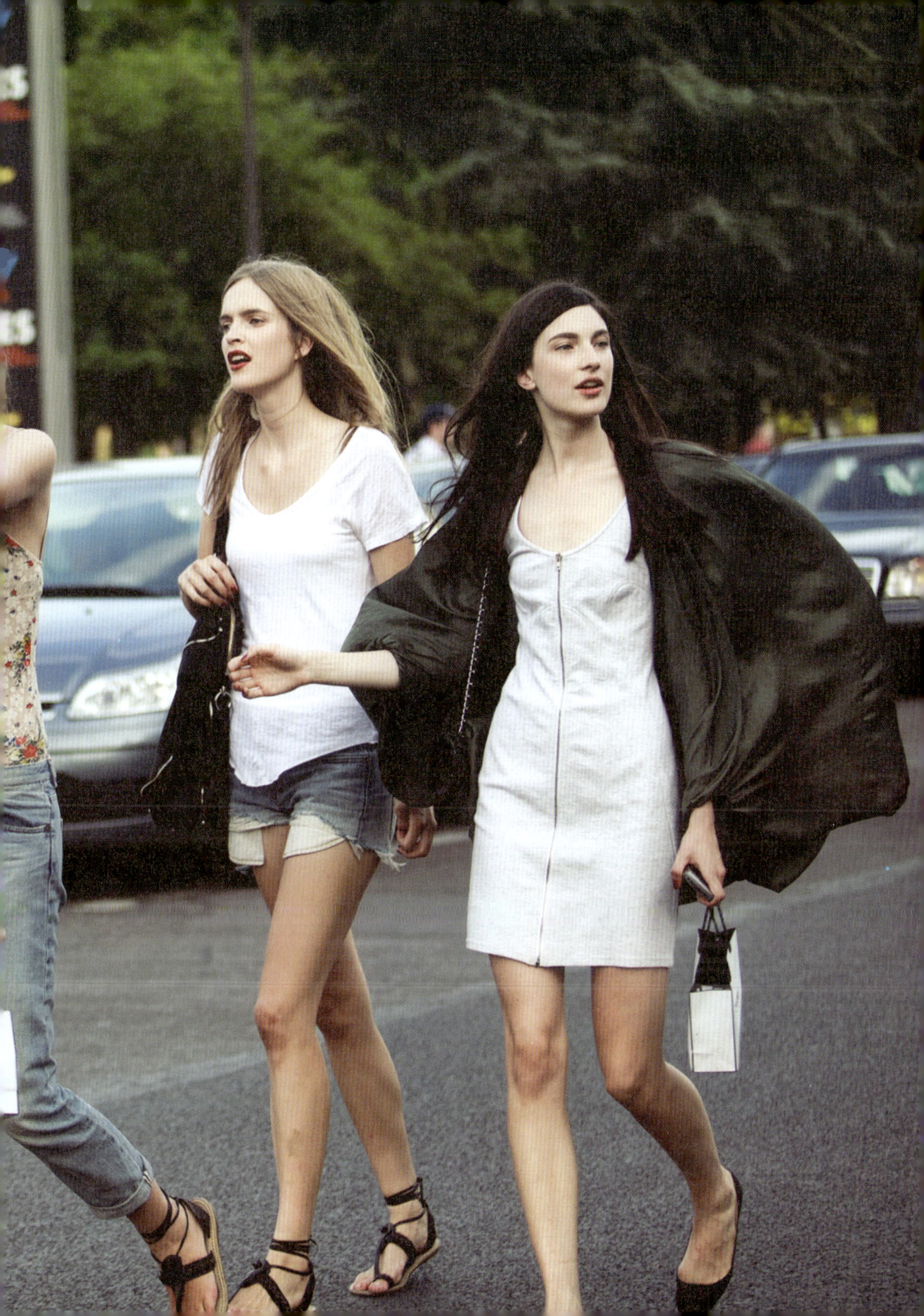

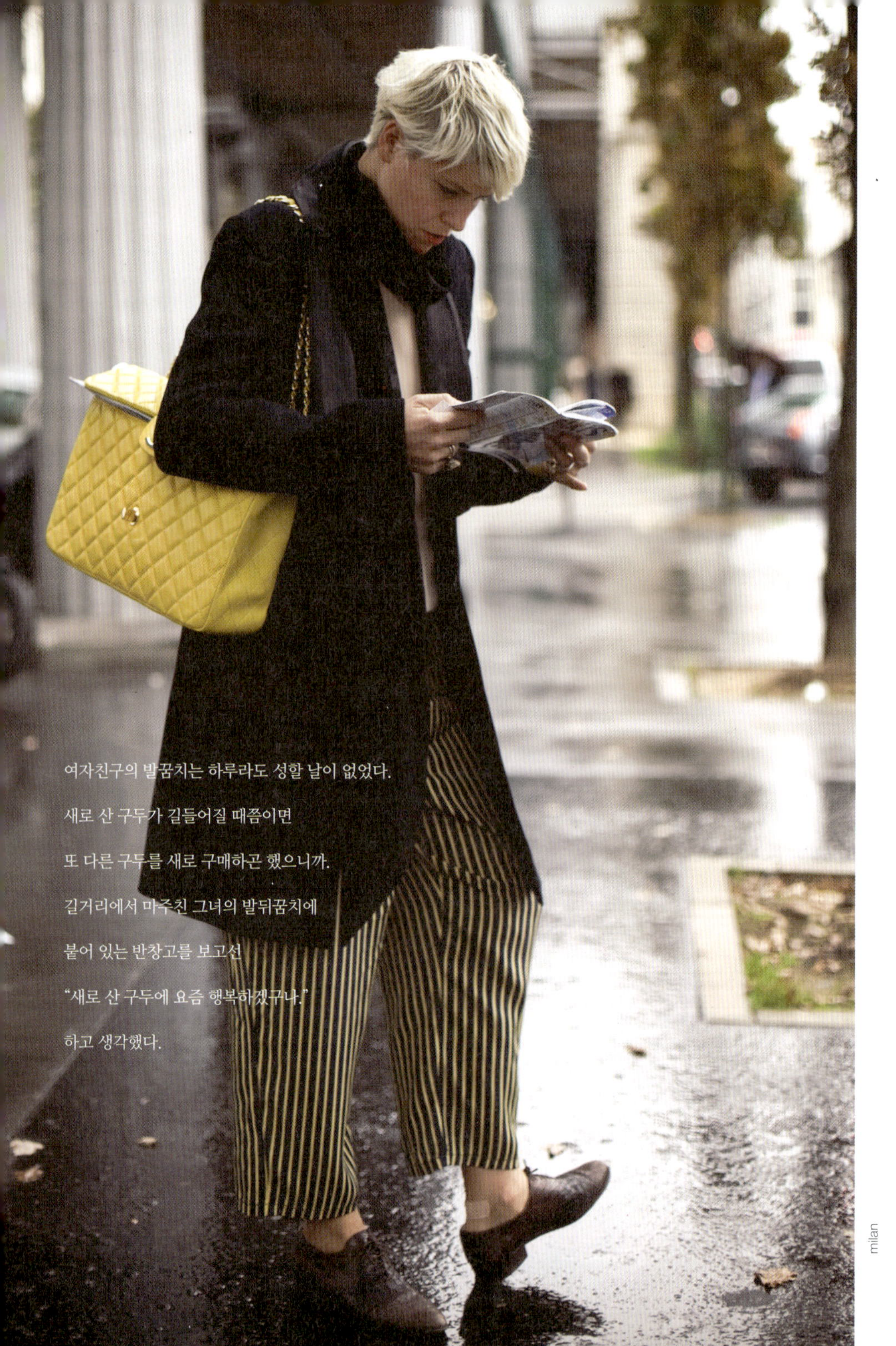
여자친구의 발꿈치는 하루라도 성할 날이 없었다.

새로 산 구두가 길들어질 때쯤이면

또 다른 구두를 새로 구매하곤 했으니까.

길거리에서 마주친 그녀의 발뒤꿈치에

붙어 있는 반창고를 보고선

"새로 산 구두에 요즘 행복하겠구나."

하고 생각했다.

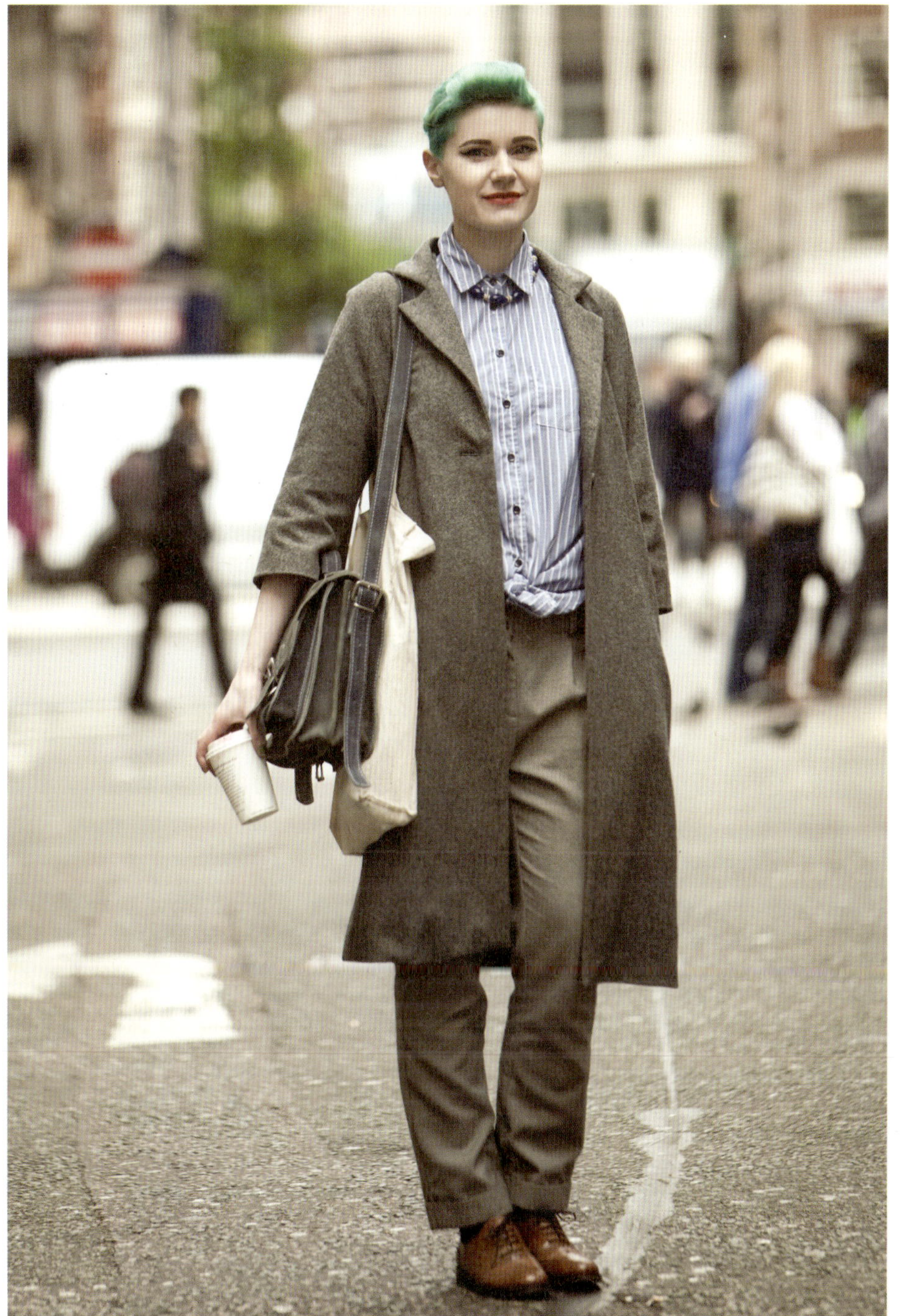

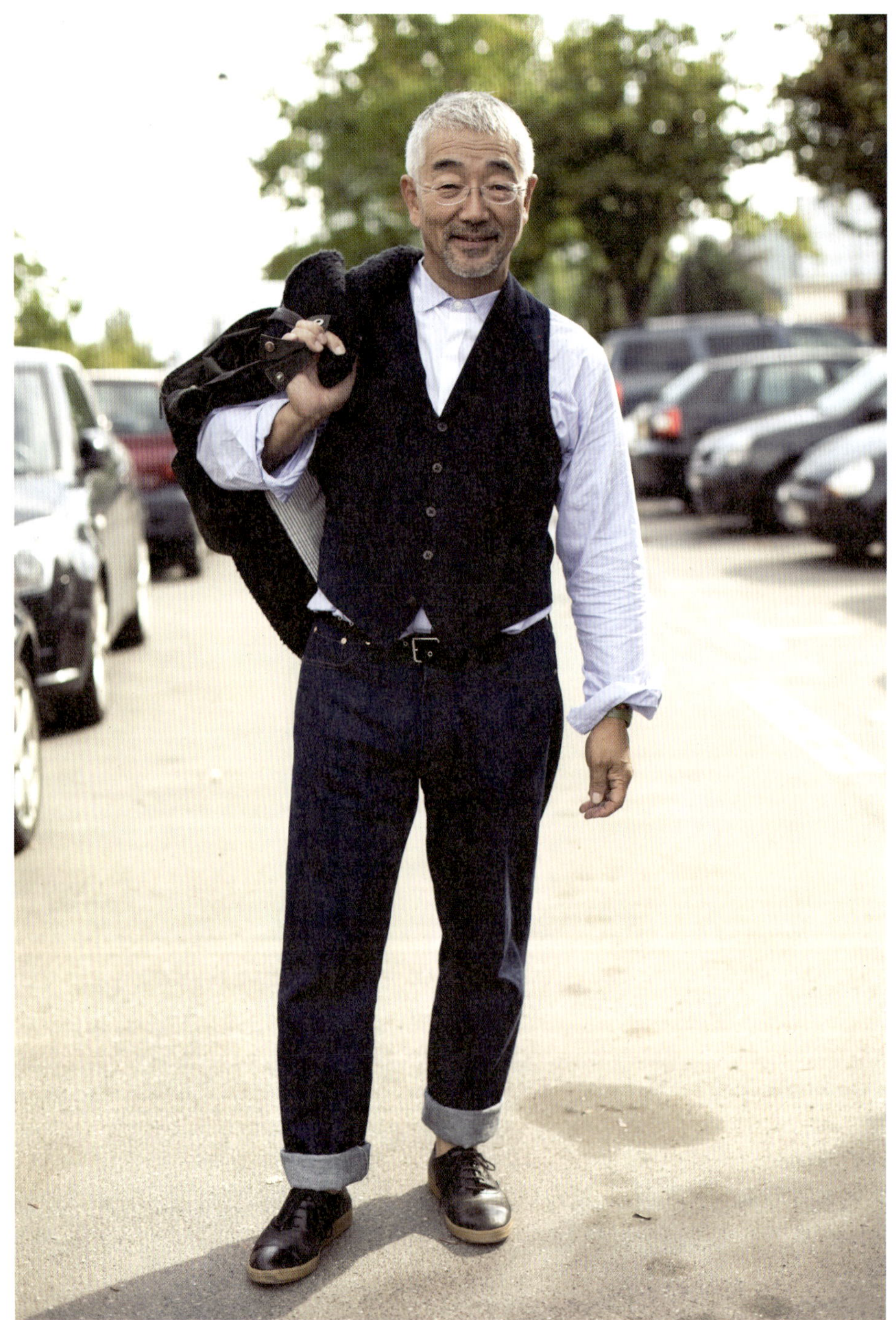

paris

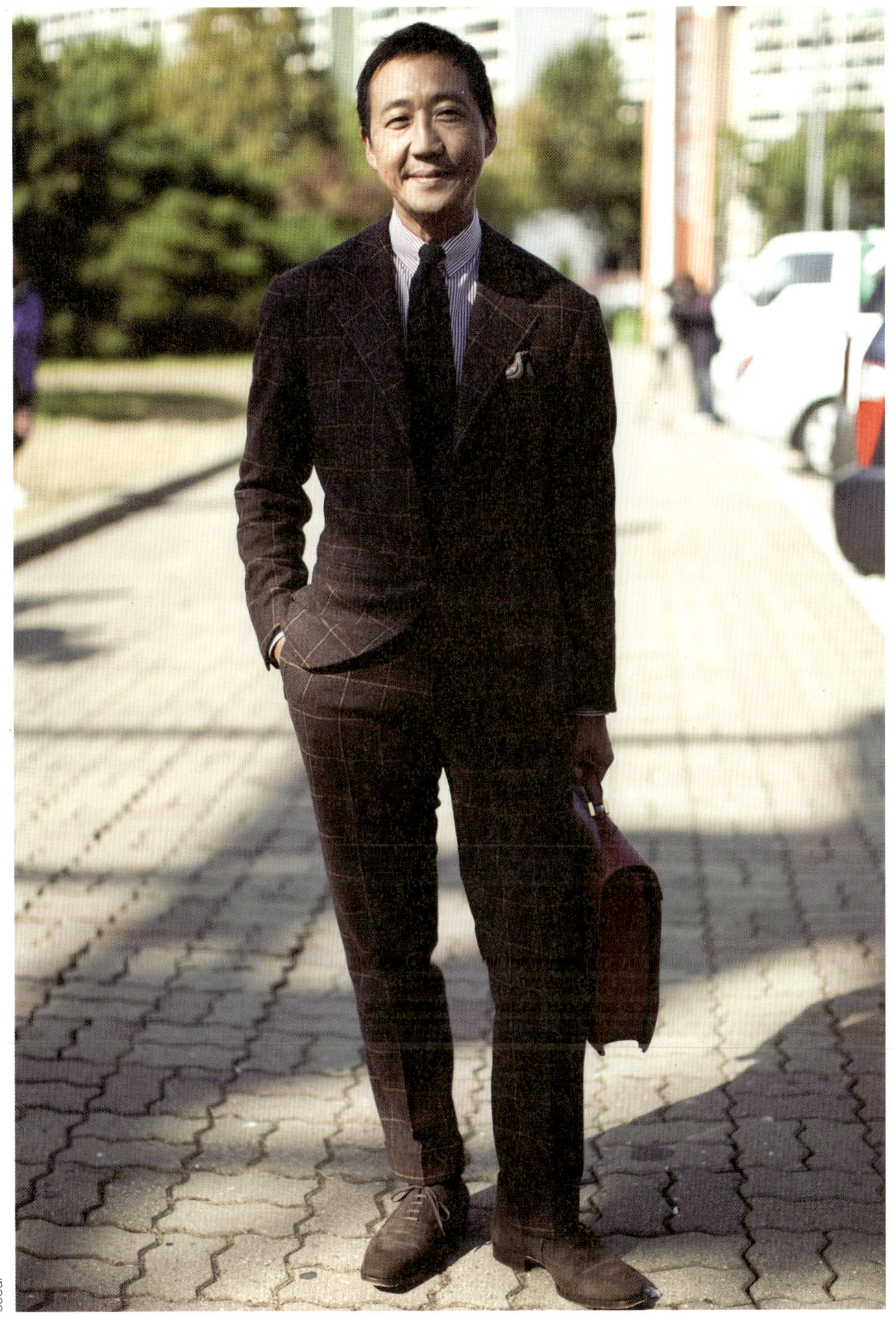
seoul

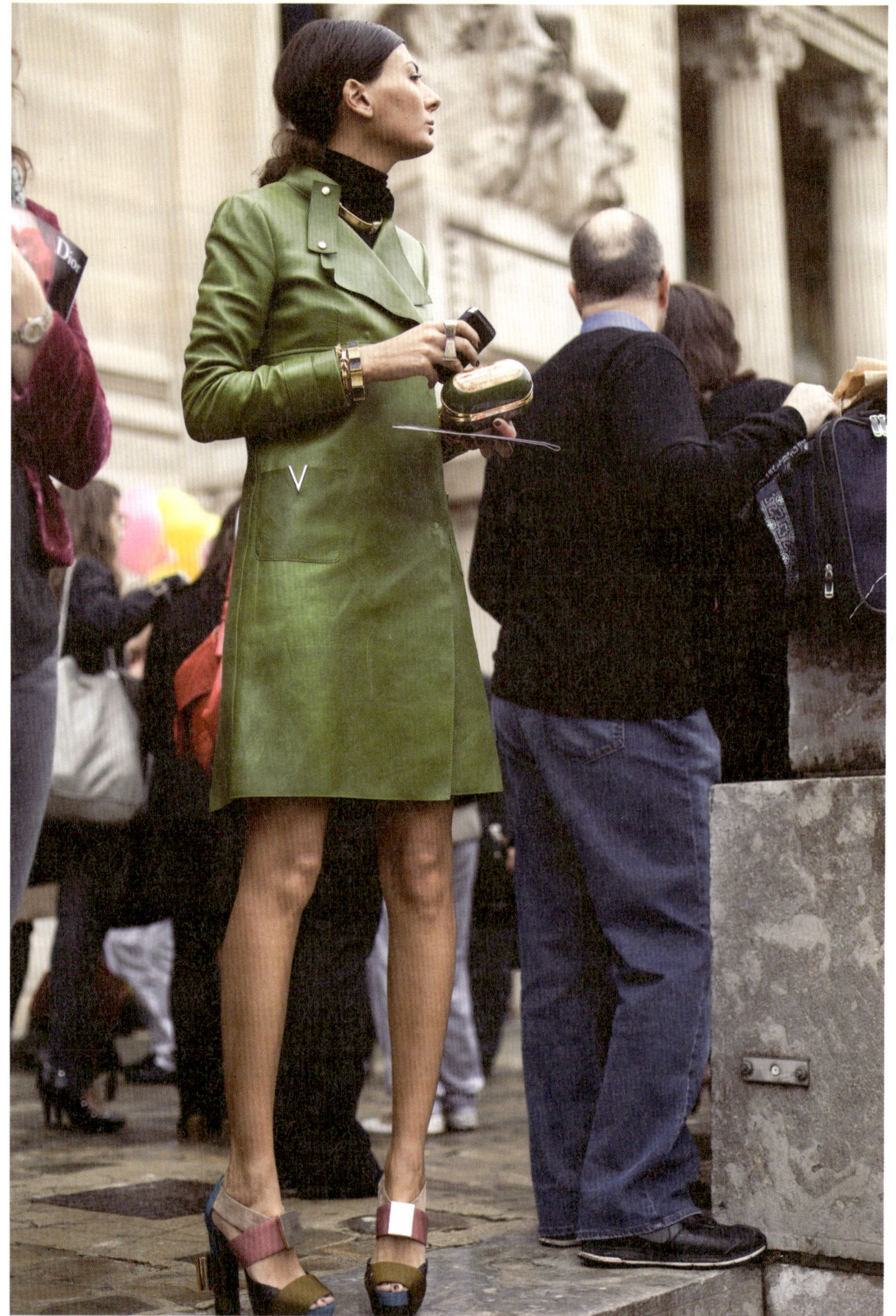

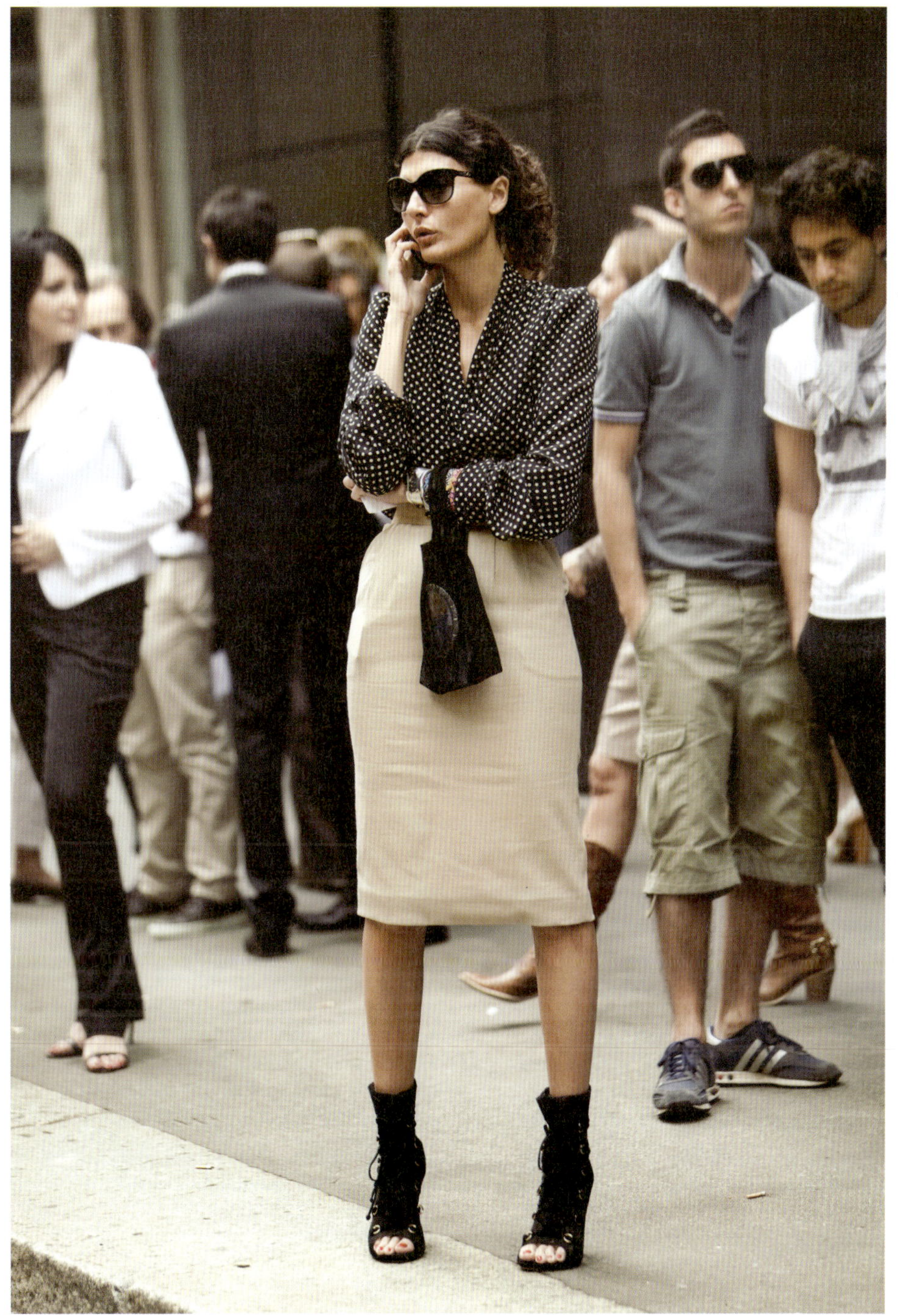
milan

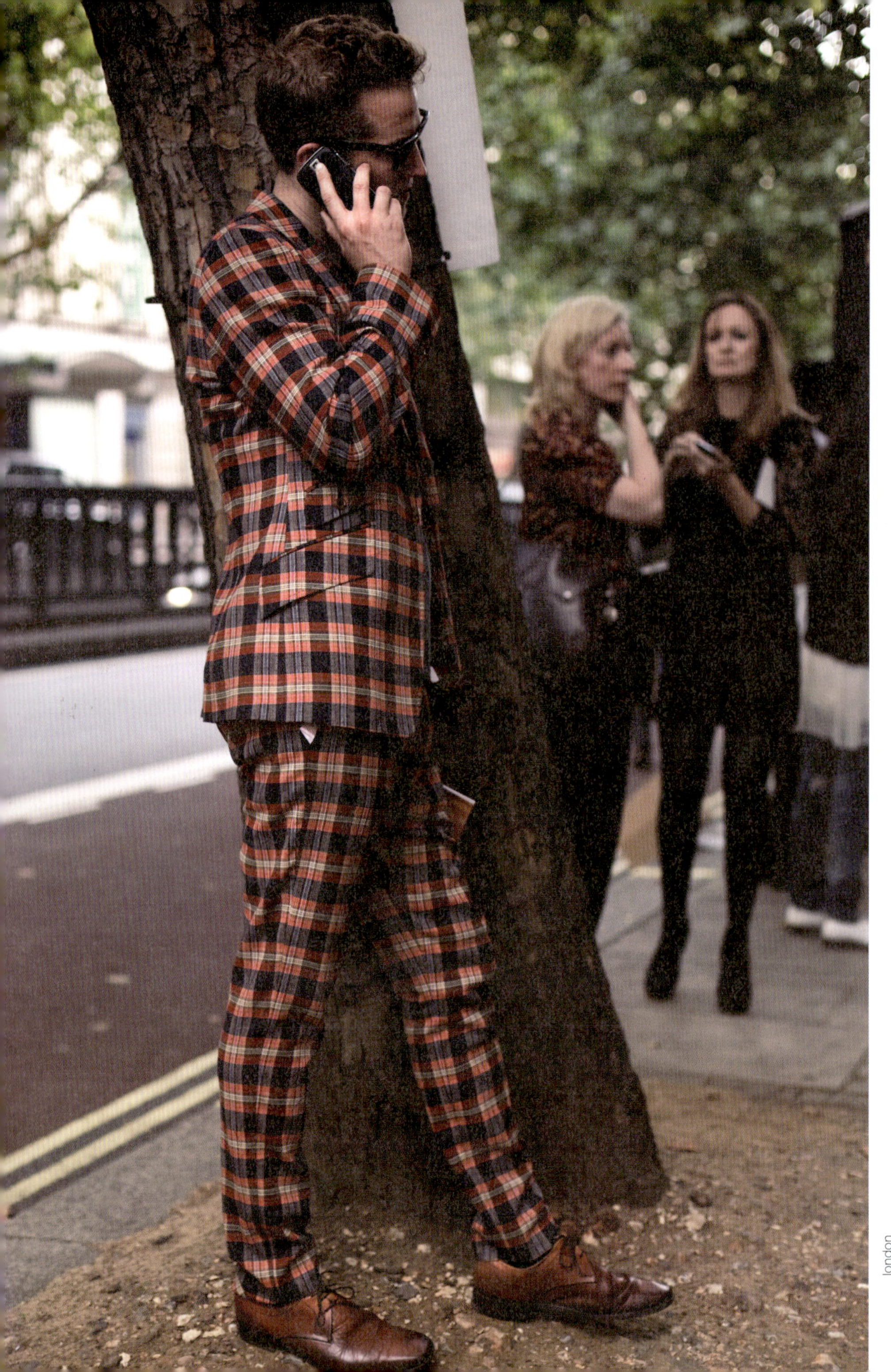

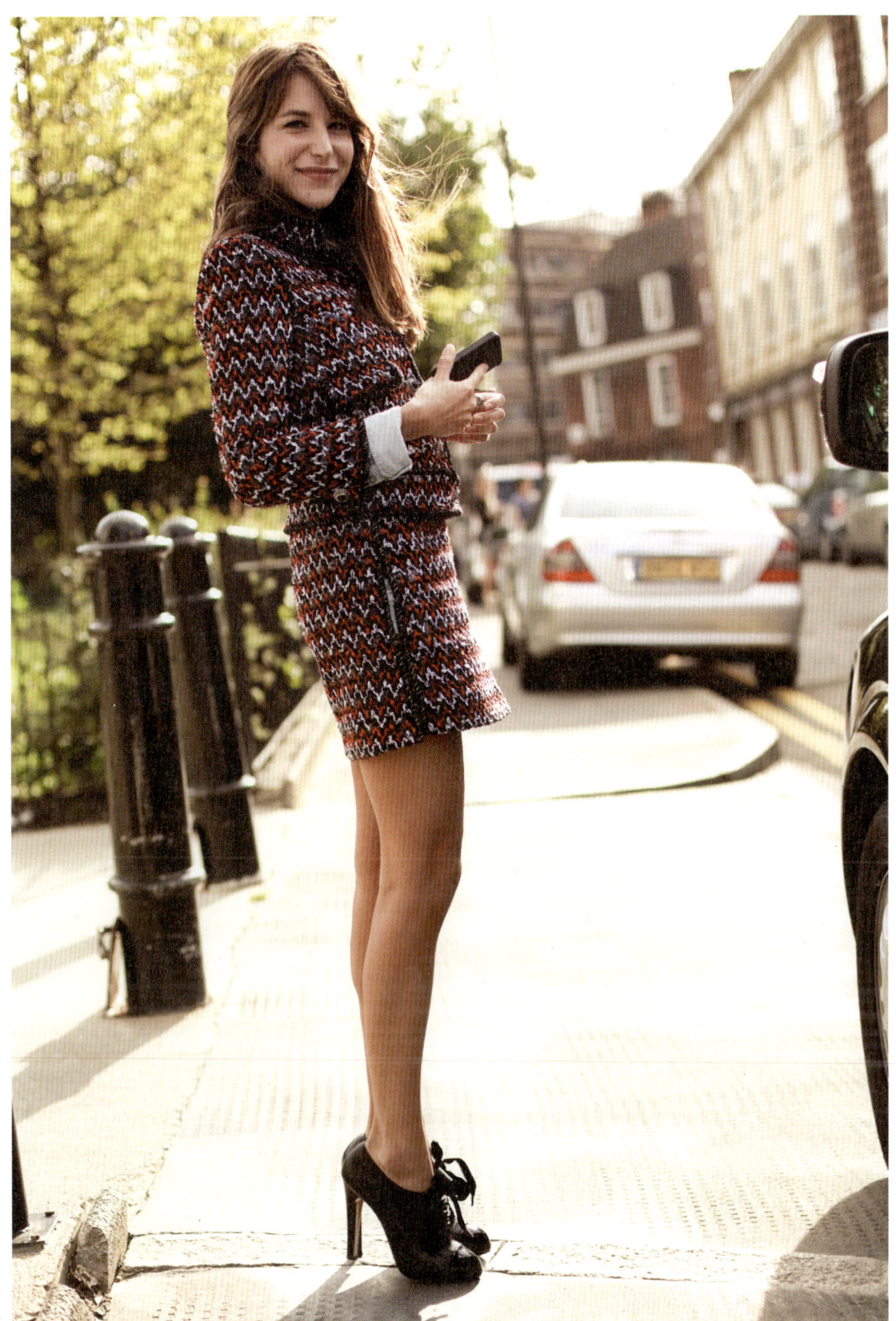
london

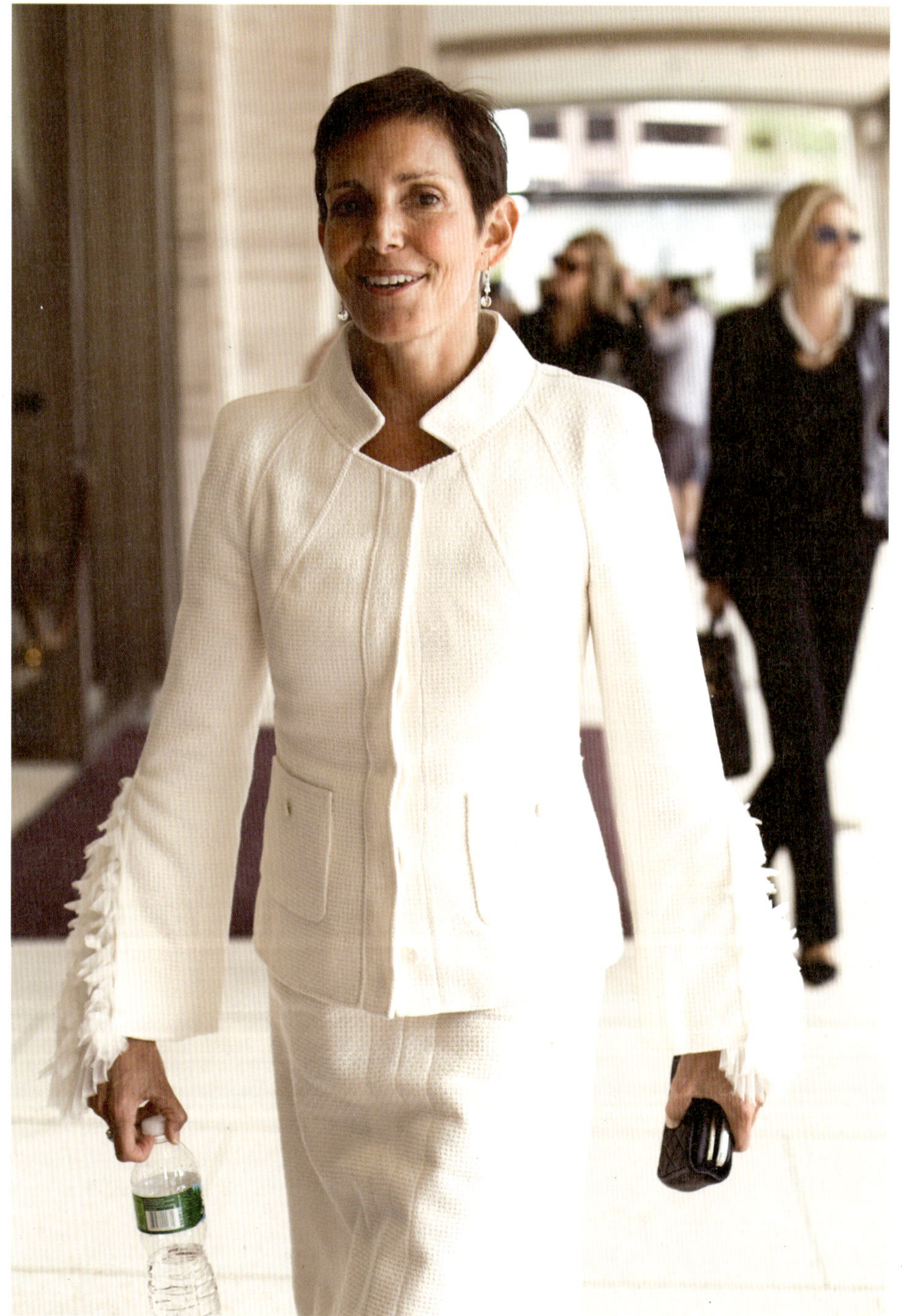

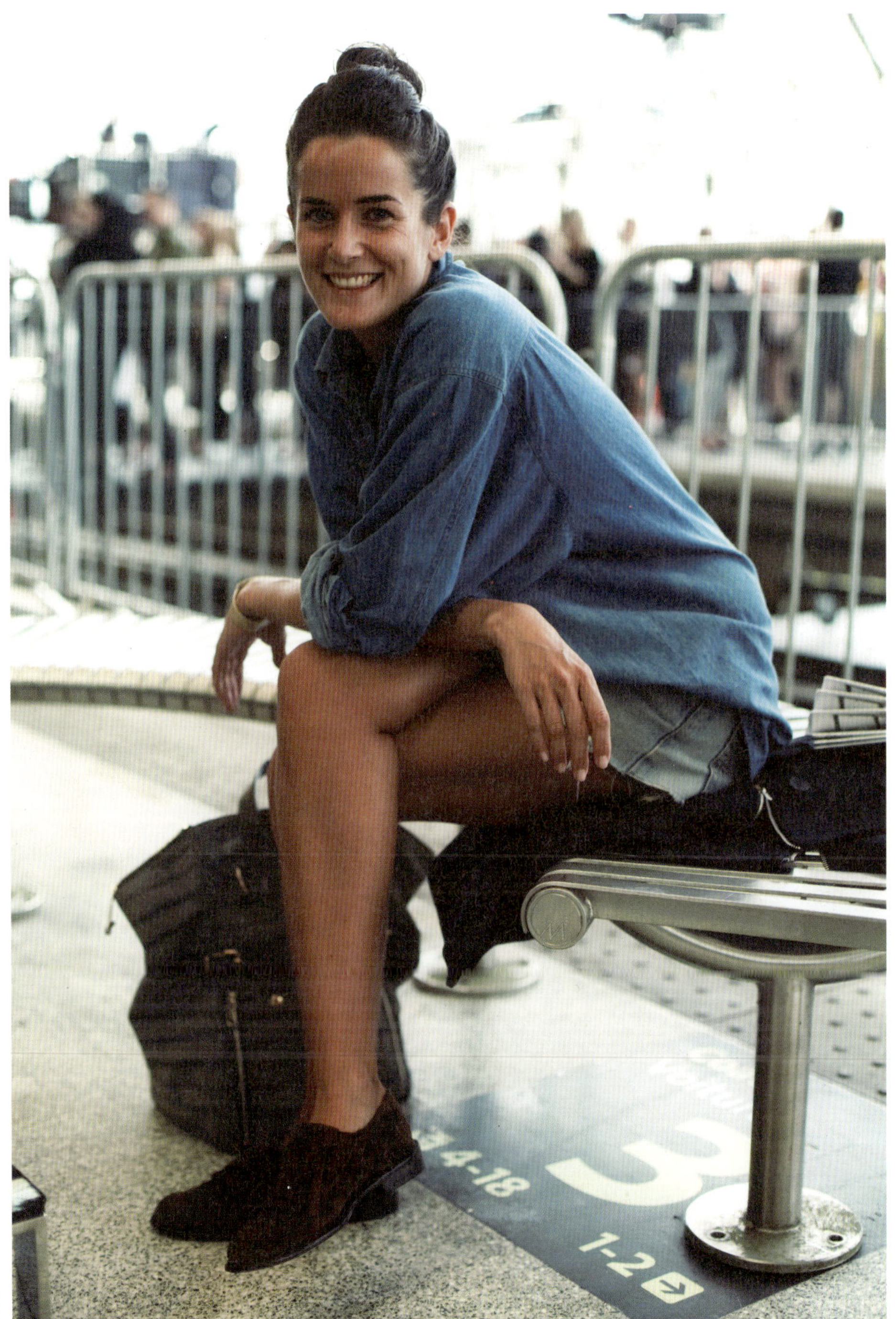

london

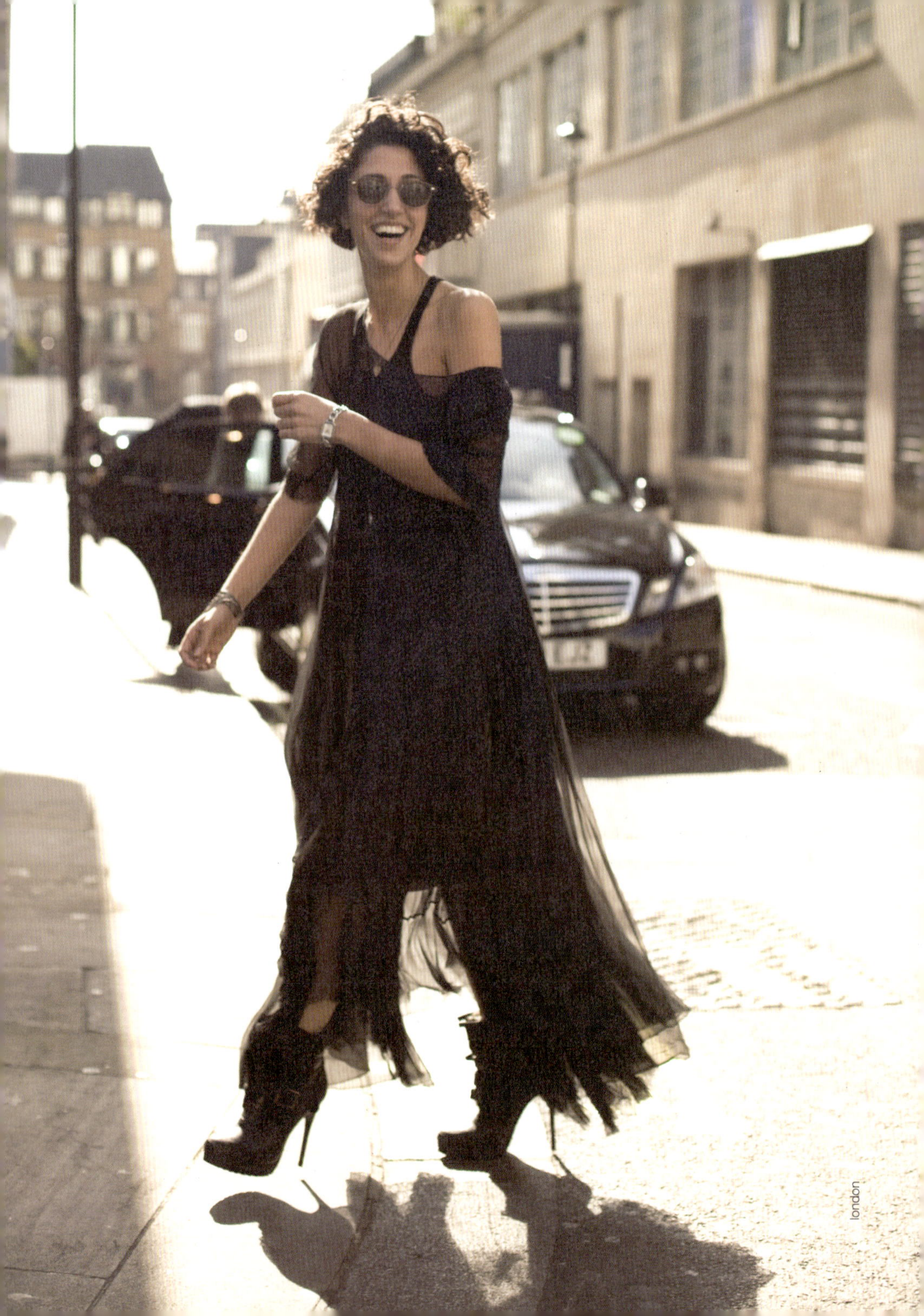
london

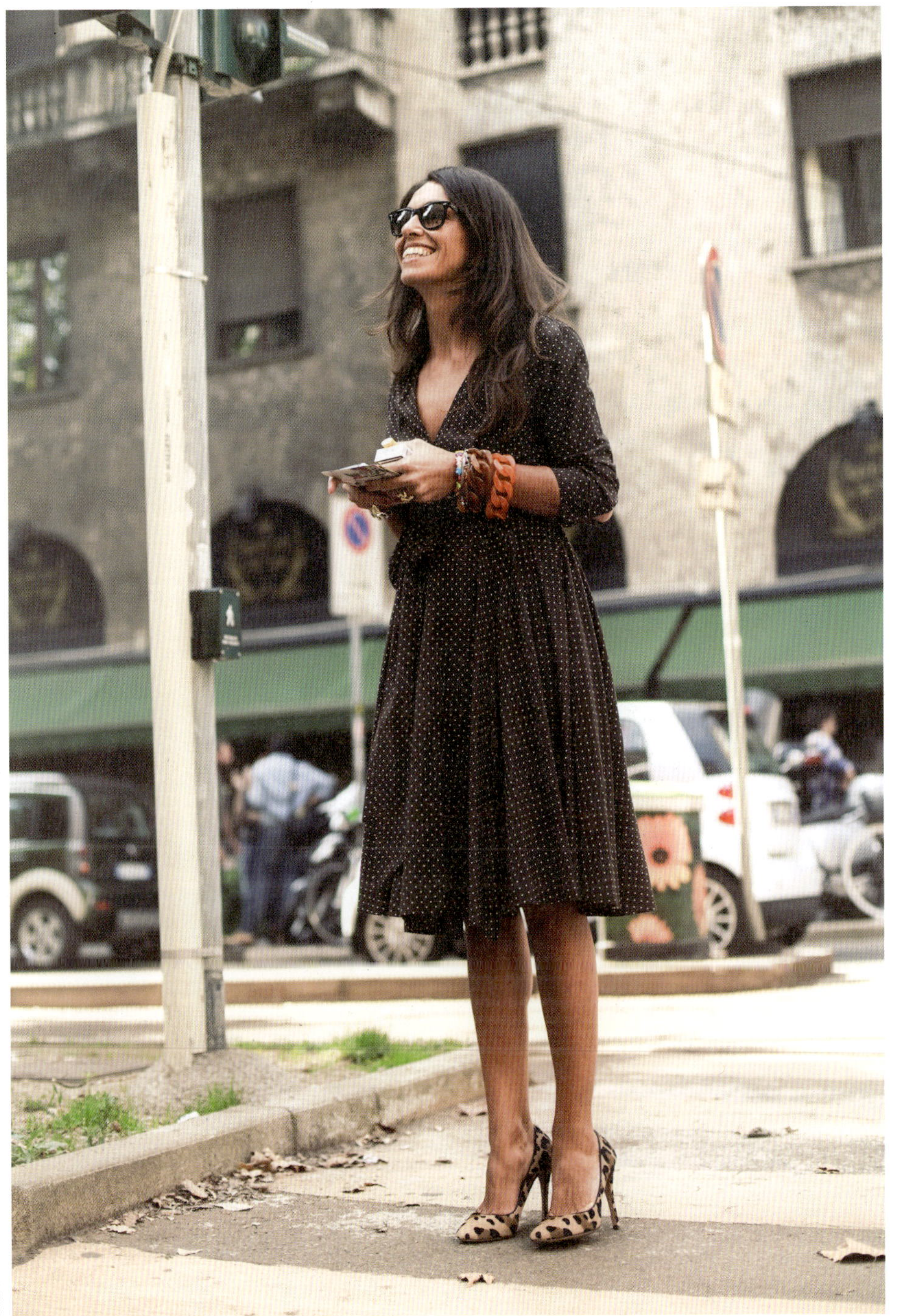
milan

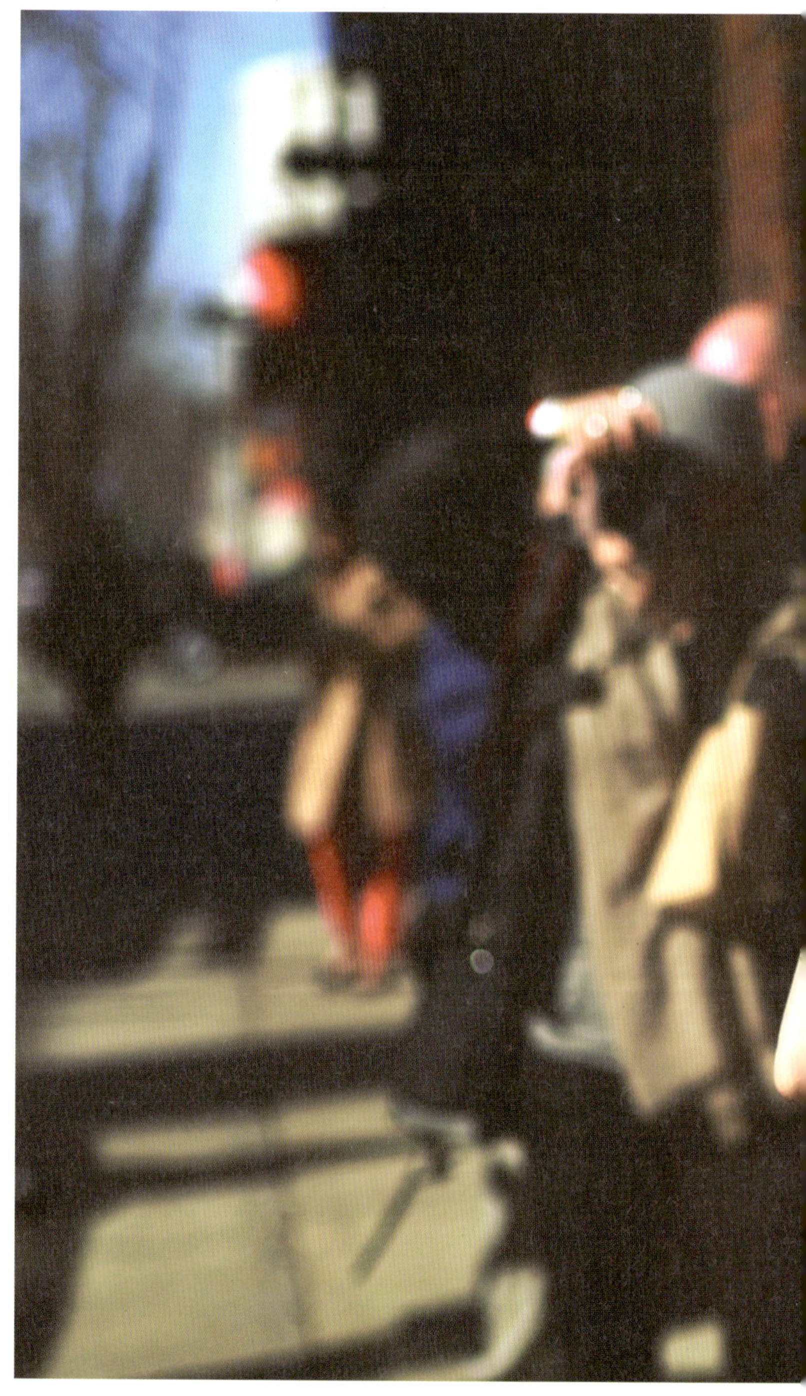

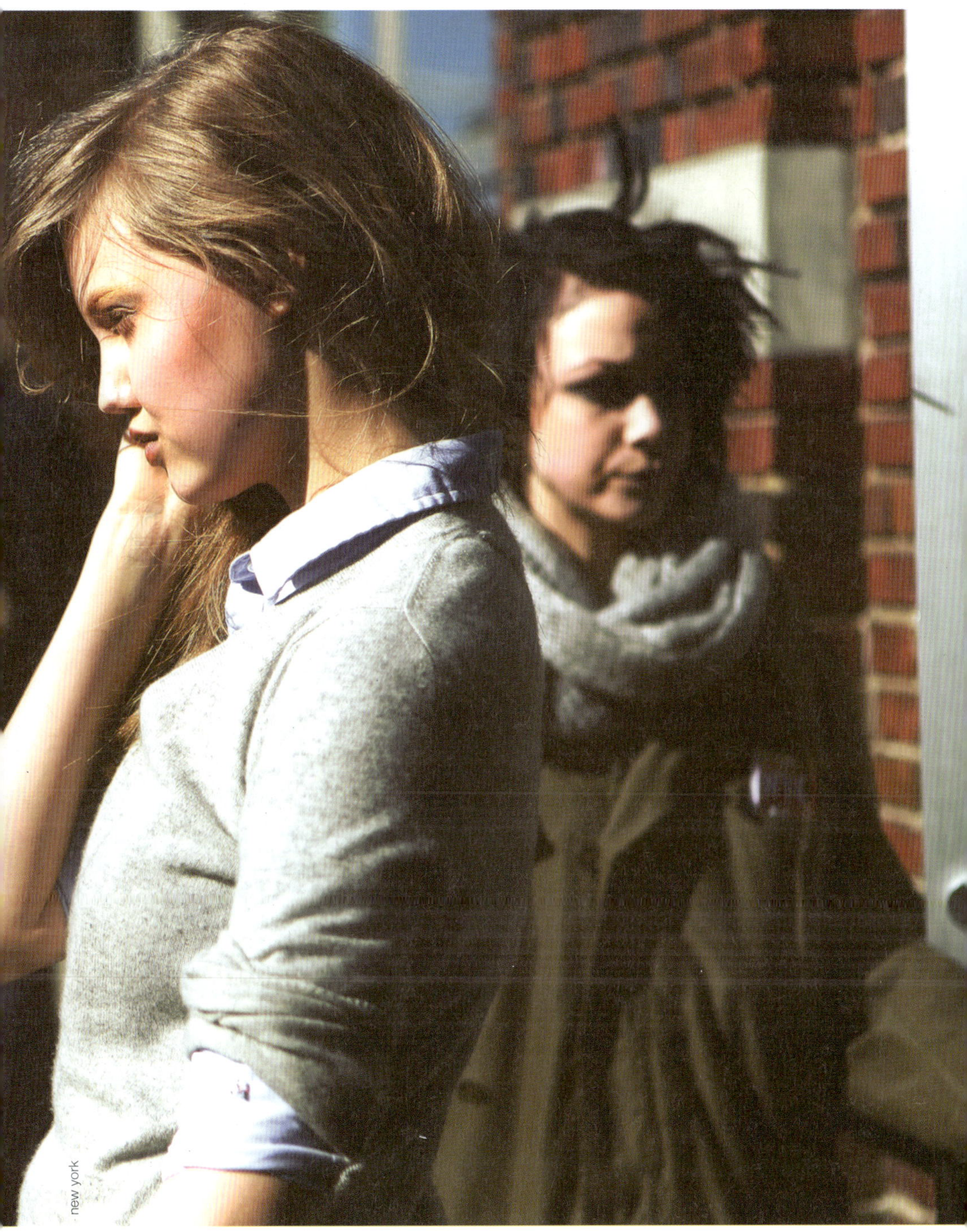

new york

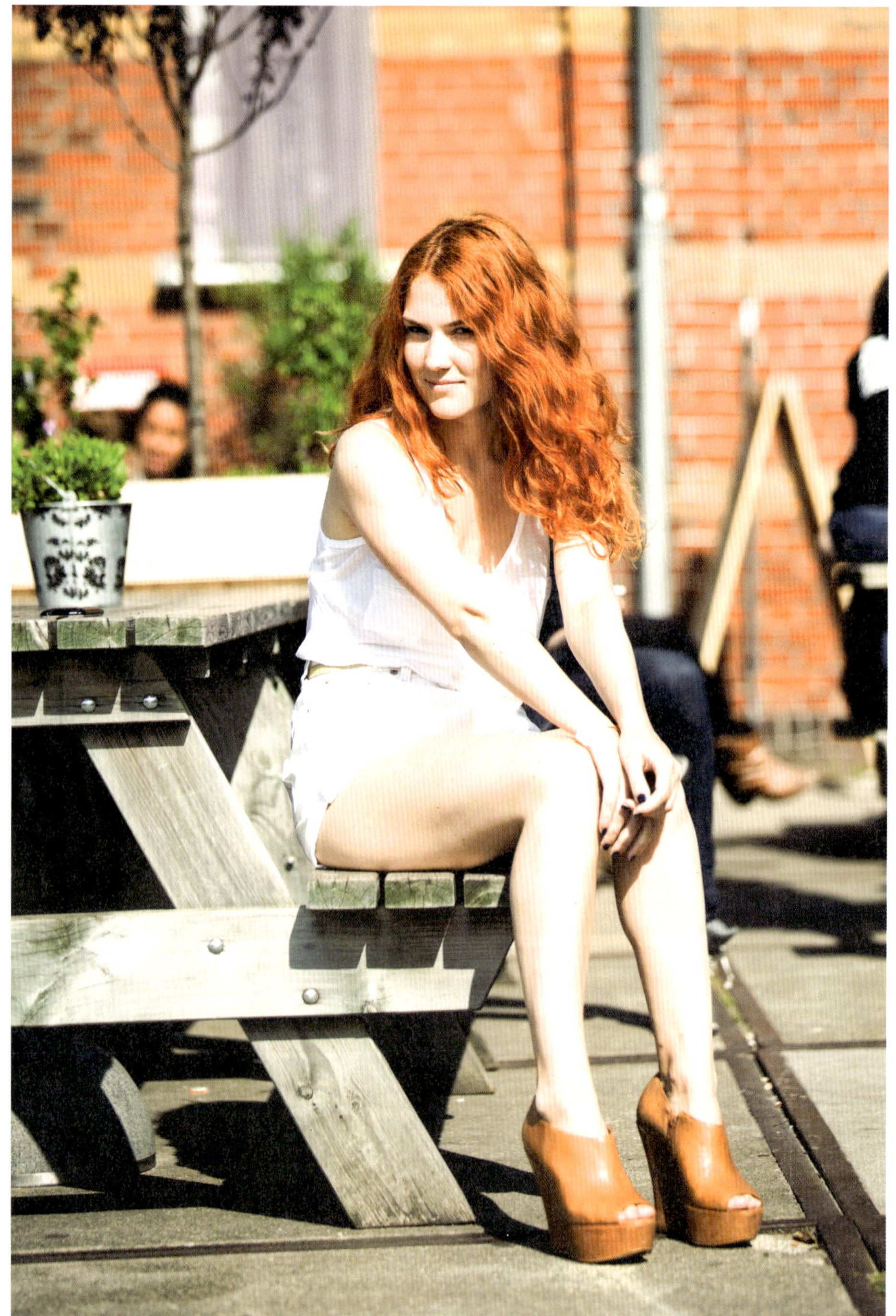

amsterdam

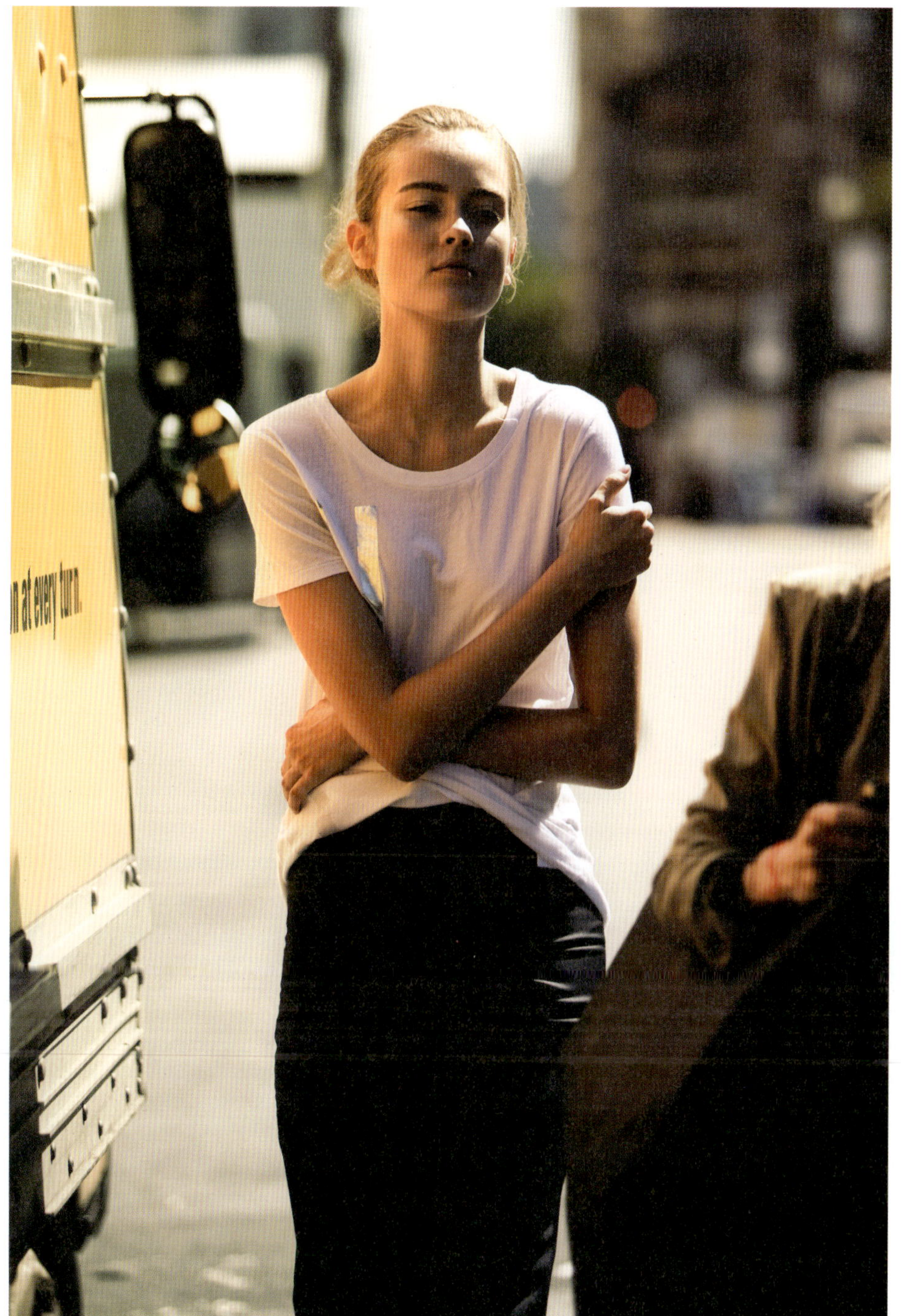
at every turn.

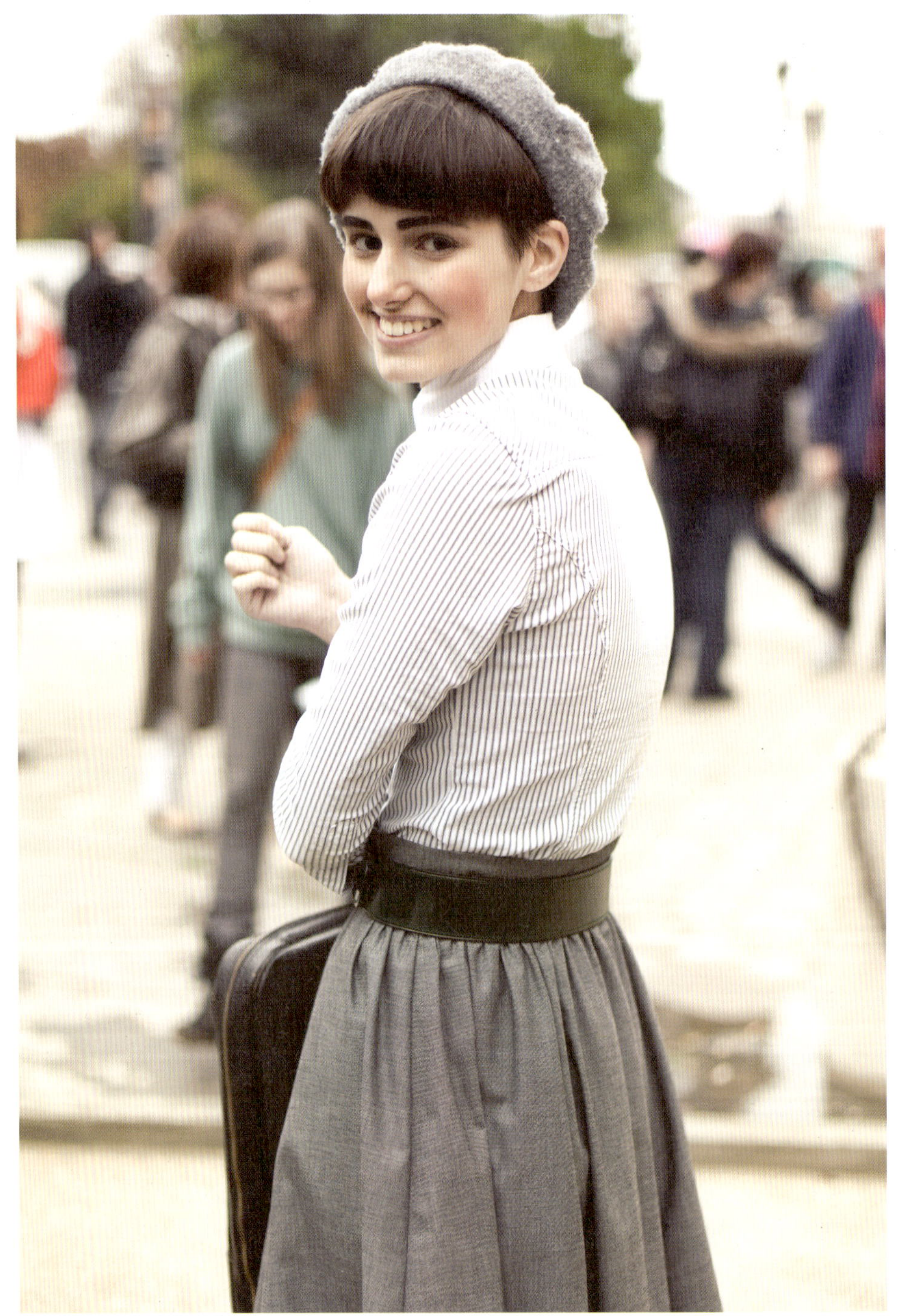

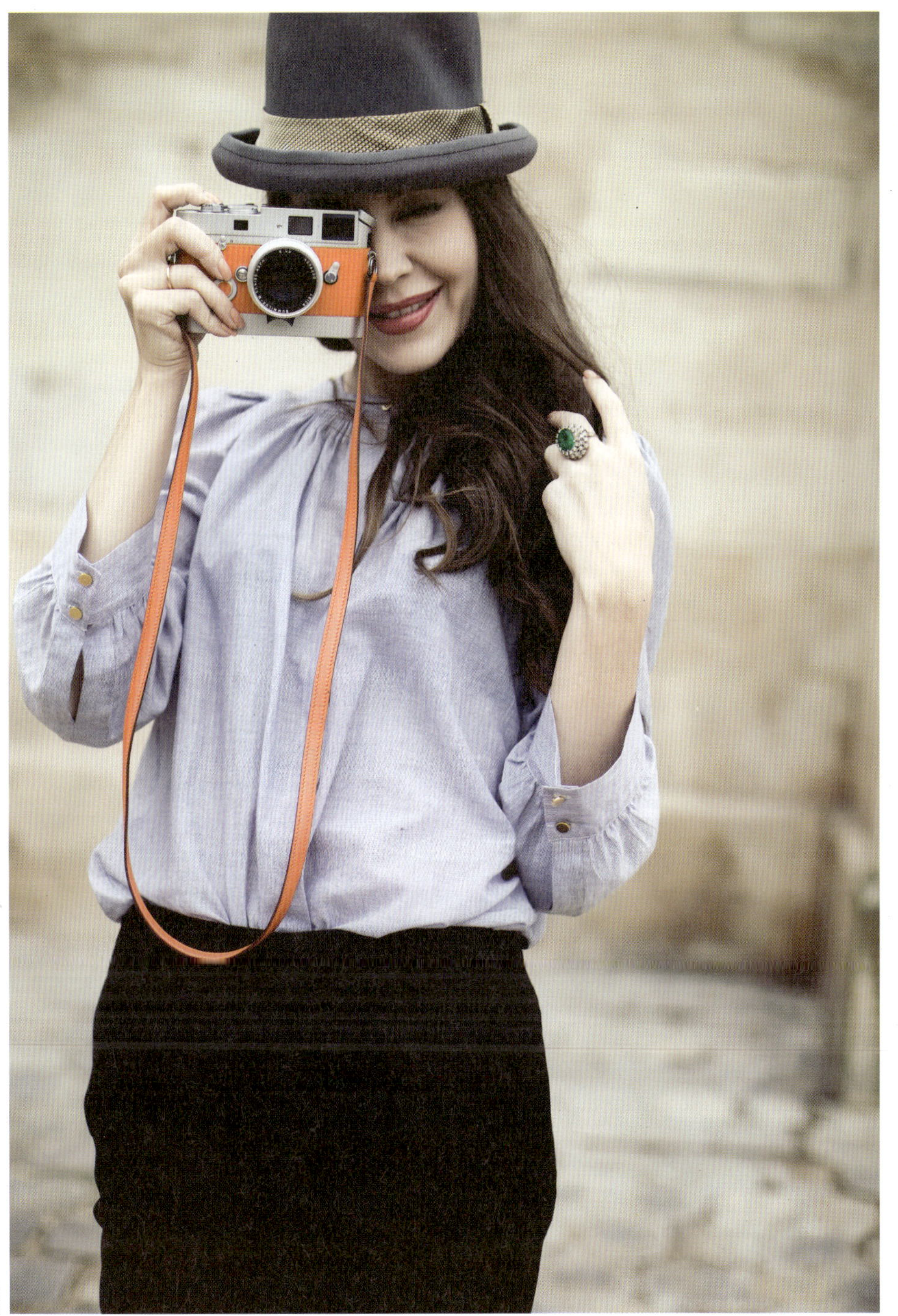

paris

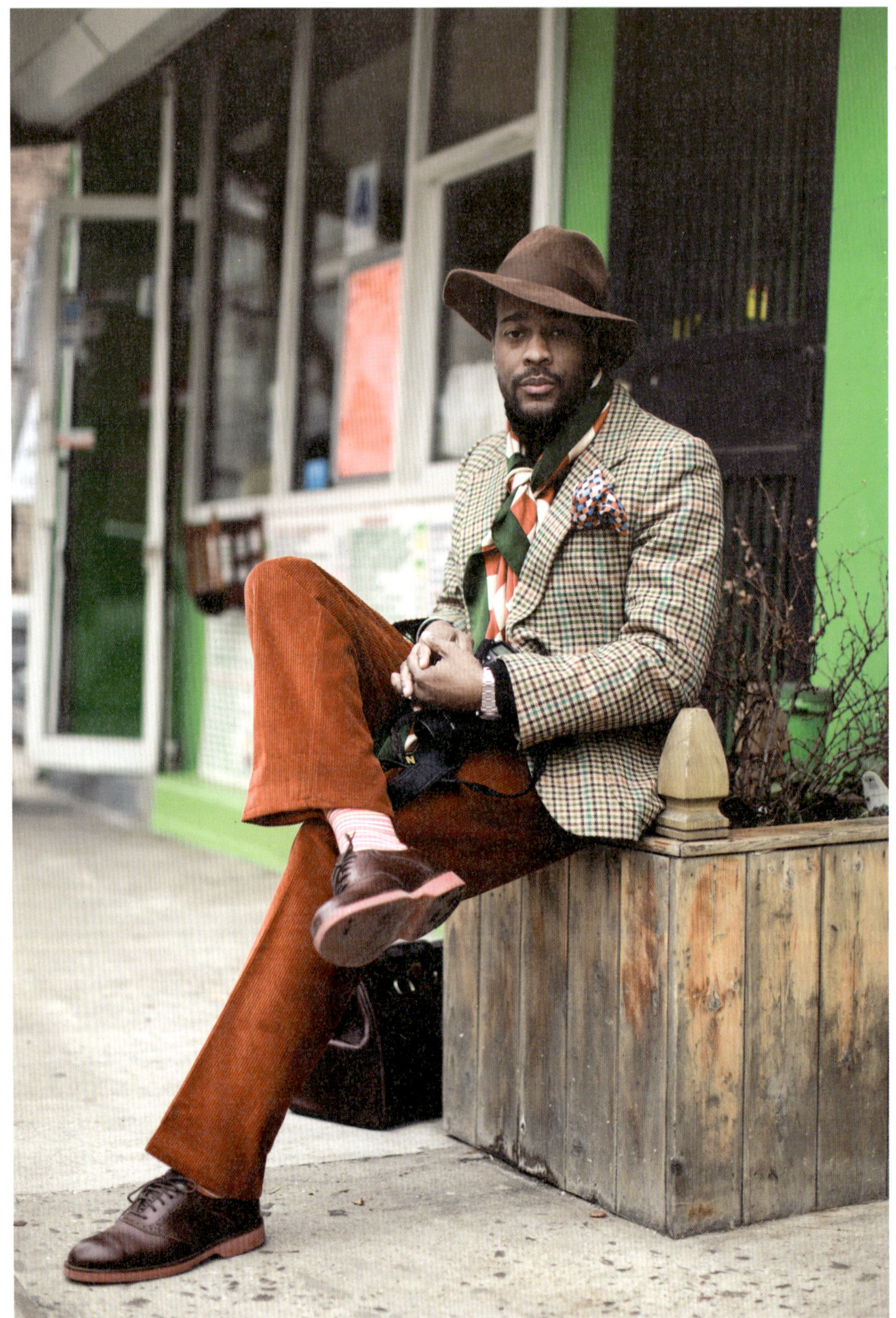

new york

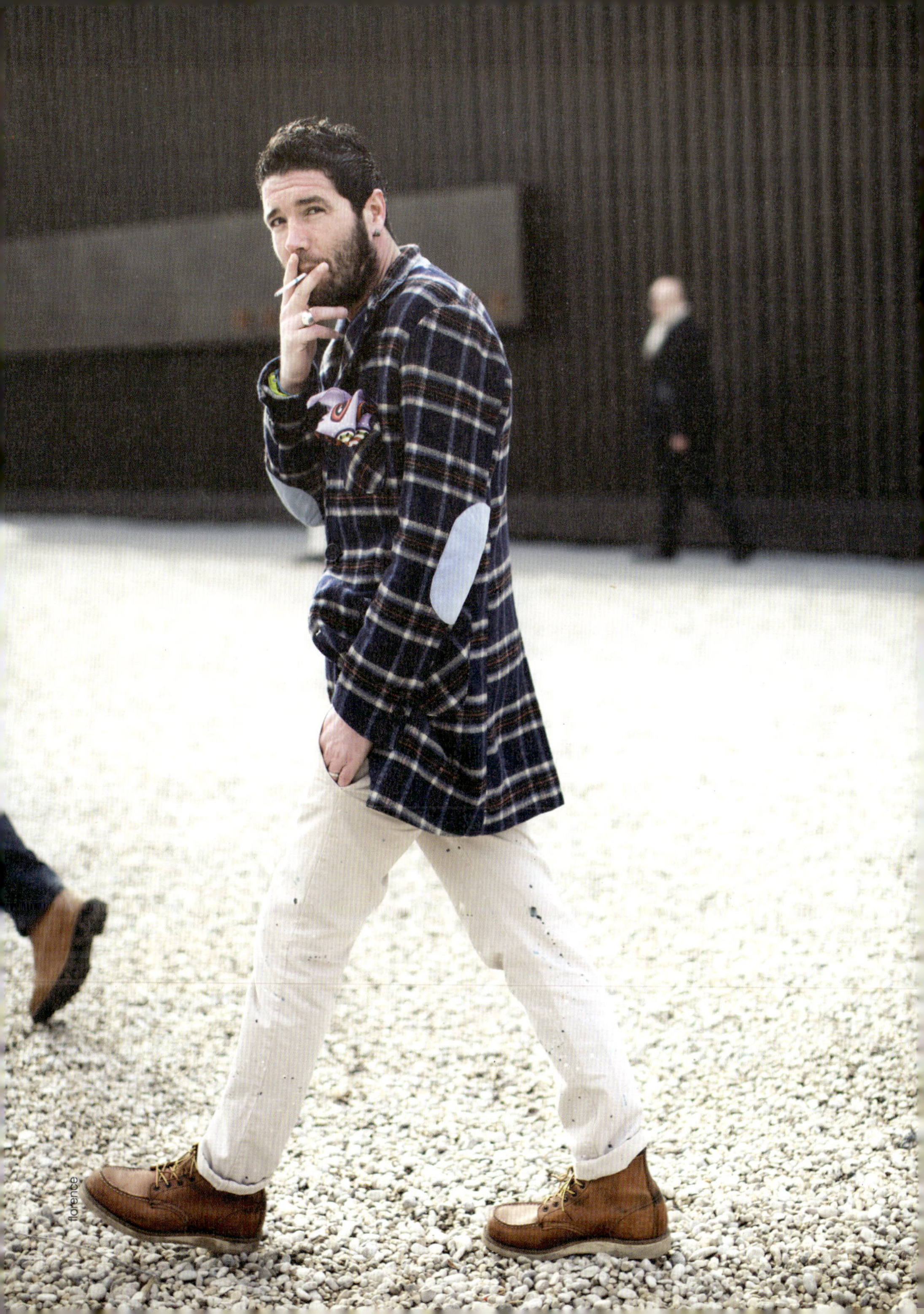
florence

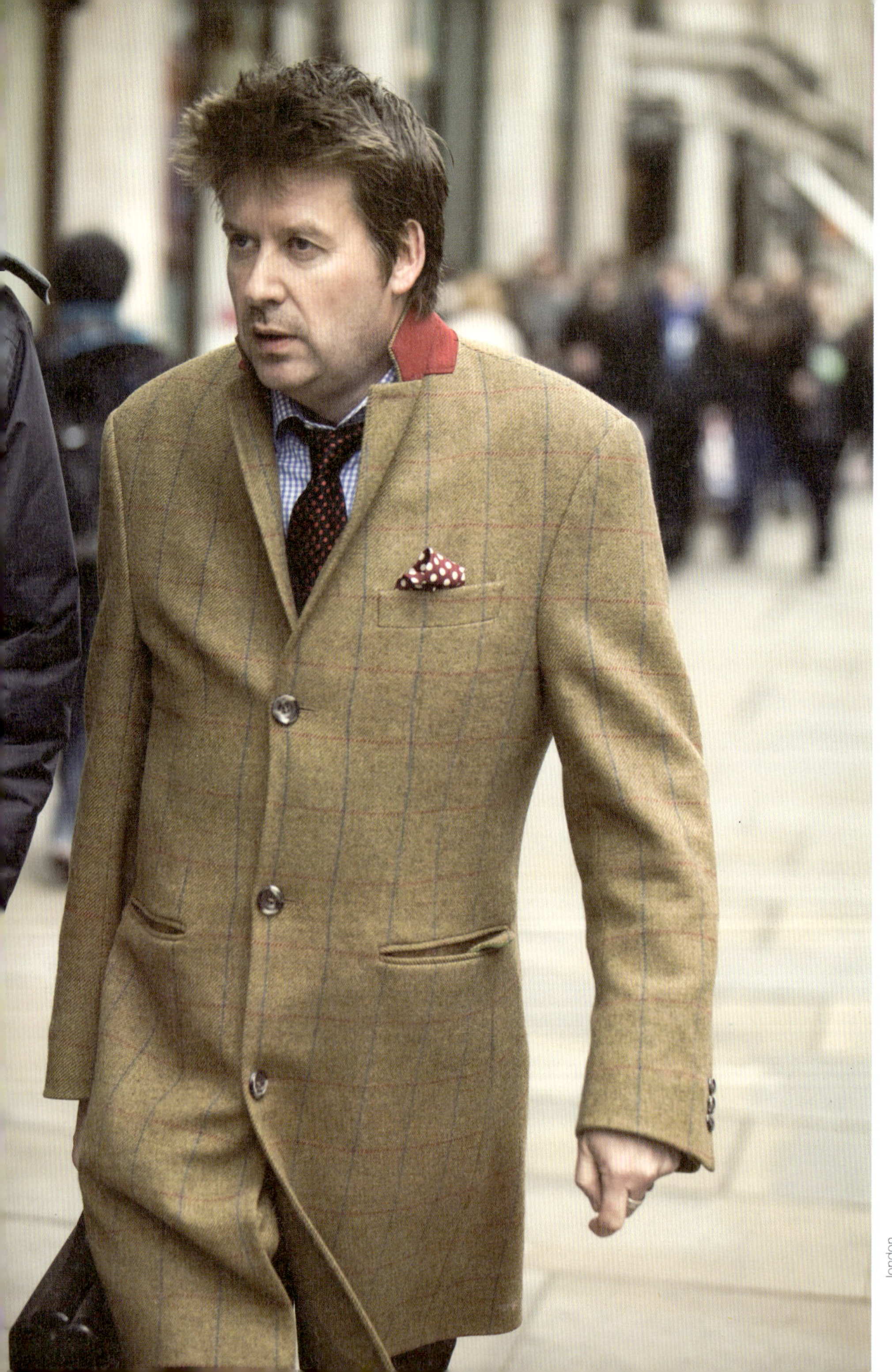

london

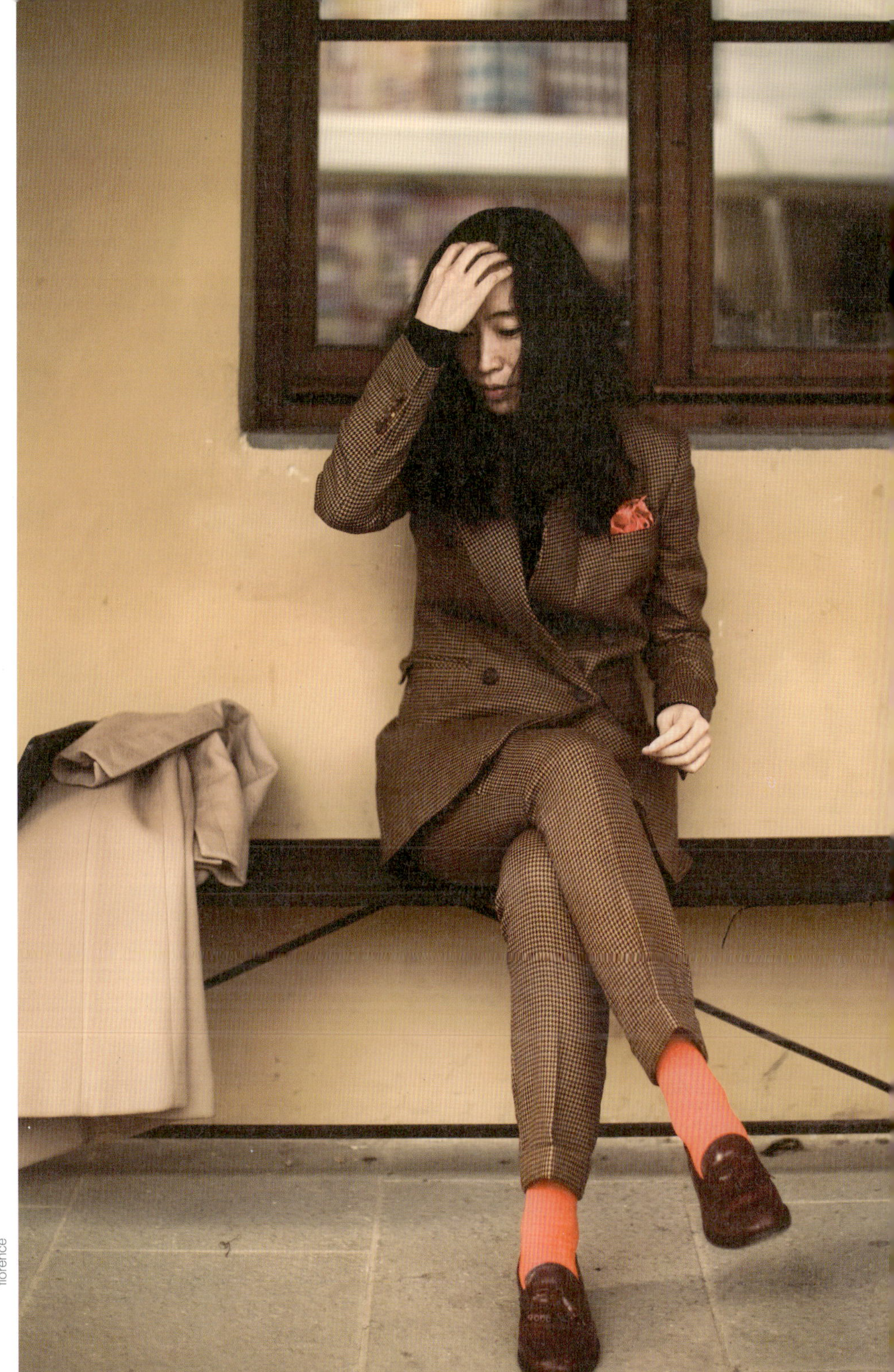

florence

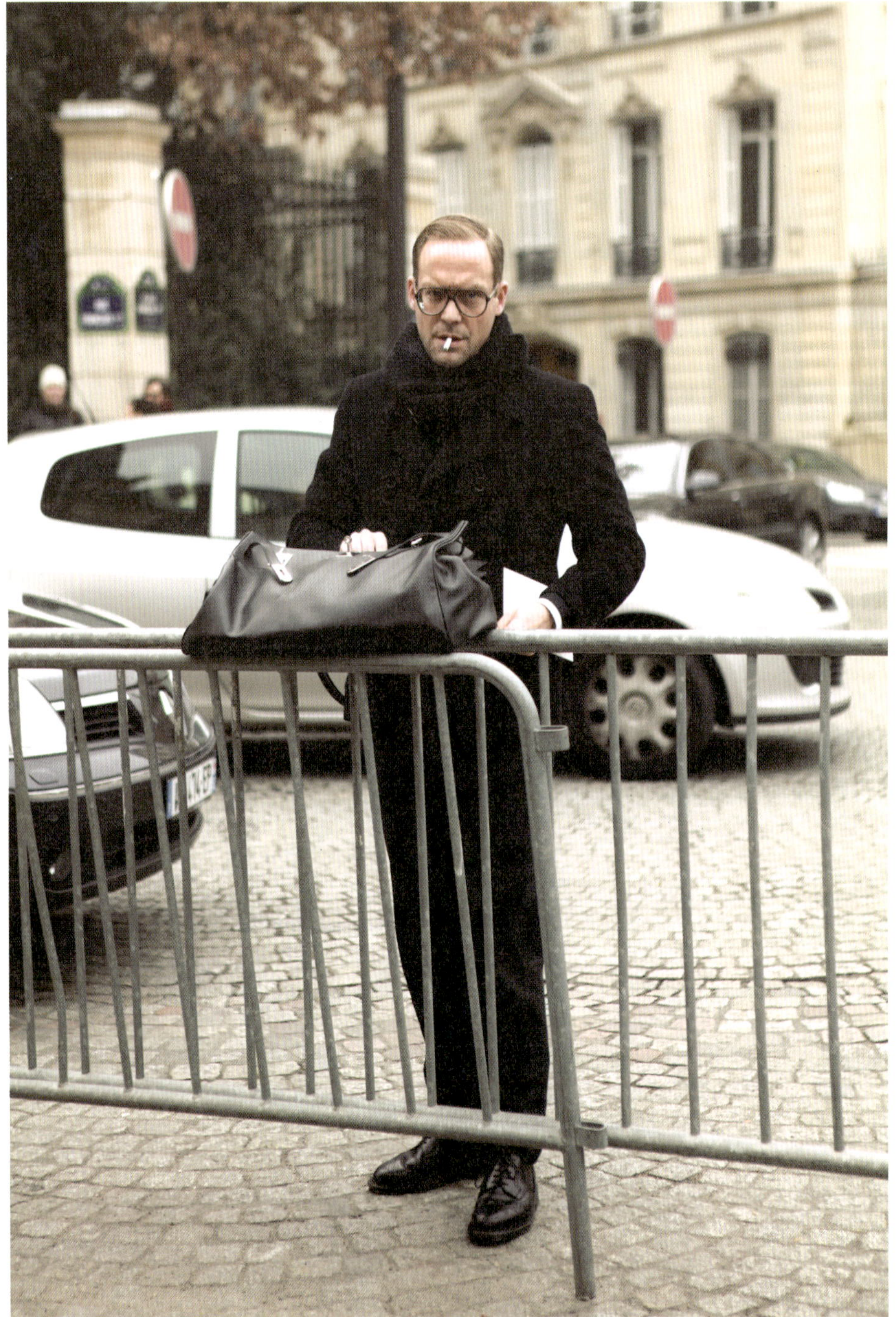

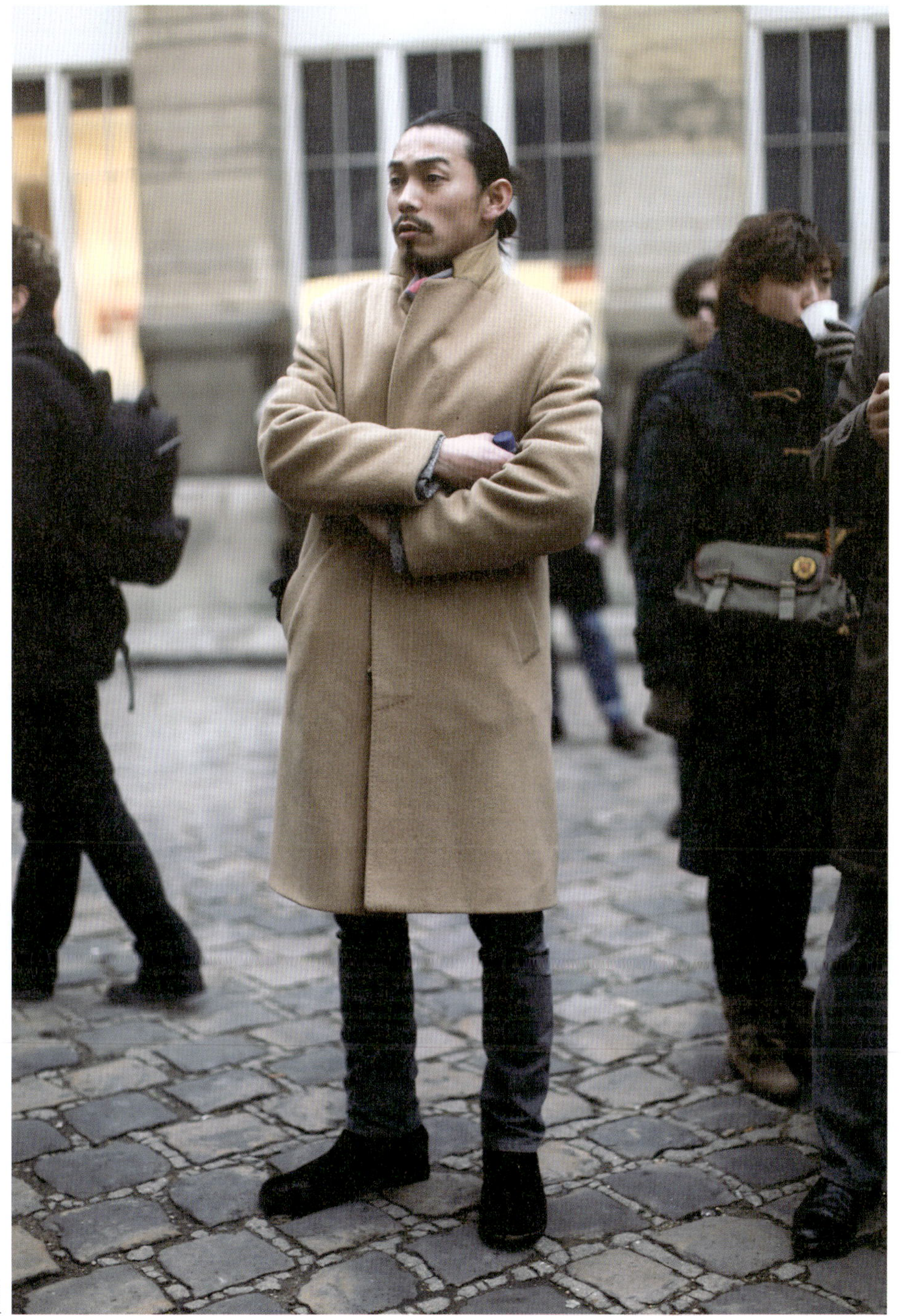

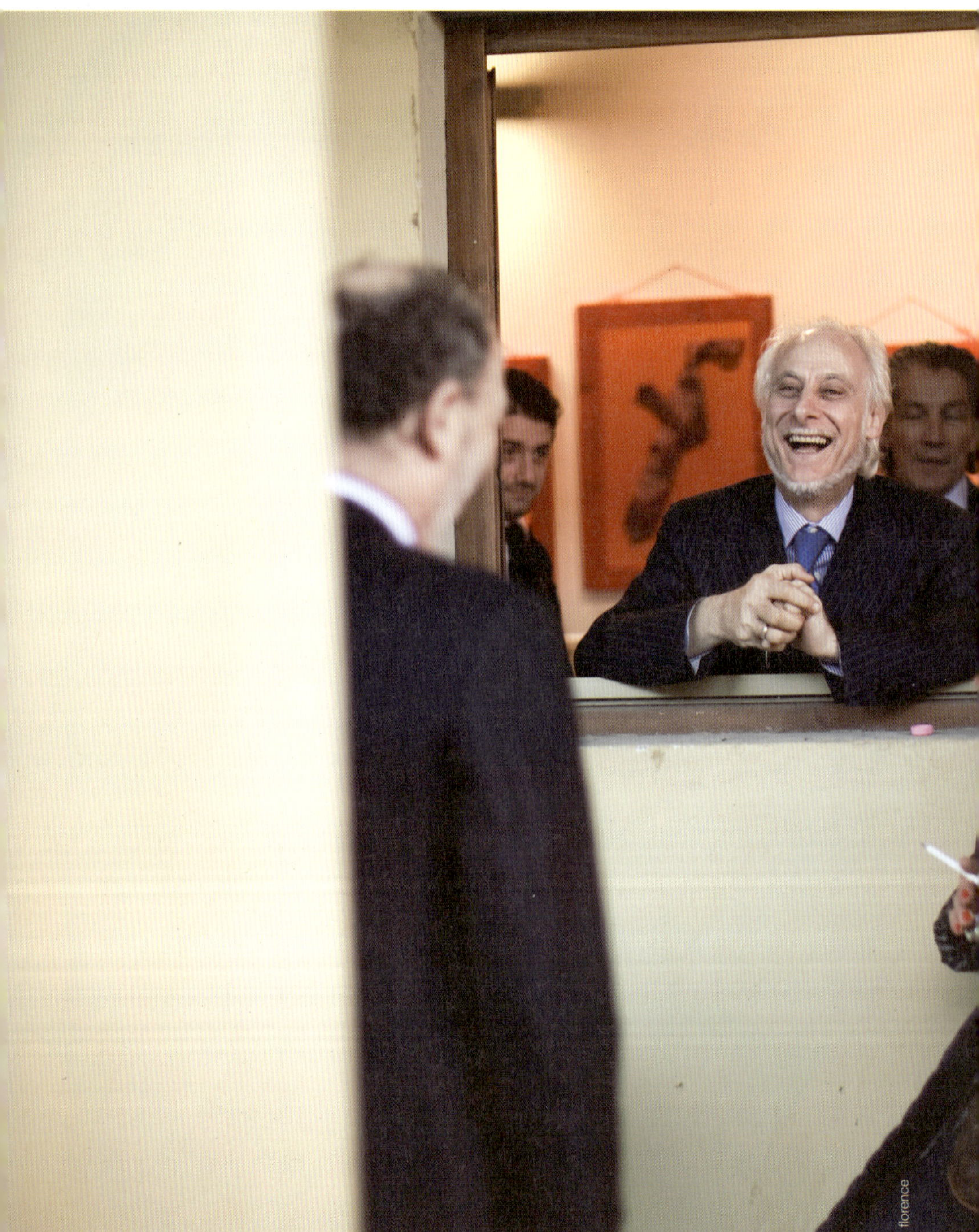
florence

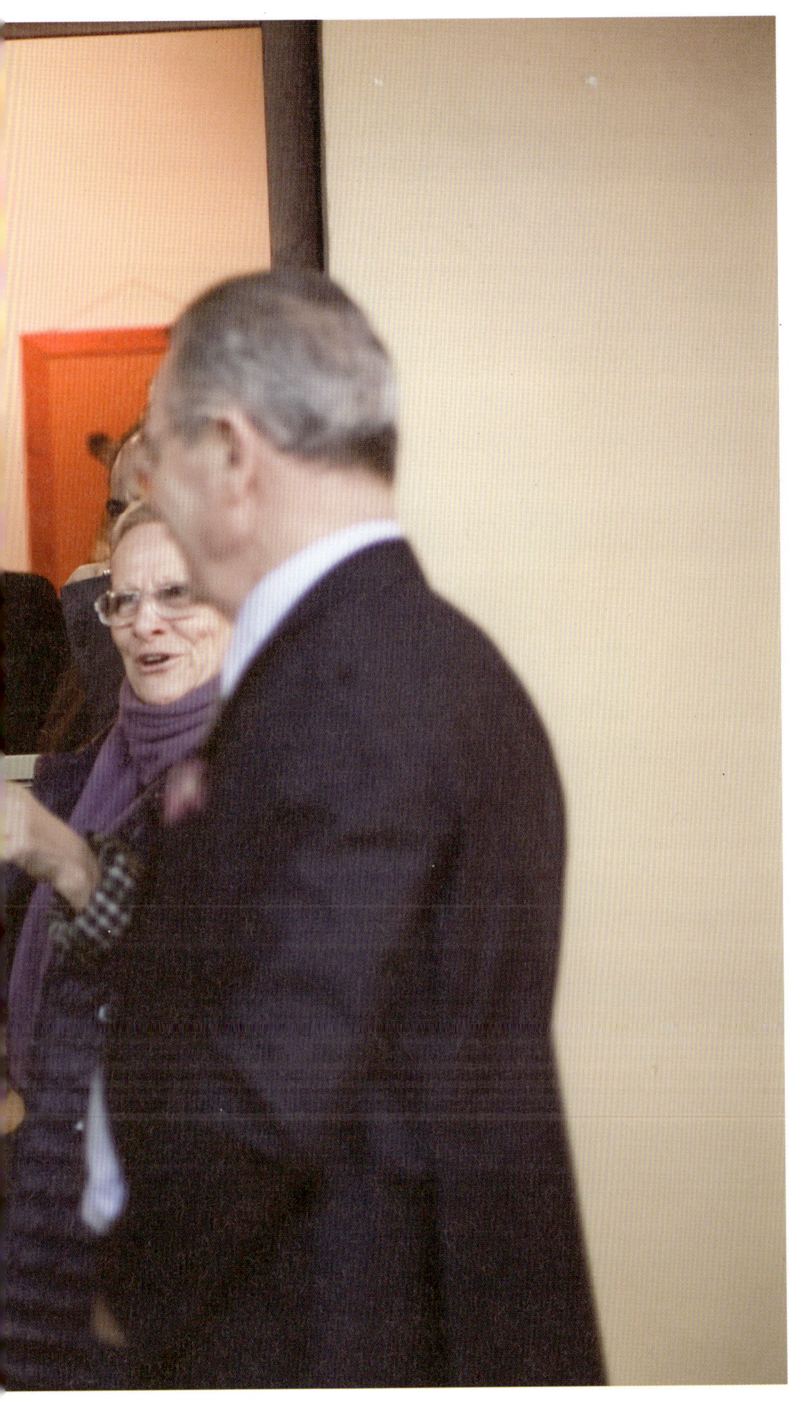

포즈 종결자

뉴욕 소호 거리를 걷던 중 레스토랑 뒷문에서 손톱을 다듬고 있던 한 노숙자에게 시선이 갔다. 재미난 안경에 파란색 끈을 벨트처럼 허리에 두르고 있는 모습이 버버리 컬렉션에서 트렌치 코트 위에 벨트를 찬 모습과 교차되었다. 나는 그에게 파란색 벨트가 인상깊다고 말했다. 나의 목에 걸린 큼직한 카메라를 발견한 아저씨가 미소를 지으며 "Photograph me"라고 말했다. 자리에서 일어난 그는 전혀 예상치 못한 고난이도 포즈를 취했다. 자연스럽고 당당하게 포즈를 취해준 아저씨에게 '포즈 종결자'라는 닉네임을 붙여드리고 싶다.

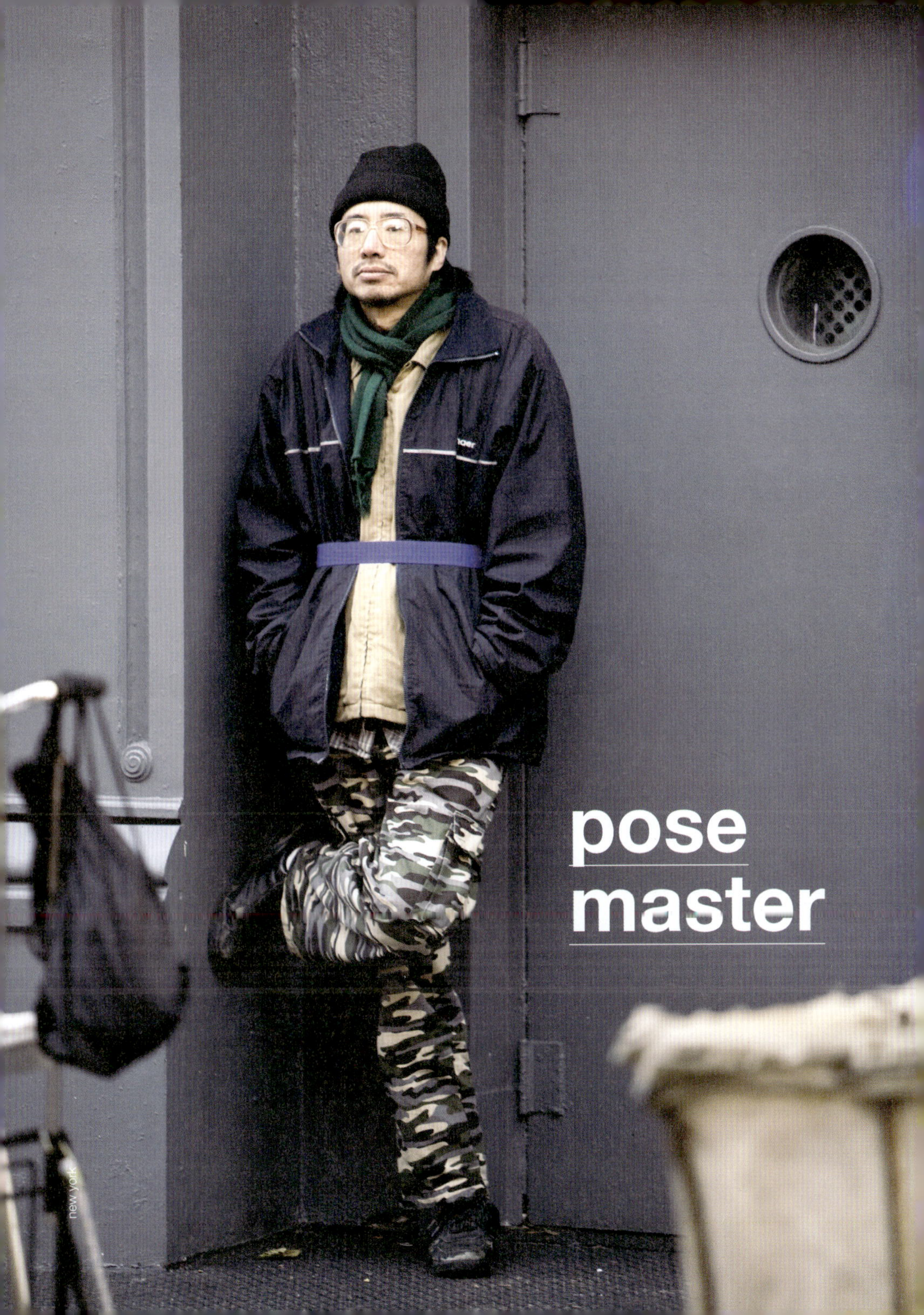
pose
master
new york

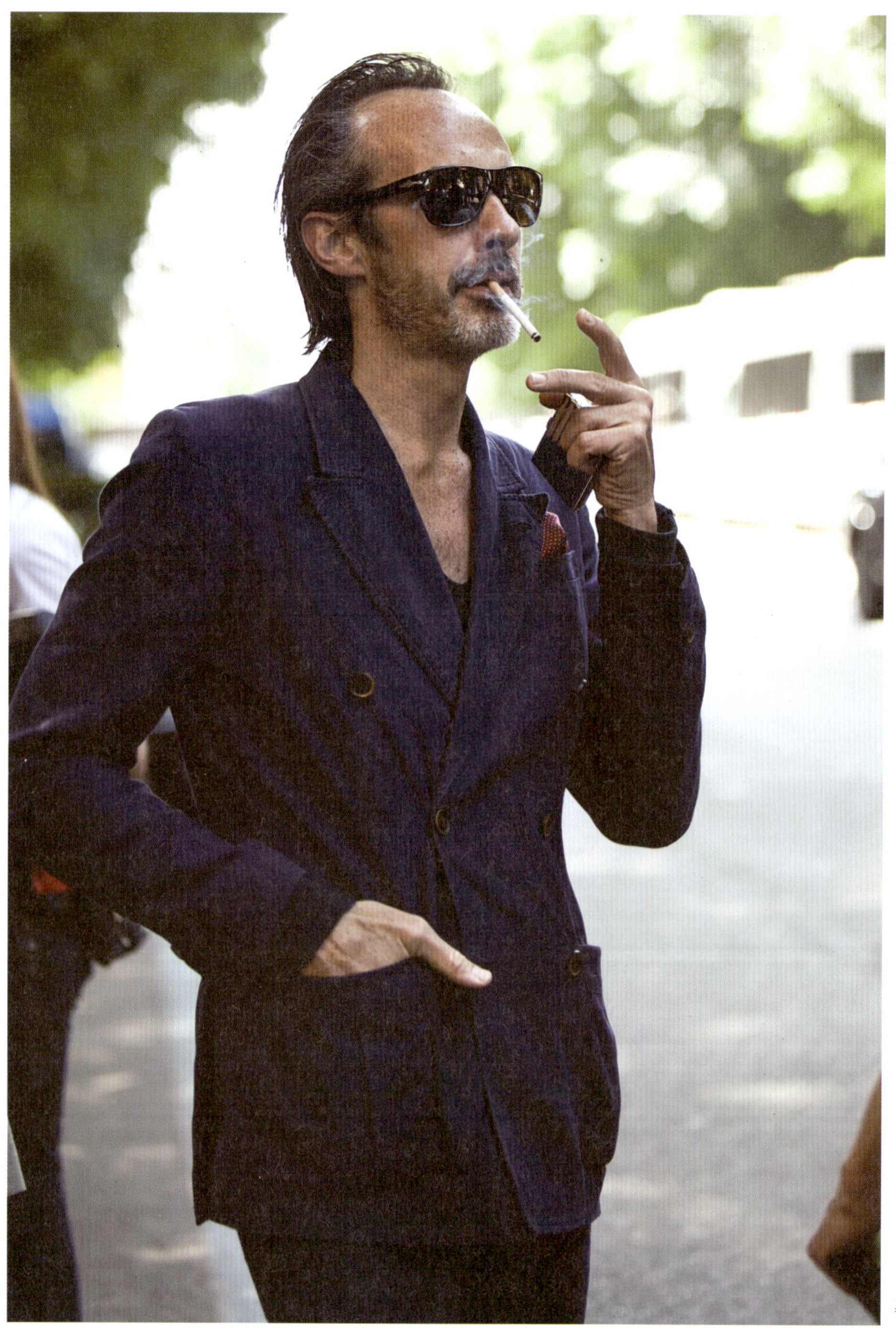

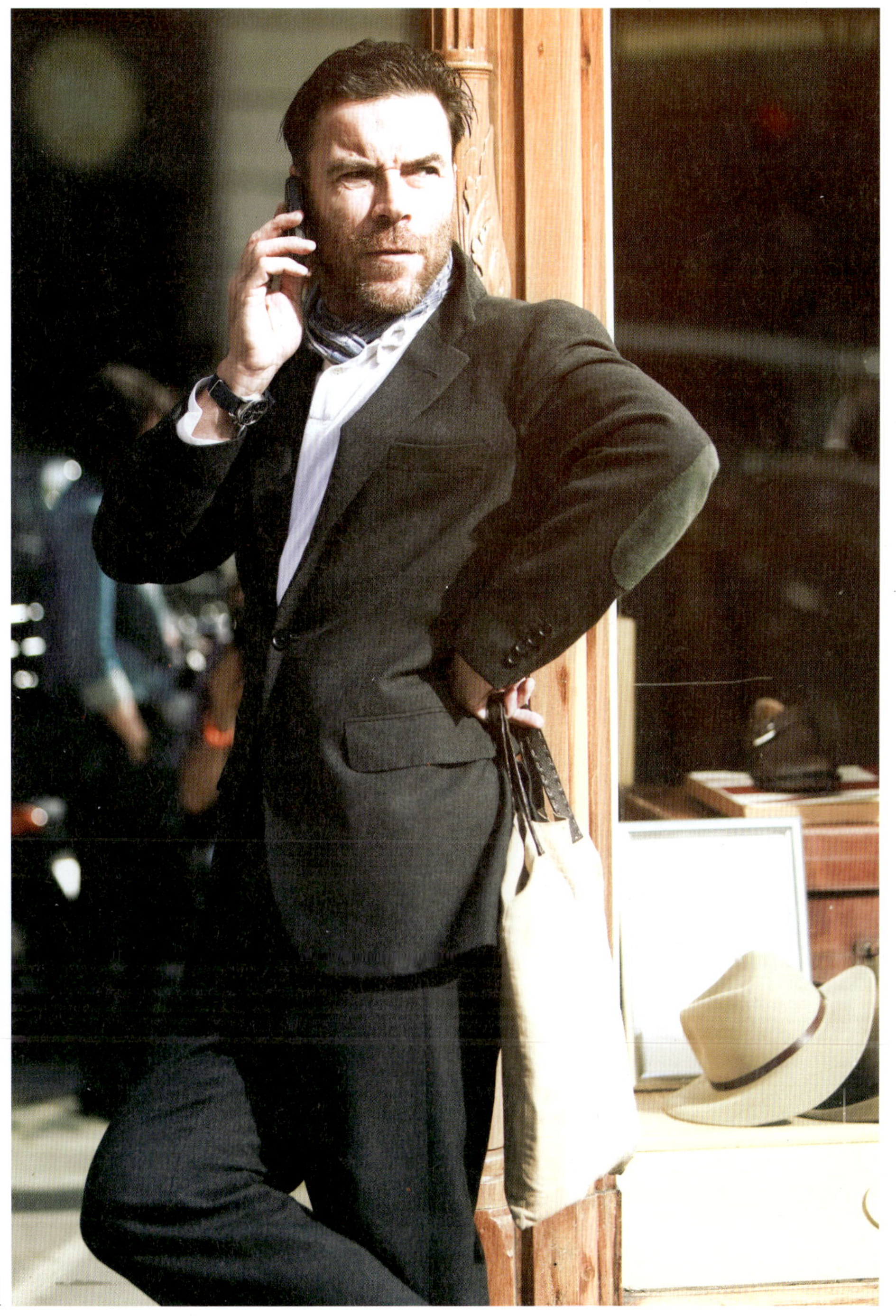

paris

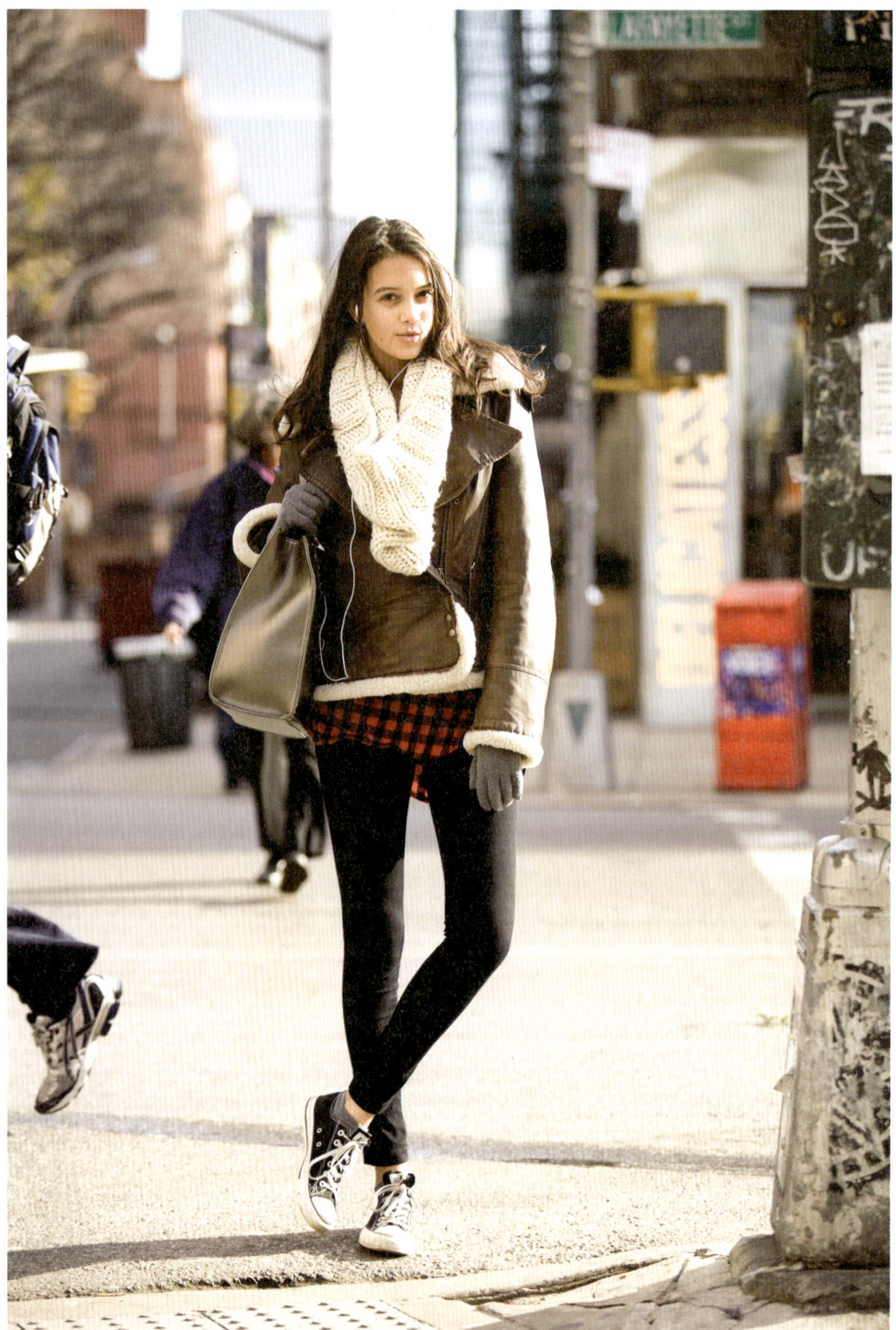

new york

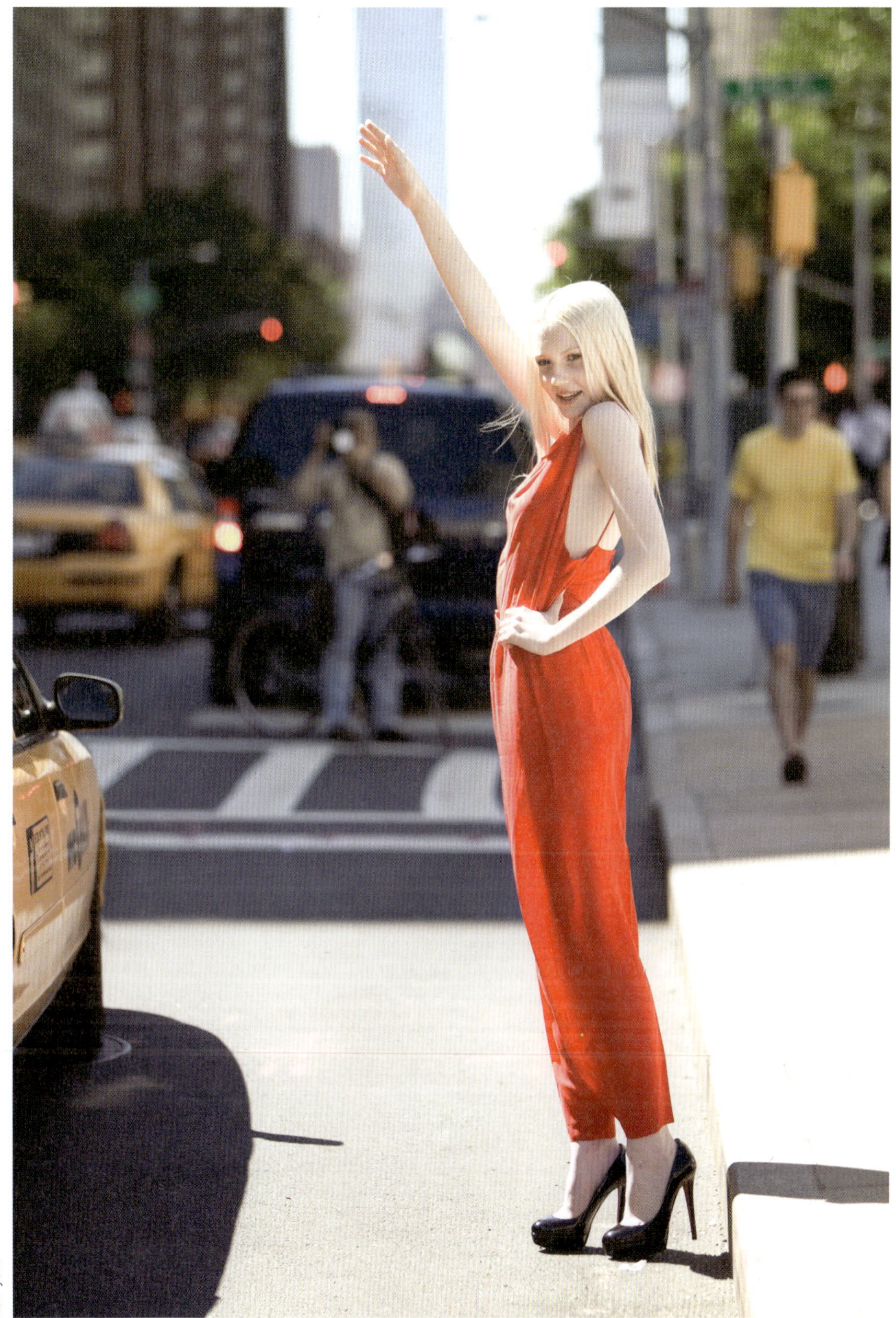

new york

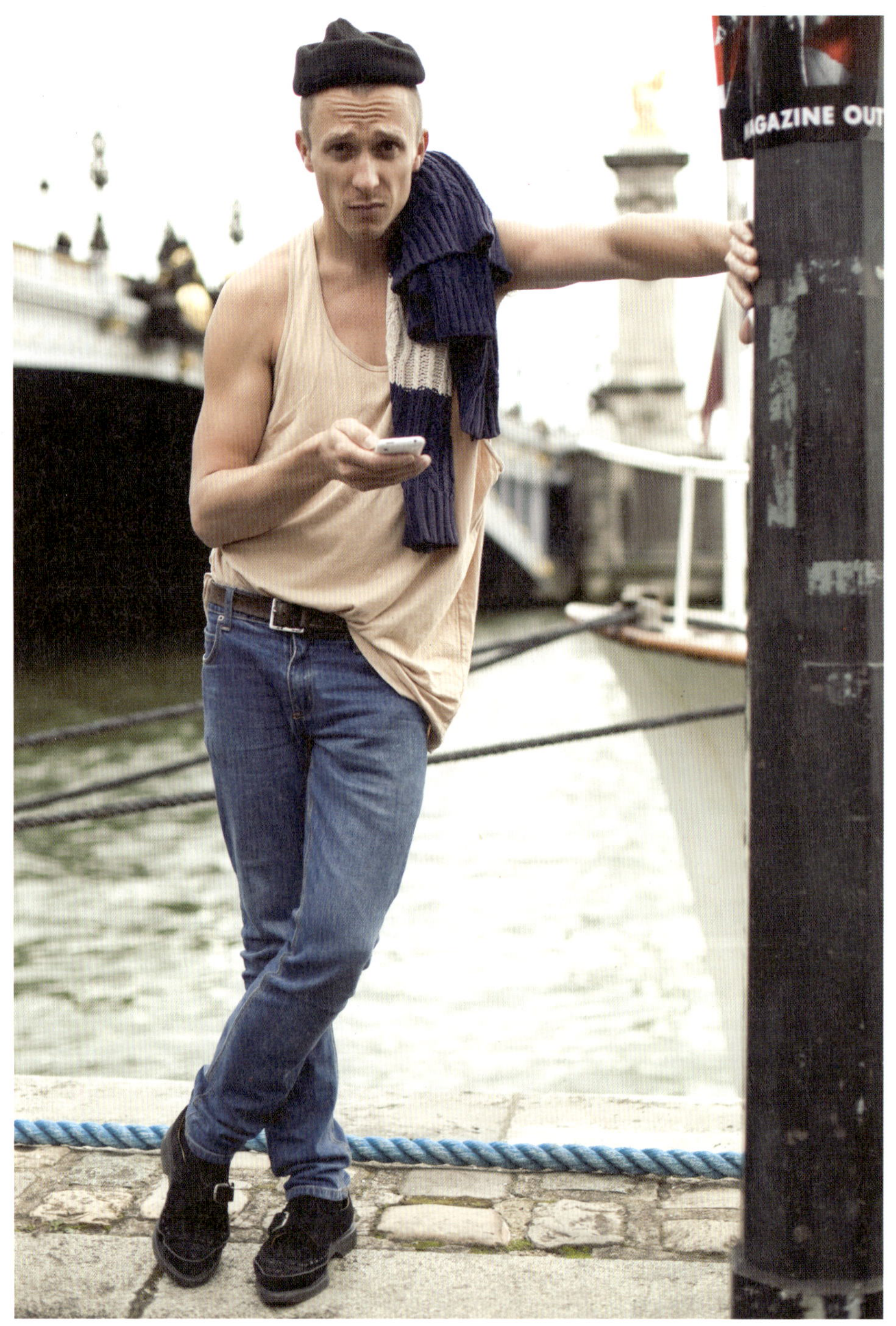
MAGAZINE OUT

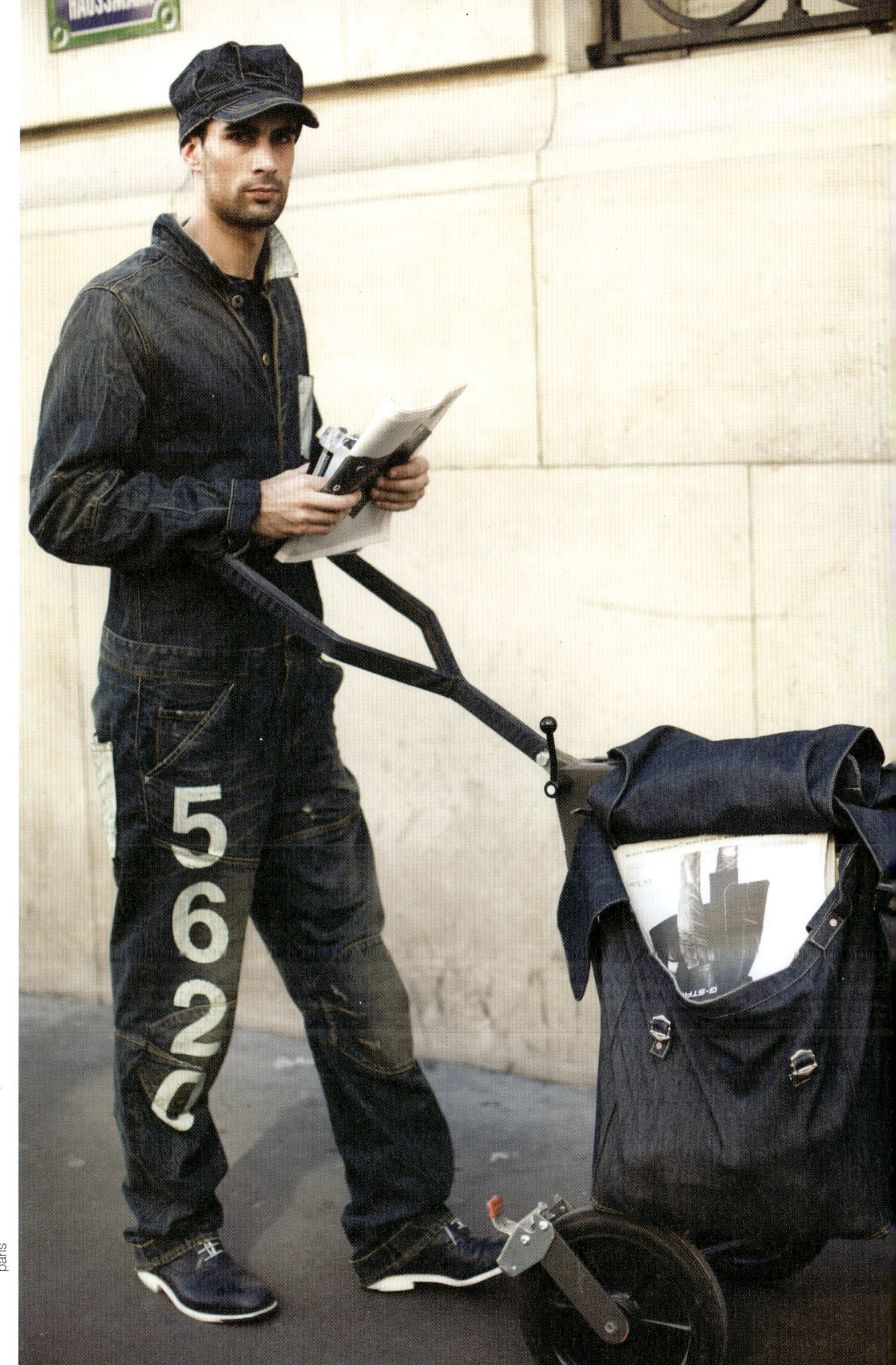
HAUSSMANN

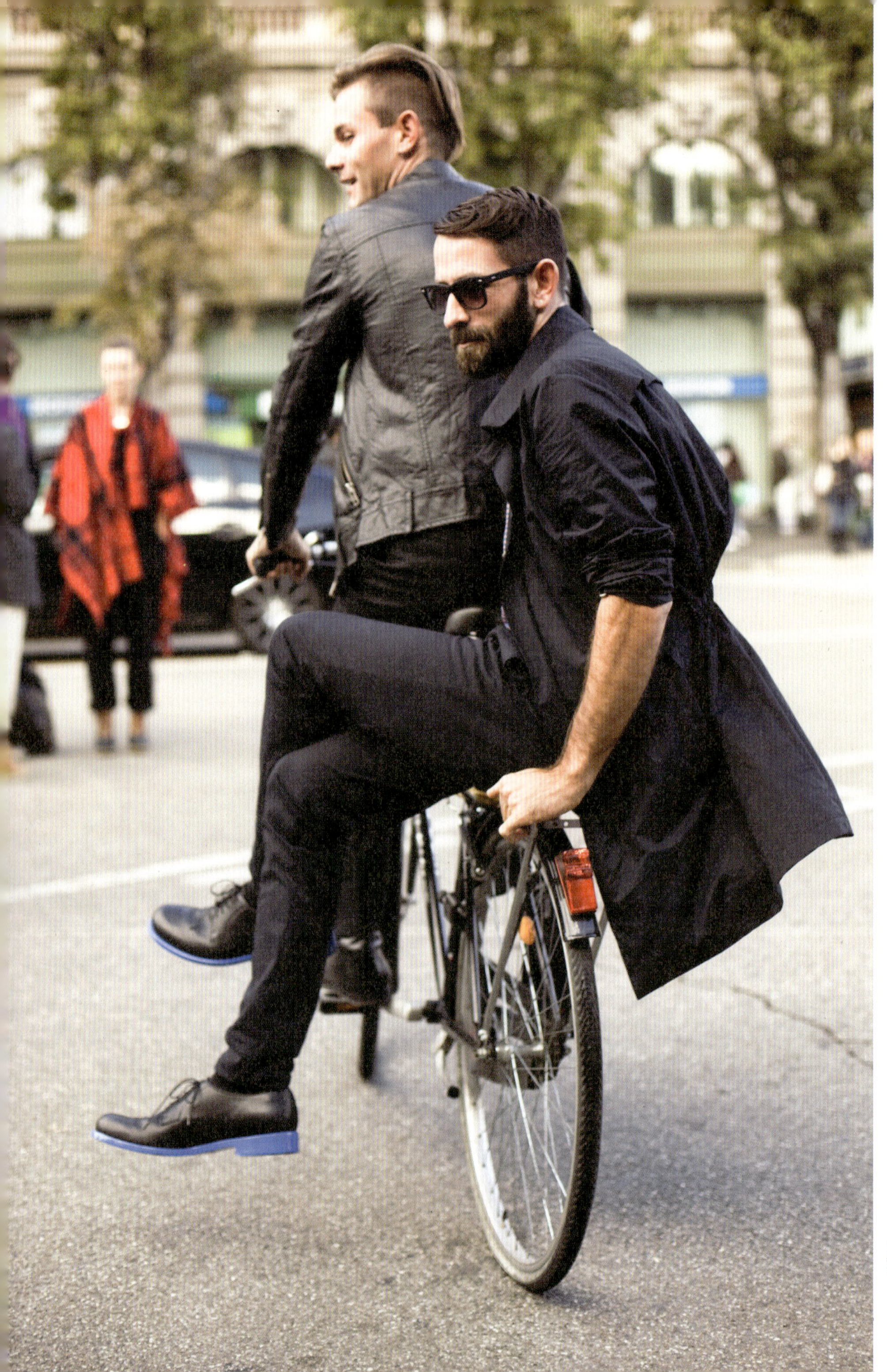

milan

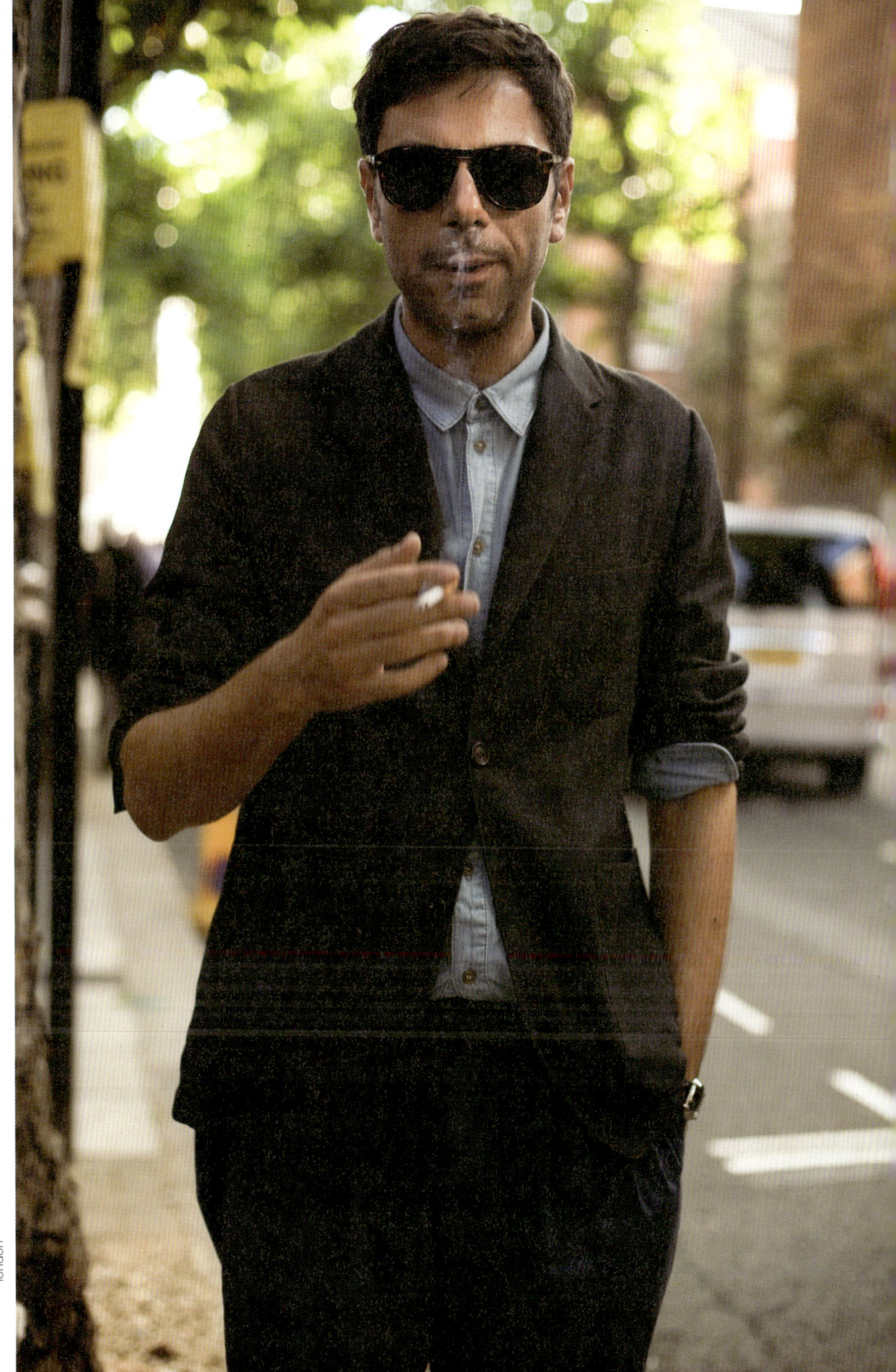
london

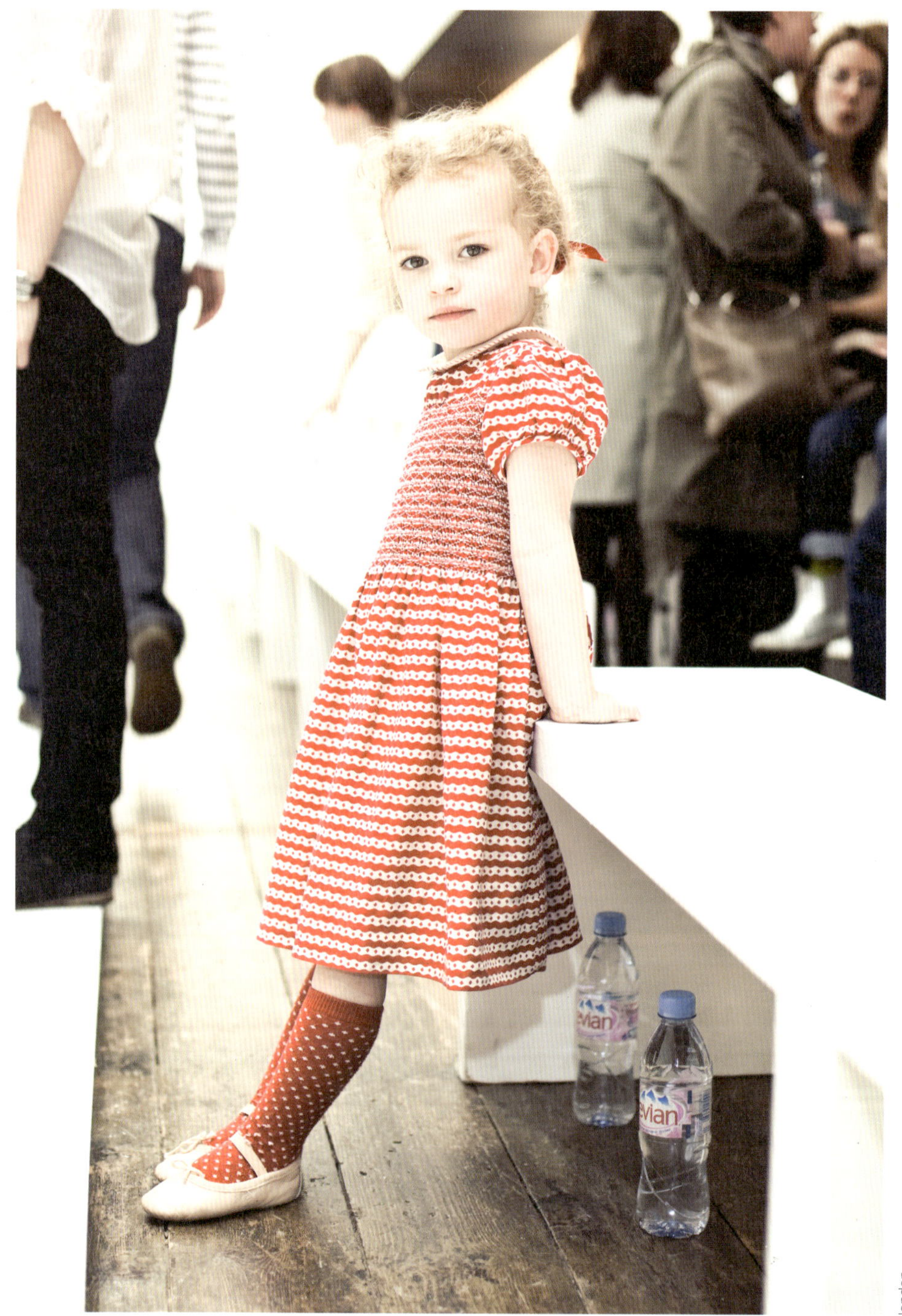

london

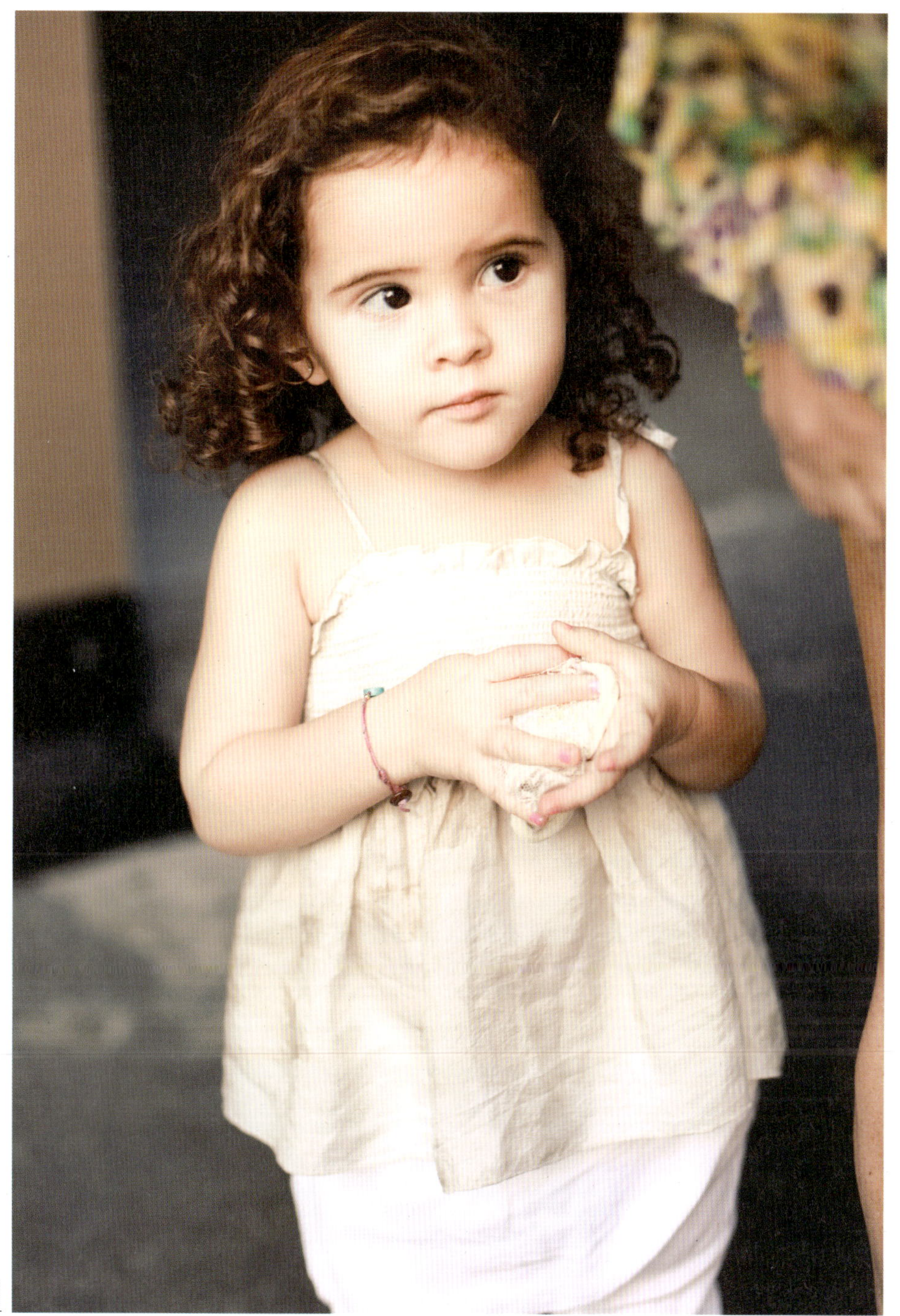

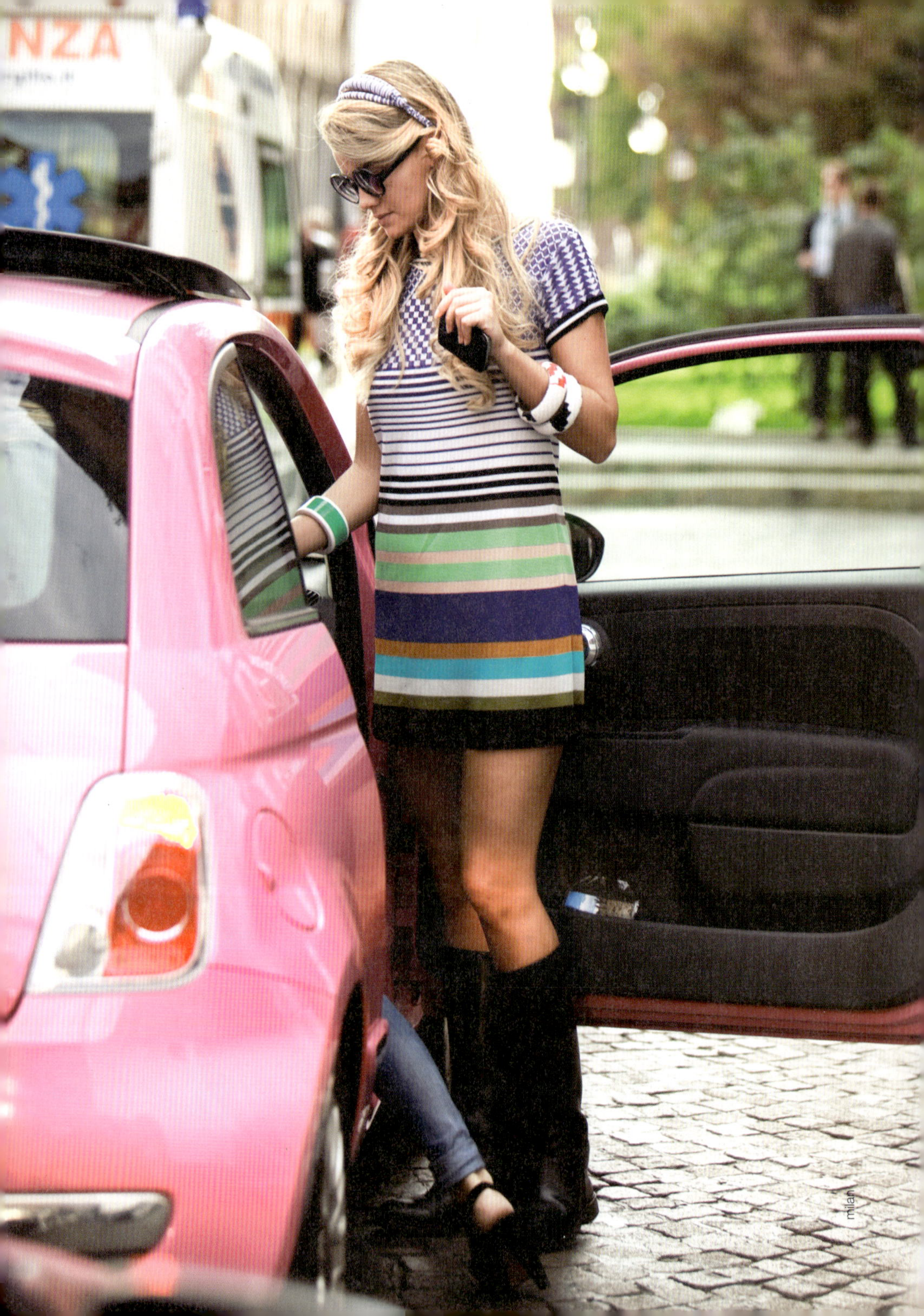
NZA
milan

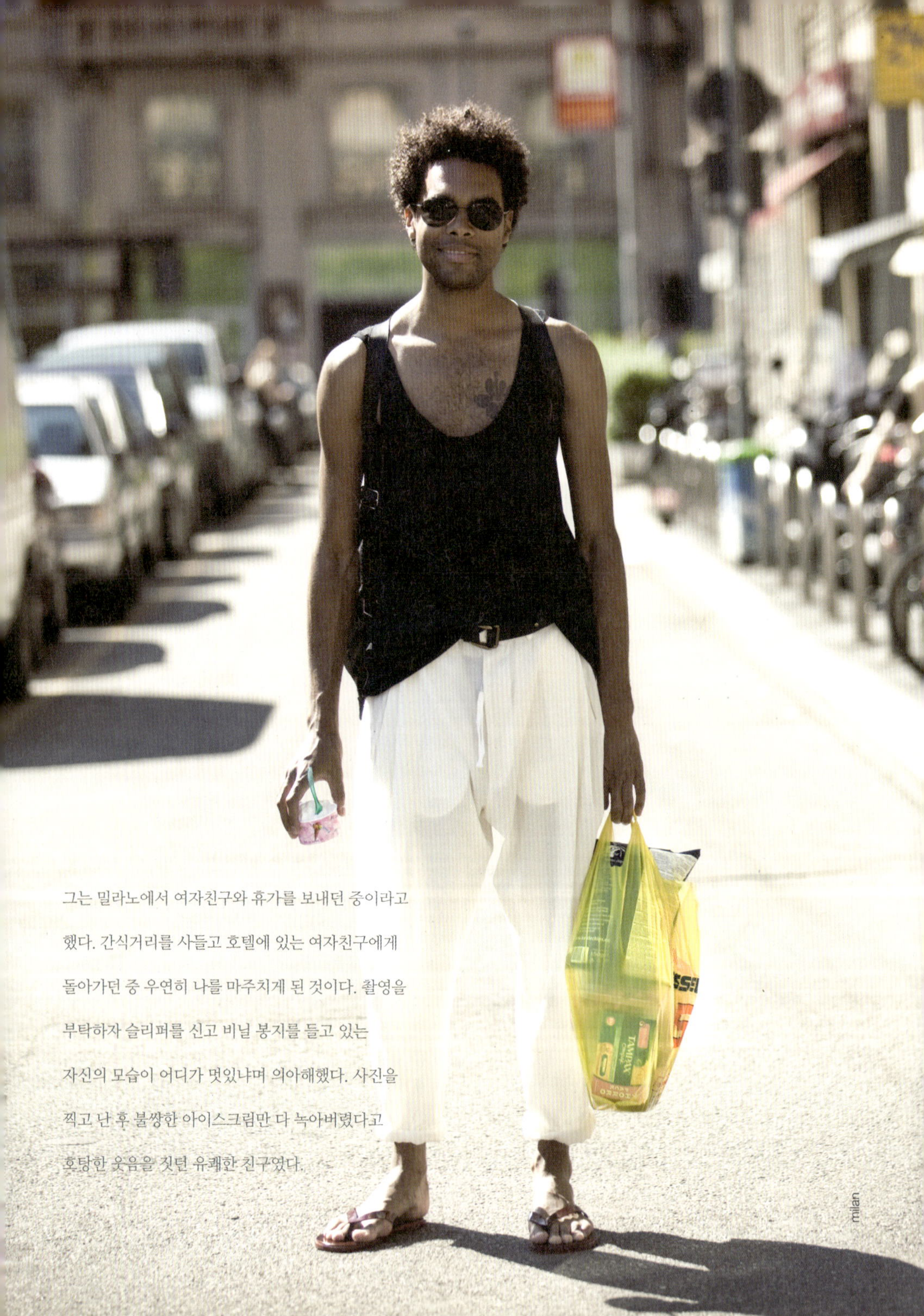

그는 밀라노에서 여자친구와 휴가를 보내던 중이라고
했다. 간식거리를 사들고 호텔에 있는 여자친구에게
돌아가던 중 우연히 나를 마주치게 된 것이다. 촬영을
부탁하자 슬리퍼를 신고 비닐 봉지를 들고 있는
자신의 모습이 어디가 멋있냐며 의아해했다. 사진을
찍고 난 후 불쌍한 아이스크림만 다 녹아버렸다고
홋탕한 웃음을 짓던 유쾌한 친구였다.

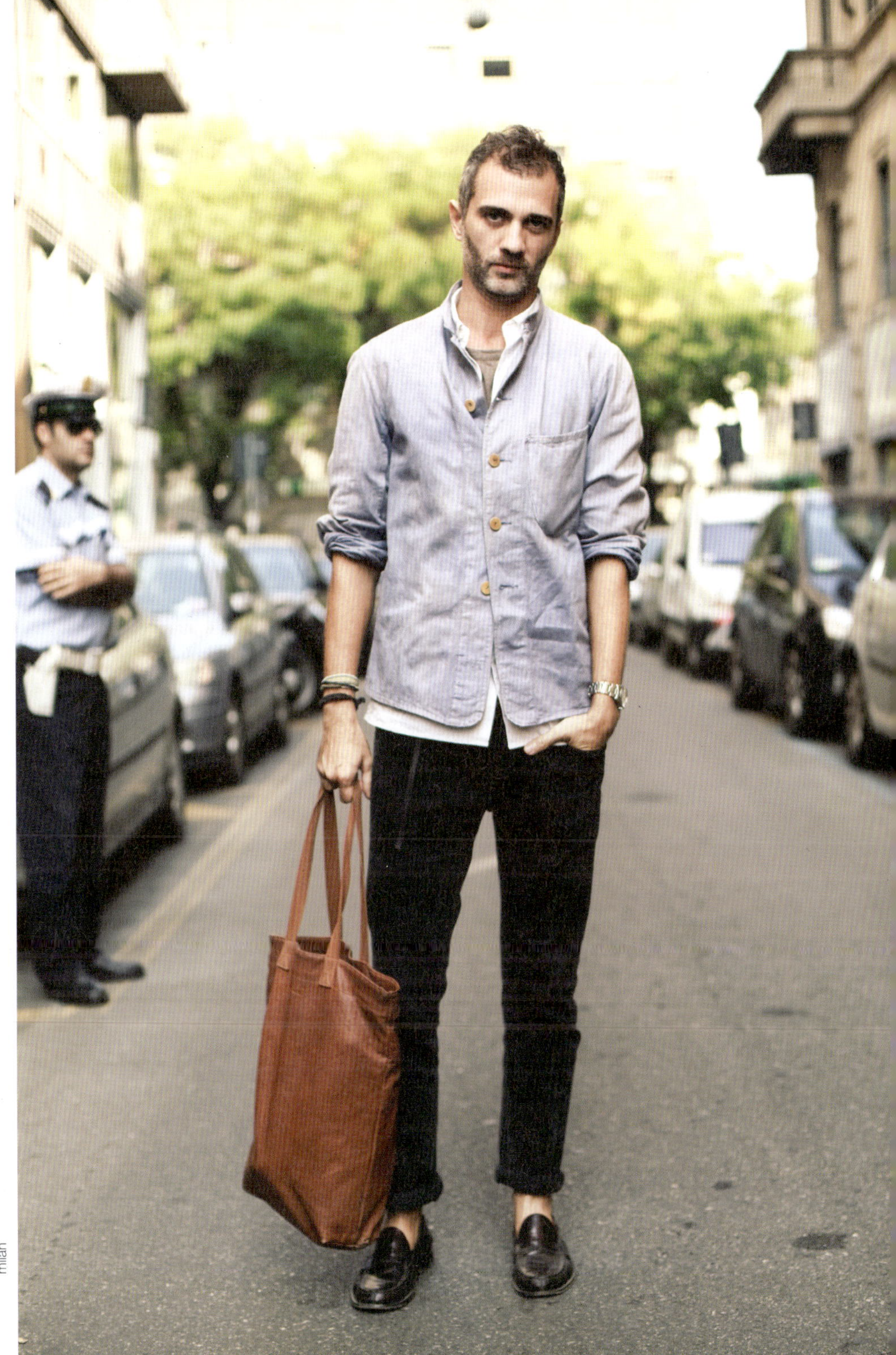

milan

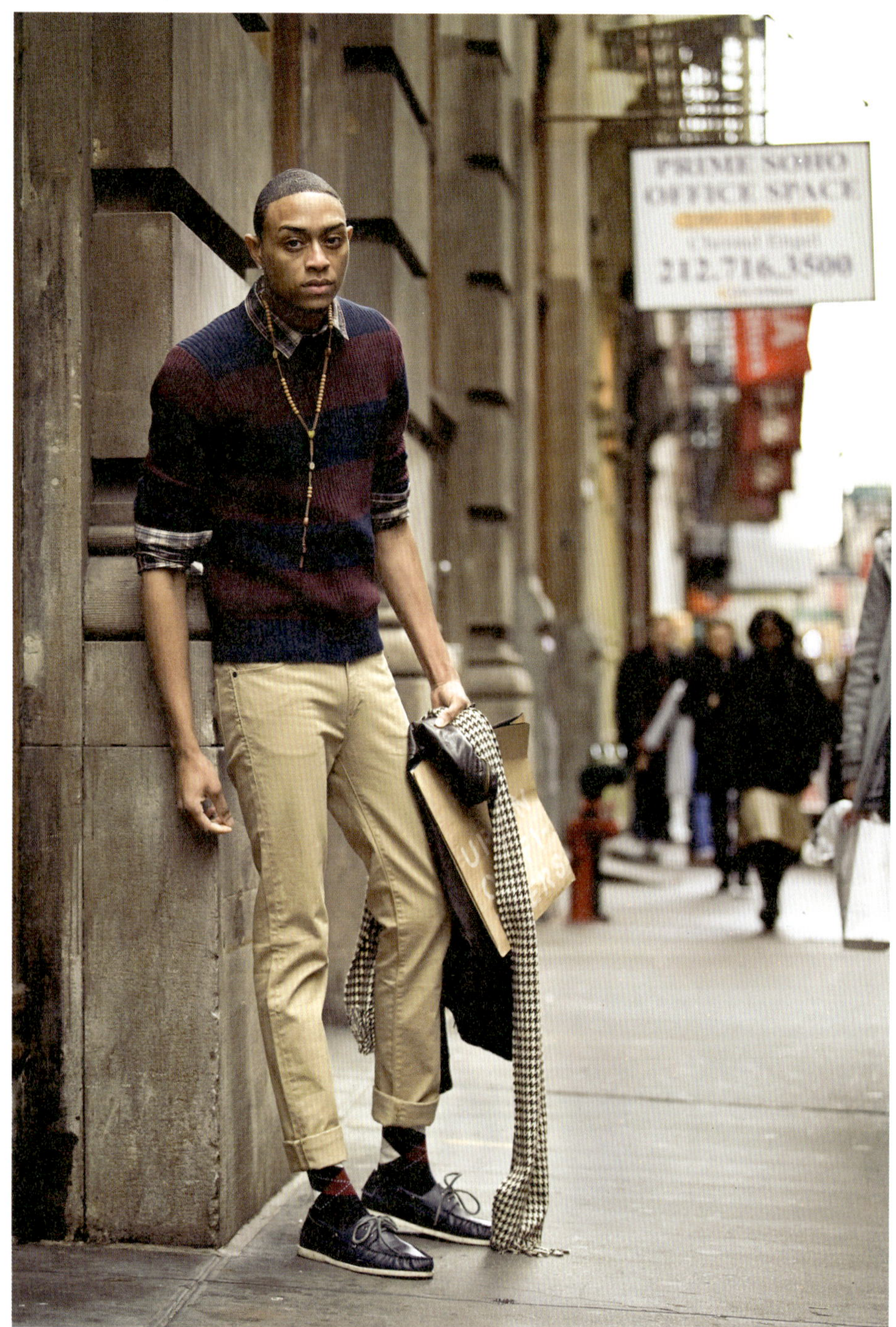

PRIME SOHO
OFFICE SPACE
212.716.3500

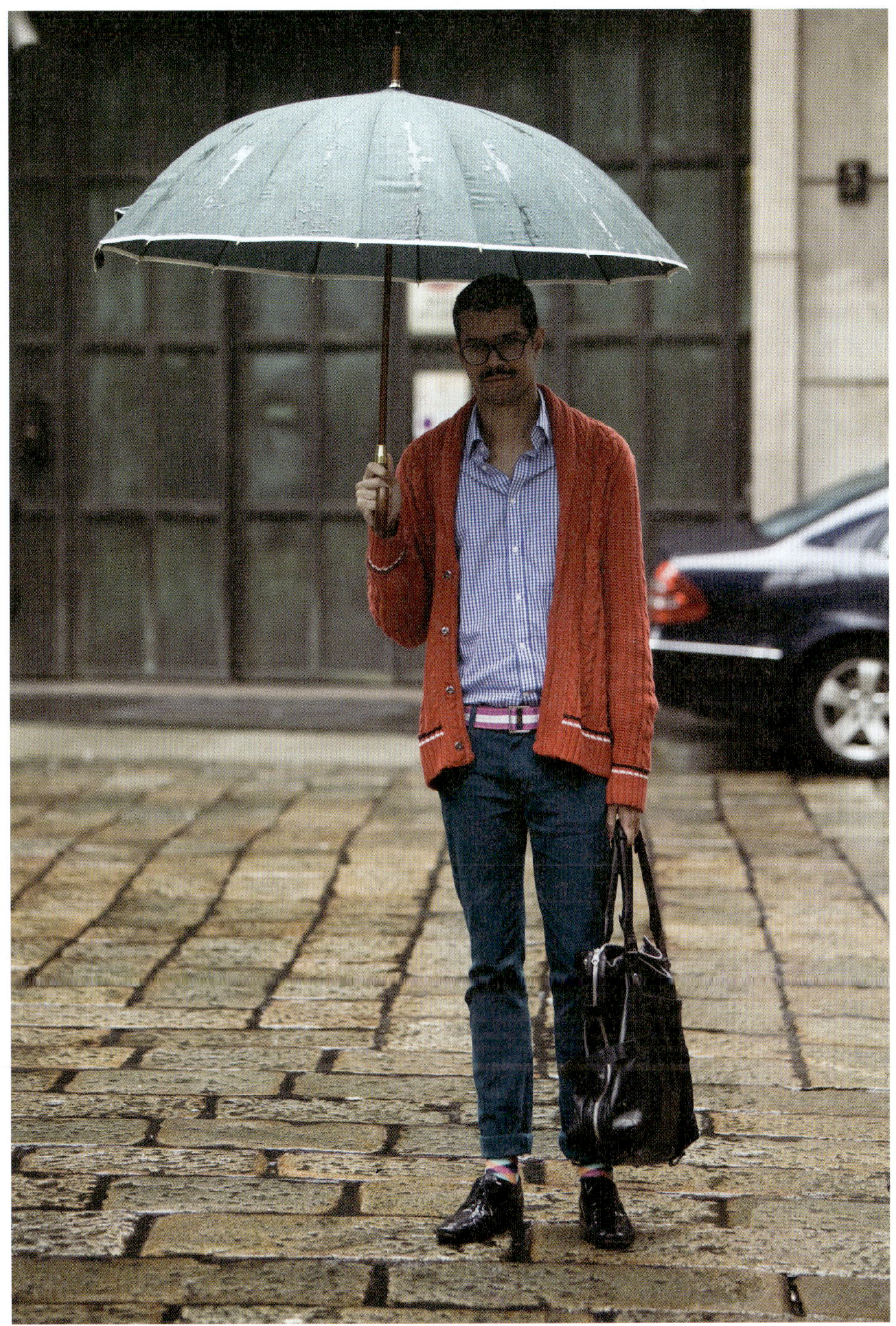

milan

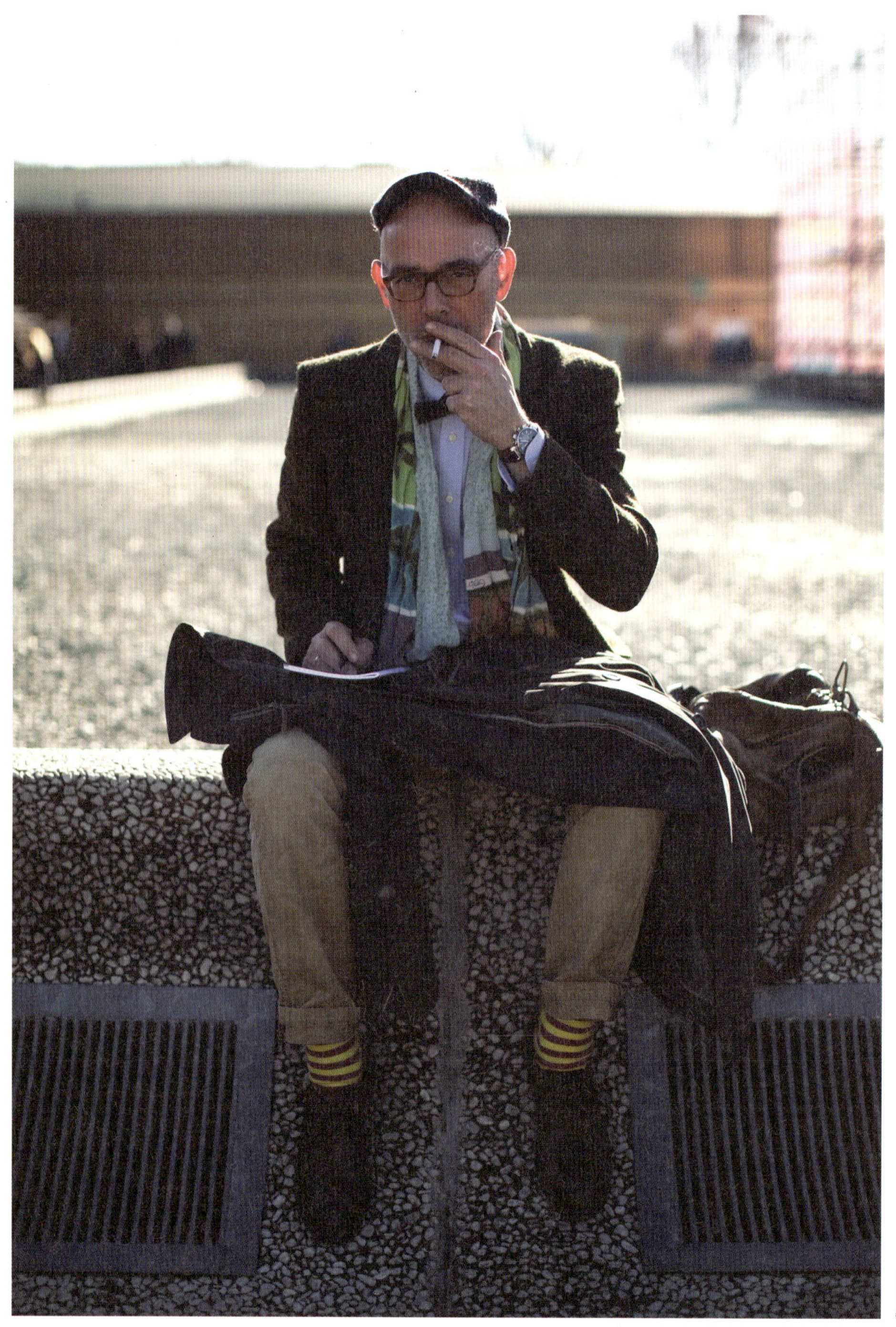

florence

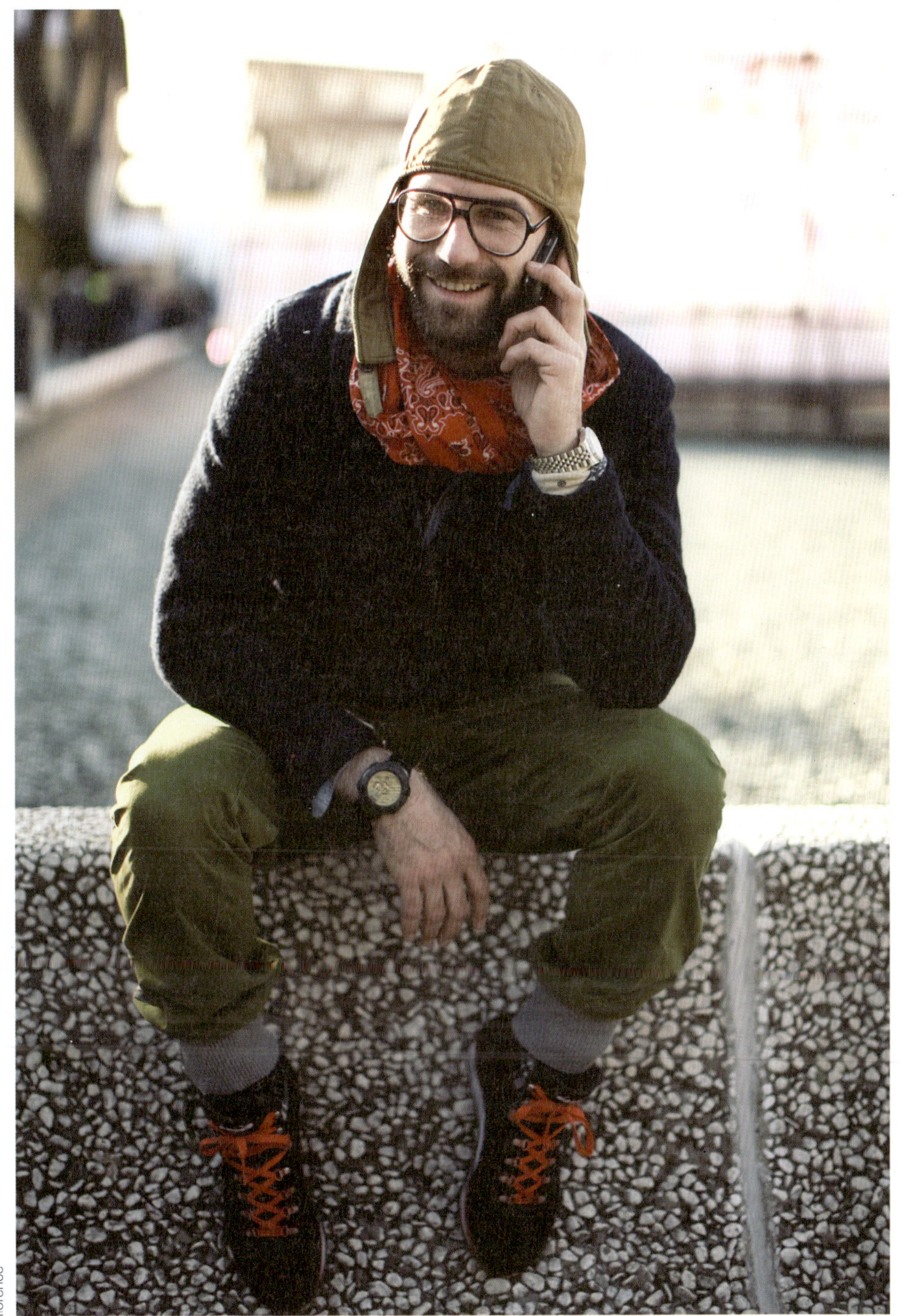

florence

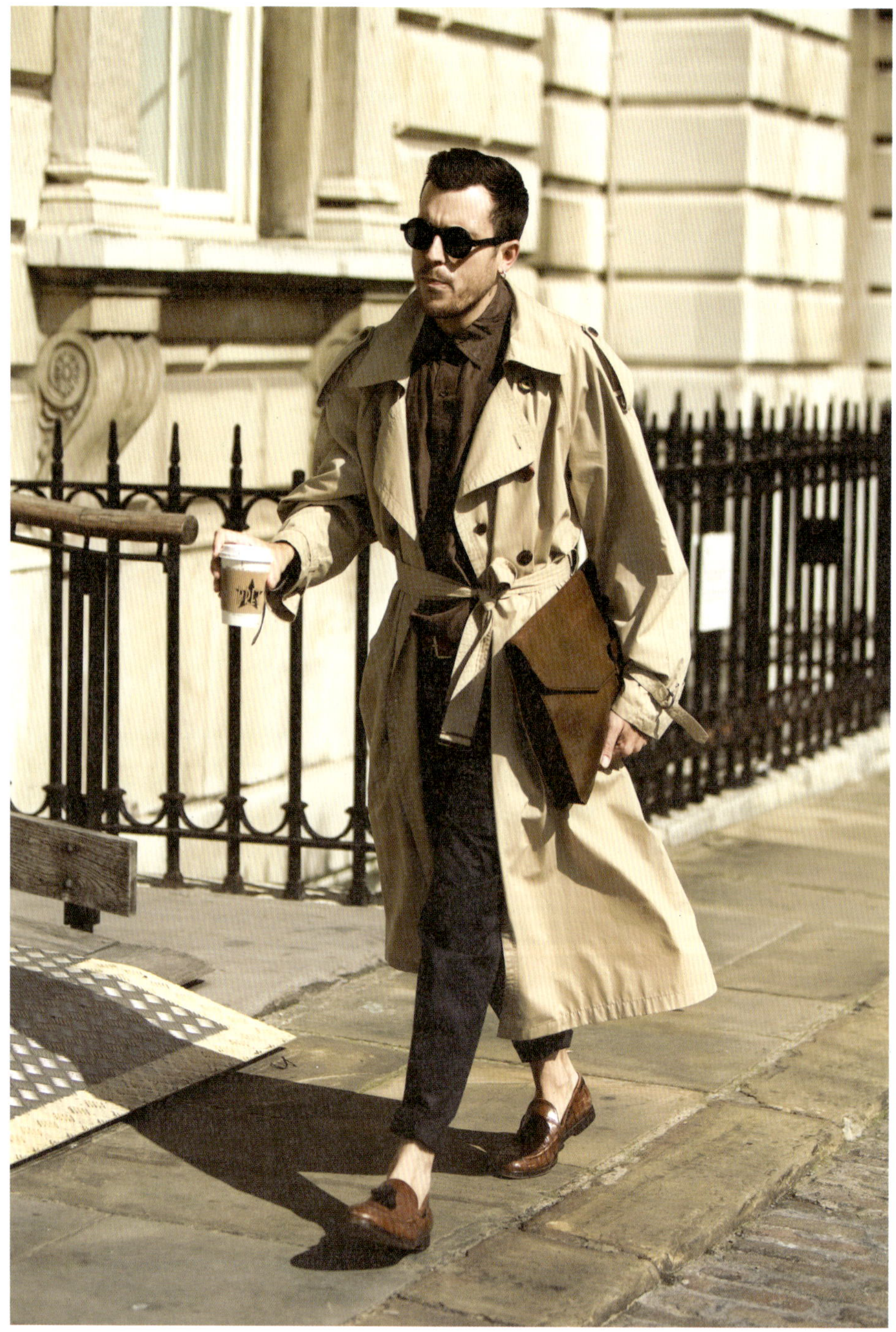

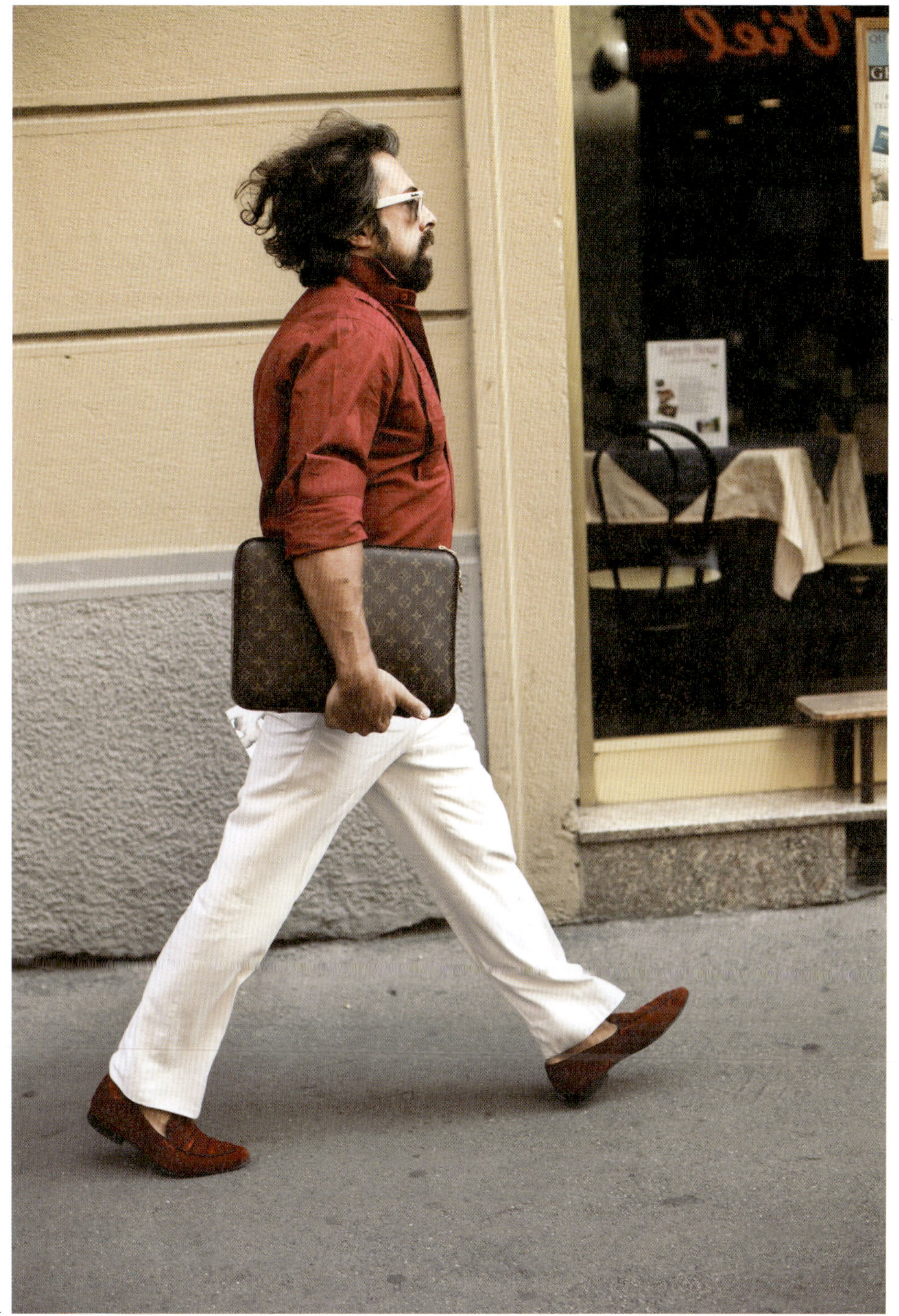

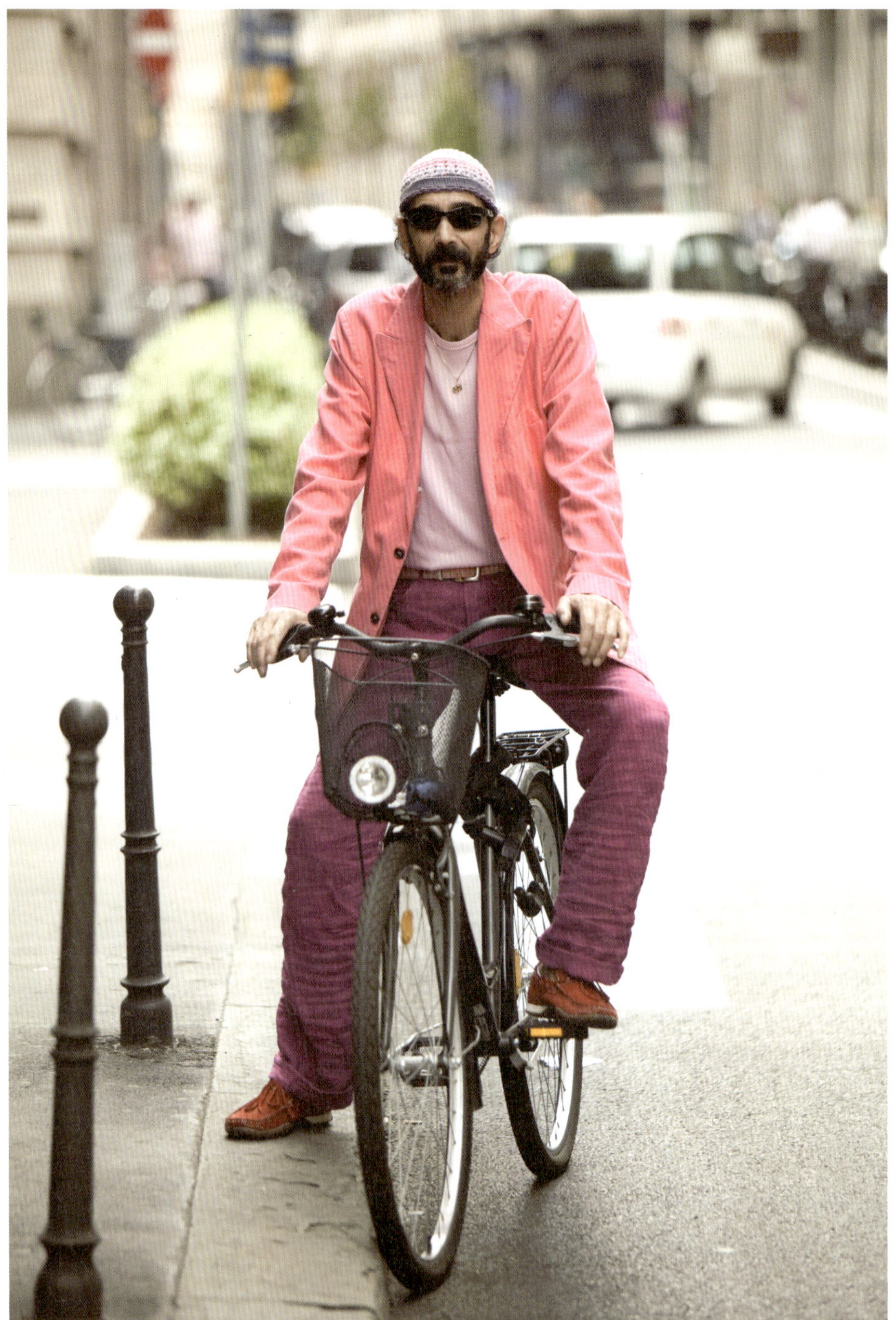

milan

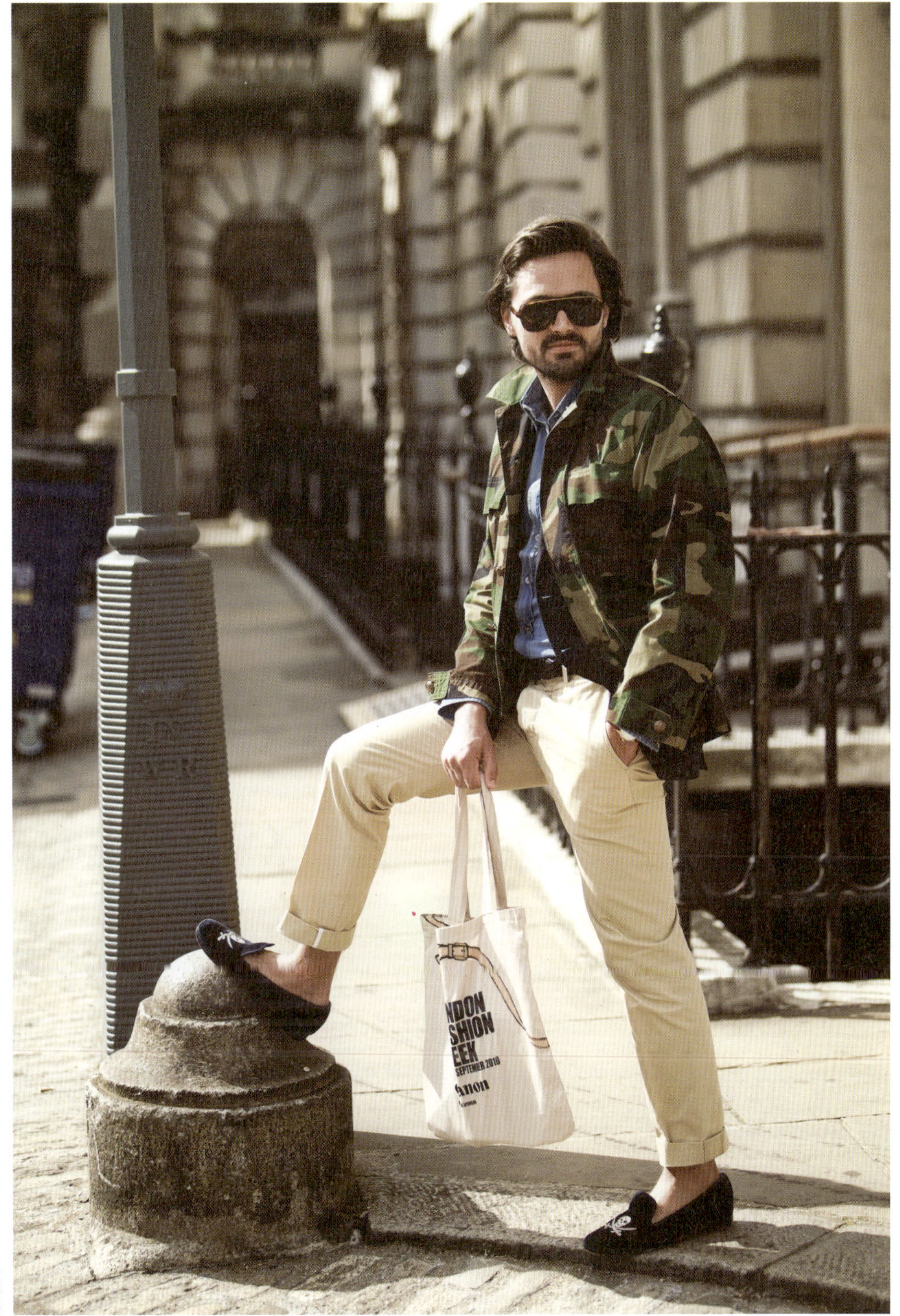
LONDON
FASHION
WEEK
SEPTEMBER 2010
anon

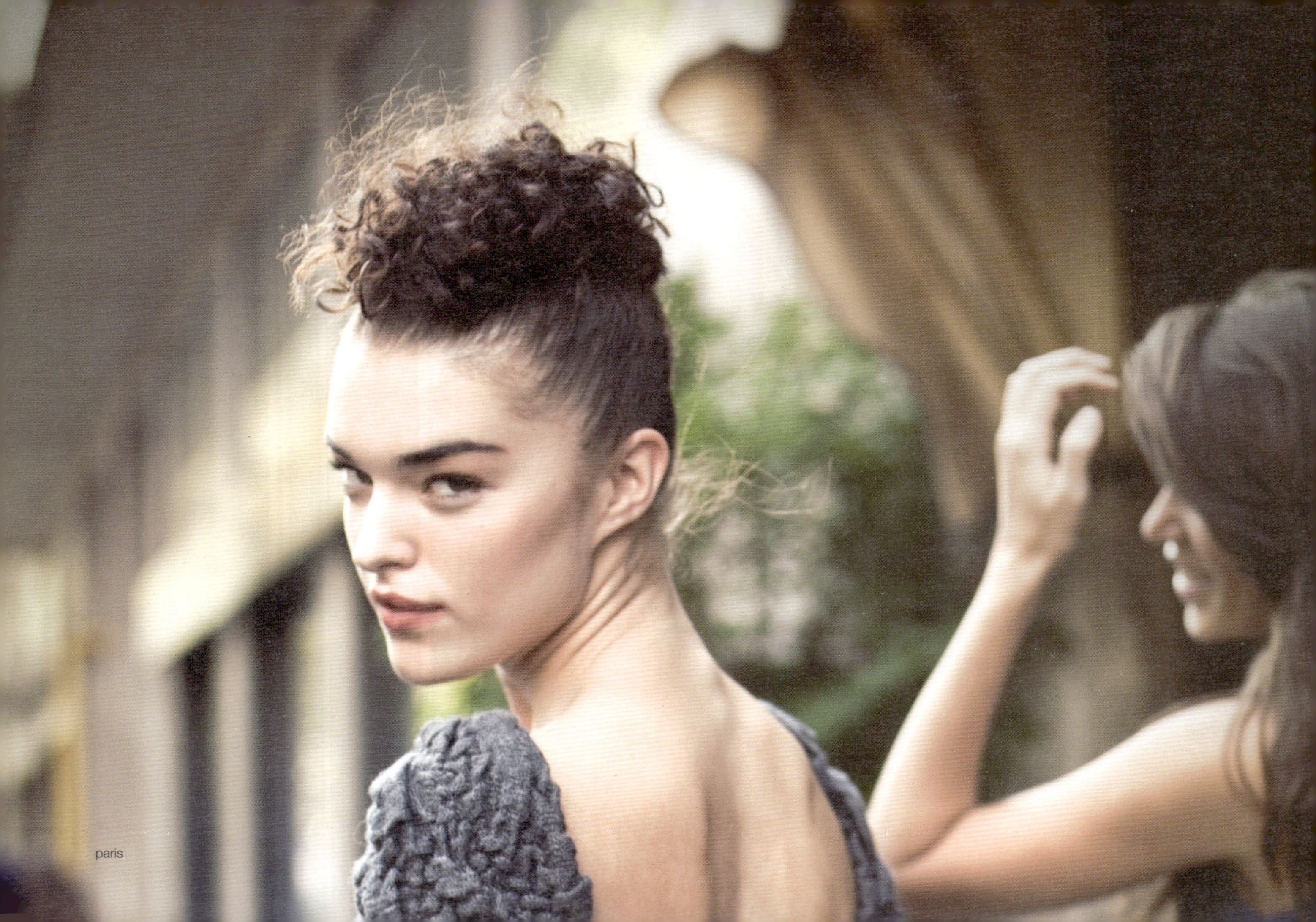
paris

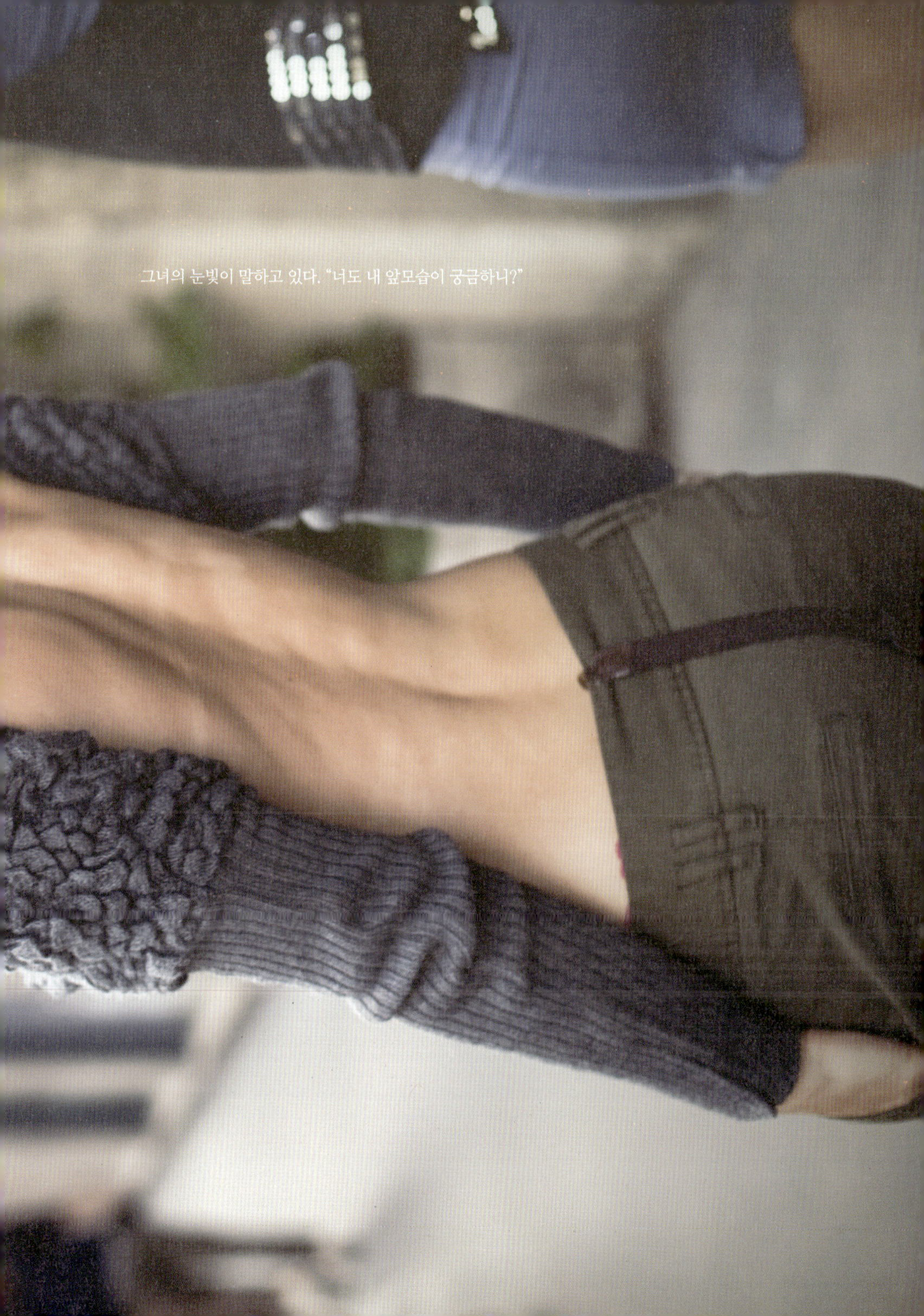
그녀의 눈빛이 말하고 있다. "너도 내 앞모습이 궁금하니?"

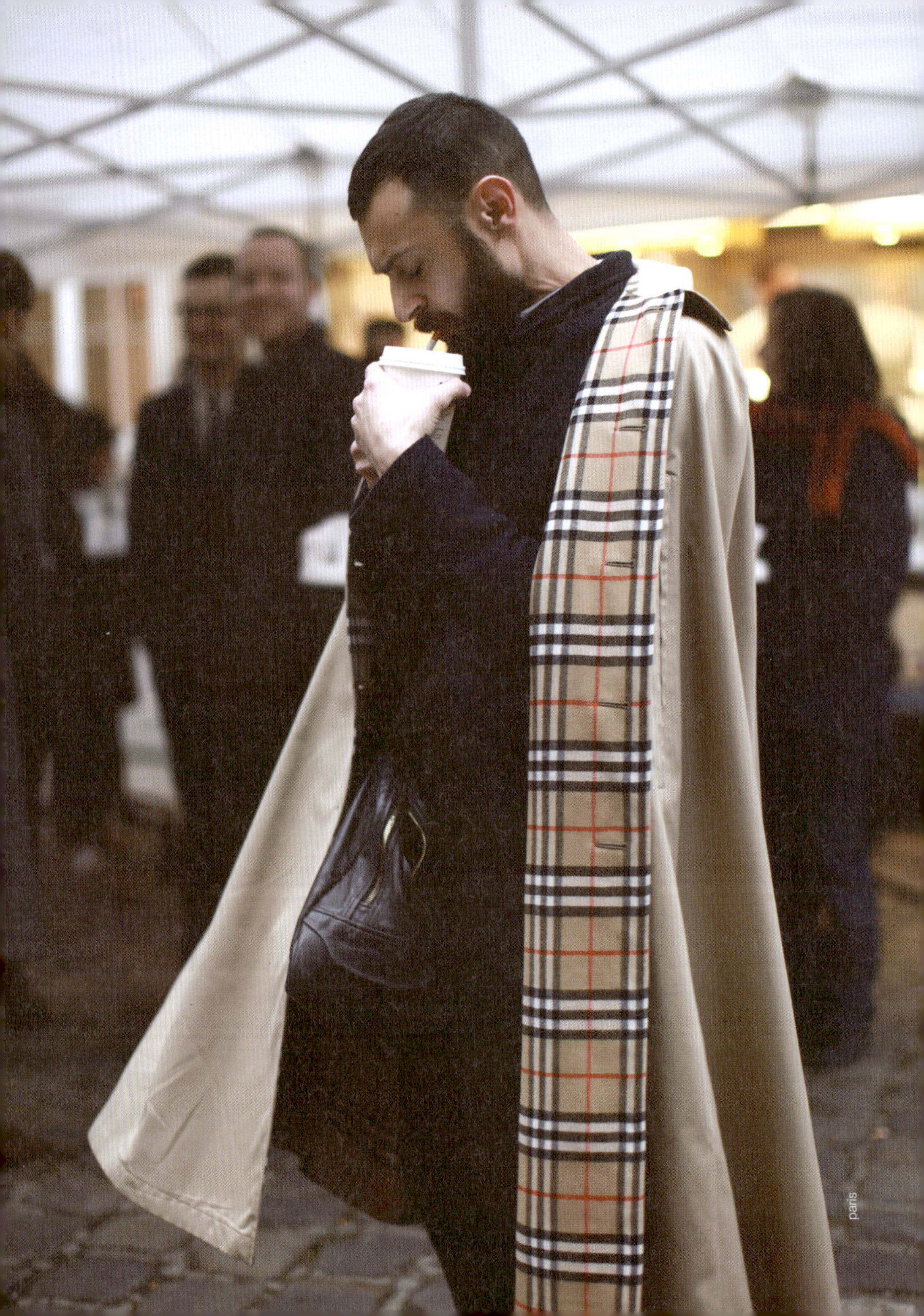
paris

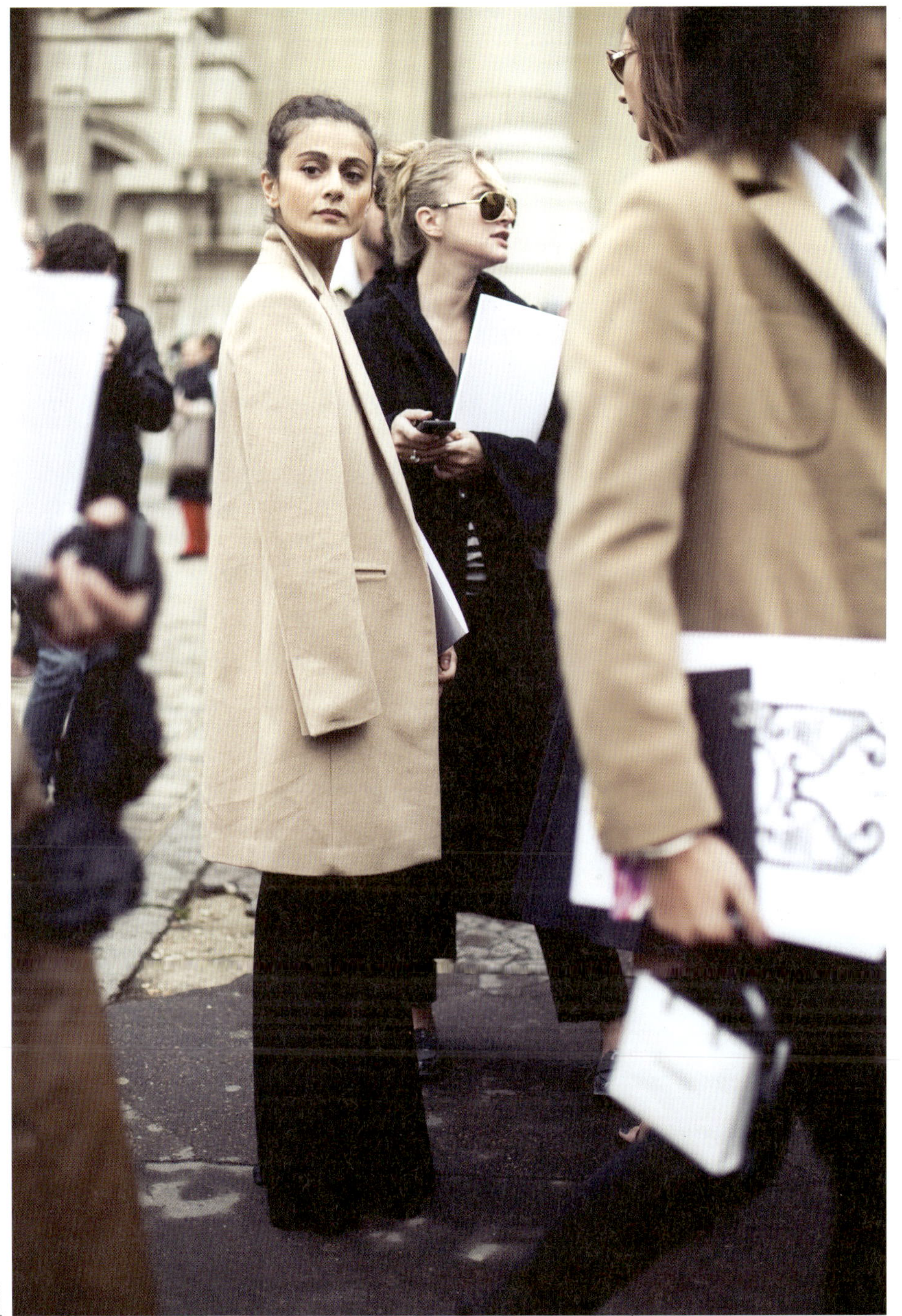

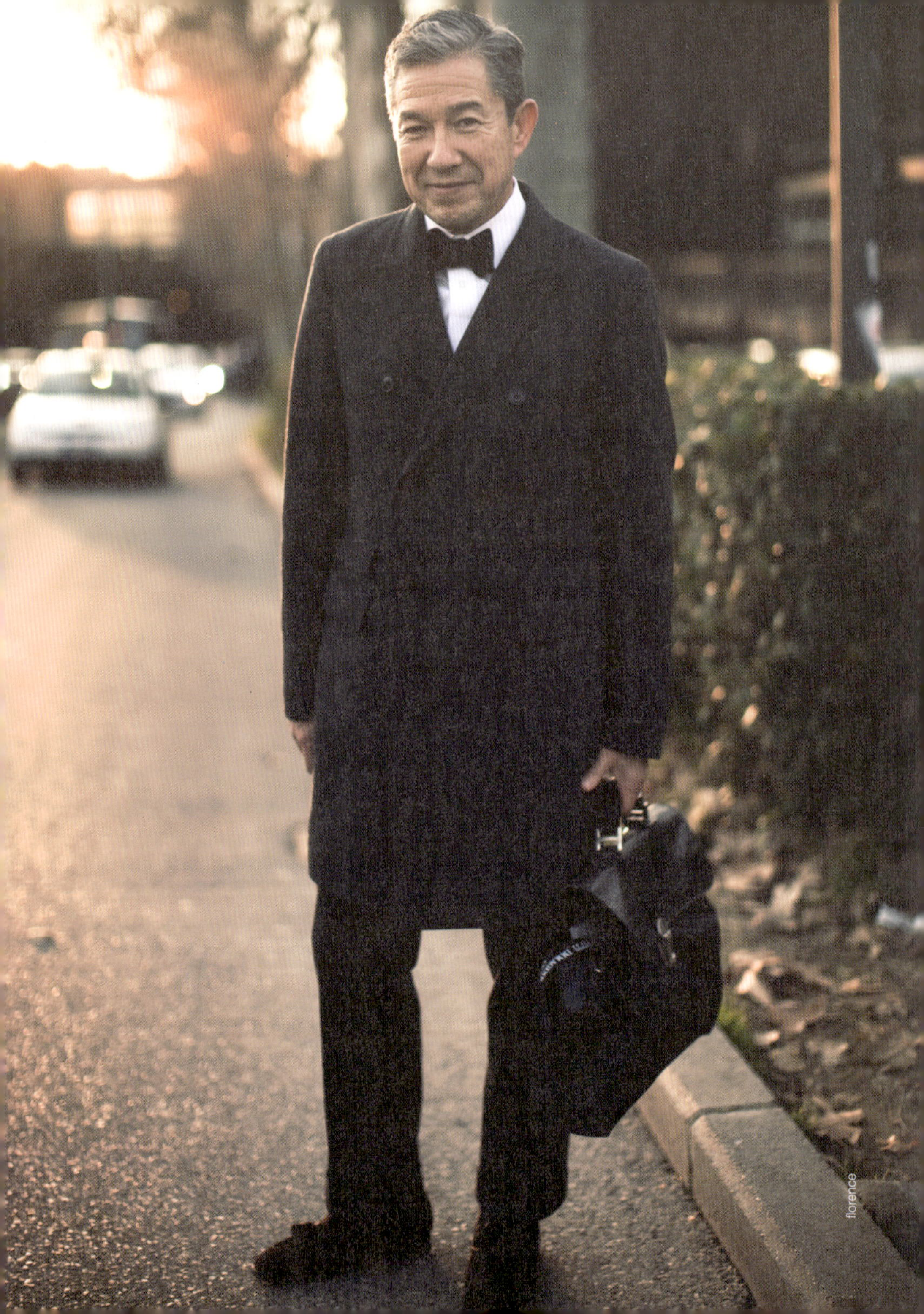
florence

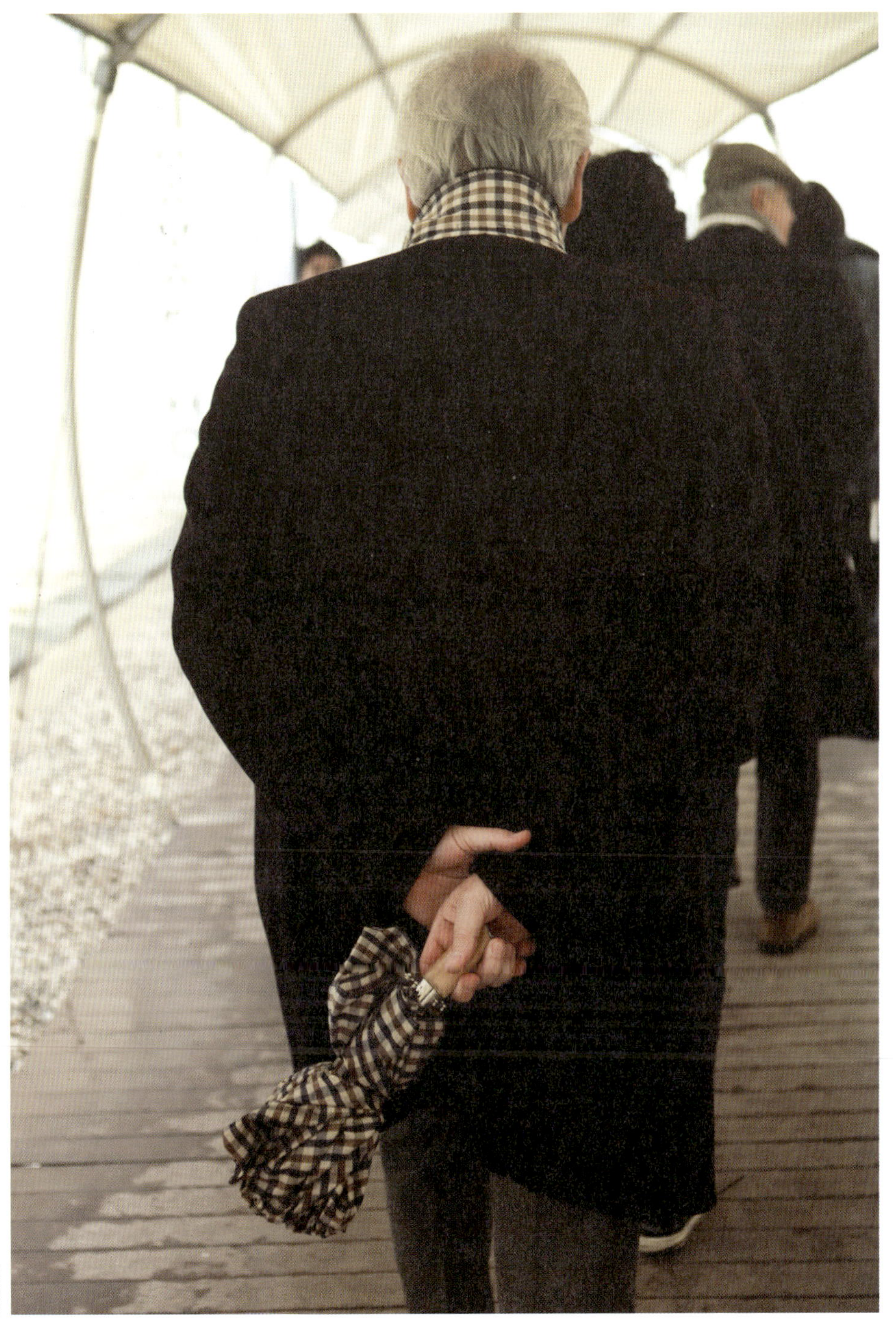
florence

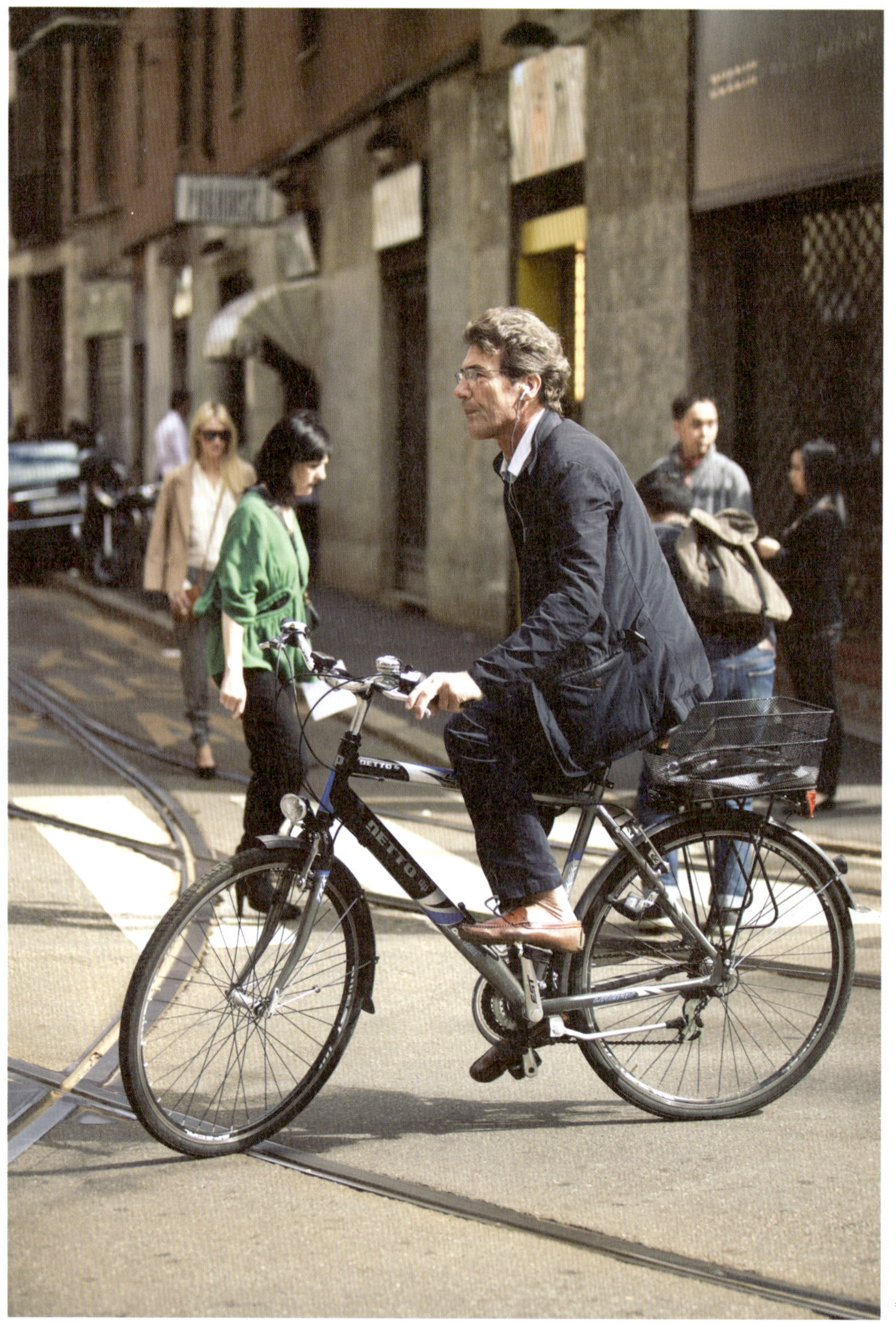

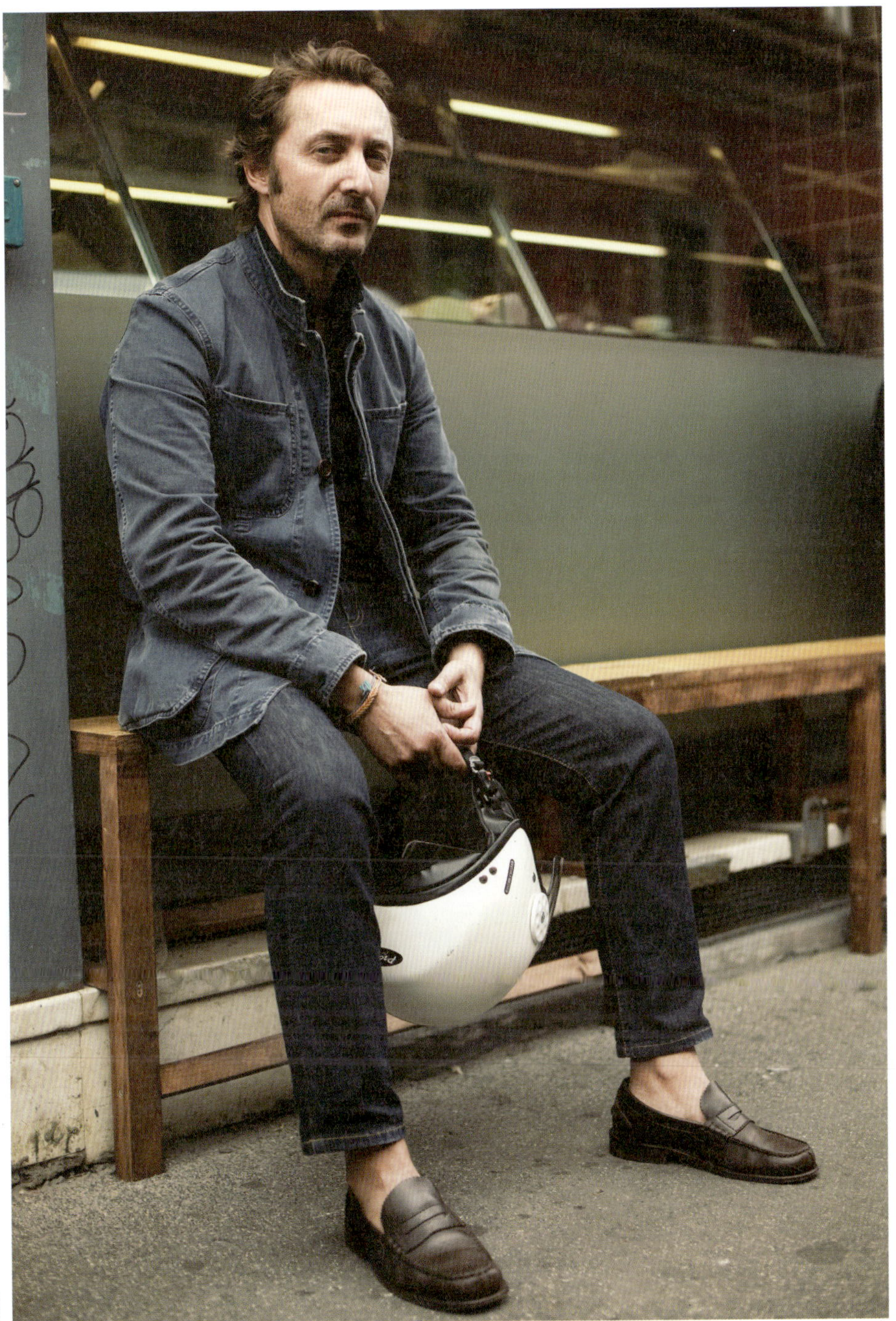

milan

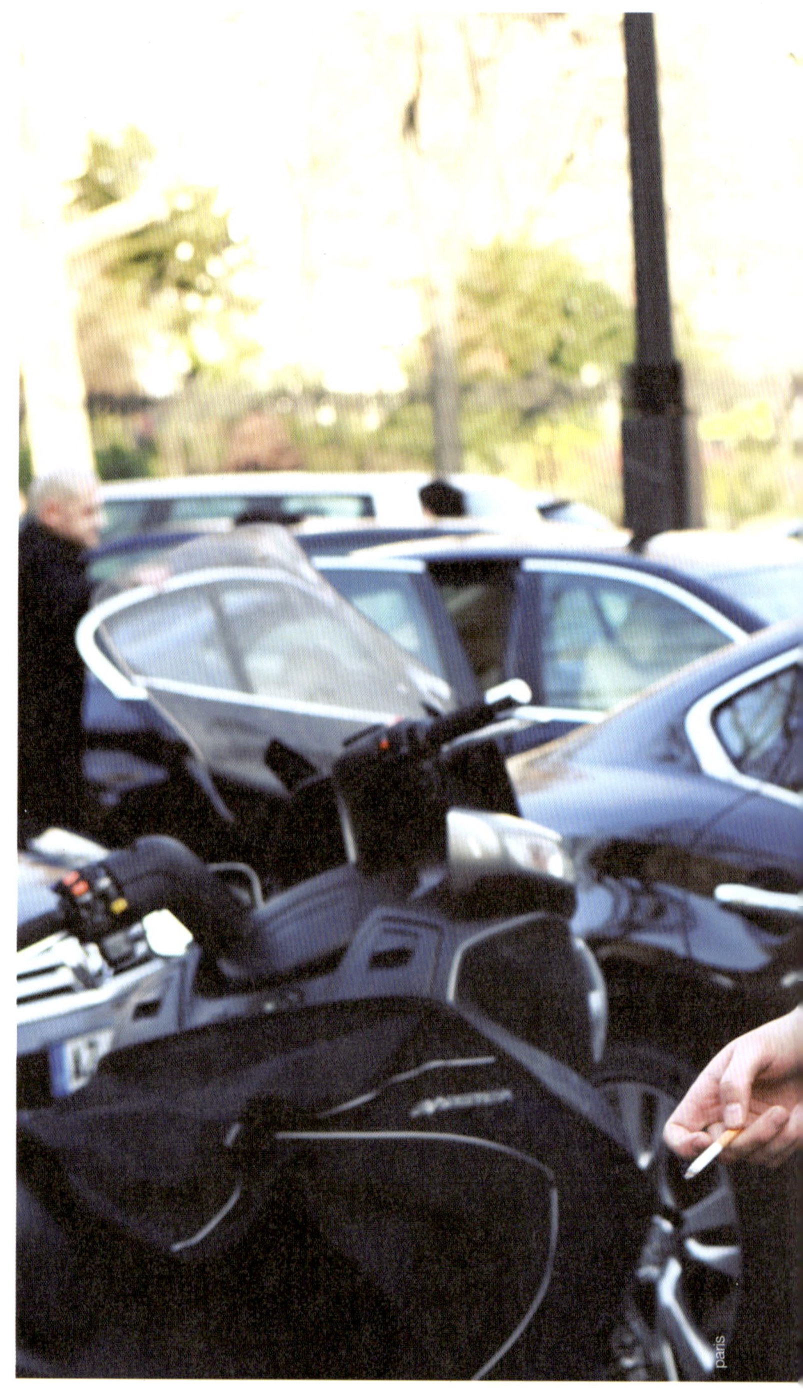
paris

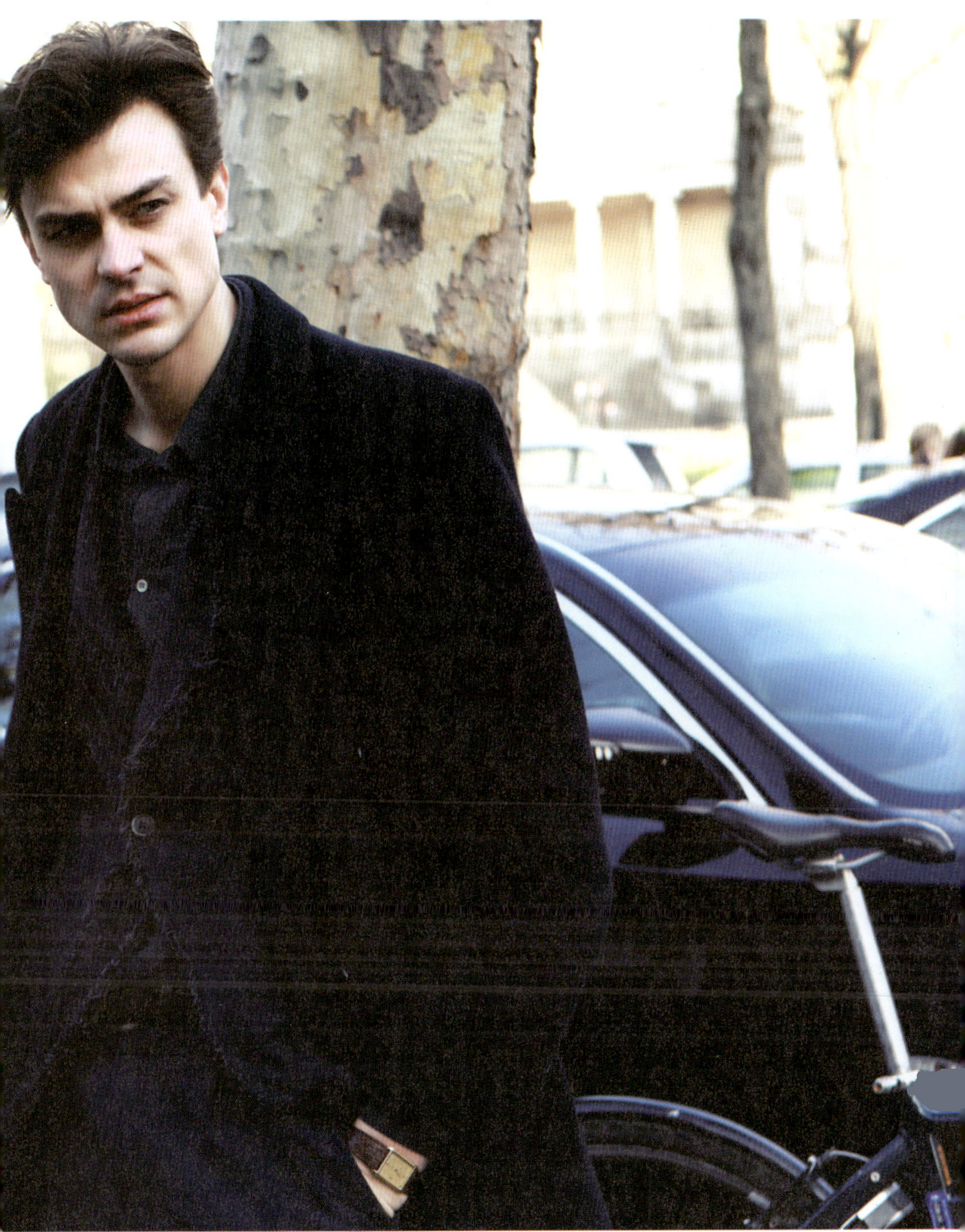

강한 바람에도 끄떡없더라.

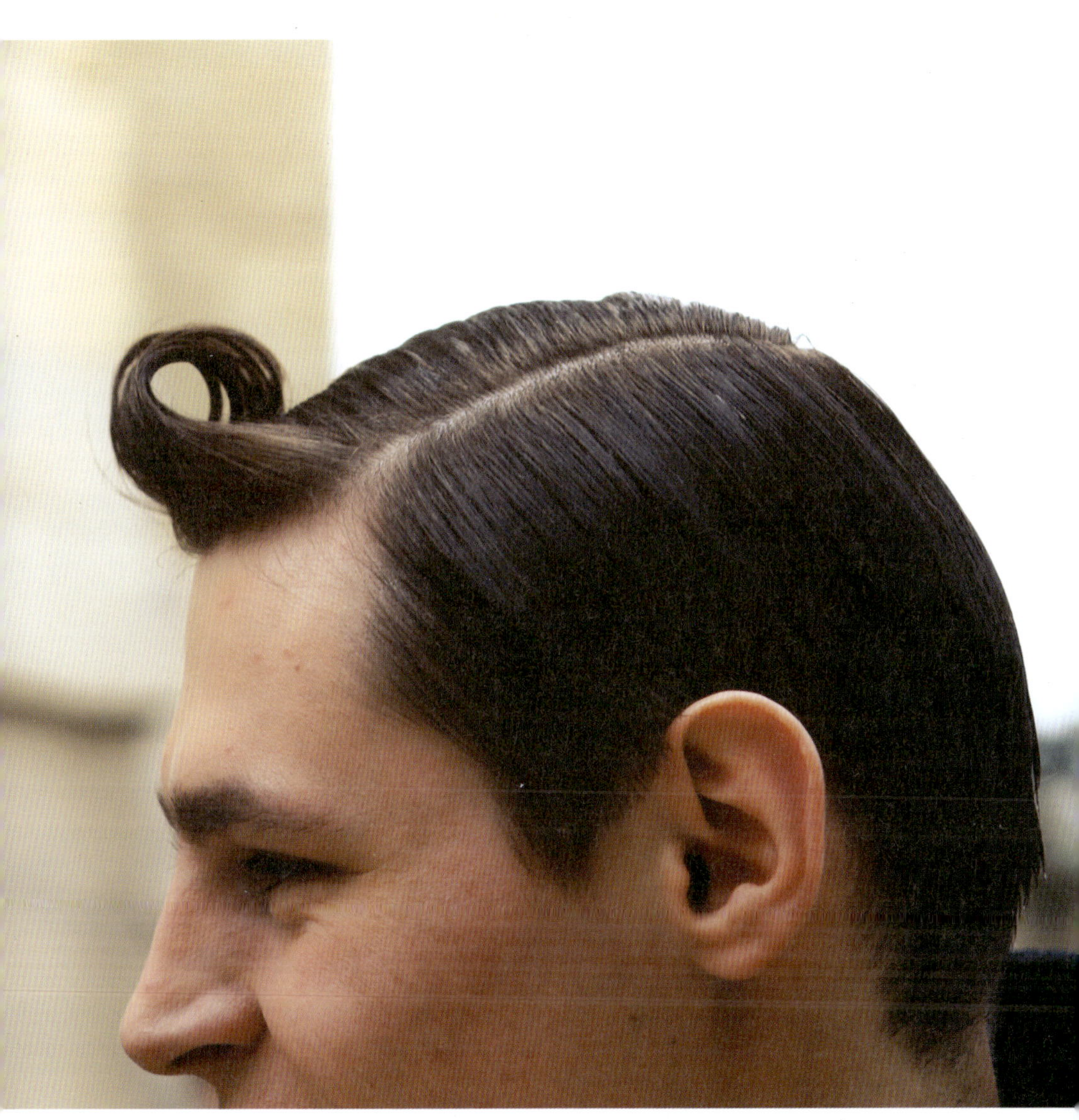

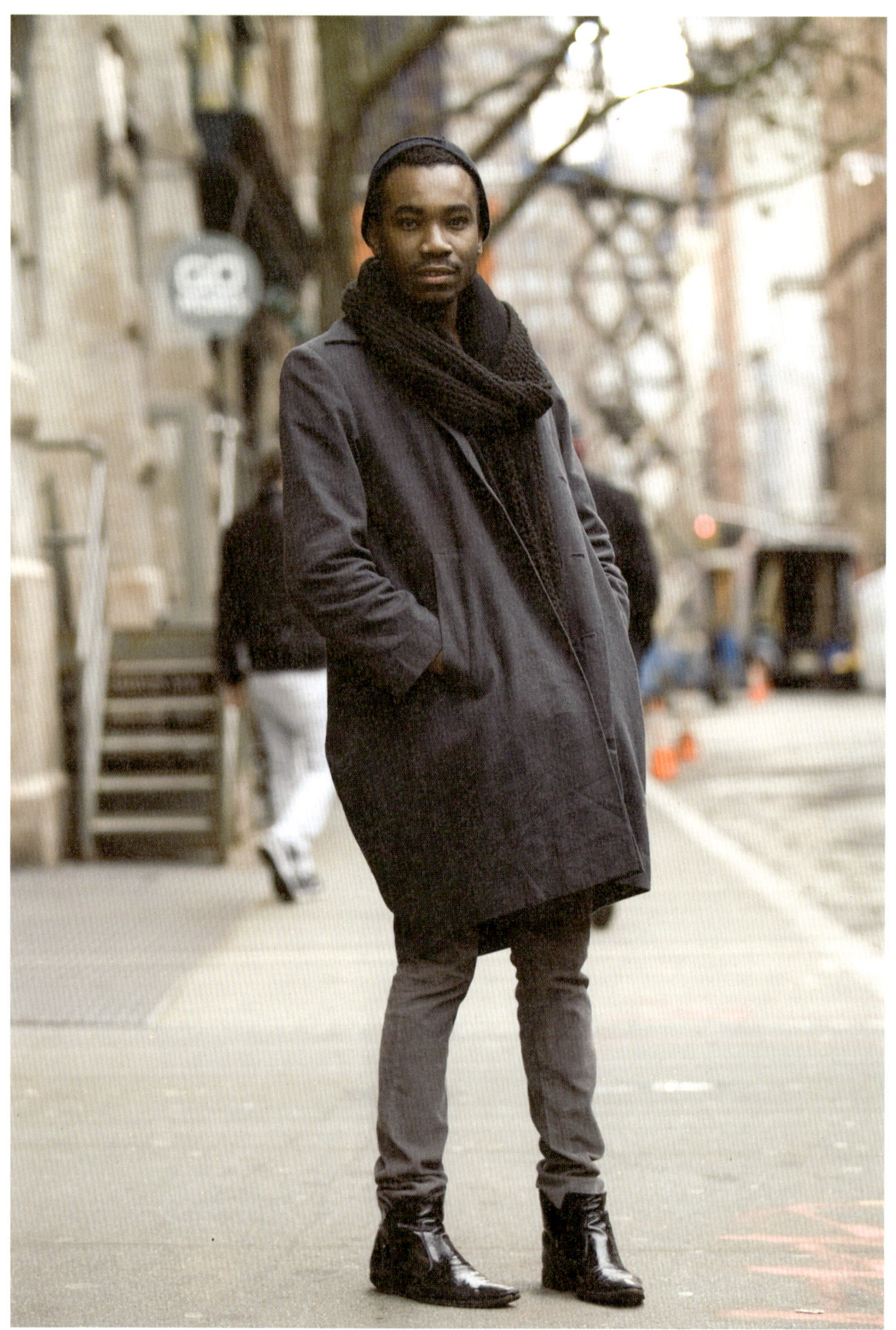

GO

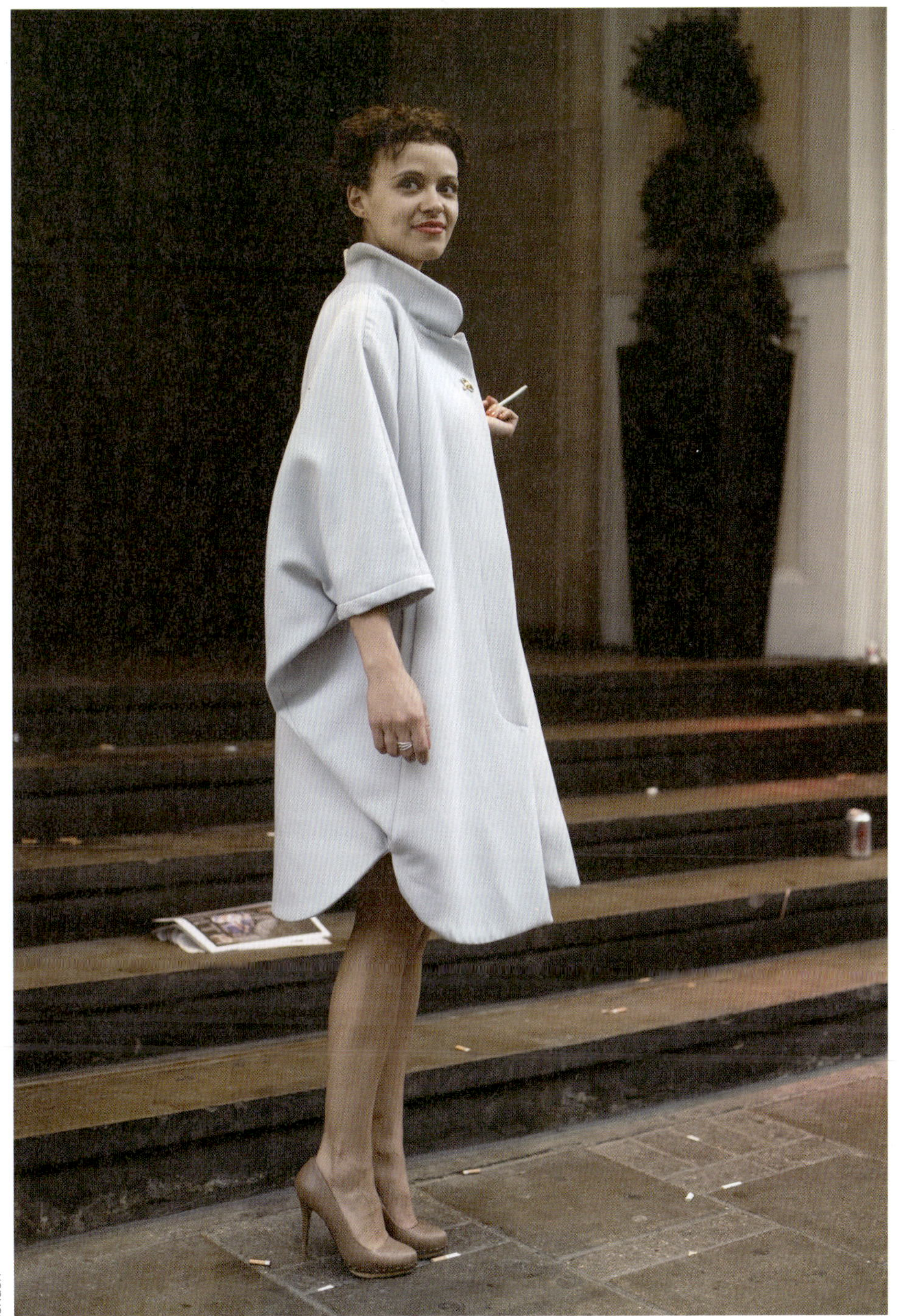
london

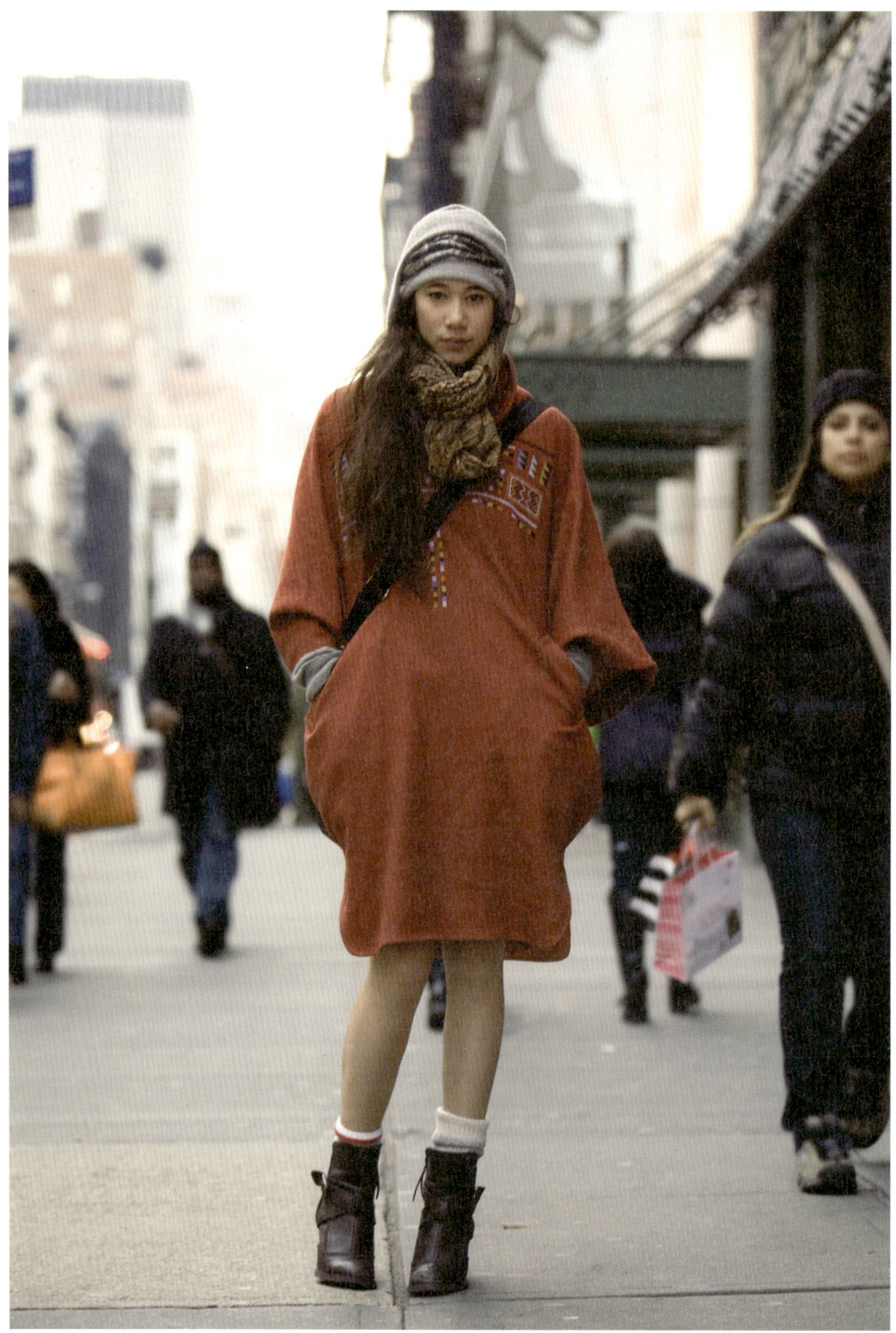

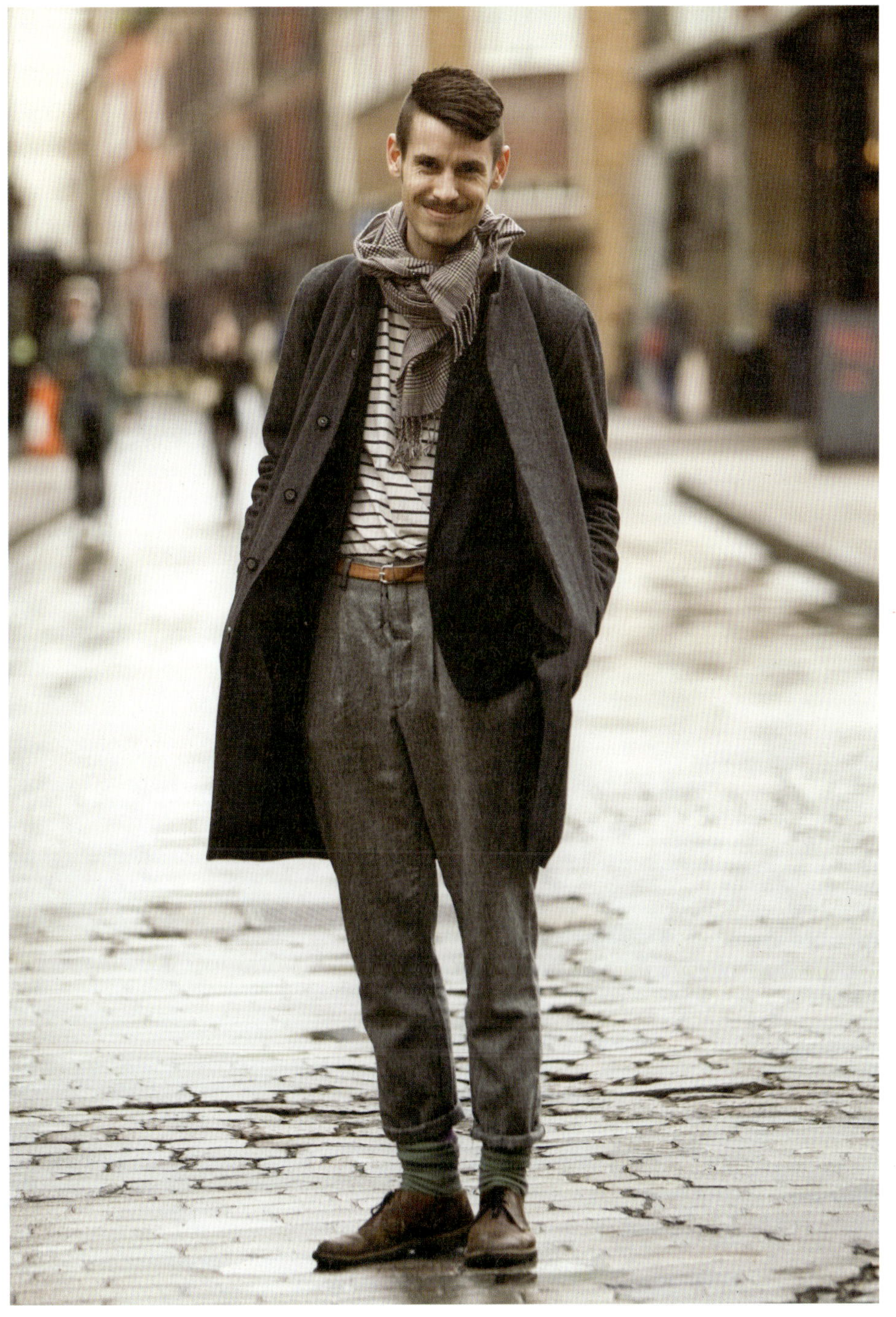

london

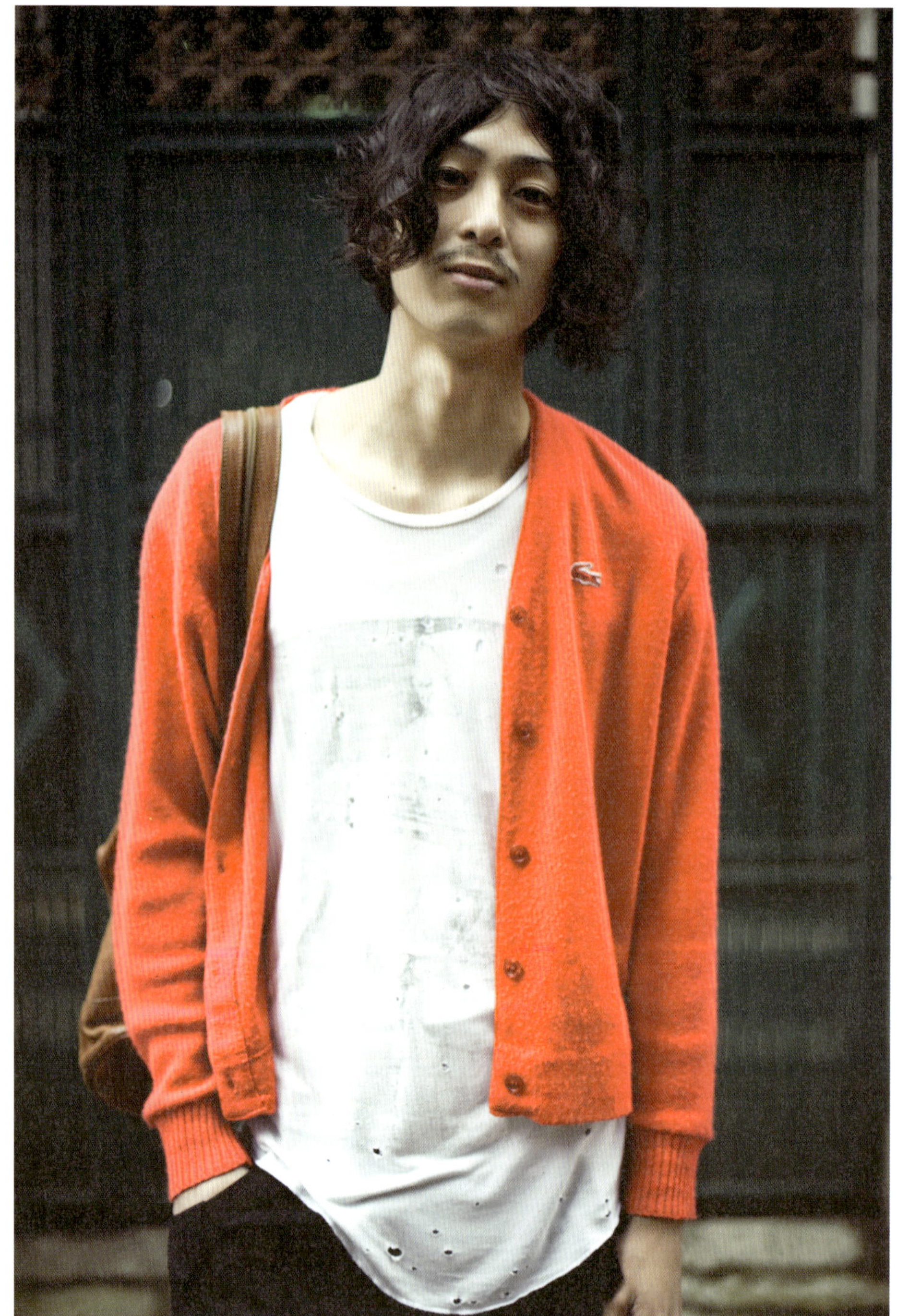

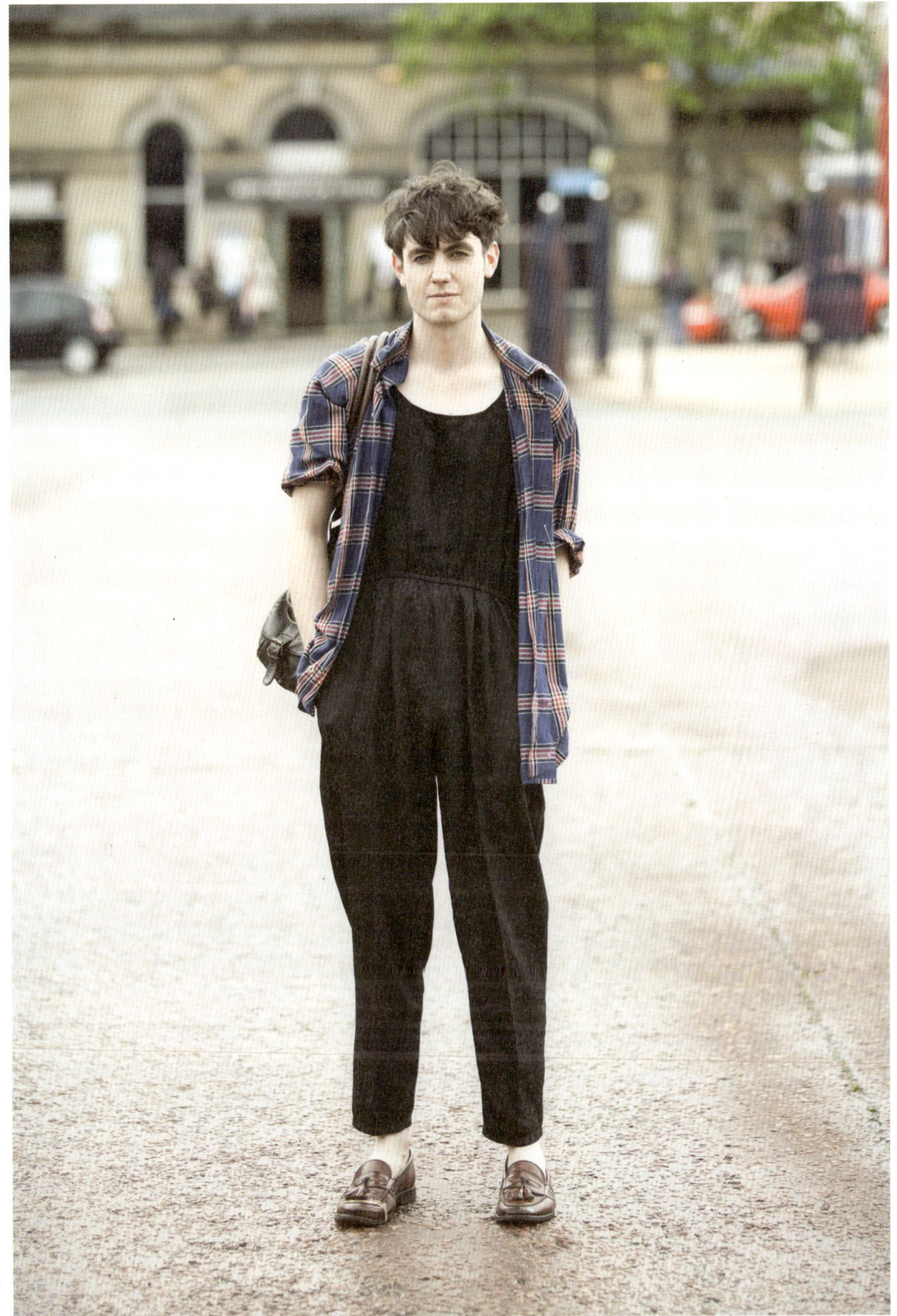

london

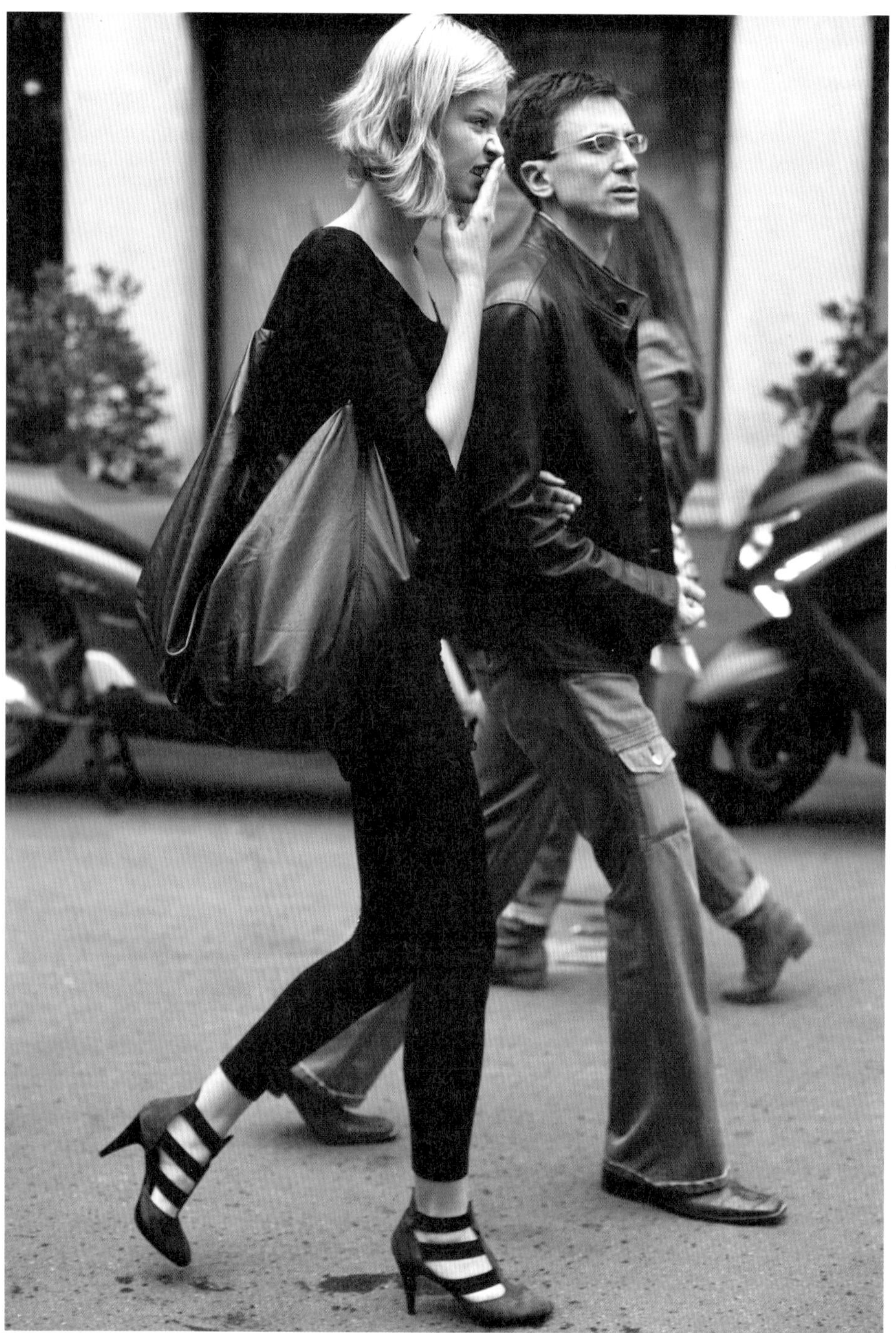

paris

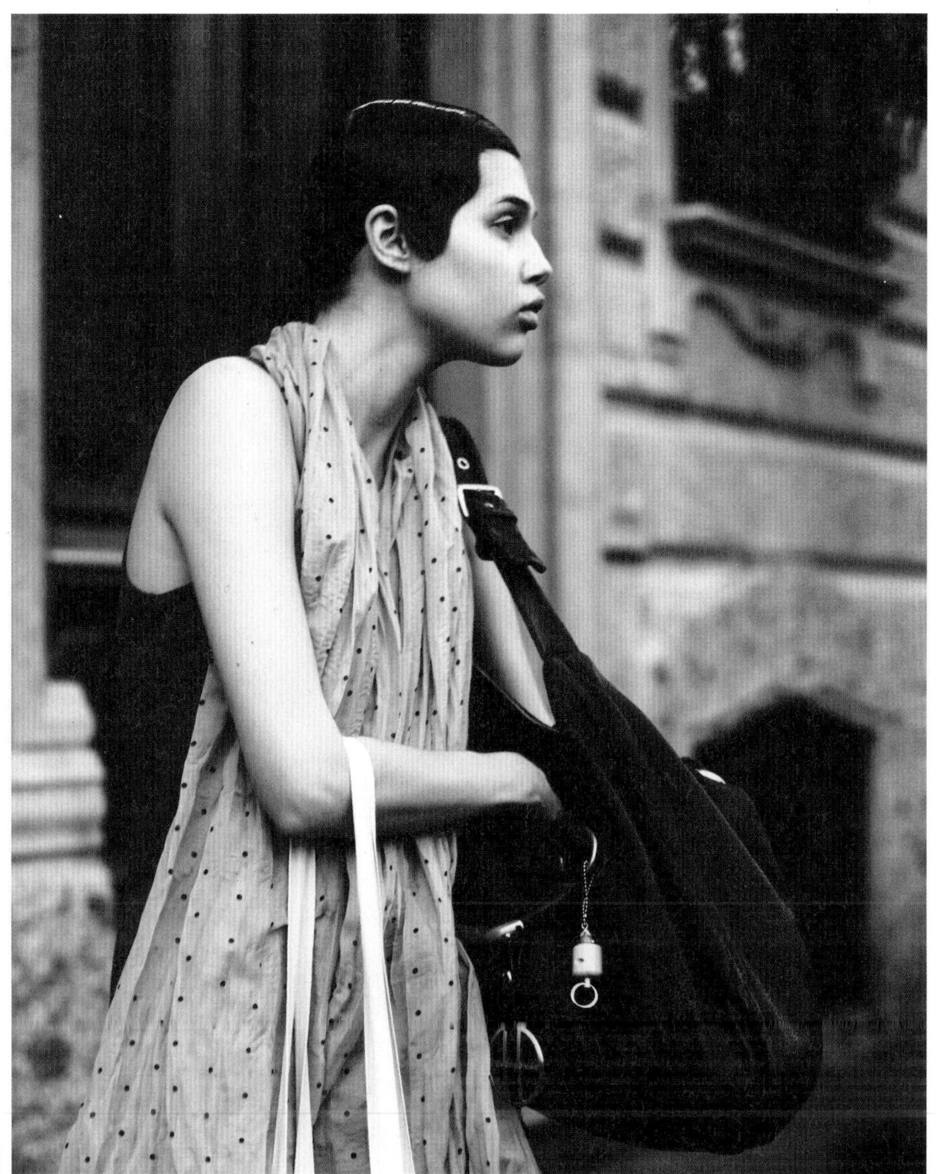

milan

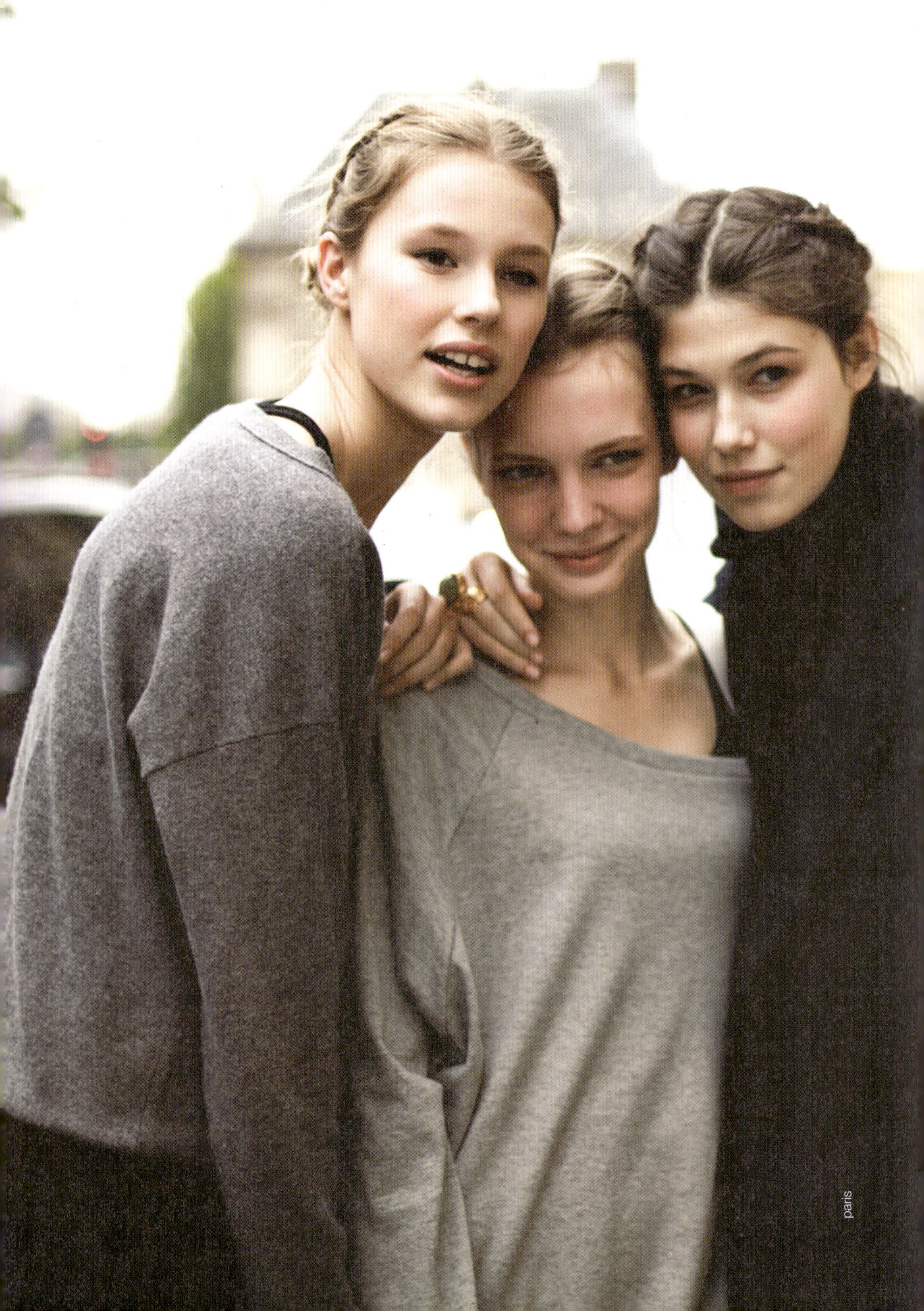
paris

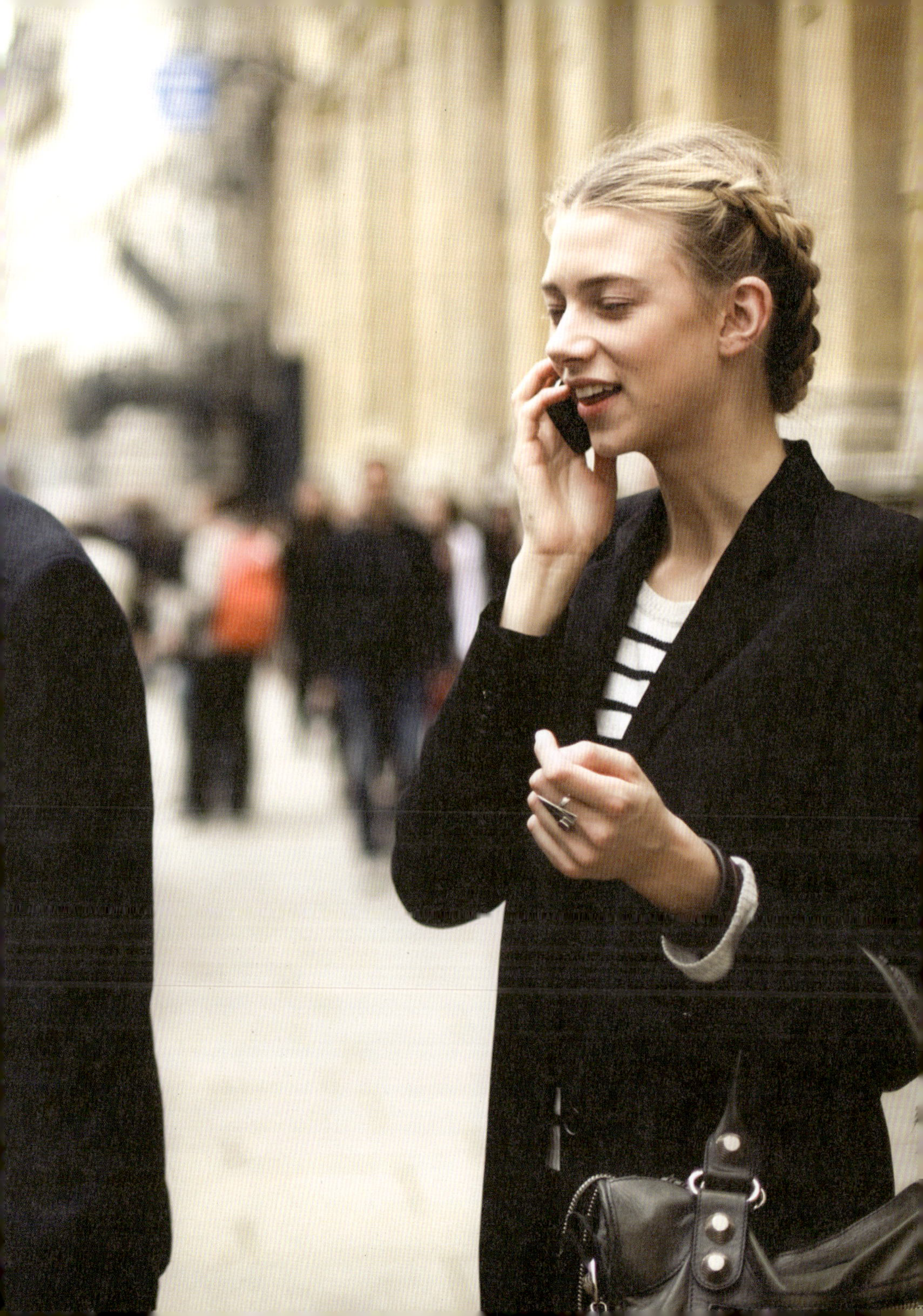

빈티지 이야기

파리에서 만난 그녀의 빈티지 스타일은 좀 특별하다. 아파트 위층에 사는 아주머니의 빈티지숍에서 값을 깎아 5유로에 구매한 화이트 재킷을 입고, 할머니께서 물려주신 커다란 반지를 하고 있다. 쏟아지는 신상과 현기증 날 정도로 빠르게 바뀌는 트렌드를 좇느라 숨이 찰 지경인 사람들이 있는가 하면, 한편에는 벼룩시장의 오래되고 낡은 옷을 숨겨진 보물을 찾듯 뒤지는 사람들이 있다. 이렇게 빈티지를 소장하려는 사람들의 심리를 뭐라고 이야기할 수 있을까. 어쩌면 우리는 그 물건 속에 켜켜이 쌓여 있는 추억까지 나의 것으로 만들고 싶다는 욕망을 가지고 있는지도 모른다. 거리에서 한눈에 보기에도 낡았지만 그 사람과 완벽하게 어울리는 옷을 입거나 패션 아이템을 가진 사람을 보면 자연스럽게 시선이 간다. 그리고 그 옷이 혹은 가방이 흥미롭다고 말을 건넨다. 그러면 대부분 오랜 친구라도 만난 것처럼 그에 얽힌 자신만의 이야기를 기꺼이 들려준다.

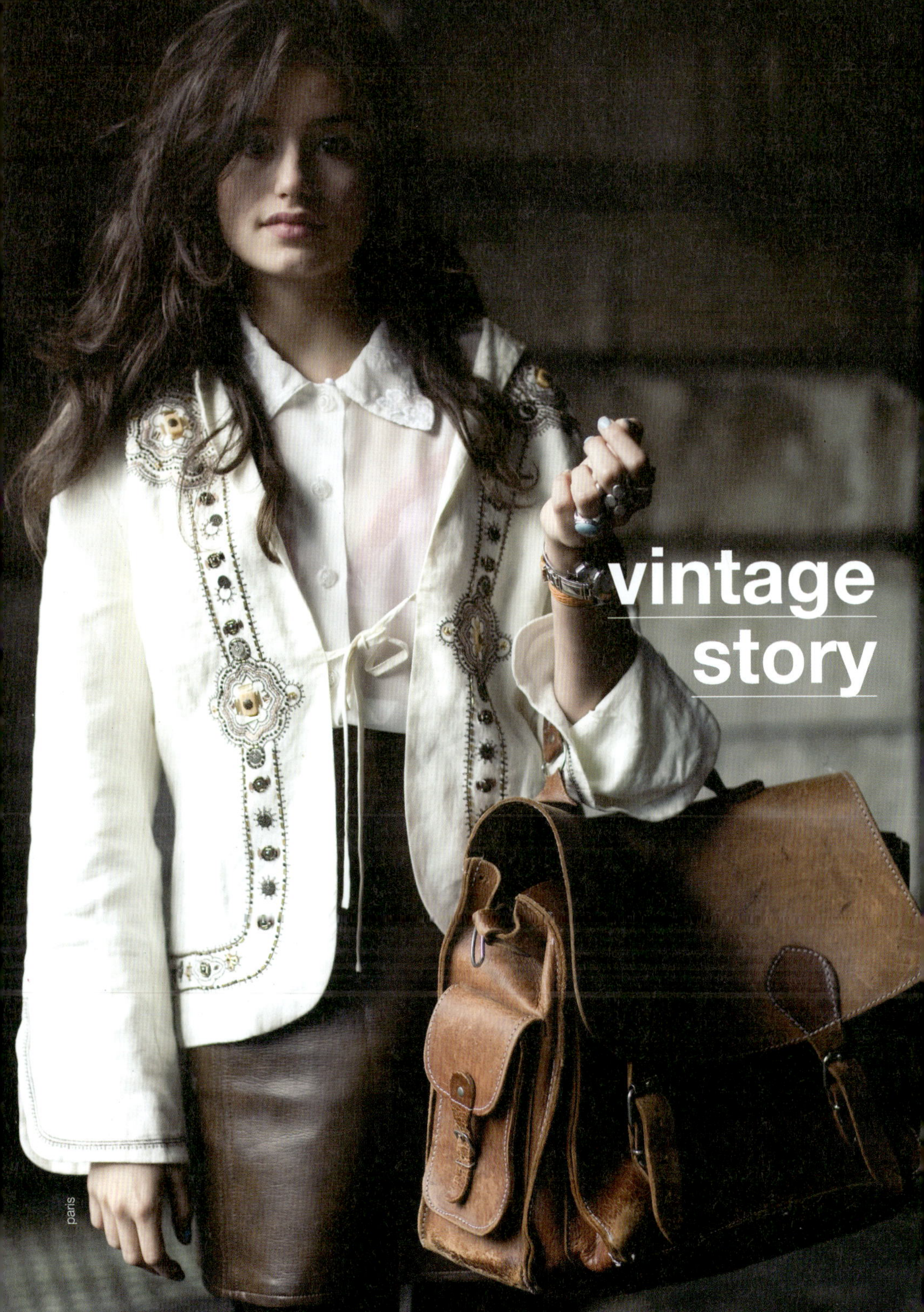
vintage
story
paris

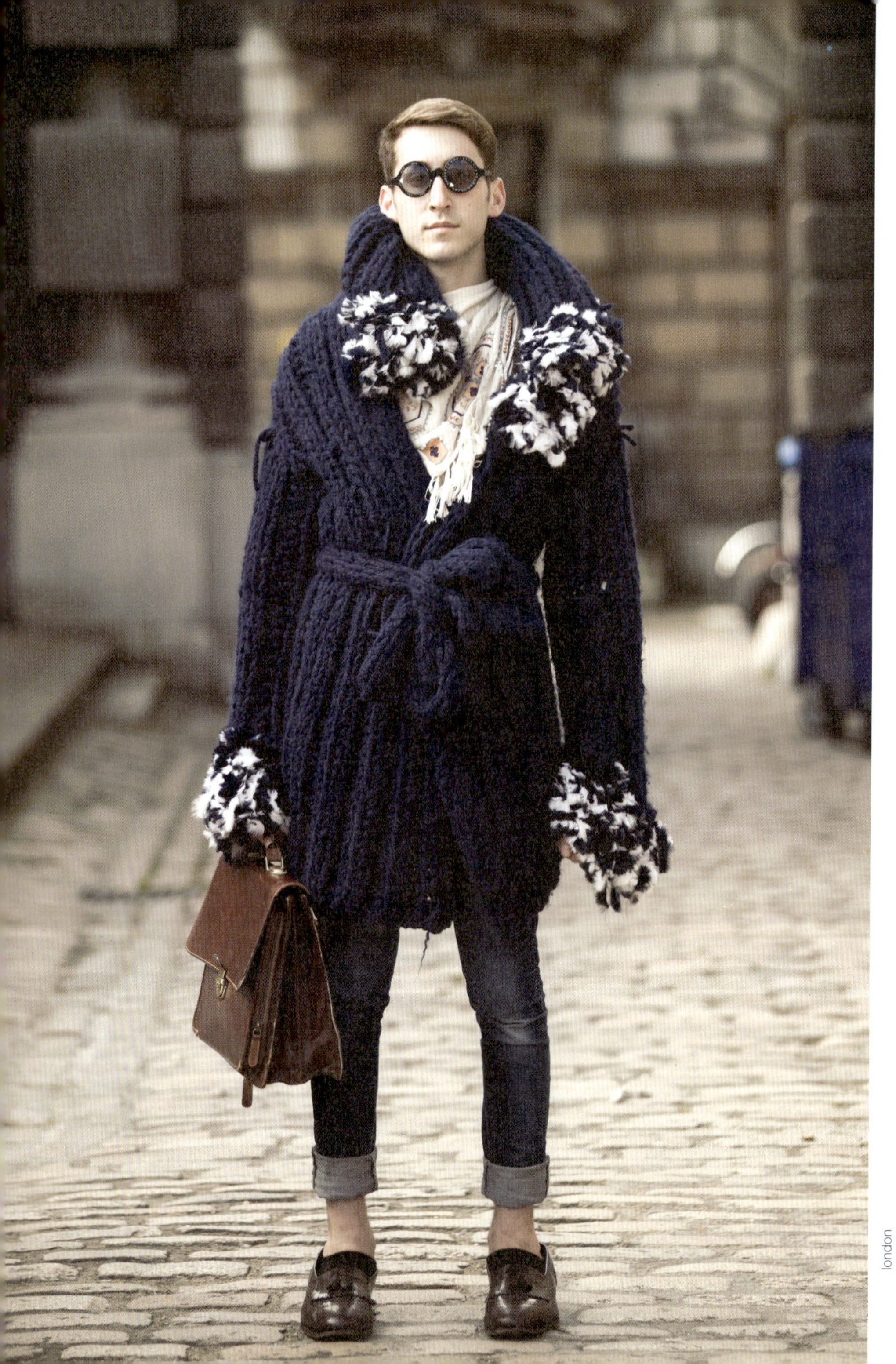

london

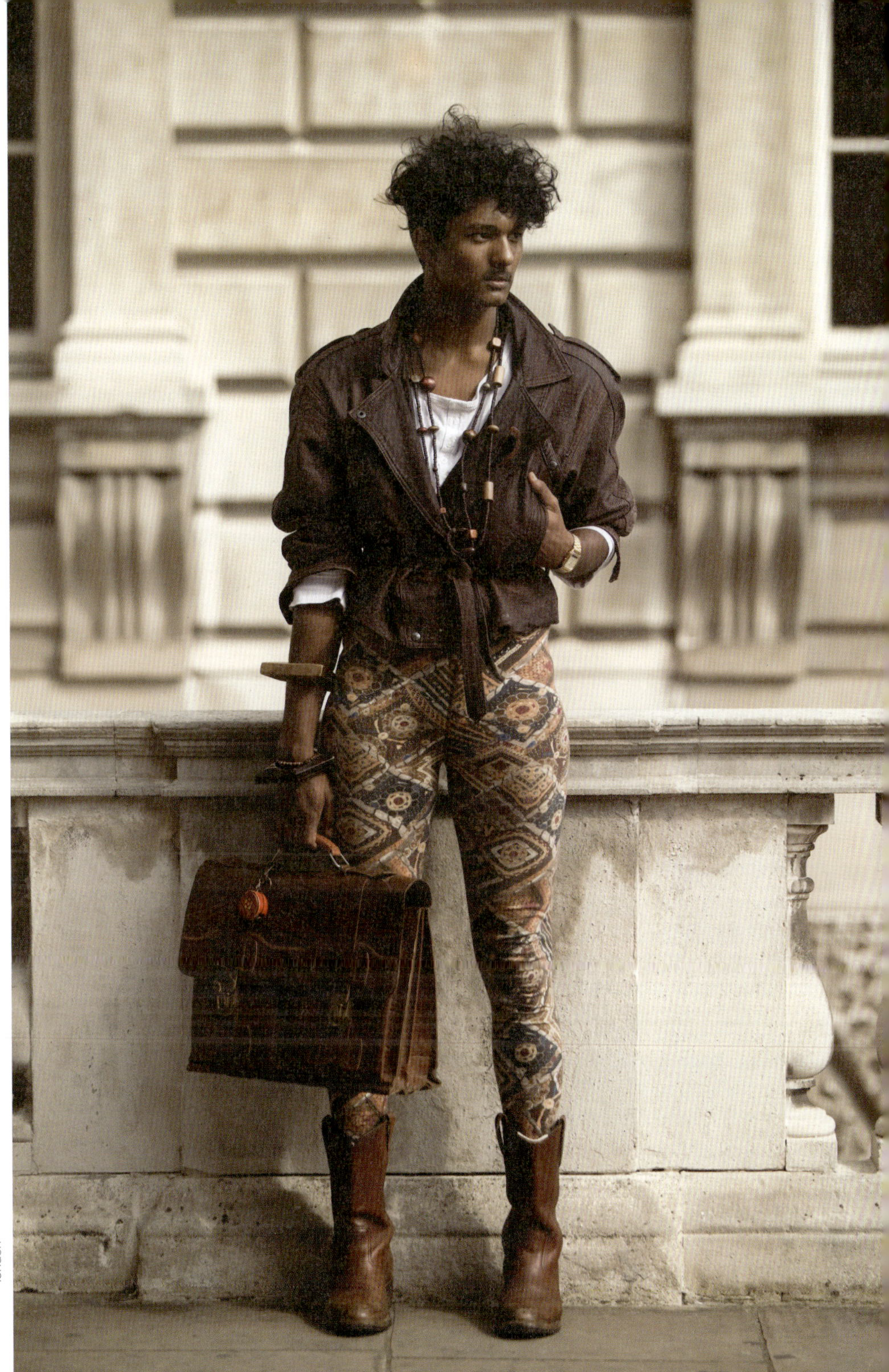

london

옷장에서 발견한 아버지의 오래된 트렌치 코트를 잘라서 입은 그녀.

어쩌면 아버지의 품에 안겨 있는 기분이 들지도 모르겠다.

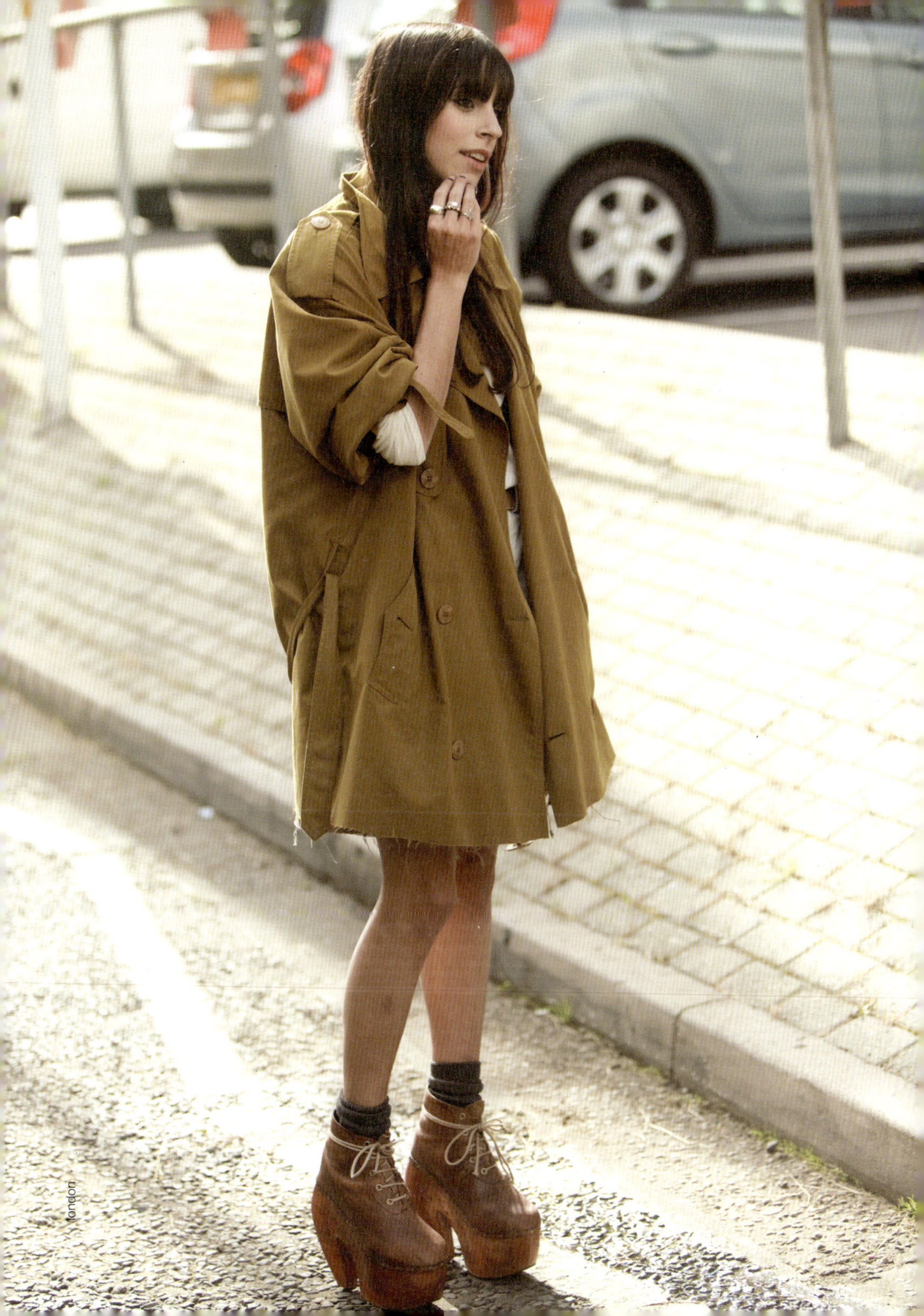
london

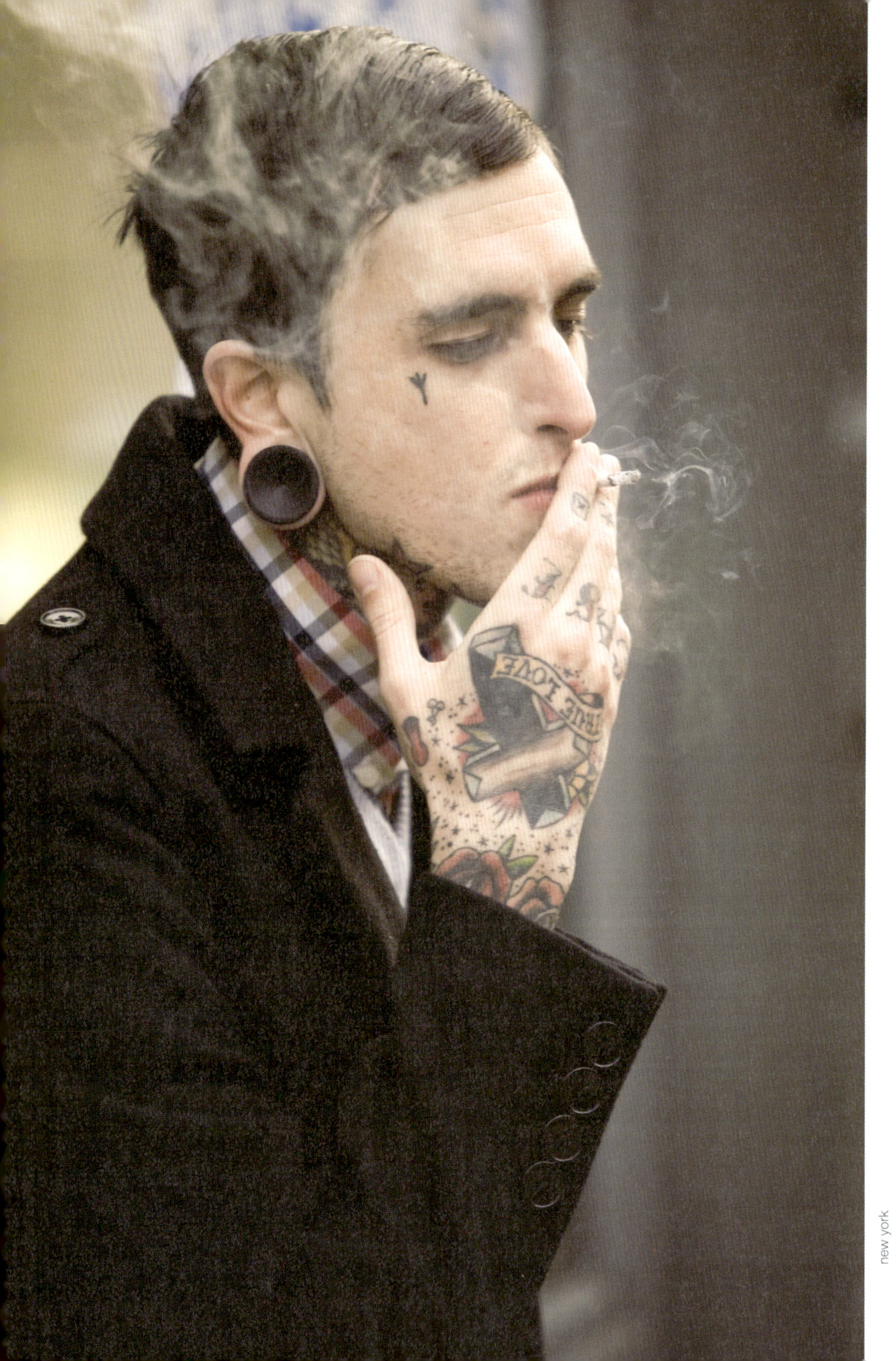

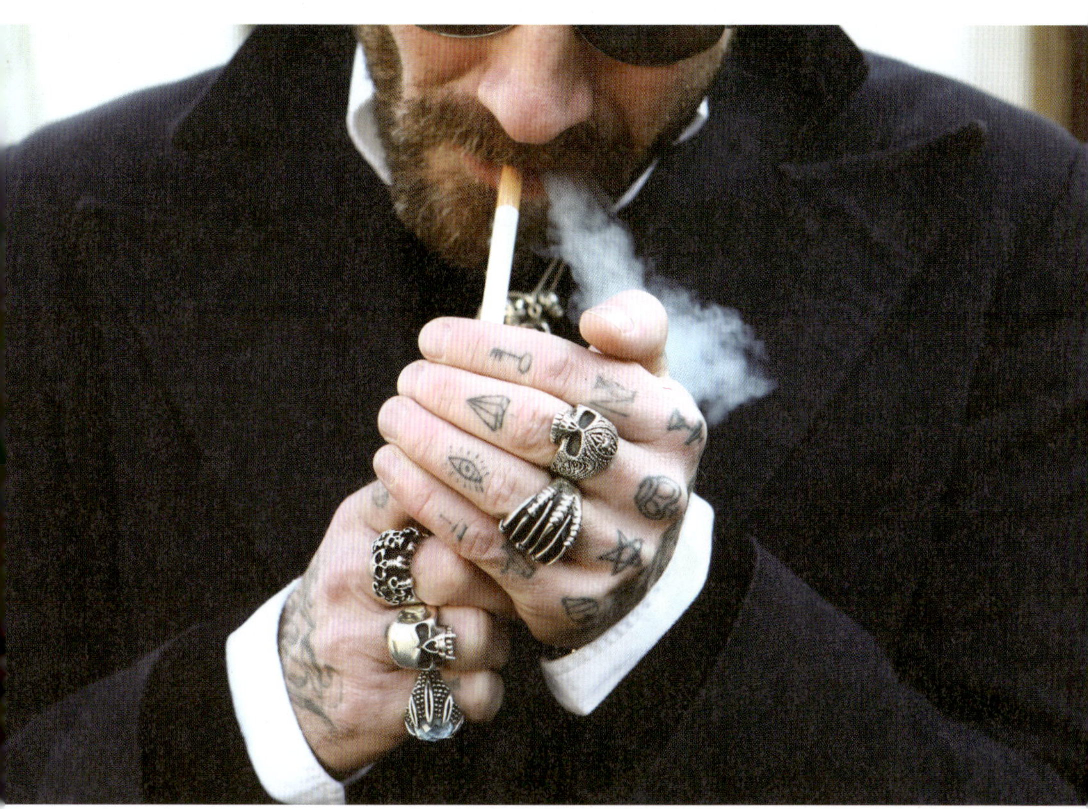

paris

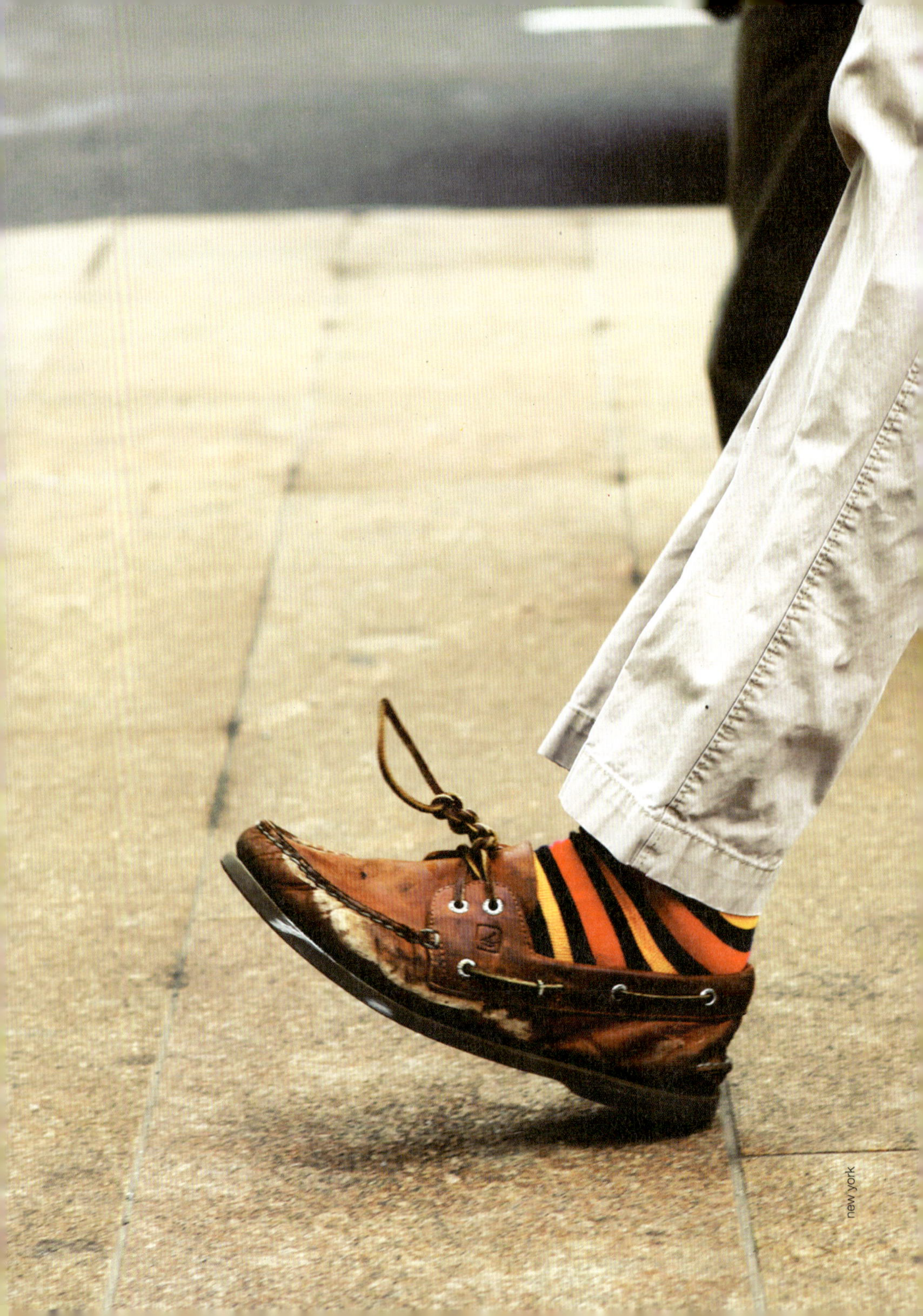
new york

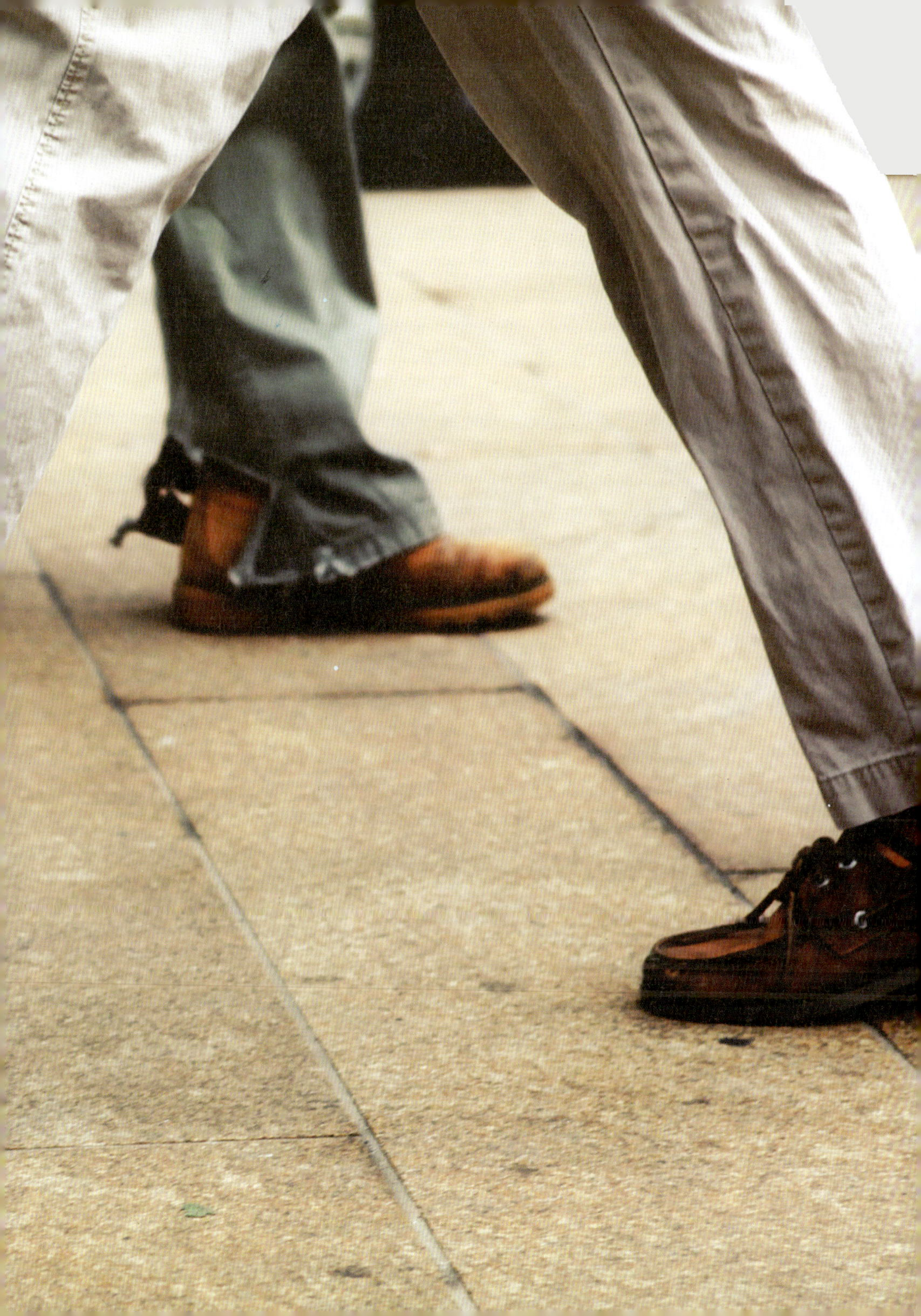

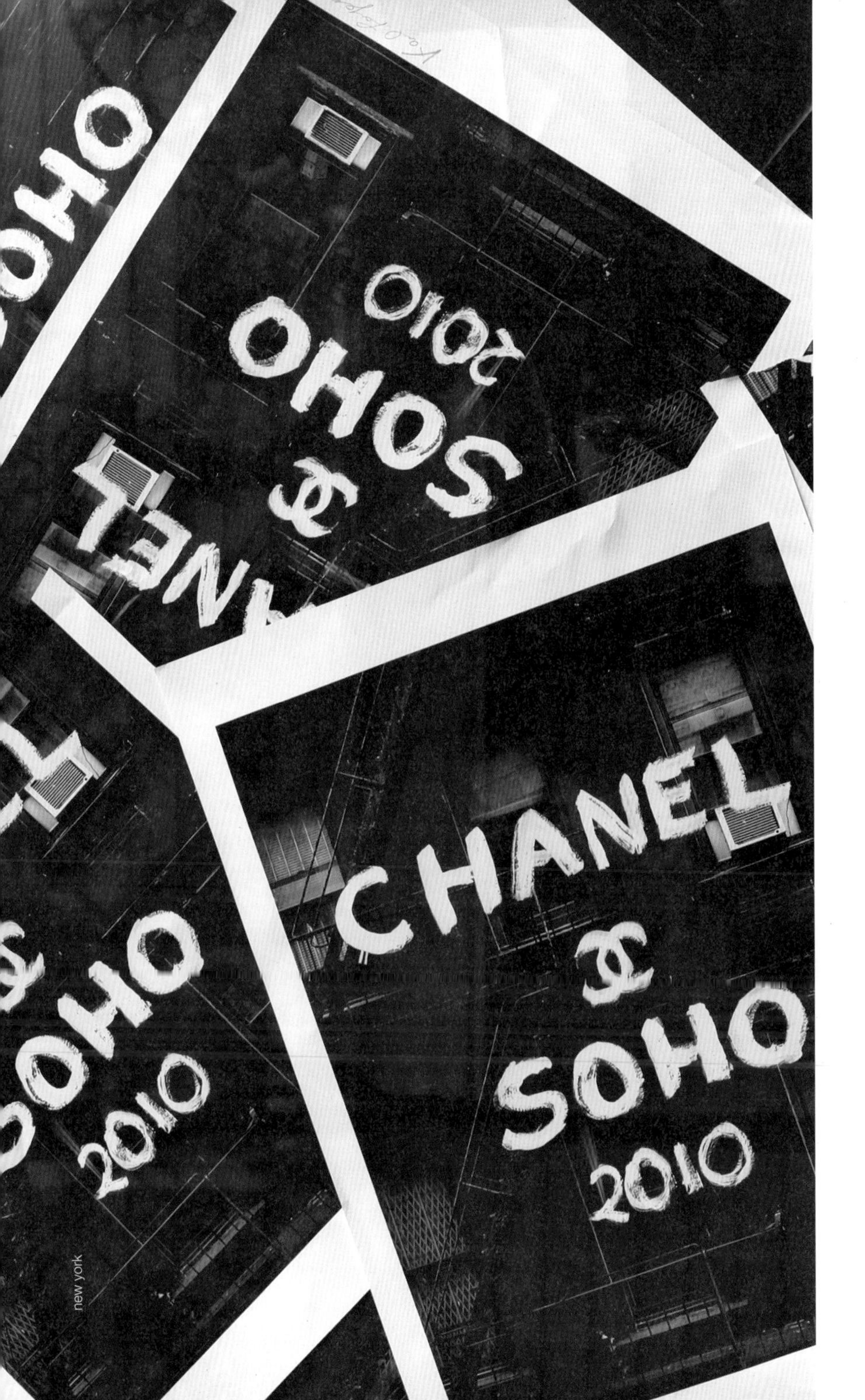

CHANEL
SOHO
2010
SOHO
2010
SOHO
2010
new york

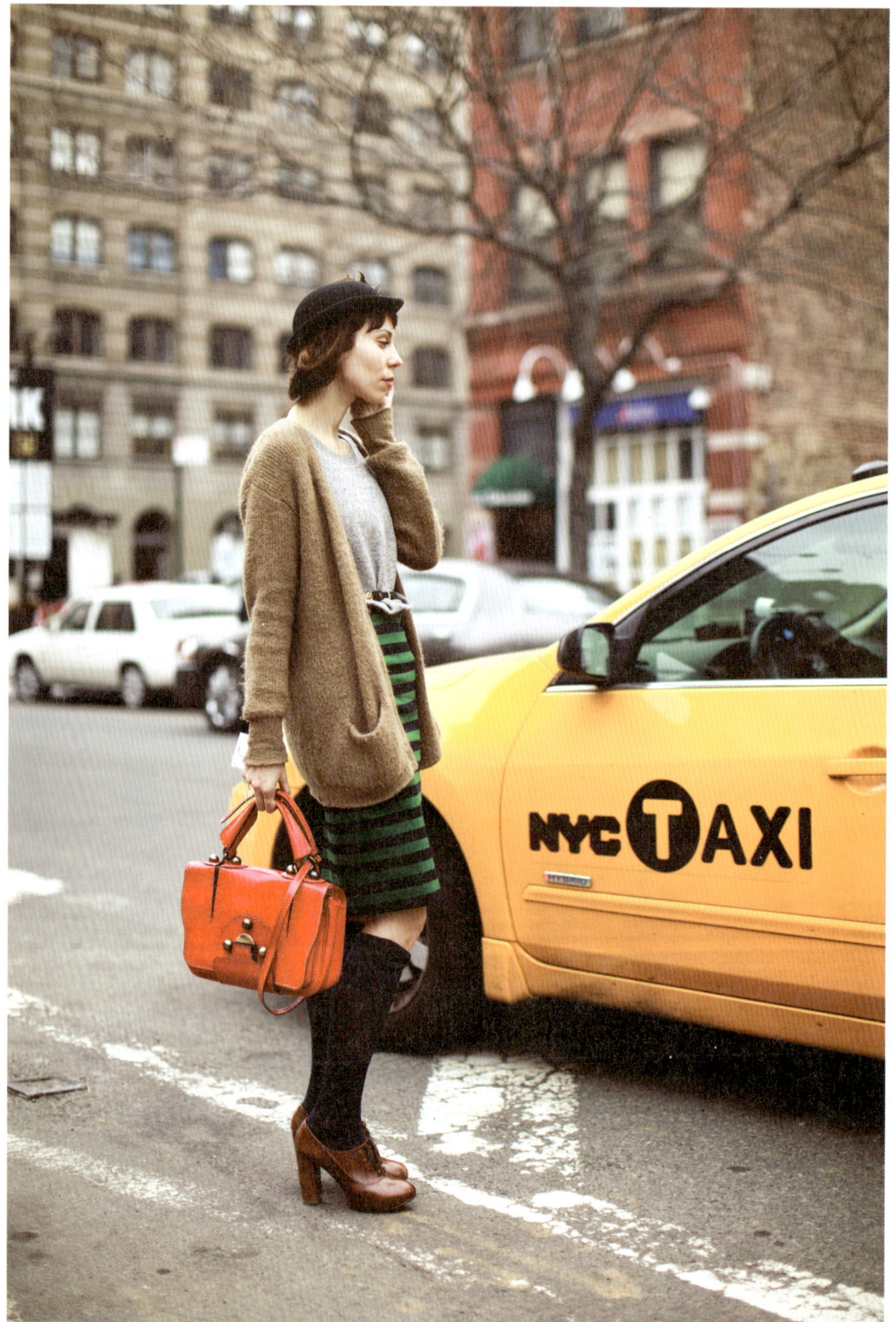

new york

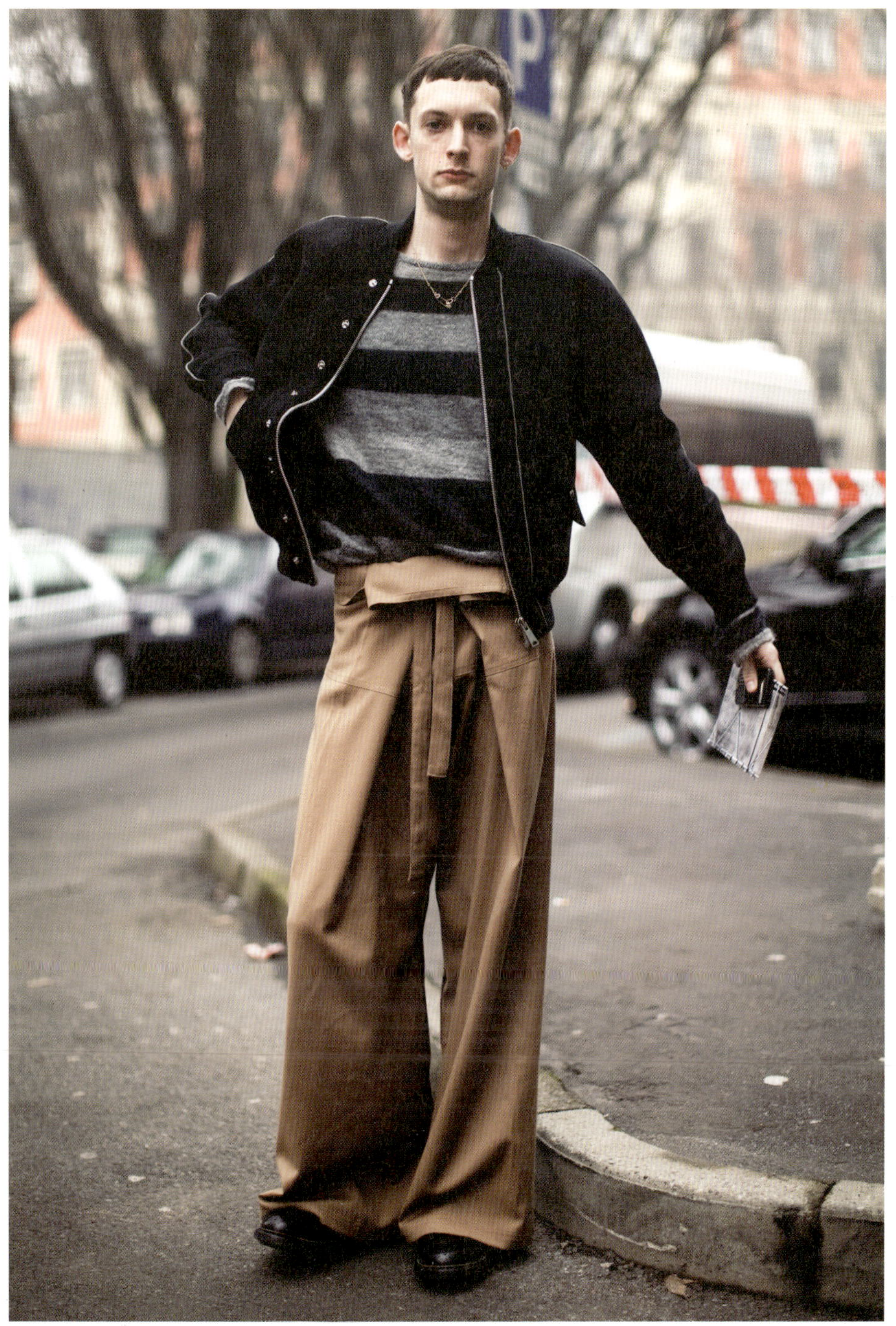

milan

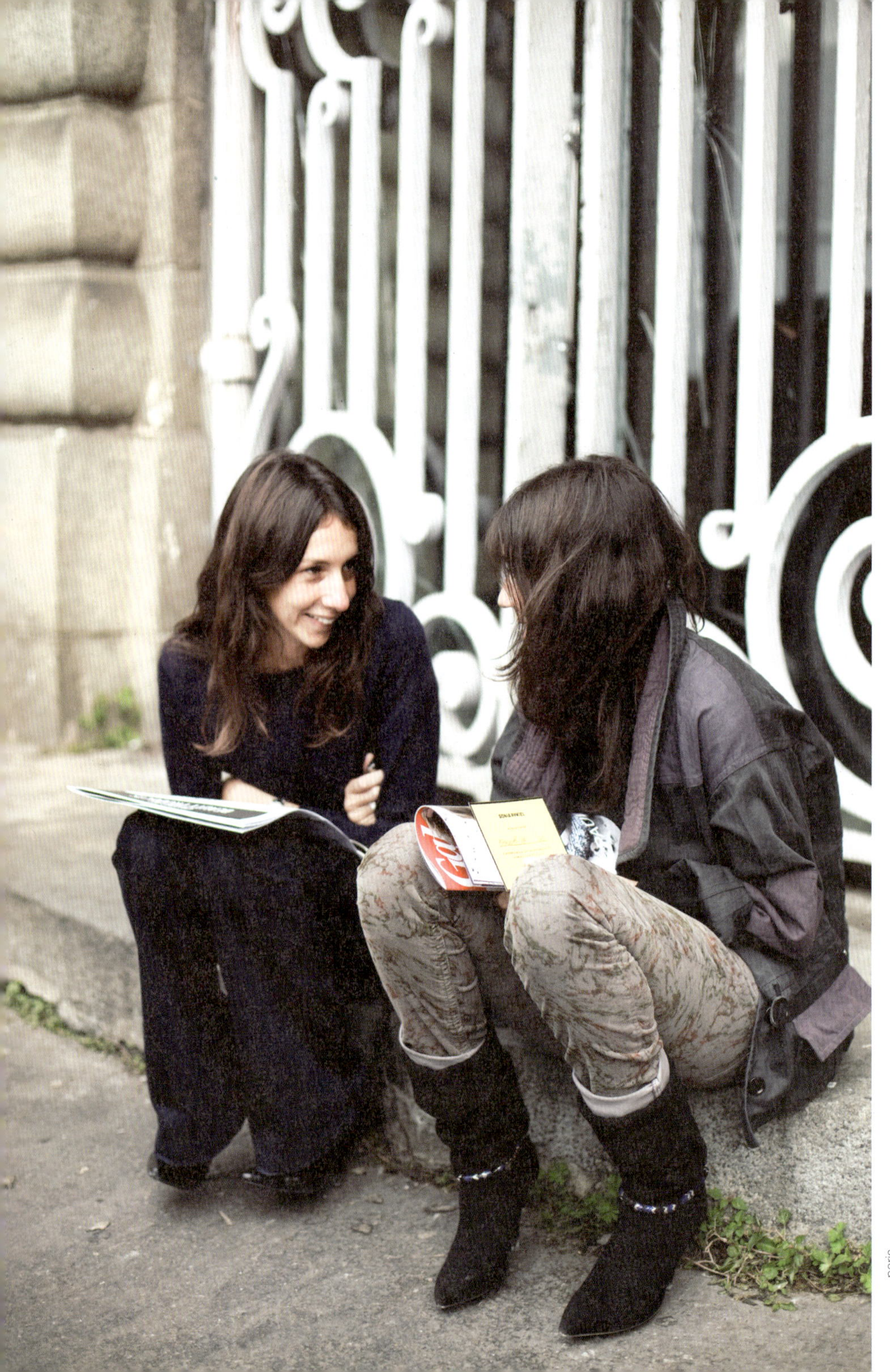

paris

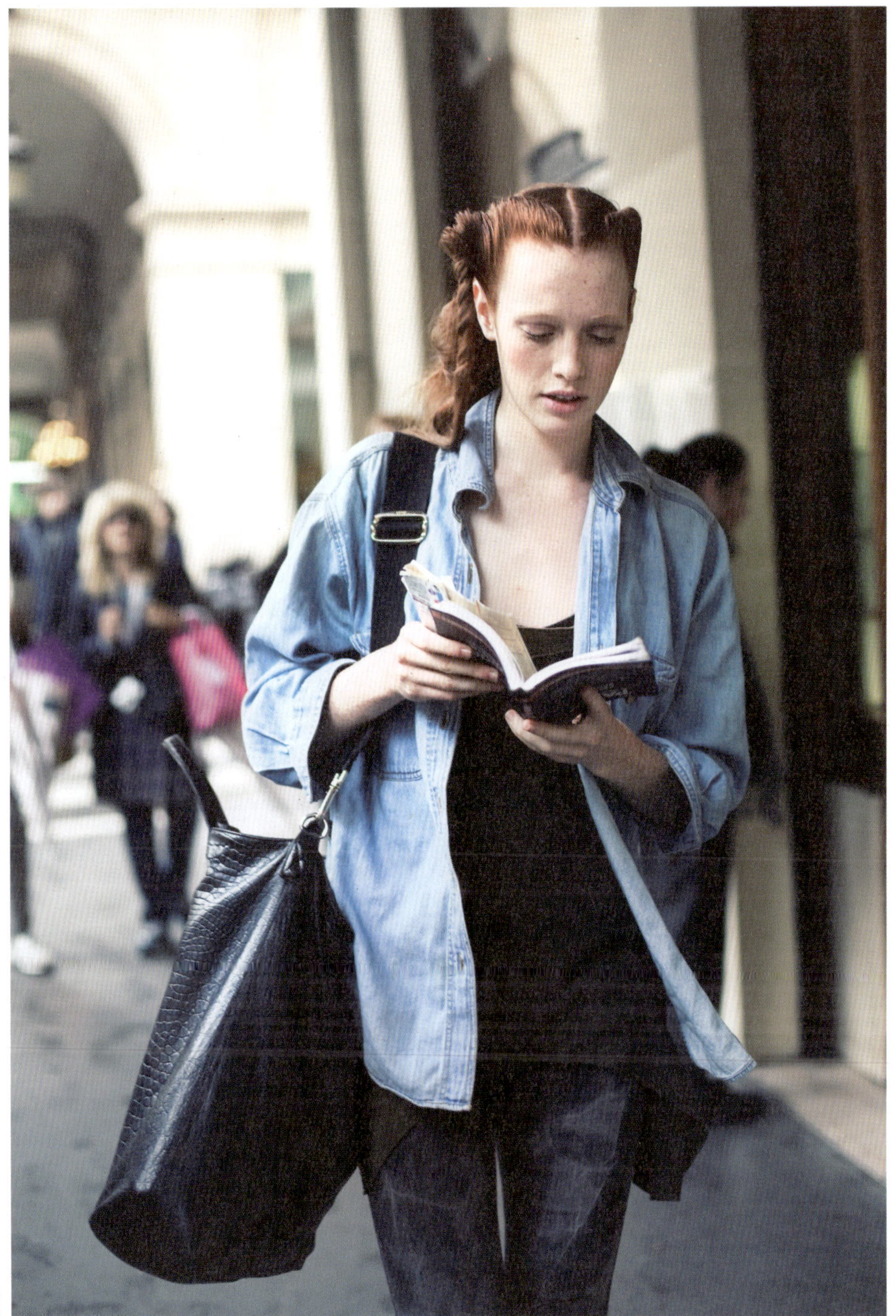

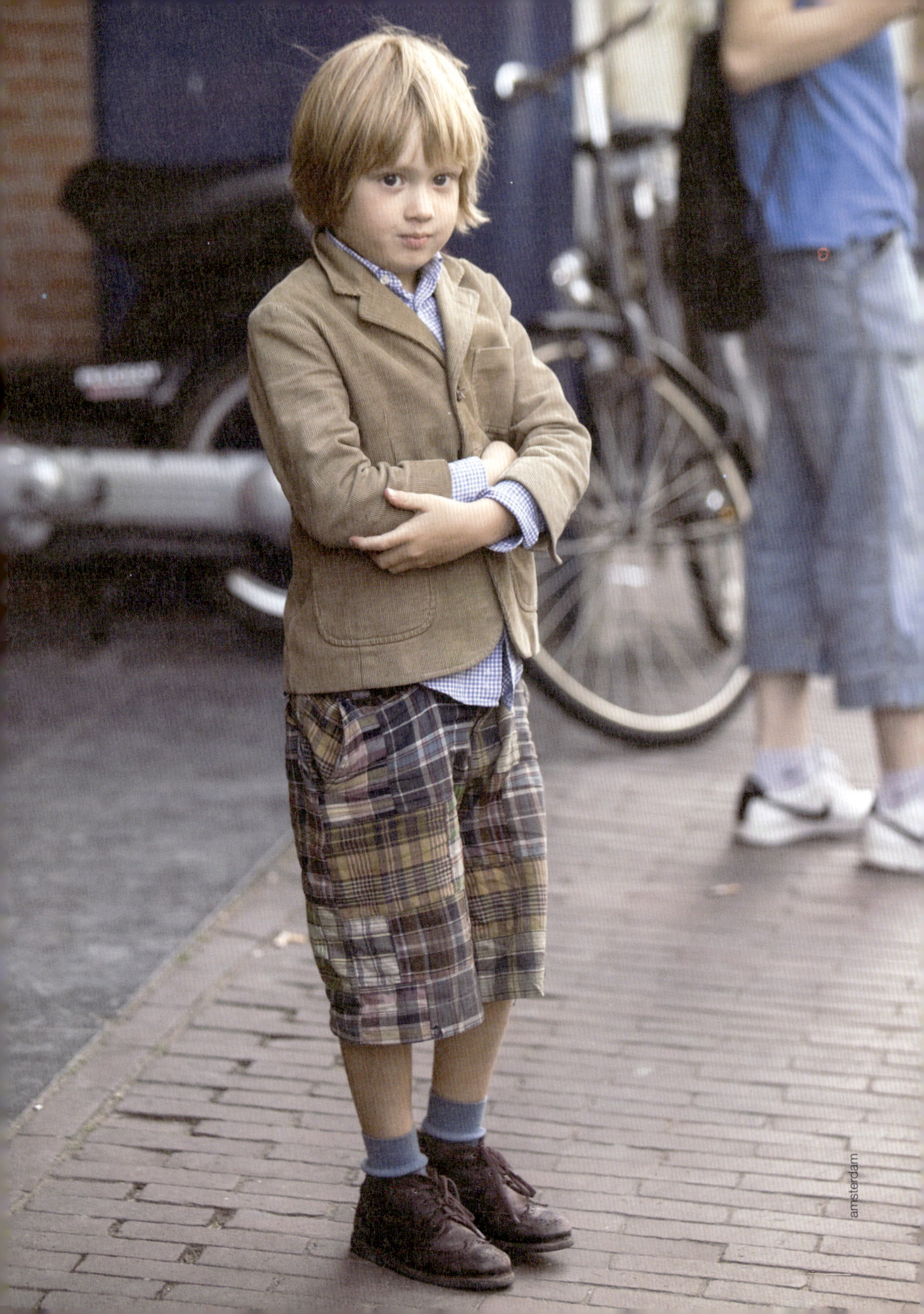
amsterdam

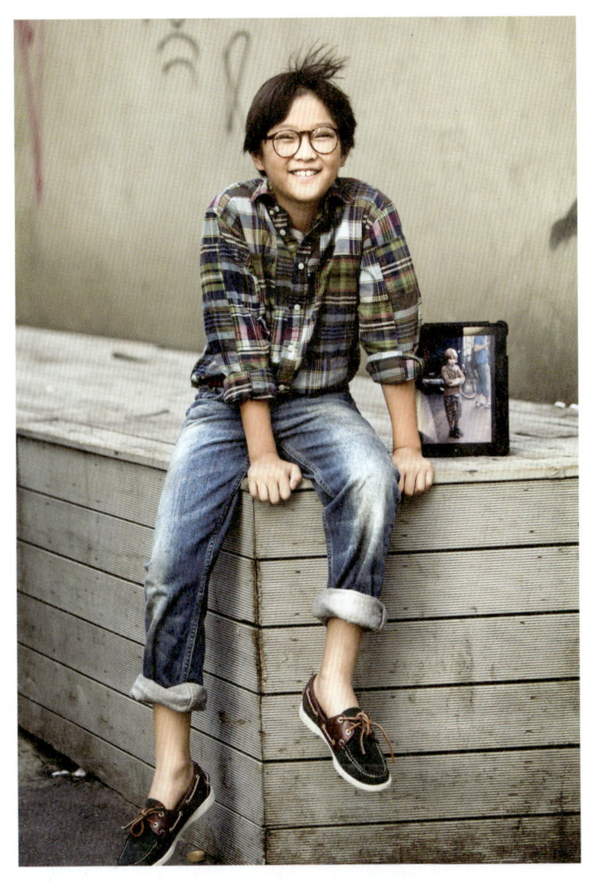

압구정 거리에서 어린 신사 준하를 마주친 순간 지난달 암스테르담에서
마주쳤던 조쉬lorsh가 생각났다. 마침 들고 있던 아이패드에서 조쉬의
사진을 보여줬더니 준하 역시 자신과 비슷하다며 신기해했다.

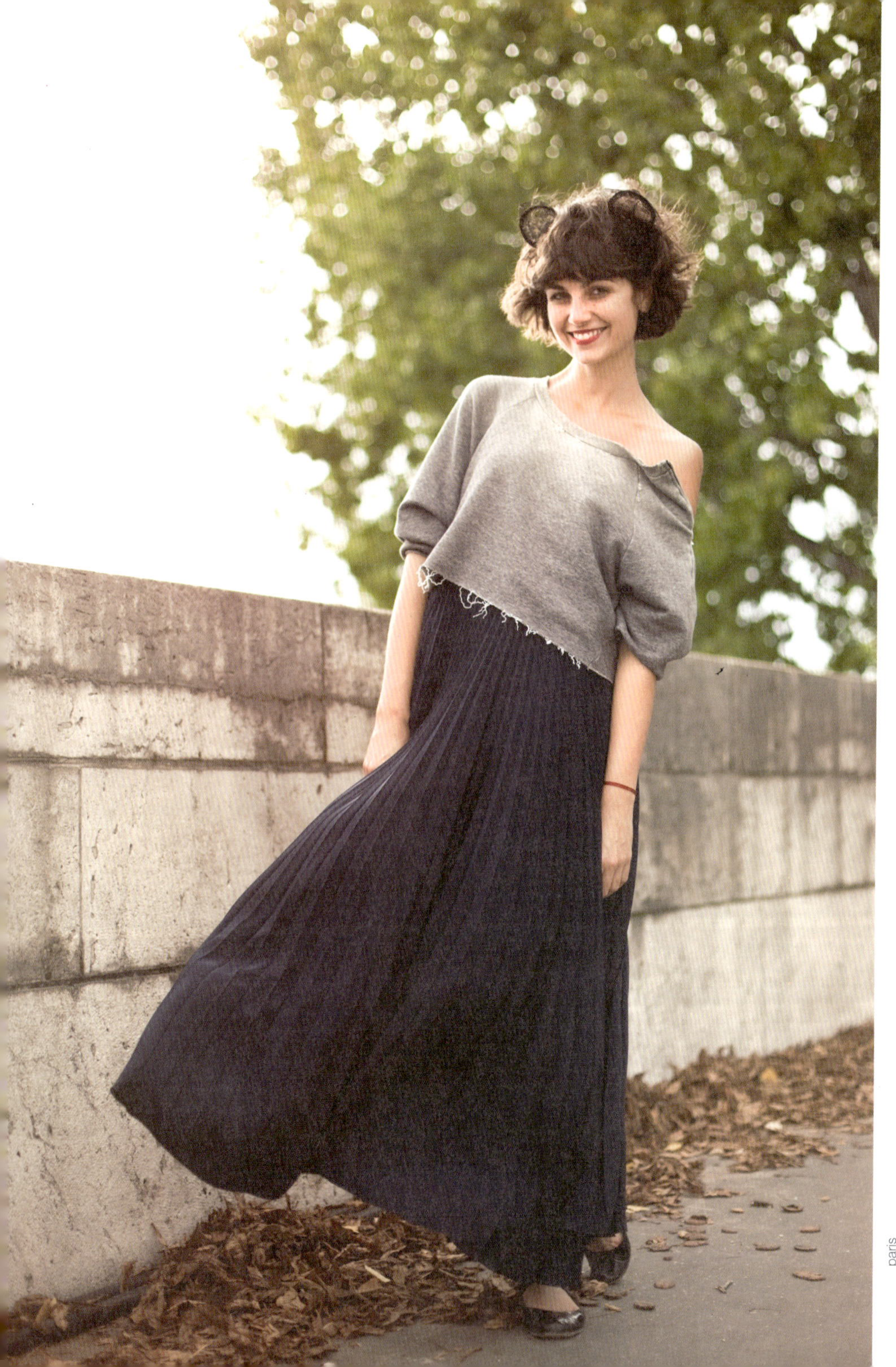
paris

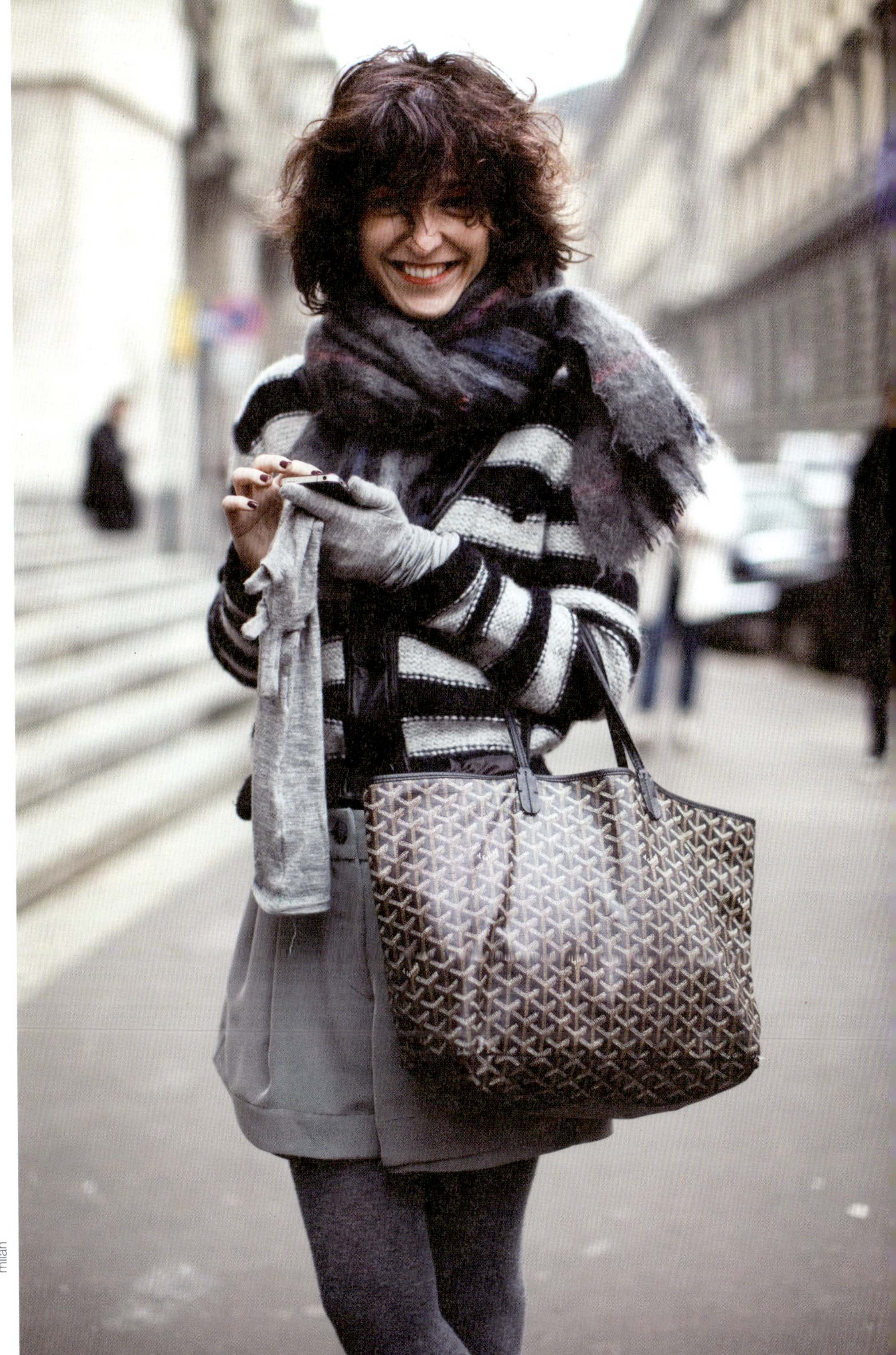

milan

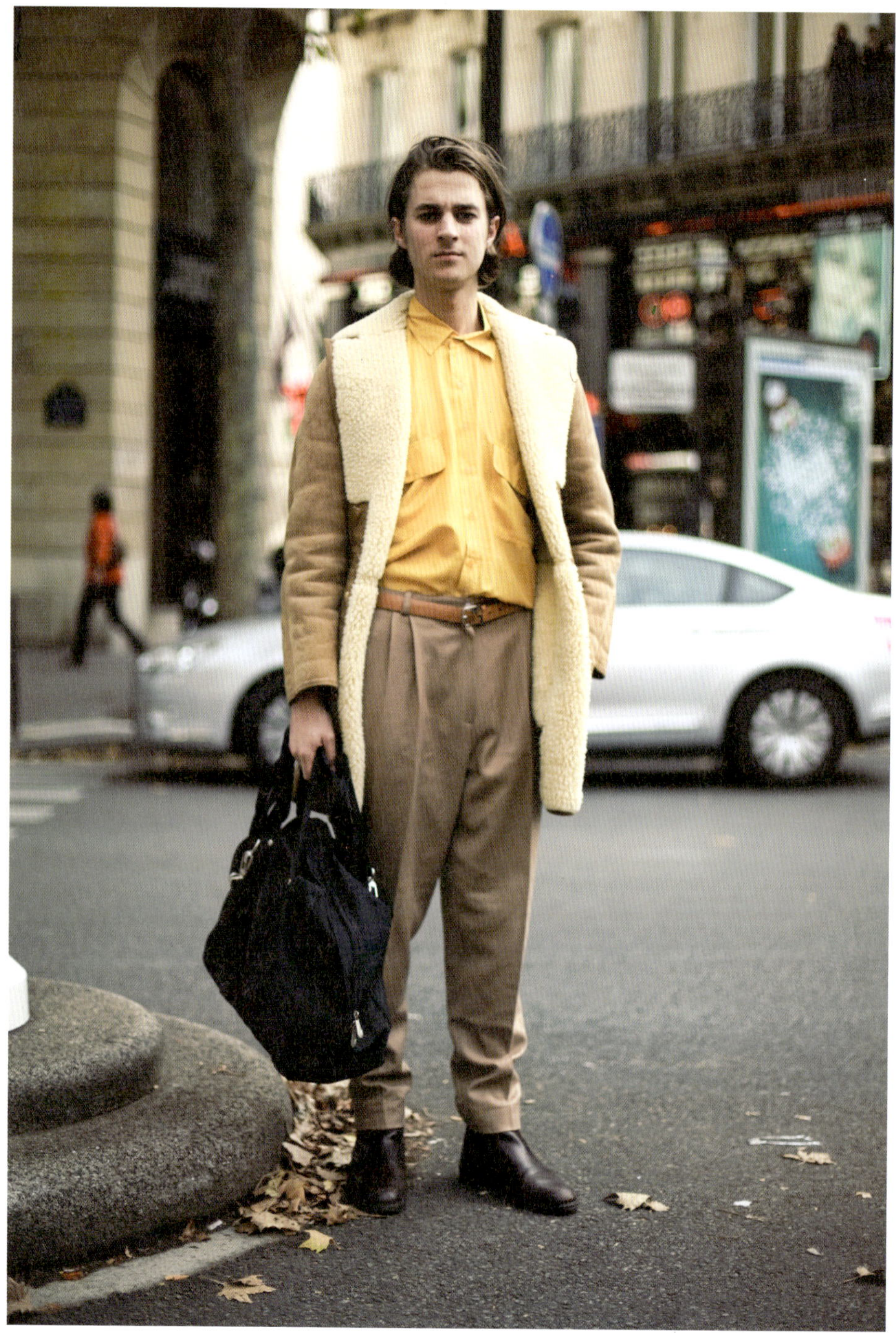

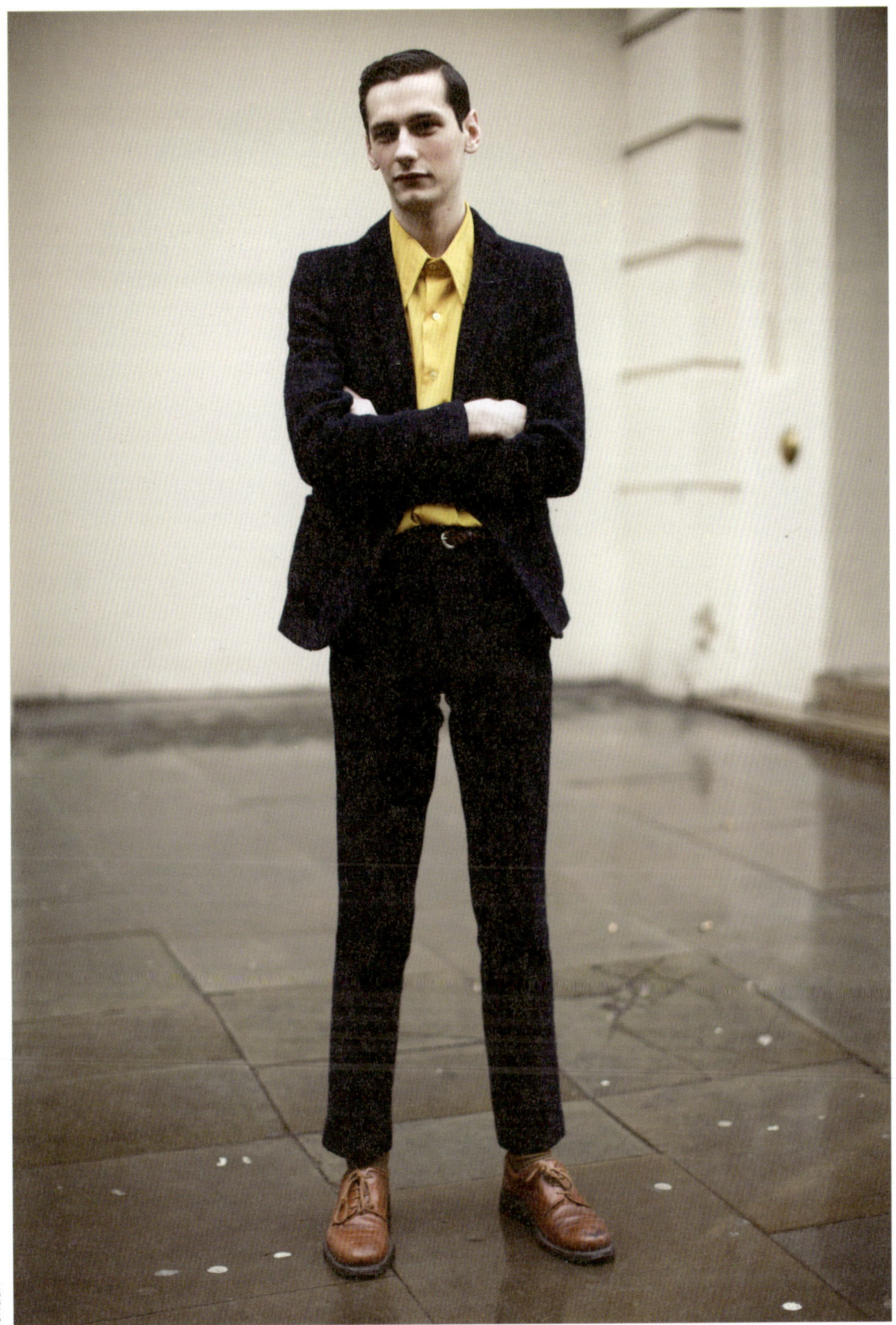

london

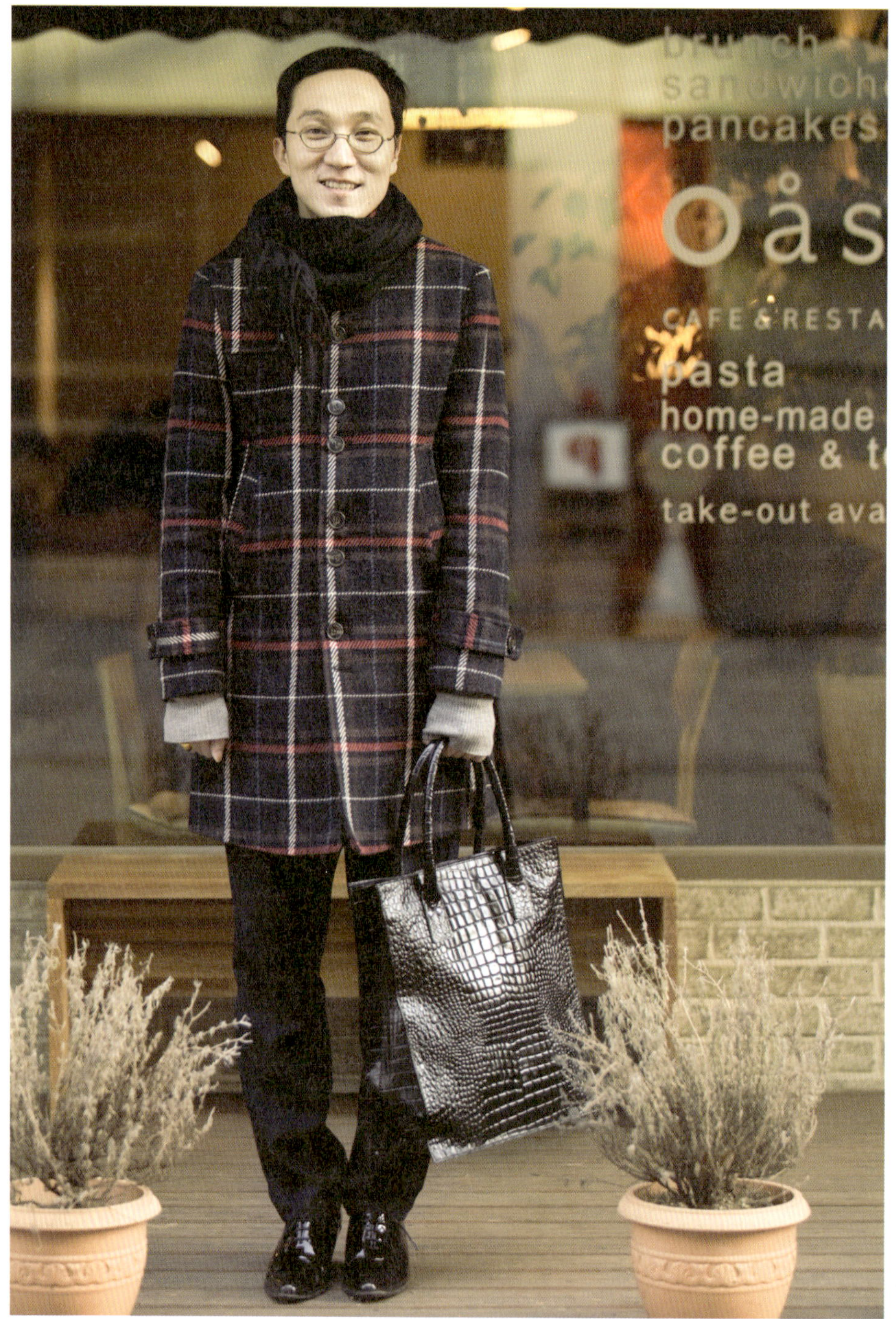
brunch
sandwich
pancakes
oås
CAFE & RESTA
pasta
home-made
coffee & t
take-out ava

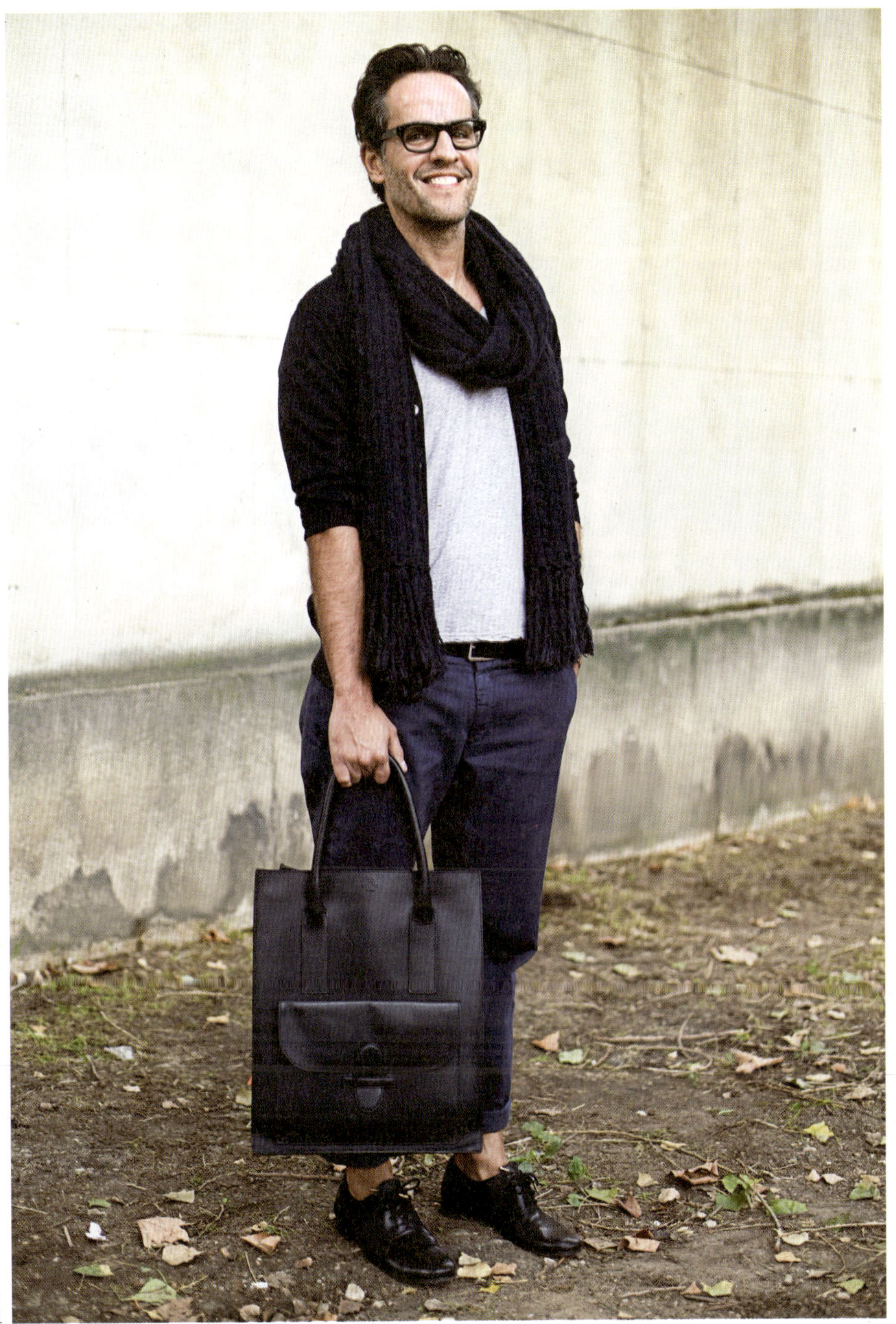

paris

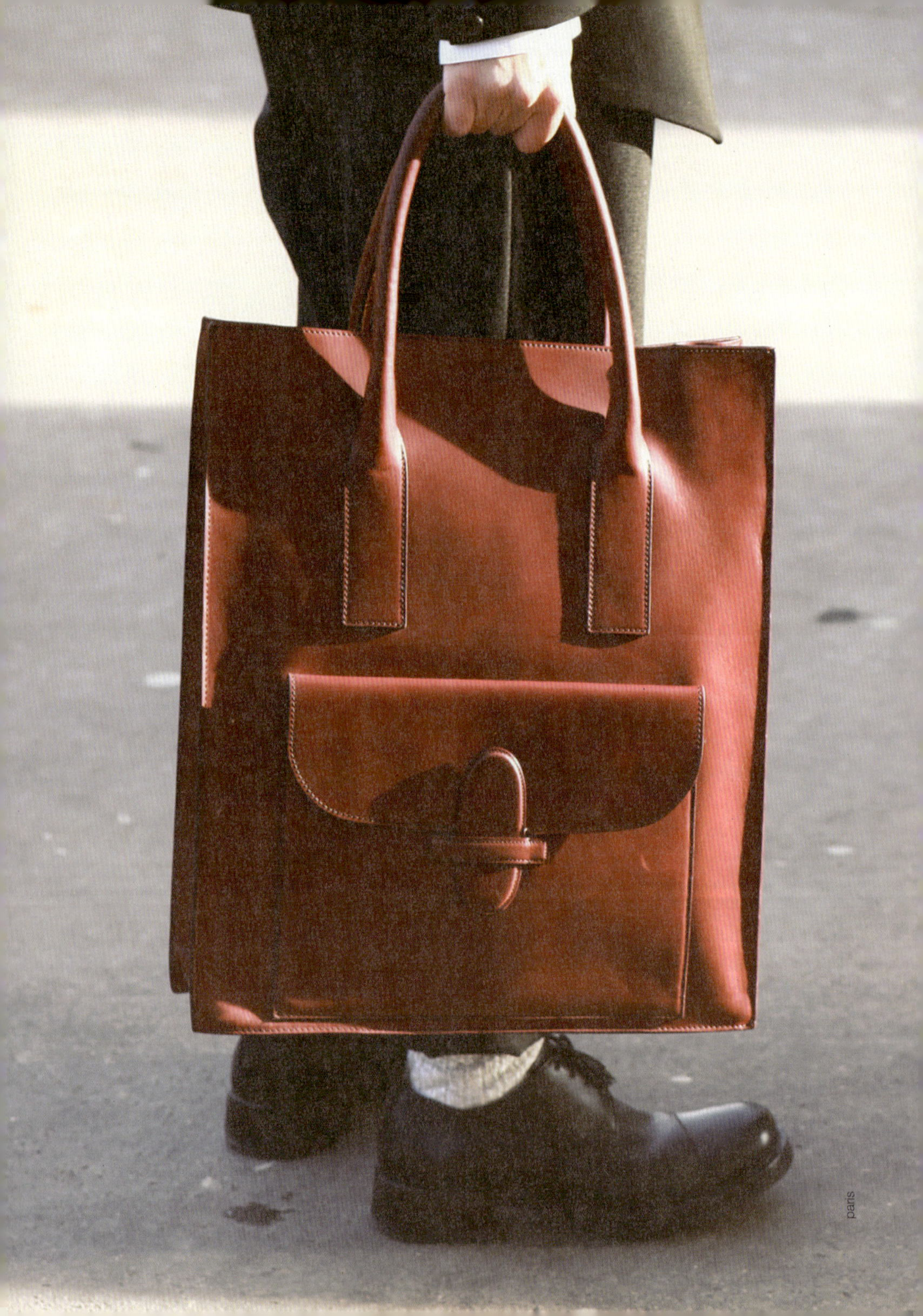
paris

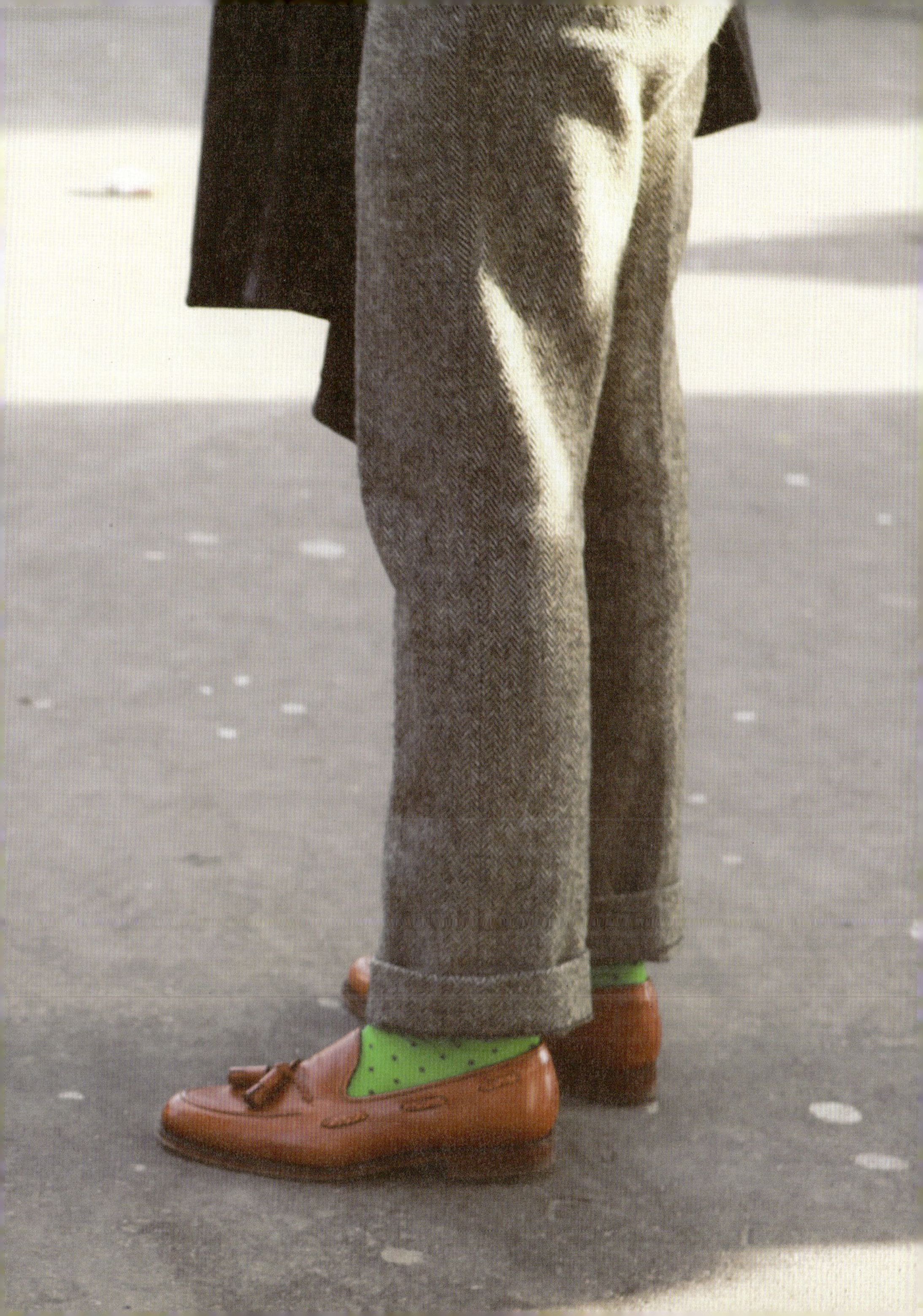

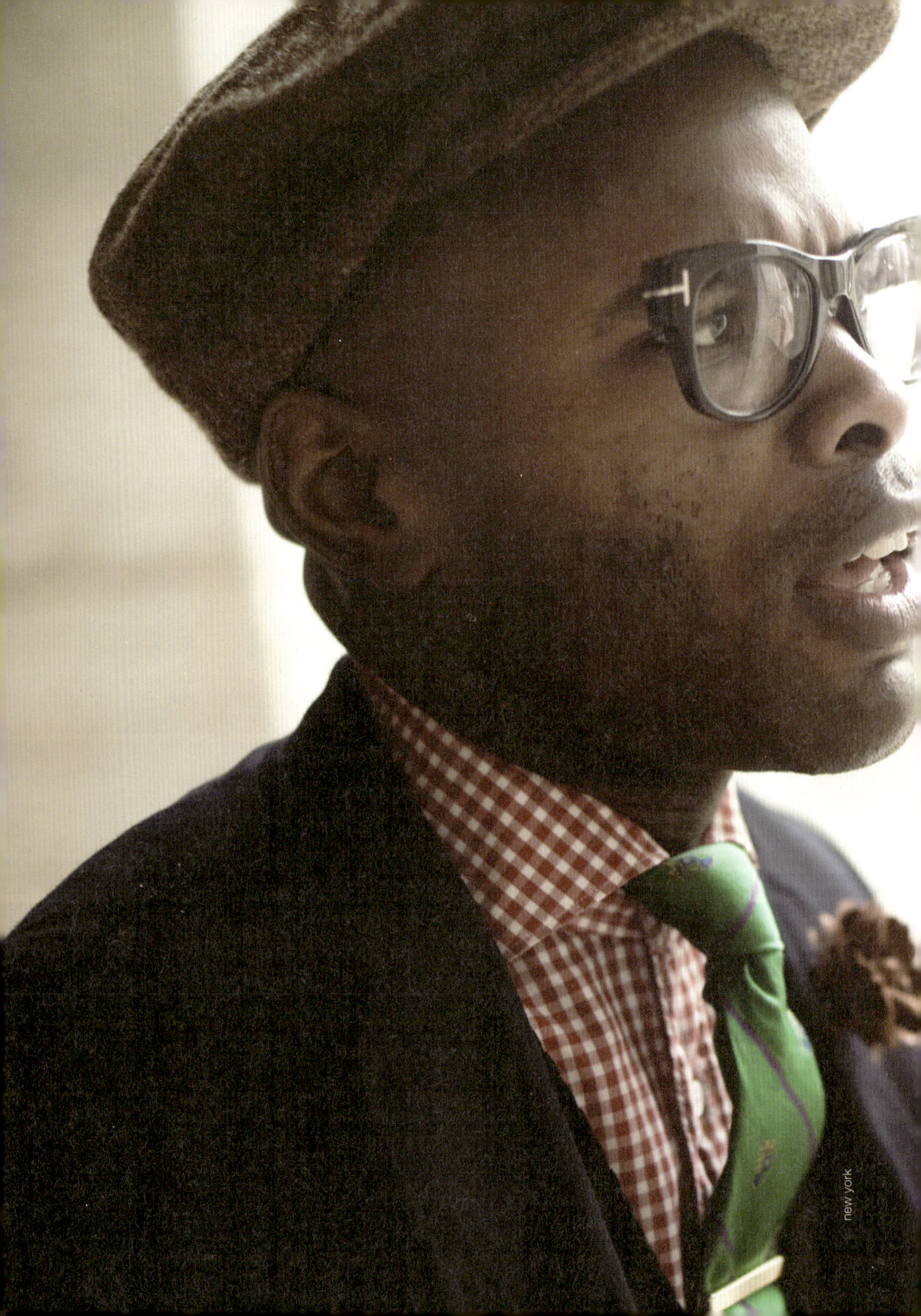
new york

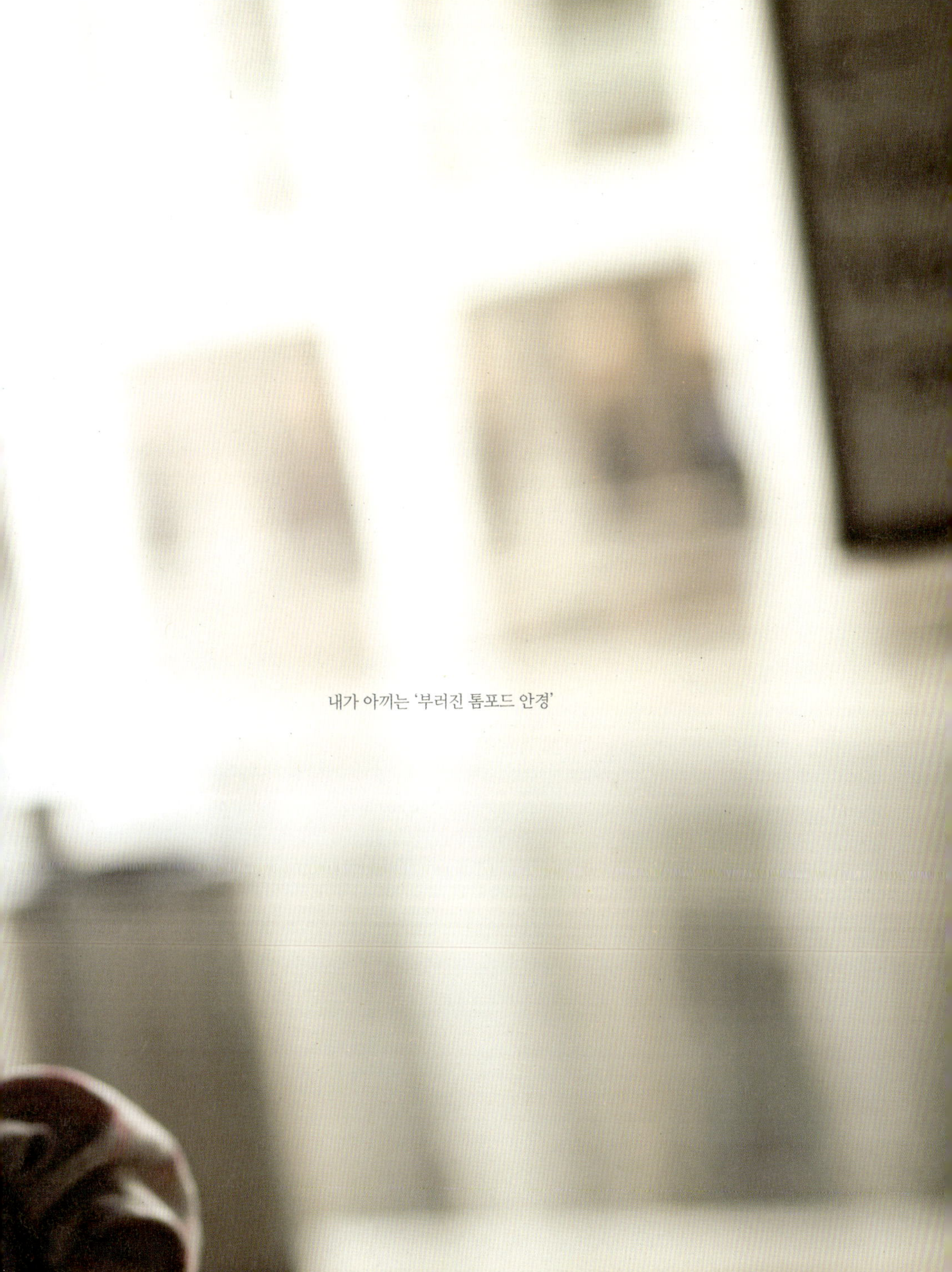

내가 아끼는 '부러진 톰포드 안경'

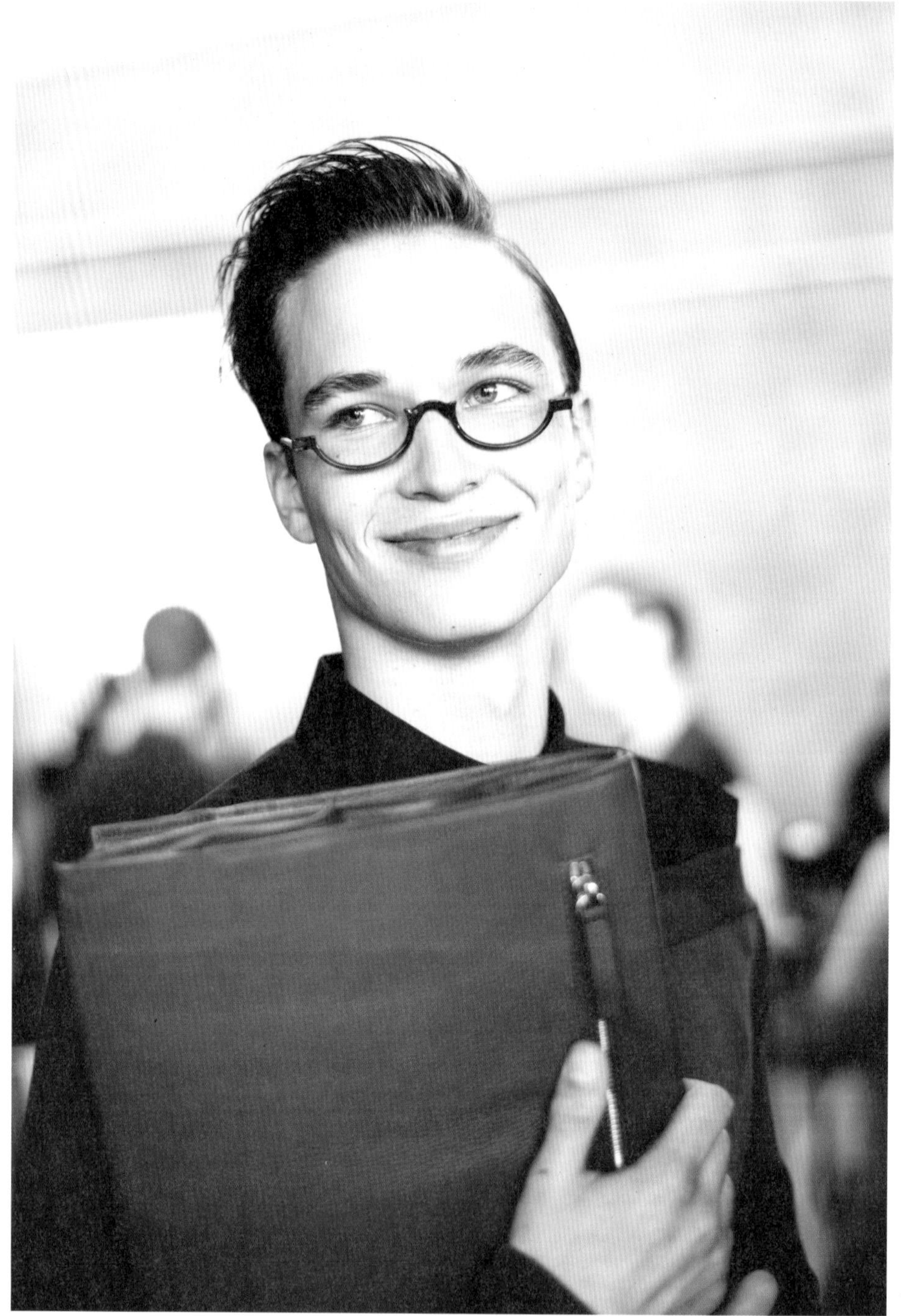

paris

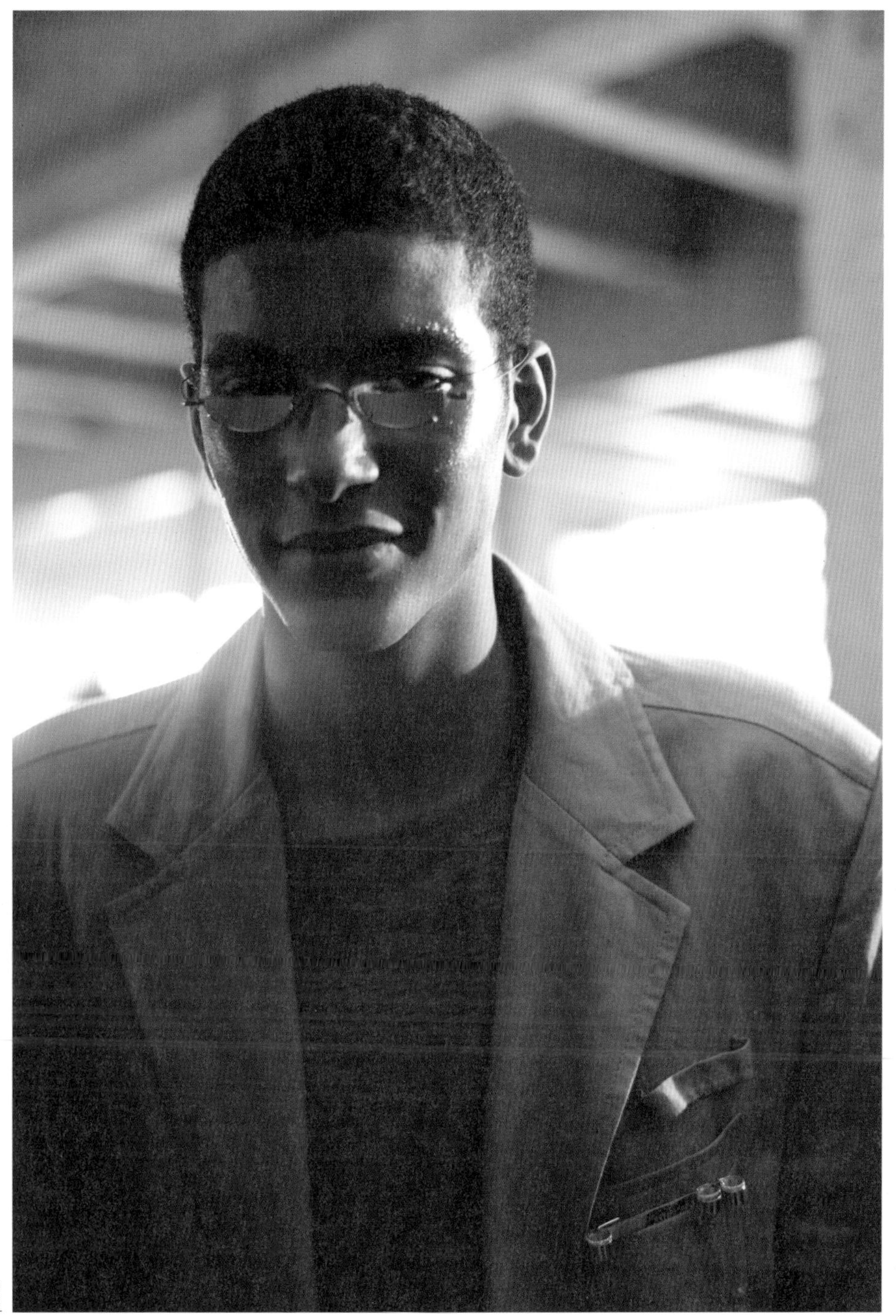

paris

epilogue

스트리트 포토그래퍼 남작가

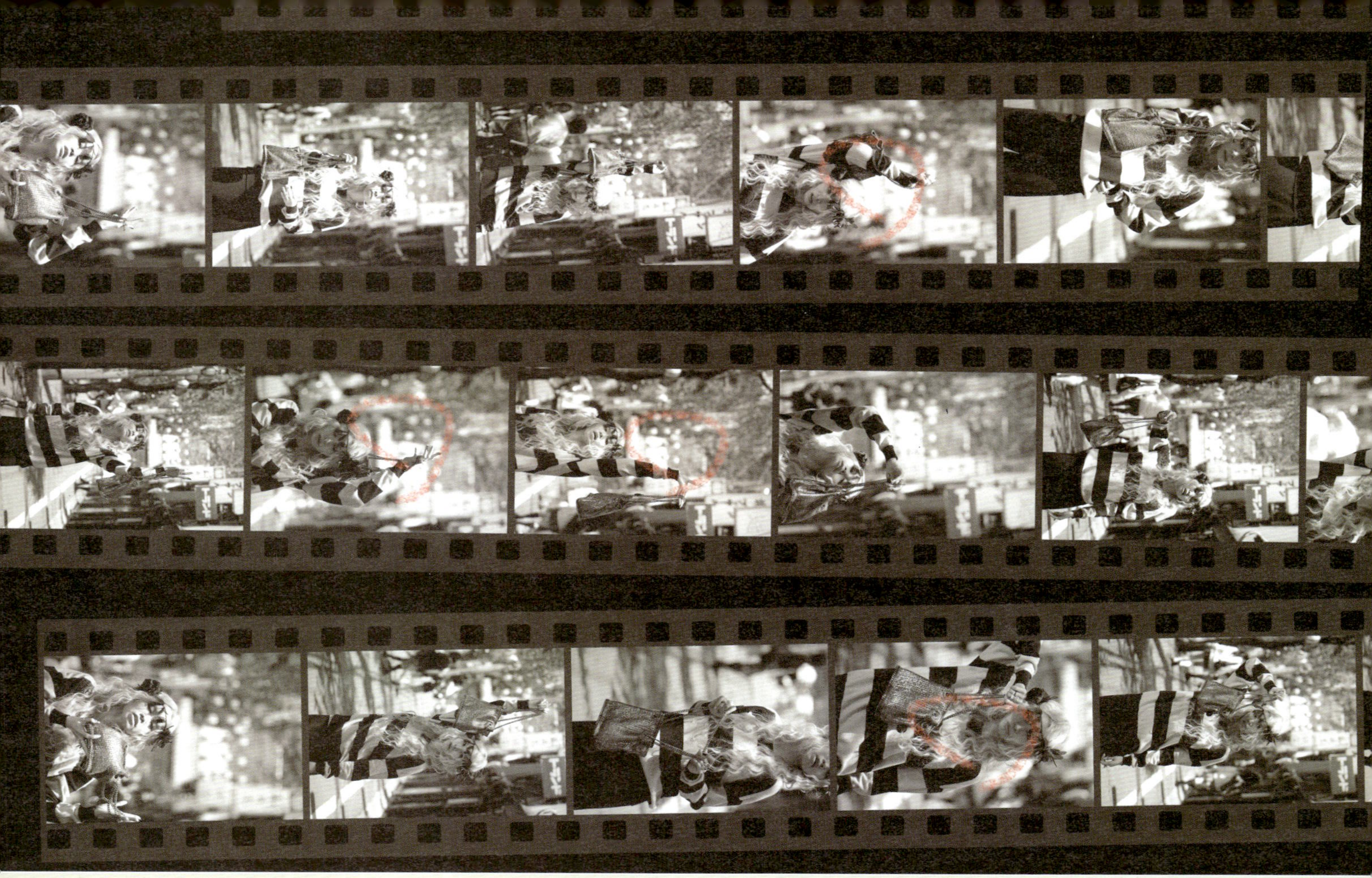

Stella McCartney advertorial shooting for Vogue Japan

이번 촬영에 20명이 넘는 사람이 팀을 이뤘다. 사진경력이 10년인 32살의 프랑스 보그 포토그래퍼가 내 어시스턴트 역할을 해주었고,

에디터와 인턴, 3명의 모델, 스타일리스트, 헤어·메이크업·네일 아티스트, 여고생 6명, 강아지 2마리… 현장을 스케치하는 비디오그래퍼까지,

정말 많았다. 일본에서 진행되는 광고 촬영을 위해 파리에 있던 나에게 왕복 비행기 티켓을 끊어주고, 호텔을 잡아주고. 말도 안 되는, 나에겐

분에 넘치는 상황에서 촬영이 진행됐다.

촬영을 끝내고 뒤풀이로 술을 마시면서 이런저런 이야기를 나눴다. 한국, 일본, 프랑스, 이탈리아, 영국 등 국적이 다양했기에 대화의 주제는

문화 차이에 관한 것으로 시작해 각자의 경험담을 '영웅담'인 양 늘어놓았고(물론 나는 군대이야기를 빼놓지 않았다) 도쿄의 지진, 핵 이야기

같은 제법 진지한 문제에 대해 논하기도 했다. 또한 대표적인 스트리트 패션 사진 블로거인 스콧 슈만이나 토미 톤의 엄청난 활약 등에 대한

이야기도 오갔다. 그러다 화제가 내게 맞춰졌다. 'blogger revolution.' 경력 1년 조금 넘은 한국인 포토그래퍼인 내가(컬렉션 사진은 정확히

2010년 6월부터 찍어왔다) 파리에서 도쿄로 와 사진을 찍고 있는 이 이상한 상황, 이건 패션계의 혁명이라며.

내 인생에도 큰 변화가 있었다. 무엇보다 이 일을 시작하기 전에 동경했던 이들, 스콧 슈만, 토미 톤, 안나 델로 루소, 닉 우스터, 샘 램버트, 팀

블랜스 등과 어느새 가까워졌다. 토미는 시즌 기간에 거의 BF. 촬영이 끝나면 도시마다 맛집을 발견한답시고 여기저기 찾아다니면서 저녁을

먹고, 닉은 '언제 어디서 내 룩이 상당히 괜찮을 것이니 기대하라'며 이메일이나 문자로 힌트를 보내주고, 샘은 자신의 오토바이 헬멧에 'HB

Nam'이라고 사인을 받아갔다. 1년 전만 해도 상상도 못할 일들이, 이제는 내 삶의 한 부분처럼 자연스럽게 스며들어와 있다.

blogger revolution. 술자리에서 에디터가 내던졌던 그 말이 제법 강력하게 남았다. 블로거의 영향은, 넘치도록 화려한 컬렉션 의상들을

현실로 가져오면서, 독자들로 하여금 비현실을 현실로 착각하게 만든다.(내 역할도 이것이다) 블로거도 하나의 매체로서 역할을 할 수

있다는, 일반인들이 '나도 할 수 있다'라는 무모한 희망을 가지기 시작했다. 그들로 인해 패션계는 굉장히 열정적으로 변하고 있고 시장 또한

넓게 확장되고 있다. 하지만 여기서 반문을 해보면– 그들은, 그들의 열정에 비해 얼마나 전문성을 가지고 있으며(물론 전문지식과 기술을

바탕으로 시작하는 블로거도 있다) 그들이 유명해지고 영향력이 커진다고 한들, 결국엔 그들이 할 수 있는 일은 한계가 있지 않을까. 높아

보이는 현실에서 벗어나고픈 자신만의 판타지 세계를 블로거들끼리 만들고 있는 건 아닌가 하는 생각도 해본다. 나는 지금, 패션 지식이나

사진 경력이 없이 무작정 블로그를 시작한 내 얘기를 하고 있다.

주변 사람들이 나를 향해 보통, '너는 운이 좋다'라고 한다.

무슨 일을 시작하든, 예상 외로 일이 잘 풀리는 경우가 많았다.

하지만 그들이 모르는 부분이 있다.

나는 굉장히 낙천적이고 긍정적이라는 점이다.

실수도 많았고 사고도 많았다. 바르셀로나에서 칼을 든 강도를 만나

심각한 상황에 처한 적도 있고, 밀라노에서는 캐리어를 도둑맞아 모든 것을 잃은 적도 있었고,

외장 하드드라이버에 저장해 놓은 모든 사진들을 날린 적도 있었다.

나는 이런 좋지 않은 일들을 '피할 수 없는 인생의 단계'정도로 받아들이기 때문에

제법 잘 이겨내는 편이고, 이런 얘기들을 주변에 잘 하지 않는다.

그래서 그들은 나를 운이 좋은 녀석쯤으로 생각하지만

그런 얘기를 듣는 것이 나쁘지만은 않아 웃어넘긴다.

어린 시절부터 패션과 사진에 관심이 굉장히 많아 매일 습관적으로

패션 관련 사이트들을 들락거리곤 했다. 그들의 삶에 개입하고 싶었다.

2010년 1월에 뉴욕에서, 처음 스트리트 패션 사진을 찍어보았고,

제법 재미있는 취미생활 정도로 여겼다.

2010년 6월, 일상적인 거리에서보다 좀 더 재미난, 좀 더 많은 사람을 만나기 위해

패션으로 유명한 도시들을 다니며 사진을 찍기 시작했다.

그리고 본격적으로 스트리트 패션 사진을 촬영하기 시작한 지 1년여가 지난 지금,

앞으로 내게 또 어떤 재미있는 일이 벌어질지 설레는 마음으로 기다린다.

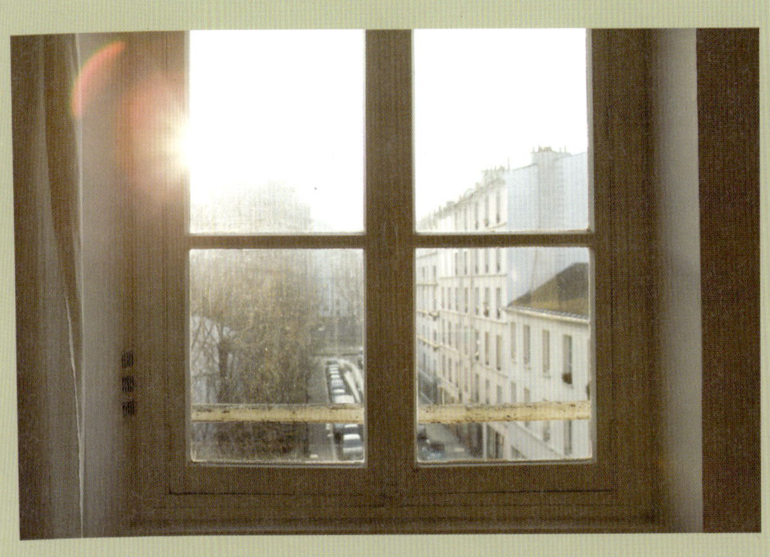

길 위에서 당신을 만나다

street **fsn**

발행일 | 초판 1쇄 2011년 7월 28일
　　　　 8쇄 2015년 3월 17일

지은이 | 남현범

발행인 | 노재현
편집장 | 이정아
책임편집 | 손영미
마케팅 | 김동현 김용호 이진규

디자인 | 땡큐마더
교정 · 교열 | 중앙일보어문연구소
인쇄 | 미래프린팅

펴낸 곳 | 중앙북스(주)
등록 | 2007년 2월 13일 제2-4561호
주소 | 서울시 중구 서소문로 100 (서소문동) J빌딩 3층
구입문의 | (02) 2031-1303
내용문의 | (02) 2031-1366
팩스 | (02) 2031-1399
홈페이지 | www.joongangbooks.co.kr / www.facebook.com/hellojbooks

ⓒ 남현범, 2011

ISBN 978-89-278-0243-3　13590